国家精品课程配套教材
国家级精品资源共享课配套教材
科学出版社“十三五”普通高等教育本科规划教材
生命科学经典教材系列

细胞生物学

（第二版）

王金发　编著

科学出版社
北　京

内 容 简 介

本书是王金发教授主持的教育部“国家级精品资源共享课”——“细胞生物学”的配套教材，是王金发教授在连续28年系统讲授细胞生物学课程的基础上编著而成。其显著特点是风格一致，内容安排前后呼应。

本书在结构体系上沿袭了第一版的基本风格，注重基础和前沿相结合，突出当今细胞生物学发展的热点；重视细胞生物学理论的源头，对一些重要发现的研究方法和过程给予详细介绍，激发读者对细胞生物学的研究兴趣和灵感。

本书共15章，涵盖了细胞生物学的基本内容，并配套教学课件和部分动画，可作为综合性大学、农林院校、医学院校等相关专业的本科生教材，也可作为细胞生物学网络课程学习的参考教材。此外，本书也可供相关专业的教师、研究生及科研和管理人员参考使用。

图书在版编目（CIP）数据

细胞生物学 / 王金发编著．—2版．—北京：科学出版社，2020.7
国家精品课程配套教材　国家级精品资源共享课配套教材　科学出版社“十三五”普通高等教育本科规划教材　生命科学经典教材系列
ISBN 978-7-03-063851-9

Ⅰ. ①细… Ⅱ. ①王… Ⅲ. ①细胞生物学－高等学校－教材 Ⅳ. ①Q2

中国版本图书馆CIP数据核字（2019）第288641号

责任编辑：席　慧　刘　晶 / 责任校对：严　娜
责任印制：赵　博 / 封面设计：铭轩堂

科学出版社出版
北京东黄城根北街16号
邮政编码：100717
http://www.sciencep.com
涿州市般润文化传播有限公司印刷
科学出版社发行　各地新华书店经销
*
2003年8月第　一　版　开本：889×1194　1/16
2020年7月第　二　版　印张：33
2025年7月第三十三次印刷　字数：1 070 000

定价：138.00元

（如有印装质量问题，我社负责调换）

作 者 简 介

王金发，1973 年 1 月安徽大学生物系农业微生物学专业毕业并留校任教，1982 年 7 月中山大学生物系遗传学专业研究生毕业，获理学硕士学位。1989 年 11 月至 1993 年 1 月作为访问学者在美国洛杉矶希望城分子免疫学系从事癌基因的分子生物学研究。现任中山大学生命科学学院教授、博士生导师。

王金发教授长期从事教学与科学研究工作，主讲的本科生课程有“细胞生物学”“遗传学”“基因工程原理”“微生物遗传学”“现代生命科学”“细胞科学与社会”“大学生涯规划与成才”等。其中，“细胞生物学”和“现代生命科学”为国家精品课程，“细胞生物学”为国家级精品资源共享课，“细胞科学与社会”为国家级精品视频公开课。

以王金发教授为带头人的“细胞生物学与遗传学研究性教学团队”于 2007 年被评为国家级教学团队。团队主讲的“细胞与遗传学实验”为国家精品课程（主持人）。王金发教授倡导与践行的“开放式教学”于 2005 年获国家级教学成果奖二等奖（第一完成人），“研究性教学”于 2001 年获国家级教学成果奖二等奖（第一完成人），“创建‘知识 - 能力 - 素质’三位一体的教学模式，做学生引路人”于 2018 年获广东省教学成果奖一等奖（第二完成人）。

坚持与探索“科研型教学、教学型科研，教学科研互融互通”的发展理念，先后主持国家和广东省自然科学基金研究课题 8 项，主持教育部教学研究项目 10 项、广东省教学研究项目 10 项。先后在《中国高等教育》《中国大学教学》《高等理科教育》《实验技术与管理》《实验室研究与探索》及其他教育类期刊发表教学论文 40 余篇；在 *Cell Host & Microbe*、*Plant Cell*、*PNAS*、*The Plant Journal*、*Plant Physiology*，以及其他科研类期刊先后发表论文 100 余篇。

2001 年被评为广东省“南粤教书育人优秀教师”，同年被中山大学学生评为“中大学子心目中的良师”，2002 年被评为中山大学师德十佳标兵，2003 年获得首届国家级教学名师奖，2004 年被评为南粤杰出教师，2005 年获国务院颁发的政府特殊津贴，同年获广东省五一劳动奖章。

相关课程配套

《细胞生物学》（第二版）	王金发　编著
《细胞生物学习题解析》	王金发　主编
《细胞生物学实验教程》（第二版）	王金发　何炎明　刘　兵　主编
《遗传学综合实验教程》	王金发　戚康标　何炎明　主编
《分子生物学与基因工程习题集》（第二版）	王金发　刘　兵　王宏斌　编著

PREFACE

第二版前言

《细胞生物学》第一版出版后，很多同行好友，还有很多用过此书的学生们，都给予了极大的支持，也提出了很多极好的建议，并鼓励我继续修订再版。由于是独立编著，工作量大，加之科研、教学工作不能放弃，经过 17 年的努力，第二版终于与读者见面了，在此向大家致以诚挚的感谢。

第二版基本保持了第一版的风格，仍以“细胞社会学”为主体概念，介绍细胞社会的结构框架与运行机制。全书共 15 章，涵盖了细胞生物学的基本内容；虽然没有分篇，但在撰写思路上，大致分为相对独立又相互联系的 6 个单元。

第 1 章和第 2 章为第一单元，核心内容是细胞学建立的源头创新。在此次再版中，第 1 章的名称由第一版的“细胞概述”改为“细胞的发现与细胞学说”，之所以如此改动，其目的是引导学生重视科学的源头创新，包括实验创新与理论创新，而细胞学的创立与发展正是这两种创新的融合。细胞生物学是实验科学，它的发展离不开各种有效的研究方法，所以将第 2 章“细胞生物学研究方法”划归第一单元。在实际教学中，我们不单独讲授第 2 章，而是结合各章节的内容，将研究方法融入其中。

第 3 章至第 5 章为第二单元，围绕细胞质膜展开，核心内容是学习了解细胞质膜的结构、细胞质膜与环境的物理关系，以及对外部环境信号进行应答的机制。第 3 章主要是介绍细胞质膜的结构及运输作用：细胞质膜不仅使遗传物质有了安定的“家”，而且通过质膜的运输作用，为细胞的生命活动提供了稳定的内部环境。第 4 章讨论多细胞生物体内的环境与互作：在多细胞的真核生物中，细胞要参与细胞组织的建构，包括细胞识别、细胞黏附、细胞连接，都是通过细胞质膜进行的，所以，细胞质膜通过与外部环境的互作，为细胞生命活动提供了安全的外部环境。第 5 章讨论细胞对外部信号的接收与应答的机制，这一重要的细胞活动是通过细胞质膜受体引起的，无论是 G 蛋白偶联受体，还是酶联受体，都是细胞质膜中参与信号转导的蛋白质分子。

第 6 章讨论核糖体与蛋白质，可自成一个单元，即第三单元，核心内容介绍细胞内蛋白质合成机器——核糖体的结构与功能。该章是细胞生物学与遗传学、生物化学衔接的耦合器。从遗传学角度，讨论核糖体 RNA 基因的转录与加工、核酶及 RNA 编辑；从生物化学角度，由于细胞生物学功能的“主角”是蛋白质，所以，除了讨论蛋白质合成的一般过程，还增加了蛋白质的加工、修饰与功能，以及蛋白质合成抑制剂等；从细胞生物学角度，讨论核糖体的结构与装配。

第 7 章至第 10 章是本书的第四单元，核心内容是细胞的内部机构与运行机制，主要讨论细胞内除细胞核以外的膜性细胞器的结构与功能，一个重要的连接线是蛋白质的分选与定位。第 7 章线粒体、第 8 章叶绿体是细胞内能量代谢的细胞器，它们都是半自主性的膜性细胞器；它们的结构与功能蛋白质大多数是由核基因编码、经细胞质游离核糖体合成后转运而来。第 9 章介绍细胞内膜系统中内质网、高尔基体及溶酶体三个主要膜性细胞器的结构与功能。第 10 章则是讨论细胞内的膜运输机制，包括细胞分泌与细胞内吞，以及内体在膜运输中的作用。

第 11 章至第 13 章是本书的第五单元，包括细胞核、细胞骨架及细胞周期，核心内容是细胞生长与分裂的遗传机制。细胞核内染色体的结构与功能是细胞生存、生长与分裂的遗传核心。紧挨细胞核的中心体中的中心粒通过形成的微管不仅维持着细胞的空间结构，而且是细胞内物质运输的大动脉，微丝与中间纤维参与细胞内空间结构的形成。细胞核基因表达细胞生长与细胞周期时相转换的结构与调节蛋白，而由中心粒形成的纺锤体微管与肌动蛋白纤维一起帮助细胞分裂。

第 14 章和第 15 章是本书的第六单元，讨论的内容是细胞的生老病死，通过这两章的讨论，为细胞生物学拓展更多的方向，包括胚胎学、发育生物学、肿瘤学、干细胞，乃至生死学。

本次改版除了力求结构体系的科学性外，在内容选择上还注意前沿与基础的结合，保留了一些重要的原创性的实验，如溶酶体的发现、过氧化物酶体的发现等，引导学生发散思维，重视基础性、原创性研究。

细胞生物学的名词术语多数源自英文，相当多的英文名词译成中文时都有多种词义，在不同的语境时有不同的含义。所以本书对名词术语以保持其生物学内涵为基准，在不产生歧义的前提下，尽可能规范统一。例如，英文“adhesion”，可译成“黏附”与“黏着”，如果刻意统一，只能二者选其一。虽然“黏附”与“黏着”可用同一个英文单词，但中文含义是有区别的。从细胞相互间的关系看，“黏着”比“黏附”要更进一步，如果“黏附”表示二者关系贴近的话，“黏着”就有“喜结连理”之意了。因此，本书保留“黏附”与“黏着”两种表述，需根据句意去理解。另外，在细胞生物学中，有很多词是根据形体表述的，如细胞骨架中的微丝（microfilament），其意是这种骨架的形态相较于微管要细小；由于微丝的化学本质是肌动蛋白，所以，微丝又称为肌动蛋白丝（actin filament），这是一种质的表述。所以在本书的编写中，两种表述都有，看哪种更适合句子的意思。其实在教学过程中，重要的是引导学生对概念的理解，多种表述有利于学生思维能力的培养。

由于细胞生物发展迅速，新的概念不断涌现，很多概念还没有相应的中文表述。例如，与膜脂翻转有关的酶，英文名词就有四种：flip-floppase、flippase、floppase、scramblase，由于目前还没有完全对应的中文，只能根据作者对这四种名称指向的作用方式的理解，分别将其译为翻转酶、内翻酶、外翻酶、混翻酶，是否规范，需要时日验证，但在作用上是基本正确的。

另外，由于细胞生物学研究发展迅速，有些熟知的名词术语有了新的内涵，教师在教学中需要及时调整更新。例如，*p53* 基因，大家都知道 *p53* 基因是抑癌基因，也都知道 *p53* 基因的突变是隐性的。其实，对 *p53* 基因还有另外的描述：*p53* 基因是基因组维护基因，*p53* 基因突变是功能丧失突变，这种描述更符合 *p53* 基因的本质特性。

由于细胞生物学的发展十分迅速，随着研究方法的不断发展与创新，人们对细胞生物学运行机制的认识不断深化，新的概念不断产生。本次改版中，虽然结合了不少新鲜内容，但限于篇幅，还有很多新的热点内容没有编入书中，如外泌体、单细胞图谱、相分离等。

细胞生物学是生命科学中重要的专业基础课，建议使用本书的学生在对知识理解的基础上，进一步发散思维，不要满足于仅仅知道是什么，还要会问为什么，更要思考如何去创新与创造。“学会学习”是大学生在大学学习生涯中必须培养的一种终身使用的能力。在作者的教学过程中，要求学生确立“研究性学习”的理念，在细胞生物学课程学习中结合“思维导图”“镜像思维”“章节提要”“文献阅读”等方法培养学习能力，收到极佳的效果，深受学生的欢迎。建议使用本书的读者试一试这些方法，相信是有用的。

感谢所参考的同类教科书及相关论文的作者们！

感谢我的夫人不仅关心照顾我的生活起居，更对我教书育人事业上给予支持与帮助！

感谢 28 年来中山大学生命科学学院本科生对细胞生物学课程的热爱、支持、鼓励与建议。

感谢科学出版社的编辑们对本书付出的心血！

限于作者的学识与能力，书中难免有错漏、不当之处，敬请同行、学生与读者批评指正。

王金发

2020 年 5 月于广州康乐园

PREFACE

第一版前言

这本教材酝酿至今已有十个年头了，真所谓“十年磨一剑”。早在1993年接手细胞生物学课程的教学任务时就有心写一本《细胞生物学》教材，因自己功底浅，而且细胞生物学课程内容广泛，发展迅速，如是说：能教好就不错了，甭想著书。

经过六年的教学实践和积累，自己总算是入了一点门，也完成了初稿，可就是不敢与世人见面。教材是给学生用的，“丑媳妇总得见公婆”。本书稿第一次抛头露面是2000年秋，当时将她作为中山大学生命科学学院98级本科生细胞生物学课程试用教材，诚请同学们评说，心想，文章不怕“评”和“改”，总是越评越改越好，教材也是如此。

本书稿先后经1998、1999、2000级各专业正式试用了三届，每一届试用后都根据学生的建议进行了认真修改，甚至对某些章节进行了重写。先后有200多位同学提出书面建议，还有多位进修教师提出修改意见。因此，本书是教师和同学们共同劳动的结晶。

教科书不同于一般的著作，它要介绍科学原理，传授知识，应有两个显著的特点：科学性和先进性，三届同学在试用过程中对本教材的科学性和先进性给予了充分肯定，这才想到将该书稿出版。

正当此书稿在学生中试用时，我们以此书稿为脚本的《细胞生物学》网络课程申请得到教育部“新世纪网络课程建设工程”立项，在2002年4月中期检查及随后的对《细胞生物学》网络课程的质量认证中均得到学科专家和教育技术专家的好评，从而增强了将此书出版的信心。

本教材是国内近几年出版的同类教材中内容较多的一部。本想写简单一点，但在多年教学过程中体会到，内容还是丰富一些好，教师可以有选择性地讲授，留下部分内容让学生自学。如果内容太简单了，选择的余地就很小。在本书的14章内容中，我们通常选择讲授10章，另4章是在教师的指导下让学生自学，旨在培养学生自主学习的能力。

本教材在章节编排上进行了一些新的尝试，如从细胞社会学的观点，将细胞识别、细胞黏着、细胞连接、细胞外基质等并入“细胞环境与互作”一章，使学习者在学习细胞生物学时自然与人类社会相联系，以便加深对细胞生物学的理解。将核糖体与核酶作为一章，主要是出于核酶的发现源于对核糖体RNA加工的研究。合在一起不仅顺理成章，也有利于引导学生将细胞生物学的研究与分子生物学结合。以蛋白质分选为主线将内膜系统的内容融为一章，有利于以系统论的观点学习细胞生物学。另外将细胞通讯提前安排在第5章，不仅有利于激发学生学习的兴趣，也分散了课程的重点和难点章节。

在我们的教学过程中，要求学生必须完成的课程学习作业是写章节提要和编制章节试题。提要要求字数在2000～3000，试题必须包括5种以上题型并附参考答案，故本教材章的内容提要较简，只是给学习者指引一下；章后无思考题，学生可以自行编制，这样可以将被动思考转变为主动思考。多年的教学实践证明这两种做法对于培养学生的综合能力，掌握课程的核心内容是行之有效的方法。

当今的大学教育，根本目的是培养创新人才。教师和学生都要有“以学生为主体，以教师为主导，培养素质和能力”这样的指导思想来完成一门课程的教与学。

我以为，教师讲授的应是一门课程，而不是一本书，任何教材都有它的局限性。我很赞成在教学过程中不要限定教材，但要有教学参考书。在授课中，教师不要限于一本教材，学生不必死啃一本教科书。教师在教学过程中，应博采众家之长，形成自己的风格和特色。

当一位好教师不容易，因为“好”的标准太高；编著一本好教材更难，因教材的影响面广，评头论足的多，容不得半点闪失。本书稿出版之际自我感觉尚可，只是有一点自信，但不敢说好。

著书者都是按自己的思维行事，当然是出于好心，我也是如此。由于本书是一人独立完成的，全书的编排和内容的取舍难免有所偏颇，尽管手稿经三届学生试用过，那只是自己的弟子们的意见，出版之后，敬请读者提出宝贵意见。

在此书即将出版之际，我要十分感谢我的妻子王玉珍女士。虽然她没有受过高等教育，但她对大学教师这个职业给予了充分的理解与支持，在我的业绩里有她的一半功劳。

在此书即将出版之际，我要感谢安徽大学。在那里，我开始了大学学习和其后大学教师工作的生涯。安徽大学有我的良师益友，是他们教育我如何献身教育事业。

中山大学是革命伟人创建的学校，“博学、审问、慎思、明辨、笃行”的校训催人奋进。我为有幸成为“中大人”而自豪，在这里我完成了研究生学业，并有了自己的事业。我愿继续努力，为将中山大学建设成世界一流的研究型综合性大学作出自己的贡献。

谨以此书献给中山大学 80 华诞。

王金发

2003 年春于广州康乐园

CONTENTS

目　录

本书动画来自“细胞生物学 3D 资源库”（科学出版社出品）

3D Cells
官网

本书
动画集

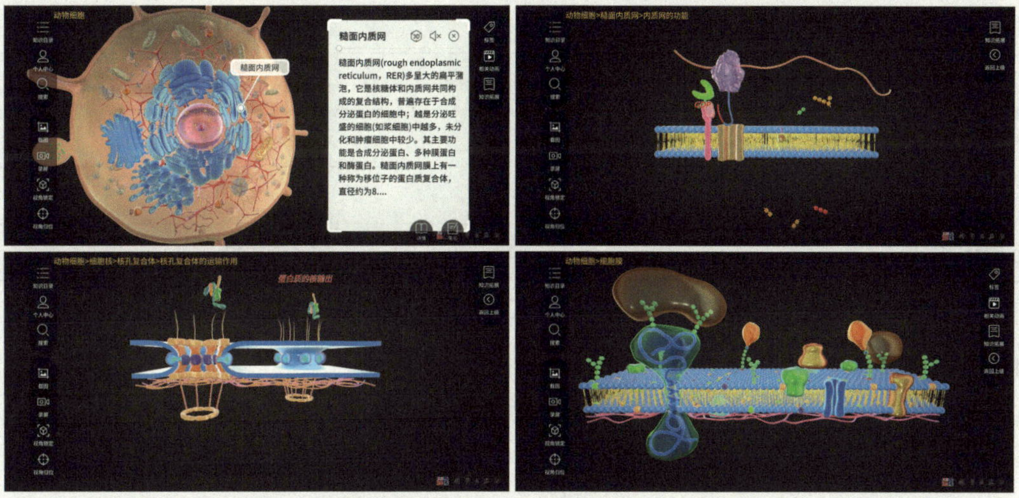

《细胞生物学》（第二版）教学课件索取单

精美课件
抢先看

凡使用本书作为教材的高校主讲教师，可获赠教学课件一份。欢迎通过以下方式与我们联系。

填写教学课件索取单拍照发送至联系人邮箱。

姓名：	职称：	职务：
学校：		院系：
电话：		QQ：
电子邮箱（重要）：		
通讯地址及邮编：		
所授课程（一）：		学生数：
课程对象：□研究生 □本科（__年级） □其他____		授课专业：
使用教材名称 / 作者 / 出版社：		
所授课程（二）：		学生数：
课程对象：□研究生 □本科（__年级） □其他____		授课专业：
使用教材名称 / 作者 / 出版社：		
您对本书的评价及修改意见：		
贵校（学院）开设的与生命科学相关的课程有哪些？使用的教材名称 / 作者 / 出版社？		
推荐国外优秀教材：作者 / 书名 / 出版社：		

联系人：席慧 编辑　　咨询电话：010-64000815　　电子邮箱：xihui@cspm.com.cn

1 细胞的发现与细胞学说

自然界有多种形式的生命体，包括细胞、病毒、类病毒、朊病毒等，其中，细胞是进化得最高级、具有精致结构的生命体。

细胞（cell）是由膜包围着含有细胞核（或拟核）的原生质所组成，是生物体结构和功能的基本单位，也是生命活动的基本单位。细胞能够通过分裂而增殖，这是生物体个体发育和系统发育的基础。细菌、酵母等微生物是以单细胞形式存在，而高等动物和高等植物则是由多细胞构成，如人类大约有 3×10^{13} 个细胞，这些细胞组成不同的组织和器官。

研究细胞及其生物学功能的学科称为细胞生物学（cell biology）。它是以细胞为研究对象，从细胞的整体水平、亚显微水平、分子水平三个层次，以动态的观点研究细胞和细胞器的结构及功能、细胞生活史和各种生命活动规律的学科。

1.1 细胞的发现及细胞学说的创立

第一个发现细胞的是英国学者胡克（Robert Hooke）；170 多年后，德国植物学家施莱登（Mathias Schleiden）和动物学家施万（Theodor Schwann）创立了细胞学说（cell theory）。

1.1.1 细胞的发现

绝大多数细胞是无法用肉眼观察的，所以在显微镜发明之前，人们不知道细胞的存在。细胞的发现得益于光学显微镜的研制和发展。第一台显微镜是荷兰眼镜商 Janssen 在 1604 年发明的，虽然倍数不高（只能观察小昆虫），也并非用它发现了细胞，但它却有着重要的科学意义，因为它触发了一场科学与认知革命。用它看星空，透镜下显现了宇宙的新版图；用它看较小的物体，透镜下展示了一个显微世界。

胡克是英国的显微学家，27 岁时就当选为英国皇家学会的会长。1665 年，胡克出版了《显微图谱》（*Micrographia*）一书，描述了他用自己设计并制造的显微镜观察栎树软木塞切片时的发现，他看到其中有许多小室（little box），状如蜂窝，就将其称为“*cellulae*”。这是人类第一次发现细胞，不过，胡克发现的只是植物组织死细胞的细胞壁（图 1-1A）。另外，胡克所制造的显微镜放大倍数只有 30 倍，这就限制了他进一步观察活细胞及细胞的内部结构。胡克的发现对细胞学的建立和发展具有开创性的意义，其后生物学家就用“cell”一词来描述生物体的基本结构。

1674 年，荷兰布商列文虎克（Anton van Leeuwenhoek）为了检查布的质量，致力于磨制透镜。他研制了较高质量的显微镜（270 倍），并观察到了血细胞、池塘水滴中的原生动物，以及人类和其他哺乳类动物的精子，这是人类第一次观察到完整的活细胞，特别是清楚显现了细胞壁（图 1-1B）。列文虎克把他的观察结果写信报告给英国皇家学会，得到学会的充分肯定，并受邀到欧洲的一些国家访问，使其很快成为世界知名人士。

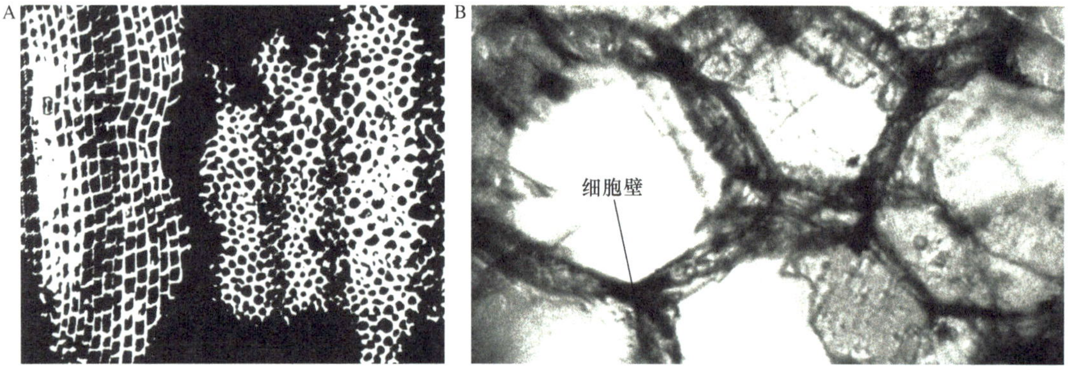

图 1-1 最早在显微镜下看到的细胞结构（引自 Kleinsmith and Kish，1995）。A. 1665 年胡克论文中展示的栎树细胞，仅是植物组织死细胞的细胞壁；B. 1674 年列文虎克观察到的细胞结构，其细胞壁的结构十分明显，但是看不到细胞内的结构。

1.1.2 细胞学说的创立

列文虎克研制的显微镜放大倍数虽然近 300 倍，但分辨率只有 1.4μm，并且清晰度不高，所以仍不能很好地观察细胞内部的细微结构，限制了人们进一步认识细胞。在发现细胞后长达 170 多年里，人们用光学显微镜陆续发现了一些不同类型的细胞，但对细胞的生物学意义仍然不清楚。直到 19 世纪 30 年代，显微镜的制造技术得到较大改进，分辨率达到 1μm，人们才开始揭示细胞的生物学意义。

1838 年，德国植物学家施莱登（Matthias Schleiden）根据他的研究结果得出了这样一个结论：尽管植物的不同组织在结构上有着很大的差异，但都是由细胞构成的，植物的胚是由单个细胞产生的。

1839 年，德国动物学家施万发表了关于动物生命的细胞基础的综合性报告，指出动物和植物的细胞具有类似的结构，并提出细胞是所有生物的基本结构单位。

1858 年，德国医生和病理学家魏尔肖（Rudolf Virchow）在植物学家布朗（Robert Brown）等发现细胞核及对细胞核进行一系列研究的基础上，补充提出：所有的细胞都是来自已有细胞的分裂，即细胞来自细胞。至此，人们将“所有生物都是由一个或多个细胞构成、细胞是所有生物的基本结构单位、细胞来自已有细胞的分裂”三个基本内容归为细胞学说的三大核心。

细胞学说的创立大大推进了人类对自然界生命的认识，有力地促进了生命科学的发展。细胞学说的提出论证了生物界的统一性和生命的共同起源。恩格斯对细胞学说给予极高的评价，把它与进化论和能量守恒定律并列称为 19 世纪自然科学的三大发现。

1.1.3 细胞学说对细胞学发展的推动作用

细胞科学是实验科学，而实验科学的发展既依赖于实验观察，又有待于理论的升华。尽管细胞是在 1665～1674 年发现的，但在其后 170 多年的时间里细胞学的研究并没有什么大的发展，究其原因主要是没有将这一发现上升为理论，因而也就没有起到科学发展的推动作用。细胞学说创立之后，在这一理论的指导下，细胞学得到了突飞猛进的发展。

19世纪的最后25年，即1875～1900年，是细胞学（cytology）研究的经典时期。这个时期在细胞学说的推动下，应用固定和染色技术，在光学显微镜下观察细胞的形态结构和细胞的分裂活动，取得了极为丰硕的成果，代表性成就有如下几点。

1）*原生质理论的提出*　1835年，Dujardin在原生动物细胞内发现了十分均匀、有弹性、能收缩的胶状物质，称它为“肉样质”（sarcode）。1846年，von Mohl在植物细胞中也看到了“肉样质”的物质，并将其命名为“原生质”（protoplasm）。1861年，Max Schultze认为动植物细胞中的原生质具有同样的意义，并提出了原生质理论，即认为有机体的组织单位是一小团原生质，这种物质在一般有机体中是相似的，并把细胞明确地定义为“细胞是具有细胞核和细胞膜的生活物质”。至此，细胞的含义就与最先发现时不同了，于是Hanstain（1880）提出“原生质体”（protoplast）概念，把细胞概念演变成由细胞膜包围着的原生质，原生质分化为细胞核和细胞质。

2）*细胞受精和分裂的研究*　1875年，Hertwig发现受精卵中两亲本核的合并；1877年，Strasburger发现动物的受精现象；1883年van Beneden在动物、1886年Strasburger在植物中分别发现了减数分裂现象；1880～1882年Flemming在蝾螈幼虫的组织细胞中发现了有丝分裂。

3）*一些重要细胞器的发现*　1883年van Beneden和Boveri在动物细胞中发现了中心体；1888年Waldeyer提出染色体概念；1898年Golgi发现了高尔基体，同年线粒体也被正式命名。

在这短短的25年里取得如此多的成果，除了细胞学说本身的贡献外，技术革新起着重要的作用。细胞染色技术、切片技术、显微技术等的不断改进和创新保证了科学研究的进步。当然，更重要的是这一时期人才辈出，他们不断追求和探索的精神才是细胞学得以发展的原动力。

1.1.4　细胞生物学发展简史

目前对细胞生物学的发展阶段划分不　，本书中分为4个时期。

1）*细胞的发现及细胞学说的创立*　这一时期跨度较大，从1665年到1874年。主要事件是细胞的发现与细胞学说的提出。

2）*细胞学的经典时期*　即我们上面讨论的从1875年到1900年的25年。主要事件包括原生质概念的提出、各类细胞器的发现。

3）*实验细胞学时期*　从1900年到1953年的半个世纪里，细胞学的发展主要是通过实验研究细胞学的问题，故将这一时期称为实验细胞学（experimental cytology）时期。这一时期的特点是从形态结构的观察深入到生理功能、生物化学、遗传发育机制的研究。由于实验研究不断与相邻学科结合、相互渗透，导致了一些重要分支学科的建立和发展。

（1）细胞遗传学（cytogenetics）。细胞学与遗传学的结合建立了细胞遗传学，主要是从细胞学的角度，特别是从染色体的结构和功能，以及染色体与其他细胞器的关系来研究细胞的遗传现象，阐明细胞的遗传和变异机制。

（2）细胞生理学（cytophysiology）。细胞学同生理学结合建立了细胞生理学，主要研究内容包括细胞从周围环境中摄取营养的能力、代谢功能、能量的获取、生长、发育与繁殖机制，以及细胞受环境的影响而产生适应性和运动性的活动。细胞的离体培养技术对细胞生理学的研究具有巨大贡献。

（3）细胞化学（cytochemistry）。细胞学和化学的结合产生了细胞化学，主要是研究细胞结构的化学组成及化学分子的定位分布及其生理功能。例如，1943年Claude用高速离心法从细胞匀浆液中分离出线粒体，然后研究它的化学组成和生理功能并得出结论：线粒体是细胞氧化中心。1924年Feulgen发明的DNA特殊染色方法——Feulgen反应，开创了DNA的定性定量分析。此后发展了一系列进行细胞内RNA和蛋白质定量分析的方法，对细胞的核酸和蛋白质代谢活动研究起了极大的促进作用。

4）*细胞生物学的诞生*　1953年Watson和Crick提出DNA双螺旋结构模型，标志着分子生物学（molecular biology）的诞生。由于不断将分子生物学的研究成果和方法引进细胞学，使细胞学的知识得到了极大的更新，同时促进了细胞学从以显微结构为基础的功能研究向以通过分子机制的研究揭示细胞活动的生物学意义方面发展，细胞生物学（cell biology）应运而生。此后，细胞生物学和分子生物学之间相互渗透，相得益彰。

20世纪80年代开始出现的分子细胞生物学（molecular cell biology），是细胞生物学的主要发展方向。

从细胞生物学发展历程看，有四个显著的特点：①兴趣与假说是推动科学发展的内在动力，胡克发现细胞的原动力是为了回答生活中观察到的现象；②假说或学说是科学发展的引擎，施莱登与施万等提出的细胞学说推动了细胞学的快速发展；③实验手段是推动细胞生物学发展的动力，胡克与列文虎克发现细胞无不借助显微技术；④学科交叉是科学发展的助推器。

1.2 细胞的类型和结构体系

地球上的生命种类繁多，千姿百态，如何对构成生命体的细胞进行分类才能更好地认识与理解细胞生命的本质?

可以从不同的角度对细胞进行分类，如根据有无成型的细胞核，分为原核细胞和真核细胞；根据所组成的生物体，分为细菌细胞、动物细胞和植物细胞等；根据所构成的组织类型，分为动物体中的红细胞、肌细胞、神经细胞，以及植物中的叶肉细胞、导管细胞、分生组织细胞等。但是，从学科上看，将细胞分为原核细胞与真核细胞两大类较为科学。

1.2.1 原核细胞

原核细胞（prokaryotic cell）的主要特征是没有明显可见的、由核膜包裹的细胞核，仅有拟核，进化地位较低。原核生物分为两大系：古细菌（archaebacteria）和真细菌（eubacteria）。古细菌包括甲烷菌、嗜热菌等。大多数原核生物属于真细菌，其中包括支原体。最复杂的原核细胞是蓝细菌（cyanobacteria），如能进行光合作用的蓝绿藻（blue-green algae）。

细菌（bacteria）是原核细胞的主要类群。细菌细胞的基本特点是：遗传信息量少，内部结构简单，特别是没有分化成以膜为基础的专门结构和功能的细胞器（图 1-2）。

细菌细胞通常很小，只有几个微米。细菌细胞的界膜，即细胞质膜的外侧被一层较硬的细胞壁包裹起来。细胞壁的厚度有 15～100nm，或更厚，有些细菌的表面还有一层荚膜。

原核细胞的细胞质膜是多功能的，除了作为界膜之外，最重要的功能就是运输作用，包括营养物质的吸收、废物的排除、能量代谢等。细菌的细胞

A

B

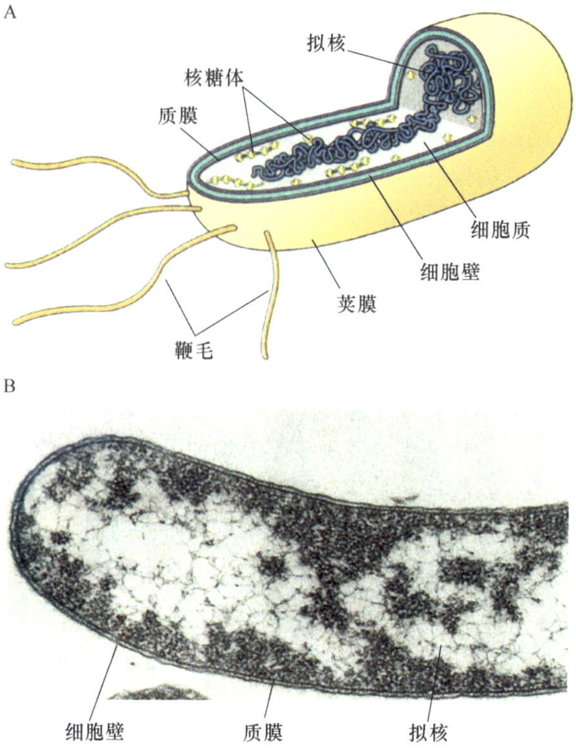

图 1-2 典型细菌细胞形态结构（引自 Kleinsmith and Kish，1995）。A. 细菌的三维结构。B. 革兰氏阳性菌切片的电子显微镜照片。

质膜往往会内陷折皱形成中膜体（mesosome）。中膜体又称间体或质膜体。每个细胞有一个或数个中膜体，其中含有细胞色素和琥珀酸脱氢酶，为细胞提供呼吸酶，具有类似线粒体的作用，故称为拟线粒体。细菌质膜上还有许多受体蛋白，可被透过细胞壁的分子识别和结合，引起细胞的应答。细菌质膜还参与遗传物质的复制和分配。因为细菌没有细胞核，所以细菌的 DNA 在复制时只能结合在质膜上，然后进行细胞的分裂（图 1-3）。

细菌没有细胞核结构，仅为 DNA 与少量 RNA 或蛋白质结合物，也没有核仁和有丝分裂器。*E. coli* 的 DNA 是环状的，长为 4.6×10^6bp，约 4300 个基因。由于细菌没有核膜，DNA 的转录与蛋白质合成没有时空的隔离，所以细菌的转录与翻译几乎是同步进行的，这是原核生物与真核生物最主要的差别。细菌除了具有染色体 DNA 外，还有染色体外 DNA，即质粒 DNA。质粒是比染色体小的遗传物质，为环状的双链 DNA，常常赋予细胞对抗生素的抗性。

细菌体表还有菌毛和鞭毛。菌毛有两种，一种是短而细的普通菌毛，可增强细菌吸附于其他细胞或物体的能力；另一种是数量少但细长的性纤毛，为雄性菌所特有。鞭毛是细菌的运动器官，鞭毛蛋

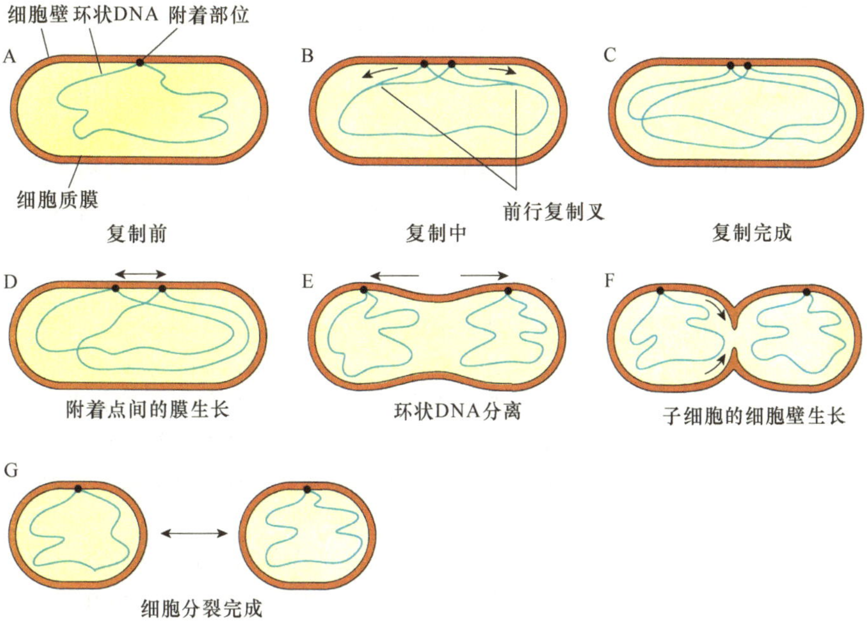

图 1-3 细菌的细胞质膜参与环状 DNA 的复制与分裂（引自 Wolfe，1993）。

白的氨基酸组成与横纹肌中的肌动蛋白相似。

支原体（mycoplasma），又称霉形体，是至今发现的最小、最简单的原核生物，也是唯一没有细胞壁的原核细胞。

支原体的大小介于细菌与病毒之间，一般直径为 0.2～0.3μm，能够通过滤菌器，并能独立生活。支原体形态多变，有圆形、丝状或梨形，光镜下难以看清其结构。电镜下观察支原体的膜为三层结构。它有一环状双螺旋 DNA，并且均匀地分布在细胞内，没有类似细菌的核区（拟核），能指导合成 750 多种蛋白质。电镜下支原体细胞中唯一可见的细胞器是核糖体，每个细胞中有 800～1500 个。支原体感染细胞时，多吸附在细胞表面，或分散在细胞之间。

支原体没有鞭毛，无活动能力，可以通过分裂进行繁殖，也有进行出芽增殖的。

支原体是动物细胞培养的大敌，由于支原体寄生在细胞中，所以培养细胞很容易被支原体污染，污染源主要是血清。

1.2.2 真核细胞

真核细胞（eukaryotic cell）具有典型的细胞结构。真核细胞的种类繁多，既包括大量的单细胞生物和原生生物细胞（如原生动物和一些藻类细胞），又包括全部的多细胞生物（一切动植物）的细胞。

1.2.2.1 真核细胞的特点

真核细胞的主要特点是以生物膜为基础进一步分化，使细胞内部产生许多功能区室，它们各自分工负责，又相互协调和协作。

真核细胞具有明显的细胞核、核膜、核仁和核基质。真核细胞的细胞核中含有较多的遗传物质，如人的细胞核中含有 23 对（46 条）染色体，含有 30 亿个 DNA 碱基对；模式植物拟南芥的细胞核中有 5 对染色体，单倍体 DNA 的总长度为 7000 万碱基对。真核细胞内部结构比原核生物的要复杂得多，除了多种膜性细胞器（membrane-bound organelle）外，还有许多纤维状的骨架结构，它们不仅维持着真核细胞的形态，还有许多重要的功能，如参与细胞分裂、物质运输等。

真核细胞具有明显的生长周期，时间跨度较长。

1.2.2.2 动物细胞与植物细胞

1）动物细胞 动物细胞是真核细胞的主要类型之一（图 1-4）。动物细胞的表面没有细胞壁，

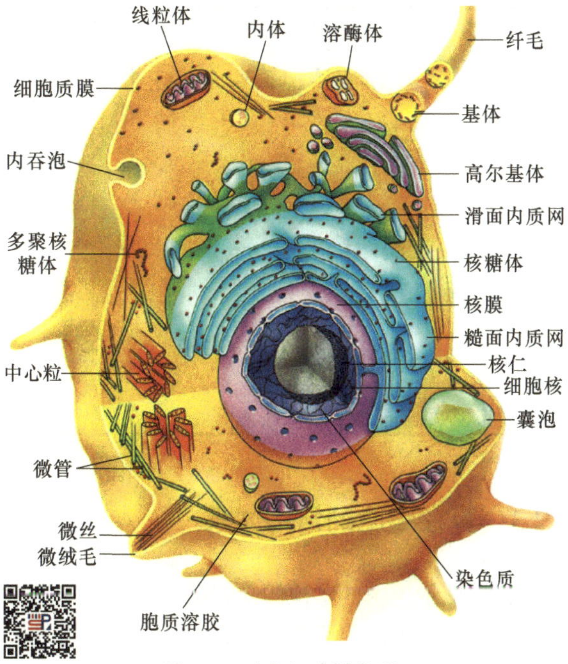

动画

图 1-4 动物细胞模式图。

仅是一层单位膜。细胞内有一个明显可见的细胞核，被两层膜包裹着。

2）植物细胞　植物细胞是真核细胞的另一主要类型（图 1-5）。动物细胞具有的结构，植物细胞基本都有，但是植物细胞还有一些独特的结构，包括细胞壁、质体、中央液泡等（表 1-1）。液泡是植物细胞特有的结构，它是植物细胞的代谢库，起调节细胞内环境的作用。液泡是由膜包围的封闭结构，内部是水溶液，溶有盐类、糖类与色素等物质，溶液的浓度可以达到很高的程度。液泡的另一个作用可能作为渗透压计（osmometer），使细胞保持膨胀的状态。

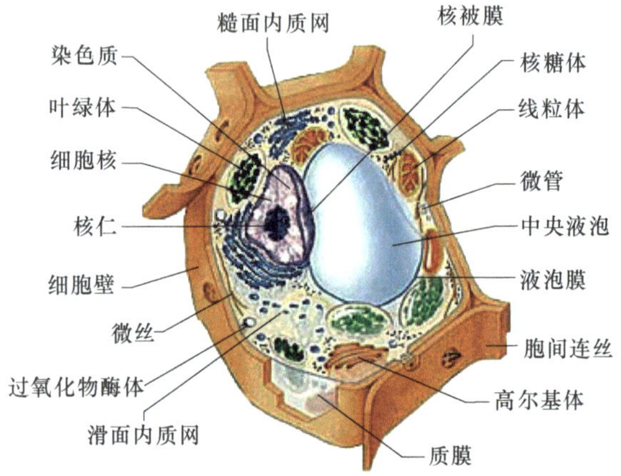

图 1-5　植物细胞模式图。

表 1-1　动物细胞与植物细胞的比较

细胞器	动物细胞	植物细胞
细胞壁	无	有
叶绿体	无	有
液泡	无	有
溶酶体	有	有
线粒体	有	有
过氧化物酶体	有	有
通讯连接方式	间隙连接	胞间连丝
中心体	有	无
胞质分裂方式	收缩环	细胞板

1.2.3　真核细胞的结构体系

将真核细胞内的结构体系归纳起来可分为三大系统：生物膜体系、遗传信息表达体系、细胞骨架体系。

1.2.3.1　生物膜体系

真核生物在进化过程中，细胞体积不断增大，因而出现了细胞内部结构的分化，最主要的特征是以质膜为基础的既独立又相互联系的膜结构系统。这些结构及细胞器包括细胞质膜、核膜、内质网、高尔基体、溶酶体、线粒体和叶绿体等。

生物膜体系（biomembrane system）的基本作用是为细胞提供保护。

质膜将整个细胞的生命活动保护起来，并进行选择性的物质交换；核膜将遗传物质保护起来，使细胞核的活动更加有效；线粒体和叶绿体的膜将细胞的能量发生同其他的生化反应隔离开来，更好地进行能量转换。

生物膜体系为细胞提供较多的质膜表面，使细胞内部结构区室化。由于大多数酶定位在膜上，且大多数生化反应也是在膜表面进行的，膜表面积的扩大和区室化使这些反应有了相应的隔离，效率更高。

另外，生物膜体系为细胞内的物质运输提供了特殊的运输通道，保证了各种功能蛋白及时准确地“到位”而又互不干扰。例如，溶酶体的酶合成之后不仅立即被“保护”起来，而且一直处于“监护”之下被运送到溶酶体小泡。

1.2.3.2　遗传信息表达体系

遗传信息表达体系（genetic information expression system）又称为颗粒纤维结构体系，包括细胞核和核糖体。细胞核中的染色质是纤维结构，由 DNA 和组蛋白构成。染色体的一级结构是由核小体组成的串珠结构，其直径为 10nm，又称为 10 纳米纤维。核糖体是由 RNA 和蛋白质构成的颗粒结构，直径为 15～25nm，由大、小两个亚基组成，它是细胞内合成蛋白质的场所。

遗传信息的表达分为基因的转录与 mRNA 的翻译两个阶段。在真核细胞中，这两个阶段是时空隔离的。在时间上，转录在先，翻译在后；在空间上，基因的转录、转录的调控、转录后的加工在细胞核中进行，而 mRNA 翻译成蛋白质则是在胞质溶胶中进行的。转录与翻译的时空隔离有利于遗传信息表达的安全。

1.2.3.3　细胞骨架体系

细胞的体积虽小，但细胞内却是热闹非凡，各种生化反应瞬息万变，为了保证细胞生命活动的有序进行，细胞必须维持立体结构，这就需要依靠细胞骨架体系（cytoskeleton system）。细胞骨架是由蛋白质与蛋白质搭建起的骨架网络结构，其主要成分是微管、微丝和中间纤维。细胞骨架分为细胞质骨架和细胞核骨架。

细胞骨架体系的主要作用是维持细胞的一定形态，使细胞得以“安居乐业”。细胞骨架对于细胞内物质运输和细胞器的移动来说又起着交通轨道的作用；细胞骨架还将细胞内基质区域化；此外，细胞骨架还具有帮助细胞移动行走的功能。

细胞骨架另一个重要作用是真核细胞分裂的“助产士”。由于真核细胞中的染色体数量多，在进行细胞分裂时就不能采取细菌细胞分裂时染色体着膜的方式，而是要通过一种新的机制进行染色体的均等分配，即通过纺锤体微管将染色体拉向两极，通过肌动蛋白纤维形成胞质分裂环将细胞分裂开。

1.2.4 原核细胞与真核细胞的比较

原核细胞和真核细胞无论在结构上还是在功能上都有许多相同之处（表 1-2），但真核细胞具有许多原核细胞所没有的特点（表 1-3）。

表 1-2 原核细胞与真核细胞的相同点

序号	内容
1	都具有类似的细胞质膜结构
2	都以 DNA 作为遗传物质，并使用相同的遗传密码
3	都以一分为二的方式进行细胞分裂
4	具有相同的遗传信息转录和翻译机制，有类似的核糖体结构
5	代谢机制相同（如糖酵解和三羧酸循环）
6	具有相同的化学能贮能机制，如 ATP 合酶（原核位于细胞质膜上，真核位于线粒体膜上）
7	光合作用机制相同（蓝细菌与植物相比较）
8	膜蛋白的合成与整合机制相同
9	都是通过蛋白酶体（蛋白质降解结构）降解蛋白质（古细菌与真核细胞相比较）

表 1-3 真核细胞的特点

序号	内容
1	细胞分裂分为细胞核分裂和细胞质分裂，并且分开进行
2	DNA 和蛋白质结合压缩成染色体结构，形成有丝分裂的结构
3	具有复杂的内膜系统和细胞内的膜结构（如内质网、高尔基体、溶酶体、过氧化物酶体、乙醛酸循环体、内体等）
4	具有特异的进行有氧呼吸的细胞器（线粒体）和光合作用的细胞器（叶绿体）
5	具有复杂的骨架系统（包括微丝、中间纤维和微管）

续表

序号	内容
6	有复杂的鞭毛和纤毛
7	具有小泡运输系统（内吞作用和分泌作用）
8	含有纤维素的细胞壁（如植物细胞）
9	利用微管形成的纺锤体进行细胞分裂和染色体分离
10	每个细胞中的遗传物质成双存在，二倍体分别来自两个亲本
11	通过减数分裂和受精作用进行有性生殖

1.3 细胞的基本特性

细胞学说的提出，阐明了生命的同一性，这种同一性是由不同细胞间在结构和功能上的相似性决定的。

1.3.1 细胞结构的基本特性

从细胞类型的讨论中可以看出不同类型的细胞在结构上具有极大的相似性，都具有质膜结构、遗传物质和核糖体。

1.3.1.1 质膜结构

无论是原核细胞还是真核细胞都具有一层界膜，将细胞内环境与外环境隔开。为了能够调节物质进出细胞，并使细胞有最适合的内部环境，膜结构有两个基本的作用：一是在细胞内外起屏障作用，即不允许物质随意进出细胞；二是要在细胞内构筑区室，形成各个功能特区。

被质膜包裹在细胞内的所有生活物质称为原生质，包括细胞核和细胞质。细胞质（cytoplasm）是指细胞内除核以外的原生质，包括透明的黏液状的胞质溶胶（cytosol）及悬浮于其中的细胞器。

植物细胞与动物细胞的一个重要差别是在植物细胞质膜的外面还有一层细胞结构，即细胞壁。在离体条件下细胞壁很容易被酶水解掉，脱去细胞壁的细胞就称为原生质体，所以原生质体是一个工程学的概念。例如，植物细胞和细菌（或其他有细胞壁的细胞）通过酶使细胞壁溶解，得到的是具有质膜的原生质体。动物细胞不具有细胞壁，其本身就相当于原生质体。

1.3.1.2 遗传物质

细胞内最重要的物质就是遗传物质 DNA。在真核细胞中，DNA 被包裹在膜结构，即细胞核中；原核细胞的 DNA 是裸露的，没有核膜包裹，所以称为拟核（nucleoid）。DNA 是遗传信息的一级载体，能够被转录成 RNA，并进行蛋白质的合成，这就是遗传信息流。

现有的研究表明，在生命的进化过程中，最早的遗传物质不是 DNA 而是 RNA，也就是说先出现 RNA，后逐渐进化形成 DNA。由于 DNA 储存遗传信息较 RNA 稳定，复制更精确，并且易于修复，所以它取代 RNA 成为遗传信息的主要载体。为了保证遗传信息的准确传递，RNA 被保留下来，专门负责遗传信息的转录和指导蛋白质的合成。少数原始生命形式的病毒，仍然保留 RNA 作为遗传信息的载体。

1.3.1.3 核糖体

所有类型的细胞，包括最简单的支原体都含有核糖体。真核细胞和原核细胞的核糖体不仅功能相同，在结构上也十分相似，都是由大、小两个亚基组成的，只不过原核细胞的核糖体比真核细胞的核糖体稍小一些。核糖体是蛋白质合成的机器，在细胞遗传信息流的传递中起重要作用。

1.3.2 细胞的生理生化特性

无论何种来源的细胞，都具有基本相似的生理生化反应。

1）细胞能够进行自我增殖与分裂　细胞能够以一分为二的分裂方式进行增殖，动植物细胞、细菌细胞都是如此。为了保证新产生的子细胞具有与亲代相似的遗传性，细胞在分裂前遗传物质要成功进行复制，并在分裂时均等分配给每个子细胞。在多数情况下，分裂而成的两个子细胞在体积上大致相等。在某些情况下，如人的卵母细胞在分裂时，其中有一个子细胞不仅得到一套遗传物质，而且还会得到几乎全部的细胞质，另一个细胞仅仅得到遗传物质。此外，细胞都能利用遗传信息指导细胞物质的合成。

2）细胞都能进行新陈代谢　新陈代谢是细胞的基本活动，包括物质代谢和能量代谢。细胞内有机分子的合成和分解反应都是由酶催化的，即细胞的代谢作用是由酶控制的。

3）细胞具有反应能力　细胞具有对内外环境变化做出反应的能力。例如，单细胞的原生动物，可以避开障碍物或移向营养源；多细胞的动物与植物，通过细胞膜受体与底物的相互作用，对环境做出特异性的反应。细胞具有识别环境中激素、生长因子、细胞外物质，以及其他细胞表面物质的受体，并做出特异性的反应，包括调整代谢活性、细胞移动位置、信号转导等。

1.3.3 细胞的形态差异

细胞具有多种多样的形态（图 1-6），有球形、杆状、星形、多角形、梭形、圆柱形等。多细胞生物体依照细胞在各种组织和器官中所承担的不同功能，分化形成了各种不同的形态。这些不同的形态一方面取决于对功能的适应，另一方面亦受细胞的表面张力、胞质黏滞性、细胞膜坚韧程度，以及微管和微丝骨架等因素的影响。

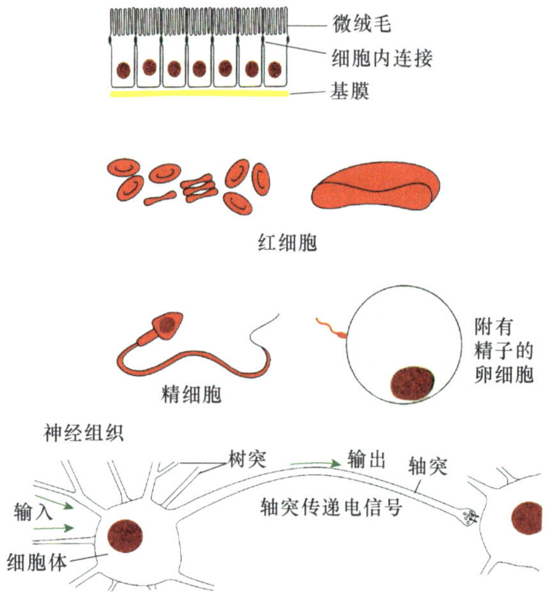

图 1-6 不同的细胞形态（改自 Alberts et al.，1994）。

细胞形态结构与功能的相关性与一致性是很多细胞的共同特点。例如，红细胞呈扁圆形的结构，有利于 O_2 和 CO_2 的交换；高等动物的卵细胞和精细胞不仅在形态上，而且在大小方面都是截然不同的，这种不同与它们各自的功能相适应。卵细胞之所以既大又圆，是因为卵细胞受精之后，要为受精卵提供早期发育所需的信息和相应的物质。这样，卵细胞除了带有一套完整的基因组外，还有很多预先合成的 mRNA 和蛋白质，所以体积就大；而圆形的表面则便于与精细胞结合。精细胞的形态是既细又长，这也是与它的功能相适应的。精细胞对后代的责任仅是提供一套基因组，所以它可以“轻装上阵”；至于精细胞的细尾巴则是为了运动寻靶，尖尖的头部是为了更容易将它携带的遗传物质注入卵细胞。

1.3.4 细胞的大小及体积的恒定

细胞最为典型的特点是在一个极小的体积中形成极为复杂而又高度组织化的结构。典型的原核细胞的直径平均为 1～10μm，而真核细胞的直径平均为 3～30μm，一般为 10～20μm（图 1-7）。

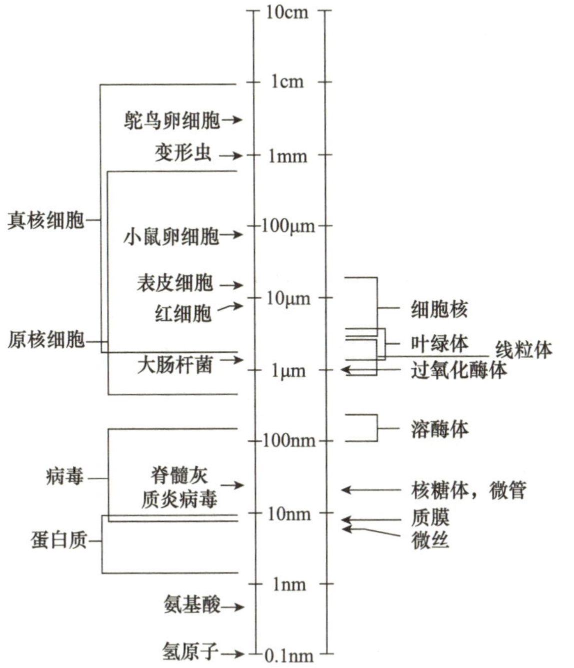

图 1-7 典型的原核细胞、真核细胞、细胞器、病毒和分子的大小（引自 Kleinsmith and Kish，1995）。

某些不同来源的同类细胞的大小变化很大，如人的卵细胞直径只有 0.1mm，而鸵鸟的卵细胞直径则有 0.5cm。但是，来自不同物种的多数同类型细胞的体积一般是相近的，不依生物个体的大小而增大或缩小，如人、牛、马、鼠、象的肾细胞、肝细胞的大小基本相同。因此，器官的大小主要取决于细胞的数量，与细胞的数量成正比，而与细胞的大小无关。

细胞本身的大小是不能随意改变的，细胞体积要维持相对恒定。哺乳动物细胞的体积大小受几个因素的限制，其中一个主要限制因素是体积与表面积的关系。以球形细胞为例（身体内的细胞并非都是球形）计算体积与表面积的关系（图 1-8），结果表明，球形细胞增大，其体积的增加要比表面积的增加大得多。这样，当细胞增大到一定程度时，质膜的表面积就不适应细胞进行内外物质的交换，细胞为了维持一个最佳的生存条件，必须维持最佳的表面积，从而限制了体积的无限增大。

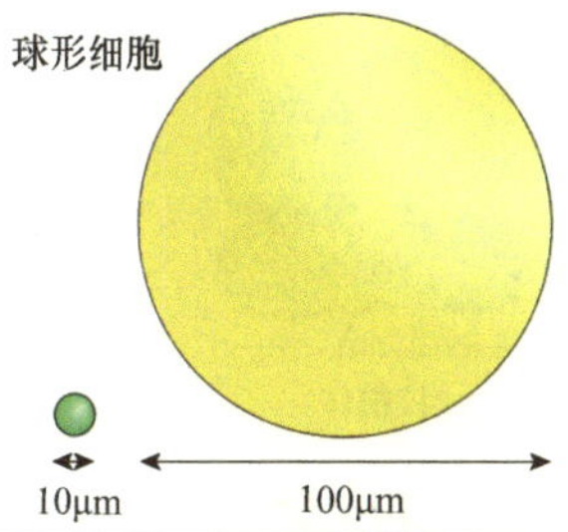

半径	5μm	50μm
表面积($4\pi r^2$)	314μm²	31 400μm²
体积($\frac{4}{3}\pi r^3$)	524μm³	524 000μm³
$\frac{表面积}{体积}$	0.6	0.06

图 1-8 细胞体积与表面积间的关系（引自 Kleinsmith and Kish，1995）。

另一个限制细胞体积的因素是细胞内关键分子的浓度。一些重要的分子在细胞内的拷贝数是很少的，当细胞体积增大时，这些分子的浓度就越来越低，一些重要的生化反应需要一定的分子浓度才能进行，所以细胞内分子浓度就成了限制细胞体积无限增大的另一个因素。真核细胞的体积一般是原核细胞的 1000 倍，真核细胞为了解决细胞内重要分子的浓度问题，出现了特化的内膜系统，使一些反应局限于特定的膜性细胞器内，这样，一些重要反应的分子浓度并没有随细胞体积的增大而被稀释。

细胞不仅对其体积的增大有限制，而且对体积的减小也有限制。据研究，一个生活细胞要维持正常的独立生活功能，最低限度需要 500～1000 种不同类型的酶和蛋白质，这是目前在支原体中所发现的酶和蛋白质的量。而支原体是目前所知最小的原核细胞，它的体积只有 0.2～0.3μm³，仍能完全独立地生存。很显然，细胞体积的最小化受制于维持细胞生命活动所需的酶和蛋白质种类的最低量。

1.3.5 细胞及细胞器的计量单位

有两种计量细胞大小的单位——微米（μm）和纳米（nm）。1μm 等于 10^{-6}m，1nm 等于 10^{-9}m。使用电子显微镜后又提出埃（AngstrÖm，Å）为超显微结构的计量单位，1 埃（Å）等于 0.1nm，但这个单位并不常用。1Å 可粗略地看成是一个氢原子的直径。较大细胞器的直径通常用 μm 表示，如细胞核的直径为 5～10μm，而线粒体的长度大约是 2μm，DNA 的宽度为 2nm（图 1-9）。

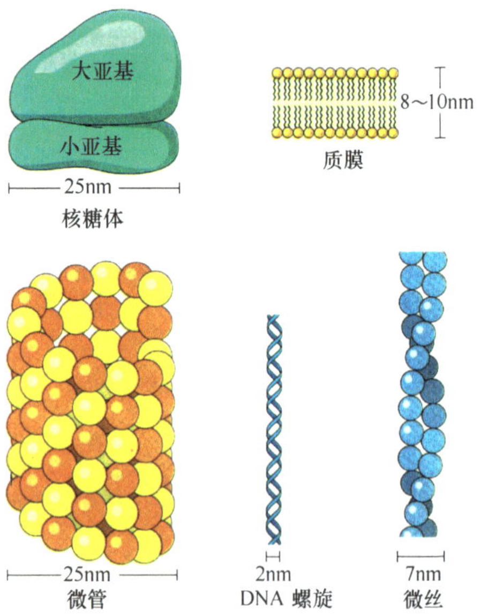

图 1-9 几种细胞结构的大小（引自 Becker et al.，1996）。

1.4 细胞的分子基础

生命是物质的，是一种特殊形式的物质运动，它是物质、能量和信息诸变量在特定时空的“表演”，其运转有赖于生命系统有组织的守时及与空间环境的合拍。

所有的细胞都是由水、蛋白质、糖类、脂类、核酸、盐类和各种微量的有机化合物所组成，表 1-4 为细菌细胞的化学组成。

表 1-4 细菌细胞的化学组成

化学成分	占细胞总质量的比例 /%	每种分子的类型数
水	70	1
无机离子	1	20
糖及其前体	1	250
氨基酸及其前体	0.4	100
核苷及其前体	0.4	100
脂肪酸及其前体	1	50
其他小分子	0.2	约 300
大分子（蛋白质、核酸和多糖）	26	约 3000

1.4.1 水

生命来自水。细胞中水的含量最高，通常占细胞总量的 70%～80%（图 1-10）。细胞中的所有反应都是在水中进行的，所以水是细胞生命活动的介质。

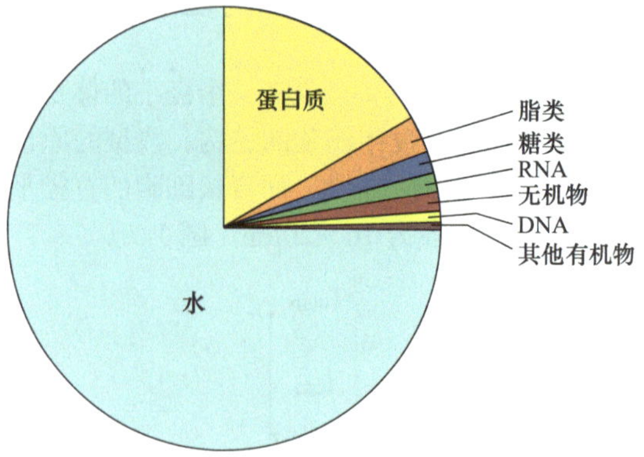

图 1-10 细胞中各主要成分的相对含量（引自 Kleinsmith and Kish，1995）。

相邻水分子间的关系是靠氢键维系的（图 1-11），氢键赋予水分子一些独特的性质，而这些性质对于生活细胞是十分重要的。第一，氢键能够吸收较多的热能，将氢键打断需要较高的温度，所以氢键可维持细胞温度的相对稳定。第二，相邻水分子间形成的氢键使水分子具有一定的黏性，这样使水具有较高的表面密度。第三，水分子间的氢键可以提高水的沸点，这样使它不易从细胞中挥发掉。

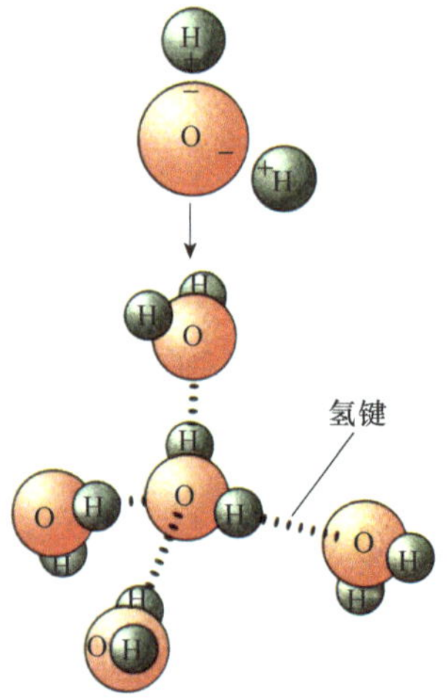

图 1-11 水分子中的氢键（引自 Kleinsmith and Kish，1995）。

水在细胞中既是反应剂也是溶剂。水分子参与生命活动的一些重要反应，在大分子的合成过程中水是产物，而在分解反应中水是反应剂。

由于水是极性分子，所以水除了作为反应剂外，还是各种极性有机分子和离子的最好溶剂，主要是靠氢键的形成使这些分子和离子得以溶解（图 1-12）。

细胞中的水以两种形式存在：游离水和结合水。游离水是细胞代谢反应的溶剂；结合水则是以氢键和蛋白质结合的水分子，占细胞内全部水的4.5%，是原生质结构的一部分。

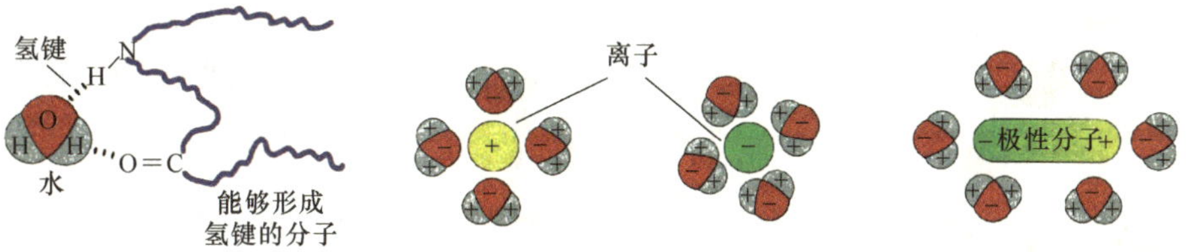

图 1-12 水的溶剂作用（引自 Kleinsmith and Kish，1995）。

1.4.2 无机盐

无机盐是细胞的重要成分，并且是维持细胞生存环境的重要物质。根据无机元素在细胞内的作用分为四大类：①大分子的结构成分，主要是C、H、N、O、P、S等；②各种酶反应所需的离子，主要是Ca^{2+}、Cu^{2+}、Mg^{2+}、K^+、Na^+、Cl^-等；③各种酶活性所需的基础微量元素，包括Co、Cu、Fe、Mn、Zn等；④某些生物需要的特殊微量元素，如I、Cs、Br等。

无机元素的功能有：维持细胞内的pH和渗透压，以保持细胞的正常生理活动；同蛋白质结合组成具有特定功能的结合蛋白，参与细胞的生命活动；作为酶反应的辅助因子。

1.4.3 有机分子

细胞内有4类有机小分子：单糖、脂肪酸、氨基酸和核苷酸。细胞内的有机小分子约占细胞总有机物的1/10，但却有许多不同的种类。有机大分子则包括多糖、蛋白质、DNA、RNA等。糖可与蛋白质结合形成糖蛋白或蛋白聚糖。

1.4.3.1 单糖与多糖

糖（sugar）是一类称之为碳水化合物的有机分子，由碳、氢、氧按1∶2∶1的比例构成。简单的糖，或称单糖（monosaccharide）是最小的糖，仅含三个碳，但在生物体内常见的是五碳糖（pentose，戊糖）或六碳糖（hexose，己糖）。自然界最常见的六碳糖是葡萄糖，是较简单的糖，也是细胞的主要营养物质，它经过一系列氧化反应释放出能量，最终生成水和CO_2。

除了葡萄糖，还有其他几种己糖在生物大分子糖构建中起重要作用（图 1-13）。虽然这些糖都含有6个碳原子，但是它们的羟基（—OH）或醛基是不同的。五碳糖也是重要的单糖，是核苷酸的重要组成部分。

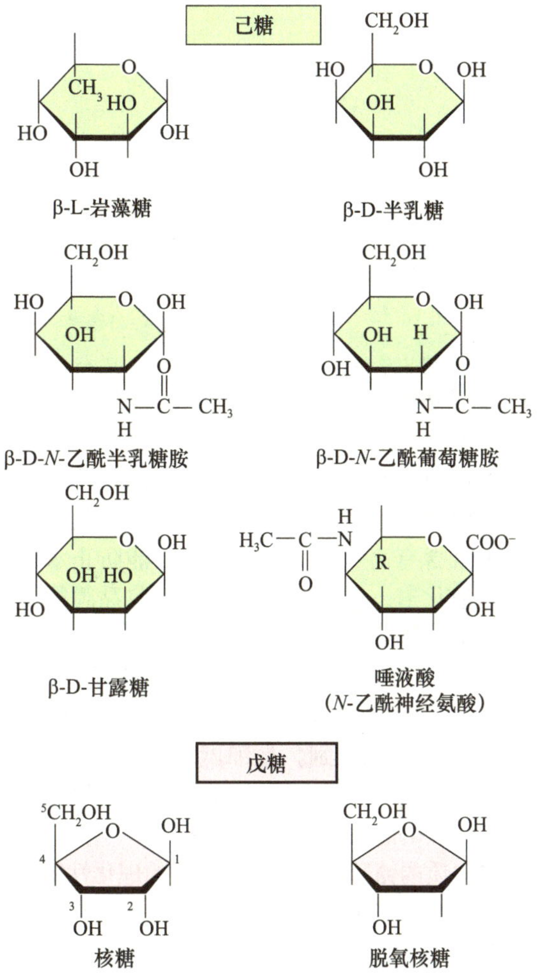

图 1-13 某些重要的单糖（引自 Kleinsmith and Kish，1995）。

单纯的多糖由多个葡萄糖残基组成，如动物细胞中的糖原和植物细胞中的淀粉，它们是细胞内贮存的营养物质，提供细胞代谢所需的能源（图 1-14）。

多糖（polysaccharide）是细胞的重要支持材料，是细胞壁的主要结构成分。青霉素之所以能够抑制革兰氏阳性菌的生长，就是阻止了细胞壁中特殊糖链的形成。

糖同蛋白质结合形成糖蛋白。在哺乳动物的组织、体液及分泌物中都有糖蛋白，不同的糖蛋白具有不同的功能。植物的糖蛋白一部分与细胞壁的多糖结合，另一部分以可溶的形式存在。

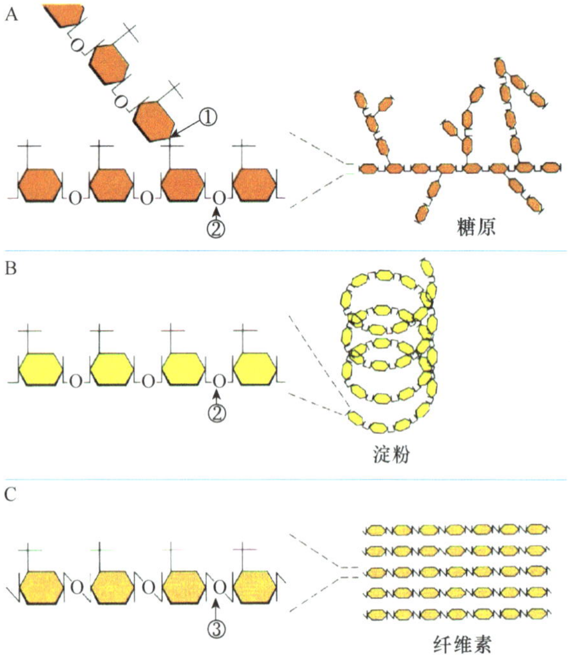

图 1-14 相同的单糖构成不同的多糖（引自 Karp，1996）。圆圈数字箭头表示三种不同的连接方式。

糖蛋白及其糖链具有很多重要的作用：①作为机体内外表面的保护剂及润滑剂，如鱼体表面黏液中就含有高唾液酸的糖蛋白，能防止水分的丧失。消化道、呼吸道、尿道等体腔黏膜能帮助运输，保护体腔不受机械、化学损伤和微生物感染及润滑等功能；②作为载体与维生素、激素、离子等结合，有助于这些物质在体内转移和分配；③参与细胞识别，是细胞识别的重要分子。几乎所有动物细胞表面都有少量糖，它的作用好比是细胞联络的文字或语言。

蛋白质的糖基化对蛋白质分子的理化性质有很大影响。①溶解度。糖基化往往使蛋白质在水中的溶解度增大。但是，若糖链增长到一定程度，由于相对分子质量增大和形成高级结构，亦会出现憎水性增加的现象。②电荷。氨基糖解离后，应带正电荷。但是，天然存在的氨基糖的氨基都被 *N*-乙酰基取代，实际上相当于中性糖。许多糖链上有唾液酸或糖醛酸，解离后带负电荷，所以糖基化可能使蛋白质增加许多负电荷。

蛋白质的糖基化对蛋白质的生物功能也有很大影响。在迄今已知的上千种蛋白质中，50% 以上是糖基化的。许多糖蛋白具有酶、激素、抑制剂等各不相同的生物活性，相当一部分糖蛋白，其分子中糖链是实现生物功能所必需的，去除或破坏糖链会使它们失去生物功能。但某些糖蛋白，去除糖链对其生物功能不会造成影响。

一些糖蛋白中的糖链通过增强蛋白质对热变性和蛋白水解酶的抗性，间接增强糖蛋白的生物学功能。

糖基化对蛋白质合成后加工和运输的影响也是很大的。例如，艾滋病病毒的外壳糖蛋白 gp120 和 gp41 就是由前体蛋白分子 gp160 加工而来的，这种切割加工的信号就是 *N*-乙酰氨基乳糖型糖链。

1.4.3.2 脂

与糖、氨基酸等的概念相比，脂（lipid）不是一类单一的化学分子，而是一类不溶于水、可被辛烷从细胞中提取出来的化学物质。细胞内常见的有以下 6 类脂（图 1-15）。

脂肪酸（fatty acid）是最简单的脂，它是细胞的重要能源来源，按质量比计算，脂肪酸分解产生的能量相当于葡萄糖所产生能量的 2 倍。脂肪酸在细胞内最重要的功能是构成细胞结构，是细胞质膜的主要组分。脂肪酸具有长的碳链，末端含有羧基团（—COO^-），细胞中大多数具有重要作用的脂肪酸都含有偶数碳原子，最长的脂肪酸长度含有 24 个碳原子。细胞内几乎所有的脂肪酸分子都是通过它们的羧酸基团与其他分子共价连接。不饱和脂肪酸含有双键，饱和脂肪酸则不含双键。各种脂肪酸的碳氢链长度及所含碳-碳双键的数目和位置的不同，决定了它们不同的化学特性。

三酰甘油（triacylglycerol），俗称脂肪（fat），系指与甘油相连接的脂。甘油是三碳糖还原的衍生物。三酰甘油是细胞内储存脂肪的最好形式，可作为很好的能源以备细胞之需。在动物细胞中三酰甘油储存在脂肪细胞中，在脂肪细胞质中，几乎被脂肪滴所占据。

磷脂（phospholipid），与极低水溶性的三酰甘油相比，磷脂的骨架中含有水溶性的磷酸基团，因此磷脂是两亲性的分子，既亲水又疏水。磷脂可通过磷酸基团与甘油或长链的鞘氨醇（sphingosine）相连。磷脂是细胞质膜的主要结构成分。

糖脂（glycolipid）是鞘氨醇的衍生物，分子中一个糖取代了磷酸基团。由于糖是水溶性的，所以糖脂也是两亲性的。糖脂是某些膜的重要成分，特别是植物细胞与神经细胞的膜。

类固醇（steroid）是四元环，即菲（phenanthrene）构成的化合物，因此，类固醇的结构与其他的脂类有很大的不同。有些类固醇是激素，有些类固醇（如维生素 D）可调节肠中钙的吸收，胆固醇在动物细胞中不仅是细胞质膜的成分，也是其他类固醇合成的前体。

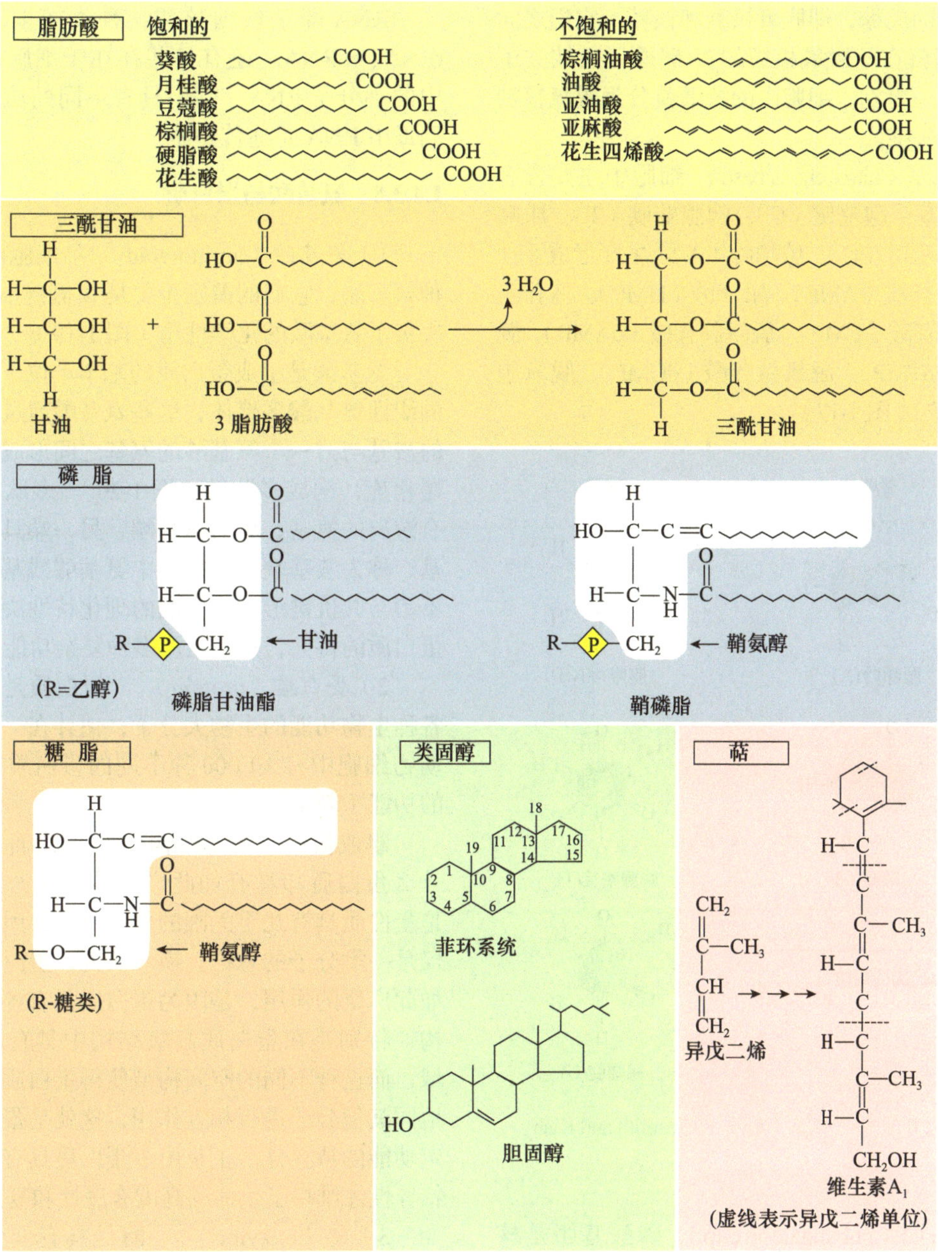

图 1-15　细胞内 6 类不同的脂（引自 Kleinsmith and Kish，1995）。

萜（terpene）是由五碳的异戊二烯构成的脂。异戊二烯和它的衍生物与不同的化合物结合生成各种底物，如维生素 A、辅酶 Q、类胡萝卜素等，尽管结构相似，功能却有很大不同。

1.4.3.3　核苷酸与核酸

核酸（nucleic acid）是储存与传递遗传信息的载体，核苷酸（nucleotide）是组成核酸的基本单位，每个核苷酸分子由一个戊糖（核糖或脱氧核糖）、一个含氮碱基（嘧啶或嘌呤）和一个磷酸脱水缩合而成（图 1-16）。

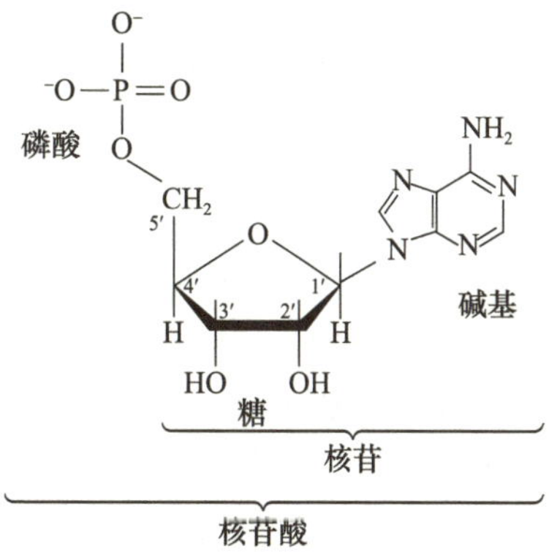

图 1-16　核苷酸的组成单位（引自 Kleinsmith and Kish，1995）。

五碳糖（five-carbon sugar），即戊糖。核酸中

有两类不同的戊糖，即脱氧核糖和核糖。它们之间唯一的差别就在于脱氧核糖的2′-碳原子上缺失了氧。由于这一差别，细胞内的核酸就分为脱氧核糖核酸与核糖核酸。

含氮碱基（nitrogenous base）。细胞中主要含有5种含氮碱基：胞嘧啶（C）、胸腺嘧啶（T）、尿嘧啶（U）、鸟嘌呤（G）、腺嘌呤（A）。主要形成8种核苷酸：腺苷酸（AMP）、尿苷酸（UMP）、鸟苷酸（GMP）、胞苷酸（CMP）、脱氧腺苷酸（dAMP）、脱氧胸苷酸（dTMP）、脱氧鸟苷酸（dGMP）、脱氧胞苷酸（dCMP）（图 1-17）。

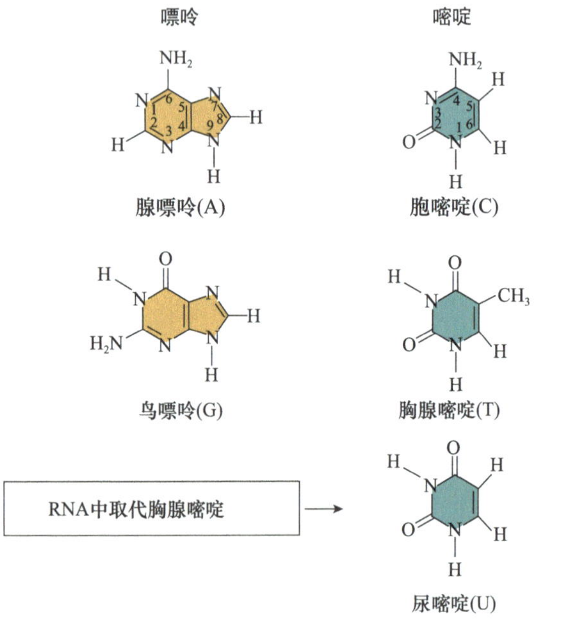

图 1-17　核苷酸中的碱基（引自 Kleinsmith and Kish，1995）。

磷酸基团（phosphate group）。磷酸基团是核苷酸中的第三种成分，它与五碳糖连接，并将核苷酸相互连接形成核酸。磷酸基团是强酸，这就是为何将 DNA、RNA 称之为“酸”（acid）。

核苷酸除组成脱氧核糖核酸（DNA）和核糖核酸（RNA）外，有些核苷酸在细胞内起重要作用。例如，三磷酸腺苷（ATP）是细胞内化学能的载体，参与细胞内化学反应间能量传递。环腺苷酸（cAMP）是含嘌呤环状磷酸衍生物，作为细胞内通讯的信号分子，控制细胞内许多不同反应的速度。

脱氧核糖核酸即 DNA 分子，是遗传物质，只有一种类型，其结构是双螺旋的（图 1-18）。

RNA 即是核糖核酸，种类较多，有 tRNA、rRNA、mRNA。还有一些存在于细胞核和细胞质中的小分子 RNA，它们具有不同的功能，在某些病毒中 RNA 是遗传物质。

1.4.3.4　氨基酸与蛋白质

1）氨基酸（amino acid）　细胞内主要有 20 种氨基酸，它们的差别主要是 R 侧链不同，R 侧链决定了氨基酸的化学性质（图 1-19）。

氨基酸是组成蛋白质的基本单位，蛋白质是长的线性氨基酸多聚体，这些氨基酸通过一个氨基酸的羧基与另一个氨基酸的氨基之间形成的肽键而首尾相连，构成多肽链（图 1-20）。多肽链的一端具有游离的氨基，称为氨基端，另一端具有游离的羧基，称为羧基端。多肽链中氨基酸残基的侧链通常不参与共价键形成，它们的理化特性决定了所组成蛋白质的特性，是蛋白质多种复杂功能的基础。

2）蛋白质（protein）　蛋白质是细胞内行使各种生物功能的生物大分子，估计在一个典型哺乳动物细胞中有 10 000 种不同的蛋白质执行着不同的功能（表 1-5）。

组成蛋白质的基本构件只是 20 种氨基酸，为什么蛋白质却具有如此广泛的功能？其根本原因是蛋白质具有几乎无限的形态结构，因此蛋白质仅仅是一类分子的总称。换句话说，蛋白质之所以有如此广泛的作用，是因为蛋白质具有各种不同的结构，特别是在蛋白质高级结构中具有不同的结构域，而这种不同的空间构型使得蛋白质能够有选择地同其他分子进行相互作用，这就是蛋白质结构决定功能的特异性。正是由于蛋白质具有如此广泛的特异性才维持了生命的高度有序性和复杂性。

3）酶（enzyme）　酶是具有催化功能的蛋白质。它们能够与底物结合，将底物转变成一个或多个经修饰的产物，并且可极大地提高反应速度，保持细胞内温度的相对恒定。所以，酶是一种生物催化剂，维持细胞生命的正常进行。表 1-6 列出了细胞内一些重要的酶及其催化的反应。

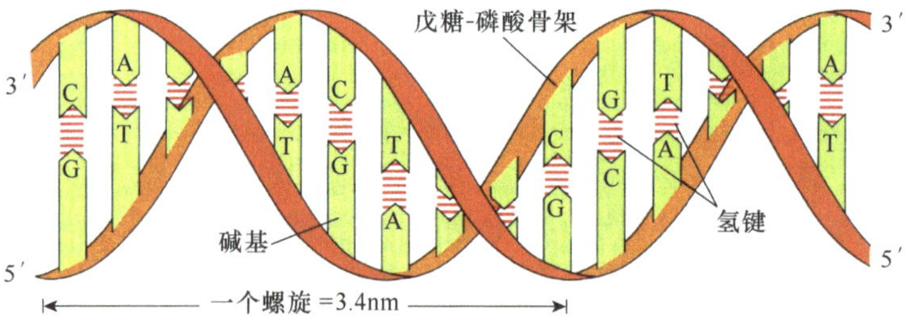

图 1-18　DNA 的结构。

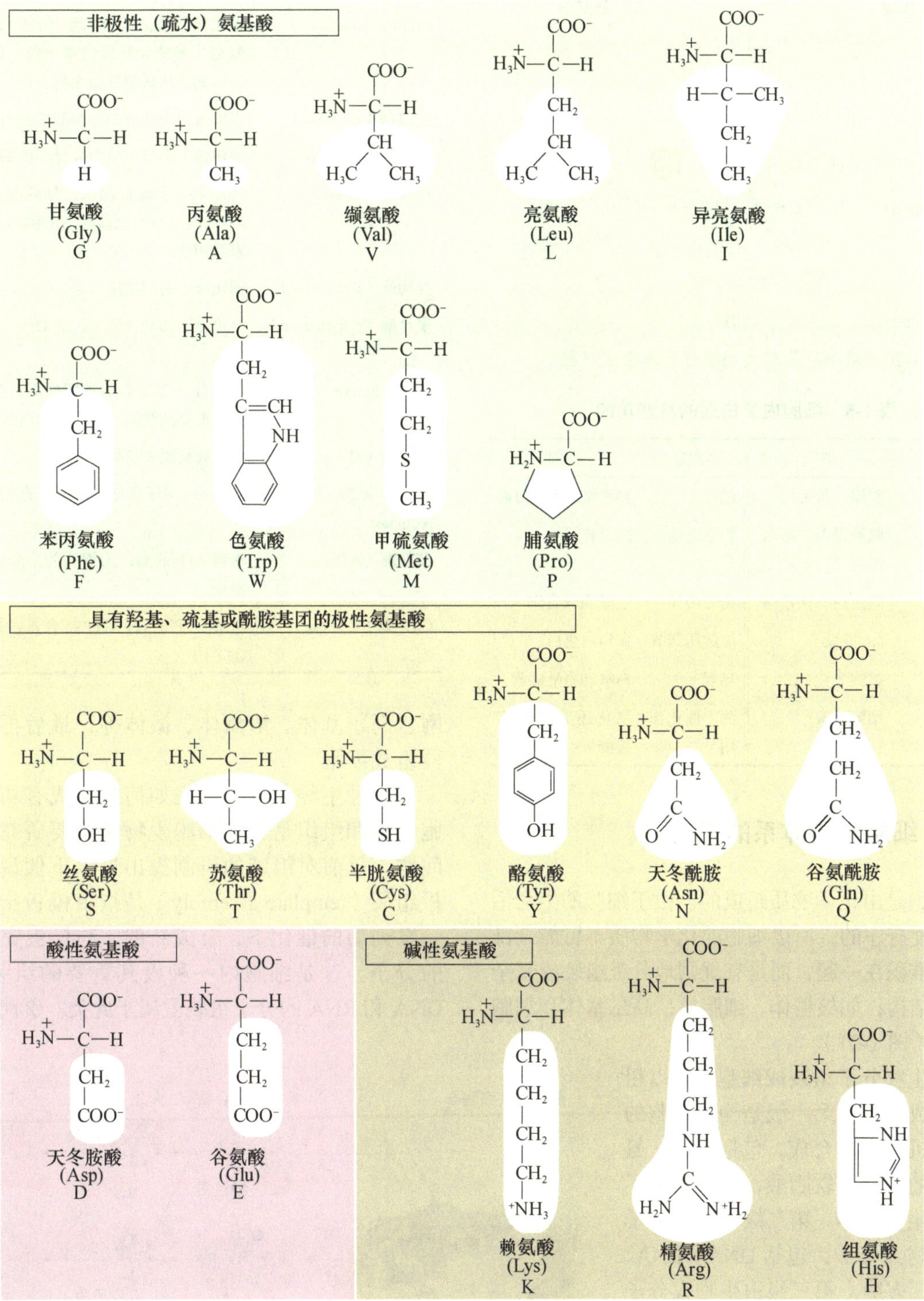

图 1-19 20 种氨基酸的结构。

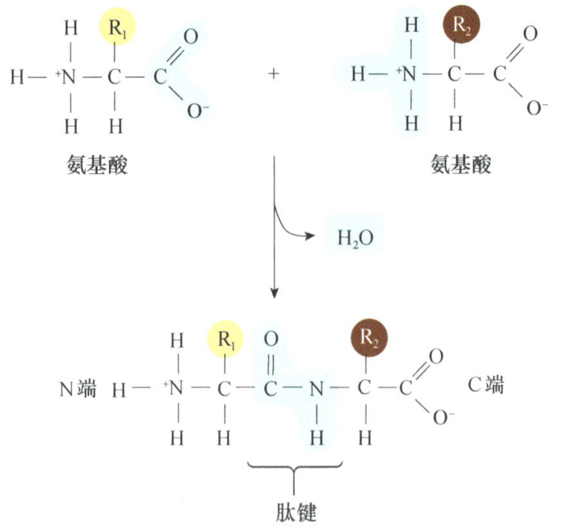

图 1-20 两个氨基酸之间通过脱水形成肽键。

表 1-5 细胞内蛋白质的某些功能

功能	举例	功能	举例
结构材料	胶原、角蛋白	激素	胰岛素、生长激素
运动	肌动蛋白、肌球蛋白	物质运输	Na^+-K^+泵
营养储存	酪蛋白、铁蛋白	信号传导	乙酰胆碱受体
基因调控	*lac* 操纵子	渗透压调节	血清白蛋白
免疫作用	抗体	毒素	白喉和霍乱毒素
电子转移	细胞色素	酶（催化作用）	氧化还原酶、连接酶等

表 1-6 细胞内某些常见的酶

酶	催化的反应
水解酶（hydrolase）	催化切割水解反应的酶，如核酸酶与蛋白酶
核酸酶（nuclease）	催化核苷酸之间键水解的酶。核酸内切酶是从多核苷酸链内部水解，而核酸外切酶则是从末端开始水解
蛋白酶（protease）	水解蛋白质肽链中氨基酸残基间的肽键
合成酶（synthase）	催化两个小分子成为大分子的酶
连接酶（ligase）	将两个分子连接起来，是耗能过程，如 DNA 连接酶通过磷酸二酯键将两个分子末端相连
异构酶（isomerase）	催化分子内的重排
聚合酶（polymerase）	催化分子的聚合反应，如 DNA、RNA 的合成
激酶（kinase）	催化分子添加磷酸基团的酶，蛋白质激酶是重要的激酶，催化蛋白质磷酸化
磷酸酶（phosphatase）	催化底物脱去磷酸的酶
氧化-还原酶（oxido-reductase）	催化一个分子氧化、另一分子还原的反应
ATP 酶（ATPase）	水解 ATP 的酶，为细胞的生命活动提供能量
GTP 酶（GTPase）	水解 GTP 的酶，GTP 结合蛋白是一大类 GTP 酶

1.4.4 细胞结构体系的组装

细胞是由化学物质组成的。由于细胞的生命活动是高度有序的，所以细胞的化学物质不可能杂乱无章地堆积在一起，而是有规则地分级组装成复杂的细胞结构，如核糖体、细胞核、高尔基体和细胞骨架等（图 1-21）。

由生物分子组装成细胞，可以粗略地分成四级。第一级是构成细胞的较小有机分子的合成，包括碱基、氨基酸、葡萄糖、软脂酸，这些构成了细胞的化学单体。第二级由单体分子合成生物大分子，包括 DNA、RNA、蛋白质、多糖。第三级由生物大分子进一步合成超分子的高级结构，如细胞质膜、染色质、多糖、微丝等。第四级由超级生物大分子组装成具有空间结构和生物功能的细胞器，如细胞核、线粒体、叶绿体、内质网、高尔基体、溶酶体、微体等，最后再由细胞器组成细胞。

各种生物大分子到底如何组装成有功能的细胞结构和组织是当前细胞生物学所要研究的基本问题，目前对组装的机制提出过以下假说。①模板组装（template assembly）是指由模板指导，在一系列酶的催化下，合成新的、与模板完全相同的分子。这是细胞内一种极其重要的组装方式，DNA 和 RNA 的分子组装就属于此类。②酶促组装

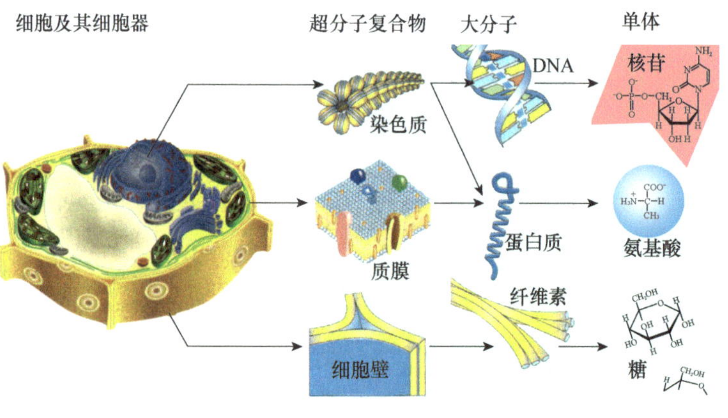

图 1-21 植物细胞的化学组装（引自 Nelson and Cox，2013）。

（enzymatic assembly）是指相同的单体分子在不同的酶系作用下，生成不同的产物。例如，以葡萄糖为原料既可合成纤维素，也可合成淀粉，就看进入哪条酶促反应途径。③自组装（self-assembly）是指生物大分子借助本身的力量自行装配成高级结构，现代的概念应理解为不需要模板和酶系的催化，以别于模板组装和酶效应组装。其实，这些假说还远远不能解释组装的真正机制，有待于进一步研究。

细胞内大分子组装的概念已不仅仅指生物分子如何组装成细胞结构和细胞器，越来越多的实验证据表明，细胞内许多代谢活动往往是以蛋白质与蛋白质，或蛋白质与核酸、蛋白质与磷脂组装成特定的复合物，这些复合物构成细胞结构体系的结构基础与功能单位，如DNA和组蛋白组装成的核小体是染色质结构的基本单位。

随着分子生物学研究的深入，人们更多地注意反应复合物的组装及其在生命活动中的作用，如DNA复制的引发体（primosome）、转录起始复合物、RNA加工时形成的剪接体（spliceosome）、着丝粒和动粒等的组装。另外，三羧酸循环的酶系、叶绿体光合作用的两大复合物、线粒体的电子传递链等都是蛋白质组装成的反应复合物。

在生命活动中，随着细胞周期的进行和细胞代谢状态的不同，各种反应复合物，包括细胞器乃至整个细胞都要不断进行组装和去组装。因此，细胞生命活动的基础是细胞组装活动，而这些组装活动又不能简单地归结于分子水平的活动，这就是为什么不能仅靠分子生物学而要靠细胞生物学解决生命科学问题的缘由。

1.5 病毒——非细胞的生命体

细胞虽然是地球上主要的生命形式，但并非是唯一的生命体，病毒也是生命体，但它却不具有细胞结构。

1.5.1 病毒概述

“病毒”（virus）一词来自拉丁语，意思是“毒物”（poison）。其含义随着研究的深入，对其本质的认识与理解不断发生变化。1892年Ivanowsky将烟草花叶病毒（TMV）称为滤过性致病因子，即是指一类可以通过细菌滤器的病原体。同时强调这种病原体由于体积太小，而不能用光学显微镜进行观察，但在活体细胞中增殖可引起感染个体致病。1957年，Lwoff将病毒定义为一类严格具有细胞内寄生和潜在感染性的病原体，并且指出病毒只有一种类型的核酸。19世纪60～70年代，病毒被定义为在化学组成和繁殖方式上不同于其他微生物，只能在宿主细胞内进行复制的一类最小的微生物。

1.5.1.1 病毒的大小与形态结构

大多数已知的病毒都是非常小的，比细胞小得多，直径为20～300nm。引起小儿麻痹症的脊髓灰质炎病毒（poliovirus）的直径约30nm，相当于核糖体的大小；引起天花的痘病毒（poxvirus）体积较大，长为300nm，宽为200nm。

大多数病毒不仅体积小，而且基因组也很小。但是近几年发现了巨型病毒，如2004年发现的米米病毒（Mimivirus）；2011年发现的巨大病毒Megavirus；2013年发现的潘多拉巨型病毒（Pandoravirus），长约1μm、宽约0.5μm，比某些细菌和真核细胞都大。

病毒没有细胞结构，仅由蛋白质外壳和核酸的核组成。包围在核酸的核（core）外层蛋白质称为衣壳（capsid）。病毒的形态各异，有正二十面体的，有柱形的，也有丝状的（图1-22）。

1.5.1.2 病毒的衣壳蛋白与核酸

病毒的衣壳是一种保护性的蛋白质包被（coat），由称为壳粒（capsomer）的蛋白质亚基组成，壳粒决定了病毒的形态。衣壳的形态通常有螺旋对称、多面体对称，有些病毒的衣壳兼具螺旋对称与多面体对称的结构，这样的结构被称为复合型。螺旋对称的病毒，如烟草花叶病毒（tobacco mosaic virus，TMV），它是长杆形、中空的圆柱体，RNA位于圆柱体的空穴中。多面体的病毒，如腺病毒（adenovirus），看起来像一个球形，它的壳粒是正二十面对称的，每一面都是正三角形。感染大肠杆菌的病毒——T4噬菌体由正二十面对称的头与螺旋对称的尾部组成。但需要注意的是，并不是所有的病毒的衣壳都可以被划分为这三类。蛋白质组成的衣壳，不仅仅起到了保护病毒遗传物质的作用，也参与病毒的感染过程。

有些病毒衣壳的外面被一层由脂质和糖蛋白组成的包膜（envelope）包裹着，如流感病毒、艾滋病病毒，将此类病毒称作囊膜病毒（enveloped virus），没有包膜的则称作裸露病毒（naked virus）。通常，囊膜病毒的包膜来自宿主细胞的质膜：成熟病毒从细胞出芽释放时，利用细胞质膜作为包膜将

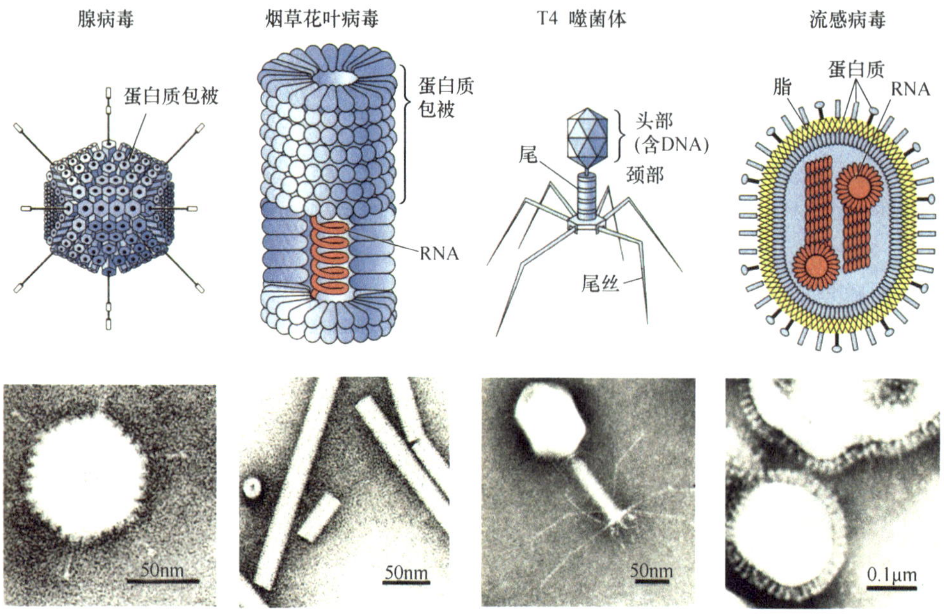

图 1-22　常见病毒的形态和结构（引自 Kleinsmith and Kish，1995）。上半部分是结构模式图，下半部分是电子显微镜照片。

自己包裹起来。有趣的是，病毒在出芽释放前，会利用宿主核糖体指导合成一些病毒特异的蛋白质，并将之插入到将要出芽的细胞质膜区，因此，病毒的包膜既含有宿主细胞质膜的磷脂和蛋白质，又含有病毒基因编码的蛋白质。病毒基因编码的某些包膜糖蛋白可伸出膜外，形成突起（spike），这些糖蛋白突起在新一轮对宿主的感染中起重要作用。图 1-23 是囊膜病毒形成的示意图。

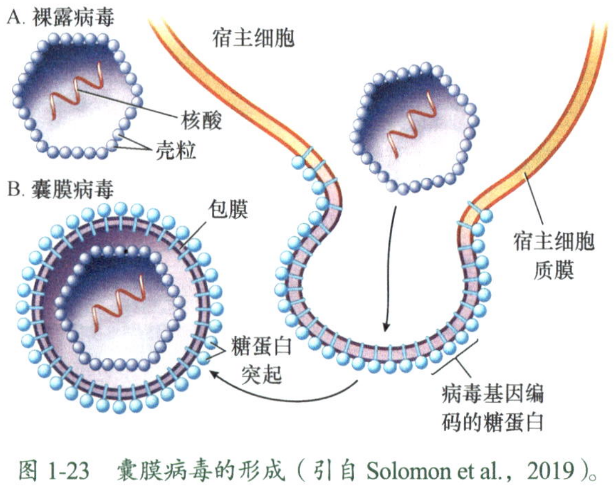

图 1-23　囊膜病毒的形成（引自 Solomon et al.，2019）。

1.5.1.3　病毒的遗传物质

病毒的生命特征体现在具有遗传物质，但由于没有将遗传物质转录表达的细胞机器，所以它只能借助于宿主的基因表达系统，繁衍生息。

病毒的遗传物质可以是 DNA，也可以是 RNA，同时又区分为单链与双链，即单链 DNA（ssDNA）、双链 DNA（dsDNA）、单链 RNA（ssRNA）和双链 RNA（dsRNA）四种。在病毒单链 DNA 或 RNA 中还有极性（polarity）的不同，就单链 DNA 来说，与 mRNA 序列相同的 DNA 称为正单链 DNA（+ssDNA），与 mRNA 序列互补且为转录模板的单链 DNA 称为负单链 DNA（−ssDNA）。病毒单链 RNA 如果能够直接作为编码合成蛋白质的模板链或 mRNA 即为正单链 RNA（+ssRNA），与 mRNA 序列互补的单链 RNA 则为负单链 RNA（−ssRNA）。

1.5.2　病毒的生命周期与感染

病毒不但没有细胞结构，而且还没有遗传表达系统，所以不能独立生存，只能在宿主细胞中进行增殖。所谓宿主（host）细胞，就是被病毒感染后，由病毒接管遗传表达系统，为病毒生命周期活动提供全套“服务”的生活细胞。

1.5.2.1　病毒的生命周期

病毒的生命周期（life cycle）是指病毒从对宿主细胞的识别吸附到最后释放出子代病毒的完整过程。病毒的生命周期一般包括以下 5 个基本过程。

1）吸附（adsorption）　病毒对细胞的感染起始于病毒蛋白质外壳同宿主细胞表面特殊的受体结合，受体分子是宿主细胞膜或细胞壁的正常成分。由于病毒感染的受体不同，决定着病毒感染的特异性。

2）侵入（penetration） 病毒吸附到宿主细胞表面之后，将它的核酸注入宿主细胞内。病毒感染细菌时，用酶将细菌的细胞壁穿孔后注入病毒核酸；对动物细胞的感染，不同的病毒有不同的侵入方式，如流感病毒通过胞吞作用，而艾滋病病毒则直接与细胞质膜融合。

3）复制（replication） 病毒核酸进入细胞后有两种去向：一是病毒的遗传物质整合到宿主的基因组中，形成溶原性病毒；第二种情况是病毒 DNA（或 RNA）利用宿主的酶系进行复制和表达。

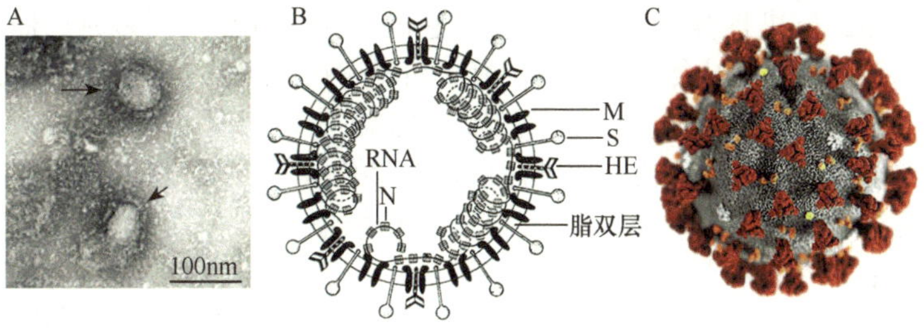

图 1-24 冠状病毒的形态结构。A. 中国国家病原微生物资源库发布的 SARS-CoV-2 病毒的电镜照片（箭头处）。B. 冠状病毒包膜及突起蛋白。图中 N 表示核衣壳蛋白。C. 冠状病毒的形态。

4）成熟（maturation） 一旦病毒的基因进行表达，就可合成病毒装配所需的蛋白质外壳，并将病毒的遗传物质包裹起来，形成成熟的病毒颗粒。

5）释放（release） 病毒颗粒装配之后，它们就可从被感染的细胞中释放出来进入细胞外，并感染新的细胞。有些病毒释放时要将被感染的细胞裂解，有些则是通过分泌的方式进入细胞外。

1.5.2.2 冠状病毒

2003 年发生的严重急性呼吸综合征（severe acute respiratory syndrome，SARS）、2012 年的中东呼吸综合征（middle east respiratory syndrome，MERS）、2019 年发生的 2019 冠状病毒病（Corona Virus Disease 2019，COVID-19），都是由冠状病毒感染引起的呼吸系统综合征。

1）冠状病毒概述 冠状病毒（Coronavirus）是一种具有包膜的正链单股 RNA 病毒。冠状病毒最先是 1937 年从鸡身上分离出来，1965 年分离出第一株人的冠状病毒。由于在电子显微镜下可观察到其外膜上有明显的棒状粒子突起，使其形态看上去像中世纪欧洲帝王的皇冠，因此命名为“冠状病毒”。

冠状病毒直径为 60～200nm，平均直径为 100nm，呈球形或椭圆形，具有多形性。冠状病毒的基因组全长 27～32kb，是目前已知 RNA 病毒中基因组最大的病毒。冠状病毒具有包膜，包膜上有蛋白质突起，包括三种糖蛋白：突起蛋白（spike protein，S）、包膜蛋白（envelope protein，E）和膜蛋白（membrane protein，M），少数种类还有血凝素酯酶（haemaglutinin-esterase，HE）（图 1-24A）。S 蛋白在识别宿主细胞表面受体、介导病毒包膜与细胞膜融合的过程中起关键作用；M 蛋白则参与了病毒包膜的形成与出芽过程；HE 蛋白则是构成包膜的短凸起，可能与冠状病毒早期吸附有关，某些冠状病毒的 HE 蛋白可引起红细胞的凝集及对红细胞的吸附。

冠状病毒仅感染脊椎动物，与人和动物的多种疾病有关，可引起人和动物呼吸道、消化道和神经系统疾病。该病毒引起的感染主要发生在冬季和早春。

世界卫生组织将 2019 年暴发的冠状病毒病命名为“COVID-19”，将新型冠状病毒命名为“SARS-CoV-2”。图 1-24 显示了冠状病毒的形态结构特征。

冠状病毒主要通过飞沫和接触传播，近距离密切接触可发生人际间传播。在密闭、通风不良的空间里，有可能通过气溶胶传播。可感染人类的冠状病毒主要引起上呼吸道感染症状，如鼻塞、打喷嚏和流鼻涕等，在温带地区，主要发生在冬季，在亚热带地区，一年四季都会发生，以春季和秋季常见。除上呼吸道感染外，冠状病毒还可引起严重的呼吸道感染，如重症肺炎，尤其是在儿童、老年人和免疫力低下的人群中。

冠状病毒对热较为敏感，病毒在 4℃合适维持液中为中等稳定，−60℃可保存数年，但随着温度的升高，病毒的抵抗力下降，如 SARS-CoV-2 于 37℃可存活 4 天，56℃加热 90min、75℃加热 30min 能够灭活病毒。

冠状病毒对有机溶剂和消毒剂敏感，75% 乙醇、乙醚、氯仿、甲醛、含氯消毒剂、过氧乙酸和紫外线均可灭活病毒。

2020 年 2 月 29 日《中国-世界卫生组织新型冠状病毒肺炎（COVID-19）联合考察报告》发布。报告认为 SARS-CoV-2 病毒是一种动物源性病毒，蝙蝠似乎是该病毒的宿主，但中间宿主尚未查明。该病毒具有冠状病毒家族的典型特征，属于 β 型冠状病毒。

报告认为 SARS-CoV-2 病毒是一种新出现的病

原体，传染性强、传播速度快。它既不是SARS，也不是流感。从传播途径看，冠状病毒病在无防护下通过飞沫和密切接触在感染者和被感染者之间发生传播，在医疗机构中或可存在因医疗操作产生气溶胶而发生空气传播的可能，粪-口传播似乎并不是主要传播方式。

2）冠状病毒感染的治疗　从细胞生物学角度来说，对于病毒感染的疾病的治疗，主要靠自身免疫与辅助治疗。

（1）自身免疫治疗。所谓自身免疫，就是依靠自身的免疫系统。俗话说，“兵来将挡，水来土掩”。人体不仅有精妙绝伦的各种生命活动的组织与器官，而且有维持生命活动的安全保障系统，称为免疫系统（immune system）。在该系统中有各种抗击入侵病毒的免疫细胞，包括巨噬细胞、树突状细胞、T淋巴细胞，以及B淋巴细胞等。这些细胞能够识别各种入侵病原体，并启动相应的应急机制，帮助身体转危为安。需要强调的是，自身免疫系统的战斗力受“主人”精神状态的影响极大，在受到病毒感染时，患者要保持乐观的情绪，有必胜的信心，这是给自身免疫系统最大的支持，个人的良好精神状态，会通过人体细胞的信号传导系统传递到免疫系统。

（2）药物辅助治疗。当有病毒入侵时，用药物进行辅助治疗是必要的，特别是对年老体弱、有其他基础疾病的患者尤为重要。药物辅助治疗主要是为免疫细胞提供一些物质支持，如在抗病毒的治疗中，给患者使用干扰素（interferon，IFN）就是一个很好的药物辅助的例子。干扰素虽然不能直接灭活病毒，但是具有免疫调节作用，可以提高免疫力。另外，中药在冠状病毒感染的治疗中也发挥一定作用。

3）冠状病毒感染的预防　冠状病毒感染的预防措施至关重要的是关闭野生动物交易。国际知名病毒学家、美国哥伦比亚大学Lipkin教授2020年1月曾呼吁：目前已知的传染病70%来源于野生动物，人类需要关闭野生动物交易市场，并且对野生动物、家畜、屠宰行业进行持续的监控。Lipkin担忧地说，目前已经发现了大约2000多种的致命病毒，这个数字还在增加。Lipkin曾用分子生物技术研究了某地的一种蝙蝠，在其体内发现了多达55种病毒的存在，其中有50种是前所未知的。蝙蝠携带的病毒有可能通过可被人类食用的中间宿主传递给人类，可见关闭野生动物交易是何其重要！

一旦疫情发生，唯一最有效和最便捷的做法就是控制人员流动和聚集。为此，自古至今防止疫情蔓延的做法都是封锁疫区，对患者集中隔离、集中收治，最大限度地限制了病毒的扩散传播。

此外，良好的卫生习惯也至关重要，如外出佩戴口罩，勤洗手，房间经常开窗通风，不随地吐痰，注意营养，适度运动，不乱丢弃生活垃圾，实行分餐制，生活场所定期消毒，尽量避免接触动物尤其是野生动物等。

1.6 细胞生命的进化

细胞是由分子和细胞器构成的错综复杂的生命体，细胞内每一种分子和细胞器都能执行一种或多种功能。人们对细胞的认识是在实验室里将细胞打开，然后分离各种细胞器和生物分子，分别研究它们的功能。但是人们能够打开的细胞只是当今生活的细胞，而无法获得远古时期的活细胞。在进化的过程中细胞生命活动的分子是如何形成的？最早的细胞是如何产生的？真核细胞又是如何起源的？

1.6.1 细胞生命的起源

导致细胞生命形成的关键因素是地球的形成及地球大气层条件的变化。一般将细胞生命的起源分为5个阶段：①地球和原始大气层的形成；②有机分子的自然形成；③分子聚合体的形成；④生命初级聚合体的形成；⑤原始细胞的形成。

1.6.1.1 有机分子的自然形成

地球上形成有机分子，是细胞生命起源的先决条件。

根据化石资料分析，地球上最早的细胞出现在35亿年前。最早的细胞是如何产生的？关于地球上细胞生命起源有两种假说：一种假说认为细胞是由已存在于地球上的分子产生的；另一种假说则认为细胞是从别的宇宙空间来到地球的。在19世纪，认为细胞来自别的星球的假说讨论十分激烈，有人认为地球是45亿年前形成的，第一个细胞是35亿年前出现的，在10亿年期间，是难以形成如此复杂的细胞，但是这种观点给不出任何证据。相反，细胞产自地球的假说却得到许多证据的支持，如细胞生命形式的形成与环境条件有关，在地球存在的第一个10亿年期间，地球表面被大量的水蒸气包围，有大量来自太阳的紫外线，并且还有雷雨和闪电。

组成细胞的分子主要是有机分子，所以要形成细胞，地球上首先必须形成有机分子。20 世纪 20 年代后期，苏联的生化学家 Oparin 提出地球上的有机分子是在合适的化学和物理条件下自然形成的。1953 年，这一假说得到了实验的支持。实验的设计者是 Miller，当时是一位研究生。他设计了一个实验装置，并通过实验证明在合适的物理化学条件下可以自动合成有机分子（图 1-25）。

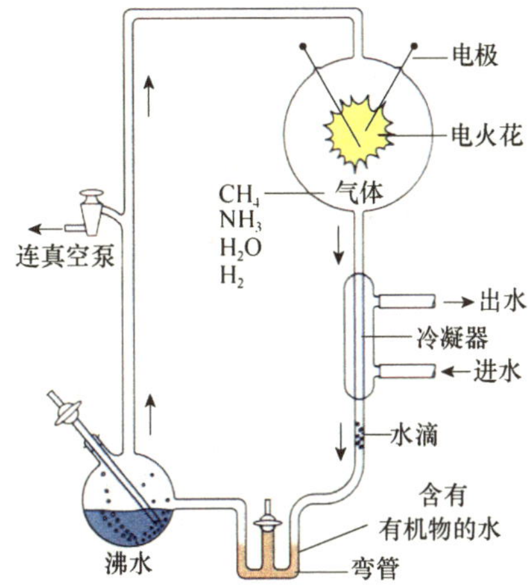

图 1-25 Miller 推测地球上的有机分子自动合成的实验装置（引自 Wolfe，1993）。

Miller 推测，大气层中含有甲烷和氨，也含有氢和水蒸气。他把这些气体一起放入实验装置中，然后一直与电火花接触，在这一装置中靠沸水提供水蒸气。反应一个星期后分析产物。令人惊讶的是，产物中有大量的有机物，包括尿素、生物和非生物的氨基酸等，实验证明了在雷电作用下能够利用大气中的分子合成有机分子。也就是说，在进化的某一过程中地球上有了构成细胞生命物质的基本单元——氨基酸、碱基、单糖等，为细胞的起源做好了物质准备。

1.6.1.2 分子聚合体的形成

从分子到原始细胞的生命进化过程中，两个主要事件是遗传信息的形成和细胞质膜的形成。遗传信息的形成是生命进化的转折点。核酶（ribozyme）的发现，说明 RNA 在生命起源中起了主导作用，它比 DNA 和蛋白质的起源都早。有机分子如何聚集形成分子聚合体，要有两个基本条件，即溶液中分子能够沉淀出来并能聚集排列形成稳定的结构，或者又能重新溶解。这种聚集有几种不同的机制，最典型的是脂双层结构的自动装配，为细胞质膜的形成提供了可能。

1.6.1.3 生命初级聚合体的形成

生命初级聚合体的形成包括：①如何利用能源驱动化学反应途径的进行；②酶分子的形成及酶催化反应途径的形成；③指导合成和再生的信息系统的形成。这里所指的生命初级聚合体的形成包括生物大分子的形成（酶和 ATP 等）、代谢的生物途径的形成、能量转换、信息的形成。这些生命初级聚合体一旦形成，生命的雏形即已形成。

1.6.1.4 原始细胞的形成

突变和自然选择是导致细胞生命形式形成的主要因素。上述各阶段的分子进化可视为是有利的突变，而这种有利的突变则被自然选择下来。将前几个阶段形成的膜结构、酶分子、能量转换系统、遗传信息系统和各种温和代谢途径聚集在一起就形成了原始的细胞。

1.6.2 真核细胞的进化

真核细胞由原核细胞进化而来，这是生物学家的基本共识。原核细胞向真核细胞进化的主要事件是呼吸代谢的发展和内膜系统的形成。细胞内两个与能量转换有关的细胞器——线粒体和叶绿体的起源主要是通过内共生机制，而内膜系统则是通过质膜的内陷形成的（图 1-26）。首先形成内质网和核膜，然后逐步形成高尔基体、溶酶体、内体等内膜系统的其他结构，这样原核细胞就进化到低等真核细胞。

1.6.3 从单细胞向多细胞进化

虽然一个细胞可以是一个生命体，但这种生命体毕竟太简单。在细胞进化过程中出现了细胞的集合体，进一步发展到多细胞有机体。

细胞在向多细胞有机体进化的过程中，最重要的事件是出现细胞的分化，即在多细胞的有机体内，各种细胞向不同的方向发展，形成结构和功能各异的不同的组织，但又互相协调成为一个有机的整体。

在多细胞的有机体内，有一部分细胞高度特化，专门负责细胞生命的繁衍，这些细胞称为生殖细胞（germ cell），以别于有机体内的其他细胞，即体细胞（somatic cell）。

1.6.4 模式生物

现今的生物都是从共同祖先进化而来的，并且

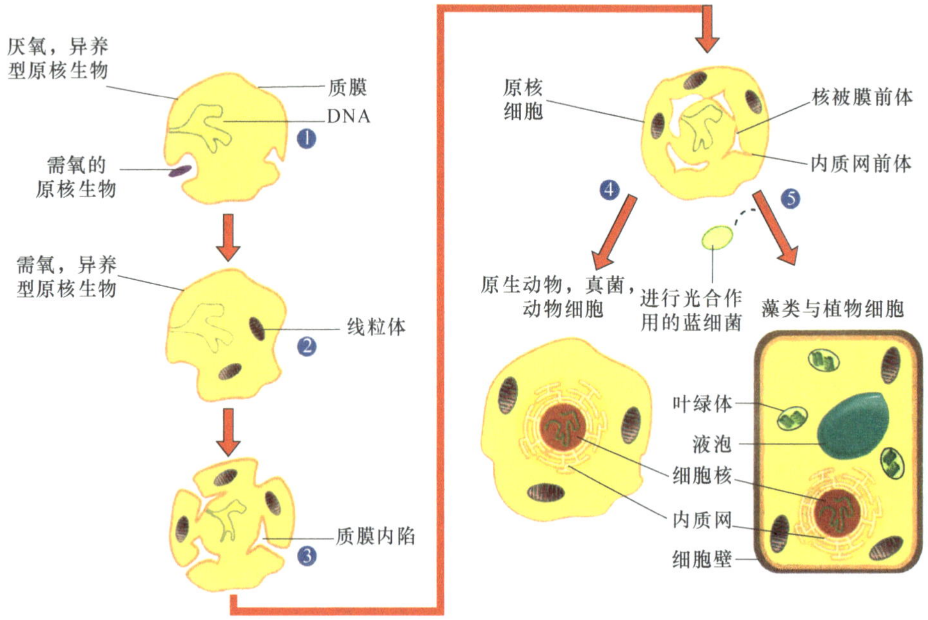

图 1-26 真核细胞的进化（引自 Karp，2010）。进化分为 5 个过程：①一个大的厌氧菌——异养菌吸收了一个小的需氧原核生物，有研究证明所吞的细菌是现今自然界存在的立克次氏体的祖先；②被吞入的好氧细菌进化成线粒体；③部分细胞质膜内陷，形成核膜、内质网膜的前体，形成初级真核细胞；④初级真核细胞继续进化成为无光合作用的原生生物、真菌及动物细胞；⑤在另一个途径，初级真核细胞吞入了具有光合作用的细菌，该细菌逐渐内化并演化成植物细胞的叶绿体。

一些重要功能的基因在进化上是高度保守的，所以无论从细胞水平还是分子水平看，不同生物间都遵循共同规律，只不过由于进化梯级不同，结构的复杂性有所不同。因此，可以用比较容易研究的生物作为模型来研究其基因的结构和生物学功能，由此获得的信息可以应用于其他比较难以研究的生物。这些被生物学家选定的用于科学研究，并根据研究结果揭示某种具有普遍规律的生命现象的生物物种就称为模式生物（model organism）。常见的模式生物有酵母、线虫、果蝇、斑马鱼、小鼠及拟南芥等（图 1-27）。

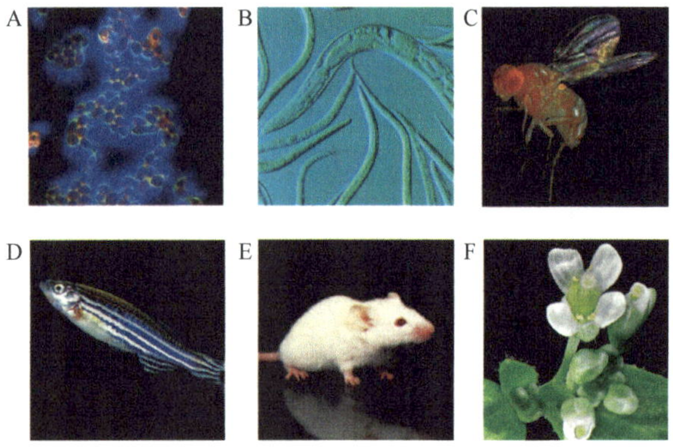

图 1-27 6 种真核生物研究的模式生物（引自 Lodish et al.，2016）。A. 酵母，B. 线虫，C. 果蝇，D. 斑马鱼，E. 小鼠，F. 拟南芥。

1）酵母（yeast） 酵母是最简单的真核生物，有很多实验上的优越性，可用于研究真核生物的一些基本结构与功能。最常用的酿酒酵母（*Saccharomyces cerevisiae*）的基因组大小约是大肠杆菌的 3 倍，约 6000 个基因，比高等真核生物的基因组要小得多，但是，酵母却具有典型的真核生物的特征。它具有核膜包起的细胞核，有 16 条线性染色体，而且是单倍体，细胞质中含有细胞骨架及亚细胞组织。

酵母很容易培养，并可使用大肠杆菌的研究方法进行研究。虽然酵母不如大肠杆菌生长快，但 2h 也会分裂一次，也可形成单细胞长成的菌落，因此，可像大肠杆菌一样用于遗传操作。

酵母具有真核生物基本的遗传规律，包括基因突变、DNA 复制和转录、RNA 加工、蛋白质分选，以及细胞周期调控。因此，酵母是较好地研究真核生物基本遗传规律的模式生物。

2）秀丽隐杆线虫（*Caenorhabditis elegans*） 由于酵母是单细胞的真核生物，不宜用于研究多细胞真核生物发育等方面的遗传规律。线虫由于其具有一些独特的特点，成为研究动物细胞发育与分化的最好模式生物。

线虫的基因组比单细胞的酵母大，但比大多数动物细胞的基因组小。线虫大约有 19 000 个基因，是酵母基因组的 3 倍，几乎与人的基因数量相等。

从生物学的角度看，线虫是相当简单的多细胞的生物，成年的线虫只有959个体细胞、1000～2000个生殖细胞。此外，线虫很容易在实验室培养，方便遗传操作。

线虫可以在显微镜下进行观察，因其是透明的，这为发育的研究提供了极大的方便，可用于跟踪不同细胞系发育的途径，也可通过突变研究不同基因突变导致的发育变化。

3）黑腹果蝇（*Drosophila melanogaster*） 如同线虫，果蝇也是研究发育生物学的最好模式生物。果蝇的基因组比线虫的大，但是基因的数量比线虫的少，只有14 000个基因。果蝇很容易在实验室喂养并长期保存。其发育周期也很短（2周），所以是很好的遗传实验材料。

通过对果蝇的遗传分析，已经揭示了一些参与发育与分化的基因，通过深入地研究分析，有助于揭示动物发育的机制，特别是有助于对多细胞生物身体发育与器官形成的了解。

4）斑马鱼（zebra fish） 斑马鱼是研究脊椎动物发育的极好模式生物。斑马鱼很小，容易在实验室内快速养殖，3～4个月一代，并且可以在体外进行胚胎发育，而且可进行移植，因此易于观察其早期的胚胎发育。已经建立了一系列分离影响斑马鱼发育突变体的方法，并鉴定了几千种突变体。由于斑马鱼是较易研究的脊椎动物，它已成为研究人与无脊椎动物间的一座桥梁。

5）小鼠（mouse） 在哺乳动物中，小鼠是最适合遗传分析的，虽然它比酵母、果蝇复杂得多，但已经鉴定了很多影响发育的突变体。更有意义的是，已经建立了一些工程鼠，可将外源基因导入小鼠的生殖系统，研究基因在整体动物体内的功能。小鼠之所以用作研究人发育的模式生物，不仅仅因为小鼠的基因组与人的基因组相似，而且同源基因的突变可产生相似的遗传缺陷，如白斑病就是一个典型的例子（图1-28）。

6）拟南芥（*Arabidopsis thaliana*） 植物分子生物学与发育的研究是一个活跃而又十分广泛的领域，并且具有十分重要的经济价值。由于植物覆盖的范围广而复杂，因此需要一个相对简单，又像线虫和果蝇那样具有代表性的模式生物，而开小花的拟南芥则是最好的研究植物发育的模式生物。

拟南芥的基因组有125×10^{10}个碱基对，含有约26 000个基因。但很多基因是重复的，实际上只有约15 000个基因，因此，它的复杂程度与线虫、果蝇相似。此外，拟南芥也是易于在实验室培养的，并建立了很多适于拟南芥进行分子遗传研究的方法，已经鉴定了一些与植物发育、开花相关的基因。这些研究表明植物与动物的发育有很大的相似性，也有很大的不同。

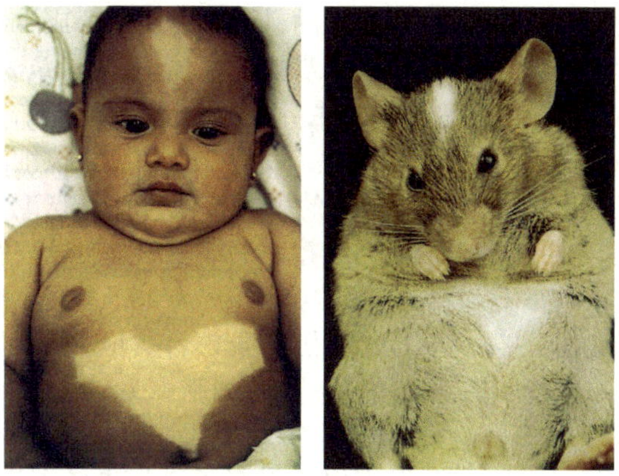

图1-28 小鼠作为研究人的发育模式生物（引自Cooper and Hausman，2013）。一个小孩与一只小鼠同一个基因突变造成相同的遗传缺陷。图示胸前的白斑是因为一个基因的突变影响了胚胎发育期黑素细胞的正常迁移所致。

7）大肠杆菌（*E.coli*） 除了上述6类用于真核生物研究的模式生物外，大肠杆菌与噬菌体在分子遗传学的研究中则发挥了巨大作用。由于细菌的结构较为简单，所以是研究生物化学与分子生物学的理想原核生物。研究得最为深入的是*E.coli*。它是被最早用于研究分子遗传学机制的模式生物。今天我们所了解的大多数分子生物学概念，包括DNA复制、遗传密码、基因表达、蛋白质合成等都来自大肠杆菌的研究。

大肠杆菌有两个特点特别适合实验室的研究工作：一是结构简单，二是易于培养与繁殖。大肠杆菌约含4.6×10^{6}个核苷酸对，约4300个基因。而人的基因组大约是大肠杆菌的1000倍以上，含2.0万～2.5万个基因。所以大肠杆菌以最小的基因组为基因分析做出了巨大贡献。

大肠杆菌的周期短、分裂快也是作为分子生物学研究材料的一大优势。在实验室培养条件下，大肠杆菌每20min分裂一次，在半固体琼脂培养基上，一般培养过夜后，一个单细胞就可以长成菌落，每个菌落中有10^{8}个细胞。由于在短时间内可获得大量细胞，所以大肠杆菌对于分离细胞组分、研究抗生素抗性、基因突变等都是十分有利的。

1.7 合成生物学与“人造”细胞

美国科学家克雷格·文特尔（Craig Venter）

及其领导的一个20多人的科研小组通过合成生物学的手段，人工全合成蕈状支原体（*Mycoplasma mycoides*）的基因组，并引入山羊支原体（*Mycoplasma capricolum*）细胞，获得杂合细胞。该细胞表现出的是蕈状支原体的生命特性，其研究论文“创建由化学合成基因组控制的细菌细胞”发表在2010年5月20日出版的美国 *Science* 杂志上。这是地球上第一个由人类制造并能够自我复制的新物种。文特尔的团队将这一人造细胞称为“Synthia”（译为“辛西娅”，意为“合成体”）。

该成果一经报道立即引起了科学界的轰动。有人将“Synthia”称为“人造生命”，有人将“Synthia”称为“人造细胞”，其实这些说法都言之过甚。“人造”的简单理解就是从无到有地制造出来，而“Synthia”的基因组虽然是“造”出来的，实际上是按蕈状支原体的基因组仿造的，并没有改变遗传性；此外，“Synthia”的细胞质膜及其他一些生命“必需品”都是“租用”自山羊支原体。

尽管如此，这一成果仍具有重要的科学意义，这是人类首次用化学合成的方法，合成了一种生物完整的基因组，并能“借壳还魂”，从而向真正的人造生命迈进了关键的一步。

1.7.1 “Synthia”的诞生过程

整个实验如图1-29所示，分四个过程。

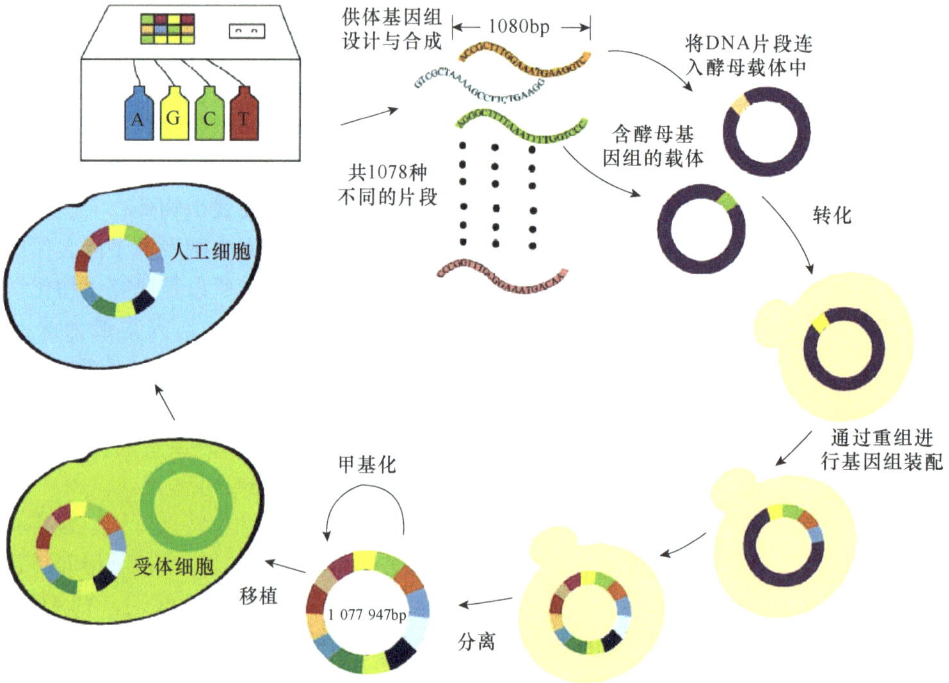

图1-29 “Synthia”的诞生过程（引自孙明伟等，2010）。

1.7.1.1 合成供体的基因组DNA

首先，研究者选取基因数据库中的两种丝状支原体基因组序列，一种用于合成设计，另一种用于对照。将蕈状支原体的全基因组测序后，按照该序列信息用生化方法将其合成平均长度为1080bp的DNA片段，共计1078段。每相邻两个片段间具有80bp的部分重叠，以便于拼接和防止出错。将所有片段拼接起来，构成蕈状支原体的全长基因组。值得注意的是，这些合成的片段较天然基因组略有一些改动，但不会影响细胞的正常生命活动，包括去除了14个不重要的基因、27处单核苷酸多态性（其中19处在实验前被发现），为阻断基因而设计的两个插入序列，4条用来区分于天然序列的“水印”标记（watermark）。

1.7.1.2 合成DNA片段的拼接与重组体筛选

这一过程最为重要，也最为复杂，策略上分为三个阶段。

（1）将以上合成的1078种DNA片段分别与载体DNA连接，并转化到酵母细胞中，其在酵母细胞中通过同源重组使这1078条DNA片段以10个为一组拼接为109个约10kb的片段。

（2）将这些连接有目的基因片段的载体从酵母

中分离出来，转入 *E. coli* 中进行扩增，以限制酶筛选出阳性克隆。

（3）再将阳性克隆中的 109 条约 10kb 的片段按同样的方法每 10 个为一组拼接成 11 个约 100kb 的片段。

运用碱裂解的方法从酵母中分离微克数量级的以上 11 条 DNA 片段，并用外切核酸酶和阴离子交换柱纯化。上述方法无法完全去除线状的酵母染色体，于是将 200ng 的 11 个上述片段混合于融化琼脂糖（molten agarose）中，随着琼脂糖的凝固，环状 DNA 被困在凝胶中，而线性 DNA 则用电泳分离法除去。最终 11 条约 100kb 的片段运用以上方法拼接成共 1 077 947bp 的完整基因组。

由于携带太大片段的载体在大肠杆菌中不能稳定传代，因此采用多重 PCR 来筛选阳性克隆。此过程有两个衔接反应必须在体外用酶处理，其他合成步骤都可以在酵母细胞内依靠同源重组来完成。

值得注意的是，在此过程中还需对所合成的片段进行纠错，即将其中任意一个合成的基因片段连接到缺失了相应片段的天然基因组上，然后再移植到受体细胞内，如果这种混合的基因组能发挥作用，则证明是对的，反之为错，这项工作的工作量之大是不言而喻的。为了筛选方便，研究人员在合成的基因组上添加了一个抗四环素基因和编码乳糖酶的基因，使其能在含有四环素的培养基上生长，同时还能分解培养基中的特定成分，使菌落呈蓝色，而由天然基因组控制的山羊支原体则不能。

1.7.1.3 人工基因组的甲基化修饰

支原体都有一套限制-修饰系统。限制，即用自身合成的限制性内切核酸酶将外来的 DNA 在特定位点进行降解，这是防御外源 DNA 的入侵；修饰，即用自身合成的甲基化酶将限制的位点通过甲基化修饰而被保护起来。在此项研究中，由于供体细胞（蕈状支原体）和受体细胞（山羊支原体）共用同一套限制-修饰酶系统，而天然的供体基因组是经甲基化修饰的。因此，拼接完成的基因组 DNA 在被引入受体细胞之前，需在体外用从蕈状支原体或山羊支原体提取物中纯化的甲基化酶进行甲基化修饰，以避免受体细胞限制酶系统对转入的 DNA 进行降解。

1.7.1.4 人工基因组移植入受体细胞

将构建好的、经甲基化修饰的人工合成基因组移植入山羊支原体内。细胞经过不断分裂传代，具有人造基因组的细胞在含抗生素的培养基中筛选出来，同时含有天然 DNA 的细胞逐渐消失殆尽。

最终只剩下含有山羊支原体细胞质但由合成 DNA 控制的人工嵌合体细胞。虽然蕈状支原体和山羊支原体在基因组上 75% 是同源的，但该“人造”细胞明显表现出蕈状支原体的生长特性。最后，还必须经过测序，通过测定水印是否存在，才能“验明正身”。

1.7.2 简约化的单条、两条染色体酵母诞生

2018 年 8 月 2 日，*Nature* 杂志在线发表了两篇简约化酵母染色体的论文，标志“合成生命”的研究取得重要突破。

中国科学院分子植物科学卓越创新中心 / 植物生理生态研究所合成生物学重点实验室覃重军研究团队与合作者对含有 16 条染色体（大小区间为 230～1532kb）的酿酒酵母进行研究，通过 CRISPR-Cas9 高效敲除待融合染色体多余的着丝粒和端粒，并利用酿酒酵母的同源重组机制来实现染色体的层级融合，获得了只包含 1 条染色体的酵母细胞（图 1-30）。意外的是，尽管染色体数目发生巨大改变，单染色体和野生型酵母细胞具有几乎相同的转录组和相似的表型组；在酵母体内，只有少数基因表达发生变化。后续在不同培养条件下，染色体数目减少的酵母可支持细胞生命，并没有表现

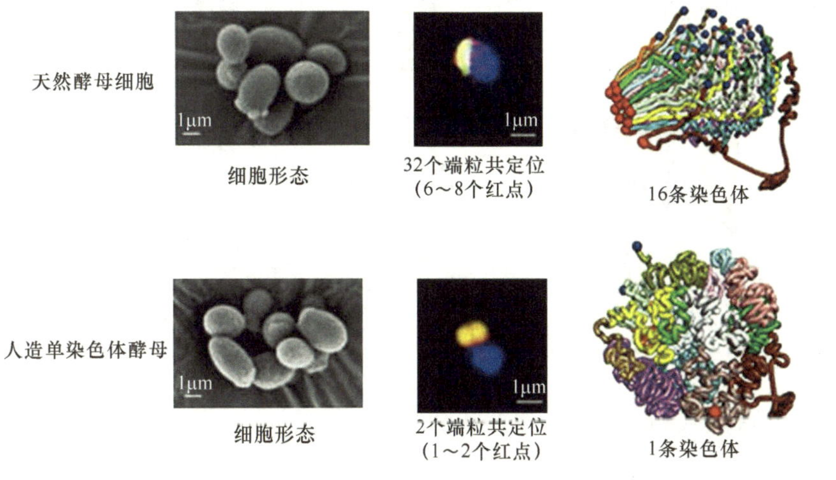

图 1-30 简约的 1 条染色体与 16 条染色体酵母的比较（引自 Shao et al., 2018）。

出严重的生长缺陷。该研究结果全文被 *Nature* 杂志在线发表，第一通讯作者是覃重军研究员。

纽约大学系统遗传学研究所（ISG）研究人员采用相似的染色体融合技术，尝试不同策略后获得了含有 2 条染色体的酵母细胞（图 1-31）。该研究结果的研究通讯与中国学者的论文同时在 *Nature* 杂志上在线发表。

染色体携带了生命体生长与繁殖的遗传信息，真核生物通常含有线形结构的多条染色体，比如人类有 23 对染色体，而原核生物通常含有环形结构的一条染色体。对此，覃重军研究员大胆假设真核生物也能像原核生物一样，用一条线形甚至是一条环形的染色体装载所有遗传物质并完成正常的细胞功能。在“大胆猜想”之后，研究团队经过精准设计，制定了人造酵母染色体的指导原则、理性分析与详细实验设计、工程化高效推进的总体方案，历经 4 年的研究，通过 15 轮染色体融合，最后成功将天然酿酒酵母单倍体细胞的 16 条染色体融合为 1 条，染色体“16 合 1”后的酿酒酵母菌株被命名为 SY14。

如此大幅度地改动酿酒酵母的染色体结构，是否会对它的三维结构产生影响呢？答案是肯定的。研究发现 SY14 的染色体三维结构也发生了巨大变化，野生的酿酒酵母细胞的染色体“整齐有序”，像一朵含苞待放的花苞，而 SY14 则“杂乱无序”，更接近球形结构。但是如此巨大的改变，几乎不影响 SY14 的基因表达和细胞功能，从而颠覆了染色体三维结构决定基因时空表达的传统观念。

简约染色体酵母的研究成果对探索真核生物染色体结构和功能具有重要的作用与意义。

前面已经讨论过自然界存在的生命体可分为具有被核膜包裹染色体细胞核的真核生物和染色体裸露无核膜包裹的原核生物，真核生物通常含有多条线性结构的染色体，而原核生物通常含有一条环状结构的染色体。而 SY14 这种单条染色体真核细胞的“诞生”，突破了人们对于真核生物和原核生物界限的传统认知。

细胞衰老是生物在生命过程中整个机体形态、结构和功能逐渐衰退的综合现象。生物的机体由细胞构成，生命的衰老起始于细胞的老化，而细胞的老化又与端粒有着密不可分的关系。

端粒是重复序列和与之相连的端粒结合蛋白构成的功能性复合体。端粒的主要作用是保护染色体末端免于融合和退化，在染色体定位、复制、保护和控制细胞生长及寿命方面具有重要作用，并与细胞凋亡、细胞转化和永生化密切相关。当细胞分裂一次，每条染色体的端粒就会逐次变短一些。

人类的过早衰老与染色体的端粒长度直接相关，端粒的缩短还与许多疾病相关。与天然酵母的 32 个端粒相比，SY14 酵母的单条线性染色体仅有 2 个端粒。由于酿酒酵母 1/3 基因与人类基因同源，单染色体酵母细胞为研究人类端粒功能及细胞衰老提供了很好的模型，并且对于人类疾病的防治具有重要意义。

覃重军认为，单体染色体工程酵母菌尚不完美，融合后的染色体菌株表现出一些适应性限制和有性生殖缺陷，这些发现或有助于解释拥有较多染

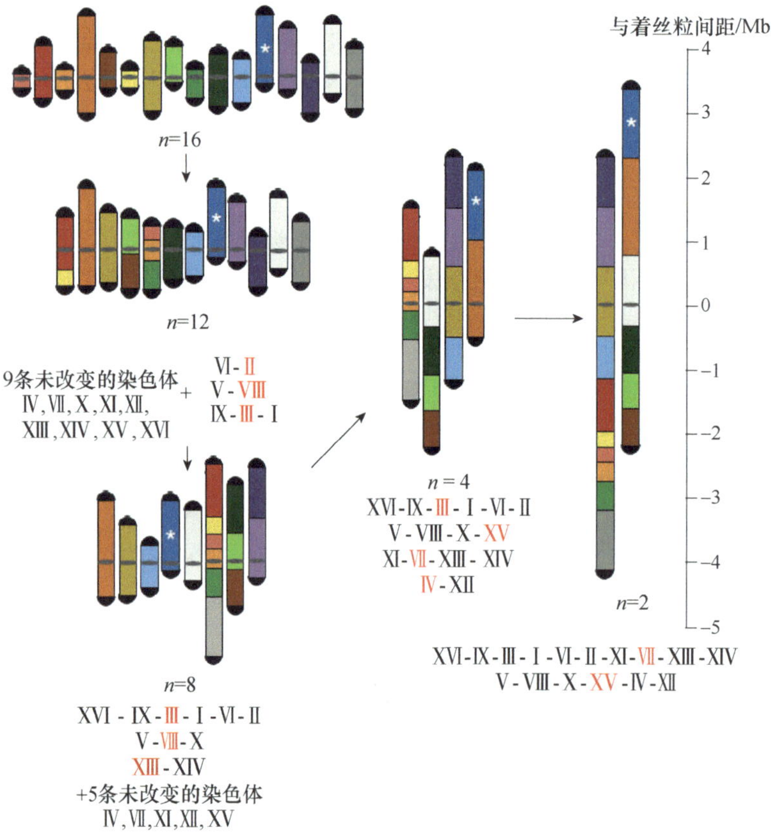

图 1-31　简约的 2 条染色体的策略（引自 Luo et al.，2018）。

色体的优势。

1.7.3 合成生物学与生物安全

文特尔的“创建由化学合成基因组控制的细菌细胞”，实际上是利用合成生物学的手段改造生命，是对天然细胞生命的一次挑战。简约染色体的酵母细胞的诞生为生命科学另辟了一条蹊径，是利用合成生物学改造生命的又一个里程碑。

合成生物学（synthetic biology）一词最早出现于 1911 年的 *The Lancet* 杂志，许多学者认为合成生物学真正成为一门学科始于 2000 年。合成生物学是在现代生物学和系统科学基础上发展起来的、融入工程学思想的多学科交叉研究领域。它是一门涉及生物化学、物理化学、分子生物学、系统生物学、生物信息学、基因工程、工程学及计算科学等多个领域的新兴综合性交叉学科。因此，合成生物学是一个综合了科学与工程的新兴研究领域，在生物、医药、农业、能源及环保等方面具有巨大的应用潜力。它囊括了与人类自身和社会发展相关的研究方向及内容，为解答生命科学难题和人类可持续发展所面临的重大挑战提供了新的思路、策略和手段。合成生物学旨在应用工程学的研究思路及手段去设计改造基因、生物元件、生物途径，甚至整个基因组，以可预测和可靠的方式得到新的细胞。

科学是把“双刃剑”，虽然合成生物学有朝一日能直接制造出世界上不存在的生命个体，但是如同 20 世纪 70 年代的 DNA 重组技术、绵羊体细胞克隆技术一样，其所涉及的生物伦理和生物安全等备受关注的问题使得一些学者望而却步。其实科学家在探索科学、创造科学的同时，就义不容辞地肩负两种责任，一是科学责任，另一就是社会责任。因此，科学家在探索一项新的科学、创建一项新的技术时，必须面对社会问题，包括生物安全与生物伦理。

生物安全的风险主要有：逃逸与环境风险；污染自然基因库风险。

逃逸与环境风险是指利用合成生物学制造的具有新的遗传特性的生物可能会被误用，让一些具有致病感染性的病菌威胁人类和其他生物的安全；或者在实验室中制造出未经自然选择而产生的物种，而这些生物的某些特性很可能影响到生态环境，破坏生态平衡。另外，一些合成有机物可能有潜在的危险，但现时又难以进行有效的风险评估，若在这种情况下应用到环境中，难免引起人们的担心，就像转基因产品引起的担忧一样。

污染自然基因库风险是指合成有机物可能将其基因转移到自然有机体内。自然界中不同生物间基因的相互水平转移时有发生，但这些基因原本在自然界就已存在，危害可能有限。然而合成微生物释放到环境中，若发生基因的水平转移，则可能成为“基因黑客”，使天然自然物改变其原有的属性或者是发生演变，产生一些异常功能，影响生态平衡。

我们必须清醒地认识到，合成生物学的产生和快速发展不仅是对生命系统认知和深刻探索的必然结果，也是学科交叉研究与发展的必然结果。合成生物学成为当代科学技术革命的新阶段，将对人类社会产生深远的影响。一个理性的认识是：既不盲目乐观，也不因噎废食，最大化地发挥科学家的智慧，控制风险，确保生物安全。

本章小结

细胞是生物体结构和功能的基本单位，也是生命活动的基本单位。1665 年胡克首先发现了细胞。170 年后，施莱登和施万创立了细胞学说，从而解决了生命的同一性和共同起源。细胞生物学发展经历了四个阶段。

细胞分为原核细胞和真核细胞两大类，真核细胞主要有植物细胞和动物细胞两种类型。真核细胞有三大结构体系：生物膜体系、遗传信息表达体系、细胞骨架体系。

细胞都具有膜屏障、遗传物质和核糖体，都能进行自我增殖。组成细胞的化合物有水、无机盐、小分子有机物，以及核酸、蛋白质、多糖、脂类等生物大分子。细胞是物质的，生命是物质的特殊运动形式。

病毒是非细胞的生命体。病毒的结构简单，主要由蛋白质外壳和遗传物质的核所组成，分为 DNA 病毒与 RNA 病毒。病毒不能独立生存，只能在活细胞中进行增殖。病毒的增殖周期包括吸附、侵入、复制、成熟与释放 5 个基本过程。

细胞生命的起源分为 5 个阶段：①地球和原始大气层的形成；②有机分子的自然形成；③分子聚合体的形成；④生命初级聚合体的形成；⑤原始细胞的形成。

被生物学家选定的用于科学研究，并根据研究结果揭示某种具有普遍规律的生命现象的生物物种称为模式生物。常见的模式生物有酵母、线虫、果蝇、斑马鱼、小鼠及拟南芥等。

美国科学家克雷格·文特尔及其领导的科研小组通过合成生物学的手段创建了“由化学合成基因组控制的细菌细胞”，这一成果发表在2010年5月20日出版的*Science*杂志上，这是地球上第一个由人类制造并能够自我复制的新物种，但也引起了生物安全与生物伦理等方面的关注。

2018年8月，*Nature*杂志在线发表了中国科学家覃重军、美国科学家杰夫·博伊克利用合成生物学获得简约染色体的酵母工程菌，这一研究成果是合成生物学领域里新的里程碑。

思考题

（1）如何理解恩格斯将细胞学说与进化论和能量守恒定律并列称为19世纪自然科学的三大发现？

（2）Friedrich Miescher（1844～1895）、Gregor Mendel（1822～1884）、Louis Pasteur（1822～1894）和Rudolf Virchow（1821～1902）是四位分别来自瑞士、奥地利、法国和德国的科学家，他们都在1855～1875年的20年间做出了杰出的贡献。假定这四位科学家在1875年的一次科学会议中相聚，并相互交流了各自在生物学方面的新发现。

① 这四位科学家发现他们研究工作的共同点是什么？

② 你认为Pasteur会对Virchow的什么工作最感兴趣，并说明原因。

③ 你认为Virchow会对Mendel的什么工作最感兴趣，并说明原因。

④ 你对哪位科学家的研究最感兴趣，为什么？

（3）比较动物细胞和植物细胞的主要差异。

（4）如何理解细胞生命的同一性、物质性、组织性、多样性及社会性？

（5）美国科学家文特尔用合成生物学获得了“创建由化学合成基因组控制的细菌细胞”，这一创新性的结果具有哪些重要意义？

2 细胞生物学研究方法

生命科学是实验科学，它的很多成果都是通过实验得以发现和发展的。许多细胞生物学的重要进展及新概念的形成，往往来自新技术的应用。因此，方法上的突破，对于理论和应用的发展具有重要的推动作用。

2.1 显微成像技术

细胞生物学的建立和发展得益于光学显微镜（light microscope）的发明。因为有了光学显微镜，人们才有可能看到细胞的影像。最早的光学显微镜是1590年Z. Janssen和他的侄子H. Janssen共同研制的。其后，胡克利用显微镜首次发现了细胞；列文虎克则对光学显微镜的分辨率进行了极大的改进，并观察到细胞的内部结构。到20世纪30年代，电子显微镜（electron microscope）的诞生让我们有能力探究细胞的结构与功能。近年来，由于新技术的诞生，使光学显微镜获得了新生。科研人员可以用光学显微镜研究电子显微镜无法研究的细胞结构与行为，使得光学显微镜的功能更强大、使用更广泛。

2.1.1 显微镜的光学原理

2.1.1.1 光学显微镜与电子显微镜的光学系统

虽然光学显微镜与电子显微镜有很大的不同，但是成像（imaging）原理基本相同。无论是何种显微镜，影像的形成都需要3个基本要素：①照明系统；②被观察的标本；③聚焦和成像的透镜系统（图2-1）。

在光学显微镜中，光源是可见光（波长是400～700nm），一系列的玻璃透镜构成透镜系统，

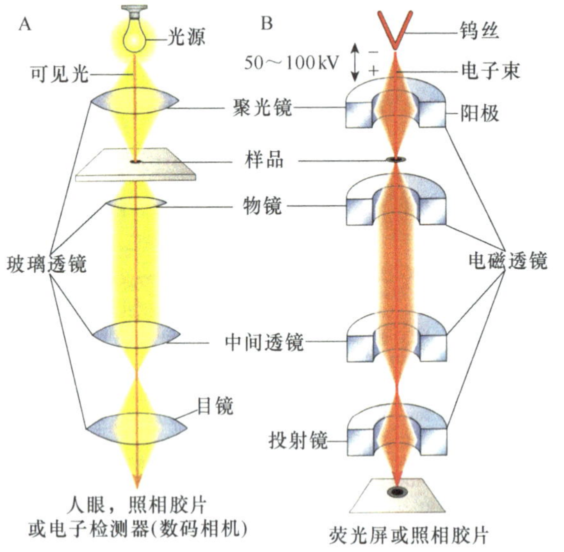

图 2-1 光学显微镜与电子显微镜的光学系统（引自 Hardin et al.，2012）。A. 光学显微镜用可见光（波长 400～700nm）与玻璃透镜将标本转变成肉眼、胶片或数码相机接收的影像。B. 电子显微镜利用钨丝发射的电子束，通过电磁透镜聚焦将标本在荧光屏、数字检测器及胶片上成像。

形成的影像可以通过肉眼进行观察，或是聚焦在照相胶片及数码相机。而电子显微镜使用的光源是加热的钨丝发射出来的电子束，电子束被聚焦在荧光屏或照相胶片，或用检测器进行数字成像。

尽管这两类显微镜的照明系统和装置的设计不同，但是它们所依据的原理相同，成像方式相似。当标本被放置在光或电子束的通路中，光束或电子束被改变的物理特征能够用肉眼观察或被显像板记录下来。

2.1.1.2 波长对观察物体大小的限制

尽管光源不同、设计不同，两类显微镜都具有相同的光学原理及类似的成像方式。当标本被放置在光或电子束的通路上，光束在通路上发生变化而产生的影像特征就会呈现在人眼或照相检测仪中。为了更好地理解光源与标本间的相互作用，必须先理解波长。

照明系统的波长是显微镜成像的一个重要因素，因为波长决定能被检测标本的最小极限。波越长，波幅的跨度就越大，所能观察到的物体极限就越大。图 2-2 所示为两个小孩振动一条绳子所产生的不同的波长，以及不同直径的球对波长的影响。

图 2-2 的形象类比说明了一个重要的原理：物体对波运动的干扰能力取决于物体的大小与运动的波长。这一原理在显微镜中非常重要，因为它意味着光源的波长限制了所观察物体的大小。换句话说，光与电子都是作为波运动的，当光束或电子束遇到标本，标本就会改变光源束的物理特征，如同一个排球或垒球改变绳子波动一样。因为只有物体对波产生影响时才能检测到，所以波长必须与所检测的物体相匹配。

理解了波长和物体体积间的关系，就会认识到为什么小的物体只能用电子显微镜进行观察：电子的波长要比光子的波长小得多。因此，我们可以理解像病毒和核糖体这样的结构由于体积小而不会干扰光子波，但是很容易与电子波相互作用。

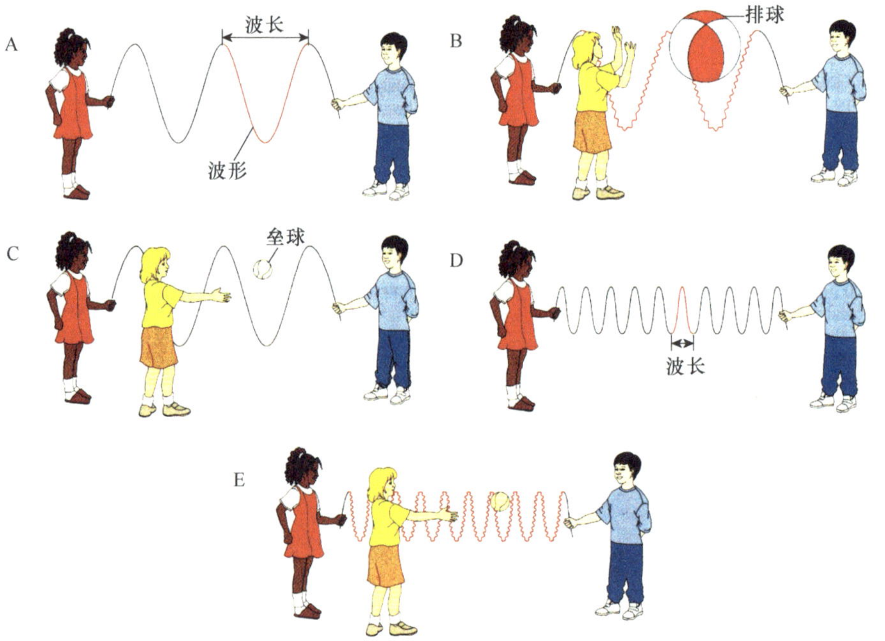

图 2-2 波的移动、波长与干扰（引自 Becker et al.，1996）。两个儿童共同振动一条绳子产生的波形类似于光子和电子形成的波动，以此说明物体的大小对波的干扰。A. 两个儿童振动绳子产生的特征波长；B. 向绳子波中扔进一个排球或一个物体，如果扔进物体的直径与绳子波长相近，就会干扰绳子波的移动；C. 如果扔进一个垒球或其他比绳子波长小得多的物体，对绳子波的移动只有很小或没有干扰；D. 如果将绳子快速振动，波长就会大大缩短；E. 此时扔进垒球就会干扰绳子波的移动。

2.1.1.3 分辨率

虽然光学显微镜和电子显微镜有很多差别，但是它们成像的光学原理是相同的，其中最重要的是光和电子都具有波的行为。当光和电子穿过透镜到达聚焦点时，由于波的干涉（interference）性质而成像。实际上通过透镜观察到的标本的影像是通过透镜波的干涉累加或消除，即衍射（diffraction）的结果。

在光学显微镜中，用玻璃透镜来指导光子的上述行为；在电子显微镜中，则是用电磁透镜来指导电子的上述行为。这两种透镜有两个基本的共同点：焦距（focal distance）和角孔径（angular aperture）。焦距是透镜的中心平面到焦点的距离（图 2-3），而角孔径是光从标本进入显微镜物镜的半角（α）（图 2-4），因此角孔径实际表示有多少光离开标本通过透镜，最好的光学显微镜的角孔径大约是 70°。

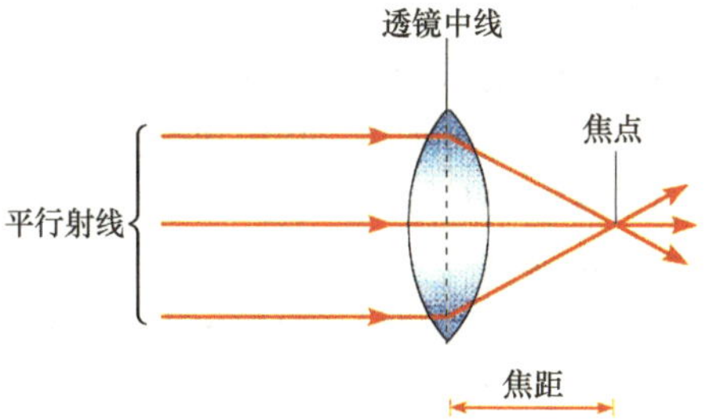

图 2-3 透镜的焦距（引自 Becker et al.，1996）。

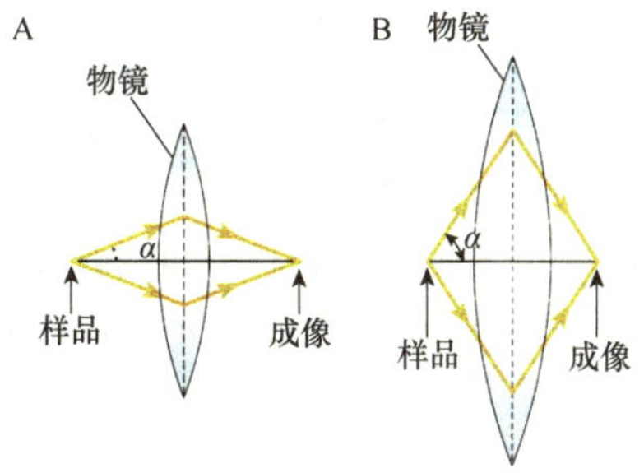

图 2-4 透镜的角孔径（引自 Becker et al.，1996）。角孔径是光从标本进入透镜的半角（α）。A. 小角孔径透镜；B. 大角孔径透镜。角孔径越大，透过透镜的信息越多。

透镜最重要的性质就是它的分辨率（resolution，R）或称分辨能力（resolving power），是指能分辨出的相邻两个物点间最小距离的能力，这种距离称为分辨距离。分辨距离越小，分辨率越高。一般规定，显微镜或人眼在 25cm 明视距离处，能清楚地分辨被检物体细微结构最小间隔的能力，称为分辨率。人眼分辨率是 100μm，光学显微镜的最大分辨率是 0.2μm。图 2-5 是裸眼、光学显微镜及电子显微镜的分辨能力。

分辨率（r）可用以下公式计算：

$$r=0.61\lambda/n\sin\alpha$$

其中，n 为聚光镜和物镜之间介质的折射率，空气为 1，油为 1.5；α 为标本对物镜孔径角的半角，$\sin\alpha$ 的最大值为 1；λ 为照明光源的波长；0.61 是一个恒定的参数，表示成像的点虽被重叠但仍能被区别的程度。

上式中 $n\sin\alpha$ 的量称为物镜的数值孔径（numerical aperture），缩写为 NA，因此显微镜的分辨率的表示公式可改为：

$$r=0.61\lambda/\text{NA}$$

各种物镜和聚光镜的数值孔径是不同的，如干燥系物镜的 NA 为 0.05～0.95，油镜为 0.85～1.40 等。NA 被刻在物镜筒外侧和聚光镜上。

从上式可知，角孔径越大，进入物镜的光越多；介质的折射率越大，则数值孔径越大，这些都

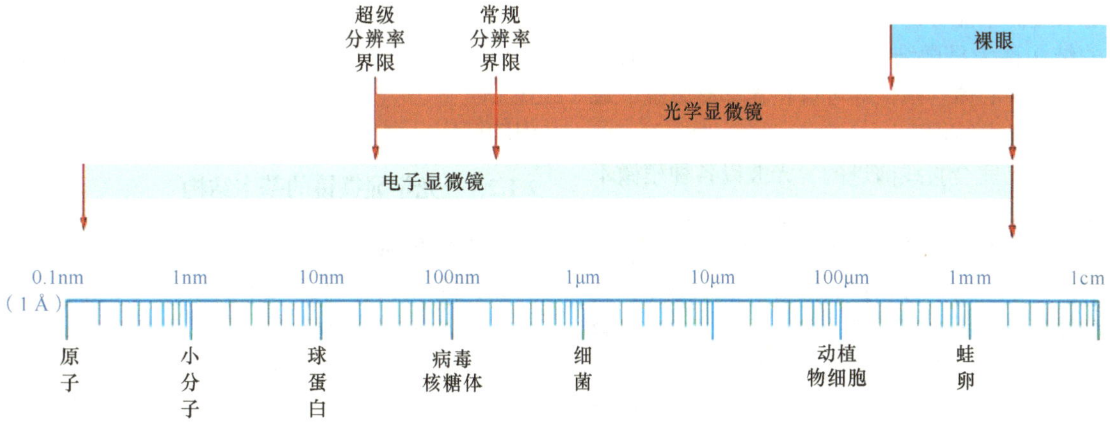

图 2-5 分辨率（引自 Alberts et al.，2015）。图中显示了细胞及细胞组分的大小范围，以及裸眼、光学显微镜、电子显微镜的分辨能力。随着新技术的发展，光学显微镜的分辨能力有极大的提高。

可以使分辨率提高。

由于分辨率表示的是能够区别两个点间最近距离的能力，所以 r 值越小，分辨率越高。从分辨率的表达式来看，NA 越大，分辨率越高，或者波长越短，分辨率越高。

当以可见光作光源，玻璃透镜的最大分辨率是多少呢？应从以下几个方面来考虑这一问题。第一，应尽可能地缩短波长。可见光的波长范围是 400～700nm，而可见光中的蓝色光的波长最短，为 450nm，所以光学显微镜使用时应滤去其他杂色光。第二，应使 NA 的数值尽可能大，因为最好的玻璃透镜的镜口角是 70°，所以 $\sin\alpha$ 的最大值为 0.94，空气的折光率（n）为 1，因此玻璃透镜的最大数值孔径为 0.94。这样，我们就可以计算光镜的最大分辨率了：假定用最好的玻璃透镜，角孔径为 70°，用蓝色光（波长为 450nm），以空气作为光的折射介质，则最大分辨率为 $r=0.61\lambda/\text{NA}=0.61\times450/0.94=292\text{nm}\approx0.3\mu\text{m}$。

光学显微镜中的油镜可用油作为光折射的介质，由于油的折光率为 1.5，所以用油镜时，$r=0.61\lambda/\text{NA}=0.61\times450/1.5\times0.94=196\text{nm}\approx0.2\mu\text{m}$。

在光学显微镜中，用紫外光作光源可使分辨率提高到 0.1μm。紫外光的波长较短，为 200～300nm。但是，紫外光是肉眼不可见的，必须通过照相；另外，用紫外光源时需用石英透镜，价格较高。

2.1.1.4 分辨极限与放大率

一般而言，一定波长的射线不能用以探测比它本身波长短得多的结构细节，这是一切显微镜的基本限度。因此，光学显微镜的最高分辨极限（limit of resolution）受可见光的波长（0.4～0.7μm）的限制。细菌和线粒体大小约 0.5μm，是光学显微镜能够清晰可见的最小物体；比这更小的细节，由于光的衍射效应而不能分辨。通常将光学显微镜下所见物体的结构称为显微结构（microscopic structure），如线粒体、中心体、核仁等可以在光学显微镜下观察，均属于显微结构。

光并非是完全直线前进的，光波以各种稍微不同的路程通过一个光学系统，以致互相干涉产生光衍射效应。例如，用同一波长的光照射一条直边，其放大影像是一组平行线；如照射一个小圆孔，其放大影像是一组同心圆的线。同样原理，通过显微镜观察一个点，就像一个模糊的圆盘，相邻两点的像则重叠而分辨不开。对可见光来说，能清楚地分辨出相邻两点之间的最小间隔是 0.2μm，称之为分辨极限。无论怎样改善透镜，也不可能克服光波本身所造成的这种限制，尽管可以将图像放大，如投影到屏幕上，但也不可能在光学显微镜下看清楚比 0.2μm 更细微的物体。

最终成像的大小与原物体大小的比值称为放大率（magnification）。

总放大率＝物镜放大率 × 目镜放大率

放大率同样受分辨极限的限制。一般来说，光学显微镜的最大放大率只能是透镜的数值孔径的 1000 倍。由于透镜的数值孔径的范围是 1.0～1.4，所以光学显微镜在用空气作介质时最大放大倍数为 1000 倍，用油镜则为 1400 倍。

要提高光学显微镜的分辨率，需采取两个措施：增大角孔径或缩短波长。如果用波长比普通波长短得多的电子波代替光波，分辨率可大大提高，电子显微镜就是在这种需求下被发明的，电子显微镜的理论分辨极限为 0.1～0.2nm（光学显微镜为 200～300nm）。一般来说，这种理论值是难以达到的，主要限制是标本的制备和反差。表 2-1 是光学显微镜与电子显微镜某些特性的比较。

表 2-1 光学显微镜与电子显微镜的基本区别

	分辨极限	光源	透镜	真空
光学显微镜	300nm	可见光	玻璃透镜	不需真空
	200nm（油镜）	可见光	玻璃透镜	不需真空
	100nm	紫外光	石英透镜	不需真空
电子显微镜	0.1nm	电子束	电磁透镜	真空

2.1.2 光学显微镜

光学显微镜是光学显微技术的主要工具，自问世以来已有 400 多年历史。在光学显微镜的发展史上，列文虎克是一位伟大的开拓者，被誉为光学显微镜之父。在 17 世纪后期，列文虎克制造的透镜的放大倍数达到 300 倍，比之前制造的显微镜提高 10 倍，使用这种显微镜，人们可以首次探索细胞内的结构。

2.1.2.1 光学显微镜的基本结构

光学显微镜是利用光线照明，使微小物体形成放大影像的仪器。现今使用的光学显微镜都是由几个透镜组合而成的，所以又称为复式显微镜（compound microscope）（图 2-6）。普通复式光学显微镜的照明光源首先通过聚光镜（condenser）照射到标本，然后进入物镜形成初级影像，最后通过目镜进一步放大成像。

A

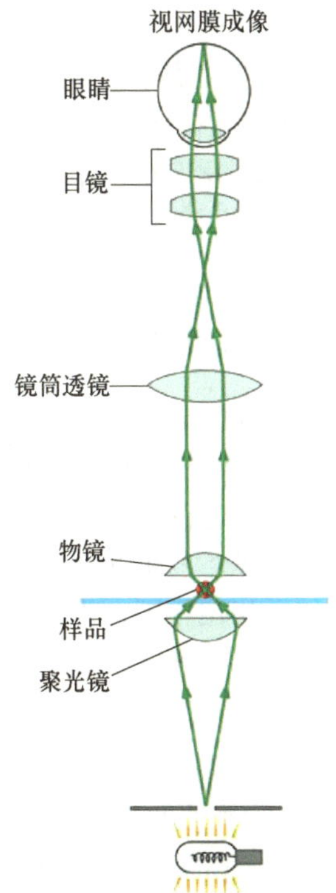

B

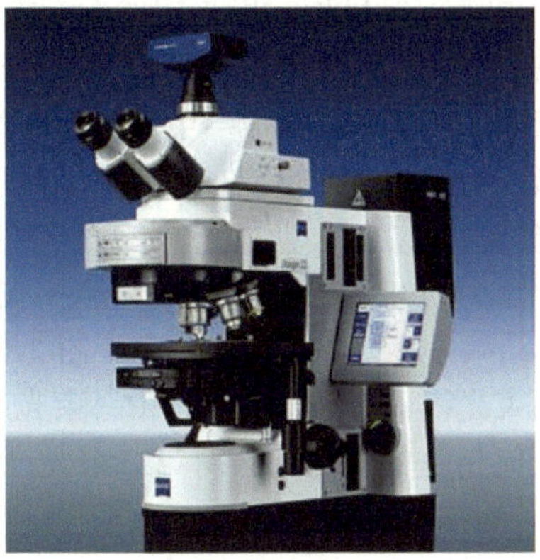

图 2-6 普通光学显微镜的基本结构（引自 Alberts et al.，2015）。A. 光学显微镜结构体系；B. 复式显微镜。

复式显微镜的光源通常在显微镜的底座上，光源首先通过聚光镜（condenser lens），它可以引导光通过置于显微镜载物台载玻片上的标本。直接位于标本上方的物镜（objective lens）形成初级影像（primary image）。大多数复式显微镜都有几个固定在旋转转头上不同放大倍数的物镜。初级影像被目镜（ocular，eyepiece）进一步放大。影像的总放大倍数可通过物镜、目镜、中间镜（如果有）三者的乘积得到。因此，一个具有 10× 物镜、2.5× 中间镜、10× 目镜的显微镜会将标本放大 250 倍。

上面描述的是明视野显微镜（bright-field microscope）的基本构件。与其他显微镜相比，明视野显微镜的价格便宜且使用方便。但是，仅仅只有那些具有颜色或是能够影响光穿透量特性的标本才能用明视野显微镜进行观察。很多生物标本不具有这种特性，因此，此类标本必须用染料染色或改用其他特殊的光学显微镜进行观察，包括相差显微镜、微分干涉相差显微镜、暗场显微镜。

2.1.2.2 相差显微镜

在明视野显微镜下观察的标本通常是死的、切成薄片的，甚至是染色的，这种方法对于观察细胞的结构细节是有用的，但是很难研究细胞的动态行为。因此发展了各种技术用于观察完整的细胞，有时甚至是活的细胞。

相差显微镜（phase contrast microscope）是荷兰科学家 Zernike 于 1935 年发明的，用于观察未染色标本。相差显微镜的优点是能观察无色、透明、活细胞中的结构。它是利用光的衍射和干涉特性使相位差变成振幅差，表现为明与暗的对比，使肉眼得以观察到无色透明物体中的细节（图 2-7）。

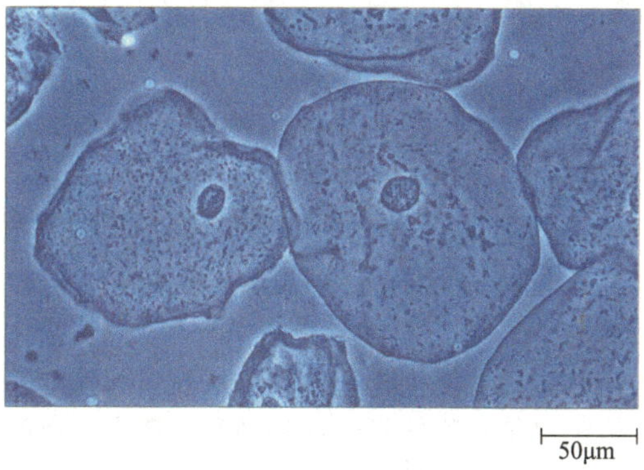

图 2-7 相差显微镜观察的上皮细胞显微照片（引自 Becker et al.，1996）。上皮细胞未经处理及染色，直接在相差显微镜下进行观察。

为了更好地理解相差显微镜的工作原理，首先必须明白一束光是由许多单个的射线组成的。当来自光源的射线通过标本时，它们各自的速度将会受到标本的物理性质的影响，尤其是射线衍射时，它们到达标本上的相位就会发生某种程度的改变，结果是由于相位的改变，使那些已经通过了标本的射线同那些本来就没有通过标本的射线一起离开了相位（图 2-8）。

细胞器是由各种不同的分子，如 DNA、RNA、蛋白质、脂、糖类、盐和水构成的，细胞器的不同区域很可能有不同的光衍射系数。在正常情况下，不同衍射系数的差异不能被我们的肉眼所区别，但是相差显微镜能够将这种衍射差异转变成明与暗的

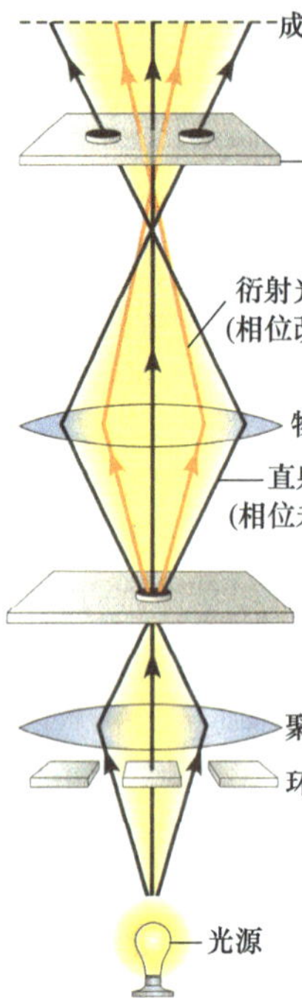

图 2-8 相差显微镜的光学组件及光线通路（引自 Jeff et al.，2012）。橙色线代表由标本干涉的光，黑色线代表直射光。

差异，这样就可以用肉眼区分了，这种转变要依靠光波的相互作用能力，即干涉。

相差显微镜具有两个其他显微镜所不具有的功能：①能将直射的光（视野中背景光）与经物体衍射的光分开；②能将大约一半的波长从相位中除去，使之不能发生相互作用，从而引起强度的变化。假定将某一物体悬浮在相同的介质中，也就是说它们的各个部分的衍射系数完全相同，此时到达物体上的所有光有一半被改变了相位，相互之间的干涉是一致的，强度的减少也是一致的。

所谓相位，是指光波在前进时，电振动呈现的交替的波形变化。由于光是电磁波，其电振动与磁振动垂直，又与波的传播方向垂直，导致了传播时波形的变化。同一种光波通过折射率不同的物质时，光的相位就会发生变化，波长和振幅也会发生变化。所谓相差，是指两束光波在某一位置时，由于波峰和波谷不一致，即存在着相位上的差异。同一种光通过细胞时，由于细胞不同部分的折射率不同，通过细胞的光线比未通过细胞的光线相位落后，而通过细胞核的光线比通过细胞其他部位的相位落后，这就是相位差。

另外，光通过物体后形成两束光：一束直行，称为直射光；另一束斜行或绕行，称为衍射光，衍射光相位落后，振幅小。两束光继续前进，当直射光和衍射光相遇时又产生干涉，此时如两者相位相同，则两束光的合光振幅加大，若两者相位相反，则两束光的合光振幅减小。合光振幅大意味着物体变亮，合光振幅小则物体变暗，结果是物体在显微镜下呈现明暗对比，因而能辨认无色透明物体内的细微结构。

2.1.2.3 微分干涉相差显微镜

微分干涉相差（differential interference contrast，DIC）显微镜在原理上与相差显微镜相似，但比相差显微镜更灵敏，因为它使用了特殊的棱镜将发射的一束光分解成两束光。两束光通过光学系统时会发生相互干涉，如果相位相同，干涉的结果是亮度增强，反之，就会相互抵消变暗，这就是光波的干涉现象。

微分干涉相差显微镜由 4 个光学组件构成：偏振器（polarizer）、检偏器（analyzer）与两个 DIC 棱镜（沃拉斯顿棱镜，Wollaston prism）。偏振器与第一个沃拉斯顿棱镜将对光束进行分解，产生距离相近、方向相同的两束光。当两束光通过标本时，两束光被第二个沃拉斯顿棱镜重新合并成一束光。如果没有标本，两束光结合成一束光，与原初进入偏振器及第一个沃拉斯顿棱镜时的完全相同（没有干涉）；在有标本存在时，两束光不会以相同的方式重新结合（因为相互间干涉），而是产生一定程度的偏振，其结果是显著提高了分辨率（图 2-9）。

当两束光线重新结合时，其中一束光通过标本发生的任何相位的变化都会对第二束光产生干涉。

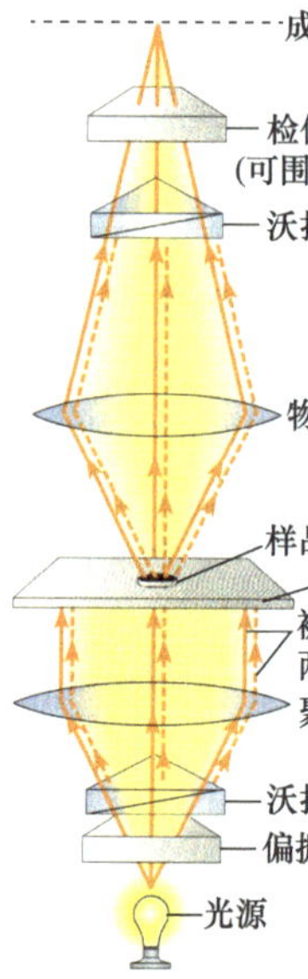

图 2-9 微分干涉相差（DIC）显微镜的光学组件及光线通路（引自 Jeff et al.，2012）。

因为最大的相位变化通常发生在细胞的边缘，这样使细胞标本呈现出正或负的投影影像，通常是一侧亮而另一侧暗，这便造成了标本的人为三维立体感，类似于浮雕（图 2-10）。这一技术对于研究活的、未染色的标本特别有用。

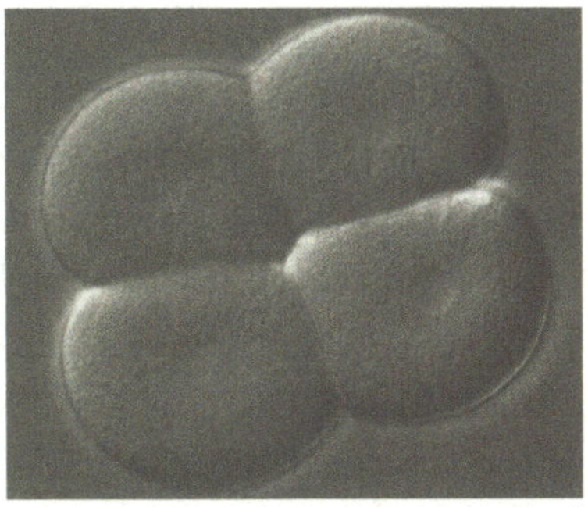

图 2-10 DIC 显微照片（引自 Jeff et al.，2012）。用 DIC 观察的 4 个海胆胚胎细胞。

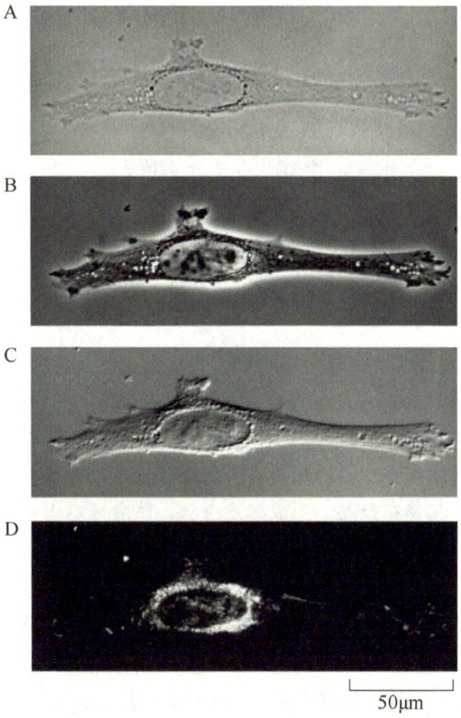

图 2-11 四种类型的光学显微镜观察效果比较（引自 Alberts et al.，2015）。培养的同一种成纤维细胞用四种不同显微镜拍摄的四种影像。A. 普通明场显微镜，光线直接透过样品；B. 相差显微镜；C. 微分干涉相差显微镜；D. 暗场显微镜。

2.1.2.4 暗场显微镜

在日常生活中，当人的眼睛处于暗处观察光线斜射到的尘埃，由于光的反射和衍射，使尘埃颗粒似乎增大了体积而可辨别。但当光线很强或有衍射存在的情况下则看不出尘埃的颗粒。根据此原理使光不直接通过样品而是斜射到样品上，即可在暗视野下观察细微粒子。

暗场显微镜（dark field microscope）使用了一种特殊的照明方法，使光线不能直接进入物镜和目镜，这样在观察样品时就不能直接看到照明光线，而只能观察被检物体所反射或衍射的光线，因而使被检物体在黑暗的视野中呈现明亮的像。这种照明方式使反差增大，分辨率提高，用以观察未经染色的活体或胶体粒子。

上面介绍了常用的几种光学显微镜，相同的细胞样品用不同的显微镜进行观察，会有不同的效果（图 2-11）。因此，应根据不同的研究目的，选用不同的显微镜进行观察。

2.1.2.5 光学显微镜的标本制备

光学显微镜的实用性强，大多数标本都可用光学显微镜进行观察。标本可以粗略地分为两类——整体和切片。细菌、原生动物等可以直接制备成标本进行整体显微观察；对于动植物组织可以制成切片进行显微观察。

由于大多数细胞的成分不影响光线的穿透，无法形成反差，所以在一般光学显微镜下几乎看不清未经处理的细胞；为了看清细胞内含物，就必须对细胞标本进行一些特殊的处理，为此建立和发展了标本的各种制备技术。

1）标本的固定　标本处理的第一步通常是进行初固定（primary fixation）。生物组织在染色前先进行固定的目的是杀死细胞，稳定细胞的化学成分，并且使标本硬化以便在进一步的处理和切片时不会受到破坏。标本固定的最简单做法是将标本直接浸泡在固定液中，固定使得大分子交联而保持在一定的位置上，不至于在以后的染色等处理过程中移位或丢失而产生人工假象。一般用具有缓冲作用的醛类固定液，用甲醛或戊二醛作固定剂，能够与蛋白质的游离氨基形成共价键，从而将邻近的蛋白质分子牢固地交联在一起。

2）包埋和切片　标本制备的第二步是将固定的组织制备成切片，为此，标本首先要被包埋（embedding）在介质中，通常用液态的石蜡或树脂作为包埋剂，使之渗入整块组织，然后将之硬化成固体的包埋块，随后用专门的切片机切割包埋块，制备成薄切片（图 2-12）。适用于光学显微镜观察的切片厚度为 1～10μm。

3）染色　大多数细胞总重量的 70% 是水，

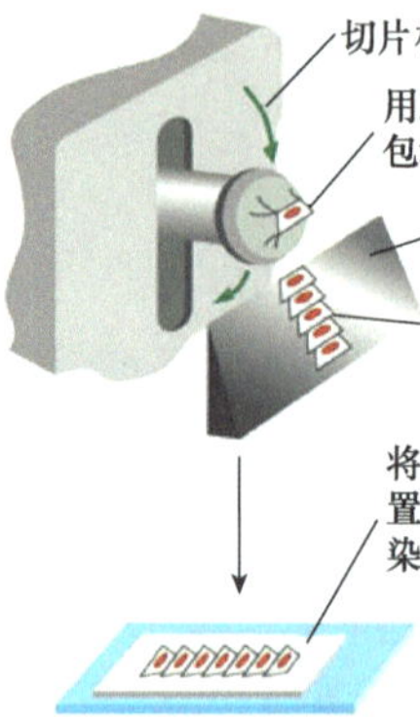

图 2-12 用切片机进行标本切片（引自 Jeff et al.，2012）。将固定的标本包埋之后，固定在切片机的臂上，当切片机的臂通过一个环形的弧光刀，就会将标本切成切片。这些切片互相粘在一起，形成橡皮条状，然后可以固定在玻片上，进行染色并加上盖玻片保护起来。

对可见光几乎是透明的，只有很少的内含物不透光。染色（staining）的目的就是给细胞的不同组分带上可区别的颜色特征。19 世纪初，人们发现某些有机染料可染生物组织，并对细胞特殊部位的着色具有选择性。例如，苏木精（hematoxylin）对负电荷分子有亲和性，能显示出细胞内核酸的分布；酸性染料如伊红（eosin）可使细胞质染色；苏丹染料（Sudan dye）在脂肪中的溶解度比在乙醇中的大，所以苏丹染料的乙醇饱和溶液能使脂肪着色。然而，许多染料的特异性染色机制目前尚不清楚。

2.1.2.6 放射自显影技术

在用光学显微镜检测目标物质时，被检物若是以痕迹量（trace）存在，是难以检测到的，对于痕迹量的物质，通常可预先将其带上标记，然后通过放射自显影（autoradiography）扩大反差再进行检测，就容易分辨它的存在及其在细胞内的定位。

放射自显影技术是用感光胶片测定细胞内某种被放射性标记的物质在细胞固定时所在的位置。放射自显影的基本过程包括：①将细胞、组织或器官悬浮在含放射性标记的液体中，然后温育一段时间；②停止温育，将生物材料进行洗涤、固定，并同液体分开；③将固定的标本进行包埋和切片；④将切片进行洗涤，然后放置在载玻片上；⑤在玻片上加一层照相乳胶（全过程都应在暗室中进行）；⑥将玻片放在一密闭的盒子中，放适当的时间，让细胞中的放射性直接曝光于照相胶片上；⑦将玻片进行显影、洗涤和固定，然后水洗，并在显微镜下进行检查。

放射自显影的原理是利用放射性同位素所发射出来的带电离子（α 或 β 粒子）作用于感光材料的卤化银晶体，从而产生潜影，这种潜影可用显影液显示，成为可见的“像”，是利用卤化银乳胶显像检查和测量放射性的一种方法。因此，放射自显影必须先用放射性同位素对检测物进行放射性标记（radio-labeling）。

同位素是指在周期表处于同一位置，具有相同数量的质子但中子数目不同的两种元素。有放射性的同位素称为“放射性同位素”（radioisotope），没有放射性的则称为“稳定同位素”，并不是所有同位素都具有放射性。放射性同位素是不稳定的，它会“变”。放射性同位素的原子核很不稳定，会不间断地、自发地放射出射线，直至变成另一种稳定同位素，这就是所谓的“核衰变”。放射性同位素在进行核衰变的时候，可放射出 α 射线、β 射线、γ 射线和电子俘获等，但是并不一定能同时放射出这几种射线。

放射性同位素的原子不断衰变，当衰变掉一半时所需要的时间称为半衰期。各种放射性同位素的半衰期长短不同，在自显影实验中多选用半衰期较长者。对于半衰期较短的同位素，应选用较快的标本制备方法，所用剂量也应加大。

放射自显影实验中常用的放射性同位素的半衰期和粒子类型见表 2-2。

表 2-2 生物学研究中常用的某些同位素的性质

名称	半衰期	粒子类型
^{3}H	12.3 年	β
^{11}C	20min	β
^{14}C	5700 年	β
^{24}Na	15.1h	β，γ
^{32}P	14.3d	β
^{35}S	87.1d	β
^{42}K	12.4h	β，γ
^{45}Ca	152d	β
^{59}Fe	59d	β，γ
^{60}Co	5.3 年	β，γ
^{64}Cu	12.8h	β，γ
^{65}Zn	65d	β，γ
^{131}I	8.0d	β，γ

生物组织、细胞及细胞组分（DNA、RNA、蛋白质）等都可以用放射性分子进行标记。标记的

方法有活体标记与体外标记。活体标记是将细胞放在含有放射性物质（如含有 ^{35}S 标记的甲硫氨酸或 ^{3}H 标记物）的培养基中进行培养，由于细胞在生长过程中掺入了放射性的底物，因而被带上了标记。由于这一方法是在细胞生长繁殖过程中进行蛋白质、DNA 或 RNA 的标记，故称为活体标记法（*in vivo* labeling）。体外标记法（*in vitro* labeling）是在无细胞系统中，利用酶学的方法将放射性的核苷酸底物掺入到 DNA 分子中或 DNA 分子的末端，使之带上放射性标记的过程，体外标记是基因工程中常用的方法。图 2-13 是光学显微镜标本的放射自显影过程。

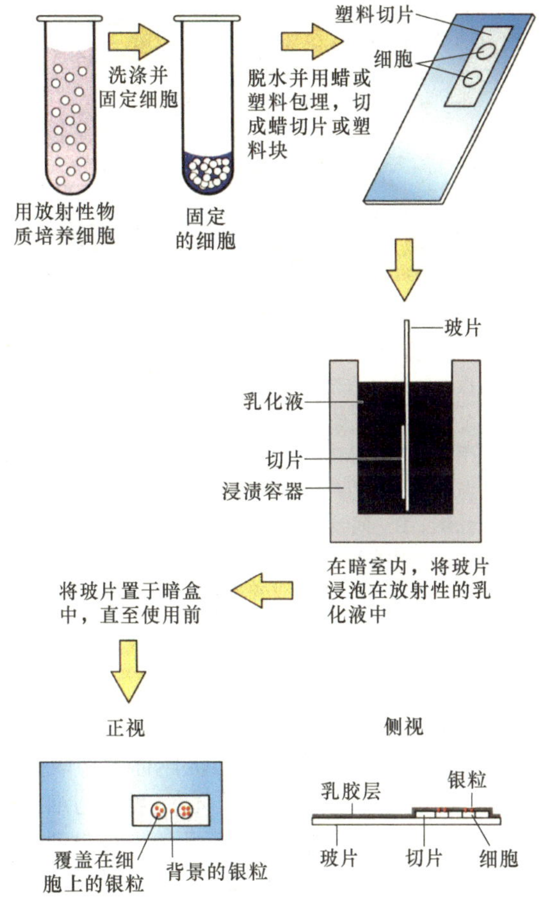

图 2-13 光学显微镜标本的放射自显影（引自 Karp，2010）。

2.1.3 荧光显微镜与共聚焦显微镜

上面介绍的显微镜可以很好地观察细胞的结构，但是不能有效地提供细胞的分子信息，而荧光显微镜（fluorescence microscope）则提供了很好的研究手段。

2.1.3.1 荧光的原理

为了更好地理解荧光显微镜的工作原理，首先需要了解荧光现象。所谓荧光，是指分子从对光的吸收开始到发射较长波长的光为止的过程。图 2-14 显示了荧光的原理。

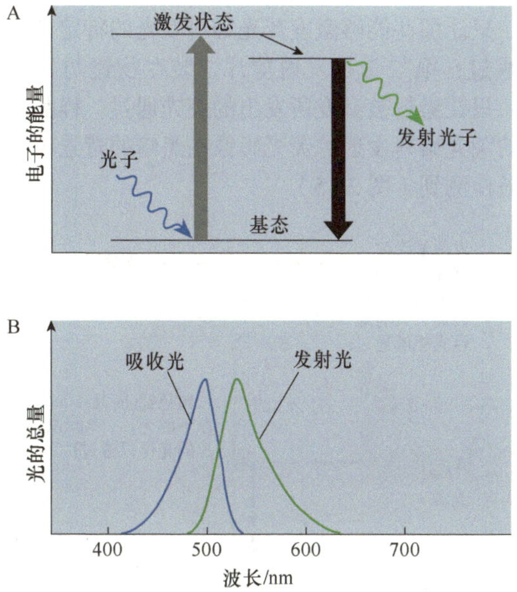

图 2-14 荧光的原理（引自 Jeff et al.，2012）。A. 来自单个原子的荧光图解。吸收具有某种能力的光（图中所示具蓝色箭头的波纹线）。电子从它的基础状态跃迁到激发状态，然后，高能的激发态的电子通过发射一个低能、波长较长的光子（绿光）后又恢复到基础状态。B. 典型的荧光分子吸收与发射光谱。蓝色曲线代表功能波长吸收光的量，而绿色曲线代表功能波长发射光的量。

当一个原子吸收了一个具有适当能量的光子（或量子）时，它的一个电子从基态跃迁为具有较高能量的激发态，最终，该电子将丧失部分能量，并回落到原来的基态，同时发射另外一个光子。发射的光子通常比吸收的光子的能量低（具有较长的波长），结果，吸收的蓝色光转变为发射的绿色光。

具体到真正的荧光分子，可能具有的能量要比图中显示的大得多，相应地，能够吸收与发射的不同能量也是很大的。对于每一个荧光分子而言，都具有自身特征性的吸收与发射光谱。

如果我们以分子可吸收波长的光照射分子，然后观察到它仅能以发射波长的光通过一个滤镜。可以在黑暗的背景下看到荧光，因为背景是暗的，即使极少量的发荧光的染料也能被检测到。相反，即使是相同量的非荧光染色的分子，因为染上的颜色很少，也是很难观察到的。

2.1.3.2 荧光显微镜

荧光显微镜是一种特殊类型的光学显微镜，它与一般光学显微镜不同的是利用光激发样品发射的荧光来研究细胞内物质的吸收、运输，以及化学物质的分布和定位等。标准的荧光显微镜具有两套阻断滤光片：第一套是激发滤片，装在光源与样品之间，只让那些能够激发荧光染料发光的特定波长的光通过；第二套是发射滤片，装在物镜与目镜之间，只让染料被激发所发出的荧光通过。样品经染色的荧光染料发射的荧光影像在黑暗的背景下很容易被检测到（图 2-15）。

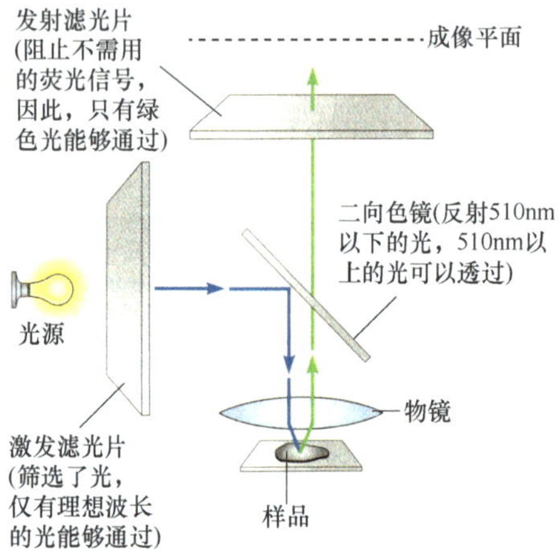

图 2-15 荧光显微镜的基本结构与光通路（引自 Jeff et al., 2012）。光源发射的荧光通过激发滤光片的阻断作用，仅让激发光通过（蓝色线条），激发光诱发样品中的荧光染料发射较长波长的光（绿色线条），发射滤光片除去激发光，仅允许发射光通过，最后，样品中荧光分子发射的光形成影像。

2.1.3.3 荧光抗体

用荧光显微镜研究特异分子或离子在细胞内的定位，研究者必须使用特殊的指示剂分子，即荧光探针（fluorescence probe）。所谓荧光探针，即能够发射荧光的分子，以指示特定的分子或离子的存在。荧光探针最常用的技术之一是免疫染色（immunol staining），其原理是抗体与抗原的特异性识别与结合。抗体可以通过将蛋白质或其他的大分子注射兔子或小鼠诱导产生。抗体是不能用光学显微镜直接观察的，所以它必须连接上一个荧光染料，如可以发射绿色荧光的荧光素（fluorescein），或者可以发射红色光的罗丹明（rhodamine）。将连接了荧光染料的抗体称为荧光抗体（fluorescence antibody）。为了测定一个特定蛋白质在细胞内的定位，蛋白质只要用荧光抗体简单染色后就可用适当波长的光对细胞进行观察。

直接用荧光染料标记的抗体可以在免疫荧光显微镜（immunofluorescence microscope）下进行观察（图 2-16A），免疫荧光显微镜常用于间接免疫荧光（indirect immunofluorescence）（图 2-16B）。

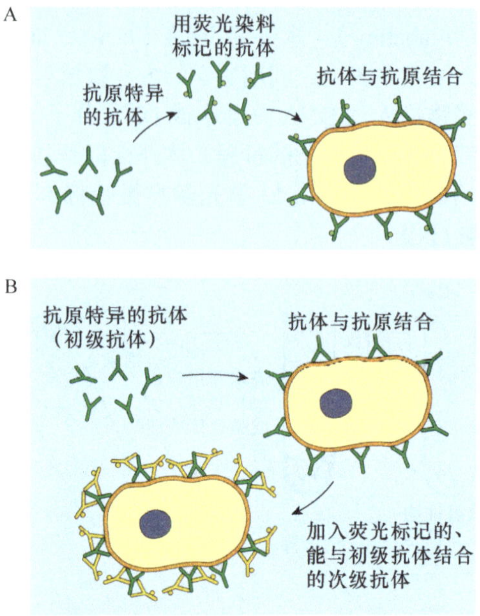

图 2-16 用荧光抗体进行免疫染色（引自 Jeff et al., 2012）。免疫荧光显微镜用荧光标记的抗体检测组织样品中特异的分子（抗原）。A. 直接免疫荧光。使用的与组织内特异分子结合的抗体是用荧光染料标记的，将这种标记的抗体加入到样品中，使之与检测的抗原结合，然后用荧光显微镜或共聚焦显微镜进行检测。B. 间接免疫荧光。使用两种抗体，初级抗体不用标记，并且直接与待检测的特异抗原结合。随后加入的次级抗体是用荧光标记的，但并不与待检测的抗原结合，而是与未标记的初级抗体结合，间接免疫荧光有效扩增了荧光信号，检测样品敏感性比直接荧光高得多。

在间接免疫荧光技术中，组织或细胞先用未经染料标记的抗体处理，此类抗体称为初级抗体（primary antibody，又称第一抗体），可以与细胞或组织中特异抗原位点结合，然后用第二种类型的抗体——次级抗体（second antibody，又称第二抗体）进行处理。次级抗体是用荧光染料标记的，它可以与初级抗体结合。由于初级抗体可以与多个次级抗体结合，使得与特异抗原结合的初级抗体所在的部位具有较强的荧光而便于检测。从结果上看，间接免疫荧光对要检测的目标进行了信号放大，由于这种放大作用是通过次级抗体，而不是初级抗体，所以是间接的。

用不同的抗体或荧光探针组合，可在相同的组织样品中同时标记不同分子，用不同组合的荧光滤片使不同的探针组合形成不同的影像，不同的影像构成细胞的结构（图 2-17）。

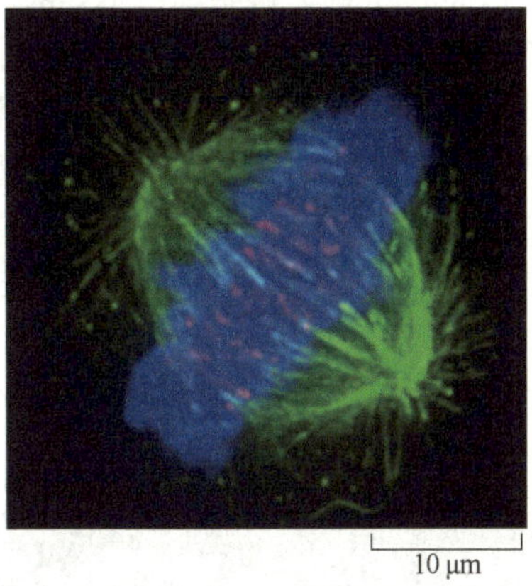

图 2-17 同一个细胞可同时用不同的探针进行观察（引自 Alberts et al.，2015）。照片显示了细胞有丝分裂的纺锤体及染色体。用三种不同的荧光探针标记三种不同的细胞组分：纺锤体微管用绿色荧光抗体进行标记，着丝粒用红色荧光抗体进行标记，凝聚染色体的 DNA 用蓝色荧光染料 DAPI（可与 DNA 沟结合的染料）标记。

2.1.3.4 共聚焦显微镜

一般的荧光显微镜有两个缺陷：第一，样品发射的荧光不仅来自聚焦的平面，还有来自分子的上方及下方，因此，观察者看到的影像因来自细胞内不同位置的分子荧光影像的影响而变得不够清晰，从而影响了对分子的真实排列的判断；第二，为了观察较厚的标本，必须先收集来自样品不同深度的系列影像，然后再按照原样品厚度排列构建其结构。已经创建了两种方法获得样品高分辨率的三维信息，由美国科学家马文·闵斯基（Marvin Minsky）发明的共聚焦显微镜（confocal microscope）是目前最重要的获得样品高分辨率的三维信息最有力的工具。

从一个点光源发射的探测光通过透镜聚焦到被观测物体上，如果物体恰在焦点上，那么反射光通过原透镜应当汇聚回到光源，这就是所谓的共聚焦，简称共焦（confocal）。

共聚焦显微镜在荧光显微镜成像基础上加装了激光扫描装置，利用计算机进行图像处理，把光学成像的分辨率提高了 30%～40%，使用紫外光或可见光激发荧光探针，从而得到细胞或组织内部微细结构的荧光图像，可在亚细胞水平上观察诸如 Ca^{2+}、pH、膜电位等生理信号及细胞形态的变化，是一种高分辨率的显微成像显微镜。

激光共聚焦扫描显微镜由激光光源、自动显微镜、扫描模块（包括共聚焦光路通道和针孔、扫描镜、检测器）、数字信号处理器、计算机及图像输出设备（显示器、彩色打印机）等部分组成。主要特点是用激光作为扫描光源，逐点、逐行、逐面快速扫描成像。扫描的激光与荧光收集共用一个物镜，物镜的焦点既是扫描激光的聚焦点，也是瞬时成像的物点。由于激光束的波长较短，光束很细，所以共聚焦激光扫描显微镜有较高的分辨力，大约是普通光学显微镜的 3 倍。系统经一次调焦，扫描限制在标本的一个平面内。调焦深度不一样时，就可以获得标本不同深度层次的图像，这些图像信息都储存于计算机内，通过计算机分析和模拟，就能显示细胞标本的立体结构（图 2-18）。

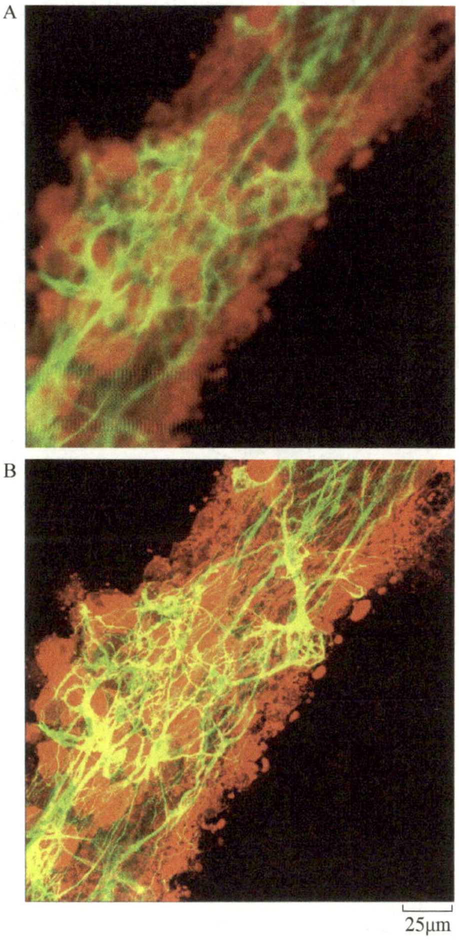

图 2-18 共聚焦荧光显微镜与普通荧光显微镜的比较（引自 Jeff et al.，2012）。图中的荧光照片显示的是用不同的荧光标记物染色的、用荧光标记的胶质细胞（红色）、神经细胞（绿色）。A. 普通荧光显微镜照片，整个样品都是被光照射的，所以在聚焦的平面、上方、下方的荧光材料都会形成模糊的影像。B. 在共聚焦显微镜中，进入的光被聚焦在单个的平面，从样品发射的焦外荧光则被排除了，产生的影像泾渭分明。

2.1.3.5 绿色荧光蛋白

由于细胞是一个组装的动态结构，即使是最

稳定的细胞，其内部也是动态的，包括蛋白质的合成与运输、某些结构的装配与去装配（如细胞骨架）、信号的传递与中止等。大多数显微技术只能研究“死”细胞，即需要将细胞或组织“杀死”后进行处理与观察。绿色荧光蛋白（green fluorescent protein，GFP）的发现与应用，使细胞的研究由“死”变活，可以研究细胞生活状态下细胞内一些物质的动态行为。

2008 年 10 月 8 日，诺贝尔化学奖揭晓，日本科学家下村修（Osamu Shimomura）、美国科学家 Martin Chalfie 和美籍华裔科学家钱永健（Roger Y. Tsien）三人因发现和改造绿色荧光蛋白而获奖。

GFP 的编码基因于 1962 年被发现，1992 年被克隆。GFP 由 238 个氨基酸组成，分子质量为 26.9kDa，最初是从维多利亚多管发光水母中分离出来的，在蓝光照射下会发出绿色荧光。

GFP 是典型的 β 桶形结构，包含 β 折叠和 α 螺旋，将荧光基团包含在其中（图 2-19）。严密的桶形结构保护着发色团（chromophore），防止它被周围环境淬灭，内部面向桶形的侧链诱导 Ser65-Tyr66-Gly67 三肽环化，导致发色团形成。

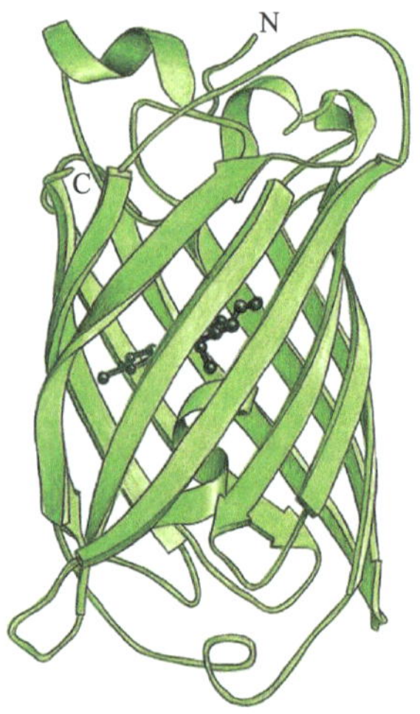

图 2-19 绿色荧光蛋白（GFP）的结构（引自 Alberts et al.，2015）。GFP 由 13 条 β 链形成一个桶状结构，活性的发色团包含在桶的内部，它是翻译后由三个氨基酸残基伸出的侧链。

虽然野生型 GFP 能够发出很绚丽的荧光，但它有不少缺点，比如有两个激发峰、光稳定性不好、在 37℃不能正确折叠。

美籍华裔科学家钱永健在 GFP 改造上有多项发明创新。目前国际上广泛使用的荧光蛋白大多数是钱永健实验室改造后的变种，首个重大改变就是在 1995 年完成的单点突变（S65T）。这个突变显著提高了 GFP 的光谱性质，荧光强度和光稳定性也大大增强。突变后的 GFP 激发峰转移至 488nm，而发射峰仍保持在 509nm，这和常用的 FITC 滤光片匹配，提高了 GFP 的应用潜力。而 F64L 点突变则改善了 GFP 在 37℃的折叠能力，因此产生了增强型 GFP，也就是我们常见的 EGFP。

GFP 的其他突变还包括颜色突变，这其中大部分是钱永健创造的，有蓝色荧光蛋白、青色荧光蛋白和黄色荧光蛋白（图 2-20）。此外，还有对 pH 敏感的突变体，如 pHluorins。

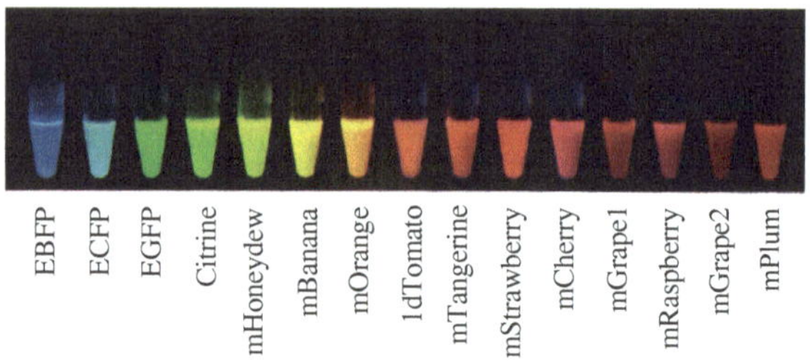

图 2-20 多种不同颜色的荧光蛋白（引自 Lodish et al.，2013）。图示发射不同荧光的试管及所含荧光蛋白的名称。

绿色荧光蛋白最基本的应用就是作为报告分子（reporter molecular），即荧光探针监控蛋白质的表达。可通过基因操作，将 GFP 的编码序列重组到感兴趣基因转录启动子的控制下，然后通过转基因技术，将重组的基因导入细胞，就可以直接监控到所感兴趣基因在活体内的表达（图 2-21）。

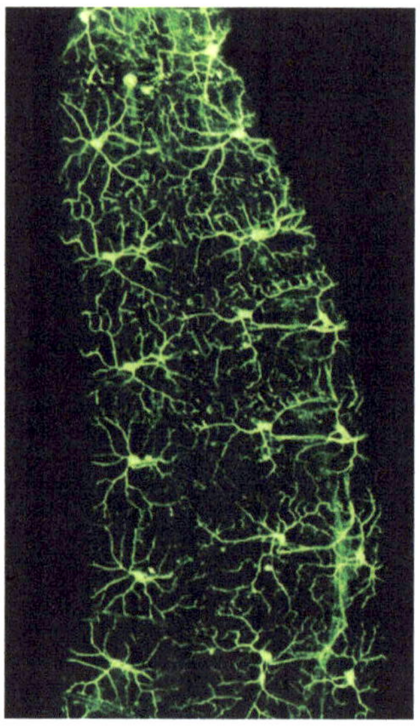

图 2-21 荧光蛋白作为报告蛋白（引自 Alberts et al.，2015）。通过 DNA 重组技术，将 GFP 编码序列置于果蝇的启动子控制下，该启动子只能在一套特异的神经元中被激活。图中的影像是通过荧光显微镜拍摄的活果蝇胚，显示了约 20 个神经元，每个神经元具有很多轴突和树突，与周围非荧光的细胞进行通讯。这些神经元刚好位于动物的表面，可敏感地感知环境。

荧光蛋白广泛应用于生物学研究。通过常规的基因操作手段，将荧光蛋白作为报告蛋白，用于标记其他目标蛋白，这样可以观察、跟踪目标蛋白的时间、空间变化，提高了以前不能达到的时间和空间分辨率，而且可以在活细胞，甚至活体动物中观察到一些分子。

2.1.3.6 荧光共振能量转移技术

荧光蛋白不仅可用于检测细胞内蛋白质的定位，而且可用于研究蛋白质的动力学特性，揭示其是否与其他分子相互作用。其中一个关键技术就是荧光共振能量转移（fluorescence resonance energy transfer，FRET）技术。

FRET 是较早发展起来的一门技术，随着绿色荧光蛋白应用技术的发展，FRET 已经成为检测活体中生物大分子间纳米级距离及其变化的有力工具。

荧光共振能量转移是距离很近的两个荧光分子间产生的一种能量转移现象。当供体荧光分子的发射光谱与受体荧光分子的吸收光谱重叠，并且两个分子的距离在 10nm 范围以内时，就会发生一种非放射性的能量转移，即 FRET 现象，使得供体的荧光强度比它单独存在时要低得多，而受体发射的荧光却大大增强。

FRET 用于检测体内两种蛋白质之间的直接相互作用，最常用的一对荧光分子是 GFP 的衍生物：青色荧光蛋白（cyan fluorescence protein，CFP）作为供体蛋白，黄色荧光蛋白（yellow fluorescence protein，YFP）作为受体蛋白。将 CFP 与 YFP 分别与两种目的蛋白融合表达，当这两个蛋白质之间的距离在 5～10nm 的范围内，则供体发出的荧光可以被 YFP 所接收，并激发 YFP 发出黄色荧光。此时可以通过测量 CFP 荧光强度的损失量来确定这两种蛋白质是否相互作用。两个蛋白质间的距离越近，CFP 所发出的荧光被 YFP 接收的量就越多，检测器所接收的量就越少；反之，就不会产生 FRET 效应。FRET 效率反映了体内两种蛋白质相互作用的强弱（图 2-22）。

采用 FRET 技术可检测细胞内 Ca^{2+}浓度的变化。研究者将 CFP 和 YFP 分别与钙调蛋白和钙调蛋白结合肽融合表达于同一个细胞内，当细胞内具有高的 Ca^{2+}浓度时，钙调蛋白与钙调蛋白结合肽结合，可诱发 FRET，使受体蛋白 YFP 发出黄色荧光，因此细胞呈黄色；当细胞内 Ca^{2+}浓度低时，FRET 几乎不发生，因此检测时 CFP 被激发，发出绿色荧光，细胞呈绿色（图 2-23）。

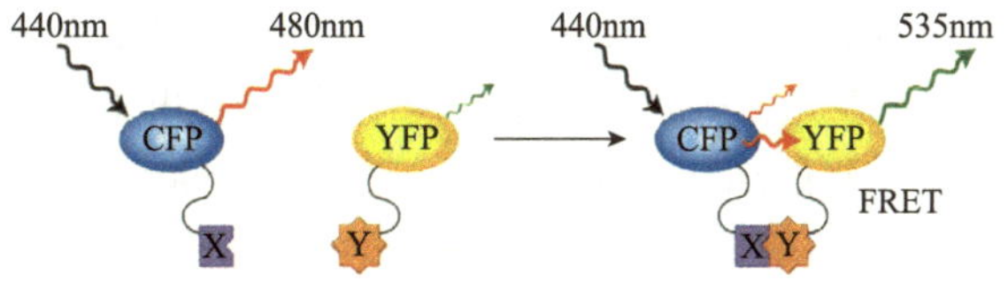

图 2-22 荧光共振能量转移检测蛋白质互作（引自 Lodish et al.，2013）。为了检测蛋白质 X 与 Y 是否互作，分别将它们与 CFP、YFP 重组连接。将重组的两种蛋白质的编码基因转入同一个细胞内表达。用 440nm 的光照射细胞，CFP 将发射 480nm 的荧光。如果 YFP 不与 CFP 靠近，将不能接收 480nm 的荧光，也就不会发射 535nm 的荧光。如果 X 与 Y 两种蛋白质互作，就会将 CFP 与 YFP 间的距离拉近，CFP 发射的 480nm 的荧光就会被 YFP 接收，从而发射 535nm 的荧光。

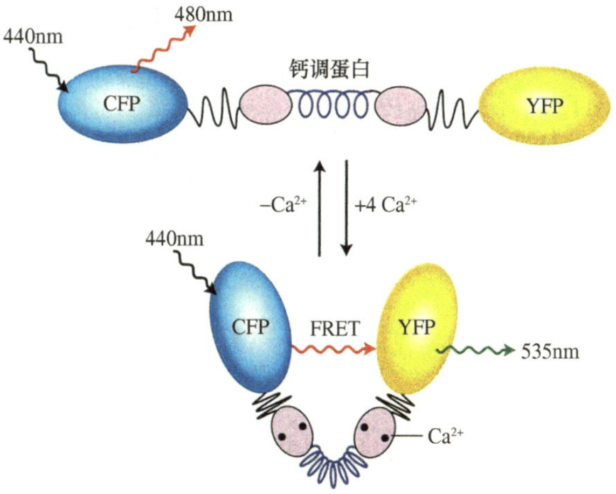

图 2-23 荧光共振能量转移检测局部生化环境（引自 Lodish et al.，2013）。将 CFP、YFP 与钙调蛋白重组成一个大的复合体，使其在细胞中表达。如果细胞内的 Ca^{2+}浓度低，不会发生 FRET。若细胞内的 Ca^{2+}浓度高，由于 Ca^{2+}与钙调蛋白的结合，复合物发生构型变化，从而将 CFP 与 YFP 间的距离拉近，此时用相应的光激发 CFP，会发生 FRET 效应。

2.1.4 电子显微镜

光学显微镜的分辨率主要是受照明光线的波长限制，在可见光源下无法分辨小于 0.2μm 的细微结构，即使改用紫外光源，分辨率也只能是 0.1μm。提高分辨率的最好办法就是缩短照明光源的波长，这导致了电子显微镜（electron microscope）的发明。光源与分辨率的关系同样适用于电子束，由于电子束的波长是光的波长的 1/100 000，因而用电子束代替光波，可极大提高显微镜的分辨率。1932 年德国学者 Max Knolls 和 Ernst Ruska 发明了第一台电子显微镜，开拓了超微世界，发现了许多光学显微镜下看不到的结构，如细胞质膜、线粒体、细胞核、高尔基体、中心粒等细胞器的细微结构。将在光学显微镜中观察不到而只能在电子显微镜下观察的结构称为亚显微结构（submicroscopic structure）或超微结构（ultrastructure）。电子显微镜可分为两大类：透射电子显微镜和扫描电子显微镜。还有在这两类电子显微镜的基础上发展起来的具有特别功能的电子显微镜，如透射扫描电子显微镜、免疫电子显微镜、高压电子显微镜等。

2.1.4.1 透射电子显微镜

透射电子显微镜（transmission electron microscope，TEM）主要是让电子束穿透样品而成像。

透射电子显微镜的基本结构由三大部分组成：电子学系统（供电系统）、真空系统、电子光学系统（镜筒）。由于电子显微镜必须在高度真空条件下进行工作，阴极与阳极之间会放电，灯丝也会因受氧化或被阳离子轰击而缩短寿命，所以设计了真空系统。电子学系统即供电系统，需要高压稳压。透射电子显微镜的主体部分是电子光学系统（图 2-24）。

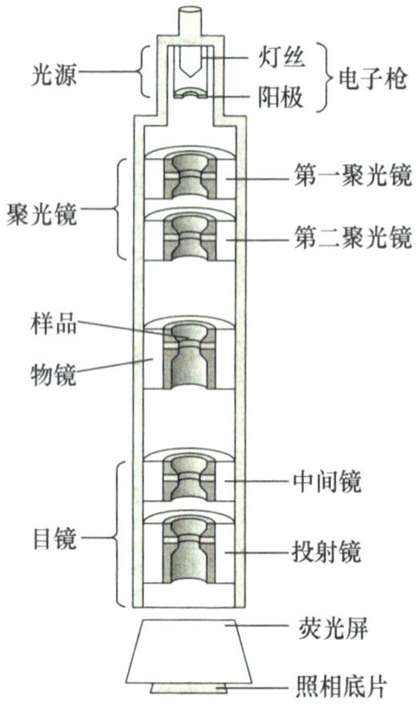

图 2-24 透射电子显微镜的电子光学系统（引自 Wolfe，1993）。

1）电子枪（electron gun） 电子枪是电子显微镜的照明源，主要由灯丝阴极（cathode）、阳极（anode）组成，在阴极灯丝与阳极之间有一个韦氏圆筒（Wehnelt cylinder），控制电子束的形状和发射强度。灯丝的阴极类似于灯泡的灯丝，当它发热时，可以从表面发射电子。在灯丝的下方有一个阳极，用来加速电子。阴极的电压一般为 50～100kV，而阳极的电压为 0V，两极的电压差异称为加速电压（accelerating voltage），当电子通过圆筒时，可引起加速。

2）电磁透镜（electromagnetic lens） 电子显微镜的成像主要是依靠电子既像波又似粒子的性质，玻璃透镜能够使光射线弯曲穿过，电磁透镜则能控制电子的轨道。因为电子是带电的，所以电磁透镜能够改变电子束的方向。在透射电子显微镜中有 5 个电磁透镜：第一和第二聚光镜、中间镜、投射镜和物镜。聚光镜（condenser lens）的作用是将来自电子枪的电子汇聚到标本上，通过它来控制照明电子束斑的大小，一般采用亮光聚光镜，以便达到最好的效果；第一聚光镜是强透镜，它的作用是缩小束斑直径，最小可达 1～2μm；第二聚光镜是弱透镜，作用是控制照明亮度、照明角孔径和照明斑的大小；物镜（objective lens）是电子显微镜最重要的部件，由它获得电子放大像；中间镜（intermediate lens）的作用是把物镜形成的一级放大像投射到投射镜上；投射镜（projector lens）的作用是把中间镜形成的二级放大像投射到荧光屏上，从而形成终像。

3）照相系统（photographic system） 在投射镜下面是像的观察和记录系统，用荧光屏观察终像，用照相系统记录终像。

2.1.4.2 扫描电子显微镜

扫描电子显微镜使用与透射电子显微镜完全不同的方式成像，即用电视的方式成像。扫描电子显微镜是 1965 年发明的较现代的细胞生物学研究工具，主要用于观察标本的表面结构。

扫描电子显微镜（scanning electron microscope，SEM）主要是利用二次电子信号成像来观察标本的表面形态，即用极狭窄的电子束去扫描标本。通过电子束与标本的相互作用产生各种效应，其中主要是标本的二次电子发射。二次电子能够产生标本表面放大的影像，这种影像是在标本被扫描时按时序建立起来的，即使用逐点成像的方法获得的图像。扫描电子显微镜主要由电子光学系统和显示单元组成，它的光学系统结构见图 2-25。

扫描电子显微镜的真空系统和电子源与透射电子显微镜基本相似，但它的加速电压较低（只有 5～30kV），这两类电子显微镜间的主要差别是成像原理不同。扫描电子显微镜用电子枪产生电子射线，经过聚光镜的电子聚焦，形成狭窄的电子束射到标本的表面，与此同时，位于聚光镜和物镜之间的光束偏向器（beam deflector）使电子束在标本上进行快速扫描，并同时将扫描信号传递到扫描器和显像管。当电子束在标本表面进

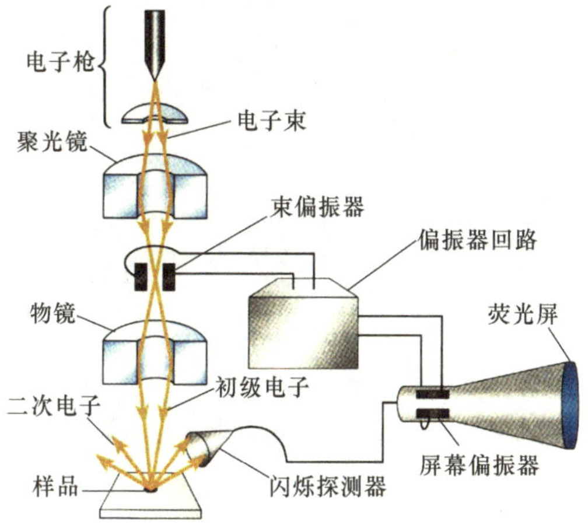

图 2-25 扫描电子显微镜的光学系统（引自 Jeff et al., 2012）。

行快速扫描时，标本中的分子被激发成高能状态，使原子外层的电子发射出来，即二次电子（secondary electron）。二次电子数量的多寡与标本材料的性质、标本表面的高低和凹凸有关。二次电子很快被上方的闪烁器（scintillator）捕获，当闪烁探测器结合电子后会发射出光质子，这些质子可用于产生电信号传递给显像管。由于显像管的荧光屏上的画面与标本被电子束照射面严格同步扫描，逐点逐行一一对应，所以标本任何一点上的二次电子发射强度的任何变化都会表现为荧光屏上对应点的亮度的变化，因而能反映标本表面的形态（图 2-26）。

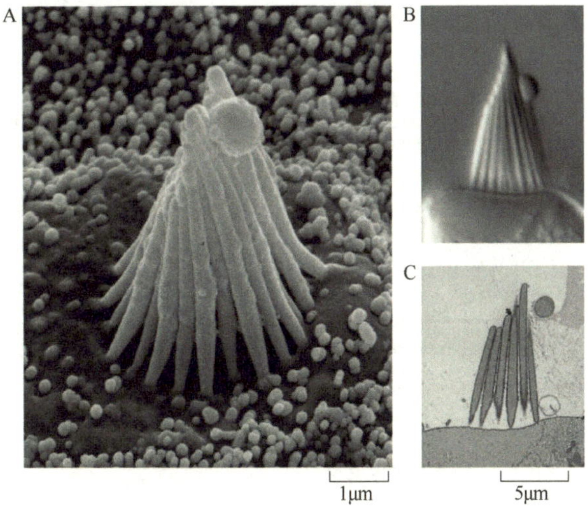

图 2-26 扫描电子显微镜、微分干涉相差光学显微镜、透射电子显微镜的图像比较（引自 Alberts et al., 2015）。A. 牛蛙内耳毛状细胞突起的硬纤毛扫描电子显微镜照片；B. 相同样品的微分干涉相差光学显微镜照片；C. 相同样品的薄片透射电子显微镜照片。

2.1.4.3 电子显微镜的标本制备

如同光学显微镜，电子显微镜的标本也需固定、包埋、切片、染色等。用于电子显微镜的组织固定比光学显微镜的要求更高。第一，标本要薄，这是因为电子的穿透能力十分有限，即使是 100～200kV 高压，电子穿透厚度仅为 1μm，通常将标本制成 50～100nm 厚的薄片（一个细胞切成 100～200 片），称为超薄切片（ultrathin section）；第二，要很好地保持标本的精细结构，特别是在组织固定时要求既要终止细胞生命，又不能破坏细胞的结构；第三，标本要具有一定的反差，电子显微镜的标本切片最后被放置在载网上而不是玻片上（图 2-27）。

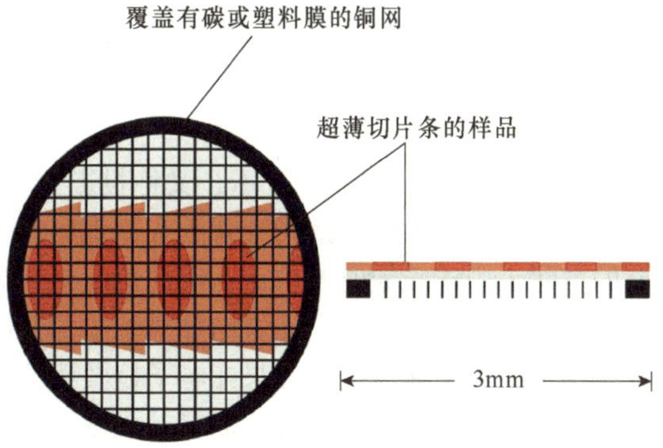

图 2-27 电子显微镜标本的金属载网（引自 Alberts et al., 2015）。

2.1.4.4 负染色技术

电子显微镜可用于检查很小的颗粒物质，包括高分子质量的聚合体，如病毒、核糖体、多亚基的酶、细胞骨架及蛋白质复合体等。只要有足够的反差，也可在电子显微镜下观察蛋白质和核酸分子。

用重金属盐（如磷钨酸钠、乙酸铀等）对铺展在载网上的标本进行染色，使整个载网都铺上一层重金属盐，而有凸起颗粒的地方则没有染料沉积。由于电子密度高的重金属盐包埋了标本中低电子密度的背景，增强了背景散射电子的能力以提高反差，这样，在图像中背景是黑暗的，而未被包埋的标本颗粒则透明光亮，这种染色称为负染色（negative staining）。负染色只染背景而不染标本，与光学显微镜标本的染色正好相反。一些生物大分子组成的结构，如病毒（图 2-28）、线粒体、核糖体和蛋白质组成的纤维等可以通过负染色电镜技术观察其精细结构，还可以从不同角度观察三维结构。

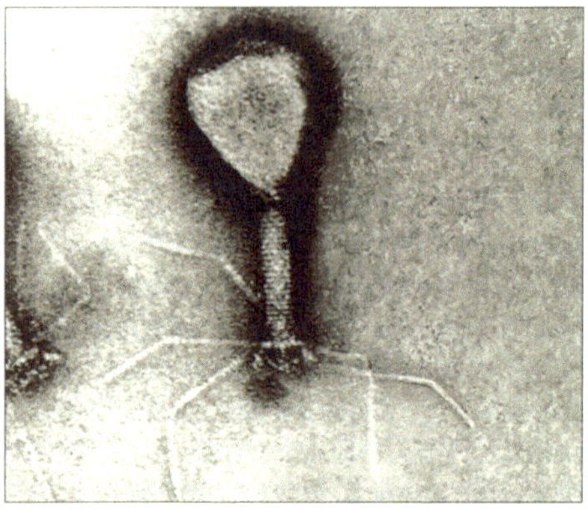

图 2-28 负染色（引自 Becker et al.，1996）。负染色的细菌病毒电子显微镜照片。

图 2-29 喷镀技术（引自 Becker et al.，1996）。用喷镀技术制备烟草花叶病毒的电镜照片。

2.1.4.5 喷镀技术

喷镀（shadow casting）技术，又称投影技术，是电子显微镜中一种重要的增强背景和待观察标本反差的方法。由于喷镀时要求有一定的角度，朝向加热丝的一面被金属覆盖，而背向加热丝的标本面和背景则不能被金属覆盖，结果在电子显微镜下观察时，被金属覆盖的一面很暗，而未被覆盖的一面则光亮（图 2-29）。

2.1.4.6 冷冻断裂复型和冷冻蚀刻

冷冻断裂复型（freeze fracture replica）和冷冻蚀刻（freeze-etching）是专门观察标本外表面的投影复型技术。

冷冻断裂复型技术是先将生物标本在液氮中（−196℃）进行快速冷冻，防止形成冰晶，然后将冷冻的标本迅速转移到冷冻装置中，并迅速抽成真空。在真空条件下，用冰刀横切冷冻标本，使标本的内层被分开露出两个表面。例如，用冰刀切开细胞质膜时，分开的两个面分别称为 P 面（protoplasmic face）和 E 面（exo-plasmic face），P 面是靠近细胞质面的半层膜，而 E 面则是靠近细胞外基质面的半层膜，可清楚地观察到镶嵌蛋白。

冷冻蚀刻技术是在冷冻断裂技术的基础上发展起来的更复杂的复型技术。如果将冷冻断裂标本的温度稍微升高，让标本中的冰在真空中升华，表面就会浮雕出细胞质膜的超微结构；当大量的冰升华之后，对浮雕表面进行铂-碳复型，并在腐蚀性溶液中除去生物材料，复型经重蒸水多次清洗后，捞在载网上进行电镜观察（图 2-30）。

2.1.5 间接成像技术

光学显微镜和电子显微镜是利用质子和电子使标本直接成像的技术，还有一些显微方法是间接成像。所谓间接成像，举一个例子，假定你拿起一

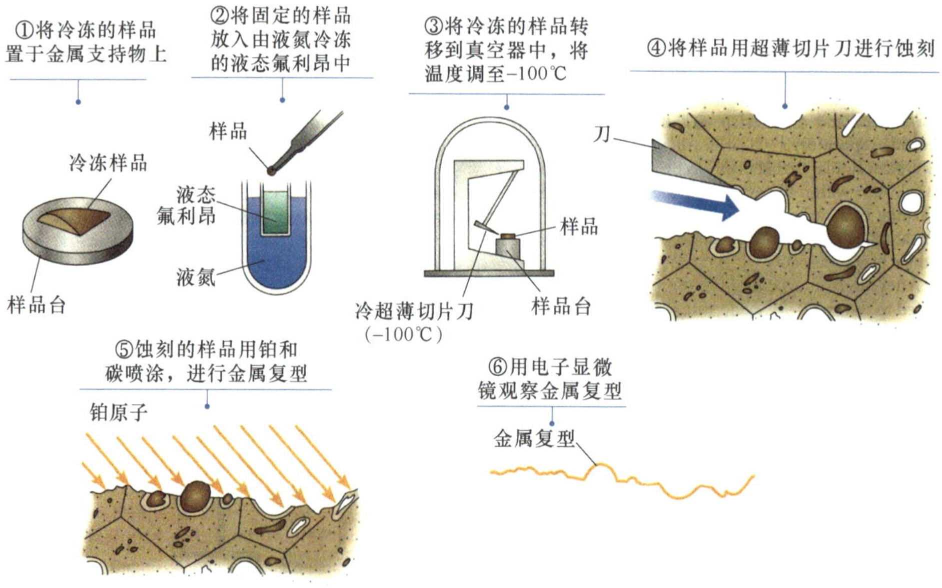

图 2-30 冷冻断裂复型与冷冻蚀刻技术（引自 Jeff et al.，2012）。

个物体，非常靠近你的眼睛进行观察，你或许觉得该物体有6个平面、12条边和8个角，然后将你感觉到的画出来，可能是一个盒子，这就是间接成像。下面讨论的是几种间接成像的方法，这些方法都具有原子级分辨力，它们的分辨率比最好的电子显微镜还高10倍。虽然这些方法目前都存在一定的缺陷限制其在生物学中的应用，但仍具有发展潜力。

2.1.5.1 扫描隧道显微镜

扫描隧道显微镜（scanning tunneling microscope，STM）是由IBM公司瑞士苏黎世研究所的两位学者G. Binning和H. Rohrer在1981年发明的具有原子级分辨力的显微镜，是根据量子力学中的隧道效应原理而制成的。这种显微镜对生物学、物理学、化学等学科均有推动作用，可用于研究表面的原子结构和电子结构，故于1986年二人获得了诺贝尔物理学奖。

1）基本原理　与扫描显微镜完全不同的是，扫描隧道显微镜不是用电子束而是用扫描探针对标本表面进行扫描。这一装置是根据量子力学中隧道效应设计的，扫描探针是其关键部件。针尖直径为1Å，探针是由钨丝或铂铱丝制成。把探针与被测标本表面作为两个电极或两个导体，将探针逐步迫近被测标本，使两者的距离达到数Å，可导致它们表面的电子云发生重叠，此时在两者间加上一微小电压（2mV～2V），电子就可因量子隧道效应由针尖（或标本）移到标本（或针尖），从而在标本和针尖之间产生电流——隧道电流。这种隧道电流对针尖与标本表面间的距离变化特别敏感：二者的间距减小0.1nm时，电流可增大一个数量级；二者的间距稍增大时，电流就大为减小，电流与两电极的距离呈指数关系变化。如果控制针尖和标本之间的距离并保持隧道电流的稳定，进行针尖在标本表面的扫描，探针在垂直于标本方向上高低的变化反映出标本表面的起伏，可以获得表面电子态和化学特性的有关信息，把针尖在标本表面扫描的轨迹显示在荧光屏上就得出标本表面的原子排列图像（图2-31）。STM可用于表面结构分析、表面电子态和化学特性分析。

2）扫描隧道显微镜的特点　与电子显微镜或X射线衍射技术研究生物体结构相比，STM具有以下特点。①高分辨率。STM具有原子级的空间分辨率，其横向空间分辨率为1Å，纵向分辨率达0.1Å。② STM可直接探测标本的表面结构，可绘出立体三维结构图像。③ STM可在真空、常压、空气，甚至溶液中探测物质的结构。由于没有高能电子束，对表面没有破坏作用（如辐射、热损伤等），所以能对生理状态下生物大分子和活细胞膜表面的结构进行研究，标本不会受到损伤而保持完好。④ STM的扫描速度快，获取数据的时间短，成像也快，有可能开展生命过程的动力学研究。⑤不需任何透镜，体积小，携带方便。

DNA双螺旋结构的建立是根据X射线衍射结果推导出来的，至今还没有直接观察DNA结构的方法，所以对其中的细微结构还不够了解。用STM研究了DNA的双螺旋结构，观察到DNA分子上的大沟（major groove）和小沟（minor groove），并且了解DNA的结构随染色体长度而异（图2-31B），这对了解基因的定位和调控是很重要的；STM也可用于研究大肠杆菌质粒中环状DNA的结构。对以上两种DNA的结构均能在溶液中进行研究，接近生理条件，反映DNA的自然结构状态。

此外还可用STM研究胶原、纤维和其他蛋白质结构，也可用于细胞质膜表面结构的研究。但是，由于扫描隧道显微镜检查的对象必须是导电体，而生物标本的导电性很差，这是限制STM在生命科学研究中应用的主要因素。

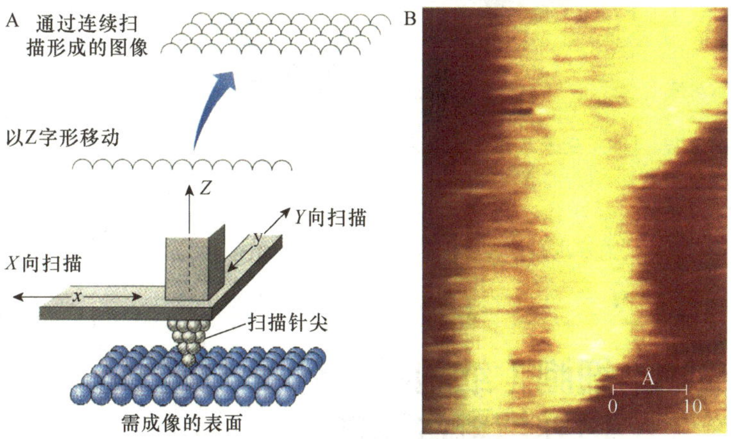

图2-31　扫描隧道显微镜（引自Becker et al.，1996）。A. 扫描隧道显微镜使用电子学的方法，用一个金属针尖在标本表面扫描。图中所画的是球状表面，实际上是由一个或几个原子构成的凸起，针尖和标本表面之间会产生电压。当针尖沿X和Y方向在标本表面扫描时，就会在针尖和标本表面第一层电子之间产生电子隧道。该显微镜设计的Z字形扫描，可保持电流的恒定。因此，针尖的移动是隧道电流的作用，并且可以反映在荧光屏上，连续的扫描可以建立起原子级分辨率的表面图像；B. 扫描隧道显微镜观察的DNA双螺旋结构。

2.1.5.2 原子力显微镜

原子力显微镜（atomic force microscope，AFM）是 G. Binning 在 STM 的基础上发展起来的一种显微镜。这种显微镜的一个重要改进就是不再要求标本是导电体，也就是可用于检查不导电的标本的形貌并能得到清楚的图像。但是，AFM 的分辨率比 STM 要低。AFM 之所以能够检查非导电的标本，是因为针尖被安装在灵敏的悬臂上，当针尖原子与标本表面原子之间的原子力发生变化时，便牵动悬臂使之发生相应的偏移，通过激光可以测出这种原子力的变化，并可同时扫描出原子水平的结构图像。

2.1.5.3 X 射线衍射

X 射线衍射（X-ray diffraction）技术并不涉及显微镜，但是能够根据 X 射线通过结晶标本形成的衍射样式成像。这一技术可用于在原子分辨的水平上推测分子的结构。实际上，X 射线衍射技术是目前在原子水平上分析蛋白质、核酸和其他生物分子的唯一方法。J. D. Watson 和 F. H. C. Crick 提出 DNA 双螺旋结构模型的主要依据之一就是根据 R. E. Franklin 对 DNA 晶体衍射的结果（图 2-32）。

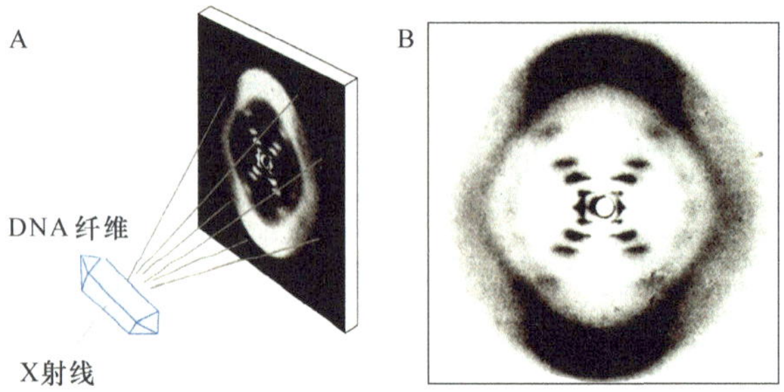

图 2-32 DNA 分子结构 X 射线衍射分析（引自 Becker et al.，1996）。用结晶图像分析接近原子分辨率的分子结构。A. 用 X 射线对 DNA 晶体分子进行衍射；B. 照相记录衍射结果，然后进行结构分析。

2.2 细胞（细胞器）分离、培养与融合技术

虽然细胞内的细胞器及生物大分子能够用显微镜进行观察，但是，认识与理解细胞内细胞器及生物分子的结构和功能，需要通过详细的生化分析。细胞的生化分析需要从组织中获得数量较多的单个细胞，以及从细胞中分离的细胞器和纯化的细胞组分，因此需要建立有效的细胞及细胞器分离方法。虽然人工分离的细胞确保了细胞群体的同质性，但是每次消耗的组织数量大，对个体的伤害也大，因而促进了细胞离体培养方法的建立。分离的同质细胞可通过体外培养，使其在细胞数量上快速增殖而不形成组织，这就保证了离体条件下细胞及细胞内细胞器、生物分子材料的供给。有时为了研究细胞的生物特性（如质膜的流动性）或在细胞水平上改变细胞的遗传性从而获得特异的蛋白产品（如单克隆抗体），需要将不同的细胞在人工操作下进行融合。所以，细胞分离（cell separation）、体外培养（*in vitro* culture）及细胞融合（cell fusion）技术等是细胞生物学研究中最基本的技术。

2.2.1 细胞分离

由于组织块是由多种类型的细胞构成的，用组织块对生物分子的结构与功能的分析难以保证来源的同质性。为了获取尽可能多的关于组织中细胞的信息，生物学家发展了一系列从组织中分离细胞的方法。

2.2.1.1 细胞分散悬浮

绝大多数类型的动物细胞都存在于组织中，细胞在组织中的存在不是完全独立自由的，组织中的单个细胞之间是通过各种方式粘连起来的，而且细胞外基质通过胶原等蛋白纤维分子维持各组织的相对稳定，因此分离细胞的第一步是用蛋白水解酶（如胰蛋白酶、胶原酶）处理切碎的组织块，消化细胞间起黏附与连接作用的蛋白质，以及细胞外基质中的蛋白质及胶原等，同时还要用螯合剂（如 EDTA）等螯合细胞连接所依赖的 Ca^{2+}。

胰蛋白酶（trypsin）是一种蛋白水解酶，细胞分离中常用的是牛胰蛋白酶。牛胰蛋白酶分子较大，由 223 个氨基酸残基组成，分子质量为 23 800Da。胰蛋白酶的作用是使细胞间的蛋白质水解从而使细胞离散，由于其分子质量较大，不会进入细胞，所以用胰蛋白酶处理细胞时不会破坏细胞内的蛋白质。不同的组织或者细胞对胰蛋白酶的作用反应不一样。胰蛋白酶分散细胞的活性还与其浓度、温度和作用时间有关，在 pH 为 8.0、温度为 37℃时，胰蛋白酶溶液的作用能力最强。

细胞经蛋白水解酶处理后，再经温和搅动就会分散在细胞分离液中，称为细胞悬浮液。

2.2.1.2 离心分离

离心分离细胞、细胞器及生物大分子是最常用

的分离方法，因为不同的细胞、细胞器及生物大分子有不同的体积和密度（图 2-33），可在不同离心力的作用下沉降分离。影响被分离的颗粒在离心过程中行为的主要因素是颗粒的体积和密度，根据这两个因素设计了不同的离心分离方法。常用的两类离心分离方法是速度离心（velocity centrifugation）和等密度离心（isodensity centrifugation）。

1）速度离心分离细胞器　最常用的离心分离细胞组分的方法是速度离心，这一方法的基本原理主要是根据被分离物质的体积差异。在一定的离心速度下，不同大小的细胞器由于体积的不同，沉降的速度也就不同，体积大的沉降得快，反之沉降得慢。

差速离心（differential centrifugation）是最常用的速度离心法，主要是采取逐渐提高离心速度的方法分离不同大小的细胞器。起始的离心速度较低，让较大的颗粒沉降到管底，小的颗粒仍然悬浮在上清液中。收集沉淀，改用较高的离心速度离心悬浮液，将较小的颗粒沉降，以此类推，达到分离不同大小颗粒的目的（图 2-34）。

2）等密度离心分离细胞器和大分子　与速度离心分离不同，等密度离心分离样品主要是根据被分离样品的密度。在这种离心分离方法中，要用介质产生一种密度梯度，这种密度梯度覆盖了待分离物质的密度，这样，通过离心使不同密度的颗粒悬浮到相应的介质密度区。在这种梯度离心中，颗粒的密度是影响最终位置的唯一因素，因此，用这种方法分离颗粒，主要是根据被分离颗粒的密度差异。只要被分离颗粒间的密度差异大于1%，就可用此法分离。

对于动物中具有明显密度差异的细胞可通过

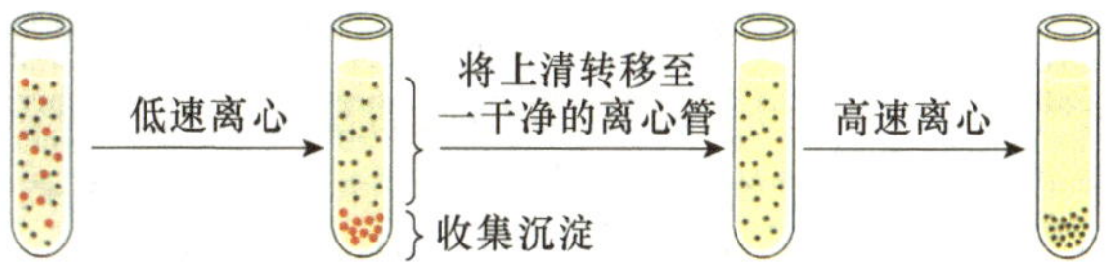

图 2-34　差速离心的原理（引自 Kleinmith and Kish，1995）。

密度梯度离心的方法分离。例如，人淋巴细胞的方便来源是外周血，可采用密度梯度离心法。其原理是：人外周血中各种细胞的密度不同，人红细胞相对密度为 1.093，粒细胞为 1.092，淋巴细胞为 1.074±0.001。根据各类血细胞密度的差异，利用密度介于某两类细胞之间的细胞分离液对血液离心，使一定密度的血细胞依相应的密度梯度分布于不同的独立带，从而达到分离的目的。

蔗糖或者甘油（它们的最大密度是 1.3g/cm^3）通常可用于分离膜性细胞器，如高尔基体、内质网、溶酶体和线粒体（图 2-35）。在等密度梯度离心中，蔗糖或甘油的梯度作用与移动区带离心中梯

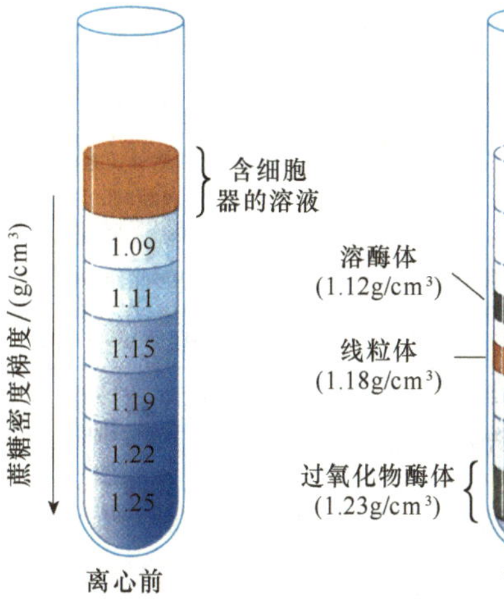

图 2-35　密度梯度离心分离溶酶体、线粒体和过氧化物酶体（引自 Lodish et al.，2013）。

度原理是不同的，在移动区带离心中梯度的唯一目的是减少样品的扩散。即使是在离心管的底部，颗粒的密度也比介质大。相反，在等密度梯度离心中，使用的密度是足以阻止颗粒移动的密度，当颗粒达到与本身密度相同的密度区时就会停留在该区域。

采用何种方法分离细胞的组分，要根据研究对象来决定。如果样品中颗粒的大小和沉降系数差别很大，一般采用差速离心法就可以达到分离目的；如果颗粒的大小差别不大而密度有差别，则应用密度梯度离心。

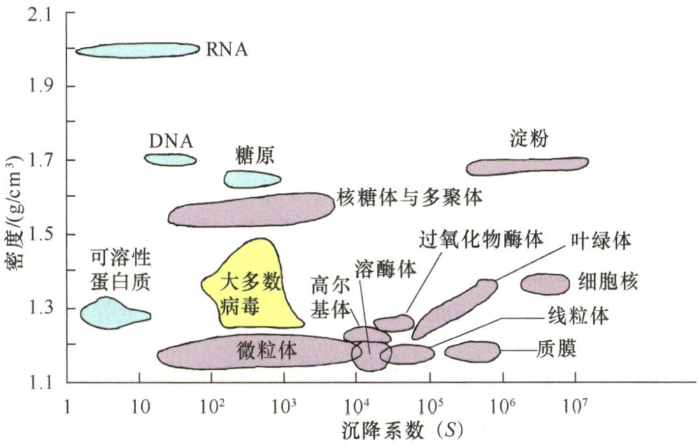

图 2-33　不同的细胞器、大分子和病毒的密度及相应的沉降系数（引自 Kleinmith and Kish，1995）。

另外，在选择分离方法的同时要考虑介质的选择。理想的介质材料应是形成的密度范围大、黏度低、对细胞结构成分的损害小，离心分离后容易去除，浓度容易测定等。蔗糖和甘油的最大密度是1.3g/cm³，能用来分离较低密度的膜性细胞器。重金属盐溶液的最大密度可达1.9g/cm³，可用来分离密度大的物质。

在速度离心时，被分离的分子越小，需要的离心速度越高。但是，离心机中影响速度高低的是转子的半径。离心力（*g*）是表示某种颗粒沉淀的最好方式，一般离心速度由离心力和离心机转子的半径决定。常见细胞器离心沉淀所需的离心力列于表2-3。

表2-3 不同的细胞结构分离所需的离心力

结构	离心力/*g*
细胞核	800～1 000
线粒体	20 000～30 000
叶绿体	20 000～30 000
溶酶体	20 000～30 000
微体	20 000～30 000
糙面内质网	50 000～80 000
质膜和滑面内质网	80 000～100 000
游离核糖体、病毒粒子	150 000～300 000

2.2.1.3 流式细胞术

并非所有的细胞都具有明显的密度差异，所以，对于这些细胞必须用更为精密的分离方法。流式细胞术（flow cytometry，FCM）是20世纪70年代发展起来的细胞分离技术，目前最高分选速度已达到每秒3万个细胞。FCM集计算机技术、激光技术、流体力学、细胞化学、细胞免疫学于一体，同时具有分析和分选细胞的功能，而且能对单个细胞或其他生物微粒进行定量分析，包括测量细胞的大小、形状、细胞DNA和RNA含量，以及细胞总蛋白等，在分子生物学、医学及药学等学科具有重要的应用。

为了从复杂的细胞混合物中对某种特异细胞进行鉴定，首先需对该细胞进行标记，然后将其分选出来。不同类型的细胞表面常常会有不同的表面分子。倘若某种分子仅在某种特别类型的细胞表面存在，该分子就可作为该细胞的表面标记，该标记可被特异的探针识别并结合，就可以将该细胞从混合的细胞群体中分选出来。

细胞分选中所用的标记细胞的探针是能够同待分选细胞表面特征性蛋白（抗原）结合的抗体，而这种抗体又能够同某种荧光染料结合。当结合有荧光染料的探针与细胞群温育时，探针就会同具有特异表面抗原的细胞紧紧结合，由于抗体的结合，被结合的细胞带上了荧光标记。标记了的细胞可以通过荧光激活的细胞分选器（fluorescence-activated cell sorter，FACR）进行分选。

细胞被标记之后，除去游离的抗体，并将细胞进行稀释。当稀释的细胞进入超声波振荡器时，极稀的细胞悬浮液形成很小的液滴，一个液滴中只含有一个细胞。液滴一旦形成并通过激光束时，激光束激发结合在细胞表面的抗体分子成为一种标签，当液滴逐个通过激光束时，受到两种检测器的检测。①如果液滴中含有细胞就会激活干涉检测器（interference detector），只有带有荧光标记细胞的液滴才会激活荧光检测器（fluorescence detector）。当带有荧光标记的液滴通过激光束时，将两种检测器同时激活，引起液滴充电信号使鞘液带上负电荷。由于液滴带有负电荷，移动时就会向正极移动，进入到荧光标记细胞收集器中。如果是含有非荧光标记细胞的液滴进入激光束，只会被干涉检测器检测到，结果使充电信号将液滴的鞘液带上正电荷，从而在移动时偏向负极，被非荧光标记细胞收集器所收集。②如果是不含有细胞的液滴进入激光束，则不会被任何检测器所检测，因而不会产生充电信号，液滴的鞘液不会带上任何电荷，所以在移动时不受任何影响，直接进入非检测的收集器（图2-36）。

2.2.2 细胞培养

细胞培养（cell culture）技术是细胞生物学研究方法中最基本的技术，通过细胞培养可以获得大量的细胞，也可通过细胞培养研究细胞的运动、信号转导、合成代谢等。细胞培养的突出特点是在离体条件下观察和研究细胞生命活动的规律。培养中的细胞不受体内复杂环境的影响，人为改变培养条件（如物理、化学、生物等外界因素的变化）即可进一步观察细胞在单因素或多因素的影响下的生理功能变化。然而，细胞在体外环境的局限性，又使细胞的形态与功能不能与体内的同类细胞完全等同。

2.2.2.1 细胞体外培养的基本概念

体外培养（*in vitro* culture）就是将活体结构成分或活的个体从体内或其寄生体内取出，放在类似于体内生存环境的体外环境中，让其生长和发育的

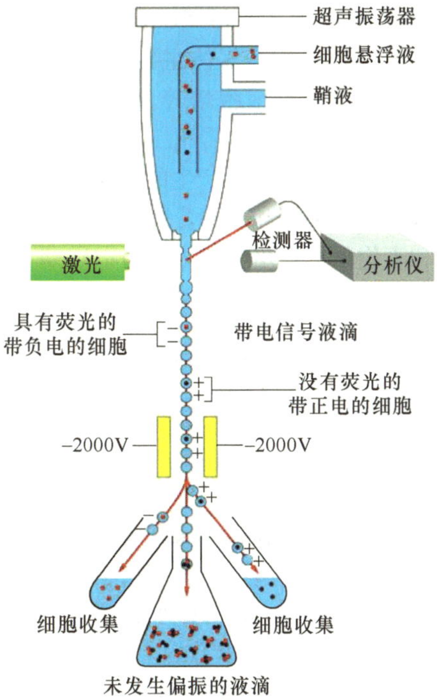

图 2-36 荧光激活细胞分选器（引自 Alberts et al.，2015）。单个细胞通过激光束进行荧光监测。含有单个细胞的液滴是否被带上负电或正电，则依赖于细胞表面是否有荧光。然后，液滴通过电场时根据它们的电负性进入不同的收集器皿。值得注意的是，必须将细胞的浓度调整到大多数液滴都不含细胞，并使之进入废液收集瓶。

方法。根据培养对象的不同可分为以下三种类型。

（1）组织培养（tissue culture）：是指从生物体内取出活的组织（多指组织块）在体外进行培养的方法。由于植物细胞的分离与培养十分困难，所以，植物细胞培养实际上是组织培养。

（2）细胞培养（cell culture）：是指将活细胞在体外进行培养的方法。通常是指单细胞的微生物及从组织中分离的细胞（isolated cell）或分散的细胞（dissociated cell）培养。

（3）器官培养（organ culture）：是指从生物体内取出的器官（一般是胚胎器官）、器官的一部分或器官原基在体外进行培养的方法。

2.2.2.2 原代培养、细胞系与细胞株

原代培养（primary culture）是指直接从机体取出细胞、组织或器官后立即进行培养。因此，较为严格地说是指成功传代之前的培养；此时的细胞保持原有细胞的基本性质，如果是正常细胞，仍然保留二倍体数。但实际上，通常把第 1 代至第 10 代以内的培养细胞统称为原代细胞培养。最常用的原代培养有组织块培养和分散细胞培养。组织块培养是将剪碎的组织块直接移植到培养瓶的培养基上进行培养；分散细胞培养则是将组织块用机械法或化学法使细胞分散，如欲从胎儿或新生儿的组织分离到活性最好的游离细胞，经典的方法是用蛋白水解酶消化细胞间的结合物，或用金属离子螯合剂（如 EGTA）除去细胞互相黏着所依赖的 Ca^{2+}，再经轻度机械振荡，使之成为单细胞。

原代培养物经首次传代成功后即为细胞系（cell line），由原先存在于原代培养物中的细胞世系所组成。如果不能继续传代，或传代次数有限，可称为有限细胞系（finite cell line）；如可以连续培养，则称为连续细胞系（continuous cell line），可培养 50 代以上。

从一个经过生物学鉴定的细胞系由单细胞分离培养或通过筛选的方法由单细胞增殖形成的细胞群称细胞株（cell strain）。所以，细胞株是通过选择法或克隆形成法从原代培养物或细胞系中获得的具有特殊性质或标志的培养细胞。从培养代数来讲，可培养到 40～50 代。

最容易产生细胞系的是癌细胞，通常将来自癌的细胞系称为转化细胞系（transformation cell line），癌细胞系在很多方面都与来自正常细胞的细胞系不同。例如，转化细胞系在培养器皿中的生长密度大，不会呈单层生长，因为没有接触抑制。可以用肿瘤诱导病毒（tumor-inducing virus）或相应的化学物质将正常细胞转化成肿瘤细胞，如果将产生的转化细胞系注入敏感动物体内通常会引起癌变。

转化与非转化的细胞系在细胞的研究中是非常有用的，因为它们是一致的，尤其是它们可以在−196℃的液氮中无限期保存，并保持冻融后的生存能力。当然，也要充分认识细胞系与它们正常的祖先有很大的差别。表 2-4 是一些常用的细胞系。

表 2-4 某些常用的细胞系

细胞系	细胞类型与来源
3T3	成纤维细胞（小鼠）
BHK21	成纤维细胞［叙利亚仓鼠（Syrian hamster）］
MDCK	上皮细胞（狗）
Hela	上皮细胞（人）
PtK1	肾细胞（袋鼠）
L6	成肌细胞（大鼠）
PC12	嗜铬细胞（大鼠）
SP2	浆细胞（小鼠）
COS	肾细胞（猴子）

续表

细胞系	细胞类型与来源
293	肾细胞（人，用腺病毒转化的）
CHO	卵巢（中国仓鼠）
DT40	淋巴瘤细胞（鸡）
R1	胚胎干细胞（小鼠）
E14.1	胚胎干细胞（小鼠）
H1，H9	胚胎干细胞（人）
S2	类巨噬细胞（果蝇）
BY2	未分化的分生细胞（烟草）

2.2.2.3 动物细胞体外培养类型

根据动物细胞在培养液中的生长行为，分为贴壁培养（adherent culture）与悬浮培养（suspension culture）。分散的细胞悬浮在培养瓶中很快（几十分钟至几小时）就贴附在瓶壁上，称为细胞贴壁。多数培养细胞属于贴壁依赖性细胞，如成纤维样细胞、上皮样细胞。贴壁依赖性细胞能黏附、铺展于培养器皿和载体表面生长而形成细胞单层，这种培养方式又称为单层细胞培养（monolayer culture）。

悬浮培养的细胞在培养过程中不贴壁，一直悬浮在培养液中生长，如 T 细胞的培养就是如此。悬浮培养的条件较为复杂，难度也大一些，但是容易同时获得大量的培养细胞。

2.2.2.4 体外细胞培养的条件

体外细胞培养必须注意三个环节：营养、生存环境和废物的排除。

体外细胞培养所需的营养是由培养基提供的，培养基通常含有细胞生长所需的氨基酸、维生素和微量元素。一般培养细胞所用的培养基是合成培养基，它含有细胞生长必需的营养成分，但是在使用合成培养基时需要添加一些天然成分，其中最重要的是血清，以牛血清为主。这是因为血清中含有多种促细胞生长因子和一些生物活性物质。

由于血清中含有一些不明成分，对于特殊目的的细胞培养是不利的，为此，可采用无血清培养基培养细胞。由于机体内的细胞生长通常需要不同的细胞因子进行调节，所以在无血清培养时仍然需要添加必要的因子，包括促细胞生长因子（如 EGF）、促贴附物（如层粘连蛋白）和其他活性物质（如转铁蛋白）。无血清培养排除了有血清培养时血清中不明因素的干扰，使实验结果更加可靠。

体外细胞培养必须模拟体内细胞生长的环境。环境因素主要是指无菌环境、合适的温度、一定的渗透压和气体环境。气体主要有两种，即 O_2 和 CO_2，后者对于维持细胞培养液的酸碱度十分重要，所以，动物细胞培养需用二氧化碳培养箱。

活体内生长的细胞所产生的代谢物和废物通过一定的系统进行利用和排除。体外细胞培养产生的代谢物和废物积累在培养液中，所以定期更换培养液对于体外细胞培养也是至关重要的。

2.2.2.5 植物组织与原生质体培养

由于植物细胞不能像动物细胞那样在培养瓶中形成分散的单个细胞传代培养，所以在植物方面主要是组织培养。

植物组织培养（plant tissue culture）是根据植物细胞的全能性发展起来的利用植物植株的不同组织培养成完整植株的方法。例如，叶片、茎段、根等都可以通过诱导形成愈伤组织，而后培养成植株。愈伤组织（callus，calli）的原意为植物受创伤后，在伤面新生的组织。其原因是受创伤的刺激，伤面附近的生活组织恢复了分裂机能，加速增生而将伤面愈合。在植物组织培养中的愈伤组织是指植物细胞在组织培养过程中形成的无一定结构的组织团块；在适宜的条件下，愈伤组织可再分化，形成芽、根，再生成植株。植物组织培养是进行植物转基因的重要步骤。

一般采用植物的体细胞（二倍体细胞），先经纤维素酶处理去掉细胞壁，这种脱去细胞壁的细胞称为原生质体。将原生质体放在合适的培养基上，经过诱导分化可以重新长成植株。原生质体也可用于植物细胞融合，然后诱导形成新的植株。

2.2.3 细胞融合与单克隆抗体技术

细胞融合（cell fusion）即细胞杂交，是在细胞水平上改造生物遗传性的主要方法。

2.2.3.1 细胞融合

细胞融合是指自发或人工诱导下，两个不同基因型的细胞或原生质体融合形成一个杂种细胞。其基本过程包括：细胞融合形成异核体（heterokaryon），异核体通过细胞有丝分裂进行核融合，最终形成单核的杂种细胞（图 2-37）。有性繁殖时发生的精卵结合是正常的细胞融合，即由两个配子融合形成一个新的二倍体。

自发的动物细胞融合概率很低。1962 年 Okada 和 Tadokoro 发现灭活的仙台病毒有促进细胞融合

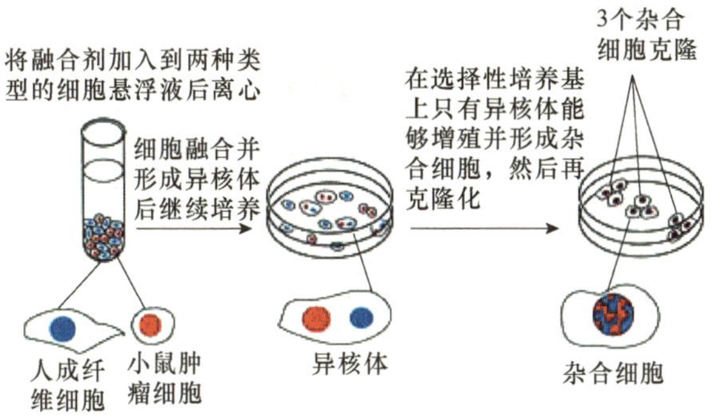

图 2-37　细胞融合（引自 Alberts et al., 1994）。

的作用，这是由于病毒的磷脂外壳与动物细胞的膜十分相似的缘故。病毒外壳上的某些糖蛋白可能具有促进细胞融合的功能。此外，用聚乙二醇（polyethylene glycol，PEG）作为细胞融合剂，可引起邻近的细胞膜的黏合，继而使两个细胞融合成为一个细胞。

2.2.3.2　单克隆抗体技术

1975 年英国科学家 C. Milstein 和 G. Köhler 发明了单克隆抗体（monoclonal antibody）技术，因此获得 1984 年诺贝尔生理学或医学奖。单克隆抗体技术是将产生抗体的单个 B 淋巴细胞与肿瘤细胞杂交的技术，其原理是：B 淋巴细胞能够产生抗体，但在体外不能无限分裂；而瘤细胞虽然可以在体外进行无限传代，但不能产生抗体；将这两种细胞融合后得到的杂交瘤细胞具有两亲本细胞的特性，既能产生抗体，又能无限增殖。

图 2-38 所示是单克隆抗体制备流程。首先用一种抗原注射小鼠，引起产生特异抗体的细胞大量增殖，取出小鼠的脾，分离产生抗体的淋巴细胞，与骨髓瘤细胞进行融合，在 HAT 培养基上进行初步筛选后，经过进一步鉴定，得到生产单克隆抗体的细胞。

筛选用的 HAT 培养基是选择性培养基，含有次黄嘌呤（hypoxanthine, H）、氨基蝶呤（aminopterin，A）和胸腺嘧啶（thymine，T）核苷。在 HAT 培养基中，只有肿瘤细胞和正常细胞融合形成的杂交瘤细胞才能生存，而未融合的肿瘤细胞、正常细胞及非肿瘤细胞和正常细胞融合形成的细胞都会死亡。因为正常的未融合细胞具有核酸合成主通路和旁路所必需的酶但不能在体外长期生长；突变后的肿瘤细胞只具有 RNA 和 DNA 合成所必需的主通路的酶，而缺乏利用胸腺嘧啶核苷合成 DNA 的胸腺嘧啶核苷激酶（TK）或缺乏利用次黄嘌呤合成 RNA 的次黄嘌呤鸟嘌呤磷酸核糖转移酶（hypoxanthine-guarrine phosphoribosyltransferase，HGPRT），当这些细胞的核酸合成主通路被培养基中氨基蝶呤阻断后，则因核酸合成障碍而死亡。只有肿瘤细胞和具有合成旁路酶的正常细胞形成的融合细胞才能在氨基蝶呤、次黄嘌呤和胸腺嘧啶核苷存在的情况下，利用其中的次黄嘌呤和胸腺嘧啶核苷合成核酸而得以生存。由于融合细胞具有肿瘤细胞和抗体分泌细胞双重特征，所以在去除氨基蝶呤这一核酸阻断剂后即可在正常培养基中长期传代增殖并分泌抗体。在 HAT 培养基中生存下来的细胞，可能是各种正常培养与瘤细胞的融合体，还可能是多克隆杂交瘤细胞的混合群体，因此须进一步用稀释法分离出单克隆的杂交瘤细胞，筛选出识别特异性抗原的抗体分泌克隆，才能最终得到特异性单克隆抗体杂交瘤细胞株。

2.3 蛋白质的纯化与分析技术

为了离体研究细胞内蛋白质的结构与功能，需要从细胞中将所需的特异蛋白质分离出来，并经过精细的纯化过程获得单一种类的蛋白质。在蛋白质分离纯化过程中，首先要获得足够数量的细胞，然后破碎细胞释放出蛋白质，并通过离心及各种分离

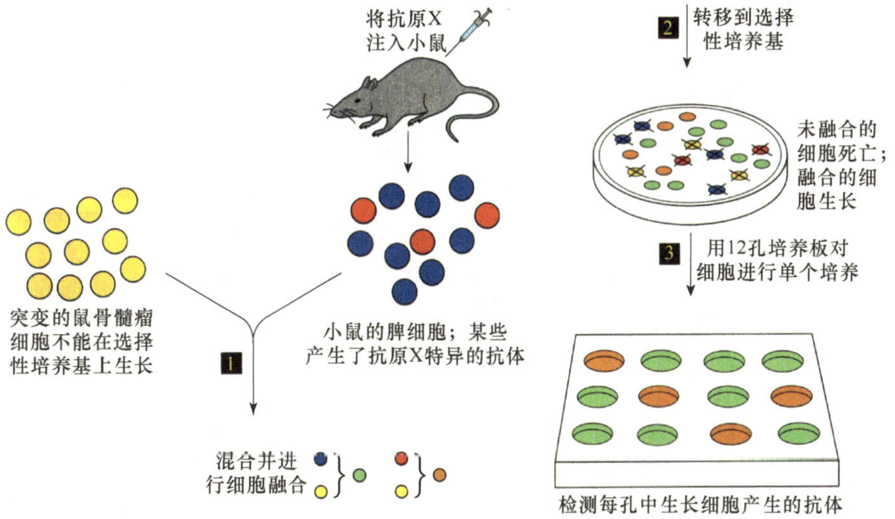

图 2-38　单克隆抗体技术（引自 Lodish et al., 2013）。

纯化技术获得所需的蛋白质。

2.3.1 层析技术

层析（chromatography）是广泛使用的分离蛋白质的方法，由于分离蛋白质时须将蛋白质混合液通过填充有多孔的固体介质的柱子进行分离，故称为柱层析（column chromatography）。柱层析是根据蛋白质的形态、大小和电荷的不同而设计的物理分离方法，各种不同的层析方法都涉及共同的基本特点：有一个固定相和流动相，当蛋白质混合溶液（流动相）通过装有珠状或基质材料的管或柱（固定相）时，由于混合物中各组分在物理化学性质（如吸引力、溶解度、分子的形状与大小、分子的电荷性与亲和力）等方面的差异，使各组分在两相间进行反复多次的分配而得以分开。流动相的流动取决于引力和压力，而不需要电流。用层析法可以纯化得到非变性的、天然状态的蛋白质。

层析的方法很多，包括根据蛋白质的电负性分离的离子交换层析（ion-exchange chromatography）、根据体积分离的凝胶过滤层析（gel-filtration chromatography）、根据蛋白质的疏水性分离的疏水层析（hydrophobic chromatography），或者根据蛋白质与特殊的小分子或大分子结合能力设计的亲和层析（affinity chromatography）等。

2.3.1.1 凝胶过滤层析

凝胶过滤层析主要是根据蛋白质的大小和形状，即蛋白质的质量进行分离和纯化。层析柱中的填料是某些惰性的多孔网状结构物质，通常是由聚丙烯酰胺、葡聚糖或琼脂糖制成的凝胶，它们可使蛋白质混合物中的蛋白质按分子大小的不同进行分离（图 2-39）。

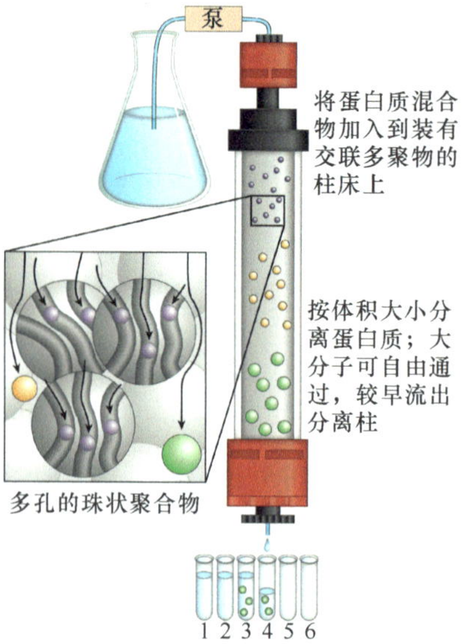

图 2-39 根据分子大小分离蛋白质的凝胶过滤层析法（引自 Nelson and Cox，2013）。将蛋白质混合液从顶部泵入用多孔的聚合物凝胶小珠填充的层析柱，小蛋白质通过柱床时经由凝胶珠子的孔进入凝胶，而大的蛋白质则不会进入凝胶珠子，速度不会受阻，所以小蛋白质的速度要比大蛋白质的流动速度慢，因此，不同大小的蛋白质被洗脱出层析柱的时间也就不同，可被部分（fraction）收集到不同的蛋白收集管中。

2.3.1.2 亲和层析

在生物分子中，有些分子的特定结构部位能够同其他分子相互识别并结合，如酶与底物的识别结合、受体与配体的识别结合、抗体与抗原的识别结合，这种结合既是特异的，又是可逆的，改变条件可以使这种结合解除。生物分子间的这种结合能力称为亲和力，亲和层析就是根据这样的原理设计的蛋白质分离纯化方法。

将具有特殊结构的亲和分子制成固相吸附剂放置在层析柱中，当要被分离的蛋白质混合液通过层析柱时，与吸附剂具有亲和能力的蛋白质就会被吸附而滞留在层析柱中。那些没有亲和力的蛋白质由于不被吸附，直接流出，从而与被分离的蛋白质分开；然后选用适当的洗脱液，改变结合条件将被结合的蛋白质洗脱下来（图 2-40）。这种层析方法条件温和，过程简单，纯化的倍数高（可达几千倍级），而且活性物质的回收率高，因此是一种广泛使用的层析方法。

2.3.1.3 离子交换层析

离子交换层析是根据蛋白质所带电荷的差异进行分离纯化的一种方法。蛋白质的带电性是由蛋白质多肽中带电氨基酸残基决定的。由于蛋白质中氨基酸残基的带电性取决于介质中的 pH，所以蛋白质的带电性也就依赖于介质的 pH。当 pH 较低时，负电基团被中和，而正电基团就很多；在 pH 较高时，蛋白质的电性与低 pH 时相反；若蛋白质所处的 pH 使蛋白质的正负电荷相等，此时的 pH 称为等电点。

离子交换层析所用的交换剂是经酯化、氧化等化学反应引入阳性或阴性离子基团制成的，可与带相反电荷的蛋白质进行交换吸附。带有阳离子基团的交换剂可置换吸附带负电荷的物质，称为阴离子交换剂，如 DEAE-纤维素树脂；反之称为阳离子交换剂，如 CM-纤维素树脂。不同的蛋白质有不同的等电点，在一定的条件下解离后所带的电荷种

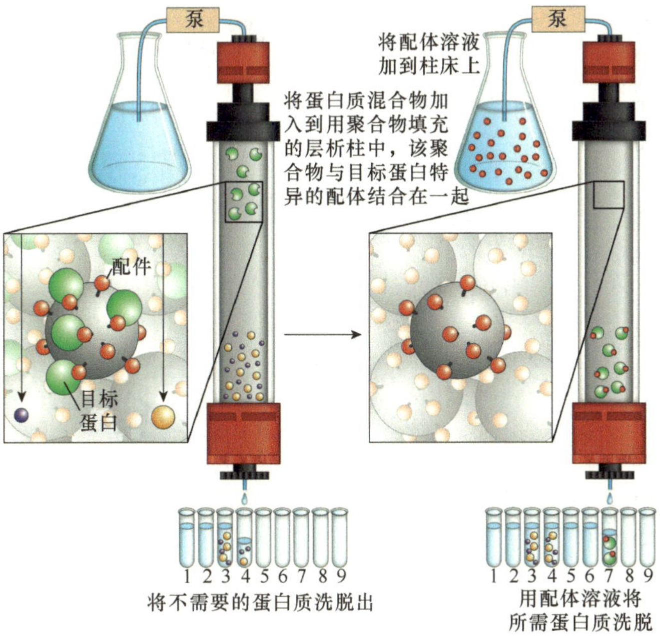

图 2-40　亲和层析（引自 Nelson and Cox，2013）。将待分离的蛋白质混合液泵入用聚合物填充的层析柱顶部，该聚合物与目标蛋白特异的配体共价结合在一起，仅有那些与配体具有高亲和力的蛋白质被保留在层析柱中，所有不与配体结合的蛋白质都会直接流出层析柱。清洗柱子后，用酸性溶液或能够破坏配体-目标蛋白结合的溶液将结合蛋白质洗脱下来并进行收集。

类和电荷量都不同，因而可与不同的离子交换剂以不同的亲和力相互交换吸附。当缓冲液中的离子基团与结合在离子交换剂上的蛋白质相竞争时，亲和力小的蛋白质分子首先被解吸附而洗脱，而亲和力大的蛋白质较后被解吸附和洗脱。因此，可通过增加缓冲液的离子强度和（或）改变酸碱度，改变蛋白质的吸附状况，使亲和力不同的蛋白质得以分离（图 2-41）。根据层析柱中所用介质的电负性，分为阳离子交换柱（cation exchanger）与阴离子交换柱（anion exchanger）。

2.3.2　蛋白质电泳

电泳（electrophoresis）是最常用的分离蛋白质的技术，其基本原理是根据带电分子在电场中具有的迁移能力。

2.3.2.1　SDS-聚丙烯酰胺凝胶电泳

SDS-聚丙烯酰胺凝胶电泳（SDS-polyacrylamide gel electrophoresis，SDS-PAGE）是最常用的分离蛋白质的方法。聚丙烯酰胺凝胶是由丙烯酰胺（acrylamide，ACR）单体和交联剂 *N*, *N*-甲叉双丙烯酰胺（*N*, *N*-methylene bisacrylamide，BIS）在催化剂的作用下聚合交联而成的三维网状结构的凝胶。通过改变单体浓度与交联剂的比例，可以得到不同孔径的凝胶，用于分离分子质量大小不同的物质。

SDS 即十二烷基硫酸钠（sodium dodecyl sulfate），是阴离子表面活性剂，它能以一定比例和蛋白质结合，形成一种 SDS-蛋白质复合物。由于 SDS 与蛋白质的疏水部分结合，使蛋白质解折叠形成伸展的形式，并与其结合的蛋白质复合物或脂解离，以单体溶于去垢剂中。这时，蛋白质即带有大量的负电荷，并远远超过了其原来的电荷，从而使天然蛋白质分子间的电荷差别降低乃至消除。与此同时，蛋白质在 SDS 作用下结构变得松散，形状趋于一致，所以各种 SDS-蛋白质复合物在电泳时产生的电泳迁

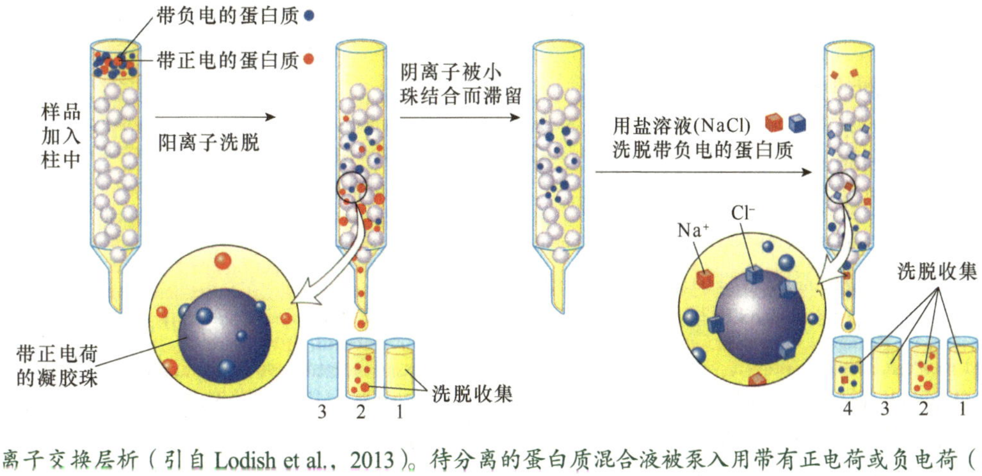

图 2-41　离子交换层析（引自 Lodish et al.，2013）。待分离的蛋白质混合液被泵入用带有正电荷或负电荷（图中所示带有正电荷）珠子填充的层析柱的顶部，带有相同电荷的蛋白质受到排斥而直接流出层析柱，而带有与珠子相反电荷的蛋白质则被珠子结合，结合的强度则取决于各自的结构。图中显示的被结合的带负电的蛋白质通过不同浓度的盐溶液（如 NaCl、KCl）进行洗脱。当盐与珠子结合时就将蛋白质置换下来，与珠子结合强的蛋白质需要较高浓度的盐溶液洗脱。

移率的差异，仅仅取决于蛋白质的分子质量。此外，SDS-蛋白质复合物在强还原剂β-巯基乙醇（β-mercaptoethanol）存在的情况下，蛋白质分子内二硫键被打开，这样分离出的谱带即为蛋白质亚基。

因此，当被SDS溶解的蛋白质混合物加载到聚丙烯酰胺凝胶中后，由于每一个蛋白质分子都结合有大量具有负电荷的SDS分子，使得蛋白质不再具有电负性，这样，就可在电压的作用下向正极移动。有两个因素决定了大小相同的蛋白质以相同的速度迁移：①蛋白质的天然结构被SDS完全解折叠了，所以它们的形态完全一样；②它们结合相同量的SDS，具有相同量的负电荷。分子大的蛋白质具有较多的电荷，受到较大的电场力，同时也遇到较大的阻力，如果是在游离的溶液中，这两种作用被抵消了；但是在聚丙烯酰胺凝胶分子筛中，大的蛋白质的迁移要比小蛋白质滞后得多。结果，一个复杂的蛋白质混合物按照它们分子质量的大小被分成了一系列大小不同的带（图2-42）。

经SDS-PAGE分离的量较大的蛋白质可通过考马斯亮蓝（Coomassie brilliant blue）等染料染色进行检测。即使少量的蛋白质也可通过一些特殊的处理方法进行检测，如银染（silver staining）可以检测到低于10ng的蛋白带。此外，可通过放射自显影检测更微量的蛋白带。

2.3.2.2 双向凝胶电泳

因为不同的蛋白质可能具有相同的体积、形态、质量，甚至相同的电荷，因此，大多数分离技术，如SDS-PAGE或离子交换层析等都不能将一个细胞或细胞器内的所有蛋白质分离开来。双向凝胶电泳（two-dimensional gel electrophoresis）通过结合两个不同的程序，能够在双向凝胶电泳图上分辨出高达2000个不同的蛋白质。

双向凝胶电泳的第一向是通过等电聚焦（isoelectric focusing）电泳将蛋白质多肽进行分离。在凝胶中加入两性电解质溶液，加上电场后建立稳定pH梯度。由于蛋白质是两性分子，在不同的pH环境中可以带正电荷、负电荷或不带电荷。对每个蛋白质来说都有一个特定的pH，此时蛋白质的静电荷为零，此pH即该蛋白质的等电点（isoelectric point）。将蛋白质样品加载至pH梯度介质上进行电泳时，它会向与其所带电荷相反的电极方向移动。在移动过程中，蛋白质分子可能获得或失去质子，并且随着移动的进行，该蛋白质所带的电荷数和迁移速度下降。当蛋白质迁移至其等电点pH位置时，其净电荷

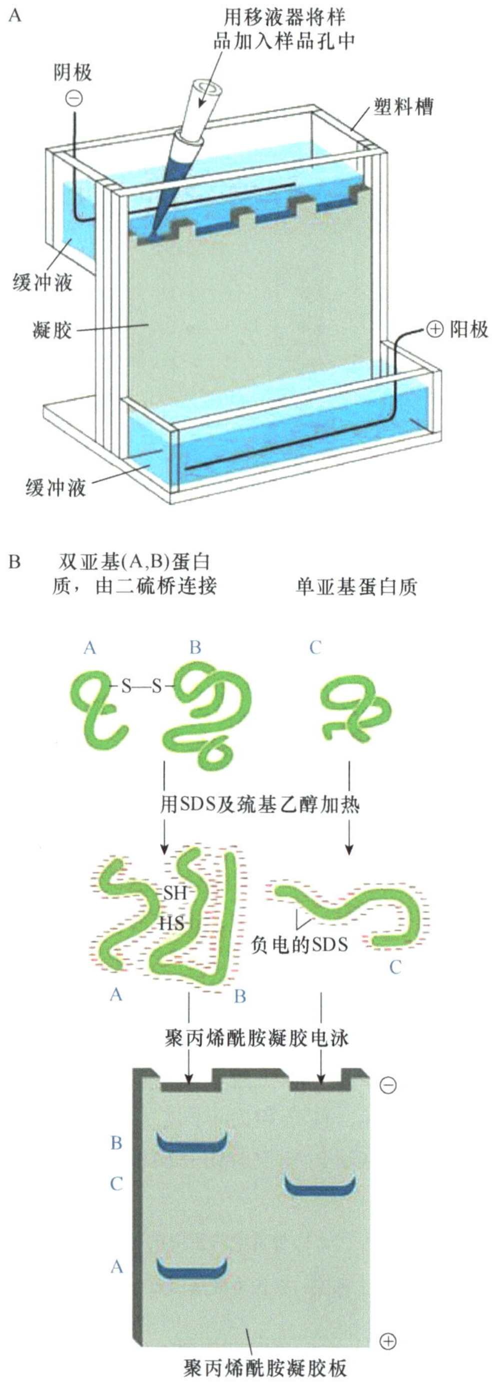

图2-42 SDS-聚丙烯酰胺凝胶电泳（引自Alberts et al., 2015）。A. 电泳装置；B. 以三种蛋白质单体显示分离的原理及最后形成的蛋白质带形。

数为零，在电场中不再移动并最终停留在该位置上。

双向凝胶电泳的第二向是SDS-PAGE电泳，按照蛋白质的分子大小进行分离。将经第一向等电点聚焦的凝胶加上横向电场，同一等电点聚焦的蛋白质，由于分子质量不同而分开。经染色（一般是银染）得到的电泳图是个二维分布的蛋白质图（图2-43）。

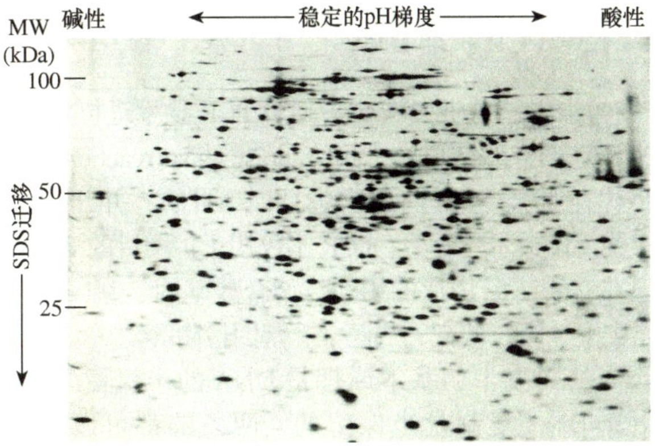

图 2-43 双向聚丙烯酰胺凝胶电泳（引自 Alberts et al., 2015）。经双向凝胶电泳分离的大肠杆菌总蛋白，每一个点代表一种不同的蛋白质多肽。图中用于分离蛋白质的大肠杆菌先经含有放射性同位素的培养基培养，使大肠杆菌的蛋白质带上放射性，电泳后经放射自显影进行检测。

2.4 分子生物学方法

分子生物学方法是在分子水平上研究生物大分子的结构和功能的一系列方法。本节从基因工程（重组）技术及基因功能研究技术两个方面简要介绍几种分子生物学方法。

2.4.1 基因工程技术

基因工程（gene engineering）又称基因克隆（gene cloning）、基因操作（gene manipulation）、重组 DNA（recombinant DNA）技术。

基因工程技术是以分子遗传学为理论基础，以分子生物学和微生物学的现代方法为手段，将不同来源的基因（DNA 分子），按预先设计的蓝图，在体外构建杂合 DNA 分子，然后导入活细胞，以改变生物原有的遗传特性、获得新品种、生产新产品。基因工程技术为基因的结构和功能研究提供了有力的手段。

基因工程是 20 世纪 70 年代发展起来的一项具有革命性的研究技术，它的发明和发展，使生物学家能够在体外进行基因操作、基因转移、基因定点突变等研究。这项技术可概括为：分、切、连、转、选。“分”是指分离制备合格的待操作的 DNA，包括作为载体的 DNA 和拟克隆的目的 DNA；“切”是指用序列特异的限制性内切核酸酶切开载体 DNA，或者切出目的基因；“连”是指用 DNA 连接酶将目的 DNA 同载体 DNA 连接起来，形成重组的 DNA 分子；“转”是指通过特殊的方法将重组的 DNA 分子送入宿主细胞中进行复制和扩增；“选”则是从宿主群体中挑选出携带有重组 DNA 分子的个体。基因工程技术的两个最基本的特点是分子水平上的操作和细胞水平上的表达，而分子水平上的操作即是体外重组的过程，实际上是利用工具酶对 DNA 分子进行“外科手术”（图 2-44）。

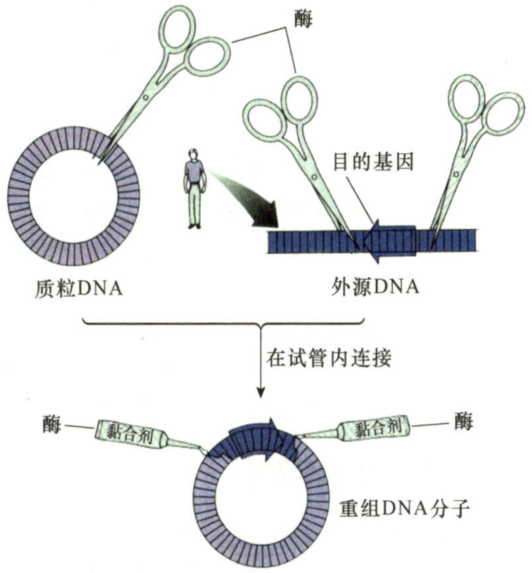

图 2-44 DNA 分子操作（引自 Postlethwait et al., 1991）。

2.4.1.1 质粒载体 DNA

基因工程的主要目的是通过“基因移民”来改造生物的遗传性，帮助基因移民的工具就是分子运载体。基因工程上的载体（vector，vehicle）是指能将分离或合成的基因导入细胞的 DNA 分子，称为克隆载体。质粒 DNA 是基因工程中最常用的载体，就克隆一个基因（DNA 片段）来说，最简单的质粒载体必须包括三个部分（图 2-45）：复制区，含有复制起点（ori）；选择标记，主要是抗性基因

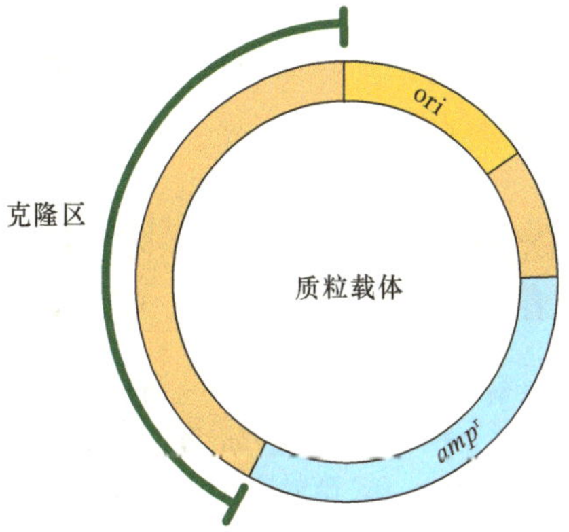

图 2-45 质粒载体的基本元件。

（如 amp^r）；克隆位点，便于外源 DNA 的插入。

就复制特性来讲，要求载体必须有独立的复制起点，最好是松弛型复制，这样便于得到大量的拷贝。有时需要有多个复制起点，能够在不同的宿主细胞中复制，扩大宿主范围。

具有合适的克隆位点，便于外源 DNA 的插入。克隆位点实际上是限制性内切核酸酶酶切位点，最好是具有多种限制性内切核酸酶的单切点，这样适应性强，克隆方便。如果一种酶在载体上有多个切点，就会限制该切点的使用。

具有可检测的选择标记，这也是一个重要的基本条件，选择标记最好是能够赋予宿主易于检测的表型。选择标记就是常说的报告基因（report gene），包括抗生素抗性标记，以及一些生化表型的标记。

另外，一个理想的质粒载体必须具有低分子质量，因为小分子的质粒 DNA 易于操作，不容易被损伤，也容易被分离纯化。一般而言，小分子质量的质粒分子的拷贝数比较高，酶切位点也少。

2.4.1.2 限制性内切核酸酶

限制性内切核酸酶（restriction endonuclease）是指那些具有识别双链 DNA 分子中的某种特定核苷酸序列，并由此切割 DNA 双链结构的核酸内切酶。

限制性内切核酸酶对 DNA 的切割有两种方式，即平切和交错切。所谓平切，就是限制性内切核酸酶在 DNA 双链的相同位置切割 DNA 分子，这样产生的末端就是平末端。交错切就是限制性内切核酸酶在 DNA 双链的不同位置切割 DNA，产生的 DNA 片段的末端不是平齐的，称为黏性末端（图 2-46）。

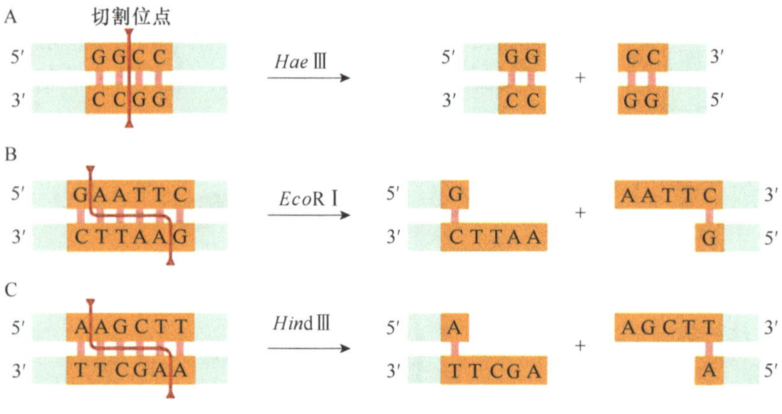

图 2-46 限制性内切核酸酶切割产生的黏性末端与平末端（引自 Alberts et al., 2015）。A. 限制性内切核酸酶 *Hae* Ⅲ识别靶序列后在两条链中轴线切割，产生具有平末端的产物；B. 限制性内切核酸酶 *Eco*R Ⅰ识别序列后，在两条链的识别序列的交错部位切割，产生具有 5′ 端的产物；C. 限制性内切核酸酶 *Hind* Ⅲ识别序列后，在两条链的识别序列的交错部位切割，产生具有 5′ 端的产物。

2.4.1.3 PCR 扩增 DNA

用于克隆的 DNA 也可通过 PCR 技术进行扩增。PCR 是聚合酶链反应（polymerase chain reaction）的简称，是 K. B. Mullis 在 1983 年发明的，并于 1993 年获得诺贝尔化学奖。PCR 不仅用于扩增目的 DNA，现在有着十分广泛的用途，如合成基因、基因的定点突变、考古研究、法医学、基因检测等。

PCR 技术的基本原理是 DNA 的半保留复制。由于 DNA 复制是半保留的，两条链都可以作为模板。在 DNA 复制时，需要一个 RNA 引物，同时需要 DNA 聚合酶、4 种单核苷酸和一些辅助因子。在体内，DNA 的复制是周期性的，所以基因扩增的数量有限。PCR 技术在体外利用人工合成的引物，再加上 DNA 聚合酶和一些合适的底物和因子，通过对温度的控制，使 DNA 不断处于变性、复性和合成的循环之中，达到扩增目标 DNA 的目的。图 2-47 是用 PCR 扩增具有特定黏性末端的 DNA 片段用于 DNA 克隆。

2.4.1.4 DNA 电泳

用限制性内切核酸酶消化（切割）及 PCR 扩增的 DNA 片段可通过电泳进行分离、大小的鉴定（图 2-48）。DNA 分子间由于电负性不同、大小不同、形态不同，因此在电场中移动的速度也就不同，并能够在保留 DNA 生物学活性的条件下将它们分离开来。电泳可以在固态支持物，如滤膜、琼脂糖凝胶、聚丙烯酰胺凝胶中进行，操作很方便。

在 DNA 电泳中，DNA 片段在凝胶中移动的速度受其长度、电荷、形态的影响。一般而言，小片段的 DNA 移动的速度要比大片段快。电泳支持物及其浓度因被分离的 DNA 片段的大小而定，大小在 100 个碱基对到几千个碱基对之间的 DNA 片段，用 1% 的琼脂糖凝胶就可以有效地分离，片段之间分辨的范围在几百个碱基对之间。如果要分辨的 DNA 片段间的大小差异为单个的碱基（如 DNA 测序），就需要用聚丙烯酰胺凝胶。

最初，用电泳分析病毒 DNA 片段时，病毒 DNA 必须先进行放射性标记，然后用放射自显影进行 DNA 片段的检测。后来发现溴化乙锭能够结合 DNA，用溴化乙锭直接在凝胶中对 DNA 进行染色

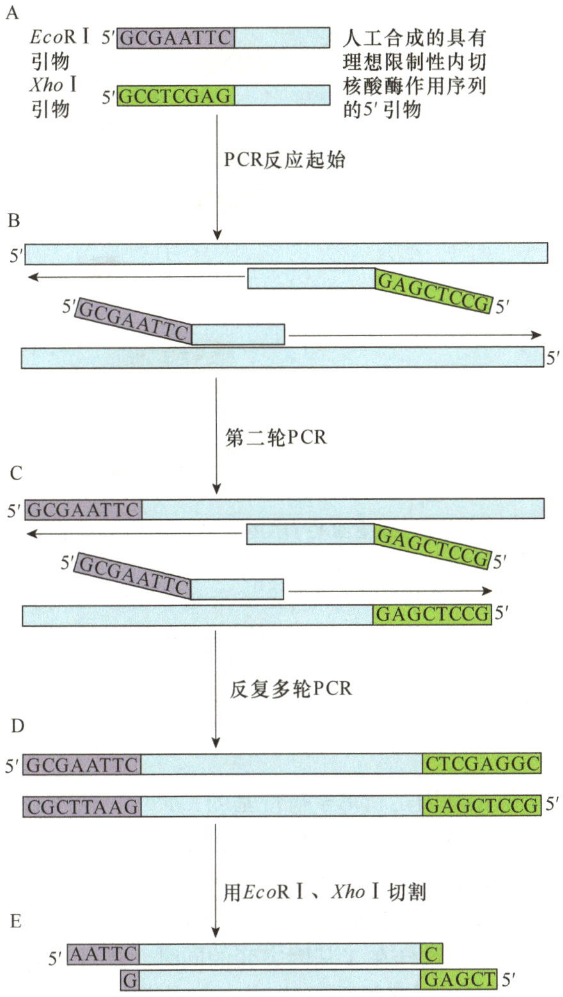

图 2-47 用含有 *EcoR* Ⅰ 与 *Xho* Ⅰ 序列的引物通过 PCR 扩增克隆 DNA 序列（引自 Watson et al.，2007）。A. 设计一对引物，它们的 3′ 端与靶序列配对，而 5′ 端分别含有限制性内切核酸酶 *EcoR* Ⅰ 与 *Xho* Ⅰ 序列，对于 *EcoR* Ⅰ 是 GAATTC，而对于 *Xho* Ⅰ 则是 CTCGAG。B. 将靶 DNA 序列进行变性后与引物一起进行退火（复性）。在第一轮 PCR 循环中，引物的 5′ 端是单链的，并未与靶序列杂交。C. 在下一轮 PCR 中，图中仅显示了新合成的 DNA 链与引物退火，此时合成的双链 DNA 分子是由 PCR 扩增而来，并且在其末端有了限制性内切核酸酶的切割位点。D. 第二轮以后所有的 PCR 产物的两端都有了限制性内切核酸酶的作用序列。E. 当这些 PCR 产物用 *EcoR* Ⅰ 和 *Xho* Ⅰ 切割后，就会产生具有黏性末端的 DNA 片段，方便与载体连接。

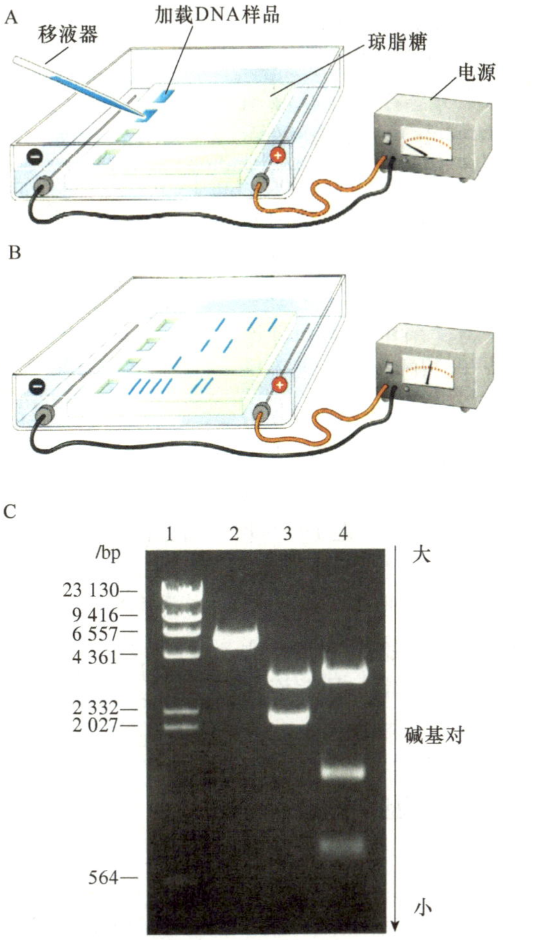

图 2-48 DNA 片段的电泳分离（引自 Watson et al.，2007）。电泳是带负电的 DNA 在电场中通过多孔的琼脂糖凝胶移动的过程。A. 在用琼脂糖浇注的凝胶板的井（well）中加载 DNA 样品，通常在样品中加入蓝色指示剂，以便掌控电泳的时间（由于指示剂的分子小，当指示剂移动到凝胶的近边缘处可停止电泳）。B. 打开电泳仪的电源，带负电荷的 DNA 分子向正极移动，小分子的 DNA 片段比大分子的 DNA 片段移动得快，大小相同的 DNA 片段移动的速度相同，从而会在琼脂糖凝胶中形成带（其他因素也有影响，如电荷、形态等，但大小是主要因素）。C. 电泳结束后，从凝胶板中取出琼脂糖凝胶，经溴化乙锭染色后，可在 UV 下观察分离的 DNA 条带（注：溴化乙锭是致癌剂，UV 对人体有伤害，操作时都需严格防范）。

就方便得多。将染色并经电泳分离的 DNA 片段在紫外线（ultraviolet, UV）照射下可清楚地看到一系列的 DNA 条带（band），每一条带代表一条限制性内切核酸酶切割后产生的 DNA 片段。片段的大小可用已知的分子标记进行估算。只要经凝胶分离的 DNA 带中 DNA 片段的含量在 0.005μg 以上，就可以在 UV 下检测到。重要的是，双链 DNA 片段经电泳分离后不会受到伤害，从胶上溶解下来后可用于进一步的实验。

2.4.1.5 DNA 连接酶

连接酶（ligase）是一类用于核酸分子连接形成

磷酸二酯键的核酸合成酶，有 DNA 连接酶和 RNA 连接酶之分。1967 年在噬菌体 T4 感染和未感染的大肠杆菌中都发现并提取了多核苷酸连接酶。此酶能在模板上连接 DNA 片段。1972 年又发现在 T4 感染的大肠杆菌中有另一种连接酶，不用模板就能连接 RNA 片段。1974 年证实这一现象后，将 1967 年发现的多核苷酸连接酶叫做 DNA 连接酶，把 1972 年发现的叫做 RNA 连接酶。基因工程中使用的主要是 T4 DNA 连接酶，该酶既能连接黏性末端，又能连接平末端（图 2-49）。

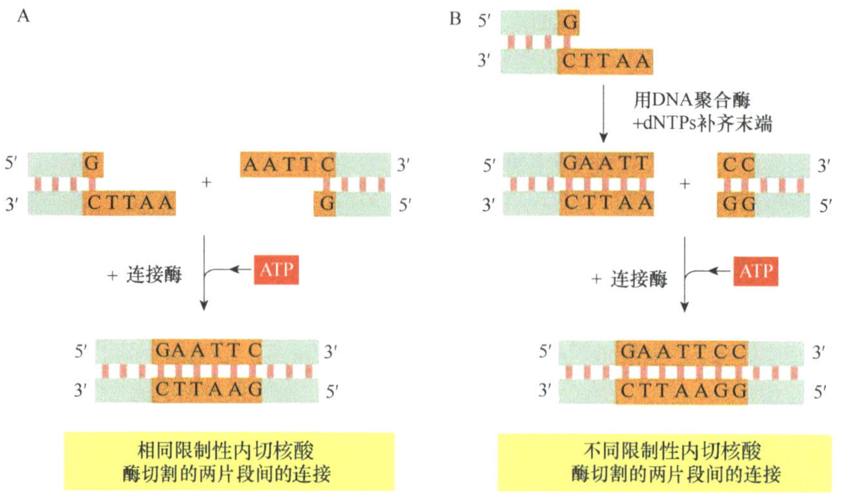

图 2-49 DNA 连接酶在体外将 DNA 片段连接成重组的 DNA 分子（引自 Alberts et al., 2015）。连接反应中，需要 ATP 提供能量。A. DNA 连接酶可以将两个相同的黏性末端连接成一个完整的 DNA 片段，图中显示的两个片段都是经 *Eco*R Ⅰ 切割产生的黏性末端。B. 图中连接的是由两种不同的限制性内切核酸酶切割产生的不同末端的片段：*Eco*R Ⅰ 切割产生的黏性末端需先经 DNA 聚合酶将黏性末端补平，然后在 DNA 连接酶的作用下再与限制性内切核酸酶 *Hae*Ⅲ 切割产生的平末端的 DNA 片段连接成一个完整的 DNA 分子。

2.4.2 基因功能研究技术

随着分子生物学的发展，创造了大量进行基因功能研究的新方法，包括基因敲除技术、RNA 干涉技术、基因编辑技术等。

2.4.2.1 基因敲除小鼠

基因敲除（gene knockout）是指一个有功能的基因通过基因工程方法完全被剔除的人工突变技术。这项技术是 M. R. Capecchi 于 20 世纪 80 年代末在犹他大学发展起来的。实验的动物通常是小鼠，被剔除了功能基因的小鼠就称为敲除小鼠（knockout mice）。基因敲除技术已成功地应用于一些遗传病的研究，还可用于研究特定基因的细胞生物学活性及发育调控的基因作用等，因此是研究基因功能的一项非常有用的技术。基因敲除是一套组合技术，包括基因重组、细胞分离、转基因等。

获得基因靶向敲除（gene-targeted knockout）的小鼠分两个阶段进行。第一阶段是构建一个含有靶基因的等位基因受到破坏的 DNA，并将其导入来自囊胚期的胚胎干细胞（ES cell），经过体外培养，尽管大多数转染 ES 细胞的 DNA 重组发生在非同源位点，也会有一小部分转染 ES 细胞的 DNA 与靶基因发生同源重组。为了能够将同源靶向基因插入的重组体挑选出来，在体外构建重组 DNA 时插入了两个标记基因，并与靶基因一同导入 ES 细胞。其中一个标记基因是新霉素抗性基因（neo^{r}），该标记基因赋予细胞对 G-418 抗性，该选择标记插入到靶基因 *X* 中，导致基因 *X* 失活，该选择标记属于正选择标记（positive select marker），即将 neo^{r} 基因插入到 *X* 基因中，这样在 *X* 基因突变的同时，获得 neo^{r} 的抗性表型。用这种重组的 DNA 转化细胞，受体细胞会产生两种表型效应：靶基因 *X* 失活了，但同时获得正选择标记，因为获得 neo^{r} 抗性基因的细胞可以在加有新霉素的培养基中生长，而没有得到突变 *X* 基因的细胞仍然对新霉素敏感，这样就可以分离和鉴定靶细胞了。第二个选择性标志是在 *X* 基因外侧插入一个负选择标记（negative select marker），即来自单性疱疹病毒的胸腺激酶基因（tk^{HVU}），该标记赋予细胞对细胞毒核苷类似物 9-（1,3-二羟基-2-丙氧甲基）鸟嘌呤（商品名：赛美维，Ganciclovir）敏感的特性。这样，经同源重组的 ES 细胞就能够在添加有新霉素与细胞毒性核苷类似物赛美维的培养基上被选择出来，因为非正确同源重组及未重组的细胞都不能生长（图 2-50）。

第二阶段实验是产生敲除基因的小鼠。将 *X* 基因敲除突变的杂合 ES 细胞注入野生型受体小鼠的囊胚泡中，然后将囊胚泡转移到代孕（surrogacy）的雌性小鼠（图 2-51）。产生的子代中既有嵌合体，也有纯合体，根据毛色很容易区别开。然后将嵌合小鼠与纯合小鼠交配，获得敲除基因进入生殖细胞的后代，再经几轮繁殖可获得纯的敲除基因的小鼠。

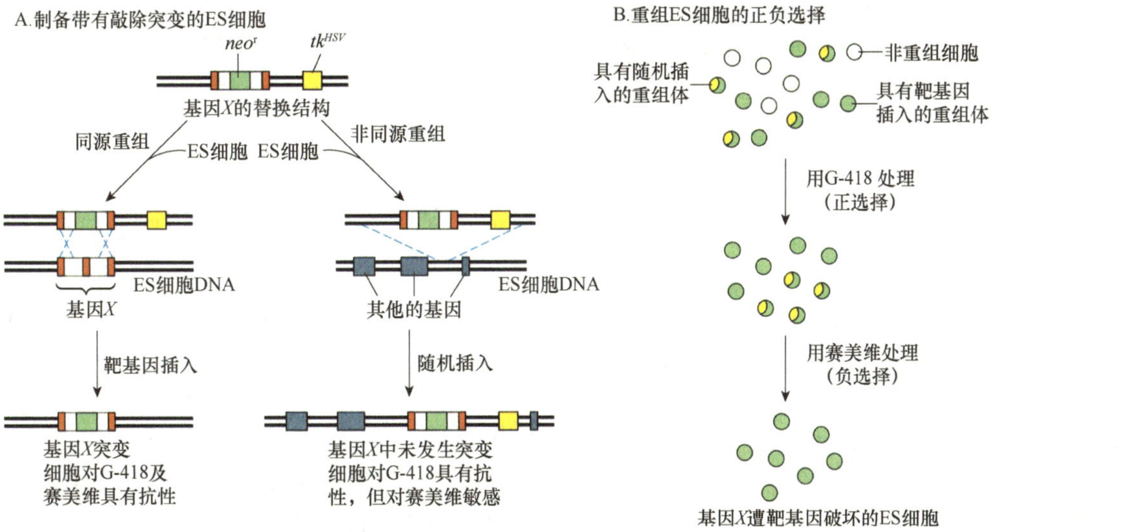

图 2-50 敲除小鼠的第一阶段实验——ES 细胞的分离（引自 Lodish et al.，2013）。A. 将体外构建的含有两种选择标记，且靶基因失活的重组 DNA 导入 ES 细胞后，有两种重组方式：一种是同源重组，此类 ES 细胞获得对新霉素的抗性，但目标基因突变了；另一种是非同源重组，虽然获得了新霉素抗性，但可被细胞毒性核苷类似物赛美维杀死。B. 将体外构建的 DNA 导入 ES 细胞后，可在含有新霉素及细胞毒性核苷类似物赛美维培养基上分离 *X* 基因突变的 ES 细胞。

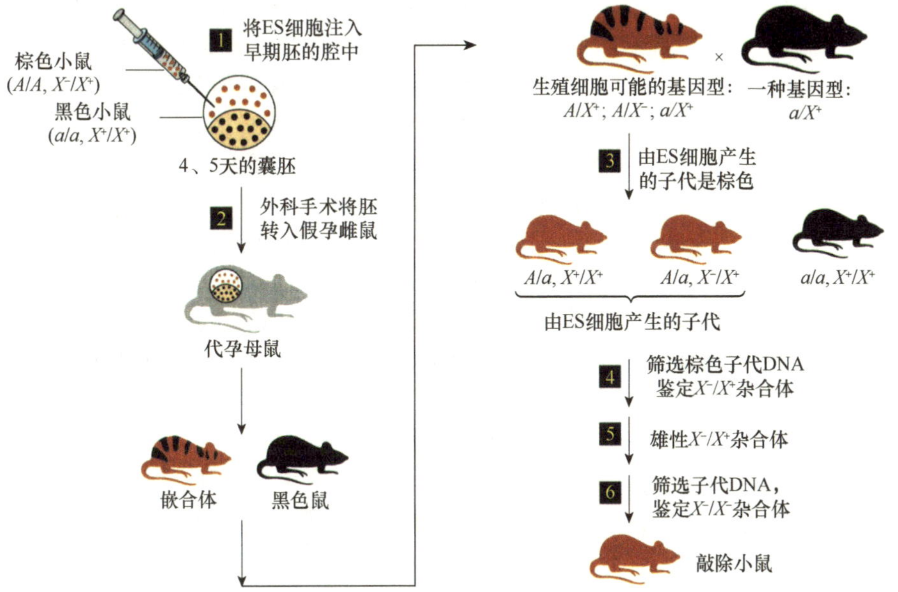

图 2-51 靶向基因敲除小鼠的获得（引自 Lodish et al.，2013）。①将基因型为 A/A，X^-/X^+（A 为选择标记基因显性纯合，X 为敲除基因杂合）棕色小鼠的胚性干细胞注入基因型为 a/a，X^+/X^+（选择标记基因隐性纯合，X 为敲除基因纯合正常）黑色小鼠的 4.5 天的囊胚中；②将早期的胚移植到代孕的雌性小鼠，通过棕黑色杂合肤色发现子代中含有 ES 细胞衍生组织的嵌合小鼠；③将嵌合小鼠与黑色小鼠回交，获得棕色的子代小鼠，表明由 ES 产生的细胞进入了小鼠的生殖系统；④～⑥从棕色小鼠的尾部提取 DNA 进行分析，并经互交最终筛选纯合的基因敲除小鼠（X^-/X^-）。

2.4.2.2 RNA 干涉

最直接的抑制特异基因功能的方法莫过于 RNA 干涉（RNA interference，RNAi），在技术上，RNAi 要比基因敲除简单。RNAi 最早发现于线虫，它是指双链的 RNA 能够阻止与其对应的 mRNA 的表达，而对于其他序列的 mRNA 则没有影响。RNAi 依赖于真核细胞将双链 RNA 切割成短的（23nt）具有抑制作用的双链 RNA 的能力，这些 RNA 被称为干扰小 RNA（small interfering RNA，siRNA）。切割反应是由核酸内切酶 Dicer 催化的。Dicer 是 RNase Ⅲ家族中的一员，主要切割 dsRNA 或者茎环结构的 RNA 前体成为小 RNA 分子。Dicer 有着较多的结构域，最先在果蝇中发现，并且在不同的生物体上表现出很高的保守性。

由 Dicer 切割产生的 siRNA 能够引起同源 mRNA 的降解，降解作用是由 RNA 诱导的沉默复合物（RNA-induced silencing complex，RISC）催化的。RISC 介导 siRNA 对其靶 mRNA 互补序列的识别与杂交，其结果是 RISC 复合物中特异的核酸酶对 siRNA-mRNA 杂交体的切割。这一作用模式说明 RNAi 的作用是特异性的，因为它要与其靶 mRNA 进行特异性碱基配对，然后再将其杂交的 mRNA 进行降解，使该基因的功能遭到永久性的破坏。

Dicer 与 RISC 在细胞内的正常功能是通过细胞小的内源 RNA 分子（如 micro-RNA，miRNA）进行基因调节的。

有两种方法可获得特异序列的 siRNA。第一种方法是通过体外转录靶基因的有义链（sense strand）、反义链（antisense strand），并退火形成 dsRNA，然后将获得的 dsRNA 注入成熟线虫的性腺，在线虫的体内，dsRNA 在 Dicer 作用下转变成 siRNA（图 2-52A），siRNA 与 RISC 复合物结合后，引起细胞内相对应的 mRNA 分子快速降解。

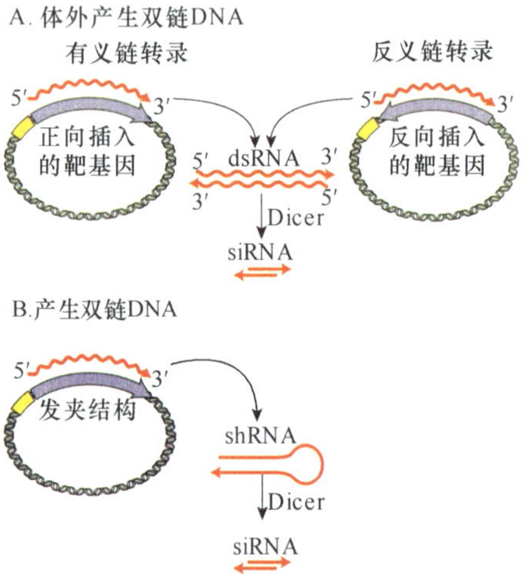

图 2-52 研究 RNA 干涉的两种方法（引自 Lodish et al., 2013）。A. 体外产生用于干涉特定靶基因双链 siRNA 的方法。先将特定靶基因 DNA 序列以正、反两个方向插入强启动子控制之下的质粒载体中，然后通过体外转录获得该基因的有义链及反义链的 RNA，进而退火形成该特异基因的双链 RNA，经 Dicer 切割后形成 siRNA，将其导入细胞可将靶基因沉默。B. 体内获得特定基因 siRNA 的方法。体外构建一个含有特定靶基因两个片段并联的重组体，导入细胞后，有义链转录合成 RNA，由于前后两段是互补的，合成的 RNA 有可能形成发夹式的双链 RNA（shRNA），经 Dicer 切割后产生 siRNA。

第二种方法是在体内（*in vivo*）产生特异的双链 RNA。一种有效的方法是表达一个经体外设计的合成基因：含有相应靶基因的有义链与反义链两个并联片段，当该基因转录时，将会形成一个双链的 RNA 发夹（hairpin）结构，称为小发夹 RNA（small hairpin RNA）或 shRNA。然后 shRNA 在 Dicer 的作用下产生 siRNA（图 2-52B），siRNA 与 RISC 复合物结合后引起细胞内相对应的 mRNA 分子快速降解。

2.4.2.3 CRISPR /Cas 编辑技术

细菌制造了地球上最大的生物量，毫不奇怪，病毒对细菌的感染远远多于对植物和动物的感染。最近的发现揭示很多种类的细菌（几乎所有的古细菌）使用大量的非编码小分子 RNA 捕捉并破坏入侵的病毒 RNA。细菌的这种防卫系统称为 CRISPR（clustered regularly interspaced short palindromic repeat），即成簇的、规律间隔的短回文重复序列。CRISPR 虽然与 siRNA、miRNA 有些类似，但有两个重要的差别。第一，当细菌或古细菌被病毒感染时，它们有一种机制将病毒的 DNA 转变成短的片段，然后逐渐整合到细菌的基因组中。这种短的整合的病毒 DNA 具有“免疫性”，因为它们能够作为模板，转录产生大量的非编码 RNA，称为 crRNA（CRISPR RNA）。这些 crRNA 可以识别重新感染细菌细胞的原病毒。所以 CRISPR 系统的这种特点类似于哺乳动物的适应性免疫，细菌能够记忆过往的感染经验，并进一步用于保护再感染。CRISPR 系统的第二个特点是 crRNA 能够与一些特异的蛋白质结合，从而能够识别双链 DNA 并将之破坏，而不仅仅是单链 RNA。虽然 CRISPR 系统介导的免疫机制还不十分清楚，其基本原理可以概括为三步（图 2-53）。

第一步，病毒 DNA 必须整合到细菌基因组特定的 CRISPR 位点区域，而 CRISPR 位点区域是由宿主的几百个重复序列构成的，每个重复序列是被来自以前感染的病毒 DNA 或其他外源 DNA 序列（25～70 个核苷酸对）隔开的。新的病毒 DNA 总是在 CRISPR 位点的 5′ 端进行整合，该端首先进行转录。因此，每个 CRISPR 位点都有以前感染的暂时性记忆。很多细菌与古细菌的基因组中携带有几个大的 CRISPR 位点，因此具有广泛的病毒免疫性。第二步，CRISPR 位点转录成长的 RNA 分子，然后被加工成非常短的（大约 30 个核苷酸）crRNA。第三步，crRNA 与 Cas（CRISPR-associated）蛋白结合成复合物。Cas 是一类较为保守的核酸酶，能够识别一定构象的 RNA 并与之结合。crRNA 与 Cas 形成的复合物能够识别与 crRNA 互补的病毒 DNA 并进行降解反应。在此过程中，crRNA 作为引导 RNA（guide RNA，gRNA），通过碱基配对，与靶 DNA 形成互补结构。

细菌的 CRISPR 系统如今已被科学家人工搬移到植物与动物细胞中，成为动植物基因功能研究的有力工具，它比基因敲除或基因干涉更有效，而且方便快捷。例如，通过转基因将突变基因导入小鼠的实验

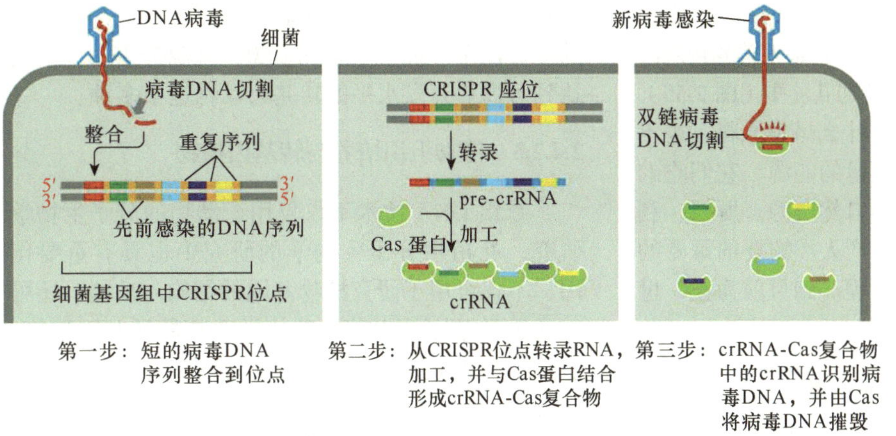

图 2-53 细菌与古细菌中由 CRISPR 介导的免疫（引自 Alberts et al.，2015）。第一步，细菌被病毒感染之后，病毒基因组产生的小的 DNA 片段从细菌基因组的 CRISPR 位点插入到细菌的基因组中，此时会有少数被感染的细菌细胞生存下来。第二步，幸存下来的细菌（或称为脱敏的细菌）能够进行 CRISPR 位点的转录，并将转录物降解成 crRNA。第三步，这些生存下来的具有免疫性的细菌在被原有的病毒再感染时，入侵的病毒 DNA 就会被细菌中的 crRNA 识别并互补结合，随后遭到降解。

中，主要困难是导入的外源 DNA 常常会在随机位点插入基因组中，而且需要对 ES 细胞进行逐个筛选才能获得基因敲除小鼠，工作量很大。如今，创造了一种 CRISPR 系统，高效解决了这两个问题。

将一个能表达 Cas9 核酸酶及含有靶基因互补序列的 gRNA 的质粒载体导入哺乳动物的细胞，转录的 gRNA 与表达的 Cas9 蛋白形成复合物，并引起 Cas9 对靶基因进行识别结合与切割降解（图 2-54）。

随着 CRISPR/Cas 系统的研究不断深入，Cas9 核酸酶的催化机制也被揭示，并且可以通过特定位点氨基酸的突变获得单链靶向剪切功能的 Cas9 切口酶（Cas9 nickase，Cas9n）或者全失活的 Cas9（dead Cas9，dCas9），而这些不同的 Cas9 核酸酶衍生出了适用范围更为广泛的基因编辑系统。

CRISPR/Cas9 等基因编辑技术已经显示巨大的应用价值，并且广泛用于各物种的基因编辑，除了常见的模式生物，如线虫、果蝇、斑马鱼、小鼠等，还有猪、狗、猴等大型动物，以及水稻、小麦等常见农作物。该技术在人类基因治疗方面也有巨大的应用前景。

2018 年 11 月 26 日，中国某大学的副教授贺建奎在第二届国际人类基因组编辑峰会召开的前一天宣布，一对基因编辑婴儿于 11 月在中国健康诞生。这对双胞胎的一个基因经过修改，出生后即能天然抵抗艾滋病病毒。消息一经发布立即遭到国内外科学家的强烈反对与谴责。

由于以生殖为目的的“基因编辑婴儿”事件不仅违背了科学家的伦理道德，更是触犯了法律。2019 年 12 月 30 日，“基因编辑婴儿”案在深圳市南山区人民法院一审公开宣判。贺建奎等 3 名被告人因共同非法实施以生殖为目的的人类胚胎基因编辑和生殖医疗活动，构成非法行医罪，分别被依法追究刑事责任。

目前，基因编辑技术仍然是不完善的，可能产生的风险也是不可控的，特别是对人类基因的编辑，一旦流入人类基因库，会破坏人类基因库的平衡，其后果难以想象。

学习细胞生物学，掌握相关的研究技术，目的是更好地造福于人类，坚守科学家的道德底线是至关重要的。

2.4.2.4 转基因动物生产蛋白质

重组 DNA 技术不仅可以将外源 DNA 导入动植物细胞，研究基因的功能，也可以将一些编码蛋白质的基因通过基因工程技术转入动物细胞，生产一些重要的蛋白质。一些来源于动物脏器的、用于研究或治疗疾病的珍稀蛋白质只能从组织中提取，不仅需要大量的供体生物，而且耗力费时，有些还会对环境造成污染。由于基因工程技术的出现，人类已可以通过细菌发酵、真核细胞培养和动物的乳腺

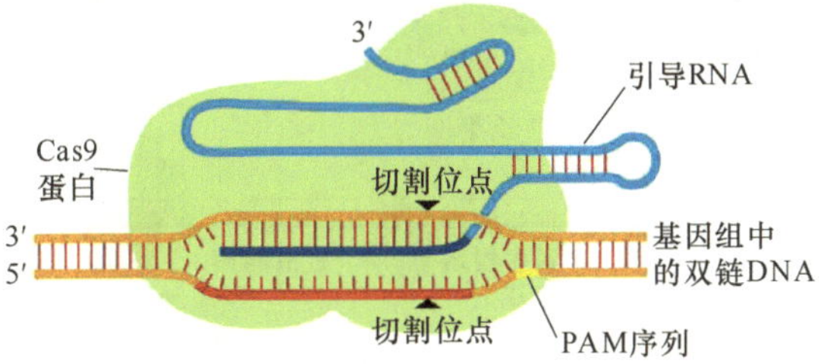

图 2-54 CRISPR/Cas 编辑（引自 Alberts et al，.2015）。体外构建含有编码 Cas9 蛋白的编码基因及根据欲突变靶基因序列设计的 gRNA 的重组 DNA，导入 ES 细胞后表达的 Cas9 蛋白与转录的 gRNA 结合，形成复合物可与基因组中相匹配的靶基因的 DNA 序列配对，然后，Cas9 蛋白将靶 DNA 的双链切开，经过非同源重组，导致靶基因发生突变。PAM（protospacer adjacent motif）是前间区序列邻近基序，这个短的 DNA 序列通常在靶 DNA 的 3′ 端，它是 Cas9 特异性切割所必需的。

等获得珍稀的蛋白质。用动物的乳腺生产重要蛋白质的想法源于利用转基因技术获得转基因羊或转基因牛，并让表达的重组蛋白质分泌到乳汁中（图 2-55）。

动物生产奶蛋白并不需要什么昂贵原料，也不需要复杂的设备，不会消耗大量的能源。它们吃的是草料，是人类不直接消费的自然资源。所以，利用动物的乳腺与转基因技术生产人类需要的重要的蛋白质，基本是一个畜牧业过程。到目前为止，世界各国科学家已经制造出乳腺分泌各种医用蛋白质的牛、山羊、绵羊、猪和家兔，乳腺分泌的蛋白质达到可商业开发水平的转基因动物达十多种。

图 2-55 用转基因绵羊生产重要的医用蛋白质（引自 Watson et al.，1992）。图中的 *YFG*（your favorite gene）意指人类所需的编码一种具有重要医疗价值蛋白质的基因。首先将该基因置于哺乳动物启动子的控制之下，使该基因只能在哺乳动物的组织中表达。用微注射法将体外构建的含有该基因的表达载体注入绵羊卵细胞核中，然后将携带有外源基因的卵植入代孕母羊的子宫，通过 PCR 检查外源基因在孕母组织中是否进行了复制和表达。一旦表达，即可将该基因表达的蛋白质分泌到羊奶中，通过收集羊奶即可分部纯化该蛋白质。

2.4.2.5 植物组织培养与转基因植物

重组 DNA 技术不仅仅用于动物的分子生物学研究，在植物分子生物学的研究中也具有重要作用，不仅可用于研究植物基因的结构与功能，还可以通过转基因技术获得遗传学改变的转基因植物，包括产量性状、抗性改变（抗病、抗逆）、品质等的改变等。

由于植物细胞不能像动物细胞那样在培养瓶中形成分散的单个细胞传代培养，所以在植物方面，细胞培养主要是组织培养。植物组织培养是植物基因的重要步骤。

常用的植物转基因技术有农杆菌介导法、花粉管通道法、显微注射法、基因枪法等，其中农杆菌介导法（*Agrobacterium* mediated reforming process）以其费用低、拷贝数低、重复性好、基因沉默现象少，以及能转化较大片段等优点为多数研究者所使用。农杆菌介导法所使用的基因载体是 Ti 质粒 DNA，该质粒上有一段转移 DNA（T-DNA），具有向植物细胞传递外源基因的能力，而细菌本身并不进入受体细胞。烟草是最为常用的转基因研究的模式植物，图 2-56 是用农杆菌介导法获得转基因烟草的一般过程。

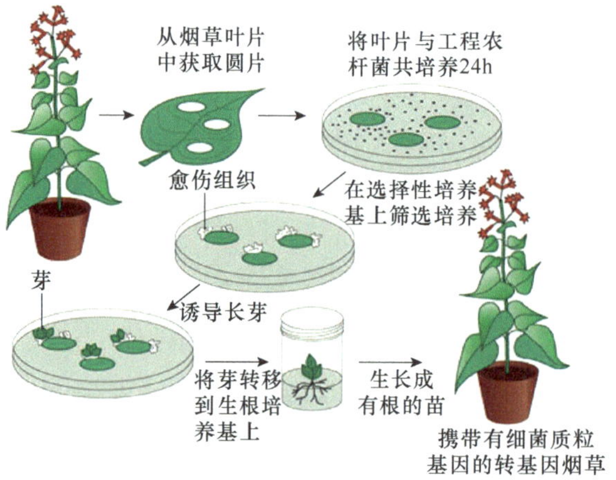

图 2-56 烟草植物组织培养与转基因（引自 Alberts et al.，2015）。用打孔器截取烟草叶片（叶圆盘），与含有目的基因、选择标记的重组质粒的农杆菌一起培养。叶片边缘伤口可释放吸引农杆菌的物质，吸附在伤口处的细菌将释放出质粒 DNA 进入植物细胞。只有那些吸收了适量 Ti 质粒 DNA 并且表达了选择标志基因的植物叶片才能生存并增殖，进而形成愈伤组织。将愈伤组织转移到添加有生长因子的诱导培养基上诱导愈伤组织长芽，再经诱导生根，最后生长成完整的转基因植株。

本章小结

显微成像包括直接成像和间接成像。显微技术是细胞生物学最基本的研究技术，包括光学显微技术和电子显微技术。光学显微镜是光学显微技术的主要工具，常用的有复式显微镜、相差显微镜、微分干涉相差显微镜、暗场显微镜、荧光显微镜、共聚焦显微镜等。电子显微镜可用于研究超微结构，分为两大类：透射电子显微镜和扫描电子显微镜。

细胞分离、体外培养及细胞融合技术等是细胞生物学研究中最基本的技术。包括细胞分离组织块的酶解、离心分离、流式细胞术等技术。

细胞培养是细胞生物学研究方法中最基本的技术，分为组织培养、细胞培养、器官培养等。细胞融合即细胞杂交，是在细胞水平上改造生物遗传性的主要方法。在细胞融合技术的基础上发展起来的单克隆抗体技术具有重要的应用价值。

蛋白质的纯化技术包括层析技术、蛋白质电泳技术。用层析法可以纯化得到非变性的、天然状态的蛋白质。层析的方法很多，包括凝胶过滤层析、亲和层析、离子交换层析等。蛋白质电泳是最常用的分离蛋白质的技术，包括 SDS-聚丙烯酰胺凝胶电泳、双向凝胶电泳等。

分子生物学方法是在分子水平上研究生物大分子的结构和功能的一系列方法，包括基因工程技术（DNA 分离、PCR 技术、DNA 酶切、DNA 连接等）、基因功能研究技术（基因敲除、RNA 干涉），特别介绍了 CRISPR /Cas 编辑技术。

转基因动物生产蛋白质、植物组织培养与转基因植物则是分子生物学与细胞生物学结合应用及实践的重要方面。

思考题

（1）电子显微镜与光学显微镜的主要区别是什么？
（2）什么是动物细胞培养？常规的动物细胞培养室需要哪些基本设备？
（3）请比较离子交换层析、凝胶过滤层析、亲和层析的原理与应用的差异。
（4）在进行细胞组分的分离时，实验方案设计的一般原则是什么？
（5）如何理解细胞生物学是实验科学？

3 细胞质膜与穿膜运输

细胞最基本的特点就是有一层脂与蛋白质组成的膜结构包裹在最外层，DNA 外面被包了膜，就有了温馨的“家”，也就结束了“流浪”生活，开始安居乐业。

细胞质膜很薄，无法用光学显微镜观察，直到 20 世纪 50 年代后期，由于制片和染色技术的发展，J. D. Robertson 首次在电子显微镜下观察到细胞质膜的 3 层结构，后来发现无论是动物、植物还是微生物，无论是细胞质膜还是内膜系统的膜都具有相同的超微结构。

3.1 概　　述

膜（membrane）通常是指分隔两个空间的一层薄薄的结构，可以是自然形成的或是人造的，有时很柔软。存在于细胞结构中的膜不仅薄，而且具有半透性（semipermeability），允许一些不带电的小分子自由通过。

3.1.1 细胞的膜结构

细胞膜（cell membrane）是细胞膜结构的总称，它包括细胞外层的膜和存在于细胞质中的膜，有时也特指细胞质膜。

质膜（plasma membrane）是指包围在细胞表面的一层极薄的膜，主要由膜脂和膜蛋白所组成。质膜的基本作用是维护细胞内微环境的相对稳定，并参与同外界环境进行物质交换、能量和信息传递。另外，在细胞的生存、生长、分裂、分化中起重要作用。

真核生物除了具有细胞表面膜外，细胞质中还有许多由膜分隔成的各种细胞器。这些细胞器的膜结构与质膜相似，但功能有所不同，这些膜称为内膜（internal membrane）或胞质膜（cytoplasmic membrane）。内膜包括细胞核膜、内质网膜、高尔基体膜等。由于细菌没有内膜，所以细菌的细胞质膜代行胞内膜的作用。

习惯上把细胞所有的膜结构统称为生物膜（biomembrane 或 biological membrane），实际上它是细胞内膜和质膜的总称。生物膜是细胞的基本结构，它不仅具有界膜的作用，还参与全部的生命活动。

3.1.2 细胞膜的功能

真核细胞具有丰富的膜结构，了解膜的功能对于理解细胞膜的结构和细胞的生命活动是十分重要的。细胞膜的结构体系和功能如图 3-1 所示。

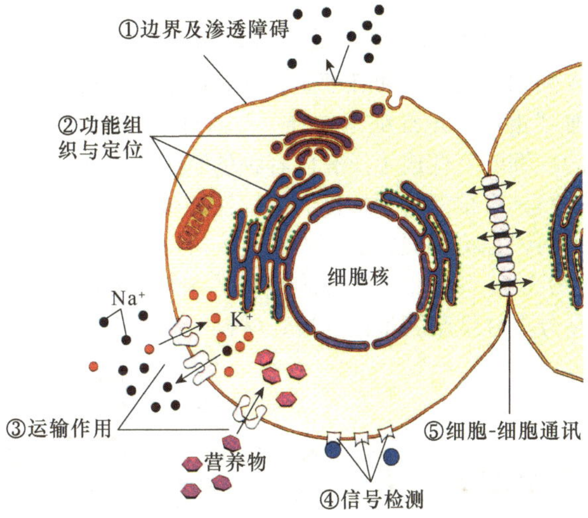

图 3-1 细胞膜的功能概览（引自 Becker et al.，1996）。

1）界膜和区室化（delineation and compartmentalization） 细胞膜最重要的作用就是确定了细胞的边界，并且在细胞质中划分了许多以膜包被的区室。作为界膜的膜结构对于细胞生命的进化具有重要意义，这种界膜不仅使生命进化到细胞的生命形式，也保证了细胞生命的正常进行，它使遗传物质和其他参与生命活动的生物大分子相对集中在一个安全的微环境中，有利于细胞的物质和能量代谢。细胞内空间的区室化不仅扩大了膜的表面积，还使细胞的生命活动更加高效和有序。

2）调节运输（regulation of transport） 膜为两侧的分子交换提供了一个屏障，一方面可以让某些物质“自由通透”，另一方面又作为某些物质出入细胞的障碍。膜对物质的运输具有选择性，有些物质在细胞内的浓度很高，有些物质只能沿浓度梯度进入细胞，这需要通过特殊的运输机制来调节。

3）功能定位与组织化（localization and organization of function） 细胞膜的另一个重要功能就是通过形成膜性细胞器，使细胞的功能定位在一定的细胞结构并组成相互协作的系统。例如，细胞质中的内质网、高尔基体等膜性细胞器的基本功能是参与蛋白质的合成、加工和运输；而溶酶体的功能是起消化作用，酸性水解酶主要集中在溶酶体。又如，线粒体内膜的主要功能是进行氧化磷酸化，与该功能有关的酶和蛋白复合体集中排列在线粒体内膜上。叶绿体的类囊体是光合作用的光反应场所，所以在类囊体膜中聚集着与光能捕获、电子传递和光合磷酸化相关的功能蛋白及酶。

4）信号的检测与传递（detection and transmission of signal） 细胞通常用质膜中的受体蛋白从环境中感知并接收化学信号和电信号。细胞质膜中具有各种不同的受体，能够识别并结合特异的配体进行信号传递，引起细胞内的反应。例如，细胞通过质膜受体接收的信号决定对糖原的合成或分解，膜受体接收的某些信号则与细胞分裂有关。

5）参与细胞间的相互作用（intercellular interaction） 在多细胞的生物中，细胞通过质膜进行细胞间的多种相互作用，包括细胞识别、细胞黏着、细胞连接等。例如，动物细胞可通过间隙连接，植物细胞则通过胞间连丝进行相邻细胞间的通讯，这种通讯包括代谢偶联和电偶联。

6）能量转换（energy transduction） 细胞膜的另一个重要功能是参与细胞的能量转换。例如，叶绿体利用类囊体膜上的结合蛋白进行光能的捕获和转换，最后将光能转换成化学能储存在糖类中。同样，膜也能够将化学能转换成可直接利用的高能化合物 ATP，这是线粒体的主要功能。

细胞膜的这些基本功能也是生命活动的基本特征，膜的功能是通过其特殊化学组成和结构实现的。

3.2 红细胞与细胞膜结构的研究

哺乳动物血液中成熟的红细胞（red blood cell，erythrocyte）不仅结构简单，而且获取方便、各自独立存在，所以是研究膜结构的最好材料。人们对膜结构的认识，大多来自对红细胞膜结构的研究。

3.2.1 红细胞的生物学特性

3.2.1.1 红细胞的形态结构

成熟的红细胞呈双面凹陷或单面凹陷的圆盘状（图 3-2），直径 7.5～8.3μm，厚度 1.7μm，体积 8.3μm³，表面积 145μm²，表面积与体积的比值较大，有利于细胞变形、气体交换和携带。

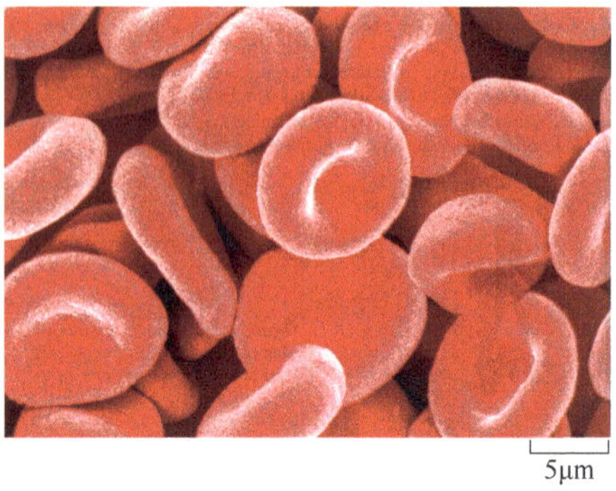

图 3-2 红细胞的形态（引自 Cooper and Hausman，2016）。扫描电镜下显示的人的红细胞双凹形态。

3.2.1.2 红细胞的功能

红细胞的主要功能是将肺吸进的 O_2 运送到身体的其他组织，并带走呼出的 CO_2（图 3-3）。

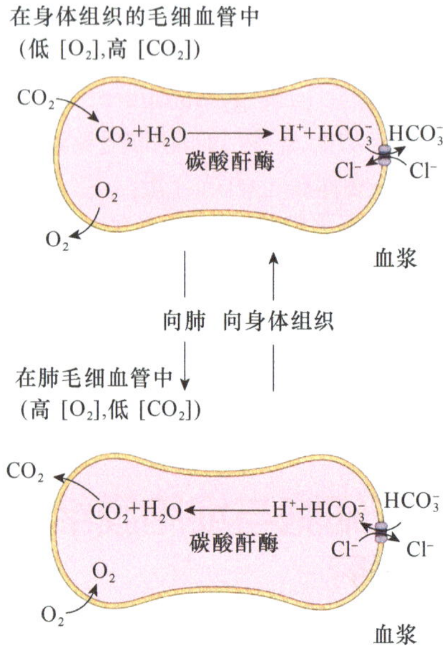

图 3-3 机体内红细胞的运输作用（引自 Becker et al.，1996）。

红细胞对 O_2 和 CO_2 的运输与膜的性质有关。氧是一种小分子，它能够自由扩散通过红细胞质膜进入红细胞内，并被血红蛋白结合。红细胞质膜的这种性质使得红细胞能够从肺中摄取氧，因为在肺毛细管中 O_2 的压力高，因而 O_2 很容易透过红细胞质膜进入红细胞；又由于肺毛细管中 CO_2 的压力很低，红细胞中的 CO_2 就会释放出来。红细胞从肺组织中获得 O_2 后通过循环系统进入体组织毛细管，在体组织毛细管中由于 O_2 压力低、CO_2 压力高，O_2 就会从红细胞中释放出来，而 CO_2 则会进入红细胞。

由于气体 CO_2 难溶于水溶液，进入红细胞后就难以溶解到红细胞的细胞质中。这要依赖于红细胞质中的碳酸酐酶（carbonic anhydrase），它可将 CO_2 转变成水溶性的碳酸氢根阴离子（HCO_3^-）。水溶性的碳酸氢根阴离子通过红细胞质膜中的带 3 蛋白，同 Cl^- 进行交换排出红细胞，所以将带 3 蛋白称为阴离子交换蛋白。

3.2.1.3 红细胞血影

将红细胞分离后放入低渗溶液中，水很快渗入到细胞内部，使红细胞膨胀、破裂，从而释放出血红蛋白（是红细胞中唯一一种非膜蛋白），此时的红细胞就变成了没有内容物的空壳。由于红细胞质膜具有很好的变形性、柔韧性和可塑性，当红细胞的内容物渗漏之后，它的质膜可以重新封闭起来（图 3-4），此时的红细胞被称为血影（ghost），它是分离红细胞膜蛋白的最好材料。

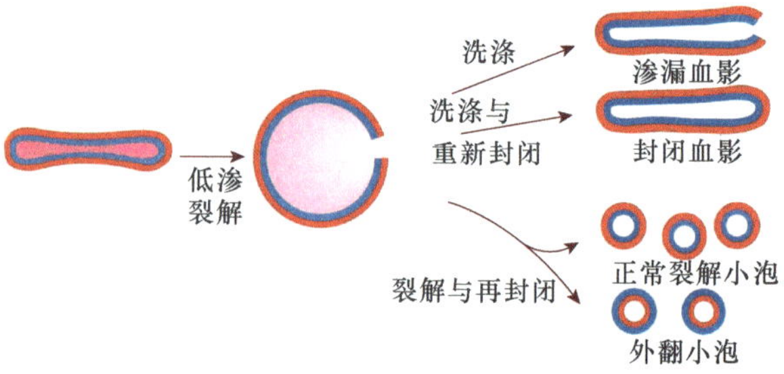

图 3-4 红细胞血影及封闭、未封闭小泡的形成（引自 Alberts et al.，2002）。红细胞吸水膨胀形成裂口后释放出内容物，形成开口的红细胞血影或封闭的血影。若是红细胞完全瓦解，破裂的质膜碎片也会自我封闭形成正常的或外翻性的小泡。

3.2.2 红细胞膜结构的研究

红细胞具有很多特有的性质，因而其是研究膜结构的最好材料。第一，红细胞生命周期长，数量大，取材容易（体内的血库），极少有其他类型的细胞污染，并且是单个存在，不需要进行组织消化；第二，红细胞的结构简单，成熟的哺乳动物红细胞中没有细胞核和线粒体等膜性细胞器，细胞质膜是它的唯一膜结构，所以分离后不存在其他膜污染的问题；第三，红细胞在低渗溶液中容易破裂，释放出内容物，这样就很容易分离到红细胞的质膜；第四，分离到红细胞质膜后就非常容易分离出红细胞的膜蛋白了。所以，用红细胞做材料研究细胞质膜的结构，其“性价比”很高。

3.2.2.1 膜脂的发现及脂单层概念的提出

关于膜的化学组成和结构的研究始于19世纪90年代，开拓者是C. Overton。他意识到细胞似乎是由一层具有选择性和渗透性的外被包裹的，它只允许某些物质通过。Overton用植物的根毛做实验，发现脂溶性物质很容易进入细胞，而水溶性的物质却不能。实际上他发现了亲脂性（lipophilic）物质与细胞的关系。根据这一研究结果，Overton认为在细胞的外被中有脂的存在。他还进一步推测，细胞的外被中很可能有胆固醇和卵磷脂的存在，这种推测后来被证明是完全正确的。

关于细胞质膜的化学组成和结构研究的第二个重要进展是I. Langmuir提出的脂单层（lipid monolayer）的设想。他将纯化的磷脂溶于苯后铺展在朗格缪尔槽（Langmuir trough）的水面上，研究了脂的展层行为。实验中，他先将纯化的脂溶于苯，然后将苯-脂溶液置水面上展层，当苯挥发后，留下的脂在水面上形成脂单层，亲水的头部朝向水面，疏水的尾部背离水面（图3-5）。脂单层概念是20世纪初膜结构研究的基础，导致了脂双层的发现。

3.2.2.2 细胞质膜结构的基础——脂双层

1925年两位荷兰科学家E. Gorter和F. Grendel根据对红细胞质膜的研究首次提出质膜的基本结构是双脂分子层。这两位科学家在看到了Langmuir的研究论文后，认为可以用Langmuir的展层方法研究红细胞膜脂的结构，因为Overton已经提出在细胞的外层有脂的包被，推测红细胞的表面也有脂的存在。在红细胞的外侧包被中有多少脂尚不清楚，但是，他们在显微镜下观察到人的红细胞是扁平状，直径约为7μm。根据红细胞的体积，他们推测红细胞的表面积约为100μm^2。于是他们分离纯化了红细胞，并从一定数量的红细胞中抽提脂类，按Langmuir的方法进行展层，并比较展层后的脂单层的面积和根据体积所推算的总面积。Gorter和Grendel发现用提取的脂铺展后测得的面积同实际测量的红细胞的表面积之比为2（1.8～2.2）：1，为了解释这一结果，他们提出红细胞膜的基本结构是脂双层（lipid bilayer）。他们还推测脂双层具有热力学的特点，认为极性的亲水基团朝向外侧的水性环境。它们的实验和依据实验所得出的结论具有非常重要的意义，这是人类第一次从分子水平研究细胞膜的结构。

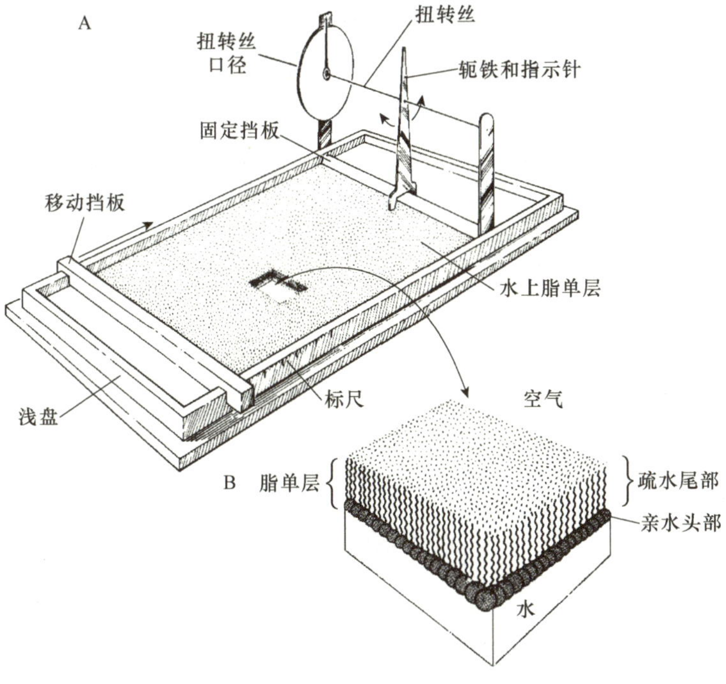

图3-5 在Langmuir槽中展现脂单层（引自Becker et al.，1996）。A. 槽由一个浅盘和一个可移动的挡板组成。移动挡板可将磷脂单层向固定挡板端挤压，形成致密的脂单层。B. 磷脂在脂单层的排列方向。

3.2.3 红细胞质膜的相关蛋白质

红细胞的寿命约为120d，在生存期中大约行程为500 000m。在血液循环中，红细胞要穿过小于自身直径一半的微小通道（脾窦），在脾脏内要经受少氧、低pH等不利环境的考验，在心脏内又要受到瓣膜涡流冲击。不难想象，红细胞在这样长而艰险的运输途径中保持结构的完好，它的细胞质膜起了重要作用。可以推测，红细胞的细胞质膜一定有非常特别的结构，仅仅是脂双层可能难以解释。

3.2.3.1 红细胞皮质骨架

研究发现红细胞质膜的内侧有一种特殊的结构，是由膜蛋白和纤维蛋白组成的网架（图3-6），它参与维持细胞质膜的形状并协助质膜完成多种生理功能，这种结构被称为红细胞皮质骨架

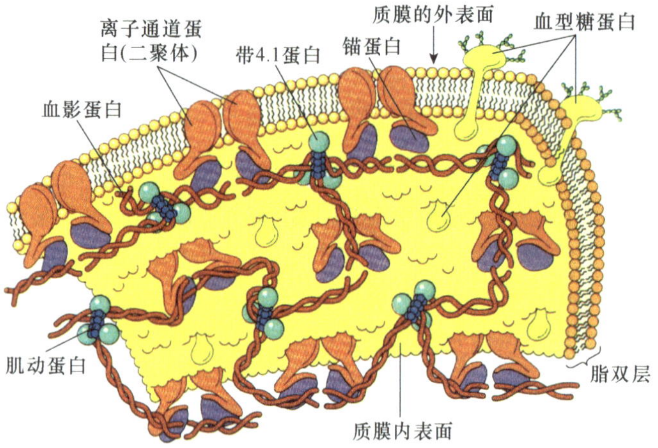

图 3-6　红细胞质膜内侧的骨架结构（引自 Becker et al.，2003）。一种红细胞质膜内表面结构的模式图，可见包埋在脂双层的整合蛋白，以及与膜整合蛋白组成的皮质骨架结构的排列。

（erythrocyte cortical cytoskeleton）或红细胞膜骨架（erythrocyte membrane cytoskeleton）。

红细胞的外周蛋白主要位于红细胞膜的内表面，并编织成纤维状的骨架结构，以维持红细胞的形态，并限制膜整合蛋白的移动。

3.2.3.2　红细胞膜蛋白的组成

通过单向 SDS-聚丙烯酰胺凝胶电泳分析红细胞膜（含膜骨架部分）蛋白，发现大约有 15 种主要的蛋白带，分子质量为 15～250kDa（图 3-7）。其中有三种主要的蛋白质：血影蛋白、血型糖蛋白、带 3 蛋白，它们约占膜蛋白的 60% 以上。这三种蛋白质在红细胞质膜中排列方式各不相同，代表着蛋白质与细胞质膜的三种不同的结合方式。

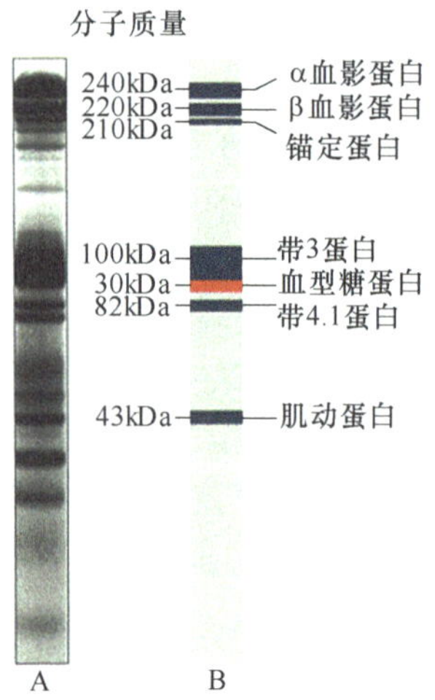

图 3-7　人红细胞膜蛋白 SDS-聚丙烯酰胺凝胶电泳分布（引自 Alberts et al.，1994）。A. 考马斯亮蓝染色的胶；B. 凝胶上主要蛋白质的位置。值得注意的是，由于血型糖蛋白含有大量负电性的糖，所以移动的速度几乎同带 3 蛋白一样慢。

血影蛋白（spectrin），又称收缩蛋白，是红细胞皮质骨架的主要成分，约占膜提取蛋白的 30%。血影蛋白属红细胞的膜下蛋白，这种蛋白质是一种长的、可伸缩的纤维状蛋白，长约 100nm，由两条相似的亚基构成：α 亚基（分子质量 240kDa）和 β 亚基（分子质量 220kDa）。两个亚基链呈现反向平行排列，扭曲成麻花状，形成异二聚体，两个异二聚体头-头连接成 200nm 长的四聚体。

血型糖蛋白 A（glycophorin A），又称涎糖蛋白（sialogly coprotein），富含唾液酸。血型糖蛋白是第一个被测定氨基酸序列的蛋白质。血型糖蛋白有几种类型，除 A 型外，还有血型糖蛋白 B、C、D，它们在红细胞膜中浓度较低。血型糖蛋白 A 属单次穿膜糖蛋白（图 3-8），由 131 个氨基酸组成，其亲水的氨基端露在膜的外侧，结合 16 个低聚糖侧链。血型糖蛋白的基本功能可能是在它的唾液酸中含有大量负电荷，防止了红细胞在循环过程中经过狭小血管时相互聚集沉积在血管中。

带 3 蛋白（band 3 protein），与血型糖蛋白一

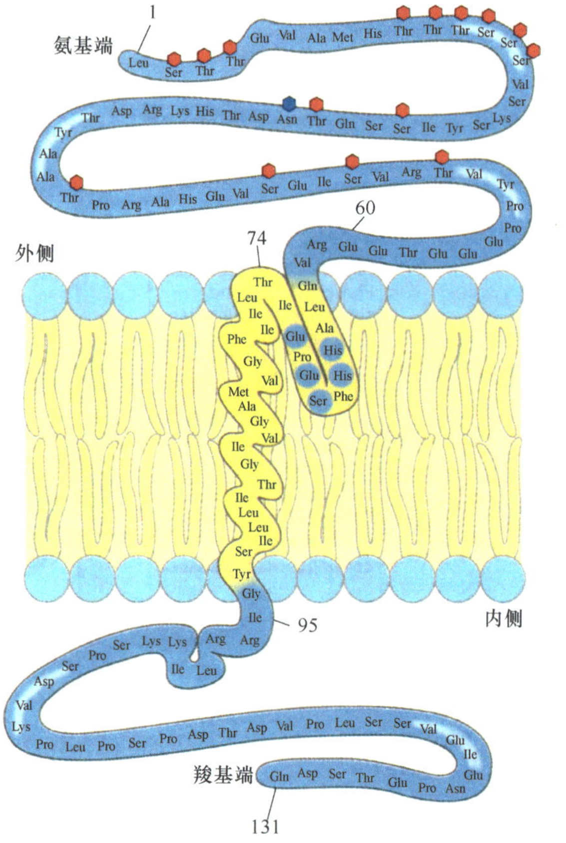

图 3-8　血型糖蛋白 A 的结构（引自 Becker et al.，1996）。

样都是红细胞的膜蛋白，因其在 PAGE 电泳分布时位于第 3 条带而得名。带 3 蛋白在红细胞膜中的含量很高，约为红细胞膜蛋白的 25%。由于带 3 蛋白具有阴离子转运功能，所以带 3 蛋白又被称为阴离子通道蛋白（anion channel protein）。带 3 蛋白是由两个相同的亚基组成的二聚体，每条亚基含 929 个氨基酸；它是一种糖蛋白，在质膜中穿越 12～14 次，因此是多次穿膜蛋白。

肌动蛋白（actin），又称带 5 蛋白，是细胞骨架的主要成分。肌动蛋白纤维链长约 35nm，其中含 13 个肌动蛋白单体和一个长 35nm 的原肌球蛋白（tropomyosin）分子（由两条多肽组成，每个多肽分子质量为 35kDa）；肌动蛋白纤维上有多个（一般为 5 个左右）与血影蛋白结合的位点，通过与血影蛋白游离端相连，参与皮质骨架结构的形成。

锚蛋白（ankyrin），又称带 2.1 蛋白。锚蛋白是一种比较大的细胞内连接蛋白，每个红细胞约含 10 万个锚蛋白，分子质量为 215kDa。锚蛋白一方面与血影蛋白相连，另一方面与穿膜的带 3 蛋白的细胞质结构域部分相连，这样锚蛋白借助于带 3 蛋白将血影蛋白连接到细胞质膜上，也就将骨架固定到质膜上。

带 4.1 蛋白（band 4.1 protein）是由两个亚基组成的球形蛋白，它在皮质骨架中的作用是通过与血影蛋白结合，促使血影蛋白与肌动蛋白结合。带 4.1 蛋白本身不与肌动蛋白相连，因为它没有与肌动蛋白连接的位点。

内收蛋白（adducin）是由两个亚基组成的二聚体，每个红细胞约有 30 000 个分子。它的形态似不规则的盘状物，高 5.4nm，直径 12.4nm。内收蛋白可与肌动蛋白及血影蛋白复合体结合，并通过 Ca^{2+} 和钙调蛋白的作用影响骨架蛋白的稳定性，从而影响红细胞的形态。

3.3 膜的化学组成

通过对红细胞生物学特性和膜结构的研究，了解到细胞质膜的结构基础是脂双层。此后，在研究细胞膜的化学组成时，发现细胞膜常常被脂类溶剂和蛋白酶处理后溶解，推测细胞膜的化学组成中除了脂类外还有蛋白质。例如，用苯和四氯化碳等脂类溶剂作用于动物细胞可以破坏膜，加入卵磷脂酶也可以破坏膜，证明膜中有卵磷脂的存在。用对脂和糖都不起作用而对蛋白质有作用的多羟基苯酚处理细胞，膜结构也会遭到破坏，证明膜中有蛋白质的存在。除了脂类和蛋白质外，细胞膜上也含有糖类。膜中蛋白质与脂的比例依据膜的类型（如质膜、内质网膜、高尔基体膜）、细胞类型（肌细胞、肝细胞）、生物类型（动物、植物和原核生物）的不同而不同（表 3-1）。例如，线粒体内膜的蛋白质 / 脂的比值较红细胞膜中蛋白质 / 脂的比值高得多，而蛋白质和脂的多少又与膜的功能密切相关，因线粒体内膜是电子传递链的所在地，相关蛋白都位于其中，蛋白质 / 脂的比值自然就很高。

表 3-1　不同生物膜中的蛋白质、脂类和糖类占干重的比例

膜	占干重的比例 /% 蛋白质	脂类	糖类
质膜			
红细胞	49	43	8
神经鞘	18	79	3
肝细胞	54	36	10
核膜	66	32	2
高尔基体膜	64	26	10
内质网膜	63	27	10
线粒体			
外膜	55	45	痕量
内膜	78	22	—
类囊体膜	70	30	—

一般而言，膜中脂类约占 50%，蛋白质约占 40%，糖类占 2%～10%。不同的生物膜其所含蛋白质、脂类及糖类的量是不同的。

3.3.1　膜脂

生物膜上的脂类统称为膜脂（membrane lipid），其分子排列呈连续的双层，构成了生物膜的基本骨架。所有的膜脂都是两亲性的（amphipathic），即这些分子都有一个亲水末端（极性端）和一个疏水末端（非极性端）。这种性质使生物膜具有屏障作用，大多数水溶性物质不能自由通过，只允许亲脂性小分子物质通过。

3.3.1.1　膜脂的主要类型

膜脂是生物膜的基本组成成分，约占膜的 50%，主要有三大类：甘油磷脂、鞘脂、固醇。

大多数膜脂都含有磷酸基团，这种脂统称为磷脂（phospholipid），是细胞膜中含量最丰富和最具特性的脂。动物和植物细胞膜上都有磷脂，是膜脂的基本成分，约占膜脂的 50% 以上。磷脂分子的极性端是各种磷脂酰碱基，称为头部。它们多数通过甘油基团与非极性端相连。磷脂又分为甘油磷脂和鞘磷脂。甘油磷脂包括磷脂酰乙醇胺、磷脂酰胆碱（卵磷脂）、磷脂酰肌醇等。鞘磷脂属于鞘脂。

磷脂分子的疏水端是两条长短不一的烃链，称为尾部，一般含有 14～24 个偶数碳原子。其中一条烃链常含有一个或数个双键，双键的存在造成这条不饱和链有一定角度的扭转（图 3-9）。

磷脂烃链的长度和不饱和度的不同可以影响磷脂的相互位置，进而影响膜的流动性。各种磷脂头部基团的大小、形状、电荷的不同则与磷脂-蛋白质的相互作用有关。

鞘脂（sphingolipid）在膜中的含量较少，是鞘氨醇（sphingosine，一种含长的碳氢链的氨基醇）的衍生物（图 3-10）。由鞘氨醇通过它的氨基连接一个脂肪酸而成的鞘脂称为神经酰胺（ceramide）。以鞘氨醇为基础衍生的各种不同鞘脂主要是在鞘氨醇的羟基上连接不同的基团，如添加的是糖类，就是鞘糖脂（glycosphingolipid），若添加的是磷酸基团，则是鞘磷脂。因为所有的鞘脂的一端都有两个长的疏水碳链，而在另一端有一个亲水的头，所以它们具有双亲媒性，与磷脂的性质相似。

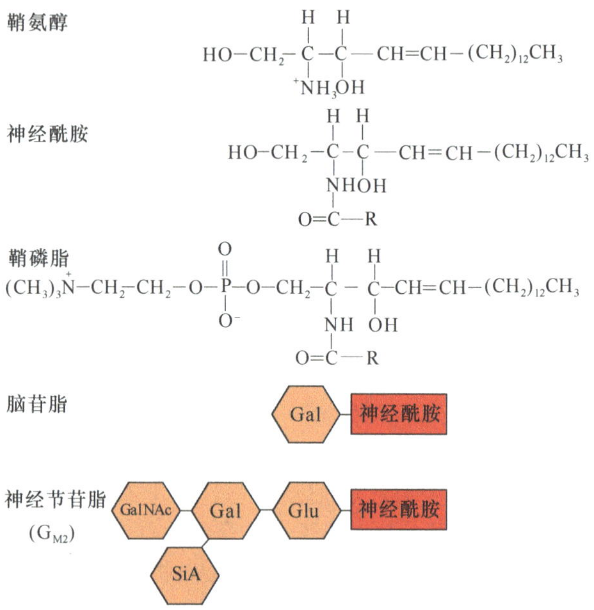

图 3-10 几种常见鞘脂的结构（引自 Karp，1996）。

动物细胞膜上另一类脂是固醇类的胆固醇（cholesterol）（图 3-11），其存在于真核细胞膜中。动物细胞质膜中胆固醇的含量较高，有的占膜脂的 50%；大多数植物细胞和细菌细胞质膜中没有胆固醇；酵母细胞膜中是麦角固醇。

胆固醇分子分为三部分：羟基团组成的极性头部、非极性的类固醇环结构和一个非极性的碳氢尾部。胆固醇的亲水头部朝向膜的外侧，疏水尾部埋在脂双层的中央（图 3-12）。胆固醇分子是扁平和环状的，对磷脂的脂肪酸尾部的运动具有干扰作用，所以胆固醇对调节膜的流动性、加强膜的稳定性有重要作用。

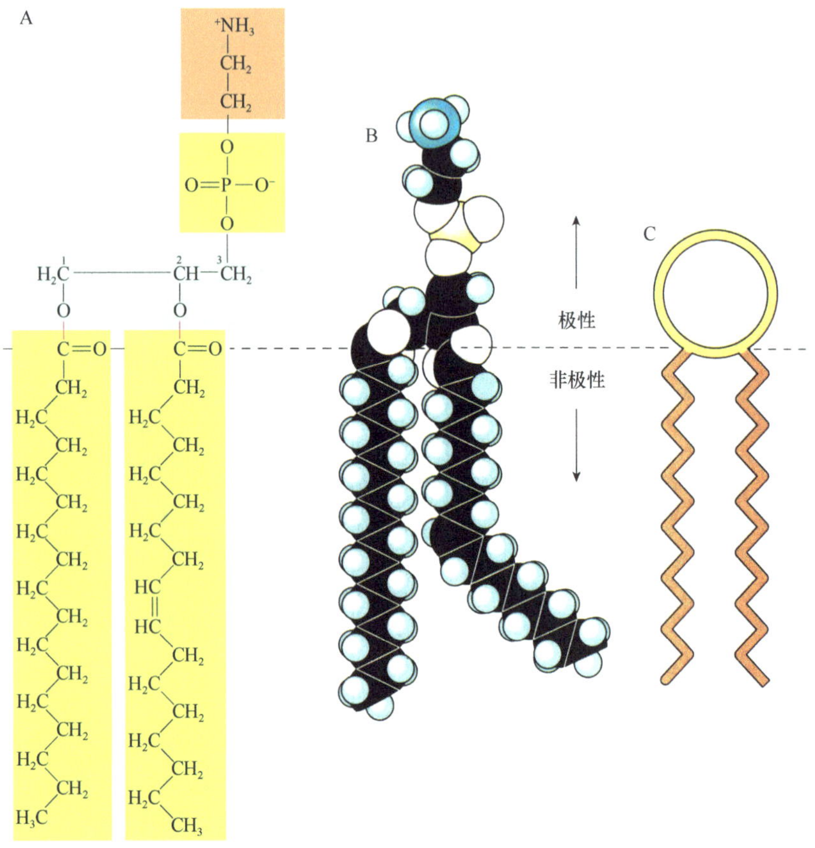

图 3-9 磷脂的结构（引自 Wolfe，1993）。A. 典型的磷脂——磷脂酰乙醇胺的分子结构；B. 磷脂酰乙醇胺的立体结构；C. 存在于膜的脂双层中脂的表示形式，主要显示极性的头和非极性的尾。

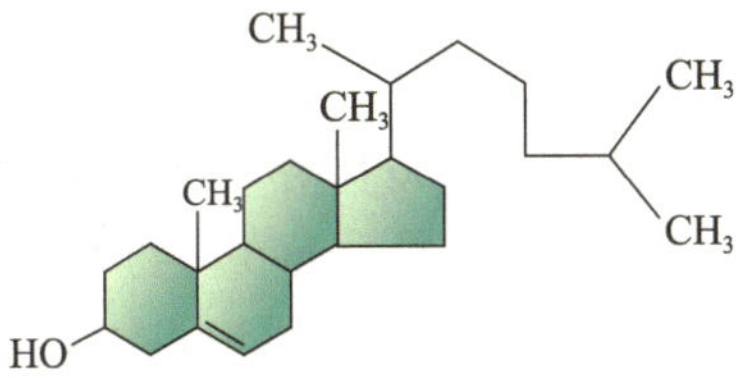

图 3-11 胆固醇的结构。

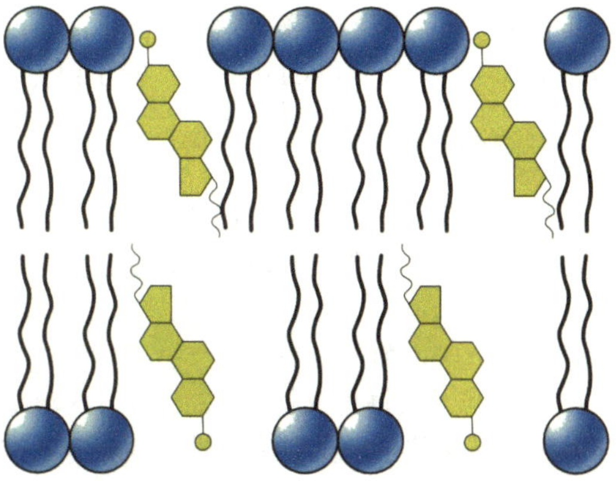

图 3-12 胆固醇在脂双层中的位置（引自 Karp，2010）。

3.3.1.2 膜脂的特性

不同类型的膜含有不同类型的脂，赋予膜不同的特性。由于膜结构的多样性，估计某些生物膜含有 100 多种不同化学性质的脂（表 3-2）。

表 3-2 质膜中脂的组成

脂	含量 /%
磷脂酰胆碱（phosphatidylcholine，PC）	37
磷脂酰乙醇胺（phosphatidylethanolamine，PE）	19
磷脂酰肌醇（phosphatidylinositol，PI）	5
磷脂酰丝氨酸（phosphatidylserine，PS）	5
鞘磷脂（sphingomyelin，SM）	5
糖脂（glycolipid）	4
胆固醇（cholesterol）	23

膜脂都是两性物质，都具有亲水的极性头和疏水的非极性尾，大多数磷脂和糖脂在水溶液中都能够自动形成双分子层结构。当这些兼性分子被水环境包围时，它们就聚集起来，将疏水的尾部埋在里面，亲水的头部露在外面与水接触。可能有两种形式：形成球状的微团（micelle），把尾部包在里面；形成双分子层（bilayer），把疏水的尾部夹在头部的中间（图 3-13A，B）。此外，脂类双层受到损伤时，可以自动再封闭上。

脂类的另一个重要的特性就是能够在水溶液中自我装配成脂双层的球状结构，这种结构称为脂质体（liposome）（图 3-13C）。人工制备的脂质体可作为生物膜的研究模型，并可作为生物大分子（如 DNA 分子）和药物的载体。在构建药物人工脂质体时，不仅要将被运载的分子或药物包入脂质体的内部水相，同时要在脂质体的膜上做些修饰，如插入抗体便于脂质体进入机体后寻靶。

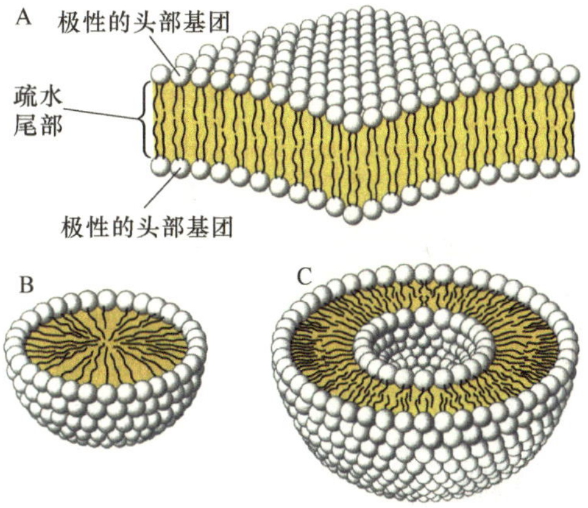

图 3-13 脂在水中的三种行为（引自 Lodish et al.，2016）。A. 脂双层；B. 微团；C. 脂质体。

3.3.1.3 膜脂的功能

虽然膜脂的结构较为简单，但是它们对膜的生物学功能具有重要的影响。有些脂能够影响某些膜蛋白的活性，决定着膜的物理状态，并且影响生物的健康状况。

物理测量表明脂双层的厚度为 6nm。由于脂总是自我形成双层结构，所以膜就没有自由的边缘，它们总是形成连续的、不破裂的结构。脂的这种性质使得它们在细胞内形成了较大的网络结构。同时，也正是脂双层的伸缩性，使得细胞在运动和分裂时膜得以形变、解体和重建。脂的双层性和可塑性也有利于细胞的融合和生殖。例如，在受精过程中，精细胞与卵细胞的结合和局部融合，就需要膜发生变化。

膜脂的主要功能是构成膜的基本骨架。去除膜脂，则使膜解体。另外，膜脂也是膜蛋白的溶剂，一些蛋白质通过疏水端与膜脂作用，使蛋白质镶嵌在膜上得以执行特殊的功能。有研究表明，膜脂为某些膜蛋白（酶）维持构象、表现活性提供环境，一般情况下，膜脂本身不参与反应（细菌的膜脂参与反应）。膜上有很多酶的活性依赖于膜脂的存在。如果去掉脂类，酶蛋白即失去活性；加上脂类，又可使活性恢复。有些膜蛋白只有在特异的磷脂头部基团存在时才有功能。

膜脂的含量及种类影响着膜的物理性质，表 3-3 列出某些生物膜所含脂类的差异。

表 3-3 某些生物膜的主要脂类组成

来源	含量（mol %）			
	PC	PE+PS	SM	胆固醇
细胞质膜（人的红细胞）	21	29	21	26
细胞质膜（大肠杆菌）	0	85	0	0
髓鞘膜（人的神经元）	16	37	13	34
内质网膜（大鼠）	54	26	5	7
高尔基体膜（大鼠）	45	20	13	13
线粒体内膜（大鼠）	45	45	2	7
线粒体外膜（大鼠）	34	46	2	11

注：PC，磷脂酰胆碱；PE，磷脂酰乙醇胺；PS，磷脂酰丝氨酸；SM，（神经）鞘磷脂。

3.3.2 膜糖

膜中的糖占膜重量的 2%～10%，糖含量的多少依细胞的不同而不同，如红细胞膜中蛋白质占 52%、脂占 40%、糖占 8%。在 8% 的糖中有 7% 与膜脂共价连接在一起形成糖脂，其余 93% 的糖则与膜蛋白共价相连形成糖蛋白。应该特别指出的是，细胞质膜上所有的膜糖（membrane carbohydrate）都位于质膜的外表面，内膜系统中的膜糖则位于细胞器膜的内表面。

3.3.2.1 膜糖的种类

自然界存在的单糖及其衍生物有 200 多种，但存在于膜的糖类只有 9 种，而在动物细胞质膜上的主要是 7 种，即 D-葡萄糖（D-glucose）、D-半乳糖（D-galactose）、D-甘露糖（D-mannose）、L-岩藻糖（L-fucose）、*N*-乙酰-D-半乳糖胺（*N*-acetyl-D-galactosamine），*N*-乙酰葡萄糖胺（*N*-acetyl-glucosamine）、唾液酸（sialic acid）（图 3-14）。

3.3.2.2 膜糖的存在方式

真核细胞质膜中的糖类通过共价键同膜脂或膜蛋白相连，即以糖脂或糖蛋白的形式存在于细胞质膜上。

在糖蛋白中，糖是以短的分支寡聚糖形式存在的。典型的糖蛋白每个支链有 15 个以下的单糖分子。唾液酸通常位于糖支链的末端，使糖链具有负电荷。糖与氨基酸的连接主要有两种形式，即 *O*-连接和 *N*-连接。

O-连接是糖链与肽链中的丝氨酸或苏氨酸残基相连，*O*-连接的糖链较短，约含 4 个糖基。*N*-连接是糖链与肽链中天冬酰胺残基相连，*N*-连接的糖链一般有 10 个以上的糖基。另外，*N*-连接的方式较 *O*-连接普遍。

糖蛋白是细胞膜中最为丰富的蛋白质，事实上，真核生物细胞膜上的蛋白质几乎都是糖蛋白。糖蛋白主要存在于细胞质膜上，内膜中糖蛋白极少。在动物细胞中，糖蛋白是糖萼（glycocalyx）

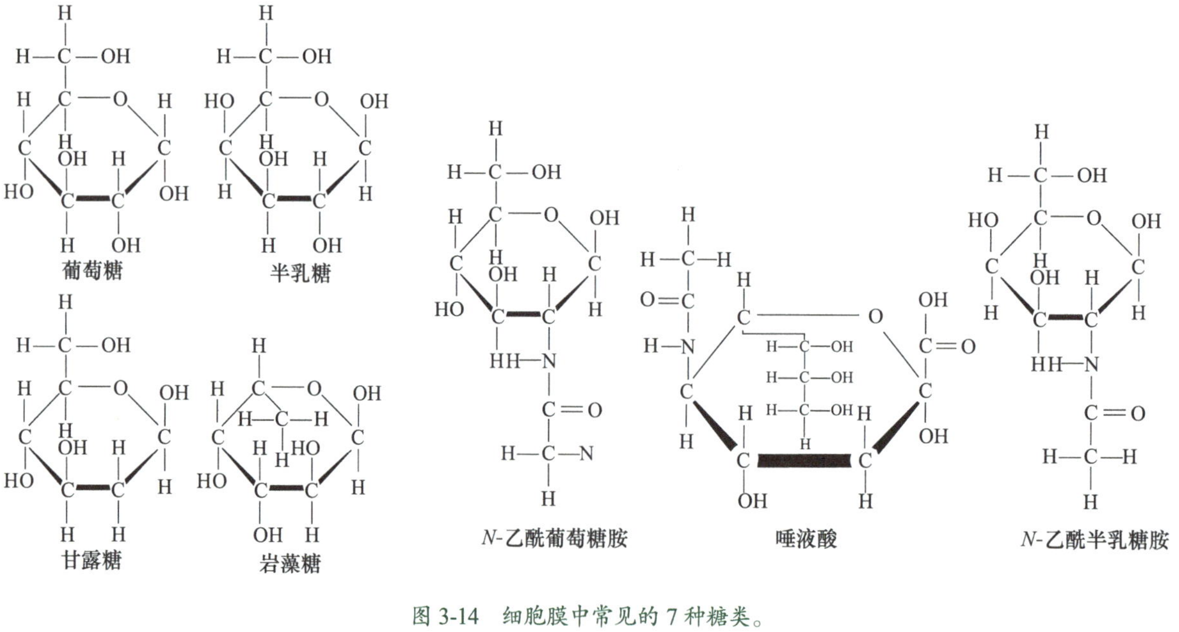

图 3-14 细胞膜中常见的 7 种糖类。

的主要成分；而在植物细胞中，主要是由糖脂构成膜包被。内膜系统中的内质网和高尔基体是糖蛋白和糖脂的合成场所。

3.3.2.3 膜糖的作用

膜糖在细胞的生命活动中具有重要作用，它们可以提高膜的稳定性，增强膜蛋白对细胞外基质中蛋白酶的抗性，帮助膜蛋白进行正确的折叠和维持正确的三维构型。同时，膜糖也参与细胞的信号识别、细胞的黏着。如同某些糖脂一样，膜蛋白中的糖基是细菌和病毒感染时的识别和结合位点。另外，糖蛋白中的糖基还帮助新合成蛋白质进行正确的运输和定位。例如，溶酶体的酶蛋白都有一个6-磷酸甘露糖的标记，这样便于被识别和被分选装入溶酶体小泡。

凝集素（lectin）是一类能与糖类特异结合的蛋白质，能使细胞发生凝集。凝集素最初是从植物种子中发现的，有些具有剧毒，因而对种子具有保护作用。有些凝集素存在于细胞表面，参与细胞间的识别。由于凝集素能与细胞表面的糖蛋白、蛋白多糖、糖脂结合，而且不同凝集素识别糖基的不同特异序列，发生特异性的结合，因此，在细胞生物学中被广泛地用于定位和分离各种含糖的细胞膜分子。

ABO血型决定子（determinant），即ABO血型抗原，是一种糖脂或糖蛋白，其寡糖部分具有决定抗原特异性的作用（图3-15）。

ABO血型决定子是短的、分支寡糖链，如A型血的人具有一种酶，这种酶能够将*N*-乙酰半乳糖胺添加到糖链的末端；B型血的人具有在糖链末端添加半乳糖的酶；AB型血的人具有上述两种酶；O型血的人则缺少上述两种酶，在抗原的末端既无*N*-乙酰半乳糖胺，也无半乳糖。

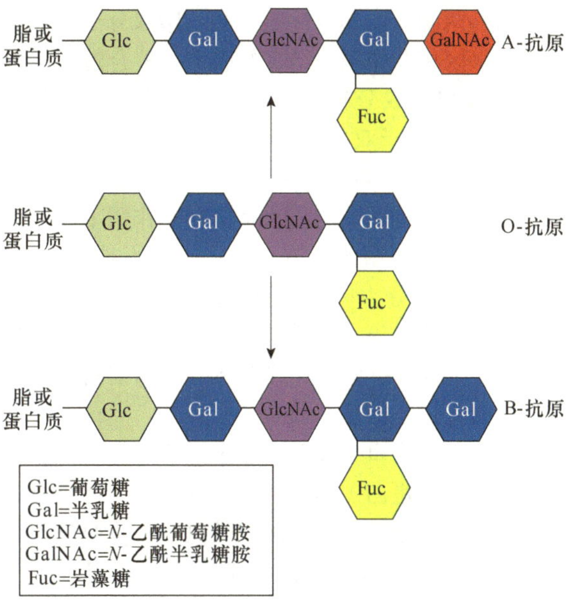

图3-15 血型抗原（引自Karp, 2010）。人的血型是A型、B型、AB型还是O型，是由红细胞膜脂或膜蛋白中的糖基决定的。A型血的人红细胞膜脂寡糖链的末端是*N*-乙酰半乳糖胺（GalNAc），B型血的人红细胞膜脂寡糖链的末端是半乳糖（Gal），O型则没有这两种糖基，而AB型血的人则在末端同时具有这两种糖基。

膜蛋白的相对分子质量也有很大差别，为10 000～250 000。我们已讨论过的红细胞的质膜是较为简单的，只有十几种主要膜蛋白。体外培养的HeLa细胞的膜较为复杂，有50余种主要蛋白质。一般来说，功能越复杂的膜，其上的蛋白质种类越多。

3.3.3 膜蛋白

虽然膜脂构成膜的基本结构，但是生物膜的特定功能主要是由蛋白质决定的。膜蛋白（membrane protein）占膜的40%～50%，有50余种。在不同细胞中膜蛋白的种类及含量有很大差异，有的含量不到25%，有的达到75%。

3.3.3.1 膜蛋白的分类

由于膜蛋白种类多、功能复杂，对膜蛋白没有一定的分类标准，通常可根据膜蛋白的存在方式进行粗略分类。膜蛋白在膜上的存在方式，主要是根据膜蛋白与膜脂的关系分为整合蛋白、外周蛋白、脂锚定蛋白（图3-16）。

1）整合蛋白（integral protein） 又称内在蛋白（intrinsic protein），部分或全部镶嵌在细胞膜

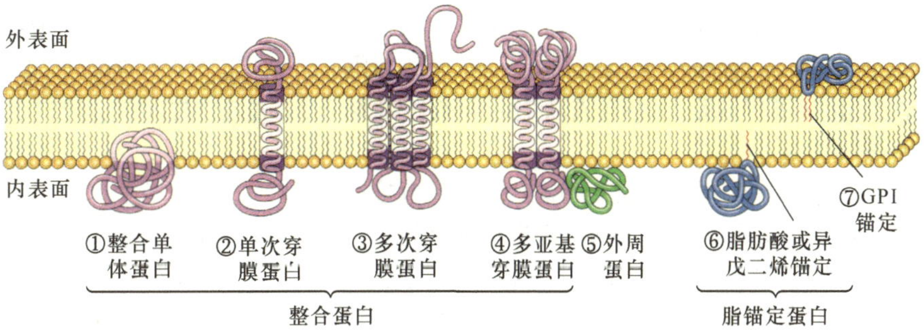

图3-16 膜蛋白的主要存在方式（引自Becker et al., 1996）。

中或内外两侧，以非极性氨基酸与脂双分子层的非极性疏水区相互作用而结合在膜上。整合蛋白所含疏水氨基酸的成分较高。实际上，整合蛋白几乎都是完全穿过脂双层的穿膜蛋白（transmembrane protein），其亲水部分暴露在膜的一侧或两侧表面，疏水区同脂双分子层的疏水尾部相互作用；仅有少数整合蛋白通过疏水区嵌在膜中，而不是穿过膜。穿膜蛋白可再分为单次穿膜蛋白、多次穿膜蛋白、多亚基穿膜蛋白等。穿膜蛋白一般含 25%～50% 的 α 螺旋，也有 β 折叠，如线粒体外膜和细菌质膜中的孔蛋白就是 β 折叠。

2）外周蛋白（peripheral protein） 又称周边蛋白、附着蛋白（attachment protein）。这类蛋白质完全外露在脂双层的内侧或外侧，主要通过非共价键附着在脂的极性头部或整合蛋白亲水区的一侧，间接与膜结合。

外周蛋白可用高盐或碱性 pH 条件分离。实际上，有时外周蛋白与整合蛋白是难以区分的，因为许多膜蛋白是由多亚基组成的，其中有的亚基插入脂双层，有的亚基则是外周蛋白。

外周蛋白为水溶性，占膜蛋白总量的 20%～30%，在红细胞中约占 50%，如红细胞的血影蛋白和锚蛋白都是外周蛋白。外周蛋白可以增加膜的强度。

3）脂锚定蛋白（lipid-anchored protein） 又称脂连接蛋白（lipid-linked protein），通过共价键的方式与脂分子结合，位于脂双层的外侧。其主要有两种结合方式：一种方式是蛋白质直接结合于脂双分子层；另一种方式是蛋白质并不直接与脂双层结合，而是通过一个糖分子间接与脂双层结合（图 3-17）。

通过与糖的连接被锚定在膜脂上的蛋白质主要是通过短的寡糖与包埋在脂双层外侧脂层中的糖基磷脂酰肌醇（glycosylphosphatidylinositol，GPI）相连而被锚定在质膜的外侧。之所以能够在膜上发现这类脂锚定蛋白，是因为用特异识别和切割含有肌醇磷脂的磷脂酶处理细胞膜能释放出蛋白质。这类脂锚定蛋白通常是膜受体、酶和细胞黏着分子。一种很少见的贫血——阵发性睡眠性血红蛋白尿症就是 GPI 合成缺陷，导致红细胞容易破裂所致。

另一类存在于细胞质面的脂锚定蛋白是直接通过与脂双层中的碳氢链形成共价键进行锚定的。目前至少发现两种蛋白质（Src 和 Ras）是通过这种方式被锚定在质膜的细胞质面，提示这种锚定方式与细胞从正常状态向恶性状态转化有关。

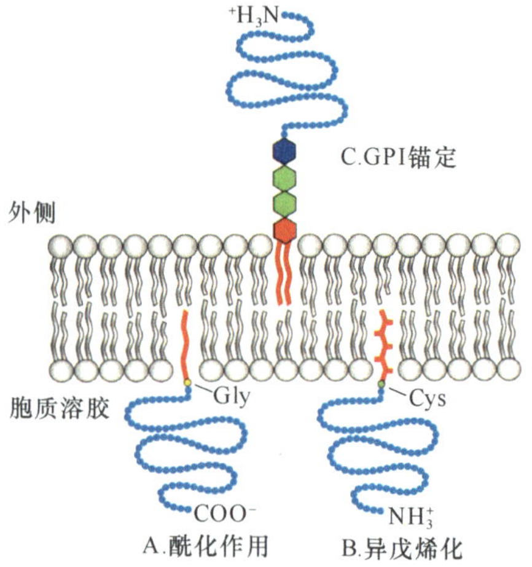

图 3-17 脂锚定蛋白（引自 Lodish et al.，2013）。A. 胞质蛋白，如 v-Src 蛋白通过脂酰链与 N 端的甘氨酸（Gly）相连，从而锚定到质膜上。豆蔻基（十四烷基，C14）与棕榈基（十六烷基，C16）是最常见的酰基锚定点。B. 另一些胞质蛋白（如 Ras、Rab 蛋白）通过 C 端 1～2 个半胱氨酸的异戊二烯锚定到质膜上，锚定的点通常是法尼醇（C15）和牻牛儿基（C20）基团。C. 细胞质膜外侧的蛋白质通过 GPI 锚定到细胞质膜的外侧。质膜中的磷脂酰肌醇通过糖（不同的 GPI 锚定的糖的数量与性质不同）及磷脂酰乙醇胺与蛋白质相连。

3.3.3.2 膜蛋白的功能

细胞质膜有着许多重要的生物学功能，这些功能大多数是由膜蛋白来执行的。膜蛋白中有些是运输蛋白，转运特殊的分子和离子进出细胞；有些是酶，催化与酶相关的代谢反应；有些是连接蛋白，起连接作用；还有些是受体，起信号接收和转导作用等（图 3-18，表 3-4）。

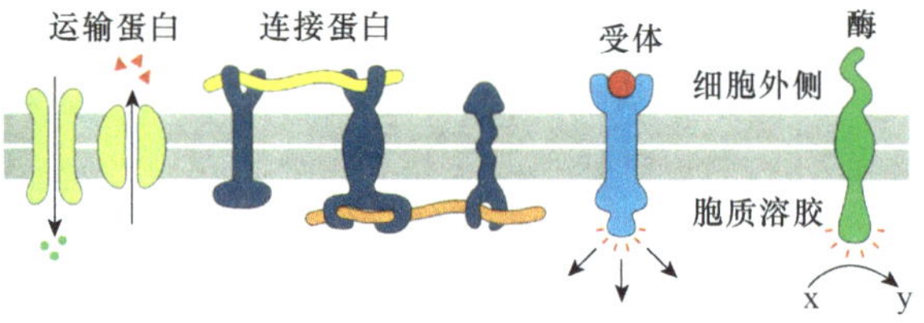

图 3-18 膜蛋白的某些功能（引自 Alberts et al.，1994）。

表 3-4 某些膜蛋白及其功能

功能蛋白	示例	作用方式
运输蛋白	Na^+-K^+泵	主动将 Na^+泵出细胞，将 K^+泵入细胞
连接蛋白	整联蛋白	将细胞内肌动蛋白与细胞外基质蛋白相连
受体蛋白	血小板生长因子（PDGF）受体	与细胞外的 PDGF 结合，在细胞质内产生信号，引起细胞的生长与分裂
酶	腺苷酸环化酶	在细胞外信号作用下，使细胞内产生 cAMP

3.3.3.3 去垢剂分离膜蛋白

膜蛋白很难纯化与研究，原因是膜蛋白与膜脂或其他的蛋白质结合得很紧。又由于整合蛋白是双亲媒性分子，所以很难以水溶液的形式分离整合蛋白。用去垢剂分离小的整合蛋白是分离膜蛋白的常用方法。

去垢剂（detergent）可分为离子和非离子两类（图 3-19），有些是天然产物，如胆碱盐（bile salt）；大多数是合成的分子。十二烷基硫酸钠（SDS）是常用的离子去垢剂，它不仅可使细胞膜崩溃，并与膜蛋白的疏水部分结合使其分离，而且还破坏膜蛋白内部的非共价键，使蛋白质变性，故不宜用于分离膜蛋白。Triton X-100 是常用的温和非离子去垢剂，它可以使膜脂溶解，又不会使蛋白质变性。

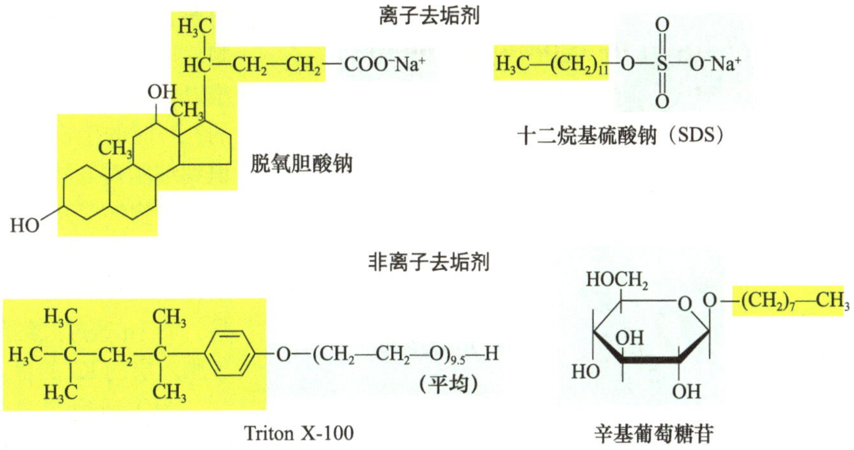

图 3-19 四种常见去垢剂的分子结构。每种去垢剂的疏水部分用深色表示，亲水部分用浅色表示，脱氧胆酸钠是天然产物，SDS、TritonX-100、辛基葡萄糖苷是人工合成产物。

去垢剂是一种一端亲水、一端疏水的双亲媒性分子，它们具有极性端和非极性的碳氢链，当它们与膜蛋白作用时，可以用非极性端与蛋白质的疏水区作用，取代膜脂，极性端指向水中，形成溶于水的去垢剂-膜蛋白复合物，从而使膜蛋白在水中溶解、变性、沉淀。

当用非离子去垢剂分离膜蛋白时，一定要注意去垢剂的浓度。若去垢剂的浓度高于临界微球浓度（critical micelle concentration，CMC），分离的蛋白质会与磷脂、去垢剂形成混合的微球而不溶于水，也就影响了后续对蛋白质的功能研究。若以低浓度的去垢剂（CMC 以下）分离膜蛋白，去垢剂会与整合蛋白的大部分疏水区结合，就不会形成微球，从而保持分离的膜蛋白能够溶于水，便于后面的研究（图 3-20）。

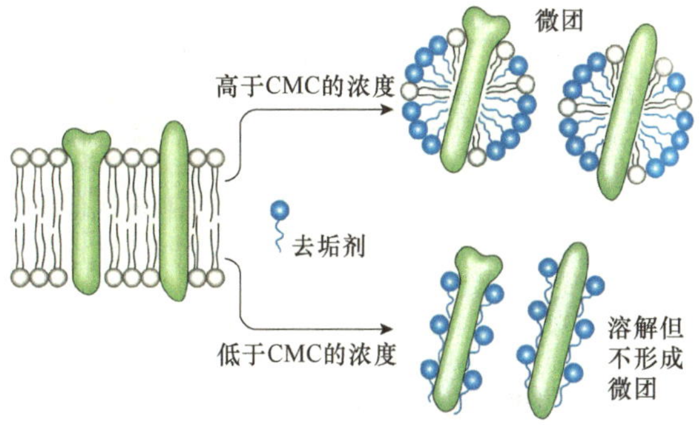

图 3-20 用非离子去垢剂分离膜蛋白（引自 Lodish et al., 2013）。

3.3.3.4 用人工脂质体研究膜蛋白的功能

为了测定膜蛋白的功能，可以利用脂质体法。上面我们已经讨论过可以用非离子去垢剂，如 Triton X-100，使膜脂溶解，分离纯化出有生物功能的膜蛋白，然后将分离纯化的膜蛋白插入到人工脂质体中，就可以研究膜蛋白的功能。有人用这种方法研究了来自细胞质膜的 Na^+/K^+-ATPase 的功能（图 3-21）。

实验中首先用去垢剂溶解膜蛋白，然后进行蛋白质的分离纯化，再将分离纯化的膜蛋白与适当的磷脂混合，并用透析法除掉去垢剂，就可形成脂质体小泡。如果分离的膜蛋白是 Na^+/K^+-ATPase 的成分，这些重建的小泡在 Mg^{2+} 和 ATP 的存在下，可进行 Na^+/K^+ 的主动运输，通过对脂质体内外 Na^+ 和 K^+ 浓度的测定，即可确定加入到人工脂质体上的蛋白质是不是 Na^+/K^+-ATPase。

3.4 细胞质膜的结构与特点

细胞的各种结构同它们相应的功能是一致的。由于细胞的生活物质被包裹在细胞质膜内，而细胞的新陈代谢活动必须与细胞外物质间进行交换，这就要求细胞质膜具有特殊的结构，以保证生命活动的正常进行。

3.4.1 细胞质膜的结构模型

关于细胞质膜结构的研究从 19 世纪末就开

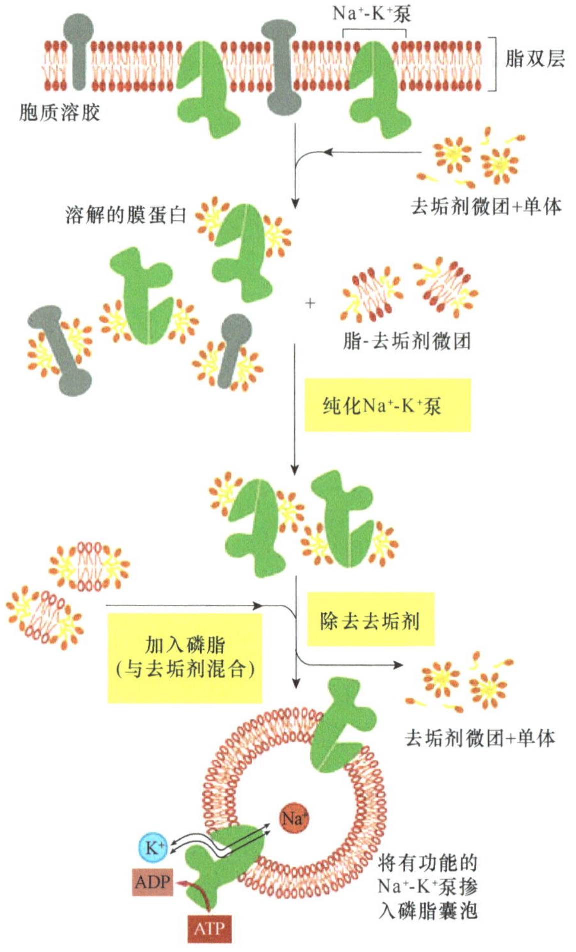

图 3-21 利用脂质体法研究膜蛋白的功能（引自 Alberts et al., 1994）。图中所示是用温和去垢剂溶解质膜，然后纯化膜蛋白，最后重建有功能 Na^+/K^+-ATPase 的实验过程。实验中要分离纯化 Na^+/K^+-ATPase，然后将它掺入到磷脂小泡（脂质体）。

始了。19 世纪 90 年代，E. Overton 发现了脂溶性物质容易透过细胞，提出了脂肪栅的膜结构设想。1925 年，荷兰的两位科学家 E. Gorter 和 F. Grendel 根据对红细胞的研究，提出细胞的外面有一个脂双层结构。但是，这些研究工作只是认识到膜脂的存在，并没有将蛋白质与膜的功能真正联系起来。直到 1935 年，人们认识到膜蛋白的存在，提出膜脂和膜蛋白“联姻”的结构模型。1972 年，S. J. Singer 和 G. Nicolson 提出流动镶嵌模型，实现了细胞质膜结构与功能的统一。

3.4.1.1 片层结构模型

膜的脂双层结构的提出，解释了关于细胞的一些基本特点，但是不能解释膜的一些重要性质，特别是溶质渗透性（solute permeability）和电阻（electrical resistance），而溶质对膜的渗透性主要与溶解性相关。例如，葡萄糖很容易进入大多数细胞，虽然半乳糖的大小、形态与葡萄糖相似，但却难以进入细胞。这种渗透性的差异细胞是如何控制的？当时的生物学家难以认识清楚，但他们已经认识到细胞对底物的识别似乎与膜的透性差异相似。于是生物学家开始猜想，膜上是否有类似于酶的结合位点与葡萄糖结合并促进葡萄糖进入细胞？当时还发现，生物膜对离子的透性比人工脂双层要容易，如 1h 透过红细胞的 K^+的量相当于 1 天透过人工脂双层的 K^+的量。

为了研究膜透性差异的原因，J. Danielli 和 H. Davson 进行了一系列的研究，主要是测量三酰甘油在水中的表面张力，并与细胞的表面张力相比较。由于三酰甘油是完全疏水的油性分子，将三酰甘油置于水中就形成了球形油滴，与水接触的面积非常小，说明油滴的表面张力相当高。于是，他们推测，如果活细胞的表面都是由脂肪构成的脂双层，那么表面张力就应该与油滴相似。但测量的结果要低得多，说明膜并非只是由脂肪构成的。他们在实验中还发现，在油滴中加入蛋白质，可使油滴的表面张力降至与活细胞表面张力相同的水平。

根据这些实验结果，1935 年，Davson 和 Danielli 提出双分子片层结构模型或称“三明治式”模型。他们认为膜的骨架是脂肪形成的脂双层结构，但是，为了降低活细胞的表面张力，他们假定在脂双层的内外两侧都有一层蛋白质包被，即蛋白质-脂-蛋白质的三层结构，内、外两层的蛋白质层都非常薄。他们还认为，蛋白层是以非折叠、完全伸展的肽链形式排列在脂双层的内、外两侧。这一模型提出后，很快又进行了一些细微的修改，认为在膜上有一些二维伸展的孔，孔的表面也是由蛋白质包围着的，这样孔就具有极性，提高了水对膜的通透性。图 3-22 所示为 Davson 和 Danielli 于 1954 年最后修改的片层结构模型（lamella structure model）。

该模型是第一次用分子术语描述的膜结构，并将膜结构与所观察到的生物学性质联系起来，对后来的研究有很大的启发。

3.4.1.2 单位膜模型

1959 年，J. D. Robertson 利用电子显微镜技术对各种膜结构进行了详细研究。在电子显微镜下发现细胞膜类似铁轨结构，两条暗线被一条明亮的带隔开，显示暗-明-暗的三层，总厚度为 7.5nm，中间层为 3.5nm，内、外两层各为 2nm，并推测暗层是蛋白质，透明层是脂，建议将这种结构称为单位膜（图 3-23）。

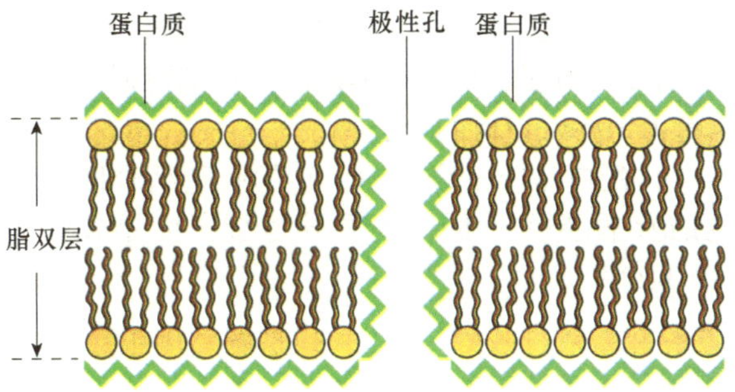

图 3-22 Davson-Danielli 片层结构模型（引自 Wolfe，1993）。

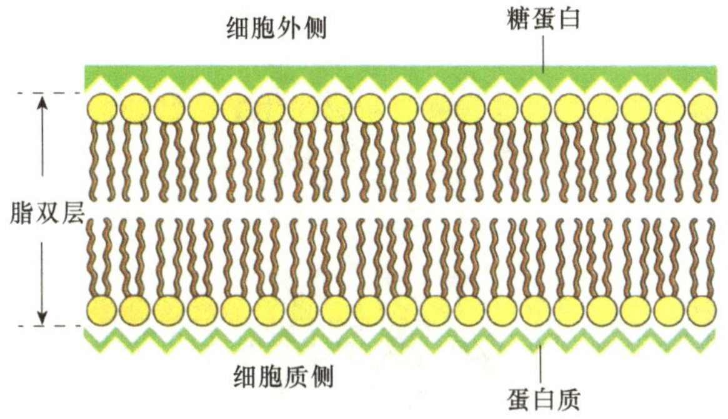

图 3-23 Robertson 的单位膜模型（引自 Wolfe，1993）。

单位膜模型（unit membrane model）是在片层结构模型的基础上发展起来的另一个重要模型，它与片层结构模型有许多相同之处，最重要的修改是膜脂双分子层内、外两侧的蛋白质存在的方式不同。单位膜模型强调的是蛋白质为单层伸展的 β 折叠片状，而不是球形蛋白。另外，单位膜模型还认为膜的外侧表面的膜蛋白是糖蛋白，而且膜蛋白在两侧的分布是不对称的。这一模型能够解释细胞质膜的一些基本特性。例如，质膜有很高的电阻，这是由于膜脂的非极性端的碳氢化合物是不良导体的缘故；再如，由于膜脂的存在，使它对脂溶性强的非极性分子有较高的通透性，而脂溶性弱的小分子则不易透过膜。

单位膜模型也有一些不足：首先，该模型把膜看成是静止的，无法说明膜如何适应细胞生命活动的变化；其次，不同的膜其厚度不都是 7.5nm，一般为 5～10nm；再次，如果蛋白质是伸展的，则不能解释酶的活性与构型的关系。此外，该模型也不能解释为什么有些膜蛋白很容易被分离，有些则很难。

3.4.1.3 流动镶嵌模型

1966 年，Lenarnard 和 Singer 发现膜蛋白的氨基酸链中有 30% 是以 α 螺旋的形式弯曲存在的，而不像片层结构模型那样完全伸展在两侧。若将膜蛋白展开后铺展在膜的外层，其厚度是 7～8nm 的几倍，显然与所观察的结果不符。另外，根据 Singer 的观察，如果蛋白质是完全伸展的，则需要消耗大量的能量以维持疏水氨基酸暴露在水性环境中。事实上，蛋白质总是倾向于折叠，让亲水和疏水的不同基团处于不同的环境中，以维持最低的能量状态。

一些研究者发现磷脂在水中的行为都是趋向形成脂双层，并且都是将亲水的基团朝向表面，这种排列方式会降低表面张力，因而不需要蛋白质包被。

20 世纪 60 年代发展起来的冰冻蚀刻技术，首次揭示了膜中有蛋白质颗粒存在。

1972 年，Singer 和 Nicolson 总结了当时有关膜结构模型及各种研究新技术的成就，提出了流动镶嵌模型（fluid mosaic model），保留了单位膜模型中有关脂双分子层的正确概念，但对蛋白质的存在状态进行了较大的修改，认为球形膜蛋白分子以各种镶嵌形式与脂双分子层相结合，有的附在内表面、有的附在外表面，有的全部或部分嵌入膜中，有的贯穿膜的全层，这些大多是功能蛋白（图 3-24）。

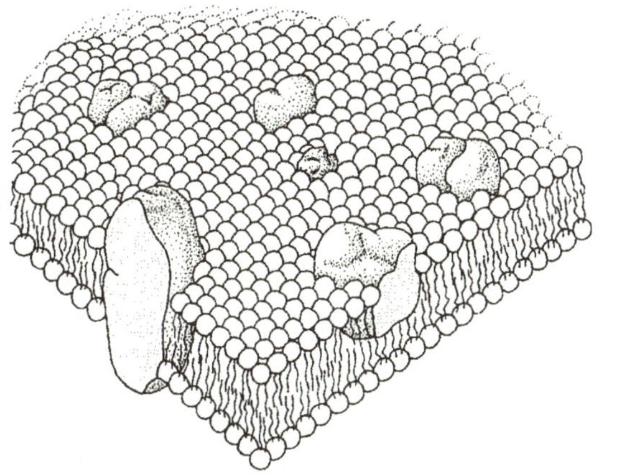

图 3-24 Singer-Nicolson 的流动镶嵌模型（引自 Karp，1996）。

流动镶嵌模型有两个主要特点。第一，蛋白质不是伸展的片层，而是以折叠的球形镶嵌在脂双层中，蛋白质与膜脂的结合程度取决于膜蛋白中氨基酸的性质。第二，膜具有一定的流动性，不再是封闭的板块结构，以适应细胞各种功能的需要。

流动镶嵌模型最高明之处就是认识到不同的膜蛋白与膜脂的亲和性是不同的，因而影响膜蛋白在膜中的位置，即膜蛋白与膜脂的作用方式。整合蛋白具有一个或多个疏水区，与脂双层内部的疏水区具有亲和力，因而这些蛋白质与膜脂结合较紧而不易除去。然而，这些整合蛋白也有一个或多个亲水区，使它们伸向膜外，进入膜两侧的水相。另一类膜蛋白——外周蛋白，缺少疏水区，因而不能插入脂双层，但是能够通过弱的静电作用同膜脂的亲水头结合或是与整合蛋白的亲水区结合，因此，外周蛋白较容易从膜中分离，并且可以溶于盐溶液而不需用去垢剂处理。

流动镶嵌模型强调了膜的流动性和不对称性，较好地体现了细胞的功能特点，被广泛接受，也得到许多实验的支持。后来又发现糖类是以糖脂或糖蛋白的形式存在于膜的外侧表面。图 3-25 是现今被广为接受的生物膜结构模型。

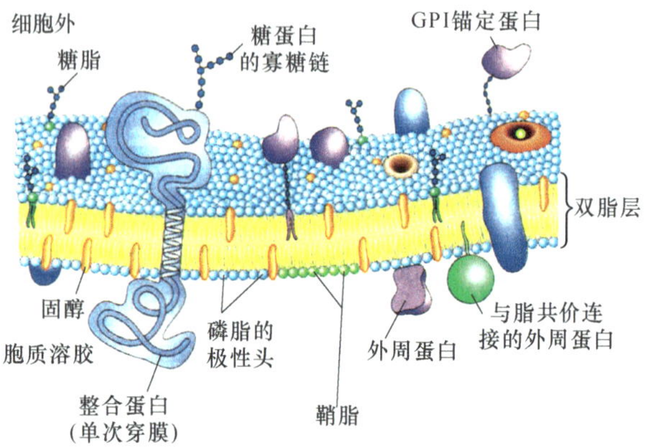

图 3-25 由流动镶嵌模型发展而来的生物膜结构模型（引自 Nelson and Cox，2017）。

3.4.1.4 大肠杆菌细胞质膜

流动镶嵌模型同样适合原核生物。革兰氏阴性菌，如大肠杆菌的细胞质膜是双层的膜结构（图 3-26）；而革兰氏阳性菌，如链球菌、葡萄球菌等只有一层细胞膜结构。

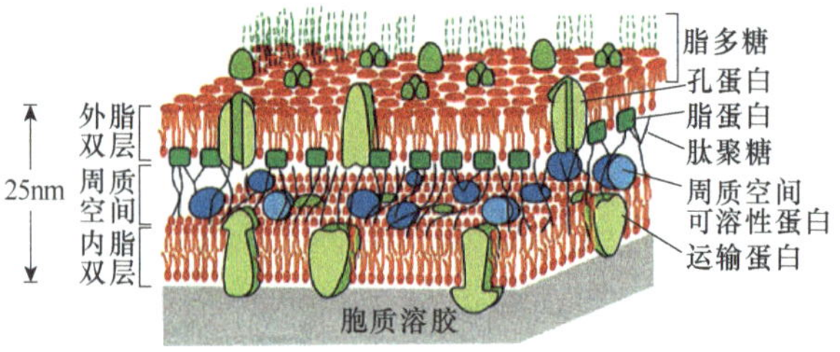

图 3-26 大肠杆菌的双层膜结构模式图（引自 Alberts et al.，1994）。内膜是细胞质膜。在内、外脂双层之间，是细菌的细胞壁，主要成分是肽聚糖，肽聚糖是由蛋白质和多糖构成的，附着在外膜的脂蛋白上。

真核生物的细胞质膜中没有孔蛋白（porin），但是在革兰氏阴性菌的外膜上存在丰富的孔蛋白。

孔蛋白也存在于线粒体和叶绿体的外膜上，性质与革兰氏阴性菌的孔蛋白类似，但是它们允许较大的分子通过，其中线粒体孔蛋白可通过分子质量为 6kDa 的分子，而叶绿体的孔蛋白则可通过分子质量为 10～13kDa 的分子。

孔蛋白是膜整合蛋白，它的膜脂结合区与其他的穿膜蛋白不同，不是 α 螺旋，而是 β 折叠（图 3-27）。

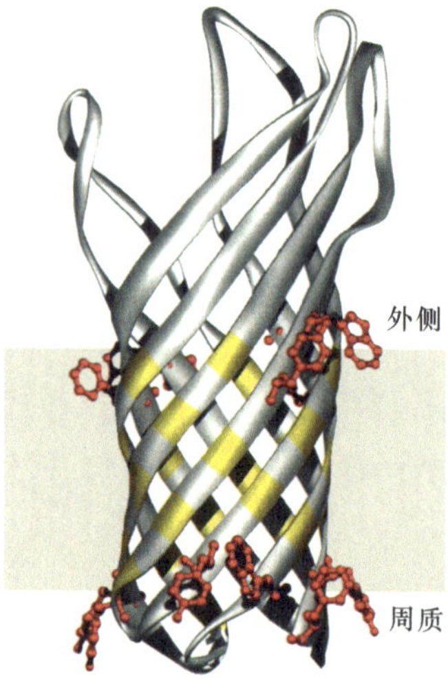

图 3-27 大肠杆菌外膜中一种孔蛋白 OmpX 的结构模型（引自 Lodish et al.，2016）。所有的孔蛋白都是三聚体，以 β 折叠形成孔的壁，中心是一个孔。

3.4.2 细胞质膜的不对称性

流动镶嵌模型的一个主要特点就是膜不对称性（membrane asymmetry）。细胞质膜的不对称性是指细胞质膜中各种成分的分布是不均匀的，包括种类和数量的不均匀。

膜的主要成分是蛋白质、脂和糖，膜的不对称性主要是指这些成分分布的不对称，以及这些分子在方向上的不对称。

3.4.2.1 不对称性的表现

1）膜脂分布的不对称性　膜脂分布的不对称性表现在膜两侧分布的各类脂的含量比例不同，各种细胞的膜脂不对称性差异很大。由于膜脂在两叶分布的差别，造成不同膜区的功能各异。例如，在红细胞膜脂双层中，在外脂单层含鞘磷脂、磷脂酰胆碱较多，而在内脂单层含磷脂酰乙醇胺、磷脂酰丝氨酸较多（图 3-28）。

2）膜蛋白分布的不对称性　膜蛋白的分布是绝对不对称的，每种膜蛋白在膜内都有特定的排布方向。例如，红细胞的血型糖蛋白分子伸向膜内侧面与伸向外侧面的氨基酸残基的数目不对称。血

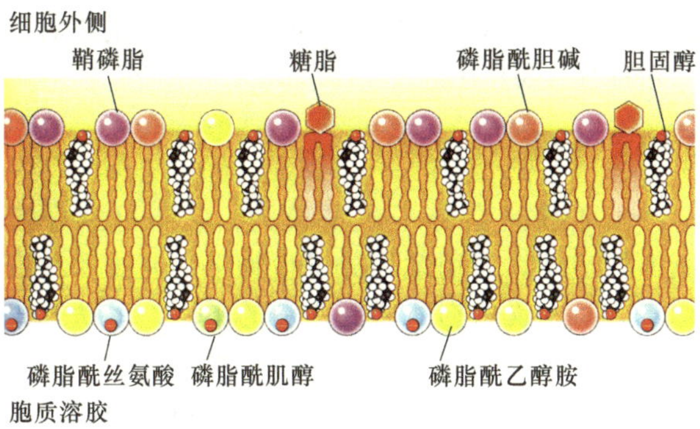

图 3-28 细胞质膜中脂的不对称分布（引自 Cooper et al., 2013）。膜脂的外脂单层主要含有磷脂酰胆碱、鞘磷脂和糖脂。内脂单层含有磷脂酰乙醇胺、磷脂酰丝氨酸和磷脂酰肌醇。胆固醇两侧均有分布。图中磷脂酰丝氨酸和磷脂酰肌醇头部净的电负性已经标示。

影蛋白分布在红细胞膜的内侧面。一般而言，细胞质面的蛋白质比外表面的少，一些酶和受体处于膜的外表面，如 5′-核苷酸酶、磷酸酯酶、Mg^{2+}-ATP 酶、激素受体、生长因子受体等。腺苷酸环化酶则是处于质膜的内表面。

糖脂和糖蛋白的糖基在质膜上的分布也是不对称性的（图 3-29）。糖脂均分布在动物细胞的外表面。糖蛋白的糖基也是分布于质膜脂双层的外脂单层，如血型糖蛋白、带 3 蛋白。

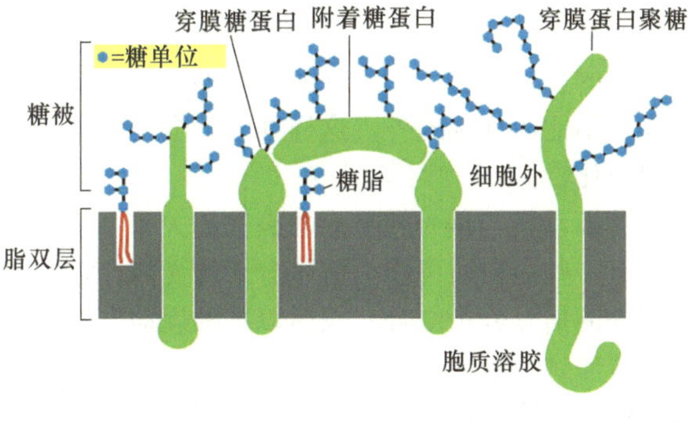

图 3-29 膜糖分布的不对称性（引自 Alberts et al., 2015）。

3.4.2.2 不对称性的意义

膜脂、膜蛋白及膜糖分布的不对称性导致了膜功能的不对称性和方向性，保证了生命活动的高度有序性。

膜脂在膜中的分布是不对称的，这种不对称性的生物学作用虽然取得了一些研究进展，但目前了解得还是很少。例如，糖脂位于脂双层的外侧，其作用可能是作为细胞外配体（ligand）的受体；磷脂酰丝氨酸主要集中在脂双层的内叶，在生理 pH 下带负电荷，这种带电性使得它能够与带正电的物质结合，如可与血型糖蛋白 A 穿膜 α 螺旋邻近的赖氨酸、精氨酸结合；磷脂酰胆碱出现在衰老的淋巴细胞外表面，作为被吞噬细胞吞噬的信号；磷脂酰胆碱也出现在血小板的外表面，此时作为血凝固的信号；磷脂酰肌醇主要集中在内脂单层，它们在将细胞质膜的刺激向细胞质传递的过程中起关键作用。

膜脂双层不仅内、外两个脂单层的功能不同，不同区域的功能也不相同，造成这种功能上的差异主要是膜蛋白、膜脂和膜糖分布不对称引起的。

细胞间的识别、运动、物质运输、信号转导等都具有方向性，这些方向性的维持则依赖于膜蛋白、膜脂和膜糖的分布不对称性。

3.4.3 细胞质膜的流动性

动画

膜的流动镶嵌模型说明生物膜是一种动态的结构，具有膜脂的流动性（fluidity）和膜蛋白的运动性（mobility）。膜的流动性概念是指膜内部的脂和蛋白质分子的运动性。膜的流动性不仅是膜的基本特性之一，也是细胞进行生命活动的必要条件。

膜的流动性主要是由膜脂双层的状态变化引起的。在生理条件下，膜脂多呈液晶态；温度下降至某点，则变为晶态；一定温度下，晶态又可熔解再变成液晶态。这种临界温度称为相变温度，在不同温度下发生的膜脂状态的改变称为相变（phase transition）。

膜脂由于成分不同而各有其不同的相变温度。在某一温度下，有些脂处于晶态，另一些脂仍处于液态。处于这两种不同状态的磷脂分子分别各自汇集，形成了相的分离，从而形成一些流动性不一的微小区域（domain）。由于膜脂的流动，给膜蛋白提供了可以流动的环境，加上膜蛋白自身构型的变化，使膜蛋白处于动态之中。

膜的主要成分是脂和蛋白质，所以膜的流动主要是由脂和蛋白质的流动引起的。

3.4.3.1 膜脂的运动

脂的流动是造成膜流动的主要因素，概括起来，膜脂的运动方式主要有三种（图 3-30）。①侧向扩散（lateral diffusion），又称侧向迁移。在同一脂单层内的脂分子经常互相换位，其速度相当快，有人推测细菌质膜中磷脂以这种方式从细胞的一端扩散到另一端只需 1～2s。这种运动始终保持脂分子在质膜中的排布方向，即亲水的基团朝向膜表面，疏水的尾指向膜的内部。②旋转（rotation）运动，即每个脂分子都围绕其长轴做快速旋转。③屈

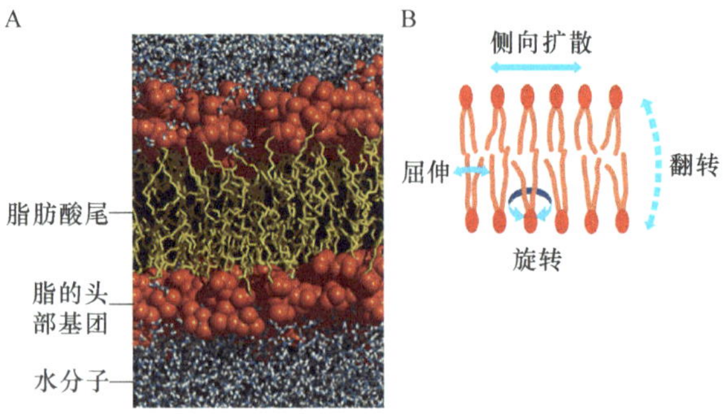

图 3-30 磷脂分子在人工脂双层中的运动（引自 Alberts et al., 2015）。A. 100 个磷脂酰胆碱分子规则地排成双层，通过计算机计算它们的位置变化，从而监测到膜脂的运动。B. 膜脂三种运动方式：侧向扩散、屈伸、旋转，偶尔也会有翻转。

曲（flexion），即膜脂围绕着与膜平面相垂直的轴进行弯曲摆动。

翻转（flip-flop）是指脂分子从脂双层的一个层面翻转至另一个层面的运动。这种运动是很少发生的，也是最为剧烈的一种运动。发生翻转运动时，磷脂的亲水头部基团必须克服内部疏水区的阻力，这在热力学上是不利的。但是有些细胞含有翻转酶（flip-floppase）能够促使某些磷脂从膜脂的一侧脂单层翻转到另一侧脂单层，这些酶在维持膜脂的不对称分布中起重要作用（图 3-31）。

翻转酶属于 P 型 ATPase，每翻转一个磷脂需要消耗 1 分子 ATP。翻转酶对于膜脂种类的不对称分布具有重要作用。

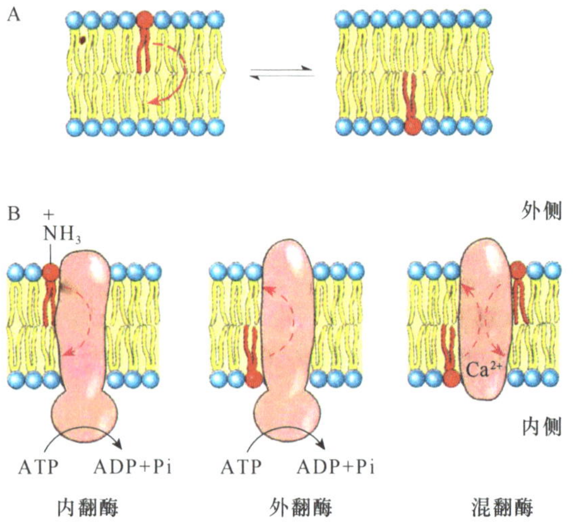

图 3-31 磷脂在脂双层中的翻转（引自 Nelson and Cox, 2013）。A. 非催化性翻转：磷脂在质膜脂的两脂单层间缓慢翻转，这种翻转没有酶的催化，速度极慢。B. 磷脂在翻转酶的催化下，在质膜脂的两脂单层间翻转。有三种类型的翻转酶：内翻酶（flippase），将外脂单层的脂翻转到内脂单层；外翻酶（floppase），将内脂单层的脂翻转到外脂单层；混翻酶（scramblase），既能外翻又能内翻，调整内、外脂单层膜脂的数量平衡。

3.4.3.2 膜蛋白的运动

由于膜蛋白分子质量较大，它不可能像膜脂那样运动。利用现代分子生物学研究技术和摄像观察，发现依据所研究蛋白的不同，运动方式也不同，可以归纳为以下几种运动形式。①随机移动。有些蛋白质能够在整个膜上随机移动，移动的速率比用人工脂双层测得的要低。②定向移动。有些蛋白质比较特别，在膜中做定向移动，如有些膜蛋白在膜上可以从细胞的一端移向另一端。③局部移动。有些蛋白质虽然能够在膜上自由移动，但只能在局部范围内做旋转移动和侧向移动。

3.4.3.3 膜流动性的生理意义

细胞质膜适宜的流动性是质膜行使功能的必要条件。例如，细胞质膜中有相当数量的酶催化着不同的反应，酶活性与流动性有极大的关系，如卵磷脂-胆固醇转酰基酶的活性与膜的流动性密切相关，膜流动性大，有利于酶的侧向扩散和旋转运动，酶活性提高。

膜的一个重要功能是参与物质运输，如果没有膜的流动性，细胞外的营养物质则无法进入，细胞内合成的胞外物质（如胞外酶、胞外蛋白）及细胞废物也不能运到细胞外，这样细胞就会因停止新陈代谢而死亡。

膜流动性与信号转导有着极大的关系。细胞质膜上有一些蛋白质可作为信号分子的受体，它可与细胞外的信号分子结合，然后以某种运动方式，将信号传递到细胞内，如果没有膜的流动性，信号也就无法向细胞内传递。不难想象，细胞与外界失去了信息交流，它还能生存多久。

膜流动性与细胞周期也有密切的关系。研究证明，在 M 期，膜流动性最高，而在 G_1 期和 S 期，膜流动性最低。

细胞的生命活动需要消耗能量，细胞内能量转换的工厂是线粒体和叶绿体（植物）。线粒体和叶绿体都是膜性细胞器，能量转换反应包括电子转移和 ATP 的生成都是在膜中进行的，如果没有流动性，能量转换是不可能的。

另外，膜的流动性与发育和衰老过程都有相当大的关系。例如，成年鼠的脂肪细胞质膜与幼年鼠的细胞质膜相比，其磷脂的饱和脂肪酸含量较高，膜流动性较低。

3.4.3.4 膜流动性的研究方法

为了研究和证明膜的流动性，科学家们发展了许多不同的研究方法，获得了许多直接的证据，证明了膜的流动性。

1）人鼠细胞融合实验　细胞融合（cell fusion）即细胞杂交，是将两种不同类型的细胞结合形成一个杂种细胞的过程。融合可通过促溶剂，如灭活的仙台病毒、聚乙二醇等进行诱导。成功融合的细胞只有一个连续的细胞质膜、一个完整的细胞核。

1970年，Frye和Edidin进行了-人鼠细胞融合实验，令人信服地证明了膜蛋白的流动性（图3-32）。

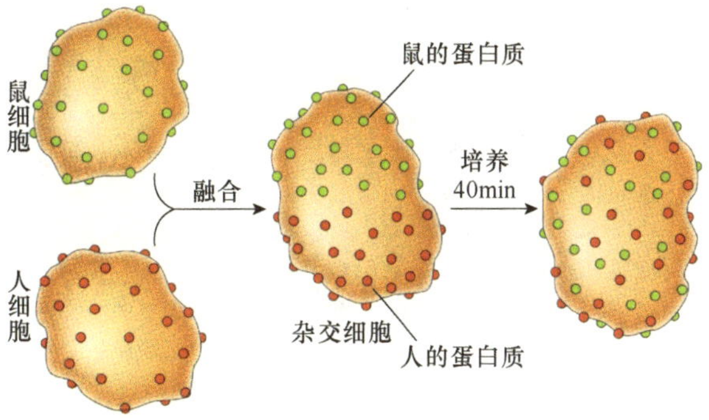

图3-32　通过细胞融合证明膜蛋白的流动性（引自Cooper and Hausman，2004）。将小鼠细胞和人细胞在灭活的仙台病毒诱导下进行融合；将标记的抗体加入到融合的人、鼠细胞中，其中小鼠的抗体是用发绿色荧光的荧光素（fluorescein）进行标记。人的抗体是用发红色荧光的罗丹明（rhodamine）进行标记。加入标记抗体分别与融合细胞表面的抗原结合，显示不同的颜色区。将融合细胞置于37℃培养40min，细胞表面的颜色相互混合在一起。将一部分样品置于4℃培养40min，则不出现表面颜色混合（结果未示出）。

2）荧光漂白后恢复　荧光漂白后恢复（fluorescence recovery after photobleaching，FRAP）不仅能够证明膜的流动性，同时也能测量膜蛋白扩散的速率。实验中首先用荧光物质标记膜蛋白或膜脂，然后用激光束照射细胞表面某一区域，使被照射区域的荧光淬灭变暗形成一个漂白斑。由于膜的流动性，漂白斑周围的荧光物质随着膜蛋白或膜脂的流动逐渐将漂白斑覆盖，使淬灭区域的亮度逐渐增加，最后恢复到与周围的荧光强度相等（图3-33）。

细胞质膜蛋白的标记方法有很多种。可以用非特异性的染料，如用异硫氰酸荧光素（fluorescein isothiocyanate，FITC）将细胞质膜蛋白全部进行标记。也可用特异性的探针（如荧光抗体）标记特异的膜蛋白。膜蛋白一旦被标记，就可用激光束进行局部照射处理，使荧光脱色，从而形成直径约为1μm的白斑。若是可移动的膜蛋白，则会因蛋白质的移动，使白斑消失；若是不可移动的膜蛋白，则白斑不会消失。

根据荧光恢复的速度，可推算膜脂的扩散速度为每秒钟几微米；而膜蛋白的扩散速度变化幅度较大，少数膜蛋白的扩散速度可达到膜脂的扩散速度，大多数蛋白的扩散速度都比膜脂的慢，还有一些膜蛋白完全限于某一个区域。正是由于这种限制，使膜形成一些特定的膜域（membrane domain），这些微区具有不同的蛋白质组成和功能。这实际上是膜蛋白不对称分布带来膜功能的不对称。

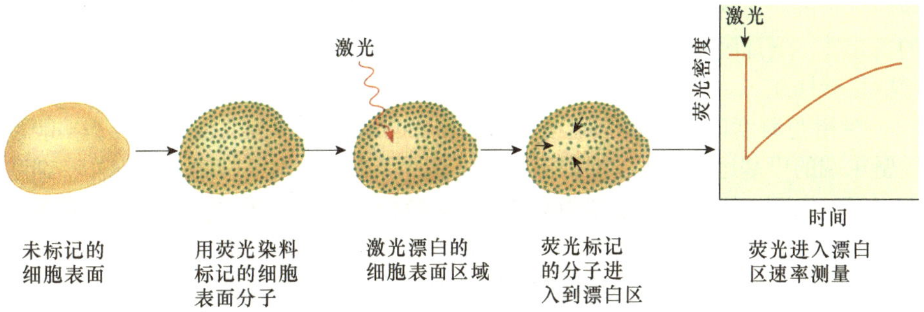

图3-33　荧光漂白后恢复测定膜蛋白的扩散速率（引自Becker et al.，2003）。实验的第一步是用荧光染料标记膜蛋白；第二步是用激光束在细胞表面产生圆形漂白斑；第三步是随着时间的推移，漂白区逐渐恢复荧光。坐标图是经照射形成的白斑恢复荧光的速率，与蛋白质流动的速率系数呈正相关。

3.4.3.5 影响膜流动性的因素

影响膜流动性的因素主要来自膜本身的组成成分、遗传因子及环境的理化因素（如温度、pH、离子强度、药物等）。

1）温度对膜流动性的影响　温度（temperature）是影响膜流动性最主要的环境因素。构成膜的脂既可以是晶态，又可以液态存在，主要是根据温度的变化而定。例如，用磷脂酰胆碱和磷脂酰乙醇胺构建的人工脂双层结构，37℃时以相对流动的液态存在，呈现典型的二维液晶；如果温度慢慢地降低达到某一点时，脂就会由正常的拟液态（liquid-like state）变成冷冻的晶体胶态（frozen crystalline gel），磷脂的运动大受限制（图3-34），这种温度

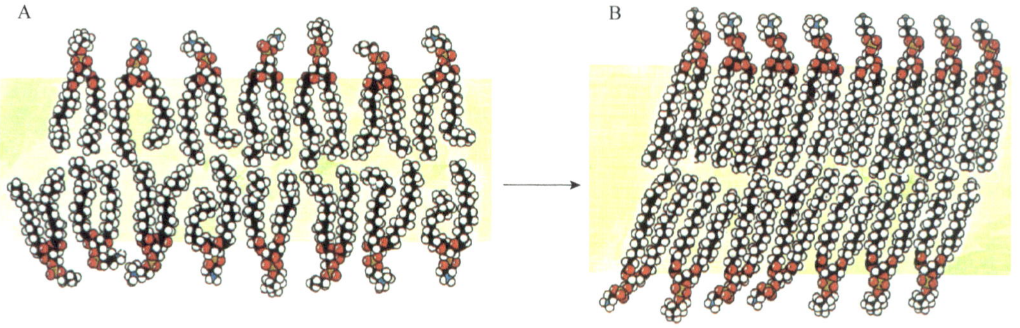

图 3-34 温度影响脂双层的结构状态（引自 Karp，1996）。图中所示是由磷脂酰胆碱和磷脂酰乙醇胺构建的人工脂双层。A. 在相变温度以上，磷脂有较大的自由度。B. 在相变温度以下，磷脂的运动大大受限制，成为结晶的胶态。

就是相变温度（transition temperature）。

2）膜脂的结构和组成对膜流动性的影响 膜脂的结构与组成的不同，会大大改变膜的相变温度。脂的结构和组成对膜流动性的影响主要表现在4个方面：脂肪酸链的长度、脂肪酸链的不饱和程度、脂双层中胆固醇的含量，以及卵磷脂和鞘磷脂的比值。

（1）脂肪酸链的长度对流动性的影响。长链的脂肪酸具有较高的相变温度，而短链脂肪酸的相变温度较低，这就意味着，膜若是含有丰富的长链脂肪酸，那么流动性就低；反之，膜中短链脂肪酸的含量丰富，膜的流动性就高。其原因是短链能减低脂肪酸链尾部彼此相互作用，在相变温度以下，不易相互凝聚。

（2）脂肪酸链的不饱和程度对流动性的影响。不饱和脂肪酸比饱和脂肪酸具有较低的相变温度，也就是说，如果膜脂中含有丰富的不饱和脂肪酸，膜的流动性就高。原因可能是不饱和双键的存在会降低膜脂分子间排列的有序性，增加了膜的流动性。

（3）胆固醇对膜流动性的调节作用。真核细胞质膜中有大量的胆固醇插在磷脂之间，几乎多至每一个磷脂分子就有一个胆固醇。胆固醇的甾环区与磷脂分子的脂肪酰链相互作用，可以加强膜脂双层的稳定性，增加膜脂有序性而降低其流动性，调节膜的机械性能。

在相变温度以上，胆固醇可使磷脂分子的脂酰链末端的甲基运动减小，即限制膜的流动性。在相变温度以下，胆固醇可增加脂类分子脂酰链的运动，这样可以增强膜的流动性。也就是说在相变温度以下，增加胆固醇可提高流动性；在相变温度以上，增加胆固醇则降低膜的流动性，所以认为胆固醇是膜结构中的“可塑分子”（plasticizer）。

胆固醇的可塑性对于动物细胞质膜具有重要意义，所以一些动物细胞质膜中磷脂与胆固醇的比值会达到 1∶1；但在核膜中只有 1∶（0.1～0.2），在线粒体膜中只有 1∶（0.02～0.05）。因为在这些细胞器中，胆固醇存在的意义并不大。但是在溶酶体的膜中，胆固醇的含量比较多，目的是加固溶酶体的膜，防止其破裂，因为溶酶体中包含许多“杀手”，一旦逃逸，就会酿成大祸！

胆固醇除了调节膜的流动性外，在磷脂双层中还有其他的作用。它能够迫使磷脂的头部分开，促进膜表面的分子穿过内层。通过这种影响，胆固醇帮助结合在膜表面的蛋白质分子进入细胞。虽然胆固醇能够促进蛋白质进入细胞，但也能促使脂双层磷脂的尾部合拢，以阻止离子和一些物质（如葡萄糖等）的进入。

（4）卵磷脂和鞘磷脂的比值对膜流动性的影响。哺乳动物膜中卵磷脂和鞘磷脂的含量约占整个膜脂的 50%，其中卵磷脂所含的脂肪酸链的不饱和程度高，链较短，相变温度低，因此，若卵磷脂含量高，则流动性强。而鞘磷脂则与之相反，它含的脂肪酸链的饱和程度高，相变温度也高，因此，若鞘磷脂的含量高，则流动性弱。在 37℃时，两种脂均处于流动状态，但后者的微黏性较大。衰老的细胞质膜和动脉硬化的细胞质膜上的卵磷脂与鞘磷脂的比值低，流动性弱。

3）膜蛋白对膜流动性的影响 虽然膜蛋白能够在膜中进行侧向移动和旋转运动，但由于膜蛋白与膜脂的结合是功能性的，它必然要以某种方式同细胞内、细胞外、细胞与细胞间发生联系，组成特殊的膜区，这样膜蛋白的运动就会受到限制，从而影响了膜的流动性。例如，整合蛋白往往聚集成群，因而影响相互的运动；膜整合蛋白往往同膜下骨架相连或同细胞外基质成分相互作用，这样必然影响膜蛋白的流动性；有些整合蛋白具有细胞连接的作用，特别是参与紧密连接的蛋白质基本是固定不动的；还有些整合蛋白与细胞外配体、抗体及药物大分子等相互作用，这些都是限制膜蛋白运动的因素。膜蛋白某些限制膜流动性的因素综合示于图 3-35。

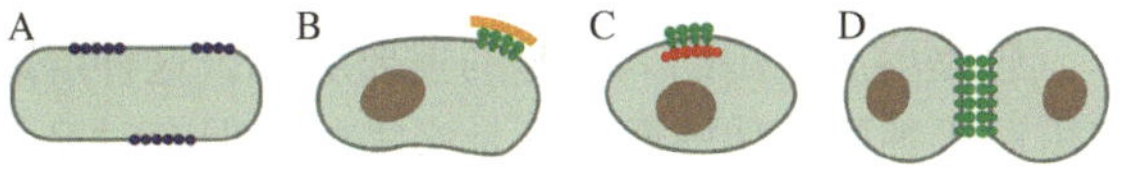

图 3-35 四种限制膜蛋白侧向移动的方式（引自 Alberts et al.，2015）。A. 膜蛋白自我装配成大的聚合体。B. 细胞外基质中的某些分子与膜蛋白结合。C. 细胞内的某些分子与膜蛋白结合。D. 相邻两细胞表面膜蛋白相互作用。

另外，膜蛋白和膜脂相互作用也会对膜脂流动性产生影响，如整合蛋白使膜脂的微黏性增加，从而使膜流动性降低。

4）脂筏 质膜中的蛋白质并非是随机分布的，也并非所有的脂都可以从质膜的两脂单层间进行翻转。由于鞘磷脂具有较长的饱和脂肪酸链，常常与胆固醇、糖脂形成结构致密的微结构域（microdomain），即脂筏（lipid raft）（图 3-36）。

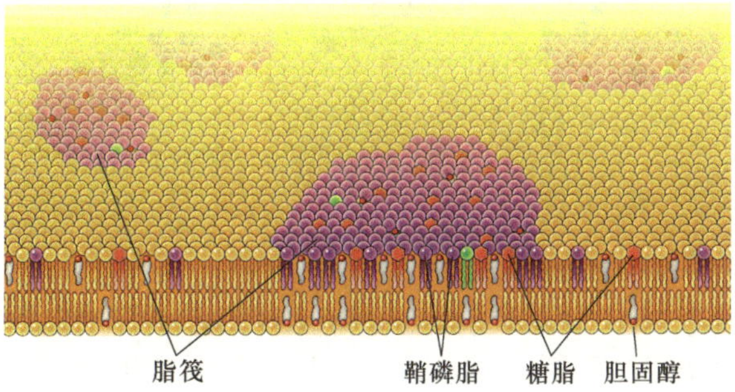

图 3-36 细胞质膜中的脂筏（引自 Cooper and Hausman，2013）。

细胞膜脂的外脂单层形成的脂筏比较稳定，流动性较低，更难被无离子去垢剂溶解，它们像是质膜外脂单层脂海上漂浮的“筏”。脂筏中富含 GPI 锚定蛋白（图 3-37），从而使得脂筏更为稳定。脂筏并非密不透风，膜蛋白能够快速移入和移出脂筏，这使得膜脂中的蛋白质能够正常参与相关的生化反应。

质膜中脂筏的数量很多，在某些情况下可占膜总面积的 50%。通过对培养的成纤维细胞的测定，可知脂筏的直径大约为 50nm，每个脂筏含有几千个鞘磷脂及 10～50 个蛋白质。由于大多数细胞都可表达 50 种以上的膜蛋白，这就有理由推测，一个脂筏就可能含有一整套的膜蛋白。膜蛋白的相对聚集，对于膜的生物学功能是非常重要的。例如，对于一个涉及两种膜蛋白相互作用才能引起的生物反应来说，由于这两种蛋白质共存于同一个脂筏

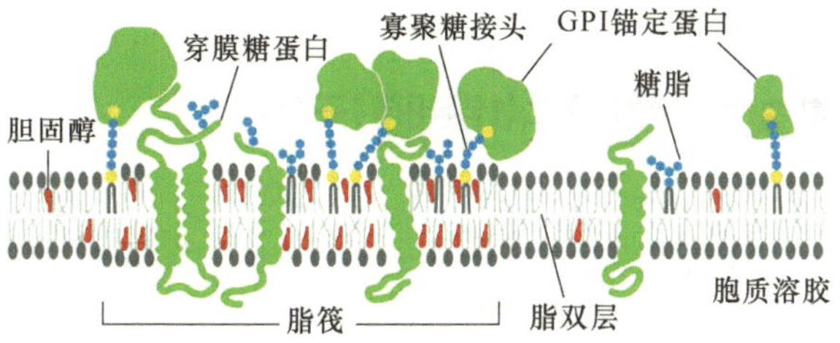

图 3-37 脂筏中 GPI 锚定蛋白、胆固醇、糖脂及鞘磷脂之间的分子空间排布（引自 Alberts et al.，2015）。脂筏中含有较多的 GPI 锚定蛋白、胆固醇、糖脂及鞘磷脂，它们形成了一个个功能微区。

中，使得它们间的相互作用更“快速便捷”。

5）小窝蛋白与胞膜小窝 在电子显微镜下，往往看到质膜的部分区域有向内凹陷的小窝，它的形成与小窝蛋白（caveolin）相关。小窝蛋白是膜整合蛋白，有两个球形的结构域，通过一个疏水的发夹（hairpin-shaped）将其结合到细胞质膜的内侧（图 3-38）。

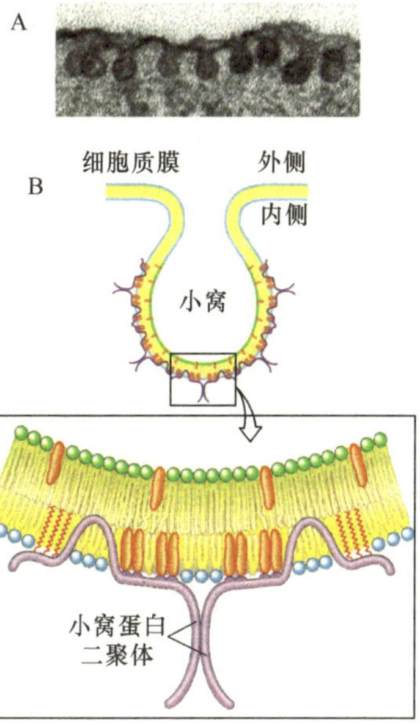

图 3-38 通过小窝蛋白向内的拉力使质膜形成内陷的胞膜小窝（引自 Nelson and Cox，2013）。A. 标记的脂肪细胞电子照片。B. 通过小窝蛋白形成的弯曲。两个小窝蛋白形成二聚体，每个小窝蛋白的疏水发夹结构域整合到质膜，并通过三个长链酰基团（红色）将小窝蛋白锚定在膜脂。当有若干个小窝蛋白集中在质膜内侧的某个区域时（相当于脂筏），就会使质膜形成胞膜小窝。图中橙色显示的是胆固醇。

由小窝蛋白作用形成的胞膜小窝（caveolae）可看成是细胞质膜内小叶形成的脂筏。胞膜小窝具有重要的细胞功能，包括参与细胞内的膜泡转运、细胞外信号向细胞内传递等。

3.5 物质的穿膜运输

细胞质膜对细胞的生命活动起保护作用，为细胞的生命活动提供相对稳定的环境，这是细胞质膜最基本的功能。由于细胞的生命活动是特殊的分子运动，细胞内有些物质或离子的浓度特别高，这就要求细胞质膜不仅仅作为物质出入细胞的屏障，还要具有调控分子和离子通过的能力。换句话说，细胞质膜必须具有选择性地进行物质穿膜运输、调节细胞内外物质和离子平衡及渗透压平衡的能力，这就是细胞质膜的半通透性。

3.5.1 质膜物质运输概述

各种细胞及细胞内的膜性细胞器最基本的特点是能够维持不同的物质浓度，完成不同的生命活动。这些物质中有些是生物大分子，有些则是离子。细胞维持物质的不同浓度有双重作用：一方面，它要保持细胞代谢物的稳定，不让它们随意渗漏到周围环境中；另一方面，又要能够进行必要的物质交换，包括代谢物的排除和分泌及营养物质的吸收。

3.5.1.1 物质运输的范畴

细胞进行的物质运输分为三种不同的范畴。

1）细胞运输（cellular transport） 这种运输主要是细胞与环境间的物质交换，包括细胞对营养物质的吸收、原材料的摄取、代谢废物的排除及产物的分泌。例如，细胞从血液中吸收葡萄糖，细胞质膜上的离子泵将 Na^+ 泵出、将 K^+ 泵入，都属于这种运输范畴。细胞运输主要是通过细胞质膜进行的运输，又称为膜运输（membrane transport）。

2）胞内运输（intracellular transport） 这是真核生物细胞内膜性细胞器与细胞内环境进行的物质交换，包括细胞核、线粒体、叶绿体、溶酶体、过氧化物酶体、高尔基体和内质网等与细胞内的物质交换。胞内运输主要是通过细胞内的膜泡进行的运输，故此称为细胞内膜运输（intracellular membrane traffic）。

3）转细胞运输（transcellular transport） 这种运输不仅仅是物质进出细胞，而是从细胞的一侧进入，从另一侧出去，实际上是穿越细胞的运输。在多细胞生物中，整个细胞层作为半透性的障碍，而不仅仅是细胞质膜。例如，植物的根部细胞负责吸收水分和矿物质，然后将它们运输到其他组织即是这种运输。

3.5.1.2 膜运输的类型：被动运输与主动运输

膜是溶质自由出入细胞的重要屏障，这种屏障作用对于细胞的功能而言既是必需的，但有时又是不利的，必须克服。

根据运输时对化学能的需求，将溶质的穿膜运输分为两大类：被动运输（passive transport）和主动运输（active transport），图 3-39 显示了这两种运输的主要特点。

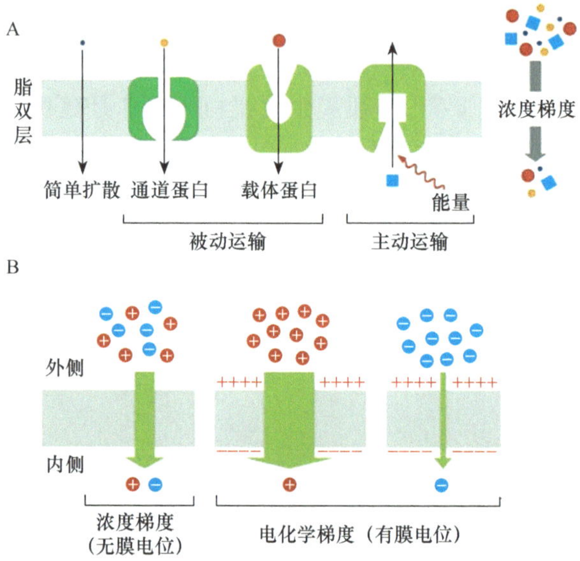

图 3-39 膜运输的不同形式（引自 Alberts et al.，2015）。A. 被动运输是顺浓度梯度自动进行的运输，或是由通道蛋白、转运蛋白介导，其特点是倾向于细胞内、外物质浓度的平衡，这种运输不消耗化学能。主动运输则需要代谢能，通常由称之为泵的转运蛋白介导，并且是逆浓度梯度或电化学梯度进行的物质运输，其结果是建立细胞两侧的浓度梯度或电化学梯度。B. 电化学梯度会影响膜的物质运输。电化学梯度包括膜电位及溶质的浓度梯度，电化学梯度提高了离子穿膜运输的动力。

被动运输倾向于将溶解的分子依靠扩散从高浓度区流向低浓度区，不消耗 ATP。主动运输需要消耗 ATP，因为通过这种方式运输的通常是极性分子和大分子，或是将物质从低浓度区向高浓度区运输，最后建立新的浓度梯度。

在被动运输中，虽然有些分子由于分子小或非极性可以自由扩散通过脂双层，但是大多数被动运输都需要膜蛋白的帮助。帮助被动运输的膜蛋白主要是穿膜蛋白，根据它们作用方式的不同可分为两种类型：通道蛋白和载体蛋白。通道蛋白帮助被动运输时不需要与被运输的分子结合，只是提供一个亲水的通道；而载体蛋白需要与被运输的分子结合，然后帮助被运输的分子通过膜。这两种膜蛋白在促进扩散时都不需要消耗 ATP，也不能将物质从低浓度区运向高浓度区。

与被动运输不同的是，主动运输都是由特殊的膜蛋白帮助的，这些膜蛋白被称为泵（pump），实际上是一些酶蛋白，它们能够水解 ATP，然后利用 ATP 水解释放的能量驱动物质进行逆浓度梯度的运输。

3.5.1.3 离子载体

人们对自然状态下膜转运蛋白（membrane transport protein）参与膜运输的认识主要来自对离子载体（ionophore）的应用。

所谓离子载体，是一些能够极大提高膜对某些离子通透性的物质。大多数离子载体是细菌产生的抗生素，它们能够杀死某些微生物，其作用机制就是提高了靶细胞膜通透性，使得靶细胞无法维持细胞内离子的正常浓度梯度而死亡。根据改变离子通透性的机制不同，将离子载体分为两种类型：通道形成离子载体（channel-forming ionophore）和离子运载离子载体（ion-carrying ionophore）。

1）通道形成离子载体　短杆菌肽 A（gramicidin A）是一种通道形成离子载体，它是由 15 个氨基酸组成的线性肽，其中 8 个是 L-氨基酸、7 个是 D-氨基酸。它具有疏水的侧链，两个短杆菌肽 A 分子在一起形成穿膜的通道，能够有选择地将单价阳离子顺电化学梯度通过膜（图 3-40），不过它并不显著提高运输速度。可被短杆菌肽 A 离子通道运输的阳离子有：$H^+ > NH_4^+ > K^+ > Na^+ > Li^+$。

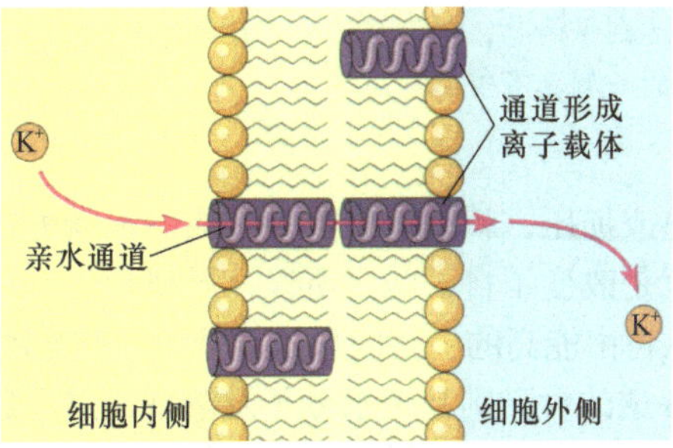

图 3-40　通道形成离子载体的作用机制（引自 Becker et al.，1996）。

2）离子运载离子载体　缬氨霉素（valinomycin）是一种离子运载离子载体，它是由 12 个氨基酸组成的环形小肽，也是一种脂溶性的抗生素。将缬氨霉素插入脂质体后，通过环的疏水面与脂双层相连，极性的内部能精确地固定 K^+。它在一侧结合 K^+，然后向内侧移动通过脂双层，将 K^+ 释放到细胞外侧，降低了细胞内 K^+ 的浓度梯度（图 3-41）。

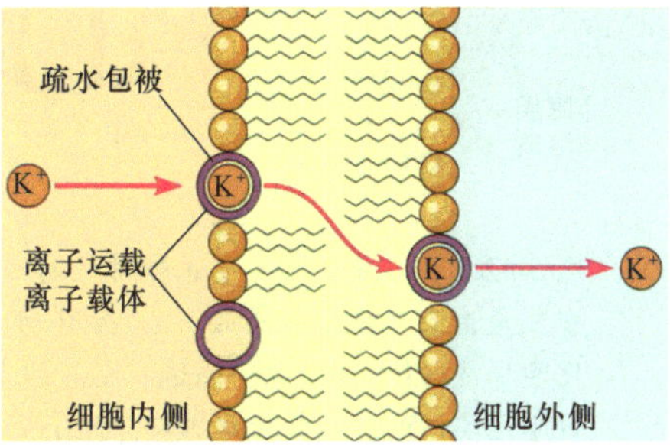

图 3-41　离子运载离子载体的作用机制（引自 Becker et al.，1996）。

从上面介绍的两个离子载体的例子可以得到两个基本结论：①膜转运蛋白具有选择性；②膜转运蛋白通过两种机制进行物质运输，一是形成水性通道，二是与被运输的物质结合，以扩散的方式穿膜，即可移动载体（mobile carrier）的运输。

3.5.1.4 参与分子及离子穿膜转运的三类主要膜蛋白

由于质膜是半透性的，大多数物质都不能自由穿过，即使能够通过扩散进入细胞的一些小分子也难以快速通过。因此，多数物质，即使是自由扩散系数高的脲、脂肪酸，以及某些气体（如 CO_2、NH_3 等）都需要特定蛋白质的帮助才能快速通过质膜。根据膜蛋白参与协助物质穿过质膜的方式不同，可分为以下三种类型（图 3-42）。

1）ATP 动力泵（ATP-powered pump）　这种运输与化学反应相偶联，通过水解 ATP 获得能量驱动小分子或离子逆浓度梯度或电势或电化学梯度运输，所以 ATP 动力泵介导的是主动运输。

2）通道（channel）蛋白　能够将水、特异的离子或亲水的小分子运输通过膜，这种运输是顺浓度梯度或顺电位梯度，是不需要化学能的运输，但需要通道蛋白，因此称为被动运输（passive transport）或促进扩散（facilitated diffusion）。有些通道是敞开的，称为无门控通道（nongated channel）。但是，大多数通道都是在有化学或电信号时才会打开，称为门控通道（gated channel）。

3）转运蛋白（transporter）　可运输各种离子或分子穿过细胞质膜，但运输的速率要比通道蛋白低。已经鉴定了三类不同的转运蛋白：①单向转运蛋白（uniporter），仅运输一种类型的分子顺浓度梯度穿过细胞质膜，葡萄糖与氨基酸就是借助于单向转运蛋白进入细胞的。通道蛋白与单

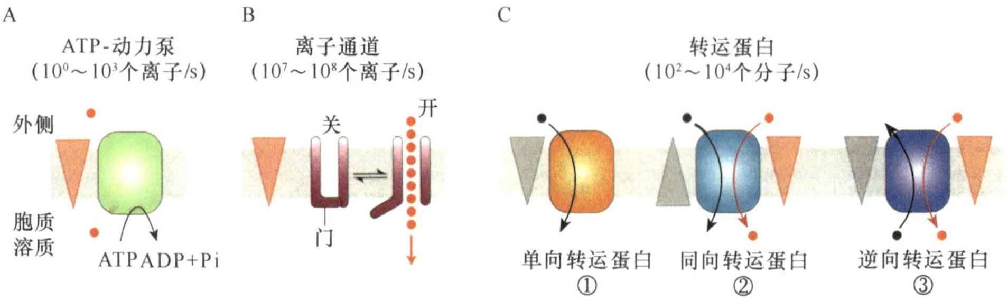

图 3-42 参与分子及离子穿膜转运的三类主要膜蛋白的作用方式（引自 Lodish et al.，2013）。膜中三角形表示浓度的高低。A. ATP 动力泵：使用 ATP 水解释放的能量，驱动离子或小分子逆电化学梯度运输。B. 离子通道：允许特异的离子（或水）顺电化学梯度运输。C. 转运蛋白：有三种不同类型的转运蛋白促进特异的小分子或离子移动。①单向转运蛋白，促进分子顺浓度梯度运输。②同向协同运输，两个不同的分子或离子借助于转运蛋白顺浓度梯度朝同一方向运输。③逆向协同运输，一个分子需要催化进行逆浓度梯度运输，另一个则是顺浓度梯度运输。

向转运蛋白都属于促进转运蛋白。②同向转运蛋白（symporter）和③逆向转运蛋白（antiporter）都是离子或分子偶联的运输。在偶联运输的两个离子或分子中，一个是顺浓度梯度运输，另一个则是逆浓度运输梯度运输。同向转运是偶联的两个分子朝同一个方向，逆向转运则是偶联的两个离子或分子背向而行。偶联运输也是一种耗能的运输，只不过不是直接水解 ATP，而是利用另一个主动运输的“余热”。无论是单向、同向还是逆向转运蛋白介导的转运都是主动运输。

3.5.2 被动运输

非电解质通过扩散穿过细胞质膜进入细胞必须具备两个条件：第一，该物质在细胞外的浓度很高；第二，细胞质膜必须对这种物质具有通透性。膜对某种溶质具有透性，必须满足两个条件之一：溶质自身能够直接穿过脂双层，或是质膜中有可允许该溶质通过的穿膜孔道。

3.5.2.1 扩散与渗透

细胞质膜具有两个基本的特性：允许小分子物质通过扩散（diffusion）穿过细胞质膜；可以让水通过渗透（osmosis）通过细胞质膜。但是扩散和渗透在概念上是不同的（图 3-43）。

扩散是指物质沿着浓度梯度从半透性膜浓度高的一侧向浓度低的一侧移动的过程，通常把这种过程称为简单扩散。这种移动方式是单个分子的随机运动，无论开始的浓度有多高，扩散的结果是两边的浓度达到平衡。虽然这种移动不需要消耗化学能，主要是依靠扩散物质自身的力量，但从热力学角度考虑，它利用的是自由能。如果改变膜两侧的条件，

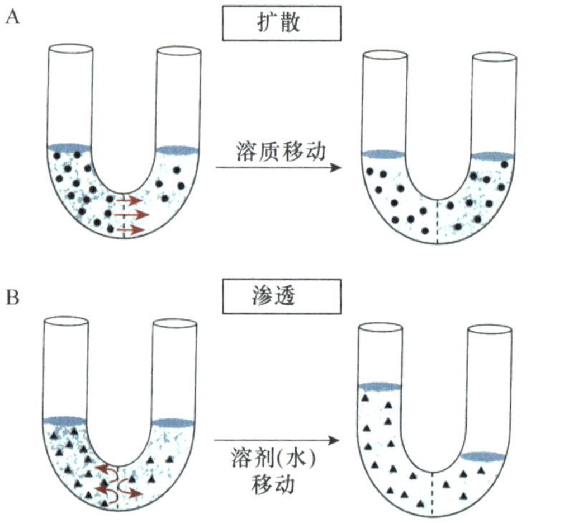

图 3-43 简单扩散和渗透的比较（引自 Kleinsmith and Kish，1995）。A. 在简单扩散中，膜允许溶质透过，溶质从浓度高的一侧移向浓度低的一侧，当达到平衡时，两侧的浓度相等。B. 在渗透中，膜不允许溶质透过，但是水（溶剂）能够从溶质浓度低的一侧向溶质浓度高的一侧渗透，当达到平衡时，两侧溶质的浓度是相等的，但含有过多水分的一侧具有较高水压。

如加热或加压，就有可能改变物质的流动方向，其原因就是改变了自由能。所以，严格地说，扩散是物质从自由能高的一侧向自由能低的一侧流动。

渗透的含义则是指水分子及溶剂通过半透性膜的渗透。水的渗透同样是从自由能高的部位向自由能低的部位移动，如果考虑到溶质的话，水是从溶质浓度低的地方向溶质浓度高的地方流动。

细胞的渗透现象能够很好地解释生物学上的一个熟知现象：细胞在不同浓度的溶液中会发生膨胀（swell）或收缩（shrink）。实际上这种现象取决于溶液中的溶质和细胞中该物质的浓度（图 3-44）。

正是根据水与水中溶质在膜通透性上的差别，

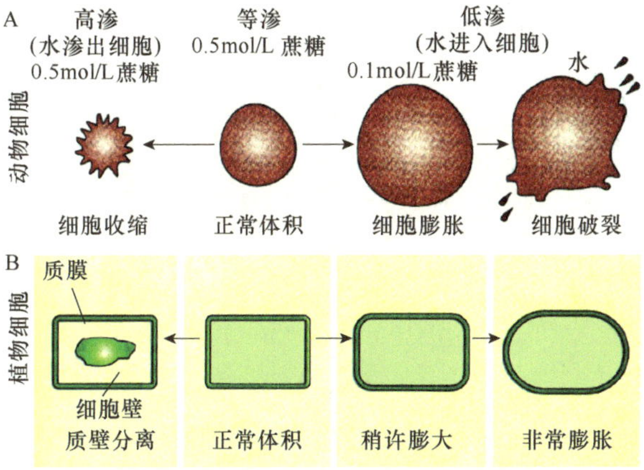

图 3-44 动物细胞和植物细胞在不同浓度蔗糖溶液中的行为（引自 Kleinsmith and Kish，1995）。A. 当将动物细胞置于高渗溶液中，水则会从细胞中渗出，细胞发生收缩；在低渗溶液中，细胞会吸水膨胀和破裂。B. 当将植物细胞置于高渗溶液中，细胞脱水发生质壁分离（plasmolysis）；若是低渗溶液，植物的细胞壁保护细胞防止膨胀破裂，此时由于水的进入，细胞内的压力升高，使细胞变得坚硬。

才将膜称为半透性的（semipermeable）。当两种不同浓度的溶液被半透性的膜分隔开后，高溶质浓度的一侧是高渗的（hypertonic），而低溶质浓度的一侧则是低渗的（hypoosmotic），若两侧的溶质浓度相等则称为等渗的（isoosmotic）。

3.5.2.2 被动运输：简单扩散及限制因素

简单扩散（simple diffusion）是被动运输的基本方式，不需要膜蛋白的帮助，也不消耗 ATP，只靠膜两侧保持一定的浓度差，通过扩散发生的物质运输。

细胞质膜的这种被动运输方式并非对任何物质都是适合的，它具有一定的限制，限制因素是物质的脂溶性、分子大小和带电性。

19 世纪末，Overton 根据植物细胞的质壁分离现象做了一系列的实验，研究不同的物质对细胞质膜的通透性。例如，将植物细胞放在高浓度的蔗糖溶液中，很快就可以在显微镜下观察到质壁分离，但是将蔗糖溶液换成浓的乙醇溶液，则看不到质壁分离，据此推测，乙醇能够快速扩散进入细胞内，直到细胞内外平衡。后来用含有不同物质的浓溶液重复这一实验，并测量它们的扩散速率，最后得出结论：细胞质膜的通透性具有选择性。他发现物质的脂溶性（在油 / 水中的分配系数）越强，越容易通过质膜。

20 世纪 30 年代，Collander 的实验室进行了另外一些实验研究细胞质膜的通透性，发现分子本身的大小也是十分重要的。有些分子的脂溶性高，但是分子大，扩散的速率就很慢，只有那些分子质量小、脂溶性高的分子才能快速扩散。根据实验结果，还推测质膜的通透性孔径不会大于 0.5～1.0nm，能够扩散的最大的生活物质是水分子。

物质的带电性也是限制扩散的一个主要因素。带电的物质通常与水结合形成一个水合的外壳，这不仅增加了它们的分子体积，同时也大大降低了脂溶性。因此，所有带电荷的分子（离子），不管它多小，都是不能自由扩散的。

一般说来，气体分子（如 O_2、CO_2、N_2）、小的不带电的极性分子（如脲、乙醇）、脂溶性的分子等易通过质膜，大的不带电的极性分子（如葡萄糖）和各种带电的极性分子都难以通过质膜（图 3-45）。

3.5.2.3 被动运输：促进扩散及特点

由于细胞质膜具有选择性通透作用，使一些脂溶性和小分子较为容易进入细胞，但是限制了一些大的和带电荷的物质进入细胞，而这些物质通常是细胞生命活动所必需的。一般而言，大分子、非脂溶性的物质和带电荷的物质只要有足够的时间，都可通过扩散进入细胞，但由于它们的扩散系数低，

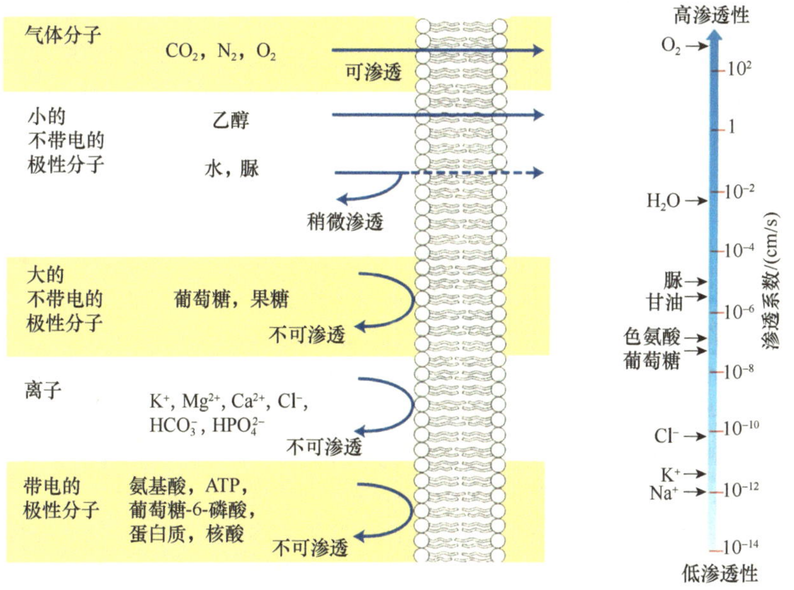

图 3-45 不同分子对人工磷脂双层膜的通透性（引自 Lodish et al.，2013）。气体、小的疏水分子和小的不带电的极性分子能够透过人工膜；水是稍微通透的，离子和大的不带电的极性分子不能通过膜。

通过扩散进入细胞的速度太慢，这就影响了细胞的正常生命活动。为此，细胞需要一种方式加速这些物质从高浓度向低浓度的运输，质膜上有一些被称为转运蛋白的膜蛋白担当了此任，这种被动运输被称为促进扩散（facilitated diffusion）。

促进扩散是指非脂溶性物质或亲水性物质，如氨基酸、糖及带电金属离子等借助细胞质膜上的膜蛋白的帮助顺浓度梯度或顺电化学浓度梯度，不消耗 ATP 进入细胞的一种运输方式。促进扩散与简单扩散相比具有以下一些特点。①促进扩散需要膜蛋白的帮助，并且扩散速率比简单扩散的速率要快几个数量级。②简单扩散的速率与溶质的浓度呈正比，而膜蛋白帮助的促进扩散可以达到最大值，当溶质在膜两侧的浓度差达到一定程度时，促进扩散的速率不再提高。③在简单扩散中，结构上相似的分子以基本相同的速率通过质膜，而在促进扩散中，转运蛋白对结构相似的分子要进行严格地鉴别，换句话说，转运蛋白具有高度的选择性。例如，转运蛋白能够帮助葡萄糖快速运输，但不帮助与葡萄糖结构类似的糖类运输。转运蛋白对溶质的特异性相当于酶与底物的特异性，这也说明转运蛋白具有与溶质结合的位点，这种位点与酶分子的活性位点作用相似。④与简单扩散不同，转运蛋白的促进扩散作用会受到各种抑制。膜转运蛋白的运输作用也会受到类似于酶的竞争性抑制及蛋白质变性剂的抑制作用，因此，转运蛋白又被称为通透酶（permease）。

3.5.2.4 通道蛋白与促进扩散

从离子载体的研究可知，通道蛋白（channel protein）是一类横贯质膜，能使适宜大小的分子及带电荷的分子通过简单的自由扩散运动，从质膜的一侧转运到另一侧的膜蛋白。通道蛋白可以是单体蛋白，也可以是多亚基组成的蛋白质复合体，它们都是通过疏水的氨基酸链进行重排，形成水性通道（图 3-46）。通道蛋白本身并不直接与小的带电荷分子相互作用，一些小的带电荷分子可以通过通道蛋白带电荷的亲水区所形成的水性通道自由地扩散。通道蛋白的运输作用具有选择性，所以在细胞质膜中有各种不同的通道蛋白。通道蛋白参与的只是被动运输，在运输过程中并不与被运输的分子结合，也不会移动，并且是从高浓度区向低浓度区运输，所以运输时不消耗 ATP。通道蛋白运输速度很快，每秒钟可有 10^7～10^8 个离子通过。

现已鉴定过的离子通道蛋白在膜中都有开和关两种构型，相当于“门”，所以将通道蛋白形成

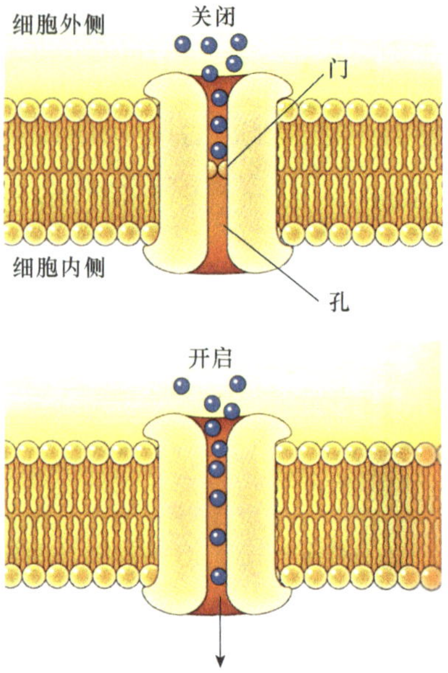

图 3-46 离子通道蛋白示意图（引自 Cooper and Hausman, 2013）。当通道的门处于关闭状态，离子不能通过；打开后，允许离子通过。离子通道的孔径较小，仅让大小合适的离子通过。

的通道称为门控通道（gated channel）。门的开启和关闭受复杂的生理环境的调控，并被各种不同的因子所诱导。根据门控通道开启和关闭的条件，将已鉴定的通道蛋白分为两种主要的类型：电位门控通道和配体门控通道，另外还有一种不常见的门控通道就是机械敏感门控通道（mechanosensitive-gated channel）或称机械门控通道。有些配体门控通道的门朝向细胞外基质面，因为与之结合的配体存在于细胞外基质中；而有些配体门控通道的门朝向胞质溶胶面，因为与之结合的配体存在于细胞内（图 3-47）。

1）电位门控通道（voltage-gated channel）

这类通道的构型变化依据细胞内外带电离子的状

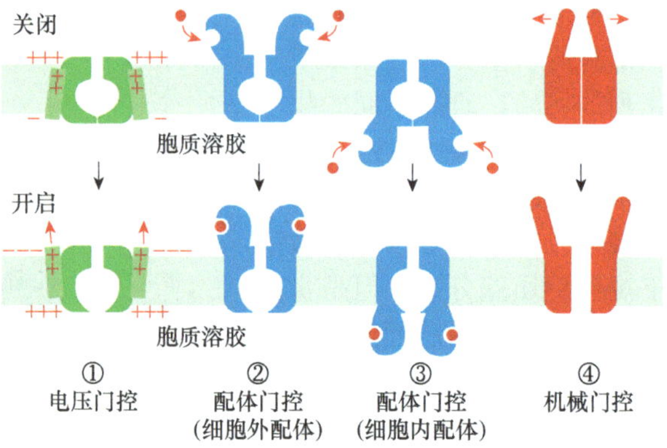

图 3-47 几种不同的门控离子通道（引自 Alberts et al., 2015）。

态，主要是通过膜电位的变化使其构型发生改变，从而将“门”打开。在很多情况下，电位门控通道有其自己的关闭机制，它能快速地自发关闭，开放往往只有几毫秒时间。在这瞬息时间内，一些离子、代谢物或其他溶质顺着浓度梯度自由扩散通过细胞质膜。电位门控通道主要存在于神经细胞，在神经细胞的信号转导中起重要作用；它也存在于其他的一些细胞，包括肌细胞、卵细胞、原生动物和植物细胞。例如，含羞草的叶片在触摸时发生的叶卷曲就是通过电位门控通道传递信号的。

2）配体门控通道（ligand-gated channel）

这类通道在其细胞内外的特定配体（ligand）与膜受体结合时发生反应，引起门控通道蛋白的一种成分发生构型变化，结果使“门”打开。因此这类通道被称为配体门控通道，它分为细胞内配体和细胞外配体两种类型。

3）机械门控通道（mechanically gated channel）

这种通道的打开与细胞质的扩充相关，并且通道常与细胞骨架相连。

电位门控通道和配体门控通道蛋白广泛存在于各种组织细胞质膜中，有些离子往往有几种不同类型的门控通道。Ca^{2+}门控通道广泛存在于真核生物中，在某些神经细胞中存在电位Ca^{2+}门控通道，传递电脉冲信号。在肌细胞中，电位Ca^{2+}门控通道可以通过调节细胞Ca^{2+}浓度触发肌肉收缩。细胞中也存在配体Ca^{2+}门控通道和机械Ca^{2+}门控通道。同样，K^+和Na^+也都有电位和配体门控通道。通过主动运输，细胞内K^+的浓度很高，K^+可以通过K^+泄漏通道（K^+ leak channel）从细胞内流向细胞外（从高浓度流向低浓度），这一机制有利于协调N^+-K^+泵的运作。

3.5.2.5 载体蛋白与促进扩散

另外一种形式的促进扩散是通过载体蛋白（carrier protein）。与通道蛋白不同，载体蛋白需要与被运输的离子或分子结合，然后通过自身的构型变化或移动完成物质运输。载体蛋白促进扩散时同样具有高度的特异性，其上有结合位点，只能与某一种物质进行暂时性、可逆性的结合和分离。而且，一个特定的载体只运输一种类型的化学物质，甚至一种离子或分子。

载体蛋白既参与被动物质运输，也参与主动物质运输。由载体蛋白进行的被动物质运输不需要ATP提供能量。前面所讨论的膜转运蛋白具有酶的类似性质，主要就是指载体蛋白，因为通道蛋白上没有与被运输物质结合的位点，而载体蛋白促进扩散时一定要与被运输的物质结合，所以它对物质的转运过程具有类似于酶与底物作用的动力学曲线，可被类似物竞争性抑制。但与酶不同的是，载体蛋白不对转运分子进行任何共价修饰。

葡萄糖是通过载体蛋白进行促进扩散的典型例子，最熟知的是葡萄糖转运蛋白1（glucose transport protein 1，GLUT1）。运输葡萄糖的载体蛋白是单向转运蛋白，主要是通过构型的变化将葡萄糖从高浓度一侧运向低浓度一侧。GLUT1有两种构型，一种构型朝向细胞表面，暴露出与葡萄糖的结合位点，当有葡萄糖与其结合时，转运蛋白的构型发生变化，成为另一种构型，这样与葡萄糖结合的位点朝向细胞质面，此时葡萄糖与转运蛋白的结合亲和力降低，从而被释放到细胞质中。当葡萄糖被释放后，转运蛋白又恢复到原来的构型，进行下一轮循环（图 3-48）。

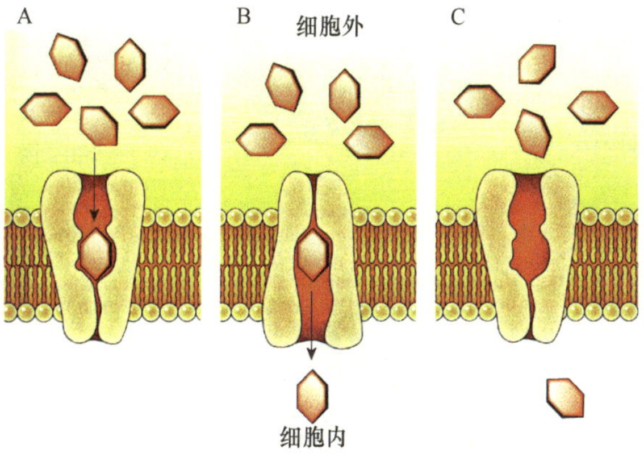

图 3-48 细胞质膜中GLUT1促进葡萄糖扩散示意图（引自Cooper and Hausman，2013）。A. 葡萄糖转运蛋白可发生两种构型的变化，细胞外的葡萄糖可与暴露在质膜外侧的结合位点结合。B. 当葡萄糖转运蛋白与葡萄糖结合后，发生构型的变化，并将结合的葡萄糖释放到细胞内。C. 葡萄糖释放后，葡萄糖转运蛋白恢复原来的构型，又可与细胞外的葡萄糖分子结合。

大多数脊椎动物的细胞质膜上都有转运葡萄糖的载体蛋白，同时还有与其他六碳糖相关的转运蛋白。另外，还发现哺乳动物细胞至少有5种不同形式的葡萄糖转运蛋白（GLUT1～GLUT5），分别由不同的基因编码，在不同的组织表达（表 3-5）。

细胞对葡萄糖的摄取受胰岛素的调节。胰岛素是内分泌细胞产生的一种激素，它对于维持血糖的适当浓度起关键作用。当血液中葡萄糖的浓度增高时，激发胰岛素的分泌，胰岛素促使葡萄糖被各种靶细胞吸收，特别是骨骼肌和脂肪细胞。胰岛素应答细胞具有葡萄糖转运蛋白的异构体GLUT4。在胰岛素浓度低的时候，细胞质膜中只有很少

表 3-5　人的某些葡萄糖转运蛋白

葡萄糖转运蛋白	表达的组织	作用
GLUT1	广泛存在	基础葡萄糖的吸收
GLUT2	肝，胰岛，肠	在肝与肾中，除去血液中过多的葡萄糖；在胰腺中，胰岛素释放调节
GLUT3	脑（神经），睾丸（精子）	基础葡萄糖吸收
GLUT4	肌组织，脂肪，心脏	胰岛素激活
GLUT5	肠（主要），睾丸，肾	主要是果糖运输

的 GLUT4，但在细胞质的膜泡膜中却有大量的 GLUT4。当血液中葡萄糖浓度升高时，胰岛素的水平也随之提高，胰岛素作用于靶细胞，使膜泡中的葡萄糖运输蛋白转移到质膜中，随后将葡萄糖运输到细胞内（图 3-49）。

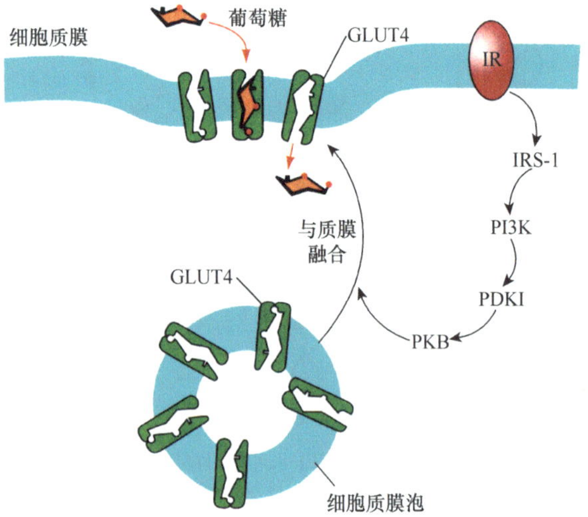

图 3-49　在肌细胞和脂肪细胞中胰岛素对葡萄糖吸收的调节（引自 Karp，2010）。细胞质膜中的 GLUT4 通过内吞作用储存在细胞质膜泡膜中。当细胞外的胰岛素浓度升高时，胰岛素信号通过 IRS-PI3K-PKB 信号途径，触发细胞质中的膜泡通过胞吐将 GLUT4 转移到质膜中，促进葡萄糖的吸收。

糖尿病主要是由胰岛素活性缺陷引起的。儿童的糖尿病（Ⅰ型糖尿病）通常是由人体自身合成胰岛素的细胞方面的问题影响胰岛素合成的缺陷所引起，可通过注射胰岛素进行治疗。成年人的糖尿病（Ⅱ型糖尿病），其胰岛素的水平是正常的，但是它们的靶细胞对胰岛素不产生应答，有可能是胰岛素受体的问题，或是 GLUT4 转运蛋白的缺陷。

3.5.2.6　水孔蛋白通道对水的选择性运输

水是生命体的主要物质，约占 70%，对于维持体内液体的平衡是非常重要的，特别是细胞内的代谢活动都需要水，同时水对于许多生理作用具有特别重要的意义。

但是，由于水分子不溶于脂，并且具有极性，所以水透过质膜是受限制的，通过被动扩散进入细胞的速度极低。细胞是如何让水能够大量、快速进入细胞内以满足代谢需要的？

1988 年，Peter Agre 发现了一个整合膜蛋白家族，称为水孔蛋白（aquaporin，AQP）。水孔蛋白形成的通道能够选择性地允许水快速进入细胞。水孔蛋白广泛存在于动物细胞和植物细胞中，并且由多个基因编码。不同基因编码的水孔蛋白结构相似而不相同，表 3-6 列出了哺乳动物细胞中的已知水孔蛋白。

表 3-6　哺乳动物细胞中已知水孔蛋白的分布与特性

水孔蛋白	渗透性	组织分布	亚细胞分布
AQP0	H_2O（低）	晶状体	细胞质膜
AQP1	H_2O（高）	红细胞，肺，肾，囊泡，内质网，脑，眼	细胞质膜
AQP2	H_2O（高）	肾，输精管	顶端质膜，胞内膜泡
AQP3	H_2O（高），甘油（高），脲（中等）	肾，皮肤，肺，眼，结肠	基底质膜
AQP4	H_2O（高）	脑，肌肉，肾，肺，胃，小肠	基底质膜
AQP5	H_2O（高）	唾液腺，泪腺，汗腺，角膜	顶端质膜
AQP6	H_2O（低），阴离子（$NO_3^- > Cl^-$）	肾	胞内膜泡
AQP7	H_2O（高），甘油（高），脲（高）	脂肪组织，肾，睾丸	细胞质膜
AQP8	H_2O（高）	睾丸，肾，肝，胰腺，小肠，结肠	质膜，胞内膜泡
AQP9	H_2O（低），甘油（高），脲（高）	肝，白细胞，脑，睾丸	细胞质膜
AQP10	H_2O（低），甘油（高），脲（高）	小肠	胞内囊泡

AQP1 在 1988 年被发现时，称为通道形成整合蛋白，是人的红细胞质膜的一种主要蛋白质，它可以使红细胞快速膨胀和收缩以适应细胞间渗透性的变化。AQP1 蛋白也存在于其他组织的细胞中。AQP1 及它的同系物能够让水自由通过（不必结合），但是不允许离子或是其他的小分子（包括蛋白质）通过。

AQP1 由 4 个相同的亚基构成，每个亚基的分子质量为 28kDa，有 6 个穿膜片段（M1、M2、

M4、M5、M6、M8），在穿膜片段2与4、6与8之间有一个环状结构，并有一个三肽NPA（天冬酰胺-脯氨基-丙氨酸）模体（motif），这种模体存在于所有的水孔蛋白中。两个NPA模体位于水孔的中心，起着选择性过滤作用（图3-50）。

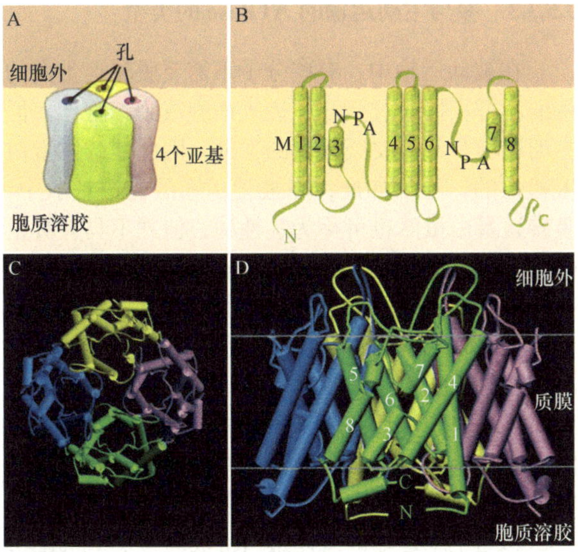

图3-50 水孔蛋白的结构（引自Plopper et al. 2015）。A. 由4个相同亚基构成的水孔蛋白结构模式图，每个亚基都有一个水分子进入的孔。B. 水孔蛋白亚基的8个结构域片段在质膜中的排列，其中6个片段（M1、M2、M4、M5、M6、M8）具有α螺旋，是穿膜片段。在片段2与4、6与8之间各有1个连接的亲水环，亲水环中含有一个短的非穿膜的螺旋（片段3与片段7）和保守的天冬酰胺（N）残基。两个亲水环位于由6个穿膜α螺旋结构域形成的通道中央，成为水选择性门控（water-selective gate）通道的一部分。C. 水孔蛋白四聚体细胞外基质面侧视图，可见每个亚基各有一个水分子进入的孔。D. 水孔蛋白四聚体在质膜中的拓扑结构。

水孔蛋白对水的通透性非常之高，达到每秒3×10^9个水分子。但是对于其他的离子，甚至能与水形成H_3O^+的离子都不能通过。水孔蛋白对水分子的选择性高通透性在肾组织中特别重要。

水孔蛋白促进水的高速运输有三个基本的特点。①大小的限制：水孔蛋白中最窄的孔径是2.8Å，水分子只能单个通行，其他的水和离子与质子也就不能通过。②静电排斥（electrostatic repulsion）：水孔蛋白中197位的精氨酸（Arg 197）对带正电的水和分子及水和离子都具有静电排斥性，从而阻止了这些物质通过水孔通道。另外，非穿膜的M3、M7片段的α螺旋也提供了正电荷，从而起阻止质子通过的作用。③水的偶极子取向（water dipole orientation）：水分子可以通过氢键与水孔中心NPA模体中两个天冬酰胺（Ans76，Ans192）侧链的部分正电荷结合来重新定向，这种再定向可促进水快速通过水孔通道。

3.5.3 主动运输

被动运输只能将物质从高浓度向低浓度方向运输，趋向于细胞内外的浓度达到平衡。实际上，细胞内外的物质浓度差别很大，即使在细胞内，不同物质间的浓度差别也很大，浓度的差异是维持细胞生命活动所必需的，仅有被动运输是不可能建立这些差异，也不可能维持细胞内物质浓度的稳定。因此需要有主动的运输方式，保证细胞内物质的稳定，并建立不同的浓度梯度。

3.5.3.1 主动运输的意义

主动运输涉及物质输入和输出细胞及细胞器，并且能够逆浓度梯度或电化学梯度。这种运输对于维持细胞和细胞器的正常功能来说起三个重要作用。第一，保证了细胞或细胞器从周围环境中或表面摄取必需的营养物质，即使这些营养物质在周围环境中或表面的浓度很低。第二，能够将细胞内的各种物质，如分泌物、代谢废物及一些离子排到细胞外，即使这些物质在细胞外的浓度比细胞内的浓度高得多。第三，能够维持一些无机离子在细胞内恒定和最适的浓度，特别是K^+、Ca^{2+}和H^+的浓度。概括地说，主动运输主要是维持细胞内环境的稳定，以及在各种不同生理条件下细胞内环境的快速调整。如果说被动运输是减少细胞与周围环境的差别的话，主动运输则是努力创造差别，维持生命的活力。

3.5.3.2 主动运输的特点

主动运输是由转运蛋白介导的物质运输方式，能够使物质从低浓度向高浓度流动，质膜具有一定的“主动作用”，但是需要消耗细胞的代谢能。概括地说，主动运输具有4个基本特点。①逆浓度梯度运输；②依赖于膜转运蛋白；③需要代谢能，并对代谢毒性敏感；④具有选择性和特异性。

离子的穿膜转运是细胞生物学中一个非常重要的问题。细胞能够维持各种离子在细胞内的不同浓度（表3-7），这些离子的浓度差异对于细胞的生存和行使功能至关重要。Na^+、K^+、Ca^{2+}、Cl^-等无机离子及H^+质子在细胞环境中是非常重要的，它们的穿膜转运对于一些细胞来说是生命的基本保证。例如，动物细胞将Na^+泵出细胞外，维持细胞内Na^+的低浓度，这样可帮助细胞维持细胞膜内外渗透压的平衡，如果没有这种平衡，细胞就会吸水膨胀直至破裂。细胞质膜和细胞内膜结构中内外离子的浓度差主要是靠主动运输来建立和维持的，也就是说，主动运输的主要作用是建立和维持细胞与环境之间的浓度梯度或电化学梯度。

表 3-7 典型动物细胞内外离子浓度的比较

成分	细胞内浓度 /（mmol/L）	细胞外浓度 /（mmol/L）
阳离子		
Na^+	5～15	145
K^+	140	5
Mg^{2+}*	0.5	1～2
Ca^{2+}*	10^{-4}	1～2
阴离子		
Cl^-	5～15	110
固定的阴离子**	高	0

* 表中给出的 Ca^{2+} 和 Mg^{2+} 的浓度是游离存在于胞质溶胶中的浓度；Mg^{2+} 在细胞中的总浓度为 2mmol/L，Ca^{2+} 则为 1～2mmol/L。它们大多是与蛋白质结合在一起的，Ca^{2+} 存在于细胞器中。

** 指细胞内存在的带负电的有机分子，它们不能通过细胞质膜。

主动运输是消耗代谢能的运输方式。有三种不同的直接能量来源（表 3-8）。第一种是 ATP，这是大多数 P 型泵所需要的，如 Na^+/K^+ 泵、H^+ 泵等。第二种能量来源是光能，如细菌的视紫红质就是吸收光能，诱导构型变化，运输 H^+ 质子。第三种是在细菌的基团转运中，磷酸烯醇式丙酮酸提供能源。主动运输除了直接利用能量外，还有间接利用能量的。线粒体内膜和叶绿体类囊体膜中的 ATP 合酶主要是利用 H^+ 质子梯度的动力势，而 Na^+ 与葡萄糖的同向协同运输是利用 Na^+ 梯度，这种浓度梯度实际上是 Na^+/K^+ 泵运输时的“副产品”。

表 3-8 主动运输中的能量来源

载体蛋白	功能	能量来源
直接能源		
Na^+-K^+ 泵	Na^+ 的输出和 K^+ 的输入	ATP
细菌视紫红质	H^+ 从细胞中主动输出	光能
磷酸化转运蛋白	细菌对葡萄糖的运输	磷酸烯醇式丙酮酸
间接能源		
Na^+、葡萄糖协同转运蛋白	Na^+、葡萄糖同时进入细胞	Na^+ 梯度
F_1-F_0 ATPase	H^+ 质子运输	H^+ 质子梯度

同促进扩散一样，载体蛋白进行的主动运输也具有选择性和特异性，如 Na^+/K^+ 泵只将 Na^+ 泵出细胞外，将 K^+ 泵进细胞内，维持细胞内 K^+ 的高浓度和 Na^+ 的低浓度，并且 Na^+/K^+ 泵只受特定条件的调节。另外，各种泵的分布也是不均一的，有的存在于细胞器的膜上（如 F_1-F_0 ATPase），有的只存在于动物细胞质膜中（如 Na^+/K^+ 泵），各自担任特殊的运输任务。

3.5.3.3 参与主动运输的 ATPase 的类型

在被动运输中，有些分子不需要膜转运蛋白的帮助就可直接通过脂双层进入细胞或膜细胞器，但主动运输全部需要膜蛋白的帮助，因此是载体蛋白依赖性的。不仅如此，在被动运输的促进扩散中，膜转运蛋白虽然也可称为透性酶，但并不具有真正的酶活性，不能起催化反应，只是通过变构作用将物质从高浓度向低浓度运输。但在主动运输中，载体蛋白本身就是酶，能够催化某种反应，如水解 ATP 使自身磷酸化，然后利用 ATP 水解释放的能量将离子或分子从低浓度运向高浓度。所以在主动运输中，不仅需要膜转运蛋白的存在，而且需要这些转运蛋白具有活性，否则不能进行物质的主动运输。

参与主动运输的载体蛋白常被称为泵（pump），这是因为它们能利用能量做功。共有四种类型的运输 ATPase，或称运输泵。

P 型泵（P-type pump），或称 P 型 ATPase。此类运输泵是多次穿膜蛋白，运输时不仅需要 ATP 供能，而且需要将自身磷酸化（P 代表 phosphorylation）。P 型泵包括一些建立并维持 Na^+、K^+、H^+ 及 Ca^{2+} 浓度梯度的泵。

ABC 转运蛋白（ATP binding cassette transporter）是一大类以 ATP 供能的转运蛋白，已发现了 100 多种，存在范围很广，包括细菌和人。与 P 型泵不同的是，ABC 转运蛋白主要是将小分子转运穿过细胞质膜。

V 型泵（V-type pump）或称 V 型 ATPase，由多亚基组成，主要位于囊泡的膜上（V 代表 vacuole 或 vesicle）。V 型质子泵主要是将 H^+ 转运到细胞器，如溶酶体、触突小泡，以及植物和酵母的液泡，以维持这些细胞器内的酸性环境。V 型泵运输时需要 ATP 供能，但不需要磷酸化。

F 型 ATPase。结构上与 V 型泵相关，但属于不同家族的 F 型 ATPase（F-type ATPase）主要存在于细菌质膜、线粒体内膜和叶绿体的类囊体膜中，它们在能量转换中起重要作用，是氧化磷酸化或光合磷酸化偶联因子（F 代表 factor）。F 型 ATPase 在这些膜中的功能是将 ADP 转化成 ATP。

图 3-51 是上述四类运输泵的结构模式图，表 3-9 是四类运输泵基本性质的比较。

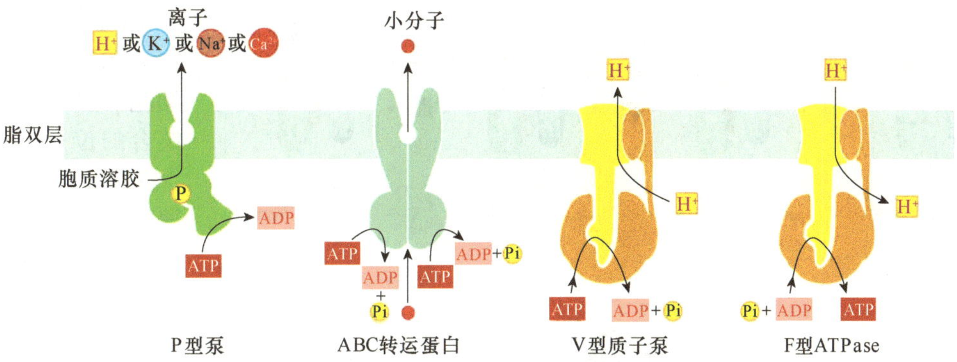

图 3-51 四种类型的 ATP 驱动的泵（引自 Alberts et al., 2015）。四种类型的 ATP 驱动的泵都能以两个方向进行工作，取决于溶液中的电化学梯度及 ATP/ADP 的比值：当 ATP/ADP 的比值高时，将水解 ATP；若 ATP/ADP 的比值低时，则会合成 ATP。

表 3-9 四类 ATP 驱动的离子和小分子运输泵的比较

类型	运输物质	结构与功能特点	存在的部位
P 型	H^+、Na^+、K^+、Ca^{2+}	通常有大、小两个亚基，大亚基被磷酸化，小亚基调节运输	H^+泵：存在于植物、真菌和细菌的质膜；Na^+/K^+泵：存在于动物细胞的质膜；H^+/K^+泵：存在于哺乳动物胃细胞表层质膜；Ca^{2+}泵：存在于所有真核生物的质膜和肌细胞的肌质网膜
ABC 型	离子和各种小分子	两个穿膜结构域形成水性通道，两个胞质结构域将 ATP 的结合水解与物质运输相偶联；不同结构域可以位于相同亚基，也可位于不同亚基	细菌质膜（运输氨基酸、糖和肽）；哺乳动物细胞质膜（运输磷脂，小的亲脂性药物，胆固醇，其他的小分子）
V 型	H^+	多个穿膜和胞质亚基，主要功能是利用 ATP 水解释放的能将 H^+ 从胞质溶胶泵入细胞器的腔，制造酸性环境	植物、酵母和其他真菌的液泡膜；动物细胞的溶酶体和内体的膜；动物细胞质膜（如破骨细胞和肾小管状细胞）
F 型	H^+	多个穿膜和胞质亚基，主要功能是利用 H^+ 电化学梯度合成 ATP	细菌的质膜、线粒体内膜、叶绿体的类囊体膜

3.5.3.4 P 型泵的作用机制

运输离子的 P 型泵称为 P 型离子泵，它们都是穿膜蛋白，并且是由一条多肽完成所有与运输有关的功能，包括 ATP 的水解、磷酸化和离子的穿膜运输。通过基因克隆技术克隆了一些 P 型泵的基因，经序列分析发现它们的序列有相似性，说明是由同一祖先进化而来。

P 型离子泵的种类很多，且都具有特异性，运输不同的离子，常称为某离子泵，如 Na^+/K^+泵、Ca^{2+}泵等。

1）Na^+/K^+泵（Na^+/K^+ pump, Na^+/K^+-ATPase）

Na^+/K^+泵是动物细胞中由 ATP 驱动的将 Na^+ 输出到细胞外同时将 K^+输入细胞内的运输泵，又称 Na^+ 泵或 Na^+/K^+ 交换泵，实际上是一种 Na^+/K^+-ATPase。Na^+/K^+-ATPase 已分离纯化，由两个大亚基（α 亚基）和两个小亚基（β 亚基）组成。α 亚基是穿膜蛋白，在膜的内侧有 ATP 结合位点，细胞外侧有乌本苷（ouabain）结合位点；在 α 亚基上有 Na^+和 K^+结合位点（图 3-52）。

Na^+/K^+-ATPase 对 Na^+/K^+ 的运输过程分为 6 步。①在静息状态，Na^+/K^+泵的构型使得 Na^+结合位点暴露在膜内侧，当细胞内 Na^+浓度升高时，3 个 Na^+与该位点结合；②由于 Na^+的结合，激活了 ATP 酶的活性，使 ATP 分解，释放 ADP，α 亚基被磷酸化；③由于 α 亚基被磷酸化，引起酶发生构型变化，于是与 Na^+结合的部位转向膜外侧，并向胞外释放 3 个 Na^+；④膜外的 2 个 K^+同 α 亚基结合；⑤ K^+ 与磷酸化的 Na^+/K^+-ATPase 结合后，促使酶去磷酸化；⑥去磷酸化后的酶恢复原构型，于是将结合的 K^+释放到细胞内。每水解 1 分子 ATP，运出 3 个 Na^+，输入 2 个 K^+。Na^+/K^+泵工作的结果，使细胞外的 Na^+浓度比细胞内高 10～30 倍，而细胞内的 K^+浓度比细胞外高 10～30 倍。由于细胞外的 Na^+浓度高，且 Na^+是带正电的，所以 Na^+/K^+泵使细胞外带上正电荷。

Na^+/K^+泵具有三个重要作用：一是维持了细

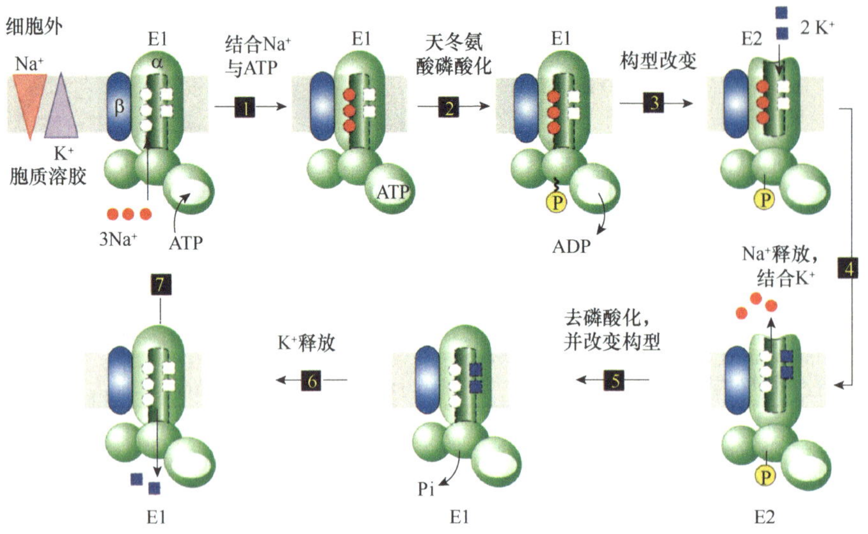

图 3-52　细胞质膜中 Na^+/K^+-ATPase 的结构及工作原理示意图（引自 Lodish et al.，2013）。E1 与 E2 表示酶的两种构型状态。

Ca^{2+}泵的工作原理类似于 Na^+/K^+-ATPase。在细胞质膜的一侧有与 Ca^{2+}结合的位点，一次可以结合 2 个 Ca^{2+}，Ca^{2+}结合后使酶激活，并结合上 1 分子 ATP，伴随 ATP 的水解和酶被磷酸化，Ca^{2+}泵构型发生改变，结合 Ca^{2+}的一面转到细胞外侧，由于结合亲和力低，Ca^{2+}被释放，此时酶发生去磷酸化，构型恢复到原始的静息状态（图 3-53）。

胞内适当的 Na^+/K^+浓度，抵消了 Na^+/K^+的扩散作用；二是在建立细胞质膜两侧 Na^+浓度梯度的同时，为葡萄糖协同运输泵提供了驱动力；三是 Na^+泵建立的细胞膜电位，为神经和肌肉电脉冲传导提供了基础。

临床上用毛地黄治疗充血性心力衰竭，其机制可能是通过毛地黄对心肌细胞 Na^+/K^+-ATPase 的抑制。在正常情况下，心脏的收缩是由肌细胞胞质中 Ca^{2+}浓度瞬息增加触发的。然后，可通过几种方式将 Ca^{2+}除去，包括细胞质膜的逆向 Na^+/Ca^{2+}离子（是由 Na^+梯度驱动的）交换。毛地黄是一种 ATPase 抑制剂，可降低 Na^+的梯度，结果 Ca^{2+}就不能有效地除去，细胞内 Ca^{2+}浓度的增加，增强了心肌的收缩活性。

另外，少量的乌本苷能够抑制 Na^+/K^+泵的活性，而 Mg^{2+}对 Na^+/K^+泵具有激活作用。

2）Ca^{2+}泵（Ca^{2+} pump，Ca^{2+}-ATPase）　所有真核生物的细胞质膜中都含有 Ca^{2+}-ATPase，它每水解 1 个 ATP 就将 2 个 Ca^{2+}从胞质溶胶输出到细胞外。Ca^{2+}-ATPase 也存在于肌细胞的肌质网膜及原核生物的细胞质膜中。Ca^{2+}-ATPase 将 Ca^{2+}泵出细胞质，使 Ca^{2+}在细胞内维持低水平从而建立 Ca^{2+}梯度。存在于肌细胞的肌质网上的 Ca^{2+}泵可以将 Ca^{2+}从细胞质运到肌质网中储存。通过 Ca^{2+}-ATPase 建立的 Ca^{2+}梯度能够控制细胞的许多活动，如肌收缩、分泌和微管装配。Ca^{2+}-ATPase 的活性受 Ca^{2+}的触发，这些 Ca^{2+}可能是由于质膜及内质网膜的电位门控通道和配体门控通道的扩散进入到细胞质中。正常情况下，Ca^{2+}-ATPase 是自我抑制的。

3.5.3.5　ABC 转运蛋白的运输作用

ABC 转运蛋白是最大的一类膜转运蛋白，由 4 个结构域组成（图 3-54）：两个穿膜结构域，在细胞质面还有两个 ATP 结合结构域，其“ABC”的由来是因为此类转运蛋白具有高度保守的 ATP 结合结构域，或 ATP 结合盒（ATP binding cassette）。在原核细胞与真核细胞中已经鉴定了 100 多种该家族的成员。所有的 ABC 转运蛋白都需要水解 ATP 供给能量来驱动分子进行单向运输（从细胞内运向细胞外，反之亦然）。第一个 ABC 转运蛋白是在细菌中发现的，主要功能是进行营养物质的吸收，包括离子、糖、氨基酸等。第一个被发现的真核生物的 ABC 转运蛋白是 MDR（multidrug resistance）蛋白（图 3-54A），即多抗药性蛋白，这种蛋白质使癌细胞具有多种药物抗性。当癌细胞接触到药物时，在药物尚未发挥功效前就被 MDR 蛋白转运到细胞外。

ABC 转运蛋白不仅涉及细胞的抗药性，也会涉及其他的一些疾病，如囊性纤维化穿膜转导调节（cystic fibrosis transmembrane conductance regulator，CFTR）蛋白就是典型例子。该蛋白质与 MDR 蛋白同源（图 3-54B），是一种 ABC 转运蛋白，在肺、汗腺、胰腺的上皮细胞质膜中表达，作为 ATP 调节的 Cl^- 通道。所以，CFTR 蛋白是一种通道蛋白，而不是离子泵。CFTR 蛋白对于将因流汗而流失的 Cl^- 重新吸收进入汗腺细胞具有重要作用。*CFTR* 基因突变，导致表达的蛋白质不能正确折叠，从而不能被运送到细胞表面发挥正常的功能。

人体涉及 ABC 转运蛋白的抗药性不限于癌细胞，其他一些抗药性也与 ABC 转运蛋白相关，一

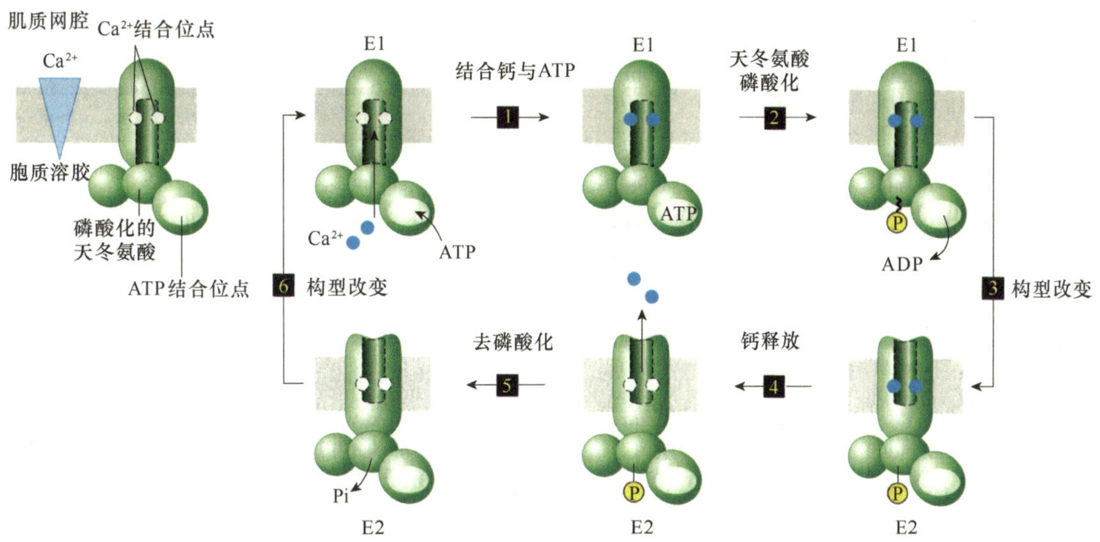

图 3-53 骨骼肌肌质网膜中 Ca^{2+}-ATPase 的工作原理示意图（引自 Lodish et al.，2013）。E1 与 E2 是酶的两种构型状态。在 E1 状态下，细胞质面两个 Ca^{2+}进入结合位点，然后结合 ATP，结合的 ATP 被水解，释放的 Pi 将 Ca^{2+}-ATPase 磷酸化，从而将构型转变成 E2，在 E2 构型下，两个 Ca^{2+}被释放到肌质网的腔中。Ca^{2+}被释放后又恢复到 E1 状态。

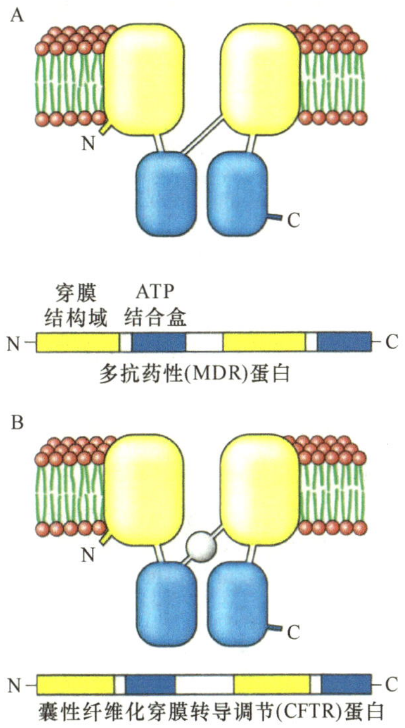

图 3-54 ABC 转运蛋白（引自 Tymoczko et al.，2015）。A. MDR 蛋白的结构与多肽。B. CFTR 蛋白的结构与多肽。MDR 蛋白与 CFTR 蛋白是同源蛋白，都有 4 个结构域：两个穿膜结构域，两个细胞质 ATP 结合结构域。

个熟知的例子就是对氯喹的抗药性。

疟疾是世界上对人类威胁最严重的疾病，由疟原虫所引起。早期用于治疗疟疾的药物是氯喹（chloroquine），但很快氯喹的作用逐步丧失，原因是细胞中逐渐发展了一个对氯喹具有抗性的 ABC 转运蛋白，它能够将氯喹从细胞内转运到细胞外。

中国药学家屠呦呦及其团队在古代中医药典籍的启发下，从青蒿中提取了青蒿素（artemisinin）并用于治疗疟疾（图 3-55），创造了疟疾药物治疗新方法。据统计，在青蒿素复方药物的帮助下，2000年至2014 年全球疟疾发病率降低了 47%。

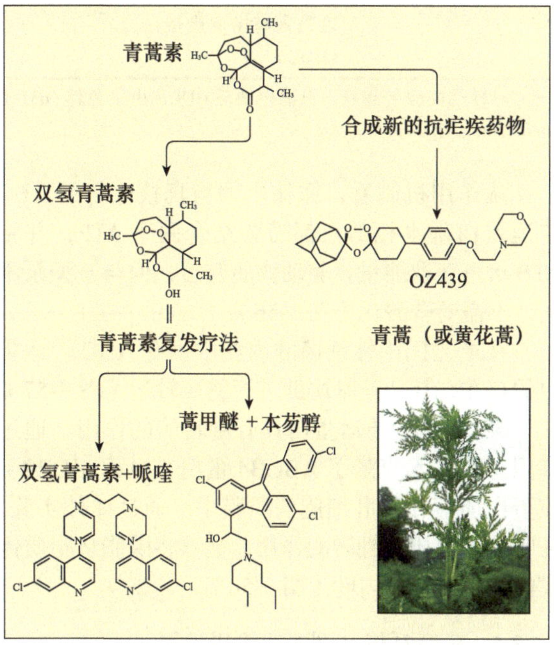

图 3-55 青蒿素及其改造的衍生物（引自 Miller and Su，2011）。

屠呦呦作为发现青蒿素第一人获得 2015 年诺贝尔生理学或医学奖。

在大多数脊椎动物细胞的内质网膜中也有 ABC 转运蛋白，将此类蛋白质称为抗原加工相关转运蛋白（transporter associated with antigen processing，TAP）。它们的作用是将细胞质中由蛋白酶体降解的一些不同大小的肽段转运到内质网，经膜泡转运到细胞表面，供毒性 T 淋巴细胞进行安全识别。如果这些肽是来自外来感染的病毒或细菌细胞，则会将该细胞杀灭。

ABC 转运蛋白与人的健康有密切的关系，表 3-10 列出了几种人体中发现及鉴定的某些 ABC 转运蛋白。

表 3-10　几种人体中鉴定的 ABC 转运蛋白

ABC 转运蛋白	组织表达	功能	突变后引起的相关疾病
ABCB1（MDR1）	肾上腺，肾，脑	输出脂溶性药物	
ABCB4（MDR2）	肝	将磷脂酰胆碱运入胆汁	
ABCB11	肝	将胆盐运入胆汁	
CFTR	外分泌组织	运输氯离子	囊性纤维化
ABCD1	过氧化物酶体膜中广泛存在	影响氧化特长链脂肪酸氧化酶的活性	肾上腺脑白质营养不良
ABCG5/8	肝，肠	输出胆固醇及其他固醇	β-谷固醇血症
ABCA1	广泛存在	输出胆固醇及磷脂，使之进入高密度脂蛋白（HDL）	Tangier 病*

*一种类固醇转运病，血清中缺乏 HDL，由染色体 9q31 上 *ABC1* 基因突变所引起。

从作用机制看，原核生物与真核生物的 ABC 转运蛋白基本相似：都需要结合两个 ATP，并将 ATP 水解获取能量，驱动物质转运；但与 P 型泵不同，不需要磷酸化（图 3-56）。

在革兰氏阳性细菌的内膜中也有 ABC 转运蛋白的存在，其功能是协助进行物质转运（图 3-57）。

某些 ABC 转运蛋白具有翻转酶的作用。通过基因工程技术克隆了 ABCB4 蛋白（也称 MDR2），该蛋白质存在于肝细胞的质膜中。通过体外实验，证明该蛋白质起翻转酶作用，能够将磷脂从脂质体膜的外叶翻转到内叶（图 3-58）。

3.5.3.6　V 型泵与 F 型泵的作用机制

V 型 ATPase 是 ATP 驱动的转运质子的一类

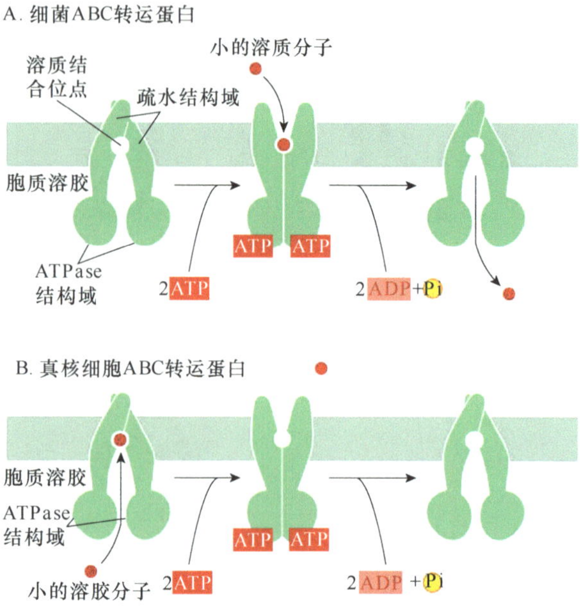

图 3-56　ABC 转运蛋白进行的小分子的运输（引自 Alberts et al.，2015）。A. 细菌 ABC 转运蛋白。在静息状态下，两个穿膜结构域的细胞外侧端是靠在一起的，从而封闭了物质流入的通路，当两个细胞质侧的 ATP 结合结构域各结合一个 ATP 分子，外侧端打开，小的水溶性分子与 ABC 转运蛋白的水溶性位点结合，此时两个 ATP 结合结构域相互靠近，使得被结合的分子无法进入细胞；ATP 水解，并驱动细胞质面的两个 ATP 结合结构域相互离开，从而将被转运的分子释放到细胞内，这一机制有利于细菌从环境中吸收营养。B. 真核细胞中的 ABC 转运蛋白，机制与细菌的相似，只不过显示的是将细胞内的物质运向细胞外，这也是癌细胞多抗药性的原因。

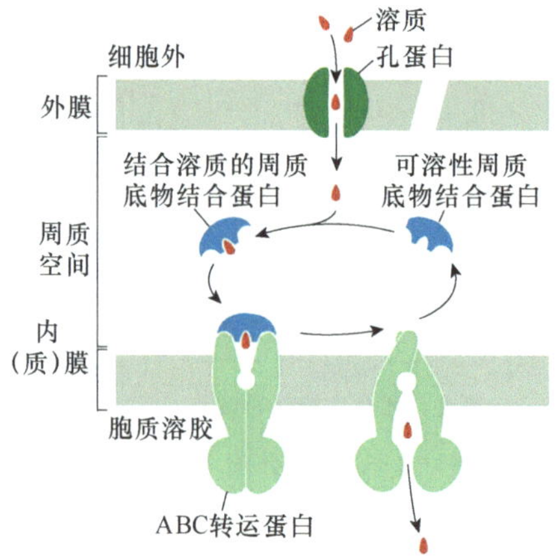

图 3-57　双层膜细菌中 ABC 转运蛋白的辅助运输作用（引自 Alberts et al.，2015）。水溶性的物质通过扩散穿过外膜中孔蛋白的孔，然后在周质空间与游离的水溶性周质空间蛋白结合，并将其转移到内膜的 ABC 转运蛋白，与内膜 ABC 转运蛋白结合后被泵入细胞质。

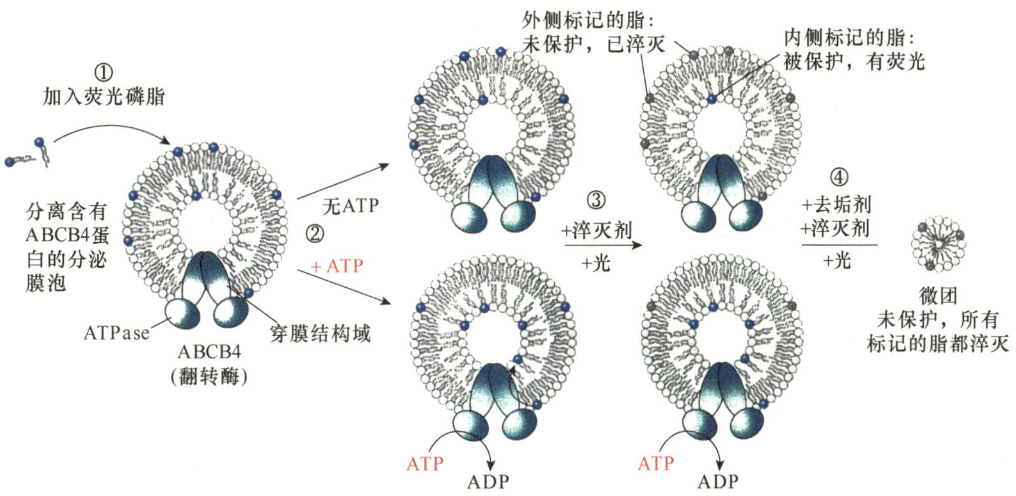

图 3-58 ABCB4蛋白磷脂翻转酶活性的荧光淬灭分析（引自 Lodish et al.，2013）。①合成含有ABCB4蛋白的人工膜泡，并含有荧光标记了头部的磷脂，内外侧均有标记的磷脂；②样品分成两组，一组加入ATP，另一组不加ATP；③两组样品均用光进行照射，如果ABCB4蛋白具有翻转酶的活性，添加了ATP的样品的膜内侧的荧光增强，而未加ATP的样品内侧的荧光保持不变；④用去垢剂处理，使膜泡解体，继续进行光淬灭，荧光消失。

ATPase，所有的V型ATPase都是仅运输H^+，其作用是使一些生物细胞内的膜泡区室建立酸性环境，“V”是英文vacuole或vesicle的首字母。这种类型的质子泵可将真菌、植物细胞中液泡内的环境维持在pH3～6，显然低于胞质溶胶（pH7.0）的酸碱度。在动物细胞中，V型ATPase可在溶酶体、内体、高尔基体及一些分泌泡内建立酸性环境。各种V型ATPase都有类似的复合结构：有一个穿膜结构域（V_0），起质子通道的作用；一个外周结构域（V_1），V_1中有ATP结合位点，并具有ATP酶的活性（图3-59A）。

F型ATPase是位于线粒体内膜及叶绿体的类囊体膜上的ATP酶，既可以水解ATP驱动质子由低向高处流，又可以利用质子的电化学梯度合成ATP。“F”是能量偶联因子（energy-coupling factor）的factor的首字母。F型ATPase由两部分组成（图3-59B）：F_o是整合膜蛋白，此处的“o”是该蛋白质受药物寡霉素（oligomycin）抑制而得名。F_1是外周蛋白，“1”意指该蛋白质是线粒体中分离的若干与能量偶联的因子中的第一个因子。线粒体中的F型ATPase简写为F_oF_1-ATPase，将叶绿体中的F型ATPase简写为CF_oCF_1-ATPase。

F型ATPase本身属水解酶，但是能够催化两个方向的反应，既能合成ATP，又能水解ATP，就看处于何种环境中。在线粒体的内膜上，由于处于强大的H^+质子梯度环境中，可驱动ATP合成。所以在线粒体的氧化磷酸化反应中，F_oF_1-ATPase的主要功能就是合成ATP，属于ATP合酶（ATP synthase）。

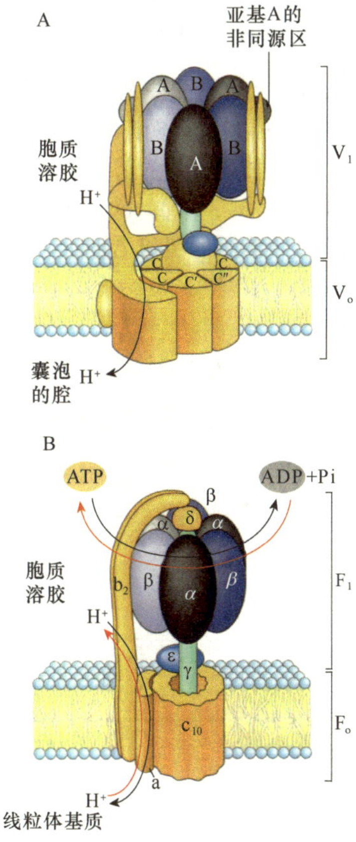

图 3-59 V型泵与F型泵（引自 Nelson and Cox，2013）。A. H^+-ATPase利用ATP，将细胞质中的H^+泵入液泡与溶酶体，创造低的内部pH环境，它有一个整合的膜蛋白复合物（V_o），V_o含有多个相同的C亚基及一个伸向细胞质的外周蛋白复合物（V_1），在$V_1$3个相同的B亚基上有ATP酶的活性位点。B. 线粒体F_oF_1-ATPase/ATP合酶有一个整合在膜中的结构域F_o，具有多个拷贝的C亚基，以及一个外周结构域F_1，该结构域含有3个α亚基、3个β亚基、1个δ亚基、1个ε亚基及1个中央轴γ。

3.5.3.7 协同转运

协同转运（cotransport）又称偶联运输，它不直接消耗 ATP，但要依赖离子泵建立的离子梯度。

动物细胞中，质膜上的钠钾泵和载体蛋白协同完成葡萄糖、氨基酸等的逆浓度梯度的协同转运。转运的机制是：载体蛋白有两个结合位点，可分别与细胞外的 Na^+、糖（氨基酸）等结合，Na^+和葡萄糖分别与载体结合后，载体蛋白借助 Na^+/K^+泵运输时建立的电位梯度，将 Na^+与葡萄糖（或氨基酸）同时运输到细胞内，在细胞内释放的 Na^+又被 Na^+/K^+泵输出细胞外维持 Na^+的电位梯度。

有一种同向协同运输 Na^+与葡萄糖的转运蛋白，称为 2 Na^+/1 葡萄糖同向转运蛋白（two Na^+/one glucose symporter），可一次向细胞内同时运输 2 个 Na^+和 1 个葡萄糖，能够维持细胞内极高的葡萄糖浓度（图 3-60）。

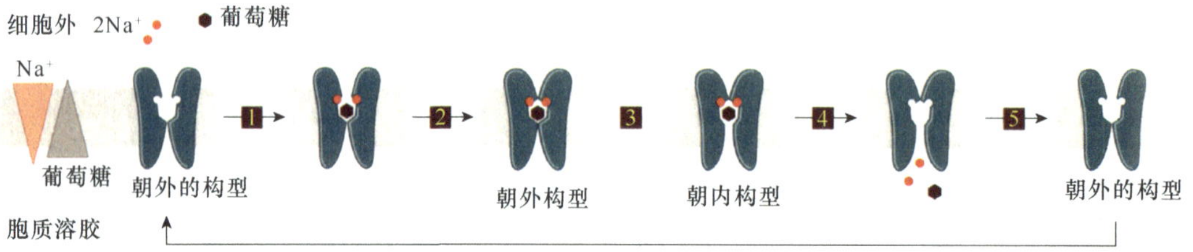

图 3-60 2Na^+/1 葡萄糖同向转运蛋白的工作原理示意图（引自 Lodish et al., 2013）。2Na^+/1 葡萄糖同时与外向开放的各位点结合引起转运蛋白的构型发生变化，导致转运蛋白朝内开放，从而向细胞质释放了 2Na^+/1 葡萄糖，此后又恢复原有的构型。

实际上，Na^+/K^+也是一种协同运输，属于逆向协同。通过 Na^+/K^+泵在细胞两侧建立了 Na^+/K^+的梯度，这种浓度梯度的势能促进了一些 Na^+依赖的协同运输（图 3-61），这也是细胞合理利用 ATP、最大化节约能源的明智之举。

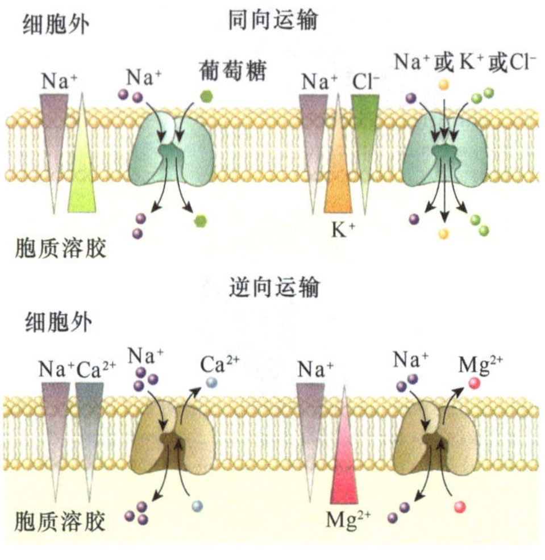

图 3-61 某些 Na^+依赖的协同运输（引自 Plopper, 2016）。Na^+/K^+建立的细胞外的 Na^+梯度能够驱动葡萄糖、Cl^-、K^+、Ca^{2+}、Mg^{2+}的协同运输。

关于细胞的主动运输有两种说法：一种说法是直接主动运输（direct active transport）和间接主动运输（indirect active transport）；另一种说法是初级主动运输（primary active transport）和次级主动运输（secondary active transport）。这两种说法都是将主动运输分为两类：与 ATP 水解偶联的为直接（初级）主动运输；间接利用 ATP 的为间接（次级）主动运输。

3.5.3.8 穿细胞运输

穿细胞运输（transcellular transport）是指某些类型的分子与离子穿过极性细胞的运输。所谓极性细胞是指不对称的细胞，即有不同的两个侧面，在细胞质膜上存在生化活性不同的区域。研究较为深入的极性细胞就是一些组织的上皮细胞。例如，肠上皮细胞的细胞质膜有两个不同的区域：朝向组织外侧的部分称为顶端（apical），朝向内侧的称为基底面（basal surface），基底面朝向肠的内侧。肠细胞之所以能够组成两个不同的区域，是因为紧密连接（tight junction）的作用（详见第 4 章），阻止了物质从该侧进入细胞（图 3-62）。

3.5.3.9 细菌中的主动运输

在细菌中发现一些特殊的主动运输方式，如磷酸化转运、细菌视紫红质质子泵等，这两种运输方式的能量来源是不同的。

1）*磷酸化运输* 磷酸化运输（phosphorylating transport）方式最早发现于细菌中，后来在动物细胞中也发现有类似的穿膜运输方式，又称为基团转运。其机制是通过对被转运到细胞内的分子进行共价修饰（主要是进行磷酸化）使其在细胞中始终

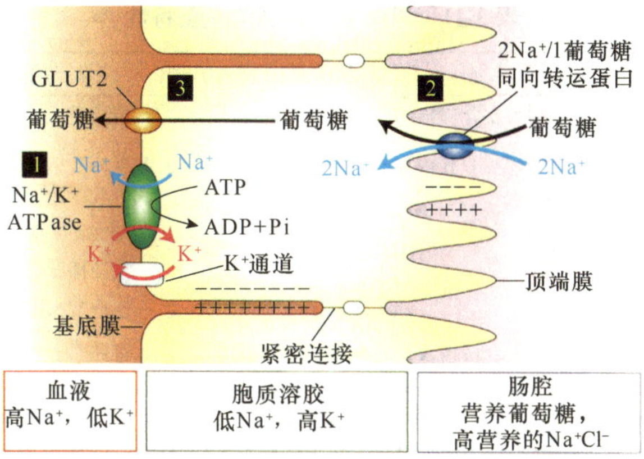

图 3-62 葡萄糖通过穿细胞运输由肠腔进入血液（引自 Lodish et al.，2013）。①细胞质膜的 Na^+/K^+泵建立 Na^+、K^+浓度梯度；② K^+通过非门控通道向外侧流动，建立细胞内的负电位，Na^+的浓度梯度与膜电势促成了 $2Na^+/1$ 葡萄糖向细胞内的同向协同转运；③进入细胞质的葡萄糖经由基底膜的 GLUT2 单向转运蛋白，被运输到血液中。

维持“较低”的浓度，从而保证这种物质不断地沿浓度梯度从细胞外向细胞内转运。在这种运输系统中，涉及几种酶和一个被称为 HPr（histidine-containing phosphocarrier protein）的小分子蛋白质；被转移的基团是磷酸烯醇式丙酮酸的高能磷酸键上的磷酸基团，运输中所需要的能量则由磷酸烯醇式丙酮酸的高能磷酸键提供。在细菌细胞中，这种运输作用主要是进行一些糖的运输，如乳糖、葡萄糖、甘露醇等（图 3-63）。

在该运输方式中，首先将供体磷酸烯醇式丙酮酸的磷酸基团转移到细胞质的酶 I（E-I），然后将磷酸基团转移给 HPr 蛋白，起始步骤对于各种糖的运输都是相同的。第二步要根据被运输的糖而定，如运输的是葡萄糖，HPr 蛋白要将磷酸基团转给酶Ⅲ（E-Ⅲ），再转给位于质膜中的酶Ⅱ（E-Ⅱ），但对于甘露糖的转运则不需 E-Ⅲ的参与，可直接

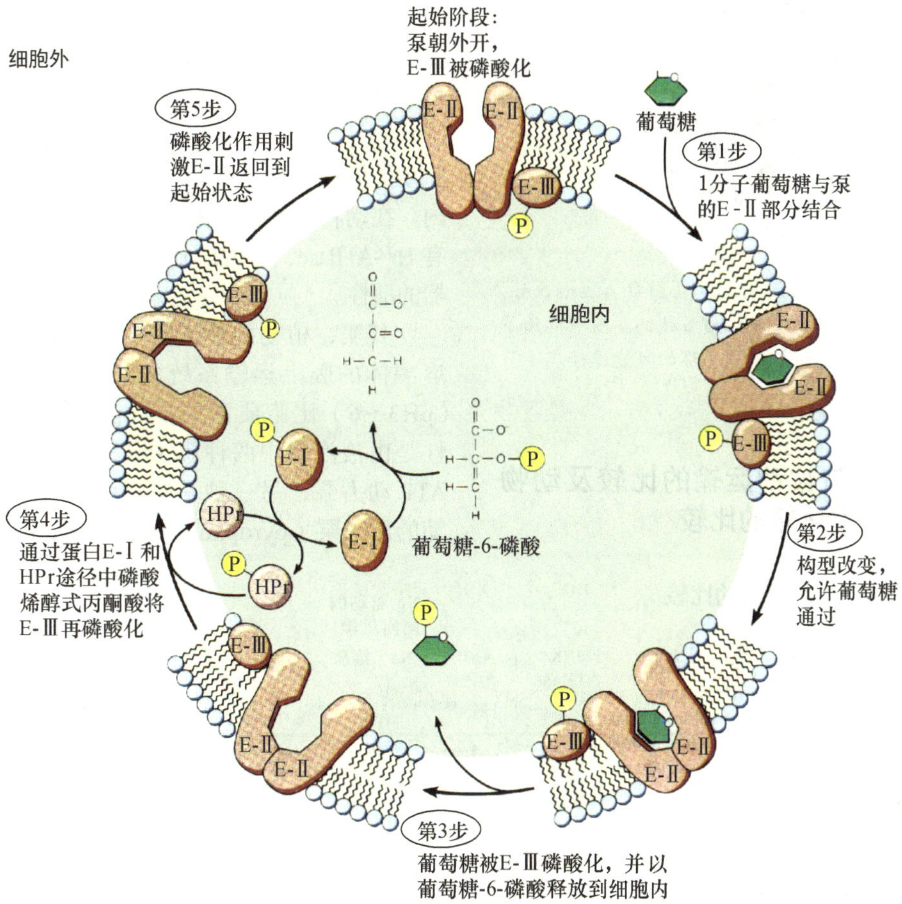

图 3-63 细菌细胞中糖的磷酸化运输（引自 Becker et al.，1996）。

将磷酸基团转给位于质膜中的 E-Ⅱ；最后由 E-Ⅱ将磷酸基团转给被运输的糖。E-Ⅱ和 E-Ⅲ对于不同的糖具有特异性。该运输方式中，被转运进入细胞中的糖浓度，从形式上看没有提高，但实质上是提高了，只不过通过磷酸化作用进行了修饰，造成一种没有提高的假象。这一机制虽然是“瞒天过海”，但确实是一种求生存的智慧！

2）细菌视紫红质质子泵 嗜盐的厌氧菌

Halobacterium halobium 生活在阳光充足的盐水池中。在进化过程中，这种菌的细胞质膜上出现了多种能被光线激活的蛋白质，“紫膜”（purple membrane）是该菌质膜上一些特化的区域（斑块），上面只含一种蛋白质，就是细菌视紫红质（bacteriorhodopsin）。该蛋白质含有 7 个 α 螺旋，每个螺旋长 3～4nm，在蛋白质的中部有几个能够吸收光的视黄醛基团，又称发色基团；该基团吸收光时，能引起整个分子的构型发生变化，导致 H^+ 从细胞内运送到细胞外（图 3-64），结果造成了细胞内外的质子浓度差，这种浓度梯度可被另一种膜蛋白用于 ATP 的合成。实际上细菌视紫红质是一种质子泵，在该系统中，H^+ 的运输由光提供能量。

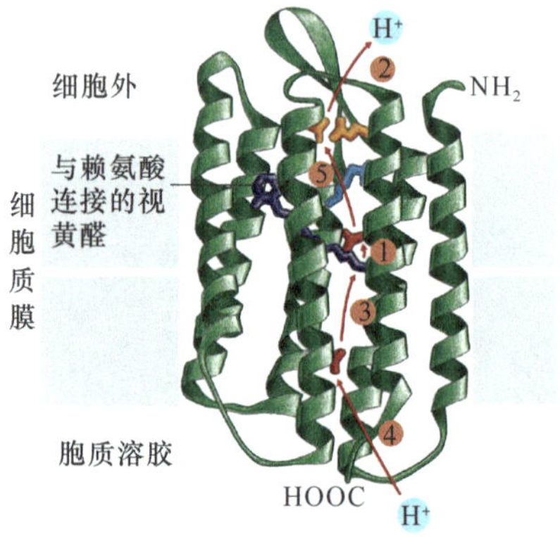

图 3-64 细菌视紫红质分子的三维结构（引自 Alberts et al., 2015）。以 α 螺旋 7 次穿膜的视紫红质多肽链。图中标出了发色团所在的部位及光激活引起 H^+ 循环的可能途径。

3.5.4 主动运输与被动运输的比较及动物与植物主动运输的比较

3.5.4.1 主动运输与被动运输的比较

细胞质膜中进行的被动运输与主动运输的方式各样，机制也各不相同，概括起来，对那些不带电的小分子可以通过简单扩散的方式透过细胞质膜直接进入细胞，如乙醇、二氧化碳和氧。其他的物质大多数都可以在通道蛋白或载体蛋白的帮助下进入细胞。被动运输都是顺浓度梯度运输，并且不需要消耗自由能以外的能量。在主动运输中能够逆化学梯度进行运输，但这需要消耗能量，并且需要载体蛋白。现将物质主要运输方式列于表 3-11。

表 3-11 不同运输机制的主要特性

性质	简单扩散	促进扩散	主动运输
参与运输的膜成分	脂	蛋白质	蛋白质
被运输的物质是否需要结合	否	否/是	是
能量来源	浓度梯度	浓度梯度	ATP水解或浓度梯度
运输方向	顺浓度梯度	顺浓度梯度	逆浓度梯度
特异性	无	有	有
运输的分子高浓度时的饱和性	无	有	有

3.5.4.2 动物细胞与植物细胞主动运输的比较

动物细胞和植物细胞不仅结构有所差别，载体蛋白也有所不同（图 3-65）。动物细胞质膜上有 Na^+/K^+-ATPase，并通过对 Na^+、K^+ 的运输建立细胞的电化学梯度；但在植物细胞（包括细菌细胞）的质膜中没有 Na^+/K^+-ATPase，代之的是 H^+-ATPase，并通过对 H^+ 的运输建立细胞的电化学梯度，使细胞外 H^+ 的浓度比细胞内的高；与此同时，H^+ 泵在周围环境中创建了酸性 pH，然后通过 H^+ 质子梯度驱动的同向运输，将糖和氨基酸等输入植物的细胞内。在动物细胞溶酶体膜和植物细胞的液泡膜上都有 H^+-ATPase，它们的作用都一样，保持这些细胞器的酸性。

其实，植物的液泡膜上的运输系统远比动物溶酶体的膜上运输系统复杂。植物液泡中的 pH（pH3～6）比胞质溶胶低（pH7.5），液泡中的酸性是由液泡膜中两种质子泵维持的，一种是 V 型 ATP 动力泵，另一种是植物细胞特有的焦磷酸驱动的质子泵（pyrophosrate-powered proton），这两

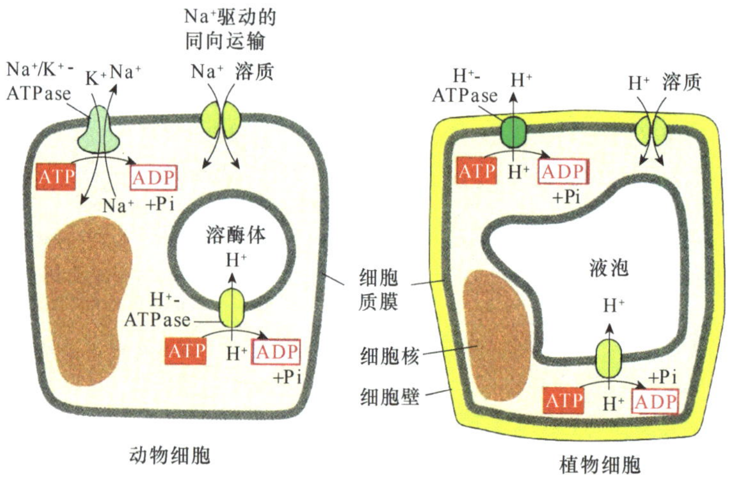

图 3-65 动植物细胞载体介导的物质运输的相似与差异（引自 Alberts et al., 1998）。

种泵都是将 H^+逆浓度梯度运入液泡中。液泡膜中还含有 Cl^-、NO_3^-两种通道蛋白，可将细胞质中的 Cl^-、NO_3^-运入液泡。此外，液泡膜中还有逆向协同转运蛋白利用液泡膜 H^+泵产生的 H^+势能驱动液泡膜中的 Na^+、Ca^{2+}、蔗糖等通过逆向协同转运到液泡中（图 3-66）。

植物细胞液泡对离子及蔗糖的富集具有重要的生理意义。例如，在植物的叶中，液泡通过 H^+泵建立的电化学梯度，驱动 H^+/蔗糖的逆向转运，使得液泡在白天将叶绿体光合作用合成的多余蔗糖储存在液泡中，夜间再将这些蔗糖运到细胞质用于代谢，生成 CO_2、H_2O，同时合成 ATP。

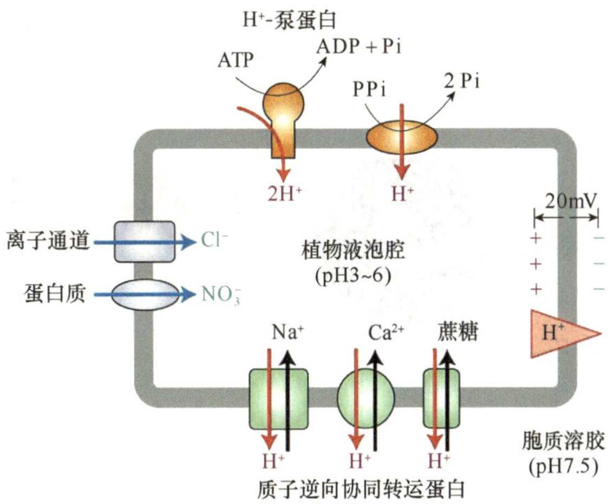

图 3-66 植物液泡中离子与蔗糖的富集（引自 Lodish et al., 2013）。

本章小结

细胞质膜是细胞的基本结构，生物膜具有界膜和区室化、调节运输、功能定位和组织化、信号检测与传递、能量转换等功能。

红细胞结构简单，是研究膜结构的最好材料。红细胞质膜内侧有膜蛋白和纤维蛋白组成的皮质骨架，它参与维持细胞质膜的形状并协助质膜完成多种生理功能。

细胞质膜的主要成分是膜脂、膜蛋白、膜糖三大类。磷脂、鞘磷脂、胆固醇是主要的膜脂，具有双亲媒性。根据膜蛋白的存在方式可分为整合蛋白、外周蛋白、脂锚定蛋白。细胞质膜的生物学功能主要是由膜蛋白来执行的；可以采用离子型和非离子型的去垢剂来分离膜蛋白。膜糖一般以糖脂或糖蛋白的形式存在于质膜的外表面。

流动镶嵌模型是目前被广泛接受的细胞质膜的结构模型，它强调了膜的不对称性和流动性。膜脂、膜蛋白及膜糖分布的不对称性导致了膜功能的不对称性和方向性，保证了生命活动的高度有序性。流动性包括膜脂的侧向扩散、旋转运动、屈伸运动、翻转运动和膜蛋白的随机移动、定向移动、局部移动等，膜的流动性与细胞质膜的酶活性、物质运输、信号转导、能量转换、细胞周期、发育及衰老等过程有很大关系。可以通过人鼠细胞融合实验、荧光漂白后恢复等技术研究膜的流动性。温度、脂肪酸链长度、不饱和程度、胆固醇含量、卵磷脂和鞘磷脂的比值及影响膜蛋白运动的因素都能够影响膜的流动性。细胞质膜上还有一些功能微区，如脂筏、胞膜小窝等。

物质穿膜运输是细胞质膜的基本功能，分为被动运输和主动运输。被动运输不消耗 ATP，且顺浓度梯度，可分为简单扩散和促进扩散，后者需要载体蛋白或通道蛋白的帮助。通道蛋白有电位门控通道、配体门控通道、机械门控通道等。水可以通过简单扩散方式穿膜，也可以通过水孔蛋白协助穿过细胞质膜。

主动运输的 4 个基本特点是：逆浓度梯度运输、依赖于膜转运蛋白、需要代谢能、具有选择性和特异性。参与主动运输的 ATPase 可分为 P 型泵、V 型泵、F 型泵和 ABC 转运蛋白。Na^+/K^+泵和 Ca^{2+}泵均属于典型的 P 型泵。

细菌的主动运输有磷酸化运输、细菌视紫红质质子泵等。

思考题

（1）从细胞质膜结构模型的研究过程可知，创新是最主要的发展动力，请简要说明之。

（2）一些整合在膜上的酶不仅依赖周围环境的脂质作为支持物，而且需要它们的协助发挥酶活性，Na^+/K^+-ATPase 就是一例。请设计一个实验，验证膜流动性对 Na^+/K^+-ATPase 催化速度的影响。

（3）有四种 ATP 驱动的运输泵，请分别说明这四种类型的运输泵的作用与特点。

（4）药店出售的药物中有一些是抑制胃酸分泌的质子泵抑制剂。请问这些药物的作用原理是什么？

（5）脂筏含有丰富的鞘磷脂与胆固醇，有人认为，胆固醇在脂筏的形成中起关键作用，甚至认为没有胆固醇就不可能形成脂筏。你支持这一观点吗？请说明理由。

4 细胞环境与互作

多细胞的生命有机体中的细胞组成不同的组织，恰似一个社会，在这些组织中，细胞与细胞之间、细胞与细胞外环境之间维持着良好的关系。即使是那些与组织没有固定关系的细胞，如在机体内负责巡逻任务的白细胞，也必须以高度特异的方式与其他细胞及这些细胞的细胞外基质相互作用。细胞与细胞之间及细胞与细胞外环境间的相互作用调节着细胞的迁移、生长及组织的三维结构。因此，研究和了解细胞与细胞之间、细胞与细胞外基质之间的关系和相互作用，对于认识生命现象的本质是十分重要的。

细胞通过表面发生的作用有细胞识别、细胞黏附、细胞连接、细胞通讯等。由于细胞通讯的内容较多，将在第 5 章单独讨论，本章主要讨论细胞外基质、细胞识别、细胞黏附和细胞连接等。

4.1 细胞外基质

动物是由多种类型的细胞组成的有机体，而且不同类型的细胞通常要组成固定的组织。细胞组织也不仅仅只是由细胞构成，它也包含由蛋白质及多糖等大分子组成的复杂的、连成网状的复合物，即细胞外基质（extracellular matrix，ECM）（图 4-1B）。在不同动物组织中，其细胞外基质中的大分子是极为相似的，但在数量上又各不相同。细胞外基质的成分是细胞分泌到细胞外的“填充料”，它们有一定的组织性，不仅能保护细胞，而且有一些重要的生物学功能。

4.1.1 细胞外基质的组成与功能

细胞外基质是由细胞合成并分泌到胞外、分布在细胞表面或细胞之间的大分子，主要是一些多糖、

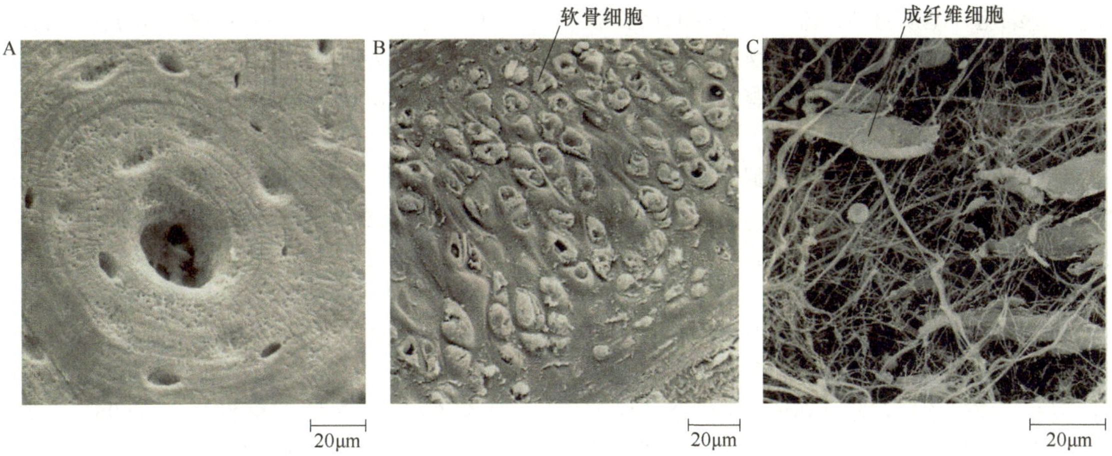

图 4-1 不同类型的细胞外基质（引自 Jeff et al.，2012）。A. 在骨组织中，坚硬钙化的 ECM 位于中央环，中央椭圆的凹陷区是骨细胞。B. 在软骨组织中，细胞被埋在弹性的、含有大量蛋白聚糖的基质中。C. 在皮下结缔组织中，成纤维细胞被含有大量胶原的细胞外基质所包围。

蛋白质或蛋白聚糖。细胞外基质对于一些动物组织的细胞具有重要作用。

4.1.1.1 细胞外基质的组成

细胞外基质的组成成分可分为三大类。①蛋白聚糖（proteoglycan，PG），是由糖胺聚糖（glycosaminoglycan，GAG）以共价的形式与线性多肽连接而成的多糖和蛋白质复合物，它们能够形成水性的胶状物，增强细胞的抗压能力。②结构蛋白，主要是胶原和弹性蛋白，它们赋予细胞外基质一定的强度和韧性。胶原蛋白对组织提供结构支持，弹性蛋白则赋予组织弹性。③黏着蛋白（adhesion protein），如纤连蛋白和层粘连蛋白，它们起组织者的作用。其中以胶原和蛋白聚糖为基本骨架在细胞表面形成纤维网状复合物，这种复合物通过纤连蛋白或层粘连蛋白及其他的连接分子直接与细胞表面受体连接，或附着到受体上。由于受体多数是膜整合蛋白，并与细胞内的骨架蛋白相连，所以细胞外基质通过膜整合蛋白将细胞外与细胞内连成了一个整体（图 4-2）。

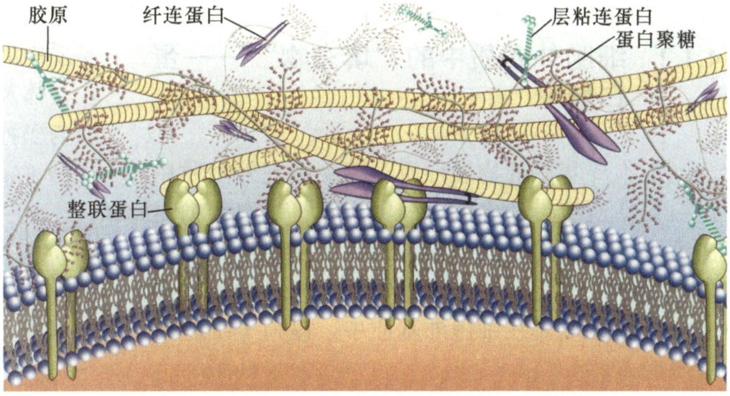

图 4-2 细胞外基质大分子组织结构（引自 Karp，2010）。

植物细胞没有细胞外基质，但有坚硬的细胞壁。从细胞壁的组成看，与动物细胞的细胞外基质有某些相似之处：有类似胶原作用的纤维素，还有很多半纤维素与伸展蛋白，此外还有起黏附作用的果胶。表 4-1 是动物细胞外基质与植物细胞壁结构与组成的比较。

能够分泌和形成细胞外基质的主要细胞类群是成纤维细胞 (fibroblast) 和少数其他特化组织的细胞。

表 4-1 动物细胞外基质与植物细胞壁的主要组成

细胞类型	细胞外结构	结构纤维	水合基质成分	黏附分子
动物细胞	细胞外基质	胶原、弹性蛋白	蛋白聚糖	纤连蛋白、层粘连蛋白
植物细胞	细胞壁	纤维素	半纤维素、伸展蛋白	果胶

4.1.1.2 细胞外基质的功能

细胞外基质对细胞具有支撑与保护作用，具有很好的抗压能力，赋予组织弹性。在某些组织中，细胞外基质可组织成纤维状、片层状的基膜，可直接与细胞层相连，不仅具有支撑及过滤作用，也防止细胞的恶性转移。

细胞外基质是由惰性材料组成的细胞外结构，它对细胞的形态和活性具有重要作用。例如，用酶将培养的软骨细胞或哺乳动物胰腺表皮细胞的细胞外基质水解掉，细胞的合成和分泌活动就会显著下降，此时将细胞外基质材料再添加到处理的培养器皿中，可使细胞恢复活力并分泌产物。

另外，细胞外基质能够帮助某些细胞完成特有的功能。例如，肝细胞（hepatocyte）作为肝组织的主要细胞，必须与基膜或其他的细胞外基质接触才能合成细胞型（cell-type）的蛋白质。将肝细胞分离并放在塑料培养皿中培养，即使加有某种胶原纤维，它们也会停止翻译肝组织特异蛋白（如白蛋白）的mRNA。如果在培养细胞的培养液中添加合适的细胞外基质的成分，mRNA 的合成和翻译就会恢复。

细胞外基质除了决定器官和组织的形态及保护作用外，还具有其他一些重要功能。例如，细胞外基质同一些生长因子和激素结合进行信号转导；某些特殊的细胞外基质也是细胞分化所必需的；胚胎发育的最后阶段——形态发生（morphogenesis）也需要某些细胞外基质的成分。

4.1.2 细胞外基质中的“填充物”——蛋白聚糖

细胞外基质的物理性质主要受细胞外基质中蛋白聚糖所携带的多糖基团的影响。蛋白聚糖是由糖胺聚糖以共价的形式与线性多肽连接而成的多糖和蛋白质复合物，它能够结合大量的水，形成水合物，填充在细胞外基质中，提高了细胞的抗压能力。

4.1.2.1 蛋白聚糖的组织形式

1）糖胺聚糖与蛋白聚糖　糖胺聚糖（GAG）是由重复二糖单位（图 4-3B）构成的无分支长链多糖。构成糖胺聚糖的二糖单位，包括硫酸软骨素（chondroitin sulfate）、硫酸角质素（keratin sulfate）、肝素（heparin）、硫酸乙酰肝素（heparan sulfate）、透明质酸、硫酸皮肤素（dermatan sulfate）等。这些二糖都含有一个氨基糖，并至少含有一个带负电的硫酸基或羧基团。

大多数糖胺聚糖都是与核心蛋白共价结合形成糖和蛋白质的复合物，称为蛋白聚糖（PG）（图 4-3A）。每个蛋白聚糖都含有多个糖胺聚糖，其多糖的含量占蛋白聚糖质量的 95%。蛋白聚糖又称黏蛋白，是由糖胺聚糖与核心蛋白（core protein）的丝氨酸残基共价连接形成的巨型分子。由于核心蛋白和糖胺聚糖的不同，因而可形成不同的蛋白聚糖。目前已经鉴定了 40 多种不同蛋白聚糖的核心蛋白，每种核心蛋白都含有模块化结构的结构域（modular structural domain），能够与细胞外基质中的其他成分，如糖、脂、结构蛋白、整联蛋白受体及各种不同的蛋白聚糖结合。将核心蛋白同时与多种糖胺聚糖结合形成的复合物称为聚集蛋白聚糖（aggrecan）。

2）透明质酸与聚集蛋白聚糖聚集体　透明质酸（hyaluronan；hyaluronic acid，HA）是最简单的糖胺聚糖。细胞外基质中发现的大多数糖胺聚糖都是作为蛋白聚糖的一个成分而存在，唯一例外的是透明质酸，它不与蛋白聚糖的核心蛋白共价连接，而是与细胞外基质中的聚集蛋白聚糖形成巨大的复合物。在软骨组织中发现，由软骨细胞分泌的透明质酸分子形成一个长轴（约

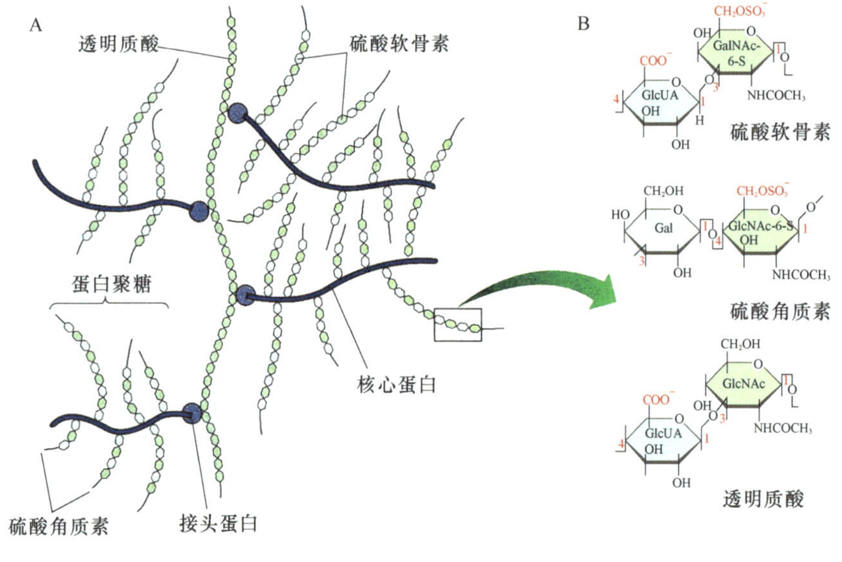

图 4-3　蛋白聚糖与糖胺聚糖的结构（引自 Becker et al.，2003）。A. 蛋白聚糖的结构；B. 糖胺聚糖中常见的重复二糖单位。

4mm），通过接头蛋白（linker protein）可与100多个聚集蛋白聚糖复合物结合，形成更大、更复杂的聚集蛋白聚糖聚集体（aggrecan aggregate）（图4-4）。透明质酸以这种方式在软骨的细胞外基质中创造了一个大的水合环境，而这种环境在低密度血管的组织中特别重要，因为这种环境有利于营养的扩散及废物的排除。

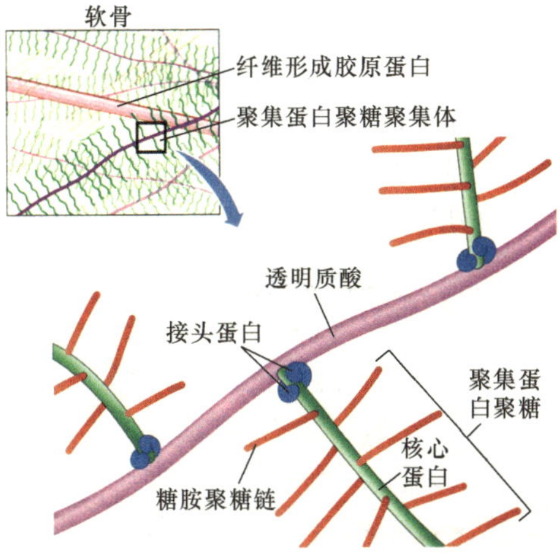

图4-4 软骨中的蛋白聚糖存在方式（引自Plopper，2016）。糖胺聚糖与核心蛋白结合形成蛋白聚糖，多个蛋白聚糖与核心蛋白结合形成聚集蛋白聚糖。多个聚集蛋白聚糖通过接头蛋白与聚合的透明质酸糖连接形成聚集蛋白聚糖聚集体。聚集蛋白聚糖聚集体与纤维形成胶原蛋白一起吸水形成水合网络，起抗压与润滑作用。

透明质酸的结构相当简单，如同其他的糖胺聚糖一样，是由二糖组成的线性聚合物。透明质酸分子平均含有10 000（可高达50 000）个二糖分子，分子间通过β（1，4）键连接。因为二糖都是带负电的，所以它们能够与阳离子及水结合。

4.1.2.2 蛋白聚糖的功能

蛋白聚糖或透明质酸-聚集蛋白聚糖聚集体构成了细胞外基质的基础，由于它们是高度酸性的，且带负电荷，因此能够结合大量的阳离子，这些阳离子又可结合大量的水分子，这样，蛋白聚糖形成了多孔的、吸水的胶状物，如同包装材料，填充在细胞外基质中。蛋白聚糖的这种性质，使细胞表面具有较大的可塑性，从而具有抗挤压能力，对细胞起保护作用。

由于透明质酸以可溶的形式游离存在，所以在细胞外体液和滑液（synovial fluid）中透明质酸的浓度很高，其结果是提高了体液和滑液的黏度及润滑性。

单个的蛋白聚糖或聚集蛋白聚糖聚集体直接与胶原纤维连接形成动物细胞外的纤维网络（fiber network）结构（图4-5）。不同类型的胶原纤维与不同类型的蛋白聚糖连接形成不同的纤维网络，对于提高细胞外基质的连贯性起关键作用。

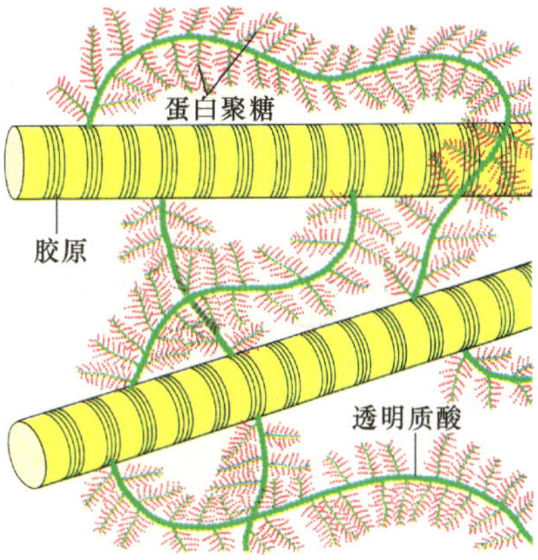

图4-5 聚集蛋白聚糖聚集体与胶原纤维连接在细胞外基质中形成纤维网络（引自Wolfe，1993）。

此外，蛋白聚糖还可作为细胞黏附的暂时性或永久性的位点。暂时性的黏附发生在胚胎发育中，对于单个细胞及细胞层的移动具有重要作用。另外，蛋白聚糖对于细胞分化也十分重要，同时也与细胞癌变有关。

不同组织的细胞外基质中蛋白聚糖的分布不同，分子质量也不尽相同（表4-2）。

表4-2 蛋白聚糖及分布

类型	核心蛋白相对分子质量	分布
硫酸软骨素	200 00～300 000（软骨中） 45 000（骨中） 45 000和500 000（皮肤中）	软骨、骨、皮肤、基膜中少量
硫酸角质素	45 000	骨、角膜
硫酸皮肤素	40 000～50 000	腱、原纤维结缔组织、皮肤和角膜中少量
硫酸乙酰肝素	30 000～200 000	基膜、角膜、神经组织
聚集蛋白聚糖聚集体	100 000～1000 000	软骨、骨（少量）、腱、主动脉平滑肌

4.1.3 胶原和弹性蛋白

胶原（collagen）是细胞外基质中最重要的水不溶性纤维蛋白，是构成细胞外基质的结构蛋白，给细胞提供抗张力能力。弹性蛋白（elastin）是弹性纤维的主要成分，弹性纤维主要存在于韧带和脉管壁，赋予组织以弹性。

4.1.3.1 胶原的类型

胶原是多细胞生物中最为丰富的蛋白质，至少在500万年前就已经进化而成。胶原家族至少有29种不同类型的蛋白质，几乎所有的动物细胞都能合成并分泌至少一种胶原蛋白。不同类型的胶原有不同的化学结构和不同的免疫性能，是不同基因的表达产物。表4-3是目前已鉴定的部分胶原的类型、分布及突变表型。

表 4-3 胶原的类型、分布及突变表型

存在方式	类型	聚合形式	组织分布	突变表型
纤维形成（纤维状）	Ⅰ	纤维	骨，皮肤，韧带，角膜，内部器官（占身体胶原的96%）	严重骨缺陷，骨折（成骨不全）
	Ⅱ	纤维	软骨，椎间盘，脊索，眼玻璃体	软骨缺陷，侏儒（软骨发育不良）
	Ⅲ	纤维	皮肤，血管，内部器官	脆性皮肤，疏松关节血管易于破裂（皮肤弹性过度综合征）
纤维形成（纤维状）	Ⅴ	纤维（Ⅰ型协同）	同Ⅰ型	脆性皮肤，疏松关节血管易于破裂
	Ⅺ	纤维（Ⅱ型协同）	同Ⅱ型	近视，失明
纤维结合	Ⅸ	与Ⅱ型纤维侧向连接	软骨	骨性关节炎
网络形成	Ⅳ	片层网络	基膜	肾病（肾小球炎）
	Ⅶ	锚定纤维	扁平层状上皮下方	皮肤起泡
穿膜	ⅩⅦ	非纤维	半桥粒	皮肤起泡
蛋白聚糖核心蛋白	ⅩⅧ	非纤维	基膜	近视，脱落视网膜，脑积水

从表4-3可以看出，不同胶原卷曲螺旋可以形成各种不同的形态。根据它们组成的不同结构，胶原可分成五大类。

第一类：纤维形成胶原（fiber forming collagen），包括Ⅰ、Ⅱ、Ⅲ、Ⅴ及Ⅺ型胶原，它们组装成束，为细胞提供刚性。

第二类：纤维结合胶原（fibril associated collagen），如Ⅸ型胶原，它们本身不形成纤维，但常与胶原纤维结合形成网。

第三类：网络形成胶原（network forming collagen），包括Ⅳ和Ⅶ型胶原。此类胶原虽然刚性较弱，但能够形成网，可为细胞提供全方位的支撑，如皮肤下的基膜。

以上三类胶原是大多数动物细胞中最主要的胶原。

第四类：穿膜胶原（transmembrane collagen），如ⅩⅦ型胶原，参与半桥粒连接。

第五类：蛋白聚糖核心蛋白（proteoglycan core protein），如ⅩⅧ，参与基膜的组装。

Ⅵ型胶原也是细胞内极为丰富的一种胶原蛋白，几乎存在于所有类型的细胞，它具有很强的伸缩性，在电子显微镜下观察，Ⅵ型胶原呈现念珠（beads on a string）结构，故称为珠状纤维胶原（beaded filament collagen）。

图4-6显示的是几种类型的胶原在细胞内的组装形式及存在状态。

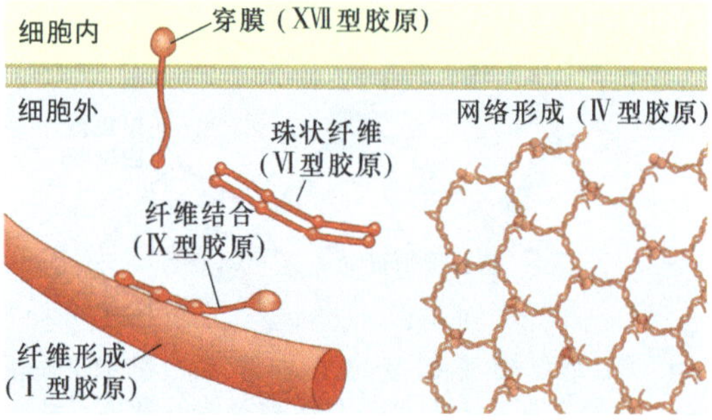

图4-6 胶原亚基组装成不同的结构形式（引自Plopper，2016）。图中特别显示了Ⅰ型胶原组装成三股螺旋的纤维，其上结合有Ⅸ型胶原。Ⅳ型胶原则组装成片层的网，参与基膜的组成。ⅩⅦ型胶原是穿膜蛋白，参与半桥粒连接。

4.1.3.2 胶原的结构、合成、装配与分泌

1）胶原的结构　胶原纤维的基本结构单位是原胶原（tropocollagen），原胶原肽链的一级结构具有（Gly-X-Y）三肽重复单位，其中X和Y可以是任何一种氨基酸，但常为脯氨酸和羟脯氨酸。甘氨酸是三肽重复单位的必需成分，它的侧链很小，只有甘氨酸的氢原子能够位于三股螺旋的中央。这种三氨基酸重复序列能够使三条亚基紧紧包在一起，并促进形成长300nm、直径1.5nm的卷曲螺旋胶原。以300nm长的卷曲螺旋胶原为单位，通过相互间的N端与C端进行共价连接，形成胶原原纤维（collagen fibril）。胶原原纤维可进一步装配成胶原纤维（collagen fiber）（图4-7）。

不同类型的胶原，其三股螺旋的亚基组成是不同的，如纤维形成胶原的三股螺旋亚基组成是$[\alpha1(\text{Ⅰ})]_2\alpha2(\text{Ⅰ})$；纤维结合胶原的三股螺旋亚基组成是α1（Ⅸ）α2（Ⅸ）α3（Ⅸ）；网络形成胶原的三股螺旋亚基组成是$[\alpha1(\text{Ⅳ})]_2\alpha2(\text{Ⅳ})$；穿膜胶原的三股螺旋亚基组成是$[\alpha1(\text{ⅩⅦ})]_3$。

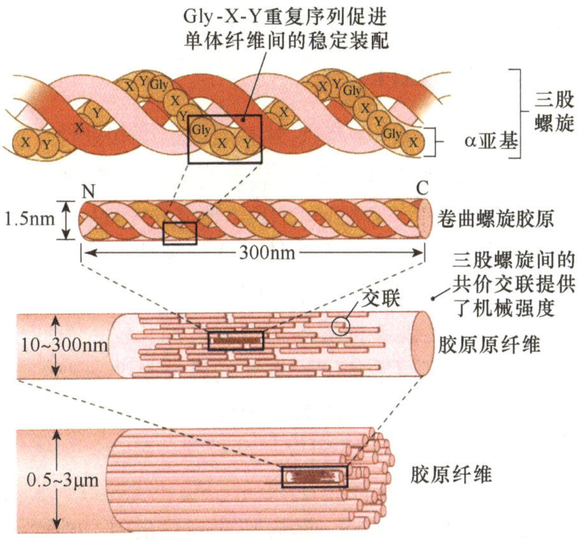

图 4-7 胶原纤维的结构（引自 Plopper，2016）。四个部分是胶原纤维结构的分解图。动物组织中的胶原纤维（collagen fiber）是由胶原原纤维（collagen fibril）组成的，胶原纤维的直径为0.5～3μm，而胶原原纤维的直径为10～300nm。胶原原纤维是由原胶原（tropocollagen），即图中显示的卷曲螺旋胶原（collagen coiled coil）交联而成。每一个原胶原由三条螺旋卷曲而成，长为300nm，直径为1.5nm。

过N端与C端的赖氨酸交联（图 4-9）进一步装配成胶原原纤维，进而装配成胶原纤维。

由原胶原装配成胶原原纤维的过程可简要概括为：原胶原中的赖氨酸侧链被赖氨酰氧化酶修饰，形成ε-醛（基）赖氨酸，被修饰的赖氨酸间形成共价交联，促进了原胶原装配成胶原原纤维。赖氨酰氧化酶是细胞外的酶，这一装配发生在原胶原分泌到细胞外进行的。胶原原纤维装配后便会成束装配成胶原纤维。

4.1.3.3 胶原的功能

胶原纤维有许多重要的功能。首先，胶原是细胞外基质中最重要的结构蛋白，决定细胞外基质的机械性质。某一特定组织的性能通常与胶原分子的三维结构有关。例如，腱起着连接肌肉和骨的作用，因此在肌肉收缩时必须能够承受巨大的拉力。腱具有细胞外基质，在细胞外基质中胶原纤维沿着腱的长轴平行排列，因此与拉力的方向平行。又如，角膜是一个特别的组织，它既要坚硬以便对眼球提供保护，但又必须是透明的以便光通过到达视网膜。角膜的厚厚中间层就是细胞外基质，其中含

2）胶原的合成、装配与分泌　胶原蛋白是在膜附着核糖体上起始合成的，然后进入内质网，通过内质网和高尔基体的加工修饰及装配，最后分泌到细胞外基质中（图 4-8）。

首先，编码胶原蛋白的mRNA在糙面内质网的核糖体上翻译出N端信号肽，即前肽（propeptide），在信号肽识别颗粒的引导下，信号肽引导前胶原（procollagen）蛋白进入内质网，在内质网分子伴侣的帮助下进行正确折叠。然后进行脯氨酸、赖氨酸残基的羟基化修饰，形成羟脯氨酸及羟赖氨酸。这种羟基化修饰，保证了三螺旋亚基间适当形成氢键，有利于将三个亚基以卷曲螺旋拢到一起，同时进行*N*-连接的糖基化修饰。接下来是进行自我装配，并在三个前肽的氨基端与羧基端分别形成二硫键，而二硫键的形成促使三个前胶原的亚基正确形成三螺旋的卷曲螺旋。内质网形成管状的分泌泡将前胶原分泌出内质网，分泌泡再通过与顺面高尔基体融合，使前胶原运输到高尔基体。前胶原在高尔基体中进行*N*-连接、*O*-连接糖基化糖的进一步修饰。在高尔基体中，前胶原两端的前肽在水解酶的作用下被切除，形成300nm的原胶原并被分泌到细胞外。在细胞外，原胶原通

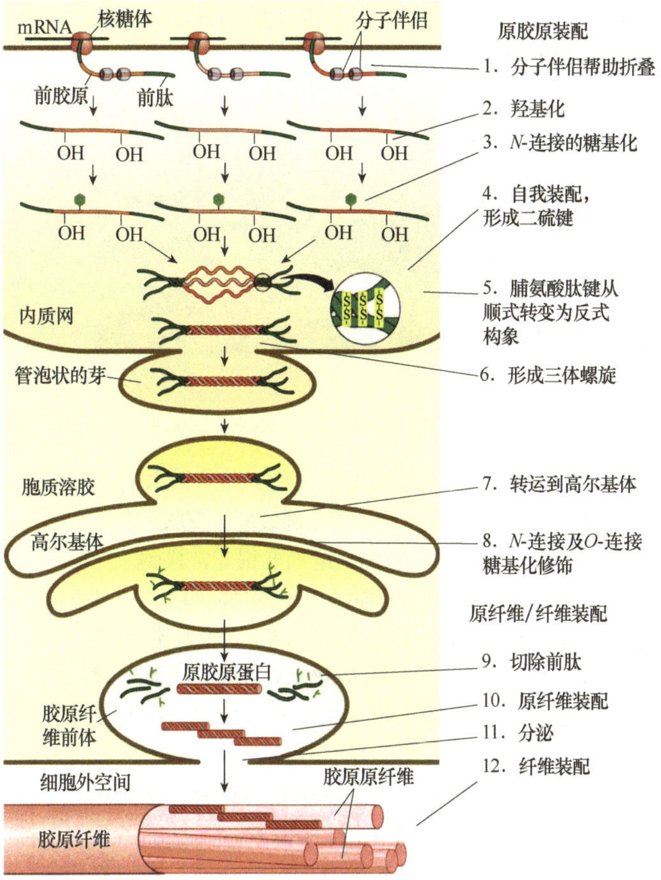

图 4-8 胶原的合成、加工、装配与分泌（引自 Plopper，2016）。

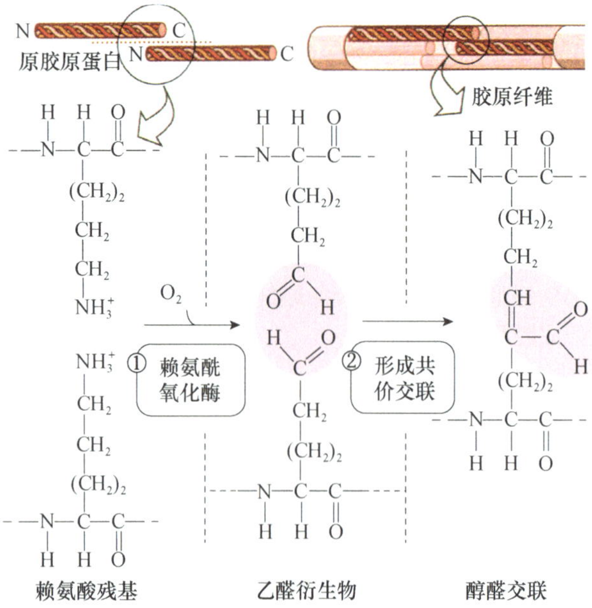

图 4-9 胶原纤维的装配（引自 Lewin et al.，2007）。赖氨酰氧化酶催化两个赖氨酸侧链形成 ε- 醛（基）赖氨酸，再经羟醛交联进行共价连接。

有相当短的胶原纤维，并组成不同的层。角膜基质的层次结构与胶合板相似，同一层中纤维是相互平行的，但与另一层的纤维却是垂直的（图 4-10），这种组织方式既赋予了这种娇嫩组织的强度，又提高了组织的透明度。

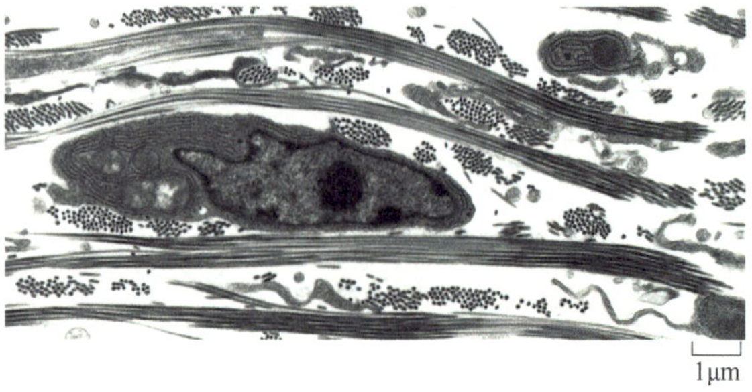

图 4-10 角膜基质的结构（引自 Karp，1996）。

如果编码胶原的基因发生突变，将导致胶原病（表 4-3）。若影响到胶原纤维的正确装配，皮肤和其他各种结缔组织就会因此降低强度而变得非常松弛。

胶原是骨、腱和皮肤组织中的主要蛋白，这些组织的细胞外基质不仅胶原含量高，而且刚性及抗张力大，构成了细胞外基质的附加结构。细胞外基质中的其他组分通过与胶原的结合，形成结构与功能的复合体。

另外，胶原具有促进细胞生长的作用，如肝细胞等在含有胶原的培养基上生长较快。一些实验证明，某种细胞经过特异的黏着蛋白的介导，可以粘连到特定类型胶原上；上皮细胞和内皮细胞经层粘连蛋白的介导，可与基膜中的Ⅳ型胶原粘连。

4.1.3.4 弹性蛋白

虽然胶原能够给细胞外基质以强度和韧性，但是对于某些组织来说还需要富有弹性，特别是血管、皮肤、肺、心脏等组织。血管的弹性对于维持适当的血压是十分重要的，这种弹性主要依赖于细胞外基质中的弹性纤维。弹性纤维如同橡皮带一样，它的长度能够伸展到正常长度的几倍，当收缩时又能恢复到原始长度。组织的弹性是通过改变散布在弹性纤维中胶原的数量来控制的。

弹性蛋白能够组装成弹性纤维（elastic fiber）。弹性纤维外面包有一层表面粗糙的微原纤维鞘（microfibrillar sheath），鞘内富含弹性蛋白。外鞘至少由 10 种不同的蛋白质压缩而成，其中有些蛋白质能够与细胞表面的整联蛋白受体结合。

像胶原蛋白一样，弹性蛋白也富含甘氨酸和脯氨酸，但是与胶原蛋白不同的是，弹性蛋白的羟基化程度不高，没有羟赖氨酸的存在。微原纤维鞘内的弹性蛋白分子间通过赖氨酸残基形成共价键进行相互交联，它们形成的交联网络可通过构型的变化产生弹性。弹性蛋白之所以十分稳定，并且具有很好的弹性，是因为弹性蛋白的结构非常特别。弹性蛋白基因编码两个非常不同的序列，一个是亲水区，另一个是疏水区，它们之间是间隔存在的，这种结构有利于伸展与松弛。装配成的微原纤维鞘内的弹性蛋白是不溶于水的（图 4-11）。

弹性蛋白的合成与分泌通过共翻译转运途径进行，弹性蛋白纤维的最后装配是在细胞外完成的（图 4-12）。

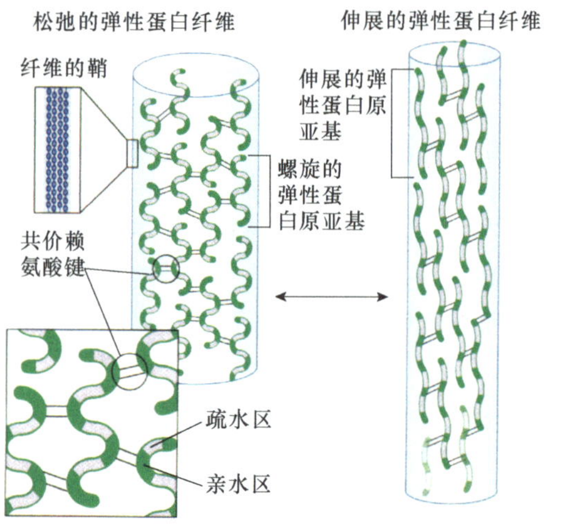

图 4-11 弹性纤维的结构（引自 Plopper，2016）。微原纤维鞘内的弹性蛋白交联成弹性纤维。交联网络中的每一个弹性蛋白分子都能以伸展或螺旋两种构型存在，因此导致弹性蛋白纤维的紧缩和伸展。

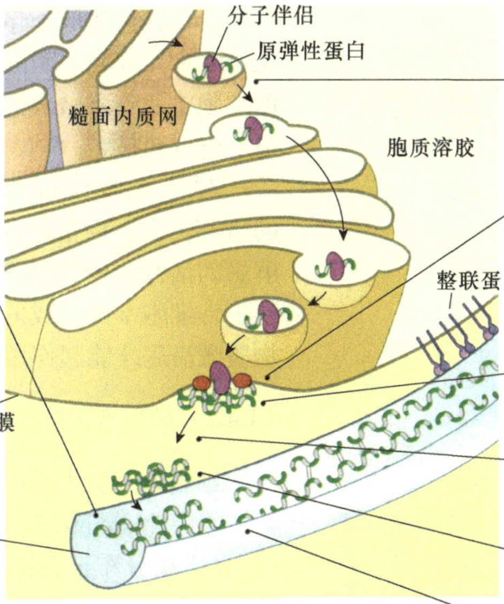

图 4-12 弹性蛋白纤维的合成、分泌与装配（引自 Plopper，2016）。弹性蛋白纤维的合成、分泌与装配分为 7 个过程：①微纤维鞘蛋白合成并被分泌到细胞外，在细胞外酶的作用下装配成微纤维鞘；②弹性蛋白单体［又称原弹性蛋白（tropoelastin）］在糙面内质网合成，合成的弹性蛋白在内质网中与分子伴侣 / 受体蛋白复合物结合，在此过程中，分子伴侣防止弹性蛋白单体自身聚集；③当弹性蛋白单体被分泌到细胞表面时，在弹性蛋白结合蛋白的作用下，弹性蛋白被困在细胞表面，并在细胞外酶的作用下，弹性蛋白单体相互交联，产生小的、非组织化的纤维丛；④随着时间的延长，这些小的弹性蛋白纤维丛不断地交联、加长；⑤合成的弹性纤维聚集体不断被转移到细胞质膜外，并与微原纤维鞘结合；⑥进一步聚集与压缩，形成大的复合物；⑦聚集物进一步交联形成最终的纤维结构，并与鞘共价结合。

4.1.4 细胞外基质中的黏着蛋白

细胞外基质中的第三类成分是黏着蛋白，之所以将这些蛋白质称为黏着蛋白，是因为这些蛋白质起着将细胞外基质与细胞联系起来的桥梁作用。细胞外基质中的黏着蛋白包括纤连蛋白、层粘连蛋白等。

4.1.4.1 纤连蛋白

纤连蛋白（fibronectin，FN）属于非胶原糖蛋白，它是一类黏附性的糖蛋白，几乎所有动物的结缔组织都能表达纤连蛋白。在人体中，一个纤连蛋白基因通过可变剪接表达出至少 27 种不同纤连蛋白。这些蛋白质可分成两类：一类是可溶性的（即细胞质）纤连蛋白，存在于血浆和各种体液中，称为血浆纤连蛋白（血浆 FN）；另一类以不溶的纤维，存在于细胞外基质、细胞之间及某些细胞表面，称为细胞纤连蛋白（细胞 FN）。

1）FN 的结构　FN 是高分子质量的糖蛋白，含糖约 5%，是由两个亚基组成的二聚体，每个亚基的分子质量约 250kDa，各亚基在 C 端形成两个二硫键交联。血浆 FN 是二聚体，由两条相似的 A 链和 B 链组成，整个分子呈 V 形。细胞 FN 是多聚体，其不同来源的 FN 亚基结构相似，但并不相同。不同的亚单位均为同一基因的表达产物，只是转录后在 RNA 的剪接上有所不同，因而产生不同的 mRNA。另外，在翻译后的修饰上也有差异，FN 的每个亚单位的蛋白质组成若干个球形结构域，各结构域之间由对胰蛋白酶敏感的肽链连接，因此可通过胰蛋白酶的水解作用分离这些结构域从而研究它们的功能。每个 FN 亚基上有与胶原、细胞表面受体、血纤蛋白和硫酸蛋白多糖高亲和力结合的位点（图 4-13）。

用蛋白酶消化 FN 的细胞结合区（整联蛋白受体结构域），可以发现这一结构域中 Arg-Gly-Asp 三肽序列负责与细胞表面的结合，Arg-Gly-Asp 序列简称 RGD 序列，同样存在于细胞外基质和血液的其他类型的黏着蛋白序列中。RGD 序列有时又称 RGDS，最后一个 S 代表丝氨酸，表明细胞表面受体与 FN 的识别和结合也与丝氨酸有关。

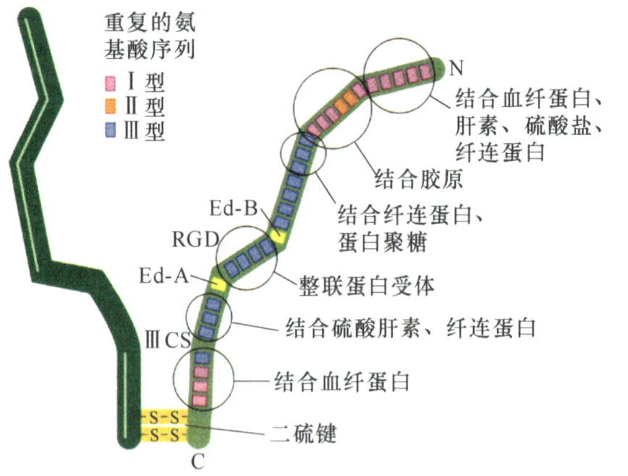

图 4-13 纤连蛋白的结构（引自 Plopper，2016）。两个纤连蛋白多肽通过靠近 C 端二硫键共价结合，每个多肽组成 6 个结构域，每个结构域由小的重复序列构成。其中整联蛋白受体结构域含有特征性的 RGD 序列，负责与细胞膜中整联蛋白粘连。

2）FN 的功能　FN 可与多种物质及细胞结合，执行多种功能。FN 最主要的功能是介导细胞的黏着。FN 可以与其在细胞膜上的受体结合，根据对受体的分析，发现受体的细胞外结构域有与 Arg-Gly-Asp-Ser 高亲和结合部位。由于 FN 具有同时与细胞外基质各类成分相结合的特点，并可促进细胞外基质其他成分的沉积，有人认为 FN 是细胞外基质的组织者。

在 FN 的分子上既有与胶原结合的结构域，又有与细胞结合的结构域。这样，FN 可以介导细胞外基质与细胞结合。

FN 能够影响细胞的迁移，一个突出的例子是胚胎发生早期神经脊细胞的迁移。在神经管形成时，神经脊细胞从神经管的背侧迁移到胚胎各个区域，分化成神经节、色素细胞等不同类型的细胞。一般认为 FN 纤维为细胞的运动提供了轨道，这种推测也得到了实验的证明：将 FN 特异的抗体直接注射到正在发育的胚中，以此阻止细胞与 FN 的结合，这种处理影响了正常细胞的迁移，导致异常胚的发育。

FN 介导细胞的黏着和影响细胞的迁移对于细胞及机体的生命活动有重要的意义。FN 引导免疫系统的细胞移向受伤部位，促使伤口愈合。另外，FN 与癌细胞扩散也有密切的关系。在正常组织中，细胞是由多种多样的糖蛋白粘连起来，并约束在一个固定的位置上，主要是靠 FN 来维持其稳定状态。在这种情况下，癌细胞如果要转移，就必须先将结合在细胞之间的 FN 切断，或把它们消化掉，癌细胞才能游离出来自由活动，并通过血液或淋巴系统进行转移。

对劳氏肉瘤病毒（Rous saroma virus，RSV）的研究发现，癌基因合成一种蛋白质来激活 FN 水解酶的活性，可切断 FN 形成的网络。这种水解酶是正常细胞本身合成的，但没有活性，只有被外来物质激活后才能起作用。

4.1.4.2 层粘连蛋白

细胞外基质中另一个重要的黏着糖蛋白就是层粘连蛋白（laminin，LN），是基膜的主要结构成分。LN 也广泛分布于脊椎动物和一些无脊椎动物，如昆虫和海胆中。在某些动物胚胎的十六细胞期就出现了 LN。不过，不同来源的层粘连蛋白之间的同源性极低，表明它们的进化史很长。

1）LN 的基本结构　如同胶原，LN 也是由三条多肽亚基组装成三螺旋的卷曲螺旋。

LN 是基膜所特有的非胶原糖蛋白，分子质量为 820kDa，含 13%～15% 的糖，有 3 个亚单位，即重链（α 链，400kDa），以及 β（215kDa）、γ（205kDa）两条轻链。LN 在结构上呈现不对称的十字形，由 1 条长臂和 3 条相似的短臂构成。这 4 个臂均有棒状节段和球状的末端域。β 和 γ 短臂上有两个球形结构域，α 链上的短臂有 3 个球形结构域，其中有一个结构域同Ⅳ型胶原结合，第二个结构域同肝素结合，还有同细胞表面受体结合的结构域（图 4-14）。正是这些独立的结合位点使 LN 作为一个桥梁分子，介导细胞

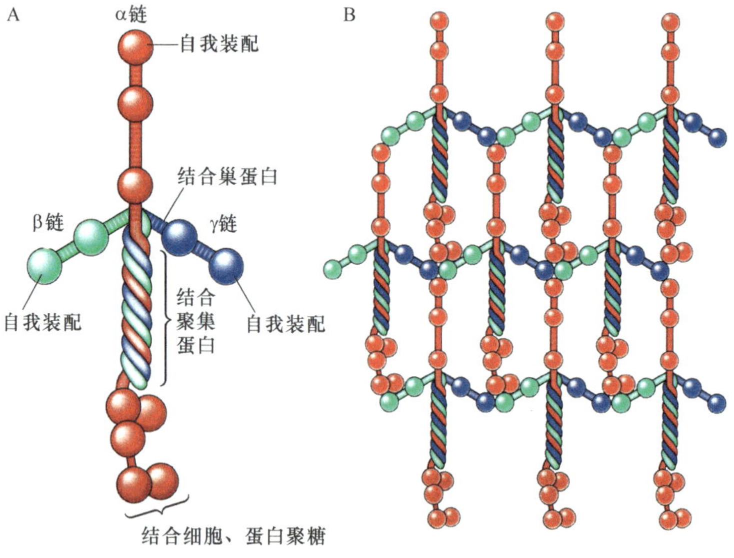

图 4-14 层粘连蛋白的结构（引自 Copper and Hausman，2013）。A. 单个层粘连蛋白由 3 条多肽链组成；B. 层粘连蛋白装配成网状结构。

同基膜结合。与细胞外基质中其他糖蛋白不同的是，LN 不会形成纤维结构，但可以形成网状结构。

2）LN 的功能　在基膜中，由于 LN 具有与Ⅳ型胶原、细胞表面及其他的蛋白聚糖结合的位点，所以 LN 的主要功能就是作为基膜的主要结构成分对基膜的组装起关键作用，在细胞表面形成网络结构并将细胞固定在基膜上。

LN 还有许多其他的作用，如在细胞发育过程中刺激细胞黏附、细胞运动。LN 还能够刺激胚胎中神经轴的生长，并促进成年动物的神经损伤后重生长和再生。如同纤连蛋白，细胞外的 LN 能够影响细胞的生长、迁移和分化。

4.1.5　细胞外基质与细胞的相互关系

细胞外基质是细胞分泌到细胞外的大分子物质。这些大分子物质之间的关系如何？ 它们反过来对细胞的生命活动有什么影响？

4.1.5.1　基膜

基膜（basement membrane）是一种复合的细胞外结构，通常位于上皮和内皮的基底面，是细胞外基质的特异区。典型的基膜厚约 50nm，有些基膜的厚度达 200nm。通常会形成基膜的组织和细胞有：①肌细胞和脂肪细胞的表面；②上皮组织基底面的下方，如皮肤上皮的下表面，将上皮细胞与结缔组织分开（图 4-15）；③血管内皮细胞的下表面。

基膜是由不同的蛋白纤维组成的网状结构，主要成分有 LN、Ⅳ型胶原、巢蛋白（nidogen）、生腱蛋白（tenascin）、血小板应答蛋白（thrombospondin）、硫酸肝素糖蛋白等（图 4-16）。

LN 在基膜的形成中起重要作用，因为 LN 具有许多不同的结构域，其中具有与其他蛋白复合物结合的特殊位点。此外，LN 既能够与细胞表面受体结合，也能够与其他的 LN 分子及同其他的糖蛋白（包括基膜中其他的一些成分）结合。更重要的是，LN 与Ⅳ型胶原结合形成分隔的交联网状结构。基膜通过 LN 与细胞表面受体紧密结合，将基膜与覆盖的细胞紧密结合起来（图 4-17）。由此看来，LN 不仅是基膜的主要成分，也是基膜的组织者，而Ⅳ型胶原则是基膜的网状框架。

基膜不仅对组织结构起支持作用，同时也是渗透性的障碍，调节分子和细胞的运动。在肾细胞中，基膜可以作为一种过滤器，允许小分子进入尿液，留下大分子的蛋白质。表皮细胞下的基膜一方面阻止结缔组织的细胞进入表皮，另一方面允许“防卫战士”——白细胞的移动。

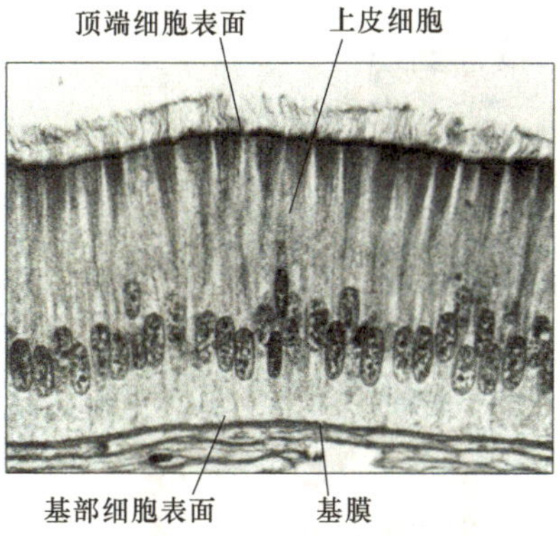

图 4-15　基膜（引自 Plopper，2016）。

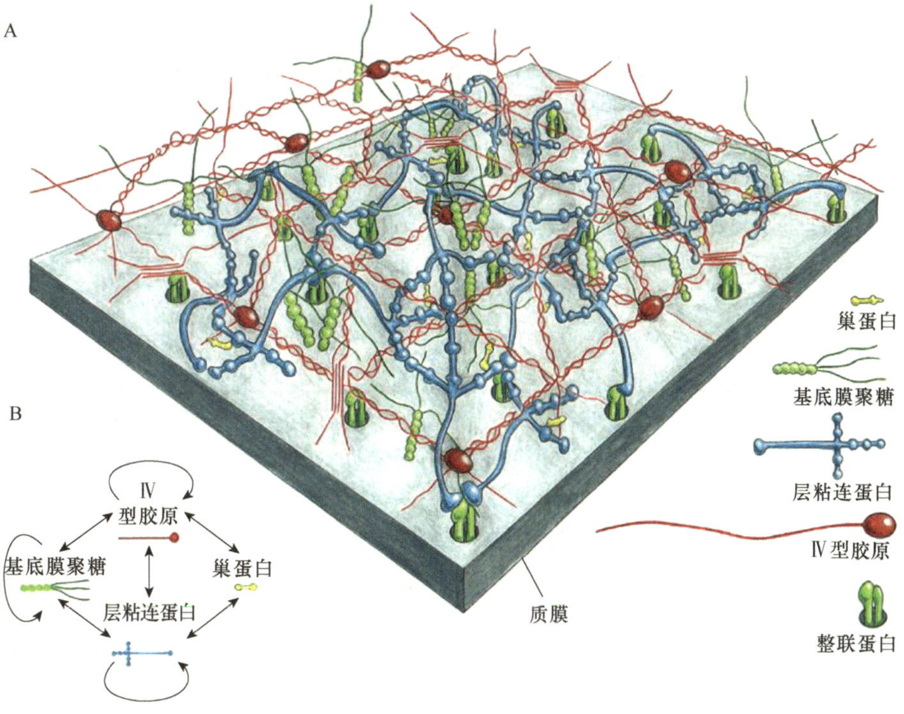

图 4-16　基膜的分子结构模型（引自 Alberts et al.，2015）。A. 基膜是由层粘连蛋白、Ⅳ型胶原和巢蛋白与串珠蛋白聚糖相互作用形成的。B. 双箭头表示可以直接相互结合的分子。

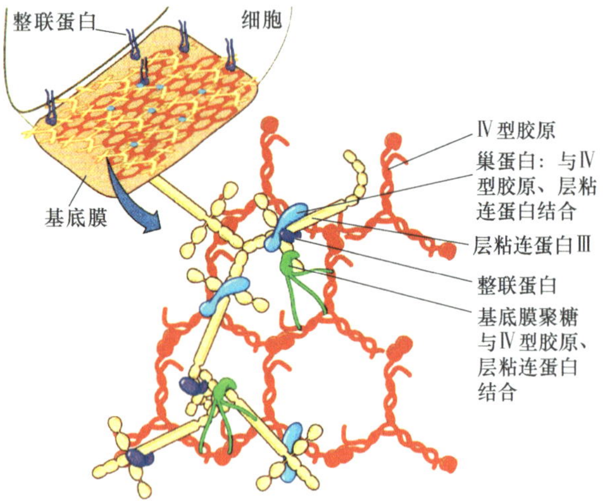

图 4-17　基膜中层粘连蛋白、胶原蛋白等的相互作用（引自 Plopper，2016）。Ⅳ型胶原与层粘连蛋白一起构成基膜的蛋白网络结构。

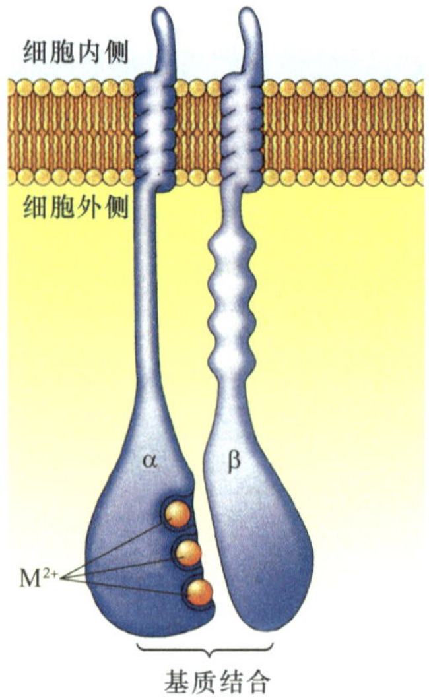

图 4-18　整联蛋白的结构（引自 Cooper and Hausman，2004）。整联蛋白是由两个穿膜蛋白亚基组成的异质二聚体，两个亚基分别是 α 亚基和 β 亚基。α 亚基可结合二价阳离子，用 M^{2+} 表示。基质结合结构域由 α 亚基和 β 亚基共同组成。

基膜对于细胞的迁移也有影响。研究发现基膜能够阻止某些转移癌细胞的入侵，这一点特别引起人们的兴趣。

4.1.5.2　整联蛋白

整联蛋白（integrin）属于整合蛋白家族，是细胞外基质受体蛋白，与其他的激素或信号分子受体不同的是，整联蛋白与配体的结合力较低，但浓度却比其他的受体高 10～100 倍。

1）整联蛋白的结构与功能　整联蛋白是一种穿膜的异质二聚体，它由两个非共价结合的穿膜亚基，即 α 亚基和 β 亚基所组成。共有 18 种 α 亚基和 8 种 β 亚基，组成 24 种不同的整联蛋白二聚体。每个亚基的细胞外部分是球形的头，露出脂双分子层约 20nm。整联蛋白的 α 亚基和 β 亚基都是糖基化的，并通过非共价键结合在一起（图 4-18）。

整联蛋白细胞外的头部能够与多种细胞外基质蛋白中短的氨基酸序列结合，包括胶原、纤连蛋白、层粘连蛋白等。整联蛋白不仅可通过细胞外结构域与细胞外基质蛋白结合，其细胞内部分可作为细胞骨架的锚定部位，如黏着斑与半桥粒。因此，整联蛋白在细胞组织的组建中具有重要作用。

整联蛋白与基质蛋白的结合需要二价阳离子，如 Ca^{2+}、Mg^{2+} 等的参与。有些细胞外基质蛋白可被多种整联蛋白识别。

第一个被分离和鉴定的整联蛋白是纤连蛋白受体（fibronectin receptor）。分离是通过亲和层析进行的，因为纤连蛋白与细胞结合的结构域有特殊的三氨基酸序列，这样就很容易将这种受体蛋白分离出来。纤连蛋白受体有 3 个结构域（其中一个是穿膜区），也是一种钙依赖性蛋白质。该受体蛋白是一个二聚体，其 α 亚基是一条完整的 140kDa 的多肽链，由大、小两部分组成，小的是穿膜部分，大的是细胞外部分，两者之间通过二硫键相连，膜外部分折叠成二价阳离子结合区。β 亚基的细胞外部分含有一个半胱氨酸富集重复区，各重复部分靠内部二硫键相连，β 亚基的分子质量为 100kDa。受体的头部能够通过对 RGD 序列的识别与纤连蛋白结合。受体的细胞内结构域有踝蛋白（talin）结合位点，踝蛋白结合后，再通过黏着斑蛋白与细胞内的骨架成分——肌动蛋白结合（图 4-19）。

由上可知，整联蛋白除了将细胞外基质与细胞连接之外，还将细胞外基质同细胞内的骨架网络连成一个整体，整联蛋白本身作为穿膜接头在细胞外基质和细胞内肌动蛋白骨架之间起双向联络作用，这就是整联蛋白所起的细胞黏附作用。此外，整联蛋白还具有将细胞外信号向细胞内传递的作用。

2）整联蛋白受体的类型　目前已经鉴定的整联蛋白约有 24 种，但只鉴定到 18 种不同的 α 亚基和 8 种 β 亚基。由于整联蛋白是异质二聚体，从理论上推测应该有 100 种以上的 α 亚基和 β 亚基配对的整联蛋白，实际上只发现 24 种，提示这些亚基出现在细胞表面的位置可能具有特异性。整联蛋白同细胞外基质中黏着蛋白的识别与结合分为两种类型：一类是同 RGD 区域结合，另一类则不需要 RGD 区域（表 4-4）。

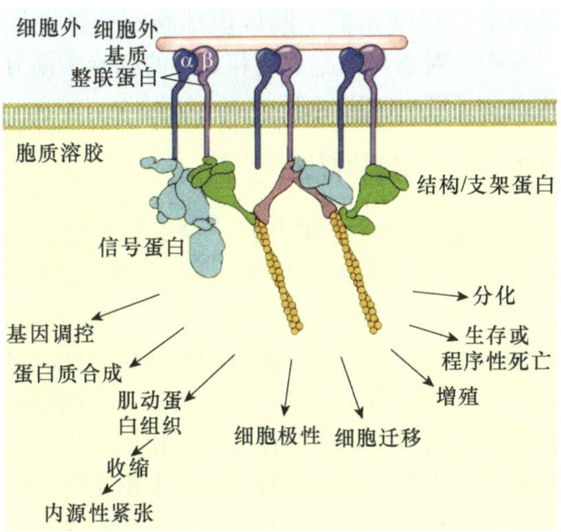

图 4-19 整联蛋白的功能（引自 Plopper，2016）。整联蛋白的 β 亚基含有 RGD 序列的结合位点，能够识别纤连蛋白及其他的细胞外基质物质。整联蛋白的两个亚基的细胞质端常常与细胞骨架的肌动蛋白相连。整联蛋白和肌动蛋白之间要通过其他一些蛋白质的介导才能连接起来，这些蛋白质包括黏着斑蛋白（vinculin）和踝蛋白。整联蛋白的细胞质结构域也与蛋白激酶相互作用，如黏着斑激酶（focal adhesion kinase，FAK）。整联蛋白与细胞外配体（如纤连蛋白、层粘连蛋白）的结合，能够激活这些蛋白激酶的活性，并开始信号转导的级联反应。

表 4-4 根据 RGD 序列的识别进行的整联蛋白受体的分类

RGD 识别		非 RGD 识别	
受体	主要配体	受体	主要配体
$\alpha_3\beta_1$	纤连蛋白	$\alpha_1\beta_1$	胶原
$\alpha_5\beta_1$	纤连蛋白	$\alpha_2\beta_1$	胶原
$\alpha_v\beta_1$	纤连蛋白		核纤层蛋白
	血纤蛋白原	$\alpha_3\beta_1$	胶原
$\alpha_{11b}\beta_3$	纤连蛋白		核纤层蛋白
	血浆血管性血友病因子	$\alpha_4\beta_1$	纤连蛋白
	玻连蛋白		血管细胞黏附分子
	血纤蛋白原	$\alpha_6\beta_1$	层粘连蛋白
$\alpha_v\beta_3$	纤连蛋白	$\alpha_L\beta_2$	细胞间黏附分子-1
	血浆血管性血友病因子		细胞间黏附分子-2
	玻连蛋白	$\alpha_M\beta_2$	血纤蛋白原
$\alpha_v\beta_5$	玻连蛋白		细胞间黏附分子-1
$\alpha_v\beta_6$	纤连蛋白		

3）RGD 序列与临床研究　大多数细胞外基质蛋白之所以能够与整联蛋白结合，是因为它们含有 RGD 序列。整联蛋白与 RGD 序列的识别与结合需要二价阳离子 Mg^{2+}和 Ca^{2+}，以维持整联蛋白与配体结合的正确构型。

据估计，约有半数的整联蛋白含有 RGD 结合位点，相同的细胞外蛋白可以与不同的整联蛋白结合，同样会有同一个整联蛋白能够与多个不同的细胞外蛋白质结合。尽管功能上有重叠，但敲除小鼠实验表明，缺少了不同整联蛋白的亚基具有不同的表型，从而推测大多数整联蛋白具有特异性。

RGD 序列在细胞黏附中的重要性的发现，为临床研究和处理受体-配体相互作用开辟了新天地。病变的动脉中血块的形成能够阻塞血液向主要器官的流通是引起心脏病突发和休克的主要原因之一。血块的聚集始于血小板的聚集，而血小板的聚集需要血小板特异的整联蛋白（$\alpha_{11b}\beta_3$）与可溶性的含有 RGD 序列的血蛋白，如血纤蛋白原（fibrinogen）、血管性假血友病因子（von Willebrand factor）的相互作用，这些蛋白质作为接头将血小板聚集起来。动物实验表明，含有 RGD 的肽能够抑制血块的形成，这一发现使我们能够人工合成含有 RGD 序列的新临床治疗剂，这种治疗剂不是肽，但含有 RGD 序列，可以治疗血小板凝集。另外也可以制备特异的抗 $\alpha_{11b}\beta_3$ 整联蛋白的抗体已用于临床治疗。

整联蛋白基因的突变会造成严重的疾病，具体见表 4-5。

表 4-5 部分整联蛋白的配体、分布，以及亚基突变与临床表现

整联蛋白	配体	组织分布	α 亚基突变的表型	β 亚基突变的表型
$\alpha_5\beta_1$	纤连蛋白	普遍存在	胚胎死亡，血管、体节神经脊缺陷	早期胚胎死亡（植入时）
$\alpha_6\beta_1$	层粘连蛋白	普遍存在	重度皮肤疮，其他部位表皮缺陷	早期胚胎死亡（植入时）
$\alpha_7\beta_1$	层粘连蛋白	肌肉	肌营养不良，肌腱与连接缺陷	早期胚胎死亡（植入时）
$\alpha_L\beta_2$	Ig 超家族	白细胞	降低白细胞募集	白细胞黏附缺陷（LAD），炎症反应降低
$\alpha_{IIb}\beta_3$	纤连蛋白	血小板	出血，无血小板聚集（血小板病）	出血，无血小板聚集，重度骨质疏松
$\alpha_6\beta_4$	层粘连蛋白	上皮半桥粒	重度皮肤疮，其他部位表皮缺陷	重度皮肤疮，其他部位表皮缺陷

4.2 细胞识别与细胞黏附

在多细胞的生命有机体中，不同类型的细胞必须组成不同的组织，如脊椎动物中的肌肉组织、上皮组织、神经组织、结缔组织等。在细胞形成组织的过程中，需要在细胞与细胞之间建立某种联系，在不同组织之间也需要建立睦邻友好关系，才能维持整体生命活动的运行（图 4-20）。

相同组织的细胞要组成组织，需要分三步走：首先要相互识别；识别后要相互靠近，进行黏附；随着关系的进一步密切，可通过连接组成组织。细胞识别（cell recognition）指细胞对同种或异种细胞、同源或异源细胞、自己和异己分子的认识和鉴别。细胞黏附（cell adhesion）则是指相邻细胞或细胞与细胞外基质以某种方式黏附在一起，组成组织或与其他组织分开，这种黏附的方式比较松散。另外，从事件发生的次序来说，细胞识别在先，细胞黏附在后，识别是黏附的基础。就细胞组成组织而言，组织内各细胞间更为紧密的结合则是靠各种形式的连接。

4.2.1 细胞识别及细胞拣出

在多细胞生物中，单个细胞要组成紧密的组织、器官及器官体系，首先必须具有相互识别的能力，然后通过黏附和连接将细胞组织起来。生物学家早在 1907 年就发现细胞具有相互识别的能力，从那以后，科学家们不断认识细胞间选择性地识别、黏附，对参与细胞识别和黏附的细胞表面分子的认识和了解也越来越深入。

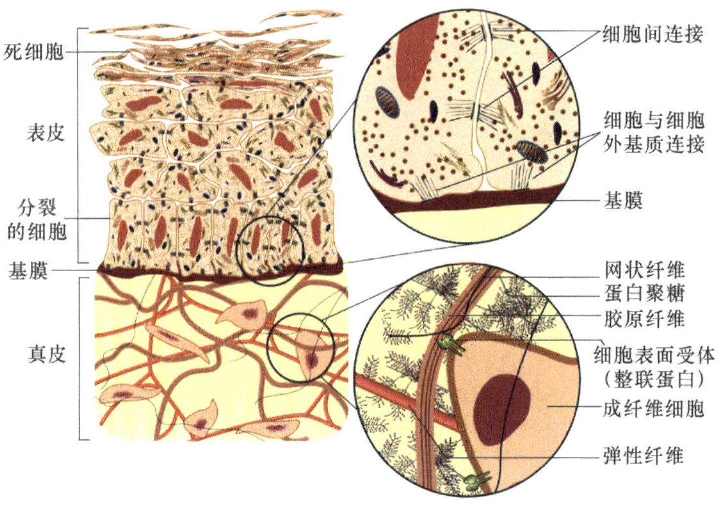

图 4-20 人上皮组织细胞与细胞之间、细胞与细胞外基质之间的相互作用（引自 Karp，2010）。上皮中的细胞相互之间具有特殊的连接结构，并且与细胞外基质也有特殊的接触方式。

4.2.1.1 细胞识别的特性

多细胞生物有机体中有三种识别系统：抗原与抗体的识别，酶与底物的识别，细胞之间的识别。抗原与抗体的识别属于免疫反应，酶与底物的识别属于催化反应，而细胞与细胞的识别反应最为复杂，不仅涉及组织的建立，也包括通过细胞表面受体与胞外信号分子的选择性相互作用，从而导致一系列生理生化反应的信号传递。无论是哪一种识别系统，都有一个共同的基本特性，就是具有选择性，或是说具有特异性。

细胞识别是细胞发育和分化过程中一个十分重要的环节，细胞通过识别和黏着形成不同类型的组织，由于不同组织的功能是不同的，所以识别本身就意味着选择。

为了研究细胞的识别和黏着，1907 年 Wilson 通过实验研究了两种不同颜色的海绵细胞的行为。分别从黄色海绵和红色海绵中分离单细胞，然后将两种不同颜色的细胞类群混合在一起。但是，这两种类型的海绵细胞很快就各自分开聚集，红色海绵细胞聚集到一起，黄色海绵细胞也是如此，二者互不混淆。这是人类最早通过实验认识到细胞具有识别和选择性结合的能力。此后，在许多生物中都发现了细胞的识别和黏附，不仅是简单的多细胞生物，也包括复杂的、有各种组织分化的多细胞生物中不同组织的细胞都具有这种能力和特性。

有人用两栖类胚性细胞做实验，研究细胞的识别。分别用蛋白酶将外胚层和中胚层水解成单细胞，并分别标记上不同的颜色，然后将这两种细胞混合；在混合之初，它们混合得很好，但是随着时间的推移，外胚层的细胞移向外侧并聚集在一起，这也是它们在胚胎中的正确位置；来自中胚层的细胞移向内侧，这也是它们在胚胎中的正确位置。这两种游离的细胞迅速重新聚集成团后，同种细胞形成独立的聚合体，每种聚合体只含一种颜色的细胞，这种现象称为拣出（sorting out）。后来用三个胚层的细胞做实验，同样证明细胞的识别具有选择性，非同类的细胞不会混合聚集（图 4-21）。

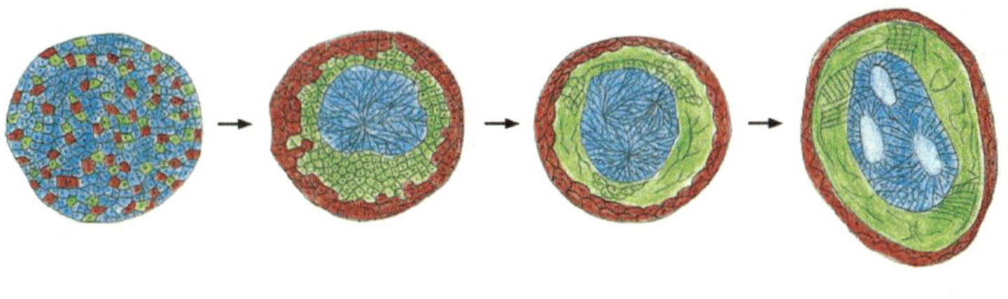

图 4-21 细胞识别与拣出实验证明（引自 Alberts et al.，2015）。实验中，将分散悬浮的中胚层、神经板、表皮细胞随机混合在一起，它们不仅能够相互识别，而且还会排列到胚胎期原来的位置，即神经管的细胞在内层，表皮细胞在外层，来自中胚层的细胞位于中间层。

引起吞噬反应的典型例子。红细胞膜中糖脂的糖基除了与血型有关外，还决定着红细胞的寿命。血型糖蛋白含有大量的唾液酸，糖链末端唾液酸的存在状况与红细胞的寿命相关，可作为被吞噬的信号。红细胞寿命一般为 3～4 个月，然后在脾脏中被吞噬。用唾液酸酶处理分离的红细胞，除去红细胞中的唾液酸，然后将这种红细胞重新注入原来的动物体内，发现注入的红细胞很快在脾脏中被吞噬，而没有除去唾液酸的正常的红细胞则相安无事。究其原因，当唾液酸被除去之后，暴露出的半乳糖残基可能是红细胞衰老的标记被脾脏细胞识别并将之吞噬，这个例子既说明了细胞识别后的反应，又说明了糖在识别过程中的作用。

识别后的第二种反应则是发生黏附，包括细胞同细胞外基质的黏附、细胞与细胞的黏附，进一步发展就成为细胞连接。

识别后的第三种反应就是引起信号转导，发生一系列的生理生化反应，使细胞更好地适应环境。

4.2.1.2 细胞识别与拣出的分子基础

细胞拣出的分子基础是什么？研究发现钙黏着蛋白（cadherin）在发育过程中对细胞的拣出起关键作用。在胚胎发育过程中，特殊类型的钙黏着蛋白的表达，对于发育形成组织具有重要作用。通过离体培养的细胞研究表明，在细胞的同亲性结合（homophilic binding）及组织形成过程中，钙黏着蛋白具有决定作用。例如，一种离体培养的细胞系，称为 L- 细胞，不能表达钙黏着蛋白，因此，它们之间不能相互黏着。如果将编码 E- 钙黏着蛋白的基因转染 L- 细胞，可促使 L- 细胞相互识别与黏着（图 4-22A）。如果将表达不同钙黏着蛋白的 L- 细胞混合在一起，它们能够相互识别与拣出并分离开。如果将能够表达同一种钙黏着蛋白，但是表达量不同的两种细胞混合在一起，它们也能相互拣出，即表达量高的与表达量低的分开聚集（图 4-22B），据此推测表达量的差异也是细胞拣出的一种指标。

4.2.1.3 识别反应

细胞识别引起的细胞反应大致有三种类型：内吞、细胞黏附和信号反应。

红细胞衰老并被脾脏细胞吞噬是细胞识别后

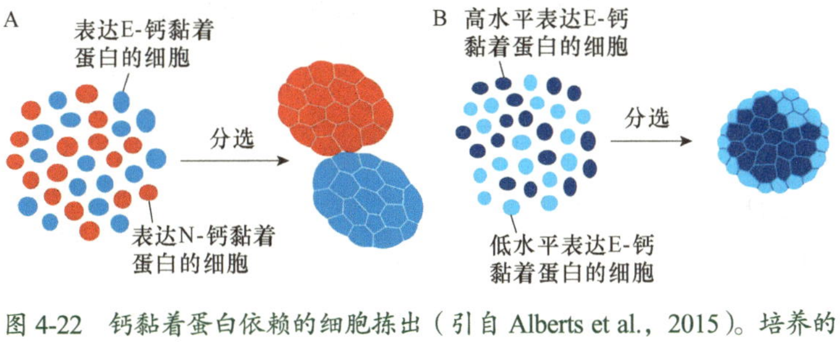

图 4-22 钙黏着蛋白依赖的细胞拣出（引自 Alberts et al.，2015）。培养的细胞根据表达的钙黏着蛋白的类型与水平进行拣出。A. 表达 E- 钙黏着蛋白与表达 N- 钙黏着蛋白的细胞拣出；B. 表达高水平的 E- 钙黏着蛋白与表达低水平的 E- 钙黏着蛋白的细胞拣出，可发现表达高水平的 E- 黏着蛋白的细胞拣出能力更强，拣出后位于内部。

4.2.2 细胞黏附的机制

在细胞识别的基础上，同类细胞发生聚集形成细胞团或组织的过程称为细胞黏附。它对于胚胎发育及成体的正常结构和功能都有重要的作用。在发育过程中，由于细胞间细胞黏附的强度不同，决定着细胞在内、中、外三胚层的分布。在器官形成过程中，通过细胞黏附，使具有相同表面特性的细胞聚集在一起形成器官。

4.2.2.1 细胞黏附分子

在细胞识别过程中，细胞的膜糖起重要作用，而引起细胞黏附的主要是膜蛋白。参与细胞黏附的分子称为细胞黏附分子（cell adhesion molecule，CAM）。

至今，已经发现了多种细胞黏附分子，如神经细胞黏附分子（neural cell adhesion molecule，NCAM）、神经胶质细胞黏附分子（neuroglia cell adhesion molecule，Ng-CAM）、肝细胞黏附分子（liver-cell adhesion molecule，L-CAM）。细胞间黏附分子（intercellular adhesion molecule，ICAM）是普遍存在的一种细胞黏附分子，它的配体是白

细胞功能相关抗原 1（leucocyte function-associated antigen 1，LFA-1）；而白细胞内皮细胞黏附分子（leucocyte endothelial cell adhesion molecule，LECAM）是白细胞内皮细胞中发现的细胞黏附分子。上述细胞黏附分子都是糖蛋白，在细胞外结构域都有与肽共价结合的糖基。

根据细胞黏附分子的作用方式可分为三个家族：①免疫球蛋白超家族，如血管细胞黏附分子（vascular cell adhesion molecule，VCAM）、Ng-CAM 和 ICAM 等；②钙黏着蛋白家族，如 E-钙黏着蛋白、P-钙黏着蛋白、N-钙黏着蛋白；③选择素家族，如 LEU-CAM1（即是后来的 L-选择素）、E-选择素、P-选择素等。后两种家族的细胞黏附分子是钙依赖性的，而免疫球蛋白超家族介导的多数是非钙依赖性的。

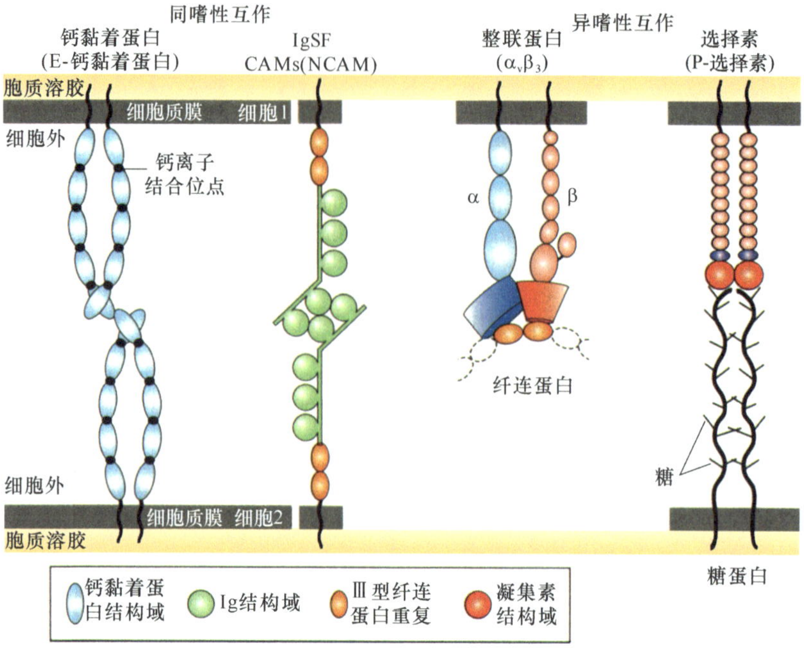

图 4-23 钙黏着蛋白、IgSF、整联蛋白和选择素介导的细胞黏附（引自 Lodish et al.，2013）。

4.2.2.2 细胞黏附方式

经细胞黏附分子介导的细胞黏附可能有三种作用方式：①相邻两细胞表面由同种细胞黏附分子的相互介导黏附；②相邻两细胞表面由互补的细胞黏附分子的相互作用介导黏附，互补分子可同时存在于同一细胞或不同细胞；③中介分子（如凝集素）介导的与细胞表面黏附分子的互补作用。

参与细胞黏附的蛋白质有四个家族：①钙黏着蛋白；②免疫球蛋白超家族（immunoglobulin superfamily，IgSF）的某些成员；③整联蛋白家族中的某些成员；④选择素。细胞黏附方式总结于图 4-23。

钙黏着蛋白与 IgSF 能够介导同类细胞的黏着，这种黏着属于自我黏着，即同嗜性相互作用（hemophilic interaction）。而整联蛋白介导的是细胞与细胞外基质的黏着，这种黏着是非自我黏着，称为异嗜性相互作用（heterophilic interaction）。选择素介导的也是异嗜性黏着，只不过是细胞与细胞间的异嗜性黏着。

4.2.2.3 细胞黏着蛋白及介导的细胞黏附

根据细胞间的关系，可分为细胞与细胞的黏附、细胞与细胞外基质的黏附；若根据黏附中是否需要钙，可分为钙依赖性黏附与非钙依赖性黏附。无论何种黏附，都涉及黏着蛋白。

关于整联蛋白介导的细胞与细胞外黏附在细胞外基质部分已经介绍，下面重点讨论钙黏着蛋白、选择素、IgSF 介导的细胞黏附。

1）钙黏着蛋白介导的细胞-细胞间黏附 钙黏着蛋白是一个大的糖蛋白家族，介导钙依赖性的细胞黏附，并介导细胞外基质中的信号向细胞质中的传递。在大多数不同类型的细胞表面都发现了钙黏着蛋白，该家族的不同成员在体内的分布也有特异性。研究较为清楚的钙黏着蛋白是 E-钙黏着蛋白、N-钙黏着蛋白、P-钙黏着蛋白。钙黏着蛋白超家族是主要的一类黏着蛋白，分布极为广泛（表 4-6）。

表 4-6 钙黏着蛋白超家族中某些成员及功能

黏着蛋白	细胞分布	连接功能	在小鼠中失活引起的表型
E-钙黏着蛋白	表皮组织	黏着连接	胚泡期死亡；不能形成致密的胚
N-钙黏着蛋白	神经元、心脏、肺、骨骼肌、成纤维细胞	黏着连接	胚胎因心脏缺陷而死亡
P-钙黏着蛋白	胎盘、表皮、乳腺上皮细胞	黏着连接	腺体发育不正常
VE-钙黏着蛋白	内皮细胞	黏着连接	血管发育不正常（内皮细胞程序性死亡）

钙黏着蛋白介导同类细胞间的相互黏附，主要是通过双方细胞表面的钙黏着蛋白相互作用，也就是同嗜性的细胞黏附，即所谓的“自我黏着”，并且通过基因工程方法得到证明。钙黏着蛋白介导的同类细胞的黏着能力能够很好地解释为什么同类细胞具有“拣出”功能，钙黏着蛋白是将细胞组成组织并维持成年生物体内的组织有序性的最关键的因素。钙黏着蛋白通常以二聚体的形式介导细胞黏附，这样介导的细胞黏附的结合力较强；不仅如此，钙黏着蛋白常常以成丛的二聚体介导细胞黏附（图 4-24），如果仅以单体介导细胞黏附，结合力则很弱。

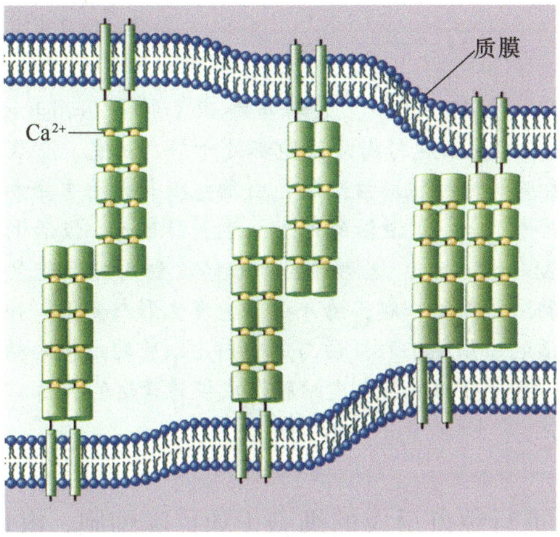

图 4-24　钙黏着蛋白介导的细胞黏附（引自 Karp，2010）。

钙黏着蛋白也是一个超家族的糖蛋白（图 4-25），典型的钙黏着蛋白的细胞外部分含有 5 个同质重复的结构域（如 E- 钙黏着蛋白），两个结构域之间间隔的区域可与 Ca^{2+}结合。与 Ca^{2+}结合后，细胞外部分变得较为坚硬，并且与相邻细胞的钙黏着蛋白相互作用，从而介导细胞黏附。非典型的钙黏着蛋白的细胞外结构域的数量可达 30 个之多。钙黏着蛋白的细胞内结构域也是多种多样的，表明与细胞内不同类型的配体作用，包括信号分子、介导与细胞骨架相连的衔接蛋白等。某些钙黏着蛋白，如 T- 钙黏着蛋白，不含穿膜区，这种钙黏着蛋白是通过糖基磷脂酰肌醇锚定到质膜上的。

2）选择素介导的细胞黏附　选择素（selectin）是膜整合糖蛋白的一个家族，它能够识别从另一个细胞表面伸展出来的特异的糖基团，并与之特异性结合，因此它也是细胞表面受体。选择素有一个小的细胞质结构域、一个单次穿膜的结构域、一个大的细胞外片段，在这个片段上可分为几个结构域，包括最外端的具有凝集素作用的结构域（图 4-26）。

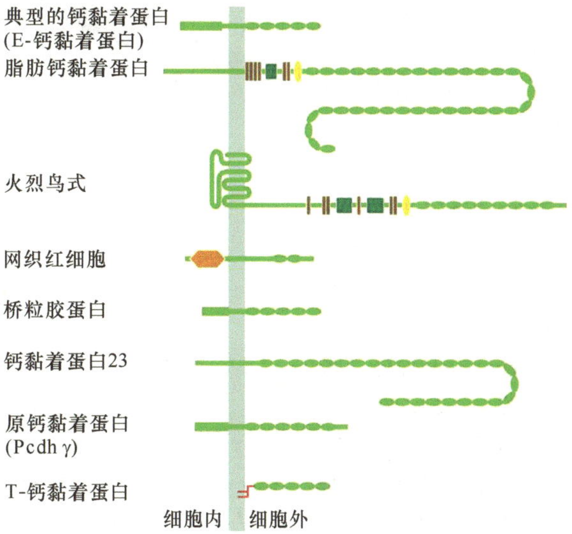

图 4-25　钙黏着蛋白超家族（引自 Alberts et al.，2015）。

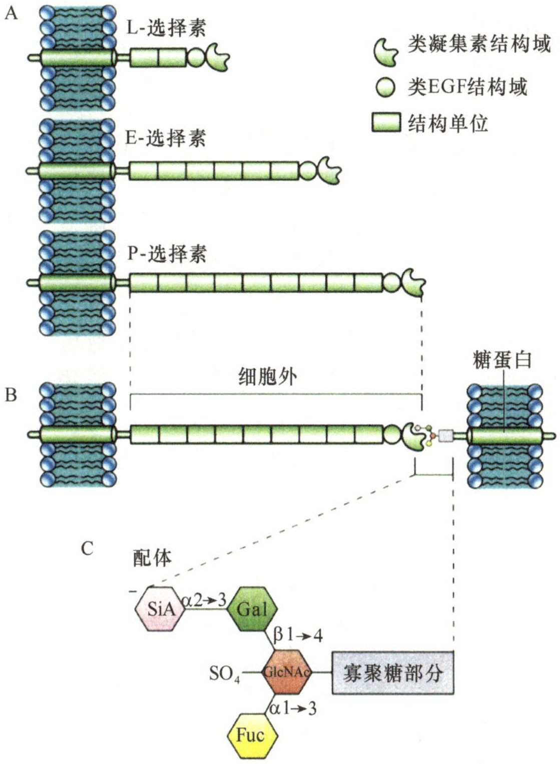

图 4-26　选择素的结构与功能（引自 Karp，2010）。A. 三种类型的选择素。它们的细胞外结构域有一个类凝集素的结构域，能够识别糖蛋白寡糖链末端相似的糖配体（B）。C. 糖配体的详细结构。末端的岩藻糖（fucose，Fuc）和唾液酸（sialic acid，SiA）对于选择素的识别作用特别重要。*N*-乙酰葡萄糖胺（GlcNAc）常常被硫酸化。

已知有三种类型的选择素：E-选择素，在内皮细胞表达；P-选择素，在血小板和内皮细胞表达；L-选择素，在各种类型的白细胞中表达。这三种选择素都是识别小的出现在某些糖蛋白或糖脂的四糖基团，选择素与糖配体的结合是钙依赖性的。

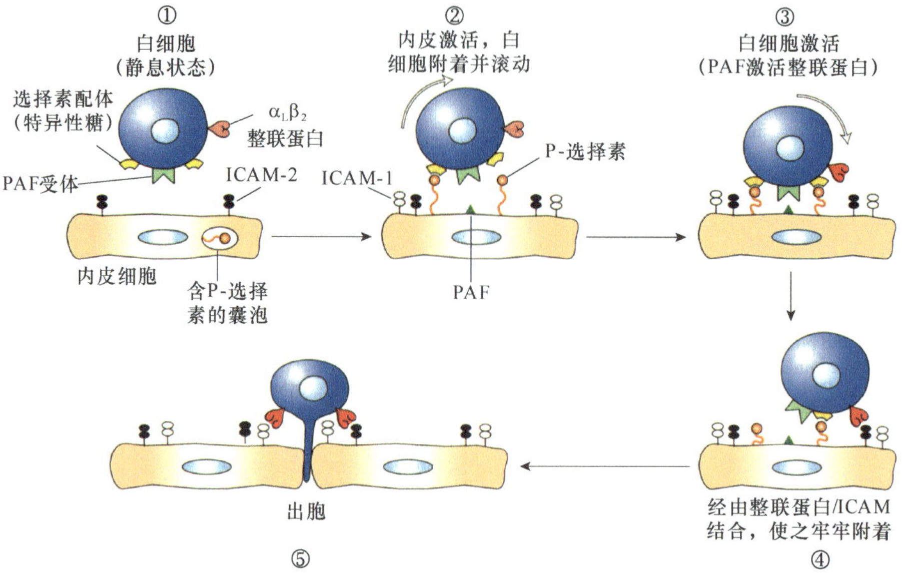

图 4-27　内皮细胞-白细胞相互作用：激活、结合、滚动与渗出（引自 Lodish et al., 2013）。①在没有炎症或感染时，血管中的白细胞与内皮细胞都处于静息状态。②从发炎的部位释放出炎症或感染信号，内皮细胞与白细胞均被激活，白细胞膜表面的选择素受体与内皮细胞表面的选择素相互识别并弱性结合；被激活的内皮细胞也引起血小板活化因子（platelet-activating factor，PAF）、ICAM-1 的合成，这两种因子被转运到内皮细胞表面。③ PAF 及其他一些位于内皮细胞表面的激活因子一起，诱导白细胞发生形态变化，并激活白细胞膜上的整联蛋白（$\alpha_L\beta_2$）。④激活的白细胞整联蛋白与血管内皮细胞的细胞间黏附分子（如 ICAM-1、ICAM-2）紧密结合，使得白细胞与内皮细胞形成较为紧密的黏着。⑤白细胞渗出，进入炎症组织产生免疫反应。

选择素是血管（循环）系统表皮细胞高度特异表达的表面受体，能够促进白细胞穿出血管（外渗作用，extravasation）进入炎症组织，进行免疫反应。这一任务十分艰巨。首先，白细胞必须克服血液流动的冲击力与血管内壁进行黏着。白细胞如何克服这一困难？答案又似乎非常简单：采用“滚-停”式（rolling-stop）移动方式，这一方式需要选择素介导，并借助于整联蛋白，使得白细胞在血管中的移动速度降低，以至于停下来。选择素与整联蛋白受体协同作用，帮助白细胞渗出血管（图 4-27）。

在白细胞渗出中关键的一步是白细胞与内皮细胞的识别和黏着。显然，选择素末端类凝集素与内皮细胞表面的糖蛋白受体起重要作用。与钙黏着蛋白和整联蛋白一样，选择素的作用也是钙依赖性的，需要细胞外钙离子的协助。

3）IgSF 介导的细胞黏附　20 世纪 60 年代发现的抗体是对免疫反应认识的一个里程碑。抗体是一类称之为免疫球蛋白（Ig）的蛋白质分子，是由一些相似的小结构域组成的多肽分子。在 Ig 的每个结构域中，都是由 70～110 个氨基酸组成的紧密折叠的结构。后来在很多不同种类的蛋白质中也都发现有类 Ig 结构域的存在，这些结构与 Ig 抗体一起构成了免疫球蛋白超家族（IgSF）。IgSF 的大多数成员是整合膜蛋白，存在于淋巴细胞的表面，参与各种免疫活动。它们中的某些整合蛋白参与非钙依赖性细胞之间的黏着。

大多数 IgSF 细胞黏附分子介导淋巴细胞与需要进行免疫反应的细胞（如巨噬细胞、淋巴细胞）间的黏附反应。然而，某些 IgSF 成员，如 VCAM、NCAM 和 L1，在神经系统发育过程中，对于神经突起、突触形成等都有重要作用。像纤连蛋白，以及其他一些参与细胞黏附的蛋白质一样，IgSF 细胞黏附分子含有几个相同的结构域（图 4-28）。

IgSF 黏着蛋白分子既能介导同嗜性的细胞黏附，又能介导异嗜性的细胞黏附，但多数是介导同嗜性的细胞黏附。如果介导同嗜性的细胞黏附，是非钙依赖性的；如果介导异嗜性的细胞黏附，则是钙依赖性的。一个细胞上的 IgSF 蛋白能够与另一细胞上相同或不同的 IgSF 蛋白结合介导细胞发生黏附。例如，一个细胞上的 L1 分子能够与另一细胞上的相同 L1 分子进行结合。另外，IgSF 超家族也可通过与整联蛋白结合介导细胞黏附，如位于某些血管内皮细胞上的 IgSF 蛋白能够与靶细胞表面的整联蛋白 $\alpha_4\beta_1$ 结合从而介导细胞黏附。

4）非钙依赖性 NCAM 介导神经细胞间的黏附　前面已经讨论了钙黏着蛋白、整联蛋白介导的细胞黏附，都必须与细胞外钙离子结合才能促进细胞黏附。但并非所有的黏着蛋白都需要依赖钙离

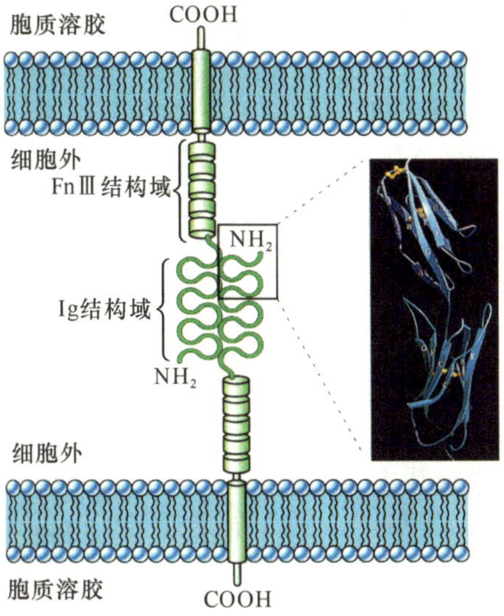

图 4-28 免疫球蛋白超家族细胞黏附分子 L1 介导的细胞黏附（引自 Karp，2010）。L1 是一种 IgSF 黏附分子，每种 L1 分子含有一个很小的细胞内结构域、一个穿膜片段、一个大的细胞外部分。在细胞外部分中有一个由几段纤连蛋白中类似片段装配成的 FnⅢ 结构域，在 N 端有 6 个 Ig 结构域。L1 是神经胶质细胞黏附分子，在神经的发育过程中具有重要作用。在人类，*L1* 基因突变将是毁灭性的。

子，有一类非钙依赖性的黏着蛋白分子是神经细胞黏附分子（neural cell adhesion molecule，NCAM）。NCAM 虽然能够与硫酸乙酰肝素（heparan sulfate）糖蛋白结合，但是主要功能是作为细胞-细胞黏附的受体。NCAM 仅在神经细胞中表达。NCAM 既在中枢神经组织中起作用，也在外周神经系统，尤其是在神经纤维中起作用。

神经系统表达三种不同的 NCAM 蛋白，是由同一基因经可变剪接而来的。NCAM-180 与 NCAM-140（数字表示千道尔顿）都是单次穿膜的膜蛋白，二者在细胞质部分的 C 端是不同的；而 NCAM-120 则通过 GPI 锚定在细胞质膜上。

NCAM 在内质网上合成，经过高尔基体的翻译后修饰，才被分泌到细胞质膜上。翻译后修饰，包括磷酸化、硫酸化及糖基化。但最重要的修饰是添加了一段长的、线性的唾液酸糖，称为聚唾液酸（polysialic acid，PSA）（图 4-29）。加上 PSA 后，使 NCAM 的形态和功能都发生了重大改变。因为唾液酸带负电，伸出到细胞外能够吸附阳离子，并能结合水，如同细胞外基质中的蛋白聚糖。

PSA 添加到 NCAM 的作用是调节了 NCAM 与受体的黏附作用。膜结合的 NCAM 主要与相邻细胞相同的 NCAM 受体黏附，虽然这种同嗜性作

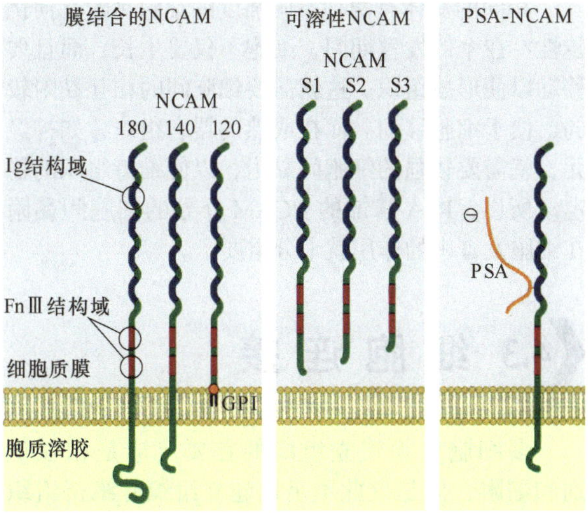

图 4-29 NCAM 的结构组成（引自 Plopper，2016）。神经细胞可表达膜结合的 NCAM、可溶性的 NCAM，以及 PSA-NCAM 蛋白。不同类型的 NCAM 细胞外部分都含有 Ig 结构域。NCAM 细胞外结构域能够添加 PSA 而被修饰（图中仅显示了 NCAM-140），PSA 在分泌过程中附着到 NCAM 的天冬酰胺残基上。

用的详细机制尚不清楚，但有一种观点认为：当两相邻细胞的 NCAM 受体的结构域完全重叠后可强化相邻细胞的黏附，但经 PSA 修饰的 NCAM 受体不会完全重叠，因而黏附较弱（图 4-30）。

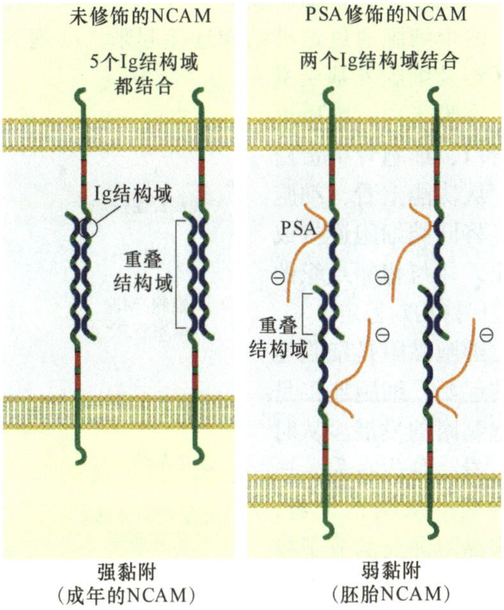

图 4-30 NCAM-NCAM 介导的细胞黏附（引自 Plopper，2016）。两相邻细胞膜上未修饰的 NCAM 能够通过 5 个 Ig 结构域相互黏附从而介导两个细胞较强的黏附。而经 PSA 修饰的 NCAM 只能通过两个 Ig 结构域的相互作用进行细胞黏附，因而较弱。

相同的受体有两种不同强度的细胞黏附有何优越性？在个体发育期间，细胞不仅要生长，而且要移动以便形成组织。这就需要细胞间的相互黏附较弱，便于细胞移动。而在成熟的器官组织，如神经元，就需要较强的细胞间黏附，以便维持组织的稳定。所以，PSA 修饰的 NCAM 介导的细胞间黏附在细胞发育中的作用就十分重要了。

4.3 细胞连接

多细胞生物建立组织的首要反应是相互识别和黏附，但是仅此不足以建立组织并维持组织的相对独立和长期稳定，细胞间还必须建立更为密切的联系。细胞间建立长期的组织上的联系通常需要较复杂的结构，这种结构称为细胞连接（cell junction）。

细胞连接是细胞间的联系结构，是细胞质膜局部区域特化形成的，在结构上包括膜特化部分、质膜下的胞质部分及质膜外细胞间的部分。细胞连接是多细胞有机体中相邻细胞之间通过细胞质膜相互联系、协同作用的重要基础。

4.3.1 细胞连接的概念和类型

细胞连接是指细胞表面的特化结构或特化区域，两个细胞通过这种结构连接起来。细胞的特化区涉及细胞外基质蛋白、穿膜蛋白、胞质溶胶蛋白、细胞骨架蛋白等。从功能上看，细胞连接将同类细胞连接成组织，并与相邻组织的细胞保持相对稳定。

细胞黏附是细胞连接的起始，细胞连接是细胞黏附的发展。从时间上看，黏附在先，连接在后。从结构上看，细胞黏附涉及的分子较少、范围局部、结构简单；而细胞连接涉及的蛋白分子较多、范围广、结构复杂，且结合的紧密程度高。

动物细胞有三种类型的连接：紧密连接（tight junction）、锚定连接（anchoring junction）、通信连接（communication junction）。每一种连接都具有独特的功能。这三种类型的细胞连接中，锚定连接最为复杂，根据锚定连接在连接中所涉及的细胞外基质和细胞骨架的关系又分为 4 种类型：桥粒、半桥粒、黏着带和黏着斑（图 4-31）。

4.3.2 紧密连接

动画

紧密连接（tight junction）是 Farquhar 和 Palade 在 1963 年发现的，又称不通透连接（impermeable junction）。

4.3.2.1 紧密连接的结构

紧密连接通常位于上皮顶端两相邻细胞间。图 4-32 是上皮两相邻细胞紧密连接的电子显微镜照片，从图中可见相邻两细胞的紧密连接处的细胞质膜紧紧结合在一起，几乎融合；在融合部位，两细胞间基本没有空隙，所以紧密连接部分完全封闭了连接处的溶质流通。

通过冰冻蚀刻电子显微镜术研究紧密连接时，发现紧密连接似网状的封闭线（sealing strand）将两细胞质膜缝合在一起，每一条封闭线都是一条长长的穿膜蛋白（图 4-33）。构成封闭线的主要穿膜蛋白是密封蛋白（claudin）。小鼠实验表明，如果密封蛋白基因-1 缺失，皮肤的上皮细胞将不能

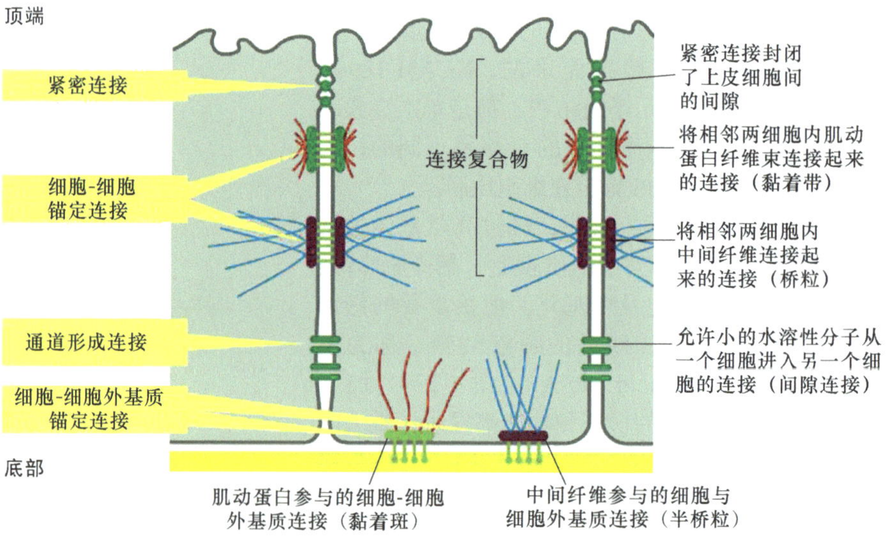

图 4-31 脊椎动物上皮细胞中发现的各种细胞连接及基本功能分类（引自 Alberts et al., 2015）。图中可见有 6 种连接：①紧密连接，②黏着连接（黏着带），③桥粒，④间隙连接，⑤半桥粒，⑥黏着斑。半桥粒与黏着斑是细胞与细胞外基质的连接，其他 4 种都是细胞间的连接。

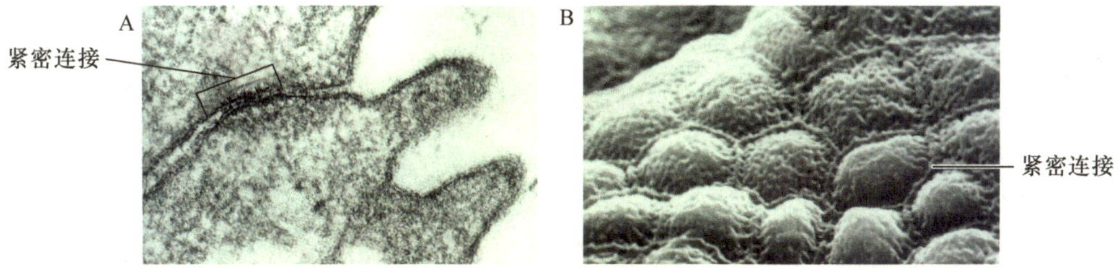

图 4-32 紧密连接电镜图（引自 Karp，2010）。A. 上皮细胞切片观察到的紧密连接电镜照片；B. 扫描电子显微镜观察的上皮顶部细胞周围的环状紧密连接。

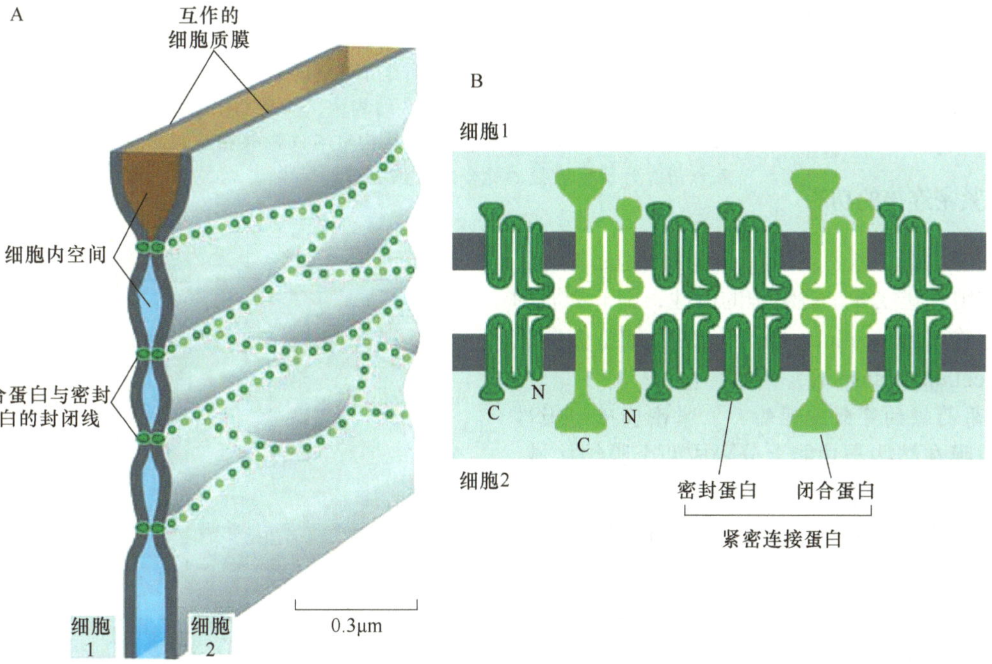

图 4-33 紧密连接模式图（引自 Alberts et al.，2015）。A. 封闭线将相邻两细胞结合在一起。封闭线是由穿膜蛋白穿过两细胞内部进行细胞的连接封闭产生的。B. 缝线的两种主要组成蛋白：密封蛋白与闭合蛋白。紧密连接的细胞外主要蛋白质是具有 4 个穿膜结构域的蛋白质家族。密封蛋白在连接中起主要作用，闭合蛋白起辅助作用。密封蛋白是紧密连接的结构蛋白，而闭合蛋白负责透性。这两种蛋白质的 N 端与 C 端都在细胞质侧，它们与支架蛋白相互作用，组成紧密连接的封闭缝线，并且与细胞质骨架-肌动蛋白相连接（图中未显示）。

形成紧密连接，结果新生鼠由于通过皮肤蒸发脱水，出生后一天之内即死亡。如果将原本不表达密封蛋白的细胞，如成纤维细胞，通过人工方法使其表达密封蛋白，也会形成紧密连接。紧密连接复合物中还含有另一个主要的蛋白质——闭合蛋白（occludin）。该蛋白质虽然不是紧密连接装配必需的蛋白质，但对于紧密连接的功能具有重要作用。紧密连接中还有第三种穿膜蛋白质——三细胞紧密连接蛋白（tricellulin），该蛋白质可将细胞质膜封闭起来，防止在三细胞交汇处发生渗漏。

密封蛋白家族有很多成员，在人类中就有 24 种，它们以不同的组合在不同的上皮细胞中表达，赋予上皮特殊的透性。它们形成与细胞平行的孔，是一种选择性通道，能够让特殊的离子通过紧密连接障碍，从一个细胞外转移到另一个细胞外。例如，在肾的上皮细胞中发现一种特殊的密封蛋白，它允许 Mg^{2+} 在肾小管的细胞间通过，以便让尿液中 Mg^{2+} 进入血液。

紧密连接中的密封蛋白-闭合蛋白需要与支架蛋白（scaffold protein）组成复合物。紧密连接中的密封蛋白-闭合蛋白装配时需要细胞质膜内侧的一些黏着蛋白的帮助，紧密连接装配最关键的组织者是紧密连接（zonula occludens，ZO）蛋白。ZO 蛋白家族中有三个主要成员：ZO-1、ZO-2、ZO-3。ZO 蛋白是大的支架蛋白，为紧密连接的构建提供支撑。它们是由不同的蛋白质结合结构域组成的线性结构，典型结构中含有 PDZ（PSD-95、Dlg 及 ZO-1）结构域，该结构域是一个长 80 个氨基酸的肽段，能够识别匹配蛋白的 C 端并与之结合。支架蛋白中有一个能与密封蛋白结合，还有可与闭合蛋白或细胞质肌动蛋白骨架结合的蛋白质（图 4-34）。不仅如此，支架蛋白复合物中的蛋白质也能够相互结合，从而在细胞内为紧密连接缝合线的装配提供支撑。

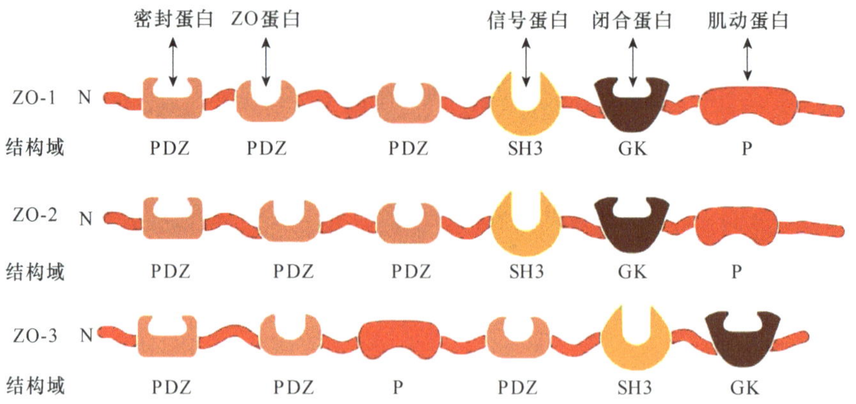

图 4-34 紧密连接的支架蛋白（引自 Alberts et al.，2015）。支架蛋白 ZO-1、ZO-2、ZO-3 集中位于紧密连接部位的质膜下方，每一个 ZO 蛋白含有多个蛋白结合结构域，包括 3 个 PDZ 结构域、一个 SH3 结构域、一个 GK 结构域，这些结构域如同一根绳上的珠子一样连接在一起。这些结构域不仅能够相互作用，也能与其他的蛋白质相互作用，为紧密连接的缝合线提供支撑。

4.3.2.2 紧密连接的功能

从功能上看，紧密连接除了连接细胞之外，还有两个作用：建立并维持细胞的极性，调节物质的穿细胞运输（transcellular transport）及细胞旁侧运输（paracellular transport）。

1）葡萄糖的穿细胞运输　紧密连接将极性细胞的质膜在结构与功能上分隔成两个膜结构域，即顶部（apical）与基部（basal）。顶部是上皮组织细胞朝向最外一侧质膜，基部是与顶部相反一侧的细胞质膜区。因此，紧密连接将上皮组织的细胞分成了表层与基底层，这就使得上皮细胞有了极性。这一结构特征在功能上有利于葡萄糖的穿细胞运输。图 4-35 是紧密连接在葡萄糖穿细胞运输中的作用。

2）调节细胞旁侧运输　紧密连接的第二个作用就是能够调节一些特殊离子在极性细胞层间的运输。紧密连接对细胞间隙的封闭作用不是绝对的。一些实验证明，紧密连接对小分子物质有一定的通透性，而且不同类型的上皮细胞紧密连接对离子的通透能力不同。例如，小肠上皮与膀胱上皮的紧密连接对离子的通透率可相差 1 万倍。由于离子是通过紧密连接调节的孔进行运输的，这种运输不经过细胞，而是在细胞的旁侧与细胞平行运输，故称为细胞旁侧运输。穿细胞运输与细胞旁侧运输都属于穿上皮运输（transepithelial transport）（图 4-36）。

在上皮及内皮细胞层都有旁侧细胞运输。在旁侧细胞运输中，紧密连接被认为是一种“分子筛”（molecular sieve），对细胞外要通过上皮及内皮的分子进行过滤。并非所有的分子筛都是相同的，因为不同的组织有不同的分子需求。实际上，大小在 4～40Å 的分子能够自由通过紧密连接的孔，具体的大小，依据组织的不同而不同。

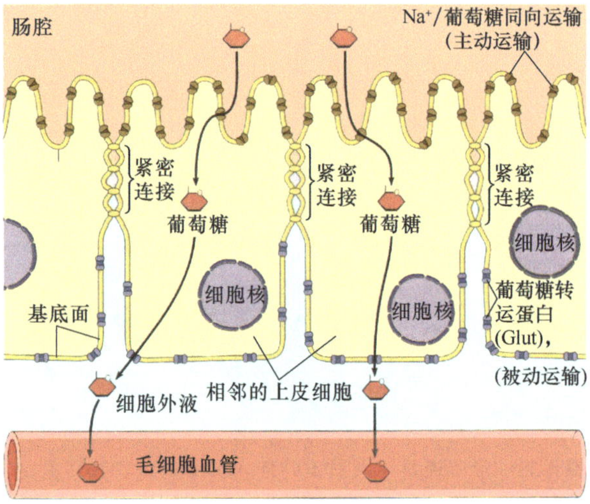

图 4-35 紧密连接在穿细胞运输中的作用（引自 Becker et al.，1996）。为简便起见，图中仅显示肠上皮组织的 4 个相邻细胞，通过相邻细胞间的紧密连接将上皮细胞分成顶层与基底。经消化后产生的葡萄糖进入肠腔后可通过 Na^+/葡萄糖转运蛋白进入上皮组织细胞中，由于相邻细胞间除紧密连接外，没有其他部位进行相互接触，所以上皮细胞中的葡萄糖不能在相互间进行转运，而只能通过 Na^+/葡萄糖转运蛋白转运的细胞外基质进入血液，并通过血液循环被其他组织的细胞吸收。在此过程中，紧密连接为葡萄糖的穿细胞转运提供了结构上的保障。

紧密连接对于离子及一些溶质的透过性物理障碍作用也是相当不同的。离子的运输是快速的，而一些溶质则需要几分钟乃至几小时才能通过紧密连接，原因是被选择的离子是直接穿过紧密连接的孔，而分子较大的溶质必须等待紧密连接“熔断”（短暂的断开）才能通过。

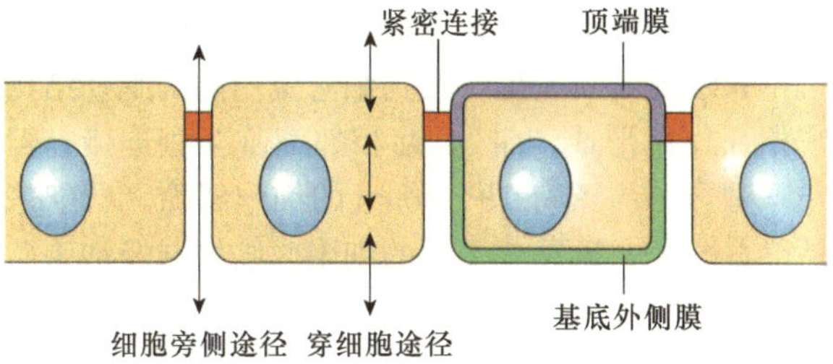

图 4-36 穿过上皮的穿细胞运输与细胞旁侧运输（引自 Lodish et al., 2013）。穿细胞运输需要细胞从一侧摄取分子，然后通过相关机制从相反一侧释放。旁侧运输是细胞外基质中的分子及离子通过渗透机制从紧密连接处穿过，不需要经过细胞。二者都是穿过上皮的运输。

紧密连接对离子的选择性透性，对于建立与维持表皮及内皮两侧的离子平衡十分重要。例如，如果因离子的选择性透性遭到破坏，使得表皮两侧的流动性平衡不能合理维持，鼠源胚胎则不能正常发育。同样，肾依靠适当的紧密连接的透性建立离子梯度，这种梯度对于体液与废液排除的调节是必要的。

此外，从紧密连接的支架蛋白复合物中看到，紧密连接与信号分子连接，提示紧密连接也参与细胞的信号转导。实际上，紧密连接的通透性也受细胞信号的调节。

在无脊椎动物中有一种分隔连接（septate junction），虽然构成的蛋白质不同（图 4-37），但所起的作用与紧密连接非常相似。

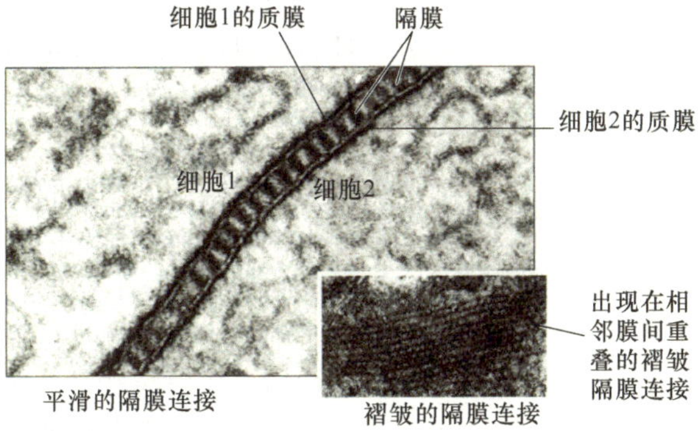

图 4-37 分隔连接（引自 Plopper, 2016）。脊椎动物中两个相邻细胞间平滑的分隔连接看似是线性的壁，将相邻细胞既连接起来，又截然隔开。

4.3.3 锚定连接

大多数组织和器官都要受相邻细胞的机械力作用，这种机械力相当强，且有破坏性。为了维持组织结构的稳定性，组织内的细胞必须连接起来使组织具有一定的机械强度。在前面讨论细胞的 6 种黏着方式时，重点介绍了细胞质膜的受体问题，即受体蛋白如何与相邻细胞质膜的受体，或与细胞外基质中的相关蛋白发生作用并进行黏附的。如果细胞质膜受体参与细胞黏附时，受体的细胞质结构域与细胞骨架发生了关联，那么这种黏附关系就会进一步。由于细胞骨架的参与，黏附就发展成了连接。

黏附受体的细胞内结构域与细胞骨架之间需要一个支点，将受体蛋白的细胞内结构域与细胞骨架联系起来。研究发现，支点是由一些衔接蛋白组成的，由于衔接蛋白的种类众多，且可以相互作用，就会在细胞质膜内侧形成致密的细胞质斑（plaque），因此将这种连接称为斑形成连接（plaque-bearing junction）。实际上，由衔接蛋白组成的细胞质斑为受体蛋白细胞质结构域与细胞骨架的交汇提供了锚定位点。这种连接有两个重要的特点：一是在参与连接的穿膜蛋白的细胞质膜内侧形成了由衔接蛋白形成的、具有“黏性”的细胞质斑；二是这种黏性的细胞质斑既可为参与连接的穿膜蛋白在细胞内侧提供一个“锚定”的位点，又可为细胞内的骨架（肌动蛋白纤维或中间纤维）参与细胞连接提供“耦合点”。因此，这种连接既可称为“斑形成连接”（就本质而言），又可称为“锚定连接”（就表象而言）。由于多数作者将这种连接称为锚定连接（anchoring junction），故本书也统一用锚定连接。

锚定连接是动物各组织中广泛存在的一种细胞连接方式，通过黏着蛋白、整联蛋白、细胞骨架体系及细胞外基质的相互作用，将相邻两细胞连接在一起。根据参与连接的黏着蛋白是与肌动蛋白纤维还是中间纤维相连，以及是细胞-细胞间的连接还是细胞与细胞外基质的连接，将锚定连接分为黏着（黏着带、黏着斑）连接和桥粒（桥粒和半桥粒）连接两大类，共计 4 小类（表 4-7）。

4.3.3.1 黏着连接

在锚定连接中，如果连接作用涉及细胞质中的骨架是肌动蛋白纤维，这种锚定连接方式就称为黏着连接（adherens junction, zonula adherens）。根据黏着连接涉及的是两个细胞间的连接还是细胞与细胞外基质的连接，又分为两种情况：如果涉及相邻两细胞间的连接，则称为黏着带（adhesion belt）；如果是细胞与细胞外基质相连，则称为黏着斑（focal adhesion）。

1）黏着带：“细胞-细胞”黏着连接　黏着带连接位于上皮细胞紧密连接的下方，靠钙黏着蛋白与肌动蛋白相互作用将两个细胞连接起

表 4-7　锚定连接

连接类型	连接方式	膜受体蛋白	细胞外配体	细胞内骨架	胞内黏着斑蛋白
黏着带	细胞-细胞	钙黏着蛋白	相邻细胞的钙黏着蛋白	肌动蛋白纤维	α-联蛋白，β-联蛋白，桥粒斑珠蛋白（γ-联蛋白），P120-联蛋白，黏着斑蛋白
黏着斑	细胞-ECM	整联蛋白	细胞外基质蛋白	肌动蛋白纤维	踝蛋白，黏着斑蛋白，黏着斑蛋白激酶（FAK），桩蛋白，其他相关蛋白
桥粒	细胞-细胞	非典型钙黏着蛋白（桥粒黏蛋白，桥粒胶蛋白）	相邻细胞的桥粒黏蛋白，桥粒胶蛋白	中间纤维	桥粒斑珠蛋白（γ-联蛋白），亲斑蛋白，桥粒斑蛋白
半桥粒	细胞-ECM	$\alpha_6\beta_4$ 整联蛋白 XVII胶原蛋白	细胞外基质蛋白	中间纤维	网蛋白，BP230

来（图 4-38）。黏着带处相邻细胞质膜的间隙为 20～30nm，介于紧密连接和桥粒之间。

参与黏着带连接的主要蛋白是钙黏着蛋白和肌动蛋白。钙黏着蛋白是一种穿膜糖蛋白，属钙依赖性的细胞黏附分子，所以这种连接也是钙依赖性的。在黏着带连接中，钙黏着蛋白的细胞外结构域与相邻细胞质膜上另一个钙黏着蛋白的细胞外结构域相互作用形成“带”，使相邻细胞互相连接，但并不融合，保留有 20～30nm 的细胞间隙，看起来是很宽的带。钙黏着蛋白的细胞内结构域经细胞质膜内侧衔接蛋白（adaptor protein）介导与肌动蛋白纤维相连，衔接蛋白包括 β-联蛋白（β-catenin）、α-联蛋白（α-catenin）等，其中 β-联蛋白直接与钙黏着蛋白的细胞质端相连，然后通过 α-联蛋白介导与肌动蛋白纤维相连。

黏着带的细胞质膜内侧的衔接蛋白将质膜的钙黏着蛋白与肌动蛋白纤维锚定在一起。据推测，在衔接蛋白周围可能还有其他能引起细胞信号转导的蛋白质，当钙黏着蛋白与肌动蛋白建立联系之后，信号转导蛋白通过某种方式引起细胞内其他一些应答。

2）黏着斑：“细胞-细胞外基质”黏着连接　黏着斑与黏着带的根本区别是：黏着斑是细胞与细胞外基质间的黏着连接（图 4-39），而黏着带是细胞与细胞间的黏着连接。除了这一根本区别之外，还有其他一些不同：①参与黏着带连接的膜整合蛋白是钙黏着蛋白，而参与黏着斑连接的是整联蛋白，即细胞外基质受体蛋白；②黏着带连接实际上是两个相邻细胞膜上的钙黏着蛋白与钙黏着蛋白的连接，而黏着斑连接是整联蛋白与细胞外基质中纤连蛋白的连接，因整联蛋白是纤连蛋白的受体，所以黏着斑连接是通过受体与配体结合。

在黏着斑连接中，整联蛋白的细胞质部分同样要由衔接蛋白介导与细胞骨架的肌动蛋白纤维相连。不过细胞质膜内侧参与锚定的衔接蛋白与黏着带连接有所不同，它含有踝蛋白，这种蛋白质在其他的细胞质斑中是不存在的。

无论是何种黏着连接，都有三个基本特点：①都是钙依赖性的，因为钙黏着蛋白和整联蛋白的活性都受 Ca^{2+} 的调节；②都要通过细胞质膜内侧衔接蛋白介导与细胞骨架的肌动蛋白相连；③无论

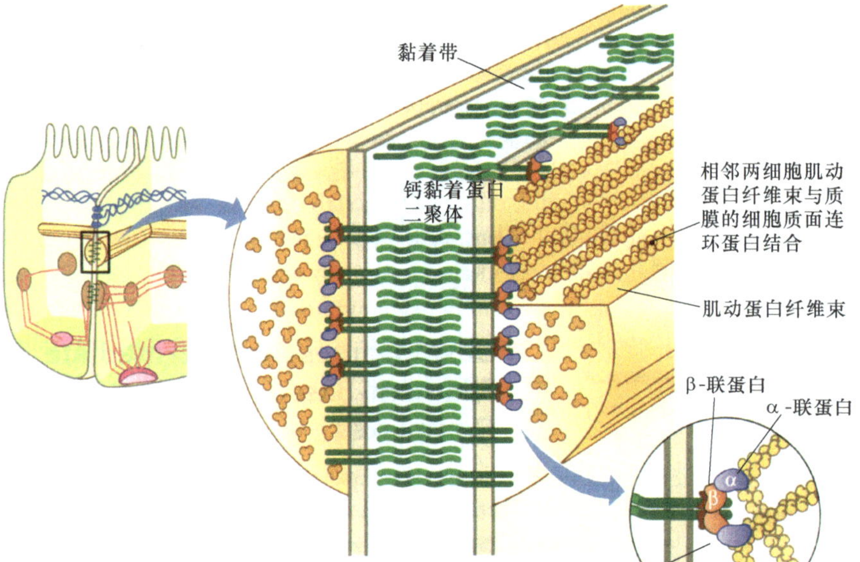

图 4-38　黏着带连接的结构（引自 Plopper，2016）。细胞黏附分子——钙黏着蛋白的细胞质部分通过衔接蛋白（如 α-联蛋白、β-联蛋白）与细胞骨架的肌动蛋白相连。两细胞间则是靠钙黏着蛋白的相互作用连接起来，中间有一个很宽的带。

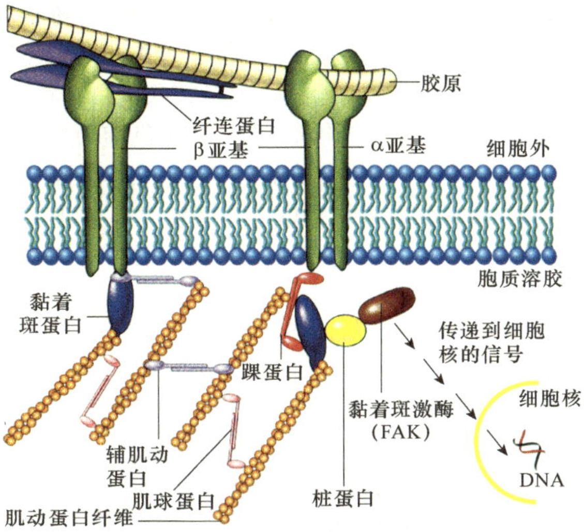

图 4-39　黏着斑连接（引自 Karp，2010）。整联蛋白被激活后，细胞外头部结构域与细胞外基质中的胶原、纤连蛋白相结合，细胞质结构域通过踝蛋白（talin）、黏着斑蛋白（vinculin）等衔接蛋白的介导与 α- 肌动蛋白纤维相连，通过衔接蛋白的锚定作用强化了细胞外基质与细胞的关系。黏着斑蛋白可通过桩蛋白与黏着斑激酶（focal adhesion kinase，FAK）结合，引起细胞内的信号转导。

是钙黏着蛋白还是整联蛋白，一旦与肌动蛋白相连，都会与某种信号分子发生联系，引起细胞的信号转导。由此看来，黏着连接的两个主要功能是：①通过膜整合蛋白、细胞骨架的肌动蛋白纤维、细胞外基质黏连蛋白将细胞与细胞或细胞与细胞外基质连接起来；②通过膜整合蛋白与肌动蛋白相连，给细胞传递一种信号，然后通过细胞内的信号分子将信号放大。另外，钙黏着蛋白介导的细胞黏着连接与细胞黏附间既有联系，又有差别，联系是二者都与钙黏着蛋白有关，差别主要是黏着连接必然与细胞骨架有关，而钙黏着蛋白介导的细胞黏附则不然。

4.3.3.2　桥粒

在锚定连接中，如果细胞质膜受体蛋白是通过中间纤维锚定到细胞骨架上，这种锚定连接方式就称为桥粒（desmosome），这是桥粒连接与黏着连接的根本区别。如同黏着连接，桥粒连接也分为两种情况：如果涉及的是相邻两细胞间的连接，则称为桥粒（即完全桥粒）；如果是细胞与细胞外基质相连，则称为半桥粒（hemidesmosome）。

1）桥粒（完全桥粒）：细胞-细胞连接　桥粒（图 4-40）是最常见的连接方式，主要出现在上皮组织，如皮肤和肠组织。桥粒连接的形态像圆盘，直径大约为 1μm，桥粒连接能赋予组织机械强度。从形态上看，通过桥粒连接，两细胞间形成纽扣式的结构。桥粒连接处相邻细胞质膜间的间隙约 30nm，锚定衔接处形成的细胞质斑的厚度为 15～20nm。从结构上看，桥粒连接也是通过钙黏着蛋白将两个相邻细胞结合起来。参与桥粒连接的钙黏着蛋白与黏着连接中的钙黏着蛋白在结构上有所不同。参与桥粒连接的钙黏着蛋白有两种类型，分别称为桥粒黏蛋白（desmoglein）和桥粒胶蛋白（desmocollin）。在细胞质膜的内表面有一致密的细胞质斑，其中有很多衔接蛋白作为锚定细胞骨架中间纤维的位点。锚定主要是通过细胞质斑中的衔接蛋白——桥粒斑蛋白（desmoplakin）介导的，桥粒斑蛋白也属于钙黏着蛋白。网状的中间纤维网络不

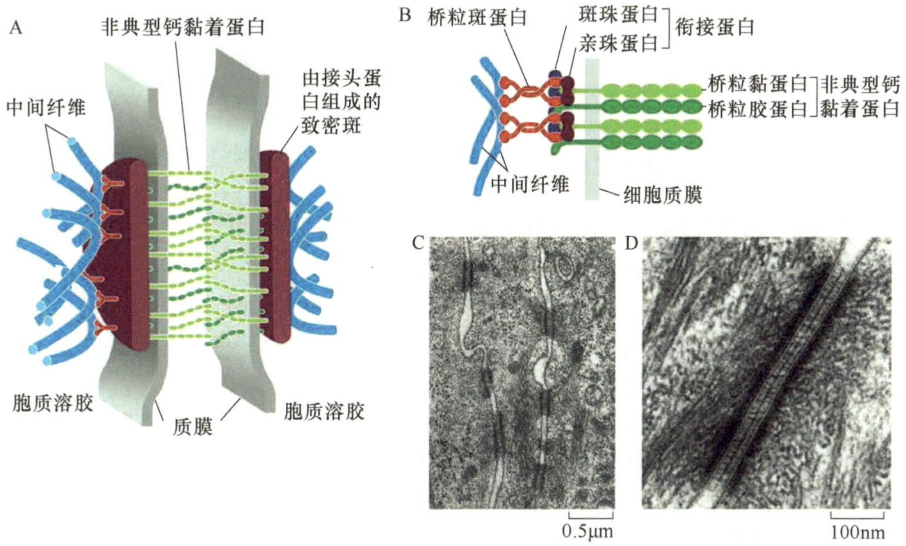

图 4-40　桥粒（引自 Alberts et al.，2015）。A. 桥粒的结构。在相互连接的两个细胞质膜的内侧面有一个致密的、由一些衔接蛋白组成的细胞质斑。一束角质蛋白中间纤维附着在每一细胞质斑的表面。穿膜的非典型钙黏着蛋白的细胞质结构域与细胞质斑结合，并通过非典型钙黏着蛋白的细胞外结构域与相邻细胞的非典型钙黏着蛋白的细胞外结构域相互作用，从而将两个细胞连接在一起。B. 构成桥粒的某些分子组成：桥粒黏蛋白和桥粒胶蛋白是非典型的钙黏着蛋白。它们的细胞质部分与桥粒斑珠蛋白（γ- 联蛋白）、亲斑蛋白等衔接蛋白结合，再通过桥粒斑蛋白与中间纤维相连。C. 幼鼠皮肤中三个表皮细胞间的桥粒连接的电镜照片。D. C 图局部放大后见到的桥粒。

仅提供了将周围细胞连成一体的结构组成，同时还增加了细胞的机械强度。由此可见，钙黏着蛋白在维持上皮细胞组织的整体性方面具有重要作用。临床上有一种自我免疫症——天疱疮，就是丧失上皮细胞的桥粒连接而患上严重的皮肤水泡。

2）半桥粒：细胞-细胞外基质连接　在桥粒连接中，如果穿膜蛋白细胞外结构域不是与另一细胞的穿膜蛋白相连，而是与细胞外基质相连，形态上类似半个桥粒，这种连接称为半桥粒。与桥粒连接相比，半桥粒连接有两点不同：首先，参与连接的穿膜蛋白不是钙黏着蛋白而是整联蛋白；其次，整联蛋白的细胞外结构域不是与相邻细胞的整联蛋白相连而是与细胞外基质相连，已经从半桥粒中分离到 $\alpha_6\beta_4$ 整联蛋白二聚体。半桥粒主要位于上皮细胞的基底面，作用是将上皮细胞与其下方的基膜连接在一起（图 4-41）。

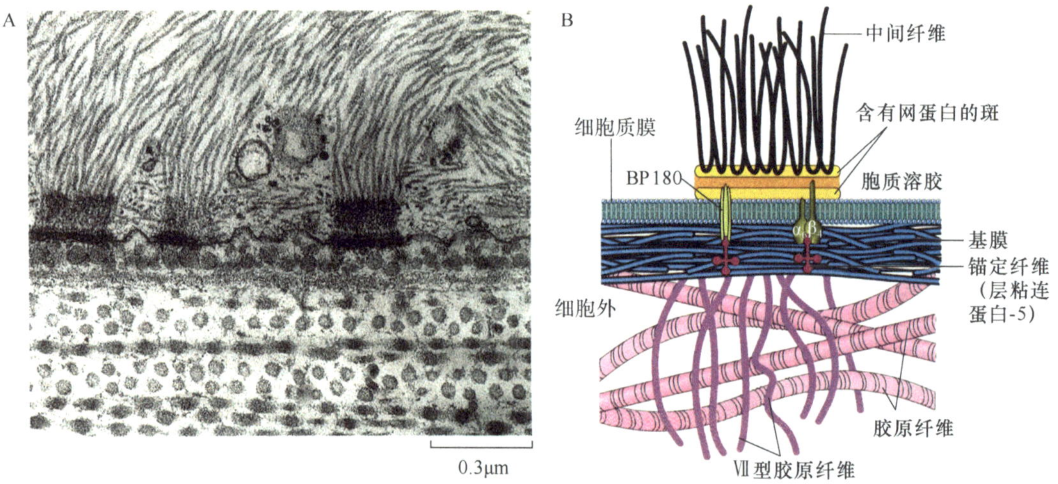

图 4-41　半桥粒（引自 Karp，2010）。A. 表皮细胞基底面桥粒的电子显微镜照片。图中有几个半桥粒并清晰可见细胞内的中间纤维骨架。B. 半桥粒主要结构及其分子组成。在半桥粒连接处有两种穿膜蛋白。第一个穿膜蛋白是 $\alpha_6\beta_4$ 整联蛋白，其细胞外头部与基膜中的层粘连蛋白相连，细胞内尾部锚定在含有网蛋白的细胞质斑中，而细胞质骨架中间纤维也锚定在细胞质斑中，从而将基膜、细胞质膜、细胞骨架结合起来。第二个穿膜蛋白是 BP180，帮助 $\alpha_6\beta_4$ 整联蛋白进行细胞连接。

4.3.3.3　细胞黏附在细胞与环境互作中的作用

我们先讨论了由细胞黏附分子介导的 4 种不同的细胞黏附，后又讨论了由细胞黏附分子介导的 4 种锚定连接（黏着带、黏着斑、桥粒和半桥粒）。细胞黏附是经细胞识别后建立组织的初级反应，锚定连接为组织的建立提供了结构保障。

因此，锚定连接对于相对固定细胞、增强组织的强度具有重要作用。特别是细胞骨架的参与，使同一组织的细胞能够紧密地结合在一起。细胞中的中间纤维网络通过桥粒和半桥粒锚定在质膜上，加固了上皮细胞之间及上皮细胞与其下方结缔组织之间的联系。桥粒与半桥粒如同铆钉一样，对上皮及其下方结缔组织所承担的机械张力和剪切力起了分散作用。肌动蛋白是细胞皮质骨架的主要成分，这种骨架成分通过黏着带和黏着斑将相邻细胞的质膜或质膜与细胞外基质蛋白联系在一起，不仅增强了组织的机械强度（图 4-42），更重要的是形成了组织网络和组织整体。此外，锚定连接也参与细胞的信号转导。

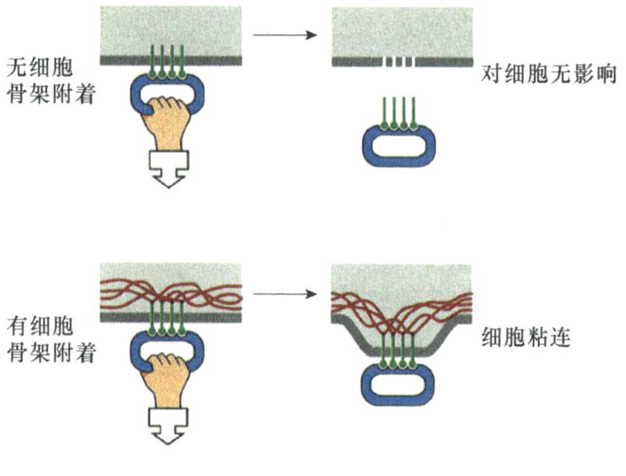

图 4-42　细胞骨架在细胞连接中的重要性（引自 Alberts et al.，1994）。若无细胞骨架参与，在外力作用下，很容易将两个细胞拉开；当有细胞骨架相连时，可抵抗一定的外力作用，维持细胞组织的整体性。

4.3.4 通信连接

通信连接是一种特殊的细胞连接方式，位于特化的、具有细胞间通信作用的细胞。它除了有机械的细胞连接作用之外，还可以在细胞间形成电偶联或代谢偶联。动物细胞与植物细胞的通信连接方式是不同的，动物细胞的通信连接为间隙连接（gap junction），而植物细胞的通信连接则是胞间连丝（plasmodesmata）。

4.3.4.1 间隙连接

间隙连接是 1967 年被发现的，是动物细胞第三种类型的连接方式。间隙连接存在于大多数脊椎动物、无脊椎动物细胞中，尤其在需要进行快速通讯的细胞中特别丰富，如神经细胞和肌细胞。

间隙连接是细胞表面的特化结构，它为相邻细胞中离子和小分子的流通打开了一个直接的通道，促进细胞-细胞间的运输（cell to cell transport）。在心肌细胞中，当发生肌收缩时，心肌细胞间的间隙连接能够促进电信号的传递。

间隙连接的主要结构是连接子（connexon）。所谓“间隙”，有两层含义：其一是在间隙连接处，相邻细胞质膜间有 2～4nm 的间隙；其二是相邻两细胞通过连接子对接形成通道，允许小分子的物质直接通过这种通道从一个细胞流向另一个细胞（图 4-43）。

连接子是一种穿膜蛋白，每个连接子由 6 个相同或相似的连接子蛋白（connexin）亚基构成。每个连接子长为 17nm，环绕中央形成孔径约为 1.5nm 的水性通道。

间隙连接通道蛋白的组成是多种多样的，不同组织来源的连接子的分子质量大小有很大差别。连接子的大小虽然不同，但所有连接子的结构相同，即都有 4 个 α 螺旋的穿膜区和 2 个细胞外环。

人的基因组测序表明：人的细胞组织中至少有 20 种不同的连接子蛋白，有很多细胞表达一种以上的连接子蛋白，可以装配成同质寡聚连接子（homo-oligomeric connexon），即连接子由 6 个相同的亚基组成；也可以装配成异质寡聚连接子（hetero-oligomeric connexon），即连接子由多种亚基组成。这样，两个细胞间装配成的连接子，有可能是同质的，也有可能是异质的（图 4-44）。

相邻两细胞分别用各自的连接子相互对接形成细胞间的通道，实验证明间隙连接能够允许分子质量在 1200Da 以下的分子通过。Loewenstein 将染料

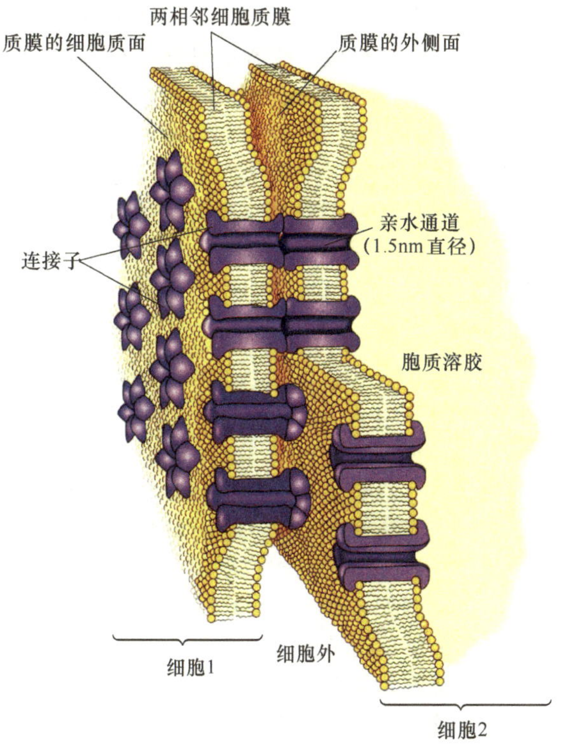

图 4-43 间隙连接的结构（引自 Becker et al.，2003）。相邻两细胞各提供一个连接子并对接，在两细胞质膜中形成圆柱形的通道。每个连接子由 6 个连接子蛋白亚基构成环形结构，环形中央部分是一个直径为 2.5～3nm 的水性通道。

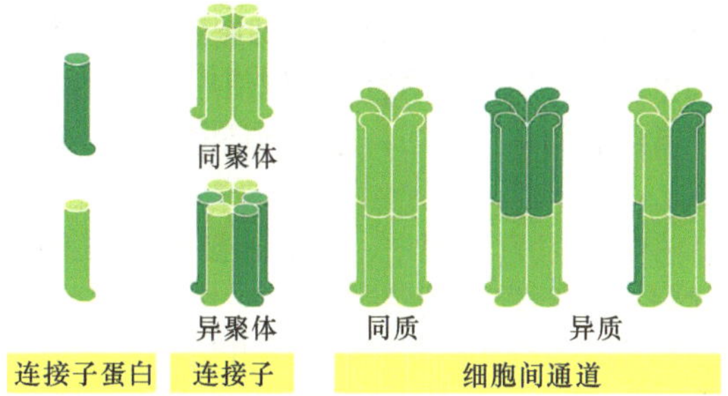

图 4-44 间隙连接的连接子结构（引自 Alberts et al.，2015）。间隙连接的连接子由相邻两细胞共同组成，它们的组成可以是同质的，也可以是异质的。

注入用间隙连接连起来的一排昆虫细胞中的一个，然后在光学显微镜下观察，发现染料很快从一个细胞移向下一个细胞，而且比预料的要快得多。这种染料是亲水性的，分子质量为 300Da。他们还用类似的实验证明了离子能够自由通过间隙连接。在 Loewenstein 的实验中，能够自由通过间隙连接的最大分子是 1200Da，这说明其他的一些小的信号分子，如 cAMP 和 IP_3 等也能自由通过。

Gilula 和他的同事们通过实验获得了第二信使自由通过间隙连接的直接证据。他们用了两种培养的细胞系：一种是卵巢细胞，这种细胞没有

去甲肾上腺素的受体，所以不会对去甲肾上腺素或其他的胆碱激素做出应答；另外一种是心肌细胞，具有去甲肾上腺素受体，并受该激素的刺激。当将这两种细胞放在一起培养时，它们很快通过间隙连接连成一体，加入去甲肾上腺素后，不仅心肌细胞做出了应答，卵巢细胞也做出了应答。这一结果说明卵巢细胞之所以能够对去甲肾上腺素做出反应，是从心肌细胞得到了第二信使的结果。

上述实验以及后来的一些实验都证明间隙连接不仅具有机械连接作用，还能在细胞间形成电偶联（electrical coupling）和代谢偶联（metabolic coupling）。电偶联在神经冲动信息传递过程中起重要作用，代谢偶联可使小分子代谢物和信号分子通过间隙连接形成的水性通道从一个细胞到另一个细胞。例如，cAMP 和 Ca^{2+} 等都可通过间隙连接从一个细胞进入到相邻细胞，因此，只要有部分细胞接收信号分子的作用，就可以使整个细胞群发生反应。同时，在偶联的细胞之间，可以“共享”营养物质。

对肿瘤细胞间隙连接的研究表明：恶性肿瘤细胞的通讯能力存在缺陷，当用一种皮肤致癌剂佛醇二酯加入人肿瘤细胞培养液中，细胞间电偶联的比例从 90% 下降到 6%，除去佛醇二酯后，电偶联逐渐恢复。因此认为致癌剂起着抑制连接通讯作用。有理由推测，细胞间的通讯抑制使癌变中的细胞失去正常细胞的调控作用，这可能是癌变的一个重要因素。

在胚胎发育过程中，间隙连接介导的细胞通讯显得尤为重要。在胚胎发育的一定阶段，一部分细胞与另一部分细胞失去偶联，开始向各自特定的方向发展，而同一部分的细胞则保持互相偶联，以协调的方式向同一方向发展，表现出整体性。有一种假说认为，在胚胎发育的一定阶段，某种小分子物质可以通过间隙连接从高浓度区域移到低浓度区域，从而在一群细胞之间建立一个平缓的浓度梯度。这种区域性的浓度向这群细胞提供了它们自身的“位置信息”，可以让它们按其在胚胎中的位置而调控其分化方向。

间隙连接的作用受细胞质中 Ca^{2+} 和 H^+ 浓度的调节。间隙连接在低 Ca^{2+} 浓度时开放，此时的细胞质处于静息状态；当 Ca^{2+} 浓度升高时，间隙连接的通道逐步缩小，当 Ca^{2+} 浓度达到 10^{-5}mol/L 时，通道完全关闭。提高 H^+ 浓度，也就是将细胞质中 pH 从 7.0 降低到 6.8 或更低，间隙连接的通道也会关闭。间隙连接除了受 Ca^{2+} 和 H^+ 调节外，还受其他因素的调节。

4.3.4.2 胞间连丝

虽然植物细胞没有动物细胞所具有的特异性连接方式，又有着较厚的细胞壁，但是细胞壁并没有完全封闭细胞。植物细胞壁通常含有小的开口，叫胞间连丝，通过它，细胞间可以进行连接。在电子显微镜下见到的胞间连丝似乎是以一个狭窄的、直径 30～60nm 的圆柱形细胞质通道穿过相邻的细胞壁。胞间连丝中有连丝小管（desmotubule）通过，并认为它是由两个细胞的滑面内质网衍生而来的（图 4-45）。

胞间连丝不仅使相邻细胞的细胞质膜、细胞质、内质网交融在一起，而且也是植物细胞间物质运输和信息传递的重要通道，它与动物细胞的间隙连接有许多相同之处。正常情况下它允许 800Da

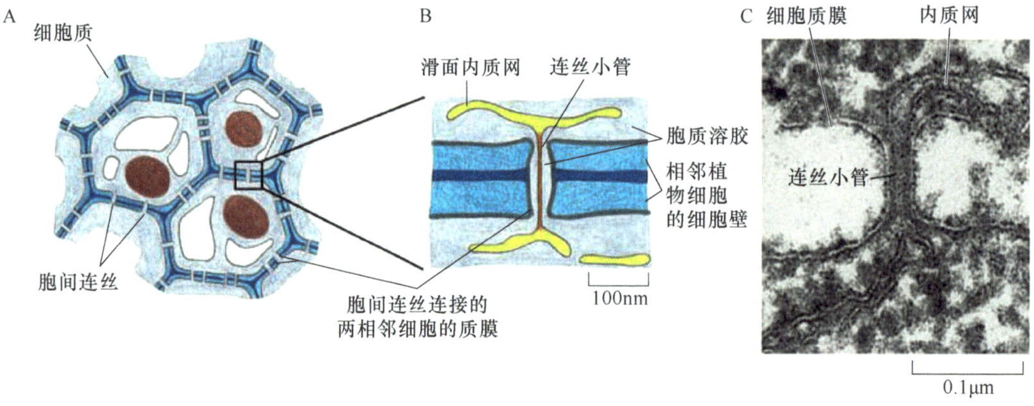

图 4-45 植物的胞间连丝（引自 Alberts et al., 2015）。A. 胞间连丝穿过植物细胞壁形成细胞质通道并将相邻细胞连接在一起。B. 胞间连丝通过连丝小管穿过两细胞壁与相邻细胞的滑面内质网相通。C. 水蕨（water fern）的胞间连丝切片的电子显微镜照片。两细胞质膜形成一个连续的孔，并且可看到两细胞的内质网及穿过两细胞的连丝小管。

以下的分子渗透，也能让离子自由通过，它的活性同样受 Ca^{2+} 浓度的调节等，因此具有植物信号转导的作用。

与间隙连接不同的是，胞间连丝的孔能够扩张，允许大分子，包括蛋白质和 RNA 分子通过。这是 20 世纪 80 年代通过研究病毒经植物细胞的胞间连丝从一个细胞向另一个细胞扩散时发现的。此外，还发现病毒编码一种能够与植物细胞胞间连丝的壁相互作用的移动蛋白（movement protein），这种蛋白质能够增加胞间连丝孔的直径。后来的研究发现，植物能够自己合成移动蛋白介导细胞间的大分子运输。

我们分别讨论了细胞中三大类细胞连接，现将它们的功能、主要特点等总结于表 4-8。

表 4-8 细胞连接的方式与特点

连接类型	功能	特征	相关结构
紧密连接	封闭细胞空间	沿着嵴进行膜连接	穿膜连接子蛋白
锚定连接			
黏着带	细胞-细胞黏着连接	形成连续的黏着带	与肌动蛋白纤维相连
黏着斑	细胞-ECM 黏着连接	形成局部的黏着点	与肌动蛋白纤维相连
桥粒	细胞-细胞黏着连接	形成局部的黏着点	与中间纤维相连
半桥粒	细胞-基膜黏着连接	形成局部的黏着点	与中间纤维相连
通讯连接			
间隙连接	动物细胞间离子和分子的交换	连接子（具有 3nm 孔径的穿膜蛋白）	两个细胞通过各自的连接子对接形成通道 可能通过衔接与细胞骨架相连
胞间连丝	植物细胞间的物质交换	两细胞间形成直径为 30～60nm 通道	内质网穿过两细胞壁与肌动蛋白相连

4.4 植物的细胞外结构：细胞壁

植物与动物有一个很重要的不同，就是植物没有骨骼系统，但是植物细胞却有相当的强度。赋予植物细胞强度的，不是骨骼，而是植物的细胞壁（图 4-46）。植物细胞壁除了给整体植物提供机械强度之外，也保护细胞免遭渗透及机械损伤。另外，植物的细胞壁可以保护植物免受微生物，特别是真菌和细菌的侵染。坚硬的细胞壁对于植物的形态也有决定性的作用，若除去细胞壁，植物细胞就会失去其正常的形态。植物细胞壁是造成植物细胞与动物细胞性质上差异的主要因素，如植物细胞不能迁移，也不可能发育成动物细胞所具有的神经系统。

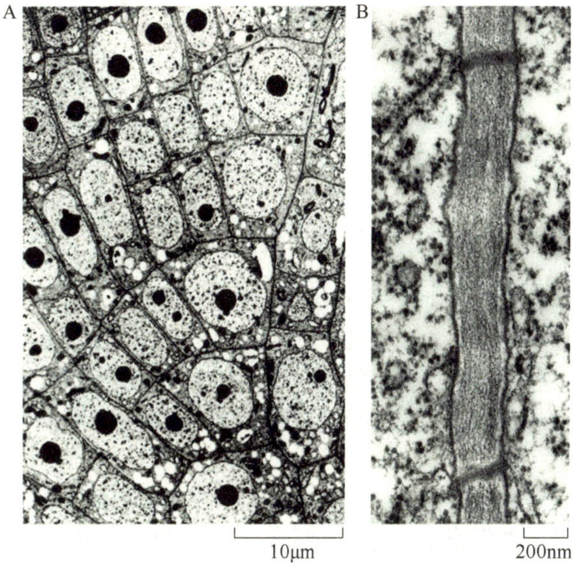

图 4-46 植物的细胞壁（引自 Alberts et al.，2015）。A. 灯芯草根尖细胞的电镜照片，可见到细胞间的细胞壁。B. 两相邻细胞间典型的细胞壁，图中所示两个较深的部分是穿过细胞壁的胞间连丝。

曾经有人把植物的细胞壁看成是相当惰性地包围在细胞外的细胞分泌物，现代的研究发现植物细胞壁是一个动态结构，能够进行很多活动。例如，与细胞壁有关的酶可将细胞外的营养转变成可通过细胞质膜进入细胞的小分子化合物；细胞壁也可以作为物质通透的障碍在代谢和分泌过程中起重要作用。

4.4.1 植物细胞壁的结构

植物有两种类型的细胞壁：初生细胞壁（primary cell wall）和次生细胞壁（secondary cell wall），它们是在不同阶段分泌合成的（图 4-47）。

细胞壁的分泌合成是逐步、分层次进行的，合成越早，最后离开质膜越远。首先形成的是中间层（middle lamella），其构成成分主要是果胶。果胶是相邻两细胞壁所共有的，并且起到将两个细胞连接在一起的作用。

分泌合成的第二个区带称为初生壁，是在细胞

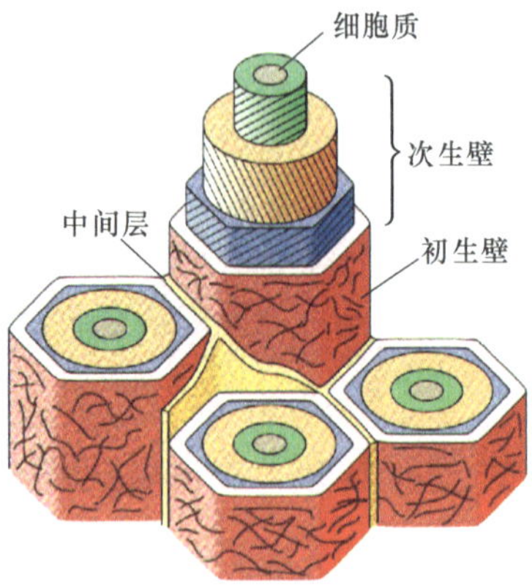

图 4-47 植物细胞壁的层次结构（引自 Kleinsmith and Kish，1995）。某些植物的细胞壁只有初生壁；有些既有初生壁，也有次生壁。

生长时期形成的。初生壁的厚度为 100～200nm，与动物细胞的基膜相当。初生壁由纤维素、半纤维素、果胶和糖蛋白等松散组成。在初生壁中，果胶对于初生壁的弹性是十分重要的，使细胞在生长过程中进一步扩展。

次生壁是在细胞停止生长后分泌形成的，主要是增加细胞壁的厚度和强度。次生壁位于初生壁的内层，纤维素和木质素是次生壁的主要成分，但基本不含果胶，这使得次生壁非常坚硬。次生壁由几层纤维素微纤维组成，各自形成密集结实的层。

4.4.2 细胞壁的化学组成

细胞壁是由大分子构成的复杂的复合物，构成细胞壁的分子是由细胞壁所包围的细胞分泌出来的，从这种意义上来说，植物的细胞壁相当于动物细胞的细胞外基质。所不同的是，动物细胞的细胞外基质的主要成分是蛋白质分子；植物细胞壁的主要成分是多糖，其中最重要的是纤维素，它赋予植物细胞的硬度和强度，与动物细胞的细胞外基质中的胶原具有相似的作用。图 4-48 是植物细胞壁的主要化学组成及结构模式图。

纤维素（cellulose）赋予植物初生壁的张力强度。每一个纤维素至少是由 500 个葡萄糖残基相互间通过氢键共价连接成线性类似丝带的结构，并通过链内的氢键使其保持稳定。此外，相邻纤维素分子间的氢键可使各纤维素分子平行排列，并形成约由 16 个纤维素链组成的束，组成束的纤维素链的极性相同。这种高度有序的晶体聚合体称之为纤维素微纤维（cellulose microfibril），约有几微米长。这种微纤维具有堪比钢一样的抗张强度（tensile strength）。微纤维的直径一般为 5～15nm，长约几微米（图 4-49）。

不同植物的细胞壁在组成、厚度等方面都有差异。例如，棉花的细胞壁几乎全是纤维素纤维构成的，而木本植物的细胞壁中纤维素仅占 50%，某些植物幼苗的细胞壁中纤维素的含量不到 1%。

虽然纤维素是细胞壁的关键成分，但是细胞壁不只是纤维素的集合体，还包括其他一些大分子，这些生物大分子大致分为 4 类：半纤维素、果胶、木质素、糖蛋白。

半纤维素（hemicellulose）是由几种不同类型的单糖构成的异质多聚体，这些糖是五碳糖和六碳糖，包括木糖、阿拉伯糖、甘露糖和半乳糖等。半纤维素木聚糖在木质组织中占总量的 50%，它结合在纤维素微纤维的表面，并且相互连接，这些纤维构成了细胞相互连接的网络。

果胶（pectin）是由半乳糖醛酸和它的衍生物组成的具分支的多糖，带负电，类似动物细胞的糖胺聚糖，很容易形成水合胶。在细胞壁的中间层（middle lamella），果胶特别丰富。果胶在细胞壁中的作用主要是纤维间的填充物，将纤维素包埋在水

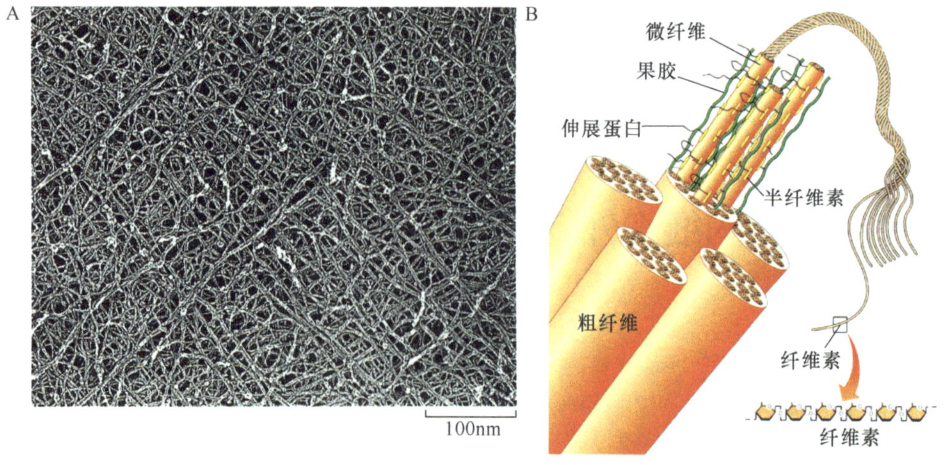

图 4-48 植物细胞壁的组成（引自 Karp，2010）。A. 洋葱细胞壁的纤维素微纤维与半纤维素交联的电镜照片，样品中除去了果胶聚合体。B. 植物细胞壁的结构组成。

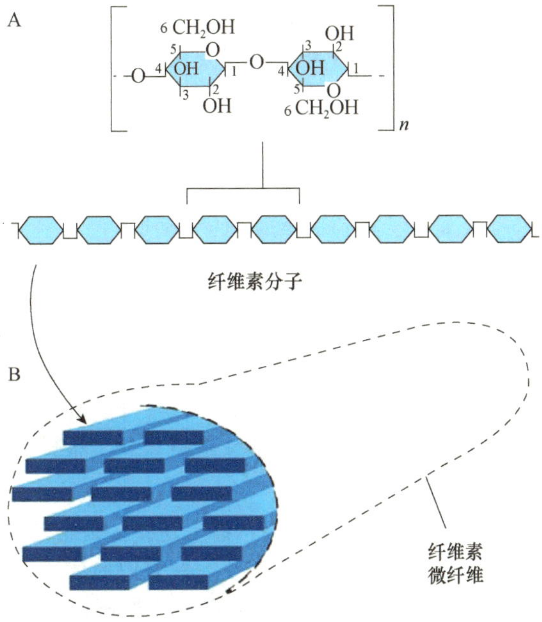

图 4-49 纤维素分子与纤维素微纤维（引自 Alberts et al.，2015）。A. 纤维素分子是由葡萄糖以 β（1→4）连接形成的链状多聚体；B. 由纤维素链组成纤维素微纤维。

合胶中。

木质素（lignin）是由聚合的芳香醇构成的一类物质，主要存在于木质组织中，其作用是通过形成交织网来硬化细胞壁。木质素主要存在于纤维素微纤维之间，具有抗压作用。在木本植物中，木质素占 25%，是世界上第二位最丰富的有机物（纤维素是第一位）。

植物细胞壁中含有一些蛋白质，总量占细胞壁干重的 5%。最重要的一种糖蛋白叫伸展蛋白（extensin），这种蛋白质与其他的相关蛋白一起，与纤维素等形成交叉网络，产生一种加固蛋白质-多糖复合物的力。有些蛋白质是酶，负责细胞壁的周转（turnover）和重建，特别是在生长期尤其如此。还有些蛋白质是穿膜的蛋白激酶，参与信号转导，这对于植物的免疫反应具有重要意义。

除了上述成分外，细胞壁中也有少量的脂，包括蜡质及其他的脂类。这些脂质常位于细胞壁的外表面，并且形成角质层，保护细胞免受损伤。细胞壁中还有矿物盐，如钙和钾等。

通过拟南芥的基因测序估计，大约有 700 个基因参与植物细胞壁的合成、装配与重建。

4.4.3 微管在纤维素微纤维装配中的作用

在植物细胞壁的纤维素微纤维装配过程中，微管（microtubule，MT）对于新合成的微纤维的定向具有引导作用。1963 年，Ledbetter 和 Porter 发现在形成细胞壁的质膜下有一层微管，后来的研究证实了这一发现，推测在细胞壁形成时，微管对于指导纤维素微纤维的方向具有重要作用（图 4-50）。

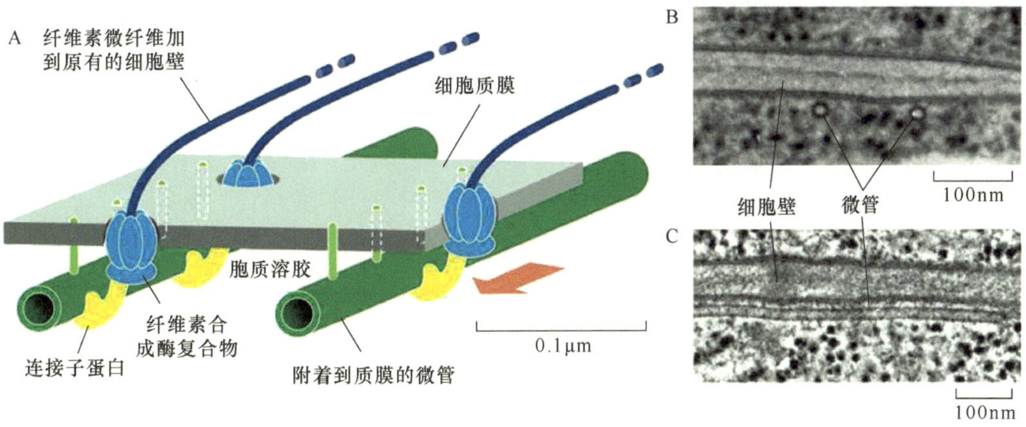

图 4-50 新合成的微纤维在微管指导下的定向（引自 Alberts et al.，2015）。A. 大的纤维素合成酶复合物是一类整合膜蛋白，在细胞质膜的外侧面连续合成纤维素微纤维。坚硬的微纤维的远端整合在细胞壁结构中，近端在合成酶的作用下沿着质膜不断合成延长。在质膜的胞质侧有微管的存在，并且纤维素微纤维通过连接子蛋白与微管相连，因此，微管对微纤维具有定向指导作用。B～C. 显示皮质微管与质膜关联的两幅电子显微镜照片。B 是横切面照片，C 是纵切面照片，两幅照片都显示质膜与微管之间约有 20nm 的间隙，但连接分子不清楚。

本章小结

多细胞生命有机体中的细胞组成不同的组织，在这些组织中，通过细胞相互间以及细胞与细胞外环境的相互作用调节着细胞的迁移、生长及组织的三维结构。

动物是由多种类型的细胞组成的有机体，而且不同类型的细胞通常要组成固定的组织。在多数组织中，细胞要向细胞外分泌一群大分子，这些大分子在细胞间交织连接形成网状结构，将这种结构称为细胞外基质。

细胞外基质的组成可分为三大类：①蛋白聚糖，它们能够形成水性的胶状物；②结构蛋白，如胶原和弹性蛋白，它们赋予细胞外基质一定的强度和韧性；③黏着蛋白，如纤连蛋白和层粘连蛋白，它们促使细胞与基质结合。

细胞识别是指细胞对同种或异种细胞、同源或异源细胞、自己和异己物质的认识和鉴别。细胞黏附则是指相邻细胞或细胞与细胞外基质以某种方式黏附在一起，组成组织或与其他组织分开，这种黏附的方式比较松散。另外，从事件发生的次序来说，细胞识别在先，细胞黏附在后，识别是黏附的基础。介导细胞黏附的蛋白质有四类：整联蛋白、钙黏着蛋白、选择素、免疫球蛋白超家族。

细胞在识别和黏附的基础上进行细胞连接。细胞连接有 3 种方式：紧密连接、锚定连接、通信连接。比较复杂的是锚定连接，它又可分为 4 种连接方式：黏着带、黏着斑、桥粒、半桥粒。对它们的区别主要是根据连接子蛋白与细胞骨架的关系，以及是细胞与细胞的连接，还是细胞与细胞外基质的连接。

植物细胞壁是由大分子构成的复杂复合物，相当于动物细胞的细胞外基质。纤维素是细胞壁的主要成分，此外还包括半纤维素、果胶、木质素、糖蛋白等。植物细胞壁不仅给整体植物提供机械强度，还可保护植物免受微生物等的侵染，以及植物形态决定等作用。

思考题

（1）如何从社会学的角度理解细胞环境与互作的意义？

（2）比较四类细胞锚定连接的特点与意义。

（3）什么是透明质酸？其结构与功能有什么特点？

（4）间隙连接的渗透性（permeability）受 Ca^{2+} 的调节。你认为当细胞内的 Ca^{2+} 浓度高于正常值时，间隙连接是打开还是关闭？这种调节机制有什么优越性？

（5）假定你合成了一段含有 RGD 模体（motif）的寡肽序列。当你将这种寡肽添加到已经通过纤连蛋白贴壁的成纤维细胞培养液中后，对成纤维细胞的生长会有什么影响？是如何发生的？

5 细胞通讯

英国诗人John Donne用诗句“No man is an island”表示人离开了社会将寸步难行，细胞也是如此，因为细胞也是生活在社会之中，只不过是细胞社会。

多细胞生物是由不同类型的细胞组成的社会，而且是一个开放的社会，社会中的单个细胞间必须协调它们的行为，为此，细胞建立通讯联络是必需的。例如，生物体的生长发育、分化、各种组织器官的形成、组织的维持，以及它们各种生理活动的协调，都需要有高度精确、高效的细胞间通讯机制。因此，细胞通讯（cell communication）是指在多细胞生物的细胞社会中，细胞间或细胞内通过高度精确和高效地接收信息的通讯机制，并通过放大引起快速的细胞生理反应，或者引起基因活动，而后发生一系列的细胞生理活动来协调各组织活动，使之成为生命的统一体对多变的外界环境作出综合性反应。

即便是单细胞生物，如酵母、细菌，也与多细胞生物一样，都必须对它们的周围环境有所知晓，并能迅速作出反应。例如，摄取营养、区分明暗、检测和避免毒性的伤害等，这些行为也需要通过信号传导。

5.1 细胞通讯的一般原理

人类文明的重要标志之一就是通讯技术。当今社会人们可以通过电话及网络等方式进行信息交流。无论是何种通讯方式，接收方必须通过视听设备接收发射端发出的信息，并转换成能够识别的信息，最后作出反应。细胞的通讯与人类社会的通讯有异曲同工之妙（图5-1）：由信号发射端发出信号，由信号接收端探测信号，其接收的手段是通过接收分子（受体蛋白），然后通过对信

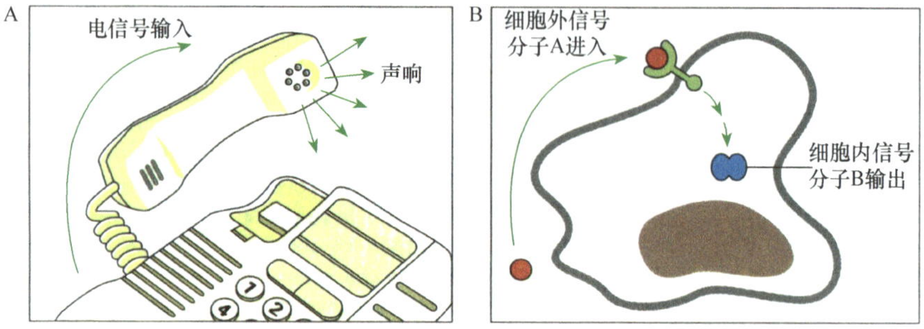

图 5-1 信号转导（引自 Alberts et al.，1998）。A. 电话接收器将电信号转换成声音信号；B. 细胞信号接收器（受体）将细胞外信号（分子 A）转变成细胞内的信号（分子 B）并作出反应。

号的识别与结合，最后由细胞作出应答。因此，细胞通讯是细胞社会更高层次的活动，而且是生物体的生存所必需的。细胞通讯是由细胞通讯网络（cellular signaling network）执行的，并非是细胞的个体行为。

5.1.1 细胞通讯网络

人的神经系统每天要收集环境及自身身体状况等诸方面的信息，经整理、加工后，采取适当的行为作出反应。细胞通讯网络同样如此，当我们每天忙于工作、学习、生活时，细胞通讯网络要时刻监控我们的基础生理功能，如血压、体温、氧耗，以及代谢的单个细微变化、呼吸频率等，并尽可能保持体内的稳态，因此，细胞通讯网络是细胞的神经系统。

从解剖上看，如同人的神经系统一样，细胞的通讯网络是相当复杂的。在作用方式上，细胞通讯网络也与人的神经系统非常相似：细胞通讯网络将检测到的信息从一个地方传递到另一个地方，正如神经系统的作用一样，通过信号转导将信号进行放大并作出适当的反应。

5.1.1.1 细胞通讯网络的功能

遗传学中有一个重要的概念，叫遗传信息（genetic information），是指储存在 DNA 序列中的指令（instruction），这种指令通过转变成蛋白质或 RNA 来行使功能。而“信息”（information）也是信号转导中的重要概念，但细胞通讯中的信号信息与遗传信息有本质上的区别，细胞通讯中的信息更是一种物体状态（state）。例如，当你问朋友“现在几点钟了？”，实际是问“时钟是什么状态？”。当朋友告诉时钟的状态时，时钟状态的信息就从一个地方传递到了另一个地方。当人们处理时钟状态信息时，或许感觉到要上课了，然后要对此作出适当的反应，如快步跑到课室。又如，天气预报下午会下雨且降温，人们对此信息作出的反应是要添加衣物并带好雨具才出门。

人体内各种组织的细胞，要时刻监测环境的变化，收集信息。细胞接收、传递外部信息并作出反应的过程，就称为细胞的信号反应。举一个简单的例子：当张开的含羞草被人的手触摸时会立即卷曲起来。手对含羞草叶子的触摸，让含羞草感受到一种可能会伤害自己的信号，作出的反应是将叶子卷曲起来，这实际上是含羞草对外界信号作出的一种保护性反应。

从含羞草的例子来看，似乎细胞对信号的反应仅是单一的反应，其实不然，一般细胞对外部信号的反应通常是综合性反应，包括基因表达的变化、酶活性的变化、细胞骨架构型的变化、通透性的变化、DNA 合成的变化、细胞死亡程序的变化等。当然，这些变化并非都是由一种信号引起的，通常要几种信号结合起来才能产生较复杂的反应，而且通过信号的不同组合产生不同的反应。

实际上，多细胞生物体中的细胞生命活动都是受细胞外信息控制的，问题的关键是，细胞所处的环境中，有几百种不同的信号，细胞如何对这些信号进行识别并作出决定：分裂、移动或是分化等。例如，细胞是否继续生存是细胞外多种生存因子综合作用的结果，如果细胞外生存信号被耗尽，细胞则启动死亡程序，即程序性细胞死亡，将自己杀死；而细胞的增殖则是细胞对细胞外的分裂信号、生存信号及刺激细胞生长信号作出的综合性决定。此外，细胞若是要分化成不分裂的状态［终端分化（terminal differentiation）细胞］，则是由生存信号与不分化信号共同作用的结果（图 5-2）。

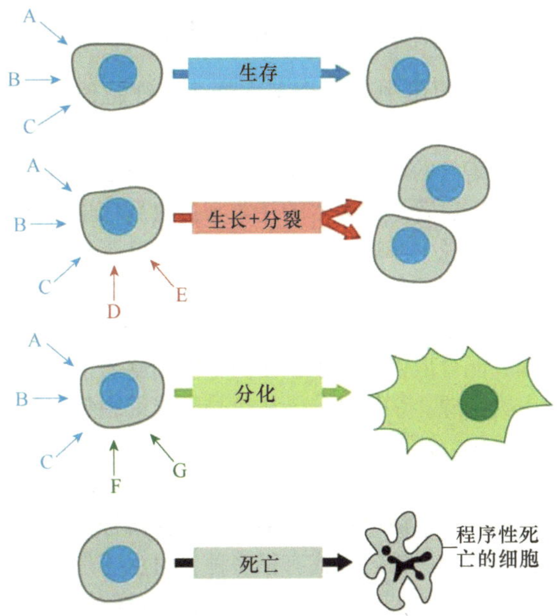

图 5-2 多种细胞外信号引起动物细胞的应答（引自 Alberts et al.，2015）。细胞在信号应答中的每一种最终表现都是细胞接收了一套相关的细胞外信号并作出综合应答的结果。既包括刺激细胞生存、生长或分化，也包括对细胞生长的抑制、诱导，或启动细胞的程序性死亡。图中所示只是推测的简化模式。

5.1.1.2 细胞通讯网络的基本组成

构成细胞通讯网络的分子包括蛋白质、蛋白聚糖、肽、氨基酸、脂、核苷，以及带电的离子（Ca^{2+}、Na^{+}、Cl^{-}）等。为方便起见，根据它们的功能（而不是结构）将这些分子分为 4 类（图 5-3），即信号分子、受体、信号蛋白、第二信使。

蛋白质、氨基酸、糖、脂、核苷，甚至相邻细胞都可以作为信号，通过细胞外空间将信息从一个细胞传递到另一个细胞。能与信号分子（或细胞）结合的分子称为受体（receptor），通常是蛋白质或蛋白聚糖。受体一旦与信号分子结合，就会将信号传递给细胞内的靶标。在某些情况下，受体本身就是靶标；但通常情况下，受体将信息传递给下游的“邮差”在细胞内继续传递，而下游的“邮差”多数是通讯蛋白（signaling protein）。在大多数通讯网络中，需要几种通讯蛋白将信号进行接力传送。第二信使分子（second messenger molecule）也参与信息的接力传递，之所以称为第二信使，因为它们不是原初的信号，也不是最后的终止信号，因此，第二信使不起始或结束一个通讯过程，它们

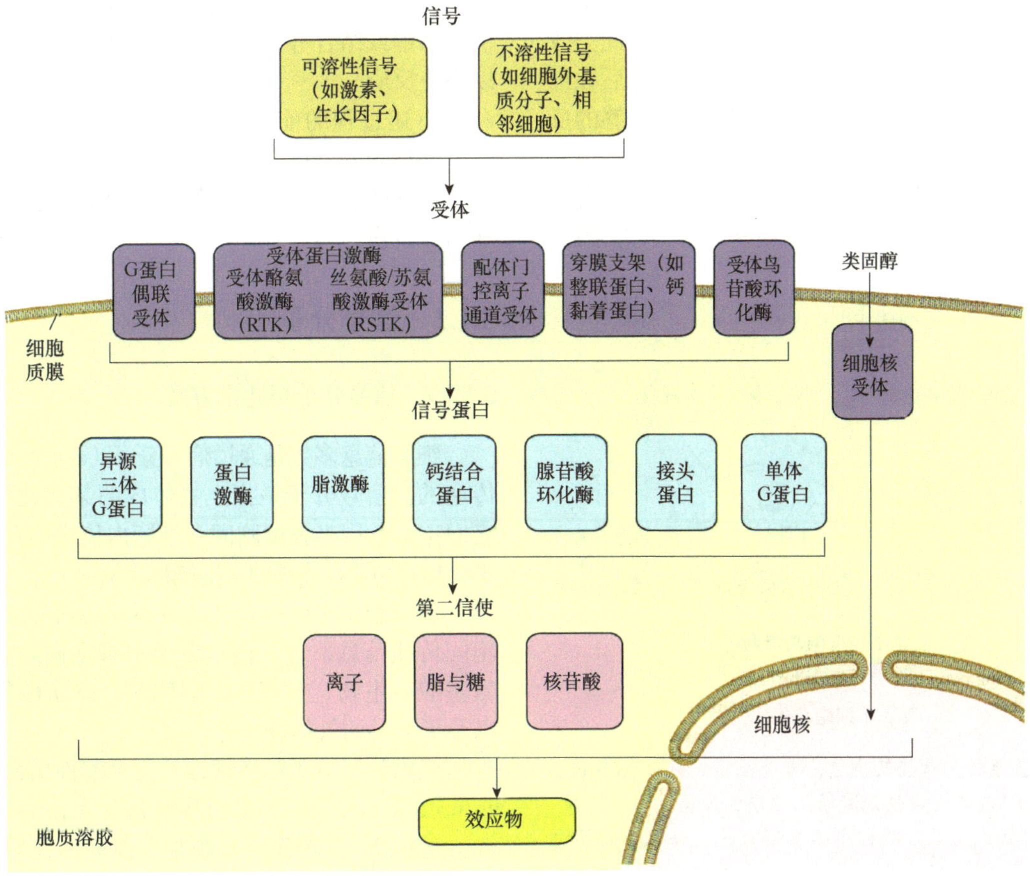

图 5-3 细胞通讯途径及组成概览（引自 Plopper，2016）。

仅仅起中介传递作用。由此可见，信号是在细胞外传递信息，而通讯蛋白和第二信使在细胞内传递信息。并非所有细胞外的信息都需要细胞内的第二信使传递信号，如果需要的话，这种细胞外信号就称为第一信使。

由单个信号传递的路径称为信号转导途径（signal transduction pathway），它不仅包括信号传递的路径，也包括在路径中涉及的各种分子。信号转导途径必须有一个信号分子、一个与该信号结合的受体，以及至少有一个效应物（effector），由效应物产生细胞对信号作出的反应。

5.1.1.3 细胞通讯的快速反应与慢速反应

亲水性的信号分子与穿膜受体蛋白的细胞外表面结合传递信息，疏水性、分子质量小的信号分子可穿过细胞质膜与细胞质中的受体结合传递信息。

从信号反应的速度来说，有快速信号反应和慢速信号反应。有些反应相当快，有些则十分缓慢，需要几分钟到几小时。如果应答的效应物存在于细胞质中，反应速度就比较快。因为这些效应物通常是已经合成完毕的蛋白质，只不过是处于“待命”状态，一旦有需要立即“上岗”。如果效应物存在于细胞核，应答反应的速度就比较慢，因为细胞核中效应物通常是参与基因表达的调控因子，此类效应物接收信号后需要启动新的基因转录，然后在细胞质中翻译成蛋白质后才能起作用，这种应答的反应速度自然要慢得多。另外，无论是脂溶性的信号分子，还是水溶性的信号分子，它们的效应物既可存在于细胞质，也可存在于细胞核（图 5-4），视应答反应的目的而定。

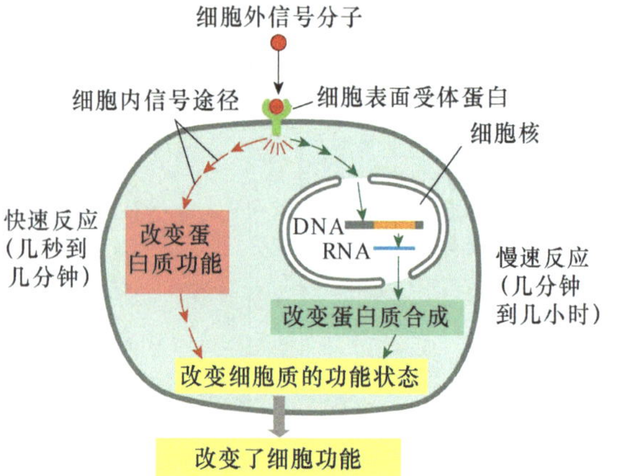

图 5-4 信号转导途径及快速、慢速应答（引自 Alberts et al., 2015）。快速反应仅是激活细胞内已经合成的蛋白质。慢速反应需要启动细胞核中的基因表达，合成新的蛋白质。无论快速反应还是慢速反应，最终都会改变细胞的活性。

5.1.1.4 细胞的信号传导与信号转导

细胞通讯中有两个基本概念：细胞信号传导（cell signaling）和信号转导（signal transduction），前者强调信号的产生与细胞间的传送，所以又称为信号传送，后者强调信号的接收与接收后信号转换的方式（途径）和结果。这两个概念反映了细胞通讯的两个最主要的反应过程。概括起来，细胞通讯包括以下几个基本过程。①信号分子的合成：一般的细胞都能合成信号分子，而内分泌细胞是信号分子的主要来源。②信号分子从信号生成细胞释放到周围环境中。这是一个相当复杂的过程，特别是蛋白质类的信号分子，要经过内膜系统的合成、加工、分选和分泌，最后释放到细胞外。③信号分子向靶细胞运输：运输的方式有很多种，但主要是通过血液循环系统运送到靶细胞。④靶细胞对信号分子的识别和检测。主要通过位于细胞质膜或细胞内受体蛋白的选择性识别和结合。⑤细胞对细胞外信号进行穿膜转导，产生细胞内的信号。⑥细胞内信号作用于效应分子，进行逐步放大的级联反应，引起细胞代谢、生长、基因表达等方面的一系列变化。

另外，细胞完成信号应答之后，要进行信号解除，终止细胞应答，主要是通过对信号分子的修饰、水解或结合等方式降低信号分子的水平和浓度以终止反应。

上述过程的前 3 步是细胞信号传导的主要内容，即信号的合成、分泌与传递；后 3 个过程则是信号转导的主要内容，即信号的识别、信号的转移和信号转换。

5.1.2 信号分子

5.1.2.1 信号分子与通讯方式

细胞信息多数是通过信号分子（signal molecule）传递的。信号分子是指生物体内的某些化学分子，它们主要是用来在细胞间和细胞内传递信息，如激素、神经递质、生长因子等统称为信号分子。

多细胞生物体中有几百种不同的信号分子在细胞间传递信息，这些信号分子中有蛋白质、多肽、氨基酸衍生物、核苷酸、胆固醇、脂肪酸衍生物，以及可溶解的气体分子等。

根据信号分子的溶解性分为水溶性信使（water soluble messenger）和脂溶性信使（lipid soluble messenger）。前者作用于细胞表面受体，后者要穿过细胞质膜作用于胞质溶胶或细胞核中的受体。

其实，信号分子本身并不直接作为信息，它的基本功能只是提供一个正确的构型及与受体结合的能力，就像钥匙与锁一样，信号分子相当于钥匙，因为只要有正确的形状和缺齿就可以插进锁中并将锁打开。至于锁开启后干什么，由“开锁者”决定。

并非所有的细胞通讯都需要由分泌到细胞外的信息分子来传递，有些信号细胞产生的信号分子并不释放到细胞外，而是继续留在信号细胞的表面，这种信号需要与靶细胞的表面受体接触进行通讯。

5.1.2.2 信号分子的通讯方式

从细胞外信号分子引起细胞通讯的距离来说，既有近距离的通讯，也有远距离的通讯。根据通讯方式的不同，将细胞通讯分为4种类型，即旁分泌通讯、突触通讯、内分泌通讯和接触依赖性通讯（图5-5）。

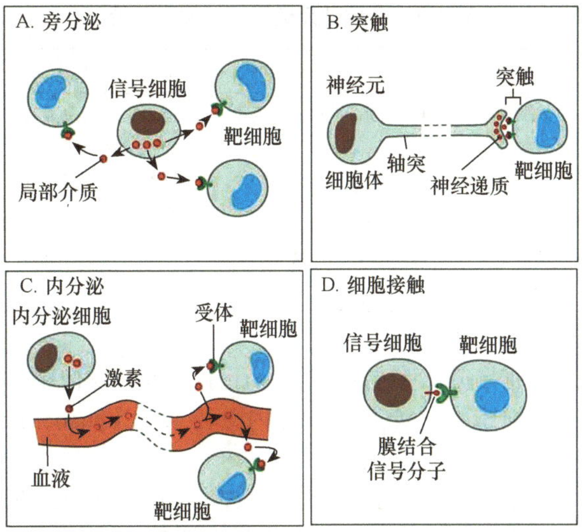

图5-5 细胞通讯的4种类型（引自Alberts et al.，2015）。A. 旁分泌通讯；B. 突触通讯；C. 内分泌通讯；D. 接触依赖性通讯。

1）旁分泌通讯　在大多数情况下，通讯细胞会向细胞外液中分泌信号分子，通常将这种分泌的分子称为局部介质（local mediator），它仅作用于信号细胞所在的局部环境的细胞，将这种通讯称之为旁分泌通讯（paracrine signaling）。通常，在旁分泌通讯中的信号细胞与靶细胞是不同类型的细胞；但有时也可能是通讯细胞分泌的信号作用于自身的同类细胞，若是这种情况，则称之为自分泌通讯（autocrine signaling）。例如，癌细胞常常分泌细胞外信号刺激自身的生存与增殖。旁分泌的通讯距离也是很短的。

局部介质中除了蛋白质和肽类分子外，还有氨基酸和脂肪酸衍生物（表5-1）。前列腺素（prostaglandin，PG）是由前列腺合成分泌的脂肪酸衍生物（主要是由花生四烯酸合成的），它不仅能够控制邻近细胞的活性，也能作用于合成前列腺素细胞自身。

表5-1 某些局部介质的性质和功能

名称	来源	化学性质	主要作用
表皮生长因子（EGF）	多种细胞	蛋白质	刺激表皮和多种其他类型细胞的增殖
血小板生长因子（PDGF）	多种细胞，包括血小板	蛋白质	刺激多种类型细胞增殖
神经生长因子（NGF）	各种神经组织	蛋白质	帮助某些神经元的生存，促进这些神经元轴突的生长
组胺	肥大细胞	组氨酸的衍生物	引起血管扩张渗漏，导致炎症
一氧化氮（NO）	神经细胞、血管内皮细胞	溶解气体	引起平滑肌松弛，调节神经细胞的活性

2）突触通讯　大型的多细胞生物，如人类自身，需要远距离的通讯协调不同组织间的行为，因此进化形成了具有远距离通讯作用的特化的细胞类型。最精巧的就是神经细胞，或称神经元，它延伸得很长，而且可以分支，可通过化学突触（chemical synapse）释放神经递质（neurotransmitter）。这种通讯方式称为突触通讯（synaptic signaling）。

神经递质是从神经末梢释放出来的小分子物质，是神经元与靶细胞的化学信使，在它们作用于靶细胞之前，突触必须与靶细胞挨得很近，这是因为神经递质扩散的距离有限。另外，为了引起邻近靶细胞的反应，还必须产生一种电信号，所以神经递质仅作用于与之相连的靶细胞。神经递质释放后，作用速度快，部位精确，维持时间短，与受体的亲和力低。由于神经递质是神经细胞分泌的，所以这种信号传导又称为神经通讯（neuronal signaling）。表5-2是两种常见的神经递质。

3）内分泌通讯　内分泌细胞（endocrine cell）进行的超长距离的通讯采用的是完全不同的通讯策略，它们能够分泌自身的称为激素（hormone）的信号分子进入血液中，通过血液

表 5-2 两种神经递质的性质和功能

名称	来源	化学性质	主要作用
乙酰胆碱	神经末梢	胆碱衍生物	在多种神经肌突触和中央神经肌肉系统产生兴奋的神经递质
γ-氨基丁酸（GABA）	神经末梢	谷氨酸衍生物	在中央神经系统抑制神经递质

的流通将激素带向远方，作用于身体的任何部位的靶细胞。这种通讯称为内分泌通讯（endocrine signaling）。

激素是由内分泌细胞（如肾上腺、睾丸、卵巢、胰腺、甲状腺、甲状旁腺和垂体）合成的化学信号分子，这些信号分子被分泌到血液中后，经血液循环运送到体内各个部位作用于靶细胞。激素经血液循环系统运到全身的速度很快，通常只需几分钟时间。每种激素都有与其相配的一种或几种受体；一种内分泌细胞基本上只分泌一种激素。参与细胞通讯的激素有 3 种类型：蛋白质和肽类激素、类固醇激素、氨基酸衍生物。表 5-3 是某些激素的性质和功能。

表 5-3 某些激素的性质和功能

名称	合成部位	化学性质	主要作用
肾上腺素	肾上腺	酪氨酸衍生物	提高血压、心律，增强代谢
皮质醇	肾上腺	类固醇	在大多数组织中影响蛋白质、糖、脂的代谢
雌二醇	卵巢	类固醇	诱导和保持雌性副性征
胰高血糖素	胰 α 细胞	肽	在肝、脂肪细胞刺激葡萄糖合成、糖原断裂、脂断裂
胰岛素	胰 β 细胞	蛋白质	刺激肝细胞等葡萄糖吸收、蛋白质及脂的合成
睾酮	睾丸	类固醇	诱导和保持雄性副性征
甲状腺素	甲状腺	酪氨酸衍生物	刺激多种类型细胞的代谢

（1）蛋白质和肽类激素（protein and peptide hormone）。此类激素在脊椎动物细胞中占 80%，甚至更多。组成此类激素的肽链长度变化很大，短的为 3 个氨基酸残基，多的有几百个氨基酸残基。此类激素通常只与细胞质膜受体结合。

（2）类固醇激素（steroid hormone）。该类激素是在滑面内质网上利用胆固醇酶促合成的。由于此类激素不溶于水，所以通常与血液中蛋白质结合，然后通过血液循环运送到靶细胞。与蛋白质或肽激素不同的是，类固醇激素能够穿过靶细胞的质膜作用于靶细胞内部受体。

（3）氨基酸衍生物（amino acid derivative）。主要是由酪氨酸衍生而来的小分子激素，如肾上腺素和甲状腺素。肾上腺素是由肾上腺及一些神经细胞合成的，因此属于神经递质激素；肾上腺素和它的衍生物（图 5-6）作用于膜受体，而甲状腺素则穿过细胞质膜与细胞内受体结合。

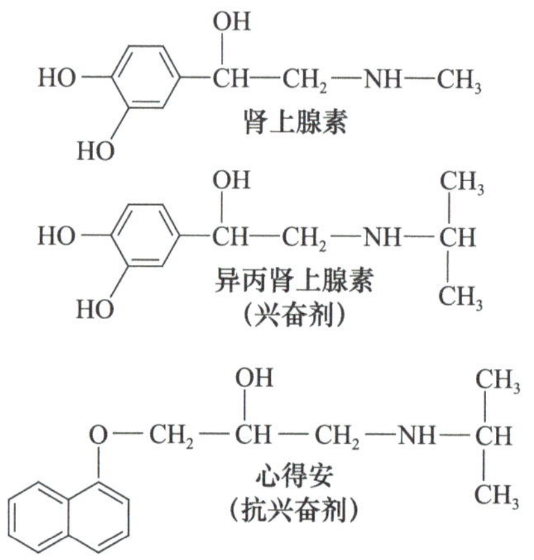

图 5-6 肾上腺素及其合成的衍生物。

通过激素传递信息是最广泛的一种信号传导方式，这种通讯方式的距离最远，覆盖整个生物体。在动物中，产生激素的细胞是内分泌细胞，所以将这种通讯称为内分泌信号传导（endocrine signaling）。

4）接触依赖性通讯　顾名思义，接触依赖性通讯（contact-dependent signaling）需要借助于细胞的接触才能发生通讯。有些细胞的信号并不分泌到细胞外，而是保留在细胞质膜中，只有通过细胞接触才能进行信号通讯。此类细胞通讯的距离较短，仅能作用于邻近的细胞。

此类信号通讯包括通过整联蛋白介导的细胞间黏附、细胞与细胞外基质的黏附、连接子（动物细胞）及胞间连丝（植物细胞）介导的信号传导。

在通过细胞接触进行的通讯中，位于质膜上的“信号分子”与分泌到细胞外的信号分子的作用是不一样的，如通讯连接的连接子或胞间连丝只是为两个细胞提供了通路，这样，接触的两个细胞能够共享信息。而质膜中的整联蛋白通过与相邻细胞的受体或细胞外基质组分接触，可感知环境的变化，对细胞的行为进行调整，或连接，或黏附。

接触依赖性通讯在细胞发育及免疫反应中具有特别重要的作用。例如，在果蝇发育中，δ蛋白（delta protein）是一类依赖于细胞接触的信号分子，是穿膜蛋白，位于神经元及各种胚性细胞质膜上。这些部位的细胞开始时都是相同的，通过依赖于细胞接触进行的信号传导作用，分别进入不同的分化途径形成特化的细胞（图5-7）。

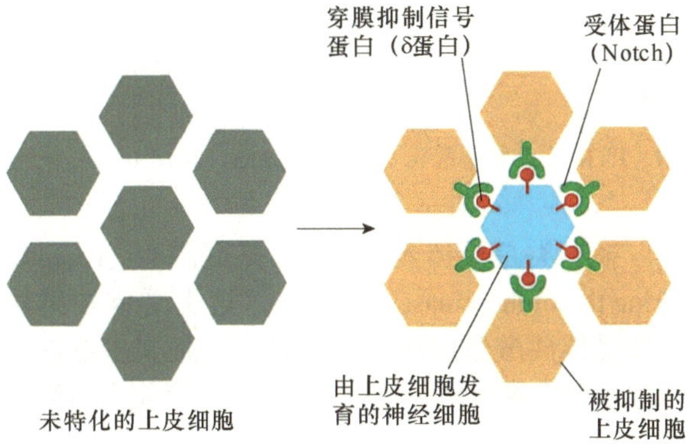

图5-7 果蝇神经细胞发育期间由Notch蛋白与穿膜抑制信号蛋白（δ蛋白）信号传导对神经细胞产生的侧向抑制作用（引自Alberts et al.，2015）。

5.1.3 受体

受体（receptor）在细胞生物学中是一个广义的概念，信号分子受体意指任何能够与激素、神经递质、药物或细胞内的信号分子结合并能引起细胞功能变化的生物大分子。

在细胞通讯中，由通讯细胞送出的信号分子必须被靶细胞接收才能触发靶细胞的应答，接收信息的分子称为受体，信号分子被称为配体（ligand）。在细胞通讯中受体通常是指位于细胞膜表面或细胞内（核内）与信号分子结合的蛋白质。

位于细胞质膜上的受体称为表面受体（surface receptor），位于胞质溶胶、核基质中的受体称为细胞内受体（intracellular receptor）。细胞表面受体主要是识别周围环境中的活性物质或被相应的信号分子所识别并与之结合，将外部信号转变成内部信号，以启动一系列反应而产生特定的生物效应。细胞内受体通常都是核受体，并且是基因转录调控因子，接收信号后调控基因的表达；由于核内空间有限，细胞核受体通常被隔离在细胞核外的胞质溶胶中，信号分子的作用是解除这种隔离。

常见的与信号分子结合的受体可分为以下6种类型（图5-8）。

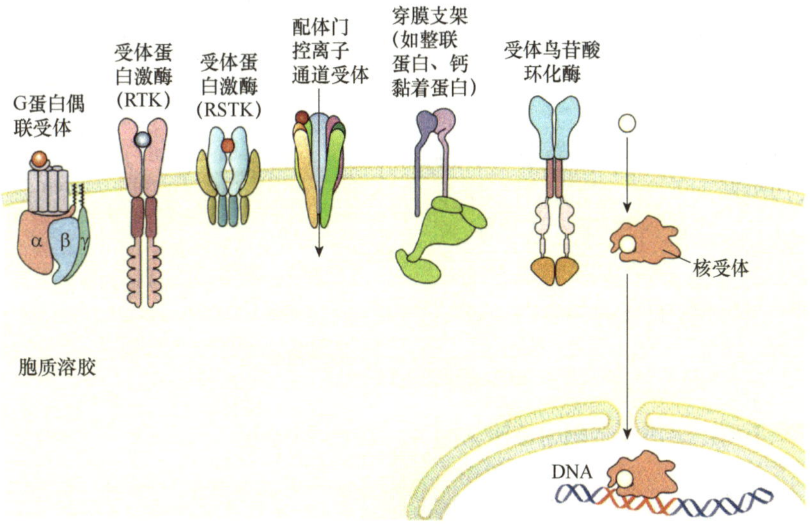

图5-8 6种基本类型的受体（引自Plopper，2016）。

5.1.3.1 G蛋白偶联受体

G蛋白偶联受体（G protein coupled receptor，GPCR）是最大的一类细胞表面受体，可与细胞外的蛋白质、肽，以及具有氨基酸结构的信号结合，能够介导很多细胞外信号的转导，包括激素、局部介质和神经递质。由于这种受体参与的信号转导作用要与GTP结合的调节蛋白相偶联，因此将它称为G蛋白偶联受体。配体与受体结合后激活相邻的G蛋白，被激活的G蛋白又可激活或抑制一种产生特异第二信使的酶、离子通道，引起膜电位的变化。

此类受体的一个最重要的特点是，一旦受体被激活，它能同时激活多个相同的G蛋白。发生这种情况的原因是被激活的G蛋白会立即与受体分开，留下的空位被未激活的G蛋白占据，此后又被激活，如此反复，可将多个相同拷贝的G蛋白激活。

这类受体的种类很多，在结构上都很相似，即都是一条多肽链，并且有7次α螺旋穿膜区。该受体蛋白的超家族包括视紫红质（脊椎动物眼中的光激活光受体蛋白）和脊椎动物鼻中的嗅觉受体。

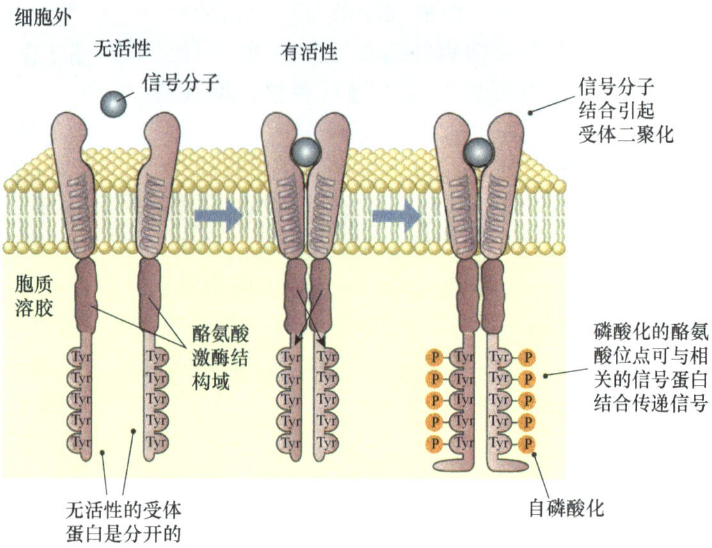

图 5-9　RTK 反式自磷酸化（引自 Plopper，2016）。

G蛋白偶联受体的进化地位相当原始，不仅存在于亲缘关系较远的真核生物（如酵母）中，即使在细菌中也存在与G蛋白偶联受体相似的膜蛋白。例如，细菌的菌紫红质，它的作用是光驱动的H^+泵，但细菌中的此类蛋白质并不具有G蛋白偶联受体的功能，因为细菌中没有G蛋白，推测其偶联系统并不相同。

5.1.3.2　受体蛋白激酶

受体蛋白激酶（receptor kinase）是一种穿膜蛋白，由于这种受体蛋白既是受体又是酶，一旦被配体激活即具有酶活性并将信号放大，故又称为催化受体（catalytic receptor）或酶联受体。

与GPCR不同的是，受体蛋白激酶至少有两个亚基，因此具有四级结构，每个亚基都有一个单次穿膜的α螺旋结构域，所以它们很容易在质膜中进行扩散，这是一个非常重要的调节特点：非活性的亚基相互脱离，当与相应的配体结合时，才结合成二聚体，进行信号转导。

受体蛋白激酶的第二个特点是：它们的细胞质尾部含有蛋白激酶结构域，它能够将磷酸基团加到特定的氨基酸侧链上。

受体蛋白激酶可分成两类。第一类是受体酪氨酸激酶（receptor tyrosine kinase，RTK），它含有两个亚基，每一个亚基的细胞质结构域都含有一个酪氨酸激酶，在很多情况下，两个亚基可以相互将对方细胞质结构域的酪氨酸残基磷酸化，将这种行为称为反式自磷酸化（*trans*-autophosphorylation）（图 5-9）。

第二类是受体丝氨酸/苏氨酸激酶（receptor serine/threonine kinase，RSTK），这类受体在结构上比受体磷酸激酶更具异质性，并且大多数都不会进行反式磷酸化，而是将不同的信号蛋白磷酸化（图 5-10）。

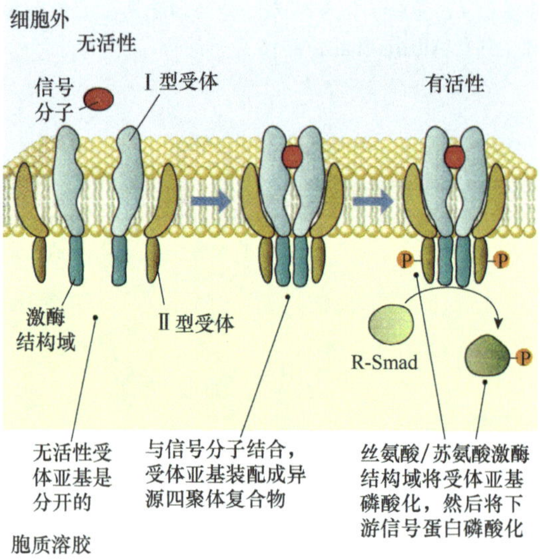

图 5-10　受体丝氨酸/苏氨酸激酶激活后将信号蛋白磷酸化（引自 Plopper，2016）。图中显示的是转化生长因子β（transforming growth factor β）触发其受体磷酸化，以及后续下游信号蛋白（R-Smad）的磷酸化。

5.1.3.3　配体门控离子通道受体

具有离子通道作用的细胞质膜受体称为配体门控离子通道受体（ligand gated ion channel receptor）。配体门控离子通道受体不是酶，也就是说不具有酶活性，它们只是通过将离子从膜的一侧流向另一侧来传递信息，形式上与离子通道一样，但本质发生了变化。它们需要与一个信号配体结合，才能将通道打开，故此又称为配体门控通道（ligand-gated channel）（图 5-11）。

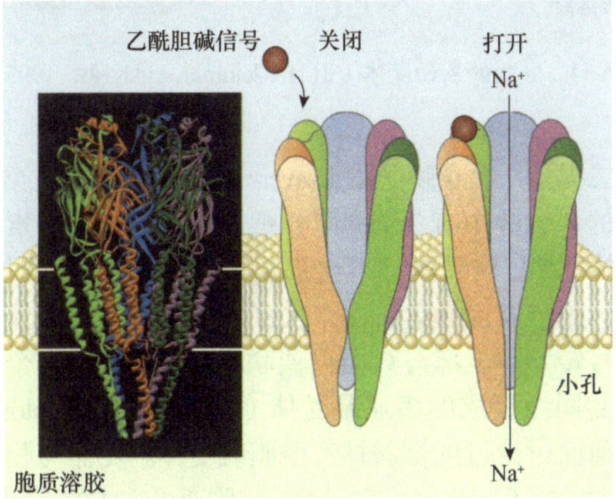

图 5-11　配体门控通道的结构与工作原理（引自 Plopper，2016）。当配体门控通道与配体结合时，会打开一个中央的孔，以便离子通过。图中所示的信号配体是乙酰胆碱，与细胞表面的受体结合，触发通道的构型发生变化，允许 Na^+ 通过通道，进入细胞。

这种受体见于可兴奋细胞间的突触信号传导，产生一种电效应，如烟碱样乙酰胆碱受体（nicotinic acetylcholine receptor，nAchR）、γ-氨基丁酸受体（γ-aminobutyric acid receptor，GABAR）和甘氨酸受体等都是离子通道偶联受体。它们多为数个亚基组成的寡聚体蛋白，除有配体结合位点外，本身就是离子通道的一部分，并借此将信号传递至细胞内。信号分子与离子通道受体结合，可改变膜的离子通透性。神经递质乙酰胆碱具有很多功能，如触发肌细胞的收缩、降低心跳、将神经信号从一个细胞传向另一个细胞等。乙酰胆碱之所以具有多种功能，是因为它能与多种类型的离子通道受体结合，引起不同的反应。

5.1.3.4　穿膜支架

当一些受体成簇位于细胞表面并组装成支架可更好地发挥信号传递功能，最典型的结构在细胞质结构域有多个与不同信号蛋白质结合的位点。它们能够随时通过控制位点的形状来控制各位点的结合活性，因此能够改变传递信号的种类。簇的形成能够帮助控制信号传导，因为在一个簇中有些位点“很忙”，有些则“空闲”。对于这种工作策略，受体可以招募几个蛋白质加入簇，这就是所谓的通讯支架（signaling scaffold）。通讯支架能够控制何种通讯蛋白与复合物结合，以及在何处与复合物结合。通过改变复合物中受体的数量与形态，细胞能够装配成不同类型的支架，整联蛋白在细胞质膜上参与的细胞黏附与连接就是典型的穿膜支架（transmembrane scaffold）的例子（图 5-12）。

组装成通讯支架是细胞进行细胞通讯的智慧之举，在细胞中广泛存在。在信号应答中募集到一起的支架蛋白及通讯蛋白间的结合亲和力较低，一旦完成“任务”，又可以再次“承接其他的工程”，既节省了资源，又提高了工作效率。

5.1.3.5　受体鸟苷酸环化酶

细胞内存在两种形式的鸟苷酸环化酶（guanylate cyclase，GC）：膜结合型 GC 与可溶型 GC。膜结合型鸟苷酸环化酶（membrane-bound form of guanylate cyclase，mGC），又称受体鸟苷酸环化酶（receptor guanylate cyclase），是一种酶联受体，在信号转导中具有重要的作用。

mGC 是一个同质二聚体，每个单体具有一个

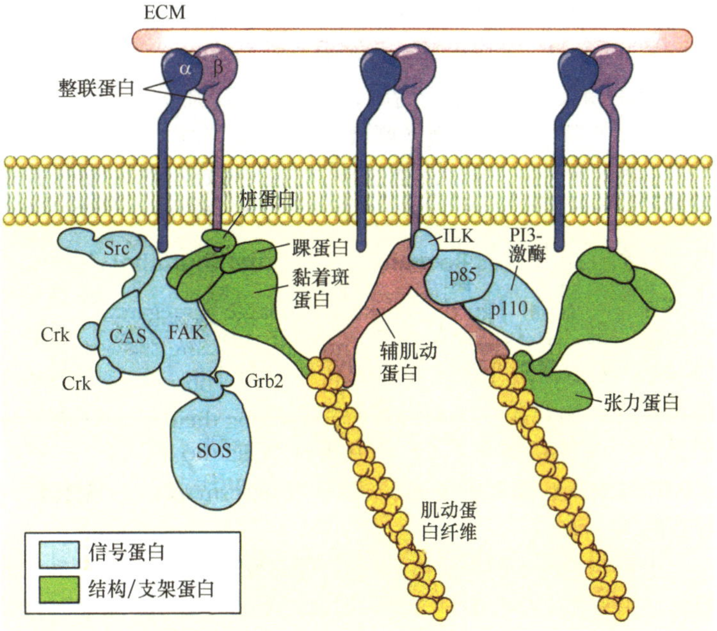

图 5-12　整联蛋白受体形成的通讯支架（引自 Plopper，2016）。整联蛋白受体簇招募了多个不同的细胞质蛋白到一起形成一个通讯支架。通讯蛋白与支架蛋白分别用不同的颜色表示。图中 Crk、Grb2、Src 是衔接蛋白，CAS 是 Crk 结合蛋白（Crk-associated protein），ILK 是整联蛋白偶联激酶（integrin-linked kinase），FAK 是黏着斑激酶（focal adhesion kinase）。

单次穿膜结构域、连接细胞外配体结构域、细胞内的鸟苷酸环化酶结构域。通常有两种类型的细胞外配体与受体结合：心房钠尿肽（atrial natriuretic factor，ANF）与鸟苷肽（guanylin）。ANF 与受体结合会激活细胞质结构域的鸟苷酸环化酶，并催化 GTP 产生第二信使 cGMP（图 5-13）。

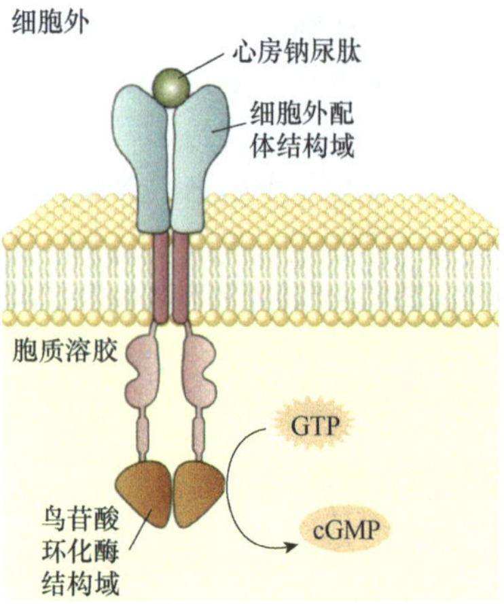

图 5-13 受体鸟苷酸环化酶（引自 Plopper，2016）。受体鸟苷酸环化酶是同质二聚体的酶，细胞质结构域具有鸟苷酸环化酶的活性，激活后可将 GTP 催化生成环状的 GMP（cGMP）。

cGMP 在不同的组织中具有不同的信号转导作用，在肾和肠组织中，触发离子运输与水分维持的变化。在心肌（典型的平滑肌）中，cGMP 是松弛的信号；在脑中，cGMP 影响脑的发育与功能。

ANF 激素是在血压升高时，由心房肌细胞分泌的一类肽激素。ANF 激素刺激肾分泌 Na^+和水，并诱导血管壁中的平滑肌细胞松弛，这两种效应都会降低血压，分别是通过肾细胞和血管壁平滑肌细胞中的 ANF 受体介导的。

在肠的表皮细胞质膜中有一个与鸟苷酸环化酶相似的受体，其配体是鸟苷肽，它调节肠细胞 Cl^- 的分泌。这种鸟苷酸环化酶受体也是大肠杆菌及革兰氏阴性菌产生的一种热稳定肽内毒素的靶蛋白，内毒素提高了 Cl^- 的分泌，从而提高了 cGMP 的浓度，降低了肠表皮细胞对水的再吸收，导致腹泻。

上面讨论的 5 类膜受体是根据表面受体进行信号转导的方式来分类的，若是根据表面受体与质膜的结合方式则可分为单次穿膜、7 次穿膜和多亚基穿膜三个家族（图 5-14）。

酪氨酸蛋白激酶受体和鸟苷酸环化酶受体等都属于单次穿膜受体（single-pass transmembrane receptor），它们的多肽链上只有一个穿膜的 α 螺旋。

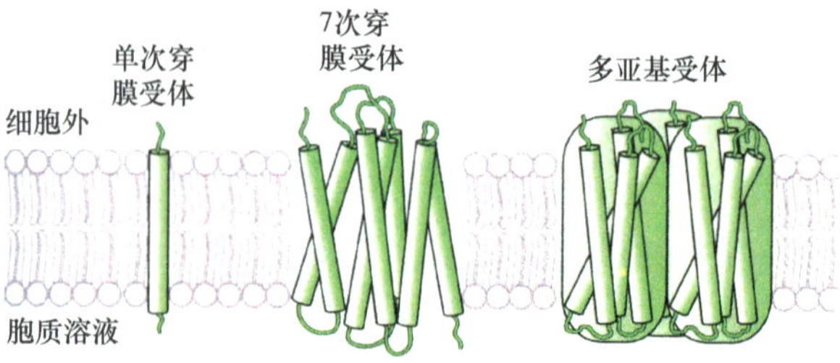

图 5-14 穿膜的表面受体（引自 Kleinmith and Kish，1995）。

第二类是 7 次穿膜受体（sever-pass receptor），这类受体的多肽链中有 7 个穿膜 α 螺旋区，如肾上腺素能受体、多巴胺受体、5-羟色胺受体、促甲状腺素受体、黄体生成素受体等都是 7 次穿膜受体，此类受体在信号转导中全部与 G 蛋白偶联。第三类是由多个亚基共同组装成的多亚基受体（multisubunit receptor），如前面讨论过的烟碱样乙酰胆碱受体。受体与膜结合方式的不同决定着它们参与细胞通讯方式的不同。

5.1.3.6 核受体

以上讨论的 5 类受体都是位于质膜中的受体，其配体通常是亲水的信号。对于一些疏水的固醇类的激素信号而言，其受体一般是基因的转录因子，也就是说受体与信号结合之后要进入细胞核，启动基因的转录，故将此类受体称为核受体（nuclear receptor）。核受体在没有与信号分子结合前位于细胞质中，而且也不能进入细胞核，因其入核信号被分子伴侣抑制了，只有与信号分子结合，抑制蛋白脱离后才能进入细胞核，启动基因的转录（图 5-15）。据此推测，核受体有三个结构域：抑制蛋白结合结构域、信号分子结合结构域、DNA 结合结构域。核受体启动的信号转导途径比较短，因其接收信号后就会直接移步到细胞核，在核中调节相应基因的转录。虽然核受体进行的信号转导途径短，但最终引起的应答则需要的时间长，因为基因转录后还需加工并转运到细胞质中表达成蛋白质。

5.1.4 信号分子与级联反应

细胞表面受体与细胞外信号结合后，需要经细胞内的信号分子进行“接力”传递，才能使效应物产生反应，作出细胞应答。细胞内将表面受体接收的信息进行细胞内传递的分子称为细胞内信号分子（intracellular signaling molecule）。细胞内的信号分子有两大类：一类是蛋白质，称为信号蛋白（signaling protein）；另一类是小分子的化

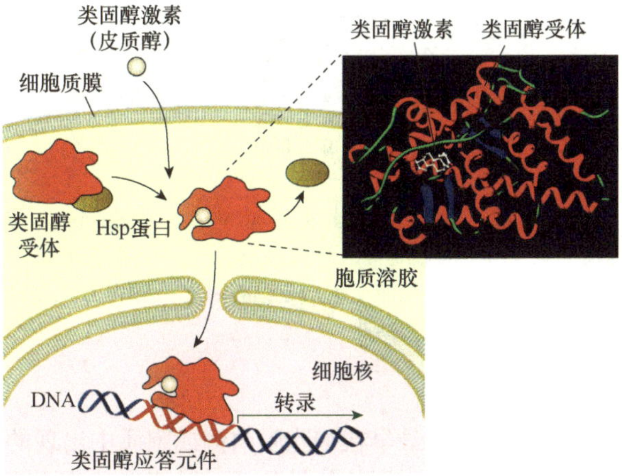

图 5-15　核受体（引自 Plopper，2016）。在没有类固醇激素信号时，类固醇受体的入核信号被与之结合的分子伴侣 Hsp 所封闭，使其停留在细胞质中。当类固醇激素信号进入细胞后，即与受体结合，致使分子伴侣解离，显露出入核信号，受体随即进入细胞核。由于该受体是基因表达的转录因子，因而启动了相关基因的转录。

学物，称为第二信使（second messenger）。细胞外的单个信号通过细胞内的信号分子作用，可逐级放大进行应答。

5.1.4.1　信号蛋白与分子开关

大多数细胞内的信号分子是蛋白质，它们的作用是在细胞内通过产生第二信使或激活信号通路中下一级信号蛋白或效应物进行信号转导反应。其中有很多信号蛋白的行为像是分子开关（molecular switch），当它们接收信号后，它们被打开一个开关，从失活状态转变成活性状态，直至另一开关将其关闭成失活状态。开关的打开与关闭同等重要，在信号转导途径中，信号蛋白打开并启动下一个信号蛋白后，必须立即关闭，即由活性状态转变成失活状态，才能进行下一次的信息传递。

最大的一类分子开关是由磷酸化作用控制其活性或非活性状态的蛋白质。对于这类蛋白质分子而言，是由蛋白激酶（protein kinase）将其某个或某些特殊位点的氨基酸残基磷酸化，从而被转向开的方向（激活），而蛋白质磷酸酶（protein phosphatase）可将激酶添加上的磷酸基团解离，使开关转向关的方向（失活）。也就是说，此类蛋白质的活性受磷酸化/去磷酸化调节（图 5-16A）。在信号转导途径中活性的调节既简便又快捷，到底是磷酸化还是去磷酸化，则依赖于蛋白激酶与磷酸酶之间的平衡。人类有 30%～50% 的蛋白质含有共价连接的磷酸基团，人的基因组可以编码约 520 种蛋白激酶、150 种磷酸酶。一个典型的哺乳动物的细胞随时都要使用几百种不同类型的蛋白激酶。

蛋白激酶的作用是将磷酸基团共价结合到靶蛋白的特殊氨基酸残基的羟基上。细胞内有两种主要类型的蛋白激酶。最大的一类是丝氨酸/苏氨酸蛋白激酶（serine/threonine kinase），它可以将靶蛋白中的丝氨酸/苏氨酸残基磷酸化。另一类是酪氨酸激酶（tyrosine kinase），它可以将靶蛋白的酪氨酸残基磷酸化。这两类蛋白激酶是密切相关的蛋白家族，只是在作用底物的结合位点上不同。

细胞内有很多信号蛋白是由自身的蛋白激酶控制自我磷酸化的，它们常组成一个激酶级联系统（kinase cascade）。在一个级联系统中，一个蛋白激酶通过磷酸化被激活后能够激活系统中下一个激酶，依次激活，加速了信号转导。

另外一类重要的分子开关是GTP结合蛋白（GTP-binding protein），简称 G 蛋白（G protein）。这类开关蛋白与 GTP 结合是处于“开”的状态，若是与 GDP 结合则处于“关”的状态。在“开”的状态下，它具有自身内部的 GTPase 活性，能够将自身结合的 GTP 水解成 GDP，从而转变成“关”的状态（图 5-16B）。有两种类型的 GTP-结合蛋白：

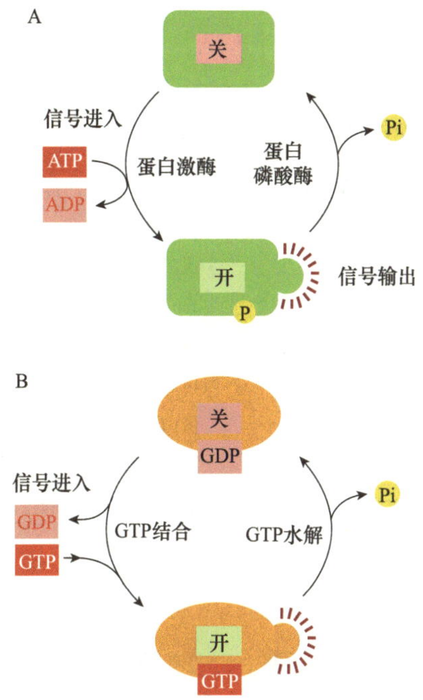

图 5-16　两类分子开关的信号蛋白（引自 Alberts et al.，2015）。A. 经磷酸化激活的信号传导。被信号激活的蛋白激酶将开关分子磷酸化，从而将其激活；若被蛋白磷酸酶脱去磷酸则失活。B. 经 GTP 结合激活的信号传导。开关分子结合 GTP 即激活，若 GTP 水解成 GDP 则失活。

一类较大，是三体GTP-结合蛋白（trimeric GTP-binding protein）；另一类是单体GTP酶（monomeric GTPase），又称为单体GTP结合蛋白（monomeric GTP-binding protein），协助很多种表面受体进行信号转导。

GTP-结合蛋白的活性受两种调节蛋白的调控。GTPase激活蛋白（GTPase-activating protein，GAP）通过提高对结合的GTP水解的速度驱使G蛋白进入“关”的状态，鸟苷交换因子（guanine exchange factor，GEF）通过促进GDP的释放及GTP的结合激活GTP-结合蛋白。在三体G蛋白中，激活的受体可充当GEF的作用。

并非细胞通讯系统中所有的分子开关都依赖于磷酸化或GTP的结合，有些信号蛋白的“开”或“关”则由其他的通讯蛋白或第二信使，如环腺苷酸（cAMP）、Ca^{2+}的共价结合与否进行调节。

5.1.4.2 第二信使

有些细胞外的信号与细胞表面受体识别后，进入细胞内的信号转导途径时要通过小分子的信号分子在细胞内传递，这种在细胞内传递信号的小分子化学物就称为第二信使，而将细胞外的信号称为第一信使（first messenger）（图5-17）。

第二信使至少有两个基本特性：①第一信使与其膜受体结合后最早在细胞膜内侧或胞质中出现的仅在细胞内部起作用的信号分子；②能启动或调节细胞内稍晚出现的信号应答。

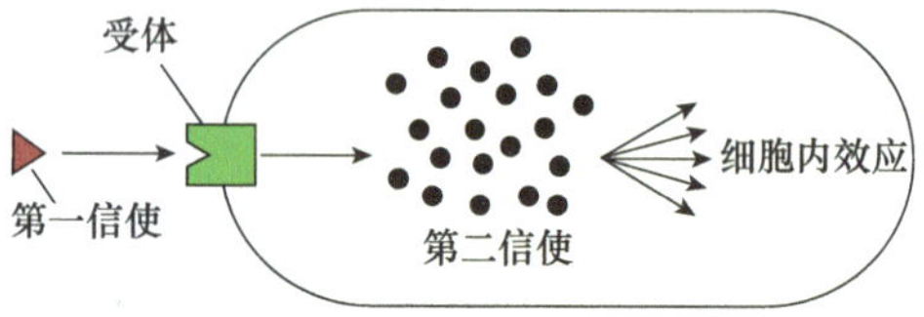

图5-17 第二信使的产生及作用（引自Kleinsmith and Kish，1995）。各种激素、神经递质、局部介质作为第一信使与细胞质膜的表面受体结合，并触发细胞内形成传递信息的第二信使，在细胞内传递信息。

第二信使都是小的分子或离子。第二信使作为信号传递的中间体，与同是信号传递中间体通讯蛋白相比，虽然没有催化活性，也不能与多个底物结合，但是至少有以下的优越性：①小分子的第二信使可以快速地合成与降解；②由于它们产生容易，很快提升浓度，同时作用的靶蛋白多；③第二信使分子小，扩散速度快，距离远，信号转导快；④由于它们与靶蛋白的亲和力低，所以很容易解离，有利于快速终止信号转导。表5-4列出了部分参与细胞信号转导的细胞内第二信使及其作用特性。

表5-4 主要的第二信使及其作用性质

名称	靶标	合成/释放	前体物	解除
cAMP	蛋白激酶A	腺苷酸环化酶	ATP	磷酸二酯酶
肌醇-1,4,5-三磷酸（IP_3）	IP_3-门控	磷脂酶C	PIP_2	磷酸酶
	Ca^{2+}通道	—	—	—
二酰甘油（DAG）	蛋白激酶C	磷脂酶C	PIP_2	二酰甘油激酶
	Trp阳离子通道	—	—	二酰甘油酯酶
磷脂酰肌醇-4,5-二磷酸（PIP_2）	离子通道	PIP_5激酶	PI-4-P	磷脂酶C
	转运子	PIP_5激酶	PI-4-P	磷酸酶
环鸟苷酸（cGMP）	蛋白激酶G	鸟苷酸环化酶	GTP	磷酸二酯酶
	阳离子通道	—	—	—
环化ADP-核糖	Ca^{2+}通道	ADP-核糖环化酶	NAD	水解
NO·	鸟苷酸环化酶	NO·合成酶	精氨酸	还原
Ca^{2+}	众多钙调蛋白	从ER通道，质膜通道	储存的Ca^{2+}	内质网及质膜的泵
磷脂酰肌醇-3,4,5-三磷酸	Akt（蛋白激酶B）	PI3-激酶	PIP_2	磷酸酶
	PH结构域/蛋白	PI3-激酶	PIP_2	磷酸酶

图5-18所示是细胞内最常见的4种第二信使：cAMP、cGMP、二酰甘油（diacylglycerol，DAG）、肌醇三磷酸（inositol triphosphate，IP_3）的分子结构。

5.1.4.3 级联反应

从细胞表面受体接收外部信号到最后作出综合性应答，不仅是一个信号转导过程，更重要的是通

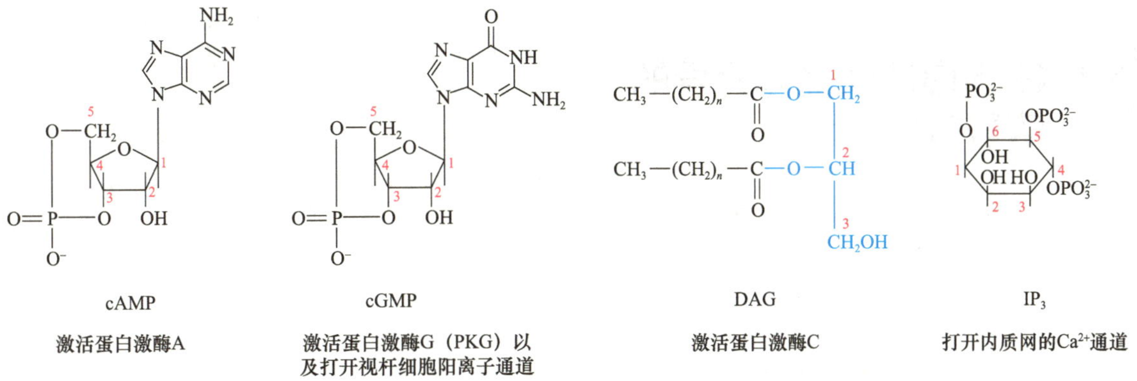

图 5-18 细胞内 4 种第二信使的结构与功能。

过信号分子将信号级联放大（signaling cascade）或级联反应。

组成级联反应的各个成员称为一个级联系统（cascade）。通过级联放大作用，使引起同一级联反应的信号得到最大限度的放大。

5.1.4.4 细胞内信号复合物

上面讨论的信号蛋白与第二信使都是一对一的向下传递。其实，细胞还有一种简单且更为有效的增强信号分子之间作用的特异性策略，就是将信号蛋白相对集聚在细胞的同一个部位或是组织在一个大的蛋白复合物中，以确保同一个通路中信号蛋白相互作用，避免与不适合的信号蛋白发生串流（cross-talk）。这种机制常常涉及支架蛋白。如同前面讨论的穿膜支架，同一信号途径中的细胞内的相关蛋白也聚集到细胞质支架，组成信号复合物（signaling complex），因此能以较高的局部浓度使信号转导快速有序进行。由于形成的信号复合物仅是对细胞外信号反应的临时组织的复合物，当信号消失后会快速解离。它们往往聚集在受到信号激活的受体区域进行装配，之所以如此，是因为受到信号激活的受体细胞质结构域的尾部发生了自我磷酸化，而磷酸化了的氨基酸可以作为其他信号蛋白装配的锚定位点。

细胞内有三种不同类型的信号复合物装配方式，包括在受体支架蛋白上预装配信号传导复合物、在激活受体的细胞质结构域装配成信号传导复合物、在磷酸化的锚定位点上装配信号传导复合物（受体激活产生修饰的磷脂作为锚定位点）（图 5-19）。

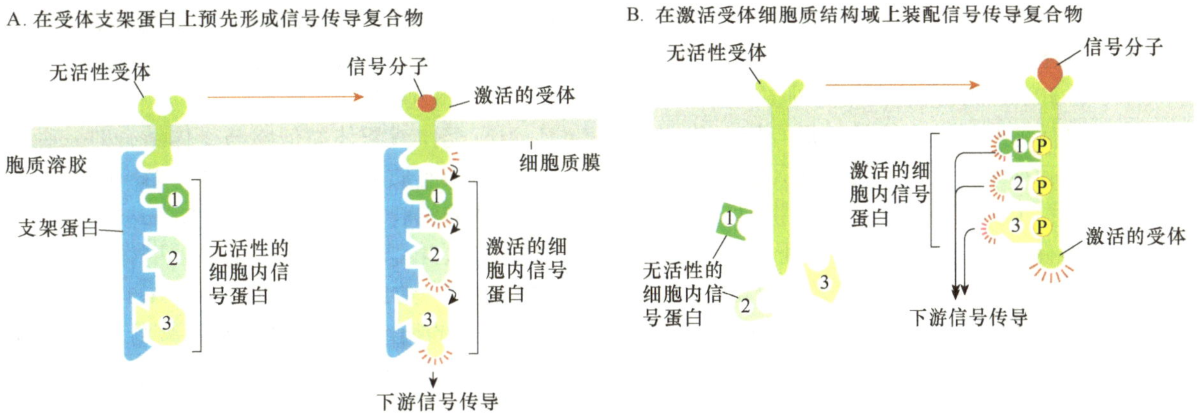

图 5-19 三种类型的细胞内信号复合物（引自 Alberts et al., 2015）。A. 将受体及其将要激活的信号蛋白复合物按顺序预先装配在一个支架上，便于按顺序激活。B. 当有细胞外信号分子与受体结合并将其激活时，将细胞内的信号蛋白临时装配到受体上成为信号蛋白复合物；受体通过自我磷酸化，再将锚定在受体上的细胞内信号蛋白磷酸化而激活。C. 受体激活后引起质膜上一个相邻特异的磷脂多磷酸化，这些磷酸化的位点可作为细胞内特异信号蛋白的锚定位点，这些信号蛋白锚定成为复合物后，可提高信号蛋白的相互作用。

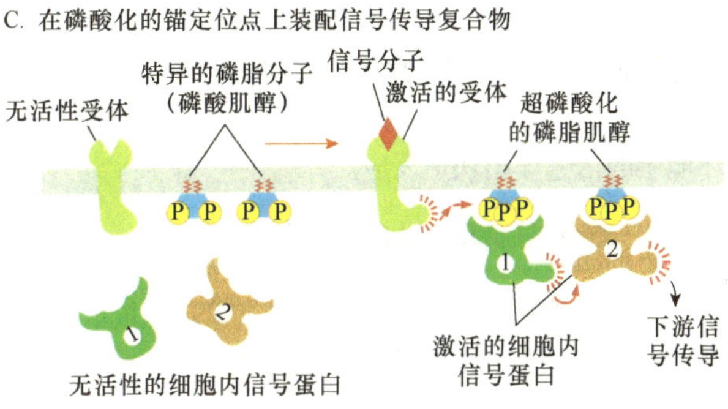

5.2 G 蛋白偶联受体介导的信号转导

G 蛋白偶联受体（GPCR）是细胞表面受体的最大家族，它们介导大多数来自细胞外及其他细胞的信号转导，包括激素信号、神经递质与局部介质。我们的视觉、嗅觉、味觉都依赖于 GPCR 的信号转导。人类有 800 多种 GPCR，而老鼠仅与嗅觉相关的 GPCR 就多达 1000 多种。作用于 GPCR 的信号分子种类繁多，包括蛋白质、小分子肽，以及氨基酸与脂肪酸的衍生物等。而且，相同的信号分子能够激活不同的 GPCR 家族成员。例如，肾上腺素（adrenaline，epinephrine）能够激活至少 9 种不同的 GPCR，乙酰胆碱可以激活 5 种，神经递质 5-羟色胺至少激活 14 种 GPCR。接受相同信号的不同受体是由不同的细胞表达的，因而产生不同的信号应答。

GPCR 超家族成员也包括脊椎动物眼组织中的光激活蛋白视紫红质，以及鼻组织中大量的嗅觉受体。在单细胞生物中也有很多 GPCR 家族成员，如酵母中识别分泌交配因子的受体。

对 GPCR 的研究具有重要的临床应用价值，很多药物都是通过 GPCR 或是其通讯途径发挥作用的。

5.2.1 G 蛋白偶联受体的结构与作用机制

如上所述，大多数细胞表面受体都是 GPCR，在人体中，GPCR 被用于检测细胞外多种信号并作出应答，包括神经递质、涉及糖原与脂肪代谢的激素等。所有 GPCR 的信号转导途径都具有三个共同的特点：①受体都含有 7 个穿膜的 α 螺旋；②与三体 G 蛋白偶联，偶联的 G 蛋白通过自身“开”与“关”的循环，作为信号转导的开关；③有一个与之关联的膜结合的效应物蛋白。此外，有一些参与信号转导的反馈调节或脱敏（desensitization）的蛋白质参与信号途径的调节，在很多 GPCR 途径中会涉及第二信使。GPCR 途径在细胞中通过对已经存在的蛋白质、酶或离子通道进行修饰，产生短期效应。因此，这些途径帮助细胞对多变的细胞外环境中的信号作出快速反应。

5.2.1.1 G 蛋白偶联受体的结构特点

所有的 GPCR 在质膜中都有相同的定向，并且都含有 7 次穿膜的 α 螺旋区（seven transmembrane α-helical region）（H1～H7），而 N 端总是位于细胞外侧，C 端总是位于细胞质侧；有 4 个细胞外片段（E1～E4）和 4 个细胞质片段（C1～C4）（图 5-20）。受体胞质面的 C3、C4 片段参与同三体 G 蛋白相互作用。多数 G 蛋白偶联受体在进化上较为保守，大多数 GPCR 在氨基酸序列结构上都比较相似。

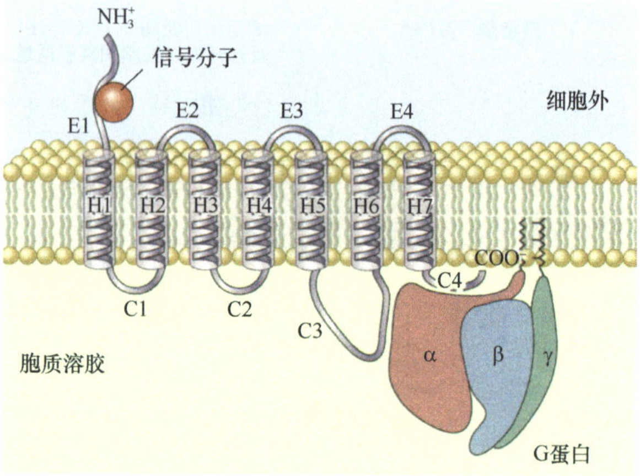

图 5-20 GPCR 的结构（引自 Plopper，2016）。信号分子与受体 N 端的外环 E1 结合，G 蛋白的 α 亚基与受体 H5～H6 之间的环 3 及羧基端的环 4 结合并被激活。

5.2.1.2 三体 G 蛋白 α 亚基的激活

三体 G 蛋白是膜结合蛋白，其 $G_α$、$G_γ$ 亚基是与脂共价连接的，通常 β 亚基与 γ 亚基总是结合在一起，故将它们称为 $G_{βγ}$ 亚基。在静息状态下，因为没有配体与受体结合，$G_α$ 结合一个 GDP，并与 $G_{βγ}$ 形成三体复合物。

当有配体或配体类似物与受体结合时，受体就会改变细胞质面环的构型，并与 $G_α$ 亚基结合。由于受体的结合，使 $G_α$ 结合的 GDP 被释放，代之的是与 GTP 结合，因此，激活的受体充当了鸟苷交换因子（GEF）的作用。由于 GTP 与 $G_α$ 结合使得 $G_α$ 的构型发生改变，从而减弱了 $G_α$ 亚基与受体及 $G_{βγ}$ 亚基的结合，并最终与受体和 $G_{βγ}$ 亚基脱离。在大多数情况下，$G_α$ · GTP 保持与质膜的结合，通过与激活型效应物蛋白相互作用，并将效应物激活，引起信号转导；而在另一些情况下，$G_α$ · GTP 与抑制型效应物蛋白相互作用，抑制信号转导。

激活的 $G_α$ · GTP 的活性时间比较短暂，因为 $G_α$ 亚基自身具有 GTPase 活性，可以在几分钟之内将 GTP 水解成 GDP，此时 $G_α$ 开关又恢复到无活性的 $G_α$ · GDP 状态，阻断了效应物蛋白继续发挥作用。另外，与 G_α·GTP 结合的效应物可起 GTPase-激活蛋白（GAP）的作用，促进 G_α·GTP 结合的 GTP 水解。这一机制对于调节信号转导的时间是非常重要的，因为在信号转导过程中，必须有快速终止机制，避免细胞过度反应。

在很多情况下，还有一种类型的 GAP，即 G 蛋白信号调节子（regular of G protein signaling，RGS），能够加速 G_α·GTP 中 GTP 的水解，从而进一步缩短效应物的作用时间。GTP 水解后，G_α·GDP 快速与 $G_{\beta\gamma}$ 亚基结合成三体复合物，恢复原来的状态，准备新的反应。图 5-21 显示了反应的基本机制。

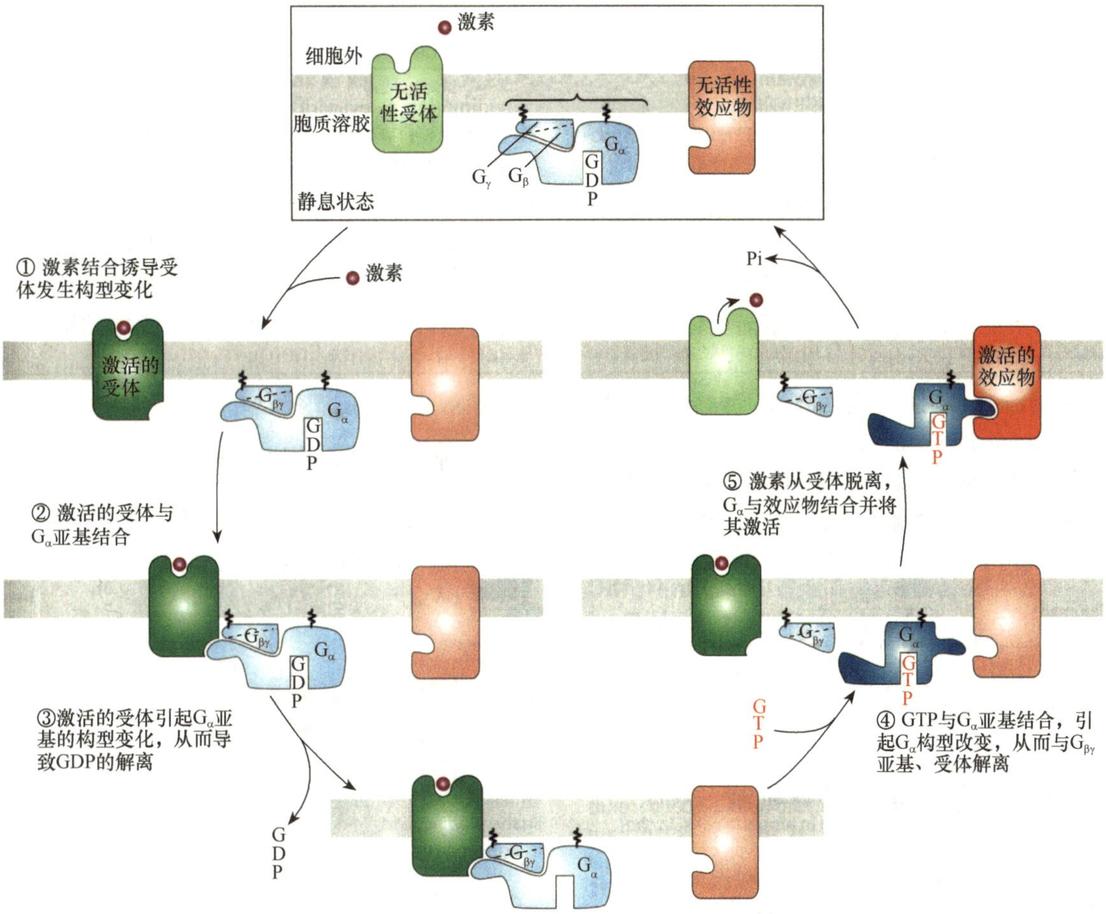

图 5-21 GPCR 对 G 蛋白激活作用（引自 Lodish et al.，2013）。①当受体与激素信号分子结合后，受体即被激活并发生构型变化；②激活的受体与 G_α 亚基结合；③与受体结合的 G_α 亚基发生构型改变，从而导致与其结合的 GDP 脱离；④ GTP 与 G_α 亚基结合，引起 G_α 亚基的构型发生改变，并与 $G_{\beta\gamma}$ 亚基、受体脱离；⑤激素从受体脱离，结合有 GTP 的 G_α 亚基与效应物结合并将其激活。

5.2.1.3 三体 G 蛋白与效应物

GPCR 途径中所有的效应物要么是膜结合的离子通道，要么是能够催化生成第二信使的膜结合酶。表 5-5 列出了哺乳动物中主要的具有不同 G_α 亚基的三体 G 蛋白及其功能。

表 5-5 哺乳动物中主要的三体 G 蛋白与效应物

类型	作用亚基	相关的效应物	第二信使	受体（举例）
$G_{\alpha s}$	α	激活腺苷酸环化酶，激活 Ca^{2+} 通道	cAMP（提高浓度）	β-肾上腺素能（肾上腺素）受体；胰高血糖素、血清素、升压素受体
$G_{\alpha i}$	α	抑制腺苷酸环化酶	cAMP（降低浓度）	α_2-肾上腺素能受体
	βγ	激活 K^+ 通道	膜电位改变	毒蝇碱性乙酰胆碱受体

续表

类型	作用亚基	相关的效应物	第二信使	受体（举例）
$G_{\alpha olf}$	α	激活嗅觉神经中腺苷酸环化酶	cAMP（提高浓度）	鼻中的气味受体
$G_{\alpha q}$	α	磷脂酶 C-β	IP_3，DAG（提高浓度）	α_1-肾上腺素能受体
$G_{\alpha o}$	α	磷脂酶 C-β	IP_3，DAG（提高浓度）	内皮细胞乙酰胆碱受体
	βγ	激活 K^+通道		
		失活 Ca^{2+}通道		
$G_{\alpha t}$	α	cGMP 磷酸二酯酶	cGMP（降低浓度）	杆状细胞中的视紫红质（光受体）

从表 5-5 中可以看到，不同的 GPCR 激活不同的 G 蛋白，而不同的 G 蛋白被激活后，可调节不同的效应物。如不同类型的肾上腺素能受体与不同 G_α 亚基偶联，则影响不同效应物，并且对靶细胞的行为产生不同影响。两种 β-肾上腺素亚型受体，即 β_1肾上腺素能受体、β_2-肾上腺素能受体，均与刺激型的 G 蛋白（stimulatory G protein，Gs 蛋白）偶联，Gs 蛋白的 α 亚基（$G_{\alpha s}$）激活膜结合的腺苷酸环化酶（adenylate cyclase，AC），该酶被激活后能够催化 ATP 生成 cAMP。与此相反，β-肾上腺素亚型 α_2 系统受体与抑制型的 G 蛋白（inhibitory G protein，Gi 蛋白）偶联，Gi 蛋白的 α 亚基（$G_{\alpha i}$）则抑制腺苷酸环化酶的活性。

此外，$G_{\alpha q}$ 亚基与 α_1-肾上腺素能受体偶联，激活的是另一种效应物的酶——蛋白激酶 C，它能够产生两个第二信使，即 IP_3 与 DAG。

5.2.2 PKA 系统的信号转导机制

在动物体中，葡萄糖是以不溶的糖原形式储存起来的。脊椎动物中糖原的分解受激素控制，如胰高血糖素和肾上腺素。胰高血糖素和肾上腺素都是很小的水溶性的胺，它们在结构上没有相同之处，为什么能引起相同的生物学效应？研究发现，它们都是通过作用于膜受体后，激活 G 蛋白偶联系统，产生 cAMP 后，激活蛋白激酶 A（protein kinase A，PKA）进行信号放大。

cAMP 作为第二信使主要是通过激活蛋白激酶 A 进行信号放大的，故将 cAMP 引起的信号转导系统称为 PKA 系统（protein kinase A system）。在该系统中，细胞外激素信号作用于 G 蛋白偶联受体，再通过 G 蛋白激活效应物腺苷酸环化酶，再由腺苷酸环化酶催化 ATP 生成细胞内的第二信使 cAMP，由 cAMP 作用于蛋白激酶 A，再由蛋白激酶 A 磷酸化特异的靶蛋白进行应答。

5.2.2.1 腺苷酸环化酶与 cAMP

腺苷酸环化酶是一种多次穿膜的膜蛋白，它含有两个大的细胞质结构域（图 5-22），具有将 ATP 转变成 cAMP 的催化活性。

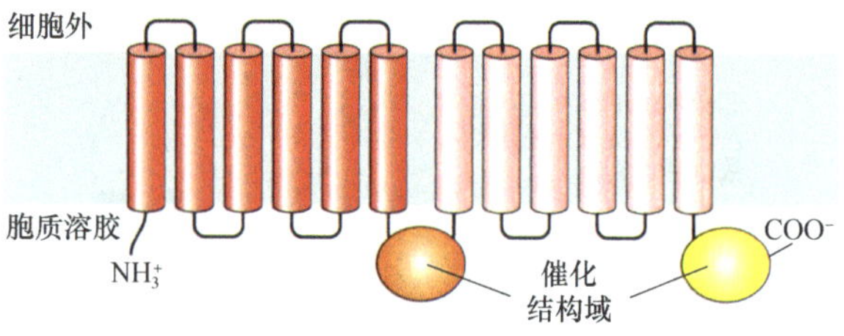

图 5-22 哺乳动物腺苷酸环化酶的结构示意图（引自 Lodish et al.，2013）。腺苷酸环化酶含有两个类似的催化结构，它们能够在细胞质面将 ATP 转变成 cAMP，每一个结构域有 6 个穿膜 α 螺旋区。

当激活的 $G_{\alpha s}$ · GTP 与腺苷酸环化酶结合时，腺苷酸环化酶即被激活，并将 ATP 转变成 cAMP（图 5-23），cAMP 作为第二信使进行信号的级联反

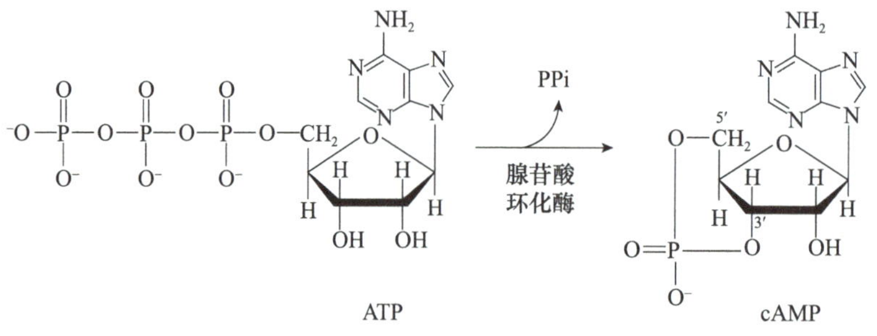

图 5-23 腺苷酸环化酶催化 ATP 生成 cAMP。

应。在腺苷酸环化酶的作用下，细胞内的 cAMP 浓度可以提高 20 倍。cAMP 浓度的快速提高有利于细胞对信号进行快速应答。

1957 年 Sutherland 及其同事们在研究狗肝组织中糖原是如何断裂时发现了 cAMP，这是代谢研究的一个重要里程碑。Sutherland 和他的同事们利用离体系统研究激素的生理反应。经过多次努力后，他们发现胰高血糖素或肾上腺素与细胞一起温育能够激活磷酸化酶。破碎细胞并经离心分部后，分别收集颗粒和溶液，发现磷酸化酶只存在于上清液中；但是，如果要对激素作出应答，颗粒是必不可少的。后来的实验表明，对激素的应答至少涉及两个不同的过程。如果分离肝的匀浆液中的颗粒部分，并将分离的颗粒与激素一起温育，然后将与激素温育过的颗粒添加到上清液中，发现有某种物质的产生，这种物质能够激活磷酸化酶。

Sutherland 鉴定了从膜颗粒中释放出的物质是一种小分子的环状单磷酸腺苷，即 cAMP。由于 cAMP 是激素作用膜受体后释放出来的，并且能激活磷酸化酶的活性，所以 cAMP 被称为第二信使。

虽然 cAMP 是第一信使作用于膜颗粒后产生的第二信使，至于 cAMP 是如何产生的却有几种推测。最简单的推测是与激素结合的受体本身就有催化 ATP 生成 cAMP 的能力，即 cAMP 是受体催化的。如此解释，就与 G 蛋白和腺苷酸酸环化酶毫无关系了。

为了证明 cAMP 是由除了受体、G 蛋白之外的第三个成员，即后来被称为效应物催化产生的，研究者们进行了一系列实验获得证据，证明了受体、G 蛋白、效应物是各自独立的 3 个成员，它们共同完成了激素信号引起的信号转导。此时研究的效应物就是腺苷酸环化酶。

Orly 和 Schramm 通过细胞融合实验首先证明了肾上腺激素受体与腺苷酸环化酶是不同的两种蛋白质。用于融合实验的两个细胞中一个是带有肾上腺激素受体但缺少腺苷酸环化酶的红细胞，另一个是带有腺苷酸环化酶但缺少肾上腺激素受体的肿瘤细胞。细胞融合以后，加入肾上腺激素能够产生 cAMP，而在未融合的细胞中加入肾上腺激素则不会有 cAMP 的产生（图 5-24）。

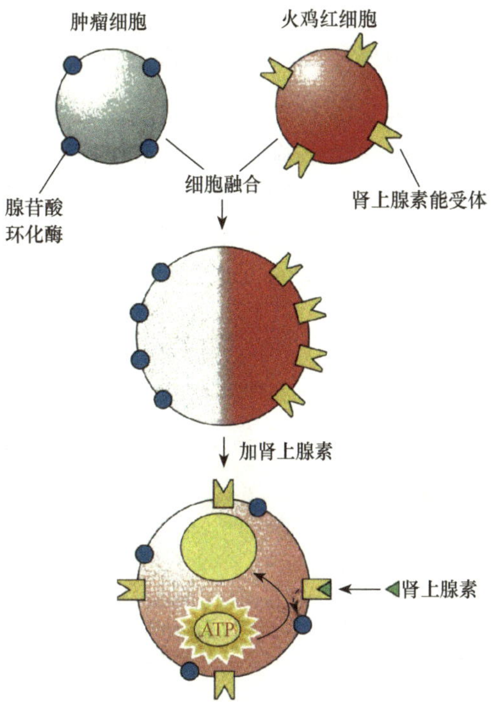

图 5-24　证明肾上腺素能受体与腺苷酸环化酶是两种不同蛋白质的细胞融合实验（引自 Kleinsmith and Kish，1995）。

虽然证明了激素受体和腺苷酸环化酶是两个独立的成员，但是，与受体结合的激素又是如何激活腺苷酸环化酶的？最早是通过一种称为 cyc^{-} 突变的肿瘤细胞系发现 GTP 能够增强激素对腺苷酸环化酶的激发作用。这种突变细胞具有正常的腺苷酸环化酶和肾上腺激素受体，但是用肾上腺素处理不能促进 cAMP 的生成。如果在该细胞培养基中加入从正常细胞分离的 G 蛋白，就能够恢复对 cAMP 合成的激发作用。由于这种 G 蛋白能促进（stimulating）cAMP 的合成，故称之称为 Gs。

上述实验结果令人信服地证明该系统中 3 个成员的存在和各自独立的作用。

很多不同类型的细胞都是通过 cAMP 浓度的变化引起细胞的应答。正常细胞中 cAMP 的浓度为 10^{-7}mol/L，经激素诱导后，1s 可增加 20 倍。哺乳动物细胞中由 cAMP 介导的信号转导激素信号列于表 5-6。在无脊椎动物中，cAMP 也可作为第二信使起作用。

表 5-6　某些由 cAMP 介导的激素信号诱导的细胞应答

激素	组织	引起的反应
促肾上腺皮质素（ACTH）	肾上腺	皮质醇的分泌
促甲状腺激素（TSH）	甲状腺	甲状腺素合成与分泌
促黄体素（LH）	卵巢	孕酮的分泌
肾上腺素	肝	糖原分解
甲状旁腺素	骨	骨质吸收
肾上腺素	心肌	加快收缩
胰高血糖素	肝	糖原裂解
加压素	肾	水的吸收
胰高血糖素	脂肪组织	脂肪裂解

5.2.2.2 腺苷酸环化酶活性的竞争性调节

在很多类型的细胞中，腺苷酸环化酶受到激活与抑制双重调控，目的是精确调节细胞内的cAMP浓度，更好地调控下游的信号反应（图5-25）。例如，在脂肪细胞中，肾上腺素、胰高血糖素（glucagon）、促肾上腺皮质激素（adrenocorticotropic hormone，ACTH）同各自的与Gs偶联的受体结合，进而激活腺苷酸环化酶，促进三酰甘油降解成脂肪酸和甘油。与此相反，另外两种激素——前列腺素E1（prostaglandin E1）和腺苷（adenosine），各自与Gi蛋白偶联的受体结合，从而抑制腺苷酸环化酶的活性。

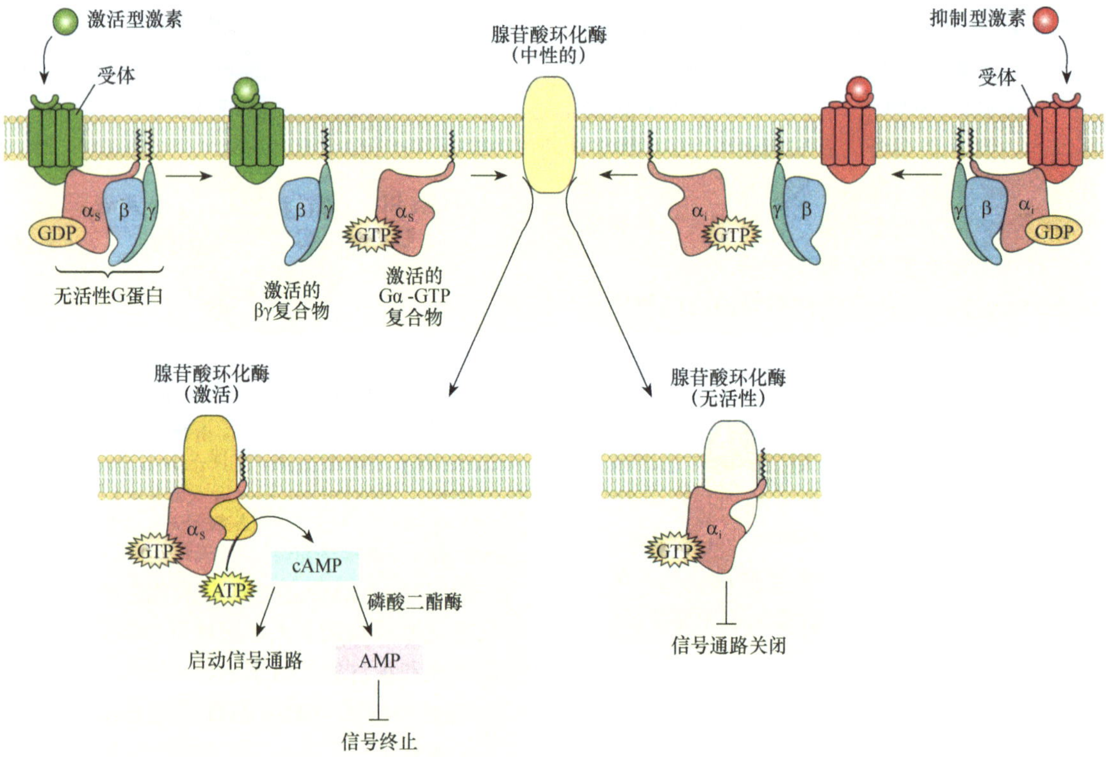

图5-25 脂肪细胞中激素诱导的腺苷酸环化酶的激活与抑制（引自Plopper，2016）。左半部分是由激活型的激素作用于激活型的受体，通过Gs的偶联作用，激活中性的腺苷酸环化酶，提高cAMP的浓度。右半部分是由抑制型的激素作用于抑制型的受体，通过Gi的偶联作用，抑制中性的腺苷酸环化酶，从而抑制cAMP的产生。

5.2.2.3 蛋白激酶A的结构与功能

蛋白激酶A（PKA）又称依赖cAMP的蛋白激酶（cyclic AMP-dependent protein kinase），是一种结构最简单、生化特性最清楚的蛋白激酶。一般认为，真核细胞内几乎所有的cAMP的作用都是通过活化PKA，从而使其底物蛋白发生磷酸化而实现的。

1）蛋白激酶A的结构组成 PKA全酶分子是由4个亚基组成的四聚体，其中2个是调节亚基（regulatory subunit，R亚基），另外2个是催化亚基（catalytic subunit，C亚基）。R亚基的分子质量为49～55kDa，C亚基的分子质量为40kDa，总分子质量约为180kDa；全酶没有活性。cAMP的作用是与全酶中的调节亚基结合，释放出有活性的催化亚基（图5-26）。

在大多数哺乳类细胞中，至少有两类PKA：一类存在于胞质溶胶，另一类结合在质膜、核膜和微管上。

2）蛋白激酶A的功能 PKA被cAMP激活后能够作用于多种底物，引起多种反应，既可直接修饰细胞质中的底物蛋白，使之磷酸化后立即起作用，也可以进入细胞核作用于基因表达的调控蛋白（如CREB）启动基因的表达，也就是说蛋白激酶A既能在细胞质中起作用，又能在细胞核内发挥作用。

PKA是丝氨酸/苏氨酸磷酸化激酶，作用时将ATP上的磷酸基团转移到特定蛋白质的丝氨酸

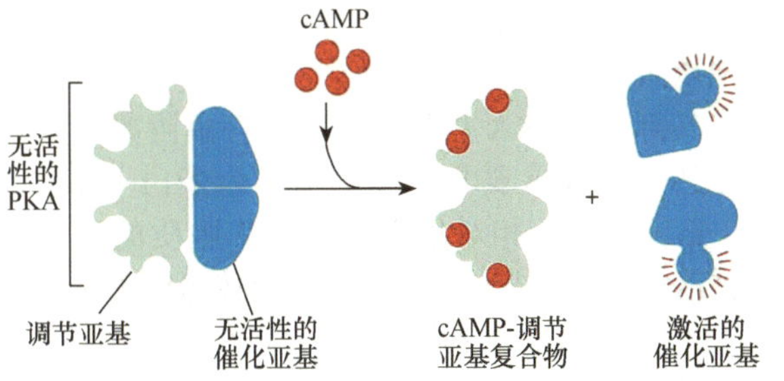

图 5-26 cAMP 激活蛋白激酶 A（引自 Alberts et al.，1998）。cAMP 与 PKA 的调节亚基结合，使 PKA 的调节亚基与催化亚基分开，被激活的催化亚基可使底物磷酸化。

或苏氨酸残基上进行磷酸化。表 5-7 列出的是某些被 PKA 磷酸化的酶或蛋白质，以及被磷酸化的序列位点、引起的细胞反应。

表 5-7 可以被 PKA 磷酸化的某些酶 / 蛋白质

酶 / 蛋白质	磷酸化的序列位点	作用
糖原合成酶	RASCTSSS	糖原合成
磷酸化酶 b 激酶		
α 亚基	VEFRRLSI	糖原降解
β 亚基	RTKRSGSV	糖原降解
丙酮酸激酶（大鼠肝）	GVLRRASVAZL	糖酵解
丙酮酸脱氢酶复合物（L 型）	GYLRRASV	丙酮酸生成乙酰辅酶 A
激素敏感的脂酶	PMRRSV	三酰甘油转移，脂肪酸氧化
蛋白质磷酸酶-1 抑制剂-1	IRRRRPTP	蛋白质去磷酸化
组蛋白 1	AKRKASGPPVS	DNA 凝集
组蛋白 H2B	KKAKASRKESY SVYVYK	DNA 凝集

注：下画线的是磷酸化的氨基酸残基。

（1）PKA 与葡萄糖代谢。哺乳动物细胞中糖原代谢是第二信使 cAMP 通过 PKA 激活细胞质中的靶酶引起信号转导的典型例子。在脊椎动物中，糖原的分解受一些激素的控制，如肾上腺素和胰高血糖素中的任何一种与细胞质膜受体结合，都会激活磷酸化酶，使糖原分解成葡萄糖 -1-磷酸，这是糖原分解的第一步。这一过程涉及 cAMP 的生成、PKA 的激活、磷酸化酶激酶的激活等一系列的酶促反应（图 5-27）。

反应伊始，胰高血糖素或肾上腺素与受体结合，通过 G 蛋白激活腺苷酸环化酶，激活的腺苷酸环化酶催化 ATP 生成 cAMP，cAMP 扩散入细

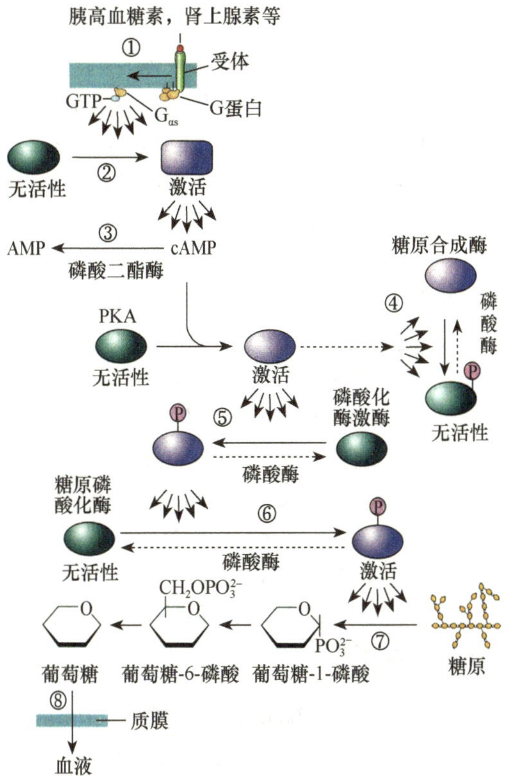

图 5-27 肝细胞对胰高血糖素和肾上腺素的应答（引自 Karp，2010）。①激素与受体结合并激活 G 蛋白；② G_{α} 亚基激活腺苷酸环化酶，从而导致 cAMP 浓度升高；③ cAMP 激活 PKA；④激活的 PKA 可通过对糖原合成与降解相关酶活性调节，从而调节糖原的合成；⑤ PKA 通过将磷酸化酶激酶磷酸化将其激活；⑥激活的磷酸化酶激酶将糖原磷酸化酶激活；⑦激活的糖原磷酸化酶催化糖原降解成葡萄糖；⑧葡萄糖穿过质膜进入血液。

胞质；然后，cAMP 与 PKA 调节亚基的别构位点（allosteric site）结合，将 PKA 激活。在肝细胞中，激活的 PKA 有很多作用底物，包括磷酸化酶激酶和糖原合成酶。糖原合成酶的磷酸化抑制了酶的催化活性，阻止了由葡萄糖合成糖原。与此相反，磷酸化酶激酶通过磷酸化激活自身的酶活性，从而催化磷酸化酶的磷酸化（将磷酸基团加到磷酸化酶特异的苏氨酸残基上）。被激活的磷酸化酶可将糖原磷酸化而分解成葡萄糖 -1-磷酸，最后生成葡萄糖进入血液循环。

大多数激素在血液中的浓度都很低，不到 10^{-8}mol/L，而脊椎动物中血液的体积相当大，所以低浓度的激素和信号放大系统制造了大量的通讯信号。单个信号分子在细胞表面的结合可快速激活腺苷酸环化酶，并且在较短的时间内产生大量的第二信使 cAMP。两个 cAMP 可以激活一个 PKA，而

PKA 可以将大量的磷酸化酶激酶磷酸化，从而引起信号的进一步放大。

（2）PKA 与基因表达调控。被 cAMP 激活的 PKA，大多数在胞质溶胶中激活一些细胞质靶蛋白，进行快速应答；此外还可以进入细胞核，通过调节特异基因的转录进行慢速反应。例如，在分泌肽类激素——促生长素抑制素（somatostatin）的细胞中，cAMP 激活该基因的转录。促生长素抑制素基因的调节区含有一个短的顺式调控序列（*cis-*regulatory sequence），称为 cAMP 反应元件（cAMP response element，CRE），该元件也存在于其他由 cAMP 激活的基因中。一种特异的转录调节子，称为 CRE 结合蛋白（CRE-binding protein，CREB），可识别 CRE 元件。PKA 被 cAMP 激活后，可将 CREB 的一个丝氨酸磷酸化，磷酸化的 CREB 招募一种称之为 CREB 结合蛋白（CREB-binding protein，CBP）的转录辅激活因子（coactivator），共同激活靶基因转录（图 5-28）。

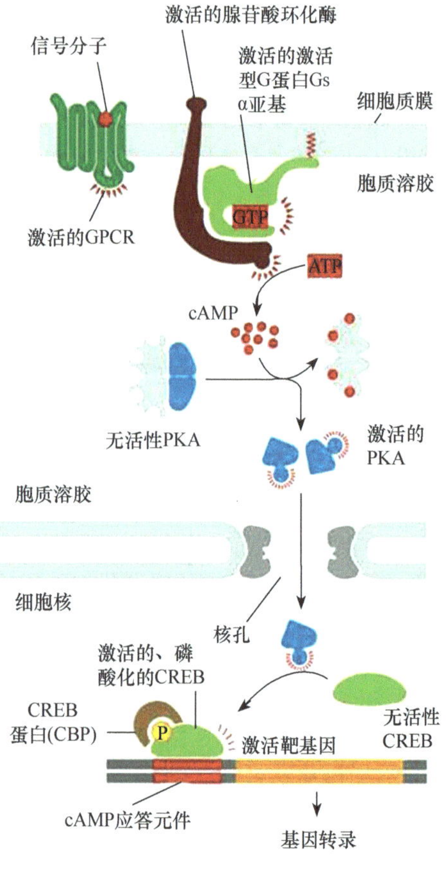

图 5-28　细胞内 cAMP 浓度的提高改变基因转录（引自 Alberts et al.，2015）。

上面以糖原降解及 CRE 的转录讨论了 cAMP 依赖的蛋白激酶引起的细胞质与细胞核的应答，其实，细胞通过 cAMP-蛋白激酶作出的对激素信号的应答反应是十分迅速的，而且通常是综合性的，细胞是如何做到的？

实际上，PKA 并非都是完全自由游离分布在细胞质中，通常要与特殊的衔接体蛋白（adaptor protein）结合并相对集中分布在细胞质的不同区间，以便快速进行信号应答。衔接体蛋白不具催化活性，但它可以与 PKA 及相关蛋白组成复合物，并锚定在细胞的不同区室。

蛋白激酶 A 锚定蛋白（A kinase anchoring protein，AKAP）是一类衔接体蛋白，它具有与 PKA 结合位点，同时还具有与其他蛋白结合的位点。不同的细胞具有不同的 AKAP，同一细胞具有多种不同的 AKAP，它们除了能与 PKA 结合外，还有与其他不同蛋白结合的位点，使 PKA 分散分布在细胞的各个不同部位。不过在没有激素信号激活腺苷酸环化酶产生 cAMP 时，PKA 是以非活性的四聚体与 AKAP 结合的，没有催化活性，一旦有 cAMP 的结合，立刻启动该部位的应答（图 5-29）。其实，AKAP 所起到的作用就是蛋白质支架，与 PKA 等组成信号转导复合物，使之有组织地分布在细胞内一些需求高的区域。

5.2.2.4　作用于 G 蛋白的毒素

霍乱（cholera）和百日咳（pertussis）是两种威胁人生命安全的疾病，分别由两种细菌毒素作用于激活型和抑制型的 G 蛋白所引起。

霍乱弧菌（*Vibrio cholerae*）感染人肠道后，分泌一种毒素，即霍乱毒素（cholera toxin），它是一种毒蛋白，由异二聚体组成。霍乱毒素的 B 亚基能够识别肠上皮细胞的神经节苷脂（ganglioside）并与之结合，从而为 A 亚基进入这些细胞提供了通路。A 亚基进入后断裂成两个片段：A1 片段与 A2 片段。A1 片段与宿主细胞中 ADP-核糖化因子 ARF6 结合，ARF6 是一种小 G 蛋白。结合有 A1 片段的 ARF6 能够将 NAD^+上的 ADP-核糖基团转移到 G_s 的 α 亚基上（图 5-30），使 G 蛋白精氨酸残基核糖化（ADP-ribosylation），这样抑制了 α 亚基的 GTPase 活性，从而抑制了 GTP 的水解，使 G_s 一直处于激活状态。其结果使腺苷酸环化酶处于永久活性状态，cAMP 过量生成，使 PKA 一直处于激活状态，PKA 将囊性纤维化穿膜传导蛋白（CFTR）的 Cl^- 通道，以及肠上皮细胞的 Na^+-H^+交换蛋白磷酸化，引起 Na^+和水分泌到肠腔导致严重腹泻。

百日咳毒素（pertussis toxin）是由百日咳杆菌（*Bordetella pertussis*）产生的一种毒素，能够催化 G_i 的 α 亚基中半胱氨酸残基与核糖连接，核

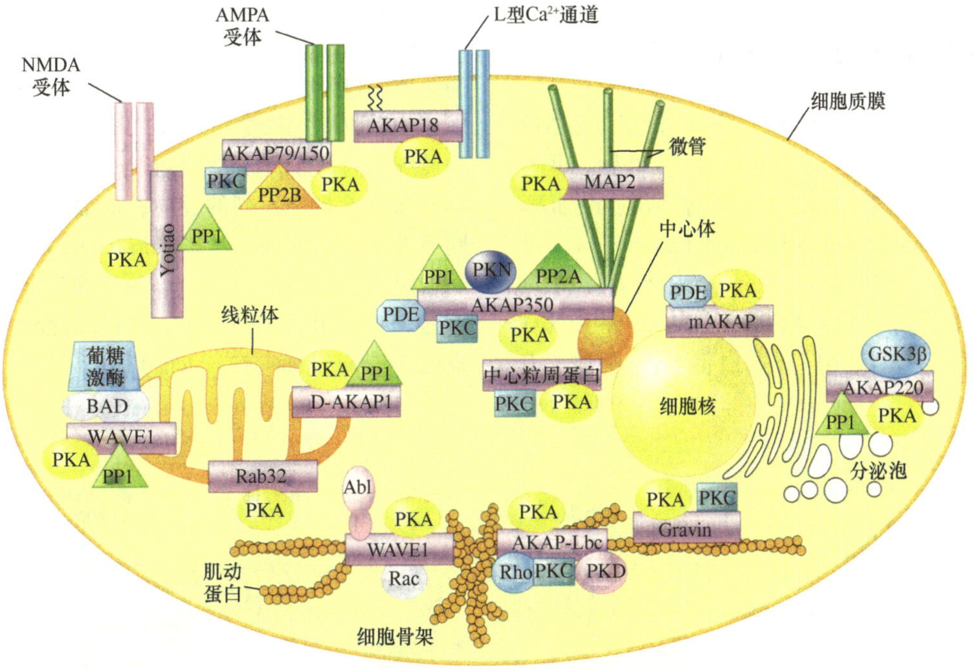

图 5-29　AKAP 组成通讯复合物启动细胞内亚细胞区室进行 PKA 系统的应答（引自 Karp，2010）。在这一机制中 AKAP 起支架作用，它将 PKA、PKA 的作用底物及磷酸酶都结合在同一个复合物中，既方便快速启动反应，又可快速使激酶失活。图中横式棒状结构是不同的 AKAP。

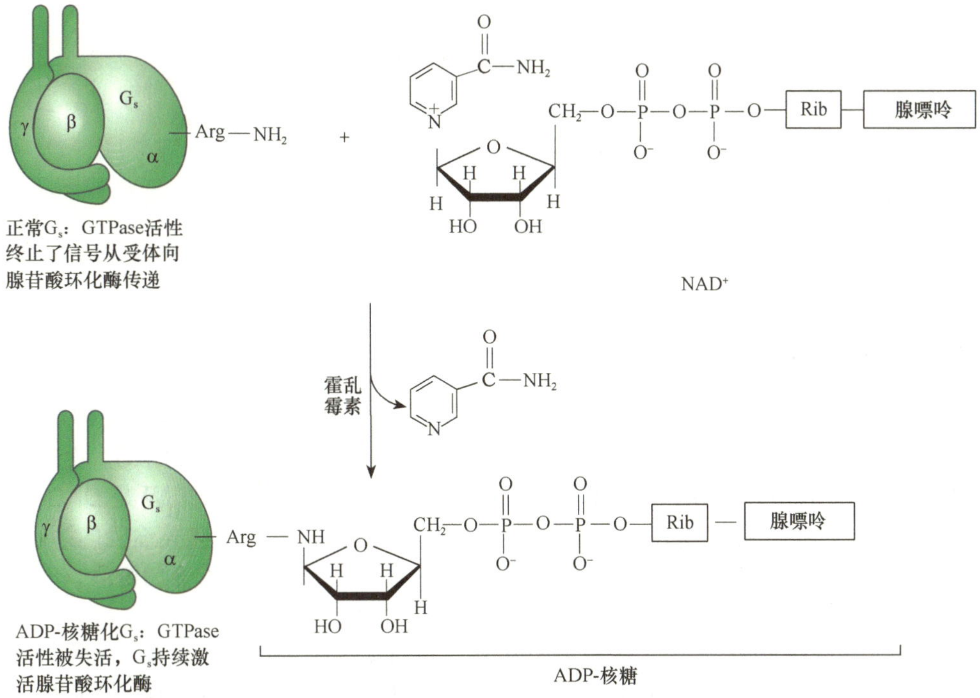

图 5-30　霍乱毒素对 G 蛋白活性的影响（引自 Nelson and Cox，2013）。

糖化了的亚基不能进行 GDP-GTP 的交换，从而阻断了 $G_{i\alpha}$ 对腺苷酸环化酶的抑制，同样会引起 cAMP 的过量产生。百日咳杆菌通过呼吸道感染，在呼吸道中破坏了纤毛状上皮细胞（该细胞的正常功能是清除黏液）。如果没有了这种纤毛细胞的作用，就必须通过严重的咳嗽来清理呼吸道。至于 G 蛋白缺陷是如何杀死纤毛细胞的，目前尚不清楚。

5.2.3 PKC 系统的信号转导机制

在 G 蛋白偶联系统的信号转导中，除了以 cAMP 作为第二信使外，某些信号分子作用于受体后，可产生磷脂酰肌醇作为第二信使，故此称为磷脂酰肌醇信号途径（phosphatidylinositol signal pathway）。

在这一信号转导途径中，膜受体与其相应的第一信使分子结合后，激活膜上的 Gq 蛋白（G 蛋白的一种），然后由 Gq 蛋白激活磷脂酶 C-β（phospholipase C-β，PLC-β），将膜上的磷脂酰肌醇二磷酸（phosphatidylinositol biphosphate，PIP_2）分解为两个细胞内的第二信使：二酰甘油（diacylglycerol，DAG）和肌醇三磷酸（inositol triphosphate，IP_3）。IP_3 动员细胞内钙库释放 Ca^{2+} 到细胞质中与钙调蛋白结合，随后参与一系列的反应；而 DAG 在 Ca^{2+} 的协同下激活蛋白激酶 C（protein kinase C，PKC），然后通过蛋白激酶 C 引起级联反应进行细胞的应答。该通路也称 IP_3、DAG、Ca^{2+} 信号通路，或称 PKC 系统（protein kinase C system）（图 5-31）。

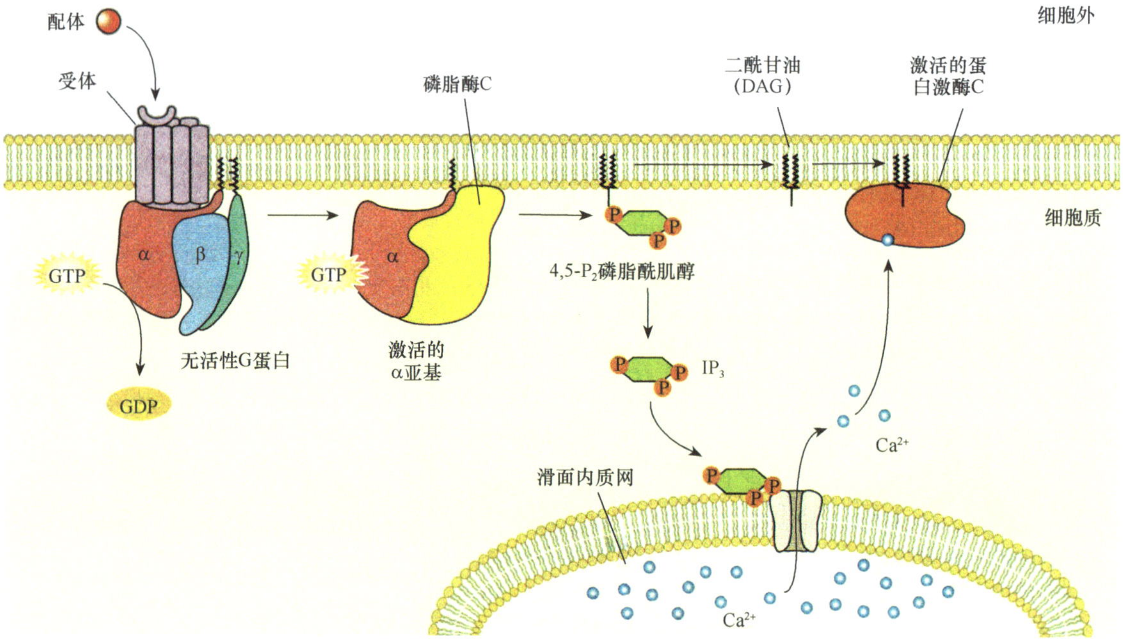

图 5-31 激活蛋白激酶 C 的 PIP_2 信号途径（引自 Plopper，2016）。

5.2.3.1 作用于 PKC 途径的信号、受体、G 蛋白与效应物

如同 cAMP 信号转导途径，磷脂酰肌醇信号转导系统也是由三个膜蛋白组成：与 Gq 蛋白偶联的受体、Gq 蛋白和效应物。Gq 蛋白也是异源三体，其 α 亚基上具有 GTP/GDP 结合位点，作用方式与 cAMP 系统中的 G 蛋白完全相同。该系统的效应物是磷脂酰肌醇特异的磷脂酶 C-β（phosphatidylinositol-specific phospholipase C-β，PI-PLC-β），此处的 β 表示磷脂酶 C 的一种异构体。

作用于 PKC 系统的信号种类很多，包括乙酰胆碱、$α_1$-肾上腺素类似物、肾上腺素激动剂、血管生成素（angiogenin）、血管紧张素（angiotensin）、组胺、血小板衍生生长因子、加压素（vasopressin）等。

5.2.3.2 第二信使的产生

磷脂酰肌醇信号途径的关键反应是 PIP_2 水解成两种第二信使：IP_3 和 DAG。由于该途径中的关键酶——蛋白激酶 C 的激活是 DAG 和 Ca^{2+} 共同作用的结果，所以 Ca^{2+} 是该途径的第三种信号分子，基本过程包括磷脂酶 C-β 的激活、IP_3/DAG 的生成、Ca^{2+} 的释放。

1）*磷脂酶 C-β 的激活* 磷脂酶 C-β 相当于 cAMP 系统中的效应物腺苷酸环化酶，也是膜整合蛋白，它的活性受 Gq 蛋白调节。当信号分子识别并与受体结合后，使受体激活。激活的受体由于构型的改变，导致细胞质结构域与 Gq 蛋白结合，从而将 Gq 蛋白的亚基激活。激活的 Gq 蛋白 α 亚基上发生 GTP 与 GDP 的交换并导致结合有 GTP 的

α 亚基从 Gq 蛋白上释放出来，激活的 Gq 的 α 亚基通过扩散与磷脂酶 C-β 接触，并将磷脂酶 C-β 激活。

2）第二信使 IP_3/DAG 的生成　被激活的磷脂酶 C-β 水解质膜上的 PIP_2，产生 IP_3 和 DAG（图 5-32），这两种小分子具有第二信使作用，将细胞外的信号进一步放大。

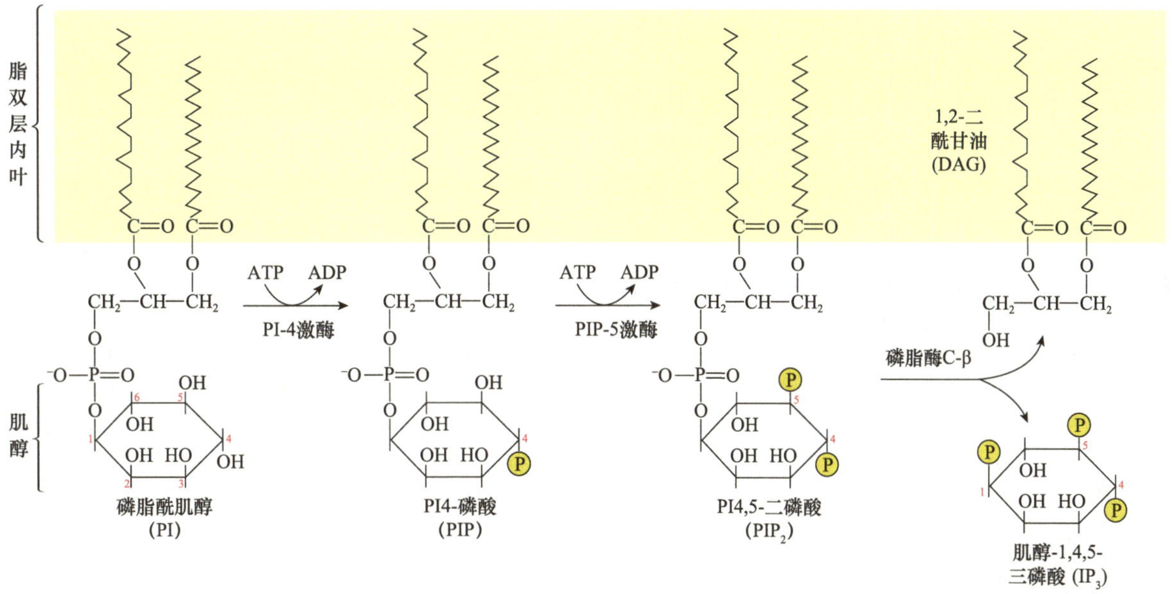

图 5-32　磷脂酶 C-β 催化 PIP_2 水解生成 DAG 和 IP_3（引自 Lodish et al.，2013）。PIP_2 是质膜上磷脂酰肌醇（phosphatidylinositol，PI）的衍生物，由 PI 激酶将 PI 磷酸化，生成 PIP，然后由 PIP 激酶将 PIP 进一步磷酸化，生成 PIP_2。激活的磷脂酶 C-β 将 PIP_2 降解成 IP_3 和 DAG。

3）IP_3 启动第二信使 Ca^{2+} 的释放　由 PIP_2 水解后产生的 IP_3 是水溶性的小分子，它可以离开质膜并迅速在胞质溶胶中扩散。IP_3 与内质网膜上特异的 IP_3 受体结合，使 IP_3-闸门 Ca^{2+} 释放通道打开，使 Ca^{2+} 从内质网中释放出来，导致细胞内 Ca^{2+} 浓度瞬间增高。释放出的 Ca^{2+} 作为第二信使能够引起许多不同的细胞反应。最直接的作用有两个：第一是协同 DAG 激活蛋白激酶 C；第二是 Ca^{2+} 与钙调蛋白结合引起细胞的其他反应。

内质网上的 IP_3 受体是一种由分子质量为 260kDa 的糖蛋白组成的同质四聚体，4 个亚基组成一个穿膜的通道，每个亚基都有 IP_3 结合的位点，当 3～4 个位点被 IP_3 占据时，受体复合物构型发生改变，打开离子通道，储藏在内质网中的 Ca^{2+} 随即释放，进入胞质溶胶。

5.2.3.3　蛋白激酶 C 的激活

第二信使 cAMP 的作用对象是 cAMP 依赖性的蛋白激酶 A，而第二信使 IP_3/DAG 的信号级联反应则要通过蛋白激酶 C（PKC），所以由 IP_3/DAG 进行的信号转导又称为 PKC 途径。这一途径中的关键步骤是磷脂酶 C 的激活。

蛋白激酶 C 的激活涉及一系列复杂的反应过程，是三种第二信使共同作用的结果。蛋白激酶 C 在非活性状态下是水溶性的，游离存在于胞质溶胶中，激活后成为膜结合的酶。蛋白激酶 C 的激活是脂依赖性的，需要膜脂 DAG 的存在，同时又是 Ca^{2+} 依赖性的，需要胞质溶胶中 Ca^{2+} 浓度的升高。当 DAG 在质膜中出现时，胞质溶胶中的蛋白激酶 C 被结合到质膜上，然后在 Ca^{2+} 的作用下被激活。

细胞质膜中的磷脂酶 C 被 Gq 蛋白激活后水解 PIP_2 产生的 DAG 是脂溶性的，一直处于质膜中，为蛋白激酶 C 与质膜的结合提供了结合位点。而 IP_3 生成后进入胞质溶胶，并作为内质网膜中 Ca^{2+} 通道的配体与配体闸门通道结合，将 Ca^{2+} 通道打开，Ca^{2+} 从内质网中释放出来，为蛋白激酶 C 的激活创造了另一个必要的条件。

5.2.3.4　蛋白激酶 C 的作用

蛋白激酶 C 是一个家族或一类相关蛋白的总称，其中有些仅有第二信使（如 DAG）就可以被激活，有些则需要同时有 Ca^{2+} 作为辅助因子才能被激活，这就是名称中 C 的含义。

蛋白激酶 C 是将靶蛋白的丝氨酸和苏氨酸残基磷酸化的酶，如同蛋白激酶 A，蛋白激酶 C 也是属于多功能丝氨酸和苏氨酸激酶。

细胞内的蛋白激酶C有多种异构体，在细胞内有不同的组织定位、不同的靶蛋白，以及不同的作用。它们的靶蛋白包括细胞骨架蛋白、酶等，参与生化反应的调控，同时也能作用于细胞核中的转录因子，参与基因表达的调控。

因此，蛋白激酶C家族具有十分广泛的细胞功能，影响神经索免疫反应，以及调节细胞的分裂等。表5-8是某些通过激活蛋白激酶C进行的反应。

表 5-8　不同组织中通过诱导细胞质中 Ca^{2+} 浓度提高引起的细胞反应

靶组织	信号分子	细胞反应
胰腺	乙酰胆碱	消化酶的分泌（如淀粉酶、胰蛋白酶原）
腮（唾液）腺	乙酰胆碱	淀粉酶的分泌
血管或胃平滑肌	乙酰胆碱	收缩
肝	加压素	糖原转变成葡萄糖
血小板	凝血酶	凝血
肥大细胞	抗原	组胺分泌
成纤维细胞	肽生长激素	DNA合成，细胞分裂

5.2.3.5　第二信使 Ca^{2+} 及 CaM 蛋白激酶的作用

由 IP_3 动员释放到细胞内的 Ca^{2+} 作为第二信使，除了参与蛋白激酶C的激活以外，还可以与钙调蛋白结合，将钙调蛋白激活后进一步激活CaM蛋白激酶，激活的CaM蛋白激酶在细胞的生命活动中具有重要作用，包括细胞分裂、分泌活动、内吞作用、受精、突触传递、代谢及细胞运动。

在静息状态的细胞中，Ca^{2+}浓度通常维持在非常低的水平。之所以如此，主要是因细胞质膜及内质网膜中钙泵的作用。质膜中的钙泵将钙离子输出到细胞外，而内质网膜中的钙泵将钙离子输入到内质网的腔。除了钙泵以外，某些细胞的质膜中还有 Na^+-Ca^{2+}交换泵，将 Na^+输入到细胞质，而将 Ca^{2+}从胞质溶胶中输出；此外，线粒体膜也能将钙离子运输到线粒体基质。对于大多数处于静息状态的细胞，通过钙泵的作用，可以将细胞质中的 Ca^{2+}浓度维持在大约 1×10^{-4}mmol/L。

1）钙调蛋白　Ca^{2+}能够作用的效应物有很多不同的类型。依据细胞的不同，钙能够激活或抑制不同的酶或运输系统，改变膜的离子通透性，诱导膜的融合，或者改变细胞骨架的结构和功能。钙离子的这些功能并不是通过自身的直接作用，而是通过与一些钙结合蛋白（calcium-binding protein）的结合，其中有一种钙结合蛋白叫做钙调蛋白（calmodulin，CaM）。

钙调蛋白只存在于真核生物中，从不同的动物、植物和真核微生物中分离的钙调蛋白都非常相似。钙调蛋白是水溶性的，存在于胞质溶胶中，是由148个氨基酸组成的单条多肽，分子质量为16.7kDa。钙调蛋白的外形似哑铃，有两个球形的末端，中间被一个长而富有弹性的螺旋结构相连，每个末端有2个 Ca^{2+}结合结构域，每个结构域可以结合一个 Ca^{2+}，这样，一个钙调蛋白可以结合4个 Ca^{2+}，钙调蛋白与 Ca^{2+}结合后的构型相当稳定。在非刺激的细胞中，钙调蛋白与 Ca^{2+}结合的亲和力很低，然而，如果由于刺激使细胞中 Ca^{2+}浓度升高时，Ca^{2+}与钙调蛋白结合形成钙-钙调蛋白复合物（calcium-calmodulin complex），就会引起钙调蛋白构型的变化，增强了钙调蛋白与许多效应物结合的亲和力。

2）Ca^{2+}/钙调蛋白复合物的信号放大作用　在不同的细胞中，Ca^{2+}/钙调蛋白复合物可以与蛋白激酶、cAMP磷酸二酯酶及质膜中的 Ca^{2+}运输蛋白等结合。在众多的 Ca^{2+}/钙调蛋白的靶蛋白中，有一类特别重要的底物，称为CaM-蛋白激酶，这是一类依赖 Ca^{2+}/钙调蛋白的蛋白激酶（Ca^{2+}/calmodulin-dependent protein kinase，CaMK）。结合有 Ca^{2+}的 Ca^{2+}/钙调蛋白与该酶结合，并将其激活（图5-33）。

依赖 Ca^{2+}/钙调蛋白的蛋白激酶是一个大家族，可将靶蛋白中的丝氨酸和苏氨酸磷酸化，参与很多细胞活动。例如，有一种依赖 Ca^{2+}/钙调蛋白的蛋白激酶能够将肌球蛋白的轻链磷酸化，引起肌收缩。

另一些由 Ca^{2+}/钙调蛋白激活的蛋白激酶，包括CaM家族，该家族能够磷酸化很多不同的蛋白质，包括代谢酶、离子通道及转录因子等。有一种CaM激酶在神经系统中特别丰富，它调节神经递质的合成与释放。此外，CaM激酶也能磷酸化转录因子进行基因转录的调节。有趣的是，有一种CaM磷酸化的转录因子是CREB，该转录因子也能被蛋白激酶A磷酸化，而且磷酸化的位点也相同，这说明，Ca^{2+}与cAMP的信号传导之间有相互交叉。还有一些例子，包括 Ca^{2+}/钙调蛋白对腺苷酸环化酶及磷酸二酯酶的调节、cAMP对 Ca^{2+}通道的调节等也说明 Ca^{2+}与cAMP的细胞内信号途径是协同的。

3）植物细胞中 Ca^{2+}的调节作用　在植物细

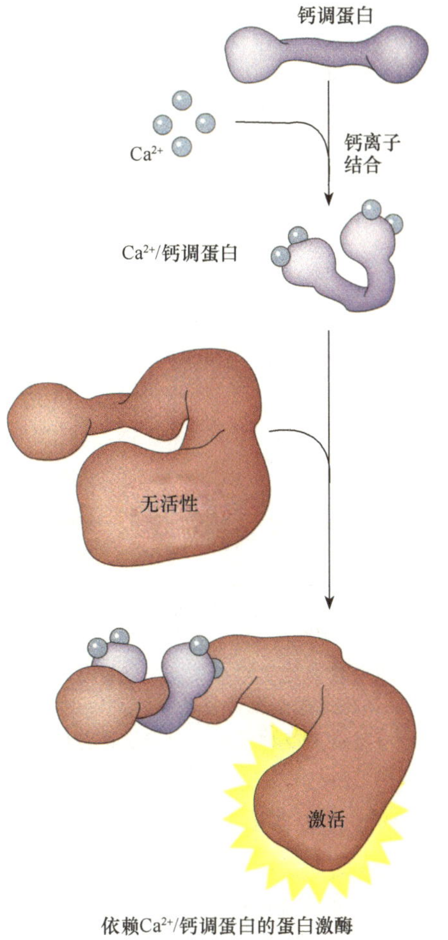

图 5-33　依赖 Ca^{2+}/钙调蛋白的蛋白激酶的激活（引自 Cooper and Hausman，2013）。钙调蛋白的哑铃结构，可以结合 4 个 Ca^{2+}，Ca^{2+}/钙调蛋白与非活性的 Ca^{2+}/钙调蛋白依赖性的蛋白激酶结合，形成有活性的依赖 Ca^{2+}/钙调蛋白的蛋白激酶。

胞中 Ca^{2+}也是重要的第二信使。在光、压力、引力及各种植物激素的刺激下，植物细胞中的 Ca^{2+}浓度发生急剧变化。在静息状态下，植物细胞主要是通过质膜和液泡膜中的 Ca^{2+}运输泵维持胞质溶胶中的低 Ca^{2+}浓度。

植物叶片中气孔直径大小的调节主要是通过 Ca^{2+}的第二信使作用调控的。植物叶的气孔是水分蒸发的主要部位，为了避免脱水，孔径的大小要受严格控制。当保卫细胞（guard cell）中膨压（turgor pressure）降低时，孔径缩小，而保卫细胞中的膨压降低主要是由离子浓度降低引起的。不利条件（如高温、低湿）可刺激脱落酸的释放，导致保卫细胞质膜中 Ca^{2+}通道打开。Ca^{2+}进入胞质溶胶触发细胞内膜性细胞器中储备的 Ca^{2+}释放，提高了胞质溶胶中 Ca^{2+}浓度。胞质溶胶中的高 Ca^{2+}浓度导致质膜的 K^+输入通道的关闭，并打开 K^+输出通道（图 5-34）。这些变化的结果是 K^+过度外流，从而使细胞的膨压下降，叶孔缩小。

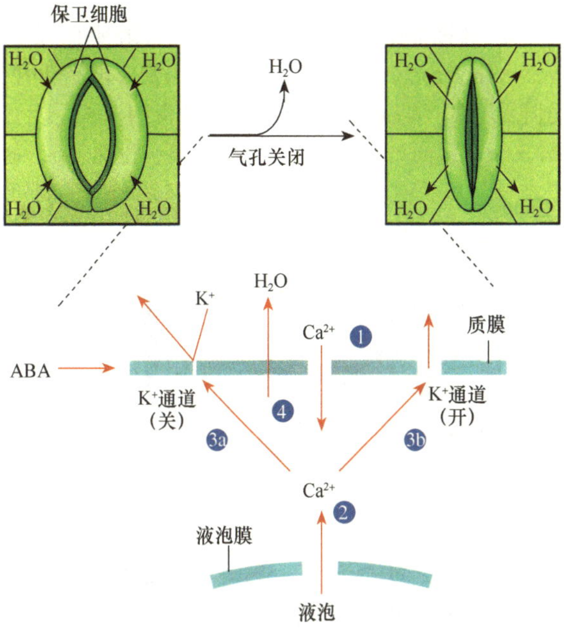

图 5-34　Ca^{2+}在植物叶保卫细胞关闭中的第二信使作用（引自 Karp，2010）。当脱落酸（ABA）的水平升高时，质膜中 Ca^{2+}通道打开，由于 Ca^{2+}的流入，导致细胞内储备的 Ca^{2+}释放到胞质溶胶。结果使胞质溶胶中的 Ca^{2+}浓度大大升高，最后使细胞内的 K^+浓度降低。由于胞质溶胶中的离子浓度降低，水分会丧失，此时立即关闭气孔。

5.2.4　作用于离子通道的 G 蛋白偶联受体信号转导途径

上面详细讨论了与 G 蛋白偶联的 PKA 及 PKC 信号转导途径。除此之外，还有很多其他与 G 蛋白偶联的信号途径，包括调节离子通道的 G 蛋白偶联受体、GMP 偶联受体等。

某些 G 蛋白可直接控制离子通道的通透性，一个典型的例子是通过神经递质乙酰胆碱调节心肌收缩。神经冲动是将周围环境信息，如光、气味刺激等传递到脑并引起肌肉运动的最基本反应。在神经脉冲期间，离子通道的打开与关闭可引起膜电位的变化。很多神经递质的受体是配体门控离子通道，与配体结合时打开通道。

有些神经递质的受体是 G 蛋白偶联受体，它们的效应物是 K^+或 Na^+通道。神经递质与这些受体结合，引起通道的打开或关闭，引起膜电位变化。还有一些受体，如鼻中气味受体、眼的光受体也是 G 蛋白偶联受体，经由第二信使间接修饰离子通道的活性。

5.2.4.1 心肌中乙酰胆碱受体经由 G 蛋白打开 K^+ 通道

心肌细胞含有很多毒蝇碱型乙酰胆碱受体（muscarinic acetylcholine receptor），当受体被激活时，可降低心肌的收缩。此类受体与 Gi 蛋白偶联，当受体与 $G_{\alpha i}$ 结合时，$G_{\beta\gamma}$ 亚基与 $G_{\alpha i}$ 脱离，进而与 K^+通道结合，从而将 K^+通道打开（图 5-35）。

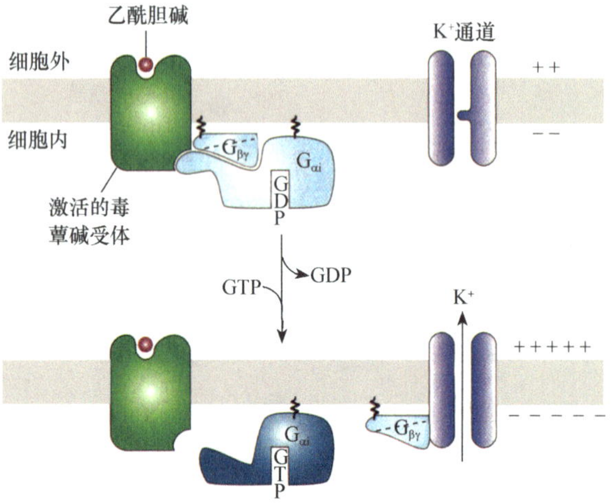

图 5-35 毒蝇碱型乙酰胆碱受体及其心肌中的效应物 K^+通道的激活（引自 Lodish et al., 2013）。神经递质乙酰胆碱与心肌细胞的膜受体结合，使得 Gi 蛋白的 αi 亚基与 βγ 亚基分开；激活的 βγ 亚基复合物与 K^+通道结合并将 K^+通道打开；K^+通透性改变，导致膜电位发生变化，从而降低心肌的跳动。

5.2.4.2 GPCR 与脊椎动物眼睛的光信号转导

在脊椎动物中，通过眼睛的瞳孔进入的光被聚焦到一个高度组织化的光敏感神经元的部位（图 5-36）。光敏感神经元有两种类型：①视杆细胞（rod cell）：每个视网膜大约有 10^9 个，它对光的敏感性较高，但是不能区别颜色；②视锥细胞（cone cell）：每个视网膜大约有 3×10^6 个，它对光不敏感，但是能够区别颜色。这两种类型的细胞都是长的、窄的、特化的感觉神经元。它们各具有两个不同的细胞区间：外侧片段，含有很多膜状的圆盘，其上有很多受体蛋白及光敏感生色团——视黄醛（retinal）；内侧片段含有细胞核，还有很多线粒体，用于产生光转导所需的 ATP。

像其他的神经元一样，杆状细胞与锥形细胞都具有膜电位（V_m），是由内侧片段中的 Na^+/K^+ 交换泵产生的；另外，外侧片段膜中的离子通道对膜电位的建立也有贡献，它允许 Na^+或 Ca^{2+}通过。由于该离子通道是 cGMP 门控通道，在黑暗条件下，杆状细胞含有足够的 cGMP，保持通道打开，此时的膜电位由 Na^+/K^+交换泵决定。

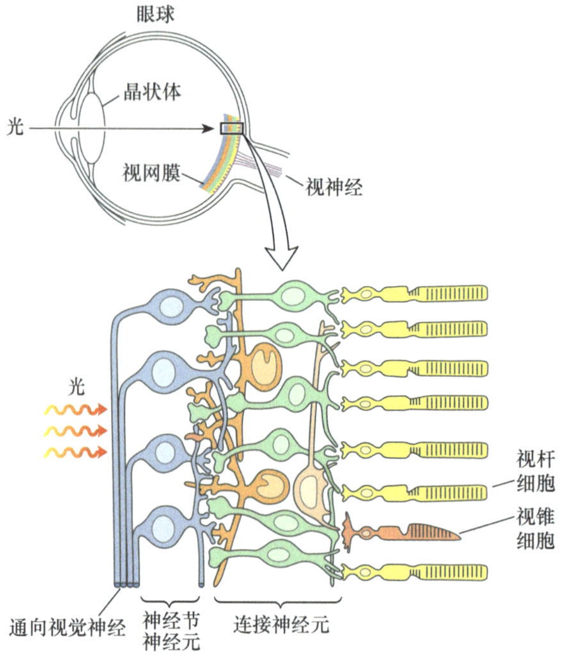

图 5-36 脊椎动物眼睛中的光受体（引自 Nelson and Cox, 2013）。晶状体将光聚焦在由多层神经元组成的视网膜上，光信号必须穿过神经节神经元、中间连接神经元，才能从光神经到达脑。

视杆及视锥细胞进行的光信号转导是基于光诱导的 cGMP 浓度下降，由于 cGMP 浓度降低，导致 cGMP 门控通道的关闭，从而使细胞超极化（图 5-37）。

视网膜中的光受体视紫红质（rhodopsin）是 G 蛋白偶联受体，此系统的 G 蛋白（Gt 蛋白）又叫转导素（transducin），是一种能够激活 cGMP 特异性磷酸二酯酶的 G 蛋白。当视紫红质中一种小分子的 11-顺式视黄醛（11-*cis*-retinal）吸收光后，转变成反式异构体，诱导视紫红质蛋白构型的变化而活化。活化的视紫红质可激活 G 蛋白，并由 G 蛋白激活磷酸二酯酶（PDE）将 cGMP 水解，从而降低了细胞中 cGMP 的浓度。光受体细胞中 cGMP 水平的变化直接影响 cGMP 门控 Na^+通道的通透性。在黑暗的条件下，这些通道由于 cGMP 的结合而保持开启。在光诱导下，由于 cGMP 的水解，导致 cGMP 的浓度降低，使得 cGMP 门控 Na^+通道关闭，膜两侧的膜电位超极化（hyperpolarization），从而将光信号转变成了神经冲动，完成光信号的传递（图 5-38）。

5.2.4.3 GPCR 与嗅觉、味觉信号转导

检测气味、味道的感官细胞与视觉有共同的

机制。人类能够区别10 000多种不同气味。气味神经元有较长的、细细的纤毛，从细胞的一端伸向覆盖在细胞上的黏膜层，这些纤毛提供了巨大的表面积与气味信号相互作用。气味刺激的受体是纤毛的膜蛋白，属于7次穿膜的G蛋白偶联受体家族成员。

气味刺激物通过空气扩散到达感官细胞。在覆盖有气味神经元的黏膜里，气味分子可直接与一种气味受体结合，或是先与特异的蛋白质结合，然后被转移到特异的受体（图5-39）。

气味分子与受体的相互作用，使受体的构型发生改

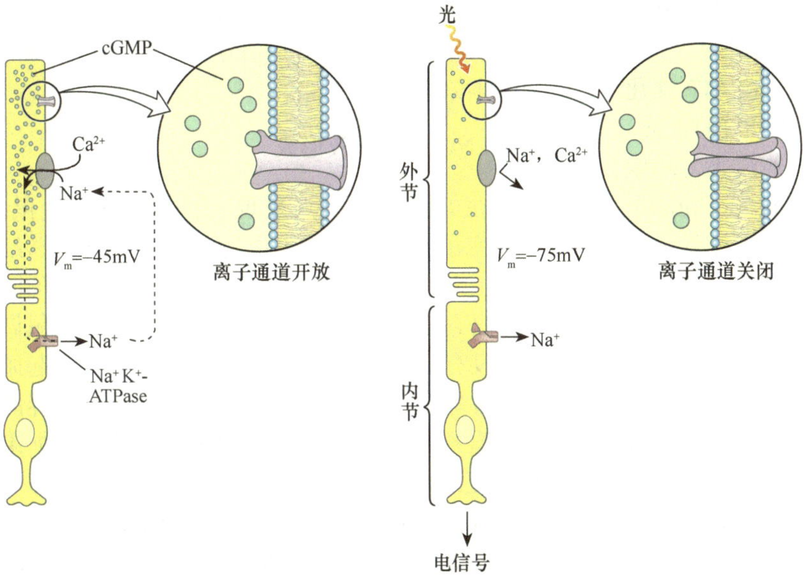

图5-37 视杆细胞的超极化（引自Nelson and Cox，2013）。

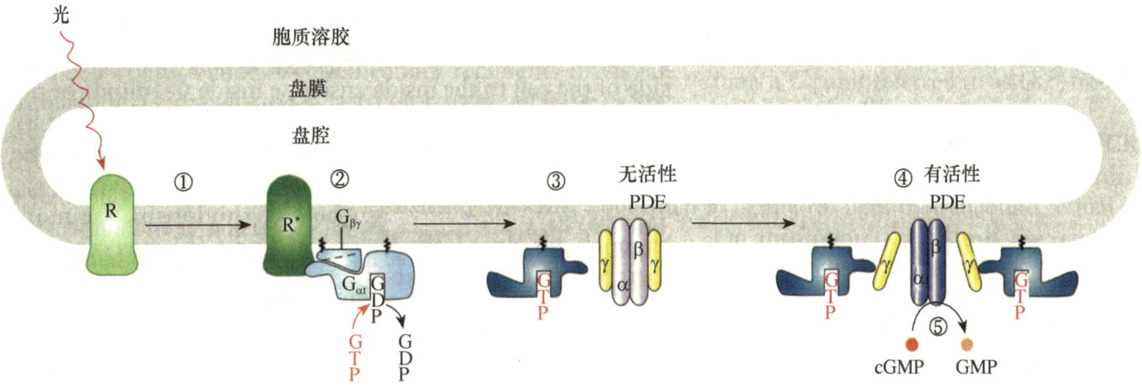

图5-38 光激活的视紫红质途径（引自Lodish et al.，2013）。在黑暗条件下，高浓度的cGMP使得cGMP门控离子通道打开，导致视杆细胞质膜的去极化。①在光的激发下，光受体（R）中的视紫红质异构化成为活性状态（R*）；②R*与结合有GDP的$G_{\alpha t}$结合，介导GDP与GTP的交换；③产生的$G_{\alpha t}$·GTP通过与cGMP磷酸二酯酶（PDE）的两个抑制型γ亚基结合；④将PDE的αβ亚基激活；⑤激活的PDE将cGMP水解成GMP，从而关闭了离子通道，导致杆状细胞的超极化。

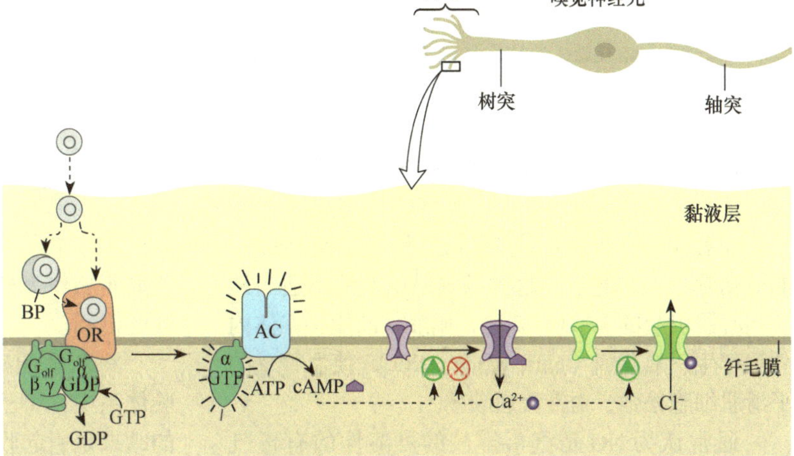

图5-39 气味信号转导的机制（引自Nelson and Cox，2013）。同心圆：气味分子；BP：气味分子结合蛋白，OR：气味分子受体；绿色三角圆：激发；叉圆：抑制。

变，结果发生了与G蛋白结合的GDP被GTP替换，与气味受体偶联的是G_{olf}蛋白。激活的G_{olf}蛋白将纤毛膜的腺苷酸环化酶激活，并将ATP催化生成cAMP。cAMP将纤毛膜中的cAMP门控Na^{+}和Ca^{2+}通道打开。由于Na^{+}和Ca^{2+}的流入，产生轻微的去极化，或称受体电位（receptor potential）。如果有足够数量的气味分子作用于受体，则受体电位越来越强，并促使神经元产生动作电位。随后通过几个不同阶段转移到脑并作为特殊气味进行注册。整个过程在100～200ms内完成。

脊椎动物对味道的感觉是舌表面味蕾中成簇的味觉神经的作用。在这些感觉神经元中，GPCR与异源三体G蛋白相偶联，这种G蛋白被称为味导素（gustducin），简写成G_{gust}。甜味分子与甜味的味蕾结合。味导素也是通过GDP与GTP交换而激活，然后激活腺苷酸环化酶（AC）产生cAMP，继而激活蛋白激酶A，蛋白激酶A将质膜中的K^{+}通道磷酸化，使K^{+}通道关闭，降低K^{+}的流出，从而使细胞去极化（图5-40），并向脑传送电信号。其他一些特异的味蕾可分别与特异的分子结合，如苦味（bitter）、酸味（sour）、咸味（salty）等，并通过不同的第二信使与离子通道进行信号转导。

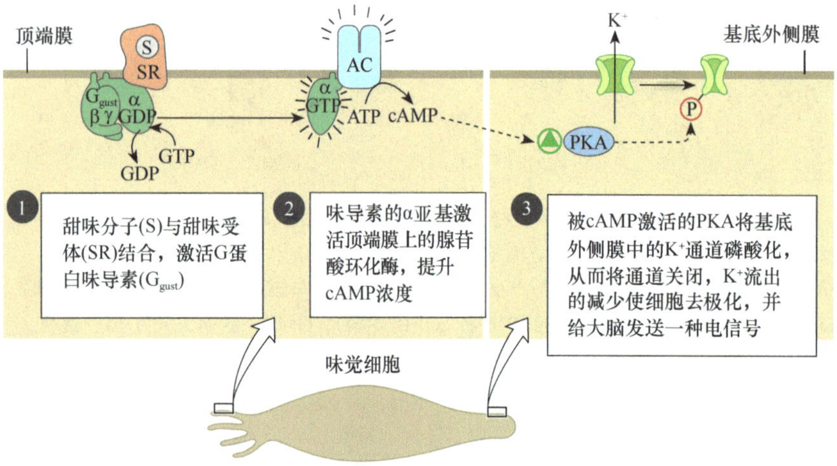

图5-40 甜味的转导机制（引自Nelson and Cox，2013）。

5.2.5 Ca^{2+}/NO/cGMP信号转导途径

早在100多年前就发现硝酸甘油（nitroglycerin）能够治疗心绞痛患者（这种绞痛是由血液不适当地流向心肌引起的）。现在知道，硝酸甘油能够在体内分解产生一氧化氮（nitric oxide，NO），使血管壁的平滑肌细胞松弛，血液流通顺畅。

通常认为NO是汽车排放的可溶性的有毒气体。研究表明，NO是一种能够进入细胞直接作用于酶并引起快速反应的气体信号分子，并且与Ca^{2+}/cGMP组成信号转导通路。

5.2.5.1 NO的性质及形成

早在1958年，有人发现一种特别的突变鼠，这种突变鼠的吞噬细胞不能吞噬异常的细胞和细菌。用正常小鼠做实验，在细菌感染引起炎症的同时，分泌到尿液中氮的含量升高，而用突变小鼠做实验则没有此反应。当时对于为什么炎症会引起尿液中氮含量升高的原因并不清楚，后来发现培养的巨噬细胞的杀菌作用与培养基中精氨酸有关。如果没有精氨酸，巨噬细胞就不能吞噬病原体。后来很快发现精氨酸是NO合酶（nitric oxide synthase）的底物（图5-41），该酶能够将精氨酸氧化成NO，这是第一次探明NO是一种重要的生物分子。

5.2.5.2 鸟苷酸环化酶受体与第二信使cGMP

在NO引起的信号反应中还涉及cGMP的信号作用，它是由鸟苷酸环化酶（GC）催化GTP生成的。

细胞内至少存在两种形式的鸟苷酸环化酶：与细胞膜结合的膜结合型GC和胞质可溶型GC。此处涉及的是细胞内水溶性的GC，可催化GTP生成cGMP（图5-42）。而cGMP可作为第二信使激活依赖cGMP的蛋白激酶G（cyclic GMP-dependent protein kinase G），被激活的蛋白激酶G（protein kinase G，PKG）可使特定蛋白质的丝氨酸或苏氨酸残基磷酸化，从而引起细胞反应。cGMP除了激活PKG外，也作为离子通道的配体，调节离子通道的开放与关闭。

5.2.5.3 Ca^{2+}/NO/cGMP信号途径与血管平滑肌的松弛

为了获得NO调节平滑肌松弛的确切证据，用乙酰胆碱作为外加信号，研究信号诱导与平滑肌松弛的机制。

将乙酰胆碱加入到围绕血管平滑肌细胞的实验体系中，将乙酰胆碱直接用于平滑肌细胞，预期的结果是引起收缩，但是将乙酰胆碱添加到少量分

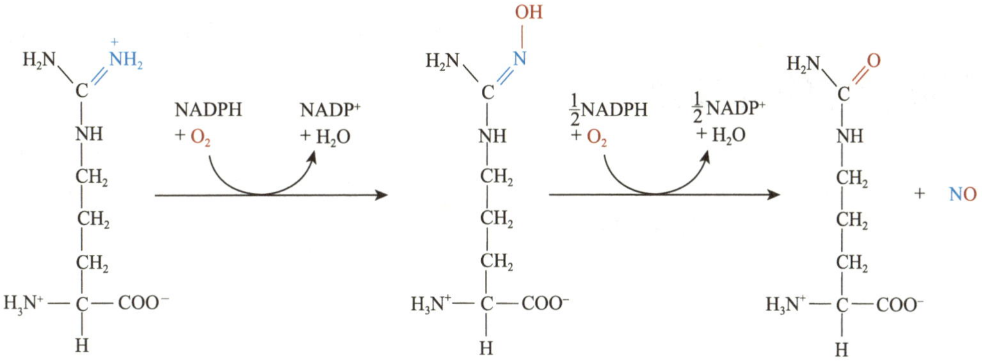

L-精氨酸　　L-羟基精氨酸　　L-瓜氨酸

图 5-41　NO 合酶催化 NO 的形成。

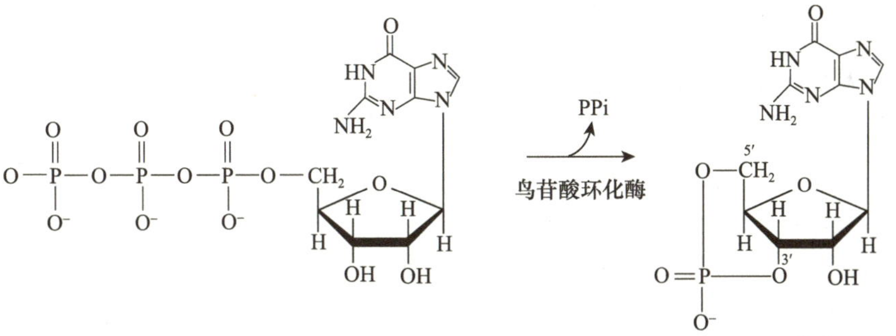

GTP　　cGMP

图 5-42　鸟苷酸环化酶催化 GTP 生成 cGMP。

离的血管腔内，则引起了平滑肌的松弛，而不是收缩。后来的研究表明，在应答乙酰胆碱的反应中，位于血管腔中的内皮细胞释放了一些物质，这些物质能够引起肌细胞松弛。这些物质转变成了 NO。

现在知道，内皮细胞含有与乙酰胆碱结合的 Go 蛋白偶联受体，与乙酰胆碱结合后能够激活磷脂酶 C，导致细胞质 Ca^{2+}浓度的提高，Ca^{2+}与钙调蛋白结合，产生的复合物激活 NO 合酶，从而产生了 NO。NO 虽然半衰期很短（2～30s），但能够进行局部扩散。实际上，NO 从内皮细胞扩散到平滑肌细胞，引起平滑肌的松弛。

NO 在肌细胞中的作用是由第二信使 cGMP 介导的。肌细胞中有 NO 的受体——鸟苷酸环化酶，一旦与 NO 结合即被激活，进而催化 GTP 生成 cGMP，使细胞质中的 cGMP 浓度升高，cGMP 激活蛋白激酶 G（PKG）。在血管平滑肌中，PKG 激活一个信号途径，该途径对肌动蛋白-肌球蛋白复合物产生抑制，导致细胞松弛、血管扩张（图 5-43）。

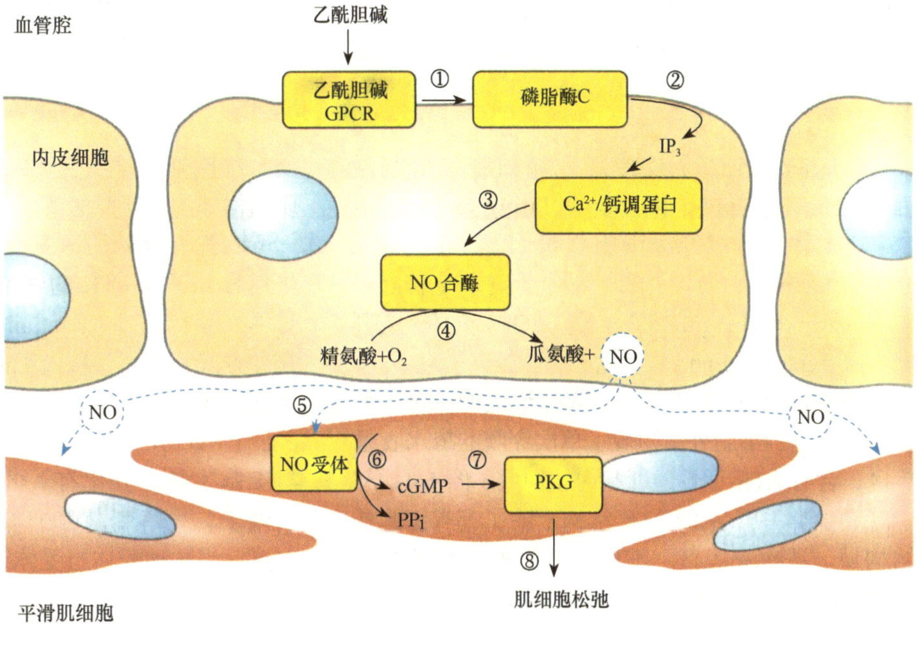

图 5-43　Ca^{2+}/NO/cGMP 信号途径与动脉平滑肌的松弛（引自 Lodish et al., 2013）。①乙酰胆碱与乙酰胆碱受体结合；②激活磷脂酶 C；③产生第二信使 IP_3，导致细胞质中 Ca^{2+} 提高，激活钙调蛋白；④Ca^{2+}/钙调蛋白激活 NO 合酶，产生 NO；⑤NO 扩散进入平滑肌；⑥NO 与 NO 受体结合，该受体是鸟苷酸环化酶；⑦鸟苷酸环化酶催化 GTP 生成 cGMP；⑧cGMP 激活 PKG 引起肌细胞松弛。

5.3 酶联受体信号转导

与G蛋白偶联受体（GPCR）一样，酶联受体也是穿膜蛋白，细胞外部分有与配体结合的结构域。但是其细胞内结构域可以作为酶，或是与其他的一些蛋白质组成复合物后行使酶的作用。GPCR是7次穿膜的受体，而酶联受体仅是一次穿膜。GPCR与酶联受体也常常催化一些相同的信号转导途径，不过，酶联受体信号转导（signaling through enzyme-coupled receptor）的反应比较慢（通常要几小时），并且需要许多细胞内的转换步骤。

5.3.1 受体酪氨酸激酶信号转导的特点

受体酪氨酸激酶（RTK）是具有酪氨酸激酶活性的受体。所以，受体酪氨酸激酶既是受体又是酶，它能够与配体结合，并将靶蛋白的酪氨酸残基磷酸化。

5.3.1.1 作用信号与受体的结构特点

细胞外有很多通过受体酪氨酸激酶进行信号转导的信号蛋白，包括分泌的或是结合在细胞表面的蛋白质，这些信号蛋白往往控制细胞发育或是成年动物的行为。一些常见的信号蛋白及它们的受体列于表5-9。

表5-9 某些经由RTK起作用的信号蛋白

信号蛋白家族	受体家族	引起的代表性反应
表皮生长因子（EGF）	EGF受体	刺激细胞生存、生长、增殖，或分化成不同细胞类型，作为发育的诱导信号
胰岛素	胰岛素受体	刺激糖的利用与蛋白质合成
胰岛素样生长因子1（IGF1）	IGF1受体	在多种类型细胞中刺激细胞生存与生长
神经生长因子（NGF）	Trk受体	刺激某些神经元的生存与生长
血小板衍生生长因子（PDGF）	PDGF受体	刺激各种不同类型的细胞生存、生长、增殖与迁移
巨噬细胞集落刺激因子（MCSF）	MCSF受体	刺激单核细胞/巨噬细胞增殖与分化
成纤维细胞生长因子（FGF）	FGF受体	刺激各种类型的细胞增殖，抑制某些细胞前体的分化，作为发育的诱导信号
血管内皮生长因子（VEGF）	VEGF受体	刺激血管生成
肝配蛋白	Eph受体	刺激血管生成，引导细胞与轴突迁移

在人体中已发现60多种不同的RTK，根据结构特点，可分成约20个不同的亚家族。主要的几种类型包括：①表皮生长因子（epidermal growth factor，EGF）受体；②胰岛素（insulin）和胰岛素样生长因子1（insulin-like growth factor 1，IGF1）受体；③神经生长因子（nerve growth factor，NGF）受体；④血小板衍生生长因子（platelet-derived growth factor，PDGF）受体和巨噬细胞集落刺激因子（macrophage colony stimulating factor，M-CSF）受体；⑤成纤维细胞生长因子（fibroblast growth factor，FGF）受体；⑥血管内皮生长因子（vascular endothelial growth factor，VEGF）受体；⑦肝配蛋白（ephrin，Eph）受体等。

所有的RTK都是由三个部分组成的：含有配体结合位点的细胞外结构域、单次穿膜的疏水α螺旋区、含有RTK活性的细胞内结构域（图5-44）。

图5-44中所示的RTK结构上除了都有细胞外结构域、单次穿膜区、细胞内酪氨酸激酶结构域外，还有各自的特点：有的细胞外部分富含半胱氨酸，有些有免疫球蛋白样结构域，还有Ⅲ型纤连蛋白样结构域。细胞内结构域虽然都具有酪氨酸激酶结构域，但NGF、FGF、VEGF的酪氨酸激酶结构域被一段插入区分隔成两部分。比较特别的是胰岛素及胰岛素样受体，实际上它们是一个四聚体。

5.3.1.2 受体二聚化与磷酸化

细胞外信号与受体结合后如何激活RTK细胞质结构域的酪氨酸激酶活性呢?

在没有信号的情况下，受体是以单体存在的。当信号分子与RTK的细胞外结构域结合时，诱导受体二聚化（dimerization）。受体的二聚化有两种介导方式：一是直接由配体诱导，二是由结合了配体的受体介导。

1）配体介导的二聚化　早期研究发现有些与细胞生长、分化有关的因子，如血小板衍生生长因子、集落刺激因子等具有两个与受体结合的位点，当这种配体与受体结合时就会诱导受体二聚化。由于受体形成二聚体，将两个受体细胞内激酶

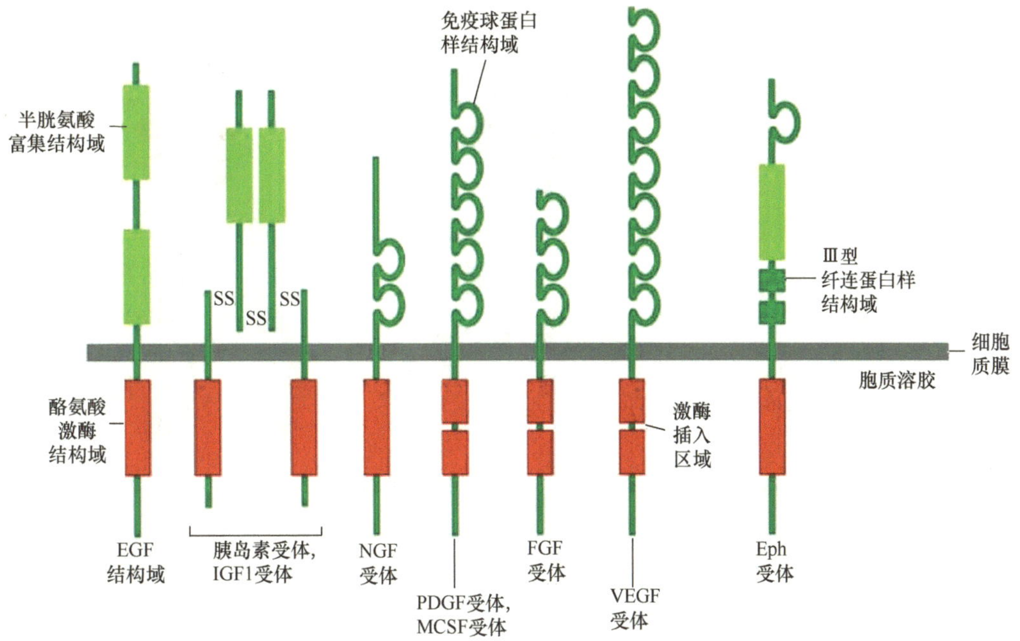

图 5-44 动物细胞中主要的 RTK（引自 Alberts et al.，2015）。

结构域靠近在一起并相互接触而激活，被激活的激酶可以相互将酪氨酸残基磷酸化，这一过程又称反式自磷酸化（*trans*-autophosphorylation）。磷酸化位点可作为细胞内特异的信号蛋白的结合位点，进行下游信号转导。图 5-45 显示的是配体介导的 RTK 二聚化及反式自磷酸化。

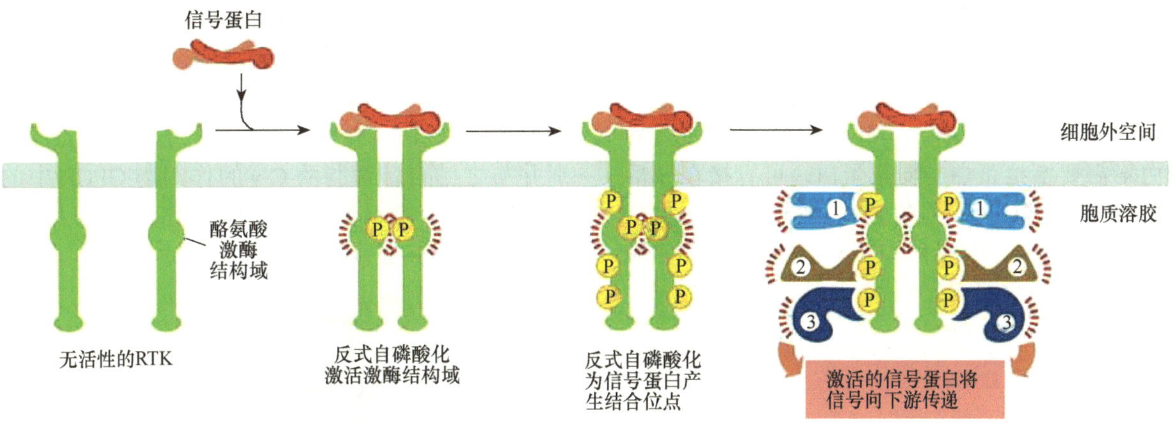

图 5-45 配体介导的 RTK 二聚化及对 RTK 的激活（引自 Alberts et al.，2015）。

受体细胞质结构域相互磷酸化有两个效应：一是通过磷酸化，能够将受体完全激活；二是磷酸化的酪氨酸位点可以为信号蛋白提供锚定位点。

2）受体介导的二聚化　并非所有的生长因子都具有两个与受体结合的位点，并直接介导受体二聚化。有些生长因子，如表皮生长因子只能与一个受体结合，在这种情况下，与配体结合的受体通过构型的变化介导与另一个配体结合的受体二聚化，将这种二聚化称为受体介导的二聚化。图 5-46 是 EGF 与受体结合后，导致受体构型发生变化，从而介导了受体的二聚化。

5.3.1.3 信号复合物的装配与下游途径的激活

一旦 RTK 二聚体的激酶结构域被激活，它们就会将受体细胞质结构域多个酪氨酸位点磷酸化。磷酸化的酪氨酸位点为细胞内信号蛋白提供了高亲和力的锚定位点。不同的信号蛋白都含有不同的识别结构域，识别并与 RTK 受体磷酸化的酪氨酸位

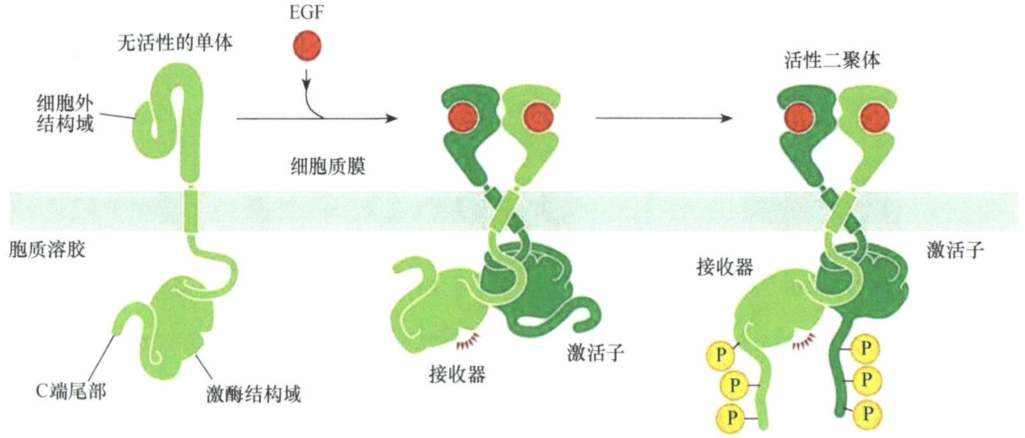

图 5-46 EGF 受体激酶的激活（引自 Alberts et al., 2015）。没有细胞外配体时，EGF 受体以非活性的单体存在，配体结合导致构型变化，促进了两个单体的二聚化。与其他 RTK 受体不同的是，二聚化的 EGF 受体激酶结构域没有被自我磷酸化而激活，代之的是二聚化后将细胞内的结构域调整为不对称的二聚体，其中一个激酶结构域作为激活子（activator），另一个作为接收器（receiver），激活子使接收器的构型转变成激活状态，激活的接收器将两个受体细胞质结构域的 C 端酪氨酸位点磷酸化。

点结合，装配成信号复合物（signaling complex），启动下游途径。

可能有 10～20 种不同的细胞内信号蛋白可与激活的 RTK 结合，这些与激活的 RTK 结合的信号蛋白不仅结构不同，功能也不相同：既有酶，也有转录因子，还有衔接蛋白和支架蛋白，它们通过与激活的 RTK 装配成不同的复合物，启动不同的下游信号转导。

最为常见的一种信号复合物的装配是直接在激活的 RTK 上进行的。一些具有酶活性的信号蛋白不需要衔接蛋白与支架蛋白，可直接在激活的 RTK 上装配成酶信号复合物。例如，血小板衍生生长因子受体被激活后，其 5 个磷酸化的酪氨酸位点能够为 3 种信号蛋白提供锚定位点，装配成信号复合物（图 5-47）。第一个锚定到受体上的细胞质酪氨酸激酶是磷脂肌醇 3-激酶（phosphoinositide 3-kinase，PI3-kinase），它通过对受体 740 位和 751 位两个磷酸化的酪氨酸位点的识别而结合。第二个与激活的 RTK 受体结合的是 GTPase 激活蛋白（GTPase-activating protein，GAP），它是通过与 771 位酪氨酸的识别而锚定的。第三个是磷脂酶 C-γ（phospholipase C-γ，PLC-γ），通过对受体 1009 位和 1021 位两个磷酸化的酪氨酸位点的识别并与之结合。磷脂酶 C-γ 的作用与 GPCR 中的 PLC-β 相同，激活肌醇磷脂信号途径。通过该途径，RTK 能够提高细胞质中的 Ca^{2+} 浓度，并激

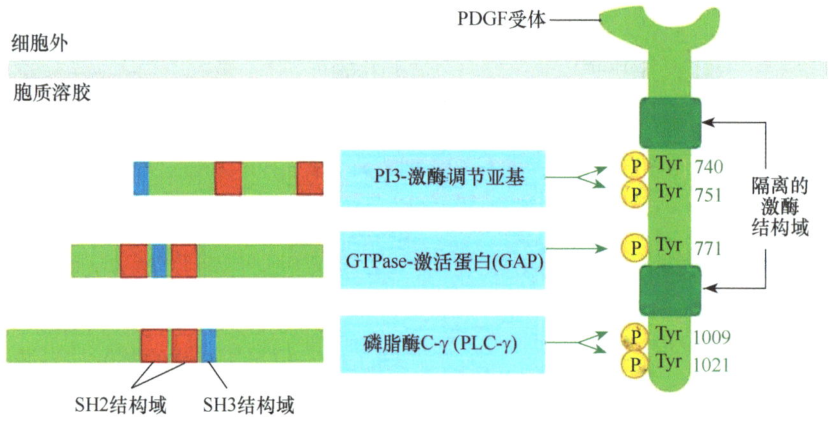

图 5-47 含有 SH2 结构域的细胞内信号蛋白与激活的 RTK 结合（引自 Alberts et al., 2015）。图中显示的是血小板衍生生长因子（PDGF）受体有 5 个锚定的位点，其中 3 个在激酶分隔区，2 个在 C 端的尾部。有 3 个细胞内信号蛋白识别各自磷酸化的酪氨酸位点并与之结合。数字显示的是通过重组 DNA 技术测得的受体肽链中磷酸化的酪氨酸位置。3 个细胞内信号蛋白都含有 SH2、SH3 结构域。

活 PKC。血小板衍生生长因子受体磷酸化的酪氨酸位点是通过重组 DNA 技术鉴定的，将它们突变后导致其与信号蛋白的作用丧失。

除了直接装配成酶信号复合物启动下游信号转导外，还可通过支架装配复合物（如胰岛素受体）、衔接装配复合物启动下游信号转导通路（如 Ras），以及将某些转录因子结合到激活的 RTK，将转录因子磷酸化并激活，进而转移至细胞核启动基因转录。

5.3.1.4 SH 结构域：蛋白质相互作用结构域

SH 结构域是“Src 同源结构域”（Src homology domain）的简称，*Src* 是一种癌基因，最初在 Rous 肉瘤病毒中发现。这种结构域能够与受体酪氨酸激酶磷酸化残基紧紧结合，形成多蛋白质的复合物进行信号转导。SH 结构域有两种类型：SH2 结构域（Src homology 2 domain）与 SH3 结构域（Src homology 3 domain）。有时将与磷酸化的酪氨酸结合的结构域统称为 PTB 结构域（phosphotyrosine-binding domain）。

SH2 结构域大约由 100 个氨基酸组成，能够与生长因子（如 PDGF 和 EGF）受体自我磷酸化的位点结合。含有 SH2 结构域的蛋白质也常常含有 SH3 结构域（图 5-48）。SH3 结构域最初也是在 Src 蛋白中鉴定到的由 50 个氨基酸组成的组件，后来在其他一些蛋白质中也发现了 SH3 结构域。SH3 能够识别富含脯氨酸和疏水残基的特异序列的蛋白质并与之结合，从而介导蛋白质与蛋白质相互作用。

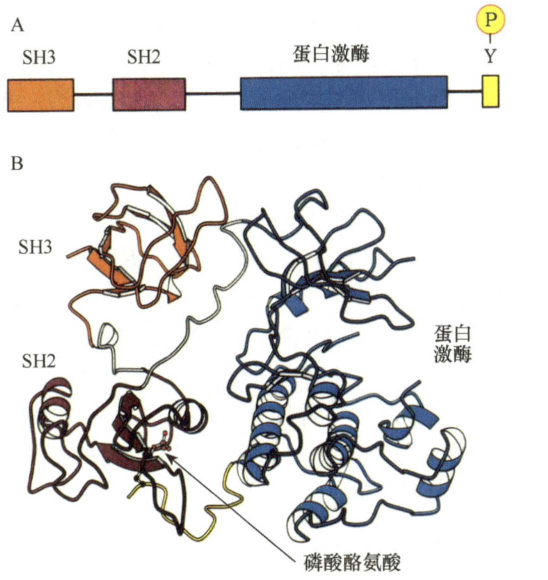

图 5-48 Src 蛋白结构（引自 Berg et al., 2002）。A. 细胞的 Src 蛋白含有一个 SH2 结构域、一个 SH3 结构域、一个蛋白激酶结构域和一个具有关键酪氨酸残基的羧基端的尾；B. 小鸡细胞中活性 Src 三维结构。

实际上，在细胞内的信号传导途径中，只要将信号蛋白相对靠近集中起来，就足以将它们激活。因此，诱导信号蛋白亲近（induced proximity），促使信号蛋白组装成通讯复合物，是酶联受体进行转导的简便方式。而信号复合物的装配则要依赖存在于多种信号蛋白中各种高度保守的、短的相互作用结构域（interaction domain）。

除了 SH 结构域外，在信号蛋白中有很多不同类型的相互作用结构域在细胞中发挥重要作用（表 5-10）。

表 5-10 某些经由 RTK 起作用的信号蛋白结构域

结构域	特征	细胞功能
14-3-3	与蛋白质磷酸丝氨酸或磷酸苏氨酸结合	蛋白质螯合
CARD	二聚化	半胱天冬酶活化
C2	与磷脂结合	信号转导，膜泡转运
FYVE	与 PI（3）结合	信号转导，膜转运
PDZ	与末端具有疏水残基蛋白质的 C 端 4~5 位残基结合，亦可与 PIP2 结合	常在膜下提供多样性支架
PH	磷脂酰肌醇：PI（2,4）P_2；PI（3, 4）P_2；PI（3,4,5）P_3	募集到质膜，运动
SH2	与蛋白质磷酸化的酪氨酸结合	酪氨酸蛋白激酶信号转导
SH3	与 PXXP 模体结合	多种反应

5.3.2 Ras/MAP 激酶信号转导

在 GPCR 信号转导途径中，异质三体 G 蛋白具有重要作用。单体 G 蛋白在信号转导中同样具有重要作用，不过，单体 G 蛋白介导的信号转导与大多数 RTK 相关，并且与基因表达、细胞分裂相关。

Ras 蛋白的信号途径是目前研究得较为清楚的一条信号转导途径，其转导过程包括三个基本过程：受体激活、Ras 蛋白激活、MAP 级联反应。

Ras 蛋白介导大多数 RTK 途径的信号转导，涉及多种细胞外信号，包括表皮生长因子（EGF）、成纤维细胞生长因子（FGF）、胰岛素生长因子等。

5.3.2.1 Ras 蛋白

Ras 蛋白是一个超家族（superfamily），由多种单体 GTPase 构成，其中 Ras、Rho 家族的作用是将细胞表面的信号向细胞内传递（表 5-11）。

表 5-11 单体 GTPase 的 Ras 超家族

家族	部分成员	某些功能
Ras	H-Ras，K-Ras，N-Ras	将来自 RTK 的信号进行转导
	Rheb	激活 mTOR，进而刺激细胞生长
	Rap1	由 cAMP 依赖的 GEF 激活，影响由整联蛋白介导的细胞黏附
Rho	Rho，Rac，Cdc42	将细胞表面受体的信号向细胞骨架转导等
ARF	ARF1-ARF6	调节转运小泡包被蛋白的装配
Rab	Rab1-60	调节细胞内膜泡运输
Ran	Ran	调节有丝分裂纺锤体的装配及核蛋白、RNA 运输

表 5-11 中的蛋白质并非都是起信号转导作用，也就是说，它们的功能是不同的，但它们作用方式基本一样：都具有 GTPase 活性。Ras 蛋白具有一个或多个脂基团，能够将 Ras 锚定在细胞质膜的内表面。

Ras 是大鼠肉瘤病毒（rat sarcoma，Ras）的英文缩写。Ras 蛋白是原癌基因 *c-ras* 的表达产物，分子质量为 21kDa，属单体 GTP 结合蛋白，具有弱的 GTP 酶活性。Ras 蛋白的活性状态对细胞的生长、分化、细胞骨架、蛋白质运输和分泌等都具有影响，其活性则是通过与 GTP 或 GDP 的结合进行调节。研究发现，30% 的癌症是因为 Ras 蛋白突变，导致超活性、不受信号控制，致使癌细胞过度增殖。

5.3.2.2 Ras 蛋白的活性调节

Ras 的活性受两个主要蛋白质的控制：一个是鸟苷交换因子（GEF），它的作用是促使 GDP 从 Ras 蛋白上释放出来，取而代之的是 GTP，从而将 Ras 激活，GEF 的活性受生长因子及其受体的影响；另一个控制 Ras 蛋白活性的是 GTP 酶激活蛋白（GAP），该酶存在于正常细胞中，主要作用是激活 Ras 蛋白的 GTP 酶，将结合在 Ras 蛋白上的 GTP 水解成 GDP，成为失活型的 Ras 蛋白-GDP。所以在正常情况下，Ras 蛋白基本上都与 GDP 结合在一起的，定位在细胞质膜内表面上。图 5-49 是单体 GTPase 的活性调节。

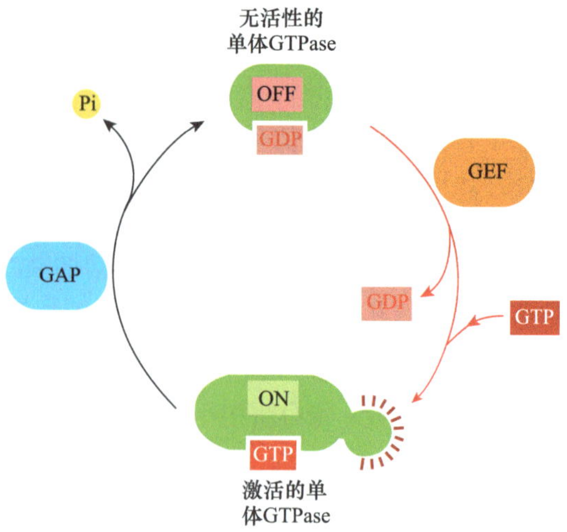

图 5-49 单体 GTPase 的活性调节（引自 Alberts et al., 2015）。GTPase 激活蛋白（GAP）通过刺激将与 G 蛋白结合的 GTP 水解成 GDP 而失去活性，而鸟苷交换蛋白通过刺激 G 蛋白释放 GDP 而激活，因为细胞内的 GTP 浓度 10 倍于 GDP，一旦 GDP 脱离，留下的空位即被 GTP 快速占据，单体 GTPase 被激活。

5.3.2.3 Grb2 和 Sos 蛋白

Grb2 蛋白是生长因子受体结合蛋白 2（growth factor receptor-bound protein 2），又叫 Ash 蛋白，该蛋白质参与细胞内多种受体激活后的下游调节。它能够直接与激活的表皮生长因子受体磷酸化的酪氨酸结合，参与 EGF 受体介导的信号转导，也能通过与 Shc 磷酸化的酪氨酸结合间接参与由胰岛素受体介导的信号转导。Grb2 能够同时与 Shc、Sos 结合形成 Shc-Grb2-Sos 复合物，并将 Sos 激活，激活的 Sos 与质膜上的 Ras 蛋白结合，并将其激活，引起信号级联反应。

Sos 蛋白是编码鸟苷释放蛋白的基因 *sos* 的产物（sos 是 son of sevenless 的缩写）。Sos 蛋白在 Ras 信号转导途径中的作用是促进 Ras 释放 GDP，结合 GTP，使 Ras 蛋白由非活性状态转变为活性状态，因此，Sos 蛋白是一种鸟苷交换因子，是 Ras 的激活蛋白。

Grb2 蛋白是一种衔接蛋白，含有一个 SH2 结构域和两个 SH3 结构域，属于 SH 蛋白；而 Sos 蛋白不含 SH 结构域，不属于 SH 蛋白。

5.3.2.4 RTK 对 Ras 蛋白的激活

RTK 受体被激活后，受体细胞质结构域被磷酸化，新的磷酸化位点是 Grb2-Sos 蛋白结合部位。Grb2-Sos 蛋白与受体的磷酸化位点结合之后，Sos 蛋白被激活，并促进 Ras 蛋白进行 GDP 与 GTP 的交换，从而将 Ras 蛋白激活（图 5-50）。

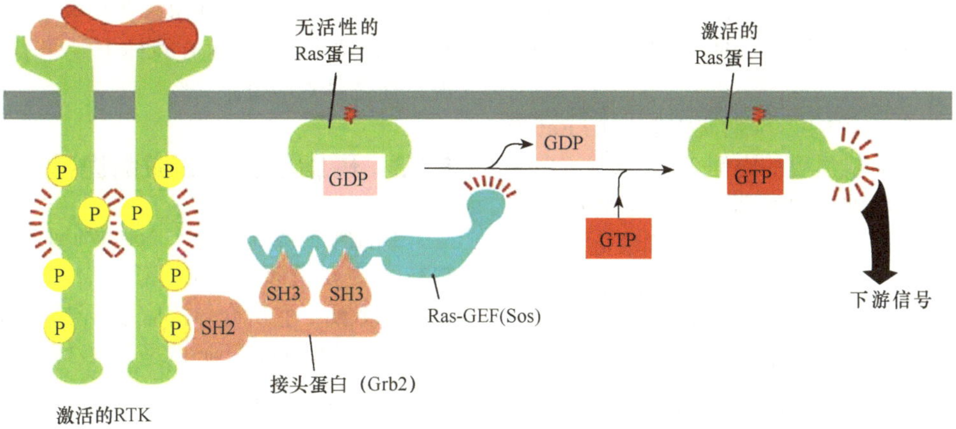

图 5-50 激活的 RTK 经由衔接蛋白将 Ras 激活（引自 Alberts et al.，2015）。Grb2 是一种衔接蛋白，通过 SH2 与激活的 RTK 磷酸化的酪氨酸位点结合，并通过 SH3 结构域与 Ras-GEF 结合，装配成激活 Ras · GDP 的复合物，促使 GDP 与 GTP 交换，从而将 Ras 激活。

5.3.2.5 Ras 激活 MAP 激酶级联反应

由激活的 RTK 进行的酪氨酸磷酸化及 Ras 的激活，所持续的时间较短，要想刺激细胞增殖与分化，就必须将信号转变成一种长效的启动基因表达的信号。其中有一种关键的机制叫做促分裂原激活的蛋白激酶组件（mitogen-activated protein kinase module），简称 MAP 激酶级联组件（MAP kinase module），或称 MAP 激酶级联反应（MAP kinase cascade）（图 5-51）。

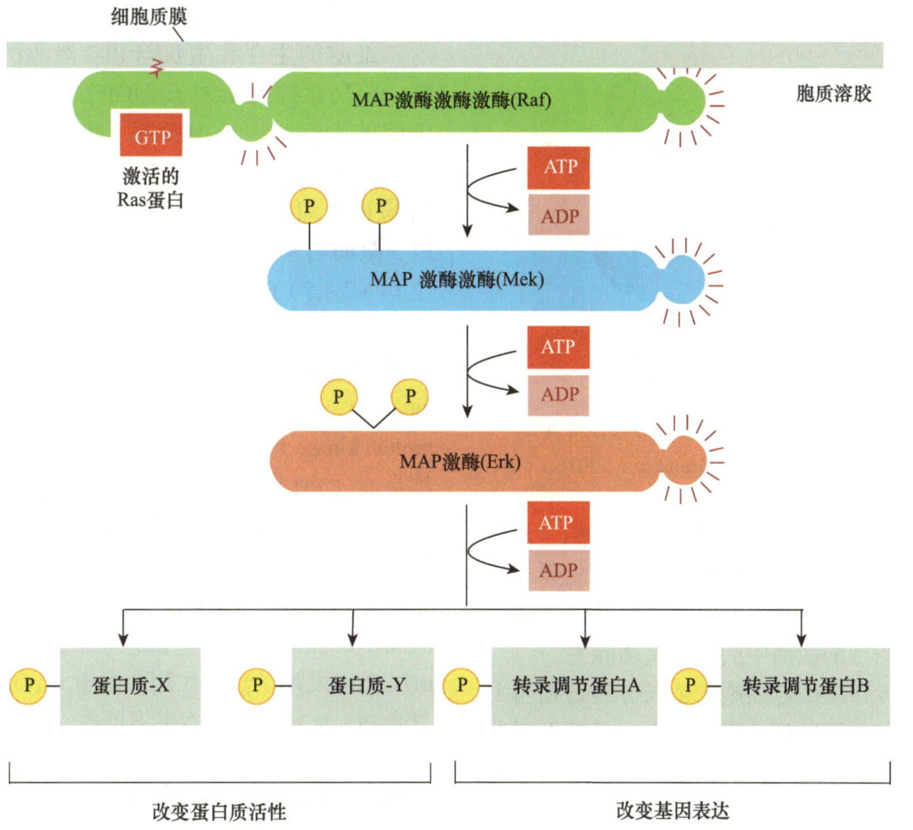

图 5 51 Ras 激活的 MAP 激酶级联反应（引自 Alberts et al.，2015）。组件中的第一个激酶是 Raf，Ras 将 Raf 招募到质膜，并将其激活；激活的 Raf 将 Mek 激活，再由 Mek 激活下游的 Erk，最后由激活的 Erk 磷酸化下游的蛋白质，启动相关基因的表达。

该级联系统由三个成员组成一个级联反应组件，它们在进化上是非常保守的，在很多不同的信号途径中起作用。

Ras 蛋白激活后能够与胞质溶胶中的 Raf 蛋白结合，使其结合到质膜的内侧表面。Raf 蛋白是一种丝氨酸 / 苏氨酸蛋白激酶，又称为 MAPKKK（MAP kinase kinase kinase）。Raf 能够磷酸化 Mek 蛋白激酶（Mek 又称为 MAPKK，MAP kinase kinase），Mek 则磷酸化 Erk（促分裂原活化蛋白激酶）。激活后的 Erk 进入细胞核内使一些转录因子磷酸化，如 Fos、Jun、Myc 等。磷酸化的转录因子与 DNA 结合的亲和力大大增加，增强了特异基因的转录。

实际上，组件中的三个成员 Raf/Mek/Erk 预先被组装在一个称之为 KSR 的信号转导支架蛋白上（图 5-52），这种预组装的信号转导复合物极大地提高了 Ras 途径的信号转导效率。

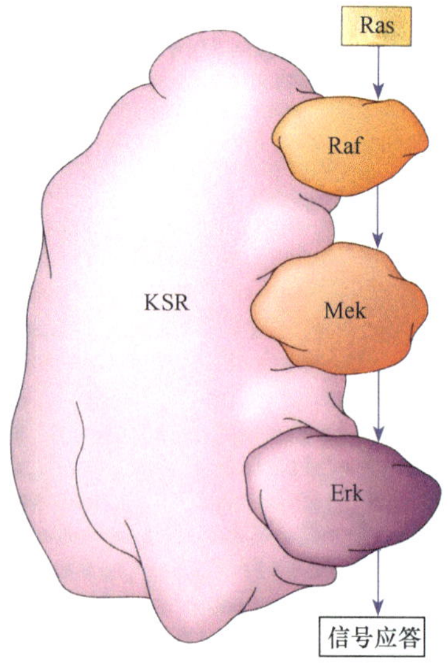

图 5-52　Erk MAP 激酶组件与支架蛋白结合形成级联反应复合物（引自 Cooper and Hausman，2016）。

Ras 蛋白处于活化状态的时间很短，大约 30min，其内在的 GTP 酶活性很快使其恢复到非活性状态。Ras 信号转导的解除主要是通过特异磷酸酶将被磷酸化激活的激酶中的磷酸基团除去。

Ras 信号转导途径与细胞的生长分裂有相当大的关系，并且与细胞的癌变密切相关。已经发现参与 Ras 信号转导的许多蛋白质或酶与癌的发生有关，有些参与癌基因的诱导表达。在 Ras 途径中，只要是与癌基因诱导表达有关的蛋白质的突变，都会导致癌变。如 Ras 蛋白发生了变异，其构型随之改变，致使 GAP 不能识别和激活 Ras 蛋白的 GTP 酶活性，因此癌细胞中 Ras 蛋白既可与 GTP 结合，也可与 GDP 结合，这在总体上改变了细胞生长状况，使之异常增殖。

5.3.3　磷脂酰肌醇 3 激酶途径

磷脂酰肌醇 3 激酶（phosphatidylinositol 3-kinase，PI3K）主要是磷酸化肌醇磷脂，而不是磷酸化蛋白质的激酶。它所介导的信号转导属于磷脂信号转导，但与 IP_3/DAG 不同的是，PI-3 激酶对于促进细胞的生存与生长至关重要。

5.3.3.1　PI-3 激酶在细胞质膜上产生脂锚定位点

磷脂酰肌醇（phosphatidylinositol，PI）是一种非常特别的膜脂，它的头部基团上有几个可逆磷酸化的位点，可产生几种不同的磷脂肌醇。当 PI-3 激酶被激活时，它能在肌醇环的三个位点对 PI 进行磷酸化，因而产生几种不同磷脂酰基的肌醇（图 5-53）。特别是 PI（3,4,5）P_3 的形成尤为重要，它可以为细胞内多种信号蛋白在质膜中提供锚定位点，装配信号蛋白复合物，极大地提高了信号转导的效率。

5.3.3.2　PI-3 激酶-Akt 途径

细胞的生存和生长与 PI-3 激酶的激活密切相关。胰岛素样生长因子（IGF）家族的成员在多种细胞的生存与生长中发挥了重要作用。胰岛素样生长因子信号与特异的 RTK 结合后将其激活，激活的 RTK 可进一步激活 PI-3 激酶；随后，激活的 PI-3 激酶将质膜中磷脂肌醇进行磷酸化修饰，产生 PI（3,4,5）P_3 锚定位点。PI（3,4,5）P_3 位点将两种具有 PH 结构域的蛋白激酶招募到细胞质膜，这两种蛋白激酶分别是 Akt［亦称蛋白激酶 B（protein kinase B，PKB］和 PDK1（phosphoinositide-dependent protein kinase 1，磷酸肌醇依赖的蛋白激酶 1），它们都是通过 PH 结构域锚定到质膜的 PI(3,4,5)P_3 位点，锚定后 PDK1 将 Akt 激活。Akt 一旦激活，可以磷酸化质膜中多种靶蛋白，以及细胞质与细胞核靶蛋白，促进了细胞的生存与生长（图 5-54）。在 PI-3 激酶-Akt 控制的细胞生长途径中，另一种大的激酶 mTOR 也发挥了部分作用。由于 mTOR 激酶有两种复合物，比较复杂，本书不再进一步讨论。

5.3.4　胰岛素信号途径

5.3.4.1　胰岛素受体

胰岛素受体（insulin receptor，INSR）是一个

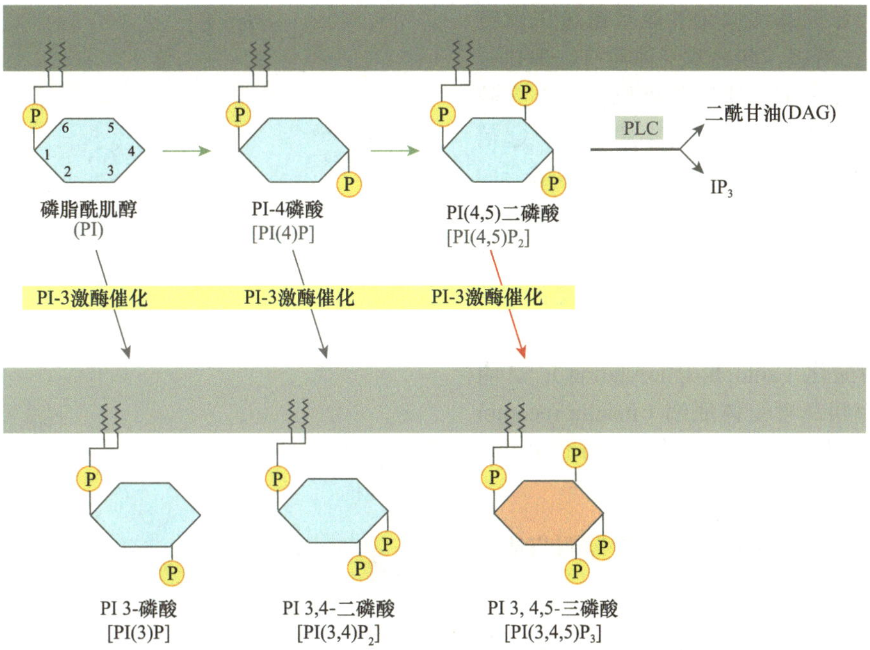

图 5-53 由 PI-3 激酶产生的磷脂酰肌醇锚定位点（引自 Alberts et al., 2015）。PI-3 激酶在肌醇环的 C3 磷酸化，可产生 PI（3）P；若在肌醇环的 C3-C4 磷酸化，可产生 PI（4,5）P_2；若在肌醇环的 C3-C5 磷酸化，可产生 PI（3,4,5）P_3，磷酸化的位点可作为信号蛋白在膜中的锚定位点。如果 PI（4,5）二磷酸未被磷酸化，则被磷脂酶 C（PLC）分解成两个第二信使（IP_3 与 DAG），进入 PKC 的信号转导途径。

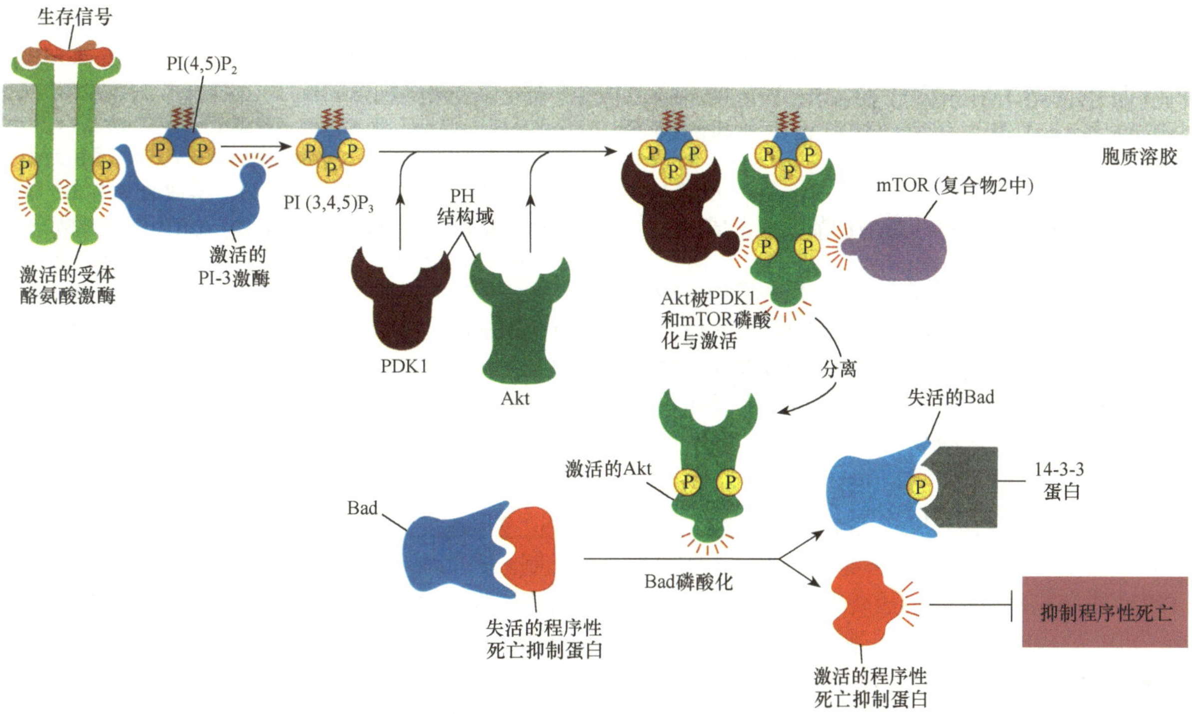

图 5-54 PI-3 激酶促进细胞生存的一种方式（引自 Alberts et al., 2015）。细胞外的一种生存信号激活了 RTK，激活的 RTK 招募并激活 PI-3 激酶。PI-3 激酶在质膜中产生 PI（3,4,5）P_3，并作为具有 PH 结构域的丝氨酸/苏氨酸型的两种蛋白激酶 Akt 与 PDK1 的锚定位点，将它们招募到质膜上。二者在质膜中相距很近，Akt 中的丝氨酸被复合物 2 中的 mTOR 激酶磷酸化；由于丝氨酸的磷酸化，导致 Akt 的构型发生变化。Akt 的构型变化后，PDK1 得以将 Akt 的苏氨酸磷酸化，从而将 Akt 激活。激活的 Akt 与质膜脱离，并磷酸化各种靶蛋白，包括 Bad 蛋白。Bad 被磷酸化后，释放出被抑制的程序性死亡抑制蛋白，从而促进细胞更好地“活下去”。

四聚体，由两个α亚基和两个β亚基通过二硫键连接成一个整体，所以，胰岛素受体没有二聚化过程。两个α亚基位于细胞质膜的外侧，其上有胰岛素的结合位点；两个β亚基是穿膜蛋白，起信号转导作用。无胰岛素结合时，受体的酪氨酸蛋白激酶没有活性。当胰岛素与受体的α亚基结合并改变了β亚基的构型后，酪氨酸蛋白激酶才被激活，激活后可催化两个反应：①使四聚体复合物的另一个β亚基中特异位点的酪氨酸残基磷酸化，这种过程称为自磷酸化（autophosphorylation）；②磷酸化的酪氨酸为胰岛素受体底物（insulin receptor substrate，IRS）提供锚定位点，并将其磷酸化，启动下游信号转导。

5.3.4.2 胰岛素通过MAP激酶级联途径调节基因表达

被胰岛素激活的受体C端酪氨酸自我磷酸化后，为IRS-1提供了锚定位点，使IRS-1与之结合。IRS-1与受体结合后，被激活的受体激酶将其若干个酪氨酸残基磷酸化。磷酸化的IRS-1即成为一个核心将相关的信号蛋白组成复合物。其中有一条通路是通过与衔接蛋白Grb2结合，经由Sos，与质膜中的Ras蛋白一起装配成信号复合物，被Sos结合的Ras蛋白发生构型变化，导致结合的GDP被GTP替换而激活。激活的Ras蛋白通过MAP激酶级联反应调控相关基因的表达（图5-55）。

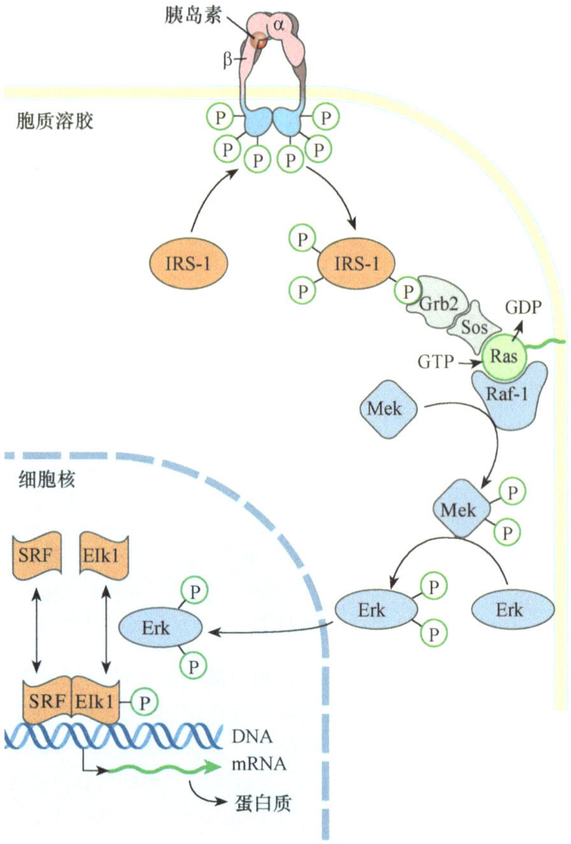

图5-55 胰岛素信号与基因表达调控（引自Nelson and Cox，2013）。胰岛素受体（INSR）在细胞外侧有两个α亚基、两个穿膜的β亚基。胰岛素与受体α亚基结合，触发受体发生构型变化，从而导致β亚基细胞质结构域的酪氨酸残基自我磷酸化。自我磷酸化的位点招募胰岛素底物1（IRS-1），并将IRS-1磷酸化。磷酸化的IRS-1可与衔接蛋白Grb2结合并将Ras激活，这样进一步启动MAP激酶级联反应。Raf-1被Ras激活后，将Mek两个位点的丝氨酸残基磷酸化；经磷酸化激活的Mek是双特异性激酶，将Erk中的丝氨酸与酪氨酸残基磷酸化；磷酸化激活的Erk进入细胞核，调节基因表达。

5.3.4.3 胰岛素通过PI-3激酶调节糖原合成

前面讨论了胰岛素样生长因子通过PI-3激酶途径（PI3-kinase pathway）调控细胞的生存与生长。实际上，被胰岛素激活的受体酪氨酸激酶磷酸化的IRS-1也可通过PI-3激酶途径参与细胞的葡萄糖吸收与糖原合成的调节。

磷脂酰肌醇3激酶（PI3K）具有SH2结构域，能够与磷酸化的IRS-1结合并被激活。激活的PI-3激酶能够将质膜中磷脂酰肌醇4,5-二磷酸（PIP_2）进一步磷酸化，生成磷脂酰肌醇3,4,5-三磷酸（PIP_3）。PIP_3的头部朝向细胞内侧面，由于头部高度带电性，从而为蛋白激酶B（PKB）提供了结合位点，PKB与PIP_3结合。与此同时，另一个与PIP_3结合的磷酸肌醇依赖的蛋白激酶1（PDK1）将PKB磷酸化并将其激活，激活的PKB启动了与糖原合成相关的信号转导通路（图5-56）。激活的PKB将糖原合成酶激酶3（glycogen synthase kinase 3，GSK3）的Ser或Thr残基磷酸化，从而将GSK3失活。由于GSK3的失活，从而防止了肝细胞与肌细胞中糖原合成酶（glycogen synthase，GS）的失活，这也是胰岛素诱导糖原合成的一种机制。在肌细胞与脂肪组织中，PKB促进网格蛋白膜泡内吞的葡萄糖转运蛋白回归细胞质膜，从而促进了细胞对葡萄糖的吸收。

5.3.5 其他酶联受体信号转导途径

以上讨论了受体酪氨酸激酶信号转导途径的特点及几个典型的例子。还有其他一些酶联受体虽然自身不具酪氨酸激酶活性，但能够借助于与之结合的酶进行自身磷酸化，如JAK-STAT途径；有些

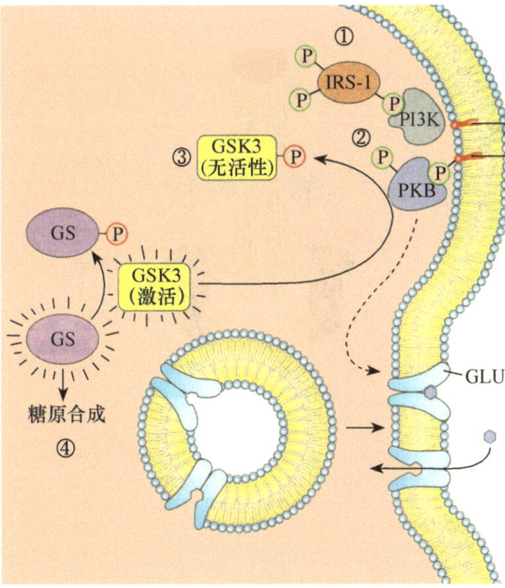

图 5-56 胰岛素促进糖原合成及促进 GLUT4 运输蛋白对葡萄糖的转运（引自 Nelson and Cox，2013）。①被胰岛素受体磷酸化的 IRS-1 与 PI-3 激酶（PI3K）结合，并将其激活；激活的 PI-3 激酶将 PIP_2 磷酸化生成 PIP_3；②被 PDK1（未显示）磷酸化的 PKB 与 PIP_3 结合，从而被激活；激活的 PKB 通过将 GSK3 的丝氨酸磷酸化而将其失活；③失活的 GSK3 不能通过将 GS 磷酸化而使其失活，GS 继续保持活性；④在 GS 的作用下，糖原合成加速；⑤ PKB 激发葡萄糖运输蛋白 GLUT4 从内部膜泡移向质膜，增强细胞对葡萄糖的吸收。

受体激活后具有其他的酶活性，如鸟苷酸环化酶受体；此外，还有丝氨酸 / 苏氨酸酶联受体。

5.3.5.1 细胞因子受体激活的 JAK-STAT 信号途径

细胞因子（cytokine）是细胞分泌的小分子蛋白质（如干扰素、白细胞介素等），能与特定细胞的表面受体结合，并引发细胞进行应答，包括细胞的分化或增殖。

细胞因子受体（cytokine receptor）是一个大家族，包括很多局部介质受体，以及某些激素（如生长素）受体，这些受体能够与称之为詹纳斯激酶（Janus kinase，JAK）的细胞质酪氨酸激酶稳定结合，它们能够磷酸化并激活叫做 STAT 的转录调节蛋白（signal transducer and activator of transcription，信号转导及转录激活蛋白）。STAT 定位于细胞质，磷酸化激活后进入细胞核行使调节基因转录的功能，所以又将 STAT 称为潜伏的转录调节蛋白。

细胞因子受体是二聚体或三聚体，并能与 4 个 JAK（JAK1、JAK2、JAK3 及 Tyk）中的 1 个或 2 个成员稳定地结合。细胞因子与受体结合后，改变了排列方式，拉近了两个 JAK 的距离，并相互磷酸化，进而提高了酪氨酸激酶结构域的活性。磷酸化激活的 JAK 将受体细胞质尾部酪氨酸磷酸化，从而为 STAT 的结合提供了磷酸化的位点。

哺乳动物细胞中至少有 6 种 STAT，每一种都含有一个 SH2 结构域，具有两个作用。第一，SH2 结构域介导 STAT 与磷酸化的细胞因子受体结合，一旦结合，JAK 立即将 STAT 的酪氨酸磷酸化，STAT 被磷酸化后即与受体脱离；第二，SH2 结构域介导两个磷酸化的 STAT 形成同质或异质二聚体。STAT 二聚化后，通过核定位信号转移到细胞核，在细胞核中与相关的转录因子组成复合物，启动基因的转录（图 5-57）。某些衔接蛋白（如 Grb）也能够与受体磷酸化的酪氨酸位点结合，启动相关途径的信号转导。

已经发现有 30 多种细胞因子或激素，它们与细胞因子受体结合后，通过 JAK-STAT 途径引起细胞的各种反应。表 5-12 列出部分 JAK-STAT 途径的细胞因子及所引起的细胞应答。

5.3.5.2 TGF-β 信号转导途径

转化生长因子-β（transforming growth factor-β，TGF-β）超家族是一类结构相关、分泌性的二聚体蛋白。人类大约有 33 种不同的 TGF-β 蛋白，它们有些是激素，有些作为局部介质，在细胞中具有广泛的作用，包括影响细胞的发育模式、细胞的增殖和分化，以及细胞外基质的生成、细胞死亡等。在成年人体中，它们参与组织修复、免疫调节等生命活动。

TGF-β 超家族有两个亚家族：TGF-β/ 活化素（activin）家族和较大的骨形态发生蛋白（bone morphogenetic protein，BMP）家族。

所有 TGF-β 家族成员都是通过丝氨酸 / 苏氨酸酶联受体起作用，此类受体是单次穿膜，并且在细胞质部分具有丝氨酸 / 苏氨酸激酶结构域。已经鉴定了三种类型的丝氨酸 / 苏氨酸激酶受体：Ⅰ型、Ⅱ型与Ⅲ型，它们是三种不同的多肽，分子质量分别是 55kDa、85kDa 和 280kDa。

Ⅲ型受体，也叫 β 聚糖（β-glycan），是一种细胞表面的蛋白聚糖，属于单次穿膜糖蛋白。在三类 β 受体中，Ⅲ型受体最为丰富，它的作用是与合成的 TGF-β 结合，富集后促进 TGF-β 与Ⅱ型受体结合。

Ⅰ型与Ⅱ型受体在细胞质膜上分别以同源二聚体存在。不同的 TGF-β 家族成员与特异的Ⅰ型和Ⅱ型二聚体结合，并诱导它们的激酶结构域相互靠近，Ⅱ型受体将Ⅰ型受体磷酸化并将其激活，最后

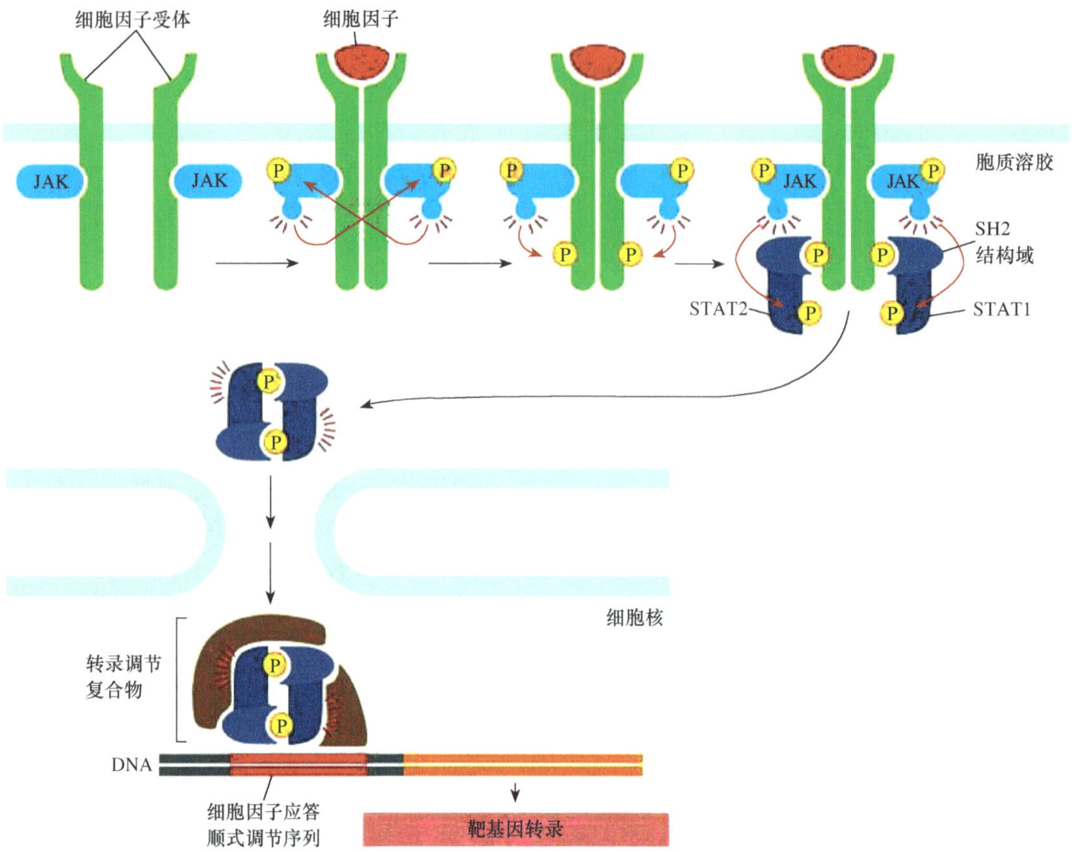

图 5-57 由细胞因子激活的 JAK-STAT 信号途径（引自 Alberts et al.，2015）。由于细胞因子的结合导致两个分离的受体多肽链二聚化，二聚化后可相互磷酸化，使它们完全激活。磷酸化为 STAT 的 SH2 结构域提供了结合位点。STAT 蛋白经 JAK 磷酸化后，与受体脱离，形成二聚体进入细胞核启动基因表达。

表 5-12 某些细胞外信号蛋白通过 JAK-STAT 信号途径引起的反应

信号蛋白	受体结合的 JAK	激活的 STAT	引起的反应
干扰素-γ（INF-γ）	JAK1，JAK2	STAT1	激活巨噬细胞
干扰素-α（INF-α）	Tyk2，JAK2	STAT1，STAT2	增强细胞对病毒感染的抗性
促红细胞生成素（EPO）	JAK2	STAT5	刺激红细胞生成
催乳素	JAK1，JAK2	STAT5	刺激乳汁产生
生长激素（GH）	JAK2	STAT1，STAT5	通过诱导 IGF1 的生成促进生长
粒细胞巨噬细胞集落生长因子（GMCSF）	JAK2	STAT5	刺激粒细胞及巨噬细胞生长

形成有活性的四聚体受体复合物。

研究者从突变的果蝇中鉴定到 TGF-β 受体信号途径的下游转录因子，后来从脊椎动物中也鉴定到与果蝇相关的转录因子，此类因子被命名为 Smad 因子，如同 STAT 因子，在没有活性时存在于细胞质中，激活后被转移到细胞核参与基因转录调控，所以，Smad 因子也是隐蔽性的转录因子。

在 TGF-β 信号转导途径中，有三种类型的 Smad 蛋白，分别行使不同的作用：①受体调节的 Smad（receptor-regulated Smad，R-Smad），包括 Smad2 和 Smad3；② co-Smad，如 Smad4；③抑制型 Smad（inhibitory Smad，I-Smad）。

Ⅰ型受体被磷酸化激活后立即与 R-Smad 结合并将其磷酸化，被磷酸化的 R-Smad 与受体脱离，并与 co-Smad（Smad4）结合，Smad4 能够与任何 R-Smad 结合成复合物。Smad 复合物进入细胞核启动相关基因的转录（图 5-58）。

完成了基因转录的 Smad 在细胞核内经过脱磷酸可重新回到细胞质，参与下一轮的信号转导。所以 Smad 能够在细胞质与细胞核之间来回穿梭，进

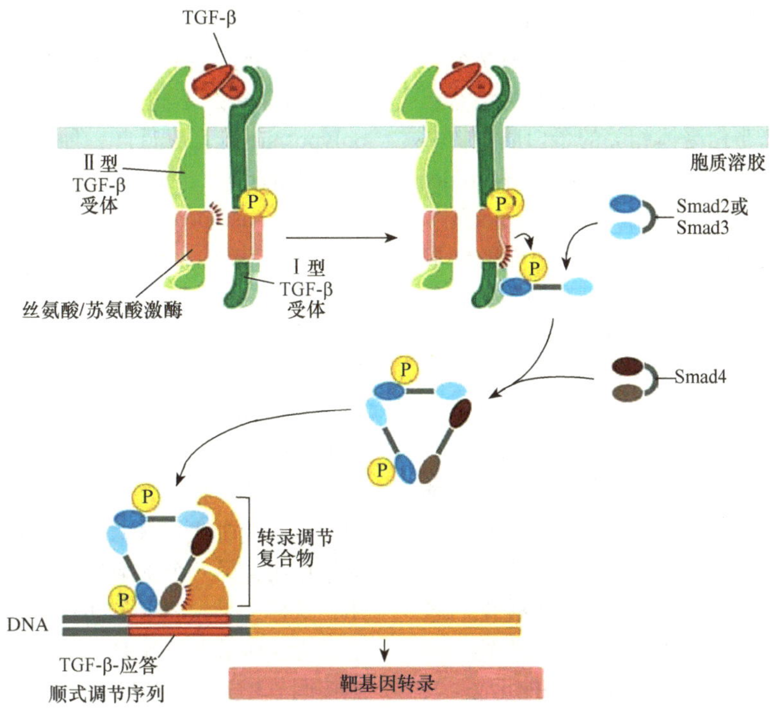

图 5-58 由 TGF-β 激活的 Smad 依赖性信号转导（引自 Alberts et al.，2015）。在 TGF-β 的作用下，Ⅰ型和Ⅱ型两个受体二聚体装配成一个四聚体。Ⅱ型的二聚体受体将Ⅰ型的二聚体受体的一个特异性位点磷酸化，从而为 Smad2 或 Smad3 的结合提供了位点。当结合的 Smad 被磷酸化后，暴露出可二聚化的面，从而有利于同 Smad4 装配成一个三体复合物进入细胞核调控基因转录。

行特定基因的转录调控。穿梭持续时间的长短取决于信号的强度。

虽然丝氨酸/苏氨酸受体激酶主要是通过 Smad 途径进行信号转导，但也可以刺激其他的激酶，如 MAP 激酶、PI-3 激酶信号途径。反过来，其他信号途径中信号蛋白也能够磷酸化 Smad 蛋白，影响 Smad 信号途径。

5.4 其他形式的信号途径

总体来说，细胞信号转导引起的细胞效应可分为短期效应与长期效应。短期效应主要是生化反应；长期效应是通过基因表达的调控，产生对发育、分化等方面的影响。我们按通常的习惯讨论了 G 蛋白偶联受体、酶联受体（主要是 RTK）、离子通道偶联受体的一些典型信号途径。由于细胞信号转导的复杂性，本部分讨论一些比较特殊的信号转导途径。

5.4.1 通过蛋白质降解或切割控制的信号途径

我们讨论过的信号途径都是可逆的，或者细胞外的信号一旦解除信号反应随之终止。但还有一些信号途径是不可逆的，即使可逆，速度也非常慢，因为必须通过泛素化的作用将信号蛋白降解或切割后才能结束，所以速度非常慢。Wnt、Hedgehog 和 NF-κB 等都是通过泛素化控制的信号途径。

5.4.1.1 Wnt/β-联蛋白信号途径

Wnt 蛋白是细胞分泌的信号分子。研究表明 Wnt 作为局部介质和形态发生素，在很多动物细胞中影响细胞的一些发育行为。人们分别在果蝇和小鼠中发现了 Wnt 蛋白：在果蝇中由 *Wingless*（*Wg*）基因编码，作为形态发生素，影响翅的发育；小鼠中由 *Int1* 基因编码，当有病毒基因与其整合时，能够促进乳腺癌的发生。Wnt 蛋白并非都是分泌蛋白，因其 N 端有一个共价结合的脂肪酸链，增加了 Wnt 蛋白与细胞质膜结合的机会，但限制了 Wnt 蛋白的作用范围。在人体内已发现 19 种 Wnt 蛋白，虽然它们具有不同的功能，但常常交叉重叠。

Wnt 蛋白至少有两条细胞内的信号通路。第一条是 Wnt/β-联蛋白（β-catenin）途径，该途径主要与隐蔽性转录调控因子 β-联蛋白相关；第二条是平面极性途径（planar polarity pathway）。这两条途径都涉及 Wnt 蛋白与 Frizzled 受体结合。

Wnt 蛋白通过两种细胞表面受体蛋白起作用：一种是 Frizzled（Fz）蛋白，这是一种含有 7 个穿膜 α 螺旋的受体蛋白，可直接与 Wnt 蛋白结合；另一种是与低密度脂蛋白受体相关的蛋白质（LDL-receptor-related protein，LRP），该蛋白质协助 Frizzled 蛋白起受体作用，是一种辅助受体（co-receptor）。

Wnt/β-联蛋白途径是通过调节多功能的 β-联蛋白的酶解起作用的。β-联蛋白是细胞黏附结构的组成部分，维持细胞的黏附。如果没有 Wnt 信号，细胞质中的 β-联蛋白则要被快速降解。β-联蛋白的降解要依靠一个大的降解复合物，复合物中除了结合的 β-联蛋白外，至少还有另外 4 个蛋白质。第一个是酪蛋白激酶 1（casein kinase 1，CK1），它能够将 β-联蛋白的丝氨酸磷酸化；第二个是糖原合成酶蛋白激酶 3（GSK3），它能将 β-联蛋白进一步磷酸化。β-联蛋白经过 CK1 和 GSK3 磷酸化后被泛素化，并在蛋白酶体中被快速降解。复合物中另两个蛋白质都是支架蛋白，支持复合物的组成。其中一个叫轴蛋白（axin），是主要的支架蛋白；另一个是 APC 蛋白。此处的 APC 与细胞周期后期的 APC 的含义是不同的，此处的 APC（adenomatous polyposis coli）是源自一种良性瘤（腺瘤）结肠突变基因的产物，而细胞周期 APC 则是促后期复合物（anaphase-promoting complex）。

当有 Wnt 信号时，Wnt 信号可通过与受体 Frizzled 及辅助受体 LRP 结合从而抑制降解 β-联蛋白复合物的组装：经 Wnt 信号激活的受体复合物能够招募 Dishevelled 蛋白与受体结合，并将受体激活，与此同时，招募 CK1、GSK3 两种蛋白激酶将 LRP 磷酸化并将其激活。接着，将支架蛋白——轴蛋白招募到激活的受体复合物上并与 Dishevelled 蛋白结合，使轴蛋白失去支架作用。由于轴蛋白失去支架作用，另一个支架蛋白 APC 也同时失去支架作用，这样，导致将 β-联蛋白磷酸化并降解的复合物也就无法组装。安全稳定的 β-联蛋白就可以进入细胞核调节相关基因的转录（图 5-59）。

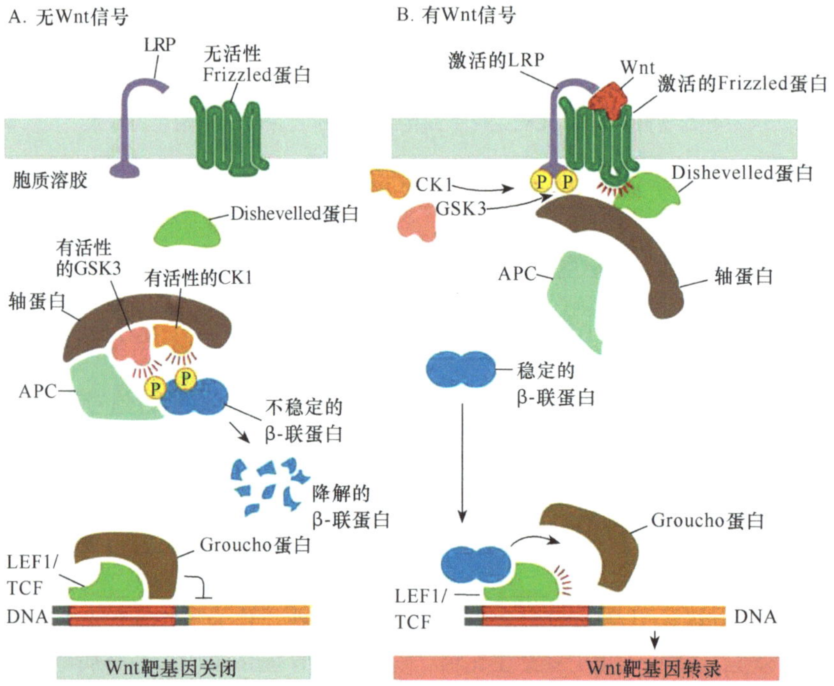

图 5-59 Wnt/β-联蛋白信号途径（引自 Alberts et al.，2015）。A. 无 Wnt 信号时，未与细胞结合的 β-联蛋白与轴蛋白、APC、有活性的 CK1、GSK3 形成一个复合物，导致 β-联蛋白被泛素化并在蛋白酶体中被降解，而 β-联蛋白应答基因仍被抑制物所抑制。LEF1：lymphoid enhancer factor1；TCF：T cell factor。B. 当 Wnt 信号与受体蛋白 Frizzled 及 LRP 结合后，将辅阻遏物结合在一起，抑制了 β-联蛋白的降解，β-联蛋白则可参与相关基因转录的调控。

5.4.1.2 依赖于 NF-κB 的信号途径

NF-κB（nuclear factor kappa-B，细胞核卡帕 B 因子）蛋白是大多数动物细胞中的隐蔽性转录调节蛋白，参与很多应激、炎症及先天免疫反应。NF-κB 蛋白在动物细胞发育中也有重要作用。例如，果蝇中的 NF-κB 蛋白成员 Dorsal 蛋白在果蝇胚胎发育过程中对于背腹轴的发育具有特别重要的作用。

在动物细胞中有很多细胞表面受体参与 NF-κB 的信号反应途径。果蝇中的 Toll 受体、脊椎动物中的Toll样（Toll-like）受体都能够识别病原菌并激活NF-κB信号途径进行免疫应答。脊椎动物中的细胞因子，如肿瘤坏死因子α（tumor necrosis factor α，TNFα）及白细胞介素-1（interleukin-1，IL-1）受体也都能激活NF-κB信号途径，这些细胞因子在诱导炎症应答中具有重要作用。Toll、Toll样、IL-1受体属于相同的蛋白家族，TNF则属于不同的家族，但是，它们对于NF-κB的反应方式基本相同。当它们被激活时，引起多个蛋白质的泛素化，并通过磷酸化级联反应，从抑制蛋白质复合物中将NF-κB蛋白释放出来。被释放的NF-κB蛋白转移到细胞核，在那里启动几百个参与炎症与免疫反应相关的基因转录。

哺乳动物细胞中有5种NF-κB蛋白（RelA、RelB、c-Rel、NF-κB1、NF-κB2），它们能够形成多种不同的同质或异质二聚体，每一种二聚体能够激发一套特异的基因转录。在没有被激活的细胞中，NF-κB蛋白二聚体与抑制型的κB，即IκB，紧紧地结合在一起，保持非活性状态。哺乳动物中有三种类型的IκB（IκBα、IκBβ、IκBε）。NF-κB信号途径则是激发IκB的磷酸化、泛素化，最终被降解后释放出NF-κB二聚体（图5-60）。

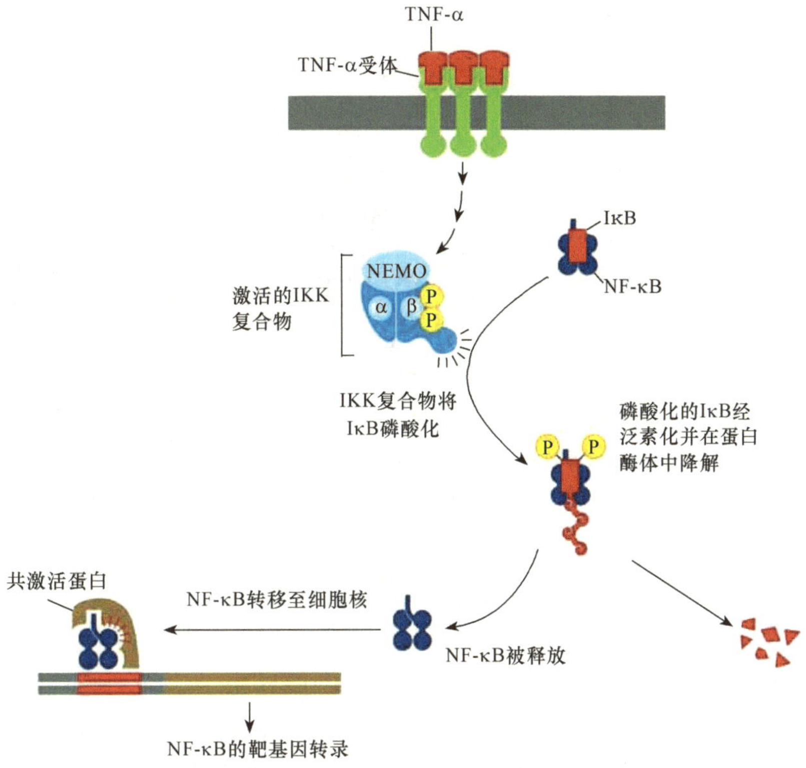

图5-60 TNF-α对NF-κB途径的激活（引自Alberts et al.，2015）。TNF-α及其受体都是三聚体。TNF-α的结合引起受体细胞质结构域的尾部发生重排，此时会招募多种信号蛋白，激活多种蛋白质磷酸化激酶及激活IκB激酶的激酶（IKK）。IKK是由两个激酶亚基（IKKα、IKKβ）和一个调节亚基（NEMO）组成的异源三聚体。然后，IKKβ将IκB的两个丝氨酸位点磷酸化，作为泛素化的标记，最后在蛋白酶体中被降解。释放的NF-κB进入细胞核，参与靶基因的转录调控。

5.4.1.3 Notch/Delta信号途径（非泛素化切割）

Notch/Delta信号途径是通过细胞-细胞相互接触进行的通讯。Notch蛋白是应答细胞的穿膜蛋白，Delta蛋白是信号细胞的穿膜蛋白。应答细胞与信号细胞是不同的细胞。Delta作为信号蛋白与相邻的应答细胞的Notch受体蛋白结合，将Notch蛋白激活。Notch蛋白被激活后经过两次切割事件，释放出细胞质结构域，该结构域作为转录因子在细胞核中调节基因的转录。

Notch蛋白是经内质网合成的单体膜蛋白，在高尔基体中经历了一次蛋白酶切割，产生一个细胞外亚基和一个穿膜的细胞质亚基，这两个亚基通过非共价方式结合在一起。当相邻细胞表面Delta信号蛋白与Notch蛋白结合时，使其发生了两次酶解切割。第一次切割是由ADAM10催化的，ADAM10

是一种基质金属蛋白酶，ADAM 是“a disintergrin metalloprotease”的缩写，意思是解联蛋白酶（解联蛋白能够与整联蛋白结合，破坏细胞与细胞外基质的相互作用）。第二次切割发生在 Notch 蛋白疏水的穿膜区，这次切割是由一种四蛋白穿膜复合物——γ分泌酶（γ-secretase）催化的。这次切割释放了 Notch 蛋白的细胞质片段，释放后随即被转移到细胞核，调节相关基因的转录（图 5-61）。

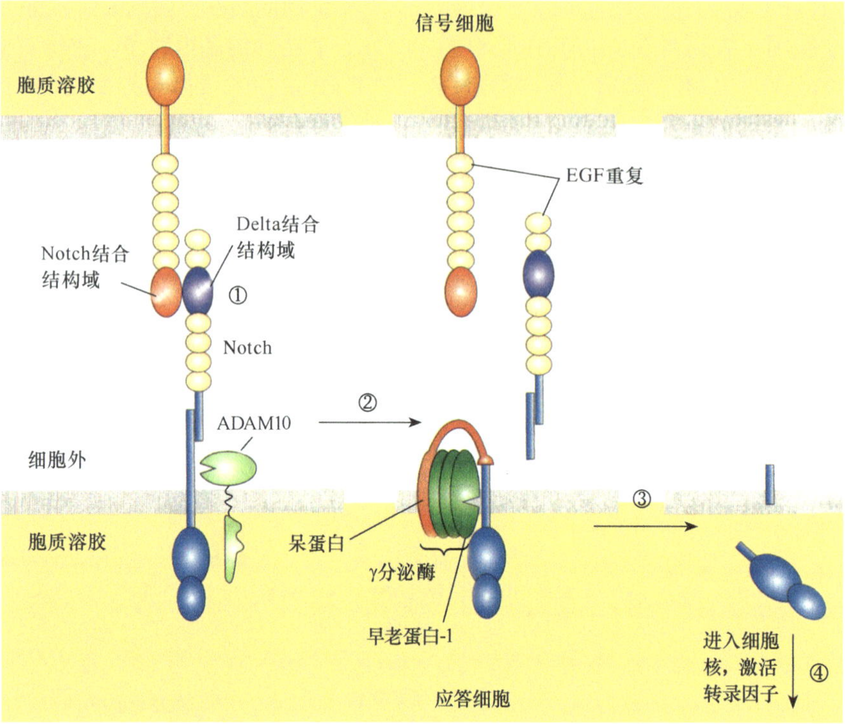

图 5-61 Notch/Delta 信号途径（引自 Lodish et al.，2013）。①在没有 Delta 信号蛋白时，应答细胞 Notch 蛋白细胞外片段与 Delta 细胞外结构域非共价结合在一起；②当信号细胞的 Delta 与 Notch 蛋白结合时，Notch 蛋白被基质金属蛋白酶 ADAM10 进行第一次切割，释放了部分细胞外 Notch 片段；③γ分泌酶的四蛋白复合物中的呆蛋白与 Notch 穿膜结构域的外端结合，γ分泌酶在 Notch 穿膜结构域进行第二次切割，释放 Notch 细胞质结构域；④释放的 Notch 细胞质结构域转入细胞核，进行基因转录调节。

γ分泌酶复合物含有一个主要的蛋白质，称为早老蛋白-1（presenilin，PS-1），之所以如此称呼，是因为编码该蛋白质的基因突变后，会引起早发家族性阿尔茨海默病。复合物中还有另外三个蛋白质——aph-1、pen-2 及呆蛋白（nicastrin）。

Notch 和 Delta 都是糖蛋白，它们间的相互作用都是受 Delta 糖基化调节的。实际上，Delta 蛋白的糖基化是由 Fringe 家族的糖基转移酶催化的，进行 *O*-连接糖基化。Delta 糖基化后改变了与配体结合的特异性。这也是首例通过不同受体的糖基化调节配体与受体的信号转导。

5.4.2 植物的细胞通讯

如同动物一样，植物也要进行通讯。我们对植物细胞通讯的了解更多的是植物对外界环境的通讯，如对光、黑暗、温度等的反应，以及植物生长的协同反应，如根、茎、叶、开花、结果等的反应。由于组织与基因组的巨大差别，植物与动物相比，在通讯方式上有很大的不同，但也有相似的地方。例如，植物也使用 NO、cGMP、Ca^{2+} 及 Rho 家族 GTPase 作为信号分子；但是，根据拟南芥的测序资料看，没有 Ras、JAK、STAT、TGF-β、Wnt 等核受体的同源家族。此外，植物似乎也不用 cAMP 作为细胞内的信号分子。总体上看，植物与动物对于信号通讯所采取的策略还是相似的，如都有细胞表面偶联受体。

植物中大多数细胞表面受体是酶联受体。我们知道，动物细胞中最大的一类细胞表面受体是受体酪氨酸激酶（RTK），但是 RTK 在植物细胞中却很少见，取而代之的是丝氨酸/苏氨酸激酶受体。此类受体的细胞质部分有丝氨酸/苏氨酸激酶结构域，细胞外有配体结合结构域。植物中最大的一类丝氨酸/苏氨酸激酶受体是富含亮氨酸重复（leucine-rich repeat，LRR）的受体激酶。拟南芥基因组编码300多种丝氨酸/苏氨酸激酶受体，是植物中最大的受体家族，参与对病原菌的防御反应。

5.4.2.1 乙烯信号途径

很多植物生长调节子（plant growth regulator），又称植物激素（plant hormone），协调植物发育。这些激素包括乙烯（ethylene）、生长素（auxin）、细胞激动素（cytokinin）、赤霉素（gibberellin）、脱落酸（abscisic acid），以及菜籽类固醇（brassinosteroid）等。它们都是植物自己制造的小分子，能够穿过细胞壁进行扩散，可在局部起调节作用，也可转运到较远的部位起作用。每种激素都具有多种效应，效果则因环境条件、植物的生长状态、靶细胞的反应，以及其他生长调节子的作用而不同。

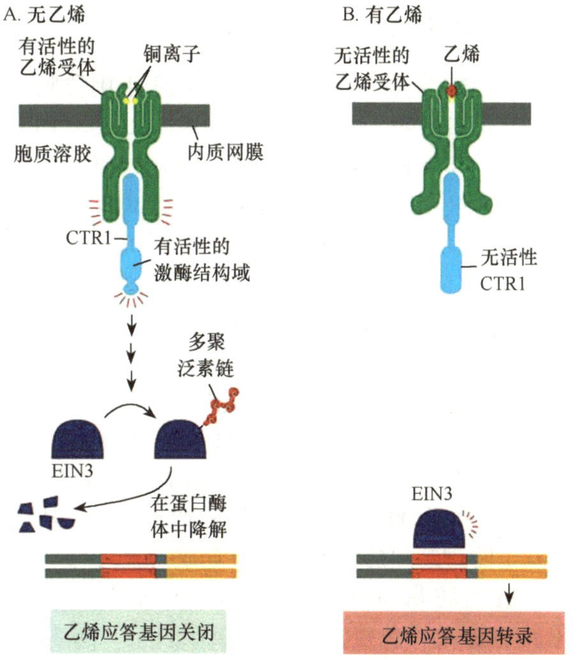

图5-62 乙烯信号途径（引自Alberts et al.，2015）。A. 无乙烯时，受体与CTR1都具有活性，可引起EIN3泛素化并被降解。EIN3是细胞核中的一种转录调节蛋白，负责乙烯反应基因的应答转录。B. 乙烯与受体结合后导致受体失活，并破坏CTR1的活性。EIN3的基因没有被失活，可激活乙烯应答基因的转录。

乙烯是重要的植物激素，它是小的气体分子，能够以多种方式影响植物的繁育：促进果实的成熟、叶片脱落，以及植物衰老。乙烯也能参与植物的应激反应，如损伤、感染及水涝等。

植物有多种乙烯受体，这些受体位于内质网膜，并且都有结构相关性。乙烯受体是二聚体的多次穿膜蛋白，它具有一个含铜的乙烯结合结构域，以及一个与CTR1蛋白作用的结构域。CTR1蛋白与动物细胞中Raf蛋白激酶（MAPKKK）作用相似，具有相似的激酶级联反应（图5-62）。令人不解的是，乙烯受体原本就有活性，而不是与信号分子结合后才被激活。

5.4.2.2 生长素信号途径

生长素（auxin），如吲哚-3-乙酸（indole-3-acetic acid），是一种植物激素，在细胞核中与受体结合，帮助植物向光生长。如同乙烯，生长素通过激发阻遏生长素应答基因表达的转录调节子的泛素化及降解，启动相关基因的表达（图5-63）。在没有生长素时，转录阻遏蛋白（Aux/IAA）与生长素应答因子（auxin response factor，ARF）结合，并抑制了基因转录。进入细胞核中的生长素与受体蛋白结合并将受体激活，激活的受体与转录抑制蛋白结合，然后招募泛素蛋白将阻遏蛋白泛素化并将其降解，摆脱了抑制的生长素应答因子启动相关基因的转录。

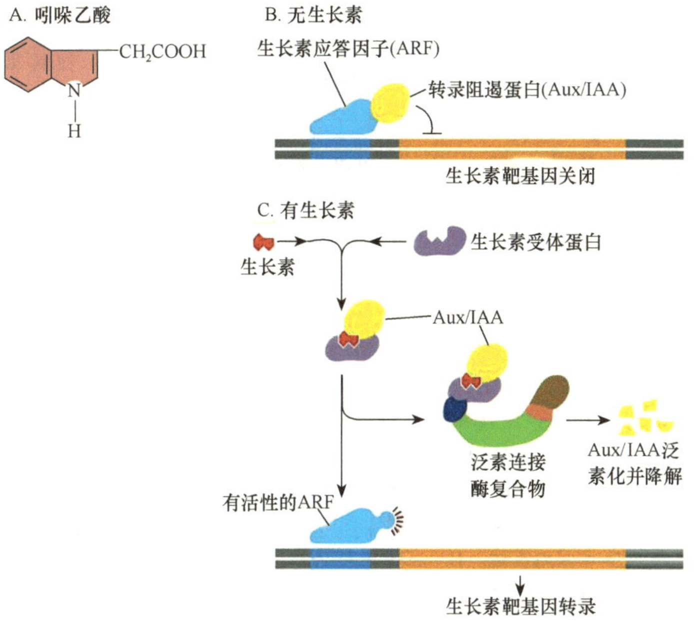

图5-63 生长素信号途径（引自Alberts et al.，2015）。A. 吲哚乙酸的结构；B. 与Aux/IAA结合的ARF不能启动基因转录；C. 在生长素信号诱导下，阻遏物经泛素化后被降解，激活的ARF启动相关基因转录。

5.4.2.3 受体样蛋白激酶信号转导

在植物信号转导中还有一个位于细胞质膜的受体样蛋白激酶（receptor like kinase，RLK）。RLK受体有一个α螺旋穿膜结构域，细胞外有受体结合结构域，细胞质部分有丝氨酸/苏氨酸激酶结构域。该受体参与植物对病原菌感染的防御，作用于该受体的信号是一种肽（flg22），它是鞭毛蛋白（flagellin）断裂释放的肽，鞭毛蛋白是细菌的主要蛋白。flg22与拟南芥的FLS2受体结合，诱导受体二聚化，并在受体丝氨酸和苏氨酸残基自我磷酸化，接着启动类似于动物细胞中胰岛素诱导的MAPK激酶的级联反应。级联反应的最后一个激酶激活一个特异的转录因子，从而激发了防御细菌感染的蛋白质合成。

植物防御细菌感染的MAPK级联反应与哺乳动物天然免疫的MAPK级联反应十分相似（图5-64）。在动物天然免疫反应中，由细菌的脂多糖（lipopolysaccharide，LPS）作为信号作用于Toll样受体（Toll-like receptor，TLR），启动相应的信号转导。

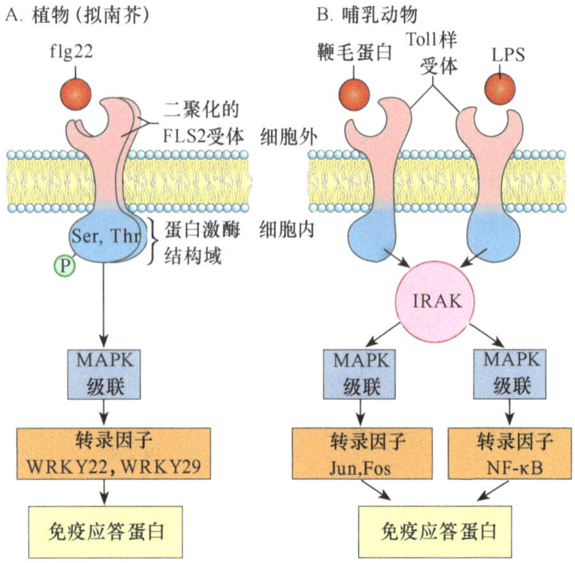

图5-64 植物与动物中免疫应答信号通路比较（引自Nelson and Cox，2013）。A. 植物中，来自病原菌细菌的鞭毛蛋白flg22与植物细胞质膜中的FLS2受体结合，引起受体二聚化，激活细胞质的结构域，进而将丝氨酸（Ser）和苏氨酸（Thr）残基磷酸化。磷酸化激活的受体进一步激活一个MAPK级联反应系统，最后将转录抑制蛋白WRKY22、WRKY29经泛素化而降解，启动了相关免疫应答基因的表达。B. 在哺乳动物中，有害细菌释放的LPS与被感染的细胞质膜受体结合，然后激活一种细胞质蛋白激酶（IRAK），另外，病原菌释放的鞭毛蛋白与一个类似的受体结合，同样能够激活IRAK，激活的IRAK启动两个不同的MAPK级联系统将信号传递到细胞核，激活与免疫应答相关的基因转录。

5.5 信号转导的复杂性与信号的终止

高等动植物细胞具有各种信号转导机制将细胞外的信号传递到细胞内，通过不同的转导途径作出不同的应答。实际上，细胞从环境中得到的不是单一的信号，细胞最后作出的应答也是综合性的。所以，信号转导是极其复杂的。

另外，细胞对信号的应答也应“速战速决”，特别是生化反应的信号必须快速解除，否则不仅会造成资源浪费，也会影响周期的轮转，所以细胞必须有一套科学精密的解除信号的机制。

5.5.1 受体与配体相互作用的复杂性

细胞通过化学信息进行通讯的能力取决于信号分子的合成与分泌，以及受体与配体的相互识别及结合，配体与受体的结合又同配体与受体的结构和化学性质相关联。

5.5.1.1 受体与配体相互作用的一般特性

多细胞生物体中的细胞，其周围环境中常常有多达几百种化学信号分子，细胞如何去识别？是否一种信号分子只能作用于一种类型的细胞？受体与配体如何结合？这些都是由受体自身的特性决定的。

（1）特异性（specificity）。受体与配体的结合是高度特异性的反应，就如同酶与底物的特异性识别。所以，受体与配体的结合是选择性的，不受其他信号分子的干扰。不过，这种特异性不是绝对的，如胰岛素受体除结合胰岛素外，还可与胰岛素样生长因子结合；糖皮质（激）素受体除与糖皮质（激）素结合以外，还可与其他甾类激素结合，这种受体与配体交叉结合的现象称为受体交叉（receptor crossover）。

（2）高亲和力（high affinity）。受体与配体结合的能力称为亲和力，通过配体与受体结合反应的动力学分析可获得亲和力的信息。受体与其配体的亲和力越强，受体越容易被占据。

（3）饱和性（saturation）。由于细胞含有有限数量的受体分子，提高配体分子的浓度，可使细胞的受体全部被配体所占据，此时的受体处于饱和状态，即使增加配体的浓度也不会增加配体与受体的结合。由于一个细胞或一定组织内受体的数目是有限的，因此受体与配体的结合具有饱和性。

（4）可逆性（reversibility）。由于配体与受体的结合是通过非共价键，所以是快速可逆的，当引发出生物效应后，受体-配体复合物解离，受体可以恢复到原来的状态并再次使用。受体与配体结合的可逆性有利于信号的快速解除，避免受体一直处于激活状态。

（5）生理效应（physiological response）。信号分子与受体的结合会引起适当的生理反应，反应的强弱与结合配体的受体数量呈正相关。例如，在胰岛素与受体结合时，会激发葡萄糖向靶细胞的运输，并且，葡萄糖运输的数量随受体结合胰岛素的数量增加而增加。

5.5.1.2 信号分子与受体相互作用的复杂性

在多细胞的生物体中，一个细胞的周围通常有上百种不同的信号分子，这些信号分子中有些游离存在于细胞外液中，有些则是附着在细胞外基质，还有一些是结合在相邻细胞的表面；细胞必须对这些信号分子进行选择，并根据自身的需要作出相应的反应。

细胞与信号分子的反应首先取决于细胞是否具有某种信号分子的受体，如果没有受体，细胞对信号就会视而不见，因此不会有什么反应。尽管细胞通过产生有限的受体来限制自己对众多的细胞信号分子作出反应，但是信号分子仍能以相当复杂的方式来控制细胞的行为。

这种复杂性表现在以下三个方面。

第一，虽然一种信号分子只能与一种受体作用，但是却能作用于不同的靶细胞产生多种效应，如形态变化、运动性改变、代谢改变及基因表达的变化。相同的信号分子能以不同的方式引起不同细胞的反应，如当心肌细胞暴露于神经递质乙酰胆碱中时，它降低了收缩的频率；但是当唾液腺暴露于相同的信号分子中时，却能分泌唾液（图 5-65）。

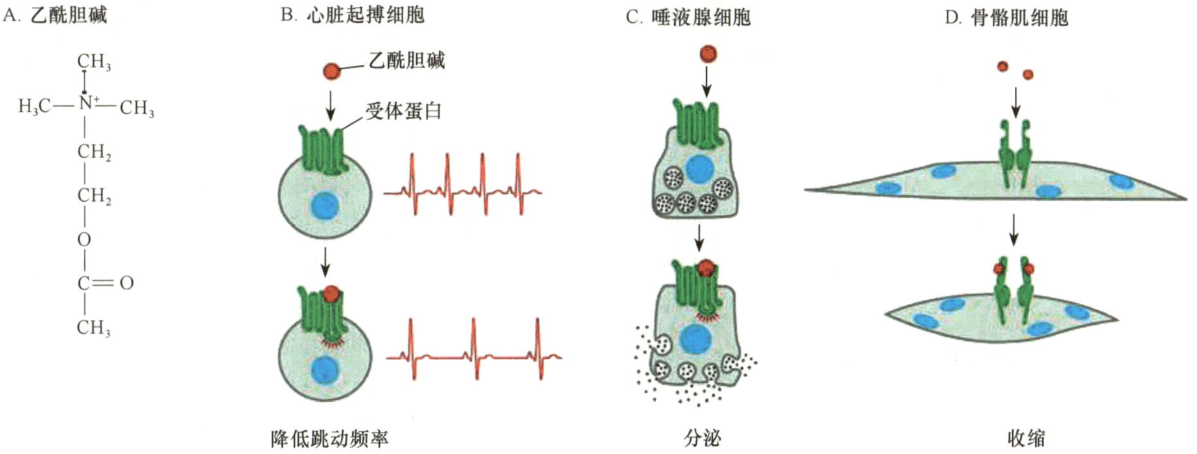

图 5-65 相同的信号分子（乙酰胆碱）在不同的靶细胞中引起不同的应答（引自 Alberts et al., 2015）。A. 乙酰胆碱的分子结构。在 B 和 C 中，乙酰胆碱与相同的受体蛋白（G-蛋白偶联受体）结合，但由于细胞的功能不同，引起不同的反应；在 D 中，乙酰胆碱作用于不同的受体，同样引起不同的反应。

第二，一个细胞表面有几十甚至上千种不同的受体同时与细胞外基质中的不同信号分子起作用，这些信号分子共同作用的影响比任何单个信号所起的作用都强得多。所以，细胞必须对多种信号进行协调综合。由于不同信号分子间的不同组合，会使细胞产生不同的综合性反应：有些信号组合起来可促使细胞分裂，有些则促使细胞死亡。

第三，细胞信号的传递并非都是“长驱直入”式的，也并非是单一目标式。信号被细胞接收后需要加工与转换，才能作用于最终的效应物，因此，受体与配体的相互作用具有多种形式，包括信号重叠（overlapping）、趋同（convergent）、趋异（divergent）及串流（cross-talk）。

5.5.2 信号转导的重叠、趋同、趋异与串流

细胞的信号转导大多是由细胞表面受体介导的，但受体介导的细胞内各种信号途径并非都是单一地通向某一方向，而是相互转化的。信号在细胞内的转导过程是复杂的，因为不同的信号通路往往有交汇点，这势必给信号传递带来影响，有可能汇聚起来共同作用于某一效应物。例如，Ras 蛋白既能被来自胰岛素与胰岛素受体结合后传递的信号所激活，又能被 EGF 受体结合 EGF 后的信息所激

活。有些细胞外的信号分子与受体结合后，不仅仅引起一种应答，而且有可能激活许多不同的效应物，引起细胞的不同反应。例如，胰岛素与受体结合后，可激活3种不同的胰岛素受体底物及不同的信号转导途径。另外，不同途径的信号有可能汇聚后相互协作，共同作用于同一效应物。

5.5.2.1 RTK与GPCR信号的重叠

GPCR与RTK是两大类不同的膜受体，介导不同的信号转导。一般而言，GPCR介导的信号转导与细胞代谢相关，而RTK介导的信号转导常常涉及细胞的基因表达。但是，它们在细胞内的信号途径常常会发生重叠（图5-66），其中既包含信号的趋同，又有信号的趋异。

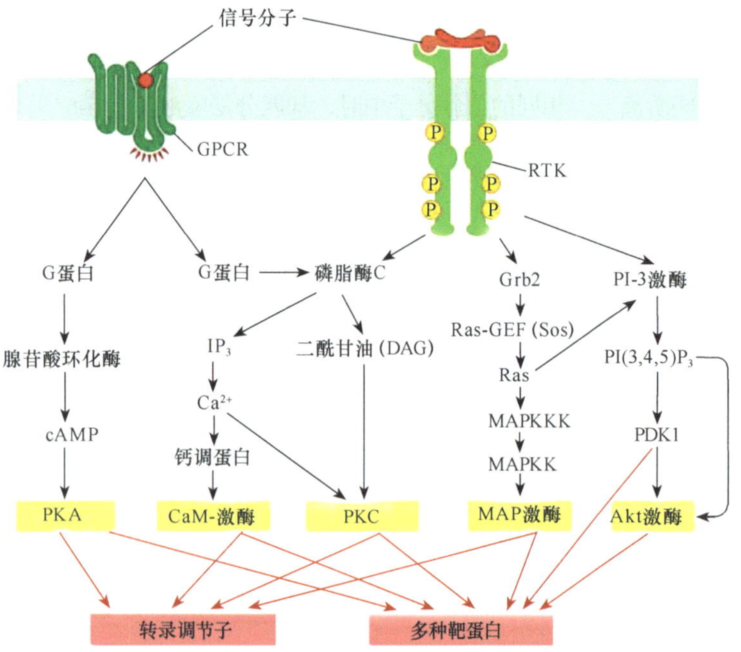

图5-66 GPCR与RTK两种受体偶联系统信号转导的信号重叠（引自Alberts et al.，2015）。图中显示在GPCR与RTK两种受体偶联系统信号转导中，通过5种激酶达成两个终极目标：转录调节及蛋白质活性调节，这是典型的信号趋同。磷脂酶C既能被GPCR受体的信号激活，又能被RTK受体的信号激活，显示的是两种受体信号间的串流。GPCR受体信号可启动2条通路，RTK则启动3条通路，显示信号的趋异。

5.5.2.2 胰岛素/RTK信号途径的趋异

信号趋异（divergence）最典型的是受体酪氨酸激酶的信号转导，如胰岛素生长因子受体被胰岛素激活后可启动多条不同途径的信号转导，包括促进细胞生长、糖原合成、抑制细胞程序性死亡等。

被胰岛素激活的受体细胞质结构域自我磷酸化后，为IRS-1提供了锚定位点，IRS-1与受体结合后若干个酪氨酸残基被磷酸化。磷酸化的IRS-1与衔接蛋白Grb2结合并经Sos，与质膜中的Ras蛋白结合形成信号复合物，将Ras激活，激活的Ras蛋白通过MAP激酶级联反应调控相关基因的表达（见图5-55）。

另一个与胰岛素信号相关的重要途径是PI-3激酶途径。在该通路中，PI-3激酶通过SH2结构域与磷酸化的IRS-1结合并被激活。激活的PI-3激酶能够将质膜中PIP_2进一步磷酸化，生成PIP_3，然后激活蛋白激酶B（protein kinase B，PKB），激活的PKB启动了与糖原合成相关的信号转导通路（见图5-56）。

5.5.2.3 信号转导途径的趋同

相比较而言，细胞外信号分子的种类与数量远比细胞的表面受体多。另外，从细胞对信号应答方面来说，要么是快反应，要么是慢反应，所以受体介导的不同信号途径往往会殊途同归，汇集到一起，产生综合性应答。例如，胰岛素和表皮生长因子分别作用于不同的受体系统，但是受体的细胞内结构域磷酸化后的位点都可作为SH2的锚定位点，换句话说，凡具有SH2结构域的蛋白质既能与胰岛素受体的磷酸化部位结合，也能与PDGF受体的磷酸化部位结合，实际上，通过SH2将这两种不同受体所接收的信号整合到一起。

我们所讨论过的与信号转导有关的细胞表面受体有4种类型，即离子通道偶联受体、G蛋白偶联受体、酶联受体和整联蛋白受体。在这些受体中，有3种类型的受体的信号转导涉及Grb2-Sos复合物（图5-67）。虽然这三种类型受体结合的细胞外配体不同，但是它们都能够形成磷酸化的酪氨酸位点，锚定具有SH2结构域的衔接蛋白Grb2，然后通过Sos激活Ras，激活的Ras通过激活MAP激酶的级联系统进行信号转导。其结果是将不同受体结合的信号汇聚起来，引起靶细胞中一套相同的、促进细胞分裂的基因表达。

5.5.2.4 信号串流

常说“牙齿也会和舌头打架”，在所讨论过的

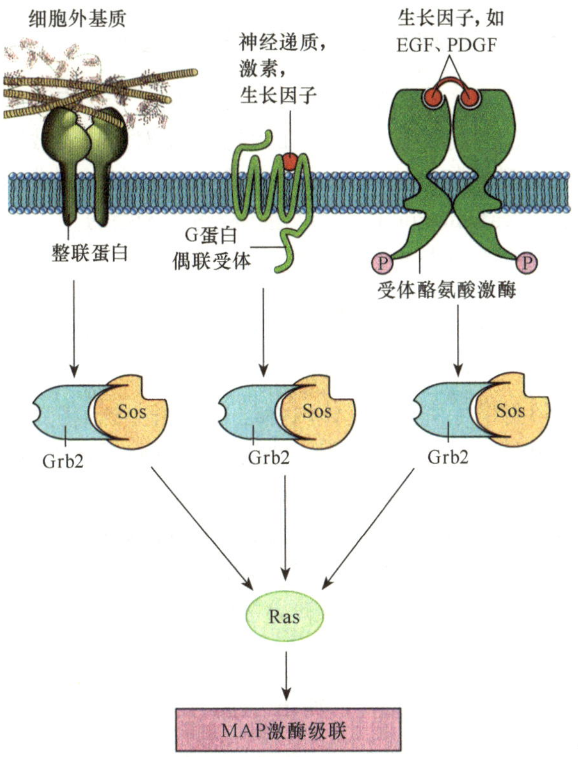

图 5-67 信号的趋同（引自 Karp，2010）。图中所示是将来自 G 蛋白偶联受体、整联蛋白、受体酪氨酸激酶的信号通过 Grb2-Sos 汇聚到 Ras，然后沿着 MAP 激酶级联系统进行传递。

酸残基被 INSR 磷酸化后可为具有 SH2 结构域的衔接蛋白提供锚定位点，启动 MAP 激酶的级联反应（图 5-68）。

在某些情况下，GPCR 产生的细胞内信号也能对酶联受体产生的信号进行控制。如经肾上腺素产生的细胞内第二信使 cAMP 激活的 PKA，不仅能够启动细胞核 CRE 基因的转录，而且能对 Ras 通路中的 Raf 激酶进行抑制（图 5-69）。

5.5.3 信号的适应、解除与终止

对于细胞来说，对环境变化的有效应答不仅仅是激活一个信号途径，也包括一旦应答到位，立即终止信号作用或是下调应答。如果信号转导途径维持较长时间的“开放”状态，或是应答水平维持“较高”状态，细胞就会变得“过度亢奋”。癌细胞就是不正常的信号应答所致。在癌细胞中，突变的蛋白质不断刺激细胞增殖，或者阻止细胞进行程序性死亡，甚至有正常信号作用时也“置若罔闻”。因此，细胞及时终止或下调信号应答是细胞信号转导的另一重要方面。

信号转导中，虽然每种体系都有自己相对独立的系统，似乎互不影响，实际上细胞内的各种信息往往要交织在一起形成一个信息网共同起作用。在此过程中，若发生矛盾，就要视细胞的需要，由一方控制另一方，这就是信号串流（cross-talk）。如我们已经分别讨论了胰岛素受体信号途径和肾上腺素能受体信号途径，实际上，这两种信号途径不是独立的，在大多数组织中，胰岛素与肾上腺素对细胞代谢作用是相对立的，胰岛素的信号途径是通过削弱 β-肾上腺素信号途径而发挥作用。例如，INSR 激酶直接将 $β_2$-肾上腺素能受体细胞质尾部结构域的两个 Tyr 残基磷酸化，同时，被 INSR 激活的蛋白激酶 B 将相同结构域中两个 Ser 残基磷酸化，这四个氨基酸残基磷酸化后，触发了网格蛋白将磷酸化的 $β_2$-肾上腺素能受体内化，从而降低了细胞对肾上腺素的敏感性。另外，肾上腺素能受体的酪氨

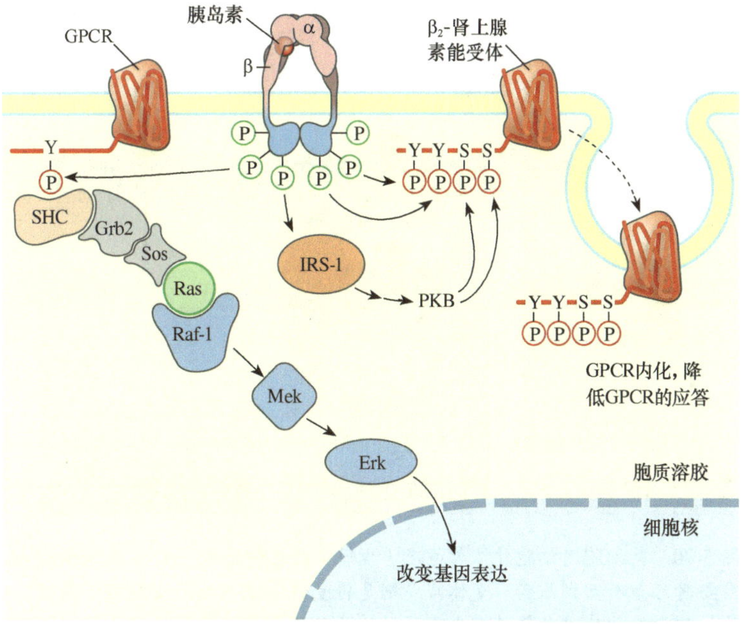

图 5-68 胰岛素受体与 $β_2$-肾上腺素能受体（或其他 GPCR）间的串流（引自 Nelson and Cox，2013）。当胰岛素受体被结合的胰岛素激活时，它的酪氨酸激酶直接将 $β_2$-肾上腺素能受体（右侧）羧基端的两个酪氨酸（Tyr^{350} 和 Tyr^{364}）磷酸化，并通过 PKB 间接将相邻的两个丝氨酸磷酸化；磷酸化的结果是引起肾上腺素能受体内化从而降低了对肾上腺素能的应答。同时，通过对 GPCR 受体羧基端酪氨酸的磷酸化，激活了 MAP 激酶的级联反应。

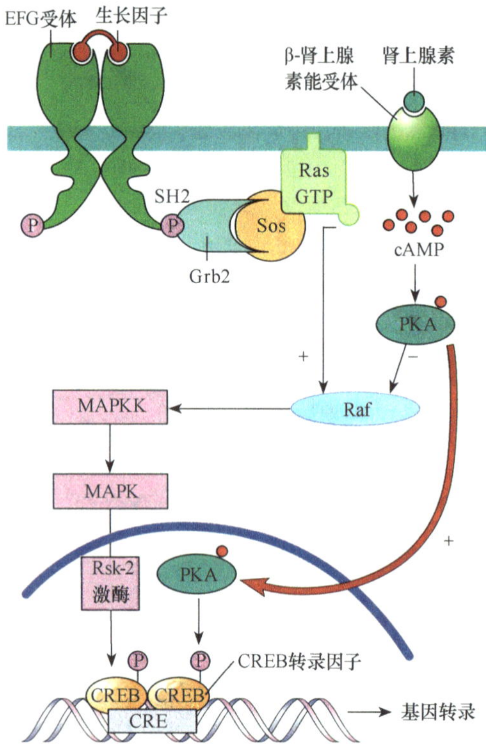

图 5-69 两个主要信号转导途径间的串流（引自 Karp，2010）。在某些细胞中，G蛋白偶联系统的受体在肾上腺素等细胞外信使的作用下，产生第二信使 cAMP，cAMP 激活 PKA，然后通过 PKA 抑制 Raf，从而阻断了从 Ras 到 Raf 的信号转导。

5.5.3.1 靶细胞对细胞外信号分子的适应

面对多种类型的细胞外刺激型的信号，细胞能够通过对刺激强度及应答的程度调整对信号的敏感性。靶细胞是通过称之为适应（adaptation）或脱敏（desensitization）的可逆过程进行调整的。

细胞有多种适应信号刺激的方式，但基本上都是使受体本身失活（图 5-70）。例如，信号分子与受体的结合可以诱导受体发生内吞，或是将受体暂时性隔离到内体中，需要时再回到细胞质膜。有时，也可将信号诱导的受体内吞与溶酶体融合，将受体水解掉，从而减少受体的数量。若是将受体水解，则称之为受体减量调节（receptor down-regulation）。有时受体可直接在细胞表面被失活，如将受体细胞质结构域磷酸化，使其不能激活偶联的 G 蛋白，或是改变其细胞内信号转导蛋白的结构，或是通过抑制蛋白对受体的抑制等。

5.5.3.2 cAMP 信号的终止

细胞内 cAMP 浓度的升高对细胞的代谢乃至基因表达都有重要影响，因此对 cAMP 的浓度必须进行严格地控制，以免细胞一直处于过敏状态。细胞有多种方式终止或下调 cAMP 的信号转导途径。

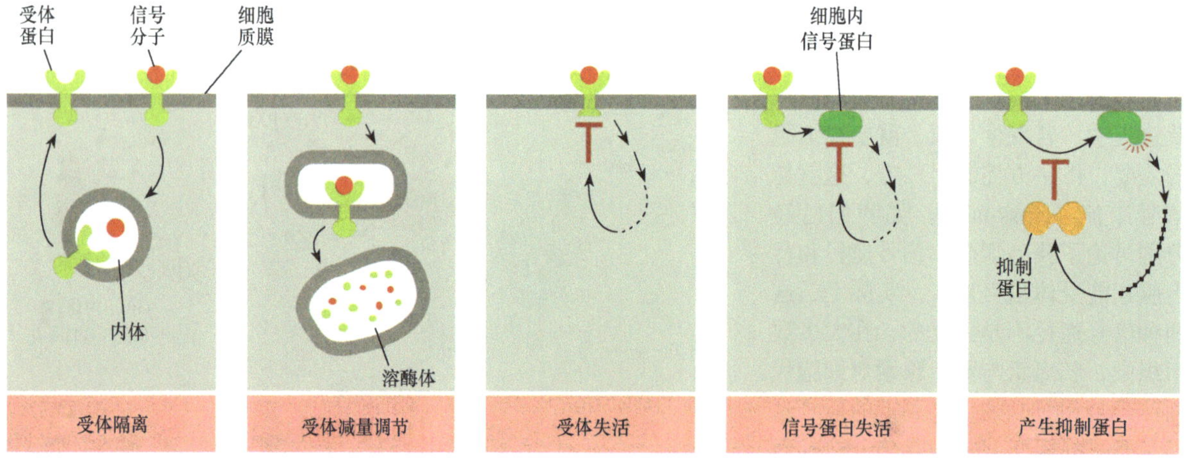

图 5-70 靶细胞对细胞外信号适应（脱敏）的几种方式（引自 Alberts et al.，2015）。受体隔离是将受体暂时性转入内体，需要时可重新回到质膜。受体减量则是将受体通过内吞并由溶酶体降解，从而减少膜受体的量。受体失活则是通过对受体细胞内结构域进行修饰而失去活性。信号蛋白失活是通过对受体下游的信号蛋白进行修饰，从而阻断信号转导。也可以通过激活一种抑制蛋白对信号途径进行阻断。

第一，通过降低配体与受体结合的亲和力。当结合有配体的受体与 Gs 蛋白作用时，由于 GTP 替换 GDP，可降低配体与受体结合的亲和力。

第二，$G_{\alpha s}$ 自身的 GTPase 活性将结合的 GTP 水解成 GDP 时，会逐渐失去 $G_{\alpha s}$ 对腺苷酸环化酶的激活作用，也降低了 cAMP 的合成。

第三，cAMP 磷酸二酯酶（phosphodiesterase，PDE）将 cAMP 的环破坏，形成 5′-AMP（图 5-71），

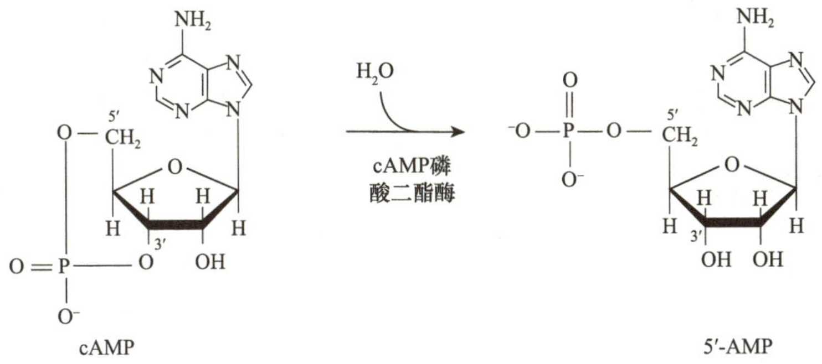

图 5-71 cAMP 磷酸二酯酶对 cAMP 的水解。

的 α 亚基作用，阻止它去激活腺苷酸环化酶。

5.5.3.3 IP_3/DAG/Ca^{2+}信号的终止

如同 cAMP 引起的信号转导，磷脂肌醇和 Ca^{2+}的第二信使作用也必须迅速解除，使细胞重新回到初始状态。

1）DAG 信号的解除　DAG 只是由 PIP_2 水解得到的暂时性产物，寿命只有几秒钟，靠两种方式进行降解：①被 DAG 磷酸激酶磷酸化，生成磷脂酸（PA）；② DAG 被 DAG 酯酶水解生成单脂酰甘油，再进一步水解成游离的不饱和脂肪酸和花生四烯酸甘油。

降低了细胞内 cAMP 的浓度，终止了其信号作用。

第四，对于 Gs 偶联系统来说，通过抑制型的信号作用于 R_i，然后通过 G_i 起作用。抑制型的 G 蛋白偶联受体所起的作用与刺激型的 G 蛋白偶联受体正好相反，它降低细胞中 cAMP 的浓度，这是由抑制性的信号（第一信使）作用于抑制型的受体和抑制型的 G 蛋白引起的，如肾上腺素（epinephrine）与肾上腺素能受体（adrenergic receptor）结合就是最好的例子。机制是 G_i 蛋白被激活后，GTP 与 G_i 蛋白的 α 亚基结合，G_i 的 α 亚基与 G_i βγ 复合物分离，并在细胞膜的胞质面进行扩散；当 G_i 的 α 亚基与腺苷酸环化酶结合后则抑制其活性；而 G_i βγ 复合物则可与激活型的 G_s

2）IP_3 信号的解除　有两种途径终止 IP_3 的信号作用（图 5-72）：① IP_3 被水解，即 IP_3 在 5′-磷酸酶的作用下，水解为肌醇 -1, 4- 二磷酸［I（1, 4）P_2］，并且进一步水解成肌醇；②在胞质中肌醇磷酸脂 3-激酶的作用下，IP_3 被磷酸化生成肌醇 -1,3,4,5-四磷酸（inositol-1,3,4,5-tetraphosphate，IP_4），然后被水解成无活性的肌醇 -1,3,4-三磷酸（inositol-1,3,4-trisphosphate），从而解除 IP_3 的作用。

3）Ca^{2+}信号的解除　Ca^{2+}信号的解除主要是

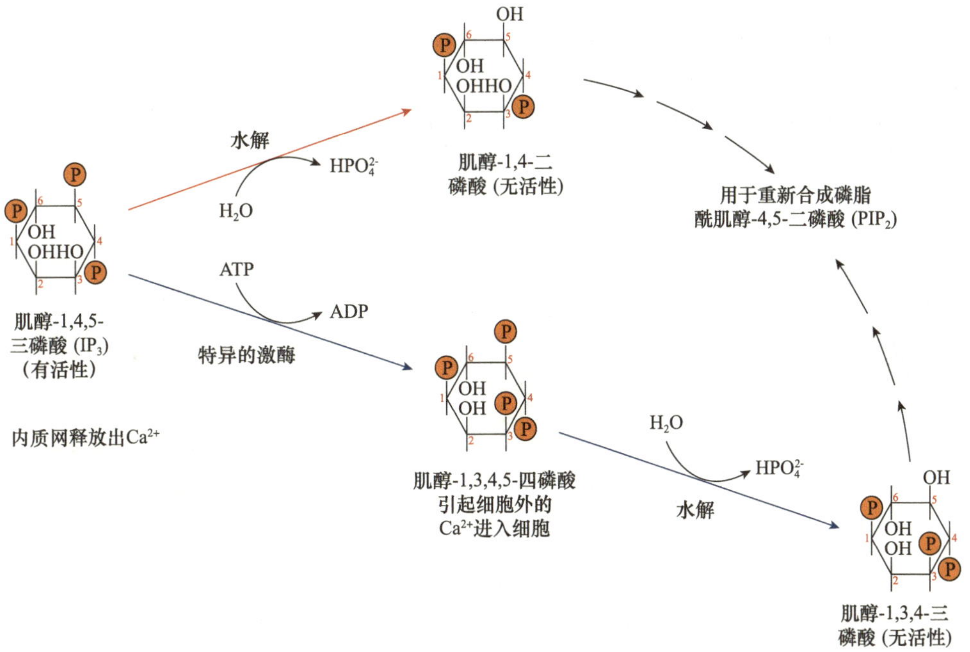

图 5-72 胞质溶胶中 IP_3 的命运（引自 Lodish et al.，1995）。

通过降低胞质溶胶中的Ca^{2+}浓度。有几种机制可快速终止Ca^{2+}信号并保持静息状态下细胞质中Ca^{2+}的低浓度。最重要的是通过细胞质膜及内质网膜中的钙泵将Ca^{2+}泵回内质网及细胞外基质。肌细胞与神经细胞是对Ca^{2+}信号使用得尤为频繁的两类细胞，在它们的细胞质膜中除了钙泵外，还有与钙的输入-输出偶联的 Ca^{2+} 运输蛋白（Na^{+}-驱动的 Ca^{2+} 交换蛋白）。

实际上，IP_3 与内质网膜中 IP_3-门控 Ca^{2+} 通道的结合亲和力不强，并且其结合亲和力随着内质网中的 Ca^{2+} 释放到胞质溶胶导致胞质溶胶中 Ca^{2+} 浓度升高而降低。实验证明，细胞质中 Ca^{2+} 浓度的升高具有正反馈调节作用，促使细胞质中的 Ca^{2+} 浓度瞬间急剧升高，其中也有从细胞外输入的 Ca^{2+}。若浓度达到一个阈值，可激活内质网膜及细胞质膜中的 Ca^{2+} 泵，瞬间又可使胞质溶胶保持一个低 Ca^{2+} 浓度。加之 IP_3 的寿命极短，在几秒钟之内，其 C5 上的磷酸基团就会被磷酸酶水解，使其丧失功能，IP_3-门控 Ca^{2+} 通道恢复关闭状态。实验同样证明，Ca^{2+} 信号的解除具有负反馈调节，正所谓“墙倒众人推”，不过，此处的负反馈调节有利于细胞恢复静息状态。

5.5.3.4 磷酸酶在细胞信号解除中的作用

前面我们已经讨论过蛋白质活性调节的两种开关是磷酸化与去磷酸化，磷酸酶的作用是将靶蛋白去磷酸化，所以在信号解除中具有重要作用。

在许多信号转导途径中，蛋白激酶通过磷酸化作用将一些靶蛋白（酶）激活。蛋白质的磷酸化是一种可逆的化学修饰，所以通过蛋白激酶添加到蛋白质上的磷酸基团可通过蛋白磷酸酶的作用被除去。实验表明，激酶与磷酸酶对底物的影响是相反的，当磷酸化激活底物时，可通过脱磷酸将底物失活，反之亦然。所以，磷酸酶在细胞内的作用与磷酸化酶一样重要。

据估计，人基因组编码 1000 种以上的磷酸酶（激酶大约 2000 种），这说明磷酸酶在细胞中是非常重要的酶。如同蛋白激酶一样，某些磷酸酶是多功能的，并且能够脱去几种蛋白质中的磷酸基团。但有些磷酸酶的活性相当专一，只能将一种或两种底物中的磷酸基团脱去。像丝氨酸 / 苏氨酸和酪氨酸磷酸激酶一样，多数磷酸酶分为丝氨酸 / 苏氨酸磷酸酶和酪氨酸磷酸酶，它们只能从磷酸化的丝氨酸 / 苏氨酸残基或磷酸化的酪氨酸残基脱磷酸，但不能同时从这两种类型的残基上脱磷酸。不过，有些磷酸酶既能从磷酸化的丝氨酸 / 苏氨酸残基上脱去磷酸，又能从磷酸化的酪氨酸残基上脱去磷酸。

5.5.3.5 GPCR 脱敏

受体脱敏（receptor desensitization）是指受体对信号分子失去敏感性，即使与信号分子结合也不能向下游进行信号传递。依赖于受体磷酸化的 GPCR 脱敏是指 GPCR 激酶（GPCR kinase，GRK）将 GPCR 磷酸化后失去与信号分子作用的能力。GRK 是一种丝氨酸 / 苏氨酸激酶，能够将 GPCR 中多个丝氨酸或苏氨酸残基磷酸化。这种磷酸化作用需要有信号分子与受体结合并被激活后才能进行，因为 GRK 是由激活的 GPCR 所激活。激活的 GRK 反过来将受体的细胞内结构域磷酸化，磷酸化的受体以极高的亲和力与抑制蛋白家族中的拘留蛋白（arrestin）结合，从而抑制了受体与 G 蛋白相互作用，不能进行信号转导（图 5-73）。

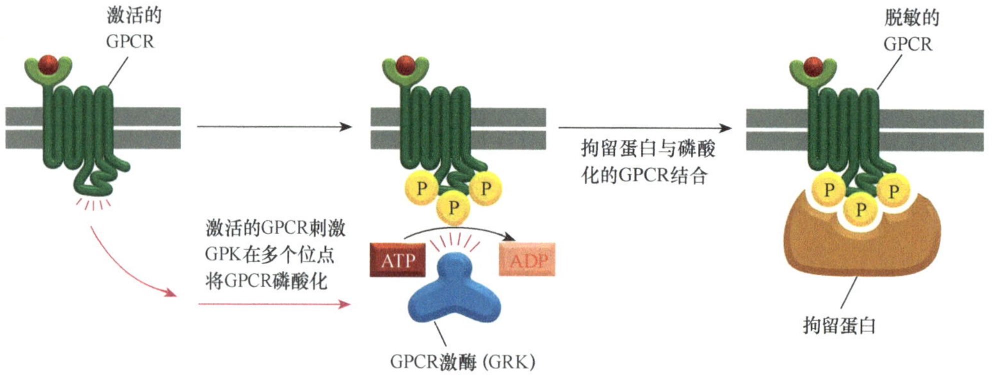

图 5-73 依赖于受体磷酸化的 GPCR 脱敏（引自 Alberts et al.，2015）。

受体内化（internalization）是借助于网格蛋白的作用，将受体转入到内吞泡中，有需要时再返回到细胞质膜，或是经内体转运到溶酶体，将受体降解。

在肾上腺素能受体偶联的信号转导途径中有一种蛋白激酶，能够将受体细胞质部分与 $G_{s\alpha}$ 作用结构域磷酸化使受体脱敏，进而发生内化（图 5-74）。

当 $G_{\alpha s}$ 蛋白偶联的 β-肾上腺素能受体被肾上

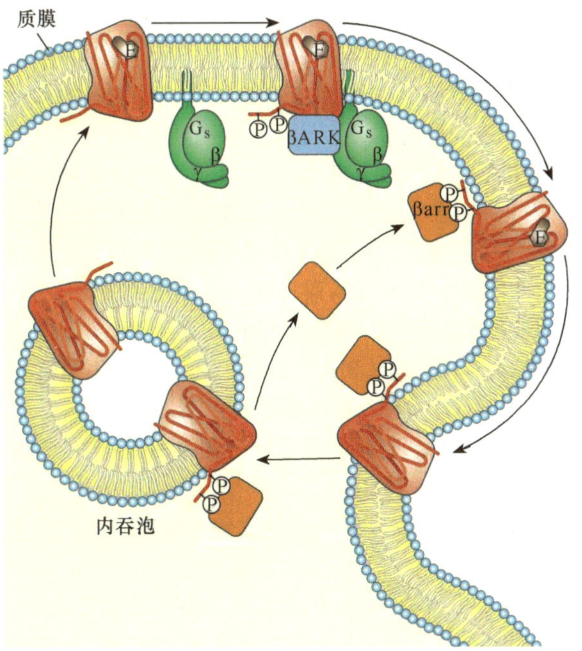

图 5-74 β-肾上腺素能受体在肾上腺素持续存在时的内化作用（引自 Nelson and Cox，2013）。肾上腺素能受体内化是由β-肾上腺素能受体激酶（βARK）与β-拘留蛋白联合介导的。

腺素持续刺激几小时后，受体细胞质结构域有几个丝氨酸被该途径激活的β-肾上腺素能受体激酶（β-adrenergic receptor kinase，βARK）磷酸化，βARK 是 GPCR 激酶的一种。被磷酸化的受体为β-拘留蛋白（β-arrestin，βarr，又称拘留蛋白 2）提供了结合位点。β-拘留蛋白与受体结合，有效地阻止了受体与 G 蛋白的进一步相互作用。不仅如此，β-拘留蛋白与受体结合，也促进了受体与信号分子的隔离，即通过内化作用，将受体转移到内吞泡的膜上。当β-拘留蛋白与受体结合时招募了两种蛋白质——AP-2 与网格蛋白的结合形成内吞体（内体）。在此过程中，受体与肾上腺素信号分子“天各一方”，导致受体失活。在内体中的受体有可能去磷酸化，若如此，受体可重新回到质膜中行使功能。

β-肾上腺素能受体激酶是 GRK 家族的一员，它们的作用是将 GPCR 细胞质结构域 C 端磷酸化，将受体脱敏。在人的基因组中至少有 5 种不同的 GRK 和 4 种不同的拘留蛋白，它们分别作用于不同的 GPCR 系统。

5.5.3.6 酶联受体途径的信号终止

RTK 信号的终止主要是通过受体的内化，导致受体内化的原因目前尚不清楚。有一种机制与受体结合蛋白 Cb1 相关。当 RTK 被配体激活时，受体自我磷酸化的酪氨酸残基也能作为 Cb1 的结合位点，因为在 Cb1 中也有 SH2 结构域。与受体结合的 Cb1 同时能够与泛素蛋白结合，最终导致受体被降解。

TGF-β 激活的 Smad 依赖性信号转导也可以进行基因转录的负调控，该途径是通过 I-Smad 进行的。I-Smad 包括 Smad6 及 Smad7。I-Smad 与 TGF-β 激活的受体细胞质结构域结合，以三种不同的方式阻断信号通路：①同 R-Smad 竞争与受体结合，从而降低 R-Smad 被磷酸化的机会，削弱了 R-Smad 的信号转导作用；② I-Smad 招募一种称为 Smurf 的泛素连接酶，它可以将受体泛素化，并导致受体内化，最后导致受体被降解；③ I-Smad 也可招募磷酸酶，将受体去磷酸化而失去活性。此外，I-Smad 还可以与 co-Smad（Smad4）结合，阻止 R- Smad 与 Smad4 组成复合物进入细胞核调节基因转录。

本章小结

多细胞生物体中的细胞生命活动都是受细胞外信息控制的，包括刺激细胞生存、生长或分化，也包括对细胞生长的抑制、诱导，或启动细胞的程序性死亡。

构成细胞通讯网络的分子包括蛋白质、蛋白聚糖、肽、氨基酸、脂、核苷，以及带电的离子（Ca^{2+}、Na^{+}、Cl^{-}）等。

在细胞通讯中，由通讯细胞送出的信号分子必须被靶细胞接收才能触发靶细胞的应答，接收信息的分子称为受体，信号分子被称为配体。在细胞通讯中受体通常是指位于细胞膜表面或细胞内（核内）与信号分子结合的蛋白质。

常见的与信号分子结合的受体可分为 6 种类型，包括 G 蛋白偶联受体、受体蛋白激酶、配体门控离子通道受体、穿膜支架、受体鸟苷酸环化酶、核受体。

有些细胞外的信号与细胞表面受体识别及结合后，进入细胞内的信号转导途径时要通过小分子的信号分子在细胞内传递，这种在细胞内传递信号的小分子化学物就称为第二信使。细胞内最常见的 4 种第二信使，即 cAMP、cGMP、二酰甘油（DAG）、肌醇三磷酸（IP_3）。

支架蛋白能够将信号蛋白聚集起来组成信号复合物，并能以较高的局部浓度使信号转导快速有序进行，防止了信号之间的串流。

G蛋白偶联受体（GPCR）是细胞表面受体的最大家族，它们介导大多数来自细胞外及其他细胞的信号转导，包括激素信号、神经递质与局部介质。

PKA系统是以cAMP作为第二信使激活蛋白激酶A（PKA）进行信号放大，包括激活型和抑制型两种类型。在激活型中，G蛋白偶联受体与信号分子结合后，G蛋白被激活，活性α亚基与其他两个亚基分离并激活腺苷酸环化酶（AC），产生第二信使cAMP，cAMP激活PKA，PKA再作用于靶蛋白，产生细胞应答。在抑制型中，激活的G蛋白则抑制AC的活性。PKC系统是以肌醇三磷酸（IP_3）、二酰甘油（DAG）为第二信使，并通过蛋白激酶C（PKC）引起级联反应。在PKC系统中，磷脂酶C-β相当于PKA系统的AC，经G蛋白激活后的磷脂酶C-β水解质膜上的磷脂酰肌醇4,5-二磷酸（PIP_2），产生IP_3和DAG。IP_3的作用是释放出内质网中的Ca^{2+}，由DAG和Ca^{2+}共同作用激活PKC，PKC参与多种生化反应的催化。

霍乱和百日咳是两种威胁人类生命安全的疾病，分别由两种细菌毒素作用于激活型和抑制型的G蛋白所引起。

某些G蛋白可直接控制离子通道的通透性，如通过神经递质乙酰胆碱调节心肌收缩。GPCR还参与脊椎动物眼睛的光信号转导，以及嗅觉、味觉信号转导。

酶联受体信号转导涉及SH结构域。Ras/MAP激酶信号转导是研究得较为清楚的一条信号转导途径，其转导包括三个基本过程，即受体激活、Ras蛋白激活、MAP级联反应。Ras蛋白活性受到GAP和GEF的调控，其激活亦涉及Grb2蛋白和Sos蛋白。

磷脂酰肌醇3激酶主要是磷酸化肌醇磷脂，而不是磷酸化蛋白质的激酶。它所介导的信号转导属于磷脂信号转导，促进细胞的生存与生长。

胰岛素信号途径涉及胰岛素受体及级联反应。胰岛素可通过MAP激酶级联途径调节基因表达，也可通过PI3K调节糖原合成。

细胞因子受体激活的JAK-STAT信号途径是由细胞因子与受体结合引起的信号转导，包括激活巨噬细胞、刺激红细胞生成、刺激粒细胞及巨噬细胞生长等。

转化生长因子-β（TGF-β）超家族是一类结构相关、分泌在细胞质中的二聚体蛋白，可通过丝氨酸/苏氨酸酶联受体起作用。

通过泛素化控制的信号途径包括Wnt/β-联蛋白信号途径、依赖于NF-κB的信号途径、Notch/Delta信号途径等。

与动物的信号转导相比，植物在通讯方式上有很大的不同，但也有相似的地方。植物中了解最为清楚的是乙烯信号途径。

受体与配体相互作用及引起的信号转导是十分复杂的，包括信号重叠、趋同、趋异和串流。

解除信号转导的方式有信号分子（包括第二信使）的水解、受体脱敏（包括受体内化）、信号蛋白失活等。

思考题

（1）酶联受体在进行信号传递时，首先要进行受体二聚化，对此有何感想？

（2）细胞在进行信号传递时，相关蛋白的活性转换是十分快捷的，其巧妙之处是设计了最为简洁而快速的开关装置，请说明之。

（3）信号传导（signaling）与信号转导（signal transduction）有何不同？

（4）比较cAMP信号系统与IP_3-DAG信号系统在跨膜信号传递作用的异同。

（5）不同的细胞如何能以不同的方式对完全相同的信号分子作出反应，即使它们有相同的受体？

（6）GPCR通过降低GDP结合强度来激活G蛋白，使GDP分离，而浓度高得多的GTP从而结合上去。如果有一种突变导致GPCR对GDP的亲和力降低，但不会显著改变对GTP的结合亲和力，你认为G蛋白的活性会受到这种突变的影响吗？

（7）导致G蛋白激活的反应和导致Ras激活的反应有哪些相似之处和不同之处？

（8）霍乱毒素是由霍乱弧菌产生的一种毒素，能够引起受感染的人水样腹泻。霍乱毒素产生这种作用的分子基础是什么？

（9）请说明胰岛素信号转导与糖原代谢的关系。

6 核糖体与蛋白质

核糖体（ribosome）可谓是细胞中的“当家”细胞器，由于它参与细胞中蛋白质的合成，所以称为蛋白质合成机器。它的全称是核糖核蛋白复合体（ribonucleoprotein complex），即由核糖核酸与蛋白质组成的复合体。

核糖体的蛋白质合成功能是通过放射性标记实验发现的。将细胞与放射性标记的氨基酸短暂接触后进行匀浆，然后分级分离，发现在微粒体部分有大量新合成的放射性标记的蛋白质。后将微粒体部分进一步分离，得到核糖体和膜微粒，这一实验结果表明核糖体与蛋白质合成有关。

蛋白质是细胞各种结构，包括细胞核、细胞质膜、内质网、高尔基体、线粒体、叶绿体，细胞骨架，乃至鞭毛与纤毛的基本组成单位，蛋白质也是细胞一切功能的执行者，包括基因表达、信号转导、生长、分化等。

6.1 核糖体的形态结构与 rRNA 基因

核糖体最早是 Claude 于 20 世纪 30 年代后期用暗场显微镜观察细胞的匀浆物时发现的，当时称为微粒体（microsome），直到 20 世纪 50 年代中期，Palade 在电子显微镜下观察到这种颗粒的存在。当时 Palade 和他的同事研究了多种生物的细胞，发现细胞质中有类似的颗粒存在，尤其在进行蛋白质合成的细胞中特别多。后来 Siekevitz 用亚细胞组分分离技术分离了这种颗粒，并发现这些颗粒总是伴随内质网微粒体一起沉积。化学分析揭示，这种微粒富含核苷酸，随之命名为 ribosome，主要成分是：核糖体 RNA（rRNA），约占 60%；核糖体蛋白质（ribosomal protein），约占 40%。

6.1.1 核糖体的形态结构与类型

参与蛋白质合成的核糖体，基本组成为蛋白质与核糖体 RNA（rRNA），它们存在于细胞质中，可分为原核生物核糖体和真核生物核糖体。此外，在真核生物的细胞质、线粒体与叶绿体中都有核糖体，因此又分为细胞质核糖体和细胞器核糖体。细胞质核糖体参与核基因编码的蛋白质合成，而细胞器核糖体仅负责细胞器基因编码的蛋白质的合成。

6.1.1.1 核糖体是由大、小两个亚基组成的复合物

原核细胞的核糖体体积较小，沉降系数为 70S，分子质量为 2.5×10^3kDa，由 50S 和 30S 两个亚基组成；真核细胞的核糖体体积较大，沉降系数为 80S，分子质量为 3.9×10^3～4.5×10^3kDa，由 60S 和 40S 两个亚基组成（图 6-1）。

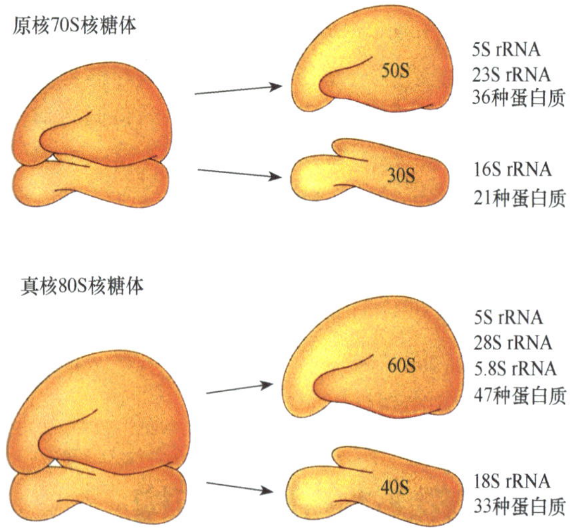

图 6-1 核糖体的结构（引自 Cooper and Hausman，2013）。

虽然核糖体都是由大、小两个不同的亚基组成，但是这两个亚基并非都是结合在一起的，在不进行蛋白质合成时，它们是分开的，并且各自游离存在于细胞质中，只是在进行蛋白质合成时才结合在一起。

Mg^{2+}的浓度对于大、小亚基的聚合和解离有很大的影响。体外实验表明，70S 核糖体在 Mg^{2+}的浓度小于 1mmol/L 的溶液中易解离；当 Mg^{2+}浓度大于 10mmol/L 时，两个核糖体通常形成 100S 的二聚体（图 6-2）。

6.1.1.2 核糖体的类型

真核细胞中不仅有细胞质核糖体，而且还有叶绿体核糖体和线粒体核糖体。

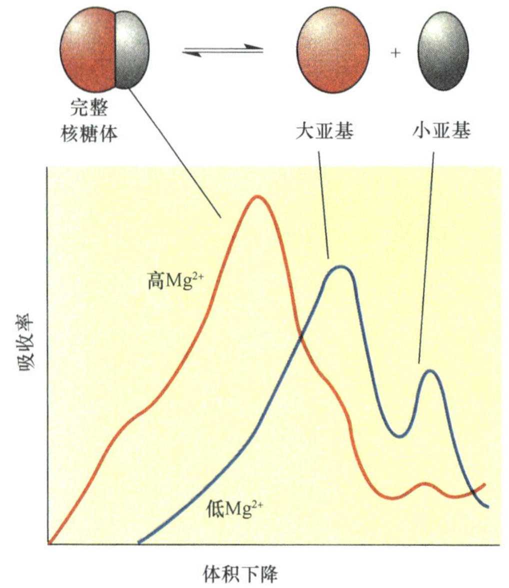

图 6-2 通过区带离心鉴定核糖体的亚基（引自 Kleinsmith and Kish，1995）。在 Mg^{2+}浓度低时，完整的核糖体将分成大、小两个亚基。

在组成上，叶绿体中的核糖体与原核生物核糖体相同，但线粒体中核糖体的大小变化较大（表 6-1）。

表 6-1 不同类型核糖体的大小比较

来源	完整核糖体	核糖体亚基	核糖体 RNA
细胞质	80S	60S（大亚基）	28S、5.8S、5S
（真核生物）		40S（小亚基）	18S
细胞质	70S	50S（大亚基）	23S、5S
（原核生物）		30S（小亚基）	16S
线粒体	55S～60S	45S（大亚基）	16S
（哺乳动物）		35S（小亚基）	12S
线粒体	75S	53S（大亚基）	21S
（酵母）		35S（小亚基）	14S
线粒体	78S	60S（大亚基）	26S、5S
（高等植物）		45S（小亚基）	18S
叶绿体	70S	50S（大亚基）	23S、5S
		30S（小亚基）	16S

在真核细胞中，核糖体进行蛋白质合成时，若是游离存在于细胞质中，称为游离核糖体；若是附着在内质网的表面，则称为附着核糖体。真核细胞含有较多的核糖体，每个细胞平均有 10^6～10^7 个；而原核细胞中核糖体较少，每个细胞平均只有 15×10^2～18×10^3 个。

核糖体的大、小两个亚基都是由核糖体RNA（rRNA）和核糖体蛋白质组成的，但原核生物和真核生物细胞质核糖体的大、小亚基在蛋白质和RNA的组成上有较大的差别。

典型的原核生物大肠杆菌核糖体是由50S大亚基和30S小亚基组成的。在完整的核糖体中，rRNA约占2/3，蛋白质约占1/3。50S大亚基含有36种不同的蛋白质和两种RNA，大rRNA沉降系数为23S，小rRNA沉降系数为5S。30S小亚基含有21种蛋白质和一个16S的rRNA。

真核细胞核糖体的沉降系数为80S，大亚基为60S，小亚基为40S。在大亚基中，有大约47种蛋白质，另外有3种rRNA，即28S rRNA、5S rRNA和5.8S rRNA。小亚基含有大约33种蛋白质，一种18S rRNA。

6.1.2 核糖体rRNA基因扩增与染色体定位

核糖体的组成成分是rRNA和蛋白质，所以编码核糖体的基因分为两类，一类是rRNA基因，另一类是核糖体蛋白质编码基因。在生活细胞中，特别是在活跃进行蛋白质合成的细胞中，需要大量的核糖体，这就意味着需要合成大量的rRNA和核糖体蛋白质。

6.1.2.1 编码rRNA基因的过量扩增

细胞为了满足大量需求的rRNA，在进化过程中形成了一种机制：增加编码rRNA基因的拷贝数。在细胞中扩大rRNA基因的拷贝数有两种方式：第一种是在染色体上增加rRNA基因的拷贝数，如在*E. coli*的基因组中有7套rRNA基因，而典型的真核生物细胞含有几百到几千个28S、18S和5.8S rRNA基因的拷贝，5S rRNA基因的拷贝数多达50 000个。

在需要大量合成核糖体的细胞中，增加rRNA基因拷贝数的第二种方式是通过基因扩增（gene amplification）。研究者用两栖类的卵细胞（卵母细胞）研究发育过程中rRNA基因的扩增，发现两栖类卵母细胞在发育的早期，rRNA基因的数量扩增到1000多倍。基因扩增是通过形成几千个核进行的，每个核里含有几百个拷贝的编码28S、18S和5.8S的rRNA，最后卵母细胞中的这些rRNA基因的拷贝数几乎达到50万个，而在相同生物的其他类型细胞中，这些rDNA的拷贝数只有几百个。卵母细胞中有如此众多的rDNA拷贝，为卵细胞在受精后的发育过程中合成大量核糖体创造了条件

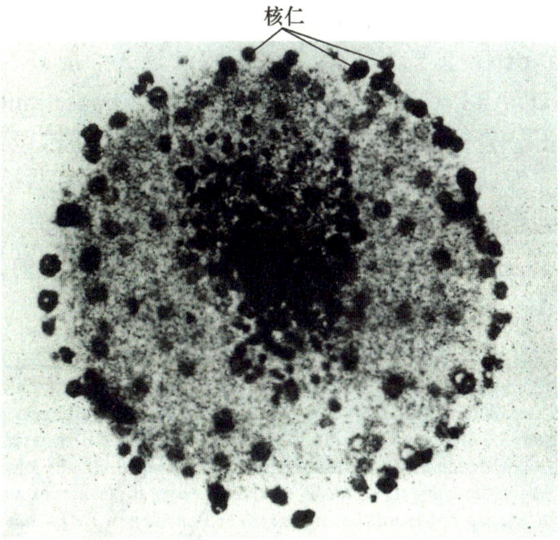

图6-3 非洲爪蟾卵母细胞中rRNA的合成（引自Karp，2010）。卵母细胞中含有几百个核仁，每个核仁都含有扩增的rDNA。

（图6-3）。一般将编码rRNA基因的DNA称为rDNA。

至于卵母细胞中rRNA基因扩增的机制，有人认为可能是通过从染色体上分离出来的环状DNA分子，这种环状DNA中含有rRNA基因，但是第一个含有rRNA基因的环状DNA是如何形成的尚不清楚。由于环状DNA的复制是通过滚环复制（rolling circle replication）的方式进行的，因而能够产生大量的rRNA基因。

6.1.2.2 真核生物rRNA基因的染色体定位

在真核生物染色体中，18S rRNA、5.8S rRNA和28S rRNA基因是串联在一起的，每个基因被间隔区隔开，5S rRNA基因位于不同染色体上。在人基因组中，18S rRNA、5.8S rRNA和28S rRNA基因串联在一起，并分布在人的13、14、15、21和22号染色体上。在间期核中，所有这5条染色体rRNA基因区域转录时聚集在一起，形成一个核仁。

真核细胞核糖体的5S rRNA基因则是独立存在于一个或几个染色体上，拷贝数达几千个。在人的细胞中，5S rRNA基因串联排列在1号染色体接近末端处。

6.1.3 核糖体rRNA基因的转录与加工

6.1.3.1 18S rRNA、5.8S rRNA、28S rRNA基因转录与加工

18S rRNA、5.8S rRNA和28S rRNA基因首先

转录成一个 45S 的前 rRNA（pre-rRNA），大约是这 3 个 rRNA 总长的 2 倍。能够转录这 3 个前 rRNA 的 DNA 区域称为一个转录单位（transcription unit），意指它们有一个共同的转录起点和转录终点。在转录单位中除了这 3 个 rRNA 基因外，还包括一些间隔区。真核生物中参与 rRNA 基因转录的酶是 RNA 聚合酶 Ⅰ。前 rRNA 在核仁中被酶剪切成 3 个 rRNA 产物，转录间隔区则被降解掉。

前体的加工过程也十分复杂，通过 ^3H 标记的尿嘧啶和放线菌素 D 研究人的培养细胞前 rRNA 合成时发现：当人的细胞与 ^3H 标记的尿嘧啶共培养 25min 后，被标记 rRNA 的沉降系数是 45S，加入放线菌素 D 阻断 RNA 的合成后，标记的 45S rRNA 首先转变成 32S 的 rRNA，随着培养时间的延长，逐渐出现被标记的 28S rRNA、18S rRNA，根据这一研究结果推测出前 rRNA 的加工过程（图 6-4）。

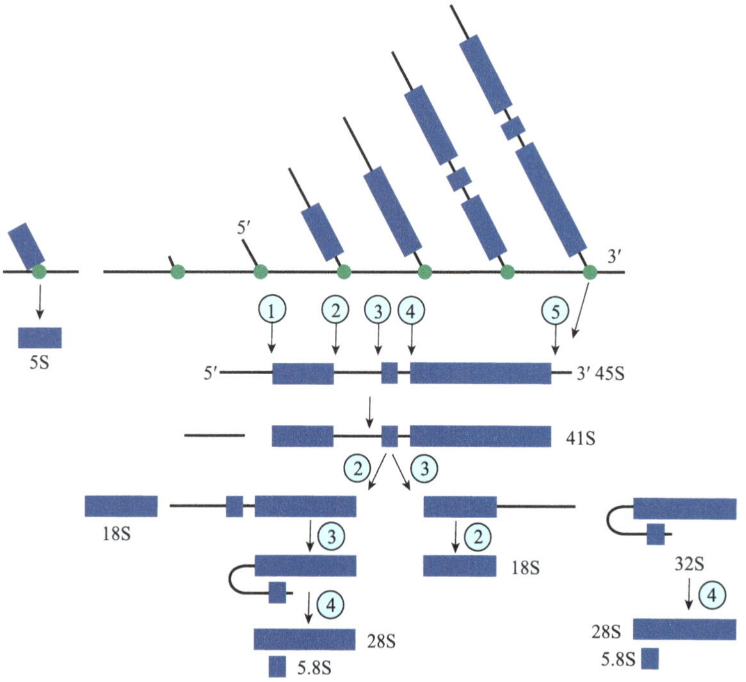

图 6-4 45S 前 rRNA 的加工过程（引自 Karp, 2010）。在 rRNA 聚合酶 Ⅰ 的作用下，将 18S rRNA、5.8S rRNA 和 28S rRNA 转录成 45S 的前体，然后通过一系列的切割加工形成成熟的 18S rRNA、5.8S rRNA 和 28S rRNA。其中，5.8S rRNA 通过互补碱基的氢键与 28S rRNA 结合在一起。

虽然所有真核生物的 18S rRNA、5.8S rRNA 和 28S rRNA 基因是相同的，并且在染色体上组成同一个转录单位，但是不同生物中的 18S rRNA、5.8S rRNA 和 28S rRNA 基因的转录起点和间隔区的长短并不完全相同（图 6-5）。

由于不同生物的 rDNA 转录起点不同、间隔区长短不同，所以前 rRNA 的大小不都是 45S，范围在 34S～45S 之间（表 6-2）。

表 6-2 不同种生物的前 rRNA

生物	前 rRNA 的沉降系数
果蝇	34S
裂殖酵母	37S
烟草	38S
蛙	40S
鸡	45S
小鼠	45S
人	45S

6.1.3.2 真核生物前 rRNA 的修饰

研究发现，真核生物的 45S 前 rRNA 在被剪切成 18S rRNA、5.8S rRNA、28S rRNA 之前要进行修饰，包括约有 100 多个位点被甲基化、100 多个位点的尿苷转变成了假尿苷（pseudouridine）（图 6-6）。

甲基化的主要部位在核糖第二位的羟基上，而假尿苷则是由尿苷异构化而成。前 rRNA 的修饰作用尚不十分了解，但有助于 rRNA 的折叠。实验证明前 rRNA 中被甲基化的部位在加工过程中并未被切除，而是一直保持在成熟的 rRNA 中。另外还发现，如果人为地阻断前 rRNA 的甲基化，前 rRNA 的成熟加工也被阻断，因此，推测前 rRNA 的甲基化对 rRNA 的加工具有指导作用。此外，前 rRNA 的修饰可能有利于 rRNA 的正确折叠，以及与别的分子正确地相互作用。

前 rRNA 的修饰位点是特异的，是由指导 RNA（guide RNA）通过碱基配对引导的，然后

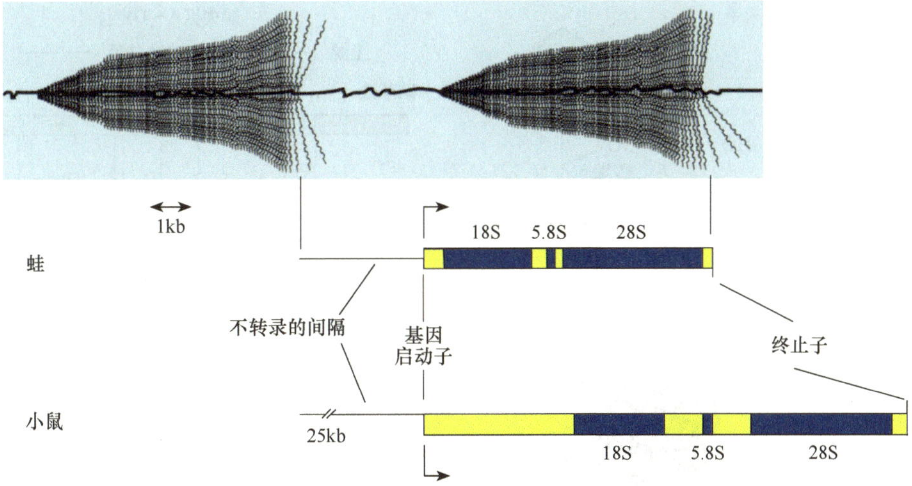

图 6-5 rRNA 转录单位（引自 Karp，2010）。图的上半部是正在转录的 rDNA 形成的刷状 rRNA；下半部是一个转录单位的转录物，并将蛙的 rRNA 转录单位与小鼠的转录单位进行比较。从图中可见：①基因间被可转录的间隔物隔开；②转录单位之间有非转录区；③不同生物的 rDNA 转录起点可能不同；④不同生物的 rDNA 各基因间的间隔序列长短不同。

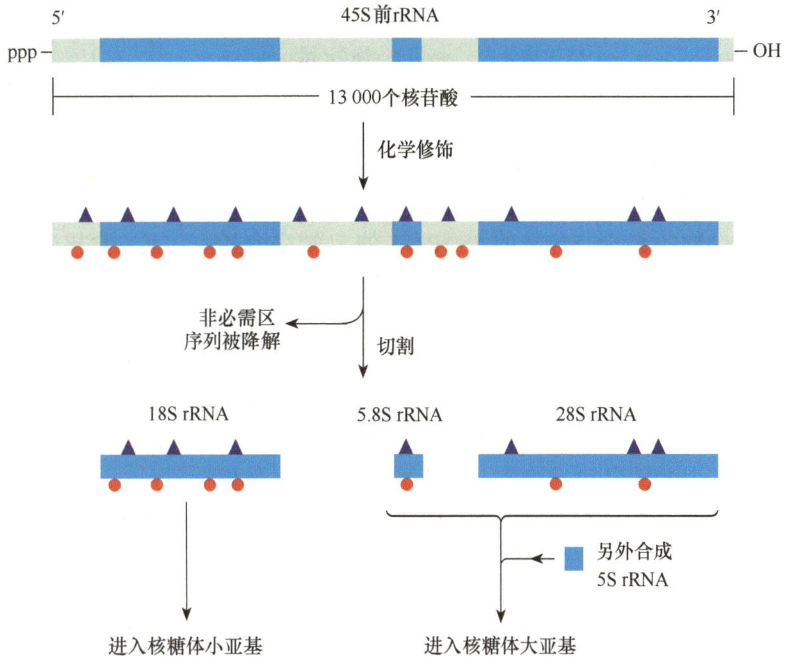

图 6-6 真核生物 45S 前 rRNA 在核仁中进行的化学修饰与切割（引自 Alberts et al.，2015）。圆点表示甲基化，三角形表示假尿苷。

由 RNA-修饰酶完成修饰；而前 rRNA 的特异性切割位点则由另一些指导 RNA 来引导。所有参与修饰与切割的指导 RNA 都位于一种 snoRNA（small nucleolar RNA）（图 6-7）之中。之所以称为 snoRNA，是因为它们属于在核仁中起作用的小分子 RNA。很多 snoRNA 都是由内含子编码的，特别是那些编码核糖体蛋白质基因的内含子。

6.1.3.3 5S rRNA 基因的转录与加工

5S rRNA 是核糖体大亚基的一个组分，长度约为 120 个核苷。原核生物和真核生物的核糖体都有 5S rRNA，而且结构相似。真核生物的 5S rRNA 基因与其他 3 种 rRNA 基因不在同一条染色体上，它是由核仁以外的染色体基因转录的，然后转运到核仁内参与核糖体的装配。5S rRNA 基因的数量比 45S rRNA 转录单位多，人的 5S rRNA 基因有 500 个拷贝，并且在染色体上串联排列。非洲爪蟾的 5S rRNA 基因的排列研究得较为清楚：一个重复单位含有一个 5S rRNA 基因、一个不转录的假基因（pseudogene）（101bp 的 5S rRNA 基因的片段），每个重复单位间被不转录的间隔序列隔开，间隔序列的长度变化不定，最长达 400bp；基因转录的速度

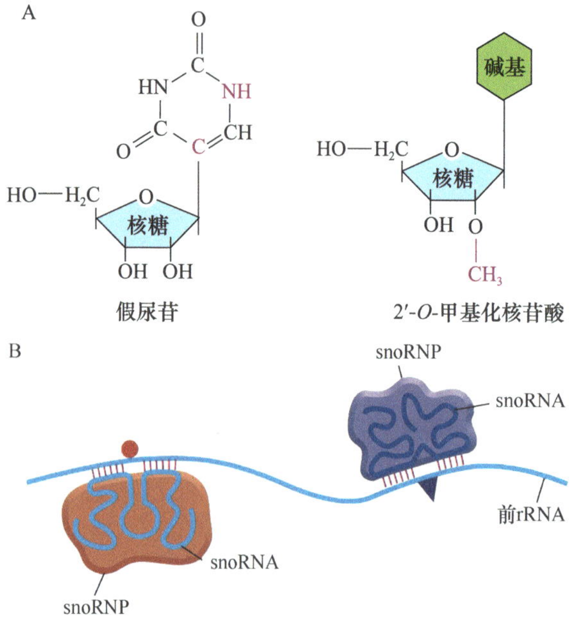

图 6-7 指导 RNA 介导对前 rRNA 的修饰（引自 Alberts et al., 2015）。A. rRNA 被修饰后形成两种新的化合物；B. snoRNP（核仁小核糖核蛋白，small nucleolar ribonucleoprotein）中指导 RNA 引导特异的位点进行修饰。

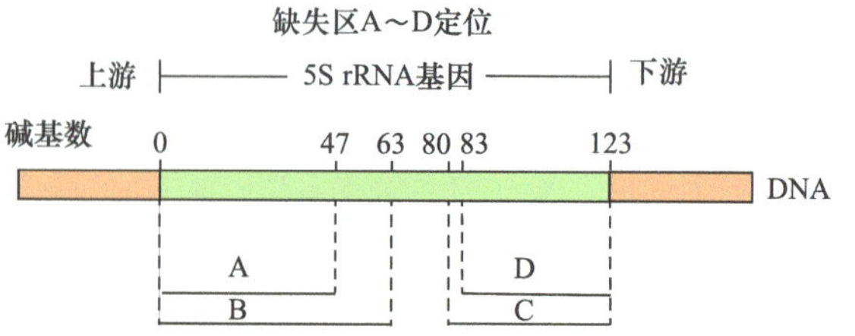

缺失的片段	产生的DNA能否被RNA聚合酶Ⅲ转录成RNA分子
A	能
B	不能
C	不能
D	能

推论：序列47～83位为转录所必需

图 6-8 RNA 聚合酶Ⅲ转录 5S rRNA 基因启动子的鉴定（引自 Kleinsmith and Kish，1995）。将图中 5S rRNA 基因的 A 片段或 D 片段缺失，都不会影响 RNA 聚合酶Ⅲ的转录，但是将 B 片段或 C 片段缺失，都会影响 RNA 聚合酶Ⅲ的转录，表明 5S rRNA 基因的启动子位于 5S 基因内部的控制区。

很快，产生过量的 5S rRNA，有些最后要被降解掉。

5S rRNA 基因是由 RNA 聚合酶Ⅲ转录的，原初转录物的 5′ 端与成熟的 5S rRNA 的 5′ 端完全相同。在某些生物中，3′ 端通常含有多余的核苷酸，在加工时要被切除。所以，5S rRNA 只需要进行简单的加工，或者根本不需要进行加工。

在 3 种 RNA 聚合酶中，RNA 聚合酶Ⅲ通常与位于转录部分的启动子结合，而不是与转录起始位点上游的启动子结合；也就是说 RNA 聚合酶Ⅲ使用的是内部启动子，其他的两种酶使用的是上游启动子，实验也证明这种内部启动子的存在。有人将 5S rRNA 基因的 5′ 端的上游序列完全除去，并不影响 5S rRNA 基因的转录。但是，如果将 5S rRNA 基因内部缺失一部分序列（从 50 位到 80 位缺失），RNA 聚合酶Ⅲ不仅不能转录这段 DNA，甚至不能结合上去（图 6-8）。如果将 5S rRNA 基因的内部启动子序列插入到基因组的其他部位，会使插入的部位形成一个新的转录起点。

有 3 个转录因子参与 RNA 聚合酶Ⅲ对 5S rRNA 基因的转录，其中转录因子 TFⅢA 是 5S rRNA 基因转录特异的，其他两种转录因子是 RNA 聚合酶Ⅲ转录其他基因时都需要的。

6.1.3.4 原核生物 rRNA 基因及转录与加工

虽然原核生物没有细胞核和核仁，但细菌核糖体的组织和结构与真核生物有许多相似之处。原核生物 rRNA 基因也是多拷贝的，并且也要被转录成一个前体，然后再经加工，成为成熟的 rRNA。但是，原核生物和真核生物的 rRNA 基因在组织结构上有一些重要的差异。首先表现在基因的重复次数上，真核生物的 rRNA 基因重复次数相当高，而原核生物的 rRNA 基因重复次数却很低，如 *E. coli* 只重复了 7 次。另一个差别是，在真核生物中编码 5S rRNA 的基因位于不同的染色体上，而细菌的 5S rRNA 基因与另外两种 rRNA 基因组成一个转录单位，它们在染色体上的排列顺序是：16S-23S-5S。

通过核酸酶Ⅲ（RNase Ⅲ）突变体的研究证明原核生物的 3 种 rRNA 位于同一个原初转录物中。在这种突变体中，3 种 rRNA 位于同一条 rRNA 分子中，但是在正常的细胞中这 3 种 rRNA 是以 3 种独立的小分子存在的，这一研究结果也说明 RNase Ⅲ是将 16S-23S-5S 前 rRNA 切割成单体的主要核酸酶。

在细菌中 RNase Ⅲ不是参与前 rRNA 加工唯一的酶，还需要其他一些核酸酶参与。实验证明，如果缺少其他一些酶，就不能得到正确大小的 rRNA。细菌中的 rRNA 转录单位除了转录 3 种 rRNA 外，同时也会产生几种 tRNA 分子。在 16S rRNA 和 23S rRNA 间可产生 2 个 tRNA，在 5S rRNA 基因的下游也会产生 1 个 tRNA。

与真核生物一样，细菌的 rRNA 也有甲基化，但比真核生物 rRNA 甲基化程度低。细菌的 rRNA 加工过程见图 6-9。

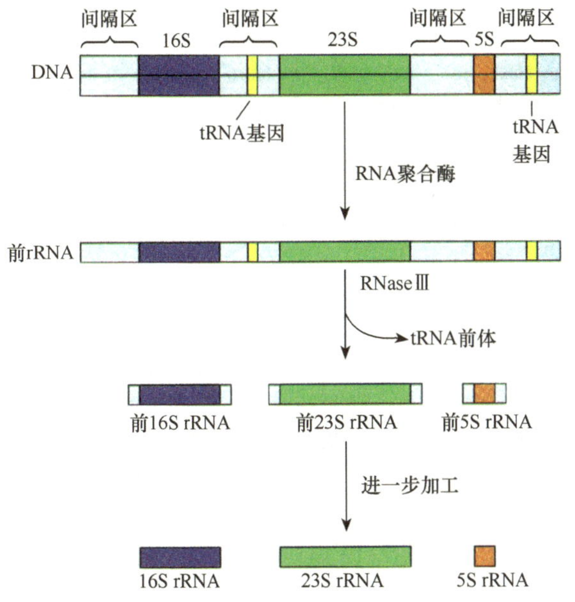

图 6-9 *E. coli* 前 rRNA 的转录与加工（引自 Kleinsmith and Kish，1995）。

6.2 核糖体的装配

核糖体是自装配的细胞器，当蛋白质和 rRNA 合成加工成熟之后，就要开始装配核糖体的大、小两个亚基。真核生物核糖体亚基的装配地点在细胞核的核仁部位，原核生物核糖体亚基的装配则在细胞质中。

6.2.1 核糖体亚基的自我装配

关于原核生物核糖体装配的了解主要是通过体外实验获得的。

为了研究核糖体中蛋白质和 rRNA 的关系及装配机制，1968 年，Nomura 把拆开的大肠杆菌核糖体的 30S 小亚基的 21 种蛋白质与 16S rRNA 在体外混合后重新装配成 30S 小亚基，然后把重建的小亚基与 50S 大亚基及其他辅助因子混合后，进行蛋白质合成实验，发现重建的核糖体具有生物活性，能催化氨基酸掺入蛋白质多肽链中。这一实验表明，核糖体是一种自组装（self-assembly）的结构，即没有模板或亲体结构。但是在组装过程中，蛋白质的结合有先后之分：某些蛋白质必须先结合到 rRNA 上，其他蛋白质才能组装上去，即组装过程有先后顺序。

在核糖体重装配过程中，可以通过减去某一种蛋白质来验证该蛋白质在亚基装配及亚基中的作用。据此，可将 30S 亚基上的蛋白质分为 3 类：①开始装配所必需的蛋白质，它们先与 rRNA 特定区段结合，形成核糖体亚基的核心；②结合后可为后一批蛋白质提供结合位点的蛋白质；③非 30S 亚基形成所必需，但却是显示其活性所必需的蛋白质。

6.2.2 原核生物核糖体重组实验

所谓核糖体重组（ribosome recombination）是指将不同来源的核糖体大小亚基、不同亚基的 rRNA 或蛋白质重新组合，形成杂合的核糖体后研究其功能的实验方法。结果表明：① 30S 亚基的蛋白质只与 16S rRNA 结合；50S 亚基的蛋白质只与 23S rRNA 结合，如果把 30S 亚基 rRNA 和 50S 亚基的蛋白质相混合，则不能装配成有功能的亚基。②从不同种细菌提取 30S 亚基的 rRNA 和蛋白质，可装配成有功能的 30S 亚基，这表明不存在种间差异。③原核生物核糖体与真核生物核糖体的亚基不同，由二者的 rRNA 和蛋白质重组后的核糖体没有功能。④大肠杆菌的核糖体与玉米叶绿体核糖体亚基重组后具有功能。⑤由于不同生物的线粒体核糖体大小不同，由 55S 到 80S 不等，而原核生物的核糖体基本稳定，所以线粒体的核糖体亚基与原核生物核糖体亚基相互重组形成的杂合核糖体没有功能。

6.2.3 真核生物核糖体的装配

真核生物核糖体的合成与装配比原核生物核糖体的合成与装配要复杂得多。编码核糖体亚基的蛋白质基因转录后在细胞核中加工成熟，随即运送到细胞质中合成蛋白质，再将合成的蛋白质送回细胞核的核仁中参与核糖体亚基的装配。组成核糖体亚基的 18S rRNA、5.8S rRNA 和 28S rRNA 基因在核仁中边转录边参与核糖体亚基的装配，5S rRNA 却是在细胞核中转录后运送到核仁中参与核糖体亚基的装配。图 6-10 是关于人细胞中核糖体装配的示意图。按照这个模型，首先要合成与核糖体装配有关的蛋白质，这些蛋白质包括核糖体结构蛋白和与前 rRNA 加工有关的酶。它们都是在细胞质的游离核糖体上合成，然后迅速集中到细胞核，并在核仁区参与核糖体亚基的装配。

装配过程中，45S RNA、5S RNA 与蛋白质形成 80S RNA 颗粒，然后 80S 颗粒被降解成大、小两个颗粒，大颗粒为 55S，含有 32S 和 5S 两种 RNA，小颗粒含有 20S 的前 rRNA。然后，小颗粒

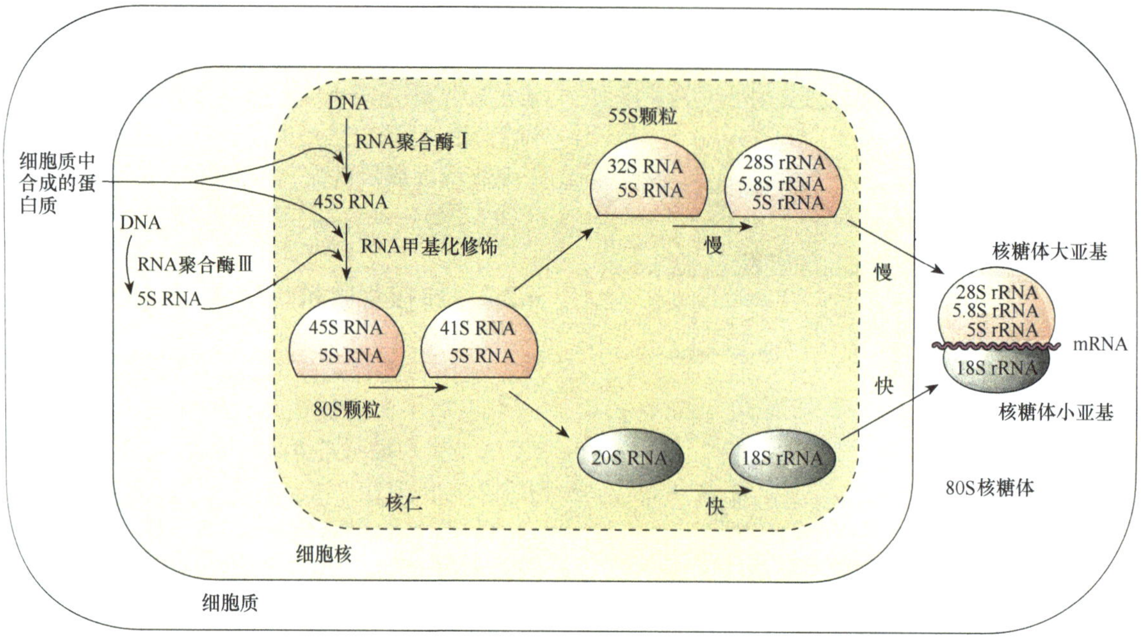

图 6-10 人细胞中核糖体装配的主要过程（引自 Kleinsmith and Kish，1995）。根据该装配模型，从核 DNA 转录的 45S 前 rRNA 与蛋白质结合、甲基化、与 5S rRNA 结合形成 80S 核糖核蛋白颗粒。通过 RNA 的加工，将 80S 的颗粒转变成大小核糖体亚基，然后被运送到细胞质参与蛋白质的合成。

中的 20S 前 rRNA 被快速降解成 18S 的 rRNA，并运送到细胞质中，即是成熟的核糖体小亚基。55S 大颗粒中的 32S RNA 被加工形成 28S 和 5.8S 两种 rRNA 并与 5S rRNA 装配成成熟的大亚基后，被运送到细胞质中，这个过程比较慢。如果这时有 mRNA 与小亚基结合，大亚基即可结合上去形成完整的核糖体，并进行蛋白质的合成。

最早发现核仁与核糖体形成有关的是 20 世纪 60 年代初期 Perry 的研究工作。他用紫外微光束破坏活细胞的核仁，发现破坏了核仁的细胞丧失合成 rRNA 的能力，这一发现提示核仁与核糖体的形成有关。后来 Perry 又发现低浓度的放线菌素 D 能够抑制 ^{3}H-尿嘧啶掺入 rRNA 中，而不影响其他种类的 RNA 合成。显微放射自显影也显示放线菌素 D 能够选择性阻止核仁 RNA 的合成，表明核仁与 rRNA 的合成有关。

6.3 核糖体的功能——蛋白质合成

核糖体的功能是进行蛋白质的合成。蛋白质的合成，或称 mRNA 翻译是细胞中最复杂的合成活动。蛋白质的合成需要携带氨基酸的各种 tRNA、核糖体、mRNA、不同功能的蛋白因子、阳离子、GTP 等的参与。蛋白质的合成过程之所以复杂，是因为构成蛋白质的 20 种氨基酸要按照密码精确地掺入多肽中，不能有丝毫的差错。

6.3.1 蛋白质合成的基本过程

在核糖体上合成的只是蛋白质的一级结构，即多肽链。合成是从多肽链的 N 端开始，到 C 端结束。对于 mRNA 来说，合成的方向则是 5′→3′ 端。蛋白质的合成是一个极其复杂的过程，分为 5 个阶段（图 6-11）。

第一阶段：氨基酸激活（activation of amino acid）。对于蛋白质多肽的合成来说，一定会遇到两个基本的化学问题：一是氨基酸的羧基必须被激活，才能促进肽键的形成；二是新的氨基酸必须与 mRNA 中携带的密码信息建立一种有效的关联。在合成的第一阶段遇到的这两个问题是通过氨基酸与 tRNA 的结合解决的。至关重要的是，需要将正确的氨基酸结合到正确的 tRNA 上，这一反应是在胞质溶胶中完成的，而不在核糖体上。20 种氨基酸在 ATP 供能、Mg^{2+} 介导下，通过氨酰合成酶的催化作用与各自特异的 tRNA 共价结合。

第二阶段：起始（initiation）。携带有多肽合成密码的 mRNA 与核糖体的小亚基结合，然后与起始氨酰 tRNA 结合，形成起始复合物。起始氨酰 tRNA 通过碱基配对，与 mRNA 的起始密码子 AUG 结合。该过程需要 GTP 及一些促进起始的蛋

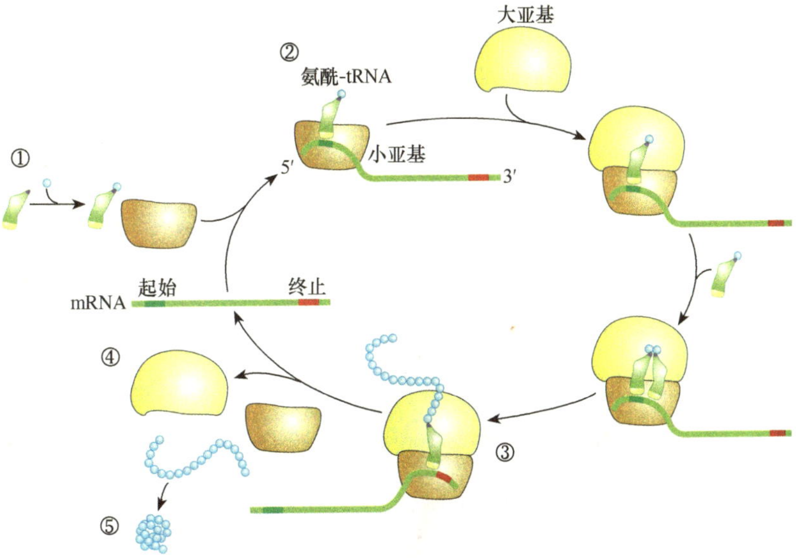

图 6-11 蛋白质合成概览（引自 Nelson and Cox, 2013）。蛋白质合成分为 5 个阶段：①氨基酸激活：tRNA 的氨酰化；②起始：氨酰 tRNA、mRNA 与核糖体小亚基结合，再结合上核糖体大亚基，形成起始复合物；③延伸：第二个氨酰 tRNA 结合上来，核糖体沿着 mRNA 移动，携带不同氨基酸的 tRNA 与匹配的密码子结合，催化肽键的形成；④终止与核糖体循环：转译到终止密码处终止，释放出核糖体，进入下一轮蛋白质合成；⑤折叠及翻译后加工。

白因子的协助。

第三阶段：延伸（elongation）。一旦起始复合物形成，蛋白质的合成随即开始，此过程称为蛋白质合成的延伸。延伸涉及 4 个重复的步骤：①氨酰 tRNA 进入核糖体的 A 位点；②肽键形成；③转位；④脱氨酰 tRNA 释放。上述 4 步的循环，使肽链不断延长。在整个过程中，需要 GTP 和一些延伸因子的参与。

第四阶段：终止与核糖体循环（termination and ribosome recycling）。蛋白质合成的终止是指核糖体沿着 mRNA 移动，如果进入 A 位点的是终止密码子，由于没有与之匹配的反密码子而终止蛋白质的合成。一共有 3 种终止密码子：UAA、UAG、UGA，其中任何一种进入 A 位点都会终止蛋白质的合成，并导致多肽链从核糖体释放出来。

蛋白质合成的终止需要释放因子（release-factor，RF）的参与。细菌有 3 种终止释放因子：RF1、RF2、RF3。RF1 能够识别 UAA 和 UAG 终止密码子；RF2 识别终止密码子 UAA 和 UGA；RF3 虽不识别特异的终止密码子，但是能够增加其他因子的活性。真核细胞有两种释放因子：eRF1 和 eRF3，这两种因子共同作用，能够识别所有的终止密码子。研究表明，释放因子与 tRNA 非常相似，所以释放因子能够进入 A 位点直接与终止密码子相互作用。

第五阶段：折叠及翻译后加工（folding and posttranslation processing）。从核糖体上释放的仅仅是多肽，是不具有生物学功能的。所以，释放出的多肽必须经过折叠及适当的加工，才能行使生物学功能。一般的加工包括乙酰化、磷酸化、甲基化等。此外，还有可能切除一些氨基酸，或是添加一些氨基酸。正确的空间构型对于蛋白质的功能是十分重要的。虽然这些反应不是在核糖体上进行的，但仍属于蛋白质合成的一部分。

由上述蛋白质合成的 5 个阶段可知，蛋白质的合成除了核糖体、rRNA、tRNA、mRNA，还需要能源分子、离子，以及各种辅助蛋白的参与（表 6-3）。

表 6-3 大肠杆菌中蛋白质合成各阶段所需的组分

阶段	基本组分
1. 氨基酸的激活	20 种氨基酸，20 种氨酰 tRNA 合成酶 32 种（或以上）tRNA，ATP，Mg^{2+}
2. 起始	mRNA，*N*-甲酰化 $tRNA^{fMet}$ mRNA 中起始密码（AUG），30S 核糖体亚基 50S 核糖体亚基，起始因子（IF-1、IF-2、IF-3） GTP，Mg^{2+}
3. 延伸	有功能的 70S 核糖体（起始复合物） 各种与密码子匹配的特异氨酰 tRNA 延伸因子（EF-Tu、EF-Ts、EF-G） GTP，Mg^{2+}
4. 终止	mRNA 中的终止密码 释放因子（RF-1、RF-2、RF-3、RRF） EF-G，IF-3
5. 折叠与翻译后加工	分子伴侣与折叠酶（PPI，PDI） 特异性的酶，辅助因子，以及其他与加工相关的酶和蛋白质

6.3.2 核糖体的功能位点

从蛋白质合成的过程看，蛋白质合成是由核糖体提供平台（“战场”），mRNA、tRNA、rRNA 通力合作“会战”（图 6-12），合力将 mRNA 中的密码翻译成相应的氨基酸，并以多肽链的形式提供给

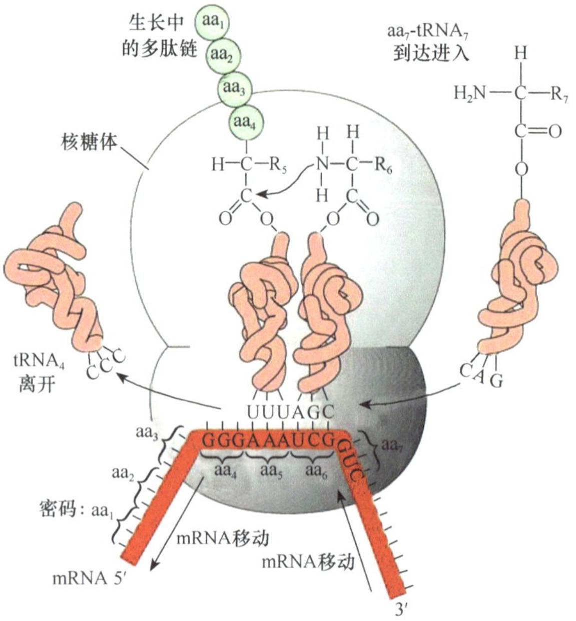

图 6-12 蛋白质合成中三种 RNA 的作用（引自 Lodish et al., 2013）。rRNA 是核糖体的组成部分，参与平台的构建。原核生物（如细菌）的核糖体有 3 种不同 rRNA，真核生物的核糖体有 4 种 rRNA；mRNA 是信使 RNA，其序列中有可翻译成蛋白质氨基酸的密码；tRNA 是搬运工，它可以与相应的氨基酸结合，并通过 tRNA 上的反密码子与 mRNA 中密码子配对，完成密码子的翻译。

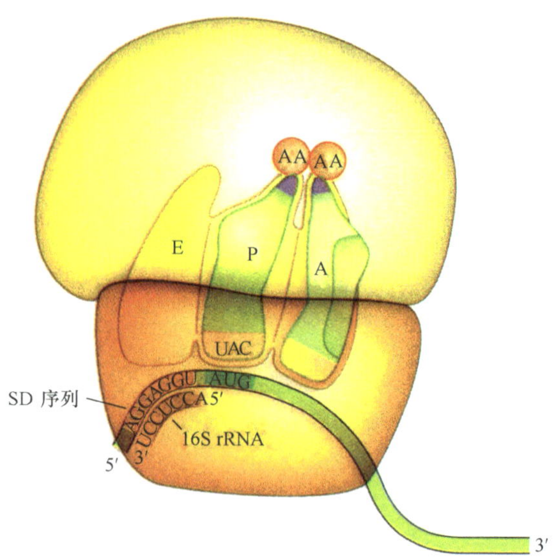

图 6-13 原核生物核糖体中与 RNA 结合的位点（引自 Nelson and Cox, 2013）。

细胞，催生成千上万个“英雄好汉”。

蛋白质合成是极其复杂又高度有序的过程。mRNA 与核糖体的结合、氨酰 tRNA 的进入及卸载 tRNA 的退出都有各自的通道，也就是说，核糖体上有特异的功能位点，使得整个翻译过程有条不紊。

原核生物核糖体中有 4 种与 RNA 分子结合的位点，其中一个是与 mRNA 结合的位点，另外 3 个是与 tRNA 结合的位点（图 6-13）。

（1）A 位点（A site），即氨酰基位点，是与新掺入的氨酰 tRNA（aminoacyl-tRNA）结合的位点，又叫进入位点（entry site），主要位于大亚基。

（2）P 位点（P site），即肽酰 tRNA 位点（peptidyl-tRNA site），又叫供位（donor site）或肽酰基位点，主要位于大亚基，是肽酰 tRNA 移交肽链后所占据的位置，即与延伸中的肽酰 tRNA 结合的位点。

（3）E 位点（exit site）是脱氨酰 tRNA（deaminoacyl-tRNA）离开 P 位点到完全从核糖体释放出来的一个中间停靠点，只是作暂时的停留。当 E 位点被占据之后，A 位点与氨酰 tRNA 的亲和力降低，防止了氨酰 tRNA 的结合，直到核糖体准备就绪，E 位点腾空，才会接受下一个氨酰 tRNA。

（4）mRNA 结合位点。蛋白质的起始合成，首先需要 mRNA 与小亚基的结合，推测在核糖体上必然有与 mRNA 结合的位点。原核生物与真核生物 mRNA 的 5′ 端结构不同，真核生物 mRNA 的 5′ 端有帽子结构，原核生物则没有，推测它们与核糖体的结合机制是不同的。

在原核生物中，核糖体中与 mRNA 结合的位点位于 16S rRNA 的 3′ 端。mRNA 中与核糖体 16S rRNA 结合的序列称为 SD 序列，它是 1974 年由 Shine 和 Dalgarno 发现的，故此命名。SD 序列是 mRNA 中 5′ 端富含嘌呤的短核苷酸序列，一般位于 mRNA 起始密码子 AUG 上游 5～10 个碱基处，并且与 16S rRNA 3′ 端序列互补。真核生物没有 SD 序列，mRNA 与核糖体小亚基的结合主要是依赖于 mRNA 5′ 端甲基化帽子结构的识别。

另外，原核生物 mRNA 的 5′ 端与真核生物 mRNA 的 5′ 端结构不同，因此与核糖体的识别和结合机制也不同（图 6-14）。

6.3.3 tRNA 及氨酰 tRNA 的合成

在蛋白质合成过程中，tRNA 具有重要作用，而这一重要作用与它的结构有关（图 6-15）。

tRNA 分子长 70～80 个核苷，在溶液中折叠成柄-环结构，类似三叶草，故称为三叶草结构。它有三个环，即 D-环、反密码环、T-环，还有 4 个由碱基配对而成的柄，在 3′ 端有氨基酸接受臂。在 tRNA 的序列中有一些特殊的核苷，如次黄嘌呤核苷（inosine）、二羟尿苷、假尿苷等，这些特殊的核苷都是在 tRNA 合成后被修饰而成的。

有 20 种不同的 tRNA 用于转运 20 种不同的

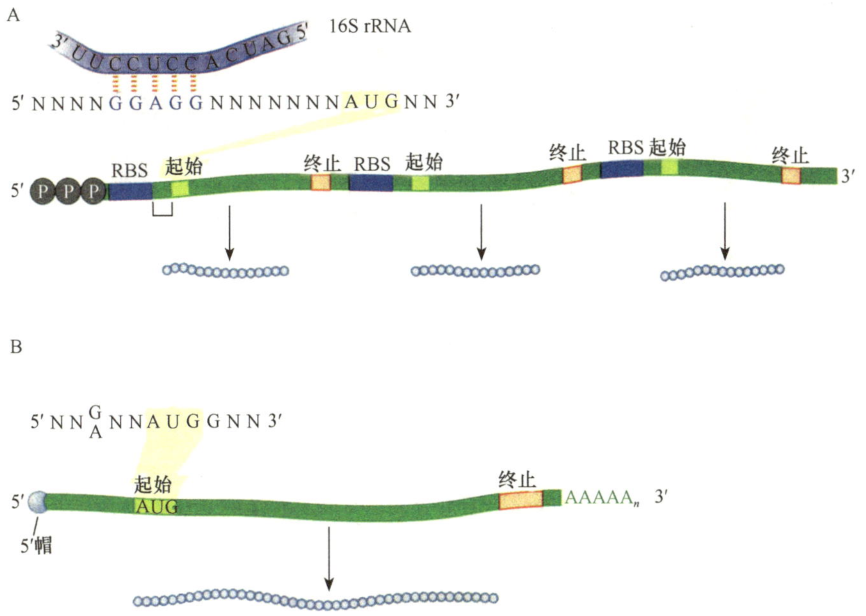

图 6-14 原核生物与真核生物 mRNA 的结构比较（引自 Watson et al.，2014）。A. 典型的细菌核糖体与 mRNA 的结合位点 mRNA 中的 SD 序列与核糖体 16S rRNA 3′ 端互补。在 SD 序列的下游 5～10 个碱基处是起始密码子 AUG 或 GUG。B. 真核生物 mRNA，5′ 端有帽结构，不需要 SD 序列。RBS（ribosome binding site）为核糖体结合位点。

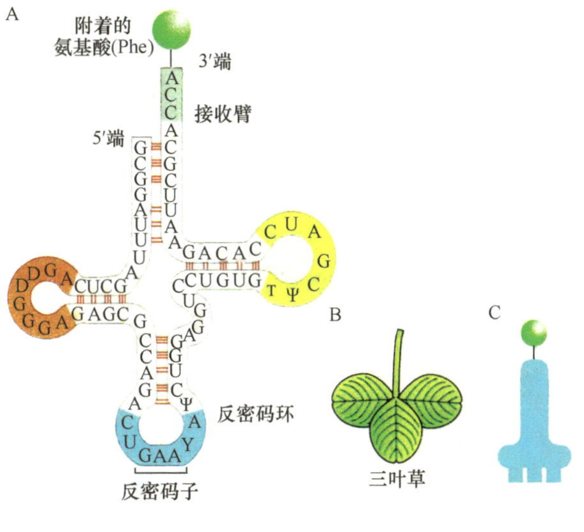

图 6-15 苯丙氨酸 tRNA 的结构（引自 Alberts et al.，2015）。A. tRNA 三叶草形结构的碱基对；B. 三叶草；C. 作用时的模式。

氨基酸进行蛋白质合成。tRNA 的氨酰化是由氨酰 tRNA 合成酶催化完成的。细胞中有 20 种不同的氨酰 tRNA 合成酶，每一种氨酰 tRNA 合成酶识别一种特异的氨基酸。氨酰 tRNA 合成酶将氨基酸偶联到 tRNA 3′ 端腺嘌呤的 2′ 或 3′ 羟基上，此过程需要 ATP 供能。在偶联反应中，氨基酸通过高能键与 tRNA 连接，该反应称为氨基酸的激活（图 6-16）。此时形成的键能可用于后来的肽键的形成。

氨酰 tRNA 合成酶与相关联 tRNA 的识别主要是通过反密码环和受体臂的相互作用，有时 tRNA 的其他部分对识别也有帮助。氨酰 tRNA 合成酶与正确的 tRNA 结合是非常重要的，不仅如此，氨酰 tRNA 合成酶与正确的氨基酸结合也同样重要。为保证不出差错，氨酰 tRNA 合成酶本身具有校读机制。

6.3.4 多聚核糖体

在蛋白质合成过程中，同一条 mRNA 分子能够与多个核糖体结合，同时合成若干条蛋白质多肽链，结合在同一条 mRNA 上的核糖体就称为多聚核糖体（polysome 或 polyribosome）（图 6-17）。

20 世纪 60 年代有几个实验室先后发现了多聚核糖体。例如，Rich 的实验室采用未成熟的红细胞研究蛋白质合成时发现了多聚核糖体。他们将未成熟的红细胞与放射性物质进行短暂培养，以标记新合成的蛋白质，然后温和地破碎细胞，离心除去细胞核和线粒体，收集上清液，在上清液中含有核糖体。然后通过移动区带离心，发现除了 80S 的核糖体之外，还有 170S 的核糖体，而放射性的标记物主要存在于 170S 的核糖体上，因此推断在蛋白质合成时，核糖体可能是成串存在的。电子显微镜观察证实：80S 的核糖体是单个存在的，而 170S 的

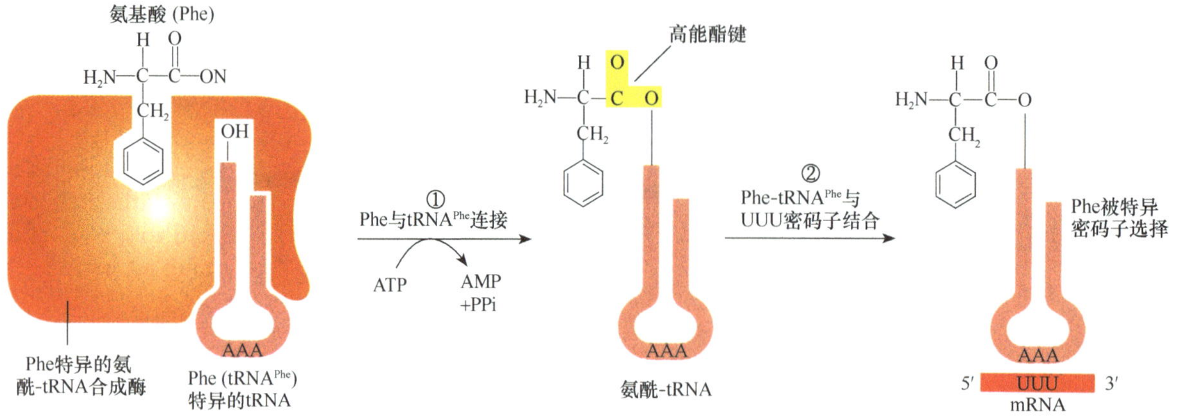

图 6-16　将核酸序列解码成氨基酸序列（引自 Lodish et al.，2013）。在蛋白质合成中，将 mRNA 中的核酸序列翻译成氨基酸序列，涉及两个步骤：①氨酰 tRNA 合成酶先与特异的氨基酸偶联，经由一个高能酯键与相应 tRNA 末端的腺嘌呤 2′或 3′羟基相连；②氨酰 tRNA 反密码环中的 3 个碱基序列通过配对规律与 mRNA 中对应的密码序列配对，从而对 mRNA 中的密码子进行解码。

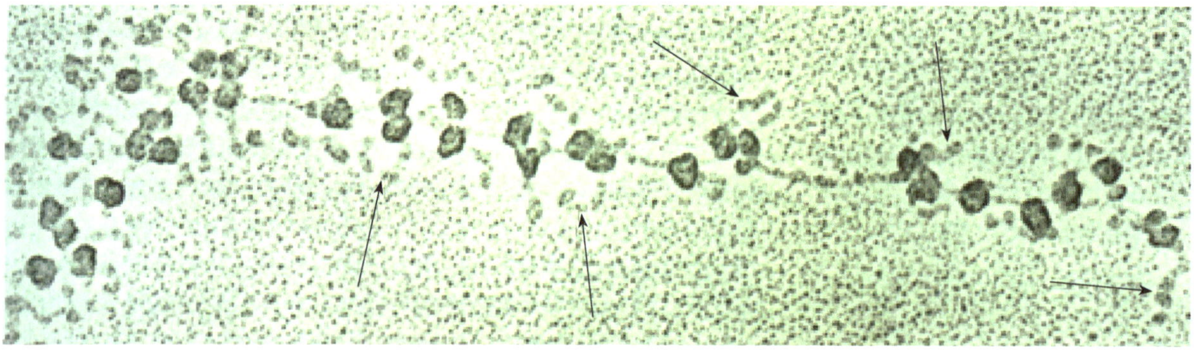

图 6-17　电子显微镜观察的多聚核糖体（引自 Voet et al.，1995）。图中所示是蚕的丝心蛋白 mRNA 3′端多聚核糖体，箭头所示是丝心蛋白多肽。

核糖体是由 4～6 个核糖体组成的多聚核糖体。

1）多聚核糖体的形成　在 mRNA 的起始密码子部位，核糖体亚基装配成完整的起始复合物，然后向 mRNA 的 3′端移动，直至到达终止密码子处。当第一个核糖体离开起始密码子后，空出的起始密码子的位置足够与另一个核糖体结合时，第二个核糖体的小亚基就会结合上来，并装配成完整的起始复合物，开始蛋白质的合成。同样，第三个核糖体、第四个核糖体……依次结合到 mRNA 上（图 6-18）。根据电子显微照片推算，多聚核糖体中，每个核糖体间相隔约 80 个核苷酸。同一条 mRNA 被多个核糖体同时翻译成蛋白质，大大提高了蛋白质合成的速率，也减轻了细胞核进行基因转录和加工的压力。

2）多聚核糖体的意义　由于 mRNA 的寿命有限，合成后必须快速用于蛋白质的合成。在细菌中，mRNA 的转录与蛋白质的翻译是偶联的，其本身的速度就很快，而在真核生物中，转录的是 pre-mRNA，需要加工。为了提高 mRNA 的利用率，一个核糖体启动之后，第二个核糖体紧接着结合上

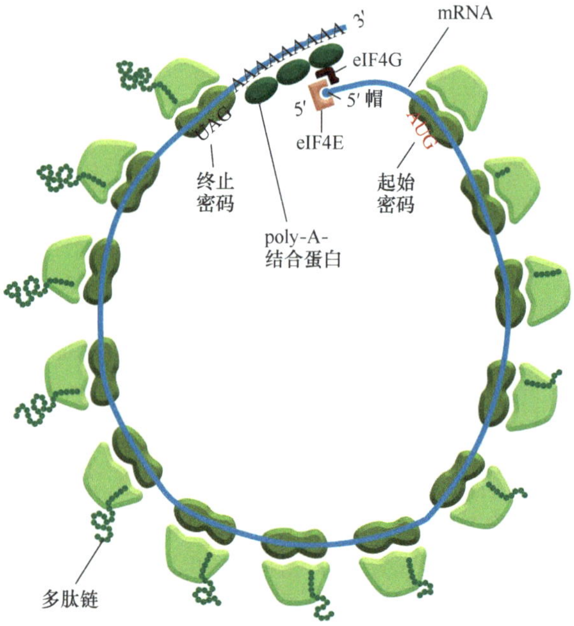

图 6-18　真核生物多聚核糖体及成环（引自 Alberts et al.，2015）。一条 mRNA 上有多个核糖体在进行多肽的合成。eIF4E 与 mRNA 5′帽结合，eIF4G 同时与 eIF4E、poly-A-结合蛋白结合，从而使转译中 mRNA 成环。

去，自然就提高了翻译的速率，提高了 mRNA 的利用率。另外，真核生物 mRNA 形成多聚核糖体后可快速成环，也有利于提高蛋白质合成速率，因为翻译终止释放出来的核糖体可以快速地与相对位置（mRNA 5′端）结合，启动下一轮的翻译。实际上，多聚核糖体的形成在提高了 mRNA 利用率的同时，又何尝不是提高了核糖体的使用率呢，真可谓“兵贵神速”，所以说生命活动是必须争分夺秒的！

6.3.5 蛋白质合成抑制剂

不同的蛋白质合成抑制剂具有不同的作用机制，它们是研究蛋白质合成机制的有用工具。

6.3.5.1 抗生素

抗生素（antibiotic）是主要的蛋白质合成抑制剂，如氯霉素、链霉素等。

不同的抗生素作用机制不同，如链霉素主要是抑制起始 tRNA 和非起始 tRNA 与核糖体的结合，导致肽链合成的提前终止。此外，链霉素也可引起遗传密码子的错读。例如，将链霉素加入正在用人工合成的 polyU 进行翻译的核糖体中，异亮氨酸、亮氨酸、丝氨酸、酪氨酸和苯丙氨酸都能掺入到新合成的多肽中。正常情况下，polyU 只编码苯丙氨酸。有研究表明，在生活细胞中 S12 蛋白具有抗链霉素密码子错读的作用。另外，有些抗生素（如氯霉素）抑制 50S 大亚基肽酰转移酶的活性。

表 6-4 是一些常见的蛋白质及 RNA 合成抑制剂，图 6-19 是几种常见的蛋白质合成抑制剂的结构。

表 6-4 蛋白质及 RNA 合成抑制剂

抑制剂	影响效果
仅作用于细菌	
四环素（tetracycline）	与 30S 核糖体结合，阻断氨酰 tRNA 与核糖体的 A 位点结合
链霉素（streptomycin）	阻止起始、链延伸，诱发错配
氯霉素（chloramphenicol）	抑制 50S 核糖体亚基的肽酰转移酶的活性（阻止肽键的形成）
红霉素（erythromycin）	与 50S 亚基结合，抑制转位
利福霉素（rifamycin）	与 RNA 聚合酶结合，阻止 RNA 链的起始合成
作用于细菌与真核	
嘌呤霉素（puromycin）	通过与链生长端结合，引起新肽链的提前释放
放线菌素 D（actinomycin D）	与 DNA 结合，阻断 RNA 聚合酶的移动（影响 RNA 合成）
仅作用于真核	
放线菌酮（cycloheximide）	阻止起始 tRNA 转位（tRNA 从 P 位点释放）
茴香霉素（anisomycin）	阻止核糖体中肽酰转移酶的反应
α-鹅膏蕈碱（α-amanitin）	通过与 RNA 聚合酶 Ⅱ 结合阻断 mRNA 的合成

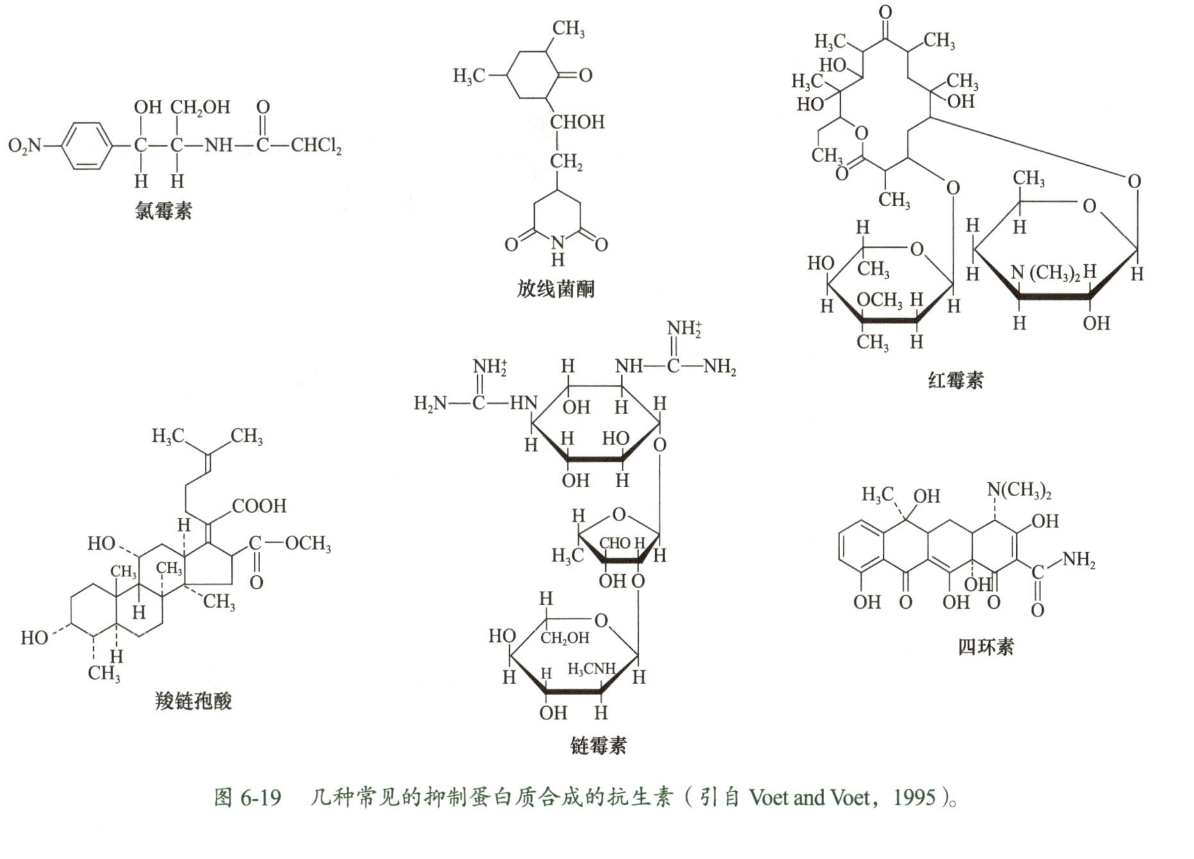

图 6-19 几种常见的抑制蛋白质合成的抗生素（引自 Voet and Voet，1995）。

6.3.5.2 嘌呤霉素

嘌呤霉素（puromycin）是一种蛋白质合成抑制剂，它具有与 tRNA 分子末端类似的结构（图 6-20），能够与氨基酸结合，代替氨酰化的 tRNA 与核糖体的 A 位点结合，并掺入到生长的肽链中。虽然嘌呤霉素能够与 A 位点结合，但是不能参与随后的任何反应，因而导致蛋白质合成的终止并释放出 C 端含有嘌呤霉素不成熟的多肽。

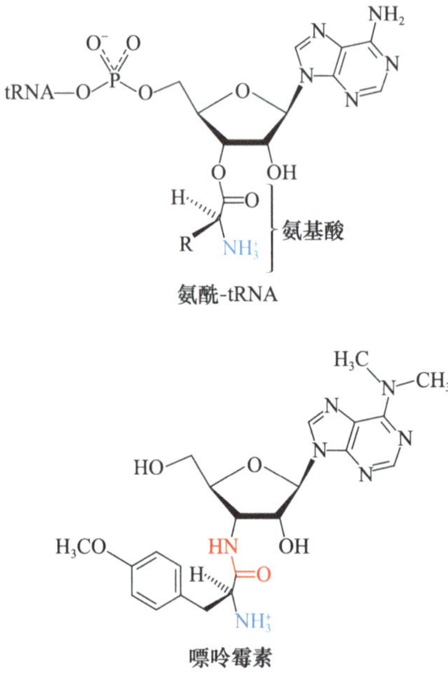

图 6-20　嘌呤霉素与苯丙氨酰 tRNA 3′ 端结构的比较。

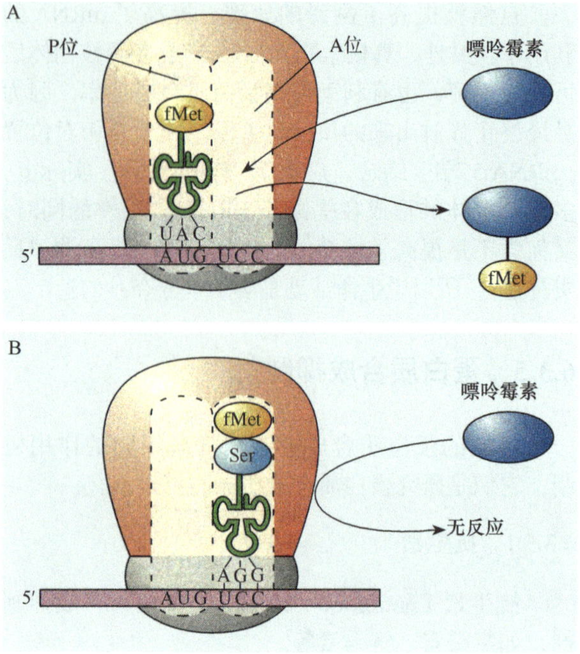

图 6-21　用嘌呤霉素证明核糖体的 A、P 是两个独立存在的位点（引自 Kleinsmith and Kish，1995）。A. 在第一组实验中，只有起始 tRNA 占据 P 位点，如果 A 位点是一个独立位点的话，此时的 A 位点就是空闲的，嘌呤霉素当然能够结合上去；如果 A 位点与 P 位点是同一位点，那么嘌呤霉素就不能与核糖体结合，实验结果是嘌呤霉素能够结合。B. 在第二组实验中，由于 A 位点已经被占据，嘌呤霉素无法与 A 位点结合，只有加入延伸因子和 GTP 后，使 A 位点腾空，嘌呤霉素才能结合到核糖体上。因此，根据这两组实验结果可以断定 A、P 是两个独立的功能位点。

在蛋白质合成过程中，核糖体的 A 位点和 P 位点是两个极为重要的功能位点，它们的存在主要是通过嘌呤霉素的抑制实验研究证实的。

通过嘌呤霉素对蛋白质合成的抑制实验发现核糖体的 A 位点和 P 位点是两个独立的位点。实验分两组进行，在第一组实验中，将 P 位点结合有起始 tRNA 的核糖体与嘌呤霉素一起温育。在这种条件下，嘌呤霉素与核糖体结合，并且能够与起始 tRNA 相互作用（图 6-21A）。在第二组实验中，将 P 位点结合有起始 tRNA 的核糖体先与氨酰 tRNA 一起温育，使之形成肽键，然后再加入嘌呤霉素，此时加入的嘌呤霉素既不能与核糖体结合，也不能与二肽酰 tRNA 相互作用（图 6-21B），但是在反应体系中加入 GTP 和延伸因子 G 后，嘌呤霉素则能与核糖体结合。根据这两组实验结果可以判断核糖体中的 A、P 是各自独立的两个位点（图 6-21）。

6.4 蛋白质的折叠、修饰与降解

蛋白质是细胞功能的执行者，所以蛋白质的合成是细胞中最重要的合成事件。但是在核糖体上合成的仅是蛋白质的一级结构——多肽，要想行使功能，必须要折叠成高级结构。另外，蛋白质不仅是细胞各结构的组成部分，也是各细胞器功能的实现者，所以它要被准确地运送到“岗”。再者，蛋白质的寿命是有限的，再加上细胞周期的关系，一些蛋白质的“出场”时间是受限的，如何对“延时”蛋白质及时清理，也是考验细胞的智慧。

6.4.1 蛋白质折叠与分子伴侣

蛋白质是氨基酸的聚合体，有不同的大小与形态。它们的三维结构的不同是由多肽链的长度及氨基酸不同造成的。由于蛋白质的不同形态与不同化学性质，因而具有不同功能。虽然蛋白质各自具有不同的功能，但还是可以分成不同的功能大类。例如，结构蛋白（structure protein）与细胞的空间结构、形态有关；支架蛋白（scaffold protein）指导蛋白质组装成特异功能的平台；酶蛋白行使催化功能；膜运输蛋白行使细胞的运输功能等。总之，蛋白质的形态结构与功能是统一的，形态是多样的，功能也是多样的（图 6-22）。

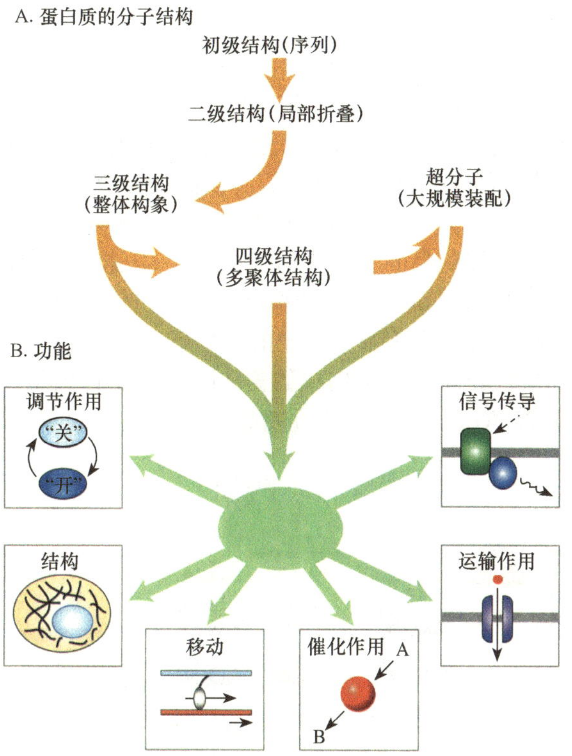

图 6-22 蛋白质的装配与功能概览（引自 Lodish et al., 2013）。A. 蛋白质具有四个层级结构。一级结构是线性多肽；二级结构是多肽链折叠成螺旋或片层。在二级结构基础上，包装成三维形态，即三级或超分子的结构；再进一步组装成多聚体的结构，即四级结构。B. 蛋白质行使多种功能，包括将基因组包装成三维形态、细胞器的组建、膜构建，还参与信号传递、催化反应等。

6.4.1.1 蛋白质折叠

由上可知，蛋白质的形态决定功能（form follows function），因此，多肽合成之后必须快速折叠成高级结构（图 6-23），才可快速发挥作用。蛋白质折叠成的高级结构，通常是 α 螺旋或 β 片层构型。其实，蛋白质折叠（protein folding）也有利于防止蛋白质由于相互粘连聚集成为水不溶的“蛋白质团”而丧失功能。折叠的另一个好处是可防止水解酶的攻击。要知道，细胞中的“明

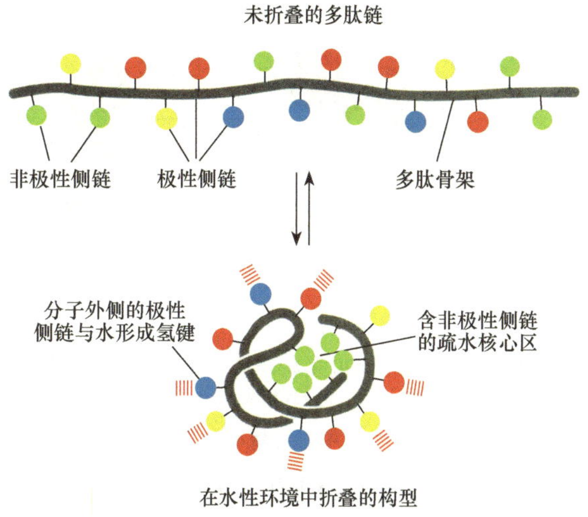

图 6-23 蛋白质折叠成一个致密的构型（引自 Alberts et al., 2015）。极性氨基酸侧链倾向位于蛋白质的外侧，便于与水作用。非极性氨基酸被包在内侧，形成疏水的核。

枪暗箭”是很多的，做好安全防范，才能更好地生存。

6.4.1.2 分子伴侣在蛋白质折叠中的作用

蛋白质的折叠并非自主行为，虽然决定如何折叠的是蛋白质的氨基酸序列，但需要帮手，或者需要指导者，细胞中具有这一功能的分子称为分子伴侣（chaperone 或 molecular chaperone），其本质也是蛋白质。分子伴侣在细胞中广泛存在（无论是细菌，还是人），而且结构上也高度同源，作用机制也基本相同。分子伴侣作用时需要 ATP，利用 ATP 水解释放的能量帮助新生蛋白质折叠。分子伴侣最早是 Ron Laskey 及其同事提出的，用于描述一种细胞核蛋白（核质蛋白）。这种蛋白质是组蛋白与 DNA 装配成核小体所必需的。因此，分子伴侣的主要特点是帮助装配自身又不成为装配体的一部分，后来这一概念扩大到在所有装配中起作用的蛋白质，包括参与蛋白质折叠的蛋白质。

分子伴侣又称伴侣分子，它与蛋白质底物的短片段结合，以稳定未折叠的蛋白质或是让其部分折叠，以防止底物蛋白聚集或被降解。例如，Hsp70、Hsp90 就是此类分子伴侣。图 6-24 是 Hsp70 帮助新生蛋白质折叠的示意图。

Hsp70 作用时需要 ATP，并能将 ATP 水解，所以，Hsp70 具有 ATP 酶的活性，也是一种 ATPase。Hsp70 帮助折叠的蛋白质不仅仅是新生的蛋白质，也包括细胞内因不良环境造成的折叠不正常的蛋白质，进行“救死扶伤”。

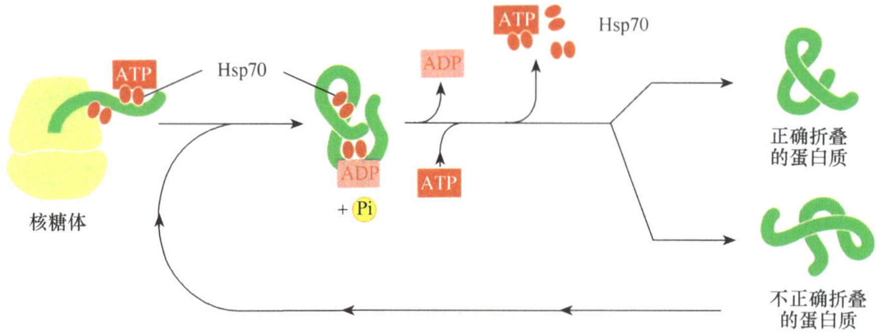

图 6-24 分子伴侣 Hsp70 家族介导的蛋白质折叠（引自 Alberts et al.，2015）。这类分子伴侣工作较早，核糖体上合成的新生肽露出一小段就被 Hsp70 分子伴侣所识别并与之结合，在一组小分子 Hsp40（未显示）的协同下，ATP 与 Hsp70 结合，然后将 ATP 水解成 ADP，帮助靶蛋白折叠后离开。若是折叠不正确，重新进行折叠。

有一种分子伴侣称为伴侣蛋白（chaperonin），这种分子伴侣会形成一个折叠“工作室”，让被折叠的蛋白质进入室内的适宜环境，经过一段时间过程进行合适的折叠，Hsp60 家族就属于此类伴侣蛋白。

对于分子质量大的蛋白质的折叠，Hsp70 家族是“无能为力”的，需要另一个家族，即 Hsp60 家族。因此，Hsp60 家族是介导较大蛋白质正确折叠的分子伴侣。Hsp60 家族是巨型圆桶状的结构，由两个低聚体的环构成。有两类不同的伴侣蛋白，它们在结构、定位及作用机制等方面稍有不同。Ⅰ类伴侣蛋白是在原核生物、叶绿体、线粒体中发现的，由两个环构成，每个环上有 7 个亚基构成的盖。细菌中的Ⅰ类伴侣蛋白称为 GroEL/GroES，它参与 10% 的蛋白质的折叠。Ⅱ类伴侣蛋白是在真核生物及古细菌中发现的，每个环上有 8～9 个同质或异质的亚基构成的盖。图 6-25 是伴侣蛋白 GroEL/GroES 帮助蛋白质折叠的示意图。

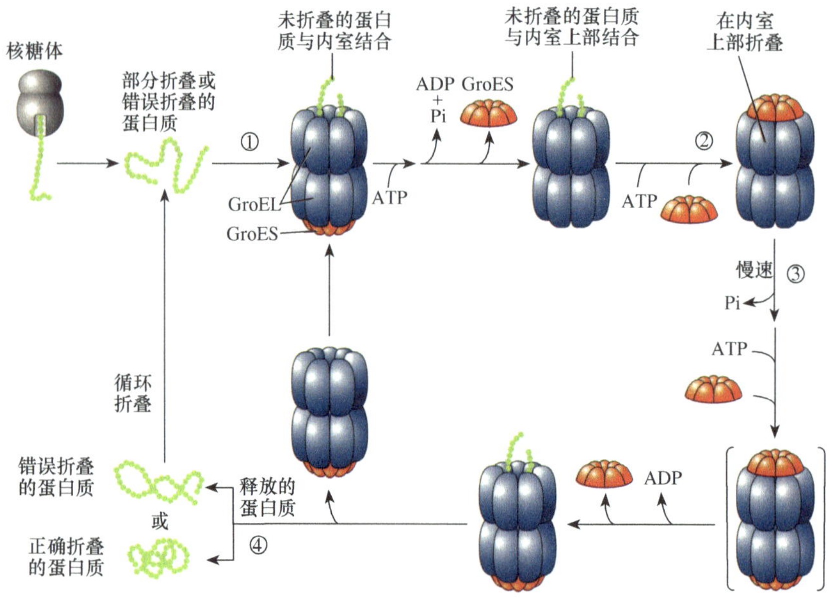

图 6-25 原核生物伴侣蛋白 GroEL 介导的蛋白质折叠（引自 Lodish et al.，2013）。①部分折叠或错误折叠的蛋白质进入伴侣蛋白的折叠室，第二个折叠室被 GroES 盖封闭了，每个环中 7 个 GroEL 亚基结合 7 个 ATP，水解 ATP 释放 ADP，使底部的 GroES 盖与桶脱离转而与伴侣蛋白顶部结合，同时补充 ATP。②被折叠的蛋白质在伴侣蛋白桶内随着 ATP 的水解，缓慢循环折叠。③诱导 ATP 结合，同时诱导 GroES 盖与另一个环结合；结合后引起 GroES 盖与 ADP 和含肽的环结合，然后打开上盖，释放 ADP、蛋白质。④如果释放的蛋白质折叠正确，就会进入细胞发挥作用，若折叠不正确，则需重新进入伴侣蛋白进行重折叠。

6.4.1.3 蛋白质酶促折叠——二硫键的形成

蛋白质多肽中半胱氨酸间二硫键的形成对于稳定蛋白质的折叠具有重要作用，蛋白质二硫键异构酶（protein disulfide isomerase，PDI）催化二硫键的形成（图 6-26）。对于含有多个半胱氨酸的蛋白

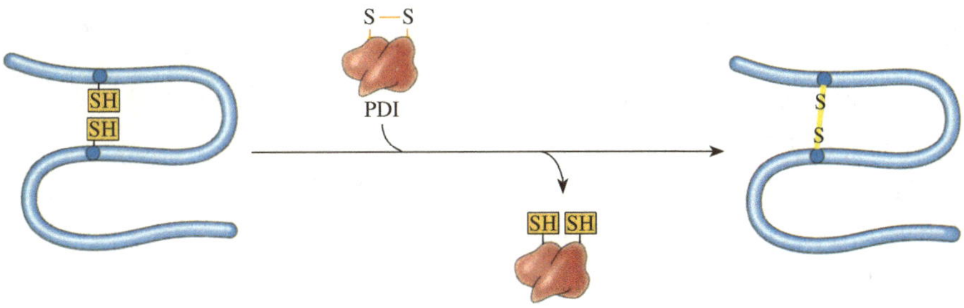

图 6-26 PDI 催化蛋白质二硫键的形成（引自 Cooper and Hausman，2013）。

质而言，PDI 可催化它们快速形成二硫键，形成稳定的折叠。二硫键通常在分泌蛋白、膜蛋白中较为常见，因为胞质溶胶中含有还原剂维持半胱氨酸的还原状态（—SH），从而阻止了二硫键的形成。在真核细胞中，二硫键的形成是在内质网中发生的，而内质网是一种氧化的环境，PDI 也是内质网中最为丰富的蛋白质，PDI 通过催化蛋白质二硫键的形成，维持了蛋白质的构型的稳定，因而也是内质网中关键的分子伴侣。

6.4.2 蛋白质的修饰与加工

细胞内蛋白质要正确行使功能，除了正确的折叠外，还需进行适当的修饰，如甲基化、羟基化、酰基化、糖基化等。此外，二硫键的形成、蛋白质的切割等也是合成后加工处理的。

6.4.2.1 蛋白质的共价修饰

在蛋白质氨基酸残基中发现大约有 500 种不同类型的共价修饰，被修饰的基团包括磷酰基（phosphoryl）、乙酰基（acetyl）、腺苷酰基（adenylyl）、尿苷酰（uridylyl）、甲酰基（methyl）、豆蔻酰（myristoyl）等。图 6-27 是某些酶促的修饰反应。

蛋白质的化学修饰对于细胞的生命活动是十分重要的。例如，细胞核中组蛋白常见的化学修饰有甲基化、乙酰化、磷酸化、泛素化，这些修饰对于维持染色体的结构、促进基因表达及其他的一些功能都是十分重要的。又如，蛋白质的磷酸化对于调节蛋白质的活性、信号转导都是至关重要的。

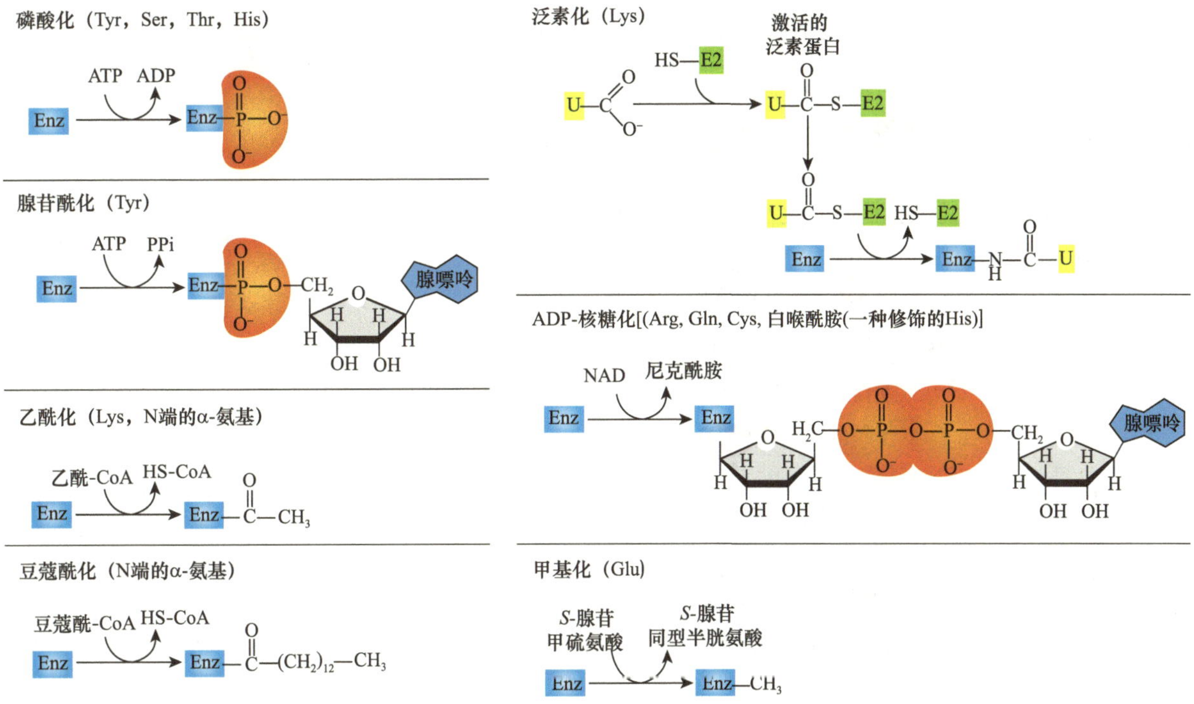

图 6-27 蛋白质的某些酶促的修饰反应（引自 Cox et al.，2012）。Enz 表示酶。

6.4.2.2 蛋白质的糖基化

很多蛋白质，特别是真核细胞中的蛋白质合成之后要添加糖，这种修饰称为糖基化（glycosylation），经糖基化的蛋白质称为糖蛋白（glycoprotein）。虽然细胞核与细胞质中有一些糖基化的蛋白质，但一般而言，被糖基化的蛋白质常是分泌蛋白或细胞表面蛋白。糖蛋白中的糖对于蛋白质在内质网中的折叠、蛋白质定向转运、细胞-细胞相互识别都具有重要作用。大多数糖蛋白根据糖与蛋白质结合的方式不同而被分为 *N*-连接与 *O*-连接两类（图 6-28）。

在 *N*-连接的糖蛋白中，糖是与蛋白质多肽链中的天冬酰胺氨基中 N 原子相连，在 *O*-连接的糖蛋白中，糖则是与蛋白质多肽链中丝氨酸或苏氨酸羟基的 O 原子相连。参与这两种连接的糖分别是 *N*-乙酰葡萄糖胺（*N*-acetylglucosamine）及 *N*-乙酰半乳糖胺（*N*-acetylgalactosamine）。此外，在某些蛋白质肽链中的色氨酸也可以与甘露糖通过 C—C 键连接。

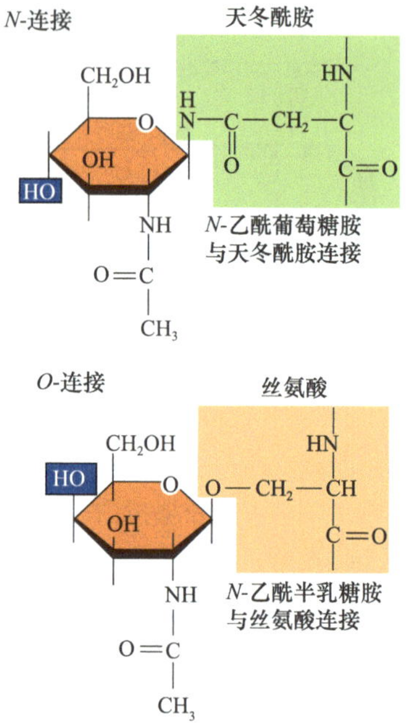

图 6-28 蛋白质的 *N*-连接与 *O*-连接的糖基化。

6.4.2.3 蛋白质的磷酸化

蛋白质的磷酸化修饰是细胞内蛋白质（酶）活性调节最为重要的调节方式。蛋白质的磷酸化是一种共价修饰，但是这种共价修饰是可逆的，有利于蛋白质进行活性状态的快速转换，适应细胞对环境作出快速反应。

蛋白质的磷酸化是由蛋白激酶（protein kinase）催化的，大多数蛋白激酶都是将 ATP 上的磷酸基团转移到蛋白质的丝氨酸、苏氨酸、酪氨酸残基的羟基上。在真核细胞中蛋白激酶是一个很大的蛋白家族，大约有 2% 的真核基因编码蛋白激酶。大多数蛋白激酶磷酸化丝氨酸、苏氨酸、酪氨酸残基，因此它们分别被称为蛋白质丝氨酸/苏氨酸激酶（protein serine/threonine kinase）或蛋白质酪氨酸激酶（protein tyrosine kinase）。蛋白质（酶）被磷酸化后多数成为活性状态，若蛋白质（酶）的磷酸化基团被蛋白磷酸酶（protein phosphatase）除去，则又恢复到非活性状态（图 6-29）。

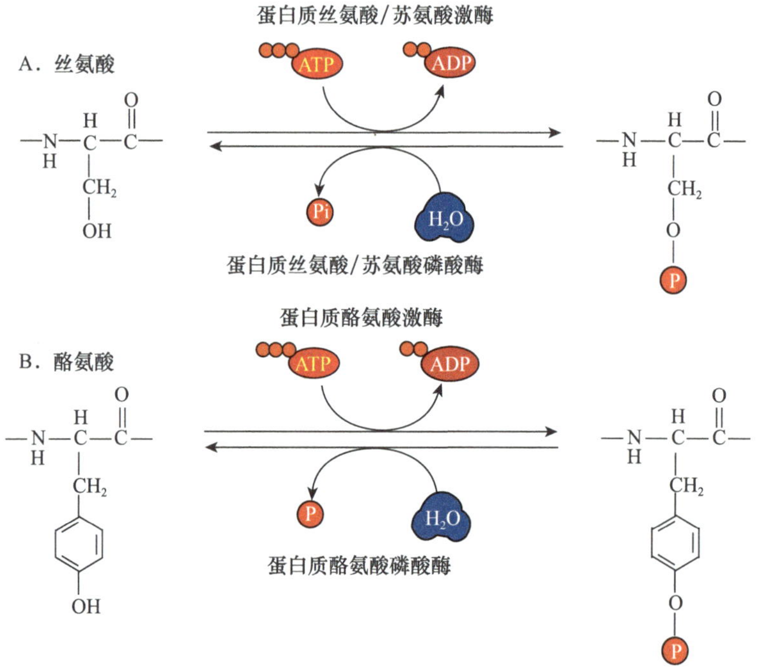

图 6-29 蛋白激酶与磷酸酶的作用（引自 Cooper and Hausman，2013）。A. 丝氨酸/苏氨酸蛋白激酶及其磷酸酶，丝氨酸/苏氨酸蛋白激酶将丝氨酸或苏氨酸残基磷酸化，相应的磷酸酶则是将丝氨酸或苏氨酸残基上的磷脱去。B. 蛋白质酪氨酸激酶及其磷酸酶，蛋白质酪氨酸激酶将酪氨酸残基磷酸化，磷酸酶则是将酪氨酸残基上的磷脱去。

6.4.2.4 蛋白质的切割

蛋白质多肽链的切割，或称蛋白酶解（proteolysis），是很多蛋白质成熟的重要步骤。最熟知的例子是将一些多肽链N端的起始甲硫氨酸切除。氨基端的蛋白酶解修饰在很多蛋白质的穿膜转运，蛋白质掺入质膜，进入溶酶体、线粒体、叶绿体等都具有重要作用。另外，在信号引导的蛋白质定位中，信号序列完成引导后也要被切除，这样才能保证蛋白质“到岗”后不易“跳槽”。

还有一些蛋白质，包括一些酶，合成时是以前体存在的，只有经过切割，除去一部分才能被激活。例如，胰岛素是以很长的前体多肽合成的，必须经过蛋白酶解才具有生物活性。活性胰岛素的形成要经过两次切割：胰岛素的起始前体，即前胰岛素原（preproinsulin），其氨基端含有信号序列，将合成的多肽引导到内质网的腔；进入内质网的腔后，信号序列被切除，产生第二前体，称为胰岛素原（proinsulin），再经过切割，切除间隔的肽段，形成成熟的胰岛素（图6-30）。

细胞内有很多蛋白质合成后是以前体形式存在的，通过切割以后才有活性，如一些消化酶、凝血中的蛋白质，以及动物细胞中涉及细胞程序性死亡的胱天蛋白酶等。

6.4.3 蛋白酶体对蛋白质的降解

细胞中蛋白质寿命差异很大，有些寿命短的只有几分钟（如细胞周期中调节各阶段的蛋白质），有些寿命长的与个体同寿（如眼睛中的晶体蛋白），蛋白质寿命的长短由蛋白质降解的速率控制。

蛋白质降解有两个重要的作用。首先，蛋白质降解有利于及时清理有毒性的、折叠不正确或装配不正确的蛋白质，也包括因基因突变合成的不正确的蛋白质、细胞代谢或应急反应（如热激）损伤的蛋白质。还有，经分子伴侣多次折叠仍不正确的蛋白质也要被及时降解清理。蛋白质降解的第二个作用就是为了适应细胞生理状态的变化，不得不“忍痛割爱”，将一些健康的蛋白质降解，如细胞周期中不同阶段的蛋白质如不及时降解，就不能顺利进入下一阶段。

真核细胞中有几种降解蛋白质的途径，其中最主要的降解途径是溶酶体，它降解的主要是衰老或有缺陷的细胞器。它可以通过吞噬、自噬作用降解被吞入溶酶体中的蛋白质。蛋白质降解的另一个重要途径是蛋白酶体进行的细胞质蛋白降解。

蛋白酶体（proteasome）是降解蛋白质的巨型分子机器，它可以影响细胞的很多生命活动，包括细胞周期的进程、基因转录、DNA修复、细胞程序性死亡、细胞识别、外源生物的感染，以及错误折叠蛋白质的清理等。在典型的哺乳动物细胞中大约有30 000个蛋白酶体。

蛋白酶体约由50种蛋白质亚基组成，分子质量为2×10^6～2.4×10^6Da，有一个20S圆桶状的核心体，核心体的两端各有一个19S的帽复合物，调节20S核心体的催化活性（图6-31A、B）。当核心体与一个或两个帽结合时，称为26S复合物（若是结合两个帽则稍大些，称为30S）。19S的帽子含有16～18个亚基，其中6个能够水解ATP，为核心体的催化反应提供能量。通过酵母的遗传研究，发现细胞中若是没有蛋白酶体，细胞将无法生存。

蛋白酶体20S的催化核有两个内环，各由7个β亚基组成，有3个活性位点，核心内室的直径约为1.7nm；另外有两个外环，各由7个α亚基组成，每个亚基控制着底物的进入。

蛋白酶体能够彻底降解大多数蛋白质，这是因为在β亚基中有三个作用位点，能够切割疏水、酸性、碱性的底物。多肽底物必须将直径调整到约1.3nm，以便通过外环进入核。26S蛋白酶体通常仅允许未折叠

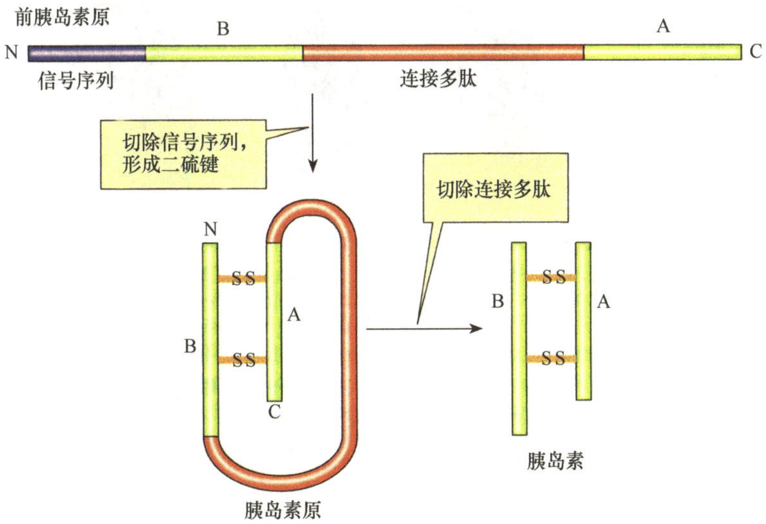

图6-30 胰岛素的蛋白酶解加工（引自Cooper and Hausman，2013）。成熟的胰岛素分子含有两个多肽链（A与B），它们之间通过二硫键相连。原初合成的前体多肽（前胰岛素原）的N端含有一个信号肽，引导前体肽进入内质网后被切除，再经过第二次切除中间序列，成为成熟的胰岛素。

的蛋白质进入，其打开的程度由 19S 帽通过所消耗 ATP 的多少进行调节，19S 帽也参与同底物的选择性结合并参与底物的解折叠。蛋白质在蛋白酶体中最后降解成 2～24 个氨基酸残基长度的小肽被释放出来，最终被细胞质中的多肽酶水解成单个的氨基酸被再利用。

虽然蛋白酶体具有强大的蛋白质降解能力，但是，它们并不能识别哪些蛋白质要被降解，哪些不能被降解，因此需要有一种机制去识别不正常的蛋白质或要被进行数量调整的蛋白质。也就是说，被降解的蛋白质先要被带上标记，然后才能被蛋白酶体所识别降解。

一种由 76 个氨基酸残基组成的多拷贝的蛋白质——泛素（ubiquitin，Ub）能够识别要被降解的蛋白质。从酵母到人的细胞中发现的泛素都是高度保守的，它识别要被降解的蛋白质并与之共价结合，从而使被降解的蛋白质带上标记以便让蛋白酶体降解。这一过程称为泛素化（ubiquitination），涉及三个反应步骤。

（1）泛素激活酶（ubiquitin-activating enzyme）E1 的激活：将泛素添加到泛素激活酶上，该过程需要 ATP。

（2）将泛素分子转移到泛素缀合酶（ubiquitin-conjugating enzyme）E2 的半胱氨酸残基上。

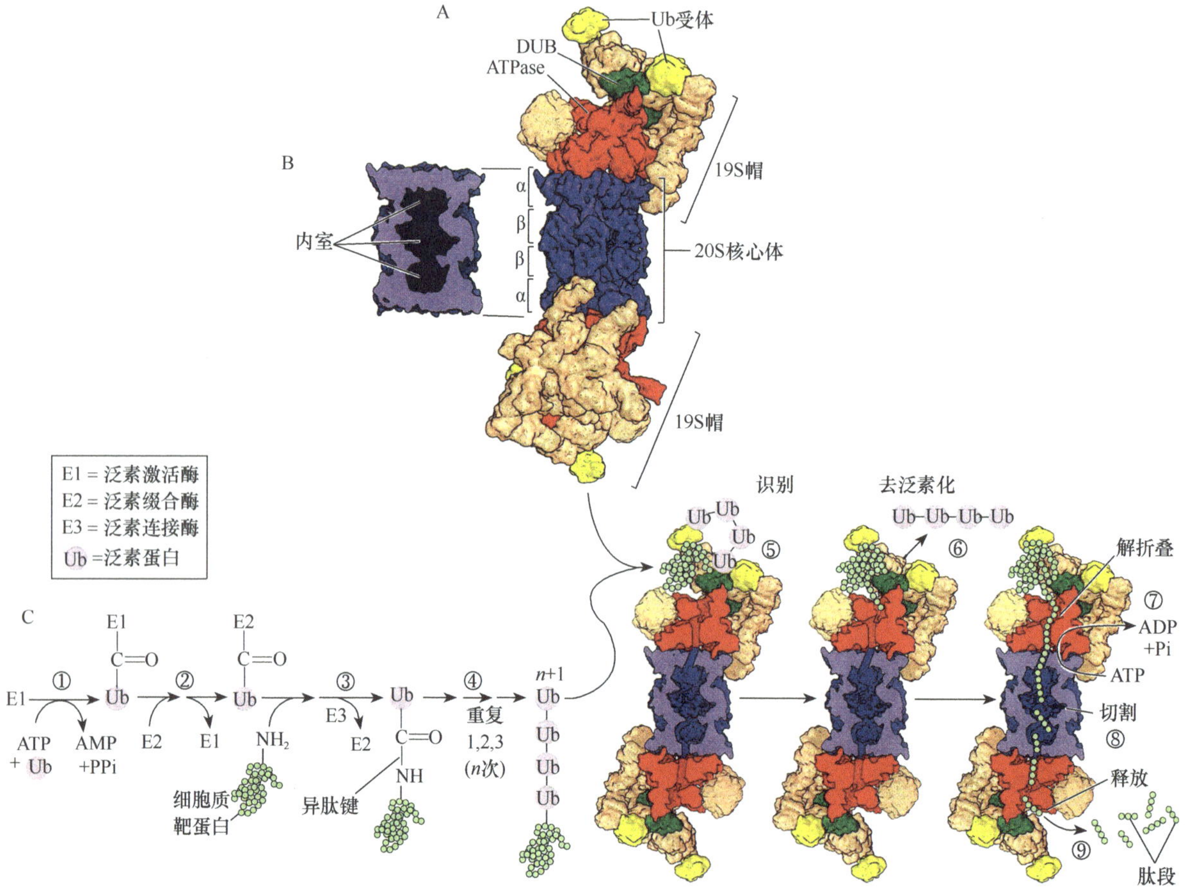

图 6-31 蛋白酶体对蛋白质的降解作用（引自 Lodish et al.，2016）。A. 26S 蛋白酶体具有圆柱形结构，在 20S 核心体的一端或两端有一个 19S 的帽。19S 帽有 19 个不同的亚基（以多种颜色显示），包括 6 个 AAA-ATPase 亚基（Rpt1～Rpt6，红色），它们组装成异六聚体环，两个泛素（Ub）受体（Rpn10 和 Rpn13，黄色），以及一种由去泛素酶（deubiquitinating enzyme，DUB，Rpn11，绿色）与其进化相关的对应物 Rpn8 形成的异二聚体；此外，19S 帽内含有支架和其他蛋白质（tan），两个 19S 帽面向相反的两侧。20S 的核心体由 4 个七聚体环（约 110 Å 直径 ×160Å 长）叠加而成，组成七聚体环的亚基是 α（外环），或者是 β（内环）（蓝色）。B. 20S 核心体的剖视图，显示内室。蛋白质分解发生在由 β 环形成的核心的中心内腔。C. 蛋白质通过多聚泛素化带上被蛋白酶体降解的标记，并送入蛋白酶体被降解。①酶 E1 通过与依赖于 ATP 的泛素（Ub）分子的结合而激活；② E1 将结合的 Ub 分子转移到 E2 的半胱氨酸残基上；③泛素连接酶（E3）将 E2 上结合的 Ub 分子转移到靶蛋白质的侧链赖氨酸残基的—NH_2 上形成异肽键；④多次重复①～③步，在靶蛋白质上形成一个多聚泛素链；⑤多聚泛素化靶蛋白质被蛋白酶体 19S 帽中的 Ub 受体识别；⑥ Ub 基团被去泛素酶去除；⑦ ATP 水解，六聚体 ATPase 亚基（红色）将靶蛋白质解折叠，并通过六聚体中的一个孔将已解折叠的蛋白质转移到 20S 核心体蛋白质降解室；⑧蛋白质被切割降解成短肽；⑨释放出降解的蛋白质片段。

（3）将与 E2 结合的泛素 C 端第 76 位甘氨酸羧基与靶蛋白的赖氨酸侧链的氨基形成共价键，该反应是由泛素-蛋白连接酶（ubiquitin-protein ligase）E3 催化的。这种类型的键称为异肽键（isopeptide bond）。在连接酶的连续作用下，不断将新的泛素通过其 C 端甘氨酸羧基经由异肽键结合到前一个泛素第 48 位赖氨酸上，形成与靶蛋白共价连接的多聚泛素链（图 6-31）。

当多聚泛素链达到 4 个或更多个泛素连接后，26S 蛋白酶体的 19S 帽能够识别泛素化标记的靶蛋白（有时需要一些相关蛋白的帮助），并将其解折叠、转入蛋白酶体进行降解（图 6-31C）。

蛋白酶体对蛋白质的降解需要通过泛素的介导，所以又将之称为泛素降解途径。蛋白酶体对蛋白质的降解作用分为两个过程：一是对被降解的蛋白质进行标记，由泛素完成；二是蛋白酶解作用，由蛋白酶体催化。

6.5 核　酶

核酶（ribozyme）一词用于描述具有催化活性的 RNA，即化学本质是核糖核酸（RNA），却具有酶的催化功能。核酶的作用底物可以是不同的分子，有些作用底物就是同一 RNA 分子中的某些部分。核酶的功能很多，有的能够切割 RNA，有的能够切割 DNA，有些还具有 RNA 连接酶、磷酸酶等活性。与蛋白质酶相比，核酶的催化效率较低，是一种较为原始的催化酶。

6.5.1 核糖体是一种核酶

核糖体是合成蛋白质的机器，它的构成成分的 2/3 是 rRNA，只有 1/3 是蛋白质。一系列的研究发现，rRNA 是核糖体的核，而核糖体蛋白质起稳定 rRNA 核的作用。不仅如此，rRNA 本身具有酶的活性。

在蛋白质合成过程中，肽键的形成是由肽酰转移酶（peptidyl transferase）催化的。它催化核糖体 A 位点 tRNA 上末端氨基酸的氨基与 P 位肽酰-tRNA 上氨基酸的羧基间形成肽键。其结果使 A 位点的氨酰-tRNA 上的多肽延长了一个氨基酸，而 P 位点的氨酰-tRNA 形成脱氨酰-tRNA（图 6-32）。

多年来一直把催化氨基酸间肽键形成的反应看成是由核糖体蛋白质酶催化完成的，但不能确定是何种蛋白质。Harry Noller 和他的同事分别在 1972 年、1992 年发表了两项研究结果，证明核糖体 rRNA 在蛋白质合成中具有催化作用：1972 年的论文是通过改变 rRNA 中的碱基，使核糖体失去活性；1992 年的论文是除去核糖体中的蛋白质，发现除去蛋白质的核糖体仍具有肽酰转移酶的活性。

1992 年发表的研究论文的策略是用去垢剂、蛋白酶、苯酚除去核糖体中的蛋白质，而不使

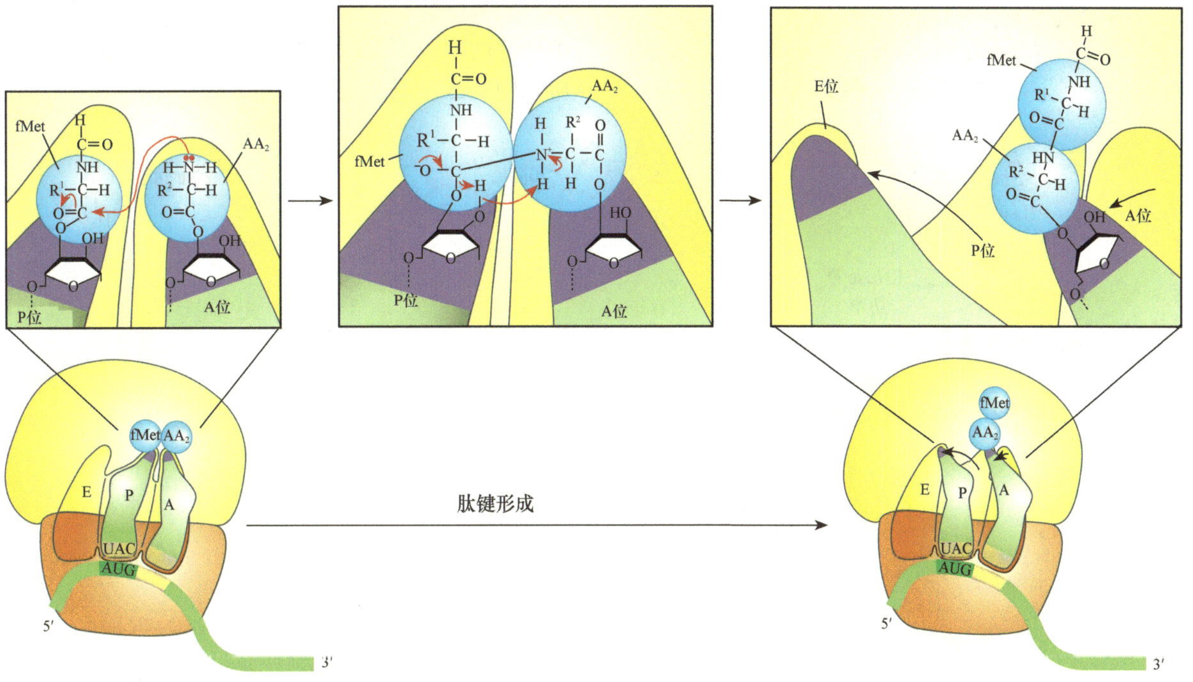

图 6-32　核糖体 A 位点和 P 位点氨基酸间肽键的形成（引自 Nelson and Cox，2013）。

rRNA 降解或变性。为了检查除去蛋白质的核糖体是否能够合成蛋白质，Noller 和他的同事们使用了一个简化的肽酰转移酶反应体系，在反应系统中仅加有处理的 50S 核糖体，而不加起始与延伸因子，另外加［^{35}S］甲硫氨酸（便于检测），以及嘌呤霉素。用这种简化的反应体系，研究者发现水生栖热菌（*Thermus aquaticus*，一种嗜热菌，其 RNA 对热稳定）的 50S 核糖体能够保留肽酰转移酶的活性，甚至用蛋白酶 K、SDS 及苯酚等处理嗜热菌 50S 亚基，即将所有的蛋白质都破坏后，仍然具有肽酰转移酶的活性（图 6-33）。

后来的实验证明，即使用蛋白酶 K 或 SDS 等处理常温的 *E. coli* 的 50S 核糖体，同样具有肽酰转移酶的活性。与此不同的是，用核酸酶处理核糖体 50S 亚基，将 rRNA 降解后，肽酰转移酶的活性也随之消失。这些结果提示是 rRNA 而不是蛋白质催化肽键形成。

图 6-33 50S 核糖体中 rRNA 肽酰转移酶活性证明（引自 Cox et al.，2012）。用 SDS、蛋白酶 K 或苯酚处理栖热水生菌的核糖体，然后用片段反应检测肽酰转移酶的活性，再通过电泳及放射自显影检测反应产物［^{35}S］fMet-嘌呤霉素。结果显示，即使 SDS、蛋白酶 K、苯酚同时处理，都不会影响［^{35}S］fMet-嘌呤霉素的形成。

6.5.2 具有切割功能的核酶

上面讨论的核糖体核酶是催化蛋白质合成中肽键形成的核酶，有些核酶还具有水解酶的活性，参与前体 RNA 加工。

6.5.2.1 RNase P 是具有切割功能的核酶

tRNA 的原初转录物只是一种前体形式，其 5′端、3′端及中间一个小环都要经过加工剪接，此外还要对某些序列进行修饰，才能成为成熟的 tRNA。早期认为 5′端和 3′端部分序列的切除分别是由核糖核酸酶 P（ribonuclease P，RNase P）和核糖核酸酶 D（ribonuclease D，RNase D）催化的，它们都是蛋白质酶。后来发现 RNase P 是 RNA 和蛋白质的复合体，含有一个单链 RNA 分子，长度为 377 个核苷酸，结合一个分子质量为 20kDa 的多肽（119 个氨基酸残基）。1983 年，Sidney Altman 及其同事分离了复合体中的 RNA，并证明分离的 RNA 具有催化切割 tRNA 的能力（图 6-34），推测蛋白质则起间接的作用，可能是维持 RNA 结构的稳定。他们的研究证明了 RNase P 是一种具有切割功能的核酶。

6.5.2.2 四膜虫 28S rRNA 前体的自我剪接

在大多数真核生物的 rRNA 加工中，从前 rRNA 中切除的序列都是间隔区（spacer）而不是内含子。所谓间隔区，就是位于编码基因间的序列而不是位

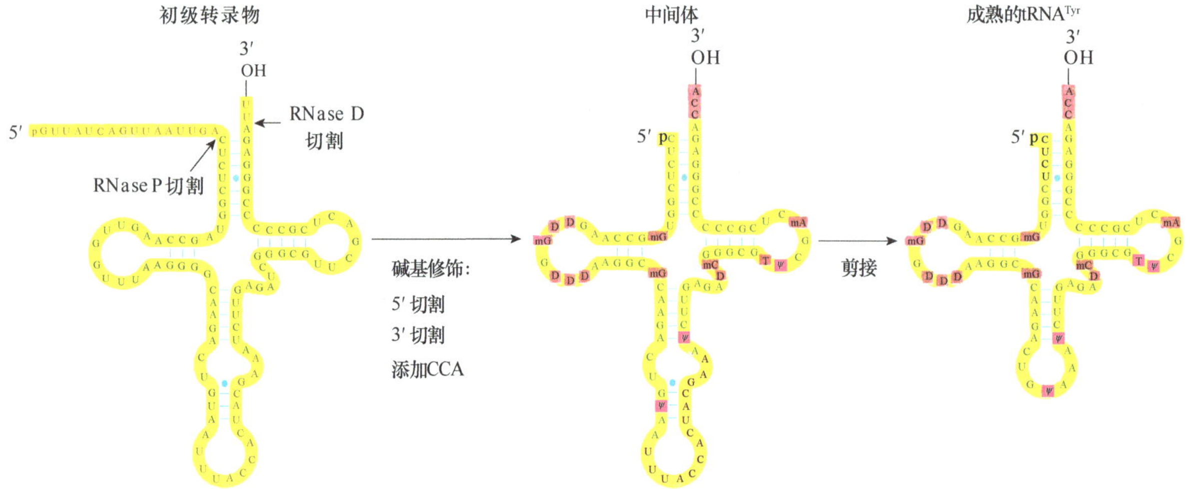

图 6-34 细菌与真核生物 tRNA 的加工（引自 Nelson and Cox，2013）。图中显示的是酵母 tRNA^{Tyr} 被加工的主要过程：5′端由核酶 RNase P 切割，3′端由蛋白质酶切割，并在 3′端加上 CCA，同时还要对某些碱基进行修饰。

于基因内的序列。但是在某些原生动物，如四膜虫的编码核糖体大亚基 26S rRNA（相当于高等生物的 28S rRNA）的基因中，有一个 414 个碱基的内含子（intron）。所谓内含子，是基因内的间隔序列，它不出现在成熟的 RNA 分子中，也就是说在转录后要通过加工被切除。与内含子相对应的是外显子（exon），即最后出现在成熟 RNA 中的序列。1981 年，Thomas R. Cech 和他的同事在研究四膜虫的 26S 前 rRNA 加工去除基因内含子时获得一个惊奇发现：内含子的切除反应发生在仅含有核苷酸和纯化的 26S 前 rRNA 而不含有任何蛋白质催化剂的溶液中，可能的解释是：内含子切除是由 26S 前 rRNA 自身催化的，而不是蛋白质。为了证明这一发现，他们将编码 26S 前 rRNA 的 DNA 克隆到细菌中并在无细胞系统中转录成 28S 前 rRNA 分子。结果发现这种人工制备的 26S 前 rRNA 分子在没有任何蛋白质催化剂存在的情况下，切除了前体分子中的内含子，这种现象称为自剪接（self-splicing）。

这一发现之后不久，在酵母和真菌的线粒体前 mRNA 和前 tRNA 加工、叶绿体的 tRNA 和前 rRNA 加工、某些细菌病毒的前 mRNA 加工中都发现了自剪接现象。Thomas R.Cech 与 Sidney Altman 因发现 RNA 催化剪接共同获得 1989 年诺贝尔化学奖。

6.5.3 核酶与内含子的剪接

由于真核生物的大多数基因中有内含子的存在，所以，转录产物是以前 rRNA、前 tRNA 和前 mRNA 的形式存在的，这些内含子都要通过加工被切除后才能得到成熟的 rRNA、tRNA 或 mRNA。虽然这些 RNA 中内含子切除的机制各不相同，但都涉及核酶的作用。

6.5.3.1 hnRNA 中内含子的剪接

真核生物的结构基因中一般都含有内含子，转录后，从前 mRNA 中将内含子切除，然后将外显子重新连接成一个成熟的 mRNA 的过程称为 RNA 剪接（RNA splicing）。

核剪接（nuclear splicing）是指发生在细胞核中的剪接，主要是对 hnRNA 中内含子的剪接。这种剪接有三个主要特点：一是在前 mRNA 中内含子与外显子间有特征性序列，即 GU-AG 规则；二是剪接过程中需要 snRNA 参与，并要形成剪接体；三是要形成套索结构。

1）GU-AG 规则（GU-AG rule） 前 RNA 中参与内含子剪接的两个特殊位点，即在内含子和外显子交界处有两个相当短的保守序列：5′ 端为 GU，3′ 端为 AG，称为 GU-AG 规则。GU-AG 规则主要适用于（或是全部）真核生物基因的剪接位点，说明内含子的切除有一共同的机制。应指出的是，这种保守性不适用于线粒体、叶绿体和酵母 tRNA 基因转录后的加工。

2）剪接体（spliceosome） 在剪接过程中形成的剪接复合物称为剪接体，剪接体的主要组成是蛋白质和核小 RNA（small nuclear RNA，snRNA）。复合物的沉降系数为 50S～60S，它是在剪接过程的各个阶段随着 snRNA 的加入而形成的一个剪接中间体。

剪接体的装配与核糖体的装配相似，依靠 RNA-RNA、RNA-蛋白质、蛋白质-蛋白质三个方面的相互作用，可能比核糖体更复杂，要涉及 snRNA 的碱基配对、相互识别等。

剪接体中有 5 种类型的核小 RNA，分别是 U1、U2、U4、U5、U6（由于这些小 RNA 富含尿嘧啶，故称为 U），这些 RNA 的大小为 50～200 个核苷酸，每个小分子 RNA 与 6～10 个蛋白质分子组成复合物，称为核内小核糖核蛋白颗粒（small nuclear ribonucleoprotein particle snRNP），snRNP 在剪接反应中起核心作用。U1、U2 和 U5 snRNP 均是独立存在，U4 与 U6 snRNA 组成复合体。

剪接体装配的第一步是 U1 与 pre-mRNA 剪接点的结合。5′ 位点的识别涉及 U1 5′ 端序列与 5′ 剪接位点序列的配对。随着 U1 的结合，U2 snRNP 通过类似配对的原则与分支点 A 结合，随之是 U4/U6 和 U5 snRNP 的结合，形成剪接体，其中 U5 是与剪接点的 5′ 端结合。

snRNA 不仅仅通过与剪接点、支点的结合形成剪接体，它们也直接催化 pre-mRNA 的剪接，最后将切成的两个外显子连接起来（图 6-35），因此剪接体中的 snRNA 具有自剪接（self splicing）的能力。

3）套索的形成和释放 内含子的剪接分为两个主要的阶段。第一阶段是从内含子的 5′ 端开始切割，将左边的外显子与右边的内含子-外显子分开，左边的外显子是一个线性分子，右边的内含子-外显子形成一个套索（lariat）结构；在套索结构中，内含子的 5′ 端与内含子右侧一个碱基相连形成一个环。第二阶段是在剪接位点的 3′ 端切割，释放套索中的内含子，同时右边的外显子与左边的外显子连接起来，切割和连接反应不是独立的，而是协同进行的。

6.5.3.2 Ⅰ型、Ⅱ型内含子的剪接

根据内含子自剪接作用机制不同，分为Ⅰ型内

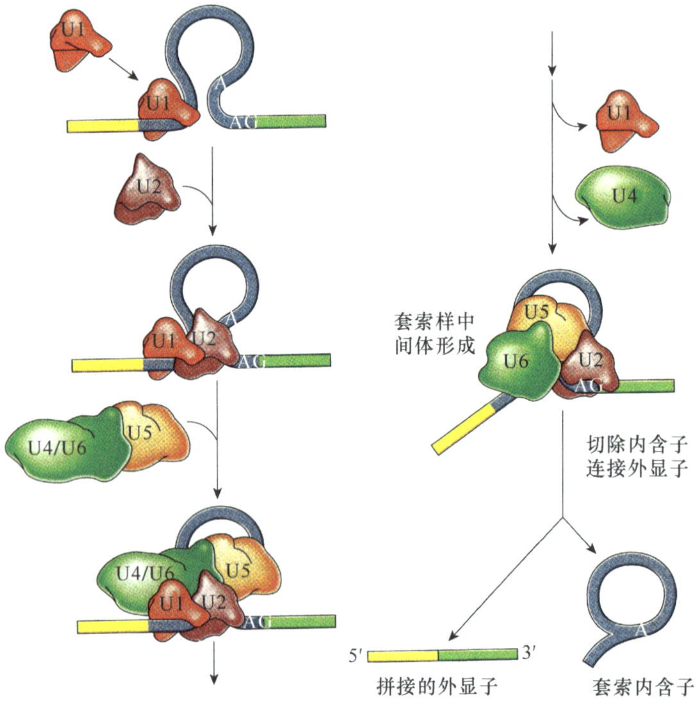

图 6-35 剪接体的装配与内含子的剪接（引自 Cooper and Hausman, 2016）。剪接体装配的第一步是 U1 snRNP 与 5′端剪接位点（splice site，SS）结合，接着是 U2 snRNP 与支点结合，然后是预装配的复合物 U4/U6 及 U5 snRNP 进入剪接体。U1、U4 与剪接体分离，U6 催化套索样中间体（lariat-like intermediate）的形成，然后将含有内含子的套索释放，并将外显子连接起来。

含子和Ⅱ型内含子。Ⅰ型内含子存在于某些生物的细胞核、线粒体和叶绿体中编码 rRNA、mRNA 和 tRNA 的基因中；Ⅱ型内含子一般存在于真菌、藻类，以及植物的线粒体和叶绿体 mRNA 的初级转录物中，所以Ⅰ型内含子比Ⅱ型内含子更普遍。

Ⅰ型内含子（group Ⅰ intron）是一类具有酶催化功能的内含子，转录成 RNA 后，可以自剪接。此类内含子转录后可以形成 9 个由碱基配对形成的特定二级结构，分别命名为 P1～P9，其中 P1 和 P7 是保守的。Ⅰ型内含子的自我剪接需要鸟苷（guanosine）作为辅助因子，不过鸟苷不是作为能源，而是作为附着基团暂时性与 RNA 结合。鸟苷与剪接位点的 5′端结合，并与内含子的 5′端形成一个磷酸二酯键，同时在上游外显子形成 3′-OH 基，接着，新形成的 3′-OH 基与 3′剪接点结合，将两个外显子连接起来，释放出内含子。

从结构上看，Ⅱ型内含子（group Ⅱ intron）的 6 个结构域可形成发夹环，结构域 5 与 6 之间只间隔 3 个碱基，结构域 6 参与转酯作用。Ⅱ型内含子同样具有自剪接的功能，它的剪接位点类似于核编码结构基因的内含子，并同样遵从 GU-AG 规则。Ⅱ型内含子的剪接又不完全与核内含子的剪接相同，它不需要剪接体，但要形成一个套索的中间体。Ⅱ型内含子自剪接的第一步通过内含子中的一个腺苷与 5′剪接点反应从而将 5′剪接点切开，并形成一个套索中间体。第二步是将内含子的 3′剪接点切开，两个外显子相连，释放套索结构。

Ⅰ型与Ⅱ型内含子都是自剪接，图 6-36 是Ⅰ

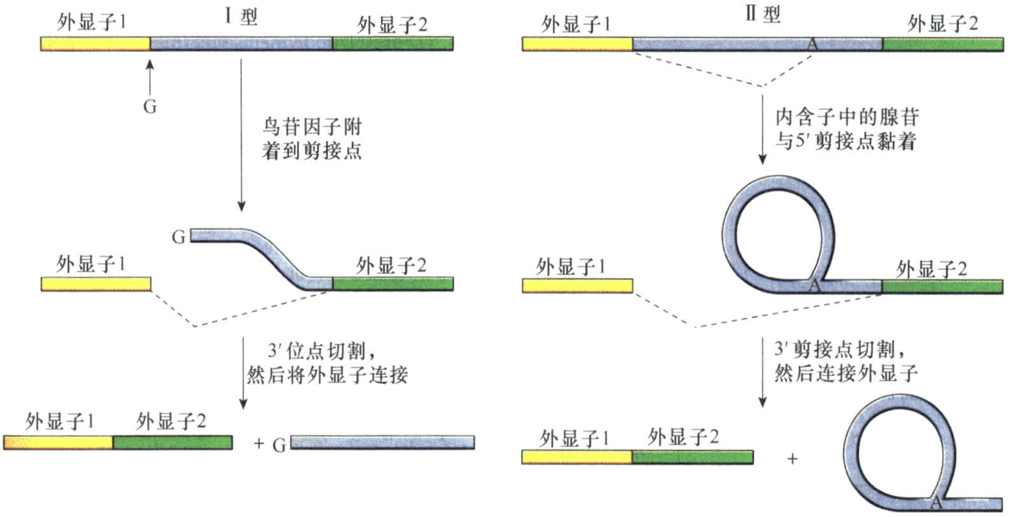

图 6-36 Ⅰ型内含子、Ⅱ型内含子自我剪接（引自 Cooper and Hausman, 2013）。在Ⅰ型内含子剪接中，剪接反应的第一步，在鸟苷（G）的引导下，在内含子的 5′端剪接点进行切割，生成一种线性的、内含子 5′端结合有 G 的中间体。在Ⅱ型内含子的剪接中，剪接反应的第一步是通过内含子内的腺苷反应进行 5′剪接点切割，形成套索中间体。Ⅰ型内含子和Ⅱ型内含子剪接的第二步都是在 3′端剪接点进行切割，然后进行外显子的连接。

型内含子和Ⅱ型内含子自剪接的比较。

核酶的发现在生命科学中具有重要意义，在进化上使我们有理由推测早期遗传信息和遗传信息功能体现者是一体的，只是在进化的某一进程中蛋白质和核酸分别执行不同的功能。核酶的发现为临床的基因治疗提供了一种手段，具有重要的应用前景。

6.6 RNA 编辑

RNA 编辑（RNA editing）是指在 mRNA 水平上改变遗传信息的过程。RNA 编辑是通过比较成熟的 mRNA 与相应基因的编码信息时发现的，成熟的 mRNA 序列中有几种意想不到的变化，包括：U→C、C→U 的改变；U 的插入或缺失；多个 G 或 C 的插入等。RNA 编辑最早是在线粒体编码基因中发现的，后来在植物的叶绿体、哺乳动物的核基因中都有发现。

6.6.1 RNA 编辑对表达的调控

由于 RNA 编辑是基因转录后在 mRNA 中插入、缺失或替换核苷酸而改变 DNA 模板来源的遗传信息，翻译出多种氨基酸序列不同的蛋白质，因此，RNA 编辑的结果不仅扩大了遗传信息，而且使生物能更好地适应生存环境。有些基因的主要转录产物必须经过编辑才能有效地起始翻译，或产生正确的可读框（ORF），如在锥虫动质体 ATPase-6 的前 mRNA 中，需要向导 RNA 通过碱基配对在其 3′ 区增添 447 个尿苷并删除 28 个尿苷才能形成成熟的 mRNA；此外，多头绒泡菌（*Physarum polycephalum*）基因组中存在 ATP 合成酶 α 亚基的隐蔽基因，其转录产物中有 54 处在插入单个的 C 后，才能形成成熟 mRNA 的正确可读框。这些 C 大多插入于嘌呤-嘧啶二核苷酸（RY）的 3′ 侧，且有 78% 的插入在密码子的简并位上，因此有 88% 的 RYC 密码子是通过编辑产生的。由此提示 RNA 编辑是基因表达的一种重要调控机制。

6.6.2 gRNA 介导的 mRNA 插入编辑

锥虫线粒体的细胞色素氧化酶亚基Ⅱ的基因与人类基因相比，在相当于编码第 170 位氨基酸处有一个移码突变；然而在其基因转录产物中却由于 4 个 U 的插入恢复了相应的 ORF，因而能够合成相应功能的蛋白质。研究发现，指导 RNA（guide RNA，gRNA）在锥虫线粒体的细胞色素氧化酶亚基Ⅱ基因的 mRNA 编辑中起重要作用。gRNA 长度为 60～80 个核苷酸，是由单独的基因转录的，具有 3′ 寡聚 U 的尾巴，中间有一段与被编辑 mRNA 精确互补的序列，5′ 端是一个锚定序列，它与预编辑的 mRNA 序列互补。在编辑时，形成一个编辑体（editosome），以 gRNA 内部的序列作为模板进行转录物的校正，同时产生编辑的 mRNA。有趣的是，gRNA 的 3′ 端 oligo U 尾竟是被添加的 U 的供体（图 6-37）。

6.6.3 改变 mRNA 中单个核苷酸的 RNA 编辑

载脂蛋白 B（apolipoprotein B，apoB）基因的 mRNA 是通过单个碱基修饰的 RNA 编辑合成不同蛋白质的最好例子。人的载脂蛋白有两种表达形式：apoB-48 和 apoB-100。该基因的序列在肝、肠

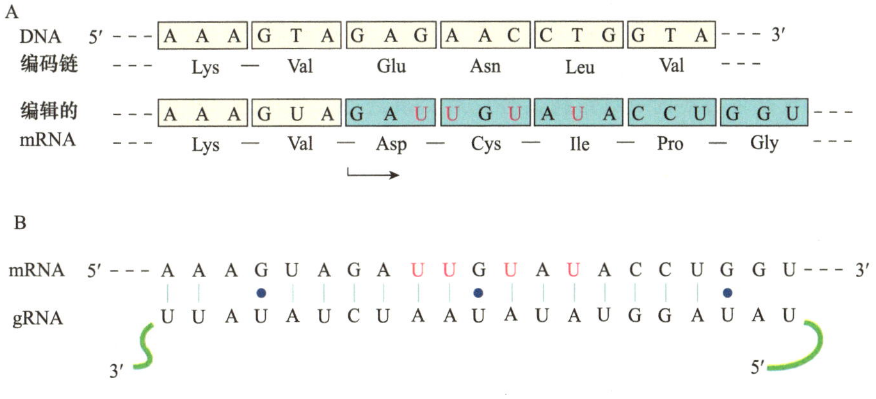

图 6-37 gRNA 指导 *Prytanosoma brucei* 线粒体细胞色素氧化酶亚基Ⅱ基因转录物的编辑（引自 Nelson and Cox，2013）。A. 4 个 U 的插入；B. 在编辑过程中，gRNA 的模板作用。

组织细胞中是相同的，但产物不同。在肝细胞中，产物为4536个氨基酸残基的肽，即apoB-100；但在肠细胞中，产物为只含2152个氨基酸残基的apoB-48，缺失了apoB-100的N端与低密度脂蛋白（LDL）受体结合的结构域。原因是在肠细胞转录的mRNA进行了RNA编辑，即将2153位的谷氨酰胺的密码子CAA中的C编辑成为U，形成一个终止密码子——UAA（图6-38），结果使蛋白质的合成提前终止，合成一个新的分子质量约为250kDa的蛋白质。通过RNA编辑，使*apoB*基因在不同的组织中起不同作用：apoB-100蛋白在肝组织中的作用是在血液循环中运输固醇脂，而apoB-48蛋白在肠中的作用是吸收食物中的脂。

将mRNA中C转变成U，是由与载脂蛋白相关的胞苷脱氨酶催化的，该酶仅存在于肠细胞中。

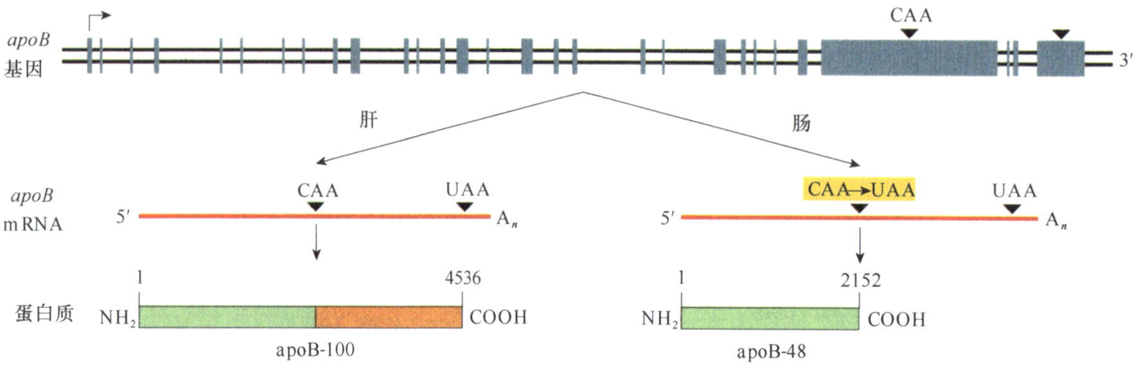

图6-38 载脂蛋白mRNA的编辑（引自Lodish et al.，2013）。在人的肝细胞中，未编辑的mRNA翻译成由4536个氨基酸组成的apo-B100的蛋白质。在人的肠组织中，mRNA因为被编辑，导致C变成了U，产生了一个终止密码，导致翻译提前终止，这样合成的蛋白质apo-48仅有2152个氨基酸。

本章小结

核糖体是细胞内一种核糖核蛋白颗粒，含有rRNA和核糖体蛋白质。核糖体可分为真核生物核糖体和原核生物核糖体，前者有细胞质核糖体、线粒体核糖体和叶绿体核糖体3种类型。核糖体均由大小两个亚基组成，进行蛋白质合成时才结合在一起。原核生物核糖体沉降系数为70S，由50S大亚基（含36种不同的蛋白质，以及23S和5S rRNA）和30S小亚基（含21种蛋白质及16S rRNA）组成；真核生物核糖体沉降系数为80S，由60S大亚基（含大约47种蛋白质及28S、5S和5.8S rRNA）和40S小亚基（含大约33种蛋白质及18S rRNA）组成。

核糖体的生物发生包括蛋白质和rRNA的合成、核糖体亚基的组装等。真核生物的18S、5.8S、28S rRNA基因组成一个转录单位，转录成一个45S的前体。原核生物的16S、23S、5S rRNA基因组成一个转录单位。真核生物核糖体亚基在核仁中装配，原核生物核糖体亚基在细胞质中装配。

核糖体的功能是进行蛋白质的合成，分为氨基酸激活、起始、延伸、终止与核糖体循环、折叠及翻译后加工5个阶段。

核糖体上合成的仅是蛋白质的一级结构，合成后必须进行正确折叠。分子伴侣在蛋白质折叠中起重要作用，蛋白质也可通过酶促进行折叠。

细胞内合成的蛋白质除了折叠成合适的构型外，还需进行适当的修饰，如甲基化、羟基化、酰基化、糖基化等。

有些蛋白质还需要经过切割除去不需要的序列才能起作用，或者经切割后才能折叠装配成正确的构型。

蛋白酶体是降解蛋白质的巨型分子机器，能够彻底降解大多数蛋白质，对于保持细胞内蛋白质的更新及维持活力十分重要。

核酶是具有催化活性的RNA。核剪接涉及核酶的作用，具有GU-AG规则、装配成剪接体、形成套索结构三个特点。Ⅰ、Ⅱ型内含子的剪接机制完全不同。

RNA 编辑是指在 mRNA 水平上改变遗传信息的过程，涉及指导 RNA 的作用。

思考题

（1）核糖体是如何装配的？从经济意义上考虑，大量的核糖体蛋白质进入细胞核，在核仁中装配核糖体亚基似乎不够合理，你如何理解？

（2）请举例说明 RNA 编辑及其意义。

（3）Ⅰ型和Ⅱ型内含子在进行自我剪接时的主要区别是什么？

（4）泛素如何介导细胞内的蛋白质降解？

（5）一般认为，从核糖体上释放出新生肽链，就意味着蛋白质合成结束。但为什么将从核糖体上释放出的蛋白质多肽的折叠与修饰归为蛋白质合成的第五个阶段？

7 线粒体与过氧化物酶体

俗话说："人是铁，饭是钢，不吃饭，软叮当"，说的是食物对生命活动的重要。那么，食物如何使人变成"钢"的呢？细胞中的线粒体起关键作用！

细胞中涉及能量代谢的细胞器主要是线粒体与叶绿体；过氧化物酶体虽然不参与 ATP 的合成，但可促进有毒物质的解毒，对线粒体具有氧调节作用。

7.1 线粒体概述

线粒体（mitochondrion）是 1850 年被发现、1898 年被命名的，是细胞氧化磷酸化和形成 ATP 的主要场所，有细胞"动力工厂"（power plant）之称。另外，线粒体有自身的 DNA 和遗传体系，但线粒体基因组的基因数量有限，因此，线粒体只是一种半自主性的细胞器。

7.1.1 线粒体的发现与功能研究

线粒体是能够在光学显微镜下进行观察的显微结构，它具有渗透性，在低渗溶液中会膨胀，而在高渗溶液中能够收缩。

人们对线粒体的研究有一个多世纪的历史。1850 年，德国生物学家 Kölliker 首次系统地研究了线粒体，发现在肌细胞的细胞质中存在着一种规则排列的颗粒，并且从肌细胞中分离到这些颗粒，发现将它们放置在水中能够膨胀，为此推测这种颗粒是由半透性的膜包被的。很快，在其他一些组织的细胞中也发现了这种颗粒，并起了很多不同的名称。1898 年，有人首次将这种颗粒命名为线粒体，意思是"类似线状的颗粒"（thread-like granule），并很快被大家所接受。

1900 年，Michaelis 在线粒体的功能研究方面取得了突破性的进展。他用染料 Janus green 对肝细胞进行染色，这种染料将线粒体染成绿色。当细胞消耗氧之后，线粒体的颜色逐渐消失了，当时已经了解这种颜色的变化是颜料的氧化还原状态改变的结果，从而提示线粒体具有氧化还原反应的作用。1913 年，Warburg 从细胞匀浆质中分离了线粒体，并发现它能够消耗氧。但是，这些发现当时并没有引起生物学家足够的重视，因为人们普遍认为线粒体的作用主要是参与分化细胞遗传特性的转变。

人们真正注意线粒体在能量代谢中的作用是分离纯化方法的发展和线粒体独立功能的研究。在 20 世纪 40 年代早期，Claude 开创了细胞组分分离技术，能够将线粒体与其他细胞组分分开。但他所用的是盐法，而盐会破坏线粒体的作用，所以用这种方法分离的线粒体看不到有关 Krebs 循环及呼吸链的成分。1948 年，Hogeboom、Schneider 和 Palade 等终于分离到具有生物活性的线粒体，他们采用的分离介质是蔗糖而不是盐，因此不会破坏线粒体。分离方法上的突破，使得 Kenedy 和 Lehninger 证明了线粒体具有 Krebs 循环、电子传递、氧化磷酸化的作用，从而证明了线粒体是真核生物进行能量转换的主要场所。

7.1.2 线粒体的形态结构

线粒体的直径一般为 0.5～1.0μm，在长度上变化很大，一般为 1.5～3μm，长的可达 10μm，人的成纤维细胞的线粒体则更长，可达 40μm。

在不同类型的细胞中线粒体的数目相差很大，但在同一类型的细胞中数目相对稳定。有些细胞中只有一个线粒体，有些则有几十、几百，甚至几千个线粒体。在代谢活跃的细胞中，线粒体的数量多，如肝细胞中有 500～1000 个。代谢率低，耗能少的细胞中线粒体数目少，如精子细胞、淋巴细胞等一般少于 100 个。细胞在不同的功能状态下，线粒体的数目也会变化，如唾液腺细胞在分泌活动旺盛时线粒体的数目增多，红细胞成熟时则没有线粒体。

一般情况下，植物细胞的线粒体数目比动物细胞的少，这是因为植物细胞的叶绿体代替了线粒体的某些功能。

在多数细胞中，线粒体均匀分布在整个细胞质中，但在某些细胞中，线粒体的分布是不均一的，有时线粒体聚集在细胞质的边缘。在细胞质中，线粒体常常集中在代谢活跃的区域，因为这些区域需要较多的 ATP，如肌细胞的肌纤维中有很多线粒体。另外，在精细胞、鞭毛、纤毛和肾小管细胞的基部都是线粒体分布较多的地方。

线粒体由内、外两层彼此平行和高度特化的膜包围而成，内外膜都是典型的单位膜。线粒体外膜（outer mitochondrion membrane，OMM）起界膜作用，线粒体内膜（inner mitochondrion membrane，IMM）向内皱褶形成嵴（crista），嵴上有一些颗粒朝向线粒体基质，这些颗粒称为 F_1 颗粒（F_1 particle），似把手状。线粒体的外膜和内膜将线粒体分成两个不同的区室：一个是膜间隙（intermembrane space，IMS），是两个膜之间的空隙；另一个是线粒体基质（matrix），它是由内膜包裹的空间（图 7-1）。

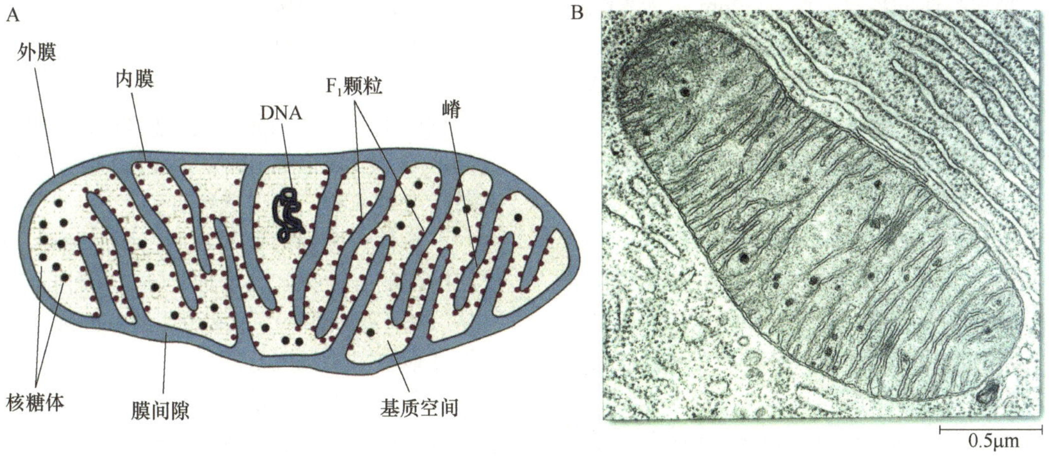

图 7-1 线粒体形态结构（引自 Kleinsmith and Kish，1995）。A. 线粒体结构模式图；B. 线粒体的电子显微镜照片。

7.1.3 线粒体的化学组成和各部分特性

线粒体是由外膜、内膜、膜间隙及基质 4 个部分所组成，由于各部分的作用不同，因此，不仅在化学组成上不尽相同，而且具有不同的形态特性。

7.1.3.1 线粒体的化学组成

经过对线粒体各结构组分的生化分析，发现线粒体的化学组分主要是蛋白质、脂类、水分等。

蛋白质占线粒体干重的65%～70%。线粒体的蛋白质分为水溶性和脂溶性的，水溶性的蛋白质主要是基质的酶和膜的外周蛋白；脂溶性的蛋白质是膜整合蛋白，有很多具有酶活性。

线粒体的脂类只占干重的20%～30%。在线粒体的脂类中多数是磷脂，占总脂的3/4以上。其中，卵磷脂、脑磷脂占多数；还有一定数量的心磷脂，但胆固醇的含量较低。含丰富的心磷脂和较少的胆固醇是线粒体在组成上与细胞其他膜结构的明显差别。

线粒体内、外膜在化学组成上的主要区别是脂类和蛋白质的比例不同，内膜上的脂类与蛋白质的比值低（0.3∶1），外膜中的比值较高（接近1∶1）。

从线粒体中已分离出120多种酶，组成几十种不同的酶系（如三羧酸循环酶系、氧化磷酸化酶系等），每种酶系至少有2000个重复，有规则地排列在线粒体的不同部位。

7.1.3.2 线粒体各部分的特性和功能

组成线粒体的4个部分，在能量转换过程中分别起不同的作用，各部分功能的差异主要是化学组成的差异，特别是蛋白质和酶分布的差异（表7-1）。

表7-1 线粒体各部分蛋白质的分布

外膜	膜间隙	内膜	基质
细胞色素 b_5	腺苷酸激酶	NADH脱氢酶	丙酮酸脱氢酶
NADH-细胞色素	核苷	琥珀酸脱氢酶	脂肪酸β氧化酶
还原酶	二磷酸激酶	细胞色素氧化酶	Krebs循环酶系
单胺氧化酶	单磷酸激酶	细胞色素 c	DNA聚合酶
脂酰辅酶A合酶		ATP合酶	RNA聚合酶
磷酸甘油酰基转移酶		F_oF_1复合物	核糖体
核苷二磷酸激酶		转运蛋白	转移RNA
孔蛋白		醌	
磷脂∶蛋白质＝0.9∶1		磷脂∶蛋白质＝0.3∶0.7	
心磷脂∶磷脂＝0.03∶0.97		心磷脂∶磷脂＝0.22∶0.78	

1）外膜　线粒体最外的一层全封闭的单位膜结构，是线粒体的界膜，厚6～7nm，平整光滑。构成外膜的脂与蛋白质（酶）的含量几乎相等。

外膜含有孔蛋白，当孔蛋白通道打开时最大可允许5000Da的分子通过，由于ATP、NAD、辅酶A等的分子质量都小于1000Da，所以这些分子都能自由通过外膜。由于外膜的通透性非常高，使得膜间隙中的环境几乎与胞质溶胶相似。

外膜含有一些特殊的酶类，如参与色氨酸降解、脂肪酸链延伸的酶，表明外膜不仅参与膜磷脂的合成，同时对那些将在线粒体基质中进行彻底氧化的物质先进行初步分解。外膜上含有单胺氧化酶（monoamine oxidase），这种酶能够终止胺神经递质（如降肾上腺素和多巴胺）的作用。在早期的细胞学研究中，将单胺氧化酶视为线粒体外膜的标志酶。

2）内膜　位于外膜的内侧，包裹线粒体基质的一层单位膜结构，厚5～6nm。由于内膜要建立H^+的质子梯度，驱动ATP的合成，所以内膜的通透性较低，一般不允许离子和大多数带电的小分子通过，为线粒体行使正常的功能提供了保证。相对于外膜而言，内膜对于大多数核苷、糖及小的离子都是不通透的。这些物质的运输要借助于膜上的一些载体蛋白。

内膜的蛋白质与脂的比例相当高，并且含有大量的心磷脂（cardiolipin），约占磷脂含量的20%。心磷脂与离子的不可渗透性有关。

线粒体内膜通常要向基质折褶形成嵴，嵴的形成使内膜的表面积大大增加。嵴有两种排列方式：一是层状（lamellar），二是管状（tubular）。在高等动物细胞中主要是层状的排列，多数垂直于线粒体长轴；在原生动物和植物中常见的是管状排列。线粒体嵴的数目、形态和排列等在不同种的细胞中差别很大。一般需要能量多的细胞，不仅线粒体多，而且线粒体嵴的数目也多。

线粒体内膜的嵴上有许多排列规则的颗粒，称为线粒体基粒，每个基粒间相距约10nm。基粒又称偶联因子1（coupling factor 1），简称F_1，实际是ATP合酶（ATP synthase），又叫F_oF_1-ATP酶复合体，是一个多组分的复合物。

内膜的酶类比外膜复杂得多，主要有两大类。第一类是运输酶类，因为内膜不仅要进行各种代谢产物和中间产物的运输，还要运输磷酸、钙离子，以及核苷酸、谷氨酸、鸟氨酸等。第二类是电子传递和 ATP 合成的酶类，这是线粒体内膜的主要成分，参与电子传递和 ATP 的合成。

内膜是线粒体进行电子传递和氧化磷酸化的主要部位，在电子传递和氧化磷酸化过程中，线粒体将氧化过程中释放出来的能量转变成 ATP。

3）膜间隙　线粒体内膜和外膜之间的间隙，宽 6～8nm，其中充满无定形的液体，含有可溶性的酶、底物和辅助因子。由于外膜通透性很强，而内膜的通透性又很低，所以膜间隙中的化学成分很多，几乎接近胞质溶胶。膜间隙中也有一些酶类，如腺苷酸激酶（adenylate kinase）、二磷酸核苷激酶等，其中腺苷酸激酶的功能是催化 ATP 分子末端磷酸基团转移到 AMP，生成 2 分子 ADP。

4）线粒体基质　内膜和嵴包围着的线粒体内部空间是线粒体基质。基质中的酶类最多，与三羧酸循环、脂肪酸氧化、氨基酸降解等有关的酶都存在于基质之中。其中有些酶系组成网状结构，与内膜内侧有一定的连接，这样有利于这些酶促反应所形成的 NADH 转移到内膜的电子传递链上。此外还含有 DNA、tRNA、rRNA，以及线粒体基因表达的各种酶和核糖体。

由于线粒体各部分结构的化学组成和性质的不同，它们的功能各异（表 7-2）。

表 7-2　线粒体各部分的功能

部位	功能
外膜	磷脂的合成；脂肪酸链去饱和；脂肪酸链延伸
内膜	电子传递；氧化磷酸化；代谢物质运输
膜间隙	核苷的磷酸化
基质	丙酮酸氧化；TCA 循环；脂肪的 β 氧化；DNA 复制；RNA 合成；蛋白质合成

7.2 线粒体蛋白的靶向转运

线粒体本身的遗传信息有限，由线粒体 DNA 编码的蛋白质大约只有 13 种，而线粒体执行功能（包括结构）时，需要上百种蛋白质，其中绝大多数都是核基因编码，在细胞质的游离核糖体上合成后转运到线粒体（表 7-3）。

表 7-3　细胞质中合成的某些线粒体蛋白

线粒体部位	蛋白质
基质	F_1-ATPase：α 亚基（植物除外）、β 亚基、γ 亚基和 δ 亚基（某些真菌），RNA 聚合酶，DNA 聚合酶，核糖体蛋白，柠檬酸合成酶，TCA 酶系，乙醇脱氢酶（酵母），鸟氨酸氨基转移酶（哺乳动物）
内膜	ADP-ATP 逆向转运蛋白，磷酸-OH^- 逆向转运蛋白，细胞色素 *c* 氧化酶亚基 4、5、6、7，F_o-ATPase，$CoQH_2$-细胞色素 *c* 还原酶复合物亚基 1、2、5（Fe-S）、6、7、8
膜间隙	细胞色素 *c*，细胞色素 *c* 过氧化物酶，细胞色素 b_2，$CoQH_2$-细胞色素 *c* 还原酶复合物亚基 4（细胞色素 c_1）
外膜	孔蛋白

7.2.1　蛋白质分选与转运

真核生物的细胞是高度有序的结构，蛋白质是各种结构的主要成分。除线粒体与叶绿体能够合成有限的、供自己需要的蛋白质外，核基因编码的蛋白质都是在细胞质核糖体上合成的，因此，细胞质核糖体合成的蛋白质必须通过一定的机制定位到相应的细胞器或功能部位。

蛋白质分选（protein sorting）是指将新合成的蛋白质从群体中“挑出来”，然后通过特殊的机制将其“送上岗”。蛋白质寻靶（protein targeting）是蛋白质通过其携带的信号找到“东家”。其实，寻靶的过程是被包含在蛋白质转运过程之中的，分选、寻靶与转运是新合成的蛋白质被正确定位的一个连续的过程，涉及信号序列、受体及转运途径。

细胞质核糖体上合成的蛋白质是如何被分选与转运的呢?

7.2.1.1　蛋白质分选与转运途径

细胞质中的核糖体在合成蛋白质时有两种可能的存在状态：一种是在蛋白质合成的全过程一直保持游离状态（实际上是与细胞骨架结合在一起的），这种核糖体称为游离核糖体（free ribosome）；另一种情况是核糖体在合成蛋白质的初始阶段处于自由状态，但随着肽链的合成，核糖体被引导到内质网上与内质网膜结合在一起，这种核糖体称为附着核糖体（membrane-bound ribosome）。由于这两种核糖体上合成的蛋白质在细胞内的去向是不同的，因此，它们的转运途径也是不同的，分别称为翻译后转运（post-translational translocation）和共翻译转运（cotranslational translocation）（图 7-2）。

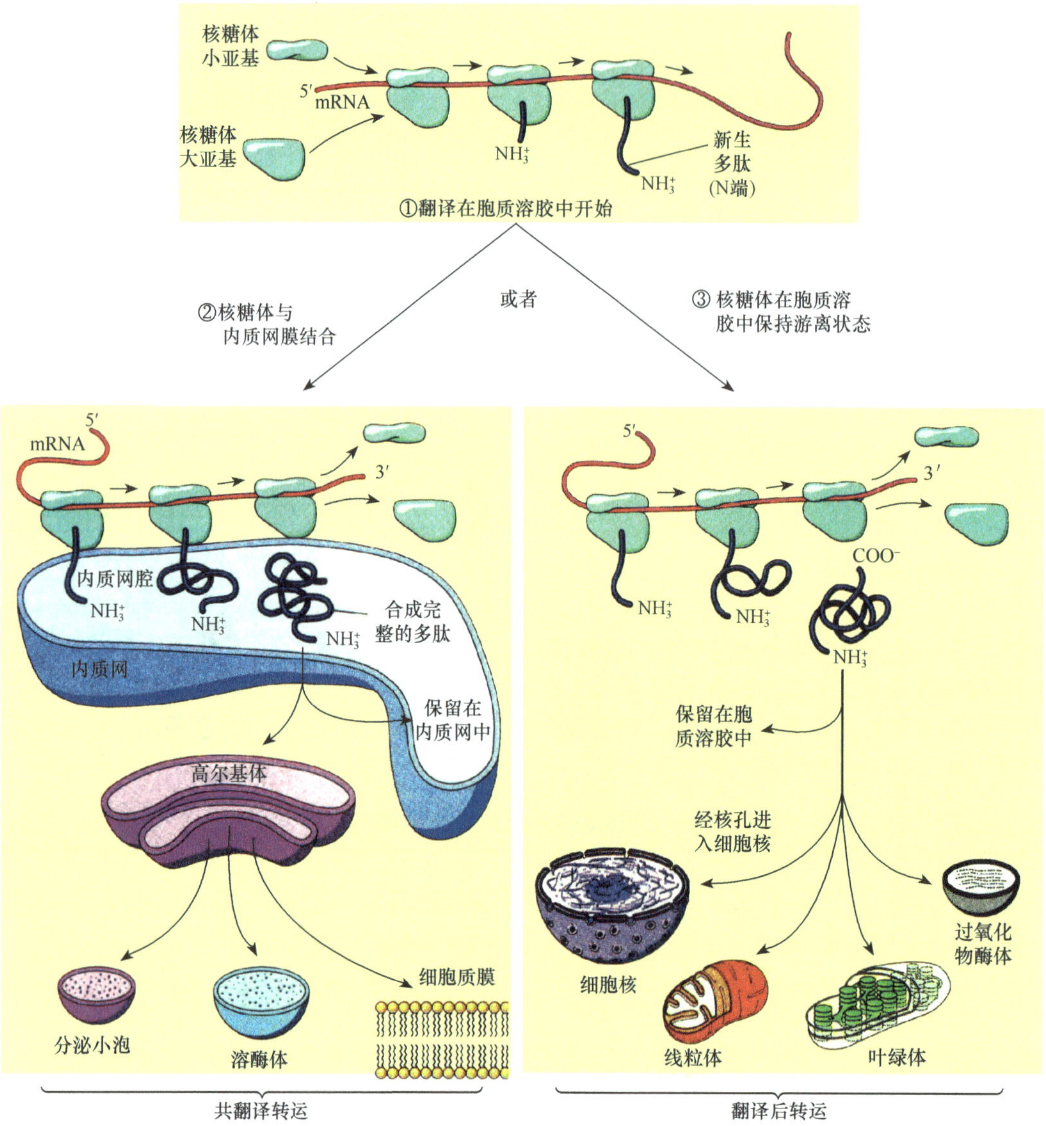

图 7-2 蛋白质共翻译转运与翻译后转运（引自 Becket et al.，1996）。①核基因编码的蛋白质在细胞质的游离核糖体上起始合成。②N 端具有信号肽序列的肽链被引导到内质网上，导致核糖体与内质网结合，新生的蛋白质进入共翻译转运途径；附着核糖体合成的蛋白质经内质网、高尔基体进行转运，运输的目的地包括内质网、高尔基体、溶酶体、细胞质膜、细胞外基质等。③N 端不含信号肽序列的新生肽 mRNA 仍与游离核糖体一起直至完成蛋白质合成；游离核糖体上合成的蛋白质的去向有胞质溶胶、细胞核、叶绿体、线粒体、过氧化物酶体等。

1）共翻译转运　附着核糖体上合成的蛋白质，在它们进行翻译的同时就开始了转运，主要是通过定位信号，一边翻译，一边进入内质网，然后再进行进一步的加工和转移。由于这种转运定位是在蛋白质翻译的同时进行的，故称为共翻译转运。在附着核糖体上合成的蛋白质通过信号序列介导将核糖体引导到内质网后，经过连续的膜系统转运分选才能到达最终的目的地。共翻译途径又称为分泌途径（secretory pathway），是基于膜泡的转运（vesicle-based trafficking）（图 7-2②）。

2）翻译后转运　由于游离核糖体上合成的蛋白质必须等蛋白质完全合成并释放到胞质溶胶后才能被转运，所以将这种转运方式称为翻译后转运。游离核糖体合成的蛋白质在细胞内的定位，由前体蛋白本身具有的导向信号决定。不同类型的导向信号可以引导蛋白质定位到特定的细胞器，如线粒体、叶绿体、细胞核和过氧化物酶体等（图 7-2③）。由于在游离核糖体上合成的蛋白质在合成释放之后需要通过肽序列中的信号寻找目的地，因而是一种基于信号的寻靶（signal-based targeting）。

7.2.1.2 靶向序列与信号序列

无论是在游离核糖体上合成的蛋白质还是在附着核糖体上合成的蛋白质，它们的转运都是由信号引导的，这种信号一般存在于蛋白质的N端，这就是蛋白质的定位信号，而定位信号也是基因中的编码序列。由于游离核糖体合成的蛋白质与附着核糖体合成的蛋白质的信号序列不同，导致运输机制也不同。为了便于区别它们，将游离核糖体上合成的、位于新生肽N端的信号统称为靶向信号（targeting signal）或靶向序列（targeting sequence）。由于这一段序列是氨基酸组成的肽，所以又称为前导肽（leading peptide）或转运肽（transit peptide）。将附着核糖体上合成的、位于新生肽N端具有信号作用的序列称为信号肽（signal peptide）或称为信号序列（signal sequence）。

7.2.2 线粒体蛋白的转运

构成线粒体的蛋白质主要是核基因编码的，少量是线粒体基因编码的，但无论是核基因还是线粒体基因编码的蛋白质，都要转运定位。由于线粒体有4个组成部分，其中有两层膜，所以转运到线粒体基质的、由细胞质核糖体合成的蛋白质必须穿过两层膜障碍。

7.2.2.1 线粒体蛋白转运的实验证明

通过示踪研究发现酵母线粒体蛋白合成之后存在于胞质溶胶中，后来逐渐进入线粒体各部位。通过无细胞系统进一步证明了这一结果（图7-3）。

首先在无细胞系统中合成酵母线粒体蛋白，然后将合成的蛋白质分成两组：一组直接加入胰蛋白酶；另一组先加入线粒体，然后再用胰蛋白酶处理，发现加入线粒体的一组蛋白质对胰蛋白酶具有抗性，而不加线粒体的一组蛋白质被胰蛋白酶水解。由于胰蛋白酶是水溶性的酶，不能进入线粒体，所以对胰蛋白酶的抗性说明线粒体蛋白进入了线粒体从而得到保护。

7.2.2.2 线粒体靶向序列的一般特性

线粒体靶向序列是新生蛋白质N端一段20～50个氨基酸残基的肽链，通常带正电荷的碱性氨基酸（特别是精氨酸和赖氨酸）含量较为丰富，如果它们被不带电荷的氨基酸取代就不起引导作用，说明这些氨基酸对于蛋白质的定位具有重要作用。这些氨基酸分散于不带电荷的氨基酸序列之间。靶向序列中不含有或基本不含有带负电荷的酸性氨基酸，并且有形成两性α螺旋的倾向。靶向序列的这种特征性的结构有利于穿过线粒体的双层膜。不同的靶向序列之间没有同源性，说明靶向序列与识别的特异性有关，而与二级或高级结构无太大关系。线粒体的靶向序列引导蛋白质寻靶时，具有以下6个显著特点。

（1）蛋白质要解折叠。蛋白质在合成时为了防止降解，需要立即折叠形成空间结构，但是在靶向转运时，必须解折叠，运入线粒体之后再重新折叠。

（2）需要受体。由于被转运的蛋白质需要穿过（或插入）线粒体膜，转运肽首先需要与线粒体膜上的受体识别，然后才能进行转运。

（3）从转运通道进入。线粒体的内外膜转运蛋白要形成瞬时转运通道。

（4）需要能量。转运肽引导的蛋白质转运是一个耗能过程，既要消耗ATP，又要膜电位的驱动。

（5）需要转运肽酶。由于转运肽只是起蛋白质转运的引导作用，而非蛋白质的永久结构，所以当蛋白质到达目的地后，转运肽要被切除，这一过程是由转运肽酶（transit peptidase）催化的。

（6）需要分子伴侣的帮助。在线粒体蛋白的转运过程中，需要分子伴侣的参与，包括细胞质中的

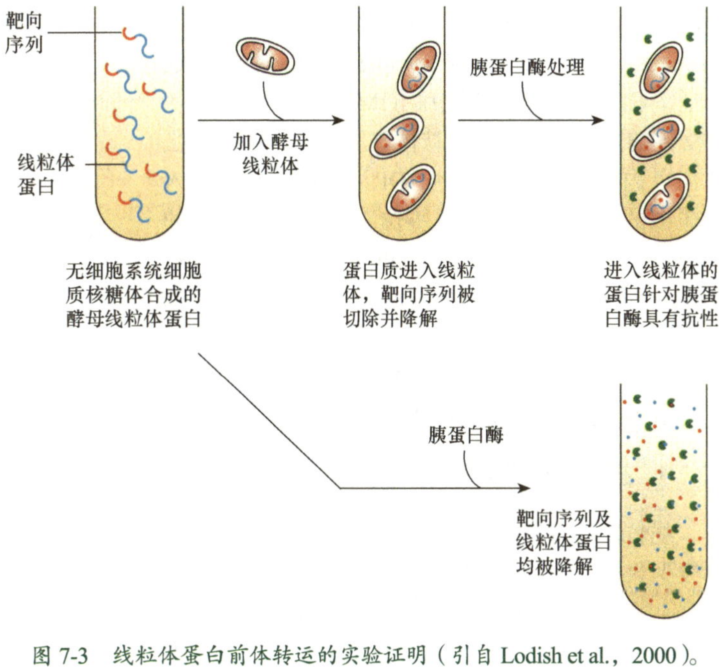

图7-3 线粒体蛋白前体转运的实验证明（引自Lodish et al.，2000）。

分子伴侣及线粒体基质中的分子伴侣，帮助转运的蛋白质解折叠、进入线粒体后再折叠。分子伴侣可作为 ATPase，水解 ATP 获取驱动蛋白转运所需的能。

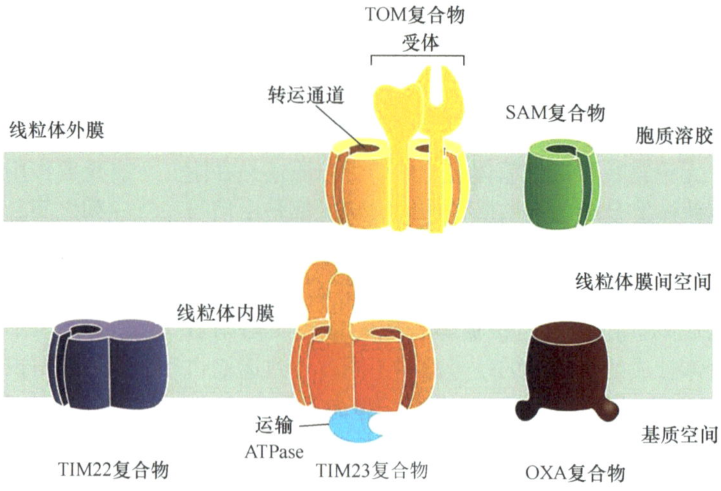

图 7-4 线粒体膜蛋白质转运器（引自 Alberts et al.，2015）。线粒体膜中的 TOM、TIM、SAM、OXA 都是由多亚基装配成蛋白质转运器，帮助线粒体各组分蛋白质进行准确定位。与 TIM23 复合物结合的运输 ATPase 是一种线粒体 Hsp70，可水解 ATP，并利用 ATP 水解释放的能量驱动蛋白质通过运输通道。

7.2.2.3 线粒体蛋白质转运器

线粒体蛋白的转运除了需要靶向序列，还需要线粒体膜受体，由于这些受体主要起转运线粒体蛋白质的作用，所以称之为蛋白质转运器（protein translocator），亦称为蛋白质转位体。

线粒体膜中识别信号的受体不是单一存在的，而是组成多亚基的复合物，存在于线粒体外膜的称为 TOM 复合物（translocase of the outer membrane complex，TOM complex），而存在于内膜的称为 TIM 复合物（translocase of the inner membrane complex，TIM complex）。TOM 复合物主要由 TOM20、TOM22、TOM40 三种蛋白质构成，TOM20/TOM22 起识别作用，而 TOM40 则作为外膜的通道。TIM 复合物由 TIM23、TIM17、TIM50 三种蛋白质构成，其中 TIM23 作为运输通道。

所有需要进入线粒体的蛋白质都需 TOM 复合物。它先将信号序列转运进入膜间隙，并帮助穿膜蛋白插入外膜。线粒体外膜中 β桶蛋白特别丰富，若是此类蛋白质进入外膜，则要借助于另一个转运蛋白——SAM 复合物（sorting and assembly machinery complex，SAM complex），将其折叠成合适的构型定位在外膜中。TIM23 复合物将某些可溶性的蛋白质转运到线粒体基质，并帮助穿膜蛋白插入内膜，包括一些将 ADP、ATP 及磷酸输入与输出的蛋白质。还有一些位于线粒体内膜中的 OXA 复合物（oxidase assembly insertase complex，OXA complex），可介导由线粒体合成的蛋白质插入内膜，有时也帮助由其他复合物转运到线粒体基质的蛋白质插入到线粒体内膜。图 7-4 是位于线粒体膜中的几种类型的转运蛋白。

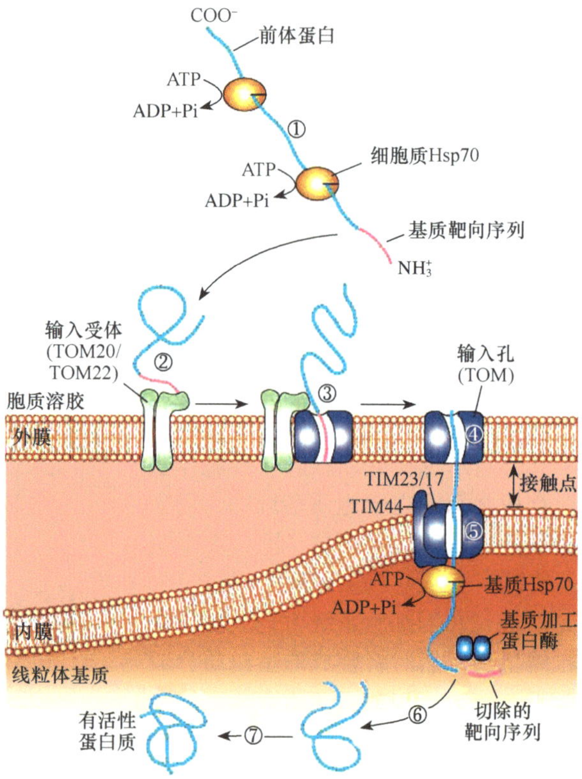

图 7-5 蛋白质进入线粒体基质（引自 Lodish et al.，2016）。①胞质溶胶中合成的线粒体基质前体蛋白通过与 Hsp70 结合维持未折叠或部分折叠状态；②前体蛋白与线粒体外膜输入受体结合；③线粒体前体蛋白被转运到通用运输孔；④转运器蛋白逐渐将前体蛋白向内转运；⑤进入内膜运输通道，被基质分子伴侣 Hsp70 结合，通过水解 ATP 驱动前体蛋白质向基质转运，靶向序列被切除；⑥某些蛋白质经过折叠，形成正确的构型；⑦某些蛋白质需要在分子伴侣的帮助下进一步折叠。

7.2.2.4 线粒体基质蛋白的转运

线粒体基质蛋白（mitochondrial matrix protein），除极少数外，都是在细胞质游离核糖体上合成，然后通过基质靶向序列（matrix-targeting sequence）引导转运进来的。图 7-5 是细胞质中的蛋白质进入线粒体基质的运输路线，不仅需要靶向序列，还需要分子伴侣、线粒体膜受体等。

线粒体蛋白质在胞质溶胶中合成之后，水溶性的线粒体前体蛋白以非折叠的形式直接与线粒体膜受体相互作用。有些线粒体基质蛋白前体需要与分子伴侣蛋白 Hsp70 结合，有些则不需要与分子伴侣结合。输入过程从与线粒体外膜输入受体（import receptor）结合开始，在此过程中，由 TOM20/TOM22 识别、鉴定 N 端的靶向序列，并介导进入外膜运输通道。结合有分子伴侣的线粒体前体蛋白依靠分子伴侣水解 ATP 驱动转运并防止蛋白质聚集沉淀。TOM40 复合物是线粒体外膜的通道，已知的各种线粒体前体蛋白都是经过该复合物穿过外膜，所以将之称为通用运输孔（general import pore）。穿过外膜后，线粒体前体蛋白经内膜的 TIM23/TIM17 复合物构成的通道进入线粒体基质，在此过程中，线粒体基质 Hsp70 与前体蛋白结合，并利用 ATP 水解的能量促进线粒体蛋白转运。线粒体前体蛋白进入线粒体基质后，前体蛋白的靶向序列被转运肽酶切除。切除了靶向序列的蛋白质经折叠后成为活性蛋白质并发挥生物学作用。

7.2.2.5 线粒体膜间隙蛋白的转运

线粒体膜间隙蛋白的转运有两条路径。第一条路径需要两个靶向序列，如细胞色素 b_2，它的前体蛋白在 N 端有两个不同的靶向序列，这两个序列最终都会被切除。最前面的为基质靶向序列（matrix-targeting sequence），作用是将线粒体蛋白引导到线粒体基质。该序列在线粒体基质中被基质蛋白酶切除。另一个靶向序列叫膜间隙靶向序列（intermembrane space targeting sequence），是一种疏水的片段，可阻止蛋白质完全穿过内膜（图 7-6A）。前体蛋白质被阻止在内膜后，膜蛋白通过侧向扩散，脱离 TIM23/TIM17，然后在一种膜蛋白酶的作用下，将疏水片段切开，将可溶性片段释放到膜间隙。第二条路径不需要任何基质靶向序列，而是直接通过一个膜间隙靶向序列将前体蛋白引导到 TOM40 转运蛋白，并被转运到膜间隙（图 7-6B）。

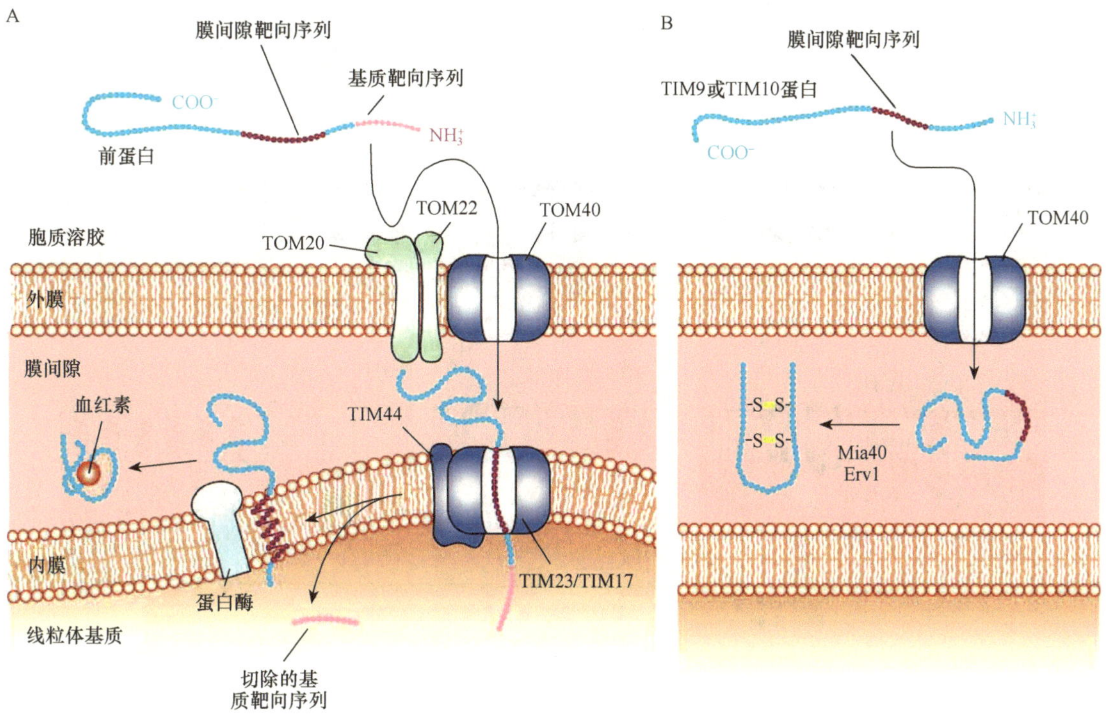

图 7-6 线粒体膜间隙蛋白的两种转运路径（引自 Lodish et al., 2016）。A. 线粒体前体蛋白有两个靶向序列，首先在基质靶向序列的引导下穿过外膜的 TOM 复合物通道，然后插入内膜的 TIM23/TIM17 复合物通道；由于第二个靶向序列——膜间隙靶向序列通过 TIM 复合物时是疏水性的，因而被阻滞在 TIM 通道内；随后，基质靶向序列被切除，阻滞在内膜中的蛋白质经侧向扩散与 TIM 复合物脱离，内膜中的蛋白酶将阻滞在内膜中的间隙靶向序列切除，蛋白质进入膜间隙。图中显示的是细胞色素 b_2 的转运。B. 含有膜间隙靶向序列的 TIM9 或 TIM10 前体蛋白，在间隙靶向序列的引导下，直接通过 TIM40 通道进入线粒体膜间隙。一旦进入线粒体膜间隙，立即进行折叠并形成二硫键，防止被反向运出线粒体。二硫键的形成是由 Erv1、Mia40 共同完成的。

7.2.2.6 线粒体内膜蛋白的转运

有三条不同路径引导线粒体内膜蛋白的转运。细胞色素氧化酶亚基 CoxVa 的寻靶是第一条路径的典型例子。CoxVa 前体蛋白的 N 端含有被外膜受体 TOM20/TOM22 识别的线粒体基质靶向序列，该序列能够通过外膜的通用运输孔及内膜的 TIM23/TIM17 通道进入线粒体基质；CoxVa 前体蛋白含有一个疏水的停止转移锚定序列（stop transfer anchor sequence），该序列介导 CoxVa 蛋白锚定在内膜上。当基质靶向序列穿过内膜后，被停止转移锚定序列锚定在内膜上，此时，基质靶向序列被基质中蛋白水解酶切除。随后，停止转移锚定序列介导前体蛋白侧向扩散进入线粒体内膜，成为线粒体内膜的组成成分（图 7-7A）。

第二条路径是在前体蛋白中含有线粒体基质靶向序列和被内膜蛋白 Oxa1 识别的靶向序列。在该路径的运输中，线粒体前体蛋白通过基质靶向序列进入线粒体基质，在线粒体基质中，基质靶向序列被切除，其后的 Oxa1-靶向序列被内膜中的 Oxa1 识别并介导到内膜中（图 7-7B）。此过程中或许有其他膜蛋白相助。

第三条路径涉及内膜多次穿膜蛋白的转运，如 ATP/ADP 逆向协同转运蛋白就是此种运输。当输入蛋白的内部序列被外膜中由 TOM70/TOM22 构成的第二个运输受体识别时，输入蛋白通过通用运输孔穿过外膜（图 7-7C）。然后，输入蛋白被转移到位于内膜的第二个转运复合物，该复合物由 TIM22、TIM18、TIM54 三种蛋白质组成。输入蛋白转移到 TIM22/TIM18/TIM54 复合物需要线粒体膜间隙中的两种小蛋白——TIM9 与 TIM10 的协助，这两种小蛋白属于膜间隙的分子伴侣，它们通过与输入蛋白的疏水区结合，以防止它们在膜间隙的水性环境中聚集形成不溶的聚集物。最后，由 TIM22/TIM18/TIM54 复合物将内膜蛋白的多个疏水片段整合到内膜中形成多次穿膜的内膜蛋白。

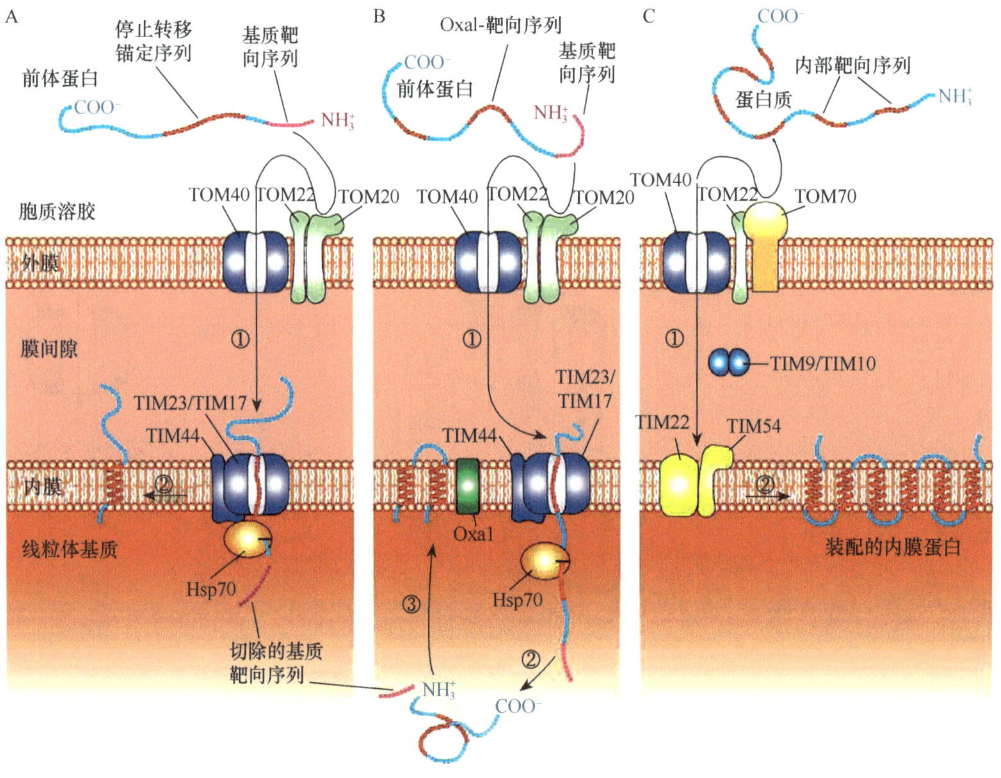

图 7-7 线粒体内膜蛋白转运的三条路径（引自 Lodish et al.，2016）。具有不同靶向序列的线粒体内膜蛋白通过不同的路径转运到内膜。A. 含有一个靶向序列：①在基质靶向序列的引导下，输入蛋白通过外膜运输通道，穿过内膜时，停止转移锚定序列将蛋白质锚定在内膜；②基质靶向序列被切除后，停止转移锚定序列通过侧向扩散进入线粒体内膜。B. 该路径中的前体蛋白含有线粒体基质靶向序列和被内膜蛋白 Oxa1 识别的靶向序列：①线粒体前体蛋白通过基质靶向序列进入线粒体基质，在线粒体基质中，基质靶向序列被切除；② Oxa1-靶向序列被内膜中的 Oxa1 识别并介导到内膜中。C. 仅含有内部锚定序列的内膜蛋白：①通过外膜通用运输孔进入线粒体内膜；②在线粒体膜间隙分子伴侣的协助下，输入蛋白被内膜的 TIM22/TIM18/TIM54 复合物整合到内膜中，成为多次穿膜的内膜蛋白。

7.2.2.7 线粒体外膜蛋白的转运

线粒体外膜使用与革兰氏阴性菌相同的外膜蛋白定位的方式。线粒体外膜含有丰富的孔蛋白，而孔蛋白是细菌质膜中的β桶结构蛋白，本身具有物质运输作用。TOM复合物仅介导具有α螺旋结构的蛋白质定位到线粒体外膜，而不能将具有β桶结构的孔蛋白介导整合到膜的脂双层。代之的是，孔蛋白以未折叠的形式被TOM转运到线粒体膜间隙，在那里，它们与特异的分子伴侣进行短暂的结合，以防止孔蛋白聚集（图7-8）。然后，孔蛋白与外膜的SAM复合物结合，由SAM复合物介导孔蛋白插入外膜并进行正确折叠。SAM复合物的一种核心亚基与帮助细菌孔蛋白β折叠的外膜复合物的蛋白同源。线粒体孔蛋白折叠与细菌孔蛋白折叠的保守途径，也为线粒体的内共生起源提供了一种思考。

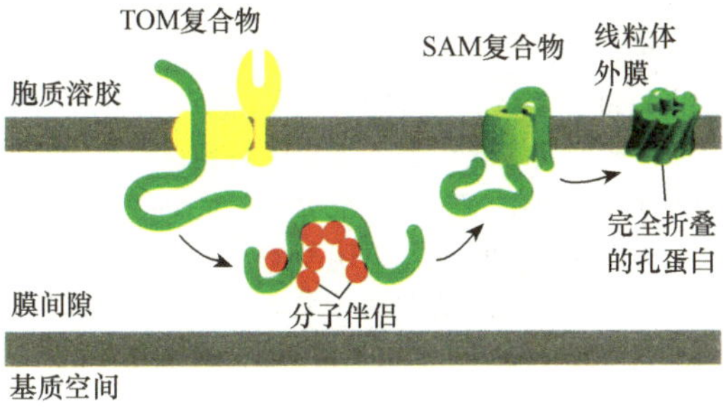

图7-8 线粒体外膜蛋白的定位（引自Alberts et al.，2015）。

7.3 线粒体的功能——氧化磷酸化作用

线粒体是真核生物氧化代谢的部位，是糖、脂肪和氨基酸最终氧化放能的场所，最终氧化的共同途径是三羧酸循环和呼吸链的氧化磷酸化。

7.3.1 真核细胞中的氧化作用

葡萄糖和脂肪酸是真核细胞能量的主要来源，细胞通过对葡萄糖的代谢获取能量。葡萄糖（或糖原）在正常有氧的条件下，氧化后，产生CO_2和水，这个总过程称为糖的有氧氧化（aerobic oxidation），又称细胞氧化或生物氧化。

葡萄糖进入细胞后先在细胞质中通过酵解作用生成丙酮酸，如果没有氧，丙酮酸经过发酵生成乳酸；如果有氧存在，丙酮酸进入线粒体基质，经过三羧酸循环、电子传递和氧化磷酸化，最后生成ATP和水。整个反应分为4个阶段（图7-9）。

7.3.1.1 三羧酸循环

乙酰CoA一旦形成，立即进入线粒体基质的循环氧化途径，即三羧酸循环（tricarboxylic acid cycle，TCA cycle），又称Krebs循环、柠檬酸循环（图7-10）。

参与TCA循环的酶有很多种，除琥珀酸脱氢酶是结合在内膜上以外，其他的酶都存在于线粒体基质。循环开始，由乙酰CoA和草酰乙酸缩合成有3个羧基的柠檬酸，柠檬酸经一系列反应，一再氧化脱羧，经酮戊二酸、琥珀酸，再降解成草酰乙酸。每循环一次，仅用去1分子乙酰基中的二碳单位，最后生成2分子CO_2、1分子GTP、4分子NADH（连同丙酮酸脱羧形成乙酰CoA时产生的1分子NADH在内）和1分子$FADH_2$，总反应为：

$$\text{乙酰CoA}+2H_2O+FAD+3NAD+GDP+Pi \longrightarrow 2CO_2+FADH_2+3NADH+3H^++GTP+HS\text{-}CoA$$

7.3.1.2 辅酶在能量传递中的作用

富含能量的糖类和脂肪酸能够通过氧化反应释放出能量。根据定义，在反应中释放电子是氧化，获得电子是还原，氧化和还原反应总是同时发生的：氧化的底物释放出的电子被另一个分子接收，而接收电子的底物则被还原。因此，氧化还原反应涉及电子从一种底物向另一种底物传递。在生物氧化中，电子传递常常与氢原子的传递同时进行。假定反应：$XH_2+Y \longrightarrow X+YH_2$，在这一反应中，要从底物$XH_2$中脱去2个氢原子，并转移到底物Y，每个氢原子含有1个电子，所以转移2个氢原子就要将2个电子从底物XH_2转移到底物Y。底物XH_2失去2个电子是氧化的结果，与此相反，底物Y得到2个电子则是还原。由此看来，被氧化的底物是电子供体，被还原的底物则是电子受体。

在葡萄糖氧化过程中使用了两种辅酶：NAD（nicotinamide adenine dinucleotide，烟酰胺腺嘌呤二核苷酸）和FAD（flavin adenine dinucleotide，黄素腺嘌呤二核苷酸），它们的还原型分别是NADH和$FADH_2$（图7-11和图7-12）。

7.3.1.3 苹果酸-天冬氨酸穿梭

TCA循环产生的净平衡产物是$FADH_2$和NADH，它们都含有在TCA循环中底物氧化释放的电子，总共5对电子（连同丙酮酸转变成乙酰CoA时释放的

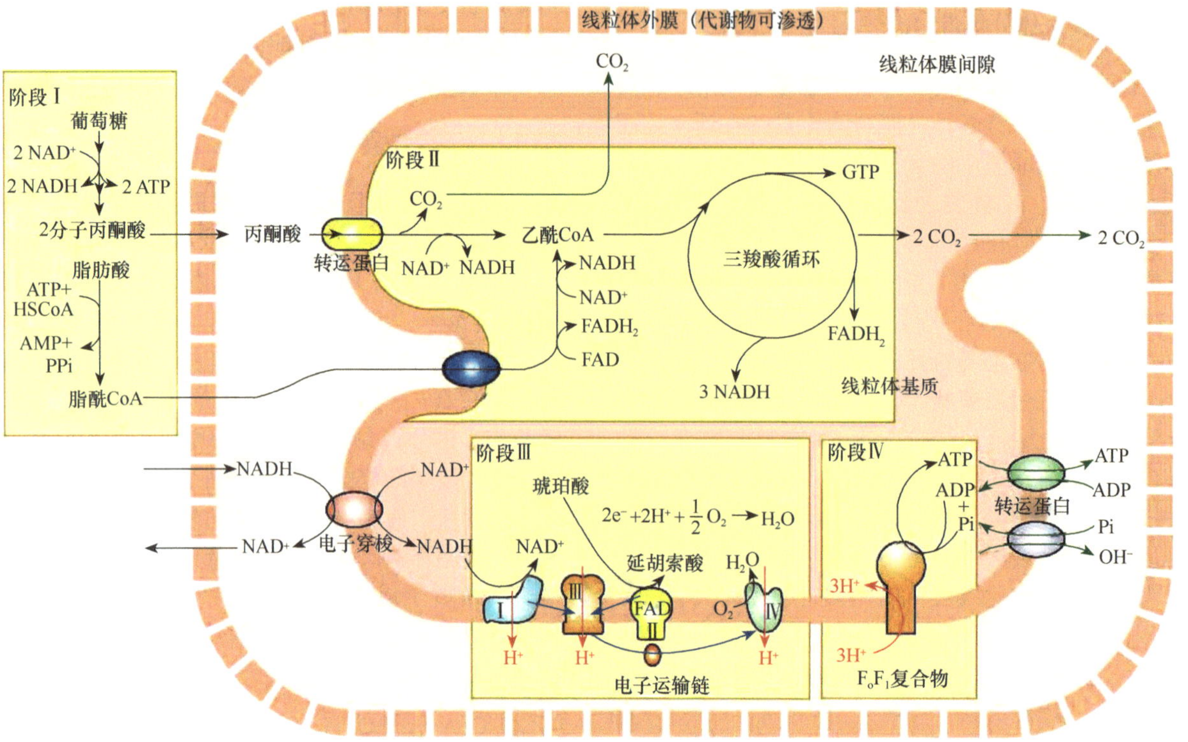

图 7-9 线粒体利用葡萄糖与脂肪酸产生 ATP 的 4 个阶段（引自 Lodish et al.，2016）。阶段Ⅰ：在胞质溶胶中，糖酵解产生丙酮酸和 NADH；如果是脂肪酸，则先被转变成脂酰 CoA。阶段Ⅱ：丙酮酸或脂酰 CoA 在膜运输蛋白的帮助下进入线粒体基质，在基质中产生 NADH 和乙酰 CoA。在糖酵解过程中产生的 NADH，将它的高能电子提供给线粒体内膜的化合物。乙酰 CoA 通过 TCA 循环，产生 NADH 和 $FADH_2$。阶段Ⅲ：生成的 NADH 和 $FADH_2$ 进行氧化，分子中释放出的电子通过内膜中的电子传递链，最终传递给分子氧（O_2）。阶段Ⅳ：氧化中释放的能量被用于 ATP 的合成，主要是通过 ATP 合酶完成的。

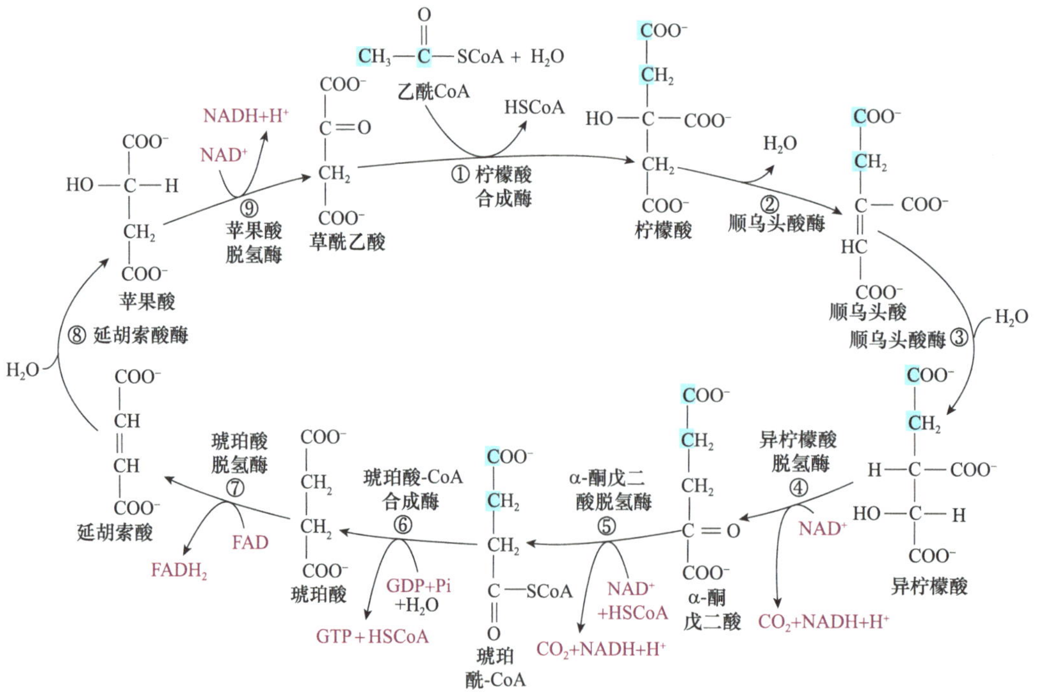

图 7-10 TCA 循环（引自 Lodish et al.，2016）。

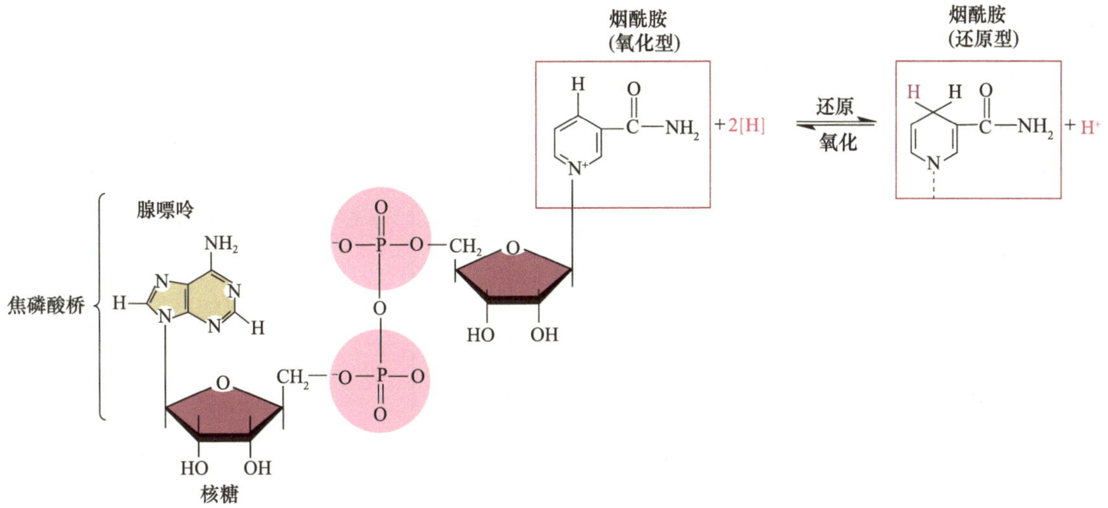

图 7-11 辅酶 NAD^+ 的结构及其氧化与还原。

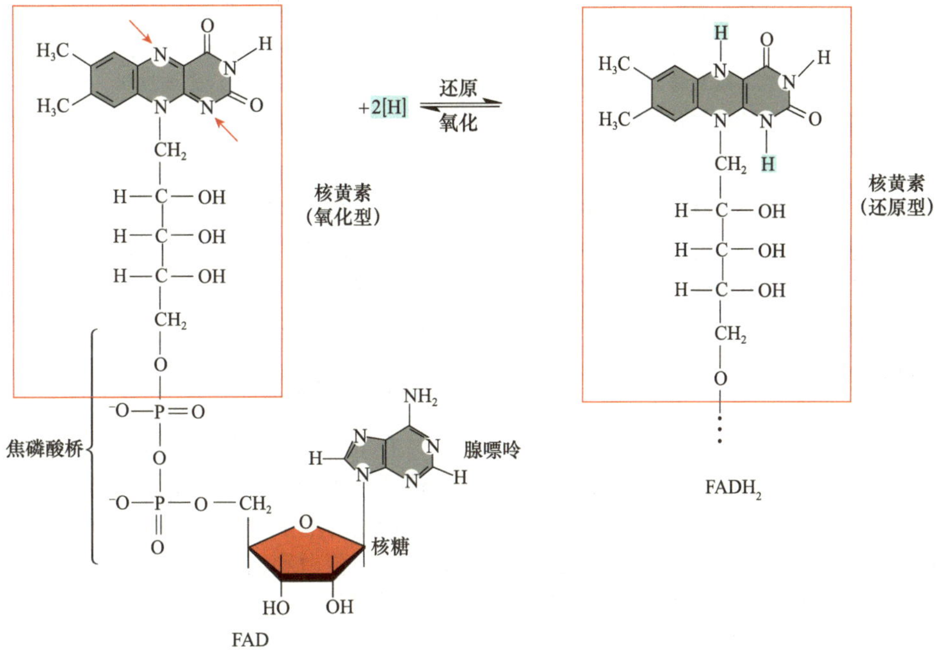

图 7-12 辅酶 FAD 的结构及其氧化与还原。

1 对电子），这些电子可用于 ATP 的合成。另外，葡萄糖在胞质溶胶中进行糖酵解时也有 NADH 的形成，但是线粒体膜不能将胞质溶胶中的 NADH 运入线粒体参与电子传递。虽然胞质溶胶中形成的 NADH 自身不能进入线粒体，但可通过另外的方式将其电子转移到线粒体并参与电子传递：将电子还原成小分子的代谢物，这些小分子的代谢物能够通过苹果酸-天冬氨酸穿梭（malate-aspartate shuttle）进入线粒体，然后在线粒体中将 NAD^+ 还原成 NADH（图 7-13）。所以，线粒体用于 ATP 合成的电子不仅有来自线粒体内部的，也有来自胞质溶胶糖酵解过程形成的 NADH。这一机制也确保了细胞质中 NADH 及时转变为 NAD^+，有利于胞质中的有机物质氧化释放的能量的储存与利用。

7.3.2 呼吸链与电子传递

呼吸链（respiratory chain）又称电子传递链，是线粒体内膜上一组酶复合体，其功能是进行电子传递、H^+ 的传递及氧的利用，产生 H_2O 和 ATP。

在三羧酸循环中，乙酰 CoA 中的 2 个碳被完全氧化生成 2 分子 CO_2 释放出来。此过程释放的

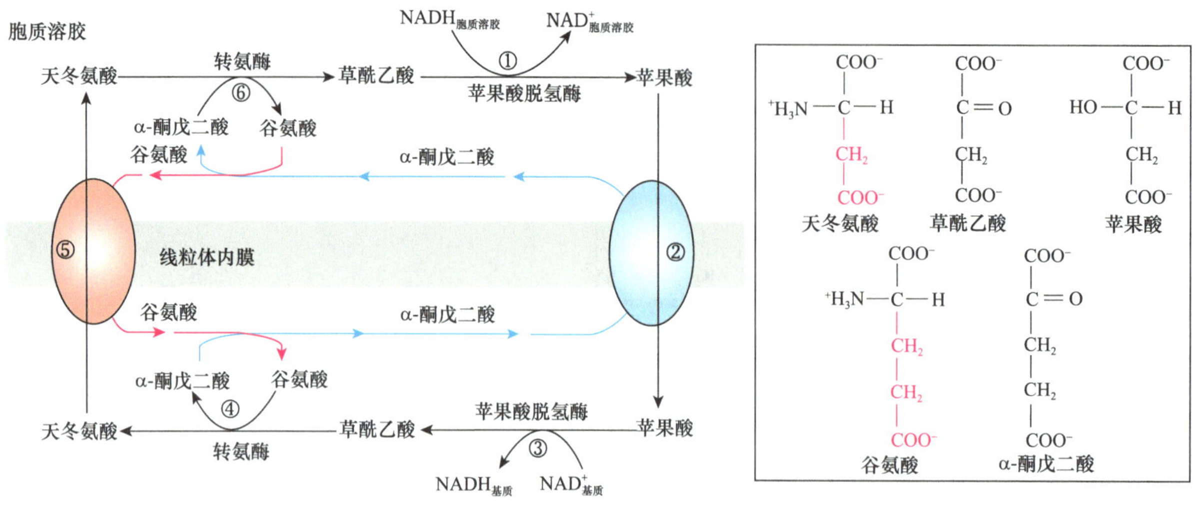

图 7-13 苹果酸-天冬氨酸穿梭（引自 Lodish et al.，2013）。①在胞质溶胶中，苹果酸脱氢酶将胞质溶胶中 NADH 的电子转移给草酰乙酸，生成苹果酸。②线粒体内膜中一种反向转运蛋白将苹果酸输入线粒体基质，同时将线粒体基质中的 α-酮戊二酸运到胞质溶胶，与苹果酸进行交换。③线粒体苹果酸脱氢酶将苹果酸转变成草酰乙酸，将线粒体基质中的 NAD^+ 还原成 NADH。④线粒体基质中的转氨酶将谷氨酸中的一个氨基添加到草酰乙酸上，将不能直接穿过内膜的草酰乙酸转变成天冬氨酸，在此过程中谷氨酸转变成了 α-酮戊二酸。⑤通过第二个反向转运蛋白将天冬氨酸转运到胞质溶胶，与谷氨酸进行交换。⑥胞质溶胶中转氨酶将天冬氨酸转变成草酰乙酸、将 α-酮戊二酸转变成谷氨酸，完成循环。通过苹果酸-天冬氨酸穿梭，巧妙地将胞质溶胶中的 NADH 转移到线粒体基质中。

大部分能量都储存在辅酶（NADH 和 $FADH_2$）分子中，直接产生的能量（ATP）很少。只有将这些还原型的辅酶氧化成氧化型的辅酶，才能将能量释放出来。该过程涉及电子从 NADH 或 $FADH_2$ 传递到氧，最后生成水，氧化型的 NAD^+ 和 FAD^+ 又可参与三羧酸循环：

$$NADH + 1/2O_2 \longrightarrow NAD^+ + H_2O + 能量$$

$$FADH_2 + 1/2O_2 \longrightarrow FAD^+ + H_2O + 能量$$

如果上述反应将能量一次性释放的话，由于能量太高不仅不能全部收集和储存，还会使细胞受到损伤，因此如何确保 NADH 及 $FADH_2$ 在氧化过程中释放的能量能够有效收集，并成功用于 ATP 的合成，考验着细胞的“智慧”。

NADH 及 $FADH_2$ 在氧化过程中不仅会释放出自由能，而且会释放出电子、H^+，也就是说，在 NADH 及 $FADH_2$ 的氧化过程中，不仅要收集能量，而且也要妥善安置释放出来的电子和 H^+。有趣的是，在细胞生命的进化过程中，细胞巧妙地在线粒体内膜中构建了一条呼吸链，利用 NADH 及 $FADH_2$ 在氧化过程中释放的能量，“雇用”一系列递氢体和电子载体在传递电子的同时将释放出的 H^+ 传递到线粒体膜间隙，构建 H^+ 质子库；最后通过 H^+ 质子经线粒体内膜中“ATP 合酶”向线粒体基质回流，进行 ADP 的磷酸化，高效地将 NADH 及 $FADH_2$ 在氧化过程中释放的能量用于 ATP 的合成，实际上，能量储存在 ATP 的高能磷酸键中。电子通过呼吸链的流动称为电子运输或电子传递，而将 ADP 转变成 ATP 称为磷酸化，伴随氧化进行的磷酸化就称为氧化磷酸化。

7.3.2.1 电子载体

在电子传递过程中，与释放的电子结合并将电子传递下去的物质称为电子载体（electron carrier）。参与传递的电子载体有 4 种，即黄素蛋白、细胞色素、铁硫蛋白和辅酶 Q（coenzyme Q，CoQ）。在这 4 种电子载体中，除了辅酶 Q 外，接受和提供电子的氧化还原中心都是与蛋白质相连的辅基（图 7-14）。

1）黄素蛋白（flavoprotein） 黄素蛋白是由一条多肽结合一个辅基组成的酶类，结合的辅基可以是 FAD 或 FMN，它们是维生素 B_2 的衍生物，每个辅基能够接受和提供 2 个质子及 2 个电子（图 7-14A）。

2）细胞色素（cytochrome） 细胞色素是含有血红素辅基（图 7-14B）的一类蛋白质。血红素基团是由卟啉环结合一个铁原子（铁原子位于环的中央）构成的。与 NAD^+ 和 FAD^+ 不同，在氧化还原过程中，血红素基团的铁原子可以传递单个的电子而不必成对传递。血红素中的铁通过 Fe^{3+} 和 Fe^{2+} 两种状态的变化传递电子。在还原反应时，铁原子由 Fe^{3+} 状态转变成 Fe^{2+} 状态；在氧化反应中，

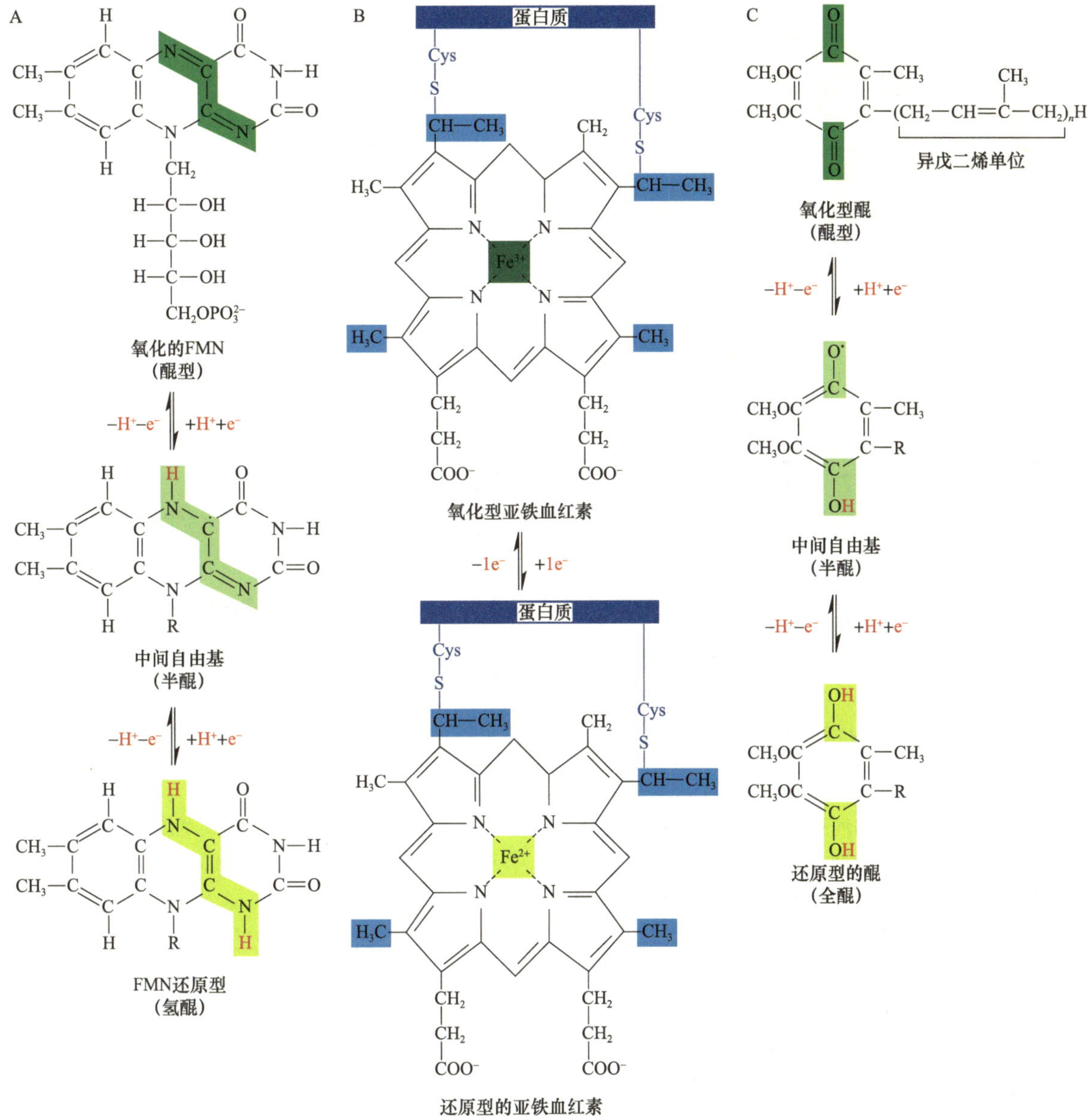

图 7-14 三种电子载体的氧化与还原结构（引自 Karp，2010）。A. NADH 脱氢酶的 FMN（黄素单核苷酸）；B. 细胞色素 *c* 的血红素基团；C. 泛醌（辅酶 Q）。

铁由 Fe^{2+}转变成 Fe^{3+}。电子传递链中至少有 5 种类型的细胞色素：a、a_3、b、c 和 c_1，它们间的差异在于血红素基团中取代基和蛋白质氨基酸序列的不同。

3）辅酶 Q（CoQ）或泛醌（ubiquinone，UQ）（图 7-14C） 泛醌是一种脂溶性的分子，含有长长的疏水链，由五碳类戊二醇构成。CoQ 的氧化还原分两步进行：先接收 1 个电子，得到部分还原，称为半醌（UQH）；再得到 1 个电子，成为完全还原的醌，称为全醌（UQH_2）；全醌失去 1 个电子是部分氧化，称为半醌；2 个电子全部失去，即完全氧化则称为氧化型的醌。

4）铁硫蛋白（iron-sulfur protein，Fe/S protein）

铁硫蛋白是含铁的蛋白质，也是细胞色素类蛋白质。在铁硫蛋白分子中央结合的不是血红素而是铁和硫，称为铁-硫中心（iron-sulfur center）。最常见的是在蛋白质的中央含有 4 个原子，其中 2 个是铁，另外 2 个是硫，称为［2Fe-2S］；或在蛋白质的中央含有 8 个原子，其中 4 个是铁，另外 4 个是硫，称为［4Fe-4S］，并且通过硫与蛋白质的半胱氨酸残基相连（图 7-15）。在铁硫蛋白中尽管有多个铁原子的存在，但整个复合物一次只能接收 1 个电子、传递 1 个电子，并且也是靠 Fe^{3+}、Fe^{2+}状态的循环变化传递电子。

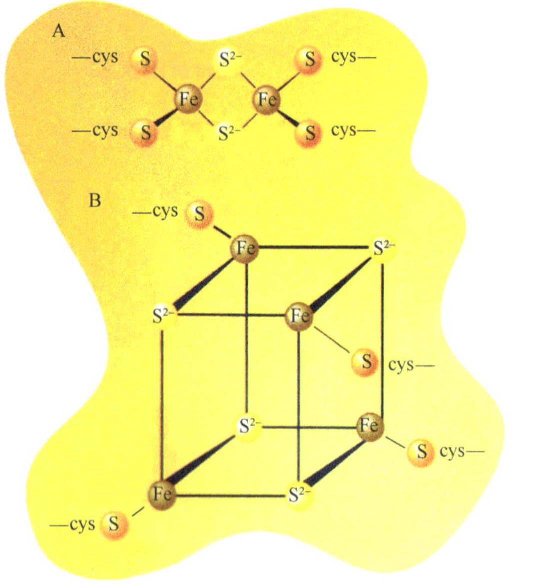

图 7-15　铁硫中心（引自 Karp，2010）。A.［2Fe-2S］-铁硫中心结构；B.［4Fe-4S］-铁硫中心结构。

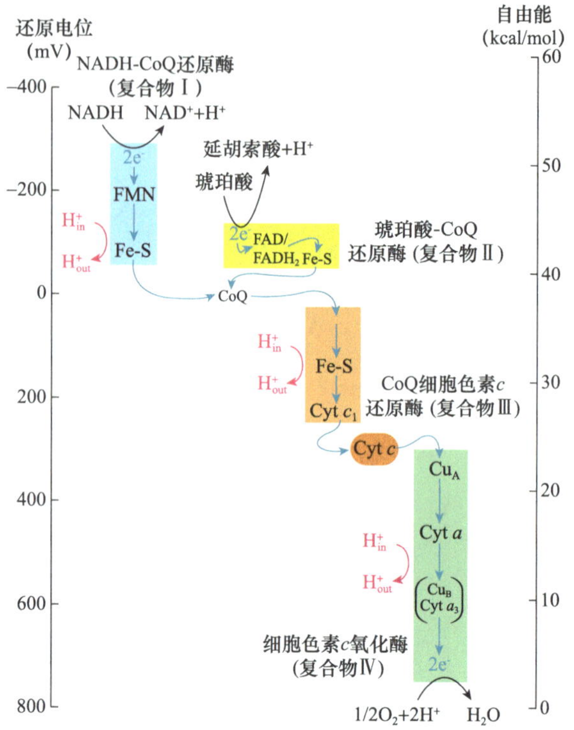

图 7-16　电子传递链中几种电子载体的氧还电位（引自 Lodish et al.，2013）。图中给出各电子载体近似的氧还电位，并标出了电子对沿呼吸链向分子氧传递形成的自由能，垂直箭头线表示产生的能量足够驱使质子穿过线粒体内膜，其后可为 ATP 合成提供能量。

7.3.2.2　氧化还原电位与载体排列顺序

在线粒体内膜的呼吸链中，不同电子载体的排列顺序怎样？又是如何确定的？由于不同的还原剂具有不同的电子传递电位，而氧化与还原又是偶联的，如 NAD^+ 和 NADH。它们的差别主要是电子数量不同，所以二者间就有一个电位差，即氧化还原电位（oxidation-reduction potential，redox potential）。构成氧化还原的成对离子或分子，称为氧化还原对或氧还对（redox pair）。氧还电位可在标准条件下测定，即标准氧化还原电位（standard oxidation-reduction potential，E_0'）。标准氧化还原电位的值越小，提供电子的能力越强。所谓标准条件是指 1mol/L 反应浓度、25℃、pH7.0 和 1 个大气压条件下测得的氧还电位，用伏特（V）表示。因此，只要分别测定电子载体的氧化还原电位，再进行比较，可初步推断它们在呼吸链中的排列顺序。

根据测得的标准氧化还原电位，按氧还电位的大小可排出电子载体在呼吸链中的位置（图 7-16）。

图 7-16 中每一个载体都是从呼吸链中上一个载体获得电子被还原，而上一个载体由于失去电子被氧化，因此电子是从一个载体传向另一个载体，直至最终的受体被还原为止。在该呼吸链中的最终的受体是 O_2，接受电子后生成水。

7.3.2.3　呼吸链的组成和排列

呼吸链中的 4 种电子载体在线粒体内膜中不是单一存在，而是与其他的蛋白质组成复合物。当破坏了线粒体内膜后，能够从 4 种不同的复合物中分离出各种载体。这 4 种复合物是不同的、不对称的穿膜蛋白复合物，分别被命名为复合物Ⅰ、Ⅱ、Ⅲ和Ⅳ。在这 4 种复合物中都没有细胞色素 *c* 和 CoQ，这两种呼吸链的成分独立存在于线粒体膜中。CoQ 溶于膜的脂双层，而细胞色素 *c* 是膜外周蛋白，因此，CoQ 和细胞色素 *c* 是在膜内或沿着膜在大的、非移动的复合物间传递电子。一旦电子进入一个大的多蛋白复合物中，电子就按既定的途径传递。

组成呼吸链的 4 种复合物又都是由几种不同的蛋白质组成的多蛋白复合物（表 7-4，图 7-17），功能是参与氧化还原作用。由于这些复合物在线粒体内膜中不停地移动，所以它们没有稳定的结构。

1）复合物Ⅰ（complex Ⅰ）　复合物Ⅰ又称 NADH 脱氢酶（NADH dehydrogenase）或 NADH-CoQ 还原酶复合物，功能是催化 1 对电子从 NADH 传递给 CoQ，它是线粒体内膜中最大的蛋白复合物，是穿膜蛋白，也是呼吸链中了解最少的复合物。哺乳动物的复合物Ⅰ含有 43 种不同的亚

表 7-4 线粒体呼吸链中 4 种复合物的性质

序号	名称	多肽亚基数	辅基	电子传递		转运质子数（每对电子）
				接收自	传递给	
Ⅰ	NADH CoQ 氧化还原酶 NADH 脱氢酶	43	1 个 FMN 6～9 个 Fe/S 中心	NADH	CoQ	4
Ⅱ	琥珀酸-CoQ 氧化还原酶（琥珀酸脱氢酶）	4	1 个 FAD 3 个 Fe/S 中心	琥珀酸（经由酶结合的 FAD）	CoQ	0
Ⅲ	CoQ-细胞色素 *c* 氧化还原酶（细胞色素 b/c_1 复合物）	11	2 个细胞色素 *b* 1 个细胞色素 c_1 1 个 Fe/S 中心	CoQ	细胞色素 *c*	4
Ⅳ	细胞色素 *c* 氧化酶	13	1 个细胞色素 *a* 1 个细胞色素 a_3 2 个 Cu 中心（具有细胞色素 a_3 的 Fe/Cu 中心）	细胞色素 *c*	氧（O_2）	2

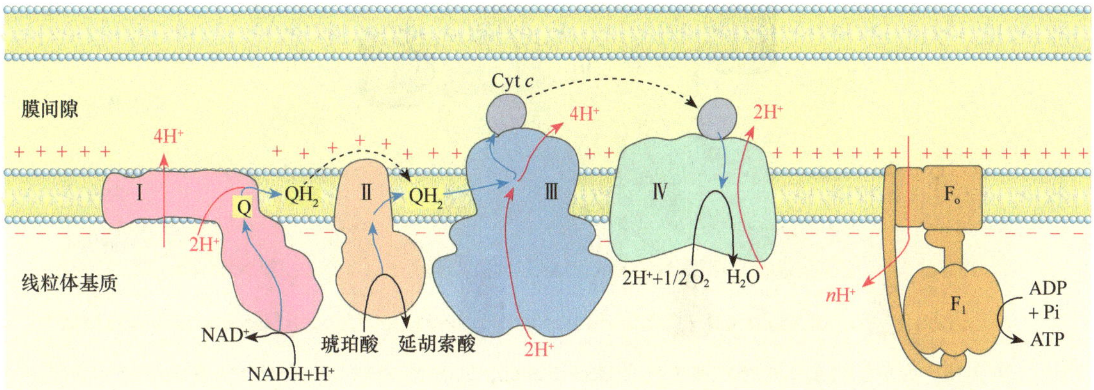

图 7-17 线粒体内膜电子传递复合物的排列及质子与电子传递示意图（引自 Nelson and Cox，2013）。呼吸链由 4 个含有电子载体的复合物及另外 2 个独立存在的电子载体组成，进入呼吸链的电子可以来自 NADH 或 $FADH_2$。电子可以从复合物Ⅰ或复合物Ⅱ传递给 UQ，然后进一步传递给复合物Ⅲ，经由细胞色素 *c* 传递给复合物Ⅳ，最后传递给 1/2 O_2，生成水。

基，总分子质量约 850kDa。其中有 7 个亚基都是疏水的穿膜蛋白，由线粒体基因编码。复合物Ⅰ含有黄素蛋白（FMN）和至少有 6 个铁硫中心。一对电子从复合物Ⅰ传递时伴随着 4 个质子被传递到膜间隙。

2）复合物Ⅱ（complexⅡ） 复合物Ⅱ又称为琥珀酸脱氢酶（succinate dehydrogenase）或琥珀酸-CoQ 酶复合物，功能是催化电子从琥珀酸传递给 CoQ，由 4 个亚基组成，其中有 2 个多肽组成琥珀酸脱氢酶，并且是膜结合蛋白，总分子质量为 140kDa。复合物Ⅱ参与的是低能电子传递途径，将琥珀酸的电子经 FAD 传给 CoQ。复合物Ⅱ传递电子时不伴随氢的传递。

3）复合物Ⅲ（complex Ⅲ） 复合物Ⅲ又称 $CoQH_2$-细胞色素 *c* 还原酶复合物，由 11 个亚基组成，总分子质量为 250kDa。含 1 个细胞色素 c_1、1 个细胞色素 *b*（有两个血红素基团）、1 个铁硫蛋白。其中，细胞色素 *b* 由线粒体基因编码。复合物Ⅲ催化电子从 CoQ 向细胞色素 *c* 传递，并且每传递一对电子，同时传递 4 个 H^+ 到膜间隙。

4）复合物Ⅳ（complex Ⅳ） 复合物Ⅳ又称细胞色素 *c* 氧化酶（cytochrome *c* oxidase），由 13 个亚基组成，总分子质量为 160kDa。复合物Ⅳ是以二聚体的形式存在，它的亚基Ⅱ含有 2 个 Cu 离子（称为 Cu_A），亚基Ⅰ含有 2 个血红素基团（1 个 *a*、1 个 a_3）和 1 个 Cu 离子（称为 Cu_B）。主要功能是将电子从细胞色素 *c* 传递给 O_2 分子，生成 H_2O：$4Cyt\ c^{2+}+O_2+4H^+ \longrightarrow 4Cyt\ c^{3+}+2H_2O$。每传递 1 对电子，要从线粒体基质中摄取 4 个质子，其中 2 个质子用于水的形成，另外 2 个质子被穿膜转运到膜间隙。

由于线粒体中需要经呼吸链氧化和电子传递

的主要是 NADH，而 $FADH_2$ 较少，可将呼吸链分为主、次呼吸链（图 7-18）：①主呼吸链由复合物Ⅰ、Ⅲ和Ⅳ构成，从 NADH 来的电子依次经过这 3 个复合物，进行传递；②次呼吸链由复合物Ⅱ、Ⅲ、Ⅳ构成，来自 $FADH_2$ 的电子不经过复合物Ⅰ。

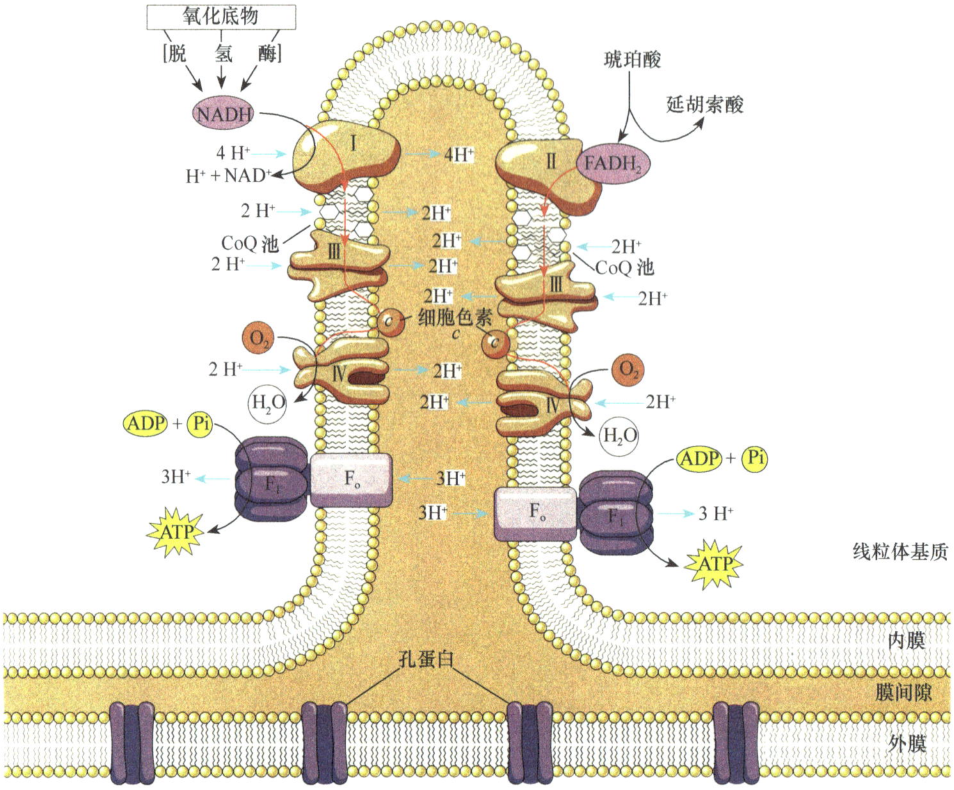

图 7-18 线粒体内主、次呼吸链（引自 Becker et al.，2003）。呼吸链复合物Ⅰ～Ⅳ是线粒体内膜的整合蛋白复合物。NADH 氧化释放的电子经复合物Ⅰ、Ⅲ、Ⅳ传递，同时它们又将基质中的 H^+ 传递到膜间隙；而 $FADH_2$ 氧化释放的电子经复合物Ⅱ、Ⅲ、Ⅳ传递，但是复合物Ⅱ不参与 H^+ 传递。由于在 TCA 循环中产生的 NADH 的数量远多于 $FADH_2$，NADH 氧化释放的电子与 H^+ 的量大，所以，将复合物Ⅰ、Ⅲ、Ⅳ称为主呼吸链，Ⅱ、Ⅲ、Ⅳ称为次呼吸链。

7.3.2.4 递氢体与电化学梯度的建立

组成呼吸链的成员中除了电子载体外，有些还具有将质子穿膜传递到膜间隙的作用，将能够传递氢质子的复合物称为递氢体。质子从线粒体基质穿膜传递到线粒体膜间隙是一种耗能的过程，递氢体利用电子在呼吸链中传递时释放的自由能完成递氢过程。实际上，正是呼吸链中的递氢体通过对质子的穿膜传递，将 NADH 和 $FADH_2$ 在氧化过程中释放出来的自由能转变成势能，这种势能可进一步用于 ATP 的合成。

质子穿过内膜向膜间隙的转运也是一种电生成（electrogenesis），即电压生成的过程。因为质子穿膜转运使得膜间隙积累了大量的质子，建立了质子梯度，由于膜间隙质子梯度的建立，使内膜两侧发生两个显著的变化：一是线粒体膜间隙产生大量的正电荷，而线粒体基质产生大量的负电荷，使内膜两侧形成电位差；二是因两侧氢离子浓度的不同而产生 pH 梯度（ΔpH），这两种梯度合称为电化学梯度（electrochemical gradient）。线粒体内膜两侧电化学梯度的建立，能够形成质子动势（proton motive force，Δp），只要有合适的条件即可转变成化学能储存起来。

膜间隙对质子梯度的维持，主要是靠内膜的高度不通透性，否则，由于质子的扩散使得质子回流到线粒体基质，从而流失自由能。而内膜恰恰是高度不通透性的，递氢体转运到膜间隙的质子得以维持，也就维持了质子移动的力，可用于 ATP 的合成。

7.3.3 氧化磷酸化：ATP 形成机制

氧化磷酸化（oxidative phosphorylation）是指在活细胞中伴随着呼吸链的氧化作用所发生的能量

转换和 ATP 的形成过程。

7.3.3.1 氧化磷酸化偶联位点

早在 20 世纪 30 年代，Belitzer 首先提出电子传递与 ATP 合成偶联的假设。他在体外测定肌组织制备物合成 ATP 与氧消耗比值时发现，呼吸链每传递 1 对电子，至少可合成 2 个 ATP。

后来有人发现 P/O 比值（形成的 ATP 数与每个还原氧的比值）接近 3，也就是说可合成 3 分子 ATP。根据对呼吸链中不同复合物间氧化还原电位的研究，发现复合物Ⅰ、Ⅲ、Ⅳ每传递 1 对电子，释放的自由能都足够合成 1 分子 ATP，因此将复合物Ⅰ、Ⅲ、Ⅳ看成是呼吸链中电子传递与氧化磷酸化偶联的 3 个位点。

上述 ATP 合成的数量和偶联位点得到实验的支持。如将分离的线粒体内膜小泡与抗霉素（antimycin）一起温育，由于抗霉素阻止电子通过细胞色素 b-c_1（复合物Ⅲ），NADH 释放的电子只能传递到 CoQ，其结果是，每传递 1 对电子只合成 1 分子 ATP。因此可以推论复合物Ⅰ是 ATP 合成的偶联位点。用同样的方法证明复合物Ⅲ和复合物Ⅳ也都是 ATP 合成与电子传递偶联位点。

如果以 $FADH_2$ 作为电子供体，则只有两个 ATP 合成偶联位点，因为 $FADH_2$ 提供的电子是经复合物Ⅱ、Ⅲ和Ⅳ传递的，而复合物Ⅱ不能作为 ATP 合成的偶联位点，所以只有两个偶联位点，这就意味着由 $FADH_2$ 作为电子供体时，只能合成 2 分子的 ATP。

7.3.3.2 ATP 合酶的结构和功能

动画

线粒体 ATP 合酶（ATP synthase）是由多种蛋白质组成的复合物，可分为两个主要的亚复合物（subcomplex），即 F_1 和 F_o，它们各自含有多种蛋白质组分（图 7-19）。ATP 合酶的别名很多，如 F_oF_1 复合物（F_oF_1 complex）、F_oF_1-ATP 合酶（F_oF_1-ATP synthase）、F_oF_1-ATP 酶（F_oF_1-ATPase）、F_oF_1-ATPase 复合物（F_oF_1-ATPase complex）等。ATP 合酶也可以看成是内膜中的第 5 种复合物。

F_o 含有三种不同类型内膜整合蛋白，分别命名为 a 亚基、b 亚基、c 亚基。在细菌与酵母的线粒体中，组成 F_o 的亚基数量是 $a_1b_2c_{10}$，但是在其他真核细胞中，c 亚基的数量有所变化，通常在 8～15 之间。但无论是在何种情况下，c 亚基都会在膜的平面形成圈饼形的环，称 c 环（c ring）。1 个 a 亚基与 2 个 b 亚基紧紧地连在一起，但都不与 c 环相连。

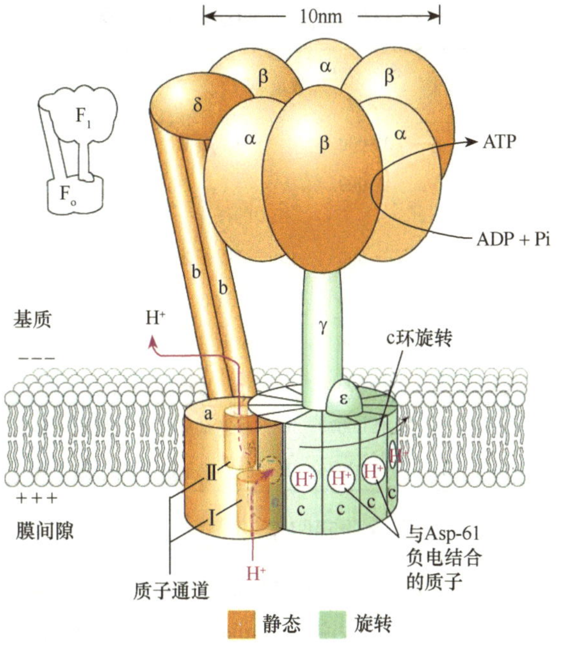

图 7-19 细菌质膜中 ATP 合酶结构（引自 Lodish et al., 2016）。

F_1 亚复合物由 5 种不同的多肽构成，其中 α、β 各 3 分子，合起来共由 9 个多肽组成，即 $\alpha_3\beta_3\gamma\delta\varepsilon$。正常情况下，$F_1$ 与 F_o 在线粒体内膜上是紧密结合在一起的。F_1 复合物的 γ 亚基的底部以螺旋的形式插入到 F_o 复合物 c 亚基的中央部分，并紧紧结合在一起。因此，当 F_o 的 c 亚基的环旋转时，杆状的 $F_1\gamma$ 亚基也会一起旋转。F_1 的 ε 亚基紧紧地附着在 γ 亚基上，同时也会与 F_o 复合物的 c 亚基结合。F_1 复合物的 α、β 亚基构成了 F_1 的球形头部，并以交替的形式构成六聚体，即 αβαβαβ，或者写成 $(\alpha\beta)_3$，并被一个长长的 γ 亚基顶在头上。F_1 的 δ 亚基与 $F_1\alpha$ 永久性结合在一起，也可以与 F_o 的 b 亚基结合。这样，F_o 的 a、b 亚基与 F_1 的 δ 亚基、$(\alpha\beta)_3$ 六聚体形成一种牢牢锚定在线粒体内膜中的坚固结构。杆状的 b 亚基可作为一个“定子”（stator），防止在静息状态下，$F_1\delta$ 亚基顶上的 $(\alpha\beta)_3$ 六聚体自由移动，因为 $(\alpha\beta)_3$ 六聚体只能与 F_o 的 c 环一起移动，并在 ATP 合成中发挥重要作用。

当 ATP 合酶被嵌在膜中时，伸向细胞质侧（线粒体基质面）的 F_1 可作为一个“把手”（knob），当 F_1 与膜分开时，在没有 F_o 的情况下，F_1 能够催化 ATP 水解，此时的 F_1 被称为 F_1-ATPase。也就是说，该酶在细胞中参与 ATP 的合成，一旦将之与 F_o 分离，离开膜后就变成 ATP 水解酶了。因此将它称为 ATP 合酶。表 7-5 是大肠杆菌 F_oF_1 合酶亚基的组成及功能。

表 7-5　大肠杆菌 F_oF_1 合酶亚基的组成及功能

亚复合物	亚基	相对分子质量	数量	功能
F_o	a	30 000	1	质子通道
	b	17 000	2	与 F_o、F_1 连接在一起的定子的杆
	c	8 000	10	可以带动 $F_1\gamma$ 亚基转动环
F_1	α	52 000	3	促进 β 亚基的作用
	β	55 000	3	ATP 合酶的催化部位
	δ	19 000	1	将 $\alpha_3\beta_3$ 环锚定到 F_o 的定子杆
	γ	31 000	1	将能量从 F_o 旋转传送到 F_1
	ε	15 000	1	将 γ 亚基锚定到 F_o 的 c_{10} 环

7.3.3.3　化学渗透偶联假说

关于氧化磷酸化的偶联机制，先后提出过几种假说，如化学偶联假说（chemical coupling hypothesis）和构象偶联假说（conformational coupling hypothesis），这些假说由于证据不足没有得到公认。

英国生物化学家 Mitchell 于 1961 年提出了化学渗透偶联假说（chemiosmotic coupling hypothesis）解释氧化磷酸化的偶联机制。该学说认为：在电子传递过程中，伴随着质子从线粒体基质向膜间隙转移，形成穿膜的氢离子梯度，产生了势能，这种势能驱动了氧化磷酸化反应（提供了动力），合成了 ATP。这一学说有大量的实验证明，得到了公认，Mitchell 也因此获得了 1978 年诺贝尔化学奖。化学渗透偶联假说可以很好地说明线粒体内膜中电子传递、质子动势的建立、ADP 磷酸化的关系（图 7-20）。

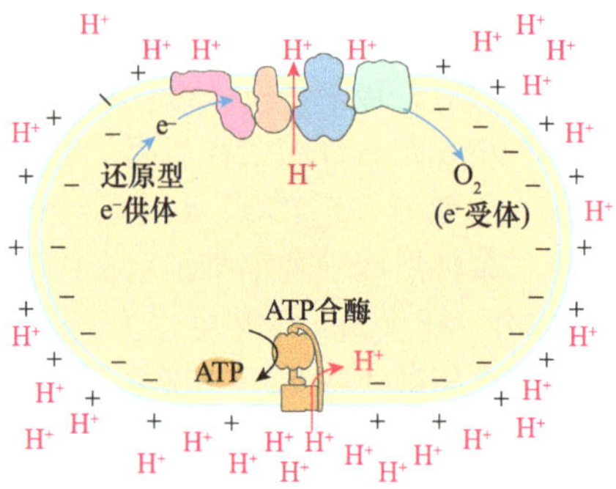

图 7-20　ATP 合成的化学渗透机制（引自 Nelson and Cox，2013）。在线粒体中，电子自动通过膜结合的载体（呼吸链）移动，最后传递给 O_2。在此过程中，呼吸链中的递氢体将 H^+ 转运到线粒体膜间隙，导致膜间隙中的 H^+ 浓度升高，造成与线粒体基质中的浓度梯度差；同时由于 H^+ 浓度升高，膜间隙与线粒体基质的电位差提高，也就形成了电化学梯度。为了消除这种差别，只有将膜间隙中的 H^+ 通过 ATP 合酶渗透回线粒体基质，此时的 ATP 合酶就会合成大量的 ATP。

7.3.3.4　ATP 合酶合成 ATP 的机制

ATP 合酶合成 ATP 的分子机制的研究一直是研究的热点。被多数人接受的 ATP 合酶合成 ATP 的模型是结合变构机制（binding-change mechanism）。按照这一机制，当质子“居高临下”通过 F_o 流动时，释放的能量直接驱动了 c 环及与其相连的 γ 和 ε 亚基的转动。γ 亚基作为凸轮（cam），或者一个非对称的旋转杆，由于它的底部镶嵌在 c 环的中央，顶部又顶着六聚体的 $(\alpha\beta)_3$，所以，γ 亚基的转动也就带动了 $(\alpha\beta)_3$ 的转动。但旋转时会引起 αβ 复合物构型的改变，有 3 种不同的构型，对 ATP 和 ADP 具有不同的结合能力：① O 型（open），即开放的状态，几乎不能结合 ATP，与 ADP、Pi 结合的能力也很弱；② L 型（loose），即松散型，与 ADP 和 Pi 结合的能力较强，但是不能与 ATP 结合；③ T 型（tight），即紧密型，与 ADP 和 Pi 的结合很紧并能自动反应形成 ATP。γ 亚基每旋转 120°，导致 β 亚基的构型发生一次变化，旋转 360°，完成一次从 O 到 T 的循环，而构型的不同导致与 ATP/ADP/Pi 结合的改变（图 7-21）。

现已了解，当质子通过 F_o 流入线粒体基质时，F_1 中便合成了 ATP，而这个合成过程是完全可逆的。当质子经 F_o 流出时，F_1 便会水解 ATP。质子流经 F_o 部分与在 F_1 部分中 ATP 的合成 / 水解这两个过程可能是通过 F_o 与 F_1 间共轴旋转相偶联。由于在 F_1 内部的旋转运动可合成 / 水解 ATP，因此 F_1-ATP 酶被认为是一种分子螺旋发动机。

体外实验为结合变构机制提供了支持。1997 年，两位日本科学家获得 γ 亚基带动 αβ 亚基旋转的直接证据。他们设计了一个十分精巧的实验系统来观察单个酶分子催化细胞中一个正常反应的逆反应。首先，他们制备了一个“工程版”的 ATP 合酶的 F_1 部分，由 3 个 α 亚基、3 个 β 亚基、1 个 γ 亚基组成（$\alpha_3\beta_3\gamma$）（图 7-22）。然后将这种多肽复合物头部固定到盖玻片上，并将一段短的、经荧光标记的肌动蛋白纤维附着在 γ 亚基的顶部。将这种制备复合物与 ATP 一起温育时，由于 ATP 的水解驱动了复合物旋转，用荧光显微镜可观察到转动。在此实验的基础上，后来设计的多种实验都检测到细胞中 F_1 通过旋转合成 ATP，从而证明结合变构机制的正确性。

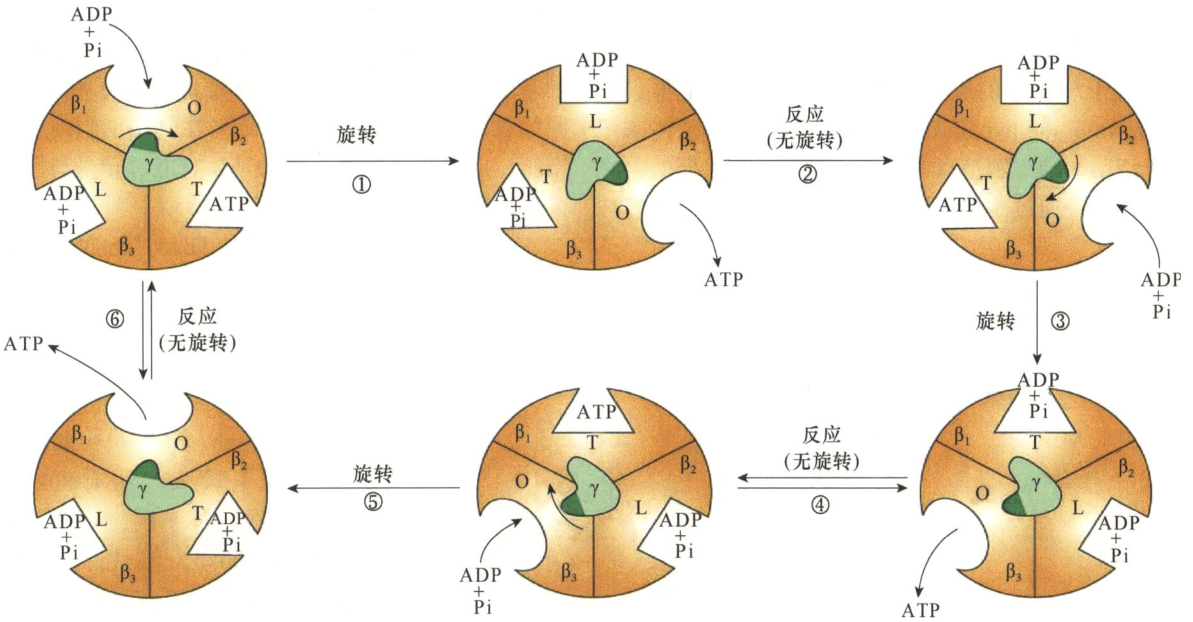

图 7-21 利用 ADP 和 Pi 合成 ATP 的结合变构机制（引自 Lodish et al.，2016）。3 个 β 亚基随着 γ 亚基的转动，构型发生变化，与 ATP/ADP/Pi 的结合力也发生变化。γ 亚基每转动 120°，3 个 β 亚基都要发生构型改变并引起相应的反应。①γ 亚基向右转动 120° 引起的构型改变：$β_1$ 亚基的构型由 O 型转变为 L 型，与 ADP 和 Pi 的结合加强；$β_2$ 亚基的构型由 T 型变成 O 型，与 ATP 结合力微弱，致使 ATP 脱离；$β_3$ 亚基的构型由 L 型变成 T 型，与 ADP 和 Pi 的结合更加紧密。②γ 亚基第一次转动引起的反应：L 型的 $β_1$ 亚基与 ADP 和 Pi 的结合力加强；O 型的 $β_2$ 亚基开始与 ADP 和 Pi 结合；紧密结合在 $β_3$ 亚基上的 ADP 和 Pi 形成 ATP。③γ 亚基第二次向右转动 120° 引起的构型改变：$β_1$ 亚基的构型由 L 型变成 T 型，与 ADP 和 Pi 的结合更为紧密；$β_2$ 亚基的构型由 O 型变成 L 型，与 ADP 和 Pi 的结合力加强；$β_3$ 亚基的构型由 T 型变成 O 型，与 ATP 的结合力丧失。④γ 亚基第二次向右转动引起的反应：紧密结合在 T 型 $β_1$ 亚基中的 ADP 和 Pi 形成了 ATP，L 型 $β_2$ 亚基与 ADP 和 Pi 的结合更为紧密，O 型 $β_3$ 亚基开始与 ADP 和 Pi 结合。⑤γ 亚基第三次向右转动 120° 引起的构型改变：$β_1$ 亚基的构型由 T 型变成 O 型，丧失与 ATP 的结合能力；$β_2$ 亚基的构型由 L 型变成 T 型，与 ADP 和 Pi 的结合更加紧密；$β_3$ 亚基的构型由 O 型变成 L 型，与 ADP 和 Pi 的结合力加强。⑥γ 亚基第三次旋转 120° 引起的反应：O 型的 $β_1$ 亚基开始与 ADP 和 Pi 结合；与 $β_2$ 亚基紧密结合的 ADP 和 Pi 形成了 ATP，L 型的 $β_3$ 亚基与 ADP 和 Pi 的结合更加紧密。γ 亚基经过 3 次旋转，完成了一次循环，共生成 3 个 ATP。

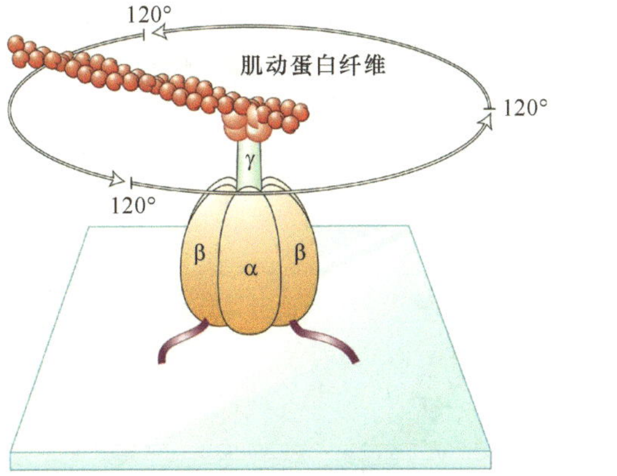

图 7-22 F_1 和 γ 旋转的体外实验示意图（引自 Lodish et al.，2016）。实验中对 F_1 进行人工改造，使之带上组氨酸（每个亚基一个），由于组氨酸能够与覆盖有金属还原剂（Ni 复合物）的玻片结合，因此可使 F_1 固定到这种玻片上。通过人工的方法将 γ 结合上一条荧光标记的肌动蛋白纤维，然后在供给 ATP 的情况下用荧光显微镜观察 γ 亚基的转动。

7.4 线粒体的遗传、融合与分裂

7.4.1 线粒体的遗传

线粒体是半自主性的细胞器，它除了有自己的遗传物质线粒体 DNA 外，还有蛋白质合成系统（核糖体、mRNA、rRNA、tRNA），但是，它的遗传信息量不足，仍然要受控于核的遗传信息，也就是说，线粒体中的蛋白质只有少数几种是线粒体基因编码的，大多数线粒体蛋白质还是由核基因编码，所以线粒体的生物合成涉及两个彼此分开的遗传系统。

7.4.1.1 线粒体的起源

关于线粒体的起源普遍接受的是内共生学说（endosymbiotic hypothesis）。该学说认为线粒体来源于细菌，即细菌被真核生物吞噬后，在长期的共生过程中，通过演变，形成了线粒体（图 7-23）。

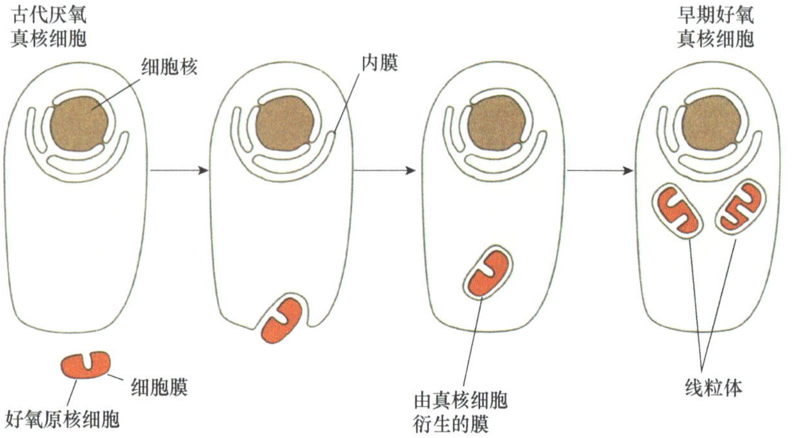

图 7-23 线粒体起源的内共生途径（引自 Alberts et al., 2015）。远古始祖细胞（一种古生菌）吞噬了一种线性的能够进行 ATP 合成的古生菌，开始了共生关系。现今，在所有真核生物的基因组中都可以发现细菌和古生菌双重遗传的明确证据。

该学说认为：线粒体祖先原线粒体（一种可进行三羧酸循环和电子传递的革兰氏阴性菌）被原始真核生物吞噬后与宿主间形成共生关系。在共生关系中，原线粒体可从宿主处获得更多的营养，而宿主可借用原线粒体具有的氧化分解功能获得更多的能量。

现有的关于线粒体 DNA、核糖体，以及 tRNA 等相关研究结果都支持内共生学说。该学说推测早期独立生存的细菌具有氧化磷酸化的酶促反应机制，并预测现代细菌具有与现代真核生物类似的呼吸链。研究结果证明，好氧菌能够将与 NAD 连锁的电子传递与 O_2 联系起来，并能与细胞质中的 ADP 磷酸化相偶联。而且，电子载体在将电子传递给 O_2 的同时将质子向外转位穿过质膜。在大肠杆菌的质膜中有 F_oF_1 复合物，而且，F_1 突出在胞质溶胶，催化质子通过 F_o 时利用 ADP 与 Pi 合成 ATP。

7.4.1.2 线粒体的基因组

线粒体有自己的遗传系统，与细胞核是分开存在的，而且具有自己的特点。具有与线粒体基因组最为相似的生物是 α-变形菌（α-proteobacteria），该菌大约编码 7000 个蛋白质。一种类似于 α-变形菌的细胞中的寄生虫 *Rickettsia prowazekii* 具有更小的基因组，含有大约编码 850 个蛋白质的基因。如同线粒体，*Rickettsia prowazekii* 在真核细胞内能够增殖，但是与线粒体不同的是，它能够转录与翻译大多数自身基因组的基因。

线粒体 DNA（mtDNA）是双链环状分子，并且有多个拷贝。不同物种线粒体基因组的大小变化很大。人及大多数动物细胞中的线粒体基因组都较小，约 16kb；而酵母中的线粒体基因组较大，约有 80kb；植物的线粒体基因组更大，甚至超过 200kb。但是，大的线粒体基因组中有非编码的序列存在。例如，拟南芥的线粒体 DNA 有 370kb，但是仅编码 31 个蛋白质。

人的线粒体基因组编码 13 种涉及电子传递与氧化磷酸化的蛋白质（图 7-24）。这些基因都是在线粒体中转录并在线粒体的核糖体上翻译的。人的线粒体 DNA 还编码线粒体核糖体的 16S、12S 的 rRNA，以及 22 种 tRNA。16S、12S 的 rRNA 是人及酵母线粒体核糖体的组分；而细菌有 3 种 rRNA，即 23S、16S 和 5S。植物也编码自身线粒体的 5S rRNA。此外，植物与原生动物的线粒体在输入与

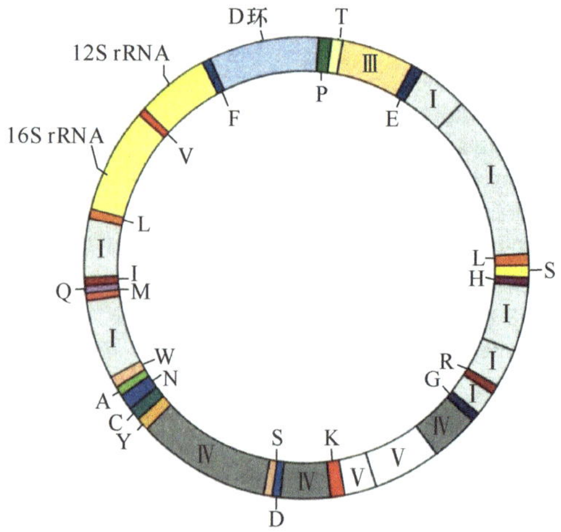

图 7-24 人线粒体基因组（引自 Cooper and Hausman, 2013）。人线粒体含有 13 个蛋白质编码基因，分别是复合物Ⅰ、Ⅲ、Ⅳ或Ⅴ的组成成分。基因组含有 12S rRNA、16S rRNA 及 22 种 tRNA 的基因。D 环是复制起点，并且含有启动子。

利用由核基因编码及线粒体基因组编码的 tRNA 方面也有所不同。动物线粒体所需的 tRNA 都是由线粒体基因编码。与由线粒体编码的 rRNA、tRNA 不同的是，核基因编码所有转录、翻译所需的蛋白质，包括线粒体 RNA 聚合酶、核糖体蛋白质，以及转译因子。

人的线粒体基因中没有发现内含子，但在酵母线粒体，至少在两个基因中发现有内含子，如细胞色素氧化酶复合物亚基 I 蛋白基因中就有 9 个内含子。

7.4.1.3 线粒体密码

线粒体使用核基因的通用密码，但也有些例外（表 7-6）。

表 7-6 线粒体中特殊遗传密码

密码子	通用密码	线粒体密码			
		哺乳动物	果蝇	酵母	植物
UGA	终止	色氨酸	色氨酸	色氨酸	终止
AUA	异亮氨酸	甲硫氨酸	甲硫氨酸	甲硫氨酸	异亮氨酸
CUA	亮氨酸	亮氨酸	亮氨酸	苏氨酸	亮氨酸
AGA、AGG	精氨酸	终止	丝氨酸	精氨酸	精氨酸

线粒体的蛋白质合成基本上属于原核类型，具有原核生物蛋白质合成的特点。mRNA 的转录和翻译是在同一时间、同一地点进行，蛋白质合成的起始 tRNA 与原核生物的相同。蛋白质合成对药物的敏感性与细菌一样。例如，氯霉素可抑制线粒体的蛋白质合成，而不抑制细胞质的蛋白质合成；放线菌酮可抑制细胞质蛋白质的合成而不抑制线粒体蛋白质的合成。

7.4.1.4 线粒体基因突变与疾病

线粒体是细胞内非常重要的细胞器，它不仅是细胞的“发电厂”，也参与细胞的衰老与死亡。细胞色素 *c* 是程序性细胞死亡的内部信号，而线粒体基因突变的不断积累导致细胞衰老。

由于线粒体独立于细胞核，所以线粒体遗传属于母系遗传。与细胞核不同的是，线粒体中对 DNA 的错误修复能力远不及细胞核。由于线粒体的数量多，而且线粒体的基因组又是多拷贝，所以线粒体基因突变的影响较为缓慢，有一个积累的过程。

线粒体基因突变会引起相关的疾病，有一些是因线粒体基因突变降低了 ATP 的合成引起的。某些类型的组织与细胞，如神经元、骨骼肌与心肌、胰腺的 β 细胞，如果 ATP 合成能力下降，将会对它们产生巨大影响。熟知的例子是莱伯遗传性视神经病变（Leber's hereditary optic neuropathy，LHON）、肌阵挛癫痫伴破碎红纤维综合征（myoclonus epilepsy and ragged red fiber，MERRF）这两种由线粒体基因突变引起的疾病。图 7-25 是相关的基因突变位点。

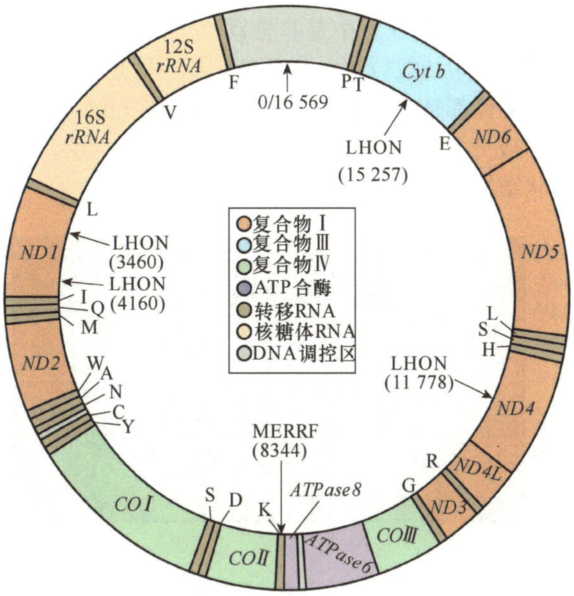

图 7-25 人的线粒体 DNA 突变（引自 Nelson and Cox，2013）。图中标出了基因组中编码复合物 I -NADH 脱氢酶的基因（*ND1*～*ND6*）、编码复合物 III 的细胞色素 *b* 的基因（*Cyt b*）、编码细胞色素氧化酶亚基（复合物 IV）的基因（*CO I*～*CO III*），以及编码 ATP 合酶的两个亚基的基因（*ATPase6*、*ATPase8*）。另外还标示了两种 RNA 编码区。箭头指向的是 LHON 和 MERRF 两种疾病的基因突变。括号中的数字是指改变的核苷酸位置，用氨基酸的单字母表示特异 tRNA 编码区。不同颜色显示不同的基因功能区。

LHON 是一种罕见的疾病，它会影响中枢神经系统，包括视神经，并导致成年前双目失明。引起这种疾病的根本原因是线粒体复合物 I 的 *ND4* 基因中一个碱基的突变，该突变导致精氨酸密码变成了组氨酸密码，影响了电子从 NADH 向泛醌的传递。虽然这些线粒体仍然能够从来自琥珀酸的电子传递中合成部分 ATP，但是合成的 ATP 的量不足以支持神经元的活性，最严重的结果是损伤了视觉神经，导致失明。复合物 III 中的细胞色素 *b* 编码基因的单碱基突变，也会导致 LHON。

MERRF 病是由线粒体基因组中编码赖氨酸特异的 tRNA（$tRNA^{Lys}$）基因突变所引起的。该疾病的主要特征是肌肉不可控的颤抖，根源是与该 tRNA 相关的蛋白质合成缺陷。具有 MERRF 病的个体骨骼肌纤维中有不正常形态的线粒体，有时似有晶体结构。

除了线粒体基因突变导致线粒体疾病外，1100多个为线粒体蛋白编码的核基因突变也会导致线粒体疾病。

7.4.2 线粒体的融合与分裂

线粒体在细胞中是非常动态的结构。荧光标记活细胞中的线粒体，发现在很多不同类型的细胞中线粒体都是动态的，它们之间常常相互融合（合并）或分裂（断开），从而形成管状，有时会产生网状结构（图 7-26）。

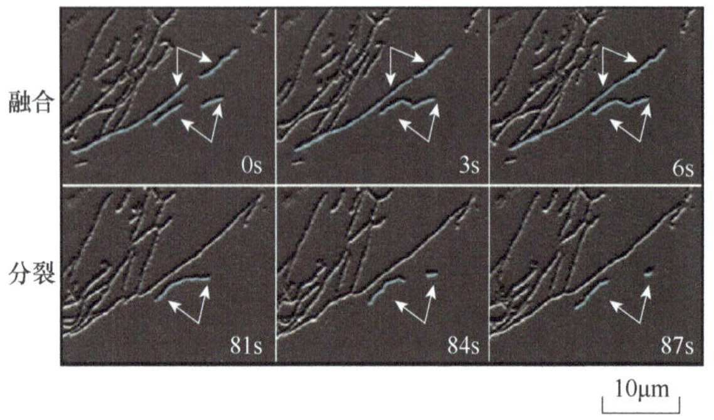

图 7-26 荧光蛋白标记的正常鼠胚成纤维细胞线粒体的融合与分裂（引自 Lodish et al.，2016）。用时差荧光显微术（time-lapse fluorescence microscopy）观察到荧光蛋白标记的正常鼠胚成纤维细胞线粒体的融合与分裂的动态过程。可见到 4 个线粒体发生融合（上半部分），一个线粒体发生断裂（下半部分）。

当单个的线粒体发生融合时，线粒体的内、外两层膜都要发生融合，而且膜间隙及线粒体基质的成分也要发生混合。一组共 4 个进化上保守的 GTP 水解酶（GTPase）在线粒体的融合与分裂中起关键作用。这 4 种 GTPase 分别是线粒体融合蛋白 1（mitofusion 1，MFN1）、线粒体融合蛋白 2（mitofusion 2，MFN2）、OPA1 及 DRP1。这 4 种蛋白质都是 GTPase 马达蛋白家族成员（图 7-27）。

线粒体融合与分裂有什么意义？对此有很多说法。首先，线粒体融合可为细胞提供更为同质的线粒体群体。假如某些线粒体的成分有部分缺失或丢失，可通过融合重新分配共享线粒体的组分。其次，通过对相关基因突变导致融合机制缺失的细胞及生物的研究发现，线粒体融合对维持线粒体在细胞内的适当定位、合适的形态、线粒体 DNA 的分布，以及线粒体完整的电子传递功能等方面都具有作用。

线粒体分裂同样具有重要意义。例如，当细胞分裂时，线粒体随着细胞一起分裂就特别重要，因为分裂的线粒体可进入不同的子细胞。线粒体能够以细胞内的微管、微丝为轨道，在马达蛋白的作用下被运送到合适的部位。此外，线粒体分裂为线粒体的质量控制提供了调控手段：在分裂时，可以将有缺陷的线粒体片段从健康的线粒体网络中剔除。对一部分受损伤较大的线粒体网络或功能紊乱的线粒体，通过分裂可以将这些线粒体剔除。

细胞具有识别线粒体网络中受损伤的及功能紊乱的线粒体片段的能力，它们将这些线粒体从网络中剔除后，能够用膜将它们包起来，并将其运送给溶酶体进行降解。线粒体的自我销毁作用称为线粒体自噬（mitophagy），是细胞自噬机制的一部分。

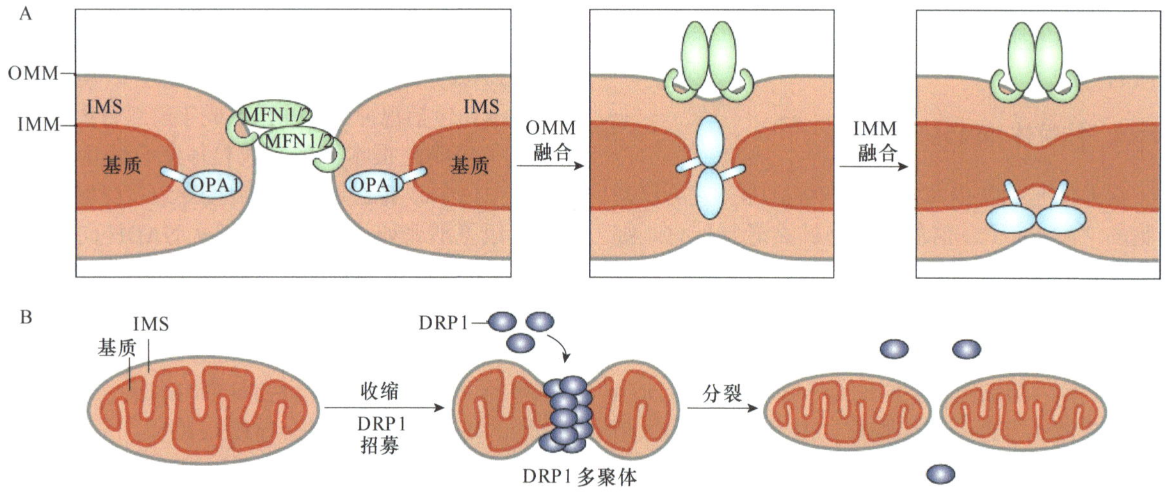

图 7-27 GTPase 介导线粒体的融合与分裂（引自 Lodish et al.，2016）。A. MFN1/2 介导线粒体外膜融合，OPA1（optic atrophy1，视神经萎缩蛋白 1）介导线粒体内膜融合。B. DRP1（dynamic-related protein 1，发动蛋白相关蛋白 1）被招募到线粒体的分裂处，通过收缩驱动线粒体分裂。OMM（outer mitochondrial membrance）：线粒体外膜；IMM（inner mitochondrial membrance）：线粒体内膜；IMS（inner membrance space）：内膜间隙

7.5 过氧化物酶体

1954年，在电子显微镜下检查肾小管时发现一种膜结合的颗粒（图7-28），直径为0.1～1.0μm。由于不知道这种颗粒的功能，将它称为微体（microbody）。后来发现微体有两种类型：过氧化物酶体（peroxisome）和乙醛酸循环体（glyoxysome），后者只在植物中发现。大多数人的细胞含有100～1000个过氧化物酶体。

过氧化物酶体是由一层单位膜包裹的囊泡，通常比线粒体小。过氧化物酶体普遍存在于真核生物的各类细胞中，但在肝细胞和肾细胞中数量特别多。过氧化物酶体的主要酶类是过氧化氢酶，它的作用主要是将过氧化氢（H_2O_2）水解。H_2O_2是氧化酶催化的氧化还原反应中产生的细胞毒性物质，氧化酶和过氧化氢酶都存在于过氧化物酶体中，从而对细胞起保护作用。

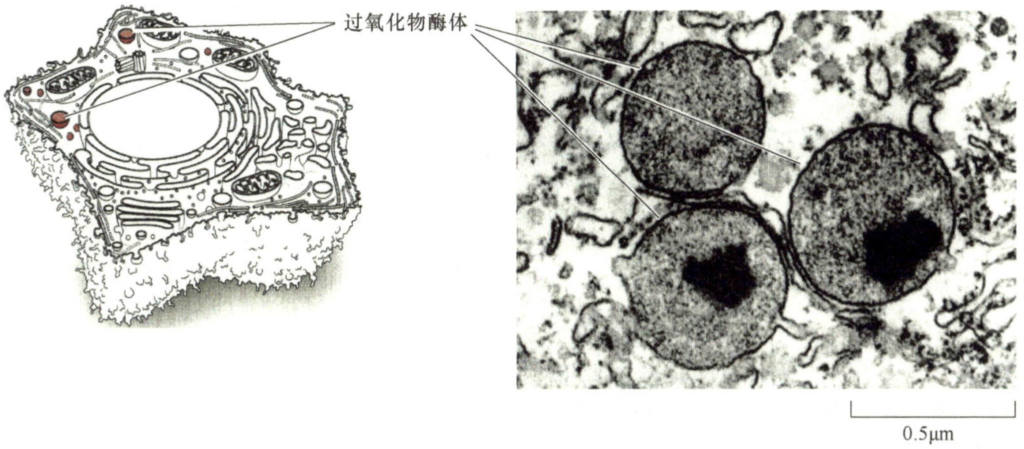

图7-28 过氧化物酶体的电子显微镜照片（引自Cooper and Hausman，2013）。图示大鼠肝细胞的三个过氧化物酶体，两个含有致密区，是尿酸氧化酶的晶核。

7.5.1 过氧化物酶体的发现及所含酶类

7.5.1.1 过氧化物酶体的发现

过氧化物酶体、溶酶体都是de Duve和他的同事们发现的，发现的过程很简单，但是实验的设计却给我们以极大的启发。

de Duve和他的同事通过梯度离心分离到溶酶体之后，通过对溶酶体酶的研究，发现至少有一种酶与溶酶体的酶性质不同：尿酸氧化酶（urate oxidase）不是酸性水解酶，尽管这种酶在离心分部时与溶酶体的酶相似。进一步研究发现在差速离心中，尿酸氧化酶与溶酶体的酶的沉降行为稍有不同。这些发现促使de Duve决定对该酶探个究竟，因为他猜测该酶有可能来自其他的细胞器。

通过等密度梯度离心技术，de Duve等终于获得尿酸氧化酶是一种新细胞器的酶的线索。通过蔗糖密度梯度离心，发现尿酸氧化酶存在的密度区是1.25g/cm^3，而线粒体和溶酶体分别是1.19g/cm^{3}和1.20～1.24g/cm^3，由于密度差异太小，而溶酶体酶自身的密度范围又很宽，如何将尿酸氧化酶与溶酶体的酶分开？他们根据一次偶然的实验观察，设计了一个很好的方法：用一种去垢剂Triton WR1339注射小鼠，这种去垢剂在细胞内主要积累在溶酶体中，并使溶酶体的浮力密度降低到1.1～1.14g/cm^3，这样就可以将尿酸氧化酶与溶酶体和线粒体离心后分离开。部分收集尿酸氧化酶样品，经分析，收集的尿酸氧化酶的样品中还含有过氧化物酶和D-氨基酸氧化酶，后来发现的几种酶都与H_2O_2的形成和分解有关。由于新发现的细胞器与过氧化氢有关，故命名为过氧化物酶体。

通过酸性磷酸酶和过氧化氢酶的释放实验也证明过氧化物酶体与溶酶体是两种不同的细胞器。首先分离能够释放酸性磷酸酶和过氧化氢酶的膜性细胞器，然后用去垢剂（毛地黄皂苷）破坏细胞器使之释放酸性磷酸酶和过氧化氢酶。如果这两种酶定位于同一种细胞器中，那么只要该细胞器破裂就会同时释放出这两种酶，实验结果是要加10倍量的去垢剂才能释放过氧化氢酶（图7-29），这就说明溶酶体和过氧化物酶体是两种不同的细胞器，这两种细胞器的膜对去垢剂的耐受性是不同的。

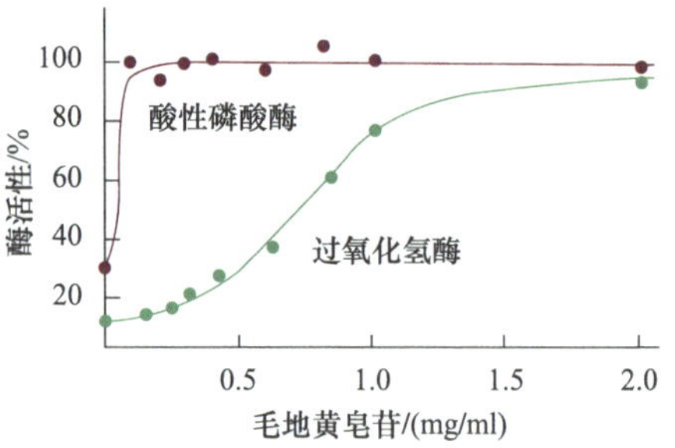

图 7-29 酸性磷酸酶和过氧化氢酶释放实验（引自 Kleinsmith and Kish，1995）。

7.5.1.2 过氧化物酶体的酶类

过氧化物酶体在肝及肾细胞中极为丰富，植物的种子及叶中也很多。所有的过氧化物酶体都含有过氧化氢酶，约占过氧化物酶体总蛋白的 15%。过氧化物酶体含有丰富的酶类，目前已知的有 40 余种，主要是氧化酶、过氧化氢酶和过氧化物酶（表 7-7）。

表 7-7 过氧化物酶体中发现的主要酶类

酶	鼠肝	植物种子	植物叶
过氧化氢酶	+	+	+
尿酸氧化酶	+	+	+
D-氨基酸氧化酶	+	+	−
L-氨基酸氧化酶	±	+	−
L-α-羟酸氧化酶	+	+	+
乙醇酸氧化酶	+	+	+
脂肪酸 β-氧化酶	+	+	−
柠檬酸合成酶	−	+	−
顺乌头酸酶		+	−
异柠檬酸裂解酶	−	+	−
马来酸合成酶	−	+	−
马来酸脱氢酶	−	+	+
乙醛酸还原酶	+	−	+
乙醛酸转氨酶	−	−	+

注：+表示存在，−表示不存在；空白表示未测。± 表示有些有，有些无。

1）氧化酶（oxidase） 过氧化物酶体含有的氧化酶包括尿酸氧化酶、D-氨基酸氧化酶、L-氨基酸氧化酶和 L-α-羟酸氧化酶等。氧化酶约占过氧化物酶体酶总量的一半。各种氧化酶作用于不同的底物，其共同特点是氧化底物的同时，将氧还原成过氧化氢：$RH_2+O_2 \longrightarrow R+H_2O_2$。

2）过氧化氢酶（catalase） 过氧化氢酶是过氧化物酶体的标志酶，这是因为所有过氧化物酶体都含有过氧化氢酶，约占过氧化物酶体酶总量的 40%。过氧化氢酶的作用是将过氧化氢还原成水：$2H_2O_2 \longrightarrow O_2+2H_2O$。

7.5.2 过氧化物酶体的功能

因为氢的过氧化物是有毒的，似乎认为过氧化物酶体的功能就是防止产生过氧化氢，对细胞起保护作用。事实上，过氧化物酶体不仅仅是将过氧化氢水解，还有其他一些重要功能。

1）使毒性物质失活 这种作用是过氧化氢酶利用过氧化氢氧化各种底物，如酚、甲酸、甲醛和乙醇等，氧化的结果使这些有毒性的物质变成无毒性的物质，同时也使 H_2O_2 进一步转变成无毒的 H_2O。这种解毒作用对于肝、肾特别重要。例如，人们饮入的酒精几乎有一半是以这种方式被氧化成乙醛的，从而解除了酒精（乙醇）对细胞的毒性作用。

2）对氧浓度的调节作用 过氧化物酶体中的氧化酶都是利用分子氧作为氧化剂，催化如下的化学反应：$RH_2+O_2 \longrightarrow R+H_2O_2$。

这一反应对细胞内氧的水平有很大的影响。例如，在肝细胞中，有 20% 的氧是由过氧化物酶体消耗的，其余的在线粒体中消耗。在过氧化物酶体中氧化产生的能量以产热的方式消耗掉，而在线粒体中氧化产生的能量贮存在 ATP 中。线粒体与过氧化物酶体对氧的敏感性是不一样的，线粒体氧化所需的最佳氧浓度为 2% 左右，增加氧浓度并不提高线粒体的氧化能力。过氧化物酶体与线粒体不同，它的氧化率是随氧张力增强而成正比地提高（图 7-30）。因此，在低浓度氧的条件下，线粒体利用氧的能力比过氧化物酶体的强，但在高浓度氧的

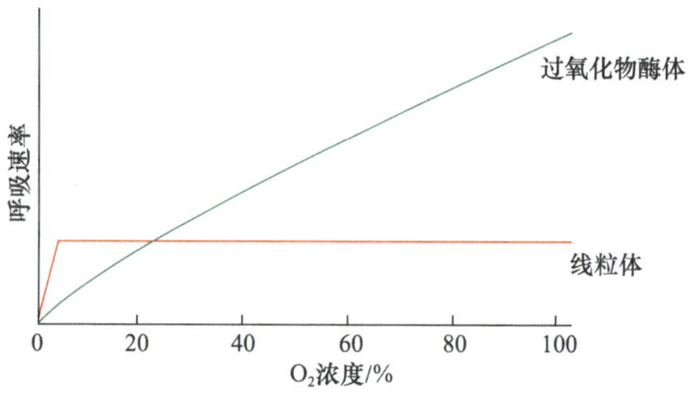

图 7-30 过氧化物酶体和线粒体中氧浓度与呼吸速率的关系（引自 Kleinsmith and Kish，1995）。

情况下，过氧化物酶体的氧化反应占主导地位，这种特性使过氧化物酶体具有使细胞免受高浓度氧的毒性作用。

3）脂肪酸的氧化　动物细胞的过氧化物酶体中有氧化脂肪酸的酶类。动物组织中有25%～50%的脂肪酸是在过氧化物酶体中氧化的，其他则是在线粒体中氧化的。另外，由于过氧化物酶体中有与磷脂合成相关的酶，所以过氧化物酶体也参与脂的合成。

4）含氮物质的代谢　在大多数动物细胞中，尿酸氧化酶对于尿酸的氧化是必需的。尿酸是核苷酸和某些蛋白质降解代谢的产物，尿酸氧化酶可将这种代谢废物进一步氧化去除。另外，过氧化物酶体还参与其他的氮代谢，如转氨酶（aminotransferase）催化氨基的转移。

5）过氧化物酶体在植物中的作用　第一是在种子发芽时，将脂肪酸转变成糖碳水化合物为种子的生长提供能量；第二是参与光呼吸（参见本书第8章相关内容）。

7.5.3 过氧化物酶体的生物发生

通常将细胞器的增殖称为生物发生（biogenesis）。过氧化物酶体是一种小的、由单层膜包裹的细胞器。过氧化物酶体不同于线粒体，它没有DNA，也不含核糖体，构成过氧化物酶体的所有蛋白质都是核基因编码，并运输到过氧化物酶体的膜或过氧化物酶体的腔中。但是，过氧化物酶体却能随着细胞的生长与分裂同步进行生长与分裂，这一切是如何发生的呢？

7.5.3.1 过氧化物酶体生物发生途径

过氧化物酶体的生物发生曾经被认为是与内体、溶酶体类似的方式。后来，大多数研究者认为，过氧化物酶体的生物发生只是通过已有的过氧化物酶体分裂进行的。最新的证据表明，过氧化物酶体的生物发生既有与溶酶体生物发生类似的途径，也有通过预先存在的过氧化物酶体分裂而产生的途径，或者是两种途径的结合。图7-31是关于过氧化物酶体是如何增殖及新的过氧化物酶体是如何产生的示意图。参与过氧化物酶体生物发生的蛋白质统称为过氧化物酶体生成蛋白（peroxin），如Pex1、Pex2、Pex5、Pex19等。

7.5.3.2 过氧化物酶体基质蛋白的靶向信号

大多数过氧化物酶体基质蛋白的羧基端都有一个三氨基酸序列（Ser-Lys-Leu）作为过氧化物酶体靶向信号，将这种信号称为PTS1（peroxisome targeting signal 1）。少数过氧化物酶体的蛋白质是由氨基端的9个氨基酸序列引导定位，这种定位信号称为PTS2（peroxisome targeting signal 2）。PTS1和PTS2由不同的受体识别，与线粒体、叶绿体、

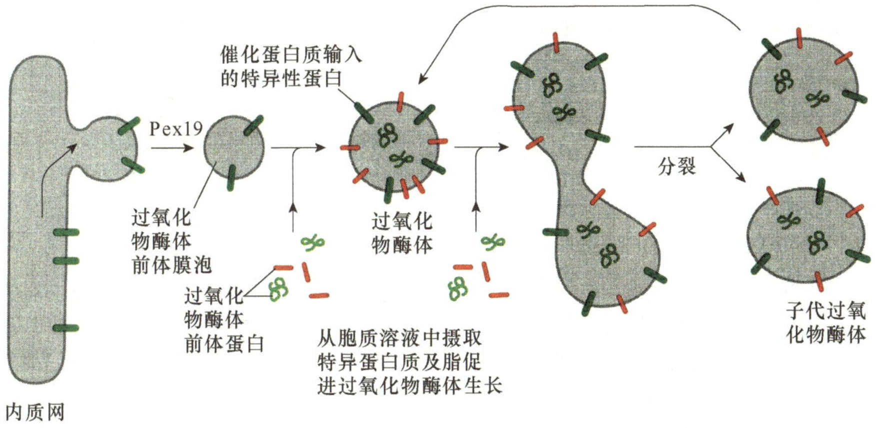

图7-31　过氧化物酶体生物发生的示意图（引自Alberts et al.，2015）。从内质网产生过氧化物酶体前体膜泡，推测膜泡膜中的两个过氧化物酶体的膜蛋白分别是Pex3、Pex16。在Pex19及其他一些尚不清楚的蛋白质的帮助下，内质网选择性地将只有过氧化物酶体的蛋白质包入前体膜泡中，形成的过氧化物酶体前体膜泡可以相互或与预先存在的过氧化物酶体进行融合。过氧化物酶体的膜含有输入蛋白受体及蛋白质转运器，能够从胞质溶胶中摄取过氧化物酶体所需的蛋白质，也包括输入蛋白受体及蛋白质转运器的新拷贝。据推测，过氧化物酶体生长所需的脂类也是通过脂运输蛋白转运来的，也包括预先存在的过氧化物酶体提供的脂类。

ER 蛋白定位转运不同，过氧化物酶体蛋白质在转运时不必解折叠，靶向信号也不会在蛋白质转运后被切除。图 7-32 是 PTS1 介导的过氧化物酶体基质蛋白的转运示意图。

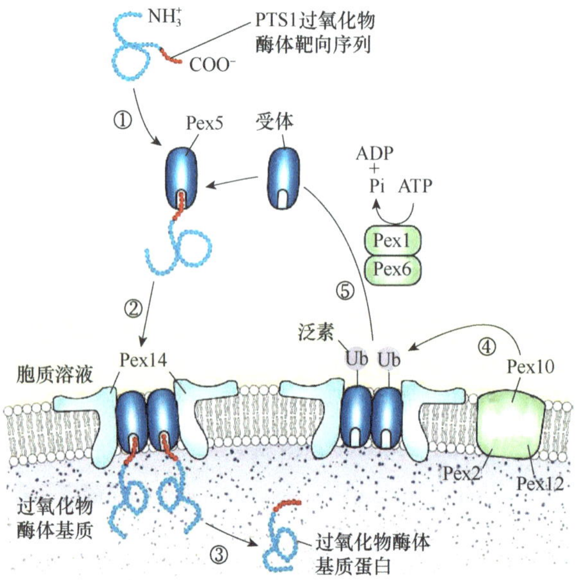

图 7-32 PTS1 介导的过氧化物酶体基质蛋白的转运（引自 Lodish et al.，2016）。①大多数过氧化物酶体的基质蛋白的 C 端都有一个 PTS1 的靶向序列，该序列能够与细胞质受体 Pex5 结合。② Pex5-过氧化物酶体基质蛋白复合物进一步与定位在过氧化物酶体膜上的两个受体蛋白 Pex14 结合形成多亚基的复合物。③过氧化物酶体基质蛋白-Pex5 与 Pex14 装配成复合物之后，过氧化物酶体基质蛋白与 Pex5 解离，被释放到过氧化物酶体基质中。④释放了基质蛋白的 Pex5 被位于过氧化物酶体膜中的 Pex2、Pex10 和 Pex12 泛素化。⑤泛素化的 Pex5 在 ATPase 酶蛋白 Pex1、Pex6 的作用下从过氧化物酶体的膜上脱离下来，该过程需要 ATP 水解供能。重新进入胞质溶胶的 Pex5 开始新的循环。

过氧化物酶体中含量最高的过氧化氢酶蛋白的 C 端具有 PTS1 靶向序列，就是通过上述机制进入过氧化物酶体基质的。少数过氧化物酶体基质蛋白，如硫解酶（thiolase）的前体蛋白的靶向序列位于 N 端，它们与细胞质中不同的受体蛋白结合，但是，输入过氧化物酶体的机制与 PTS1 介导的转运是相同的。

7.5.3.3 过氧化物酶体膜蛋白的转运

细胞质中游离核糖体不仅为过氧化物酶体合成基质蛋白，也为过氧化物酶体合成膜蛋白，不过，过氧化物酶体膜蛋白与过氧化物酶体基质蛋白的转运机制是不同的。过氧化物酶体的膜蛋白具有膜靶向信号（mPTS），能够被细胞质中水溶性的受体 Pex19 识别并结合。Pex19-过氧化物酶体膜蛋白复合物被过氧化物酶体膜中的 Pex3/Pex16 识别，然后在 Pex19 的介导下，过氧化物酶体的膜蛋白插入过氧化物酶体的膜中，Pex19 进入胞质溶胶执行新的膜蛋白识别与转运任务（图 7-33）。

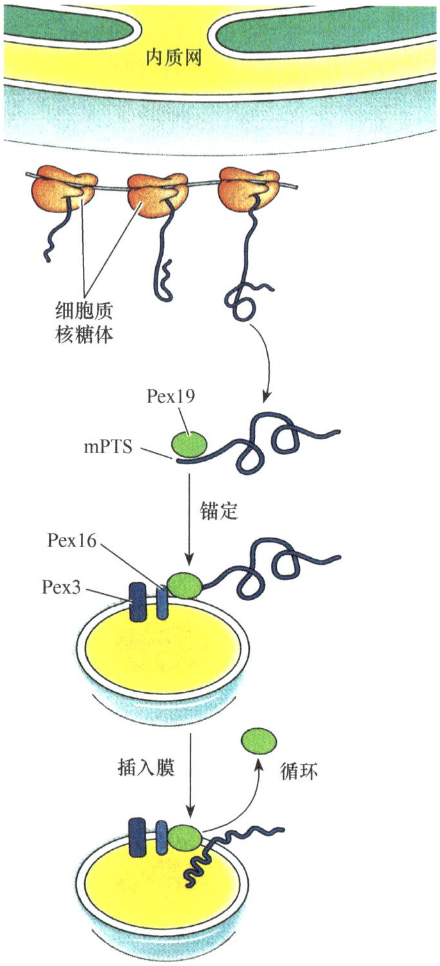

图 7-33 来自细胞质的过氧化物酶体膜蛋白的转运（引自 Cooper and Hausman，2016）。在细胞质游离核糖体上合成的过氧化物酶体的膜蛋白具有可被细胞质中受体蛋白 Pex19 识别的信号（mPTS）。然后，Pex19-靶蛋白复合体与过氧化物酶体膜中的 Pex3/Pex16 结合，Pex19 介导靶蛋白插入膜并在膜脂双层中装配成蛋白复合物。

7.5.3.4 过氧化物酶体的生长与分裂

从上面的讨论中可以看到，过氧化物酶体的生物发生可以"从无到有"（图 7-34A），即由内质网通过出芽产生含有过氧化物酶体的膜泡，至于新生的膜泡上有多少种过氧化物酶体的膜蛋白及基质蛋白，仍不清楚。一般认为，从内质网上产生的膜泡仅是一个空壳（ghost），但可以肯定在膜泡的膜上至少有两种作为膜受体的过氧化物酶体的膜蛋白 Pex3 和 Pex16，是它们招募 Pex19，导致过氧化物酶体膜泡的形成。

膜泡形成之后，可以相互融合，通过可溶性的受体（Pex5、Pex19）不断将细胞质游离核糖体合成的过氧化物酶体的基质蛋白、膜蛋白转运到过氧化物酶体。不仅如此，胞质溶胶中的脂运输蛋白将内质网合成的磷脂不断运送到过氧化物酶体的膜中，满足不断生长的过氧化物酶体的需要。此外还要从细胞中摄取血红素，保证氧化酶的活性。

除了上面所说的过氧化物酶体从无到有的生成之外，过氧化物酶体也可以通过分裂进行繁衍（图 7-34B）。当过氧化物酶体生长到成熟时即可通过分裂产生新的小过氧化物酶体。新生的过氧化物酶体又通过前述的机制不断从细胞质中摄取蛋白质等，逐渐长大。

据研究，过氧化物酶体中有一类检测蛋白，能够检测过氧化物酶体是否成熟，目前已知 Pex11 与过氧化物酶体的成熟分裂相关。

过氧化物酶体与人类某些疾病密切相关。主要是编码定位于过氧化物酶体的酶的基因发生突变导致酶活性丧失；或是运输酶蛋白的受体发生突变，导致这些酶定位于胞质而不能进入过氧化物酶体。最典型的导致人类疾病的例子是 Zellweger 综合征（脑肝肾综合征），患这种病的儿童的寿命不超过 10 岁。研究表明，至少有 10 种基因的突变会导致该病的发生，这些基因突变的结果都是影响了过氧化物酶体蛋白的转运，其中一个突变影响了受体对 PTS1 的识别。

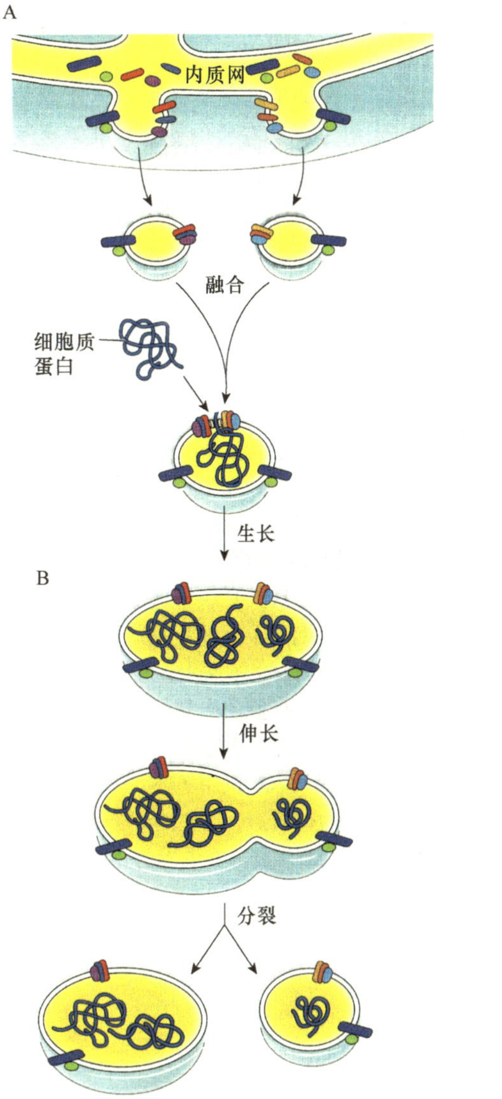

图 7-34　新的过氧化物酶体形成的两种途径（引自 Cooper and Hausman，2016）。A. 由内质网产生的膜泡开始从无到有的形成新的过氧化物酶体。B. 通过成熟过氧化物酶体的分裂产生新的过氧化物酶体。

本 章 小 结

线粒体是细胞内氧化磷酸化和合成 ATP 的主要场所，是细胞的“动力工厂”。

线粒体有内、外两层膜，外膜含有孔蛋白，通透性高。内膜通透性较低，通常向基质折褶形成嵴，嵴上有许多规则排列的基粒。内膜上有许多参与运输、合成、电子传递和 ATP 合成的酶类。内、外膜之间有膜间隙，其化学组成接近胞质溶胶。线粒体基质中含有与三羧酸循环、线粒体 DNA 合成等相关的酶类。

线粒体的绝大多数蛋白质由核基因编码，在细胞质游离核糖体上合成后通过转运肽转运到线粒体中，转运过程需要受体、消耗能量及分子伴侣的帮助等。

线粒体是真核生物氧化代谢的部位。糖酵解生成的丙酮酸进入线粒体基质，经过三羧酸循环生成 $FADH_2$ 和 NADH，再进入呼吸链进行氧化磷酸化，最后生成 ATP 和水。呼吸链上的电子载体有黄素蛋白、细胞色素、铁硫蛋白和辅酶 Q。主呼吸链由复合物Ⅰ、Ⅲ、Ⅳ构成，传递氧化 NADH 释放的电子；次呼吸链由复合物Ⅱ、Ⅲ、Ⅳ构成，传递氧化 $FADH_2$ 释放的电子。呼吸链通过 3 个氧化磷酸化偶联位点，即复合物Ⅰ、Ⅲ、Ⅳ建立质子动势，驱动 ATP 合酶合成 ATP。英国生化学家 Mitchell 于 1961 年提出化学渗透偶联假说，结合变构机制证实化学渗透偶联假说的正确性。

线粒体是一种半自主性的细胞器，具有有限的遗传物质及蛋白质合成系统等。线粒体通过分裂进行增殖。内共生学说是普遍接受的线粒体起源的学说。

线粒体是一种动态的细胞器，相互之间不断发生融合与分裂。融合可以提高细胞质系统的同质性；分裂不仅有助于剔除受损伤的线粒体片段，而且可以扩大线粒体的数量，并可随细胞的分裂进入子细胞。

过氧化物酶体是由一层单位膜包裹的囊泡，不含 DNA，但含 40 余种酶类，主要是氧化酶、过氧化氢酶和过氧化物酶。过氧化物酶体具有解毒、调节氧浓度、氧化脂肪酸、进行含氮物质代谢等功能。

过氧化物酶体的生物发生既有与溶酶体生物发生类似的途径，也有通过预先存在的过氧化物酶体分裂而产生的途径。

线粒体与过氧化物酶体的基因突变都会导致严重的疾病。

思考题

（1）线粒体内膜具有典型细胞膜的所有特征，同时还有几个与其在氧化磷酸化中的作用密切相关的特异性。这些特异性是什么？它们对内膜的功能有何贡献？

（2）描述下列线粒体突变将给线粒体基质蛋白的前体带来怎样的变化：① TOM22 信号受体的突变；② TOM70 信号受体的突变；③基质中 Hsp70 的突变；④基质信号肽酶的突变。

（3）假定你已经确鉴定了一种新的突变细胞系，它的过氧化物酶体没有功能。请问你如何设计实验来确定突变体是膜蛋白或基质蛋白发生了插入，还是装配方面的缺陷？

（4）线粒体在肝细胞的胞质中是自由移动的，而心肌细胞中的线粒体则相对固定在相邻肌纤维之间的位置。请问它们的位置差异具有什么样的生理意义？

（5）相对而言，科学家难以用实验手段研究完整线粒体中的呼吸链。然而，当用超声波破坏线粒体后，可以分离出功能性的亚线粒体囊泡，这些亚线粒体囊泡是由破裂的线粒体的嵴外翻封闭而成。在这些囊泡中，原先面对线粒体基质的膜蛋白现在暴露在周围的介质中。你认为这样的排列对电子传递和 ATP 合成的研究有什么帮助？

8 叶绿体与光合作用

光合作用是自养生物利用光能将碳进行还原的过程。在真核自养生物中，捕获光能的反应只能发生在特殊的细胞器——叶绿体中；而在原核自养生物中，相应的反应发生在质膜上。植物通过光合作用将光能转变成化学能的过程主要是在植物细胞的叶绿体中进行的。叶绿体（chloroplast）是植物细胞所特有的能量转换细胞器，其功能是进行光合作用，即利用光能同化二氧化碳和水，合成糖，同时产生分子氧。

由于叶绿体的体积大且具有绿色，所以它是光学显微镜下发现的第一个细胞内的结构。17 世纪，光学显微镜发明不久，列文虎克就在藻类中观察到了叶绿体；到了 1800 年，在各种植物的叶中都鉴定到叶绿体。将叶绿体置于低渗溶液中会膨胀破裂，表明叶绿体也是由半透性的膜包裹的细胞器。

8.1 质体与叶绿体

8.1.1 前质体与质体

虽然叶绿体是植物细胞特有的细胞器，但并非所有的植物细胞都具有叶绿体，如高等植物中的分生组织细胞就缺少叶绿体，但是它们具有一些小的细胞器，称为前质体（proplastid）。前质体的直径约为 1μm，或更小一些，它是由双层膜包被着未分化的基质（stroma）所组成。植物中的前质体在发育过程中随着所处的位置及接受光的多少，分化成功能各异的质体（plastid）。所以，质体是植物细胞中一类膜性细胞器的总称，这类细胞器都是由共同的前体——前质体分化发育而来（图 8-1）。

根据质体是否含有叶绿素及功能的不同，可将其分为叶绿体、白色体、有色体、蛋白质体、油质体、造粉体等。

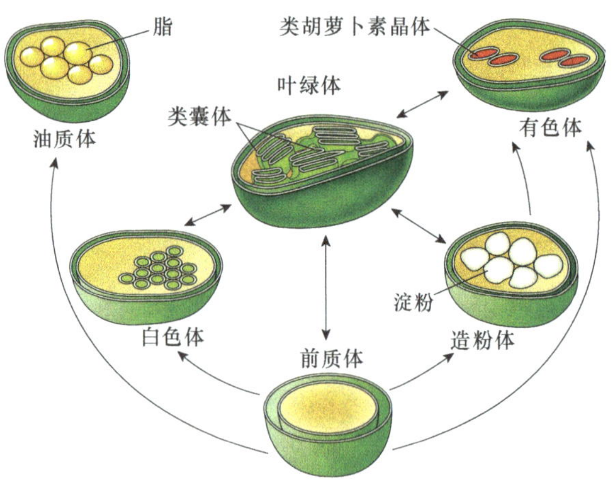

图 8-1　前质体的分化途径（引自 Cooper and Hausman，2016）。

8.1.2　叶绿体的形态、大小与数量

高等植物中的叶绿体为球形、椭圆形或卵圆形，为双凹面。有些叶绿体呈棒状，中央区较细小而两端膨大（图 8-2），充满叶绿素和淀粉粒。在同一物种的不同细胞内叶绿体的形态变化较大，但在同一种组织的细胞内比较稳定。叶绿体的大小变化很大，高等植物叶绿体通常宽 2～5μm、长 5～10μm。对于特定的细胞类型来说，叶绿体的大小相对稳定，但受遗传和环境的影响，如多倍体细胞内的叶绿体就比单倍体细胞的要大些。同一种植物生长在不同的环境中，叶绿体大小也不相同。

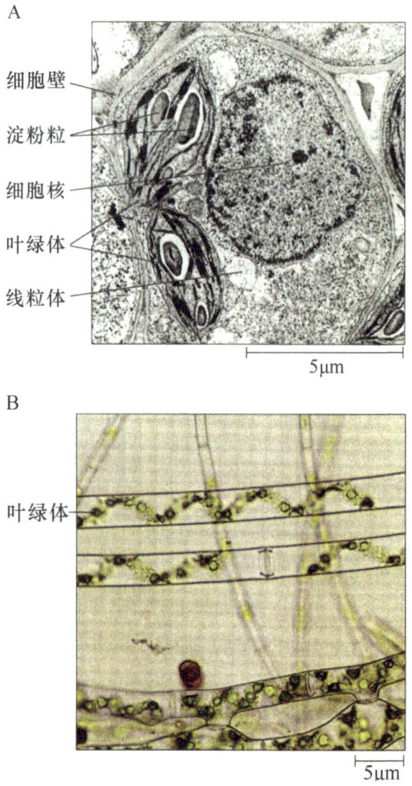

图 8-2　植物细胞中叶绿体的电子显微镜照片（引自 Jeff et al.，2012）。A. 植物叶细胞中的叶绿体；B. 海藻细胞中的叶绿体。

不同植物中叶绿体的数目相对稳定，大多数高等植物的叶肉细胞含有几十到几百个叶绿体，可占细胞质体积的 40%。叶绿体的数目因物种、细胞类型和生理状况而异，藻类植物通常只有一个巨大的叶绿体，其形态有螺旋状、星状，依据细胞的形态而定。例如，丝状绿藻含有一个螺旋带形的巨大叶绿体，而紫球藻细胞中含有一个巨大的球形叶绿体，其内膜小泡平行排列而不堆积形成基粒。

8.2　叶绿体的结构

叶绿体由叶绿体被膜（chloroplast envelope）、类囊体（thylakoid）和叶绿体基质（chloroplast stroma）组成。叶绿体的结构比较特殊，它含有 3 种不同的膜（外膜、内膜和类囊体膜），以及 3 种彼此分隔的区室（膜间隙、叶绿体基质和类囊体腔）。

8.2.1　叶绿体被膜的结构及特性

叶绿体的外膜和内膜合称为被膜。叶绿体的外膜和内膜都是连续的单位膜，每层膜的厚度为 6～8nm，内、外两膜间有 2～10nm 宽的间隙，称为膜间隙。与线粒体不同的是，叶绿体的内膜并不向内折成嵴（图 8-3），但在某些植物中，内膜可皱褶形成相互连接的泡状或管状结构，称为周质网（peripheral reticulum），这种结构的形成可增加内膜的表面积。

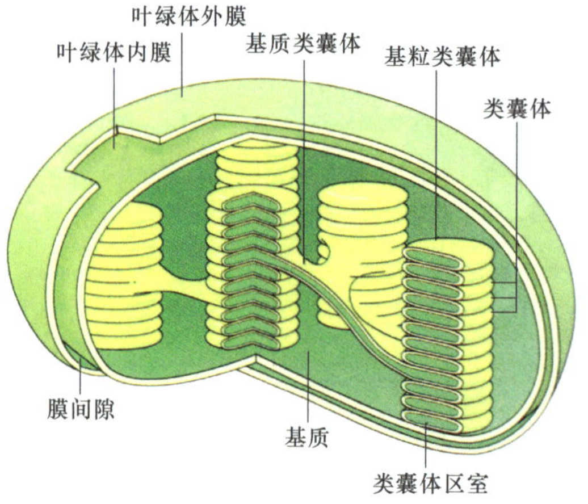

图 8-3　叶绿体的膜与区室（引自 Wolfe，1993）。

内膜含有较多的膜整合蛋白，因此内膜的蛋白质与脂的比值比外膜的高。

内膜上的蛋白质大多是与糖脂、磷脂合成有关的酶类。研究结果表明，叶绿体的被膜不仅是叶绿体脂合成的场所，也是整个植物细胞脂合成的主要场所。这一点与动物细胞有很大的不同：在动物细胞中，脂类的合成主要是在滑面内质网上进行的。内膜中发现的另一类蛋白质是转运蛋白，这也与线粒体一样，由于外膜通透性大，物质的选择性运输任务就自然落在了内膜上。

膜间隙将叶绿体的内外膜分开。由于外膜的通透性大，所以膜间隙的成分几乎与胞质溶胶的一样。尚不了解在膜间隙中有哪些蛋白质的存在。

8.2.2 类囊体

与线粒体不同，叶绿体基质中有第三种膜结构系统，称为类囊体，它是由内膜发展而来的、膜封闭的扁平小囊。类囊体是叶绿体内部组织的基本结构单位，上面分布着许多光合作用色素，是光合作用的光反应场所。

8.2.2.1 类囊体的结构

叶绿体中的类囊体有两种类型：基粒类囊体（granum thylakoid）和基质类囊体（stroma thylakoid）（图 8-3 和图 8-4）。

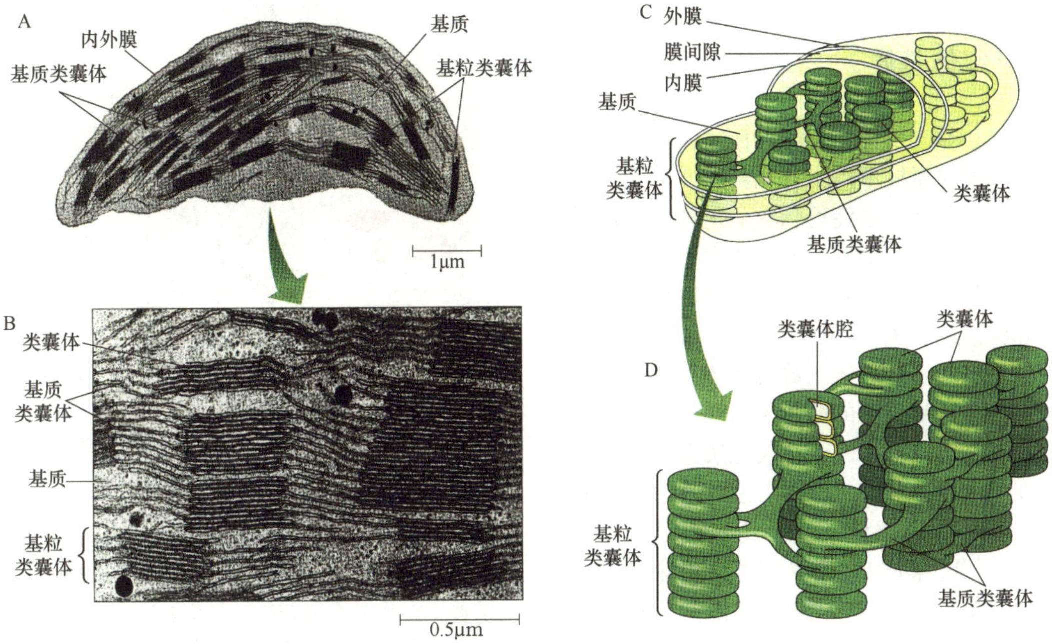

图 8-4 基粒类囊体和基质类囊体的立体结构（引自 Jeff et al.，2012）。A. 猫尾草（*Phleum pratense*）叶绿体的透射电镜照片。B. 叶绿体的三维结构。C. 叶绿体模式图。D. 两种类型的类囊体模式图。

叶绿体中圆盘状的类囊体常常相互堆积在一起形成柱形颗粒，叫基粒（granum），看起来似一叠硬币。每一个叶绿体中含有 40～80 个基粒。将构成基粒的类囊体称为基粒类囊体，或称为堆积类囊体（stacked thylakoid）。基粒类囊体的直径为 0.25～0.8μm，厚 0.01μm，一个基粒由 5～30 个基粒类囊体所组成，最多的可达上百个。

通常基粒中的类囊体会延伸出网状或片层结构并与相邻的基粒类囊体相通，连接两个相邻基粒类囊体的片层结构称为基质类囊体，也有称为非堆积类囊体（unstacked thylakoid）。基质类囊体是非常大的扁平囊泡结构，能够将多个甚至所有的单个基粒类囊体连接起来。

基本上，所有参与光合作用的色素、光合作用所需的酶类、参与电子传递的载体，以及将电子传递与质子泵和 ATP 合成偶联的蛋白质都定位在类囊体膜上。

由类囊体膜封闭的区室称为类囊体腔（thylakoid lumen），类囊体腔与叶绿体基质是分隔的，它在电化学梯度的建立和 ATP 的合成中起重要作用。

8.2.2.2 类囊体膜的化学组成

类囊体的膜在两个方面表现出独特的性质：一是类囊体膜上有伸向基质的柄状结构，称为 CF_1 颗粒；二是相互堆积形成基粒。类囊体膜的化学组成也比较特别，如细胞质膜中的主要脂类成分——磷脂在类囊体膜上只占5%～20%，而在线粒体的膜上占90%，内质网膜上的磷脂也有80%。类囊体膜上的脂主要是含半乳糖的一些糖脂和具有光吸收功能的脂类色素。脂类中的脂肪酸主要是不饱和的亚麻酸，约占87%，因此，类囊体膜的脂双层流动性特别大。此外，类囊体膜上的蛋白质与脂的比值很高，这是因为类囊体膜有很多电子载体、酶和一些参与光合作用的色素结合蛋白。

类囊体膜的蛋白质分为整合蛋白和外周蛋白两类。外周蛋白在类囊体膜的叶绿体基质面较多；整合蛋白镶嵌在脂双层中，如质体蓝素、细胞色素等。

8.2.3 叶绿体基质

叶绿体内膜与类囊体之间的区室，称为叶绿体基质。在电子显微镜下观察可见到基质中有一些细微颗粒，其中最多的是淀粉颗粒。这种颗粒是用于储存光合作用所产生的糖。另外还有一些含脂的沉积物称为质体球（plastoglobule），这种小球的产生与类囊体的破裂有关，当新类囊体形成时，老的类囊体破裂，可减少类囊体的数量和体积，由此推测质体球可作为类囊体脂的储备库。基质中含有大量的可溶性蛋白质，其中RuBP羧化酶占可溶性蛋白质总量的60%。此外，基质中还含有CO_2固定反应的所有酶类。叶绿体基质中还有核糖体、DNA和RNA等。叶绿体DNA编码约100余种多肽，涉及叶绿体DNA的复制、转录和翻译。基质是光合作用固定CO_2的场所。

8.3 叶绿体蛋白的转运

虽然叶绿体基因组为自身编码的蛋白质较线粒体的多，但约有3000种或95%的叶绿体蛋白质是由核基因编码的，这些蛋白质是在细胞质游离核糖体上合成，然后被转运到叶绿体，并定位到叶绿体的不同部位起作用。由于叶绿体是三膜三空间结构，所以，叶绿体蛋白质的分选转运要比线粒体蛋白分选转运复杂。

8.3.1 叶绿体基质蛋白的转运

大多数进入叶绿体的蛋白质都是通过N端一段由30～100个氨基酸残基构成的、称之为转运肽（transit peptide）的信号序列引导的，转运肽能够引导叶绿体蛋白质穿过叶绿体的外膜与内膜。进入到叶绿体基质后，转运肽将被水解切除（图8-5）。

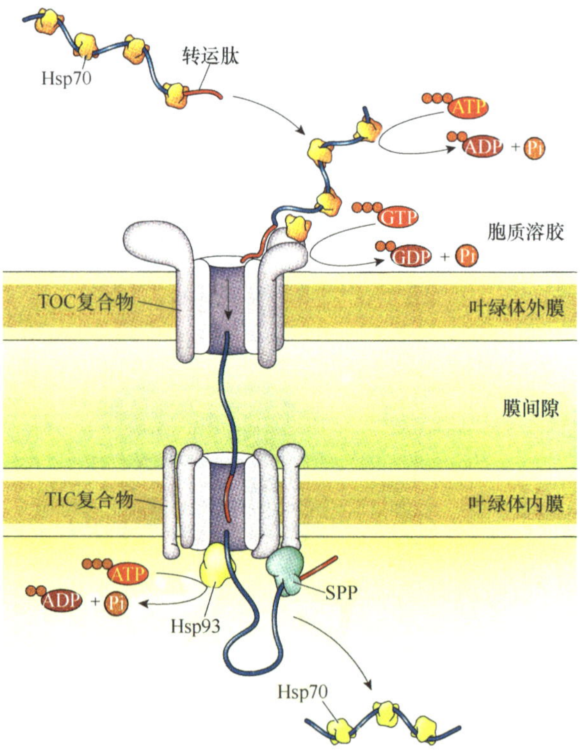

图8-5 叶绿体基质蛋白的转运（引自Cooper and Hausman，2016）。具有N端转运肽的蛋白质被引导复合物（guidance complex）所识别，并将之引导到叶绿体外膜的TOC复合物。通过外膜时，需要位于膜间隙的Hsp70相助，并需要消耗ATP；而TOC复合物在转运叶绿体蛋白质时，也需要水解GTP。一旦穿过外膜，转运肽就会引导蛋白质穿过内膜的TIC复合物，但在穿过内膜TIC复合物时需要Hsp93的帮助，并消耗1分子ATP。在叶绿体基质中，转运肽要被叶绿体基质加工蛋白酶（stromal processing peptidase，SPP）切除。

叶绿体基质蛋白的转运与线粒体基质蛋白的转运相比，共同点是：都需要解折叠，都需要分子伴侣的帮助，都需要外膜与内膜通道复合物，都需要消耗能源分子；但也有不同，如在能量的消耗上，线粒体基质蛋白转运时需要ATP与膜间隙中H^+的电化学梯度，而叶绿体中，H^+的电化学梯度在类囊体，故叶绿体基质蛋白质在穿膜时需要水解GTP供能。

另外，植物细胞中既有线粒体，又有叶绿体，而它们的核基因编码的蛋白质都是在细胞质中游离核糖体合成的，所以在这两种细胞器的外膜和内膜中的蛋白质转运器具有不同的识别功能。

8.3.2 类囊体蛋白的转运

类囊体蛋白包括类囊体膜蛋白和类囊体腔蛋白，由叶绿体前体蛋白转运而来。定位于类囊体膜或腔的蛋白质除了要有叶绿体基质信号序列外，还须有插入类囊体膜或穿过类囊体膜的信号序列。因此，类囊体蛋白的转运分为两步：首先，类囊体前体蛋白需要穿过叶绿体的双层膜，进入到叶绿体基质，然后再整合到类囊体的膜或是转运到类囊体的腔内成为类囊体蛋白。

为了将类囊体蛋白质顺利转运到类囊体的相应部位，类囊体前体蛋白的N端有两段疏水的信号序列：第一段信号序列引导类囊体前体蛋白通过叶绿体的双层膜进入叶绿体基质，叶绿体基质中的水解酶将第一段信号序列水解后，裸露出的第二段信号序列引导类囊体前体蛋白插入类囊体的膜或进入类囊体的腔（图 8-6）。

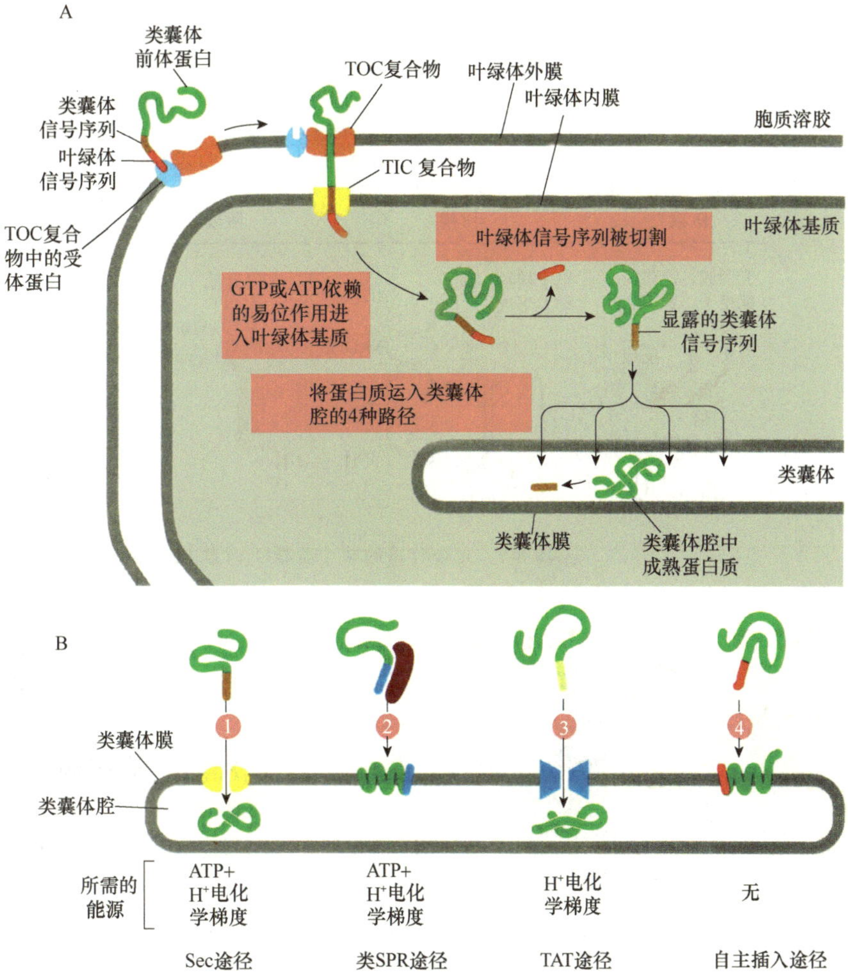

图 8-6 叶绿体前体蛋白转运进入类囊体示意图（引自 Alberts et al., 2015）。A. N 端含有叶绿体信号序列及类囊体信号序列的前体蛋白。首先由叶绿体信号序列引导前体蛋白穿过外膜的 TOC 与内膜的 TIC 进入叶绿体基质，过程与穿过线粒体相似，只不过叶绿体的 TOC、TIC 的组成与线粒体不同。B. 进入叶绿体基质的蛋白质可以通过以下 4 种方式中的一种定位到类囊体的膜或是类囊体基质中：① Sec 途径，即使用的类囊体膜的通道成分是细菌膜通道 Sec 蛋白的同系物；②类 SRP 途径，该途径要借助于 SRP 的同系物；③ TAT（twin arginine translocation）途径，该途径中，信号序列里有两个精氨酸特别关键；④自主插入途径（spontaneous insertion pathway），这一途径可能不需要任何蛋白质的帮助。

8.4 光合作用

叶绿体的主要功能是进行光合作用（photosynthesis），它是绿色植物利用叶绿素吸收光能、固定 CO_2，并与 H_2O 同化成有机物，同时释放出氧的反应过程。

18 世纪末就已经知道光合作用能够将水和 CO_2 转变成有机物和氧，并很快确定了光合作用的反应式：$6CO_2+6H_2O+光 \longrightarrow C_6H_{12}O_6+6O_2+化学能$（674 000kcal）。

8.4.1 光合作用的四个阶段与特点

如果仅从所涉及的化学反应来看，光合作用可分为四个阶段：第一阶段，光吸收、高能电子的产生、O_2 的形成；第二阶段，电子转运、质子动力的形成；第三阶段：ATP 的合成；第四阶段：碳固定、碳水化合物的合成（图 8-7）。

若根据光合作用过程中对光的需要与否来分，可将光合作用分为两个阶段，即光反应和暗反应（light and dark reaction）。光反应是对光的吸收，并产生氧；暗反应涉及 CO_2 的固定（图 8-8）。

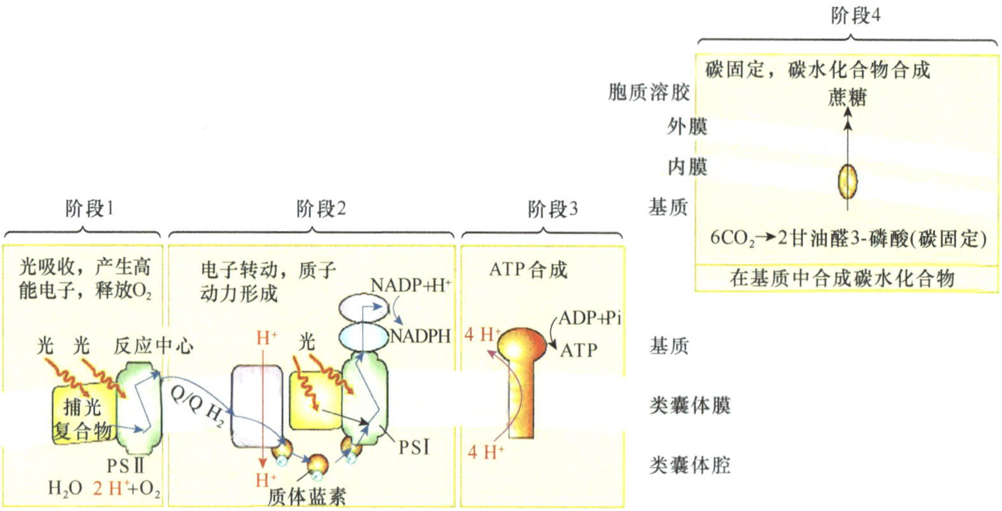

图 8-7 光合作用的四个阶段（引自 Lodish et al.，2016）。

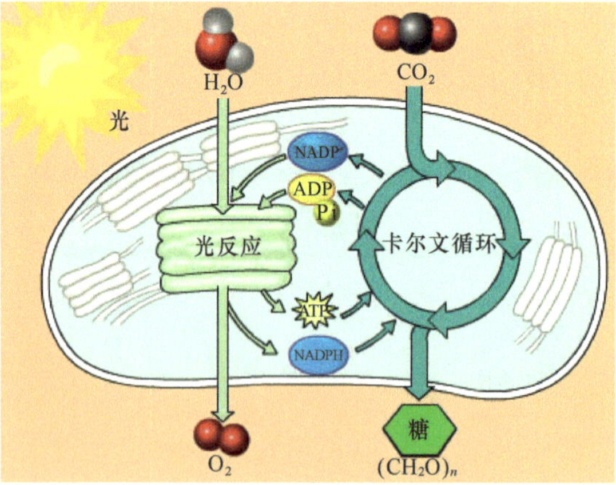

图 8-8 光合作用的两个阶段：光反应与暗反应。

光反应又称为光合电子转移反应（photosynthetic electron-transfer reaction）。在反应过程中，来自太阳的光能使绿色生物的叶绿素产生高能电子，从而将光能转变为电能；同时，叶绿素从水光解中获得电子，并将 H^+ 质子从叶绿体基质传递到类囊体腔，建立电化学质子梯度。光反应的最后一步是高能电子经电子传递链转移给 $NADP^+$，使其被还原成 NADPH，光反应的场所是类囊体。概括地说，光反应是通过叶绿素等光合色素分子吸收光能，并将光能转化为化学能，形成 ATP 和 NADPH 的过程。光反应包括光能吸收、电子传递、光合磷酸化三个主要步骤。

光合作用的最终目的是固定 CO_2，并将之转变为糖，而这一阶段是不需要光驱动的，故此称为暗反应，实际上是 CO_2 固定反应，简称碳固定反应（carbon-fixation reaction）。在这一反应中，叶绿体利用光反应产生的 ATP 和 NADPH 这两种高能化合物分别作为能源和还原的动力将 CO_2 固定，使之转变成碳水化合物。碳固定反应开始于叶绿体基质，结束于细胞质基质。

8.4.2 光吸收

光吸收是光化学反应的第一步，主要是固定光子（photon），它是光线中携带能量的粒子。一个光子能量的多少与波长相关，波长越短，能量越高。

光吸收是光反应中最初始的反应，又称原初反应，是指叶绿素分子从被光激发至引起第一个光化学反应为止的过程，包括光能的吸收、传递和转换，即光能被捕光色素分子吸收，并传递至作用中心，在作用中心发生最初的光化学反应，使电荷分离，从而将光能转变为电能的过程。

8.4.2.1 光合作用色素

色素（pigment）是含有特定化学基团的分子，这些化学基团能够吸收可见光谱中特定波长的光。能够吸收光的色素称为捕光色素（light-harvesting pigment）或光吸收色素（light-absorbing pigment），此类色素位于类囊体的膜上，只具有吸收聚集光能的作用，而无光化学活性，故此又称为天线色素。

植物中进行光合作用的主要色素是叶绿素，它是一类含脂的色素家族，位于类囊体膜，并且赋予植物绿色。叶绿素吸收的光主要是蓝色和红色而不是绿色光，它在光合作用的光吸收中起核心作用。

叶绿素分子由两部分组成：核心部分是一个卟啉环（porphyrin ring），其功能是光吸收；另一部分是一个很长的脂肪烃侧链，称为叶绿醇（phytol），叶绿素用这种侧链插入到类囊体膜。与含铁的血红素基团不同的是，叶绿素卟啉环中含有一个镁原子。叶绿素分子通过卟啉环中单键和双键的改变来吸收可见光。

植物含有几种类型的叶绿素，它们之间的差别在于烃侧链的不同。叶绿素 *a* 存在于能进行光合作用的真核生物和蓝细菌中（图 8-9）。大多数能进行光合作用的细胞还有第二种类型的叶绿素，即叶绿素 *b* 或叶绿素 *c*。在高等植物和绿藻的细胞中含有叶绿素 *b*，而在其他一些类型的细胞中含有叶绿素 *c*。不同类型的叶绿素对光的吸收也是不同的，如叶绿素 *a* 最大的吸收光的波长在 420～663nm，叶绿素 *b* 的最大吸收波长范围在 460～645nm。当叶绿素分子位于叶绿体膜上时，由于叶绿素与膜蛋白的相互作用，会使光吸收的特性稍有改变。

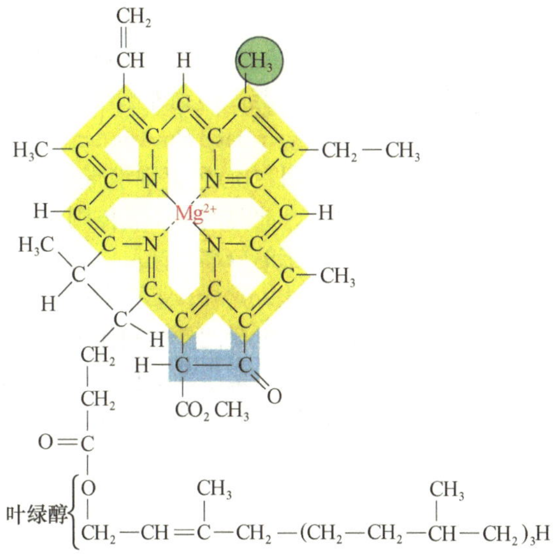

图 8-9　叶绿素 *a* 的结构（引自 Lodish et al.，2016）。

除了叶绿素之外，类囊体还含有其他一些相关色素，帮助叶绿素提高对光吸收的效率，这类色素主要是类胡萝卜素（carotenoid），也是一种含脂的分子家族，类胡萝卜素吸收紫色和蓝色光（400～500nm）。

另一类帮助叶绿素进行光吸收的色素是藻胆素（phycobilin），存在于红藻和蓝细菌中。这些色素分子之所以能够帮助叶绿素提高光的吸收，主要是吸收了一些叶绿素不能吸收的杂色光，起了过滤作用（图 8-10）。同时，这些色素吸收的光能也能转移给叶绿素，与叶绿素分子吸收的光能一起进入光合作用途径。

8.4.2.2　光合单位与反应中心

1932 年加州理工学院的 Robert Emerson 和

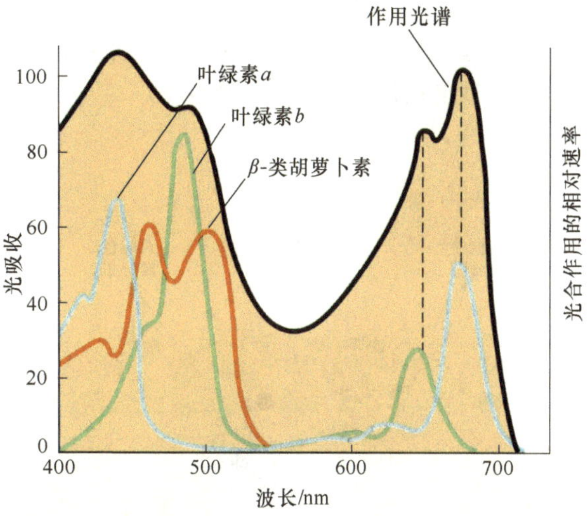

图 8-10　光合作用的作用光谱（引自 Lodish et al.，2016）。图中的作用光谱是指不同波长光对植物叶光合作用的影响；吸收光谱是三种色素联合起来的吸收光谱，三种不同色素的吸收光谱用不同颜色的线表示。

William Arnold 通过绿藻悬浮物实验发现，绿藻在光合作用中每固定 1 个 CO_2 分子（或者说每释放 1 分子 O_2）需要 2500 个叶绿素分子，也就是说 2500 个分子的叶绿素吸收的光能才能用于 1 分子 CO_2 的固定，但是这一发现并没有说明固定 1 分子的 CO_2 到底需要吸收多少光子。后来发现每固定 1 分子 CO_2，需要消耗 8 个光子，由此推算固定 1 个光子大约需要 300 个分子的叶绿素。

后来的研究揭示，几百个叶绿素分子集合在一起组成一个光合单位（photosynthetic unit），在光合单位中，只有一个成员——反应中心叶绿素（reaction-center chlorophyll）将电子转移到电子受体。尽管大多数色素分子不能将光能转变为化学能，但是它们要参与光能的吸收，这些色素分子组成一个捕光天线（light-harvesting antenna），它们捕获光子并快速地将能量（称为激发能 excitation energy）传递给反应中心的色素分子。

激发能从一个色素分子向另一个色素分子传递，对分子间的距离非常敏感。天线中的叶绿素分子间距离非常近（不到 1.5nm），它们都是通过非共价键与整合膜蛋白保持合适的方向，这些膜肽能够保持叶绿素分子定向排列以有利于能量传递。能量在天线色素分子间的传递有一个“规则”：能量只能向需要相等或较少能量的分子传递，换句话说，能量只能向吸收相同或较长波长（低能）光的色素分子传递，这样保证能量被最大限度地传递到反应中心的叶绿素分子，使其比任何相邻的叶绿素分子吸收的长波长的光都多。据估计，光能从被吸收的位点开始传递到光反应中心色素约耗时 200×10^{-12}s，由光吸收激发的电子一旦到达反应中心，电子就能被传递给受体（图 8-11）。

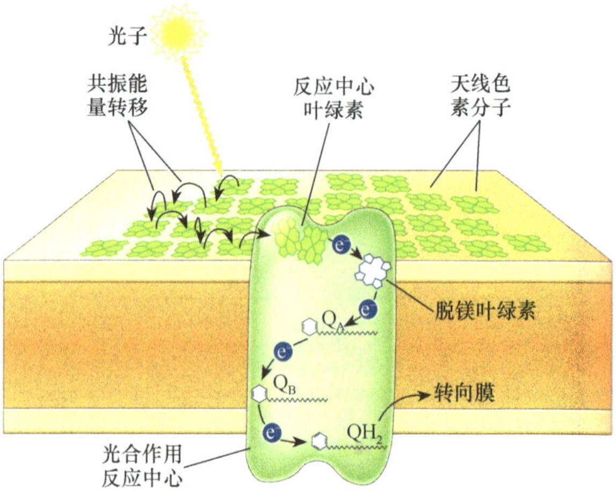

图 8-11 光合中心的组织结构及激发能转移（引自 Cooper and Hausman，2013）。光合中心（photocenter）由几百个天线色素分子构成，它们吸收光子并将光能转移给中心叶绿素。反应中心叶绿素将激发的电子传递给电子传递链中的受体——脱镁叶绿素（pheophytin），从而将高能电子转运进入电子传递链。

8.4.2.3 光系统Ⅱ与光系统Ⅰ

光合作用中的光吸收反应是发生在由色素-蛋白质组成的复合物——光合系统（photosystem）中。有两种类型的光系统，分别称之为光系统Ⅱ和光系统Ⅰ。

光系统Ⅱ复合物（photosystem Ⅱ complex，PSⅡ complex）是类囊体膜的一种光合作用单位，它含有捕光复合物和光反应中心。捕光复合物Ⅱ（light-harvesting complex Ⅱ，LHCⅡ）又称捕光叶绿素-蛋白质复合物，或天线复合物（antenna complex），含有类囊体膜的叶绿素总量的 40%～60%，该复合物的作用是吸收光能并将光能传递到反应中心。

PSⅡ的光反应中心由一对叶绿素组成的二聚体构成，习惯称之为 P_{680}，其中，P 代表色素（pigment），680 表示该二聚体吸收的最强光的波长。为了便于比较，将光系统Ⅰ的光反应中心称为 P_{700}，其中 700 是光系统Ⅰ吸收的最强光的波长。

当阳光撞击到类囊体的膜时，能量被 PSⅡ、PSⅠ的中心色素所吸收，并传递到各自的反应中心，反应中心快速将吸收的光能传递到外侧轨道，进而传递给初级电子受体（primary electron acceptor）。失去电子后，PSⅡ、PSⅠ中心色素则携带正电荷，分别用 P_{680^+}、P_{700^+}表示，此时的电子受体则携带负电荷。光系统中带电状态的分离是光反应的基本特性，即光能转变成化学能，这样，带正电荷的反应中心可吸引电子，而带负电荷的受体则作为电子供体，其结果是，每一个光系统中的电荷分离，建立了电子沿特殊载体流动的级梯（图 8-12）。

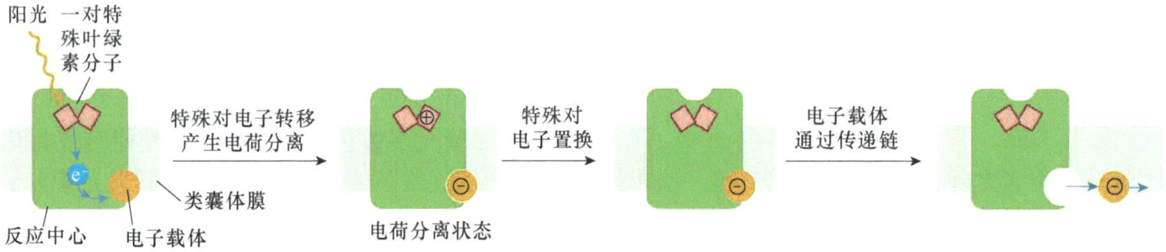

图 8-12 光合反应中心电荷分离简要过程（引自 Alberts et al.，2015）。在反应中心，被捕获的光能用于产生高能电子，这些电子保持在膜的可移动的电子载体中，然后将光能逐渐转变成化学能。当一个光子被反应中心的一对特殊的叶绿素分子吸收并将一个电子敲出叶绿素时，即开始了将光能转变成化学能的过程。电子被结合在另一侧膜表面的移动电子载体（橙色）吸收。反应中心内嵌入了一组中间载体，为来自特殊叶绿素对的电子提供传递路径（未显示）。带正电的叶绿素离子与带负电的电子载体之间的物理距离可维持电荷分离状态的短暂稳定，在此期间，叶绿素离子作为强氧化剂，从合适的化合物（如水）中摄取一个电子，然后电子载体扩散离开反应中心，成为一个强大的电子供体，将其电子转移到电子传递链上。

8.4.3 电子传递

电子传递，又称电子转移（electron transfer）或电子流（electron flow），是光反应的第二步。在光吸收过程中，光反应中心的叶绿素分子被激发释放了一个电子成为高能电子，这一过程仅仅完成了光能向电能的转换，接下来的问题就是如何使高能电子的自由能储备起来，同时使光反应中心的叶绿素分子获得低能电子以补充失去的电子，恢复静息状态。这一过程涉及水的光解和电子传递，还涉及两对偶联氧化还原：O_2-H_2O、$NADP^+$-NADPH。其中，H_2O 作为原初电子供体，$NADP^+$ 作为最终电子受体；水被光解释放电子的同时还释放 O_2 和 H^+，因此伴随电子传递的同时也会建立 H^+ 质子电化学梯度，以供 ATP 的合成。

8.4.3.1 光合电子传递链

在光合作用中电子传递中有三个源头与流向：从 H_2O 流向 PSⅡ，从 PSⅡ 流向 PSⅠ，从 PSⅠ 流向 $NADP^+$。不仅如此，在电子传递中还需要其他几种电子载体，才能组成一条顺畅的电子传递链（图 8-13）。

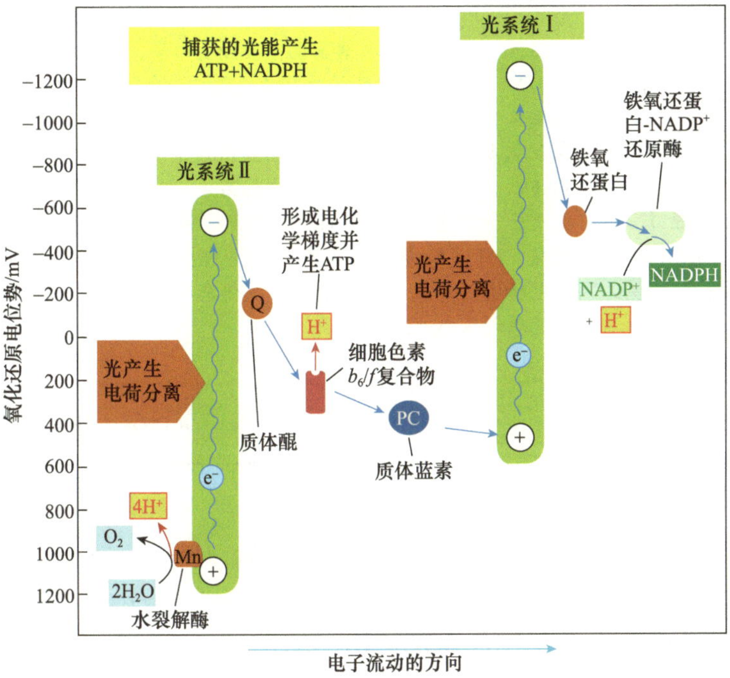

图 8-13 光合作用中的 Z 形电子传递链及氧还电势的变化（引自 Alberts et al., 2015）。该传递链中除了水、PSⅡ、PSⅠ外，还有质体醌、质体蓝素、细胞色素 b_6/f、Fd 等。由于各电子载体在电子传递链中的氧还电势的不同，呈现 Z 字形。PSⅡ 将来自水的电子传递给 PSⅠ，而 PSⅠ 则通过铁氧还蛋白-$NADP^+$还原酶（ferredoxin-$NADP^+$reductase）传递给 $NADP^+$。净电子流是两个光系统协同将来自水的电子流向 $NADP^+$，同时产生了 NADPH 及电化学质子梯度。形成的质子梯度可用于 ATP 的合成。

光合电子传递链（photosynthetic electron transfer chain）是由一系列的电子载体构成的，与线粒体呼吸链中电子载体的作用基本相似。但二者不同的是，线粒体呼吸链中的载体位于内膜，将来自 NADH 和 $FADH_2$ 的电子传递给氧，释放出的能量用于 ATP 的合成；而光合作用的电子载体位于类囊体膜上，将来自 H_2O 的电子传递给 $NADP^+$，并且这是一个吸热的过程而不是放热的过程。

与线粒体的呼吸链一样，光合作用的电子传递链中的电子载体也是细胞色素、铁氧还蛋白、黄素蛋白和醌等。

1）*细胞色素* 植物细胞有几个特殊的细胞色素参与光合作用的电子传递。其中主要的两种是细胞色素 b_6 和细胞色素 f，它们的吸收波长都已非常清楚，一个为 563nm，另一个为 553nm。细胞色素 f 属于细胞色素 c 的一种，中等电位型，细胞色素 b_6 是低等电位型。

2）*质体蓝素*（plastocyanin，PC） 一种含铜的蛋白质，氧化型呈蓝色，吸收光谱为 600nm。在还原状态时蓝色消失，传递电子时靠 Cu^{2+}→Cu^+ 的状态循环。

3）*质体醌*（plastoquinone，PQ 或 Q） 质子和电子载体，与线粒体的电子传递链的泛醌一样，也是通过醌和醌醇循环来传递电子和氢质子，但质体醌与泛醌的结构是不同的（图 8-14）。

与线粒体的电子传递链的电子载体需组成复合物一样，光合作用中的电子载体也要组成复合物。在光合作用的电子传递链上一般有 3 种复合物，其中两种是光系统（光系统Ⅱ和光系统Ⅰ）的组成部分，另一种是细胞色素 b_6/f 复合物（cytochrome b_6/f complex，Cyt b_6/f）。

20 世纪 50 年代后期从植物叶中分离了一种铁硫蛋白，发现将这种铁硫蛋白加入到分离的叶绿体中能够增强 $NADP^+$ 的还原能力。后来将这种蛋白质称为铁氧还蛋白（ferredoxin），含有一个氧化还原的位点，该位点有两个与硫结合的铁原子。如同其他的铁硫蛋白，铁氧还蛋白也是通过 Fe^{3+}→ Fe^{2+} 的循环传递电子；在氧化状态，对波长在 420nm 和 463nm 处的光有较强的吸收作用。

Cyt b_6/f 复合物是类囊体膜上可分离出来的复合物，它由 4 个多肽组成，即细胞色素 f、细胞色素 b_6、铁硫蛋白和一个分子质量为 17kDa 的多肽，前 3 个都是电子载体。细胞色素 f 属 c 型细胞色素，与线粒体的细胞色素 c_1 关系密切，该复合物位于基质面，功能是参与电子传递。

8.4.3.2 水的裂解：PSⅡ中氧的产生与电子流

PSⅡ 中经光化学氧化的反应中心叶绿素 P_{680^+}，

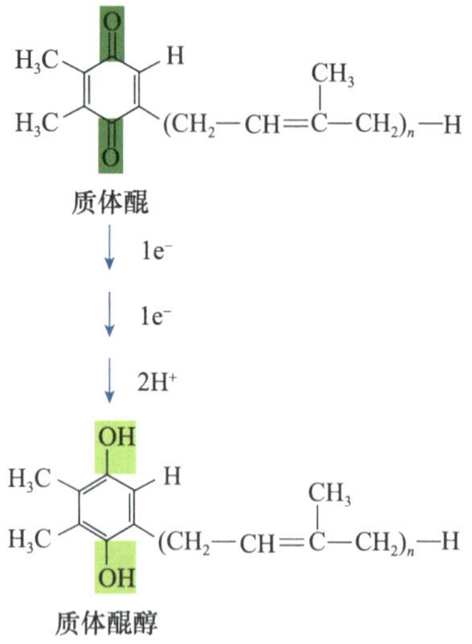

图 8-14 质体醌的氧化和还原状态（引自 Karp，2010）。

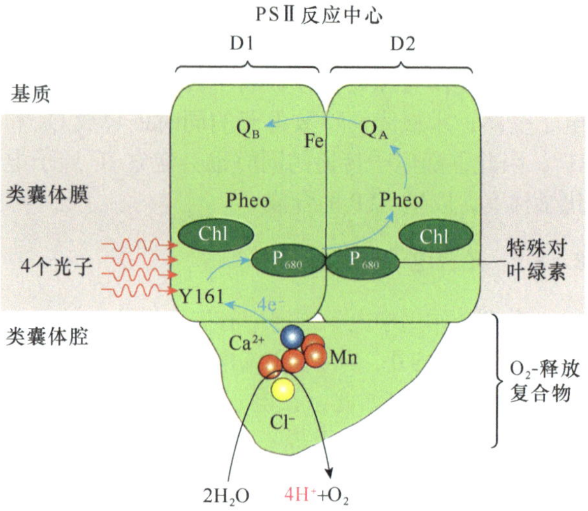

图 8-15 PSⅡ中的电子流与氧的产生（引自 Lodish et al.，2013）。PSⅡ反应中心含有两个整合蛋白质，分别称为 D1 和 D2，以及一对特殊的叶绿素（P_{680}）。在该反应中心的类囊体腔面膜上结合着一些电子载体，形成放氧复合物。在放氧复合物中另有 3 个外在蛋白质（相对分子质量为 33kDa、23kDa 和 17kDa）、4 个锰离子、1 个钙离子、1 个氯离子，这些离子参与 H_2O 的裂解、维持环境中 O_2 的高比值。D1 多肽中的酪氨酸 161（Y161）可促进 Mn 产生的电子去还原氧化反应中心的氧化态叶绿素（P_{680^+}），使之还原到基态（P_{680*}）。

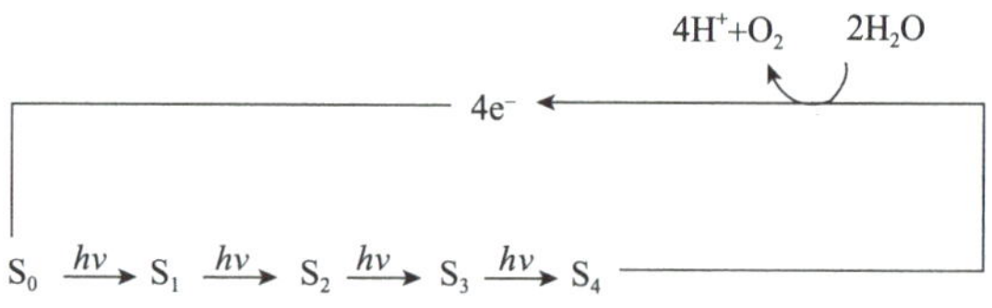

图 8-16 Mn 的电子传递与水的光解（引自 Karp，2010）。S 表示 Mn 基团的正电荷数。

是极强的生物氧化剂，它的氧还电位为+1.1V，足以将水裂解（水的氧还电位是+0.82V），产生 O_2 和 H^+。

水的氧化为 PSⅡ中 P_{680^+} 的还原提供了电子。水的氧化是由 3 个复合物协同催化完成的，这 3 种复合物分别位于类囊体的膜及类囊体的腔面。放氧复合物（oxygen-evolving complex）含有 4 个锰离子，这 4 个锰离子通过氧原子桥连接在一起，并结合有一个 Ca^{2+}、一个 Cl^-（图 8-15）。用浓盐溶液处理可将这 4 个锰离子连同另外 3 个外周蛋白质除去，并使之丧失氧释放的能力，但不影响光吸收及电子传递的起始。

在水光解反应（water splitting reaction）中，每裂解 2 分子的 H_2O，释放 4 个电子、1 分子 O_2 和 4 个 H^+：$2H_2O \longrightarrow O_2+4H^++4e^-$，这一反应又称为水的光解作用（photolysis）。

值得注意的是，2 分子水的光解释放 1 分子氧，同时释放出了 4 个电子，而 P_{680^+} 一次只能接受一个电子，如何解释这种现象？

水的光解是由含锰的蛋白质复合物介导的。该复合物中 4 个锰（Mn）与 PSⅡ的 D1 蛋白紧密地靠在一起。已知锰可以多种氧化状态（+2～+5 价）存在。光谱研究表明，绑定在氧释放复合物中的 Mn 以 5 种不同的氧化状态进行循环：S_0～S_4。在一次 S 循环中，有 2 个 H_2O 分子被裂解，产生 4 个质子，释放 1 个 O_2（图 8-16）。

从水裂解中释放的 4 个电子经由 Mn 离子传递，每次传递一个，连续 4 次传递给相邻的酪氨酸侧链，进而传递给反应中心的 P_{680^+}，从而补充了因光吸收而失去的电子，使反应中心的叶绿素还原到 P_{680}。从 H_2O 中释放的 H^+ 则留在类囊体的腔中。

8.4.3.3 电子从 PSⅡ向 PSⅠ传递

上面讨论了电子从水分子传递到 PSⅡ中的 PQ_B，那么电子是如何从 PSⅡ传递到 PSⅠ的呢？

PQ_B 从叶绿体基质中获得 2 个 H^+，被还原成 PQH_2，PQH_2 是一种脂溶性的分子，并且是可动的分子，在脂双层中通过扩散进行移动。它的结构和功能与线粒体呼吸链中的辅酶 Q 相似。在光合作用中，PQH_2 中的 2 个电子能够传递给 Cyt b_6/f 复合物，同时将 2 个氢质子释放到类囊体的腔，由于 PQH_2 在 Q 循环中传递 2 个电子的同时要转运 4 个 H^+，除了释放自身携带的 2 个 H^+ 外，还将类囊体基质中的 2 个 H^+转移到类囊体的腔，这一过程实际上是将 H^+进行了穿膜转运，有利于质子梯度的建立。Cyt b_6/f 复合物接受电子后，经 $b_6 \rightarrow FeS \rightarrow f$，再传递给另一个可动的水溶性电子载体——质体蓝素（PC），这是一种含铜的蛋白质，位于类囊体膜的腔面，然后再传递给 PS Ⅰ 反应中心色素 P_{700^+}（图 8-17）。

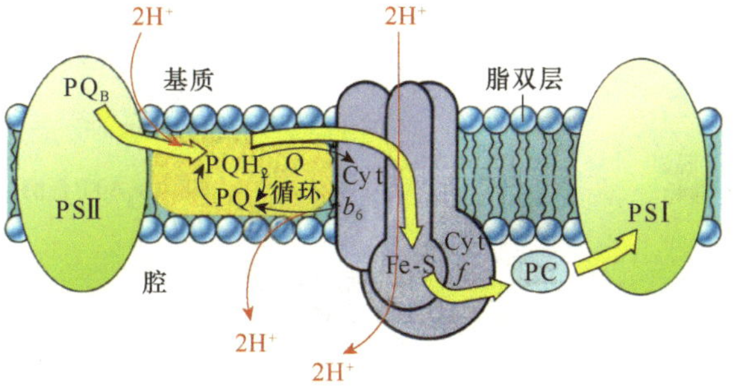

图 8-17　电子在 PS Ⅱ 与 PS Ⅰ 之间的传递（引自 Karp，2010）。

8.4.4　线性及循环式电子传递途径

光反应的最终目的是要为暗反应中碳固定提供足够的 NADPH 和 ATP。叶绿素通过光吸收捕获了大量的光能，并逐步转变成化学能，如何将这些化学能转变成 NADPH 和 ATP？

由于在光合作用的电子传递链中有两个光系统，它们都能吸收光能进行光反应，所以会形成两个高峰，通常用 Z 字形图来表示电子传递过程。根据电子的最后去向，分为两种方式：线性电子传递途径（linear electron transfer pathway）和循环式电子传递途径（cyclic electron transfer pathway）。

8.4.4.1　线性电子传递途径

线性电子传递又称为非循环式电子传递（non-cyclic electron transfer pathway）。在这种方式中，需要两个光反应系统共同参与，电子从水开始，经 PS Ⅱ、质体醌（PQ）、细胞色素 b_6/f、质体蓝素（PC）、PS Ⅰ、铁氧还蛋白（Fd），最后传递给 $NADP^+$（图 8-18）。

可以将线性电子流分为 4 个阶段：①电子从 PS Ⅱ 的 P_{680} 传递给 PQ，生成 PQH_2；②水光解释放的电子经 Mn 传递给 PS Ⅱ 的 P_{680^+}；③电子从 PQH_2 经细胞色素 b_6/f 传递给 PC，即电子从 PS Ⅱ 传递给 PS Ⅰ；④电子经 P_{700^+} 传递给 Fd，最后在铁氧还蛋白-$NADP^+$还原酶的作用下，电子被 $NADP^+$接收。

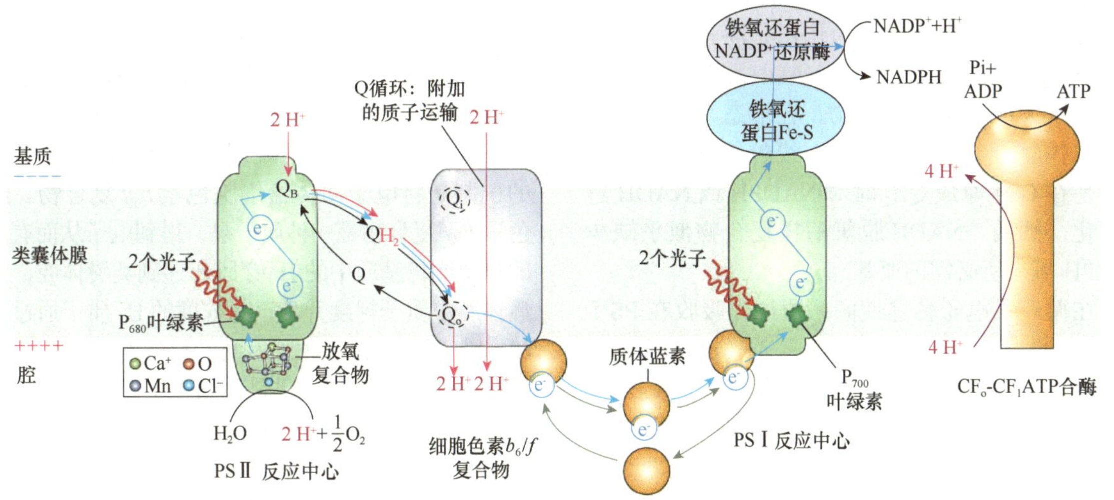

图 8-18　光合作用中线性电子传递途径（引自 Lodish et al.，2013）。在非循环式电子传递途径中，电子的最终受体是 $NADP^+$，电子供体来自光解的水。

该途径的主要特点是需要 PS Ⅱ、PS Ⅰ 共同作用，产物除了 NADPH 外，还有 O_2，同时在类囊体腔中建立 H^+质子动势，可用于 ATP 的合成。

8.4.4.2　循环式电子传递途径

在线性电子传递途径中，被传递的电子经过两个光系统接力合作，最终被 $NADP^+$接收，并将 $NADP^+$还原成 NADPH。在循环式电子传递途径中，PS Ⅰ 反应中心吸收光子后产生的高能电子传递给 Fd 之后，不是进一步传递给 $NADP^+$，而是传递给细胞色素 b_6/f 复合物，再经 PC 又回到 PS Ⅰ，形成了闭路循环（图 8-19）。

在高等植物中，有两种形式的循环式电子传递途径控制着 ATP∶NADPH 的比值。主要途径是 PGR5-PGRL1 依赖性途径（PGR5-PGRL1-

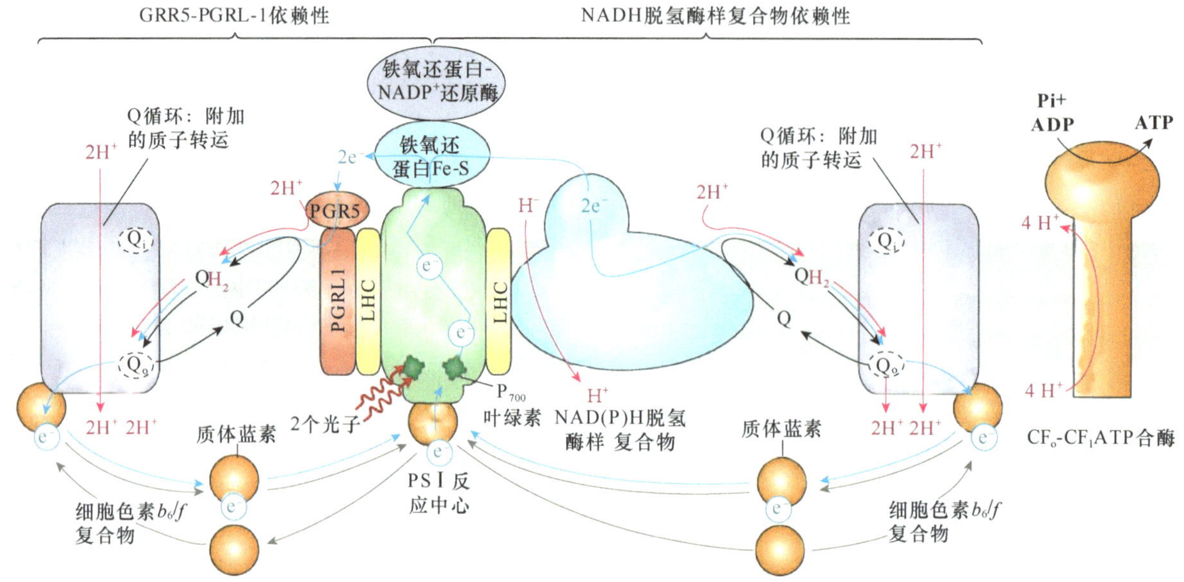

图 8-19 光合作用中循环式电子传递途径（引自 Lodish et al.，2016）。在循环式电子传递中，光能被 PSⅠ用于循环式转运电子从而产生质子动力与 ATP，而不是用于氧化水及产生 NADPH。高能电子经由 PSⅠ的铁氧还蛋白或是传递给 PGR5-PGRL1 异源二聚体，或是传递给 NADH-脱氢酶样复合物，这两种方式最终都是将质体 Q 还原成 QH_2。QH_2 又将电子传递给细胞色素 b_6/f，再传递给质体蓝素，最后又回到 PSⅠ。

dependent pathway），该途径保证了光合作用效率，并防范胁迫。次要途径是 NADH 脱氢酶样复合物依赖性途径（NADH-dehydrogenase-like complex-dependent pathway），可能的作用是胁迫应答，并作为 H_2O_2 介导的调节靶标。NADH 脱氢酶样复合物是非常大的多蛋白复合物，在形态与组成上都与线粒体复合物Ⅰ非常相似。线粒体复合物Ⅰ的作用是在 Q 还原成 QH_2 时对 NADPH 或 NADH 进行氧化，然而，NADH 脱氢酶样复合物似乎缺少 NADPH 氧化所必需的亚基。

在循环式电子传递期间，通过光吸收在 PSⅠ中产生的高能电子及光电运输（photoelectric transport）经由 PSⅠ的铁氧还蛋白亚基或是被传递给 PGR5-PGRL1 异源二聚体，或是被传递给 NADH-脱氢酶样复合物。有证据显示，这两种电子受体是各自独立的，分别通过 LHC 亚基的介导与 PSⅠ结合形成超复合物。这两种电子受体都将 Q 还原成 QH_2，然后经由 Q 循环将质子与电子传递给细胞色素 b_6/f 复合物。在细胞色素 b_6/f 复合物（也可能在 NADH-脱氢酶样复合物）的作用下，质子穿过类囊体的膜进入类囊体的腔。最后，质体蓝素将电子从细胞色素 b_6/f 复合物传回到 PSⅠ完成循环。在循环式电子流中产生的质子动力在 CF_o-CF_1 复合物（ATP 合酶）的作用下，驱动 ATP 的合成，因此提高了 ATP : NADPH 的值。

循环式光合磷酸化的产物仅为 ATP，无 NADPH 和分子氧。循环式光合磷酸化占光合磷酸化的 10%~20%，特别是 $NADP^+$ 不足时，所占的比例增大，因此它对光反应中产生的 ATP 和 NADPH 的比例具有调节作用。由于 $NADP^+$ 接收电子被还原时，需要同时从叶绿体基质中摄取一个 H^+，如果基质中 $NADP^+$ 浓度不高，或 NADPH 的浓度过高，说明 NADPH 与 ATP 的比例失调，需要加以调整。调整的机制是将电子回传给细胞色素 b_6/f 复合物。细胞色素 b_6/f 复合物是一种质子泵，得到电子从而有足够的自由能将基质中的 H^+ 穿膜传递到类囊体腔，使类囊体腔中质子梯度升高；高浓度的 H^+ 质子通过 CF_o-CF_1 ATP 合酶的 H^+ 通道返回叶绿体基质，从而促进了 ATP 的合成，其结果是，调整了光反应中 ATP 和 NADPH 的比值，有利于 CO_2 的固定。因此循环式电子流对光合作用具有重要的调节作用，主要是调节光反应中合成的 ATP 与还原的 NADPH 的比值，因为在暗反应中，固定 CO_2 时既需要 ATP 也需要 NADPH，二者间应有一个合适的比例，保持平衡。

实际上，植物通过循环式电子流对不良环境进行胁迫调控，如在干旱、高光、低 CO_2 及 NADPH 浓度过高（或 $NADP^+$ 浓度不足）等环境下，植物需要产生更多的 ATP，而不是 NADPH，为此，主要通过 PSⅠ去建立 H^+ 质子动势合成 ATP。

由此看来，PSⅡ、PSⅠ有明确的分工：PSⅡ主要是为光合作用的暗反应提供足够的 NADPH 与 ATP；而 PSⅠ有两方面的作用，一是协助 PSⅡ为暗反应提供足够的化学能，二是吸收有限的光能，用于建立H^+质子梯度，合成为细胞代谢所需的ATP，此外还有调节ATP与NADPH的平衡作用。

8.4.5 光合磷酸化

从总体上讲，光合作用是一种转变能量并贮存能量的过程，即将光能转变为化学能并贮备起来的过程。首先要吸收光子，利用光能将水分子中处于非常低的自由能的电子驱动转移到自由能非常高的NADPH中。在光合作用的光反应中，除了将一部分光能转移到NADPH中暂时贮存外，还要利用在电子传递中建立起来的H^+质子动势合成ATP，将光合作用与ADP的磷酸化偶联起来，即光合磷酸化（photophosphorylation）。它同线粒体的氧化磷酸化的主要区别是：氧化磷酸化是由高能食物分子（如糖、脂肪）氧化驱动的，而光合磷酸化是由光子驱动的。光合磷酸化同样需要建立电化学质子动势、ATP合酶，其机制也可用化学渗透偶联假说来解释。

8.4.5.1 电子传递与H^+质子梯度的建立

线粒体内膜在进行电子传递的同时建立了H^+质子梯度。 在叶绿体进行的光反应中，类囊体的膜在进行电子传递的同时，会在类囊体膜两侧建立H^+质子梯度。类囊体膜两侧H^+质子梯度的建立主要有三种因素。①水的光解。在释放4个电子、1分子O_2的同时，释放4个H^+。水的光解是在类囊体的腔中进行的，所以水的光解导致类囊体腔中H^+浓度的增加。②细胞色素b_6/f复合物具有质子泵的作用。当P_{680}将电子传递给PQ时，从基质中摄取了2个H^+，形成PQH_2，传递4个电子，则要从基质中摄取4个H^+。当PQH_2将电子传递给细胞色素b_6/f复合物时，2分子PQH_2的4个H^+全被泵入类囊体的腔，叶绿体腔中H^+浓度降低的同时，类囊体腔中H^+浓度进一步提高。③当电子最后传递给$NADP^+$时，需从基质中摄取2个H^+将$NADP^+$还原成NADPH，这样又降低了基质中的H^+浓度，其结果使类囊体膜两侧建立了H^+质子梯度（proton gradient）。

8.4.5.2 CF_o-CF_1 ATP合酶

叶绿体中合成ATP的酶称为ATP合酶（ATP synthase）或CF_o-CF_1 ATP合酶。C表示叶绿体（chloroplast），以示与线粒体ATP合酶的区别。CF_o-CF_1 ATP合酶是一种大的（400kDa）酶复合体，由CF_o和CF_1两部分组成（图8-20）。CF_1是一个大的多亚基复合体，它在膜的基质侧，与整合在膜中的CF_o相连。CF_1由5种不同肽链组成，包括3个α、3个β、1个γ、1个δ、1个ε。CF_o可能由4种不同肽链组成，包括1个a、1个b、1个b′、14个c。在复合体中CF_o形成了供质子通过的一个跨膜通道，由旋转的c肽将内腔中的质子运输到基质，CF_1的功能是合成ATP，催化位点主要位于β链，其他一些链可能有调节功能。

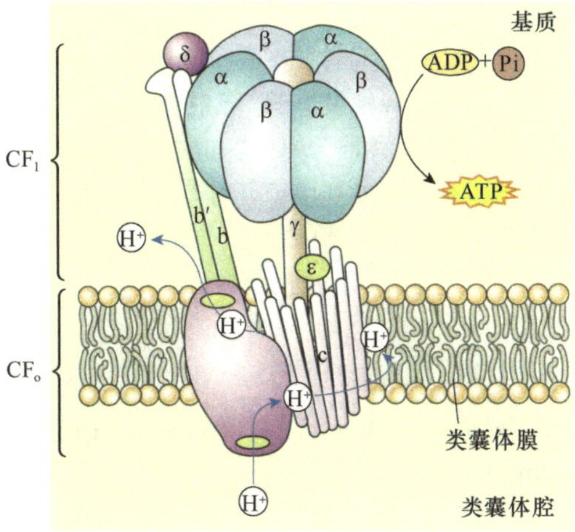

图8-20 叶绿体CF_o-CF_1ATP合酶结构示意图（引自Taiz and Zeiger，2015）。

8.4.5.3 质子梯度偶联电子传递与光合磷酸化

在光合作用的光反应中，伴随电子传递在类囊体膜两侧建立了H^+质子梯度，形成了电化学动势，同时在类囊体膜中有ATP合成装置，这样，电化学动势就能将自由能用于合成ATP（图8-21）。

光合磷酸化的机制与线粒体的氧化磷酸化相似，同样可用化学渗透学说来说明。在电子传递和ATP合成之间，起偶联作用的是膜内外间存在的质子电化学动势。类囊体膜进行的光合电子传递与光合磷酸化需要4个穿膜复合物参加：PSⅡ、细胞色素b_6/f复合物、PSⅠ和ATP合酶，由3个可动的分子（质子）——质体醌、质体蓝素和H^+质子将这4个复合物在功能上连成一体，即完成电子传递、建立质子梯度、合成ATP和NADPH。

不过，PSⅡ、细胞色素b_6/f复合物、PSⅠ和ATP合酶在类囊体上定位是不对称的，即PSⅡ、细胞色素b_6/f复合物、PSⅠ这三个复合物朝向类囊体腔，从而将H^+从叶绿体基质运向类囊体的腔；而ATP合酶的定位是朝向叶绿体基质，从而将H^+从类囊体腔运向叶绿体基质，在此过程中，将势能用于ATP的合成。

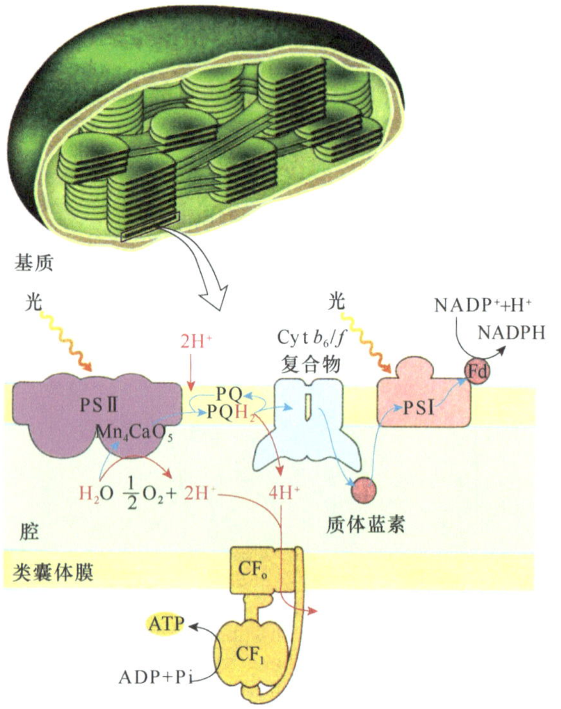

图 8-21　光合磷酸化与质子、电子通路（引自 Nelson and Cox，2013）。

8.4.6　暗反应

光合作用的第二阶段是进行 CO_2 的固定，叶绿体利用光反应产生的 NADPH 和 ATP 的化学能将 CO_2 还原合成糖。由于这一过程不需要光，故称为暗反应（dark reaction），它在叶绿体基质中进行。

8.4.6.1　卡尔文循环

20 世纪 50 年代，美国加州大学伯克利分校的卡尔文（Calvin）和他的同事们一起研究 CO_2 是如何被固定，又是如何结合到有机分子中的，使用的是 ^{14}C 示踪和双向纸层析技术，研究的材料开始是植物叶片，后来用小球藻。

将小球藻培养在含有未标记 CO_2 的密闭容器中，然后将标记的 CO_2 注入培养基，培养适当时间后，将培养的藻浸入热的乙醇中。这种处理有 3 种作用：杀死细胞、终止酶的作用、提取溶解的分子。然后将提取物点在层析纸上进行双向纸层析，最后通过放射自显影分析放射性斑点并与已知的化学成分进行比较。通过反复多次实验研究，查清了 CO_2 被固定和糖合成的途径，即卡尔文循环（Calvin cycle）。

在卡尔文的实验中，发现标记的 CO_2 转变成有机物的速度很快，几秒钟之内在层析纸上就有放射性的斑点。经测定，斑点中的化学成分是磷酸甘油酸（phosphoglycerate，PGA），是糖酵解的中间体。卡尔文根据这一发现推测：CO_2 与一个二碳物质共价连接形成了三碳的 PGA。由于被鉴定到的第一个中间体是三碳分子，CO_2 的这种固定途径称为 C_3 途径（C_3 pathway），将通过这种途径固定 CO_2 的植物称为 C_3 植物（C_3 plant）。最终的研究结果发现，CO_2 固定的 C_3 途径是一个循环过程，称为 C_3 循环（C_3 cycle），由于这一循环是卡尔文发现的，故又称卡尔文循环（图 8-22）。卡尔文循环可分为 3 个阶段：羧化、还原和 RuBP 的再生。

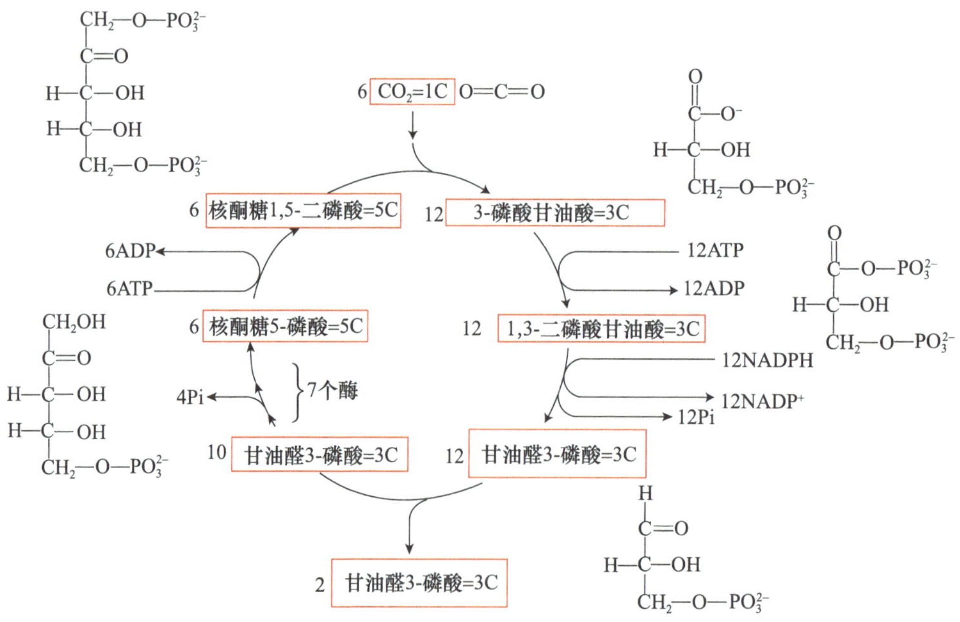

图 8-22　卡尔文循环（改自 Lodish et al.，2013）。

1）羧化　后来的研究发现，CO_2 并不是先与一个二碳的分子共价连接，其受体是一个五碳糖，即核酮糖-1,5-二磷酸（ribulose-1,5-bisphosphate）。所以 CO_2 在被还原之前，在 RuBP 羧化酶（ribulose-1,5-bisphosphate carboxylase，Rubisco）的催化下，以 RuBP 作为 CO_2 受体，首先被固定形成羧基，然后裂解形成 2 分子的 3-磷酸甘油酸。

2）还原　3-磷酸甘油酸被还原成甘油醛 3-磷酸。在此过程中，3-磷酸甘油酸首先在磷酸甘油酸激酶的催化下被 ATP 磷酸化形成 1,3-二磷酸甘油酸，然后在甘油醛磷酸脱氢酶的催化下被 NADPH 还原成甘油醛-3-磷酸（glyceraldehyde-3-phosphate，GAP）。这是一个吸能反应，光反应中合成的 ATP 和 NADPH 主要是在这一阶段被利用。还原反应是光反应和暗反应的连接点，一旦 CO_2 被还原成甘油醛 3-磷酸，光合作用便完成了储能过程。

3）RuBP 的再生　由于 RuBP 是 CO_2 的受体，所以参与 CO_2 固定的 RuBP 必须迅速被还原，以便进行再循环。

利用已生成的甘油醛 3-磷酸经一系列的相互转变最终再生成核酮糖 5-磷酸，然后在磷酸核酮糖激酶的作用下，发生磷酸化作用生成 RuBP，再消耗一个 ATP。

综上所述，三碳循环是靠光反应形成的 ATP 及 NADPH 作为能源，推动 CO_2 的固定、还原，每循环一次只能固定一个 CO_2，循环 6 次，才能把 6 个 CO_2 分子同化成一个己糖分子：

$$6CO_2+18ATP+12NADPH \longrightarrow C_6H_{12}O_6+18ADP+18Pi+12NADP^+$$

实际上，通过卡尔文循环，将 CO_2 转变成葡萄糖通常需要消耗 18 分子的 ATP 和 12 分子的 NADPH。六碳糖的合成是在胞质溶胶中进行的，叶绿体通过光合作用合成的甘油醛 3-磷酸作为六碳糖合成的原料被交换转运到胞质溶胶中，通过缩合反应，2 分子的 GAP 合成 1 分子的 1,6-二磷酸果糖，然后再进一步转变成葡萄糖。

8.4.6.2　光呼吸

在黑暗的条件下，植物也进行线粒体呼吸（mitochondrial respiration），将底物氧化成 CO_2，并将 O_2 转变成 H_2O。植物中有另外一种呼吸过程：消耗 O_2，产生 CO_2，这一过程是由光驱动的，将这一过程称为光呼吸（photorespiration）。在光条件下，光呼吸降低了光合作用的效率，因为光呼吸氧化光合作用中产生的还原型的碳原子，同时消耗了大量的能量。

RuBP 羧化酶除了作为羧化酶催化将 CO_2 添加到核酮糖-1,5-二磷酸，生成 2 分子 3-磷酸甘油酸外，也可作为加氧酶，利用分子氧催化核酮糖-1,5-二磷酸裂解成 3-磷酸甘油酸和 2-磷酸乙醇酸（图 8-23）。

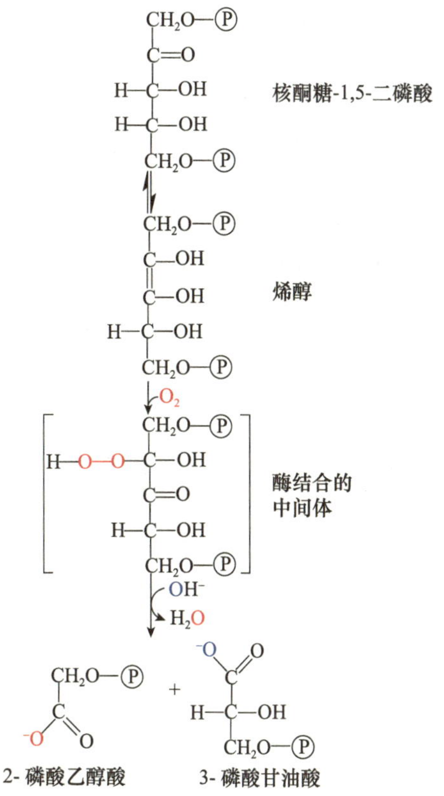

图 8-23　Rubisco 的氧化酶活性（引自 Nelson and Cox，2013）。Rubisco 将 O_2 而不是 CO_2 添加到核酮糖-1,5 二磷酸上，形成的中间体极不稳定，裂解成 3-磷酸甘油酸（3-phosp- hoglycerate）和 2-磷酸乙醇酸（2-phosphoglycolate）。

Rubisco 与氧的亲和力比与二氧化碳的亲和力低得多，所以 RuBP 的氧化反应要比羧化反应慢。可以推测，一般情况下这种氧化作用对羧化反应不构成威胁，但是当 CO_2 的浓度很低而 O_2 的浓度很高时，O_2 就要取代 CO_2 作为 Rubisco 的底物。将叶或藻类细胞置于 CO_2/O_2 低的气体环境中，发现 RuBP 每发生 2～3 个羧化反应就要发生一次氧化反应。

8.4.6.3　C_4 植物

某些植物在进化过程中形成了一种特别的机制克服光呼吸对光合作用的影响。由于光呼吸是在低 CO_2 的情况下发生的，这些植物通过一种特别的代谢途径在进行光合作用时维持高 CO_2 浓度，降低呼吸作用。具有这种性质的植物包括甘蔗、玉米和一些热带草本植物。

1965 年，Kortschak 报道，甘蔗吸收 $^{14}CO_2$ 后，放射性首先出现在四碳骨架中，而不是出现在磷酸甘油酸中。进一步分析发现，这些四碳物质是 CO_2 与磷酸烯醇式丙酮酸（PEP）结合的结果，因此发现了 CO_2 固定的第二种途径，简称 C_4 途径（C_4 pathway）。利用这种途径固定 CO_2 的植物称为 C_4 植物。不同植物的 C_4 途径有所差异，但有一个共同的功能，就是将高浓度的 CO_2 传递给卡尔文循环。

C_3 植物叶细胞的光合作用发生在叶肉细胞中。与 C_3 植物不同的是，C_4 植物的叶中有两种不同类型的光合作用细胞：叶肉细胞（mesophyll cell）和维管束鞘细胞（bundle sheath cell）。C_4 植物中 CO_2 的固定是在叶肉细胞中进行的，被固定的 CO_2 在维管束鞘细胞中释放，这种细胞位于叶组织的内层，卡尔文循环系统位于维管束鞘细胞中（图 8-24）。

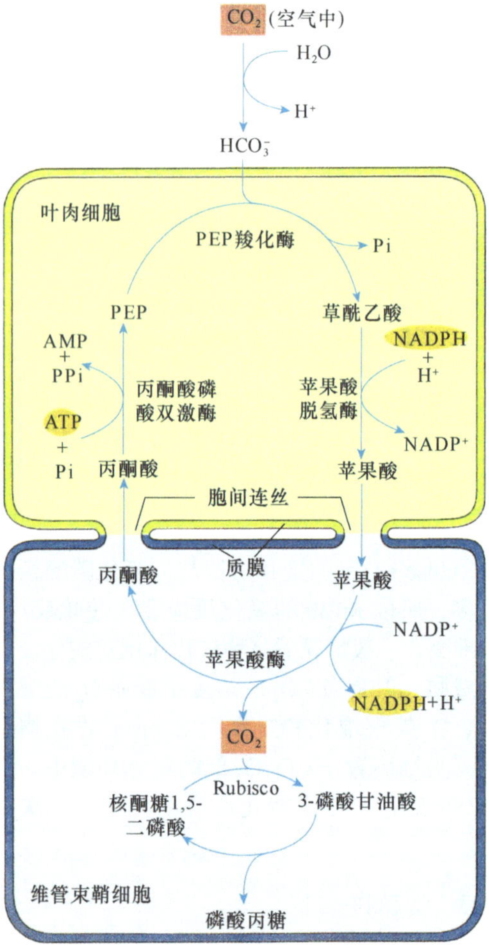

图 8-24　C_4 植物碳的碳吸收（引自 Nelson and Cox，2013）。在 C_4 植物中，卡尔文循环发生在维管束鞘细胞，位于组织的内层。C_4 植物利用叶肉细胞固定 CO_2，然后在维管束鞘细胞中释放，保证了 CO_2 高浓度进入卡尔文循环。

在 C_4 植物中，CO_2 的固定反应是在叶肉细胞的胞质溶胶中进行的，在磷酸烯醇式丙酮酸羧化酶的催化下将 CO_2 连接到磷酸烯醇式丙酮酸（PEP）上，形成四碳酸——草酰乙酸（oxaloacetic acid）。草酰乙酸被转变成其他的四碳酸（苹果酸和天冬氨酸）后运输到维管束鞘细胞，在维管束鞘细胞中被降解成 CO_2 和丙酮酸，CO_2 在维管束鞘细胞中进入卡尔文循环。由于 PEP 羧化酶的活性很高，所以转运到叶肉细胞中的 CO_2 浓度很高，大约是空气中的 10 倍。这样，即使在恶劣的环境中，也可保证高 CO_2 浓度，降低光呼吸作用对光合作用的影响。

8.4.6.4　CAM 植物

在 C_4 植物中，由 PEP 羧化酶在一种类型的细胞中固定 CO_2，然后在另一种类型的细胞中将固定的 CO_2 释放出来供卡尔文循环时再固定。某些生长在干热环境中的植物，用直接的方式提高 CO_2 固定效率，而不需要两种不同类型的细胞参与。例如，肉质植物（succulent）含有厚厚的肉叶，主要是由叶肉细胞组成的，其对 CO_2 的固定方式很特别，并最早发现于景天科（Crassulaceae）植物，所以将 CO_2 的这种代谢类型称为景天科酸代谢（crassulacean acid metabolism，CAM）。

同其他植物一样，CAM 植物的叶中也有许多气孔，能够打开和关闭以控制叶中废气和空气的交换。当天气炎热和干燥时，CAM 植物遇到在白天如何获得足够 CO_2 的问题：如果打开气孔吸收 CO_2，就会损失过多的水分到炎热的空气中。为了解决这一问题，CAM 植物主要是在夜间打开气孔，因为夜间空气凉爽、湿度高。

CAM 植物也是通过 PEP 羧化酶固定 CO_2，固定反应发生在胞质溶胶中，产生大量的四碳酸——苹果酸。夜间形成的苹果酸暂时贮存在叶肉细胞的中央液泡中，到了白天，气孔关闭，PEP 羧化酶暂时失活，苹果酸从液泡扩散到胞质溶胶中，然后被裂解释放 CO_2，进入卡尔文循环。到了夜间，气孔又打开，PEP 羧化酶被激活，开始新的循环。CAM 植物与 C_4 植物相似之处在于 CO_2 需要固定两次，不同之处是 CAM 植物不需要两种类型的细胞协同工作。

8.4.7　过氧化物酶体在光合作用中的作用

过氧化物酶体在植物细胞中有两个特别重要的作用。

第一，种子中过氧化物酶体负责将贮存的脂肪酸转变成碳水化合物，这不仅为种子的生长提供能量，而且为植物种子发芽生长提供初始物质。这种作用是通过一系列称之为乙醛酸循环（glyoxylate cycle）的反应过程进行的（图 8-25）。乙醛酸循环是一种改良的三羧酸循环。在乙醛酸循环中，过氧化物酶体又被称为乙醛酸循环体（glyoxysome）。

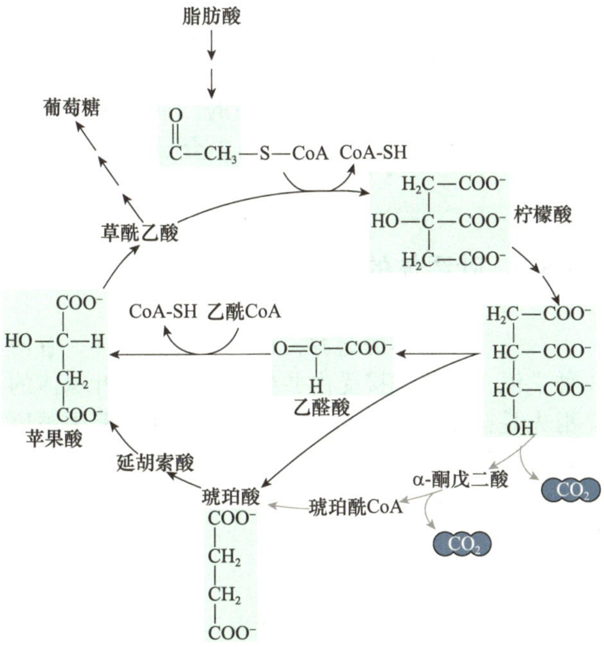

图 8-25 乙醛酸循环（引自 Cooper and Hausman，2016）。植物可将脂肪酸经由乙醛酸循环合成糖，是一种改良的三羧酸循环。在乙醛酸循环中，由脂肪酸产生的乙酰 CoA 与草酰乙酸（oxaloacetic acid）结合，形成柠檬酸（citric acid），柠檬酸进一步转变成异柠檬酸（isocitrate），此时的异柠檬酸不需像三羧酸循环那样经过两次脱羧形成琥珀酸（succinate），而是直接转变成琥珀酸与乙醛酸。乙醛酸与另 1 分子乙酰 CoA 形成苹果酸，再经草酰乙酸合成糖。

第二，植物叶片中的过氧化物酶体参与光呼吸，为光合作用提供副产品。我们知道，植物在光合作用的卡尔文循环中，利用光能将 CO_2 固定并转化成碳水化合物。卡尔文循环的第一步是将 CO_2 加到一个五碳糖上，生成 2 分子三碳的 3-磷酸甘油酸。然而，参与该反应的酶（Rubisco）有时将 O_2 而不是 CO_2 添加上去，催化核酮糖 1,5-二磷酸裂解成 3-磷酸甘油酸和 2-磷酸乙醇酸。这是一种副反应，产生的磷酸乙醇酸不是有用的代谢物。因此，磷酸乙醇酸进一步被转变成乙醇酸，然后被转运到过氧化物酶体，在过氧化物酶体中被氧化，生成甘氨酸。甘氨酸被转移到线粒体，在线粒体中 2 分子的甘氨酸缩合成 1 分子的丝氨酸，同时失去 1 分子 CO_2 和 1 分子的 NH_3。生成的丝氨酸又回到过氧化物酶体，被转变成甘油酸（glycerate）。最后甘油酸被转运到叶绿体，重新进入卡尔文循环（图 8-26）。上述过程表明，过氧化物酶体对于降低光呼吸带来的危害、提高碳的利用具有重要的作用。

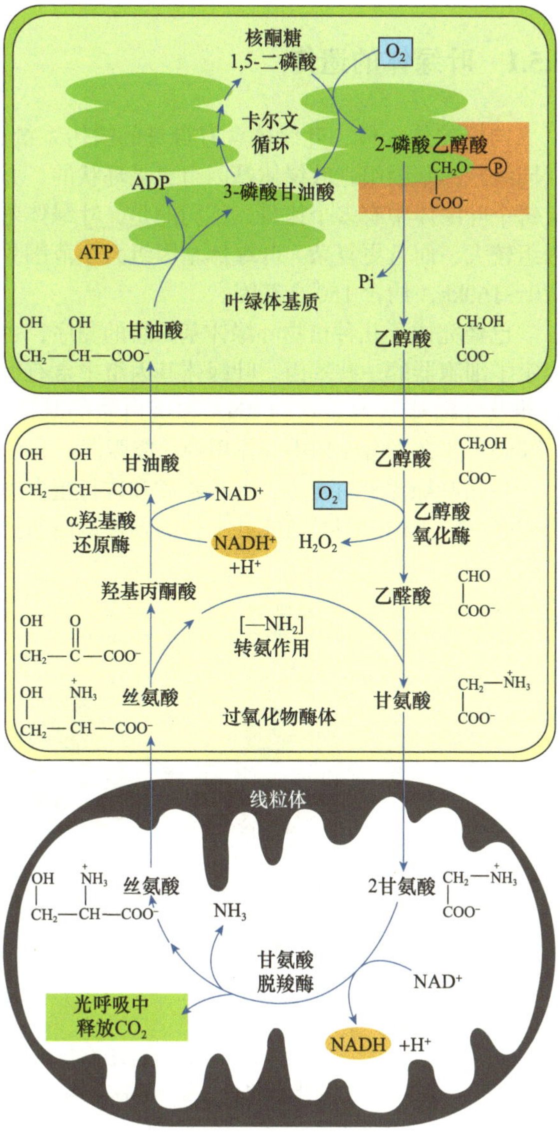

图 8-26 过氧化物酶体在光呼吸中的作用（引自 Nelson and Cox，2013）。在光合作用期间，CO_2 经卡尔文循环被转变成糖，反应的第一步是将 CO_2 添加到五碳糖——核酮糖 1,5-二磷酸上。但是，起催化反应的酶有时会错误地将 O_2 分子而不是 CO_2 添加到核酮糖 1,5-二磷酸上，这样产生的产物是二碳的磷酸乙醇酸（phosphoglycolate），磷酸乙醇酸可转变成乙醇酸（glycolate），并被转移到过氧化物酶体，在过氧化物酶体中被氧化转变成甘氨酸。随后，甘氨酸被转移到线粒体，并在线粒体中转变成丝氨酸。丝氨酸又重新回到过氧化物酶体，并转变成甘油酸（glycerate）。

8.5 叶绿体的遗传和起源

叶绿体与线粒体一样，也是半自主性细胞器（semiautonomous-organelle）。叶绿体也有自己的DNA，它的生长和增殖受核基因组及自身的基因组两套遗传系统的控制。

8.5.1 叶绿体的遗传

与线粒体一样，叶绿体含有自身的遗传系统，如同线粒体基因组，叶绿体基因组也是环状的，并且每个叶绿体中有多个拷贝，不同的是，叶绿体基因组较大，而且更复杂。叶绿体基因组大小范围为120～160kb，约含150个基因。

已经完成了几种植物叶绿体基因组的测序，也鉴定了细胞器的一些基因。叶绿体基因组中含有编码涉及叶绿体基因表达的RNA和蛋白质的基因，并编码一些在光合作用中起作用的功能蛋白。

虽然叶绿体具有自身的遗传物质和进行蛋白质合成的全套机构，但是组成叶绿体的各种蛋白质成分是由核DNA和叶绿体DNA分别编码的。也就是说，叶绿体的生长和增殖是由核DNA及叶绿体DNA共同控制的。

叶绿体的自主性表现在：叶绿体不仅有自己的DNA，还有自己的核糖体，同原核生物的一样都是70S，实验证明，缺少叶绿体核糖体的突变体不能合成叶绿体基因组编码的蛋白质。

虽然叶绿体有自己的DNA，但是信息量有限，只能起部分控制作用。而大部分叶绿体的蛋白质是核基因编码的，有些是叶绿体基因和核基因共同编码的。例如，RuBP羧化酶的8个大亚基是由叶绿体基因编码的，而8个小亚基是由核基因编码，在细胞质中合成后转运到叶绿体。

8.5.2 叶绿体的起源

关于叶绿体的起源，也与线粒体一样，有两种学说，但普遍接受内共生学说，认为叶绿体的祖先是蓝藻或光合细菌，在生物进化过程中被原始真核细胞吞噬，共生在一起进化成为今天的叶绿体（图8-27）。

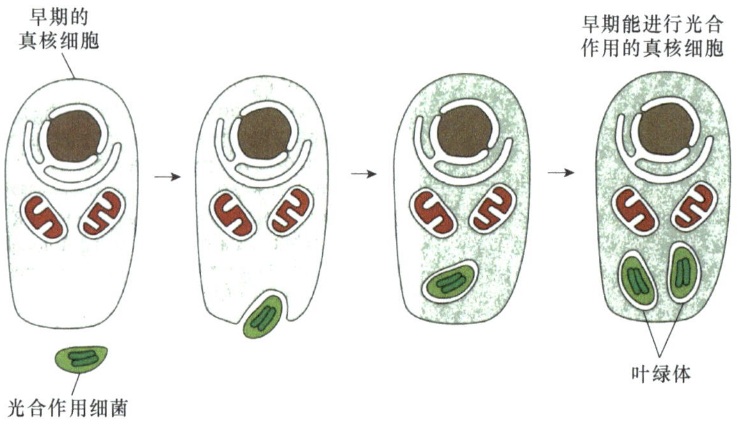

图8-27 叶绿体的起源（引自Alberts et al.，2015）。叶绿体的起源被认为是光合作用细菌与已经含有线粒体的早期真核生物共生而来。

8.6 叶绿体与线粒体的结构与功能的比较

与线粒体相比，叶绿体是由外膜、内膜和类囊体膜3种不同类型的膜将其内部分隔成3个不同的区室：膜间间隙、叶绿体基质和类囊体腔。因此，叶绿体是一种特别的膜性细胞器（图8-28）。

在功能上，线粒体是有机物氧化的场所，同时将释放出的自由能转变成可利用的化学能贮存在ATP的高能磷酸键上，这一过程是通过氧化磷酸化完成的。而叶绿体是光能的捕获者和高能有机物的制造者，光能的捕获和转化是通过光合作用完成的。二者功能虽然不同，但都是通过电子传递和建立H^+质子梯度，实现能量转换的。

在质子梯度建立方面，二者有许多相似之处，也有一些差别。在叶绿体中，H^+是从叶绿体基质

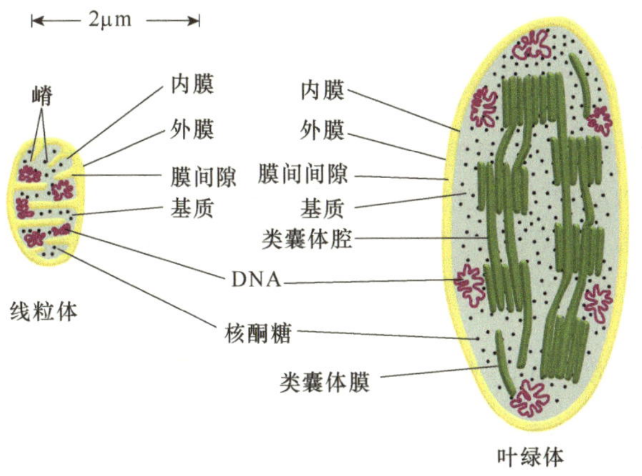

图 8-28 叶绿体与线粒体的结构比较（Alberts et al., 2015）。叶绿体和线粒体的膜及区室在结构组成和功能上都有所不同，如线粒体内膜除了作为线粒体界膜之外，主要功能是电子传递和合成 ATP。从结构上看，线粒体内膜向内折叠成嵴，ATP 合酶位于嵴上。而叶绿体的内膜只是稍向内折形成小管或小泡结构，且表面光滑。叶绿体内膜是脂合成的场所，是叶绿体的界膜。

泵向类囊体腔，叶绿体基质中的 pH 是 8.0，建立 H^+ 质子梯度后，类囊体腔中的 pH 下降到 5.5。在线粒体中，H^+ 是从线粒体基质泵向膜间隙。线粒体基质的 pH 是 7.9，建立 H^+ 质子梯度后，膜间隙中 pH 为 7.4（图 8-29）。氧化磷酸化和光合磷酸化除了在 H^+ 质子梯度建立方面的一些差别之外，还有其他一些不同（表 8-1）。

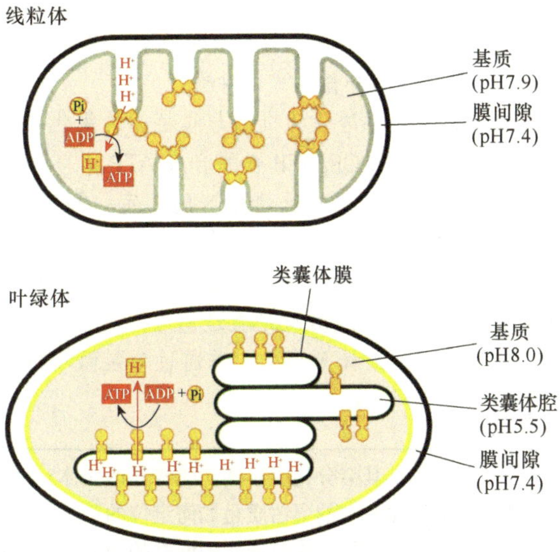

图 8-29 线粒体和叶绿体中 ATP 合酶的定向及 H^+ 的流向（引自 Alberts et al., 2015）。

表 8-1 氧化磷酸化与光合磷酸化的比较

项目	氧化磷酸化	光合磷酸化
细胞器部位	线粒体	叶绿体
	线粒体内膜	类囊体膜
电子传递系统	呼吸链	PS Ⅰ、PS Ⅱ
电子供体	NADH 或 $FADH_2$	H_2O 的光解
电子终受体	1/2 O_2	$NADP^+$
传递电子对	1 对	1 对
造成的 H^+ 质子浓度差	膜间间隙（高）/ 基质（低）	类囊体腔（高）/ 基质（低）
电子跨膜次数	3 次	2 次
偶联因子	F_o-F_1 ATP 合酶	CF_o-CF_1 ATP 合酶
机制	化学渗透	化学渗透
偶联因子定位取向	向内朝向基质	向外朝向基质
H^+ 质子流向	向外流向膜间隙	向内流向类囊体腔
产生 ATP 所需的 H^+	2 个 H^+	3 个 H^+

本 章 小 结

叶绿体由叶绿体被膜、类囊体和基质组成。类囊体分为基粒类囊体和基质类囊体，是光合作用光反应的场所。

叶绿体的主要功能是进行光合作用，分两个阶段进行。

光合作用的第一阶段是光反应，包括光能的吸收、电子的传递、光合磷酸化 3 个主要过程。

进行光吸收的功能单位是光系统，它由捕光复合物和光反应中心复合物组成，被吸收的光能在色素分子之间传递。

在电子传递过程中，H_2O 是原初电子供体，$NADP^+$是最终电子受体。电子载体位于类囊体膜上，包括细胞色素、铁氧还蛋白、$NADP^+$还原酶、质体蓝素、$NADP^+$、细胞色素 b_6/f 复合物等。

电子传递复合物包括光系统Ⅰ、光系统Ⅱ和细胞色素 b_6/f 复合物。其中，光系统Ⅱ又由捕光复合物Ⅱ、PSⅡ反应中心复合物和水裂解放氧复合物组成，光系统Ⅰ由捕光复合物Ⅰ和 PSⅠ反应中心复合物组成。电子传递有循环式和非循环式两种途径。

叶绿体光合磷酸化的机制与线粒体的氧化磷酸化的相似。在电子传递过程中，类囊体膜两侧建立质子动力势，通过 CF_o-CF_1ATP 合酶合成 ATP。

光合作用的第二阶段是 CO_2 的固定，即暗反应，在叶绿体基质中进行。光呼吸是一种依靠光来消耗 O_2、释放 CO_2 的作用。光呼吸的结果是降低了光合作用的效率。

叶绿体是半自主性细胞器，其基因组为环状，编码部分叶绿体所需的蛋白质和 RNA，叶绿体的大多数蛋白质由核基因编码并通过信号序列转运而来。

叶绿体由前质体分化来，并通过分裂而增殖。

思考题

（1）何谓前质体？其会分化成哪些功能各异的质体？
（2）什么是类囊体？它的蛋白质是如何定位的？
（3）如何理解“叶绿体从捕获光能到糖类的合成，都是集体智慧的结晶”这一说法？
（4）什么是线性与循环式电子传递链？各有什么特点？
（5）什么是光呼吸？过氧化物酶体在光呼吸中有什么作用？
（6）比较叶绿体与线粒体在 ATP 的合成中的异同。

9 内膜系统与蛋白质分选

细菌是由质膜包裹的单一区室的细胞，基因组小，如大肠杆菌才4000个基因，编码的蛋白质数量也不算大，所以其细胞内部的结构较为简单。而真核细胞的遗传信息量大。例如，人的基因组有30亿个碱基对，基因数量为2万～2.5万个，维持真核细胞生命活动所需蛋白质的数量巨大，动物细胞内可能有10 000种左右，数量达到10^{10}个；单细胞的真核细胞——酵母也有5000种不同的蛋白质，如此大量的蛋白质必须要将它们组织起来才能高效地发挥作用。

为此，真核细胞逐步进化形成了发达的内膜系统（endomembrane system），将细胞内环境分隔成许多功能不同的区室（compartment）。另外，细胞内不同区室的结构与功能是不同的，这些差异是由蛋白质决定的，而蛋白质绝大多数都是在胞质溶胶中合成的，如何将这些蛋白质准确无误地运送到各自的细胞岗位中去履职？为此，真核细胞进化出极致的蛋白质分选（protein sorting）与细胞内膜运输（membrane trafficking）机制。

9.1 概 述

真核细胞进化的一个精妙绝伦之作是细胞内形成了由膜包裹起来的细胞器体系，它不仅将细胞内蛋白质进行了集团化，而且为新生蛋白质准确“上岗”建立了最为快捷而又科学的机制，细胞内这些膜包裹的细胞器既相对独立，又相互合作，组成一个完美的内膜系统。

9.1.1 膜性细胞器与内膜系统

关于真核细胞中具有膜结构细胞器的描述通常有3个概念：膜性细胞器（membrane-bound

organelle）、细胞质膜系统（cytoplasmic membrane system）、内膜系统。虽然这 3 个概念都是指真核细胞中具有膜结构的细胞器，但是在含义上仍有一些差别。膜性细胞器统指细胞质中所有具有膜结构的细胞器，包括细胞核、内质网、高尔基体、溶酶体、分泌泡、内体、线粒体、叶绿体和过氧化物酶体等。细胞质膜系统是指细胞内那些在生物发生上与质膜相关的细胞器，显然不包括线粒体、叶绿体，因为这两种细胞器的膜是独立的。内膜系统有广义与狭义之分，广义的内膜系统就是细胞内所有的膜性细胞器，而狭义的内膜系统是指内质网、高尔基体、细胞核、溶酶体和膜泡（包括内体和分泌泡）5 类膜性细胞器，因为它们的膜是相互流动的，处于动态平衡，在功能上也是相互协同的。从本质上说，这些膜性细胞器都是由膜包裹着的、具有不同功能的区室，它们是既相互独立，又相互合作。图 9-1 显示了动物细胞内区室的形态及其在细胞内的分布。

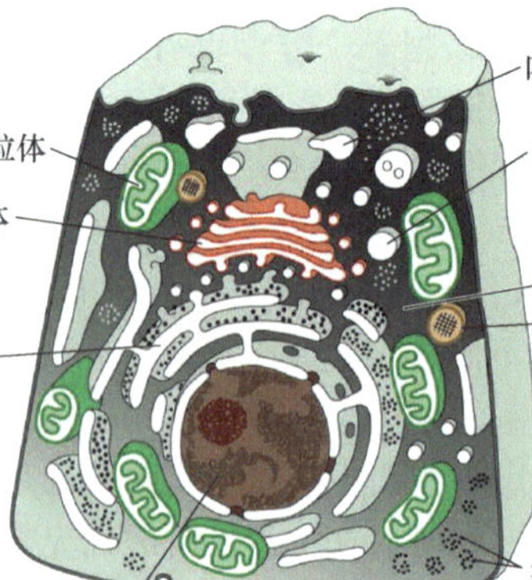

图 9-1 动物细胞内主要的区室（引自 Alberts et al.，2015）。细胞内的空间为胞质溶胶，里面被一些膜性细胞器分隔成许多区室，每个区室至少有一层单位膜包裹，如细胞核、高尔基体、内质网、溶酶体、线粒体等。

9.1.1.1 膜性细胞器的作用与分布

一般而言，真核细胞内有许多膜性细胞器构成的区室，几乎占据细胞总体积的一半（表 9-1）。

正是由于这些膜性细胞器的形成，使真核细胞内不同功能的蛋白质有了相对集中、独立的“工作间”（表 9-2），这不仅有利于节省资源，也极大地提高了效率。

在细胞内膜性细胞器中，线粒体、叶绿体、过氧化物酶体和细胞核等的独立性很强，并且有独特的功能。其他几种膜性细胞器，如内质网、高尔基体、溶酶体，虽然有不同的结构和功能，但是它们都参与蛋白质的加工、分选和膜泡运输，形成了一个特别的细胞内系统。

表 9-1 肝细胞中主要区室及占细胞的体积比

区室	占细胞体积 /%	区室	占细胞体积 /%
胞质溶胶	54	线粒体	22
糙面内质网	9	滑面内质网＋高尔基体	6
细胞核	6	过氧化物酶体	1
溶酶体	1	内体	1

表 9-2 真核细胞区室的主要功能

细胞器（区室）	主要功能
胞质溶胶	代谢的主要场所，是蛋白质合成部位
细胞核	基因组存在场所，DNA 和 RNA 合成场所
内质网	大多数脂的合成场所，蛋白质合成和集散地
高尔基体	蛋白质和脂的修饰、分选及包装
溶酶体	细胞内的降解作用
内体	内吞物质的分选
线粒体	通过氧化磷酸化合成 ATP
叶绿体	进行光合作用
过氧化物酶体	毒性分子的氧化

膜性细胞器在细胞内的分布是有层次的（图 9-2），细胞核位于细胞的中央，它是细胞中最重要的细胞器，有两层膜结构。细胞核的外膜与内质网的膜是联系在一起的，是糙面内质网的一部分。由于内质网与核外膜相连，所以内质网位于细胞核的外侧，高尔基体靠近细胞核，但在内质网的外侧，接收来自内质网的蛋白质和脂肪，然后对它们进行修饰和分选。溶酶体是含有水解酶的囊泡，

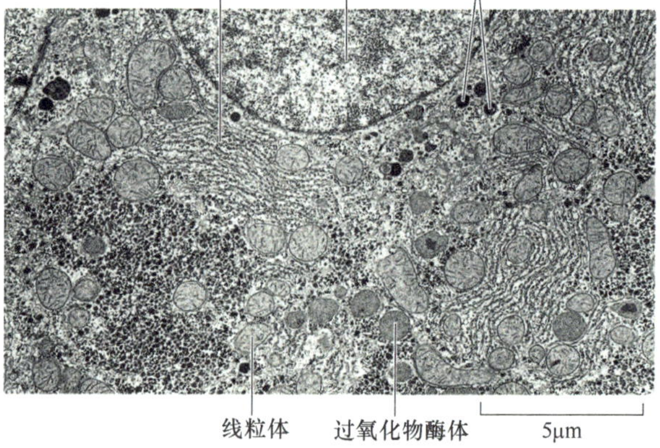

图 9-2 内膜系统的电镜照片（引自 Alberts et al.，2015）。可见膜性细胞器的分布层次。

它是由高尔基体分泌而来的。内体是由内吞作用产生的具有分选作用的细胞器，它能向溶酶体传递从细胞外摄取的物质，这种细胞器一般位于细胞质的外侧。另外还有线粒体、过氧化物酶体等分布在细胞的不同部位。如果是植物细胞，还有叶绿体和中央液泡。

虽然各类膜性细胞器合计仅占细胞的一半体积，但是，它们的膜面积的总量却非常之大，如肝细胞的糙面内质网与滑面内质网的总面积是细胞质膜的 20～30 倍（表 9-3）。我们知道，很多蛋白质需要在膜上行使功能，内膜的形成弥补了细胞膜面积的不足。

表 9-3　肝细胞中膜性细胞器的膜的含量

膜的类型	占细胞膜的面积 /%	膜的类型	占细胞膜的面积 /%
细胞质膜	2	糙面内质网膜	35
滑面内质网膜	16	线粒体外膜	7
线粒体内膜	32	细胞核内膜	0.2
溶酶体膜	0.4	过氧化物酶体膜	0.4
内体膜	0.4	分泌泡膜	未测定

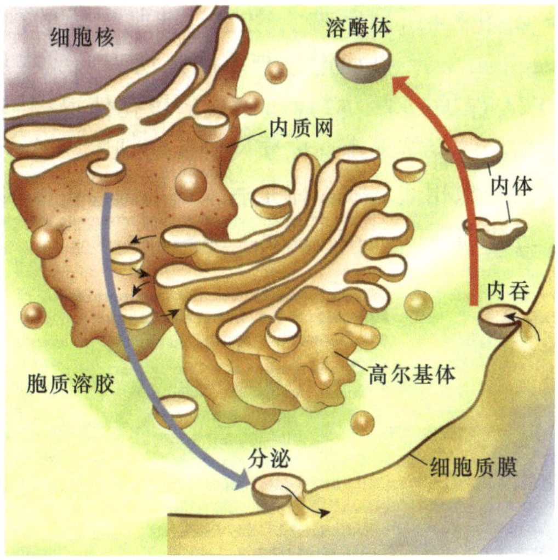

图 9-3　真核细胞中生化合成、分泌和内吞作用的动态网络（引自 Plopper，2016）。内膜系统将细胞中的生化合成、分泌和内吞作用连接成动态的、相互作用的网络。在内质网合成的蛋白质和脂通过分泌活动进入分泌小泡运送到工作部位（包括细胞外）；细胞通过内吞途径将细胞外的物质送到溶酶体降解。

9.1.1.2　内膜系统的动态性

虽然细胞内膜性细胞器是一个个独立的区室，并各有一套独特的酶系，有着各自的功能，在分布上有各自的空间，但实际上，细胞内膜性细胞器的结构是不断变化的，细胞内区室的最大特点是动态性，各种膜结构处于流动状态。正是这种流动状态，将细胞的合成活动、分泌活动和内吞活动连成了网络，在各内膜结构之间常常看到一些小泡来回穿梭，这些小泡分别是从内质网、高尔基体和细胞质膜上产生的，这就使内膜系统的结构处于一种动态平衡（图 9-3）。

内膜系统中的动态网络主要是由细胞中 3 种不同的生化活动及 3 种不同的代谢途径造成的。①生化合成途径（biosynthetic pathway）：在动物细胞中主要涉及分泌性蛋白质的合成与脂的合成。脂的合成在滑面内质网，而分泌性蛋白质的合成起始于糙面内质网，完成于高尔基体。②分泌途径（secretory pathway）：在内质网上合成的蛋白质和脂经出芽形成小泡逐步向外运输传递。细胞的分泌活动分为两种类型：组成型和调节型。前者恒定释放分泌物，后者需要信号激发。③内吞途径（endocytosis pathway）：是分泌的相反过程，是将细胞外的物质吞进内体和溶酶体。

内膜系统参与的动态运输活动酷似人类社会的生产活动，而内膜系统是蛋白质合成、分泌及外来物质降解的处理中心，任何时候都是“车水马龙，一派繁忙”的景象。

9.1.1.3　内膜系统的进化及其意义

真核生物的内膜系统是如何进化的？一般认为现代的真核生物是由古代的原核生物进化而来的。古代的原核生物体积小，内部结构简单，仅有细胞质膜而没有其他的膜结构。细胞质膜担负着所有与膜有关的功能，包括质子泵、ATP 的合成、蛋白质的分泌及脂肪的合成等。由于古代细菌的体积小，表面积与体积的比值很大。现存的真核生物，其体积大约是典型的细菌 *E. coli* 的 1000～10 000 倍，体积的增大势必要求表面积的增大才能维持合适的体积与表面积的比值。

真核细胞内膜系统的进化有两种途径：一种是线粒体和叶绿体的进化模式，即内共生途径；另一种是通过细胞质膜的内陷分化途径形成的，这两种途径的结合形成了最早的真核细胞。

有证据表明，真核细胞的基因组是由古老的古生菌（archaeon）进化而来的。例如，真核细胞中发现的肌动蛋白、微管蛋白、组蛋白，以及核 DNA 复制系统与古生菌中发现的有明显的同源性，但是与细菌的没有同源性。因此，现在的看法是第一个真核细胞来自 1.6 万亿年前古生菌和细菌。如图 9-4 所示，古生菌通过细胞质膜的内陷（invagination），进而通过与质膜的切割形成核膜，将 DNA 保护起来，并通过形成的核孔使得细胞核与胞质溶胶保持平衡。内质网的腔与细胞核的内外核膜的间隙相通。线粒体是后来由细菌与古生菌内共生进化而成的。

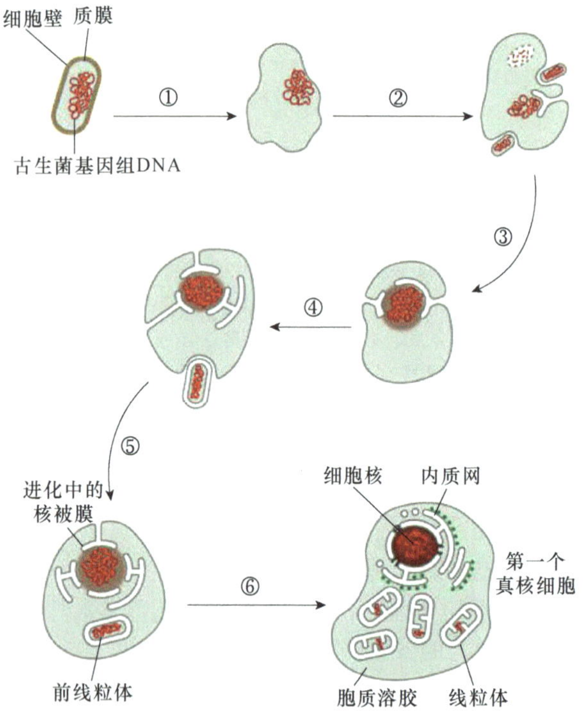

图 9-4 真核细胞与细胞内膜系统的进化（引自 Alberts et al., 2015）。①古生菌丧失细胞壁，促进了水平基因转移。②通过吞噬作用及对被吞噬古生菌与细菌的消化，促进水平基因量的增加，促进了进化进程。③质膜内陷，包裹 DNA，有利于保护基因组。④质膜进一步内陷形成外核膜与内质网。⑤吞噬具有氧化磷酸化作用的细菌。⑥逐渐进化形成第一个真核细胞。

细胞质中膜性细胞器的形成，特别是内膜系统的形成对于细胞的生命活动具有十分重要的意义。首先，内膜系统中各细胞器膜结构的合成和装配是统一进行的，这不仅提高了合成的效率，更重要的是保证了膜结构的一致性，特别是保证了膜蛋白在这些膜结构中方向的一致性。其次，内膜系统在细胞内形成了一些特定的功能区域和微环境，如酶系统的隔离与衔接、细胞内不同区域 pH 的差异、离子浓度的维持、扩散屏障和膜电位的建立等，以便在蛋白质、脂类、糖类的合成代谢、加工修饰、浓缩过程中完成其特定的功能。第三，内膜系统通过小泡分泌的方式完成膜的流动和特定功能蛋白质的定向运输，这不仅保证了内膜系统中各细胞器的膜结构的更新，更重要的是保证了一些具有杀伤性的酶类在运输过程中的安全，并能准确、迅速地到达作用部位。第四，细胞内的许多酶反应是在膜上进行的，内膜系统的形成使这些酶反应互不干扰。第五，扩大了膜的表面积，提高了表面积与体积的比值。第六，区室的形成，相对提高了重要分子的浓度，从而提高了反应效率。

9.1.1.4 膜性细胞器的再生

细胞通过分裂进行增殖时，除了复制染色体外，也必须复制细胞内的膜性细胞器。一般而言，内膜系统中的膜性细胞器也会随着细胞的增大而增大，然后随着细胞的分裂被分配到两个子细胞中。因此，可以说子细胞不仅从母细胞遗传了全套染色体，也遗传了一套完整的细胞膜结构。这种遗传是非常必要的，因为细胞不能从无到有合成膜。试想，如果将细胞内的内质网完全去除，它将如何生成？细胞内的内质网、高尔基体、核膜，包括细胞质膜，都是逐步更新再生的。线粒体则是通过二裂法随细胞的分裂而分裂。内膜系统的这一特点，保证了细胞质膜系统“青春常驻”！

9.1.2 蛋白质分选与膜运输

蛋白质不仅是细胞各种结构和细胞器的结构分子，也是细胞生命活动的功能分子。蛋白质是由核糖体合成的，合成之后必须准确无误地运送到细胞的各个部位。由于各个部位所需蛋白质在结构和功能方面各不相同，为了能准确地运送蛋白质，在进化过程中每种蛋白质形成了一个明确的地址签（address target），细胞通过对蛋白质地址签的识别进行运送，这就是蛋白质分选。在第 7 章线粒体与过氧化物酶体中简要介绍了蛋白质分选的两种方式：共翻译转运和翻译后转运，内膜系统参与共翻译转运，是分泌蛋白质分选运输的主要系统。

分泌蛋白的分选是由内膜系统特定膜部位的受体蛋白促进的，这些受体蛋白结合具有特定地址签的蛋白质，并将它们装入正确的运输小泡。而那些没有地址签的蛋白质被装入非特异性运输小泡。

在细胞生命周期的各个阶段都需要不断补充和更新蛋白质（或酶）。细胞中的线粒体、叶绿体和过氧化物酶体等细胞器都是通过已存在细胞器分裂增殖的，新形成的细胞器的生长需要大量的蛋白质。细胞本身也是通过分裂增殖的，新形成的细胞为了增大体积，需要不断地补充蛋白质。即使是不进行分裂的细胞，由于细胞内蛋白质的寿命限制和降解，也需要不断地补充新的蛋白质，以取代细胞器中丧失功能的蛋白质，所以蛋白质的合成和分选运输是细胞中最重要的生命活动之一。

9.1.2.1 蛋白质分选运输的时空概念

蛋白质分选运输的时空概念包括两种含义：①合成的蛋白质何时转运？②合成的蛋白质在运输中所要逾越的空间障碍是什么？

细胞中的蛋白质除了极少数是由线粒体或叶绿体基因编码之外，大多是由核基因编码，并在细胞质核糖体中合成。从时间上考虑，蛋白质的合成分选有两种情况：一是先合成，再分选；二是一边合成一边分选。为了适应蛋白质分选时间上的需要，核糖体在合成蛋白质时就会有两种存在状态：游离的或与内质网附着的。

从蛋白质定位运输的空间看，包括四大部分：第一部分是细胞内的膜性细胞器（包括细胞器的膜与基质），如细胞核、内质网、高尔基体、溶酶体、内体、线粒体、叶绿体（植物）等；第二部分是细胞质膜所需的蛋白质；第三部分是细胞外蛋白；第四部分是在胞质溶胶中起作用的蛋白质。不过，这一部分蛋白质不需要特别转运，合成之后可直接发挥作用。此外，线粒体与叶绿体基因组自身合成的蛋白质也有定位运输问题，不过相对于细胞质核糖体合成的蛋白质定位运输要简单得多。

9.1.2.2 蛋白质分选运输的空间障碍及克服机制

若是从蛋白质分选运输是否有空间障碍来看，有三种情况。①没有膜障碍的，如胞质溶胶，包括胞质溶胶中的细胞骨架蛋白和各种酶及蛋白质分子。②有完全封闭的膜障碍，如线粒体、叶绿体、过氧化物酶体、内质网、高尔基体、溶酶体、内体等。由于运送到细胞质膜和细胞外的蛋白质要逾越内质网和高尔基体的膜障碍，所以也归于此类。③有膜障碍，但是膜上有孔，如细胞核。

由于蛋白质分选运输需要克服的障碍不同，运输的机制也就不同，可分为穿膜转运、门控（核孔）运输，以及膜泡转运。图 9-5 是细胞内蛋白质分选运输的三种转运方式。

1）穿膜转运（transmembrane translocation） 胞质溶胶中合成的蛋白质进入到内质网、线粒体、叶绿体和过氧化物酶体等是通过穿膜机制进行运输，需要蛋白质转运器（protein translocator）的帮助。除过氧化物酶体外，被运输的蛋白质通常是未折叠的

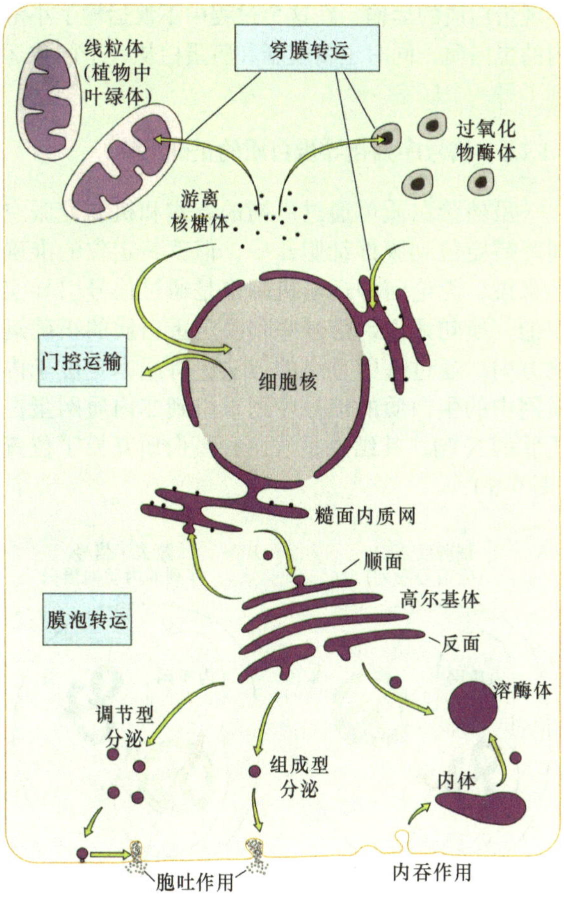

图 9-5 细胞内新合成蛋白质的三种分选运输方式图（引自 Bolsover et al.，2011）。第一种方式是穿膜转运，定位运输的细胞器包括线粒体、质体、过氧化物酶体、内质网等。第二种方式是核孔运输，即细胞核孔的门控运输，主要是将蛋白质运输到细胞核。第三种方式是膜泡转运，定位运输的细胞器包括高尔基体、内体、分泌泡、溶酶体和质膜。需要说明的是，游离核糖体合成的、在胞质溶胶中起作用的蛋白质不需要转运。

状态，细菌的质膜上也有类似的蛋白质转运器。

2）核孔运输（transport through nuclear pore），又称门控运输（gated transport） 胞质溶胶中合成的蛋白质穿过细胞核内外膜形成的核孔进入细胞核。核孔如同一扇可开启的大门，而且是具有选择性的门，能够主动运输特殊的生物大分子。

3）膜泡转运（vesicular trafficking） 蛋白质从内质网转运到高尔基体，以及从高尔基体转运到溶酶体、分泌泡、细胞质膜、细胞外等是由小泡介导的，这种小泡称为运输小泡（transport vesicle）。内膜系统的蛋白质定位，除了内质网本身之外，其他膜性细胞器的蛋白质定位都是通过形成运输小泡，将蛋白质从一个区室转运到另一个区室。小泡的形成是通过出芽的方式，到达目的地时则是通过膜融合的方式使小泡成为另一个区室的一个部分，

实现蛋白质的运输。在这个过程中不仅运输了小泡内的蛋白质，同时也将膜脂和膜蛋白从一个区室运到了另一个区室。

9.1.2.3 信号序列指导蛋白质的正确运输

虽然蛋白质可通过不同的方式和机制克服空间障碍定位到膜性细胞器中，但就其定位的准确性来说，无论何种运输机制都是通过信号引导实现的，换句话说，信号序列决定蛋白质的正确运输方向。通过基因重组的方法，将原本定位于内质网中的蛋白质的信号序列重组到非内质网蛋白质肽的 N 端，其结果是这两种蛋白质互换了位置（图 9-6）。

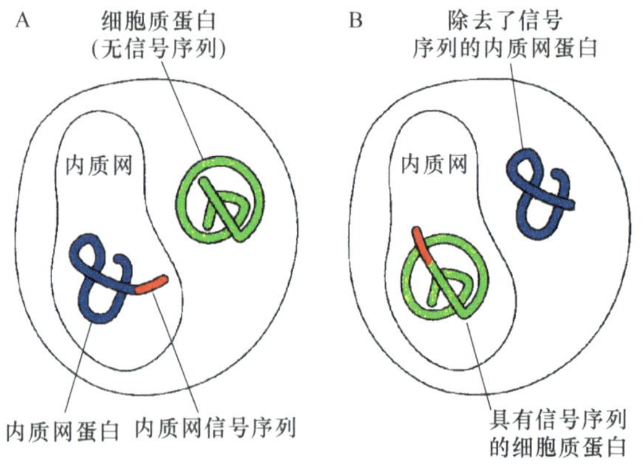

图 9-6 信号序列在蛋白质分选中的作用（引自 Alberts et al., 1994）。A. 具有内质网定位信号序列的蛋白质被运输到内质网中，而没有信号序列的蛋白质存在于胞质溶胶中；B. 通过重组 DNA 技术将信号序列与胞质溶胶的蛋白质基因重组，表达的胞质溶胶蛋白被定位到内质网，相反，被剥夺了内质网定位信号的蛋白质则只能存在于胞质溶胶中。该实验说明信号序列对所引导的蛋白质没有特异性。

信号序列通常为 15～60 个氨基酸长度，不同的膜性细胞器具有不同的蛋白质定位的信号序列（表 9-4）。

表 9-4 细胞内某些细胞器的定位信号序列

功能	信号序列组成
输入细胞核	-Pro-Pro-Lys-Lys-Lys-Arg-Lys-Val-
输出细胞核	-Met-Glu-Glu-Leu-Ser-Gln-Ala-Leu-Ala-Ser-Ser-Phe-
输入线粒体	$^{+}H_3N$-Met-Leu-Ser-Leu-Arg-Gln-Ser-Ile-Arg-Phe-Phe-Lys-Pro-Ala-Thr-Arg-Thr-Leu-Cys-Ser-Ser-Arg-Tyr-Leu-Leu-
输入质体	$^{+}H_3N$-Met-Val-Ala-Met-Ala-Met-Ala-Ser-Leu-Gln-Ser-Ser-Leu-Ser-Leu-Ser-Ser-Asn-Ser-Phe-Leu-Gly-Gln-Pro-Leu-Ser-Pro-Ile-Thr-Leu-Ser-Pro-Phe-Leu-Gln-Gly-

续表

功能	信号序列组成
输入过氧化物酶体	-Ser-Lys-Leu-COO^-
输入内质网	$^{+}H_3N$-Met-Met-Ser-Phe-Val-Ser-Leu-Leu-Leu-Val-Gly-Ile-Leu-Phe-Trp-Ala-Thr-Glu-Ala-Glu-Gln-Leu-Thr-Lys-Cys-Glu-Val-Phe-Gln
滞留内质网	-Lys-Asp-Glu-Leu-COO^-

注：$^{+}H_3N$ 代表氨基端；COO^- 代表羧基端。红色表示带正电荷氨基酸，蓝色表示带负电荷氨基酸。

根据信号序列运输方向的不同，习惯上将信号序列分为三种类型：核定位信号、前导肽和信号肽。核定位信号包括输入与输出细胞核的信号，指导蛋白质输入或输出细胞核。前导肽指导线粒体、叶绿体和过氧化物酶体蛋白的定位。信号肽指导内膜系统的蛋白质定位，包括内质网返回信号。前导肽指导的蛋白质运输已在线粒体和叶绿体中进行了介绍，入核信号将在第 12 章细胞核与染色体中讨论，本章将重点讨论信号肽指导的蛋白质运输定位。

蛋白质转运的信号序列在多肽中的位置也不相同，如输入线粒体、内质网和质体的信号序列位于 N 端，输入过氧化物酶体的信号大多数位于 C 端，也有少数位于 N 端，内质网返回信号位于 C 端，而核定位信号在新生肽中位置是可变的。另外，多数信号序列引导蛋白质定位后，常被切除掉，有些则终生保留。表 9-5 综合了一些信号序列的特点、位置及可能的命运。

表 9-5 细胞内某些信号序列的特性

细胞器	信号序列的位置	定位后是否被切除	基本特点
内质网（腔）	N 端	被切除	6～12 个核心的疏水氨基酸序列
线粒体基质	N 端	被切除	长 20～50 个氨基酸残基的两性螺旋
叶绿体间质	N 端	被切除	没有特征性模体，富含 Ser 和 Thr，少有 Glu 和 Asp
过氧化物酶体	C 端（大多数）	不切除	PTS1（Ser-Lys-Leu）信号在 C 端
（基质）	N 端（少数）	不切除	PTS2 信号在 N 端
细胞核（核质）	位置可变	不切除	种类较多，有一个富含 Lys 和 Arg 的共同模体

9.1.3 内膜系统的研究方法

虽然电子显微镜能够获得高度清晰的细胞内膜系统的结构，但是不能研究单个膜性细胞器的结构和功能。最有效的是离心分离技术、同位素示踪技术和突变技术。特别是3位科学家使用分离技术揭示了内膜系统的结构和功能，即动态特性，从而分享了1974年诺贝尔奖：Claude发明了用于细胞器分离的差速离心技术；Palade用这一技术研究了内质网和高尔基体；de Duve用离心分离技术发现了溶酶体和过氧化物酶体。

日本科学家下村修、美国科学家M. Chalfie和美籍华裔科学家钱永健因在发现和研究绿色荧光蛋白（GFP）方面做出的杰出贡献获得2008年诺贝尔化学奖。下村修1962年在北美西海岸的水母中首次发现了一种在紫外线下发出绿色荧光的蛋白质，即绿色荧光蛋白。随后，Chalfie在利用绿色荧光蛋白作为生物示踪分子方面的研究做出了杰出贡献；钱永健的研究让科学界更全面地理解绿色荧光蛋白的发光机制，他还拓展了绿色以外的其他颜色荧光蛋白，为同时追踪多种生物细胞变化的研究奠定了基础。GFP技术的建立与发展，极大地方便了对细胞内蛋白质合成与转运途径的可视化。不过，该方法需要通过基因重组，将GFP的编码基因先连接到目标蛋白的编码基因上。

本节重点介绍传统的三类研究方法在内膜系统研究中的应用。

9.1.3.1 放射自显影术

胰腺系统中的胰泡细胞具有最发达的内膜系统，主要功能是合成消化酶类。这些酶类合成之后要从胰腺系统经由导管分泌到小肠中行使功能。这些酶是如何分泌出去的？Jamieson和Palade使用放射自显影技术得到了答案（图9-7）。

他们将一小块胰腺组织放在加有放射性同位素标记氨基酸的培养液中进行短暂培养，在此期间，活细胞就会摄取具有放射性的氨基酸并掺入到核糖体合成的消化酶中，然后立即将组织进行固定，通过切片和放射自显影检测，发现放射性出现在内质网，说明蛋白质的合成始于内质网。为了检查蛋白质合成后的运输路线，他们还进行了一系列脉冲追踪实验（pulse-chase experimcnt），即将组织置于加有放射性同位素标记氨基酸的培养液中进行短暂培养，然后将组织洗净再置于无同位素的培养基中培养不同时间，再进行组织固定和放射自显影术检测。检测的结果表明：追踪培养的时间越长，同位素标记的蛋白质离开合成部位越远，分泌性蛋白质在内质网合成后经高尔基体转移到分泌小泡和细胞外。

9.1.3.2 差速离心分离

虽然放射自显影技术证明了分泌性蛋白质合成的起始部位，但不能证明是哪种细胞器合成分泌性蛋白质。20世纪50～60年代Claude和de Duve发展了细胞组分分离技术，分离到了具有蛋白质合成和分泌功能的结构。当细胞被匀浆破碎时，细胞质膜（包括细胞质膜系统的膜）破裂成膜碎片，破裂的膜碎片能够自己融合形成球形的小囊泡。这些小囊泡的直径为100nm左右，分别来自不同的膜性细胞器（细胞核、线粒体、质膜、内质网等）。这些小囊泡具有不同的性质，可以通过细胞离心分离技术将它们分开（图9-8）。来自内膜系统的小囊泡（主要是内质网和高尔基体）是一种异质性的集合体，其大小相似，称之为微粒体（microsome）。有些微粒体表面具有一些小颗粒附着，有些表面没有小颗粒的附着，用更精确的技术能够将这些不同的颗粒分开。

通过差速离心分离的微粒体不仅具有膜的结构特征，同时还具有在活细胞中的生物活性和功能。例如，来自高尔基体的囊泡具有将蛋白质和脂进行糖基化修饰的作用。用从这些囊泡中分离的特殊蛋白质作为抗原制备抗体，然后将制备的抗体与特定的颗粒，如金颗粒结合，再通过免疫电镜技术就能够对用作抗原的酶进行

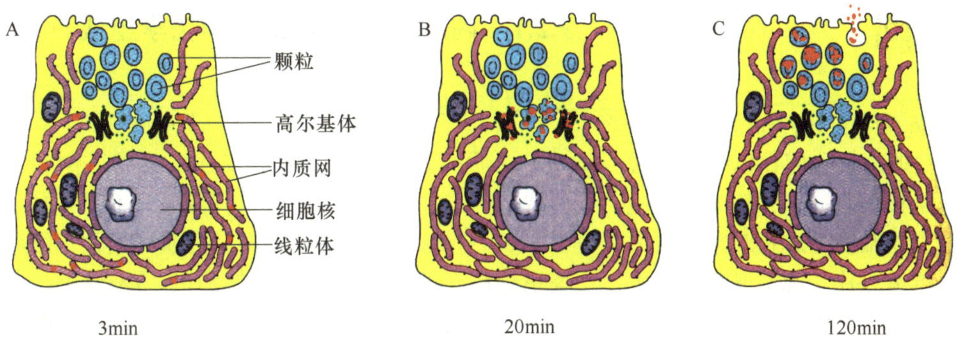

图9-7 蛋白质分泌的同位素示踪实验（引自Wolfe，1993）。A. 细胞与同位素接触3min之后，标记物出现在内质网中。B. 细胞接触同位素3min后，置于非同位素的培养基中追踪20min，放射性标记出现在高尔基体和部分分泌泡中。C. 细胞接触同位素3min后，置于无同位素的培养基中追踪120min，标记物主要出现在分泌泡中。

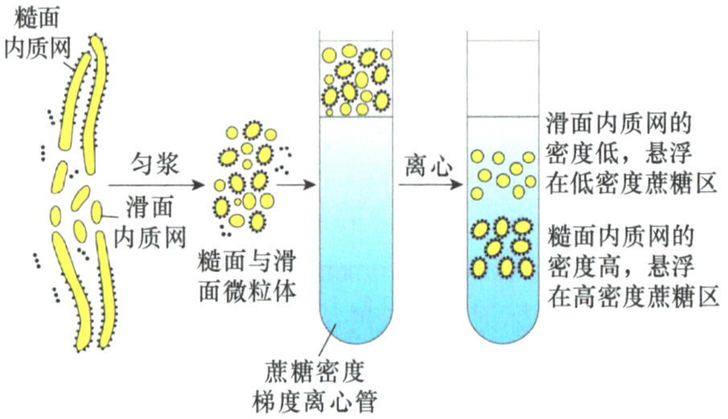

图 9-8 微粒体的分离（引自 Alberts et al., 2015）。用机械匀浆将细胞破碎，各种膜性细胞器破裂，并且重新自我融合形成各种球形膜泡。通过较高速度离心除去细胞核、线粒体、过氧化物酶体等细胞器。收集悬浮液再用较低速度离心，然后用电子显微镜检查离心后分开的两部分结构，发现上层的囊泡表面是光滑的，沉淀下的囊泡表面有核糖体颗粒。

定位，通过这些研究详细揭示了高尔基体在复杂的糖装配中的具体作用。

9.1.3.3 突变体研究

科学家利用酵母突变体研究分泌过程及与分泌相关的基因，揭示了小泡运输的过程（图 9-9）。为了研究编码与分泌途径相关蛋白质的基因，科学家们筛选了一些突变体，在这些突变体中，内膜结构不正常。如涉及内质网出芽小泡形成的基因发生突变，这种酵母的内质网就特别大；如涉及与高尔基体融合的基因突变，这种突变酵母中积累大量的分泌泡。目前已经分离和克隆了几十个与分泌途径相关的基因。通过序列分析，表明这些基因与哺乳动物分泌基因具有同源性，推测哺乳动物的细胞分泌过程与酵母细胞的分泌过程相似。

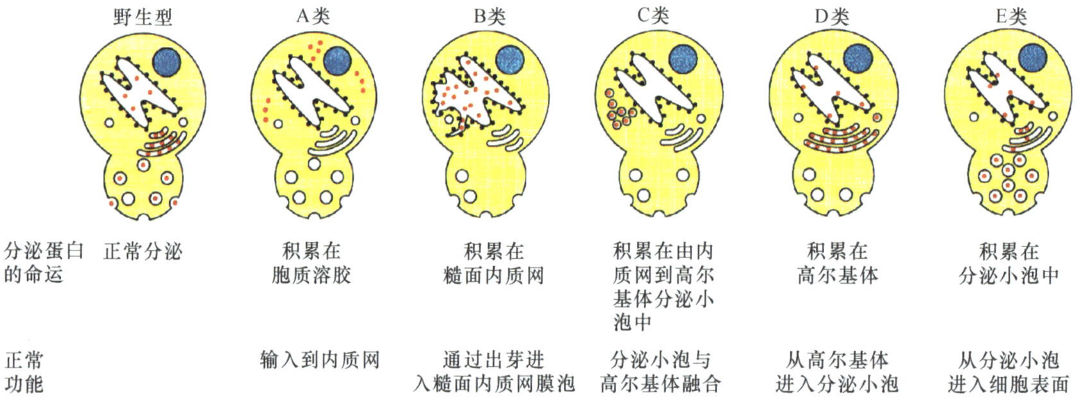

图 9-9 与分泌相关的不同酵母突变体（引自 Lodish et al., 2000）。野生型是分泌正常的酵母，A、B、C、D、E 是 5 类不同的分泌基因（secretory gene）突变，代表了蛋白质分泌的 5 个过程。A 类：分泌蛋白质不能进入内质网；B 类：内质网出芽缺陷；C 类：分泌小泡不能与高尔基体融合；D 类：高尔基体不能形成分泌小泡；E 类：分泌小泡不能与质膜融合。

9.2 内 质 网

内质网（endoplasmic reticulum，ER）是 Porter 和 Claude 等在 1945 年发现的。他们在体外培养成纤维细胞时得到了薄层生长细胞，这种培养的细胞不需要切片就可以在电子显微镜下进行观察，从而得到第一张培养细胞的电镜照片。观察发现薄层生长细胞的细胞质不是均质的，其中可见一些形状和大小略有不同的网状结构，并集中在细胞内质中，所以建议称为内质网。原核生物没有内质网，由细胞质膜代行其功能。

9.2.1 内质网的形态结构和化学组成

9.2.1.1 内质网的形态结构

内质网是由一层单位膜形成的囊状、泡状和管状结构，并形成一个连续的网膜系统（图 9-10）。膜厚 50～60Å，内腔是连通的。内质网通常占细胞膜系统的一半左右，占细胞体积的 10% 以上。内质网在细胞质中一般呈连续的网状，但这种连续性和形状不是固定不变的。在细胞周期中，一个时期可能是一些连续的小管或小囊泡，而在另一个时期有可能是不连续的。同时，内质网对细胞的生理变

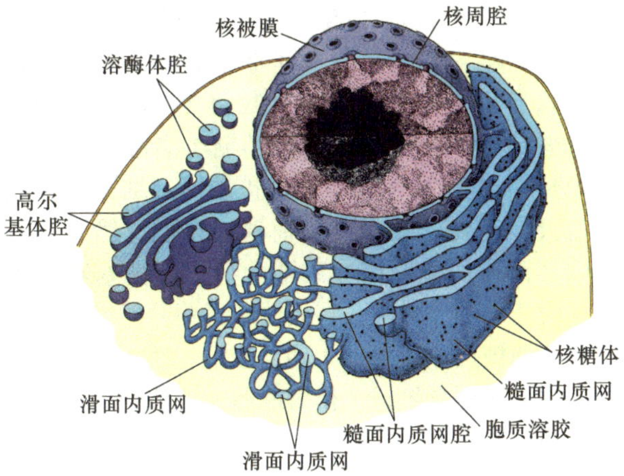

图 9-10 细胞中内质网与细胞核、高尔基体的立体结构（引自 Becker et al.，2003）。

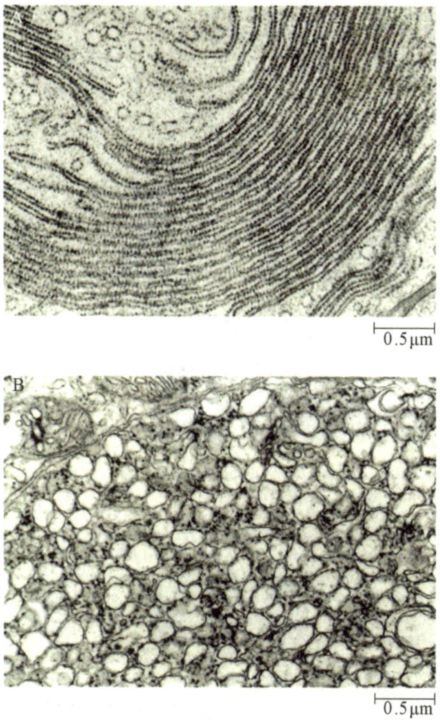

图 9-11 内质网透射电镜照片（引自 Becker et al.，2003）。A. 糙面内质网，其上有核糖体结合；B. 滑面内质网。

化相当敏感，在不正常或服药的情况下，如饥饿、缺氧、辐射、患肝炎、服用激素等，均可使肝细胞的内质网囊泡化。

根据内质网上是否附有核糖体，将内质网分为两类：糙面内质网（rough endoplasmic reticulum，RER）和滑面内质网（smooth endoplasmic reticulum，SER）。由于内质网是一种封闭的囊状、泡状和管状结构，它就有两个面，内质网的外表面称为胞质溶胶面（cytosol surface），内表面称为潴泡面（cisternal surface）。

糙面内质网多呈大的扁平潴泡，在电镜下观察排列极为整齐（图 9-11A）。它是核糖体和内质网共同构成的复合结构，普遍存在于合成分泌蛋白质的细胞中；越是分泌旺盛的细胞（如浆细胞）中越多，未分化和肿瘤细胞中较少。其主要功能是合成分泌蛋白、多种膜蛋白和酶蛋白。糙面内质网与细胞核的外核膜相连通。

无核糖体附着的内质网称为滑面内质网（图 9-11B），通常为小的管状和小的泡状，而非扁平状；广泛存在于各种类型的细胞中，包括合成胆固醇的内分泌腺细胞、肌细胞、肾细胞等。滑面内质网是脂类合成的重要场所，它往往作为出芽的位点，将内质网上合成的脂类转运到高尔基体。

滑面内质网和糙面内质网在细胞中的分布是不同的，有的细胞中只有糙面内质网，如胰腺外分泌细胞；有的细胞只有滑面内质网，如平滑肌、横纹肌细胞；有的细胞中既含有糙面内质网，又含有滑面内质网。据估计，大鼠肝细胞中内质网蛋白质大约占总蛋白质的 20%，内质网中脂占总脂的 50%。

另外还有两个概念：微粒体和肌质网，可将它们看成是特殊类型的内质网。

微粒体是指在细胞匀浆和差速离心过程中获得的由破碎的内质网自我融合形成的近似球形的膜囊泡状结构，它包含内质网膜和核糖体两种基本成分。在体外实验中，微粒体具有蛋白质合成、蛋白质糖基化和脂类合成等内质网的基本功能。

肌质网（sarcoplasmic reticulum，SR）是指心肌和骨骼肌细胞中的一种特殊的内质网，其功能是参与肌肉收缩活动。肌质网膜上的 Ca^{2+}-ATP 酶将细胞基质中的 Ca^{2+}泵入肌质网中贮存起来，使肌质网的 Ca^{2+}浓度比胞质溶胶的高出几千倍；受到神经冲动刺激后，Ca^{2+}释放出来，参与肌收缩的调节。

9.2.1.2 内质网的化学组成

内质网是膜囊结构，所以构成内质网的主要化学成分是蛋白质和脂。内质网膜的化学组成与线粒体外膜很相似，磷脂占 50%～60%，蛋白质约占 20%。在磷脂中，磷脂酰胆碱占 55%～58%，磷脂酰乙醇胺占 20%～25%，磷脂酰肌醇及磷脂酰丝氨酸占 5%～10%，鞘磷脂占 4%～7%。

通过对分离的微粒体膜的生化分析，发现存在许多与糖代谢、脂代谢、蛋白质加工、药物及其他有毒物质脱毒相关的酶类（表 9-6），主要有 NADPH-细胞色素 P450 还原酶、NADPH-细胞色

素 b_5 还原酶、细胞色素 b_5、细胞色素 P450、脂肪酸 CoA 连接酶、胆固醇羟基化酶等。虽然微粒体可来自内膜系统的各种膜性细胞器，但通过功能分析，上述的 4 类酶主要存在于内质网膜。

表 9-6 在分离的微粒体膜上检测到的某些酶类

催化类型	酶	作用位点朝向
糖代谢	葡萄糖-6-磷酸酶	腔
	β-葡糖醛酸酶	腔
	葡糖醛酸基转移酶	腔
	糖基转移酶	胞质溶胶
脂代谢	脂肪酸 CoA 连接酶	胞质溶胶
	磷脂酸磷酸酶	胞质溶胶
	胆固醇羟基化酶	胞质溶胶
	转磷酸胆碱酶	胞质溶胶
	磷脂转位酶	胞质溶胶和腔
与药物脱毒相关的氧化酶	细胞色素 P450	胞质溶胶
	NADPH-细胞色素 P450 还原酶	胞质溶胶
	细胞色素 b_5	胞质溶胶
	NADH-细胞色素 b_5 还原酶	胞质溶胶
蛋白质的加工	蛋白质二硫键异构酶	腔

细胞色素 P450 在内质网膜中最为丰富，占微粒体膜蛋白的 10%，是穿膜蛋白。它是内质网电子传递链中的一个组成部分，这条电子传递链中还含有 NADPH-细胞色素 P450 还原酶和磷脂酰胆碱。参与这一电子转移的另一种重要的酶是细胞色素 b_5，它也是还原酶，含有 NADH。

9.2.2 滑面内质网的功能

滑面内质网具有很多重要的功能，如糖原分解释放游离的葡萄糖、膜脂与脂双层的合成、参与肝细胞的解毒作用、参与信号转导与肌收缩的调节等。

9.2.2.1 糖原分解释放游离的葡萄糖

内质网中的葡萄糖-6-磷酸酶能够催化 6-磷酸葡萄糖水解生成葡萄糖和磷酸。肝细胞的一个重要功能是维持血液中葡萄糖水平的恒定，这一功能与葡萄糖-6-磷酸酶的作用密切相关。肝细胞是以糖原颗粒的形式储存葡萄糖的，肝细胞滑面内质网的胞质溶胶面附着有糖原颗粒，当机体需要葡萄糖时，糖原即被降解。肝细胞中的糖原降解是受激素控制的，激素作为信号分子激发 cAMP 的浓度升高，然后由 cAMP 激活蛋白激酶 A，蛋白激酶 A 能够激活将糖原水解生成葡萄糖-1-磷酸的酶。由于葡萄糖 -1-磷酸不能够通过扩散穿过细胞质膜进入血液，需要先转变成葡萄糖-6-磷酸，然后由滑面内质网中的葡萄糖-6-磷酸酶将葡萄糖-6-磷酸水解生成葡萄糖和磷酸，释放的游离葡萄糖通过质膜中的葡萄糖运输蛋白进入到血液中，然后通过血液循环被运送到各组织，作为能源分子被细胞吸收使用（图 9-12）。

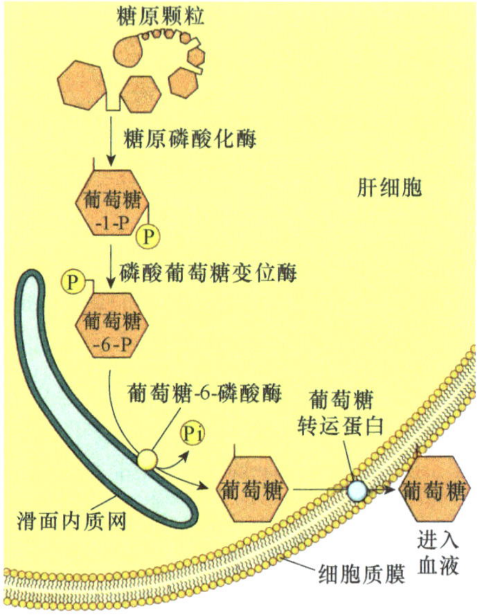

图 9-12 滑面内质网在糖原分解中的作用（引自 Becker et al., 2003）。肝细胞中糖原分解涉及多个酶促反应，将葡萄糖-6-磷酸转变为葡萄糖的葡萄糖-6-磷酸酶位于滑面内质网上，只有经过葡萄糖-6-磷酸酶的作用，将葡萄糖-6-磷酸中磷酸脱去生成葡萄糖后，才能经葡萄糖转运蛋白进入血液。

9.2.2.2 膜脂与脂双层的合成

滑面内质网是脂类合成的主要部位之一，细胞内几乎所有的主要脂类都是在内质网的膜上合成的，如三酰甘油就是由滑面内质网合成并贮存在内质网的腔中。动物中贮藏脂肪的细胞称为脂肪细胞（fat cell），在脂肪细胞中，脂肪滴几乎占据细胞质的主要部分。贮存在脂肪滴中的三酰甘油能够被分解生成甘油和游离脂肪酸。脂肪酸进一步氧化可生成大量的 ATP，所以脂肪细胞是能源的贮备库，为生活在寒冷地区的动物提供热量。

细胞质膜所需要的最重要的磷脂也是在滑面内

质网上合成的。在滑面内质网上合成的磷脂先作为内质网膜的组成部分，然后再转运到其他的膜上。图 9-13 是滑面内质网合成磷脂酰胆碱的过程，反应包括三个步骤，反应底物包括 1 分子胆碱、2 分子脂肪酸和 1 分子甘油磷酸。每一步反应都是由位于内质网膜中的酶催化的，这些酶的活性位点在细胞质面，因此磷脂合成都无一例外地发生在内质网的细胞质面。

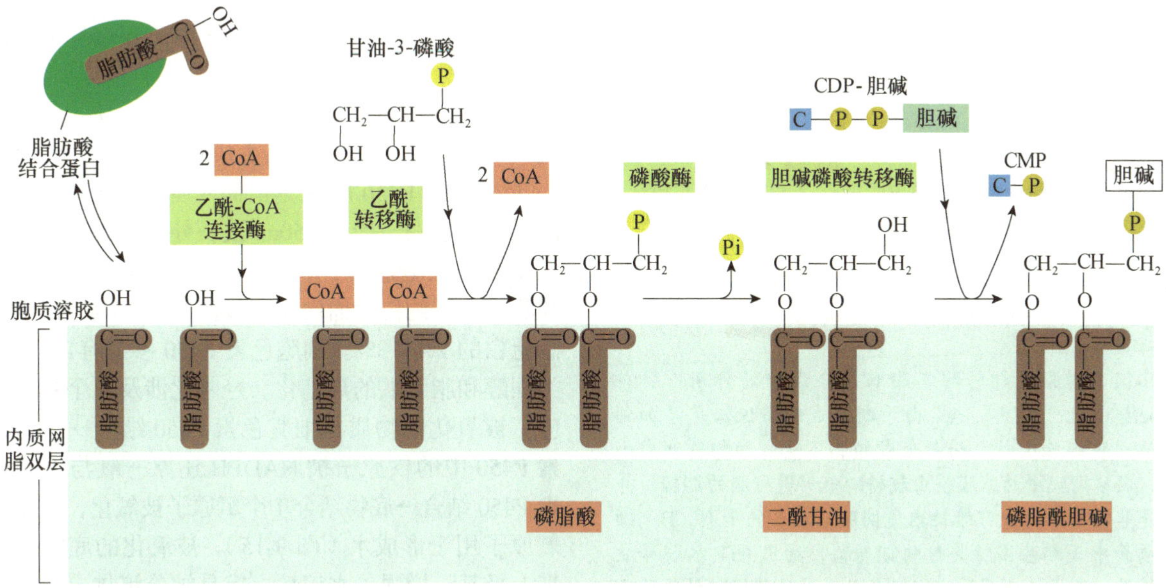

图 9-13 在滑面内质网膜中合成磷脂酰胆碱（引自 Alberts et al., 2015）。

由于脂肪酸不溶于水，先要由胞质溶胶中的脂肪酸结合蛋白将脂肪酸保护起来，当结合有脂肪酸的脂肪酸结合蛋白到达内质网的膜后，在乙酰辅酶A 连接酶（acyl-CoA-ligase）的作用下，两个脂肪酸被乙酰化，然后在乙酰转移酶的作用下将两个脂肪酸成功地与 1 分子的甘油-3-磷酸结合，生成磷脂酸（phosphatidic acid，PA），由于磷脂酸的强疏水性使得它不再被脂肪酸结合蛋白抽走，从而得以留在脂双层。实际上，膜的外小叶磷脂酸的合成，增大了内质网膜的体积。接下来的反应不会增大膜的量，只是决定头部的特性而已，如在胆碱磷酸转移酶的作用下，生成磷脂酰胆碱。另外两种主要的磷脂（磷脂酰乙醇胺、磷脂酰丝氨酸），以及含量不多的磷脂酰肌醇也都是以这种方式合成的。

由于磷脂的合成都是在内质网的胞质溶胶面，内质网膜脂双层的外小叶磷脂的量不断增大，必须有一种机制将外小叶中新合成的磷脂转移到内质网膜的内小叶，才能保持均衡的脂双分子层。虽然新合成内质网膜外小叶的磷脂是不能通过类似于质膜中脂翻转（flip-flop）被调整到内小叶的，但在内质网上合成的磷脂几分钟之后就由内质网膜外小叶转移到内质网膜的内小叶，即内质网腔面，其转位速度比质膜中脂的自然转位速度要快 10^5 倍。内质网膜脂的快速转运平衡是由内质网膜中磷脂促翻转酶（phospholipid scramblase）或称混翻酶（scramblase）介导的（图 9-14A）。混翻酶是一种既能将细胞质面的脂翻转到脂双层内叶又能将脂双层内叶的脂翻转到外叶的酶，催化的磷脂翻转是非选择性的，因此在内质网膜的两小叶中可以见到不同种类的磷脂能够均衡分布。

细胞质膜中含有不同类型的磷脂转移酶类，它们都属于P型运输泵家族。内翻酶（flippase）可特异性识别头部含有游离氨基的磷脂（如磷脂酰丝氨酸、磷脂酰乙醇胺），并将它们从质膜的细胞外小叶转移到内小叶（图 9-14B），在催化反应中需要ATP 提供能量。此外，细胞质面也含有混翻酶，不过细胞质面的混翻酶与内质网膜的混翻酶不同，内质网膜中的混翻酶一直处于活性状态，而细胞质膜中的混翻酶只是在某些情况下才具有活性，如细胞程序性死亡，以及在血小板中。在这两种情况下，混翻酶去除了质膜脂双层的不对称性，让程序性死亡细胞质膜的磷脂酰丝氨酸暴露在质膜脂的外小叶，以便作为吞噬细胞识别的标志，从而将程序性死亡的细胞吞噬并消化之。

内质网膜也可以合成胆固醇与神经酰胺（ceramide）。神经酰胺先由丝氨酸与脂肪酸压缩形成氨基醇的脂，即鞘氨醇（sphingosine），接着与第二个脂肪酸共价结合形成神经酰胺。神经酰

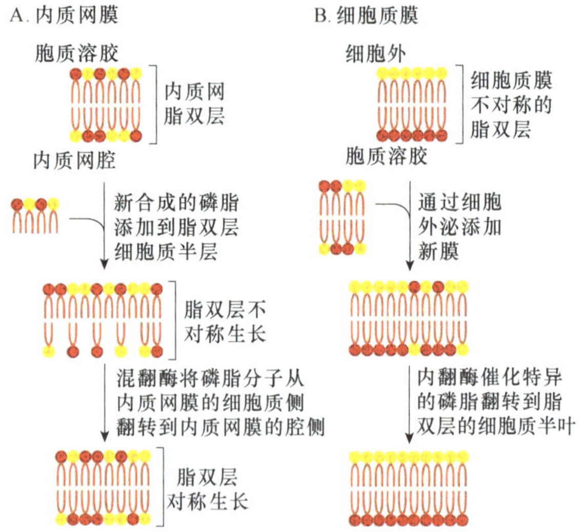

图 9-14 磷脂促翻转酶在脂双层合成中的作用（引自 Alberts et al.，2015）。A. 由于新合成的脂仅仅是添加到内质网膜的外小叶，而新合成的脂不能自动翻转到内小叶，内质网膜中的穿膜蛋白翻转酶能够进行脂的翻转，并且是非特异性的，可维持内质网膜脂双层的平衡。B. 细胞质面中头部基团特异性的翻转酶，利用 ATP 水解释放的能量，选择性地将质膜脂双层外小叶的磷脂酰丝氨酸及磷脂酰胆碱翻转到细胞质面，在动物细胞中维持膜脂分布的不对称性。

胺被运送到高尔基体，在高尔基体中，神经酰胺可以作为两种脂的合成前体：加上寡糖链生成鞘糖脂（glycosphingolipid）；将磷脂酰胆碱的磷脂胆碱头部基团转移到神经酰胺上，则生成鞘磷脂（sphingomyelin）。

9.2.2.3 参与肝细胞的解毒作用

滑面内质网的一个独特的功能就是能够对外来的有毒物质，如农药、毒素和污染物进行解毒作用（detoxification）。多数解毒反应与氧化作用有关，有些也涉及还原和水解作用，或者三者结合，使有毒物质由脂溶性转变成水溶性而被排出体外。此反应主要在肝细胞的滑面内质网中进行，故此称为肝细胞的解毒作用。

最早发现细胞中含有氧化有毒物质酶系的是 1953 年 Mueller 和 Miller 的报道，其指出致癌物 aminoazo 染料在有氧和 NADPH 存在下，能够被肝的匀浆液氧化。此后不久，Brodie 和他的同事发现很多其他的药物和化学物质能够在氧和 NADPH 的存在下被从肝细胞中分离的微粒体所氧化。所有这些物质的氧化作用都涉及一个相同的机制：每氧化 1 分子底物，要消耗 1 分子的氧，进而将 NADPH 转变成 $NADP^+$。由于这种反应的一个氧原子出现在产物中，其他则存在于水分子中，故将催化这种类型氧化作用的酶称为混合功能氧化酶（mixed-function oxidase）。

微粒体的混合功能氧化酶系统类似一条呼吸链，由几个组分组成，核心成员是细胞色素 P450（cytochrome P450），它是滑面内质网上的一类含铁的膜整合蛋白，因在 450nn 波长处具有最高吸收值而得名。细胞色素 P450 是肝细胞滑面内质网的主要膜蛋白，约占滑面内质网膜蛋白的 20%，占细胞总蛋白的 2%～3%。细胞色素 P450 参与有毒物质、类固醇和脂肪酸的羟基化。羟基化涉及 4 个基本反应：被氧化的物质与细胞色素 P450 结合→细胞色素 P450 中的铁原子被 NADPH 还原→氧与细胞色素 P450 结合→底物结合 1 个氧原子被氧化，另 1 个氧原子用于形成水（图 9-15）。被氧化的底物由于带上羟基，增强了水溶性，容易被分泌排出。除了解毒作用之外，细胞色素 P450 还参与正常代谢途径中的胆固醇和脂肪酸的氧化。

9.2.2.4 参与信号转导与肌收缩

内质网是细胞内贮存 Ca^{2+} 的细胞器，通过调节 Ca^{2+} 浓度，参与细胞的信号转导。肌质网是细胞内特化的滑面内质网，肌质网膜上重要的膜蛋白是 Ca^{2+}-ATP 酶（钙泵）。在肌细胞中，滑面内质网构成心肌和骨骼肌肌原纤维周围的肌质网。当神经递质与肌细胞表面受体结合，触发了信号的级联反应，引起肌质网释放 Ca^{2+}，从而导致肌细胞的收缩活动。当肌肉松弛时，钙离子被钙泵转运回肌质网贮存起来。所以肌质网实际上是作为钙库，其内有高浓度钙结合蛋白，每个钙结合蛋白可以结合

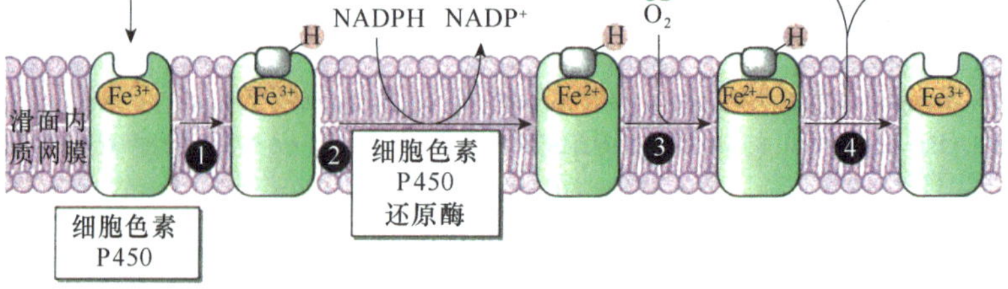

图 9-15 混合功能氧化酶将底物羟基化的机制（引自 Kleinsmith and Kish，1995）。羟基化涉及 4 步：①底物与 P450 结合，②细胞色素 P450 中的铁原子被 NADPH 还原，③氧与细胞色素 P450 结合，④底物被一个氧原子氧化，另一个氧原子用于生成水。

30 个左右的 Ca^{2+}。

9.2.3 糙面内质网的功能——蛋白质转运

糙面内质网的基本功能与滑面内质网完全不同，这是因为糙面内质网的表面可与核糖体结合，所以它的主要功能自然与核糖体合成蛋白质的作用相关联。由于糙面内质网上合成的蛋白质最终去向是提供给内膜系统、细胞质膜及细胞外，所以糙面内质网在从与其结合的核糖体上合成的蛋白质中获得自己所需的蛋白质的同时，帮助内膜系统的蛋白质转运也就责无旁贷。

9.2.3.1 信号序列的发现和证实

在 Palade 用离心技术分离到有核糖体附着的微粒体，即发现附着核糖体之后，推测附着核糖体合成的蛋白质首先要进入内质网，然后通过选择性分泌输出到细胞外，而游离核糖体上合成的蛋白质则留在细胞内使用。

20 世纪 60 年代，Redman 和 Sabatini 用分离的糙面内质网小泡研究附着核糖体合成的蛋白质是否会进入糙面内质网的腔。他们将糙面内质网微粒体置于加有放射性标记氨基酸底物的蛋白质合成体系中进行短暂温育，然后加入嘌呤霉素，使蛋白质合成提前终止并从核糖体中释放出不完全的多肽。此时离心收集糙面内质网小泡，用去垢剂将糙面内质网小泡破坏，使小泡内的物质释放出来，并对其进行分析，结果表明，从破裂的糙面内质网小泡中释放出来的物质中有放射性标记的新合成多肽。

这一实验结果说明附着核糖体合成的蛋白质能够穿过内质网的膜进入内质网腔。但是，什么原因指导新生肽穿过内质网的膜呢？另外还有一个问题：我们所观察到的结合在糙面内质网上的核糖体是正在进行蛋白质合成的核糖体，也就是说，附着核糖体是处于工作状态的核糖体。静息状态的核糖体或是刚刚起始合成蛋白质的核糖体都是游离状态，那么，又是什么因素决定核糖体在合成蛋白质时是游离存在还是附着到内质网上？

针对上面的问题，1971 年美国洛克菲勒大学的 Blobel、Sabatini 和 Dobberstein 等推测，蛋白质合成的地点是由多肽 N 端一段氨基酸序列决定的，这一段氨基酸序列在蛋白质合成时最先出现在核糖体上。根据推测，他们提出了如下建议：①分泌蛋白的 N 端含有一段特别的信号序列，可将多肽和核糖体引导到内质网膜上；②多肽通过内质网膜上的转运通道蛋白进入内质网的腔中，推测多肽是在合成的同时转移的。

1975 年，Blobel 与 Dobberstein 报道了用无细胞系统研究免疫球蛋白 IgG 轻链合成时获得了信号序列存在的直接证据。他们用分离纯化的核糖体在无细胞体系中用编码免疫球蛋白轻链的 mRNA 指导合成多肽，发现合成的多肽比分泌到细胞外成熟的免疫球蛋白在 N 端有一段多出的肽链，它有 20 个氨基酸，推测这段肽具有信号作用，使 IgG 得以通过糙面内质网并继而分泌到细胞外。

Blobel、Dobberstein、Walter 和他们的同事在上述发现的基础上用分离的微粒体和无细胞体系进行了大量的实验，进一步证实了信号序列的存在及其作用（图 9-16）。

多聚核糖体是研究内质网帮助蛋白质运输的好材料。不难想象，当一条 mRNA 上结合有若干个核糖体进行蛋白质翻译时，最先附着的核糖体，其

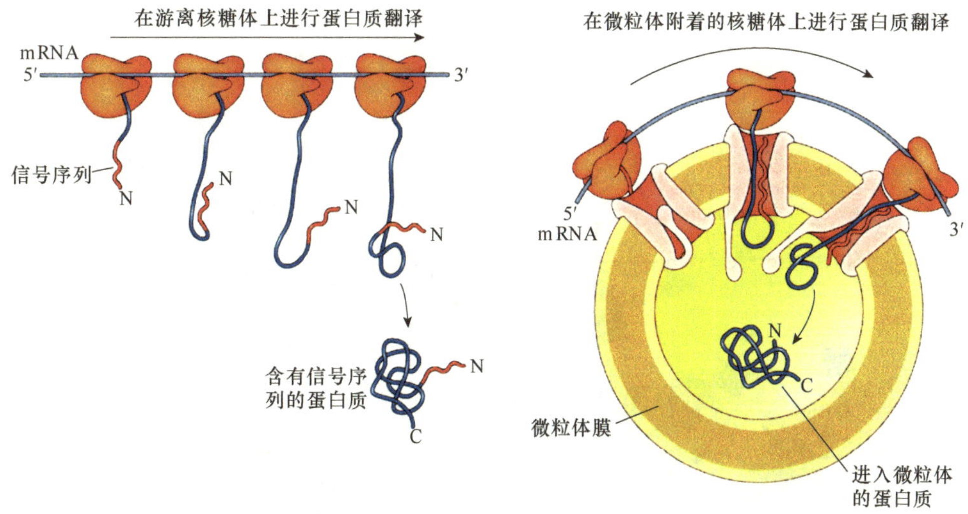

图 9-16 分泌蛋白进入微粒体的实验（引自 Cooper and Hausman，2016）。在无细胞系统中，若不加入微粒体，合成的分泌蛋白 N 端多一段信号序列。当加入微粒体后，新合成的分泌蛋白进入到微粒体，分离微粒体、溶解微粒体膜后，分析进入微粒体中的蛋白质，比没有添加微粒体系统合成的分泌蛋白 N 端多出一段，证明起信号作用。

合成的多肽最长，最尾端的核糖体只是刚刚开始进行翻译。如果翻译的是分泌蛋白，最先结合上的核糖体合成的多肽，其N端可能没有了信号序列，因为在内质网中被切除了。从骨髓瘤分离多聚核糖体，用去垢剂处理，使之与内质网膜分离后，继续在无细胞体系（不含糙面内质网小泡）中进行翻译。研究发现，短时间温育，即可得到成熟的分泌蛋白（无信号序列）；而长时间的温育，得到的产物N端有信号序列。这一结果说明由于mRNA中多聚核糖体合成蛋白质的不同步，位于mRNA 3′端的核糖体合成的蛋白质在分离前不仅进入了内质网，而且在内质网的腔中被切除了信号序列。越靠近mRNA 5′端的核糖体，合成的蛋白质越短，所以在体外经较长时间的翻译得到的是含有信号序列的前体蛋白质，因为没有了内质网，信号序列则不能被切除（图9-17）。

动画

9.2.3.2 信号假说

1975年，Günter Blobel根据对信号作用的研究成果，正式提出信号假说（signal hypothesis），其要点是：①分泌蛋白的合成始于细胞质中的游离核糖体。②新生蛋白的N端信号序列露出核糖体后，靠自由碰撞与内质网膜的转运蛋白（transporter）结合，接着N端信号序列插入转运蛋白的水性通道。③蛋白质继续合成，并以袢环形式穿过内质网膜的转运蛋白。④信号肽酶（signal peptidase）将信号肽切除，完全合成的新生肽进入内质网的腔；转运蛋白关闭，直到有新的核糖体结合才打开（图9-18）。

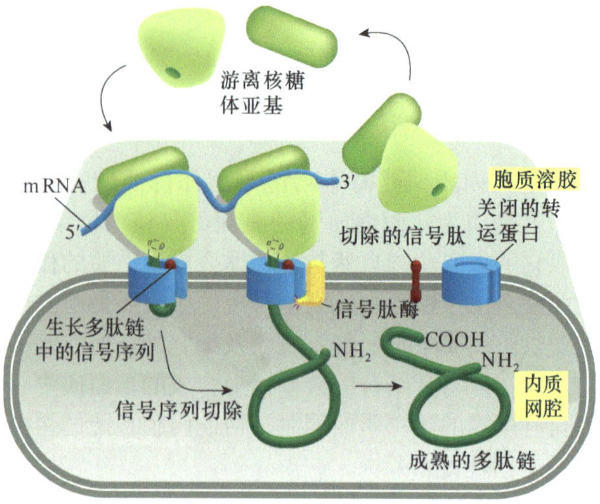

图9-18 信号假说（引自Alberts et al.，2015）。当mRNA与核糖体结合起始蛋白质合成后，若N端有信号肽序列，则正在合成蛋白质的核糖体被引导至内质网，并与内质网膜中的受体结合，新生的肽链通过内质网膜中的转运蛋白通道进入内质网的腔。信号肽被内质网信号肽酶切除，合成的蛋白质释放到内质网的腔中。

信号假说提出后得到许多实验的支持，包括Blobel的研究小组和其他研究小组获得的证据。其中最有力的一项实验结果是Lingappa及其同事用杂合蛋白研究的结果。黑猩猩的α-珠蛋白是一种在游离核糖体上合成并存在于胞质溶胶中的可溶性蛋白，他们在编码该蛋白质的基因中接上一段编码*E. coli*分泌蛋白β-内酰胺酶（β-lactamase）的信号序列DNA，然后将该基因加入到无细胞的转录和翻译体系中，并加入从狗组织中分离的内质网膜。分析发现，杂合蛋白质出现在内质网腔中，并且信号序列被切除了。这一研究结果不仅证实了信号假说的正确性，也揭示了信号序列的一个重要特性：信号序列没有特异性，并且原核生物的信号序列在真核生物中也是有效的。

Blobel提出的信号假说揭示了细胞中不同蛋白质在合成后是如何找到自己的“工作岗位”的秘

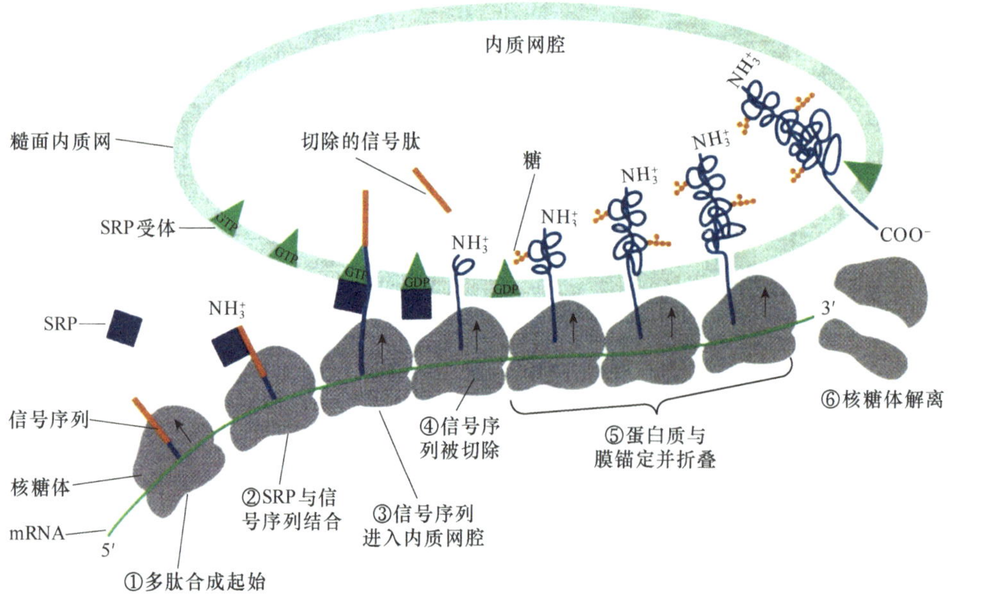

图9-17 多聚核糖体实验证明信号序列的引导作用（引自Voet and Voet，1995）。SRP：信号识别颗粒。

密，发现了蛋白质与生俱来的“地址签”。这一发现开辟了一个全新的医学、细胞生物学和分子生物学的研究领域，为此Blobel获得了1999年诺贝尔生理学或医学奖。

9.2.3.3 信号识别颗粒及其作用

1975年提出的信号假说虽然说明了分泌蛋白是通过信号序列的引导进入内质网的，但没有回答新生的信号肽是如何被引导到内质网膜的转运蛋白上。

1981年，Walter、Blobel和其合作者们通过实验发现在核糖体与内质网的结合过程中需要几种蛋白质复合物的参与，这些发现对信号假说做了一些补充，增加了信号序列如何被识别的一些细节。

内质网信号序列被引导到内质网的膜，至少有两种蛋白复合物发挥重要作用：一种是信号识别颗粒（signal recognition particle，SRP），它的作用是在胞质溶胶与内质网膜间循环，识别内质网新合成蛋白质的内质网信号序列；另一种是内质网膜中的SRP受体（SRP receptor），它的作用是与SRP结合（见图9-17）。

SRP是一种核糖核蛋白复合体，沉降系数为11S，含有分子质量为72kDa、68kDa、54kDa、19kDa、14kDa、9kDa的6条多肽和一个7S（长约300个核苷酸）的细胞质RNA（scRNA），SRP RNA作为骨架将6种SRP蛋白连成一个杆状结构（图9-19）。

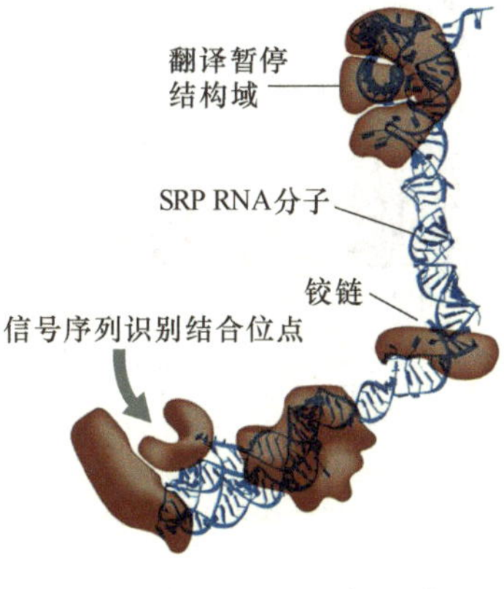

图9-19 信号识别颗粒（SRP）的结构组成（引自Alberts et al., 2015）。

SRP上有三个功能位点：信号序列识别结合位点、翻译暂停结构域、SRP受体蛋白结合位点。SRP上的信号序列识别结合位点负责识别刚从游离核糖体上合成出来的信号序列，并与之结合，然后由翻译暂停结构域暂时中止新生肽的合成；此时SRP会暴露出SRP上与内质网受体结合的位点，将正在合成蛋白质的核糖体结合到内质网膜的SRP受体上，从而将核糖体与内质网膜转运蛋白结合，并进行新生肽的转移。

SRP受体，又称停靠蛋白（docking protein，DP），它是内质网膜上与SRP结合的内质网膜蛋白。动物细胞中的SRP受体是由两个不同的多肽构成的二聚体，由α和β两个亚基构成，α亚基是SRP识别与结合位点，β亚基是穿膜蛋白，在细胞质结构域有GTP结合位点。SRP受体有两个方面的作用：一是与结合有内质网信号的SRP结合，将正在合成蛋白质的核糖体引导到内质网的膜；二是介导核糖体与非偶联的内质网膜中转运蛋白结合，然后通过将SRP与β亚基上的GTP水解释放SRP，核糖体上的mRNA继续完成多肽的翻译，并通过转运蛋白进入内质网的腔。

9.2.3.4 分泌蛋白质共翻译转运机制

补充修改后的信号假说合理解释了分泌蛋白质共翻译转运机制。核糖体与内质网的结合受制于mRNA中特定的密码序列（可以翻译成信号肽），具有这种密码序列的新生肽才能连同核糖体一起附着到内质网膜的特定部位。因此，核糖体与内质网的结合是功能性结合，同时具有暂时性，并受时间和空间的限制。正是由于这种结合保证了新合成蛋白质的矢量释放。内质网信号序列有两个基本作用：一是通过与SRP的识别和结合，引导核糖体与内质网结合；二是通过信号序列的疏水性，引导新生肽穿膜转运。

图9-20是根据修改后的信号假说绘制的分泌蛋白进入内质网腔的过程。①分泌性蛋白质在游离核糖体上起始合成。核糖体是蛋白质合成的基本装置，它并不决定合成蛋白质的去向，合成的蛋白质何去何从是由mRNA决定的，也就是说，是由密码子决定的。②信号序列与SRP结合。SRP的信号序列识别结合位点识别新生肽的信号序列并与之结合；同时，SRP上的翻译暂停结构域与核糖体的A位点作用，暂时停止核糖体的蛋白质合成。③核糖体附着到内质网上。结合有信号序列的SRP通过它的第三个结合位点与内质网膜中受体的α亚基结合，将核糖体附着到内质网的蛋白质转运蛋白。④SRP释放与蛋白质转运通道的打开。当SRP-信号序列-核糖体-mRNA复合物锚定到内质网膜后，SRP受体将其结合的GTP水解，同时将SRP释放出来，此时蛋白质转运通道打开，核糖体与通道结合，新生的肽插进通道。释放的SRP又回到胞质溶胶中循环使用。⑤在信号肽酶的作用下，信号肽被

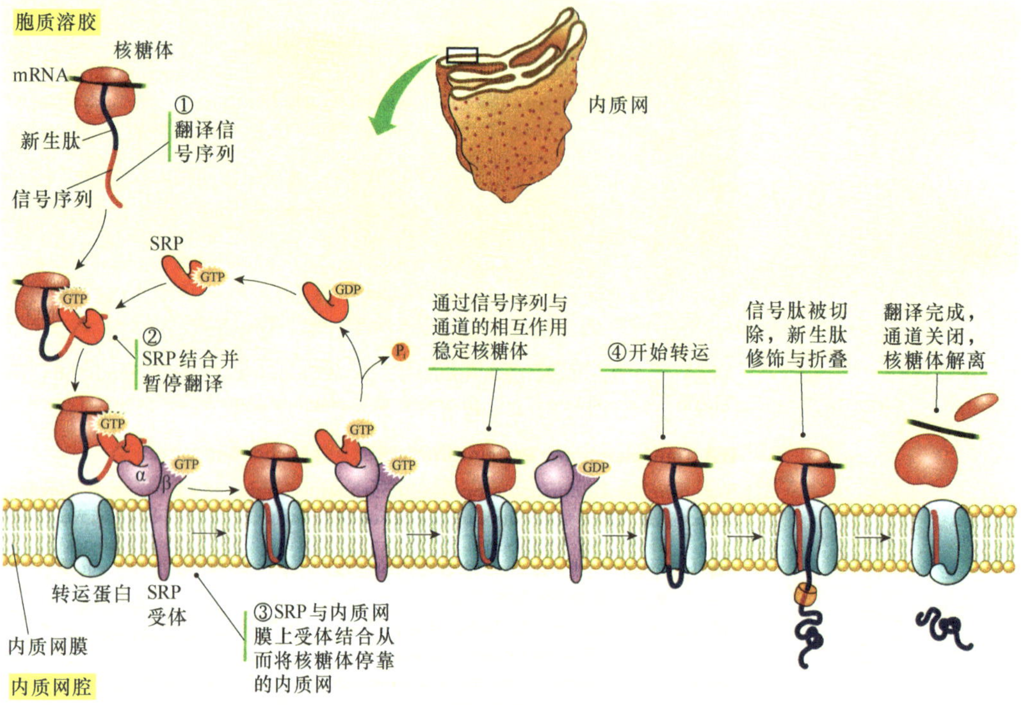

图 9-20 蛋白质进入内质网腔的机制（引自 Plopper，2016）。1981 年修改的信号假说中，SRP 起导航作用：由 SRP 识别信号序列，并介导与内质网结合。GTP 水解后，SRP 被释放到胞质溶胶，开始新一轮的循环。

切除，分泌蛋白被释放到内质网的腔中。

在蛋白质输入内质网腔的过程中，除了蛋白复合物 SRP 及受体外，GTP 也具有重要作用。SRP 是 G 蛋白，只有在结合有 GTP 的状态下才能识别新生的内质网信号序列，同样，SRP 受体也是 G 蛋白，在 β 亚基结合有 GTP 的状态下，其 α 亚基才能与 SRP 结合。当结合的 GTP 水解时，SRP 则介导合成蛋白质的核糖体与内质网膜的转运蛋白结合，促进新合成的肽进入内质网。

9.2.3.5 蛋白质翻译后进入内质网

研究发现，酵母中有很多蛋白质，以及哺乳动物中少数蛋白质的内质网寻靶不是通过共翻译转运的，而是在游离核糖体翻译后转运到内质网。这种转运方式不需要 SRP 及 SRP 受体的介导，而是通过 Sec62/63 蛋白复合物介导。Sec62/63 蛋白复合物是与转运蛋白结合在一起的内质网穿膜蛋白。此类蛋白质在细胞质中合成后，由分子伴侣 Hsp70 与 Hsp40 将其维持在非折叠状态，以便穿过内质网的转运蛋白通道，同时需要内质网中的分子伴侣 Bip 蛋白将新生蛋白质“拉”入内质网。而在共翻译转运中，蛋白质进入内质网是由蛋白质合成时的推力使得新生蛋白质进入内质网。图 9-21 是翻译后蛋白质输入内质网的过程。

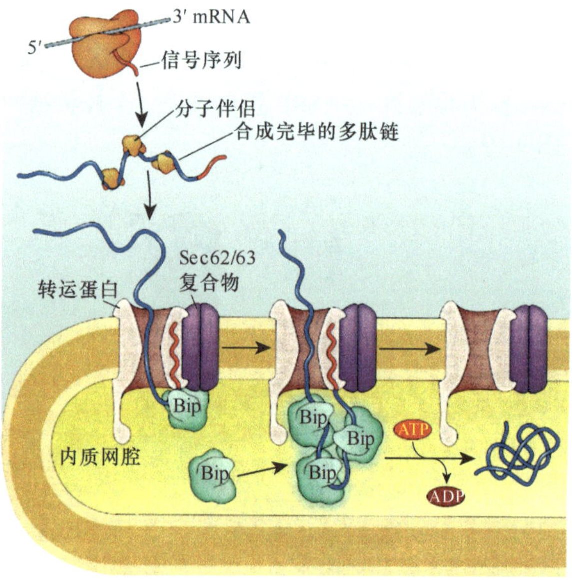

图 9-21 翻译后蛋白质输入内质网（引自 Cooper and Hausman，2013）。一些在细胞质核糖体合成的多肽也能穿过内质网的膜进入内质网，它们不需要 SRP 介导，而是通过 Sec62/63 蛋白复合物的介导。Bip 为一类分子伴侣，参与蛋白质折叠。

9.2.4 蛋白质插入内质网的膜及定向

在糙面内质网上合成的蛋白质有两类：分泌蛋白和膜蛋白。分泌蛋白在内质网上合成之后通过对信号肽的切除，即可释放到内质网的腔中成为可溶性蛋白质，进行下游途径的运输。共翻译转运的膜蛋白插入膜的过程较为复杂：首先，它要靠疏水区滞留在内质网膜上；其次，膜蛋白分单次穿膜蛋白和多次穿膜蛋白。还有膜蛋白在膜上的定向问题，即羧基端和氨基端是位于内质网膜的内侧（内质网腔面）或外侧（胞质溶胶一侧），还是位于同一侧，这些在穿膜转运之始就要有所定论。

9.2.4.1　单次穿膜蛋白

在共翻译转运中，内质网信号序列被识别了两次：第一次作为内质网信号被 SRP 识别，识别后被引导到内质网膜与 Sec61 转运蛋白结合，在这里内质网信号序列作为起始转移信号（start-transfer signal），又称为起始转移肽（start-transfer peptide）被第二次识别，识别后才能打开转运蛋白的孔。经两次识别，确保了只有正确的蛋白质才能被转运到内质网。起始转移信号与转运蛋白结合后，与转运蛋白一起形成一个亲水的孔，让生长中的肽通过孔进入内质网。

对于膜整合蛋白来说，在转运过程中，必须有与内质网膜整合部分的存在，才能有效地成为内质网的膜一部分。总体来看，单次穿膜蛋白（single-pass transmembrane protein）大约有三种不同的整合方式。

若单次穿膜蛋白的 N 端有一个可切割的信号肽，内部有一个停止转移信号，N 端的信号序列作为转移信号与内质网膜的转运蛋白结合，并形成一个水性通道，让合成的肽进入内质网，当内部的停止转移信号序列到达孔时，孔的内侧先行关闭，接着外侧关闭，停止转移序列将蛋白质锚定在内质网膜上，接着信号肽被切除。以这种方式整合到内质网膜上的蛋白质的 N 端位于内质网的腔，C 端位于细胞质侧（图 9-22）。

单次穿膜蛋白的另外两种与内质网整合的方式比较特别，其信号序列在内部，而不在 N 端。SRP 通过内部信号序列的疏水性特征识别并与信号序列结合，然后将合成该蛋白的核糖体带到内质网膜，此时内部信号序列作为起始转移信号起始蛋白质的转运。当转运序列从转运蛋白释放后，内部信号序列锚定在内质网膜中，该蛋白质成为内质网的膜蛋白。由此可见，这种内部信号既可作为起始转移信号，又可作为停止转移信号。

现在的问题是，含有内部内质网信号的单次穿膜蛋白是如何定向的？也就是说，如何决定起始转移信号是先从 N 端一侧还是先从 C 端一侧起始转运？研究表明，起始转移的方向由转移序列氨基酸的电负性决定（图 9-23）。

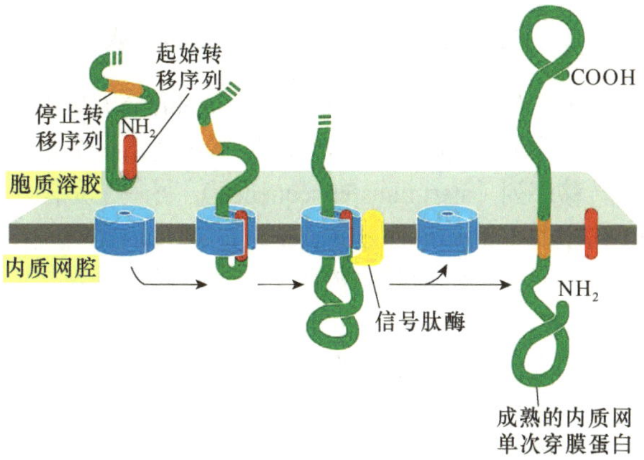

图 9-22　具有可切割内质网信号序列的单次穿膜蛋白的膜整合（引自 Alberts et al.，2015）。在该蛋白质中，共翻译转运从 N 端的内质网信号序列开始。内质网信号序列作为起始转移信号打开转运蛋白。该蛋白质除了起始转移信号外，还含有一个停止转移信号序列，当该信号序列进入转运蛋白后，与孔内的结合位点结合。转运蛋白打开，将蛋白质侧向移到脂双层，以便通过停止转移信号将蛋白质锚定在膜中。然后起始信号被切除，进而被膜中的酶消化掉。

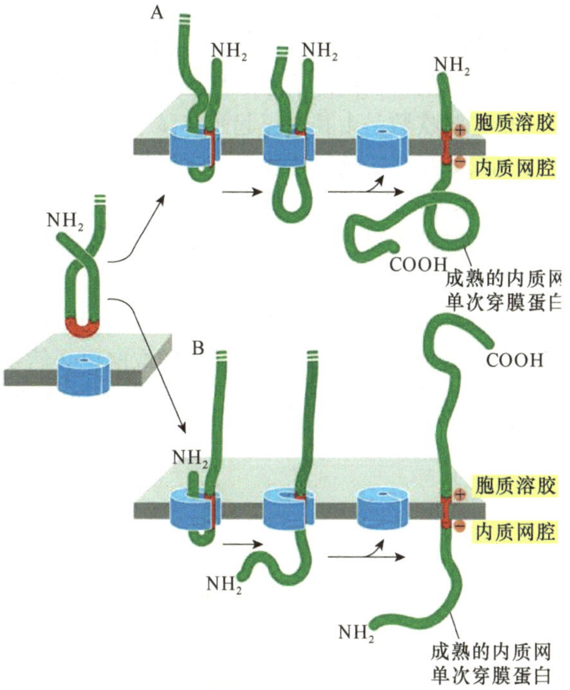

图 9-23　具有内部信号序列的单次穿膜蛋白的整合（引自 Alberts et al.，2015）。作为起始转移信号的内部信号序列以两种方式与转运蛋白结合，决定了穿膜蛋白是以 C 端（A）还是以 N 端（B）位于内质网的腔。蛋白质的定向是由起始信号序列两侧氨基酸的带电性决定的：通常以起始转移序列负电荷多的氨基酸一侧起始转移，进入内质网的腔；而带正电荷多的一侧留在内质网的细胞质侧。A. 起始转移序列的疏水核心区的 N 侧的正电荷氨基酸较多，蛋白质的 C 端进入内质网的腔；B. 起始转移序列的疏水核心区的 C 侧的正电荷氨基酸较多，蛋白质的 N 端进入内质网的腔。

9.2.4.2 两次穿膜与多次穿膜的膜蛋白形成

两次穿膜（double-pass transmembrane）是指在蛋白质多肽内部有两个疏水的转移序列，一个是起始转移序列（start transfer sequence），另一个是停止转移序列（stop transfer sequence）。通过内质网膜转运蛋白时，疏水的起始转移序列与转运蛋白的起始转移肽结合位点结合，介导非疏水的肽链穿过转运蛋白进入内质网的腔，直至疏水的停止转移序列进入转运蛋白与停止转移肽结合位点结合，从而停止了肽链的转移，转运蛋白释放出结合的蛋白质，即两次穿膜的膜蛋白（图 9-24）。

多次穿膜（multipass transmembrane）的膜蛋白则有多个疏水的起始转移序列及多个疏水的停止转移序列，形成方式与两次穿膜蛋白形成的方式相似。

因此，新生肽上是否含有停止转移序列决定了新生肽是否全部穿过内质网膜成为内质网腔中的可溶性蛋白质或是膜蛋白。N 端的信号序列和内部信号序列都可作为起始转移信号，但 N 端的信号序列是可切除的，而内部信号序列是不可切除的。膜蛋白的穿膜次数是由其内部起始转移序列和停止转移序列的数目决定的，这些信号序列都是多肽链中的疏水氨基酸区，因此，根据多肽链中疏水氨基酸区的数目和位置可以预测其穿膜情况。另外，由于膜蛋白总是从胞质溶胶穿入内质网膜，并且总是保持信号序列中含正电荷多的氨基酸一端朝向胞质溶胶面，因而相同蛋白质在内质网中的取向也必然相同。结果造成内质网膜中蛋白质取向的不对称性，并由此决定了该蛋白质在其他膜性细胞器的膜结构中的方向。

9.2.5 蛋白质在内质网中的折叠与修饰

蛋白质在进入内质网的过程中及进入内质网后，要经过多种形式的“驯化”，包括膜蛋白的分选、蛋白质的折叠装配、蛋白质的糖基化修饰，以及蛋白质折叠质量的监控等。因此，内质网不仅仅是过往蛋白质的“客栈”，更是膜蛋白与可溶蛋白的分选站、蛋白质的折叠装配“车间”，以及蛋白质质量的“检测站”。

9.2.5.1 分子伴侣在内质网中帮助蛋白质折叠

研究发现进入内质网腔中的蛋白质肽链很快被一种称为 Bip 的蛋白质结合。Bip 蛋白是重链结合蛋白（heavy-chain binding protein）的简称，它能够与 IgG 抗体的重链结合。Bip 是一类分子伴侣，属于 Hsp70 家族，在内质网中有两个作用。

第一，Bip 与进入内质网的未折叠蛋白质的疏水氨基酸结合，防止多肽链不正确地折叠和聚合，然后 Bip 与 ATP 结合并通过 ATP 的水解释放出结合的多肽。在多数情况下，释放出的多肽很快折叠，或者与别的亚基共同组装成完整的蛋白质。正确折叠和装配的蛋白质不会与 Bip 再结合，但是，如果蛋白质进行了不正确的折叠或错误的装配，Bip 会立刻与这种蛋白质结合，使蛋白质处于未折叠的状态，从而防止了错误折叠的积累（图 9-25）。

第二，Bip 可防止新合成的蛋白质在转运过程

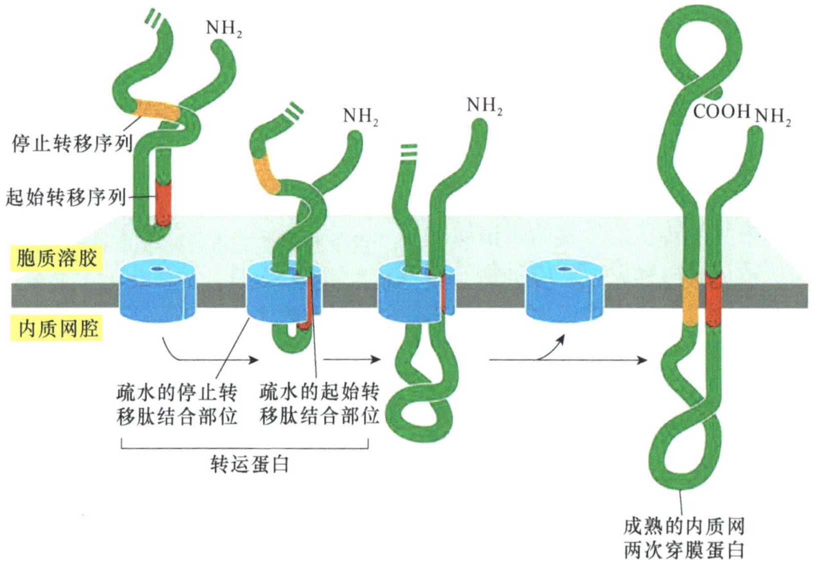

图 9-24 两次穿膜的膜蛋白的形成（引自 Alberts et al., 2015）。

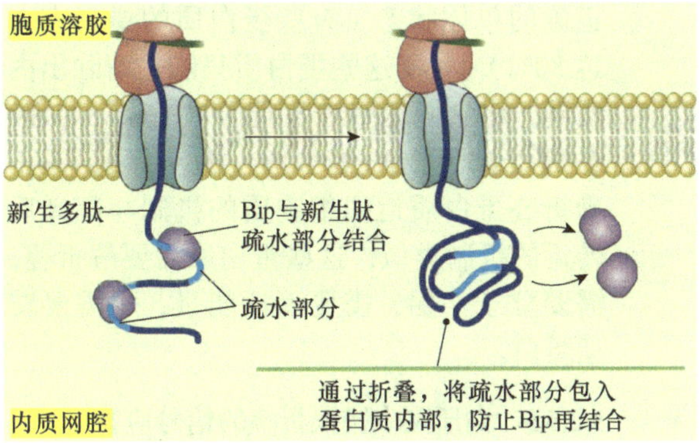

图 9-25 Bip 在内质网腔中的作用（引自 Plopper，2016）。Bip 与转运到内质网中蛋白质的疏水部分结合，防止蛋白质的变性或降解，使其正确地折叠。

中变性或断裂。通过重组 DNA 技术，将酵母中编码 Bip 蛋白的基因突变成温度敏感型后，当提高细胞培养温度时，Bip 的功能就会丧失，蛋白质向内质网的转移也会停止。推测由于 Bip 的功能丧失，导致蛋白质在内质网中聚集，抑制了新生肽向内质网的转移。

9.2.5.2 蛋白质的糖基化修饰

内质网上合成的蛋白质大多数是糖蛋白（glycoprotein），是由糖和蛋白质共价连接形成的。糖是在蛋白质合成完成之前加上去的，是直接加到正在生长中的多肽链上。内质网中糖是通过与新生蛋白质的天冬酰胺自由—NH_2 连接，所以将这种糖基化称为 *N*-糖基化（*N*-linked glycosylation）。糖基化修饰是由寡糖基转移酶（oligosaccharyl-transferase）催化的，它能够将一个来自多萜醇锚定的十四糖的核心寡聚糖添加到新形成多肽链的天冬酰胺上，其氨基酸的特征序列是 Asn-X-Ser/Thr（X 代表任何一种氨基酸），天冬酰胺作为受体。

糖基化修饰在内质网细胞质面开始（图 9-26）。首先在多萜醇磷酸上添加一个磷酸，形成多萜醇二磷酸，然后在磷酸基团上添加两个 *N*-乙酰葡萄糖胺（*N*-acetylglucosamine，GlcNAc），接着再添加 5 分子的甘露糖（mannose），通过翻转酶，将寡糖化的多萜醇二磷酸翻转到内质网膜的内侧，继续添加 4 分子甘露糖，接着添加 3 分子葡萄糖，然后在寡糖酰转移酶的作用下，将多萜醇磷酸上的十四糖转移到正在合成的新生肽的天冬酰胺的自由—NH_2 上，实现蛋白质 *N*-连接糖基化修饰。

核心寡聚糖是由 *N*-乙酰葡萄糖胺、甘露糖和葡萄糖组成的。这种寡聚糖与内质网膜中的磷脂多萜醇磷酸（phospholipid dolichol phosphate）紧紧相连。

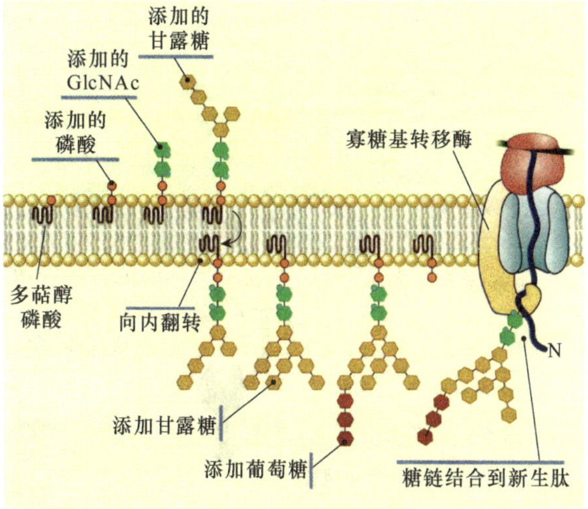

图 9-26 内质网中进行的多肽 *N*- 糖基化（引自 Plopper，2016）。反应涉及多个步骤，最终是在磷脂多萜醇磷酸上合成一个多糖的结构。糖基化修饰始于内质网的细胞质面，完成于内质网的基质面。然后在寡糖酰转移酶的作用下，将寡聚的多糖结构完整地转移到正在转运的蛋白质天冬酰胺残基上。

被转移到新生肽上的寡聚糖在内质网中会进一步加工，主要是切除 3 分子葡萄糖和 1 分子甘露糖。磷酸多萜醇是长链的醇，故又称磷酸长醇。它具有很长的疏水尾部，并能紧紧地结合在膜的脂双层上。核心寡聚糖链结合在磷酸多萜醇的磷酸基上，当内质网膜上有蛋白质合成时，整个糖链一起转移。

9.2.5.3 蛋白质在内质网中糖基化修饰的意义

长期以来一直争论的一个问题是，蛋白质在内质网中的糖基化修饰为何如此普遍？目前普遍认同的观点是，蛋白质在内质网中进行 *N*-连接的糖基化作用有利于蛋白质的正确折叠，但与蛋白质在质膜中的精确定位关系不大。

通过对内质网中两种分子伴侣的研究，证明了蛋白质的糖基化对其在内质网中的正确折叠具有重要作用。这两种分子伴侣分别是钙连蛋白（calnexin）和钙网蛋白（calreticulin），它们都需要 Ca^{2+}才能激活；这两种蛋白质也是糖结合蛋白，同属于凝集素。它们与不正确折叠的蛋白质中的糖结合，阻止它们输出内质网。同时这些分子伴侣也与其他类型的分子伴侣一样，可防止不正确折叠的蛋白质在内质网中聚集。另外，这两种分子伴侣可促进不正确折叠的蛋白质与另外一种分子伴侣结合，该分子伴侣可与尚未形成二硫键的半胱氨酸结合，促进二硫键的形成。

钙连蛋白和钙网蛋白识别末端含有单个葡萄糖的 *N*-连接寡糖，因此，它们仅能与那些糖基化后

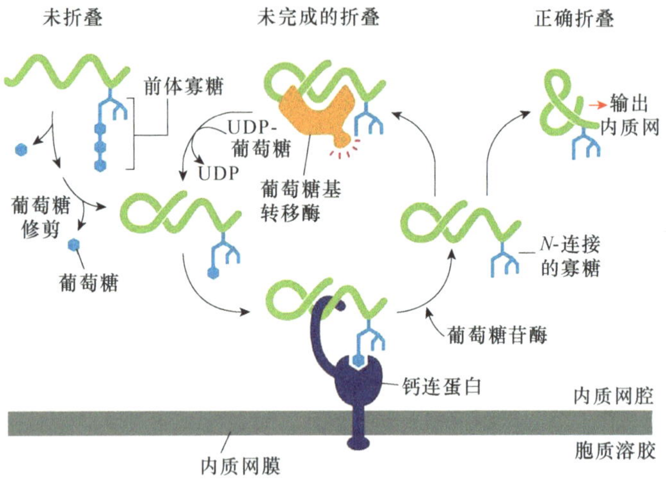

图 9-27 N-连接糖基化在内质网蛋白质折叠中的作用（引自 Alberts et al., 2015）。结合在内质网膜上的分子伴侣钙连蛋白识别含有 N-连接寡糖末端葡萄糖的蛋白质，并与末端的葡萄糖结合，将该蛋白质滞留在内质网中，在葡萄糖苷酶的作用下，切除葡萄糖后，释放出蛋白质。内质网中葡萄糖转移酶是一种关键的酶，它可识别与钙连接蛋白脱离的蛋白质是否折叠正确，如果正确，可输出内质网，若仍是不正确折叠，可将 UDP-葡萄糖（uridine diphosphate glucose，尿苷二磷酸葡萄糖）中的葡萄糖转移到 N-连接的寡糖上，使其能够再次与钙连接蛋白结合。这一过程可循环往复，直至蛋白质正确折叠后输出内质网。

被葡萄糖苷酶切除了三个葡萄糖的寡糖前体中两个葡萄糖的蛋白质结合，当第三个葡萄糖被切除后，蛋白质可与分子伴侣脱离并输出内质网。

但是，与分子伴侣解离的蛋白质，若是不正确折叠的，将会被葡萄糖化转移酶识别，并在葡萄糖酰转移酶的作用下，在寡糖的末端添加 1 分子葡萄糖后，重新折叠，再经过分子伴侣的检验，正确后才能输出内质网。图 9-27 是关于钙连蛋白对 N-连接糖基化的识别及糖基化在内质网中蛋白质折叠中的作用的示意图。

钙网蛋白的作用与钙连接蛋白相似，只不过钙网蛋白是水溶性的。还有另外一种分子伴侣——ERp57，可协助钙连蛋白及钙网蛋白将不正确折叠的蛋白质滞留在内质网中。此外，ERp57 可识别自由的巯基（sulfhydryl group），它是没有形成完全的二硫键的信号。

9.2.5.4 错误折叠蛋白质的清除

尽管内质网中有多种分子伴侣帮助蛋白质进行正确折叠，仍然有很多蛋白质进入内质网后不能被正确地折叠或不能形成正确的单体状态（有些蛋白质的错误率高达 80%），对于这些蛋白质只能是清除出内质网，将它们运回细胞质作“报废”处理，在那里被蛋白酶体水解（图 9-28）。不正确折叠蛋白质运回细胞质的机制与翻译后转运的机制类似，这些蛋白质需要解折叠，需要分子伴侣，需要消耗能量，也需要转运蛋白。

9.2.5.5 内质网中错误折叠的信号应答

细胞非常严格而又小心翼翼地监控细胞各部位错误折叠的蛋白质的量，错误折叠的蛋白质在内质网中的积累会引起热激反应（heat shock response），这种反应会激发编码细胞质分子伴侣的基因转录，增加内质网中分子伴侣的量，修复错误折叠的蛋白质。同样，错误折叠的蛋白质在内质网中积累，也会引起未折叠蛋白质反应（unfold protein response），这种反应涉及启动内质网中分子伴侣、被降解蛋白质，以及其他一些与内质网中蛋白质正确折叠相关的编码基因的表达。

内质网中错误折叠的蛋白质的信号是如何传递到细胞核的？目前认为有三种平行的路线。第一条路线最早发现于酵母，错误折叠的蛋白质激活一种内质网的穿膜蛋白激酶，该酶叫 IRE1，它能够激活自身二聚化及磷酸化，其结果导致激酶细胞质结构域的核糖核酸酶的激活，激活的核糖核酸酶能够从两个位点将细胞质中一种特异的前

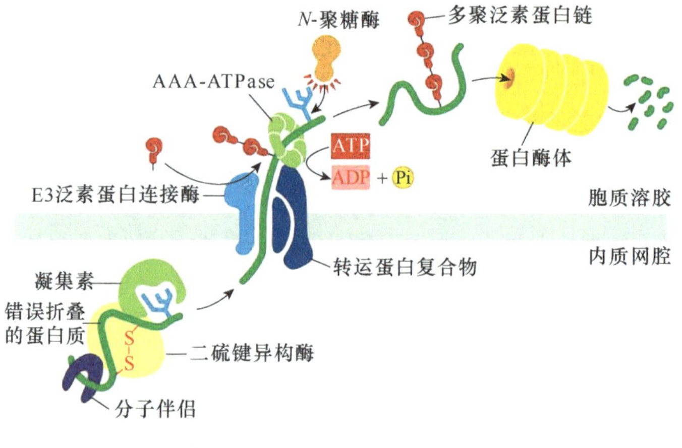

图 9-28 错误折叠的内质网蛋白被输出内质网并被降解（引自 Alberts et al., 2015）。内质网中错误折叠的、水溶性的蛋白质被识别并被引导到内质网膜的转运复合物。在内质网腔中，错误折叠的蛋白质先与分子伴侣、二硫键异构酶（disulfide isomerase）、凝集素结合，然后通过内质网转运蛋白输出到细胞质，最后被蛋白酶体降解。

mRNA 分子切开，去除内含子（这是罕见的不在细胞核中切除的内含子）后，在 RNA 连接酶的作用下，将两个外显子连接起来，然后在核糖体上翻译成调节基因表达的转录因子，合成的转录因子进入细胞核后启动相关基因的表达，应答错误折叠蛋白质的反应（图 9-29）。

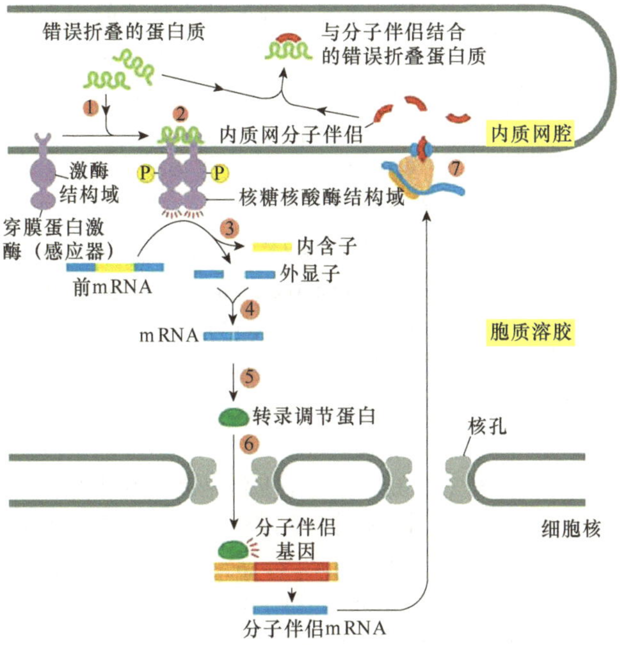

图 9-29 未折叠蛋白的信号应答（引自 Alberts et al., 2015）。①内质网中错误折叠的信号被多个分子伴侣识别并与之结合，然后激活一个穿膜的蛋白激酶；②激活的穿膜蛋白激酶二聚化，并激活细胞质结构域的核糖核酸酶；③激活的核糖核酸酶将细胞质中一种特异的前 mRNA 的内含子切除；④在 RNA 连接酶的作用下，将两个外显子连接起来；⑤ mRNA 翻译，合成一个新的转录调节蛋白；⑥转录调节蛋白进入细胞核，激活内质网分子伴侣的基因转录；⑦在内质网上合成分子伴侣，新合成的分子伴侣在内质网中帮助错误折叠的蛋白质进行正确折叠。

除了上面讨论的反应途径外，还有另外两种平行的途径。第二种途径是错误折叠的蛋白质也可以激活内质网的第二种穿膜的蛋白激酶——PERK，它通过将翻译起始因子磷酸化从而抑制翻译起始因子的作用（图 9-30A），因此减少了整个细胞的新蛋白质的合成，从而减少了进入内质网的蛋白质的量，也就减轻了内质网中蛋白质折叠的压力。但是，在翻译起始因子受到抑制时，某些转录调节因子会被选择地翻译，因为激活未折叠基因的转录需要这些转录调节因子。

第三种方式是通过转录调节子 ATF6（图 9-30B）。ATF6 是一种结合在内质网膜上的受体蛋白，其细胞质结构域有转录因子，由于合成后被结

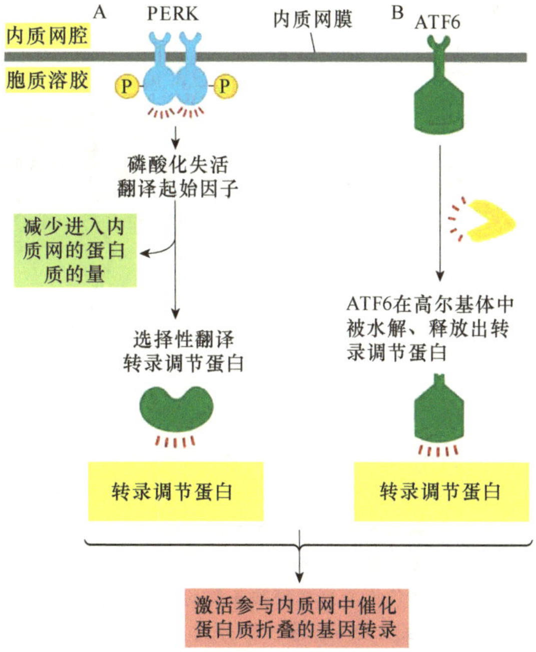

图 9-30 PERK 与 ATF6 参与的内质网中错误折叠蛋白质的反应（引自 Alberts et al., 2015）。A. 错误折叠信号激活内质网膜中的受体 PERK，PERK 是一种蛋白激酶，二聚化后激活细胞质结构域磷酸化，并将细胞质中相关的翻译起始因子磷酸化，被磷酸化的翻译起始因子失活，从而导致蛋白质合成速率下降，减少了进入内质网的蛋白质的量，也就减轻了内质网中蛋白质折叠的压力。B. ATF6 是错误折叠信号的感应器，合成后作为内质网的膜蛋白并被转运到高尔基体，在高尔基体中被蛋白水解酶降解，释放出细胞质结构域的转录调节蛋白，并进入细胞核，启动催化蛋白质转录的基因表达。

合在内质网膜上，故此不能进入细胞核激活相关基因的转录。当错误折叠的蛋白质在内质网中积累时，ATF6 已经被转运到高尔基体，在高尔基体中 ATF6 遭到蛋白水解酶的降解，释放出细胞质结构域的转录因子，然后进入细胞核，启动与错误折叠反应相关基因的转录。

9.2.5.6 糖基磷脂酰肌醇的合成与蛋白质的锚定

我们在第 3 章讨论过有些蛋白质是通过糖脂而不是通过穿膜附着到细胞质膜上的，如糖基磷脂酰肌醇（glycosyl phosphatidylinositol，GPI）锚定蛋白（图 9-31），其作用方式与蛋白质的糖基化非常相似，不过是由转酰胺基酶复合物（transamidase complex）催化的。

细胞中有很多蛋白质都是通过 GPI 锚被锚定在细胞质膜的外表面，它们可以被细胞质膜中的磷脂酶作用后释放出水溶性的蛋白质，参与信号反应。另外，GPI 锚定蛋白可引导质膜蛋白进入脂筏，

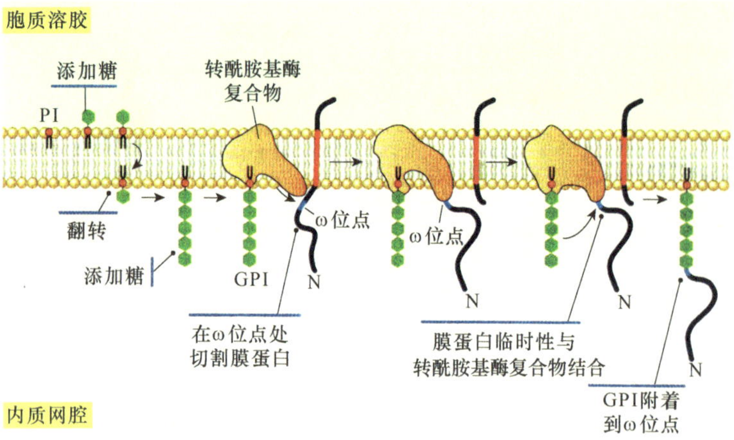

图 9-31 GPI 的合成与蛋白质的锚定（引自 Plopper，2016）。GPI 的合成涉及多步反应。首先，在内质网膜的胞质溶胶面将一个磷脂酰肌醇（PI）进行糖基化修饰成为糖脂，然后在翻转酶的作用下，将糖磷脂转移到内质网膜的腔面。接着继续添加糖成为成熟的 GPI。在转酰胺基酶复合物的作用下，将 GPI 共价连接到转酰胺基酶的肽链上。另外，转酰胺基酶复合物从膜蛋白的 ω 位点切下可溶性部分的多肽，并将其转移到转酰胺基酶复合物上。最后，将蛋白质的 C 端与 GPI 连接，成为 GPI 锚定蛋白。

从而将蛋白质相互隔离。

蛋白质的二硫键的形成也是在内质网中进行的，是由蛋白质二硫化异构酶（protein disulfide isomerase，PDI）催化的（见图 6-26）。PDI 也是内质网中的分子伴侣。

9.3 高尔基体

高尔基体（Golgi body）是内膜系统中另一个重要的膜性细胞器，大多数共翻译转运蛋白进入内质网后都要通过膜运输机制转运到其他的部位，其中第一个停靠分选站就是高尔基体。

高尔基体又称高尔基复合体（Golgi complex）或高尔基器（Golgi apparatus），是意大利科学家 Golgi 在 1898 年发现的，它是普遍存在于真核细胞中的一种细胞器。

高尔基体与细胞的分泌功能有关，能够收集和排出内质网所合成的物质；它也是聚集某些酶原颗粒的场所，参与糖蛋白和黏多糖的合成。高尔基体与溶酶体的形成有关，并参与细胞的胞饮和胞吐过程。

9.3.1 高尔基体的一般特性

9.3.1.1 高尔基体的形态结构

电子显微镜所观察到的高尔基体最富有特征性的结构是由一些（通常是 4～8 层）排列较为整齐的扁平膜囊（saccule）堆叠在一起，构成了高尔基体的主体结构。扁平膜囊多呈弓形，也有的呈半球形或球形，均由光滑的膜围绕而成，膜表面无核糖体颗粒附着（图 9-32）。

高尔基体是由平行排列的扁平潴泡（cisterna）和小泡（vesicle）组成的囊泡结构。它有两个面：形成面（内侧）和成熟面（外侧）。来自内质网的蛋白质和脂从形成面逐渐向成熟面转运。

1）*扁平潴泡* 扁平潴泡是高尔基体的主体部分。一般由 4～8 层扁平潴泡平行排列在一起组成一个扁平膜囊堆（stack of saccule），每层膜囊之间的距离为 15～30nm。每个扁平囊状潴泡由两个平行的单位膜构成，膜厚 6～7nm。

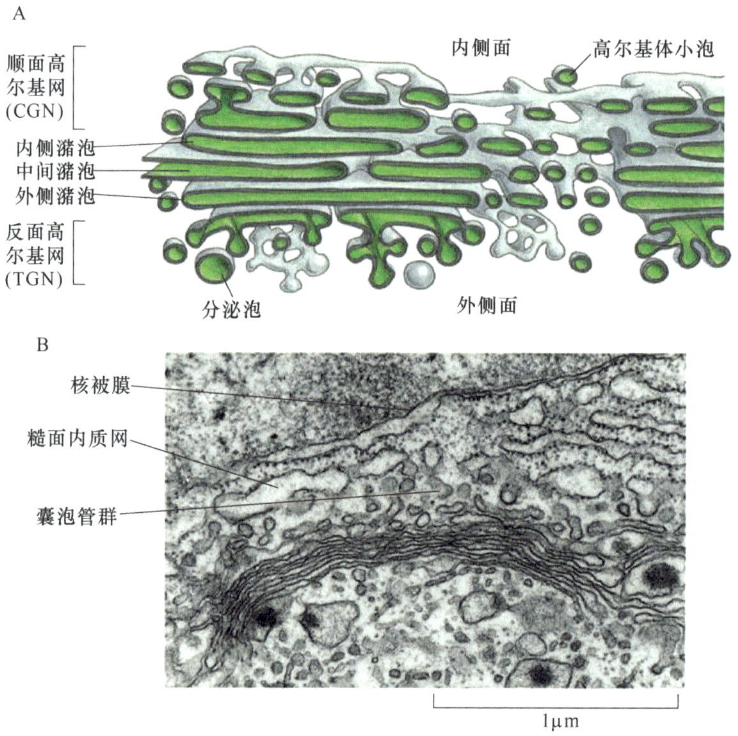

图 9-32 高尔基体的形态结构（引自 Alberts et al.，2015）。A. 分泌性动物细胞的高尔基体的三维结构，其顺面靠近内质网。B. 动物细胞的高尔基体电镜图。

2）小泡　在扁平膜囊的周围有许多小泡，直径 40～80nm。这些小泡较多地集中在高尔基体的形成面，称为高尔基体小泡（Golgi vesicle），一般认为它是由附近的糙面内质网出芽形成的运输泡。它们不断地与高尔基体的扁平膜囊融合，使扁平膜囊的膜成分不断得到补充。在高尔基体扁平膜囊扩大的末端，以及高尔基体的反面还可见到与之膜囊相连的小泡，直径 0.1～0.5μm，膜厚约 8nm。这些小泡又称为分泌小泡（secretory vesicle）或浓缩泡（condensing vesicle），分泌泡内部为电子密度不同的物质，与这些物质的成熟阶段有关。

9.3.1.2　高尔基体的极性

高尔基体虽然是由膜囊构成的复合体，但是不同的膜囊有不同的功能，执行功能时又是“流水线式”操作，上一道“工序”完成了，才能进行下一道“工序”，相互间不能颠倒，这就是高尔基体的极性。

高尔基体可分为几个不同的功能区室。①靠近内质网的侧面是由一些管状囊泡形成的网络结构，通常将这一面称为顺面（*cis* face）或称形成面（forming face）。由于顺面是动态的网络结构，所以又称顺面高尔基网（*cis* Golgi network，CGN）。从功能上看，CGN 被认为是初级分选站（primarily sorting station），负责对从内质网转运来的蛋白质进行鉴别，决定哪些需要退回、哪些可以进入下一站。②潴泡层由扁平膜囊和管道组成，形成不同的区室，但功能上是连续的、完整的膜体系。通常有 4～8 层潴泡，可再分为内侧潴泡、中间潴泡和外侧潴泡。多数糖基修饰、糖脂的形成，以及与高尔基体有关的多糖的合成都发生在潴泡层中。③反面高尔基网（*trans* Golgi network，TGN）是高尔基体最外侧的管状和小泡状结构组成的网络，通常称为反面（*trans* face），或称成熟面。它是高尔基体的组成部分，并且是最后的区室。蛋白质的分选信号在此被特异的受体接受，进行分拣、汇集，形成不同的分泌小泡被运送到不同的地点，因此，它是高尔基体的最后“口岸”。

9.3.1.3　高尔基体的数量和分布

生物体中高尔基体的数量不等，平均为每细胞 20 个左右。在低等真核细胞中，高尔基体有时只有 1～2 个，有的可达一万多个。在分泌功能旺盛的细胞中，高尔基体都很多，如胰腺外分泌细胞、唾液腺细胞和上皮细胞等。而肌细胞和淋巴细胞中高尔基体较少见。

高尔基体只存在于真核细胞中，原核细胞中则无。在一定类型的细胞中，高尔基体的位置比较恒定，如外分泌细胞中高尔基体常位于细胞核上方，其反面朝向细胞质膜。神经细胞的高尔基体有很多膜囊堆分散于细胞核的周围。

9.3.1.4　高尔基体的化学组成

高尔基体的化学成分分析结果多是从大白鼠或豚鼠胰腺细胞方面得到的。因为用这种细胞的高尔基体经过离心所得的碎片或亚碎片比较纯，并且与其他组织器官方面的分析所得结果相近。

从蛋白质含量看，高尔基体高于内质网和质膜：质膜的蛋白质含量为 40%，内质网的蛋白质含量为 20%，而高尔基体的蛋白质含量高达 60%。从所含的总磷脂看，高尔基体介于内质网和质膜之间。

高尔基体的膜上含有丰富的酶类，如糖基转移酶、磺化糖基转移酶、氧化还原酶、磷酸酶、激酶、甘露糖苷酶、磷脂酶等，但在膜上的分布并不均一。

9.3.2　高尔基体的功能

高尔基体的主要功能是参与蛋白质的分选与分选蛋白（包括膜脂）的转运，伴随此过程，发生 *N*-连接寡糖链的加工、部分蛋白质的 *O*-连接糖基化修饰，以及鞘磷脂与糖脂的合成等。

9.3.2.1　高尔基体对蛋白质的分选作用

从内质网分泌出来的蛋白质经过高尔基体的不同区室进行加工并逐步转运到反面高尔基网（TGN），在此过程中必须进行分选，然后集中形成不同的分泌小泡运送到不同的目的地。由于细胞质膜的蛋白质、溶酶体酶蛋白、细胞外基质蛋白都是在附着核糖体上合成的，并全部进入内质网的腔，最终在 TGN 集结，所以 TGN 必然有一套机制将这些蛋白质分开，TGN 的这种作用称为蛋白质的分选（图 9-33）。

分选作用主要是由信号序列和受体之间的相互作用决定的，如同 KDEL 序列是内质网的滞留信号一样，不同部位的蛋白质具有不同的滞留信号，分选包装到不同的小泡，没有特别信号的则进入非特异的分泌小泡，所以分选是与加工协同进行的。

高尔基体膜囊的腔是一个水溶性的环境，不同的高尔基体膜囊里充满着各种不同的蛋白质和酶，对来自内质网的蛋白质进行加工与修饰。需要强调的是，在高尔基体腔中工作的蛋白质都是膜蛋白，显然高尔基体腔中的反应都是发生在膜上。

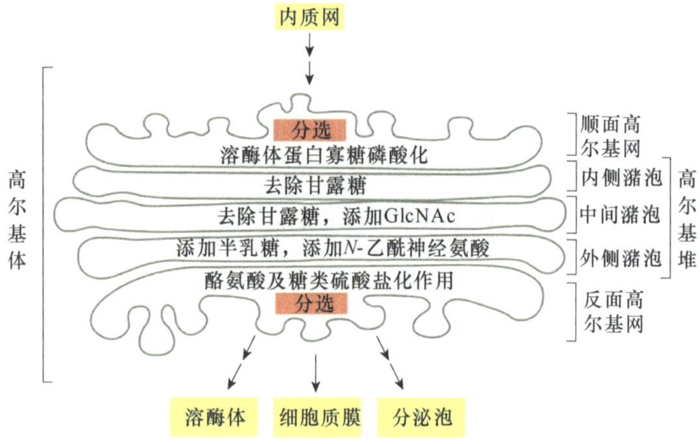

图 9-33 高尔基体对蛋白质的分选（引自 Alberts et al.，2015）。分选始于蛋白质进入内质网，终止于反面高尔基网。图中显示分选的三大类蛋白质：溶酶体的酶、质膜蛋白、分泌到细胞外的蛋白质，在此过程中，伴随着寡聚糖的加工。

例如，所有的糖苷酶（glycosidase）和糖基转移酶（glycosyl transferase）都是单次穿膜蛋白，它们中的多数会组成多酶复合物进行反应。

高尔基体对蛋白质的寡糖的加工是在高尔基体各个特异的功能区室（functional compartment of the Golgi apparatus）中进行的，不同区室中具有不同的蛋白质和酶参与蛋白质的加工与修饰，其中最重要的加工修饰是蛋白质的糖基化。

9.3.2.2 *N*-连接寡糖链的加工

细胞内有两大类*N*-连接的寡糖：一类是高甘露糖寡糖（high-mannose oligosaccharide），另一类是复合寡糖（complex oligosaccharide）。前者含有*N*-乙酰葡萄糖胺和很多甘露糖；后者除了*N*-乙酰氨基葡萄糖胺外，还含有半乳糖、唾液酸和岩藻糖。蛋白质在内质网中的糖基化主要是*N*-连接的糖基化，其糖基是从多萜醇上转移过来的。转移到多肽链上的多糖最初有 2 分子*N*-乙酰葡萄糖胺、9 分子甘露糖和 3 分子葡萄糖。对于糖蛋白中的寡糖侧链来说，3 分子葡萄糖和一些甘露糖是多余的，在加入其他糖基前必须切除。其中，葡萄糖分子和个别甘露糖分子在内质网中已被切除，其余的甘露糖在高尔基体中被切除。

对于进入到高尔基体的糖蛋白来说，形成高甘露糖基寡糖侧链所需要的修饰比较简单，只要切除 3 分子的甘露糖即可；而形成复合寡糖则比较复杂，要切除 5 分子甘露糖，添加上 2 分子*N*-乙酰葡萄糖胺、2 分子半乳糖、2 分子唾液酸，有时还要添加岩藻糖（图 9-34）。

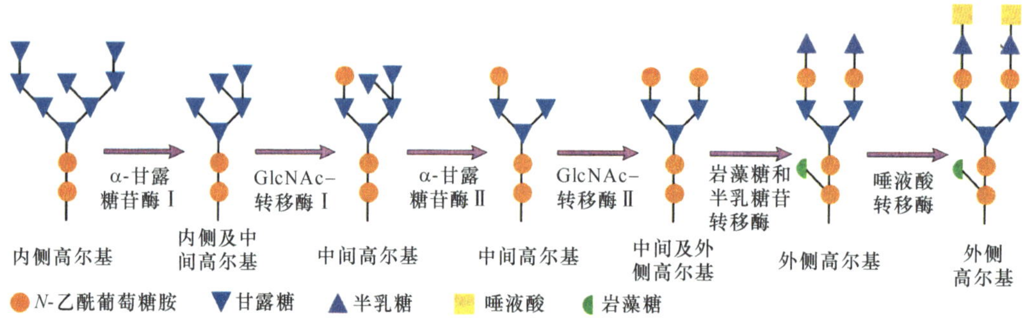

图 9-34 溶酶体 *N*-连接寡糖在高尔基体中的加工过程（引自 Karp，2010）。

9.3.2.3 蛋白质的 *O*-连接糖基化修饰

蛋白质的*O*-连接糖基化修饰发生在高尔基体中，这种修饰是将糖链转移到多肽链的丝氨酸、苏氨酸羟基的氧原子上。某些情况下，如胶原，也可将糖链添加到羟基化的脯氨酸和赖氨酸的侧链上。*O*-连接糖基化如同*N*-连接糖基化一样，也是由一系列不同的糖基转移酶催化的，每次加上一个单糖。通常情况下，添加的第一个糖是*N*-乙酰半乳糖胺（*N*-acetyigalactosamine），然后再添加其他的糖，添加的数量由几个到十几个不等，有时会更多。如同*N*-连接糖基化，最后一步也是加上唾液酸残基，这一反应发生在高尔基体外侧膜囊和 TGN 中。

高尔基体为所有黏蛋白进行了数量巨大的*O*-连接的糖基化。黏液分泌物中的糖蛋白装配成蛋白聚糖，成为细胞外基质中的重要成分。

蛋白质的糖基化对于细胞的生命活动而言意义非常重大。第一，它指导蛋白质的正确装配，并可作为不正确装配的标志，将那些不正确装配的蛋白质挑选出来送去降解。第二，细胞外基质中的糖蛋白，特别是蛋白聚糖可形成水合胶，增强细胞的抗压能力。第三，细胞表面的糖蛋白调高了细胞表面的黏度，有利于防止细菌、病毒及有害酶的侵蚀。第四，细胞表面的糖蛋白也参与细胞的识别与黏着。第五，细胞表面的蛋白糖基化也参与信号调节，如 Notch 的信号调节就是一个典型的例子。

9.3.2.4 高尔基体中鞘磷脂与糖脂的合成

除了糖蛋白的加工与修饰外，高尔基体也参与脂的代谢，特别是糖脂与鞘磷脂的合成。我们知道，甘油磷脂、胆固醇及神经酰胺等是在内质网中合成的，而鞘磷脂则是在高尔基体中利用神经酰胺合成的（图 9-35）。

在植物细胞中，高尔基体是细胞壁多糖的合成场所。植物细胞壁有三种类型的多糖：纤维素、半纤维素与果胶。纤维素是在细胞质膜表面合成的，而半纤维素与果胶则是在高尔基体中合成的，然后通过膜泡运送到细胞表面。细胞壁多糖的合成是高尔基体的主要功能，植物细胞中高尔基体 80% 的代谢活性都贡献给了多糖的合成。

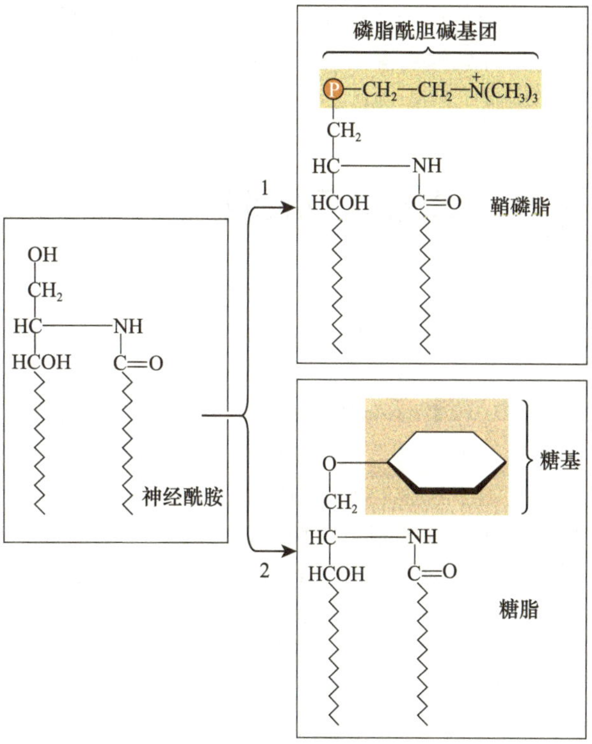

图 9-35 鞘磷脂与糖脂的合成（引自 Cooper and Hausman, 2016）。内质网中合成的神经酰胺在高尔基体中可以作为鞘磷脂或糖脂的前体。在第一个反应中，从磷脂酰胆碱中将磷脂酰胆碱基团转移到神经酰胺，合成的是鞘磷脂。在第二个反应中，可以用一个或多个不同的糖基合成不同的糖脂。

9.3.2.5 高尔基体的运输作用

定位于内质网、高尔基体、溶酶体、胞内体、细胞质膜及分泌到细胞外的蛋白质都是在糙面内质网上合成的。那么，这些蛋白质必然有一个合成后的转运问题。而高尔基体位于质膜和内质网之间，因此它就成了蛋白质加工、分选与转运的中间站，膜脂则随蛋白质转运一起被运输。

通过离体培养细胞进行的研究，证明了分泌蛋白从顺面高尔基网向反面高尔基网的转运。

离体实验体系采用培养的成纤维细胞系及其突变体，突变体缺少 *N*-乙酰葡萄糖胺转移酶Ⅰ。在野生型细胞中，*N*-乙酰葡萄糖胺转移酶定位于高尔基体的中间潴泡，它能够将 *N*-乙酰葡萄糖胺转移到 *N*-连接的寡糖。在用水疱性口炎病毒（vesicular stomatitis virus，VSV）感染的野生型细胞中，病毒 G 蛋白的寡糖被 *N*-乙酰葡萄糖胺修饰。但是，用 VSV 感染突变体细胞，病毒的 G 蛋白到达细胞表面，并且病毒 G 蛋白的甘露糖未被 *N*-乙酰葡萄糖胺进一步修饰（图 9-36A）。从感染的突变体细胞分离高尔基体潴泡，并将它与从

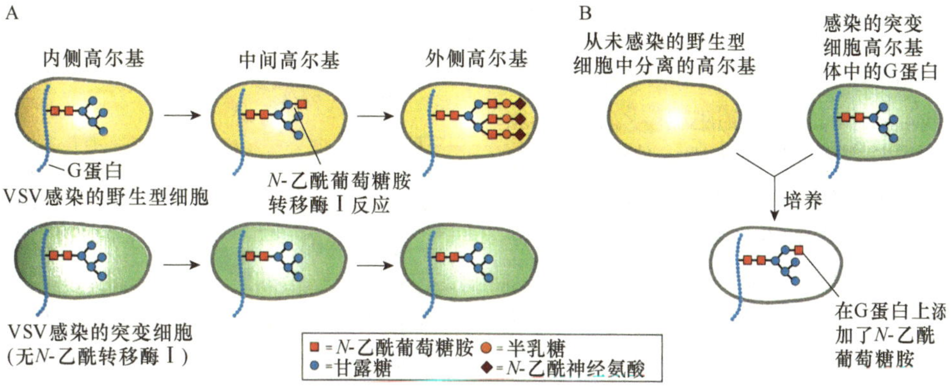

图 9-36 无细胞体系证明蛋白质从高尔基体潴泡间的转运（引自 Lodish et al., 2013）。A. 用 VSV 分别感染体外培养的野生型成纤维细胞及突变的成纤维细胞，表明突变成纤维细胞的中间高尔基体不能将病毒 G 蛋白进行 *N*-乙酰葡萄糖胺修饰。B. 从感染的突变体细胞分离高尔基体潴泡，并将它与从未感染的野生型细胞中分离的高尔基体潴泡一起培养，可见到病毒 G 蛋白寡糖末端进行了 *N*-乙酰葡萄糖胺修饰，从而证明修饰发生在高尔基体的中间膜囊。

未感染的野生型细胞中分离的高尔基体潴泡一起培养，可见到病毒 G 蛋白寡糖末端添加了 *N*-乙酰葡萄糖胺（图 9-36B）。

9.4 溶酶体与液泡

溶酶体（lysosome）是动物细胞中一种膜性细胞器，小球状，外面由一层单位膜包被。溶酶体含有多种水解酶类，在细胞内起消化和保护作用，可与吞噬泡或胞饮泡结合，消化和利用其中的物质。也可以消化自身细胞破损的细胞器或残片，有利于细胞器的重新组装、成分的更新及废物的消除。当细胞被损伤时，溶酶体可释放出水解酶类，使细胞自溶。溶酶体来自高尔基体，溶酶体的酶有一个基本的特征，即它们的寡糖链有磷酸化甘露糖残基，被 TGN 的 M6P 受体识别和结合，从而被分拣出来。

9.4.1 溶酶体的酶与溶酶体的发现

溶酶体是一种异质性（heterogeneous）的细胞器，不同来源的溶酶体形态、大小，甚至所含有酶的种类都有很大的不同。溶酶体是一种动态的结构，它不仅在不同类型的细胞中形态大小不同，而且在同一类细胞的不同发育阶段往往也不同。溶酶体呈小球状，大小变化很大，直径一般 0.25～0.8μm，最大的可超过 1μm，最小的直径只有 25～50nm。

9.4.1.1 溶酶体的酶

溶酶体内含有 50 多种酶类，其中包括脂肪酶、蛋白水解酶、核酸酶、磷酸酯酶、糖苷酶和硫酸酯酶等。这些酶的最适 pH 是 5 左右，故均为酸性水解酶（acid hydrolase），在酸性 pH 条件下具有最高的活性。少量溶酶体的酶泄漏到胞质溶胶中并不会引起细胞损伤，其主要原因是胞质溶胶中的 pH 为 7.0 左右，在这种环境下，溶酶体的酶基本没有活性。图 9-37 是典型的溶酶体的形态、大小及 pH 环境，表 9-7 列出了溶酶体所含的主要酶类。

图 9-37 溶酶体的形态、大小及 pH 环境（引自 Alberts et al.，2015）。

表 9-7 溶酶体的主要酶类

酶	底物
磷酸酶	
酸性磷酸酶	磷酸单酯
酸性磷酸二酯酶	磷酸二酯
核酸酶	
酸性核糖核酸酶	RNA
酸性脱氧核糖核酸酶	DNA
蛋白酶	
组织蛋白酶	蛋白质
胶原酶	胶原
GAG-水解酶	
艾杜硫酸酯酶	硫酸皮肤素
β-半乳糖脑苷	硫酸角质素
硫酸乙酰肝素 *N*- 硫酸酯酶	硫酸肝素
α-*N*-乙酰葡萄糖苷酶	硫酸肝素
多糖酶与寡糖酶	
α-葡萄糖苷酶	糖原
岩藻糖苷酶	岩藻糖基寡糖
α-甘露糖苷酶	甘露糖基寡糖
唾液酸酶	唾液酸化寡糖
鞘脂水解酶	
神经酰胺酶	神经酰胺
葡萄糖脑苷脂酶	葡萄糖神经酰胺
β-氨基己糖苷酶	G_{M2}- 神经节苷脂
芳基硫酸酯酶 A	半乳糖硫酸苷
脂肪水解酶	
酸性脂酶	三酰甘油
磷脂酶	磷脂

溶酶体的外被是一层单位膜，内部没有任何特殊的结构。由于溶酶体中含有各种不同的水解酶类，所以溶酶体在生活细胞中必须是高度稳定的。溶酶体的稳定性与其膜的结构组成有关：①溶酶体膜含有各种不同酸性的、高度糖基化的膜整合蛋白，这些膜整合蛋白的功能可能是保护溶酶体的膜免遭溶酶体内酶的攻击，有利于防止自身膜蛋白的降解。②溶酶体的膜中含有较多能促进膜稳定的胆固醇。③溶酶体膜中嵌有氢质子 ATPase

（H^+-ATPase），借助水解 ATP 释放出的能量将 H^+ 泵入溶酶体内，使溶酶体中的 H^+ 浓度比细胞质中的 H^+ 浓度高得多；同时，在溶酶体膜上有 Cl^- 通道蛋白，可向溶酶体中运输 Cl^-，两种运输蛋白作用的结果就等于向溶酶体中运输了 HCl，以此维持溶酶体内部的酸性环境。

9.4.1.2 溶酶体的发现

20 世纪 50 年代初期，de Duve 和他的同事在研究亚细胞组分时发现了溶酶体，不过，溶酶体的发现带有很大的偶然性。de Duve 对胰岛素在糖代谢中的作用很感兴趣，他打算通过对葡萄糖-6-磷酸酶在细胞内的定位来研究胰岛素对糖代谢的影响，该酶在细胞内的作用是向血液中释放葡萄糖。在实验中，他们选用酸性磷酸酶作为对照，因为酸性磷酸酶并不参与糖的代谢。他们先用 0.25mol/L 的蔗糖对肝组织进行匀浆，然后用差速离心分离细胞组分。实验中发现葡萄糖-6-磷酸酶总是与微粒体在一起被分离。这一发现非常重要，因为当时人们普遍认为微粒体就是破碎的线粒体囊泡，由于葡萄糖-6-磷酸酶只与微粒体相关，并不与线粒体一起被分离，这就有理由推测，微粒体是不同于线粒体的细胞结构。

另一方面，他们发现虽然在离心分离的线粒体组分中酸性磷酸酶的浓度最高，但也只占肝细胞中酸性磷酸酶总量的 10%，还有 90% 的酸性磷酸酶在离心分离过程中是如何分布的并不了解。当时他并没有重新分析实验结果，因为时间太晚了，于是他们将样品放在低温下冷冻起来。可是，几天后当他们重新分析分离样品的酸性磷酸酶时，发现活性比原来高出了 10 倍。于是 de Duve 推测：某些酸性磷酸酶在分离的线粒体组分中可能被“隐藏”了，在冷冻过程中酸性磷酸酶被某种因素激活。于是他对冷冻的线粒体分离样品重新离心，将线粒体沉淀后分析上清液中酸性磷酸酶的活性，发现上清液中的酸性磷酸酶的活性提高了，这就是说，冷冻后酸性磷酸酶活性的提高主要是由于可溶性的酸性磷酸酶量的增加。

虽然这一发现与 de Duve 原来的研究目的无关，但是他决定继续研究下去，因为他意识到这种发现有某种重要性。他很快发现除了冷冻之外还有其他的一些处理也可以提高酸性磷酸酶的活性。他们发现在样品匀浆过程中，通过冷冻、加热、添加去垢剂等都能够提高肝组织匀浆液中酸性磷酸酶的活性。由于所采取的措施都是促进膜的破裂，于是推测酸性磷酸酶位于膜性细胞器中，因为他们用于分析酸性磷酸酶活性的底物都是不能通过扩散穿过膜的脂双层，只有膜破裂之后待酸性磷酸酶释放到溶液中才能测到酶的活性（图 9-38）。

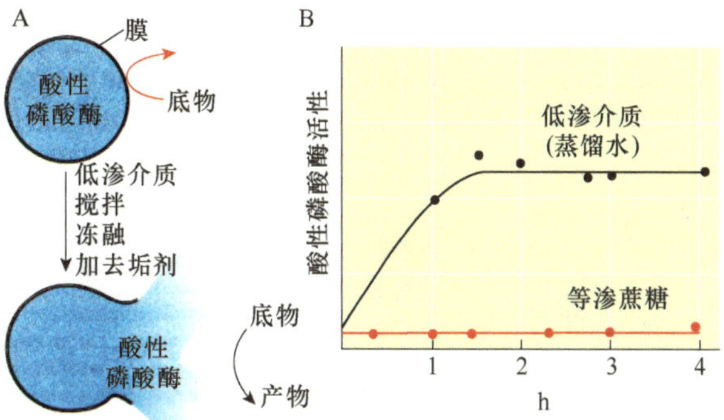

图 9-38 酸性磷酸酶存在于膜性小泡中的实验证明（引自 Kleinsmith and Kish, 1995）。A. 造成膜泡破裂及酸性磷酸酶释放的条件；B. 将鼠肝的线粒体分离组分置于低渗条件下检测的酸性磷酸酶活性曲线。

细胞内有很多种膜性细胞器，酸性磷酸酶到底存在于何种膜性细胞器中？de Duve 原先将酸性磷酸酶定位在线粒体中，后来在一次偶然的实验中否定了这一假设：他的一位学生在离心分离线粒体时，并没有用超速离心而是用了较低的速度，这种较低速度的离心同样分离到大量的线粒体组分，但是在收集的线粒体组分中没有可检测的酸性磷酸酶的活性。这种偶然的发现导致 de Duve 相信酸性磷酸酶位于其他的膜性细胞器中。

为了验证这一想法，他重新设计了分离线粒体的离心分离方法，按照原先的方法分离线粒体组分后，再调整离心速度重新进行离心分离，得到大、小两部分（fraction）。与线粒体功能有关的酶，如细胞色素氧化酶，存在于大的部分中；而酸性磷酸酶和另一些水解酶类（核糖核酸酶、脱氧核糖核酸酶、β-葡萄糖醛酸酶、组织蛋白酶）一起存在于小的部分中。由于这 5 种酶都是小分子的水解酶，于是 de Duve 认为大的部分是真正纯化的线粒体，而小的部分在细胞内行使降解作用，1955 年他将这一部分命名为溶酶体。需要说明的是，de Duve 发现的只是生化证据，并没有看到真正的溶酶体，在电子显微镜下观察到溶酶体是后来的事。

9.4.2 溶酶体的功能

动画

溶酶体的主要功能是降解作用，根据其降解底物来源的不同，分为四种类型（图 9-39）。①自噬作用（autophagy）或称自体吞噬，吞噬的是

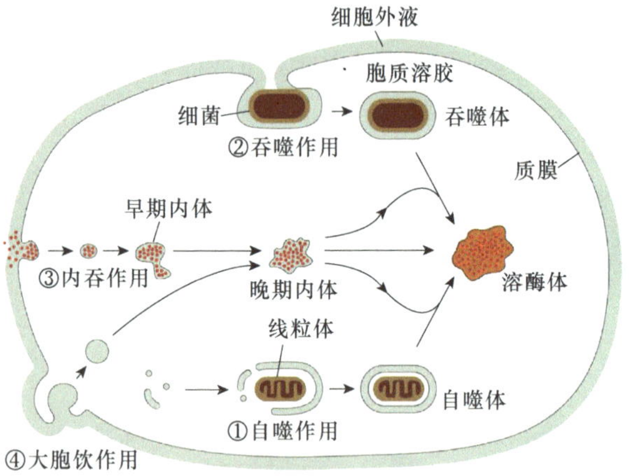

图 9-39 溶酶体中降解作用的四种类型（引自 Alberts et al., 2015）。①自噬作用；②吞噬作用；③内吞作用；④大胞饮作用。

细胞内原有的物质，如老化的线粒体；②吞噬作用（phagocytosis），吞噬的是有害物质，如细菌；③内吞作用（endocytosis），通常是指受体介导的内吞，吞入的既有营养物质（如低密度脂蛋白），也有有害物质（如 HIV 病毒）。由于吞噬作用和内吞作用提供的被降解的物质都是来自细胞外，又将这两种来源的物质降解作用统称为异体吞噬（heterophagy）。④还有一种大胞饮作用（macropinocytosis），吞入的可能是液体，而且这种内吞不经过网格蛋白小泡介导。

溶酶体还具有自溶作用，即某些即将老死的细胞是靠溶酶体破裂释放溶酶体内的酶将自身降解。另外，溶酶体的酶也可释放到细胞外，对细胞外基质进行降解。

9.4.2.1 自噬作用

自噬作用是普遍存在于大部分真核细胞中的一种现象，是溶酶体对自身细胞结构的吞噬降解，它是细胞内的再循环系统（recycling system）。

自噬作用主要是清除细胞内受损伤的细胞结构、衰老的细胞器，以及不再需要的生物大分子等（图 9-40）。自噬作用在降解的同时，也为细胞内细胞器的构建提供原料，即细胞结构的再循环。因此，溶酶体相当于细胞内“清道夫”。

处于不同的细胞周期、不同分化阶段和不同生理状态下的细胞，进行着不同的生理生化反应，需要不同的酶系统，细胞生理状态的变化要依靠酶系统的变化来实现。对于细胞质中某些暂时不需要的酶系统或代谢产物，需要通过自噬作用进行酶系统的更新。

细胞中的生物大分子和细胞器都有一定的寿

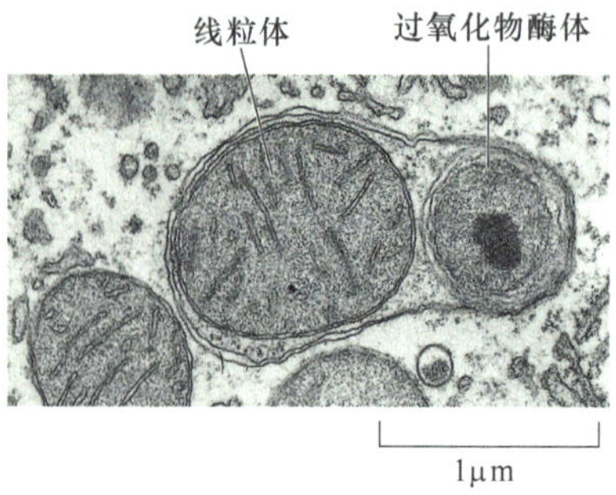

图 9-40 自噬作用（引自 Alberts et al., 2015）。电镜照片显示衰老的线粒体和过氧化物酶体被包裹在一个双层膜结构中。该膜来自内质网，被内质网膜包裹而成的自噬体将会与溶酶体融合，进而被溶酶体酶降解。

命，为了保证细胞正常的代谢活动，必须不断地清除衰老的细胞器和生物大分子。很多生物大分子的半衰期只有几小时或几天，肝细胞中线粒体的寿命平均约 10 天。

由于溶酶体的膜十分稳定，并且溶酶体的酶不能轻易释放到胞质溶胶中进行降解作用，所以老的、不用的细胞器和生物大分子先要被内质网的膜包裹起来形成自噬泡（autophagic vacuole）（图 9-41），然后与溶酶体膜泡融合形成晚期内体，即自噬性的溶酶体，融合后的底物被溶酶体酶降解。

自噬作用在不同类型细胞中发生的频率不同。

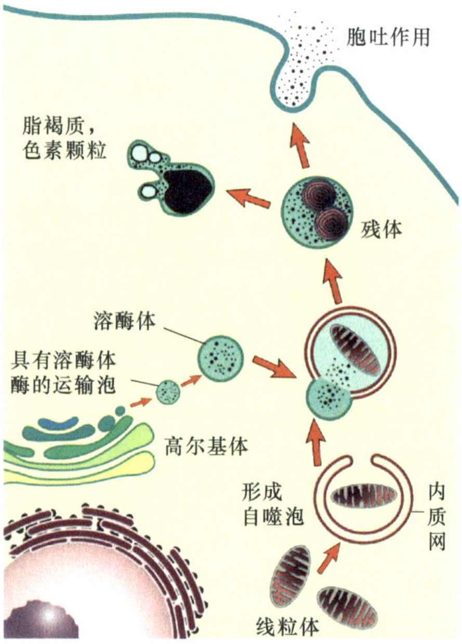

图 9-41 自噬泡形成的机制（引自 Karp, 2008）。内质网形成一个双层膜的杯形结构，衰老的细胞器（线粒体）从杯口进入，然后封口；小泡与成熟的溶酶体融合，溶酶体的酶降解融合泡中的底物。

在某些发育阶段的细胞中，自噬作用特别强，因为这些细胞要不断地进行细胞器的更新或消除。例如，红细胞发育成熟后，所有的细胞器都要通过自噬作用被清除。另外，在细胞饥饿条件下，自噬作用也特别强，此时的自噬作用主要是为细胞提供能量，维持细胞的生命活动。

9.4.2.2 吞噬作用

细胞吞噬感染的病毒、细菌或其他一些颗粒等称为异体吞噬。通过溶酶体的吞噬作用保护细胞免受细菌与病毒等的侵染，是细胞的防御功能所必需的。外来的有害物质被吞入细胞后，即形成由膜包裹的吞噬体（phagosome），溶酶体膜泡很快与吞噬体融合形成晚期内体，此时溶酶体中的底物是从细胞外摄取的，故为异噬性的溶酶体，在异噬性的溶酶体中吞噬物被酶水解（图 9-42）；水解后，那些可溶性小分子可通过溶酶体膜进入胞质溶胶，为细胞再利用。多细胞的动物具有专门的吞噬细胞，即巨噬细胞（macrophage）和中性粒细胞（neutrophil），担任机体的保护防御任务。在细胞的吞噬过程中，如果吞进来的是液体，则称为大胞

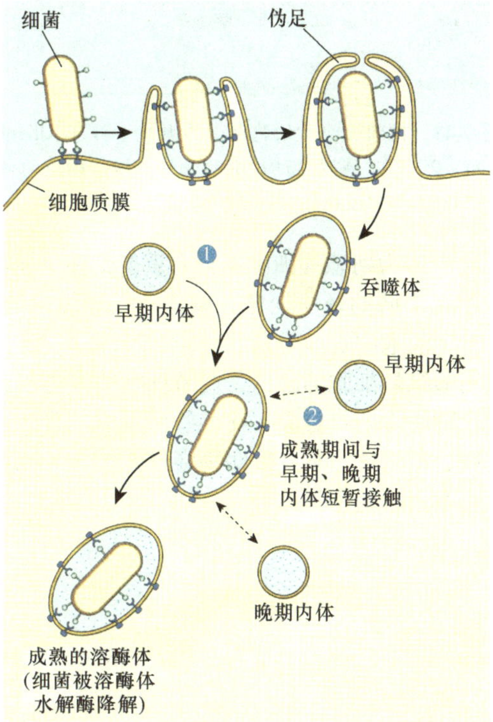

图 9-42 吞噬作用（引自 Becker et al., 1996）。吞噬作用的第一阶段是细胞质膜上的受体与细菌结合，然后形成伪足将被感染的细菌包裹起来形成吞噬体；接着是溶酶体（早期内体）与吞噬体融合，经过晚期内体，在溶酶体酶的作用下被吞噬的细菌被降解。

饮作用，这种作用形成的吞饮体（pinosome）也是通过与溶酶体融合将液体中的物质水解。吞噬作用也是细胞获取营养的一种方式，在溶酶体酶的作用下，将吞进的物质降解形成可直接利用的小分子用于合成代谢。一些单细胞的生物更是靠吞噬作用来获取营养。

吞噬作用也包括对衰老的、进入程序性死亡的细胞的吞噬。例如，占成人细胞总数 1/4 的红细胞仅能成活 120 天，因此人体每天必须清除大量衰老的红细胞，这主要是靠吞噬作用，即溶酶体酶的消化作用来完成的。

溶酶体参与的最为重要的一种内吞物的降解是受体介导的内吞作用，其相关机制将在 10.5.2“受体介导的内吞作用”中讨论。

9.4.2.3 自溶作用

自溶（autolysis）是细胞的自我毁灭（cellular self-destruction），即溶酶体的酶被释放出来将细胞自身降解。在正常情况下，溶酶体的膜是十分稳定的，溶酶体的酶也安全地被包裹在溶酶体内，不会对细胞自身造成伤害。另外，溶酶体在进行异体吞噬和自体吞噬时，都要先形成吞噬泡，通过融合形成内吞体后才能进行降解作用，这样溶酶体的酶始终在安全条件下进行降解作用。

如果细胞受到严重损伤，造成溶酶体破裂，那么细胞就会在溶酶体酶的作用下被降解。在多细胞生物的发育过程中，自溶对于形态建成具有重要作用，通过自溶作用，除去不必要的细胞、组织。例如，手指或足趾的形成与溶酶体相关，它将指之间的结构水解；另外，蝌蚪尾巴的蜕化也是溶酶体中一种水解酶（组织蛋白酶）消化作用的结果，该酶将尾部细胞破坏，使尾部消失。

9.4.2.4 其他功能

在分泌蛋白质激素和类固醇激素的细胞中，溶酶体参与激素的分泌调节作用。这种调节作用是通过分泌自噬泡进行的，即通过自体吞噬作用将一部分合成类固醇激素的细胞器（滑面内质网、线粒体）包裹起来，形成自噬体，由溶酶体将这部分细胞器和其中已合成的激素降解掉。这种自吞噬作用使细胞能在短时间内消除一部分合成激素的细胞器和其中的激素，从而使分泌类固醇激素的细胞及时有效地调节激素分泌量。

另外，溶酶体除了在细胞内具有消化作用，也具有细胞外消化作用（extracellular digestion）。例如，精子与卵子的受精作用就是靠精子头部的顶体

（acrosome）释放溶酶体酶帮助精子抵达卵子质膜，进行卵子和精子的细胞质膜相互融合，达到受精的目的。

9.4.2.5 溶酶体与疾病

溶酶体与人类疾病有较密切的关系，如果溶酶体异常，会引发多种疾病，如溶酶体贮积症、糖原贮积症等。

1）溶酶体贮积症（lysosomal storage disease） 这是一种遗传病，多数都是单基因的突变，导致溶酶体中一种或几种酶没有活性，致使这类患者不能降解糖脂和一些原本由溶酶体酶降解的细胞外的成分，使这些物质作为大的包涵体（inclusion body）积累在溶酶体中。

2）Ⅱ型糖原贮积症（glycogen storage disease type Ⅱ） 这是最早发现的贮积症。由于常染色体上的一个隐性基因突变，造成了溶酶体缺乏 α-葡萄糖苷酶，缺少这种酶的溶酶体不能把肝细胞或肌细胞中过剩的糖原进行水解而大量积累在溶酶体内，造成溶酶体超载。此病多发于婴儿，表现为肌肉无力、心脏增大、心力衰竭，通常于两周内死亡。

3）硅肺（silicosis） 这是一种职业病，又称磨工病、石末沉着病。空气中的 SiO_2 被吸入肺后，被肺部的吞噬细胞所吞噬，由于吞入的二氧化硅颗粒不能被消化，并在颗粒的表面形成硅酸；硅酸能与溶酶体膜的受体分子形成氢键，使膜破坏，释放出水解酶，导致细胞死亡。释放出的硅粉末再被健康的吞噬细胞吞噬得到同样的结果。如此吞噬细胞相继地吞噬、死亡，最后导致成纤维细胞产生胶原纤维结节，造成肺组织的弹性降低，肺受到损伤，呼吸功能下降。

4）休克（shock） 在休克中，由于组织缺血、缺氧，影响了供能系统，导致膜的不稳定，引起溶酶体酶的外漏，造成细胞与机体的损伤。溶酶体酶外漏的可能机制是：由于缺氧，引起细胞质pH 的下降，酸性水解酶活化，水解溶酶体的膜，使膜漏增强，最终导致溶酶体膜破裂，溶酶体酶释放，使细胞组织自溶；而三羧酸循环的受阻则影响细胞氧化磷酸化的过程，ATP 减少，功能不足，钠泵失灵，组织内渗透压下降，导致溶酶体膜的通透性增高，酶释放，组织自溶。因此，在抢救休克患者时，临床上采用大剂量的糖皮质类固醇，以稳定溶酶体的膜。

9.4.3 植物细胞的液泡

植物细胞中含有一个或多个充满液体的囊泡，叫液泡（vacuole），其体积占细胞体积的 30% 以上，高的达 90%。植物液泡相当于动物细胞的溶酶体，它含有多种水解酶类。但是植物液泡的作用显然比溶酶体要大，具有多种功能。植物液泡能够作为营养与废物的储存器，也是物质降解的场所。它既能调节细胞的大小（图 9-43），也能控制细胞的膨压（turgor pressure）。

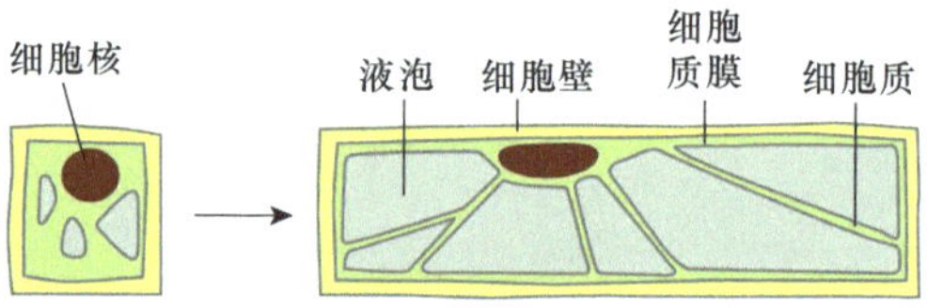

图 9-43 植物液泡对细胞大小的调节（引自 Alberts et al., 2015）。液泡通过对水的吸收，增大细胞的体积，而胞质溶胶的量没有多少改变。

液泡作为稳态的细胞器具有重要作用，能够使细胞耐受不同的环境变化。例如，当环境中的 pH 下降时，液泡中的 H^+ 流入胞质溶胶，起平衡作用。液泡能够维持细胞的膨压，调节细胞的渗透压，调节聚合物的降解与合成；在某些情况下，液泡还能改变糖、氨基酸、某些代谢物穿过质膜与液泡膜的运输速度。

本章小结

内膜系统主要是指内质网、高尔基体、溶酶体、液泡和细胞核膜。这些膜结构是相互流动的，处于动态平衡，在功能上也是相互协同的。

蛋白质分选是指细胞对新蛋白的识别、挑选，并通过特殊方式运送到靶位点的过程。内膜系统是蛋白质分选的主要系统。

内质网是由一层单位膜所形成的囊状、泡状和管状结构，并形成一个连续的网膜系统。它可分为糙面内质网和滑面内质网。

滑面内质网的功能有：糖原分解释放葡萄糖、脂的合成与运转、解毒和调节钙离子浓度等。

糙面内质网的功能主要是参与蛋白质的合成、加工与转运。信号肽对于蛋白质合成的分选具有决定作用。信号肽长度一般为15～35个氨基酸残基，没有特异性。信号肽通过与信号识别颗粒、停靠蛋白的相互作用将新合成的蛋白质引导到内质网上，新生肽进入内质网腔后在分子伴侣的帮助下进行正确地折叠，一旦折叠错误严重时，可通过内质网膜中的感应器迅速应答：降低蛋白质合成速度或是增加分子伴侣的合成，加大内质网中分子伴侣的量。在糙面内质网中进行的蛋白质的修饰包括蛋白质*N*-连接的糖基化、GPI脂锚定蛋白的形成、二硫键的形成等。

高尔基体是蛋白质的分选站，它由内侧（顺面）高尔基网、中部高尔基（潴泡）层和外侧（反面）高尔基网三部分功能区室组成。

高尔基体的功能主要是蛋白质的分选、蛋白质和脂的转运、蛋白质的*O*-连接糖基化、蛋白聚糖的合成等。

溶酶体是动物细胞中一种单层膜包被的膜性细胞器。溶酶体的功能是降解，主要通过自噬作用、吞噬作用、自溶作用和细胞外消化作用等途径。

思考题

（1）列出四种不同的蛋白质的名称，这些蛋白质可以促进分泌蛋白在内质网腔内的修饰或折叠。指出这些蛋白质中的哪一种对底物蛋白进行共价修饰，而哪些只会导致底物蛋白的构象变化。

（2）如何理解内膜系统的广义与狭义概念？

（3）滑面内质网有哪些主要的功能？

（4）什么是翻转酶？分为几种类型？各有什么特点？

（5）何谓信号假说？提出的依据是什么？

10 细胞内膜运输

我们已经讨论了细胞的内膜系统及通过共翻译进行的蛋白质分选的主要机制，但是，蛋白质进入内质网后如何形成分泌小泡进一步转运呢？另外，在细胞的内吞作用中，细胞质膜通过内陷形成内吞泡，这些内吞泡必须找到正确的靶位点，或是与溶酶体融合，或是与高尔基体融合，或是与另一侧的细胞质膜融合。因此，细胞内存在一种复杂的小泡运输系统，由于这种运输系统通过对膜包裹小泡的转运，不仅完成了“南来北往”的“货物”运输，同时也带动了细胞质膜与内膜系统间的膜流动，因此，将这种运输称为细胞内膜运输（intracellular membrane trafficking）。细胞内膜运输涉及三个关键问题。

第一，运输小泡形成的机制是什么？为什么某些可溶性的内腔（内质网腔、高尔基体腔）蛋白质和某些膜整合蛋白能够被选择性地包入小泡，而其他的蛋白质却不会？

第二，不同类型的运输小泡具有什么样的分子信号？如何依靠这些信号标记引导小泡与特定靶位点膜结合？例如，来自内质网的分泌小泡怎样知道移向顺面高尔基网并与之融合而不会移向反面高尔基网？另外，载有溶酶体酶的分泌小泡是如何识别晚期内体并与之融合而不与细胞质膜融合呢？

第三，运输小泡的膜与靶细胞的膜相互融合的机制是什么？

2013 年诺贝尔生理学或医学奖颁给了美国耶鲁大学细胞生物学系主任 James E. Rothman、美国加州大学伯克利分校细胞生物学家 Randy W. Schekman 和德国生物化学家 Thomas C. Südhof，以表彰他们对于细胞内小泡运输机制研究方面做出的贡献。诺贝尔奖评选委员会在声明中说，这三位科学家的研究成果解答了细胞如何组织其内部最重要的运输系统之一——小泡运输系统的奥秘。Schekman 发现了能控制细胞运输系统不同方面的三类基因，从基因层面上为了解细胞中小泡运输的严格管理机制提供了新线索；Rothman 在 20 世纪 90 年代发现了一种蛋白质复合物，可以让小泡与其目标细胞膜融合；基于前两位美国科学家的研究，Südhof 发现并解释了小泡如何在指令下精确地释放出内部物质。

10.1 有被小泡的类型、装配因子及信号

人类社会有着十分发达的交通运输系统，包括海、路、空全方位的交通网络。细胞社会同样有着毫不逊色于人类社会的运输系统，其基本工具就是小泡。

细胞内的小泡转运也有严格的“交通规则”，不同运输小泡不仅有不同的行进路线，而且有醒目的“外包装”标识，确保行程安全。运输小泡外包装的差异，标志着装载的“货物”的差异。

10.1.1 有被小泡的类型

已知有三种不同类型的有被小泡（coated vesicle）：网格蛋白有被小泡（clathrin-coated vesicle）、COP Ⅰ有被小泡（COP Ⅰ-coated vesicle）和 COP Ⅱ有被小泡（COP Ⅱ-coated vesicle），这三种小泡分别负责不同区间的运输（图 10-1）。

第一种是网格蛋白有被小泡，承担选择性的物质运输，有两条运输路线：①从反面高尔基网出芽形成选择性的分泌小泡，介导溶酶体酶的运输；②由细胞质膜内吞形成的选择性的内吞泡，

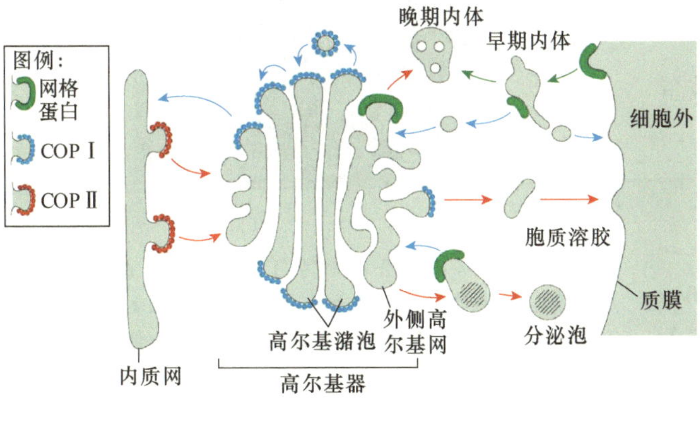

图 10-1 三类不同类型的有被小泡及其运输路线（引自 Alberts et al., 2015）。网格蛋白有被小泡往返于反面高尔基网—质膜之间（选择性），COP Ⅰ有被小泡的运输路线为高尔基体—内质网，以及反面高尔基网—质膜（非选择性），COP Ⅱ有被小泡的运输路线为内质网—顺面高尔基网。

主要是细胞质膜中受体介导的内吞作用形成的内吞泡；这类小泡的表面都包裹着由网格蛋白装配的包被。

第二种是 COP Ⅰ有被小泡，介导非选择性的蛋白质运输。COP 是 coat protein 的缩写。有三条运输路线：①顺面高尔基网到内质网的运输；②反面高尔基网到细胞质膜的非选择性运输；③高尔基体中间膜囊间的运输。

第三种是 COP Ⅱ有被小泡，介导非选择性运输，主要路线是从内质网到顺面高尔基网，即 COP Ⅱ有被小泡介导所有从内质网出芽输出的蛋白质运输。

以上三种类型的有被小泡，在电子显微镜下观察，其形态也是可明显区分的（图 10-2）。

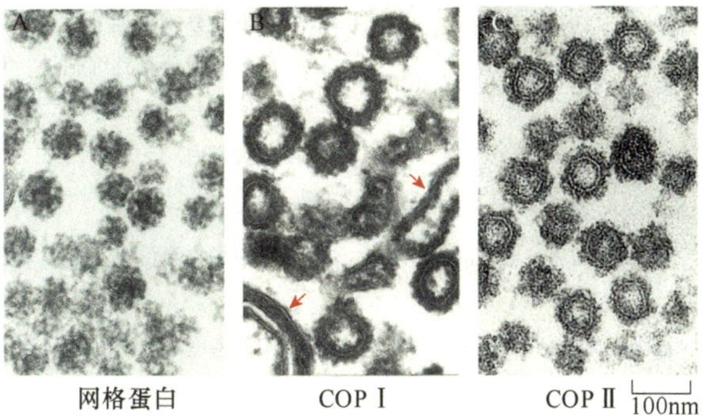

图 10-2 三种类型有被小泡的电子显微镜照片（引自 Alberts et al., 2015）。A. 网格蛋白有被小泡；B. COP Ⅰ有被小泡及高尔基体潴泡，箭头所指为高尔基体潴泡；C. COP Ⅱ有被小泡。

10.1.2 有被小泡的装配因子

三种类型有被小泡的包被都是瞬时装配的，其作用就是协助分泌或内吞泡的形成，有被小泡一旦与母体膜脱离，无论何种类型的有被小泡都要迅速将包被解体。三种类型有被小泡装配时不仅需要包被蛋白，还需要相关的装配因子——GTPase 的帮助（表 10-1）。

10.1.3 介导有被小泡形成的信号

虽然不同类型的运输小泡的包被蛋白是不同的，运输路线也各有差异，包被差异的决定因素是被运输的“货物”及“出芽”或内吞膜区域的特性，也就是说，运输公司要根据货主货物的性质决定提供什么样的船，此外还要考虑使用何种级别的港口与码头。所以，不同有被小泡的形成不仅需要信号，同时也需要信号受体。表 10-2 综合了

表 10-1　三种不同类型有被小泡的装配因子（GTPase）

有被小泡类型	运输方向	包被蛋白	相关的 GTPase
COP Ⅱ	内质网→顺面高尔基网	Sec23/Sec24＋Sec13/Sec31 复合物，Sec16	Sar1
COP Ⅰ	顺面高尔基网→内质网，高尔基体潴泡堆间	包被蛋白复合体含有 7 个不同的 COP 亚基	ARF
网格蛋白	反面高尔基网→内体	网格蛋白＋AP1 复合物	ARF
	反面高尔基网→内体	网格蛋白＋GGA（一种衔接蛋白）	ARF
	质膜→内体	网格蛋白＋AP2 复合物	ARF
	高尔基体→溶酶体、黑素体、血小板膜泡	AP3 复合物（尚不知道是否需要网格蛋白）	ARF

表 10-2　介导蛋白质进入特定运输小泡的分选信号

信号序列*	具信号的蛋白质	信号受体	包被蛋白 / 衔接蛋白	运输方向
Lys-Asp-Glu-Leu（KDEL）	内质网腔内工作蛋白	CGN 膜 KDEL 受体	COP Ⅰ	顺面高尔基网→内质网
甘露糖-6-磷酸（M6P）	在顺面高尔基网中加工形成的溶酶体酶及分泌到细胞外的溶酶体酶	TGN 膜中 M6P 受体 质膜中 M6P 受体	网格蛋白 /AP1 网格蛋白 /AP2	反面高尔基网→细胞质 质膜→细胞内
Lys-Lys-X-X（KKXX）	内质网膜蛋白	COP Ⅰ a 和 b 亚基	COP Ⅰ	高尔基体→内质网
X-Arg-Arg-X（二精氨酸）	内质网膜蛋白	COP Ⅰ a 和 b 亚基	COP Ⅰ	高尔基体→内质网
二酸性（如 Asp-X-Glu）	内质网中货物膜蛋白	COP Ⅱ Sec24 亚基	COP Ⅱ	内质网→反面高尔基网→质膜
Asn-Pro-X-Tyr（NPXY）	质膜中低密度脂蛋白受体	AP2 复合物	网格蛋白 /AP2	质膜→内体→溶酶体
Tyr-X-X-Φ（YXXΦ）	反面高尔基网膜蛋白	AP1（μ1 亚基）	网格蛋白 /AP1	反面高尔基网→内体
	质膜蛋白	AP2（μ2 亚基）	网格蛋白 /AP2	质膜→内体
Leu-Leu（LL）	质膜蛋白	AP2 复合物	网格蛋白 /AP2	质膜→内体

*X＝任何氨基酸，Φ＝各种疏水氨基酸；括号中单字母表示氨基酸的单字母缩写；非括号中的单字母不仅表示氨基酸缩写，也表示是膜蛋白的细胞质结构域。

三种类型运输小泡的一些信号序列、“货物”的类别及相应的信号受体。

10.2 有被小泡的形成

由于不同类型的有被小泡具有不同的包被蛋白，因此装配机制各不相同。

10.2.1 网格蛋白有被小泡的形成

典型的网格蛋白有被小泡的直径为50～100nm，它的形成始于网格蛋白有被小窝（图10-3）。在大量进行内吞活动的细胞（如肝细胞、成纤维细胞）中，细胞质膜有许多网格蛋白有被小窝（clathrin-coated pit）。这些有被小窝的形成需要很多衔接蛋白（adaptor）和网格蛋白，网格蛋白有被小泡最后与质膜的脱离还需要一种称为发动蛋白（dynamin）的 GTPase。

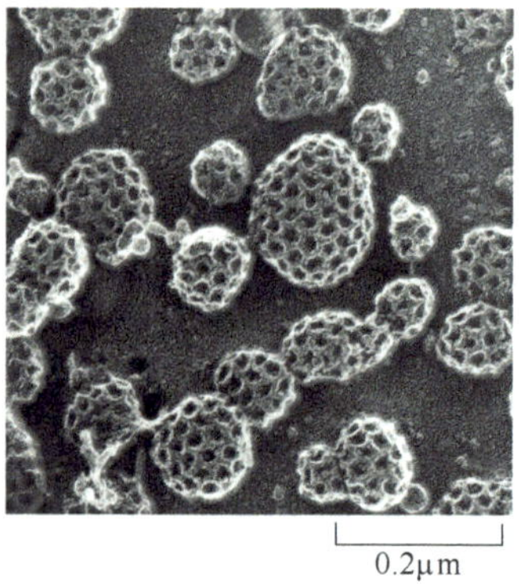

图 10-3　网格蛋白有被小窝与膜泡（引自 Alberts et al., 2015）。快速冷冻、深度蚀刻的电镜照片显示培养的成纤维细胞质膜有大量的网格蛋白有被小窝与小泡。

10.2.1.1　网格蛋白包被的结构

网格蛋白（clathrin）是一种进化上高度保守的蛋白质，是由分子质量为 180kDa 的重链和分子质量为 35～40kDa 的轻链组成的二聚体。三个二聚体形成包被的基本结构单位——三脚蛋白体（triskelion），或称三脚蛋白复合体。许多三脚蛋白复合体再组装成五边形或六边形网格结构，即包被亚基（coat subunit），然后由这些网格蛋白亚基组装成网格蛋白有被小泡（图 10-4）。

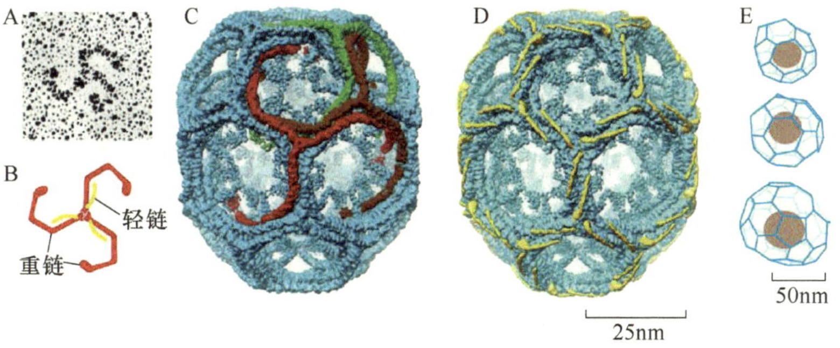

图 10-4 网格蛋白包被的结构（引自 Alberts et al., 2015）。A. 网格蛋白三脚蛋白复合体电子显微镜照片。B. 组成网格蛋白三脚蛋白复合体的三个重链与三个轻链。低温电镜揭示网格蛋白包被由 36 个三脚蛋白复合体组成 12 个五边形、6 个六边形的网络结构（见图 C、D）。C. 重链在网格蛋白有被小泡中的排列。D. 轻链在网格蛋白有被小泡中的排列。轻链通过与肌动蛋白连接为膜出芽及小泡移动提供动力，通过磷酸化对网格蛋白包被的装配进行调节。E. 根据从牛脑中分离的网格蛋白有被小泡绘制的影像图，小泡形态基本类似，但并非完全相同。

10.2.1.2 衔接蛋白

在网格蛋白有被小泡的外被中有一种重要的蛋白质，这就是衔接蛋白（adaptor）。衔接蛋白位于包被的内层，介于网格蛋白货物与膜之间，是一种在网格蛋白有被小泡形成中起选择作用的蛋白质。

有几种不同的衔接蛋白，最典型的由 4 个不同亚基组成，其他则为单链的蛋白质。每种衔接蛋白都有各自特异的货物受体。网格蛋白有被小泡从不同的膜区出芽，使用不同的衔接蛋白，因而包装不同受体蛋白与货物分子。

衔接蛋白在膜上的装配受严格地控制，也包括衔接蛋白与其他一些包被成分的相互作用，衔接蛋白 AP2 就是一个典型例子。当 AP2 与特异的、磷酸化的磷脂酰肌醇脂结合，改变了 AP2 的构型，暴露出与膜中货物受体结合的位点，促进了 AP2 与膜的结合（图 10-5）。

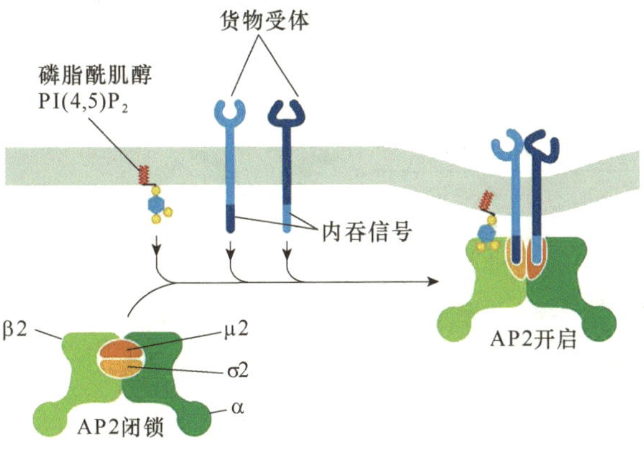

图 10-5 脂诱导的 AP2 的构型改变（引自 Alberts et al., 2015）。AP2 衔接蛋白有 4 个亚基：α、β2、μ2、σ2。AP2 与膜脂磷酸肌醇 PI（4，5）P_2 的细胞质侧部分相互作用，导致 AP2 的构型变化，暴露出与膜受体蛋白结合的位点。每一个 AP2 复合物能够结合 4 个 PI（4，5）P_2 分子（为简便起见，图中仅显示一个）。开放型的 AP2 复合物中，μ2、σ2 两个亚基与货物受体的细胞质结构域尾部结合。

除了 AP2 之外，还有 AP1、AP3 等衔接蛋白。

很早就知道细胞质膜中被包装到网格蛋白小窝的受体蛋白的细胞质结构域具有 Tyr-X-X-F 序列或 Leu-Leu 序列（见表 10-2），这种信号序列在有被小泡装配时能够与 AP2 相互作用，质膜上没有该信号序列的蛋白质不能与 AP2 作用，因而不能被包装到网格蛋白有被小泡中。与 AP2 不同的是，衔接蛋白 AP1 参与反面高尔基网的网格蛋白有被小泡的出芽。由于 M6P 受体蛋白既存在于反面高尔基网又存在于细胞质膜，所以这种受体既能与 AP1 作用又能与 AP2 相互作用。

后来在酵母和鼠的研究中又鉴定了一种衔接蛋白——AP3。具有 AP3 突变的酵母，反面高尔基网的某些蛋白质就不能被运输到液泡和溶酶体。

10.2.1.3 磷脂肌醇标记细胞器及膜结构域

尽管膜中磷脂肌醇的含量不到总磷脂的 10%，但却有重要的调节作用。磷脂肌醇可通过肌醇糖头部基团的 3′、4′ 和 5′ 位的磷酸化与去磷酸化循环快速产生各种类型的磷脂肌醇（phosphoinositide）。磷脂酰肌醇（phosphatidylinositol，PI）与磷脂酰肌醇磷酸（phosphatidylinositol phosphate，PIP）的内部转换是在不同区室完成的：内吞与分泌途径中，不同的细胞器有不同的 PI 与 PIP 激酶，以及 PIP 磷酸酶，形成不同肌醇磷脂，如 PI（3）P、PI（4）P、PI（4，5）P_2、PI（3，5）P_2、PI（3，4，5）P_3 等。因此，不同细胞器膜中磷脂肌醇则成为小泡形成的标志区域，它招募衔接蛋白与之结合，最终导致衔接蛋白与货物受体结合，促成小泡包被的装配（图 10-6）。

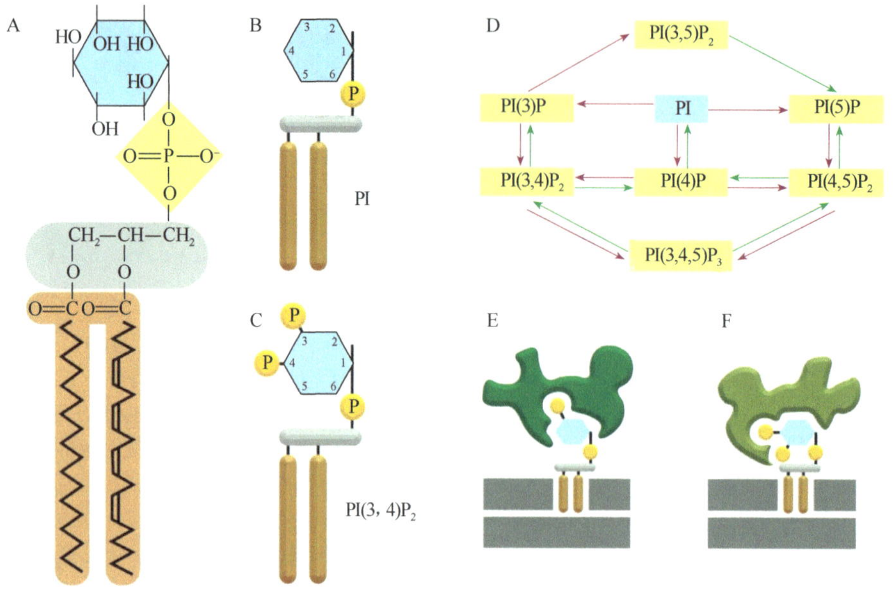

图 10-6 磷脂酰肌醇与磷脂酰肌醇磷酸（引自 Alberts et al., 2015）。A. PI 的结构，显示在肌醇糖上有可被修饰的羟基；B. 简略的 PI 结构；C. 在 PI 或 PIP 激酶的作用下，在 PI 上进行了 1 个、2 个或 3 个羟基磷酸化修饰，产生不同类型的磷酸肌醇；D. 动物细胞具有多个 PI 及 PIP 激酶，以及类似数量的磷酸酶，并位于不同细胞器中，可调节不同类型的 PIP 的生成与降解（磷酸化与去磷酸化）；E 和 F. 肌醇磷脂的头部可以被不同蛋白质识别，以此招募相关的蛋白质到细胞膜区进行包被的装配。

10.2.1.4 网格蛋白包被的装配与去装配

网格蛋白包被的装配与去装配分三个过程，伴随此过程，形成运输小泡（图 10-7）。

第一个过程是形成网格蛋白有被小窝，它是网格蛋白有被小泡形成过程中的一个中间体。在胞吞过程中，吞入物（配体）先与膜表面特异货物受体结合；然后，衔接蛋白与货物受体的细胞质结构域的尾部结合；接着，网格蛋白三脚蛋白复合体与衔接蛋白结合，使膜逐渐凹陷成小窝状。由于这种小窝膜外侧结合有许多网格蛋白，故称为网格蛋白有被小窝。它大约在 1min 之内就会转变成有被小泡。

第二个过程是网格蛋白有被小泡的形成。在形成了网格蛋白有被小窝之后，很快通过出芽的方式形成小泡，即网格蛋白有被小泡，小泡须在发动蛋白的作用下与质膜割离。由于此时的小泡外面有网格蛋白包被，故称为网格蛋白有被小泡。

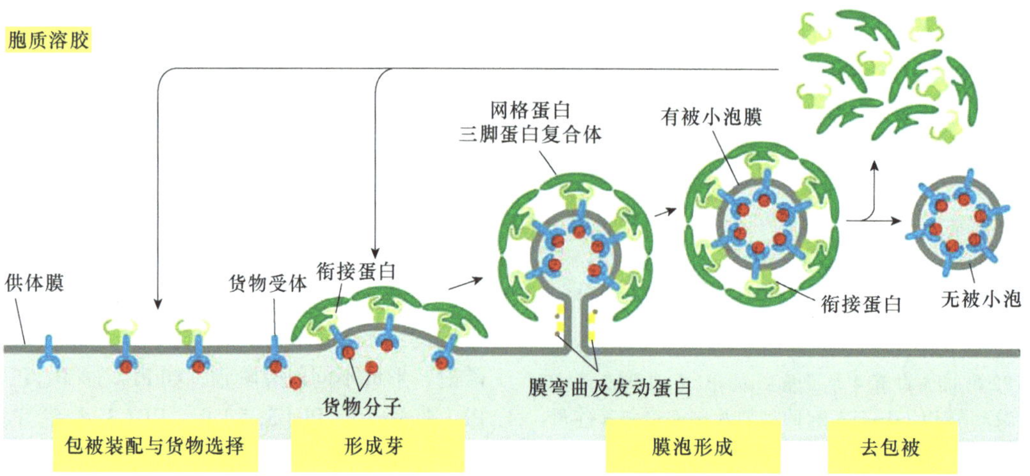

图 10-7 网格蛋白包被的装配与去装配（引自 Alberts et al., 2015）。包被的装配引起膜的凹陷，这种凹陷促成了包被的芽的形成；如果是位于质膜，就称为有被小窝。衔接蛋白与网格蛋白三脚蛋白复合体及货物受体结合，因而将货物分子选择性地包入网格蛋白有被小泡。

第三个过程是网格蛋白有被小泡形成之后，很快脱去网格蛋白的包被，成为无被小泡。网格蛋白有被小泡在正常的胞质溶胶pH和离子强度条件下是相当稳定的，但通常所观察到的是网格蛋白有被小泡装配成功之后很快去聚合，脱去包被网格蛋白，成为无被小泡。

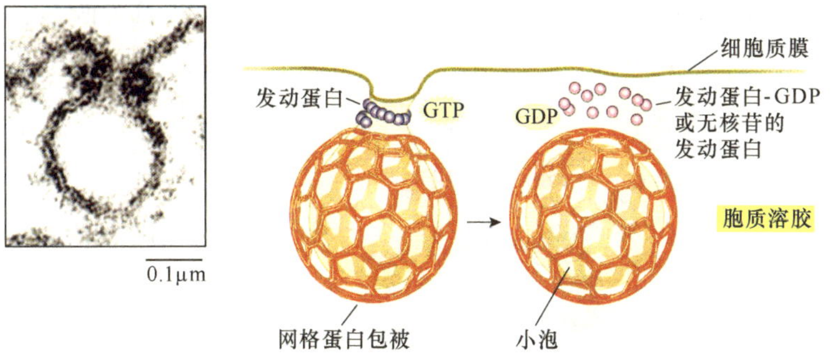

图 10-8 发动蛋白利用 GTP 将小泡与供体膜剪断开（引自 Plopper，2016）。

10.2.1.5 发动蛋白

在网格蛋白有被小泡形成过程中还需要发动蛋白的参与。当网格蛋白包被膜的芽生长时，水溶性的发动蛋白也在每个芽的颈部开始装配，发动蛋白含有一个 PI（4, 5）P_2 结合结构域，该结构域与膜联系在一起；还有一个 GTPase 结构域，它调节小泡与膜断开的速度。所以发动蛋白的主要作用是在有被小窝的颈部聚合，通过水解 GTP 释放的能量进行自己收缩，最后将小泡与质膜断开（pinching off）（图 10-8）。发动蛋白是一种 G 蛋白，属于 GTPase。

10.2.1.6 网格蛋白有被小泡的脱被作用

小泡一旦与母体膜脱离，就会快速地脱去外部的网格蛋白包被。此时被一同装配到膜泡的网格蛋白包被中的 PIP 磷酸酶就会水解掉膜中 PI（4, 5）P_2，从而削弱了衔接蛋白的结合作用。此外，一种称为 Hsp70 的分子伴侣起着脱被 ATPase 的作用，它使用 ATP 对网格蛋白包被进行剥离。另一种蛋白——辅助蛋白（auxilin），通过激活 ATPase 参与网格蛋白包被的脱离。

Ca^{2+}也参与了包被的形成和脱被的过程。在形成包被时，钙泵将 Ca^{2+}泵出细胞外，使胞质中的 Ca^{2+}保持低浓度，有利于有被小窝的形成。一旦形成有被小泡，Ca^{2+}与网格蛋白的轻链结合，使包被不稳定而脱去。

10.2.2 COP 有被小泡的形成

COP 有被小泡介导的是非选择性的小泡运输，包括从内质网到高尔基体潴泡、从一个潴泡到另一个潴泡、从潴泡到反面高尔基网，以及从反面高尔基网向内质网的回运。

10.2.2.1 COP Ⅰ与 COP Ⅱ有被小泡

COP Ⅰ是一种胞质溶胶蛋白，由 7 个亚基组成：α、β、β′、γ、δ、ε、ζ。如同网格蛋白，COP Ⅰ在出芽小泡的胞质溶胶面聚合，装配成有被小泡，COP Ⅰ的某些亚基（如 β 亚基）具有衔接蛋白的作用，可与膜蛋白的细胞质结构域结合促进小泡的形成。由 COP Ⅰ作为包被的小泡称为 COP Ⅰ有被小泡。COP Ⅰ有被小泡的装配需要的包被招募 GTPase（coat-recruitment GTPase）是 ARF。

COP Ⅱ有被小泡介导从内质网到高尔基体的运输，所以 COP Ⅱ有被小泡首先是从内质网形成的，其外被蛋白与 COP Ⅰ相似但不相同，故称为 COP Ⅱ包被。COP Ⅱ也是多亚基的蛋白质复合物，构成的亚基有 Sec23/Sec24 复合物、Sec13/Sec31 复合物、Sec16 等。COP Ⅱ有被小泡的装配需要的包被招募 GTPase 是 Sar1。

10.2.2.2 单体 GTPase 控制包被的装配

细胞为了保持小泡的输入与输出的平衡，包被蛋白仅是在需要的时间与地点进行装配。而局部区域产生的 PIP 对于从细胞质膜及高尔基体形成网格蛋白有被小泡则起主要的调节作用。此外，细胞还采用其他的方式调控包被的形成，如包被招募 GTPase 控制内吞体，以及高尔基体与内质网膜中 COP Ⅰ、COP Ⅱ包被的形成。

包被招募 GTPase 属于单体 GTPase 家族，包括 ARF 蛋白及 Sar1 蛋白。ARF 蛋白负责高尔基体膜上 COP Ⅰ包被及网格蛋白包被的装配，Sar1 蛋白则负责内质网膜的 COP Ⅱ包被的装配。包被招募 GTPase 通常在细胞质中以高浓度、结合有 GDP 的非活性状态存在。例如，COP Ⅱ被膜从内质网开始出芽时，一种包埋在内质网膜中特异的 Sar1-GEF 蛋白与细胞质中 Sar1 结合，导致 Sar1 释放 GDP，从而与 GTP 结合。当 Sar1 与 GTP 结合后，可暴露出一个两亲性螺旋，并插入内质网膜的细胞质侧的膜小叶，此时与内质网膜紧密结合的 Sar1 可招募衔接蛋白，开始出芽过程（图 10-9）。其他一些 GEF 蛋白及包被招募

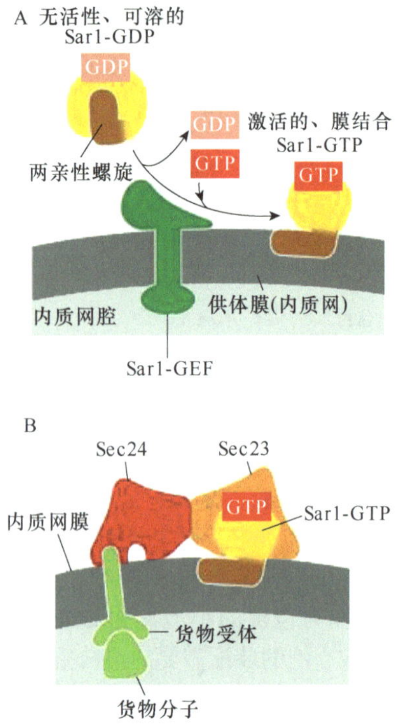

图 10-9 包被招募 GTPase Sar1 在内质网膜的 COP Ⅱ装配中的作用（引自 Alberts et al., 2015）。A. 一个无活性、结合有 GDP 的 Sar1 与内质网膜中 Sar1-GEF 蛋白的细胞质结构域结合，从而释放出 GDP，同时结合 GTP，导致构型的改变，暴露出两亲性的螺旋，从而插入供体膜。B. 结合 GTP 的 Sar1 与 COP Ⅱ的两个衔接蛋白 Sec23、Sec24 结合，它们构成了包被的内层。Sec24 有几个不同的结合位点，分别与货物受体的细胞质部分结合。

GTPase 以类似的方式在其他膜的出芽中起作用。

包被招募 GTPase 也在被膜的去装配中发挥作用。Sar1 结合的 GTP 水解成 GDP，可引起 Sar1 的构型发生改变，从而引起 Sar1 的疏水尾立即从膜中脱出，导致包被去装配。虽然尚不清楚是何种原因触发 GTP 的水解，但据推测 GTPase 像是一个定时器在起作用，它以可预测的速度缓慢地水解 GTP，以保证小泡的形成与当时的需要同步化。一方面，COP Ⅱ包被可促进 Sar1 水解 GTP，只有当芽形成的速度比去装配的速度快时，才能产生完整的小泡；另一方面，小泡与供体膜脱离前就开始触发去装配，而且，该过程必须在更合适的时间与地点重新开始，一旦小泡与供体膜脱离，GTP 的水解释放出 Sar1。但是封闭的包被是足够稳定的，能够参与任何必要的相互作用，包括停靠目标膜，直至激酶将包被蛋白磷酸化，将包被完全去装配，最后用于膜融合。

10.2.2.3 COP Ⅱ有被小泡的形成

COP Ⅱ有被小泡的外被是双层的，因此装配可分为两个阶段。我们在讨论包被招募 GTPase 时已经讨论了内层的装配，即先由一个无活性、结合有 GDP 的 Sar1 与内质网膜中 Sar1-GEF 蛋白的细胞质结构域结合，从而释放出 GDP，同时结合 GTP，导致构型的改变，暴露出两性的螺旋，从而插入供体膜。接着，结合 GTP 的 Sar1 与 COP Ⅱ的两个衔接蛋白 Sec23、Sec24 结合，它们构成了包被的内层。COP Ⅱ的另外两个外被复合物 Sec13/Sec31，结合后形成包被的外被。接着是货物与膜结合，激活的 Sar1-GTP 招募衔接蛋白与膜结合，并选择某些穿膜蛋白，同时引起膜变形弯曲。然后，衔接蛋白招募帮助出芽的外被蛋白，最后与供体膜脱离，成为独立的有被小泡（图 10-10）。

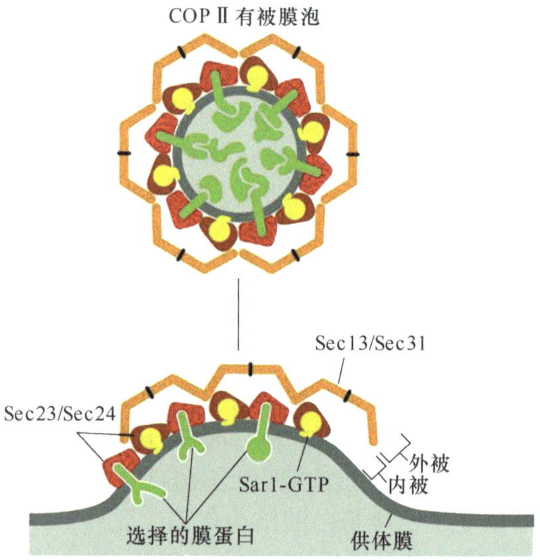

图 10-10 COP Ⅱ有被小泡的形成（引自 Alberts et al., 2015）。与膜结合的、具有活性的 Sar1-GTP 将 COP Ⅱ的衔接蛋白招募到膜上，它们选择某些膜蛋白，并引起膜变性。然后，衔接蛋白招募外被蛋白，帮助形成一个“芽”，最后与膜脱离成为有被小泡。小泡有两层包被，外被由 Sec13/Sec31 组成，内被由 Sec23/Sec24 组成。

10.3 小泡的定向运输、停靠与融合机制

细胞内的小泡运输可概括为三个过程：供体膜出芽产生小泡、小泡转运、小泡到达受体膜并融合，卸载货物（图 10-11）。

为了保证运输小泡有序流动，运输小泡必须准确地找到它的目的地，以便融合。由于细胞内膜系统的多样性，并且十分拥挤，这样在运输小泡到达正确的目的地前，非常可能与其他的膜相互碰

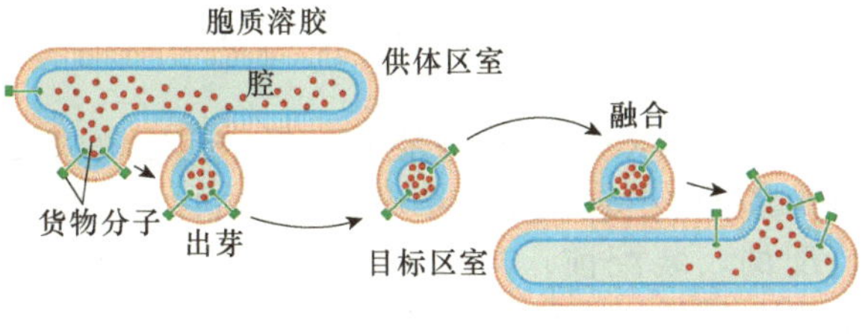

图 10-11 小泡运输（引自 Alberts et al., 2015）。从供体膜出芽产生装载货物的小泡，经过转运，小泡到达目的地，通过融合卸载货物。

撞。运输小泡依靠表面标记与目的地受体的相互识别确保了运输小泡不会被拦截、碰撞。该过程通过两个关键反应得以保证：第一，Rab 蛋白与 Rab 效应物（Rab effector）引导小泡到达正确的目的地；第二，SNARE 蛋白与 SNARE 调节蛋白（SNARE regulator）介导小泡与靶膜的脂双层融合。

10.3.1 Rab 蛋白介导运输小泡寻靶

Rab 蛋白在小泡特异性运输中起关键作用。就像包被招募 GTPase 一样，Rab 蛋白也属于单体 GTPase，已知有 60 多个成员。Rab 蛋白是一类调节型的单体 GTPase，属于小 GTP 结合蛋白（small GTP binding protein）。

10.3.1.1 Rab 蛋白的基本特性

Rab 蛋白亚家族是单体 GTPase 中最大的亚家族。每一种 Rab 蛋白都存在于与分泌或内吞有关的膜性细胞器中，并且这些细胞器的细胞质面至少有一种 Rab 蛋白（表 10-3）。Rab 蛋白选择性分布在各类膜上，成为膜的一种特殊标记，并指导小泡进行定向运输。另外，Rab 既能在运输小泡上起作用，也能在靶膜上发挥作用，或在运输小泡及靶膜上同时发挥作用。

表 10-3 某些 Rab 蛋白及其作用位点

运输作用	涉及相关的 Rab 蛋白
分泌作用	
内质网→高尔基体	Rab1，Rab1b，Rab2
高尔基体→内质网	Rab6，Rab6b
高尔基体膜囊间	Rab1，Rab6，Rab6b
反面高尔基网→细胞质膜	Rab11，Rab11b
内吞作用	
细胞质膜→早期内体	Rab5a，Rab5b，Rab5c
早期内体→细胞质膜	Rab4，Rab15，Rab18
早期内体→晚期内体	Rab7

续表

运输作用	涉及相关的 Rab 蛋白
特殊作用	
晚期内体→反面高尔基网	Rab9，Ran11a，Rab11b
反面高尔基网→基底膜	Rab8a
反面高尔基网→顶端膜	Rab8a

如同包被招募 GTPase，Rab 蛋白在膜与细胞质之间循环，并且调节膜复合物的可逆装配。在与 GDP 结合的状态下，Rab 没有活性，并与另一个 Rab-GDP 解离抑制蛋白（Rab-GDP dissociation inhibitor，GDI）结合在一起，保持水溶性，以便存在于胞质溶胶中。结合有 GTP 时，它们具有活性，并且保持与细胞器的膜或与小泡的膜紧紧结合在一起。膜结合的 Rab-GEF 激活运输小泡及靶膜上的 Rab 蛋白。在某些膜融合过程中，融合的双方都需要激活的 Rab 蛋白。Rab 蛋白一旦处于与 GTP 结合的状态，就会暴露一个脂锚（lipid anchor），使 Rab-GTP 蛋白结合到膜上。Rab 蛋白与膜结合在一起时，Rab-GTP 就会成为一个拴缆（tether），通过拴缆，寻找靶膜中的 Rab 效应物或称拴缆蛋白（tethering protein），从而介导运输小泡停靠“码头”（图 10-12）。

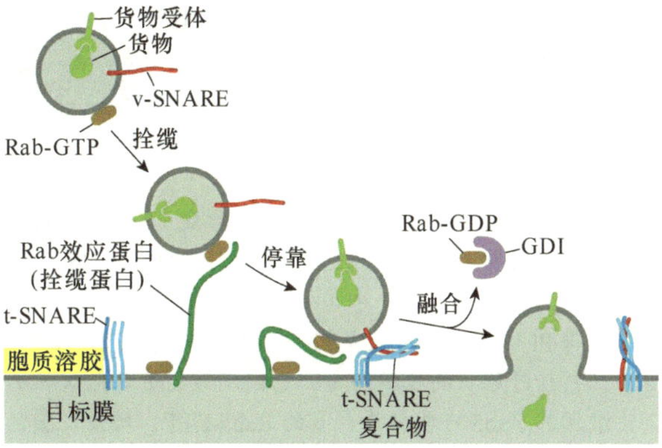

图 10-12 Rab-GTP 引导运输小泡到达合适的靶膜（引自 Alberts et al., 2015）。Rab 效应蛋白与激活的 Rab 蛋白相互作用，从而将运输小泡定位到靶膜。图中显示的 Rab 效应蛋白是纤维状的拴缆蛋白。接下来是小泡膜上的 v-SNARE 与靶膜上的 t-SNARE 蛋白配对，引导运输小泡锚定到靶膜，并催化两种膜的脂双层融合。在锚定与融合期间，Rab-GAP 蛋白（图中未显示）诱导 Rab 蛋白将其结合的 GTP 水解成 GDP，使得 Rab 与膜脱离，以 Rab-GDP 的形式重新回到胞质溶胶中，并与 GDI 结合，成为水溶性的非活性状态。

与高度保守的 Rab 蛋白的结构不同的是，Rab 效应蛋白结构与功能变化很大，相同的 Rab 蛋白可以与不同的效应蛋白结合。有些 Rab 效应蛋白是分子马达，可以推动小泡沿肌动蛋白纤维或微管转运到靶膜。另一些 Rab 效应物是拴缆蛋白，有一个长的似绳状的结构域，作为“钓鱼绳”（fishing line），可以向膜外伸出 200nm；还有一些拴缆蛋白是大的蛋白质复合物，可以将两个膜连接起来促进融合。例如，锚定 COP Ⅱ有被小泡的拴缆复合物含有一种蛋白激酶，该激酶可将包被蛋白磷酸化从而将包被完全解脱。将去包被与小泡转运偶联保证了运输的方向性，以及与合适的膜融合。Rab 效应蛋白也与 SNARE 蛋白相互作用，将小泡与靶膜的拴缆及融合偶联起来。

10.3.1.2 Rab 蛋白与效应蛋白在膜上的装配

Rab 蛋白和其效应蛋白在膜上的装配是协同进行的，最后会产生一个大的、特别的膜斑（membrane patch）。例如，Rab5 是在内吞体膜上装配的，它介导来自细胞质膜内吞泡寻靶。在实验中清除了所有的 Rab5，可导致整个内吞体与溶酶体膜消失，表明 Rab5 在细胞器的生物发生和维持中具有关键作用。

膜上的 Rab5 结构域能够聚集拴缆蛋白以便捕获靠近的小泡。Rab5 结构域是在内吞体的膜上装配的。装配前，与 GDP 结合的 Rab5-GDP 与 GDI 结合在一起形成 Rab5-GDP/GDI 复合物，以非活性状态存在于胞质溶胶中，当与 Rab5-GEF 相遇时，GDI 被释放，Rab5-GDP 转变成 Rab5-GTP，激活的 Rab5-GTP 通过疏水部分锚定到膜上，并招募更多的 Rab5-GEF 到内吞体，因而刺激招募更多的 Rab5 到膜的相同区域。此外，激活的 Rab5 可激活一种 PI3-激酶，它能够通过将局部的 PI 磷酸化，生成 PI（3）P，而 PI（3）P 能够与某些 Rab5 的效应蛋白结合，包括拴缆蛋白，从而稳定了相关蛋白在膜上的附着（图 10-13）。通过这样的正反馈，极大地扩增了装配过程，帮助在一个连续的膜结构内建立起功能不同的局部膜区域。

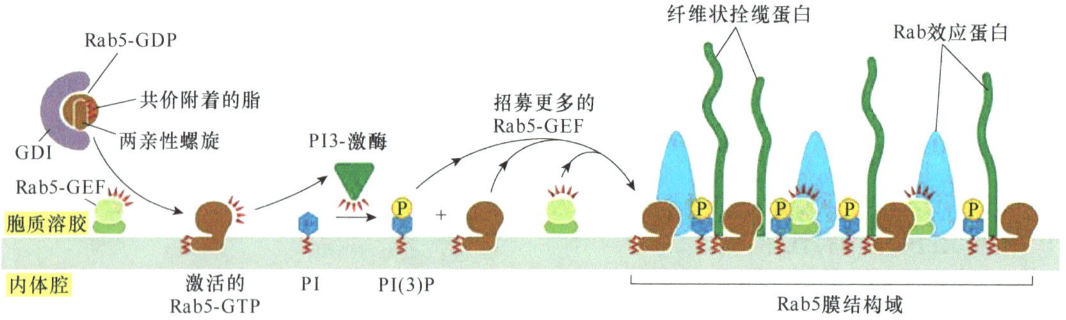

图 10-13 内吞体膜上 Rab5 结构域的形成（引自 Alberts et al., 2015）。一个位于内吞体膜上的 Rab-GEF 与细胞质 Rab5 结合，诱导其将 GDP 交换成 GTP。GTP 结合后，GDI 脱离，同时由于 GTP 的结合，Rab 蛋白的构型发生改变，露出一个双亲性的螺旋，以及一个与之共价结合的脂基团，并借此将 Rab5 锚定到内体的膜上。激活的 Rab5 则激活一种 PI3-激酶，它将 PI 磷酸化，转变成 PI（3）P。PI（3）P 与激活的 Rab5 一起，能够结合多种含有 PI（3）P 结合位点的 Rab 效应蛋白，包括纤维状的拴缆蛋白，它们能够捕获正在从细胞质膜逐渐成熟的网格蛋白小泡。在另一些 Rab 效应蛋白的帮助下，激活的 Rab5 还能招募更多的 Rab5-GEF，增强了膜的 Rab5 结构域的装配。

10.3.1.3 Rab 的级联对膜特性的改变

Rab 结构域通过去装配或是被其他的 Rab 结构域所替换，改变细胞器的标记性质，这种改变称为 Rab 级联（Rab cascade）。例如，内吞体的 Rab5 结构域被 Rab7 替换，这种替换使得早期内体（以 Rab5 为标志）转变成了晚期内体（以 Rab7 为标记）。由于 Rab7 招募的效应蛋白不同于 Rab5 招募的效应蛋白，这种变化会改变膜的动力学特性，如成为晚期内体后会向细胞内更深部位运输，因为晚期内体中的所有货物都不再回流到细胞质膜与细胞外。实际上，这种改变是内体成熟（endosome maturation）的过程。Rab 结构域自我扩增的特性也赋予了内体成熟过程的无方向性与不可逆性（图 10-14）。

10.3.2 SNARE 蛋白与 NSF 蛋白

Rab 蛋白在介导运输小泡停靠中功不可没，但是，运输小泡是如何准确定位到正确的“港湾码头”，并能及时与靶膜融合卸载呢？SNARE 蛋白与 NSF 蛋白具有重要作用。

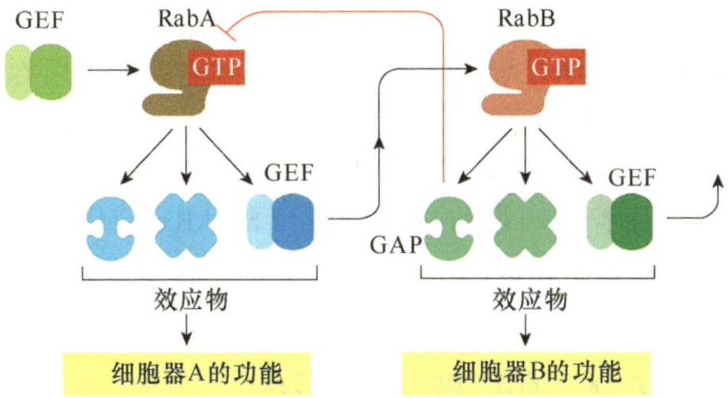

图 10-14 Rab 级联的一般模型（引自 Alberts et al., 2015）。某一部位的 RabA-GEF 激活作用引起膜上 RabA 域的装配。激活的 RabA 招募它的效应蛋白，其中有一种是 RabB 的 GEF。然后，RabB-GEF 招募 RabB 的效应蛋白到膜上，其中有一种是 RabA 的 GAP。RabA-GAP 激活 RabA 将 GTP 水解成 GDP，使 RabA 失去活性，从而使得 RabA 区域去装配，并随着 RabB 区域的装配形成 RabB 区域。

10.3.2.1 SNARE 蛋白

关于运输泡与靶膜的融合机制，Rothman 和他的同事提出了一个 SNARE 假说（SNARE hypothesis）。他们发现动物细胞融合需要供体膜与靶膜各有一个 SNARE 蛋白，互为受体，相互识别，介导两种膜的融合。

SNARE 蛋白的中文全称是可溶性 *N*-乙酰马来酰亚胺敏感因子附着蛋白受体（soluble *N*-ethylmaleimide-sensitive factor attachment protein receptor，SNARE）蛋白。动物细胞中至少有 35 种不同的 SNARE，每一种都是与分泌或内吞途径中的细胞器结合在一起的。它们都是穿膜蛋白，并且是互补配套存在的。存在于运输小泡膜上的称为 v-SNARE，而在相应的靶膜上则能发现 t-SNARE。一种 v-SNARE 是一个单的肽链，而一种 t-SNARE 通常是由三个蛋白质组成的复合物。v-SNARE 与 t-SNARE 都具有特征性的螺旋结构域。当一种 v-SNARE 与一种 t-SNARE 相互作用时，通过螺旋结构相互缠绕成稳定的四螺旋的束状结构，产生的反式 SNARE 复合物（*trans*-SNARE complex）将两种膜锁在一起（见图 10-12）。通过生化方法对膜的分析，发现 v-SNARE 与 t-SNARE 的配对是高度特异的。这一机制更加确保了运输泡到达正确的目的地并卸载货物。

SNARE 复合物催化膜的融合是不耗能的，依靠的是相互作用的四螺旋间相互缠紧，逐渐将两个膜拉近到一起，同时将两个界面间的水挤压出去（图 10-15）。

将含有 v-SNARE 的脂质体与含有 t-SNARE 的

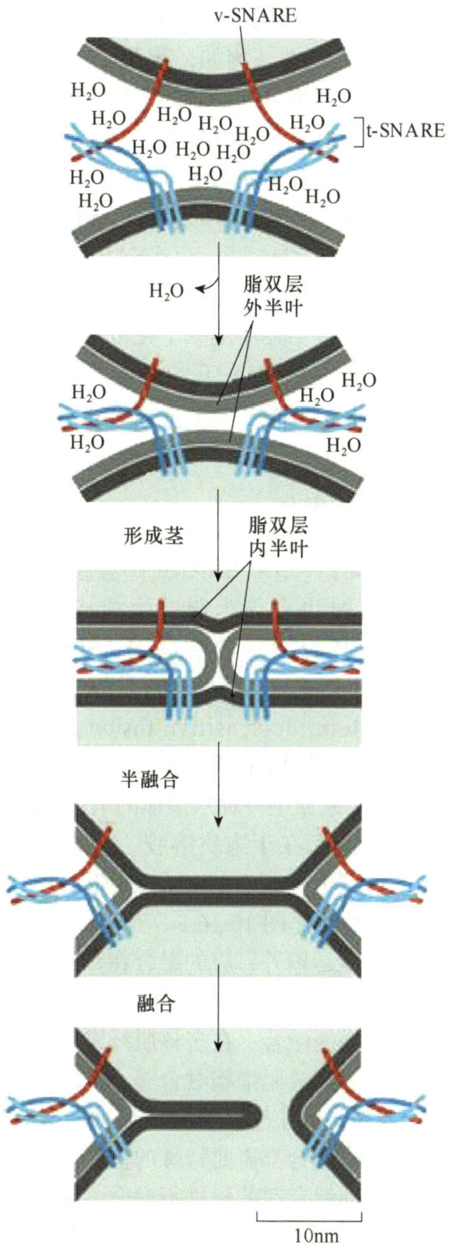

图 10-15 SNARE 蛋白催化膜融合的模型（引自 Alberts et al., 2015）。脂双层的融合是分多步完成的。首先，v-SNARE 与 t-SNARE 之间的配对，将两个膜相互拉近到一个合适的距离，同时挤压掉膜界面间的水。两个膜的外小叶的脂通过流动融合在一起，形成一个相互连接的茎。两个膜的非细胞质小叶相互接触，形成一个新的脂双层，最后通过膜脂的流动形成完整的融合。

脂质体混合在一起，它们会发生融合，但融合过程很慢。在细胞中，推测有一些 Rab 效应蛋白被招募到融合位点，协助 SNARE，加速膜的融合。其实，融合并不都是在 v-SNARE 与 t-SNARE 配对之后立即发生的，如同调节型的分泌活动，融合会推迟，直至有细胞外特异信号的触发。

为了提高SNARE蛋白的有效性，Rab蛋白增加了调控的多样性。例如，靶膜上的t-SNARE通常是和抑制蛋白结合在一起的，只有抑制蛋白被解离之后，t-SNARE蛋白才能行使功能，Rab的效应蛋白触发了抑制蛋白的释放。通过这种方式，Rab蛋白使SNARE蛋白能够汇集到正确的靶位并被激活，既保证了v-SNARE与t-SNARE的正确配对，又提高了融合的速度。

综上所述，运输小泡为了正常的运输、寻靶与融合，必须要含有SNARE和Rab蛋白。许多运输小泡只有当它们在膜中加入了适当的SNARE蛋白与Rab蛋白之后才能进行转运。

10.3.2.2 NSF蛋白

细胞中的大多数SNARE都会参与多轮小泡运输，但有时也会作为膜的组成成分稳定地存在。如果要参与新一轮的运输，SNARE必须去装配，帮助SNARE去装配的是NSF蛋白。NSF（*N*-ethylmaleimide-sensitive fusion protein）的中文全称是*N*-乙基马来酰亚胺敏感融合蛋白，是AAA-ATPase家族中一种六聚体的ATPase，既能存在于膜，又能存在于胞质溶胶。NSF利用ATP作为能源，催化解开配对的SNARE蛋白质螺旋结构域间的卷曲缠绕（图10-16）。

除了小泡运输外，膜的融合在其他相关生命活动中也是非常重要的。例如，在受精过程中，精子与卵子细胞膜的融合；在多核肌纤维发育期间，成肌细胞与另一个成肌细胞融合等。另外，还有内质网网络与处于动态过程中的线粒体、膜片段的融合。所有的膜融合都需要特殊的蛋白质，并受到严格调控，以确保合适的膜进行融合。调节的核心目的是保证细胞的整体性，以及细胞内各细胞器的个体性。

由病毒融合蛋白催化的膜融合研究得最为清楚。例如，HIV病毒，它通过与靶细胞的膜受体结合，然后与膜融合；通过融合，将病毒的RNA释放到细胞内，进行复制。又如，流感病毒，通过细胞受体介导的内吞作用进入到内吞体，内吞体内的pH激活病毒的融合蛋白，催化病毒的融合蛋白与内吞体的膜融合，将病毒的核酸释放到胞质溶胶，病毒的融合蛋白与SNARE催化的融合机制基本相似。

10.4 细胞分泌

动物细胞和植物细胞将在内质网上合成而又非内质网组成部分的蛋白质和脂通过小泡运输的方式经过高尔基体的进一步加工和分选运送到细胞内相应结构、细胞质膜及细胞外的过程称为细胞分泌（cell secretion）。分泌的物质包括各种酶类、激素、神经递质、局部介质、血清蛋白、抗体及细胞外基质成分，包括植物的细胞壁成分。分泌活动可以分为两种：一种是分泌的物质供细胞内使用；另一种则要通过与细胞质膜的融合进入细胞质膜或运输到细胞外，就如同人类社会生产的产品，有些是内销的，有些是出口的。如前面讨论的溶酶体，以及细胞内由反面高尔基网形成的不与细胞质膜融合的各种分泌泡就属于第一种方式。

细胞分泌作用始于内质网，终止于细胞质膜。分泌作用形成的分泌泡的内含物主要是经由附着核糖体合成的蛋白质，这些蛋白质通过分选后进入到不同的分泌泡，并将被运送到细胞的不同部位，甚至细胞外。因此，分泌作用既涉及蛋白质的分选，也涉及小泡的运输。应特别注意的是，小泡转运的不仅是其内含的蛋白质或货物，也包含着大片膜的转移，这对于膜的更新具有特别重要的意义。

细胞分泌活动是非常重要的生命现象，它不是简单地将内质网合成的物质分发出去，而是通过一套十分精妙的机制经过加工、挑选、运输才完成的。整个过程分为三个阶段，涉及三种不同的细胞器和细胞结构（图10-17）：内质网、高尔基体、细胞质膜。这三部分相当于三道关卡，严格地控制着产品的质量。这三个部分的职能又各不相同，内质网相当于生产基地，高尔基体相当于产品的精加工和质量检测分配部门，而细胞质膜相当于海关。

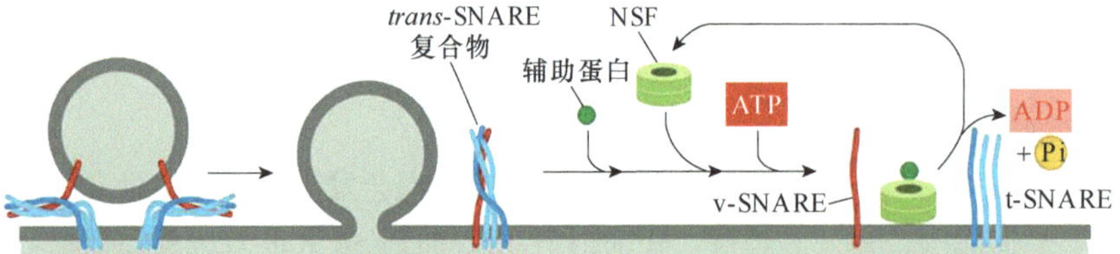

图10-16 NSF催化配对的SNARE的解离（引自Alberts et al., 2015）。v-SNARE与t-SNARE介导运输泡与靶膜融合后，NSF与SNARE复合物结合，在辅助蛋白的帮助下，水解ATP，将SNARE对拆开。

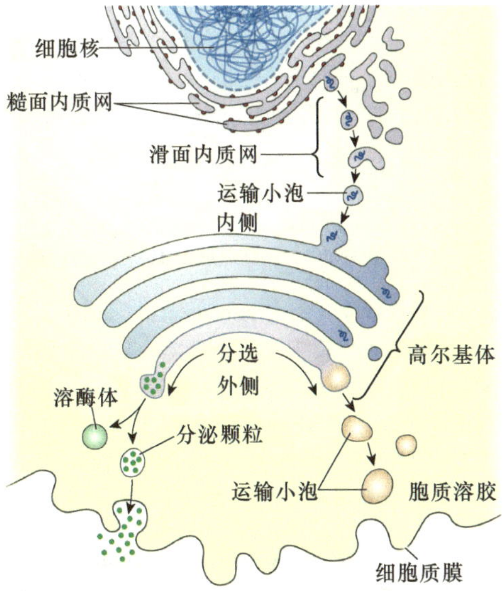

图 10-17 细胞分泌途径（引自 Nelson and Cox，2013）。图中显示了由内质网合成的蛋白质经分泌小泡从内质网至高尔基体运向各目的地，包括溶酶体、细胞质膜及细胞外。

10.4.1 从内质网到高尔基体的分泌

我们已经讨论过，附着核糖体合成的蛋白质先要进入内质网，然后通过分泌活动被运输到各自的“工作岗位”，所以，分泌活动始于内质网。然而，分泌活动复杂，过程较长，由于分泌伴随着分选，故需“层层把关”，进行质量控制。

从内质网到高尔基体的分泌是十分重要的一个阶段。高尔基体是细胞进行多糖合成的主要场所，同时具有分选作用，也是蛋白质的“派遣站”。高尔基体能够合成多种多糖，包括植物的凝集素、半纤维素，以及动物细胞外基质的大多数糖胺聚糖。另外，高尔基体处于内质网的出口处，来自内质网的大量糖蛋白与糖脂进入到高尔基体，而正是高尔基体对这些糖基团的加工与修饰，可作为新蛋白质“上岗”的标志。

10.4.1.1 蛋白质“乘坐”COP Ⅱ小泡离开内质网

需要通过分泌途径运输的内质网中的蛋白质，必须被装载到 COP Ⅱ小泡，这些小泡是在内质网的特殊部位，即内质网出口位点（ER exit site）出芽形成的。在内质网出口区域内是没有核糖体附着的。大多数动物细胞的整个内质网膜的网络上都分布有内质网出口。

离开内质网进入小泡的蛋白质需要经过严格选择，当然也会发生差错。第一，它们必须是正确折叠的蛋白质，包括合适的糖基化修饰、二硫键的形成等，这由内质网中的分子伴侣负责监控；第二，所有内质网腔中输出的蛋白质都有输出信号，需经内质网膜运输蛋白的识别与选择。内质网膜运输蛋白是穿膜蛋白，细胞外结构域可与衔接蛋白结合，细胞质结构域识别内质网腔中货物蛋白的输出信号，并与之结合（图 10-18）。所以，内质网膜运输蛋白的作用就显得非常重要，随着内质网膜运输蛋白的浓缩聚集，货物蛋白被装进了小泡。需要说明的是，被包装到小泡内的货物中还包括膜蛋白，随分泌活动的进程，这些膜蛋白会“远嫁”到其他的膜上，而起运输作用的膜蛋白则会返回到内质网进行下一轮的工作。

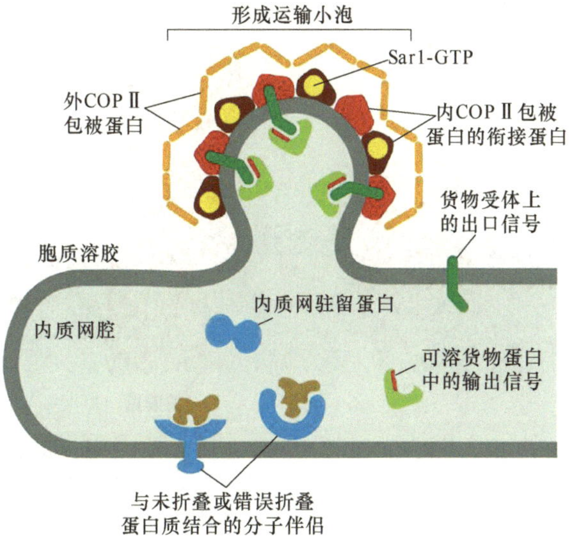

图 10-18 内质网中的货物分子进入 COP Ⅱ有被小泡（引自 Alberts et al.，2015）。内质网中水溶性的货物分子通过输出信号与输出穿膜蛋白的细胞质结构域结合，输出膜蛋白的细胞质结构域与衔接蛋白结合，进行 COP Ⅱ有被小泡的装配。一些起运输作用的穿膜蛋白完成运输任务后要返回内质网膜，一些具有输出信号、归宿在其他膜上的穿膜蛋白则作为“货物”被运输到其他部位。

值得注意的是，离开内质网进入小泡的蛋白质虽然经过了严格选择，也会发生差错。一些没有输出信号的蛋白质也会进入运输小泡，包括一些在内质网中正常工作的蛋白质，也称为内质网驻留蛋白（ER resident protein），这些“走失”的蛋白质，在其“游荡”的过程中，一旦被发现，立即被“遣返”。在“游荡”的蛋白质中，有些是膜泄漏（leak）出来的，并非有意为之。

关于指导内质网中水溶性蛋白进入 COP Ⅱ有被小泡的信号，目前尚不十分清楚，某些作为货物受体的穿膜蛋白是凝集素，它能与分泌蛋白的寡糖结合。例如，有一种凝集素能够与两种分泌的凝血因子（因子Ⅴ、因子Ⅷ）的甘露糖结合，从而将它们包装到小泡中。研究表明，具有这种凝集素遗传突变的人，细胞中缺少该种凝集素，就会降低血清中凝血因子Ⅴ、凝血因子Ⅶ的量，因而会出血过多。

如同其他细胞区室一样，从内质网出芽产生的COPⅡ有被小泡也有大小、形态的差异，即有些很大，有些较小，而且并非都是球形的，也有长管状的，形态大小的变化都是根据运载的货物而定的。例如，脂蛋白分泌泡的体积非常大，而经附着核糖体合成的前胶原通过内质网出芽形成的COPⅡ有被小泡不仅体积大，而且是管状小泡（图10-19）。

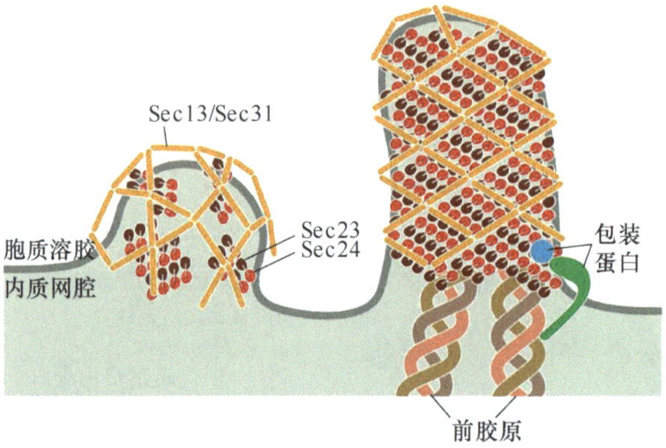

图10-19　原胶原COPⅡ有被小泡的装配（引自Alberts et al., 2015）。在内质网出芽部位形成由Sec23/Sec24蛋白组成的COPⅡ包被的内层，为外层的Sec13/Sec31蛋白装配提供锚定位点。然后，Sec13/Sec31在外层装配成三角形、四边形及五边形的结构。当包装的货物是胶原时，一个特别的包装蛋白感知到胶原的形态，修改包装程序。包装过程中，还需要一种单体泛素蛋白添加到Sec31上，改变外层包被的组装。

10.4.1.2　内质网囊泡管簇介导的内质网膜泡向高尔基体的转运

从内质网输出位点通过出芽形成内质网运输小泡后，这些内质网-COPⅡ有被小泡相互融合成较大的囊泡。由于相互融合的小泡都是来自内质网，膜的性质相同，故将这种融合称为同型融合（homotypic fusion），以区别于异型融合（heterotypic fusion），异型融合则是指来自不同区室小泡间的融合。与异型融合一样，相互融合时也需要配对的SNARE，不同的是，相互融合的膜上的SNARE是对称的，两个膜上都有v-SNARE与t-SNARE（图10-20）。

内质网小泡融合后，继续与其他的内质网

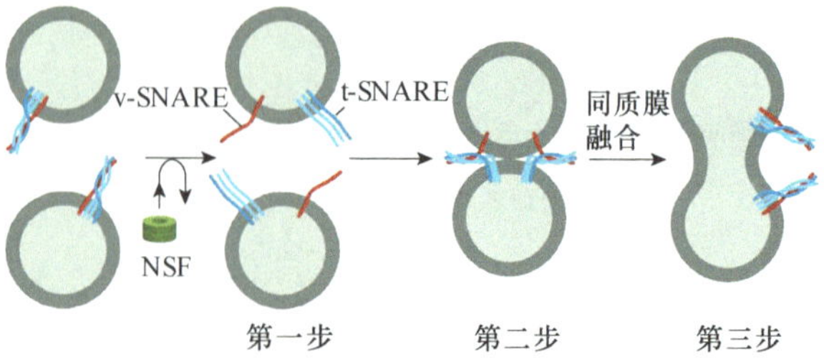

图10-20　同型膜融合（引自Alberts et al., 2015）。融合的第一步，在NSF的作用下，两个同源小泡膜中缠绕在一起的v-SNARE和t-SNARE分别被解开。第二步，两相邻小泡通过膜上的v-SNARE和t-SNARE匹配互作，将两个小泡的膜结合到一起。第三步，两个同型膜通过融合成为一个整体。Rab蛋白在融合中具有调节作用（未显示）。

小泡融合，最后形成囊泡管簇（vesicular tubular cluster）。囊泡管簇在马达蛋白的作用下，以微管为轨道，逐渐运向顺面高尔基网，转运的蛋白质进入高尔基体腔，这是内质网与高尔基体间的主流运输。囊泡管簇也会通过出芽形成COPⅠ有被小泡，将内质网膜运输蛋白回收运输（retrieval transport）到内质网膜（图10-21），维持了内质网膜的平衡。

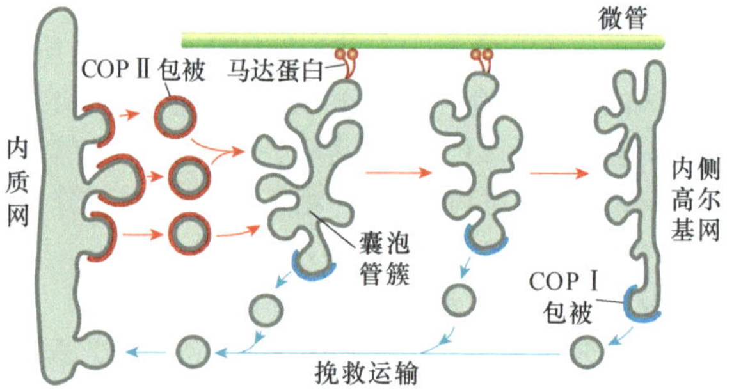

图10-21　囊泡管簇介导的内质网与顺面高尔基网间的运输（引自Alberts et al., 2015）。囊泡管簇借助于马达蛋白，将内质网-COPⅡ有被小泡运向高尔基体。在此过程中，将内质网运输蛋白分选出来以COPⅠ有被小泡的方式返回到内质网（挽救运输）。

从内质网到高尔基体的运输是双向的，不仅有COPⅡ有被小泡，还有COPⅠ有被小泡。前者介导内质网到高尔基体，后者介导内质网驻留蛋白返回岗位。

造成高尔基体蛋白质向内质网回流运输的原因有三种可能：一是将在内质网出芽形成COPⅡ有被小泡时所需的“货物”受体蛋白运回到内质网进行循环，这也是回流小泡的主体；二是内质网在进行蛋白质运输时发生包装错误，将内质网的结构和功能蛋白质运输到高尔基体，被高尔基体的监控蛋白发现并将“走失”蛋白质“遣返”；三是运回参与COPⅡ有被小泡装配的蛋白质，如SNARE等。

10.4.1.3 KDEL 分选信号与内质网“驻留蛋白”的回流

是什么原因保证“借道”内质网的蛋白质能正确输出，对于内质网驻留蛋白又不会被输出呢？研究发现，作为内质网的结构和功能蛋白质在其羧基端都有一个内质网驻留信号（ER retention signal）Lys-Asp-Glu-Leu-COO^-，即 KDEL 信号序列。例如，Bip 蛋白就带有 KDEL 信号，它是内质网中的分子伴侣，如果从 Bip 蛋白上除去这种序列，Bip 蛋白就会分泌出来；如果将 KDEL 信号序列加到别的分泌蛋白上，这种蛋白质也就变成了驻留在内质网中的蛋白质，因此，KDEL 是内质网驻留信号。

KDEL 信号在内质网及高尔基体各个部分的膜上都有相应的受体。如果内质网“驻留蛋白”在内质网出芽时被错误地包进分泌泡而离开了内质网，高尔基体膜上的 KDEL 信号受体蛋白就会与“走失”的内质网蛋白结合，并通过 COP Ⅰ有被小泡，将这些内质网蛋白“遣返”回内质网（图 10-22）。

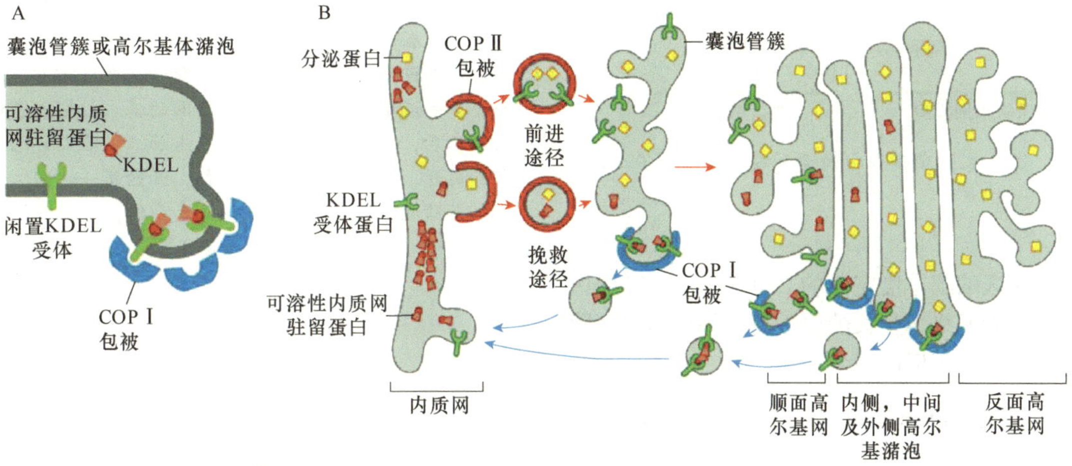

图 10-22 可溶性内质网蛋白质的回流（引自 Alberts et al.，2015）。A. 存在于囊泡管簇及高尔体潴泡膜中的 KDEL 受体捕获可溶性内质网驻留蛋白质，并通过 COP Ⅰ有被小泡运回内质网。在囊泡管簇或高尔基体潴泡中，KDEL 受体与可溶性内质网驻留蛋白质结合后，导致 KDEL 构型改变，从而被包装到出芽的 COP Ⅰ有被小泡中。B. 内质网蛋白质的回流始于囊泡管簇，直至高尔基体的外侧潴泡。回流小泡与内质网融合后，内质网可溶性驻留蛋白质与 KDEL 受体解离进入内质网，而 KDEL 受体可再回到高尔基体中重复使用。

在病理条件下，高尔基体也可将蛋白质回运到内质网。用一种抗生素布雷菲德菌素 A（brefeldin A）处理细胞，这种药物可以阻断高尔基体的分泌活动。用这种药物处理过的细胞，高尔基体大量消失，而与高尔基体相关的蛋白质和酶又出现在内质网中，同内质网驻留蛋白质混合在一起。一旦解除药物，高尔基体又恢复正常，高尔基体蛋白质和酶又回到各个区室。

现已知道，布雷菲德菌素 A 只抑制内质网小泡的形成，而不抑制从外侧高尔基体形成的回流小泡的装配。

10.4.1.4 高尔基体驻留蛋白

如同内质网蛋白，高尔基体蛋白也有其驻留序列（Golgi retention sequence），正是这些序列信号确保高尔基体蛋白质“坚守岗位”，不会随高尔基体的分选出芽而“远走他乡”。

对高尔基体穿膜蛋白而言，高尔基体驻留序列包含一个信号锚定序列（signal-anchor sequence），该信号序列帮助其定位在高尔基体的膜上。该序列两侧的氨基酸决定其在高尔基体膜上的定向，并决定其最终“落户”于高尔基体。有两个模型解释高尔基体膜蛋白是如何“驻留”在高尔基体的膜上（图 10-23）。

第一个模型是亲缘识别模型（kin recognition model），推测的机制是膜蛋白相互间对穿膜结构域识别而聚集起来。聚集了这些膜蛋白的膜区进入高尔基体后就不再通过出芽进入其他的膜结构，详细机制尚不清楚。第二个模型是双层厚度模型（bilayer thickness model），这一模型是基于对高尔基体中胆固醇的量从顺面到反面逐渐增加这一现象提出的：膜中胆固醇的浓度提高可增加膜的厚度，因此，高尔基体的膜显示厚度梯度。按照这一模型，高尔基体蛋白穿膜区的长度是专门按照高尔基

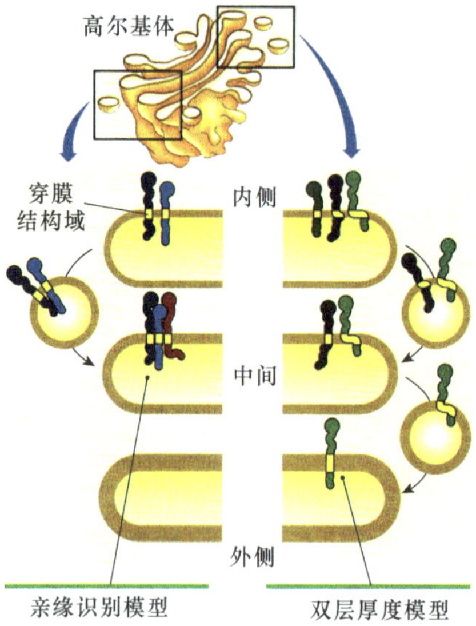

图 10-23 高尔基体穿膜蛋白的两种模型（引自 Plopper, 2016）。

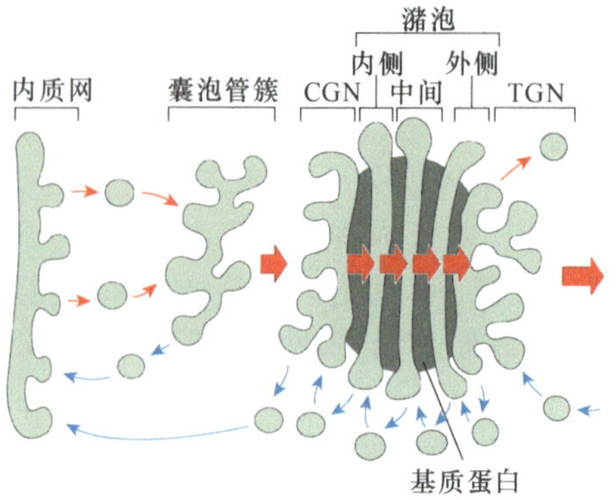

图 10-24 潴泡成熟模型（引自 Alberts et al., 2015）。根据这一模型，随着高尔基潴泡逐渐向潴泡堆外侧迁移，潴泡逐渐成熟。在每一步移动中，潴泡向外移动，而高尔基驻留蛋白则通过 COP Ⅰ有被小泡回流到原来的区室中。这里相当于一个流水加工作坊，每个车间的工人们完成了对产品的加工后，将产品交给下一班工人加工，他们自己则集体乘车离开，回到原来的工作部位，开始新一轮的加工。这样，当潴泡由高尔基体顺面运到反面时，里面的产品经过不同车间“工人”的加工，成为可装箱出售的“商品”。

体蛋白所在区的膜厚度定制的。也就是说，穿膜区短的位于顺面网络，稍长的位于高尔基体的中间膜囊，最长的定位于反面网络。

10.4.1.5 从顺面高尔基网运向反面高尔基网

我们知道，高尔基体是一个极性结构，物质运输是顺着极性进行的。但是，至今仍不清楚高尔基体是如何建立起它的极性结构，以及如何维持这种极性结构的。据推测，可能有多种机制维持极性，其中有两种主要的模型。

第一种模型是潴泡成熟模型（cisternal maturation model）。该模型认为高尔基体潴泡是一个动态结构，成熟从开始到结束是伴随着高尔基体需要的蛋白质的增加到逐步丢失进行的。按照这一模型，来自内质网的小泡不断形成新的囊泡管簇，形成顺面潴泡，并不断向前推进，形成中间潴泡，直至到达反面潴泡（图 10-24）。在此过程中，潴泡带着腔内的“货物”穿过了高尔基堆（Golgi stack），最后成为反面高尔基网的一部分。通过小泡出芽，膜连同货物一起分选到不同运输小泡。此时，该潴泡虽然消失了，后面的潴泡又上来了。这一模型得到来自酵母及某些藻类的实验支持。

第二种模型是膜泡转运模型（vesicular transport model）。按照这一模型，运送“货物”的小泡完成运输任务后又回到原来的部位（图 10-25）。这一模型的主要特点是有一个稳定的核心潴泡存在，避免了过度生长。这一模型也得到了实验的支持。

在小泡转运模型中，各潴泡间出现正向与逆向

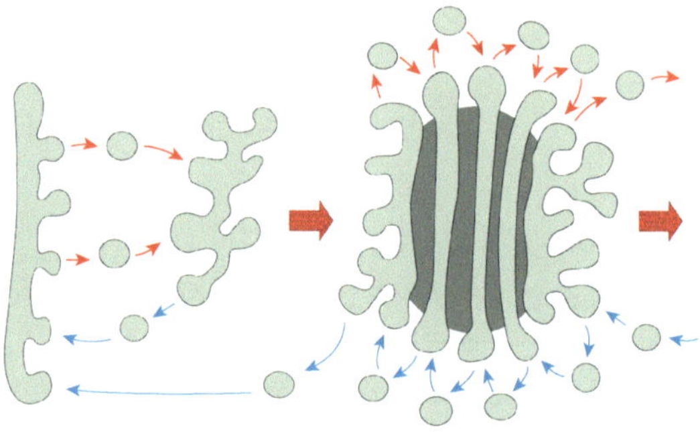

图 10-25 小泡转运模型（引自 Alberts et al., 2015）。按照这一模型，高尔基体的中间潴泡是由若干高尔基潴泡构成的潴泡堆，每一个潴泡相当于一个加工的车间，里面有固定的、具有不同功能的酶（“工人”），来自顺面的运输小泡通过与高尔基潴泡融合，将携带的“货物”释放到潴泡中进行加工，然后再通过出芽形成小泡转运到下一高尔基潴泡。

的小泡运输。正向运输的小泡所装载的蛋白质是送给下一个潴泡继续进行加工的，而逆向运输的小泡装载的蛋白质是回流的蛋白质，即上一个潴泡驻留蛋白。正向与逆向运输的小泡都是 COP Ⅰ包被的，但衔接蛋白可能不同，以便选择性包装不同“货物”。

潴泡成熟模型表明高尔基体的中间潴泡是一个动态的结构，而小泡转运模型表明高尔基体的中间潴泡是一个长寿的结构。由于两种模型都有实验支持，表明两种模型都是存在的。

由于高尔基体的潴泡堆在新合成蛋白质的加工

与修饰中具有重要作用，它必须维持一个相对稳定的状态。在此过程中，有两类蛋白质起重要作用：一类是细胞骨架中的微管蛋白，它作为运输轨道，让来自内质网的囊泡管簇运输到一起；另一类蛋白质就是高尔基基质蛋白（Golgi matrix protein），此类蛋白质作为各潴泡间的支架，将潴泡堆维系在一起，保持中间潴泡结构的稳定。某些基质蛋白，如高尔基体蛋白（golgin），形成长长的拴缆，可伸出高尔基体中间潴泡表面达100～400nm。这些突出表面的高尔基体蛋白可通过与Rab蛋白的相互作用，帮助高尔基体运输小泡靠近高尔基潴泡（图10-26）。此外，当细胞要进行分裂时，有丝分裂蛋白激酶将高尔基体蛋白磷酸化，引起高尔基体片段化，形成的高尔基体片段散布在整个胞质溶胶中。高尔基体片段进入两个子细胞后，通过对高尔基体蛋白的去磷酸化，重新装配成潴泡堆。同样，在细胞的程序性死亡中，由胱天蛋白酶对高尔基体蛋白进行蛋白质水解，导致高尔基体的片段化。

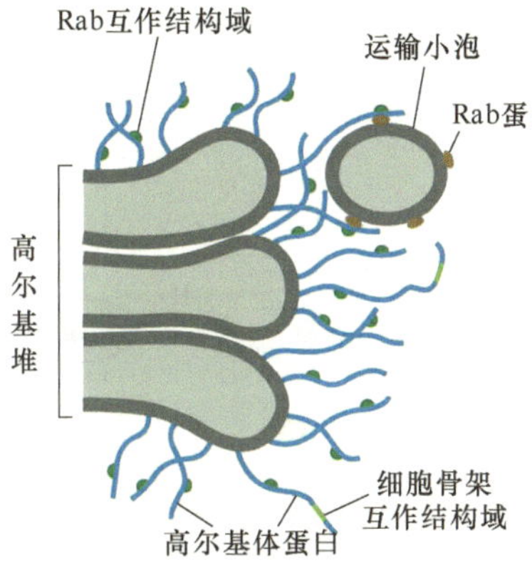

图 10-26 高尔基体蛋白作用模型（引自 Alberts et al., 2015）。纤维状的高尔基体蛋白锚定在高尔基体上，通过与运输小泡表面的Rab蛋白相互作用捕获转运小泡。

10.4.2 从反面高尔基网向溶酶体的分泌

从内质网来的所有蛋白质最后都汇集到反面高尔基网，在那里等待着派遣到最后的工作岗位。而高尔基体要对所有的蛋白质进行分选，然后再分门别类地装入专门的“集装箱”，通过网格蛋白有被小泡，转运到各自的目的地。而最为特别的一类货物，就是溶酶体的水解酶类。之所以特别，是因为它们是酶，个个都“身怀绝技”，并且对于蛋白质极具杀伤力。所以，对溶酶体的酶必须严密监视，集中转运。溶酶体酶的分选与转运是一个相当复杂的过程，涉及的细胞器有内质网、高尔基体和内体等。比较清楚的是甘露糖-6-磷酸加工分选途径：溶酶体的酶类在内质网上起始合成，穿膜进入内质网的腔，在内侧高尔基体带上甘露糖-6-磷酸标记后在反面高尔基网形成溶酶体分泌小泡，最后还要通过脱磷酸才成为成熟的溶酶体。

10.4.2.1 溶酶体酶蛋白的M6P标记

由于溶酶体的酶都是水解酶类，对细胞内的结构和化学组分具有破坏作用，所以它的形成必须有独特的机制。研究发现，溶酶体的酶上都有一个特殊的标记（图10-27），即甘露糖-6-磷酸（mannose-6-phosphate，M6P），这一标记是溶酶体酶合成后在糙面内质网和高尔基体通过糖基化及磷酸化修饰而成的。

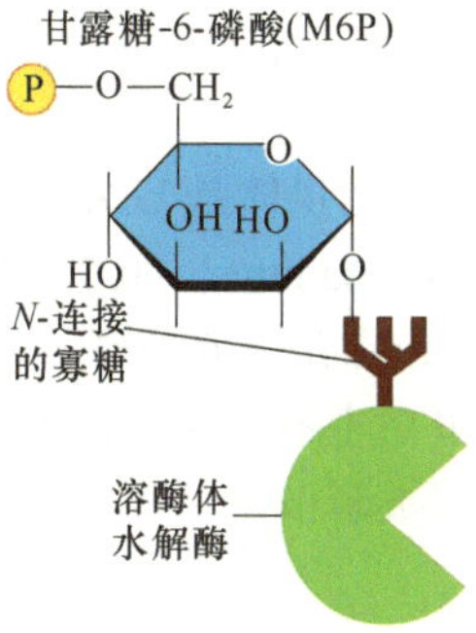

图 10-27 溶酶体水解酶中的甘露糖-6-磷酸结构（引自 Alberts et al., 2015）。

10.4.2.2 GlcNAc-磷酸转移酶

溶酶体的酶蛋白在附着核糖体上合成，通过信号肽的引导进入糙面内质网，在糙面内质网进行*N*-连接的糖基化。在此过程中，溶酶体酶蛋白先带上3个葡萄糖、9个甘露糖和2个*N*-乙酰葡萄糖胺；然后切除3分子葡萄糖和1分子甘露糖后转运到高尔基体；在顺面高尔基网对*N*-连接的糖链进行磷酸化修饰，带上甘露糖-6-磷酸的标记。这一修饰作用是由位于顺面高尔基体中的两种酶催化的：一种是*N*-乙酰葡萄糖胺磷酸转移酶（*N*-acetylglucosamine phosphotransferase），简称GlcNAc-磷酸转移酶（GlcNAc-phosphotransferase）；另一种是*N*-乙酰葡萄糖胺糖苷酶（*N*-acetylglucosaminidase）。

在溶酶体酶蛋白的一级结构上通常有几段信号序列，在磷酸化时可形成信号斑（signal patch），它是一个三维的表面结构，能够被磷酸转移酶特异性识别与结合。

由内质网转运到顺面高尔基体中的溶酶体酶蛋白被GlcNAc-磷酸转移酶识别并结合。该酶具有两个独立的位点，一个是催化位点，另一个是识别位点。催化位点能够同时结合高甘露糖-*N*-连接的寡糖和 UDP-GlcNAc；识别位点能够结合溶酶体水解酶上的信号斑。GlcNAc-磷酸转移酶将 GlcNAc 上的磷酸转移到溶酶体酶的寡糖上，对甘露糖进行磷酸化修饰，然后由第二种酶，即 *N*-乙酰葡萄糖苷酶将 *N*-乙酰葡萄糖胺切除（图 10-28）。

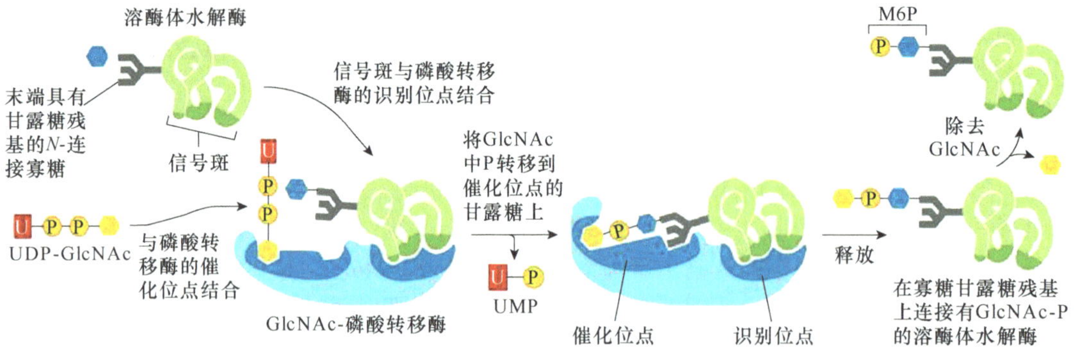

图 10-28 溶酶体水解酶的识别与磷酸化修饰（引自 Alberts et al., 2015）。在高尔基体中，溶酶体水解酶被 GlcNAc- 磷酸转移酶所识别，该酶有两个独立的位点，一个具有催化作用，一个具有识别作用。

反应中磷酸基的供体是 UDP-*N*-乙酰葡萄糖胺（UDP-*N*-acetylglucosamine，UDP-GlcNAc），甘露糖残基磷酸化的位点是第 6 位碳原子（图 10-29）。每个溶酶体酶蛋白上有 8 个甘露糖残基，至少有一个甘露糖残基被磷酸化，也会有多个甘露糖残基磷酸化的情况发生。溶酶体酶蛋白的甘露糖一旦被磷酸化，就带上了 6-磷酸标记，通过这种修饰作用，内侧高尔基体中的 pH 由 7 转变成 6.5 左右。

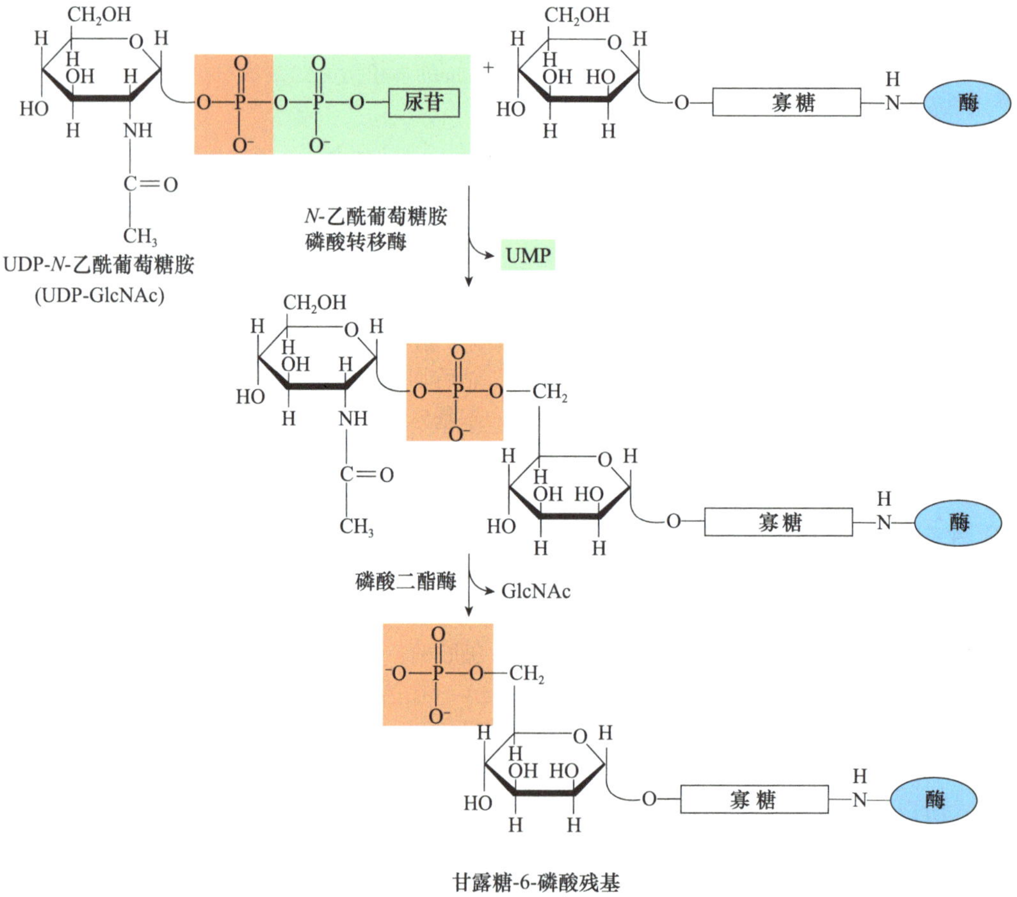

图 10-29 溶酶体水解酶甘露糖残基的磷酸化（引自 Nelson and Cox, 2017）。

10.4.2.3 M6P受体及溶酶体酶网格蛋白有被小泡的形成

经过顺面高尔基体潴泡中酶的修饰，带上M6P标记的溶酶体酶蛋白被转运到反面高尔基网，在高尔基体外侧潴泡的膜上有识别M6P标记的受体，通过M6P与受体的识别与结合，溶酶体酶蛋白被分选出来。M6P受体同时含有一特殊的2亮氨酸序列，该序列能够与称作GGA的衔接蛋白结合，GGA蛋白可招募网格蛋白，通过出芽形成游离的溶酶体网格蛋白有被小泡，接着脱去网格蛋白包被，形成早期内体，经受体分选、脱磷后成为溶酶体（图10-30）。

M6P受体蛋白与M6P的结合是高度特异的，并且具有较高的结合力。它在pH为6.5～7的条件下与M6P结合，而在酸性条件下（pH 6）解离。

M6P受体蛋白主要存在于高尔基体的外侧潴泡的膜，但在一些动物细胞的质膜中发现有很多M6P受体蛋白的存在，这可能是细胞的一种保护机制，可防止溶酶体的酶不正确地分泌到细胞外。细胞质膜表面pH呈中性，溶酶体的酶蛋白在这种条件下与M6P受体紧紧地结合在一起，可通过内吞作用将分泌出来的溶酶体酶重新包装入网格蛋白有被小泡并送回到细胞内。大多数这样的膜泡能够与溶酶体或反面高尔基网融合。据估计，有5%～10%的溶酶体酶是通过这种方式从细胞外送回到细胞内的。

Brown和Farquhar发现用铵离子（NH_4^+）处理细胞能够干扰溶酶体的分选机制。当溶酶体中铵离子浓度升高时会使溶酶体中的pH升高，这样溶酶体的酶就不能从M6P受体脱离，从而影响了M6P受体回到高尔基体再循环。其结果是，由于高尔基体外侧潴泡中M6P受体的不足，溶酶体的酶就会分泌到细胞外而不是被包装到溶酶体分泌小泡。如果解除NH_4^+的作用，使M6P受体得以释放和再循环，溶酶体的分选恢复正常。

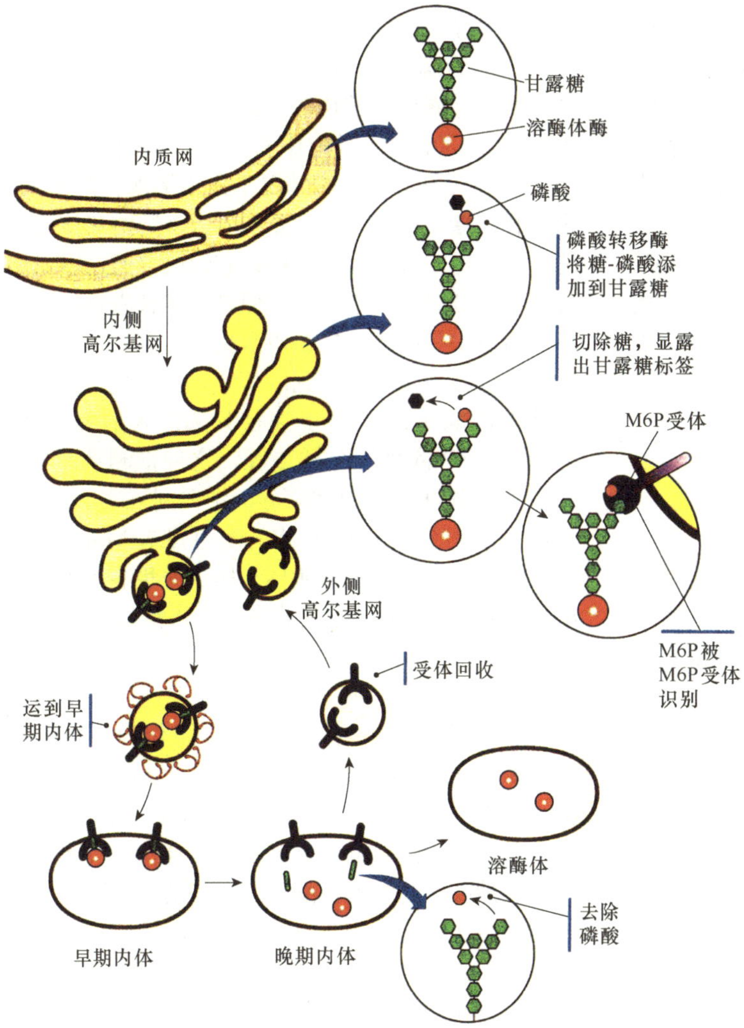

图10-30 溶酶体酶蛋白的修饰与溶酶体的形成（引自Plopper，2016）。特别注意溶酶体网格蛋白有被小泡形成之后需将受体分选回收，还需要将修饰的P去除，才能成为溶酶体。

10.4.2.4 内体

内体（endosome），又称内吞体，既可产生于细胞的内吞，又可产生于高尔基体的分选形成的有被小泡，但其命运始终与溶酶体息息相关。

内体是细胞内一种动态的小泡结构，有早期内体（early endosome）和晚期内体（late endosome）之分，早期内体通常位于细胞质的外侧，晚期内体常位于细胞质的内侧，靠近细胞核。内体的主要特征是酸性的、不含溶酶体酶的小囊泡（溶酶体分泌泡除外）。一般认为早期内体是由于细胞的内吞作用而形成的含有内吞物质的小泡，通常是管状和小泡状的网络结构集合体。

晚期内体中的pH呈酸性，且具有分拣作用，能够分选出结合货物的受体，让它们再循环到细胞质膜表面或高尔基体外侧潴泡，如溶酶体酶运输小泡与晚期内体融合后，就是依靠晚期内体的分拣作用使受体再循环的。另外，有学者将与溶酶体酶运输小泡融合的晚期内体称为前溶酶体，因为此时的晚期内体中有溶酶体酶原的存在。内体膜上具有 H^+-ATPase，利用 H^+的浓度，保证了内部酸性。早期内体和晚期内体是可以区别的，因为它们的密度、pH 和酶的含量不相同。

10.4.2.5 溶酶体的异质性

从内体与溶酶体的形成看，二者之间有着十分密切的关系。早期内体的来源有两个途径：一是来自反面高尔基网的含有溶酶体酶的分泌泡；二是内吞作用产生的，若是吞入“外逃”的溶酶体酶，形成的早期内体则是含溶酶体酶的早期内体；如果内吞入细胞的早期内体不含有溶酶体的酶，可通过与溶酶体小泡融合成为含有溶酶体酶的晚期内体。

一般而言，晚期内体通常含有溶酶体的酶，它可以进一步与已经存在的溶酶体融合，形成的结构称为内吞溶酶体（endolysosome），内吞溶酶体又可与另外的溶酶体融合（图 10-31）。当内吞溶酶体中内吞的物质被溶酶体水解酶基本消化或是仅有少许残留时，这些溶酶体即是“经典”的溶酶体了。量大、小而圆的经典溶酶体可以与内体或是内吞溶酶体融合，循环使用。内吞溶酶体与溶酶体之间没有本质的差别，它们的差异仅是所处的溶酶体成熟的阶段不同。由此看来，细胞内的溶酶体不仅是动态的，而且是混杂的，既有经典的溶酶体，又有内吞溶酶体，所以，可将溶酶体看成是由不同细胞器组成的异质性（heterogeneous）的集合体，但它们的共同特点是含有高浓度的水解酶。

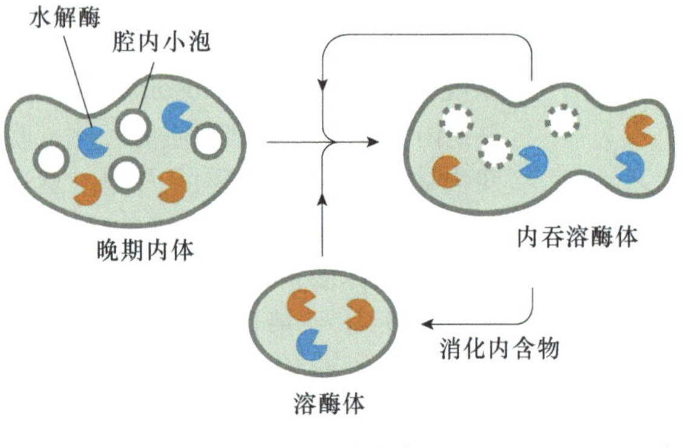

图 10-31 溶酶体成熟模型（引自 Alberts et al., 2015）。晚期内体能够与预先存在的溶酶体或预先存在的内吞溶酶体融合，当内含物被完全消化后，内吞溶酶体最终成为溶酶体。

10.4.2.6 GlcNAc 磷酸转移酶缺陷与溶酶体贮积症

溶酶体水解酶的遗传缺陷可引起人的多种溶酶体贮积症（lysosomal storage disease）。患者的溶酶体中贮积一些未消化的底物，导致严重神经系统的疾病。在大多数情况下，溶酶体贮积症是编码水解酶的单个结构基因发生了突变。例如，Hurler 综合征患者的溶酶体中水解糖胺聚糖的酶发生缺陷或者缺失。大多数溶酶体贮积症表现为代谢缺陷，如 I 细胞病（I-cell disease）就是一种特别严重的溶酶体贮积症，患者的很多细胞中的溶酶体都是空的，即丢失了所有的水解酶。通过比较 I 细胞患者和正常人的溶酶体酶的差异发现患者细胞中缺少 GlcNAc 磷酸转移酶，不能使溶酶体酶蛋白带上 M6P 标记，缺少 M6P 信号的溶酶体酶不能进入溶酶体，而被分泌到细胞外。I 细胞病将严重影响个体发育，患这种病的儿童，一般在 6～7 岁前死亡。

10.4.2.7 溶酶体形成的非 M6P 途径

M6P 途径是溶酶体酶分选的主要途径，但不是唯一途径，这主要是通过对一种遗传病的研究发现的。黏脂病（mucolipidosis）是一种遗传病，患者不能使甘露糖磷酸化。患者的成纤维细胞中含有很多细胞质小泡，小泡中有大量未被消化的大分子，这些大分子在正常情况下是由溶酶体降解的。由于甘露糖不被磷酸化，意味着大多数溶酶体酶不能正确地进入溶酶体。这样，它们就会通过组成型分泌途径被分泌到细胞外。但是，尽管患者的溶酶体酶蛋白中甘露糖不能被磷酸化，仍有一些溶酶体的酶能够被正确地包装到溶酶体中。于是推测，溶酶体的酶除了通过 M6P 途径分选进入溶酶体外，还有非 M6P 依赖的分选途径，这种推测从 I 细胞病患者的肝细胞溶酶体酶分析中得到证实。I 细胞病患者的肝细胞中溶酶体的酶也没有 M6P 标记，但是能够正常地进入溶酶体，提示这些溶酶体的酶必然是通过非 M6P 依赖的途径进入溶酶体的，但机制尚不清楚。

目前已知的通过非 M6P 途径进入溶酶体的酶还包括溶酶体膜中的糖蛋白，以及作为溶酶体膜结合蛋白前体被合成的溶酶体酶（也是糖蛋白）。例如，酸性磷酸酶在合成时是以前体形式被合成的，并且作为内质网的整合蛋白结合在内质网的膜中。这种膜结合的前体酶通过高尔基体被运入溶酶体，然后通过切割作为成熟的酸性磷酸酶被释放到溶酶体的腔中。另一个例子就是 β-葡糖脑苷脂酶（β-glucocerebrosidedase），此酶作为前体合成并结合在膜上，但是成熟后仍然结合在溶酶体的膜上。

指导膜结合蛋白从内质网进入溶酶体的寻靶信号是一段特殊的氨基酸序列，这段序列位于穿膜蛋白的细胞质结构域。如果将酸性磷酸酶的细胞质结构域中的一个酪氨酸突变后，这种酶的前体就只能结合在内质网的膜而不能进入溶酶体中。在其他的溶酶体酶中也发现类似的情况，说明酪氨酸是溶酶体酶寻靶信号的组成部分。

10.4.3 胞吐作用：从反面高尔基网向细胞外分泌

细胞分泌活动的最后阶段是胞吐作用（exocytosis），是真核细胞中含有待分泌物的小泡与质膜融合，从而将内含物排出胞外的过程。在组成型分泌活动中，胞吐作用是自发进行的，但是在调节型的分泌活动中，胞吐作用必须有信号的触发。触发信号可以是神经递质、激素或 Ca^{2+} 等，在胞吐过程中也需要 GTP 和 ATP 等。向分泌细胞注射 Ca^{2+} 可以促进胞吐作用。

10.4.3.1 组成型与调节型分泌活动

反面高尔基网出芽形成的分泌泡除了溶酶体小泡外，还有携带需要分泌到细胞外物质的小泡。这些分泌泡有两大使命：一方面为细胞质膜提供新的膜蛋白和膜脂；另一方面将内含物分泌到细胞外，为细胞外基质提供糖蛋白、蛋白聚糖和其他一些蛋白质，包括酶类。将细胞内物质分泌到细胞外的活动称为胞吐作用。

经反面高尔基网产生的分泌泡到达细胞质膜内侧后并非都是立即与细胞质膜融合，它们的分泌活动分为两种类型：组成型分泌途径和调节型分泌途径（图 10-32，②~③）。

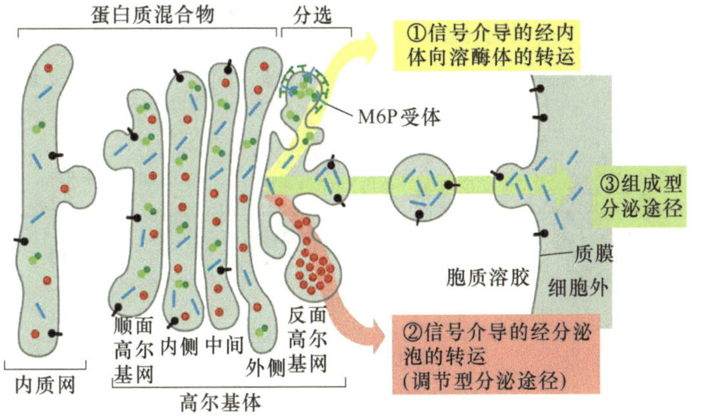

图 10-32 反面高尔基网进行的蛋白质分选的三种途径（引自 Alberts et al., 2015）。①网格蛋白有被小泡介导的具有 M6P 标记的溶酶体酶蛋白的分选途径。②调节型分泌途径：这种途径存在于特化的分泌细胞中，分泌泡中的蛋白质都是在信号指导下，被分选到一起。③组成型分泌途径：这种分泌途径存在于非极性细胞，这些细胞表面没有什么特殊的标志。

1）组成型分泌途径（constitutive secretory pathway） 这种分泌途径中运输小泡持续不断地从高尔基体运送到细胞质膜，并立即进行膜的融合，将分泌小泡中的蛋白质释放到细胞外。此过程不需要任何信号的触发，它存在于所有类型的细胞中。

在大多数细胞中，组成型分泌途径的物质运输不需要分选信号，从内质网经高尔基体到细胞表面的物质运输是自动进行的。组成型分泌途径除了给细胞外环境和其他组织提供蛋白质、酶、生长因子和细胞外基质成分外，也为细胞质膜提供膜整合蛋白和膜脂。

组成型分泌小泡通常称为运输小泡（transport vesicle），是由反面高尔基网对组成型分泌蛋白的包装、出芽形成的。

2）调节型分泌途径（regulated secretory pathway） 又称诱导型分泌，见于某些特化的细胞，如内分泌细胞。在这些细胞中，分泌小泡成群地聚集在质膜下，只有在外部信号的诱导下，质膜产生胞内信号后小泡才与质膜融合，分泌内含物。这种类型分泌小泡形成的方式可能与溶酶体相似，分泌蛋白在反面高尔基网中通过分选信号与相应的受体结合，使其分选到分泌小泡中。分泌小泡比运输溶酶体的运输小泡大，所含的蛋白质远远多于膜受体的量，因此有人认为这种分选可能更像细胞表面受体介导的内吞过程，有网格蛋白参与。

调节型分泌途径中形成的小泡称为分泌小泡（secretory vesicle）或分泌泡，不过分泌小泡的形成机制与组成型运输小泡是不同的。在一些特化的分泌细胞中，合成一些特殊的产物，如激素、黏液（mucus）、消化酶，这些产物先被贮藏在分泌小泡中，这些分泌小泡通过出芽离开反面高尔基网并聚集在细胞质膜附近，当细胞受到细胞外信号刺激时，就会与细胞质膜融合将内含物释放到细胞外。此外，调节型分泌小泡出芽时的包被蛋白是网格蛋白，而组成型运输小泡出芽时的包被蛋白是 COP Ⅰ包被蛋白。

调节型分泌有两个特点：一是小泡的形成具有选择性；二是具有浓缩作用，可使被运输的物质浓度提高约 200 倍（图 10-33）。

10.4.3.2 极性细胞膜蛋白的分选运输

在有极性的细胞中，如上皮细胞，细胞质膜分成顶端膜和基底外侧

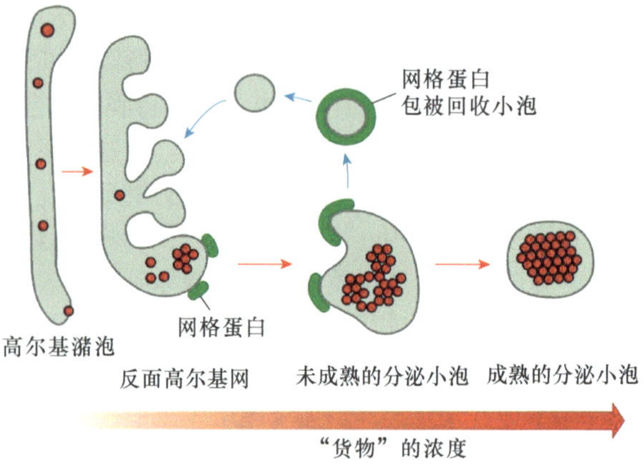

图 10-33　分泌小泡的浓缩（引自 Alberts et al., 2015）。分泌小泡中蛋白质的浓缩有两种机制。第一种机制是通过对反面高尔基网内部环境的酸化，促进分泌蛋白的聚集；第二种机制是网格蛋白被分选返回反面高尔基网时要形成一种不含分泌蛋白的空泡，导致分泌蛋白的浓度提高。

膜，两部分细胞质膜含有不同的膜蛋白和膜脂，糖脂和糖蛋白只存在于顶部细胞质膜中。在这种有极性的细胞中，细胞质膜蛋白的分泌活动具有选择性，通过几种不同的分选机制保证所有的质膜蛋白能够到达正确的位置。

极性细胞质膜蛋白分泌定位的一种机制涉及反面高尔基网对质膜蛋白的分选。研究表明，在反面高尔基网，无论是顶部质膜还是基底侧质膜的蛋白质都是在一起的，但是却被分别包装到两种不同类型的分泌小泡中，一种小泡运向顶部并与顶部质膜融合，而另一种小泡移到基底侧质膜并与之融合。这些小泡的表面带有不同的运输标识，与不同部位的靶蛋白结合。

MDCK 细胞（Madin-Darby canine kidney cell，马丁-达比犬肾细胞）是上皮极性肾细胞。通过培养的 MDCK 细胞研究了顶端-基底细胞膜蛋白的选择性分选。

流感病毒，其子代病毒是从顶端膜出芽的；而水疱性口炎病毒（vesicular stomatitis virus，VSV），其子代病毒是从基底膜出芽的。出芽部位的差异是由各自蛋白质运输途径不同造成的：流感病毒的 HA 糖蛋白经由高尔基体分选后被转运到顶端膜，而疱疹病毒的 G 蛋白经高尔基体分选后被转运到基底膜（图 10-34）。如果通过基因技术，将流感病毒编码的 HA 蛋白基因导入未感染的细胞，表达的 HA 蛋白全部积累在顶端质膜，这表明，HA 蛋白的分选信号存在于 HA 蛋白而不是感染病毒表达的其他蛋白质。

10.4.3.3　分泌泡中蛋白质的酶解加工

在内质网上合成的蛋白质并非合成之后就有活性。某些分泌蛋白（如生长激素）和某些病毒的膜蛋白（如 VSV G 蛋白）合成后，由蛋白酶从新生肽链上切除内质网信号序列即转变成成熟的有活性蛋白质。但是，对于质膜的蛋白质和大多数分泌蛋白来说，开始合成的是相当长的没有活性的前体，称为前蛋白（preprotein），这些蛋白质需要进一步加工才能成为成熟的、有活性的蛋白质，如血清白蛋白（serum albumin）、胰岛素、酵母的 α 交配因子，以及所有的分泌蛋白和膜蛋白，包括流感病毒的 HA 蛋白。

一般说来，前蛋白被酶解转变成成熟的分子是在离开高尔基体后的分泌小泡中进行的。正常情况下，成熟的分泌小泡是由几个不成熟的小泡融合而成的，然后通过加工使蛋白质成熟。

某些前体蛋白，包括前白蛋白（proalbumin）

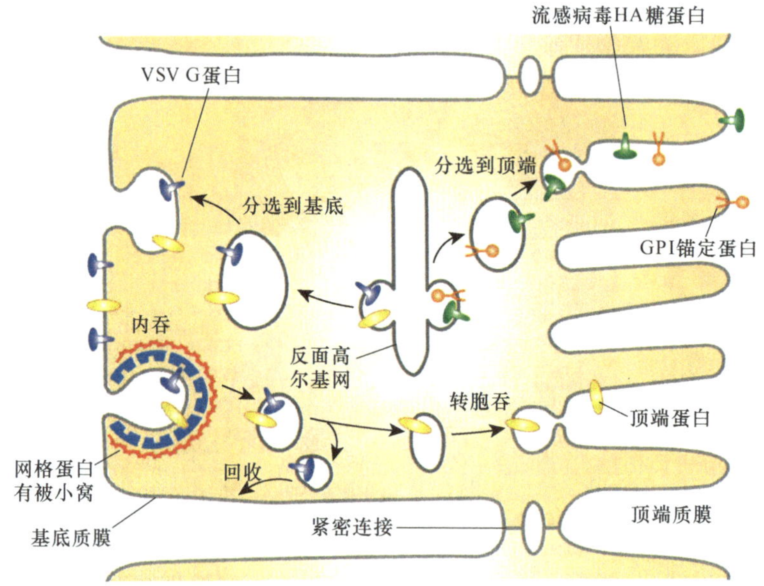

图 10-34　极性细胞顶端膜与基底膜蛋白的选择性分选（引自 Lodish et al., 2013）。当培养的 MDCK 细胞同时用 VSV 及流感病毒感染，VSV 的 G 蛋白仅出现在基底膜，而流感病毒的 HA 糖蛋白仅出现在顶端膜。某些细胞蛋白（橙色的圆圈），特别是 GPI 锚定蛋白被直接分选到顶体膜，其他一些蛋白质（未显示）则从反面高尔基网转运到基底膜。

在C端的某一位点切割一次，产生两个碱性的识别序列，如Arg-Arg或Lys-Arg（图10-35），另外一些前蛋白在N端切除几个氨基酸或在N端和C端同时切除几个氨基酸。在胰岛素原中，多余的氨基酸称为C肽，位于多肽的内部，加工时要将C肽切除，并将两端的A肽和B肽通过二硫键连接起来（见图6-30）才有功能。

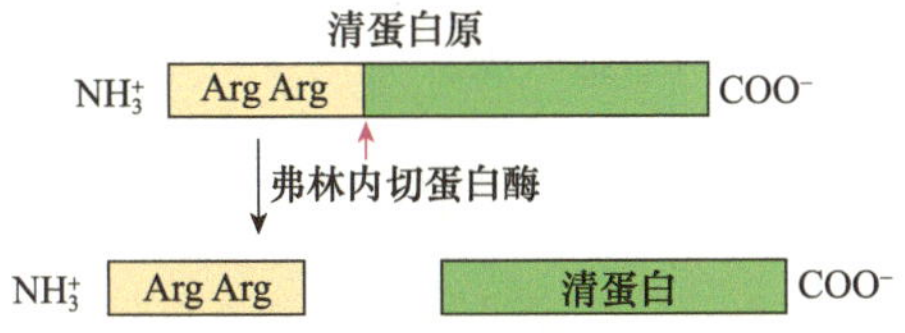

图10-35 清蛋白原在分泌过程中的加工。清蛋白原在分泌泡中被弗林内切蛋白酶（成对碱性氨基酸蛋白酶）切除N端一对Arg片段，形成成熟的清蛋白。

10.4.3.4 溶酶体与多泡体经过胞吐释放内含物

溶酶体也能够通过分泌作用将未消化的内含物释放到细胞外。对于大多数细胞来说，这种情况是极少发生的，除非是应急情况。但是，某些含有特殊溶酶体的细胞，其溶酶体具有与细胞质膜融合的机制。例如，皮肤的黑素细胞（melanocyte），在其溶酶体中贮存色素，这些含有黑素体（melanosome）的溶酶体需要通过胞吐作用将黑素释放到表皮的细胞外空间。释放的色素被角质形成细胞（keratinocyte）所吸收，产生正常的皮肤色素。在某些遗传病中，由于黑素体的胞吐作用缺陷，阻断了黑素的释放，导致白化（albinism）。

在某些情况下，多泡体也能与细胞质膜融合，这样就会导致腔内泡（intralumenal vesicle）释放到细胞外。在血液中可以观察到这些释放的流动小泡，亦称为外泌体（exosome），可以在远距离细胞间进行物质转运，或进行通讯，但其潜在的重要性尚不清楚。有些外泌体可直接通过胞吐作用产生。

10.5 内吞作用

细胞通过细胞质膜的内陷将细胞外的物质转运到细胞内的过程称为内吞作用（endocytosis）或胞吞作用。包括吞噬作用、吞饮作用、受体介导的内吞作用三种类型。内吞的物质包括细胞质膜成分、液体、溶质、大分子，以及一些特别的物质。内吞的货物包括受体-配体复合物（受体及其结合的物质）、细胞碎片、细菌、病毒，在特殊情况下，甚至是细胞。通过内吞作用，细胞可调节细胞质膜的成分，以应对细胞外环境的变化。

实际上，所有的细胞质膜都在不断地通过质膜形成吞饮泡（pinocytic vesicle）进行营养的吸收。虽然不同类型的细胞间通过吞饮作用（pinocytosis）产生的质膜内化的速度是不同的，但整体速度是惊人的。例如，一个巨噬细胞每小时要摄入自身体积25%的液体，这就意味着巨噬细胞每分钟摄入1%的质膜，或在30min内将自身质膜100%摄入到细胞内；成纤维细胞的摄入速度稍低一些（每分钟摄入自身1%的质膜）。质膜的减少，必须依靠细胞的胞吐作用进行补充，维持细胞体积的稳定。从这个意义上说，内吞作用与胞吐作用是偶联的，即内吞作用与胞吐作用是连续循环的。内吞与胞吐的偶联具有重要意义，尤其是对于具有高度特化的神经末端细胞质膜的快速轮回。

细胞的内吞循环通常从网格蛋白有被小窝开始（图10-36），产生小窝的特化区域大约占细胞质膜的2%，而且网格蛋白有被小窝的半衰期很短，大约在产生后0.5min左右。观察人工培养的成纤维细胞发现，每分钟大约产生2500个网格蛋白有被小泡，有时网格蛋白有被小泡比网格蛋白有被小窝的量还要多，网格蛋白有被小泡从形成到去被再到相互融合仅需几秒钟。

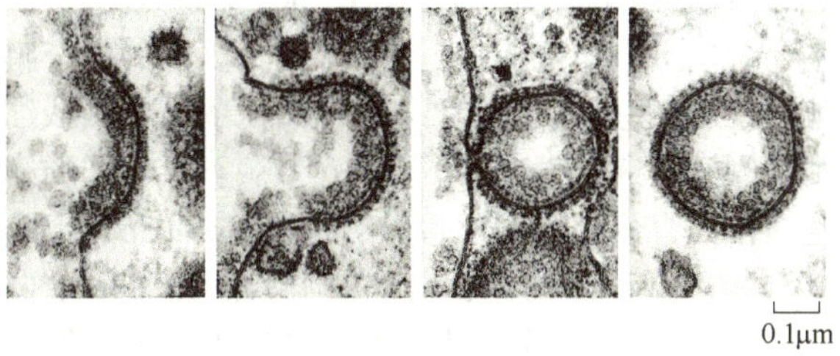

图10-36 母鸡的卵母细胞质膜形成脂蛋白的网格蛋白有被小泡（引自Alberts et al.，2015）。电镜照片显示，质膜先形成网格蛋白包被小窝，接着小窝逐渐内陷，最后形成独立的网格蛋白有被小泡。母鸡的脂蛋白（lipoprotein）的内吞网格蛋白有被小泡体积较大，摄入的脂蛋白参与卵黄的形成。

10.5.1 内吞途径

在细胞质膜进行内吞的过程中，有三种不同的内吞途径（图10-37）。第一种途径是依赖于网格蛋白、由受体介导的内吞，是细胞选择性输入细胞外大分子的重要方式。第二种途径是依赖于窖蛋白（caveolin）的内吞，这是发生在含有脂筏的质膜微

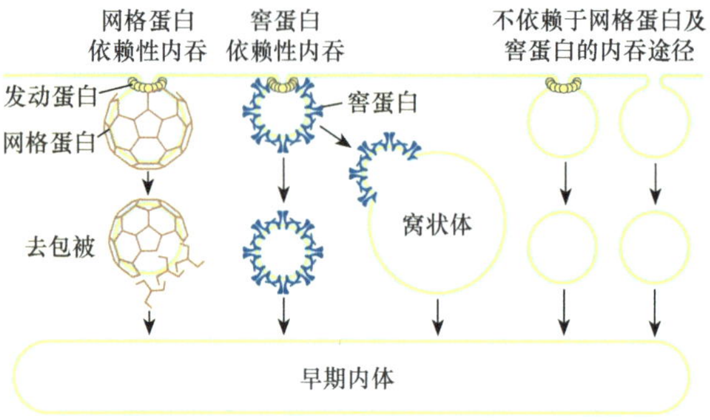

图 10-37 真核细胞的内吞途径（引自 Nelson and Cox，2013）。网格蛋白有被小泡与窖蛋白有被小泡是主要的两种途径，这两种途径都需要用 GTP 作为能源，在发动蛋白的作用下将小泡与质膜切离。第三种途径是独立于网格蛋白、窖蛋白的，小泡与质膜的切离有时需要发动蛋白，有时不需要。

区的内吞作用，也需要受体，同样需要发动蛋白将膜泡与质膜切离，形成的窖蛋白内吞体相互融合，形成大的内吞泡，窖蛋白可循环使用。第三种途径独立于网格蛋白与窖蛋白的内吞，有些需要发动蛋白，有些不需要发动蛋白。

除了网格蛋白有被小窝与网格蛋白有被小泡外，在很多细胞质膜上还可见到由窖蛋白包被的胞膜小窝（caveolae），它们参与穿过血管内皮的物质运输，产生的区域是膜的脂筏结构域，该区域富含胆固醇、鞘脂及 GPI 锚定蛋白等。胞膜小窝中的主要结构蛋白是窖蛋白，是一类较为少见的整合膜蛋白家族，每一个窖蛋白都有一疏水的结构域从细胞质侧插入到质膜，但不会穿过质膜。在它们的细胞质侧，窖蛋白与洞穴蛋白（caving protein）组成复合物，这种结构能够稳定膜洞穴。与网格蛋白有被小泡和 COP Ⅱ有被小泡或 COP Ⅰ有被小泡相比，胞膜小窝是较为稳定的，但是也能够被诱导与质膜脱离成为内吞泡将货物转运给早期内体或极性细胞相对的一侧细胞质膜。某些动物细胞的病毒，如 SV40 和乳头瘤病毒（papilloma virus），就是通过胞膜小窝形成的小泡进入细胞的。病毒先被转运给早期内体，然后转运到内质网的腔。病毒基因组穿过内质网的膜进入胞质溶胶，然后进入细胞核，开始感染循环。霍乱毒素也是通过胞膜小窝进入细胞，然后进入内质网，最后进入胞质溶胶。

大胞饮作用（macropinocytosis）是既不需要网格蛋白，也不要窖蛋白的内吞作用，所有动物细胞都具有大胞饮作用。在大多数细胞类型中，并非是连续发生大胞饮作用的，只是受到细胞表面的某些货物受体的诱导作用时，在较短的时间内连续发生，如诱导性的生长因子、整合素配体、程序性死亡细胞的残余物，以及某些病毒等。这些配体激活一个复杂的信号转导途径，改变肌动蛋白的动态性，形成一个细胞表面凸起（protrusion），叫做皱褶（ruffle）；当皱褶回折接触到细胞时，就会形成一个大的、充满液体的内吞泡，叫做大胞饮体（macropinosome）。大胞饮作用是一种极好的细胞摄取及消化途径（图 10-38）：形成的大胞饮体是酸性的，能够与晚期内体及内吞体融合，也不需要将它的货物返回到细胞质膜。

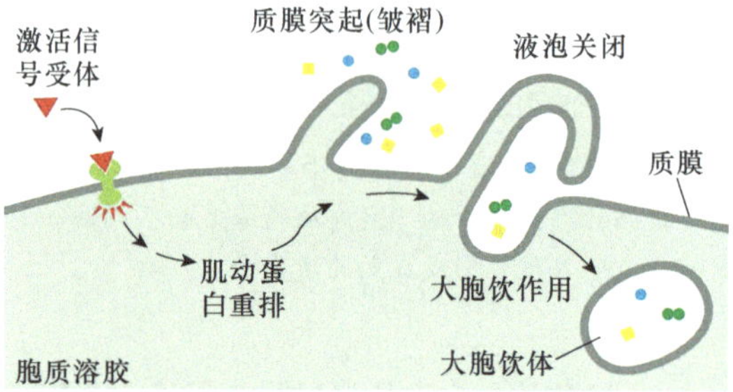

图 10-38 大胞饮作用（引自 Alberts et al.，2015）。细胞信号转导导致肌动蛋白骨架的重排，引起细胞表面皱褶的产生。当凸起回折与细胞表面相连，形成一个大胞饮体，里面装入的是细胞外液体、非特异性的大分子及一些颗粒。

10.5.2 受体介导的内吞作用

受体介导的内吞（receptor-mediated endocytosis）是一种特殊类型的胞吞作用，主要是通过细胞表面的受体摄取细胞外特殊的生物大分子。受体介导的内吞是大多数动物细胞从外部环境中获得特别的大分子的主要途径。

10.5.2.1 受体介导内吞的特点

在受体介导的内吞中，被吞入的物质首先要与质膜中的受体结合，与受体结合的物质称为配体（ligand），配体即是经受体介导被内吞的特异性大分子。根据配体的性质及被细胞内吞后的作用可将其分为四大类：①营养物，如运铁蛋白、低密度脂蛋白等；②有害物质，如病原菌；③免疫物质，如免疫球蛋白、抗原等；④信号物质，如胰岛素等多种肽类激素等。

吞入到细胞内的物质可分为三大类：配体（猎物）、受体和膜组分，它们进入细胞后的命运如何呢？一般而言，配体基本被降解，少数可被利用。大多数受体能够再利用，少数受体被降解。通常受体有 4 种可能的去向。①受体内吞之后，大多数可形成载体小泡重新运回到原来的质膜上再利用，这些受体（如M6P受体、低密度脂蛋白受体）主要是通过晚期内体的分拣作用重新回到细胞质膜上，所以晚期内体如同反面高尔基网一样，是内吞途径中的主要分选站。晚期内体内部酸性环境使受体蛋白改变构型，释放出配体。②受体和配体一起由载体小泡运回到原来的质膜上再利用，如运铁蛋白及运铁蛋白受体就是通过这种方式再循环。③受体和配体一起进入溶酶体被降解，如在某些信号转导中，信号分子与受体一起被溶酶体降解，这是进行信号调节的一种方式。④受体和配体一起通过载体小泡被转运到相对的细胞质膜面，这就是转胞吞作用（transcytosis）。

10.5.2.2 受体介导的低密度脂蛋白的内吞

低密度脂蛋白是受体介导胞吞作用的一个典型例子。

胆固醇是动物细胞质膜的基本成分，也是固醇类激素的前体。由于胆固醇是疏水性分子，所以它在血液中是以大的脂蛋白的颗粒被运输的。根据脂蛋白的密度分为4种类型：极低密度脂蛋白（very low density lipoprotein，VLDL）、低密度脂蛋白（low density lipoprotein，LDL）、中等密度脂蛋白（intermediate density lipoprotein，IDL）和高密度脂蛋白（high density lipoprotein，HDL）。

LDL是一种球形颗粒的脂蛋白（图10-39），直径为22nm，核心是1500个胆固醇酯；外面由800个磷脂和500个未酯化的胆固醇分子包裹。由于外被脂分子的亲水头露在外部，使LDL能够溶于血液中。最外面有一个分子质量为55kDa的蛋白质，叫载脂蛋白B-100（apolipoprotein B-100，apoB-100），它能够与特定细胞的表面受体结合。

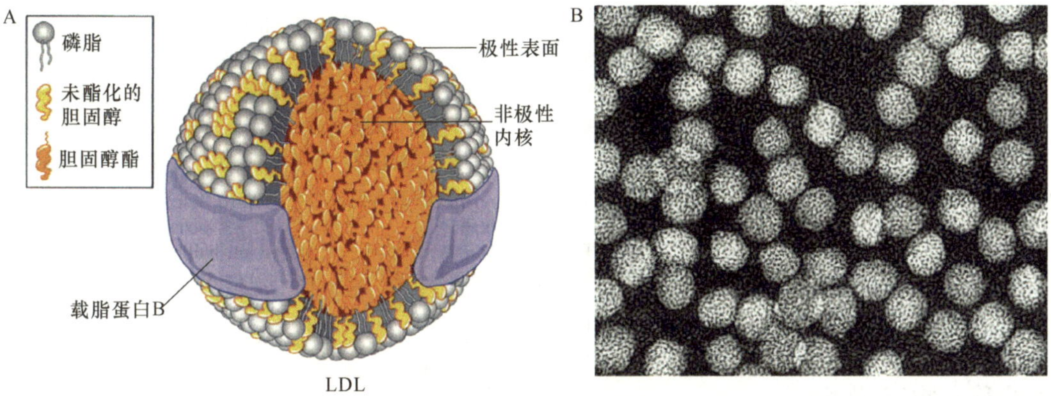

图10-39 LDL颗粒结构示意图及电镜照片（引自Lodish et al.，2013）。A. 由磷脂和未酯化的胆固醇单层构成LDL的外膜结构，在外膜上结合一个亲水的apoB-100蛋白，该蛋白质可以介导LDL与细胞表面的受体结合。B. LDL电镜照片（180 000×）。

LDL受体蛋白是一个单链的糖蛋白，由839个氨基酸组成，一个很长的N端结构域位于细胞外，而位于细胞质面的C端较短。穿膜区由22个疏水的氨基酸组成，为单次穿膜蛋白。LDL受体蛋白合成后被运输到细胞质膜，即使没有相应配体的存在，LDL受体蛋白也会在细胞质膜集中浓缩并形成网格蛋白有被小窝；当血液中有LDL颗粒，颗粒上的apoB-100即与LDL受体结合形成LDL-受体复合物。

一旦LDL与受体结合，就会形成网格蛋白有被小泡被细胞吞入，接着是网格蛋白包被解聚，受体回到质膜再利用，而LDL被传送给溶酶体，在溶酶体中蛋白质被降解，释放出游离的胆固醇、脂肪酸及氨基酸。胆固醇被释放出来用于质膜的装配，或进入其他代谢途径（图10-40）。

血液中LDL的水平与动脉粥样硬化（动脉变窄）有极大的关系。动脉阻塞是一个复杂的、尚不十分清楚的过程，其中也包括血管内壁含有LDL血斑的沉积。动脉粥样硬化斑块不仅降低血液流通，也是血凝块形成的部位，它可阻塞血管中血液的流通。在冠状动脉中形成的血凝块会导致心肌梗死。LDL受体缺陷是造成血液中LDL水平升高的主要原因。

胆固醇在血液中的运输途径及其通过受体介导的内吞作用被组织吸收的现象最早由Michael Brown与Joseph Goldstein所发现并证实。他们发现了一种遗传病，叫做家族性高胆固醇血症（familial hypercholesterolemia，FH），患者体内的

LDL 受体基因发生了突变，导致肝及外周组织不能正常吸收 LDL，结果是患者血液中的 LDL 的浓度极高，从而导致血管堵塞。LDL 受体突变有可能是影响了受体与 LDL 的识别与结合，也有可能是受体细胞内结构域不能与衔接蛋白 AP2 结合，从而影响了网格蛋白有被小泡的装配。

10.5.2.3 运铁蛋白结合铁离子的内吞运输

铁是细胞内的金属离子，对细胞的生命活动具有重要作用，它是通过运铁蛋白和受体介导的内吞作用被输入细胞的。

运铁蛋白（transferrin）受体和配体的内吞途径与 LDL 受体内吞途径不同，在该途径中，受体并不与配体解离，而是一起回到质膜再利用，只是将运铁蛋白结合的铁离子释放出来。运铁蛋白是血液中一种主要的糖蛋白，负责将肝组织（铁贮藏的主要场所）和肠组织的铁向其他细胞运输。没有结合铁的运铁蛋白称为脱铁运铁蛋白（apotransferrin），它能够紧紧结合两个 Fe^{3+}，此时称为铁结合运铁蛋白（ferrotransferrin）。所有生长中的细胞表面都有铁结合运铁蛋白的受体，在中性 pH 条件下运铁蛋白与铁结合，然后通过内吞作用进入细胞。在细胞内，在内体的酸性环境下，运铁蛋白释放出铁后仍然与膜受体结合，并与受体一起回到质膜。当细胞外环境变成中性时，运铁蛋白与受体脱离，并自由地结合铁，然后又开始新一轮循环。实际上，运铁蛋白穿梭于细胞外液和内体之间，避开了溶酶体，快速运送细胞生长所需的铁（图 10-41）。

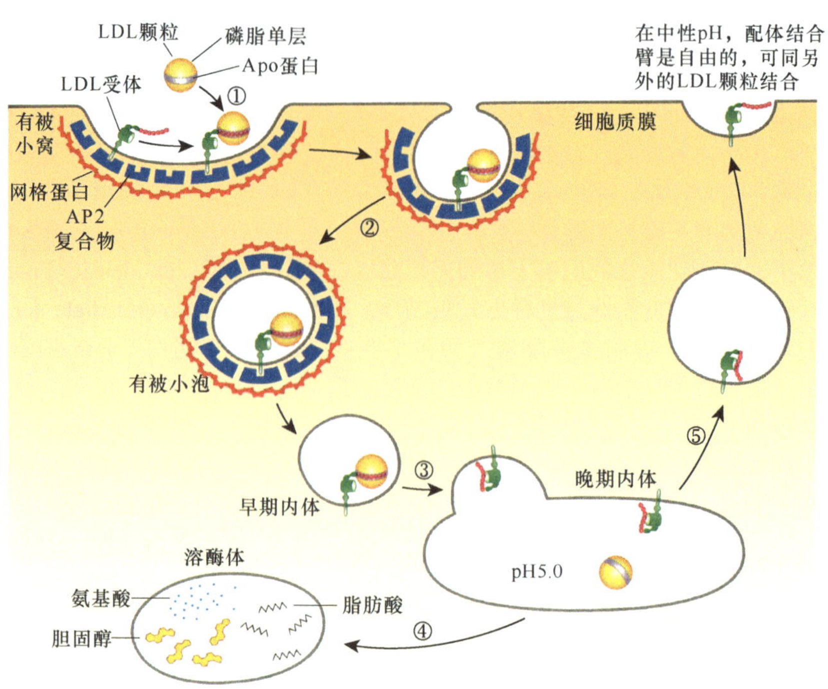

图 10-40 受体介导的 LDL 内吞过程（引自 Lodish et al.，2013）。① LDL 在质膜的有被小窝中与受体结合；②在网格蛋白进一步作用下，有被小窝逐渐向内凹陷成小泡；③小泡与质膜切离形成网格蛋白有被小泡，接着脱去包被成为无包被的早期内体，随着 pH 下调，早期内体成为晚期内体，并分选出 LDL 受体；④晚期内体与溶酶体融合后，脂蛋白被降解，形成脂肪酸、氨基酸及胆固醇；⑤晚期内体分选出的 LDL 受体回到质膜再循环。

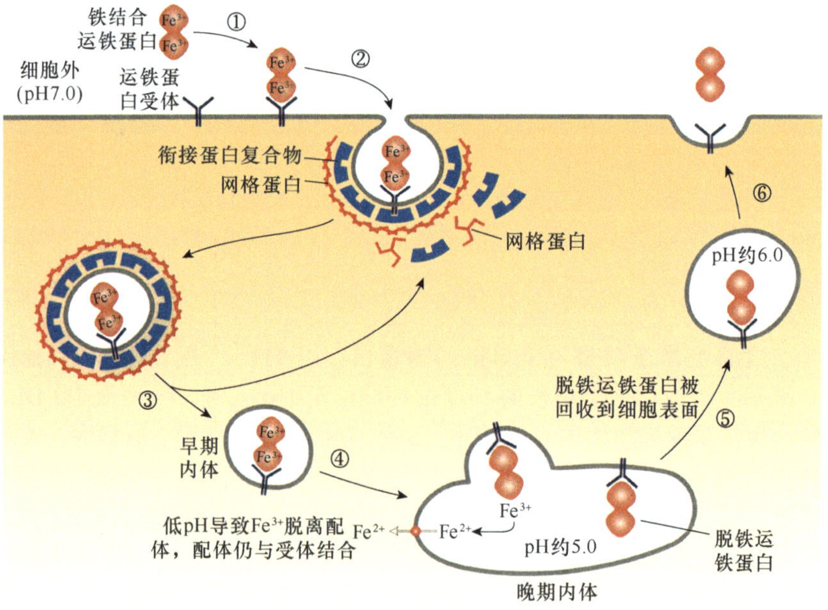

图 10-41 生长的哺乳动物细胞中运铁蛋白的循环（引自 Lodish et al.，2013）。①运铁蛋白二聚体各结合一个 Fe^{3+}，成为铁结合运铁蛋白，在细胞表面与运铁蛋白受体结合；②运铁蛋白受体的尾部与衔接蛋白 AP2 相互作用，并与网格蛋白作用，进行网格蛋白包被的装配，然后形成内吞的网格蛋白有被小泡；③脱去包被，成为无被小泡；④内吞泡与内吞的膜融合，形成晚期内体；⑤在酸性条件下，Fe^{3+}与运铁蛋白解离；⑥脱铁运铁蛋白与受体一起被分选回到质膜，在中性 pH 时，运铁蛋白与受体脱离，在细胞外环境中结合新的 Fe^{3+}。晚期内体中的 Fe^{3+}通过离子通道进入胞质溶胶。

10.5.2.4 细胞质膜信号转导受体的调节性内吞

上面讨论的 LDL 与运铁蛋白受体介导的内吞属于细胞对营养物的摄取，在细胞信号转导中，细胞则通过内吞减少细胞质膜中的信号受体进行信号应答调节，如表皮生长因子（EGF）受体的内吞。EGF 是一种小分子的信号蛋白，可刺激表皮及其他一些组织的细胞分裂。与 LDL 受体不同的是，EGF 受体仅仅是在与 EGF 结合后才会形成网格蛋白有被小窝，而且受体被内吞后要与结合的 EGF 一起被溶酶体降解。EGF 的结合首先激活细胞的信号转导途径，然后导致细胞表面 EGF 受体的减量，通过受体减量调节（receptor downregulation），降低了细胞对 EGF 的敏感性（图 10-42）。

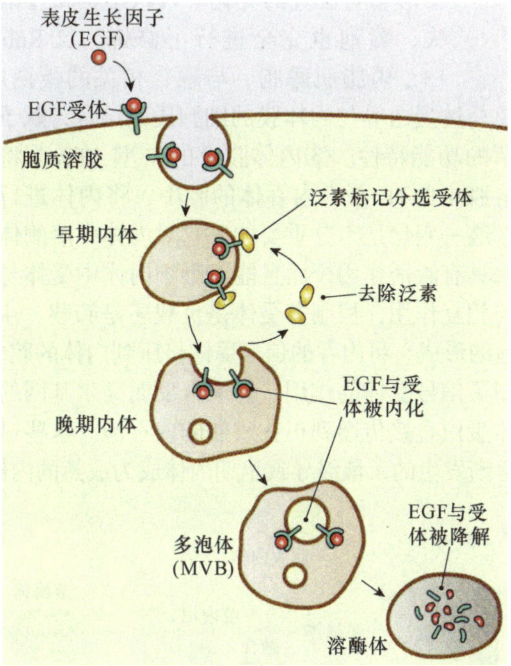

图 10-42 泛素介导的 EGF 受体的降解（引自 Plopper，2016）。结合有 EGF 的受体内吞到细胞后，受体被泛素标记。被泛素标记的受体 -EGF 的膜蛋白被分选到内体的膜，然后进一步内陷，与内体膜切离成为内体中的小泡。最后，小泡膜的受体蛋白连同 EGF 一起被溶酶体水解酶消化。泛素标签在内化之前与膜解离，重新回到胞质溶胶中参与下一轮的反应。

受体的减量调节是受泛素化调控的。与多聚泛素化不同的是，泛素蛋白只是作为要分选到网格蛋白有被小泡后被降解的受体标记，若是只加一个泛素蛋白标记，则称为单泛素化（monoubiquitylation）；若是添加多个泛素，则称为多聚泛素化（multiubiquitination）。

10.5.3 内体的加工与成熟

通过前面的讨论，我们已经知道，细胞通过内吞作用形成的内体进入细胞后并非直接转运到溶酶体。在运输途径中，要进行一系列的加工与处理，包括脱去外被、分选受体、调整 pH 等，最后成为成熟的内体与溶酶体融合。

10.5.3.1 多泡体

在内体成熟过程中，内体的某些膜区会内陷直至与内体膜脱离形成内体腔内泡（intraluminal vesicle），即小泡中的小泡。含有腔内泡的内体称为多泡体（multivesicular body，MVB）（图 10-43）。

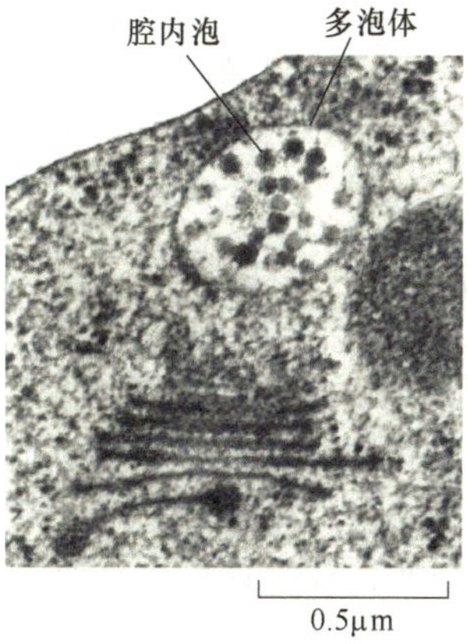

图 10-43 多泡体的电镜照片（引自 Alberts et al.，2015）。大量的膜内陷成为内体腔中的小泡，这些小泡的膜蛋白连同其中的内含物一同被溶酶体的酶消化。

多泡体带有将被消化的细胞质膜，包括通过分选选择出来的要被水解的受体蛋白。它们先形成腔内泡，一个多泡体通常含有多个腔内泡。

上面讨论的 EGF 受体被分选到腔内泡需要先带上泛素蛋白作为标签。泛素蛋白先是在细胞质膜的细胞质面与分选的受体蛋白结合，引导受体蛋白进入到内吞体的膜。被泛素标记的受体蛋白一旦进入到内吞体的膜，泛素标签再次被识别，此时识别泛素标签的是一种大的、称作运输需要的内体分选复合物（endosome sorting complex required for transport，ESCRT）。ESCRT 是一类系列物，包括 ESCRT-0/Ⅰ/Ⅱ/Ⅲ。它们依次与泛素结合，最大限度介导受体膜进入腔内泡。进入多泡体腔内泡还依赖于一种脂激酶，它将磷脂酰肌醇磷酸化成 PI（3）P，为 ESCRT 复合物提供锚定位点，这些复合物与内体膜的结合既需要 PI（3）P，也需要泛素化的货物蛋白的存在。ESCRT-Ⅲ在膜上形成一个大的、多聚的装配体，促使内体膜向内弯曲（图 10-44）。

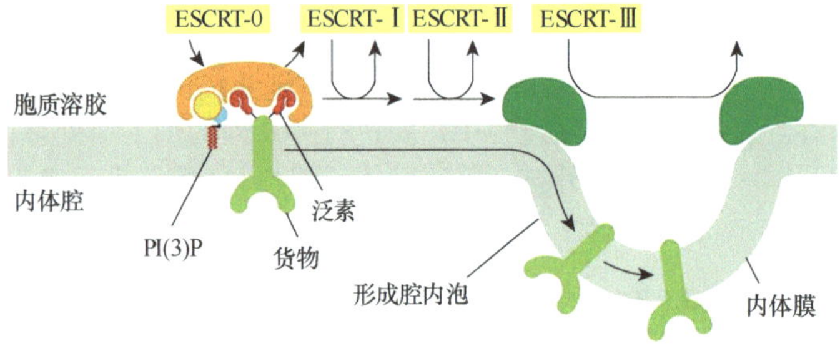

图 10-44 内吞体的膜蛋白被分选到多泡体的腔内泡（引自 Alberts et al.，2015）。在细胞质中，内吞泡的受体蛋白被泛素标记，接着被 ESCRT-0 结合，此过程需要有 PI（3）P 的存在。之后依次与 ESCRT-Ⅰ、ESCRT-Ⅱ结合，将膜蛋白浓缩到一个向内出芽的区域，最终成为内体中的腔内泡。ESCRT-Ⅲ则是装配成一个多聚体结构并介导形成腔内泡的膜向内凹陷。ESCRT 蛋白复合物是水溶性的，存在于胞质溶胶中，一旦有需要，就会依次被招募到内吞体的膜上，腔内泡形成后，ESCRT 蛋白复合物被释放到胞质溶胶。

10.5.3.2 内体成熟：从内吞途径到溶酶体

从质膜形成内吞泡有着极其复杂的机制，不仅有不同的分子机制，而且有特别的调节机制。

内吞泡一旦在细胞质膜形成，将会与同样来自质膜的内吞泡相互融合形成早期内体。在早期内体中进行货物分选，某些货物分子或是通过小泡直接回到质膜，或是经由循环内体（recycling endosome）回到质膜，其他要进行降解的物质则进入茎球状的膜泡。由早期内体到晚期内体有一个内体成熟（endosome maturation）过程，在此过程中主要将某些货物分选出并送回到质膜或细胞外，含有待降解物质的茎球状膜泡结构逐步发展为成熟的晚期内体。由早期内体转变成晚期内体，同时改变了内体膜的蛋白质组成，部分膜区内陷进入内吞体形成腔内泡，而内体自身则从外周向细胞内侧移动。当内体成熟时，就不再将所携带的物质分选到细胞质膜，而是义无反顾地将其所含有的物质进行降解：晚期内体可与晚期内体或溶酶体融合形成内吞溶酶体（endolysosome）；在内吞溶酶体中，由溶酶体的酶将内含物进行降解（图 10-45）。

从早期内体到晚期内体是一个逐步成熟的过程。刚刚产生的早期内体相当小，沿着微管来回移动，不断与新产生的早期内体融合。一般而言，一个早期内体在 10min 之内接受一个小泡。在此过程中，受体膜与液体快速回到质膜与细胞外，早期内体在半衰期前一直在积累某些货物，直至成熟为晚期内体。

早期内体有管状与囊泡状结构域，内体膜的管状结构域占有大部分的膜面积。在内体成熟过程中，管状与囊泡结构域的命运是不同的：囊泡部分被保留，并转化成晚期内体；而管状部分则萎缩。成熟的内体沿着微管向细胞内侧移动。脱去包被的内体将膜受体分选后，与来自 TGN 的溶酶体小泡融合，内含物被新合成的溶酶体的酶所降解。

在内体成熟过程中会发生很多变化。①形态与位置的变化。管状结构域逐渐丢失，囊泡也完全进行了修饰。② Rab 蛋白、磷脂肌醇脂、与融合相关的蛋白质，以及马达蛋白等与内体膜的细胞质面结合，赋予内体新的功能特性。③内体膜上的 V 型 ATPase 将胞质溶胶中的 H^+ 泵入内吞体的腔中，将内体进行酸化，这一变化是十分重要的，它对内体中溶酶体水解酶具有激活作用，而且能够影响内体中受体与配体的相互作用，控制着受体是负载还是卸载。④腔内泡的形成，将内吞的信号受体挤压到内体的腔中，限制了信号受体的作用。⑤来自反面高尔基网的溶酶体蛋白直接传递到正在成熟的内吞泡。这些过程是逐渐发生的，最终导致早期内体成为成熟的内体。

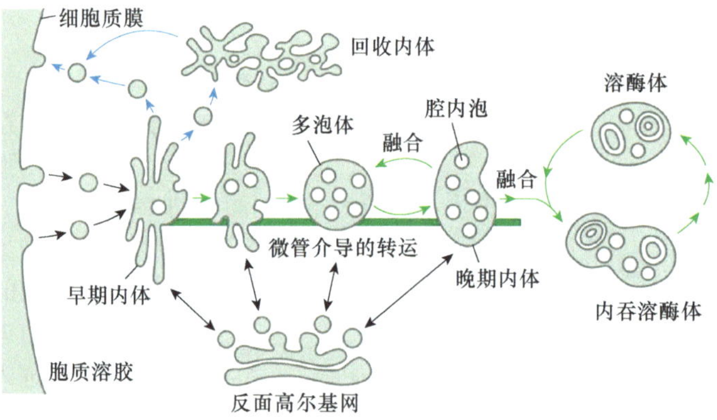

图 10-45 内体成熟：从内吞途径到溶酶体（引自 Alberts et al.，2015）。来自细胞质膜及高尔基体的内吞泡和分泌泡相互融合形成分选状态的管状早期内体。早期内体的管状出芽部分将它的部分货物分选送回质膜或高尔基体，经过多次循环，逐渐丢失管状结构转变成晚期内体。晚期内体中将要被降解的蛋白质内化在腔内泡中。发育成熟的晚期内体（又称多泡体），经由微管运向细胞内侧，晚期内体不再进行分选，而是相互融合，并进一步与溶酶体融合，降解内含物。

内体的成熟过程对于溶酶体的成熟与维持也是非常重要的。第一，来自反面高尔基网的溶酶体小泡经过连续转运到成熟的内体，确保了新合成的溶酶体酶的稳定供给。第二，刚刚形成的溶酶体分泌泡中的酶是不成熟的，而是以前体的形式存在，此时的溶酶体的酶叫做酶原（zymogen），它的活性是受到抑制的（如与受体结合在一起、携带磷酸化的磷、pH 环境不合适等），直到进入成熟的内体时，溶酶体的酶才完全激活。第三，由于早期内体到成熟的内体有一个过程，使得早期内体有机会将一些工作蛋白（如货物受体）分选出来进行再循环。

10.5.3.3 转胞吞作用与再循环内体

在受体介导的内吞途径中，由于受体与配体结合的特异性，所以，受体对于选择性运输具有重要作用。一般而言，这些受体介导选择性内吞后，要被分选回到原来的膜区域进行循环使用，但还有另外两种可能：被降解或转到另外的膜区域（图 10-46）。

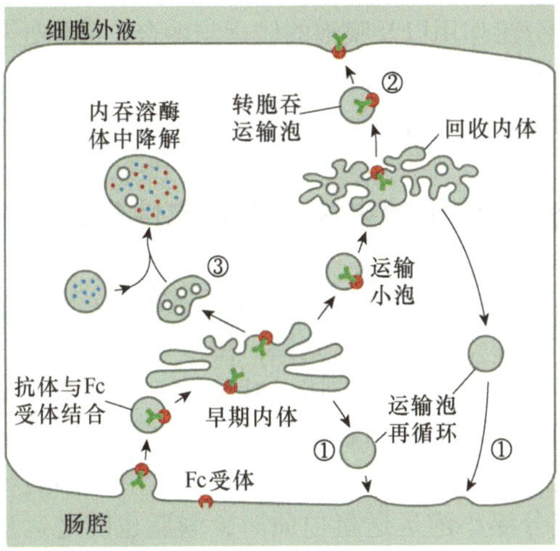

图 10-46 内吞的穿膜蛋白可能的命运（引自 Alberts et al., 2015）。图示的是上皮细胞质膜形成的早期内吞体转运的三种命运：①运输泡再循环；②转胞吞作用；③被降解。

转胞吞作用（transcytosis），即胞吞转运作用，是一种特殊的内吞作用，受体和配体在内吞中并未做任何处理，只是经细胞内转运到相反的方向，然后通过分泌作用，将内吞物释放到细胞外。转胞吞作用主要发生在极性细胞中。例如，新生儿为了从母亲的乳汁中获得抗体，肠腔是酸性的（pH6），在低 pH 条件下，乳汁中的抗体与肠的上皮细胞的顶端质膜特异性受体 Fc 结合，抗体-受体复合物经由网格蛋白有被小泡内化进入细胞内，转运到早期内体，然后，抗体-受体复合物一起被分选出内体，后被转运到细胞质膜的基底结构域与质膜融合，在细胞基底面中性（pH7）液体冲洗下，抗体与受体解离进入新生儿的血液中。

在转胞吞作用中，受体从早期内体回到质膜不是直线式、一步到位的。首先，受体通过网格蛋白有被小窝，进入网格蛋白有被小泡，被转运到早期内体，再被转运到再循环内体（recycling endosome），随着运输途径的改变，其中来自早期内体的受体将会在不同的膜位点结合并卸载结合的配体。来自早期内体的一些受体都具有分选信号，指导它们进入合适的运输途径。

细胞能够调节再循环内体的膜蛋白的释放，因此，能够通过转胞吞作用途径，根据需要调节蛋白质的流通。这种未知机制的调节作用，允许再循环内体在调节特殊需要的膜蛋白的浓度方面起重要作用。例如，脂肪细胞与肌细胞内含有非常大的用于穿膜运输葡萄糖的葡萄糖运输蛋白库，这些转运蛋白贮存在再循环内体上，直至胰岛素刺激细胞。在应答胰岛素信号时，再循环内体快速出芽，将大量的葡萄糖转运蛋白转运到细胞质膜，极大地提高了细胞对葡萄糖吸收的速度（图 10-47）。类似地，肾细胞调节水通道蛋白及 V-ATPase 插入到质膜，提

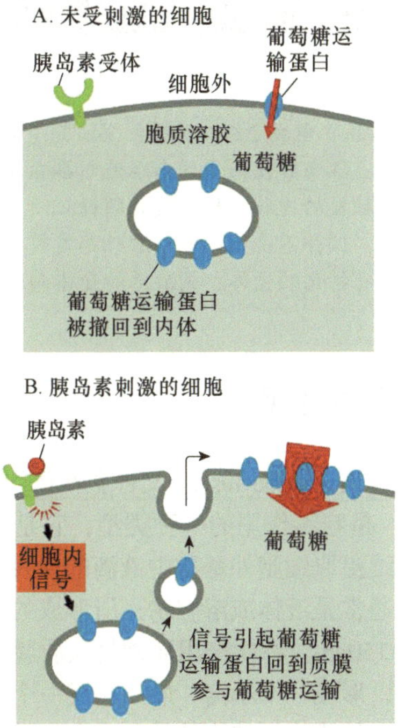

图 10-47 质膜蛋白在再循环内体中的贮存（引自 Alberts et al., 2015）。再循环内体在细胞内可作为特殊蛋白的贮存位点，以备急需之用。图中的例子是胰岛素与受体结合，启动信号转导途径，再循环内体将贮存的葡萄糖运输蛋白分选到质膜，提高葡萄糖运输速度。

高水与酸的排泄，二者都是信号反应的结果。

10.5.4　吞噬细胞的吞噬

吞噬作用（phagocytosis）又称胞吃（cellular eating）。吞噬是一种特殊形式的内吞作用，吞入物通常是较大的颗粒，如微生物、死亡的细胞或细胞残片；形成的内吞泡叫吞噬体（phagosome），直径一般大于250nm。吞噬作用只限于几种特殊的细胞类型，如变形虫（amoeba）和一些单细胞的真核生物通过吞噬作用从周围环境中摄取营养。

在大多数高等动物细胞中，吞噬作用是一种保护措施而非摄食的手段。高等动物具有一些特化的吞噬细胞，包括巨噬细胞和中性粒细胞。它们通过吞噬作用摄取和消灭感染的细菌、病毒，以及损伤的细胞、衰老的红细胞等（图10-48）。

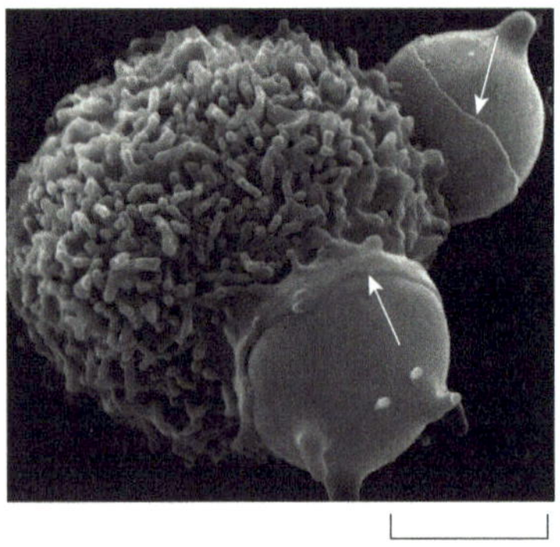

图10-48　正在吞噬衰老红细胞的巨噬细胞（引自Alberts et al., 2015）。吞噬作用形成的内吞泡叫吞噬体。吞噬是一种需信号触发的过程。被吞噬的颗粒必须与吞噬细胞的表面结合，但并不是能结合的颗粒都能够被吞噬。吞噬细胞表面有特化的受体，被激活的受体向细胞内传递吞噬信号。

10.5.5　吞饮作用

吞饮作用（pinocytosis）又称胞饮作用（cellular drinking），是胞吞作用的一种类型，它是一种非选择性的连续摄取细胞外基质中液滴的内吞过程。吞入的物质通常是液体或溶解物，所形成的小囊泡的直径小于150nm。吞饮作用通常是从质膜上特殊区域开始的，形成一个小窝，最后形成一个很薄且没有外被包裹的膜泡。细胞外基质中存在的任何分子和颗粒都可以通过胞饮作用被细胞吞入。根据细胞外物质是否吸附在细胞表面，将吞饮作用分为两种类型：一种是液相内吞（fluid-phase endocytosis），这是一种非特异性的固有内吞作用，通过这种内吞作用，细胞把细胞外液及其中的可溶物摄入细胞内；另一种是吸附内吞（absorption endocytosis），在这种吞饮作用中，细胞外大分子和（或）小颗粒物质先以某种方式吸附在细胞表面，因此具有一定的特异性。

大多数细胞都能连续地进行吞饮作用。

10.6　膜的动态更新

关于细胞质膜及内膜系统的膜是怎样合成的，曾提出两个模型。一个是自装配模型（spontaneous self-assembly），是指膜利用已有的材料装配合成。为了验证这一模型，用纯化的脂和蛋白质在体外装配时总是形成脂质体，这种脂质体与活细胞膜的一个根本区别是：脂质体总是对称的，而活细胞中膜结构则是不对称的。另一个模型是膜的合成通过不断地将脂和蛋白质插入已有的膜，即由已有的膜生长而来。由于是将脂或蛋白质插入已有的膜上，插入的方式就可以有选择地在膜的一侧或另一侧插入，从而保证了膜结构的不对称性。由于细胞的内吞和分泌作用以及膜泡的转运与融合，使膜处于动态平衡状态，这样膜也就不必重新合成，而是在原有的基础上不断更新。

10.6.1　膜脂的来源及不对称性分布

大多数磷脂是在内质网上合成的，可通过两种途径运送给膜性细胞器。第一种途径是通过磷脂转运蛋白，如线粒体、叶绿体、过氧化物酶体等细胞器膜中的脂就是靠这种方式运送的。第二种途径是通过出芽和膜融合，如内质网通过出芽形成分泌小泡运送蛋白质时，膜脂也随之运送到高尔基体，并通过高尔基体形成分泌小泡将膜脂运送到细胞质膜。由于内质网与核膜相连，通过细胞分裂和核膜重建，内质网上合成的膜脂也就被转移到核膜。原核生物没有内质网，它的磷脂是在质膜上合成并由类似于真核生物的转位蛋白调整磷脂在膜上的分布。

如何保持磷脂在膜上的不对称性分布，有几种解释：第一种解释是磷脂交换蛋白对磷脂的运输和插入是选择性的；第二种解释是热动力驱使磷脂的不对称分布，因为膜两侧的环境不同。另外，在内质网膜中有翻转酶，在新的磷脂合成之后，通过翻转酶的作用也会造成磷脂的不对称分布。

10.6.2 膜蛋白的更新

我们已经讨论过细胞质膜中有大量的蛋白质，不仅存在方式不同，而且功能各异，有物质运输作用、连接作用或信号转导作用等，因此，蛋白质是膜功能的执行者。由于膜脂是不断更新的，因此，膜蛋白也必然是不断更新的。

10.6.2.1 膜整合蛋白和外周蛋白的形成

就蛋白质在膜上的存在方式来说有三种可能，即整合蛋白、外周蛋白和脂锚定蛋白。细胞内蛋白质是在附着核糖体或游离核糖体上合成的，合成的蛋白质通过信号序列被定位到不同的膜性细胞器上。问题是，整合蛋白具有方向性，外周蛋白有膜内、外两侧的分布问题，它们是如何形成的？

用水疱性口炎病毒（VSV）作为模式系统研究了细胞膜整合蛋白和外周蛋白的形成途径。VSV有两种膜蛋白：一种是M蛋白，属于外周蛋白；另一种是VSV糖蛋白，属于膜整合蛋白。用放射性的氨基酸标记蛋白质，然后研究新合成蛋白质的去向，发现M蛋白是在游离核糖体上合成，并以可溶的形式释放到胞质溶胶中，然后再与细胞质膜的胞质溶胶面结合，成为外周蛋白。根据这一发现推测膜内侧的外周蛋白可能都是以这种方式合成并与质膜结合。与M蛋白不同的是，VSV糖蛋白在内质网上合成并插入到内质网的膜中，随小泡转运经高尔基体加工，最后转运到质膜。

膜整合蛋白的运输是通过组成型分泌方式运送到细胞质膜的，由于膜整合蛋白没有溶酶体酶蛋白的特殊信号，所以在加工运输过程中不会被包装到溶酶体或其他调节型的分泌小泡中。另外，膜整合蛋白中的糖蛋白的糖是在内质网腔中添加的，所以在整个小泡运输过程中，糖基都位于腔面，但与质膜融合时，通过外翻，糖的部分位于细胞质膜的外侧。这就是为什么几乎所有质膜上的糖蛋白的糖都是朝向细胞外的原因。

10.6.2.2 脂锚定蛋白的形成

蛋白质通过与膜脂的结合成为脂锚定蛋白，有两种可能的机制。

1）糖脂锚定膜蛋白的形成　细胞质膜外的一些蛋白质是与糖基磷脂酰肌醇（GPI）共价结合的，属于这种类型的脂锚定蛋白是在附着核糖体上合成，然后在内质网腔中被连接到内质网膜的GPI上，随后通过小泡运输，经高尔基体出芽形成小泡，最后与质膜融合，含糖的一面外翻朝向细胞外侧。

2）脂肪酸锚定膜蛋白的形成　此类膜蛋白通过与脂肪酸链的共价结合被锚定在质膜的细胞质面。连接的脂肪酸包括豆蔻酸（myristic acid，一种十四碳的饱和脂肪酸）和棕榈酸（palmitic acid，一种十六碳的饱和脂肪酸）。此类蛋白质是水溶性的，在游离核糖体合成后释放到胞质溶胶中，然后才与质膜中的脂肪酸共价结合。

本章小结

细胞将在内质网上合成的蛋白质通过运输小泡运向高尔基体及其他膜结构的过程称为细胞分泌，若是与质膜融合将小泡内的物质释放到细胞外则称为胞吐作用。分泌过程分为三个阶段，涉及三种不同的细胞器和细胞结构：内质网、高尔基体、细胞质膜。

分泌过程中伴随着蛋白质的加工与分选，如溶酶体的酶蛋白就是在顺面高尔基网中进行了磷酸化修饰，使其带上M6P标记，从而在反面高尔基网被M6P受体识别达到将溶酶体分选出来的目的。同时内质网与高尔基体都有防范其驻留蛋白“外逃”机制。

细胞的分泌活动可分为组成型和调节型两种。前者不需任何信号触发，后者则相反。

根据外被蛋白质的不同，将运输小泡分为：网格蛋白有被小泡、COPⅡ有被小泡和COPⅠ有被小泡。网格蛋白有被小泡的形成需网格蛋白、衔接蛋白和发动蛋白的参与。COPⅠ有被小泡的形成需装配因子ARF和多种包被蛋白复合物的参与。COPⅡ有被小泡的外被蛋白与COPⅠ相似但不相同，构成的亚基有Sec23/Sec24、Sec13/Sec31、Sec16等复合物。COPⅡ有被小泡的装配需要的GTPase是Sar1。

内吞作用可分为吞噬作用、吞饮作用和受体介导的内吞作用。有三种不同的内吞途径，包括依赖于网格蛋白的受体介导的内吞、依赖于窖蛋白的内吞，以及独立于网格蛋白与窖蛋白的内吞。受体介导的内吞作用的典型例子是低密度脂蛋白和运铁蛋白结合铁离子的内吞运输。

内吞的膜蛋白在信号的诱导下进行分选。经泛素标记、ESCRT蛋白复合物的介导，要被降解的蛋白质被分选进入多泡体中的腔内泡，最后被降解，而质膜中的工作蛋白则返回质膜循环使用。

内体是一种动态结构，细胞分泌与内吞都会形成内体。内体分为早期内体与晚期内体。

膜的合成是通过不断地将脂和蛋白质插入已有的膜。磷脂的插入是通过磷脂转运蛋白，或通过出芽和膜融合。膜整合蛋白来源于糙面内质网，细胞内侧的外周蛋白则是由游离核糖体合成的。

思考题

（1）简述网格蛋白有被小泡、COP 有被小泡是如何进行装配的？

（2）LDL 受体胞质面结构域突变将会引起家族性高胆固醇血症，这与受体介导的 LDL 的内吞有什么关系？

（3）举例说明内质网驻留蛋白“逃逸”后如何被召回？

（4）试述溶酶体的发生过程。该过程的关键事件是什么？

（5）Rab 蛋白在小泡定位运输中有什么作用？

11 细胞骨架

细胞分泌活动与内吞作用产生的小泡不仅数量巨大，而且“来去匆匆”，这些小泡是如何“漂洋过海”快速到达目的地？不难想象，细胞一定具有错综复杂而又非常发达的交通网络系统。“路通财通”“要致富先修路”，细胞同样如此！另外，细胞每时每刻都在演绎着美丽的生命华章，各种细胞结构与蛋白质都需要有自己施展“才艺”的“舞台”与“空间”，因此细胞一定是规划有序的立体结构，不仅如此，随着细胞周期的变化，细胞经历由小到大，由大变小的往复运动，细胞内的“空间舞台”又必须能够快速安装与拆卸。此外，细胞也不是完全固守一方的，有时必须通过形态的变化从一个地方移向另一个地方，细胞内必须有支持细胞移动而又不导致细胞“散架”的刚性支架！

随着电子显微镜和各种染色技术的发展，揭示细胞除了含有各种各样的膜性细胞器外，在细胞质中还有一个三维的网络结构系统（图 11-1），这个系统被称为细胞骨架（cytoskeleton）。细胞骨架是

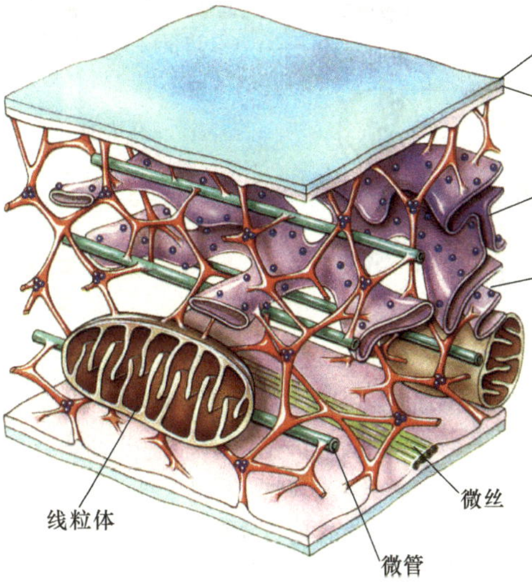

图 11-1 细胞骨架维持细胞的三维结构（引自 Raven and Johnson，1992）。

细胞内最重要的基础设施，编码细胞骨架蛋白的基因也是最为稳定的。

11.1 细胞骨架概述

细胞除了具有遗传和代谢两个主要特性之外，还有两个特性，就是它的运动性和稳定性。细胞的运动是生物进化的重要成就。初始的细胞可能是不动的，只能靠气流带动迁移。随着多细胞生物的进化，形成了可运动的器官。在成年的生物体内，仍有细胞是运动的，如保卫细胞要消灭外来生物的感染，必须能够主动出击。

体内的大多数细胞是稳定的，但是形态要发生很大的变化，如肌细胞的收缩、神经轴的伸长、细胞表面突起的形成、细胞有丝分裂时的缢缩等。大多数运动是发生在细胞内的，如染色体分离、胞质环流和小泡运输等。细胞内外的运动性是生长和分化的基本要素，并且是受严格控制的。细胞所有运动都是机械运动，需要燃料（ATP）和蛋白质装置，将贮存在 ATP 中的能量转变成动力。细胞骨架是细胞运动的轨道，也是细胞形态维持和变化的支架。

11.1.1 细胞骨架的组成和分布

细胞骨架是细胞内以蛋白质丝（protein filament）为主要成分的网络结构，主要由三类蛋白质丝构成，包括微管、微丝［又称肌动蛋白丝（actin filament）］、中间纤维（又称中间丝）。每一种蛋白质丝都是由不同的蛋白质亚基组成，如微管蛋白是微管的亚基，肌动蛋白是微丝的亚基，而中间纤维则是由一类丝状蛋白家族组成。各种蛋白质丝都是由上千个亚基装配成线性结构，有时交叉贯穿在整个细胞之中。

微管主要分布在细胞核周围，并呈放射状向胞质四周扩散。微丝主要分布在细胞质膜的内侧，而中间纤维则分布在整个细胞中。虽然各种蛋白质丝在细胞内具有相应的位置，但不是绝对的。在细胞周期的不同时相，各类骨架的分布与功能也发生变化（图 11-2）。

11.1.2 细胞骨架的功能

从图 11-2 可以看出，细胞骨架对于维持细胞的形态结构和内部结构的有序性，以及物质运输、细胞运动、信息传递和细胞分裂等方面具有重要作用。

1）作为动态的支架（scaffold），细胞骨架为维持细胞的形态提供支持结构。例如，红细胞质膜的胞质面有一个以肌动蛋白丝为主要成分的皮质骨架结构维持着红细胞质膜，这种支架具有对抗外力、维持细胞形态的相对稳定的作用。

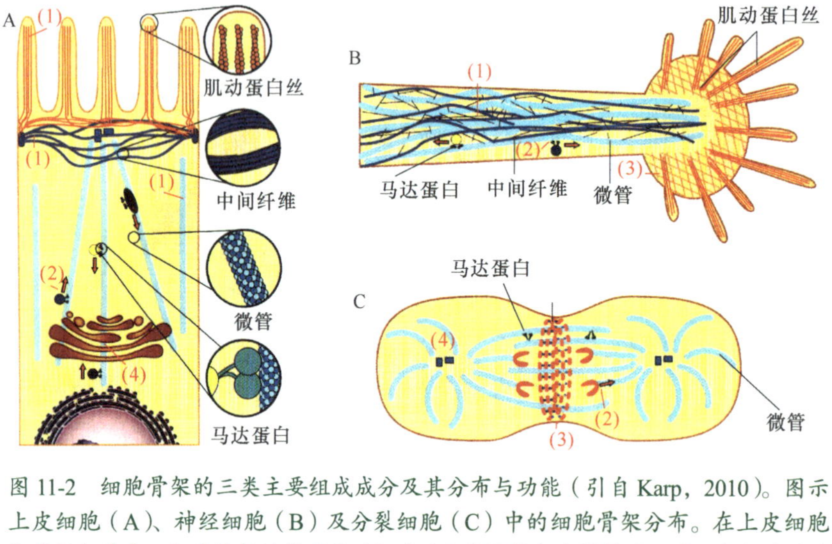

图 11-2 细胞骨架的三类主要组成成分及其分布与功能（引自 Karp，2010）。图示上皮细胞（A）、神经细胞（B）及分裂细胞（C）中的细胞骨架分布。在上皮细胞与神经细胞中，细胞骨架的作用是对细胞的立体结构起支撑作用，并且在细胞器的运输中起重要作用。在分裂的细胞中，微管组成的纺锤体及肌动蛋白丝构成的缢缩环将母细胞均等分裂成两个大小、功能相同的子细胞。中间纤维为上皮细胞与神经细胞提供结构支持。微丝为上皮细胞提供微绒毛，并且是神经细胞伸长与分裂装置的组成部分。图中（1）表示结构与支持作用；（2）表示细胞内的运输；（3）收缩与运动；（4）空间组织（spatial organization）。

2）细胞骨架在细胞内形成一个框架（framework），为细胞内的各种细胞器提供附着位点。胞质溶胶中具有各种功能不同的细胞器，而且每种细胞器的数量又多，如果这些细胞器都漂浮在胞质溶胶中，作用时势必会互相干扰，细胞骨架为这些细胞器提供附着位点，让它们有各自的空间定位。在这个意义上说，细胞骨架是胞质溶胶的组织者，将细胞内的各种细胞器组成各种功能体系与区域网络。

3）细胞骨架为细胞内的物质和细胞器的运输及运动提供轨道网络。例如，从内质网产生的小泡向高尔基体的运输，由内吞作用形成的内吞泡向溶酶体的运输等通常都是以细胞骨架作为轨道的；在有丝分裂和减数分裂过程中，染色体向两极的移动、含有神经细胞产生的神经递质的小泡向神经细胞末端的运输都要依靠细胞骨架提供的运输轨道网络。

4）细胞骨架是细胞从一个位置向另一位置移动的动力装置（force-generating apparatus）。一些单细胞的生物能够借助于由微管组成的特别器官——鞭毛和微绒毛通过在固体支持物的表面爬行（crawling），或在水性环境中螺旋前进。多细胞的动物含有许多可运动的细胞，包括精子、白细胞等，它们的运动也是由细胞骨架提供力的支撑。有些利用细胞骨架形成假足，进行类似爬行的运动。

5）细胞骨架为信使 RNA 提供锚定位点，促进 mRNA 的翻译。用非离子去垢剂提取细胞成分可发现细胞骨架相当完整，许多与蛋白质合成有关的成分与不被去垢剂溶解的细胞骨架结合在一起。

6）细胞骨架参与细胞的信号转导。有些细胞骨架成分常与细胞质膜的内表面接触，这对于细胞外环境中的信号在细胞内的转导有重要作用。

7）细胞骨架可装配成细胞分裂的装置。有丝分裂的两个主要事件——核分裂和胞质分裂都与细胞骨架有关，细胞骨架中的微管通过形成纺锤体将染色体分开，而肌动蛋白丝则将细胞一分为二。

细胞骨架的字面意思往往会给人以错觉，认为它是不动的框架结构。其实，它与人类社会所见所闻的框架意义完全不同。首先，细胞骨架不是惰性结构，而是一种高度动态的组织，它们的装配、去装配和再装配都很快。其次，在细胞骨架的诸多功能中，最基本的两个功能是使细胞维持一定的形态和使细胞具有运动的能力，包括机体的运动和细胞器的移动，其他作用都是在这两个功能的基础上拓展的，而细胞骨架的动态性质则是最重要的。

另外，细胞骨架在起作用时需要一些相关蛋白质的参与，这些蛋白质虽然不属于细胞骨架的组成部分，但是对于细胞骨架行使功能具有重要作用。

11.1.3 细胞骨架的特性

除了上面讨论的细胞骨架的基本功能外，三类骨架成分各有一些不同的特性，表 11-1 列出了细胞骨架三类蛋白质丝的一些特性。

表 11-1 微管、中间纤维与肌动蛋白丝的特性

特性	微管	中间纤维	肌动蛋白丝
装配亚基	GTP-αβ 微管蛋白异二聚体	约 70 种不同的蛋白质	ATP- 肌动蛋白单体
掺入位点	＋端	内部	＋端
极性	有	无	有
酶活性	GTPase	无	ATPase
马达蛋白	驱动蛋白，动力蛋白	无	肌球蛋白
主要结合蛋白	微管结合蛋白	斑蛋白	肌动蛋白结合蛋白
结构	硬的、不能伸展的中空管	可伸展的柔性纤丝	柔性不伸展的螺旋纤丝
直径	外径 25nm	直径 10～12nm	直径 8nm
分布	所有的真核生物	动物	所有的真核生物
基本功能	支架，胞内运输，细胞组织	结构支持	运动，收缩
亚细胞分布	细胞质	细胞质＋细胞核	细胞质

11.1.3.1 动态性与稳定性

由于细胞生命是周期性的，所以细胞骨架系统最重要的特性就是动态性与稳定性。动态性体现在细胞骨架系统必须随着细胞周期的变化进行快速的组装与去组装；稳定性体现在，作为细胞生命活动的基础设施，必须确保生命活动的需要，相对稳定地存在。例如，在细胞周期的间期，生命的主要活动是 DNA 的复制与蛋白质的合成，这个时期持续的时间较长，为确保新合成蛋白质快速、准确运输，需要完善的交通运输网络。此外，从细胞外摄取的营养物需要快速转运给溶酶体消化，也需要稳定的运输网络。而在细胞分裂期，生命的主要活动是形成两个大小相近、功能相同的子代细胞，于是需要一套细胞分裂的装置，这种装置的构件是细胞骨架蛋白，此时细胞骨架的工作重点是形成纺锤体及收缩环将细胞均等分裂，也就是说，细胞进入分裂前，细胞骨架必须快速调整，组装成细胞分裂装置（图 11-3）。

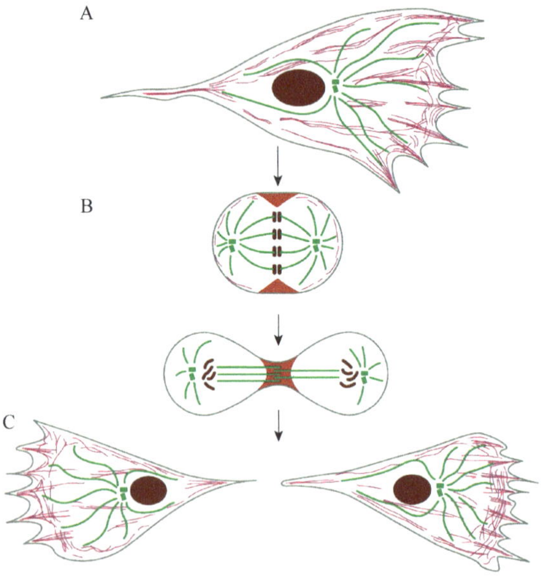

图 11-3 极性成纤维细胞周期中细胞骨架装置的变化（引自 Alberts et al., 2015）。A. 在细胞间期，微管与肌动蛋白都是装配成纤丝网络，一方面作为支架维持细胞的形态，另一方面作为运输网络保证物质运输的畅通；B. 进入分裂期，微管与肌动蛋白组装成分裂装置，参与细胞分裂；C. 形成两个新细胞后，微管与肌动蛋白又装配成纤丝网络。

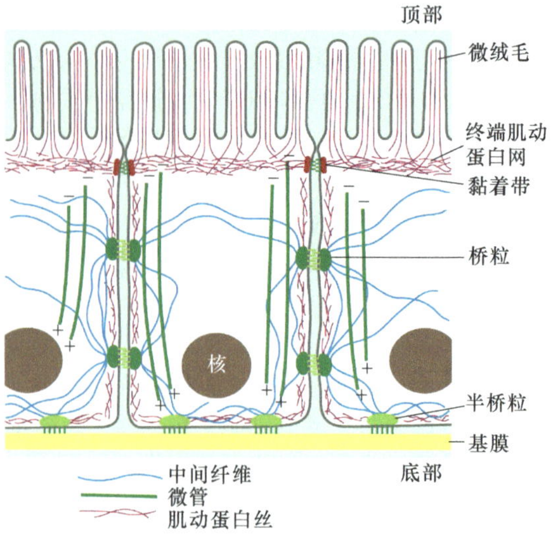

图 11-4 极性上皮细胞中细胞骨架网络（引自 Alberts et al., 2015）。上皮细胞中骨架系统通力合作规划并决定了上皮细胞的特殊形态。肠上皮是面向肠的腔，为了更好地从食物中吸收营养，由肌动蛋白丝组成微绒毛，增加了细胞的表面积；在微绒毛的下方，由肌动蛋白通过细胞间的黏着连接，形成肌动蛋白网，将细胞相互锚定在一起。中间纤维通过桥粒及半桥粒将细胞-细胞、细胞-细胞外基质锚定起来。微管则从顶部贯通到底部，为新合成的物质运输提供了通路。

11.1.3.2 骨架网络的整体性

细胞内不仅有众多结构与功能不同的细胞器，还有很多南来北往的“货物”运输，需要细胞进行科学规划与巧妙组织；另外，细胞还要妥善处理相邻细胞的关系，以及决定细胞的极性，这些都有赖于一个完整的骨架网络体系提供结构保障。

首先，细胞骨架系统组成细胞的空间网络结构，并具有较强的抗压能力，确保细胞不会“坍塌”，各种细胞器被骨架系统隔离开，有各自的工作区域，既相对独立又相互合作。其次，微管担任细胞核的保护工作，而肌动蛋白丝与中间纤维通过细胞的锚定连接，使同类细胞形成组织。对于“边远”地区的细胞，细胞骨架系统通过紧密连接，决定了细胞的极性，确保物质单向运输。另外，由细胞骨架系统组成的微绒毛为细胞提供了运动装置；更为巧妙地是，很多细胞质膜的内侧面，由肌动蛋白丝等组装成的皮质骨架增加了细胞质膜的硬度（图 11-4）。

11.1.3.3 骨架纤维的可装配性与刚性

细胞骨架的稳定性与动态性是为了适应细胞生命周期变化的需要，那么，细胞骨架的稳定性与动态性是如何实现的？根本原因是骨架纤丝的可装配性，也就是说，细胞骨架是可以组装与拆卸的，长的纤丝是由小的基本构件装配而成，这是细胞骨架最为美妙之处！更令人叹为观止的是，装配与拆卸是可以调节的，按指令行事，令行禁止！

在三种细胞骨架纤丝中，微管与微丝是随时可以拆卸的；中间纤维则比较稳定，但也并非不能拆卸，需要时，中间纤维也可被快速去装配，如在细胞分裂的核分裂阶段，通过激酶对亚基的磷酸化，使核纤层快速去装配。

微管可以从细胞的一端延伸达另一端，跨度有时高达几百微米，但是，构成微管构件的微管蛋白二聚体的大小仅有几个纳米。正是由于微管蛋白二聚体的体积小，可以在细胞内快速扩散，省去了搬运之力，方便了纤丝在一端装配，而在另一端拆卸，也保证了在需要的地方装配，在不需要的地方拆卸。如在有丝分裂中，动粒微管的快速去装配，确保了姐妹染色单体的正确分离。

微管与微丝两端是不对称的，在装配中，它们的亚基是头-尾结合，指向同一个方向，因此赋予纤丝极性，也导致两端装配速率与特性的不同，并因此导致运输方向的不同。此外，构成微管与微丝的亚基都具有核苷水解酶的活性，分别水解 GTP 与 ATP，并且利用 GTP 与 ATP 水解释放的能进行纤丝的快速重塑。与微管与微丝不同的是，中间纤维是没有极性的，两端是对称的，并且也没有水解酶的活性。

虽然细胞骨架纤丝能够快速装配与去装配，但也不是想装配就装配，想拆开就拆开的。装配过程并非是亚基的随便堆砌就可以的，必须符合热力学规律，亚基之间的结合必须非常紧，而且具有一定的硬度强度。由于微管在细胞内作为运输大动脉，并且在细胞分裂中负有重要的使命，为了有足够的强度，微管的装配经过特别的设计，由 13 条原丝（protofilament）亚基装配成中空的微管，不仅承载力大，而且热力学稳定性好，极大地提高了刚性强度（图 11-5）。

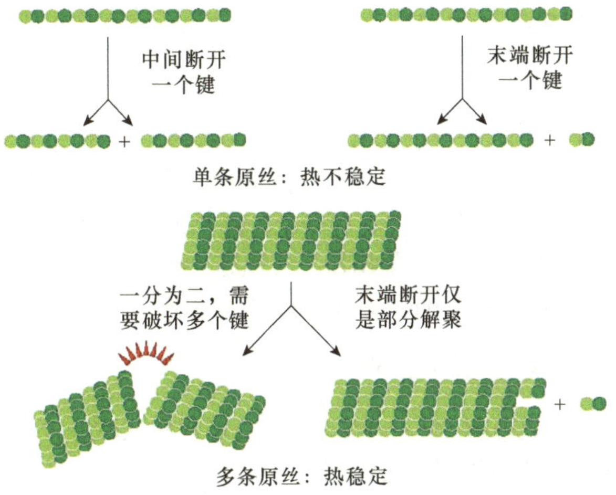

图 11-5 微管单条原丝与微管的热力学稳定性比较（引自 Alberts et al., 2015）。仅由亚基构成的单条原丝是热不稳定的，因为使单个亚基间的键断裂的力足以造成原丝的断裂。而由 13 条原丝组成的微管，虽然末端可以发生解聚，但要使其从中间断裂是比较困难的，刚性有极大地提高。

虽然肌动蛋白丝比较细，使其断裂的力也比较小，但是，在细胞内肌动蛋白常常由很多条肌动蛋白丝在一起组成肌动蛋白丝束，具有很高的强度，这就是“团结力量大”的道理。

就中间纤维而言，既没有微管那样“粗壮强悍”，也没有肌动蛋白丝成束的特性，靠什么维持热力学稳定呢？靠的是蛋白质之间相互作用，包括疏水作用和非共价键间的相互作用。中间纤维是由 32 条纤丝分段交错而成的长纤丝，32 条纤丝又是 4 个一组、共 8 组靠非共价作用组合到一起的，这种较强的、似杆状的结构，使其既具有强度，又具有可弯曲的韧性，与微管和肌动蛋白丝相媲美。

11.1.3.4 结构与功能的可调节性

细胞能够调节细胞骨架纤丝的长度、稳定性、数量，以及在细胞内的空间分布，并且通过对纤丝之间的附着，或是纤丝与细胞器的附着，使得细胞骨架纤丝在细胞内形成一个高度有序而又多变的网络结构。细胞内几百种辅助蛋白通过对细胞骨架的调节作用，决定了纤丝的空间分布、动态性质，以及通过信号转导改变细胞骨架的作用。辅助蛋白通过与纤丝或亚基的结合，决定着新纤丝的装配地点、调节纤丝与亚基间的空间分布、改变纤丝装配与去装配的动力学、提供产生力的能量，以及将纤丝与纤丝之间连接，或是将纤丝与其他的细胞器或细胞质膜连接。通过上述作用，辅助蛋白将细胞骨架的行为控制在细胞内外的信号调控之中，包括细胞周期调控信号对细胞骨架行为的调控。

在与细胞骨架结合的辅助蛋白中有一类称作马达蛋白（motor protein）。此类蛋白质与极性细胞骨架纤丝结合，利用 ATP 水解提供能量沿骨架纤丝做直线移动。真核细胞中有很多种不同的马达蛋白，与极性纤丝结合担负着运输任务，包括膜性细胞器的运输，如溶酶体、线粒体、分泌泡及高尔基潴泡的运输。马达蛋白还参与肌收缩的滑动、细胞分裂及鞭毛运动。正是这些与细胞骨架结合的马达蛋白的作用，使细胞骨架的作用能够更好地发挥。

11.1.3.5 化学抑制剂

虽然细胞骨架纤丝在细胞辅助蛋白及发动蛋白的帮助下，在细胞内发挥重要作用，但有些化学物质与细胞骨架纤丝结合后会抑制细胞骨架的作用，这些化学物质包括与微管、肌动蛋白结合的化学抑制剂（表 11-2）。其抑制作用包括影响纤丝的稳定性，抑制聚合作用或是抑制去聚合。事物都是一分为二的，化学物质对细胞骨架稳定性的影响，为我们研究细胞骨架提供了有用的工具。

表 11-2 微管、肌动蛋白的化学抑制剂

化学物质	对纤丝的影响	机制	来源
微管			
紫杉醇	稳定作用	沿纤丝结合	紫杉树
诺可唑	去聚合作用	与微管蛋白亚基结合	合成物
秋水仙素	去聚合作用	在纤丝两端加帽	秋水仙
肌动蛋白			
红海海绵素	去聚合作用	与肌动蛋白亚基结合	海绵
细胞松弛素 B	去聚合作用	纤丝（+）端加帽	真菌
鬼笔环肽	稳定作用	沿纤丝结合	鬼笔鹅膏蕈

11.2 微　　管

微管（microtubule，MT）是细胞质骨架系统中的主要成分，1963 年首先在水螅细胞中发现，同年，在植物中也发现了微管。

所有的真核细胞中都有微管蛋白，并且以多种异构体存在。酵母与人的微管蛋白在氨基酸组成上有 75% 是相同的。在哺乳动物细胞中，至少有 6 种 α-微管蛋白及近似数量的 β-微管蛋白，每一种都是由不同基因编码。不同类型的微管蛋白非常相似，在试管中混合可聚合成混合微管。但是，它们在细胞与组织中的定位不同，因而具有不同的功能。例如，人的一种特异 β-微管蛋白基因的突变，使得眼睛神经功能丧失，导致眼睛移动功能瘫痪。还有很多人的神经疾病也与特异的微管蛋白基因突变相关。

11.2.1　微管的结构和类型

微管是直径为 24～26nm 的中空圆柱体，外径平均为 25nm，内径为 14～15nm。微管的长度变化不定，在某些特化细胞中，微管可长达几厘米（如中枢神经系统的运动神经元）。微管壁大约厚 5nm，微管通常是直的，但有时也呈弧形。细胞内微管呈网状和束状分布，并能与其他蛋白质共同组装成纺锤体、基体、中心粒、纤毛、鞭毛、轴突、神经管等结构。

11.2.1.1　微管蛋白

微管是以微管蛋白（tubulin）异源二聚体为基本构件，每个微管蛋白二聚体头尾相接，形成细长的原丝（protofilament），13 条这样的原丝纵向排列组成微管的壁（图 11-6）。

组成微管的亚基是 α-微管蛋白（α-tubulin）和 β-微管蛋白（β-tubulin）二聚体，这两种微管蛋白具有相似的三维结构，能够紧密地结合成二聚体，作为微管装配的亚基。

α-微管蛋白和 β-微管蛋白都由 450 个氨基酸组成，它们的分子质量约 55kDa。这两种亚基有 35%～40% 的氨基酸序列同源，表明编码它们的基因可能是由同一原始祖先演变而来。另外，这两种微管蛋白与细菌中一种叫做 FysZ 的 GTPase（分子质量为 40kDa）同源，这种酶具有与微管蛋白相似的功能，能够聚合并且参与细胞分裂。

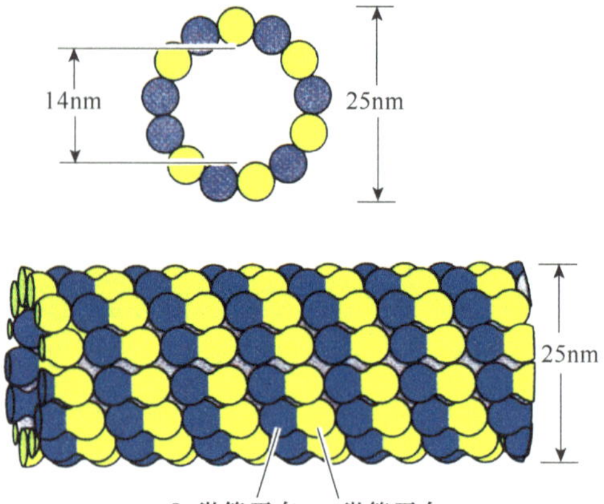

图 11-6　微管的结构（引自 Cooper and Hausman，2013）。

α-微管蛋白和 β-微管蛋白都是直径为 4nm 的球形分子，所以这种异源二聚体的长度为 8nm。

每一个微管蛋白二聚体有两个 GTP 结合位点：一个位于 α 亚基，是不可逆的 GTP 结合位点，结合上去的 GTP 不能被水解，也不能被 GDP 替换；另一个位于 β 亚基上，结合在该位点上的 GTP 能够被水解成 GDP，所以这个位点又称为可交换位点（exchangeable site，E 位点）。

11.2.1.2　微管的类型

微管的存在方式有单体、二联体和三联体，它们存在的部位是不同的（图 11-7）。

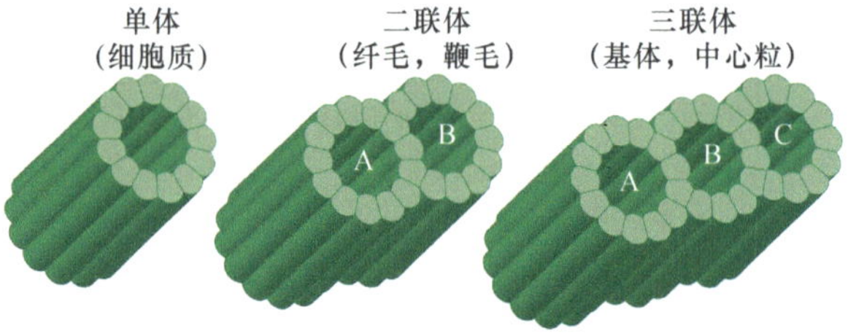

图 11-7　三种微管及排列方式、存在部位（引自 Lodish et al.，2013）。

在多数情况下，微管都是以简单的单体（singlet）存在，大部分细胞质微管是单体微管，它在低温、Ca^{2+}和秋水仙素作用下容易解聚，属于不稳定微管。虽然绝大多数单体是由 13 条原丝组成的一个管状结构，但在极少数情况下，也有由 11 条或 15 条原丝组成的微管，如线虫神经节微管就是由 11 条或 15 条原丝组成的。

二联体（doublet）是构成纤毛和鞭毛的周围小管，是运动类型的微管，它对低温、Ca^{2+}和秋水仙素都比较稳定。组成二联体的单管分别称为 A 管和 B 管，其中 A 管是由 13 条原丝组成，B 管是由 10 条原丝组成，所以二联体是由两个单体融合而成的，一个二联体只有 23 条原丝。

三联体（triplet）见于基体（basal body）、中心粒（centriole），由 A、B、C 三个单管组成，A 管由 13 条原丝组成，B 管和 C 管都是 10 条原丝，所以一个三联体共有 33 条原丝。三联体对于低温、Ca^{2+}和秋水仙素的作用是稳定的。

根据微管的稳定性，可将其分成两类：稳定的长寿微管和动态的短寿微管。当微管的结构需要快速装配和去装配的时候，微管就是动态的。例如，细胞在有丝分裂开始时，纺锤体的快速形成即是微管的装配，在有丝分裂结束时，纺锤体的消失就是细胞质微管的快速去装配，所以纺锤体微管是动态的短寿微管。在一些不进行复制的细胞中含有稳定长寿的微管结构，如纤毛中的微管束结构。

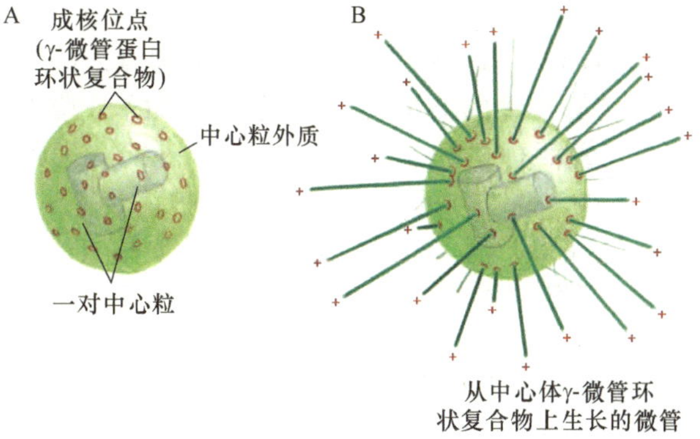

图 11-8 中心体（引自 Alberts et al.，2015）。A. 动物细胞中主要的微管组织中心——中心体，其内有一对中心粒，周围有很多微管成核反应的位点。该位点的主要成分是 γ- 微管蛋白及辅助蛋白组成的环状复合物。B. 从中心体 γ- 微管蛋白环状复合物上生长出很多微管，（＋）端朝向中心体外侧，（－）端被埋在了中心体内。

11.2.2 微管装配的动力学

除了特化细胞的微管外，大多数细胞质微管是不稳定的，能够快速地装配（assembly）与去装配（disassembly）。用低温、高 Ca^{2+}浓度、某些化学试剂处理培养的细胞都会影响细胞质微管的动态性。这些化学试剂与微管蛋白亚基或微管纤丝结合，阻止微管的装配与去装配。

11.2.2.1 微管组织中心

存在于细胞质中决定微管在生理状态或实验处理解聚后重新装配的结构叫微管组织中心（microtubule organizing center，MTOC）。在多数情况下 MTOC 是一种中心体，但是某些表皮细胞和新受精的卵细胞有很多 MTOC，它们看起来并不像中心体。尽管如此，在有丝分裂中，仍将中心体看成是微管形成的组织者。

MTOC 的主要作用是帮助大多数细胞质微管装配过程中的成核反应。微管从 MTOC 开始生长，这是细胞质微管装配的一个独特的性质，即细胞质微管的装配受统一的功能位点控制（图 11-8）。

中心体（centrosome）是动物细胞中决定微管形成的一种细胞器，包括中心粒和中心粒周质基质（pericentriolar matrix）。在细胞间期，位于细胞核的附近；在有丝分裂期，位于纺锤体的两极。

中心粒是中心体的主要结构，成对存在，即一个中心体含有一对中心粒，且互相垂直形成“L”形排列。中心粒直径为 0.2μm，长为 0.5μm，是中空的短圆柱状结构。圆柱的壁由 9 套间距均匀的三联体组成，三联体是由 3 个微管组成，每个微管包埋在致密的基质中。9 套三联体串联在一起，形成一个齿轮状环形结构（图 11-9）。

中心体并非是唯一的 MTOC，基体是纤毛和鞭毛的微管组织中心，不过基体只含有一个中心粒而不是一对中心粒。其他类型的细胞具有不同类型的 MTOC，如真菌的细胞有初级 MTOC，称为纺

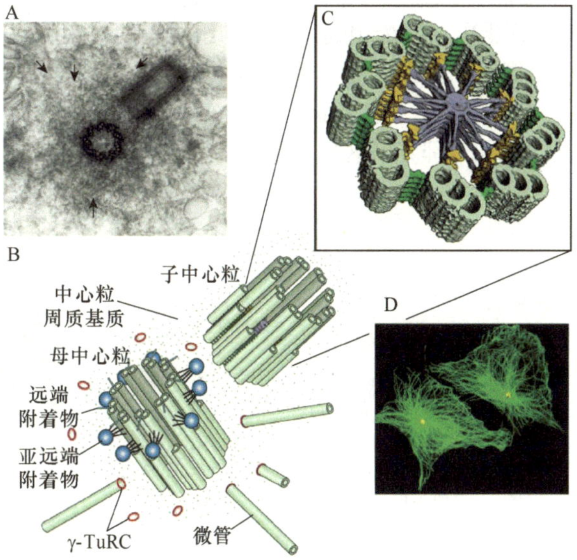

图 11-9 中心粒结构（引自 Lodish et al.，2016）。A. 动物细胞中心体超薄切片电镜照片，显示两个以直角方式排列的中心粒，每个中心粒被中心粒周质基质包围。B. 一对中心粒中，一个是母中心粒，另一个是子中心粒，每个中心粒都是由 9 套三联管组成。中心粒旁质中有很多微管成核的 γ-TuRC 结构。母中心粒与子中心粒是不同的，在母中心粒上有很多远端附着物（球状体）。C. 中心粒的 9 套三联体微管。D. 用中心体蛋白抗体（黄色）揭示的培养的动物细胞中 MTOC 部位及微管排列（绿色）的免疫荧光照片。

锤极体（spindle pole body）。

MTOC 不仅为微管提供了生长的起点，而且还决定了微管的方向性。靠近 MTOC 的一端由于生长慢而称之为（－）端（minus end），远离 MTOC 的一端的微管生长速度快，被称为（＋）端（plus end），所以（＋）端指向细胞质基质，常常靠近细胞质膜。在有丝分裂的极性细胞中，纺锤体微管的（－）端指向一极，而（＋）端指向中心，通常是纺锤体的（＋）端与染色体接触。

神经细胞中微管的指向是一个例外。在树突中，没有明显的 MTOC，树突中的微管既有（＋）端指向神经细胞体，也有（－）端指向神经细胞体。但是在轴突中，所有微管的极性相同。

植物细胞既没有中心体，又没有中心粒，植物细胞中的 MTOC 与细胞核外被膜相关。

11.2.2.2 γ- 微管蛋白

虽然组成微管的亚基是 α- 微管蛋白和 β-微管蛋白二聚体，但是存在于中心体的另一种微管蛋白，即 γ- 微管蛋白对微管的形成具有重要作用。

微管的装配需要很多 αβ-微管蛋白异二聚体相互作用，但是，装配从何处开始、如何开始就显得至关重要。通过荧光标记实验发现，位于中心体的 γ-微管蛋白在装配中起发起者与组织者的作用，这就是微管的成核反应（nucleation）。

细胞中的 γ-微管蛋白大约有 80% 是一种 25S 复合物的一部分，这种复合物是从蛙的卵细胞及果蝇的胚中分离出来的，该复合物被称为 γ-微管蛋白环复合物（γ-tubulin ring complex，γ-TuRC），成核反应就是从 γ-TuRC 开始的（图 11-10）。

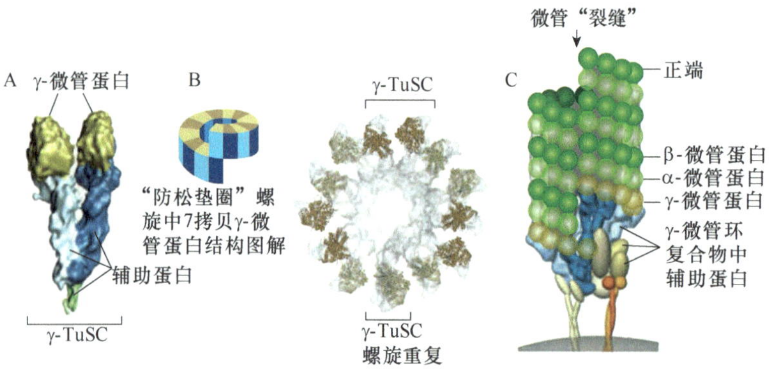

图 11-10 γ-TuRC 介导微管成核反应（引自 Alberts et al.，2015）。A. 两个 γ- 微管蛋白与一对 γ- 微管蛋白结合蛋白结合形成一个 γ- 微管蛋白小复合物（γ-tubulin small complex，γ-TuSC）。B. 7 个 γ-TuSC 结合在一起形成一个螺旋状的结构，在螺旋结构中，最后一个 γ- 微管蛋白位于第一个 γ- 微管蛋白的下面，这样，圆环中只有 13 个 γ- 微管蛋白可作为微管原纤维的起点。C. 在很多类型细胞中，γ-TuSC 螺旋与另一些其他辅助蛋白结合形成 γ- 微管蛋白环复合体（γ-TuRC），γ-TuRC 作为成核反应的（－）端。值得注意的是，由于微管是由 13 条原丝组成，装配后往往在第 1 条与第 13 条原丝间有一条裂缝（seam）。

11.2.2.3 微管的装配过程

细胞内有 αβ-微管蛋白亚基库，在正常情况下，αβ-微管蛋白亚基可以装配成完整的微管。但细胞内微管的聚合和解聚在时间上及空间上都受到严格的控制。在间期细胞中，细胞质微管与微管蛋白亚基库处于动态平衡之中。细胞质微管的装配和去装配的动态平衡受细胞周期调控。在分裂前期，细胞质微管网络中微管去装配，游离的微管蛋白亚基组装成纺锤体；分裂末期，发生逆向转变。

离体实验表明，微管蛋白的体外组装分为成核和延长（elongation）两个反应。其中成核反应是微管组装的限速步骤。成核反应结束时，形成很短的微管，此时 αβ-微管蛋白异二聚体以比较快的速度从两端加到已形成的微管上，使其不断加长。虽然在体外组装过程中二聚体可以在微管的两端添加，然而在大多数体外实验的条件下，二聚体的添加优先在微管的一端，即（＋）端进行。

根据体外实验的结果推测所有微管都遵循同一原则由相似的蛋白亚基装配而成。但体内的装配过程要比体外装配复杂，主要装配过程是：第一步，α-微管蛋白和 β-微管蛋白形成长度为 8nm 的 αβ-二聚体，αβ-二聚体先沿纵向聚合形成一个短的原丝，这种原丝可能是不够稳定的。第二步是以原丝为基础，经过侧面增加二聚体而扩展为弯曲的片状（sheet）结构，这种片状结构的稳定性大大提高。第三步是 αβ-二聚体平行于长轴重复排列形成原丝。当螺旋带加宽至 13 根原丝时，即合拢形成微管的壁。游离的、在 β-微管蛋白的交换位点结合有 GTP 的 αβ-微管蛋白二聚体不断加到这一微管的端点使之延长。在同一根微管的 13 条原丝中，所有 αβ-二聚体的取向都是相同的（图 11-11）。

11.2.2.4 微管的动态不稳定性

微管在体外组装时发现有两个因素决定微管的稳定性：①游离微管蛋白的浓度；② GTP 水解成 GDP 的速度。游离微管蛋白浓度

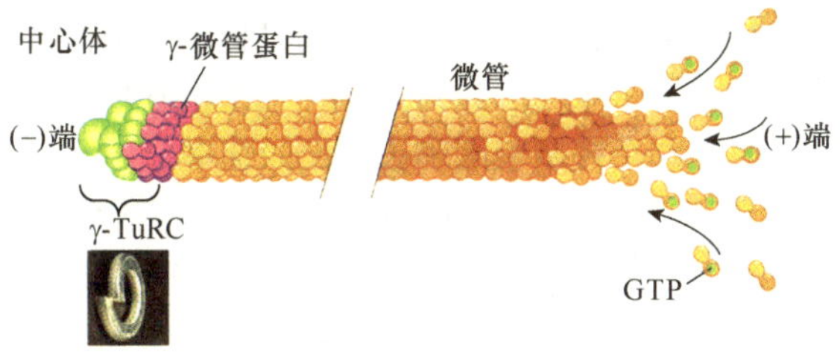

图 11-11 微管的装配起始与生长（引自 Plopper，2016）。先在中心体中由γ-TuRC介导成核反应，然后αβ-微管蛋白异二聚体以首尾对接方式加到（＋）端，进行微管的延长反应。

高，可促进微管的生长；游离微管蛋白浓度低，则促使微管解聚。GTP的低速水解适合于微管的连续生长，而高速水解造成微管的解聚。

微管的动态性主要受GTP结合与水解情况的影响。GTP的水解仅仅发生在微管蛋白二聚体的β-微管蛋白中，在游离状态下的微管蛋白二聚体亚基中，GTP的水解非常慢，但是结合到微管之后，会加速水解。随着GTP的水解，游离的磷酸基团被释放，而GDP仍然与微管多聚体网格中β-微管蛋白亚基结合在一起。因此，此时微管结构存在两种不同的亚基结构，一种是“T型”（T-form）核苷（GTP）结合的β-微管蛋白，另一种是“D型”（D-form）核苷（GDP）结合的β-微管蛋白。而GTP水解释放的能量以弹性应变（elastic strain）被储存在微管多聚体的网格中。其结果导致GDP结合的微管蛋白二聚体更趋向于从微管多聚体解离。

微管两端的微管蛋白亚基是T型还是D型，取决于GTP水解与微管蛋白添加的相对速率。如果微管蛋白亚基添加的速度快，纤丝生长的速度就快，这样就有可能在先添加的微管蛋白亚基的GTP未水解前接着加上一个新的微管蛋白二聚体。在这种情况下，在微管多聚体的顶端，T型微管蛋白二聚体就会形成一个GTP帽（GTP cap）。若是在新微管蛋白二聚体添加前，先加上的微管蛋白二聚体的GTP已经水解，微管纤丝的顶端就是D型。如果微管蛋白亚基在末端的装配与GTP的水解速率相当，那么末端有时会转化成D型。

一般而言，微管纤丝的（－）端是比较稳定的，而在（＋）端，T型就会快速生长，D型就会缩短，这种现象被称为微管的动态不稳定性（dynamic instability）（图 11-12）。微管的生长（growth）有时又称为援救（rescue），收缩（shrinkage）又称为灾变（catastrophe）。

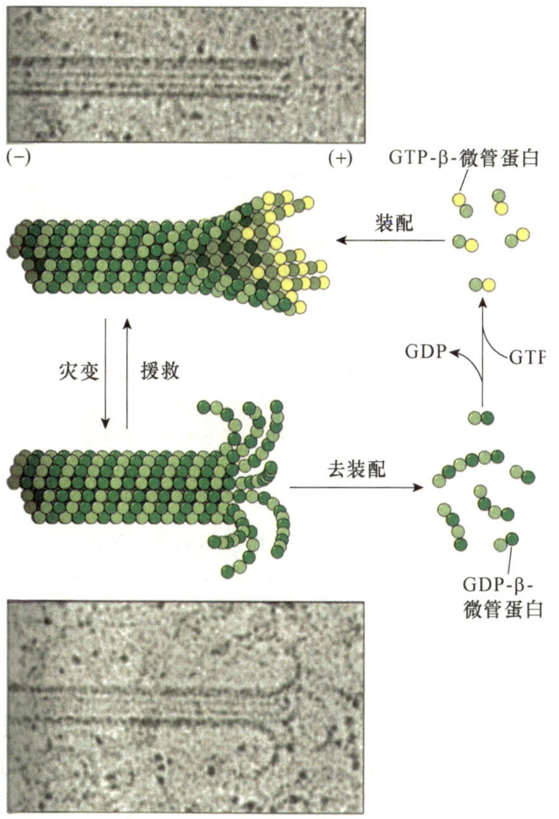

图 11-12 微管的动态不稳定性（引自 Lodish et al.，2013）。顶部是生长微管、底部是收缩微管的电子显微镜照片。中间部分是微管装配与去装配的示意图。（＋）端的装配是由于GTP-β-微管蛋白的装配快于GTP的水解。若GTP水解成GDP的速度快于装配速度，导致微管（＋）端的收缩。

11.2.2.5 微管的极性与踏车行为

微管的极性有两层含义。第一层含义是装配的方向性。由于微管是以αβ二聚体作为基本构件进行装配的，并且是以首尾排列的方式进行组装，所以每一条原丝都有相同的极性（方向性），这样，装配成的微管的一端是α-微管蛋白亚基组成的环，而相对的一端是以β-微管蛋白亚基组成的环。极性的另一层含义是两端的装配速度是不同的，（＋）端生长得快，（－）端则慢，同样，如果微管去组装也是（＋）端快、（－）端慢。

踏车（tread milling），又称周转（turnover），是微管组装后处于动态平衡的一种现象（图 11-13）。

微管的两端都可以加上αβ-二聚体，或释放αβ-二聚体。在（＋）端，由于结合有GTP帽结构的存在，与二聚体的亲和力高，所以，新结合上去的二聚体比释放出来的快。在（－）端，由于GTP已水解成GDP，与二聚体的亲和力低，释放

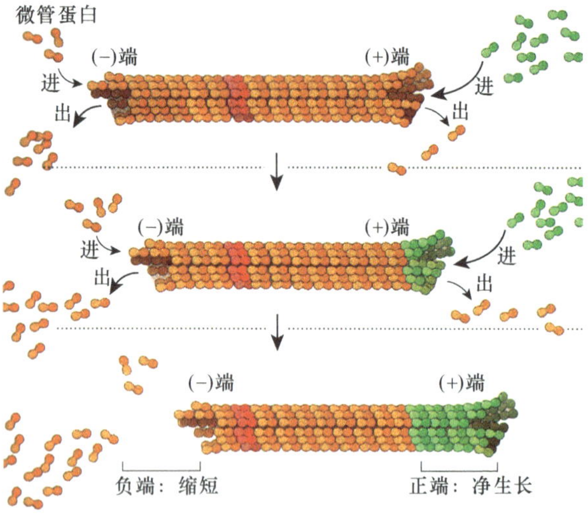

图 11-13 微管的踏车（引自 Plopper et al., 2015）。在某些条件下，微管经历踏车过程：（＋）端不断快速添加微管蛋白二聚体，（－）端不断去装配，导致微管蛋白亚基快速周转。

出来的二聚体比结合上去的快，这样，（＋）端生长得快，（－）端生长得慢，结合上二聚体的 GTP 又不断水解，向（－）端推移。如果（＋）端结合上去的二聚体与（－）端释放出来的速度相同，就会形成踏车现象，即微管的总长度不变，但结合上的二聚体从（＋）端不断向（－）端推移，最后到达（－）端。造成这一现象的原因除了 GTP 水解之外，另一个原因是反应系统中游离 αβ-二聚体的浓度。当（＋）端的游离微管蛋白二聚体的浓度高于临界浓度，而（－）端游离微管蛋白二聚体的浓度低于临界浓度就会发生踏车现象。踏车现象实际上是一种动态稳定现象。

11.2.2.6 影响微管装配和去装配的因素

1972 年，Weisenberg 首次在体外装配微管获得成功。他将小鼠脑的匀浆物置于 37℃，然后添加 Mg^{2+}、GTP 和 EGTA（EGTA 是 Ca^{2+}的螯合剂，抑制聚合作用）即可进行微管的装配。他还发现，只要降低或提高反应温度就可以使微管去装配和重装配；若在反应系统中添加微管碎片能够加速微管的装配，加入的微管碎片可起“种子”的作用。

聚合过程需要加入 GTP，因为 β 亚基能够与 GTP 结合。对于微管的装配来说，不需要 GTP 水解成 GDP，但是发现 αβ-微管蛋白二聚体加入到微管之后不久所结合的 GTP 就被水解成 GDP。去装配过程中释放出来的 αβ-微管蛋白二聚体上的 GDP 要与 GTP 交换，使 αβ-微管蛋白二聚体重新结合上 GTP，才能作为微管装配的组件。由于在装配过程会发生 GTP 的水解，所以微管的装配是一个成本极高的过程。那么在进化的过程中，为什么微管的装配需要花如此大的成本？最合理的解释是这样做有利于控制装配和去装配的速率。

造成微管不稳定性的因素很多，包括 GTP 浓度、压力、温度（最适温度为 37℃）、pH（最适 pH 为 6.9）、微管蛋白临界浓度（critical concentration）、药物等。

但是，也有一些因素使微管处于稳定的不解聚状态，包括某些微管结合蛋白、药物及修饰微管的酶。例如，有一些酶在微管装配之后对微管蛋白进行修饰使微管处于稳定状态，典型的例子是微管 α 亚基的乙酰化和去酪氨酸作用。微管蛋白的乙酰化是由微管蛋白乙酰化酶催化的，它能够将乙酰基转移到微管蛋白特定的赖氨酸残基上；去酪氨酸作用是由微管去酪氨酸酶（detyrosinase）催化的，它能够除去 α 微管蛋白 C 端的酪氨酸残基。

11.2.2.7 影响微管稳定性的药物

科学家很早就发现有几种药物能够抑制与微管的装配和去装配有关的细胞活动，后来这些药物就成为研究微管功能的有力工具。其主要原因有二：一是这些药物只与微管或微管蛋白二聚体结合；二是它们在细胞中的浓度很容易控制。这些药物中用得最多的是秋水仙素、紫杉醇等（图 11-14）。

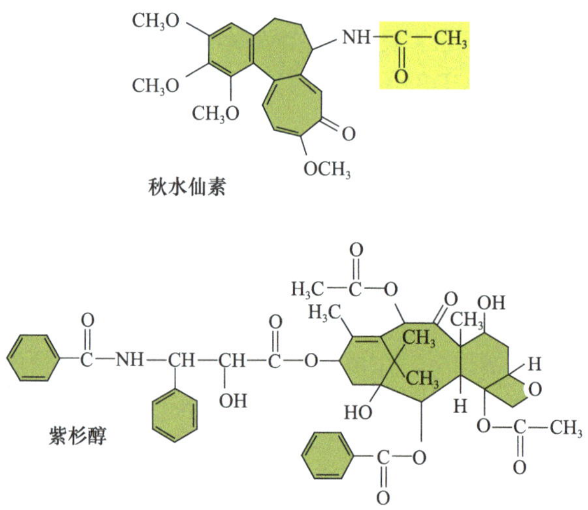

图 11-14 秋水仙素与紫杉醇的分子结构。

秋水仙素（colchicine）是一种生物碱，能够与微管特异性结合。秋水仙素结合到未聚合的微管蛋白二聚体上。在每一个二聚体上有一个与秋水仙素高亲和结合位点和一个低亲和结合位点，后一个结合位点在秋水仙素浓度较低的情况下可能没有作用。从机制上看，秋水仙素与二聚体结合，形成的复合物可以阻止微管的成核反应。秋水仙素和微管蛋白二聚体复合物加到微管的正、负两端，可阻止其他微管蛋白二聚体的加入或丢失。所以秋水仙素定位到微管的末端，改变了微管装配和去装配稳定状态的平衡，其结果破坏了微管的动态性质。不同浓度的秋水仙素对微管的影响不同。用高浓度的秋水仙素处理细胞时，细胞内的微管全部解聚；但是用低浓度的秋水仙素处理动物细胞和植物细胞，微管保持稳定，并将细胞阻断在中期。将用低浓度秋水仙素处理的细胞用无秋水仙素的溶液洗涤之后，细胞的分裂功能恢复正常，这对于获得同步化的细胞非常有用。

紫杉醇（taxol）是红豆杉属植物中一种复杂的次生代谢产物，也是目前所了解的唯一可以促进微管聚合和稳定已聚合微管的药物。同位素示踪表明，紫杉醇只结合到聚合的微管上，不与未聚合的微管蛋白二聚体反应。细胞接触紫杉醇后会在细胞内积累大量的微管，这些微管的积累干扰了细胞的各种功能，特别是使细胞分裂停止于有丝分裂期，从而影响了细胞的正常分裂。

11.2.3 微管结合蛋白

将细胞裂解后分离微管，并在4℃下处理使微管去聚合，将冷处理的样品进行离心，除去不溶性的物质，然后将含有微管蛋白二聚体的上清液于37℃温育，让微管装配。但是，经过多次装配-去装配分离纯化的微管蛋白制品中仍然含有少量的其他蛋白质。有与微管蛋白共纯化的蛋白质存在，说明这些蛋白质是与微管蛋白特异性结合的，而不是非特异蛋白质的污染。免疫荧光显微镜观察培养细胞也发现有与微管蛋白结合的蛋白质存在，后来将这一类微管辅助蛋白统称为微管结合蛋白（microtubule-associated protein，MAP），在微管结构中占10%~15%。表11-3列出部分主要的细胞内微管结合蛋白及其细胞功能。

表 11-3 部分微管结合蛋白及其细胞功能

微管结合蛋白	细胞功能
γ-微管蛋白环状复合物	微管成核反应
XMAP215	（+）端的聚合作用
驱动蛋白 8，驱动蛋白 13	（+）端的去聚合
CLASP	拯救作用
Tau，MAP1，MAP2，MAP4	维持长度的稳定性
剑蛋白	切断

微管结合蛋白在细胞内广泛参与调节微管的动态行为，包括微管的装配、去装配、稳定微管、切断、成束或交联（图 11-15）。

11.2.3.1 微管侧向结合蛋白

从微管一侧的表面与微管结合的蛋白质称为微管侧向结合蛋白（side binding protein），与微管结合后，对微管起稳定作用。有几类不同的微管侧向结合蛋白，它们中很多是在特定类型的细胞中

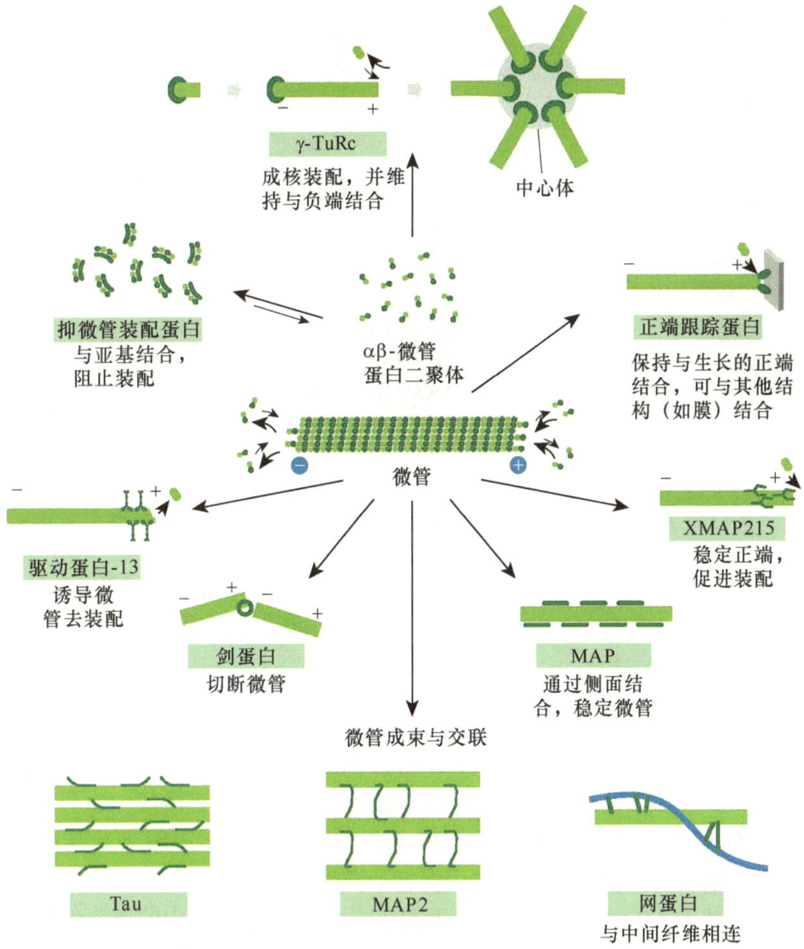

图 11-15 微管结合蛋白及其对微管动态的调节（引自 Alberts et al.，2015）。MAP有多方面的功能：①使微管相互交联形成束状结构，也可以使微管与其他细胞结构交联，这些结构包括质膜、微丝和中间纤维等；②通过与微管成核点的作用促进微管的聚合；③在细胞内沿微管转运囊泡和颗粒；④提高微管的稳定性。

表达。研究最为清楚的是 Tau 蛋白家族，包括 Tau 蛋白、MAP2 蛋白及 MAP4 蛋白。其中 Tau 蛋白、MAP2 蛋白是神经蛋白，而 MAP4 蛋白在其他组织中表达，一般不会出现在神经元中。此类蛋白质有两个标准的结构域：第一个结构域含有 3～4 个重复的、带正电的 18 个残基序列，该结构域与带负电的微管表面结合；第二个结构域以直角的形式伸向微管的外侧（图 11-16）。Tau 蛋白被认为对微管起稳定作用，并作为微管间的间隔物。MAP2 蛋白仅存在于神经元的树突中，其作用是在微管间形成纤维状交联桥，并且将微管与中间纤维连接起来。

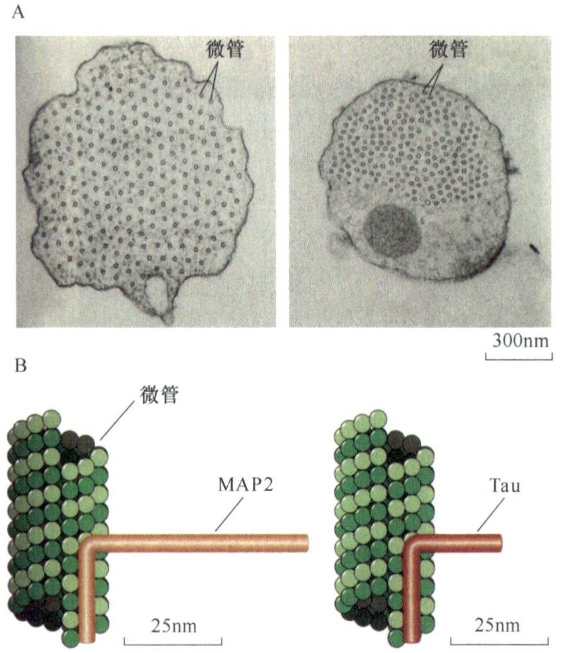

图 11-16 微管间的间隔取决于微管侧向结合蛋白突出结构域的长度（引自 Lodish et al., 2013）。用 *MAP2* 或 *tau* 编码基因转染的昆虫细胞，表达 MAP2 蛋白的臂比 Tau 蛋白的臂长。A. 转染细胞的电镜切片照片，左侧是转染了 MAP2，突出的臂长，微管间的间距就大；而右侧转染了 Tau，突出的臂短，微管间的间距就小。B. MAP2、Tau 与微管结合示意图。

此外，稳定微管的 MAP 蛋白包被在微管的外壁上，可提高微管的生长速度，或者抑制微管灾变的速率。在很多情况下，通过突出结构域的可逆磷酸化对 MAP 的作用进行调节：磷酸化的 MAP 不与微管结合，因此，磷酸化作用促进了微管的去聚合。某些 MAP，如 MAP4 可被周期蛋白依赖性激酶磷酸化，进行细胞周期的调控。

11.2.3.2 微管（＋）端结合蛋白

细胞含有很多与微管末端结合的蛋白质，调节微管的稳定性与动态性。这些蛋白质常常影响微管生长与收缩的转换速度。例如，驱动蛋白相关的蛋白家族成员中一种叫做灾变因子（catastrophe factor），或叫做驱动蛋白-13（kinesin-13），与微管（＋）端结合，可将原丝拉开弯曲，促进原丝收缩。另外一种蛋白，叫做 Nezha 或 Patronin，保护微管（－）端，使其免遭灾变因子的影响。

细胞内与微管（－）端结合的蛋白质很少，而与（＋）端结合的蛋白质却非常多。一种普遍存在的蛋白质是 XMAP215 蛋白（来源于非洲爪蟾的微管结合蛋白，分子质量 125Da），从酵母到人类都有同源蛋白。XMAP215 蛋白与游离的微管蛋白亚基结合，并将其转移到微管（＋）端进行装配，对聚合起促进作用。

图 11-17 是驱动蛋白-13 与 XMAP215 蛋白对微管稳定性的影响。

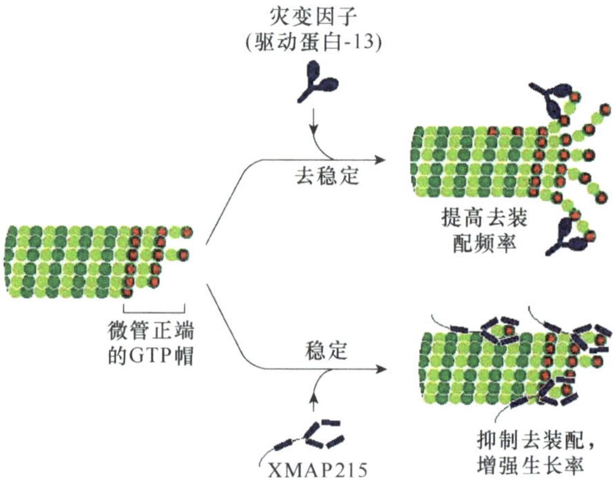

图 11-17 微管末端结合蛋白对微管稳定性的影响（引自 Alberts et al., 2015）。细胞中微管的生长与收缩受多种蛋白质的调节。灾变因子，如驱动蛋白超家族成员的驱动蛋白-13 与末端结合，并将原丝撬开，促进微管去聚合。而另一种 MAP，即 XMAP215 蛋白则与微管蛋白二聚体结合，并将其转移到（＋）端，促进微管装配。

另一类与（＋）端结合的微管结合蛋白叫做＋TIP，专门识别生长中的微管（＋）端，帮助微管在细胞中定位。在有丝分裂中，＋TIP 帮助生长中的微管（＋）端捕获并稳定附着在染色体的动粒部位。＋TIP 中的末端结合蛋白-1（end binding-1, EB1）及其系列物都是小的二聚体蛋白质，并且在动物、植物及真菌中都是非常保守的，EB1 帮助生长中的微管在细胞中的定位。EB1 能够识别生长中的微管末端并与其结合。其他一些＋TIP，通过与 EB1 结合，以及相互间、与微管间的相互作用聚集到生长微管的（＋）端，产生一种推力，以此帮助生长中的微管定位于纺锤体、染色体、细胞器（图 11-18）。

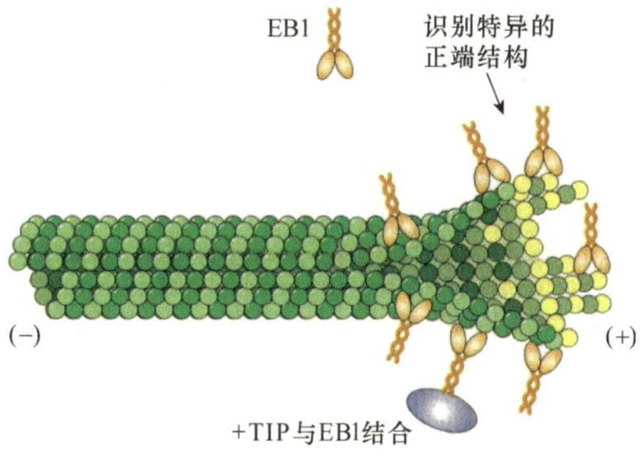

图 11-18 ＋TIP 蛋白对微管（＋）端的动态调节（引自 Lodish et al.，2013）。

11.2.3.3 微管隔离蛋白与切断蛋白

将微管蛋白亚基隔离在亚基池里保持亚基的临界浓度也是对微管的一种动态调节。有一种具有微管隔离作用的小分子的蛋白质，叫做抑微管装配蛋白（stathmin），能够同时结合两个微管蛋白异二聚体，阻止它们添加到微管的末端（图 11-19A）。实际上，抑微管装配蛋白降低了可用于微管聚合的微管蛋白二聚体的有效浓度（类似于秋水仙素的作用），提高了生长微管转变成收缩微管的可能性。抑微管装配蛋白的磷酸化则抑制了抑微管装配蛋白与微管蛋白二聚体的结合。引起抑微管装配蛋白磷酸化的信号能够提高微管聚合的速度，抑制动态不稳定性。抑微管装配蛋白参与细胞增殖与死亡的调节。有趣的是，缺少抑微管装配蛋白的小鼠虽然能正常发育，但却少了野生型小鼠担惊受怕的特性，揭示了抑微管装配蛋白在扁桃体神经元中的作用，因为在该组织中，抑微管装配蛋白通常是高水平表达。

微管切割作用破坏微管的稳定性。为了切割一个微管，必须断开 13 条长的原丝的键。一种剑蛋白（katanin）具有切断微管的作用（图 11-19B）。剑蛋白由两个亚基构成，小亚基能够水解 ATP，并实施切割作用。因此，剑蛋白的切割作用，制造了很多短小的微管，促进了微管的装配。在某些类型的细胞中，剑蛋白也存在于中心体中，其作用是从微管组织中心中释放新装配的微管，促进微管的装配。另外，在有丝分裂后期，剑蛋白对微管的切割使得微管快速去装配。

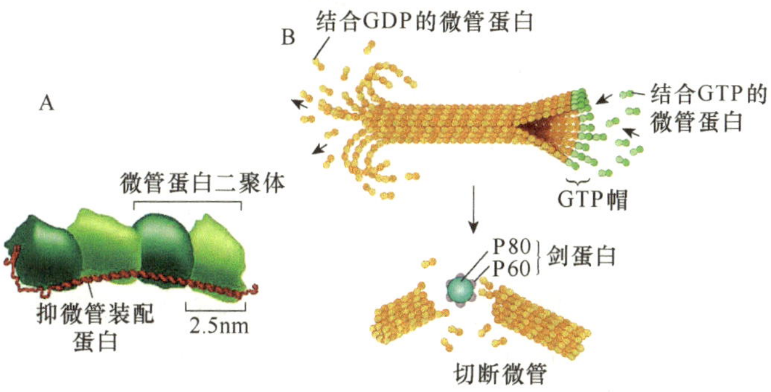

图 11-19 抑微管装配蛋白与剑蛋白对微管稳定性的影响（改自 Cooper and Hausman，2016）。A. 一个抑微管装配蛋白与两个微管蛋白二聚体结合，影响了微管蛋白二聚体参与微管的装配。B. 剑蛋白对微管的切割，剑蛋白含有 6 个相同的小亚基 P60，1 个大亚基 P80。

11.2.4 微管马达蛋白

我们在前面一些章节的讨论中，已经知道细胞内有很多蛋白质能够利用能而做功。例如，ATP 合酶能够利用势能合成 ATP、G 蛋白通过与 GTP 结合进行信号转导、发动蛋白利用 GTP 水解将小泡与质膜切离。人们将那些在细胞内能够利用 ATP（有时是 GTP）供能产生推动力，进行细胞内运动的蛋白质统称为分子马达（molecular motor）。

11.2.4.1 微管分子马达及马达蛋白

微管结合蛋白按功能可分为两大类。第一类是微管骨架网络的建设者，它们参与微管的装配与去装配，调节着微管的动态不稳定性，决定着微管骨架的网络分布与连接，这就是上面所介绍的微管结合蛋白。对细胞而言，微管骨架网络的建设与维护，使其作为细胞的支架，维持细胞的空间结构，使各类细胞器有安身立命之地及施展才华的舞台。

第二类微管结合蛋白相当于微管骨架网络“运营商”，这就是微管分子马达。微管分子马达是细胞内利用 ATP 作为动力，依赖微管做功的蛋白质。正是微管分子马达与微管的结合，并在微管骨架上“运营”各种活动，包括细胞器与小泡的转运、轴突运输、色素颗粒的分散与集中、纤毛与鞭毛运动、细胞分裂等，使微管骨架发挥极其重要的作用。

迄今所发现的、依赖于微管的分子马达有 2 个不同的马达蛋白家族：动力蛋白（dynein）家族和驱动蛋白（kinesin）家族。

微管马达蛋白在微管上的移动有两个主要的特点。第一，移动是单方向的，一种马达蛋白只能沿微管向一个方向移动。例如，驱动蛋白只能从微管的（－）端向（＋）端移动，而动力蛋白则是从微管（＋）端向（－）端移动。第二，由于微管马达蛋白有 2～3 个头，移动方式是逐步行进而不像火车的轮子连续运行。之所以要逐步进行，是因为马达蛋白要通过一系列的构型变化才能完成行进的动作。

动画

11.2.4.2 动力蛋白

1965 年，Ian Gibbons 从鱿鱼的轴质（axonplasm）中分离鉴定了第一个微管马达蛋白，命名为轴丝动力蛋白（axonemal dynein），其在纤毛中特别丰富，比较容易分离。

动力蛋白是（－）端走向的运输蛋白，即从（＋）端向（－）端运输。动力蛋白在结构上由 1 个、2 个或 3 个重链组成，重链上含有马达结构域。在重链上还结合有数量多变的轻链、中间链。动力蛋白家族有两个主要的分支（图 11-20）。第一个分支包括细胞质动力蛋白（cytoplasmic dynein），它有两个同源二聚体的重链。细胞质动力蛋白 1 由一个基因编码，除了开花植物与某些藻类外，几乎所有的真核细胞中都存在。它的作用包括细胞器与 mRNA 的转运、帮助中心体与细胞核定位，以及在有丝分裂与减数分裂中构建微管纺锤体。细胞质动力蛋白 2 仅仅存在于有纤毛的真核细胞中，作用是将物质从纤毛的顶部运向基部，该过程称之为鞭毛内运输。轴丝动力蛋白，亦称纤毛动力蛋白，属于动力蛋白的第二分支，包括单体、异二聚体、异三聚体，分别具有 1 个、2 个、3 个含马达结构域的重链。它们高度特异，并且是快速有效地通过微管的滑动驱使纤毛及鞭毛游动。

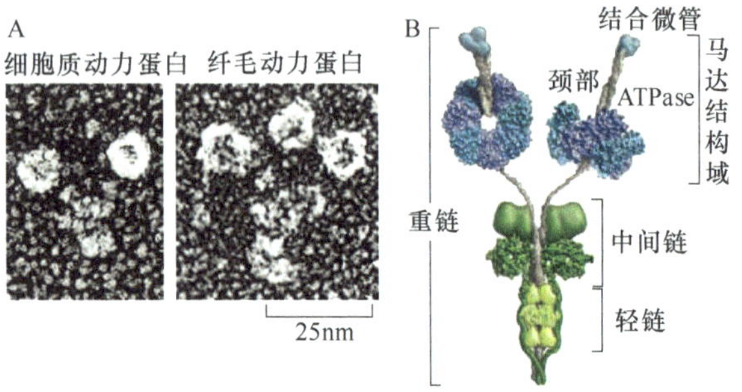

图 11-20 动力蛋白（引自 Alberts et al.，2015）。A. 细胞质动力蛋白与纤毛动力蛋白的冰冻蚀刻电镜照片。细胞质动力蛋白具有两个头，而纤毛动力蛋白具有三个头。B. 细胞质动力蛋白结构示意图。含有两个与微管结合的重链，重链有一个较长的颈、一个 ATPase 结构域，并且连接多个中间链与轻链。

11.2.4.3 驱动蛋白

驱动蛋白是一个超级家族，至少含有 14 种不同的驱动蛋白亚家族。它们大多在重链的 N 端含有马达结构域。离体实验证明驱动蛋白在微管上的移动，是从微管的（－）端移向微管的（＋）端，所以，驱动蛋白是（＋）端走向的微管马达（plus end-directed microtublar motor）。由于神经轴中所有的微管都是（＋）端朝向轴突的末端，而（－）端朝向细胞体，所以驱动蛋白在神经细胞中负责正向的运输任务。后来证明，有少数驱动蛋白是（－）端走向。

人类大约有 45 种不同驱动蛋白，其中有半数以上负责将细胞内的“货物”运输到特定的目的地，其余的在细胞有丝分裂中发挥作用，由此可见与微管结合的驱动蛋白对细胞生命活动的重要性。

1）驱动蛋白的结构特点　驱动蛋白-1 是一个四聚体的结构，包括两条重链和两条轻链（图 11-21）。它有一对球形的头，这是产生动力的“马达”；还有一个扇形的尾，是“货物”结合部位。驱动蛋白家族的马达结构域的序列是高度同源的，而马达结构域之外的序列是各种各样的，通常相互间完全不同。它们之间尾部序列的差异，表明它们运输的“货物”是不同的。

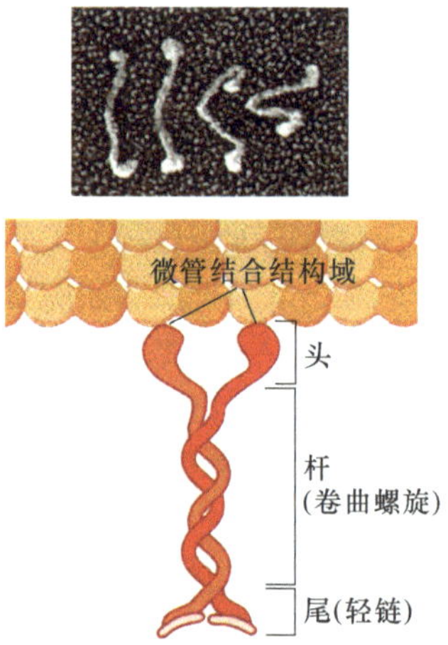

图 11-21 驱动蛋白的结构（引自 Plopper，2016）。图中显示驱动蛋白的电子显微镜照片与示意图。驱动蛋白有两条重链形成螺旋，头部结构域与微管结合。头部结构域含有 ATPase。在重链的尾部有两个轻链。在头部与尾部之间有一个长长的杆。

根据马达结构域在重链中的位置，将驱动蛋白大致分为三类。第一类，马达结构域位于 N 端附近，这一类占大多数，它们在微管上的移动是从（－）端走向（＋）端。第二类，某些驱动蛋白的马达结构域位于 C 端附近，它们在微管上是从（＋）端移向（－）端，如驱动蛋白-14 在 C 端含有马达结构域。第三类，少数驱动蛋白的马达结构域位于重链的中部，此类驱动蛋白不具备行走功能，而是参与微管不稳定性调节。例如，驱动蛋白-13 的马达结构域位于中间部位，它就不具备行走功能，而是作为微管末端结合蛋白，促进微管去聚合。

2）驱动蛋白在微管上行走机制　马达蛋白运输时是 ATP 依赖性的，一个驱动蛋白沿一条原丝运输，移动的速度与 ATP 的浓度有关，速度最高时，可达到每秒 900nm。在低 ATP 的浓度时，驱动蛋白移动的速度相当慢，可以观察到它的移动方式。驱动蛋白每跨一步的长度为 8nm，正好是一个 αβ-微管蛋白二聚体的长度。

马达蛋白利用 ATP 作为燃料驱动移动，问题是马达蛋白如何将贮存在 ATP 中的化学能转变成机械动力做功？对于马达蛋白而言，当 ATPase 结构域结合的 ATP 水解成 ADP，如何发生构型的变化，并将构型的变化转变成驱动发动蛋白在微管上移动的力。

有一种“头-超越-头”（head-over-head）模型，即行走（walking）模型，推测具有两个头的驱动蛋白是如何在微管上行走的（图 11-22）。在该模型中，每一步都是后面的头超越前面的头，这种模型类似于人类的行走，每走一步都通过后面一条腿对其前一条腿的超越。这种“头-超越-头”的重复循环，推动驱动蛋白沿微管移动。值得注意的是，驱动蛋白在微管上行走时，总是保持有一个头与微管结合，因此是“竞走”，而不是“跑步”。

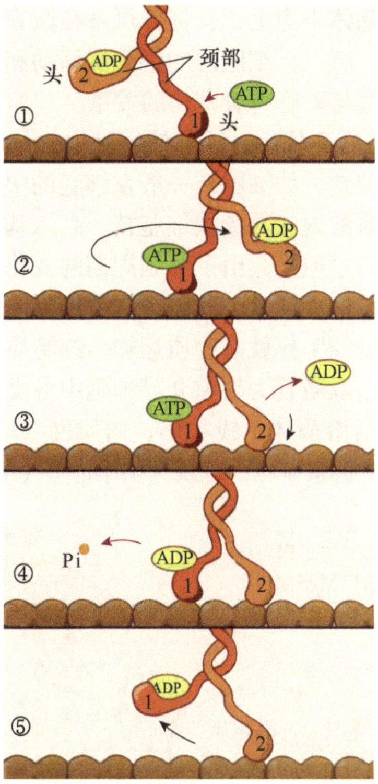

图 11-22　驱动蛋白“头-超越-头”的行走模型（引自 Plopper et al.，2016）。①驱动蛋白-1 是具有结合两个核苷马达结构域（头）的二聚体，并且有一个较长的螺旋杆部，后面连接两个轻链的尾。开始时，结合有 ADP 的头 2 是与微管脱离的，而头 1 则是与微管结合在一起。随着 ATP 与头 1 的结合，引起头 2 构型改变，并向前摆动；②头 2 位于下一个结合位点的上方，准备与微管结合；③头 2 与微管弱结合，导致头 2 构型改变并释放 ADP；④头 1 结合的 ATP 水解生成 ADP，头 2 与微管结合的强度提高，然后是头 1 释放 ADP；⑤重复①～④的循环，结果是驱动蛋白不断沿着微管向（+）端移动。

11.2.5　微管的作用

微管作为细胞内最重要的基础设施，在 4 个方面发挥重要作用。第一是支架与空间定位作用，为细胞维持一定的形态提供结构上的保证，并给各种细胞器进行定位；第二是作为细胞内物质运输的轨道，参与一系列的物质运输；第三是作为纤毛和鞭毛的运动元件；第四是参与细胞的有丝分裂等。

11.2.5.1　支架与空间定位作用

维持细胞形态是微管的基本功能。实验证明，微管具有一定的强度，能够抗压和抗弯曲，这种特性给细胞提供了机械支持力。微管能够维持细胞的形态，使细胞不至于破裂。在培养的动物细胞中，微管围绕细胞核向外呈放射状分布。微管能够帮助细胞产生极性，确定方向。例如，神经细胞的轴突中就有大量平行排列的微管，确定神经细胞轴突的方向。

在植物细胞中，微管对细胞形态的维持也有间接的作用。在植物细胞质膜的下面有成束微管形成的皮层带，这种皮层带影响纤维素合成酶在细胞质膜中的定位。其结果是产生的纤维素纤维与微管平行排列。反过来，细胞壁中纤维素纤维的方向对于决定细胞的生长特性及形态都具有重要的作用。

此外，微管对于维持细胞内部的组织也有重要作用。用破坏微管的药物处理细胞，发现能够严重影响膜性细胞器，特别是高尔基体在细胞内的位置。高尔基体在细胞内的位置一般在细胞的中央，刚好在内质网的外侧，用秋水仙素处理细胞后，高尔基体分散存在于四周；若除去药物，微管装配，高尔基体又恢复其细胞内的正常位置。

11.2.5.2　细胞内物质运输

微管在核的周围分布密集，并向胞质外周伸展。在线粒体周围也有微管的存在，有的微管直接连到高尔基体小泡上；核糖体可系在微管及微丝的交叉点上。所以，细胞内的细胞器移动和胞质中的物质运输都与微管有着密切的关系。

1）细胞器转运　虽然细胞内的细胞器有相对固定的位置，如细胞核一般在细胞的中央、内质网在细胞质的内侧并紧挨细胞核、高尔基体在内质网的外侧等。但是，由于细胞周期的变化，以及细胞的分泌与内吞活动，所以，作为细胞内大动脉的微管最繁重的工作就是物质运输。细胞质动力蛋白与驱动蛋白以微管为轨道介导细胞中各类细胞器的转运，包括溶酶体、线粒体、内质网、早期内体、晚期内体、色素颗粒，以及分泌小泡等（图 11-23）。

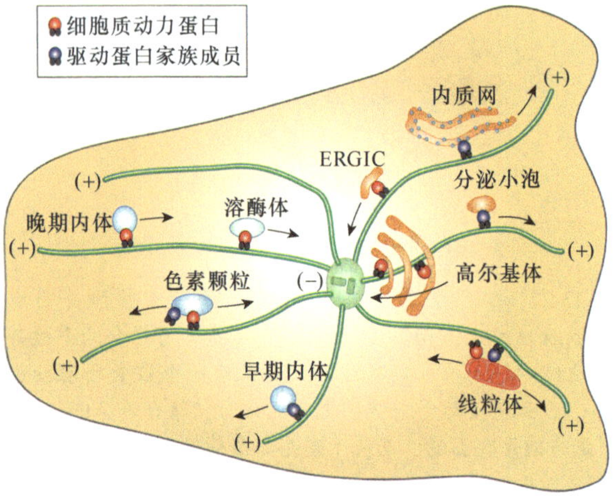

图 11-23　微管分子马达介导的细胞器及小泡转运（引自 Lodish et al., 2013）。ERGIC（ER-to-Golgi intermediate compartment）：潴泡从内质网运向高尔基体中间区室。

细胞需要将一些“货物”转运到胞质溶胶的特定部位，转运“货物”的特异性是由马达蛋白与“货物”间的匹配性决定的。问题是各种不同的“货物”如何被装载到正确的马达蛋白上，进而被转运到该去的地方？特别是从细胞内侧到细胞质膜，以及从细胞质膜向细胞内侧的小泡转运都具有各自不同的特异性。（＋）端走向的驱动蛋白所结合的小泡主要是将来自高尔基体的“货物”转运到内体或细胞质膜，而（－）端走向的动力蛋白所结合的是细胞外周的小泡，并将其运向细胞内侧。分子马达的尾部结构域能够选择正确的“货物”并与之结合。对于大的驱动蛋白家族而言，家族成员间的尾部结构域是非常不同的。各种不同的分子马达具有独特的尾部结构域，因而具有装载“货物”的选择性。

一般而言，分子马达的尾部结构域不直接与“货物”相连，而是由衔接蛋白介导。如同小泡装配，衔接蛋白的一端与马达蛋白的尾部结构域结合，另一端与转运小泡的膜蛋白相结合，间接地将马达蛋白与“货物”连接起来。例如，由反面高尔基网产生的含有甘露糖-6-磷酸受体的溶酶体小泡，该受体的细胞质结构域结合有衔接复合物 AP-1，而 AP-1 复合物能够与驱动蛋白的尾部结构域结合。由于 AP-1 既能介导网格蛋白有被小泡的出芽，又能与马达蛋白的尾部结构域结合，这就确保了新生的网格蛋白有被小泡一出生就被装载到相应的马达蛋白上，并转运到合适的地方。

衔接蛋白也能够介导细胞质动力蛋白与膜结合，最为典型的例子是动力蛋白激活蛋白复合物（dynactin complex）。动力蛋白激活蛋白复合物是由 7 个多肽与 1 个 Apr1 构成的复合物，Apr1 是与肌动蛋白相关的蛋白质。有一个模型推测，Apr1 通过与小泡细胞质表面的血影蛋白结合，将动力蛋白与小泡连接起来（图 11-24）。动力蛋白激活蛋白复合物也能帮助动力蛋白稳定地与微管结合，促进小泡沿微管进行转运。

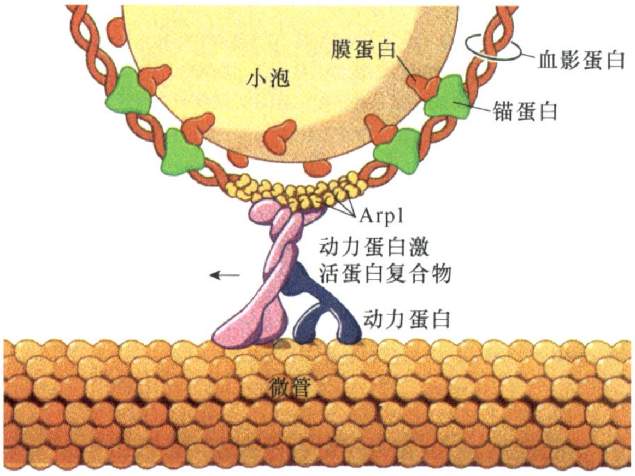

图 11-24　动力蛋白激活蛋白复合物介导细胞质动力蛋白与小泡的结合（引自 Plopper et al., 2016）。动力蛋白激活蛋白复合物中的 Arp1 纤维，通过与血影蛋白结合，介导小泡与动力蛋白结合。

微管马达蛋白除了介导小泡运输外，细胞内的很多“货物”都是由马达蛋白进行转运的，包括 mRNA 的转运。此外，细胞的不速之客——一些病毒颗粒，如 HIV、腺病毒等，一旦进入细胞，就会借助细胞马达蛋白的运输系统快速进入细胞核。

2）微管的运输　细胞内运输最为艰难的任务是进行微管的运输。由于微管的生长是单向的，并且在微管切断蛋白的作用下会产生一些短的微管，需要通过运输进行均匀分布。

某些驱动蛋白能够两两相互将尾部结合在一

起，形成有4个头的双极性驱动蛋白（图11-25）。双极性驱动蛋白同时分别在相对的两个方向与微管结合，通过微管的滑动，将相对的两个微管分别推向两端。在有丝分裂中，微管的滑动具有特别重要的意义，因为此时的微管是纺锤体的极微管，通过纺锤体极微管的相互滑动，将染色体快速地推向两极，促进了细胞核与细胞质分裂。

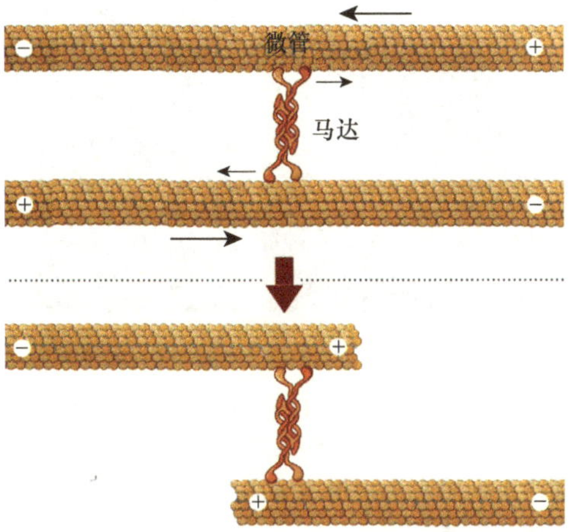

图11-25 双极性驱动蛋白的形成及微管运输（改自Plopper et al.，2016）。两个驱动蛋白形成有4个头部的双极性驱动蛋白，它们用4个头分别在相对方向与微管结合，在驱动蛋白的作用下，引起微管的相对滑动，将微管推向两极。

3）轴突与树突运输　在神经元中，轴突末端到细胞体的距离很长，并且轴突末端要释放大量的神经递质，所以神经元必须不断供给大量的物质，包括蛋白质、膜，以补充因轴突部位的胞吐而丧失的成分。这些新的物质从哪里来？

神经细胞的细胞体是神经细胞的中心，是圆形的部分。细胞体中有细胞核、内质网、高尔基体及其他的细胞器。细胞体中合成的蛋白质有些以分泌小泡的形式向轴突末梢运输，如神经递质等。这些分泌小泡主要是靠驱动蛋白通过微管运向轴突末梢，称作向外运输（outward transport），又称顺向运输（anterograde transport）。轴突末梢膜内吞形成的内吞泡从末梢向细胞体部的运输则是由细胞质动力蛋白沿微管向内运输的，这种方向的运输称为向内运输（inward transport），或称为逆向运输（retrograde transport）。

神经元（neuron）含有复杂的细胞骨架结构。由于细胞骨架的不同，神经元的轴突（axon）能够接受电信号，而树突（dendrite）则传递电信号。神经元的轴突与树突总称为神经突（neurite）。神经突中充满了束状微管，这不仅是神经突的结构特点，也是行使功能的关键。在轴突中，所有的微管都是以相同的方向排列，（－）端指向细胞体，（＋）端指向轴突的末端。但是，微管不会从细胞体一直延伸到轴突的末端，仅有少数微管较长，大多数以相互部分重叠的方式交错排列。这种线性的微管轨道可作为“高速公路”将特殊的蛋白质、含蛋白质的小泡，以及mRNA向轴突末端运输，建构与维持突触（synapse）。人体中，最长的轴突可从脊髓（spinal cord）到达脚，长度超过1m。树突比轴突短，树突中的微管是平行排列的，但是，微管的极性是混合型的，有些微管的（＋）端指向树突的顶端，有些微管的（＋）端则指向细胞体，这种排列方式类似于纺锤体微管。图11-26是神经元中微管组织及轴突与树突的运输。

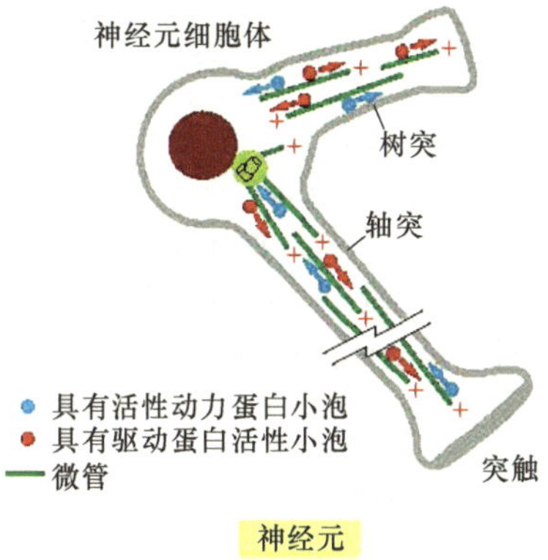

图11-26 神经元中微管组织结构与物质转运（引自Alberts et al.，2015）。

4）色素颗粒的转移　许多两栖类生物（如蛙）的皮肤和鱼类的鳞片中含有特化的色素细胞，在神经和激素的控制下，这些细胞中的黑素体可在数秒钟内迅速分布到细胞各处，从而使皮肤颜色变深；又能很快回到细胞中心，而使皮肤颜色变浅，以适应环境的变化。研究发现，黑素体的转移是微管依赖性的，由驱动蛋白和动力蛋白协同完成。

载黑素细胞（melanophore）是脊椎动物的皮肤细胞，含有数百个充满暗黑色色素的颗粒，叫黑素体（melanosome）。载黑素细胞的黑素体既能分散分布，也可以聚集在中央部分。若是散布在细胞中，细胞呈暗黑色；若是聚集在细胞中央，细胞则较为透明（图11-27），这些变化会改变皮肤的颜色。

黑素体是分散开来还是集中起来受信号调节。在鱼类中，由神经递质介导；而在蛙中，受cAMP的调节。对于鱼类而言，皮肤颜色的变化，可以起伪装作用，保护自己免遭天敌的伤害；对于蛙来讲，皮肤颜色的变化可以增强对环境的适应性。细胞内黑素体的移动受cAMP浓度变化的调节，并

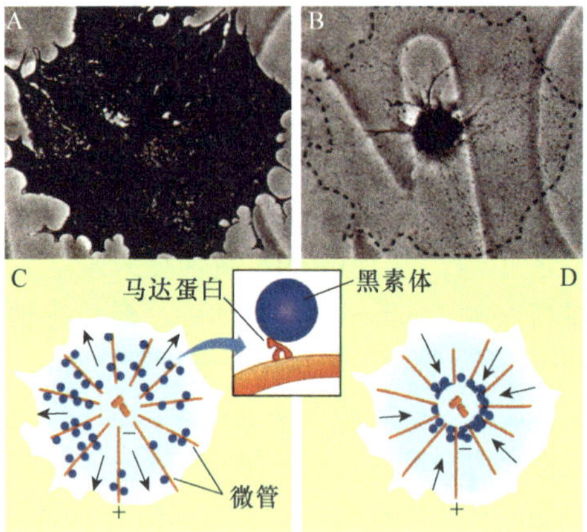

图 11-27　色素细胞中微管马达蛋白对黑素体的运输（引自 Plopper，2016）。A. 黑素体分散的细胞照片；B. 黑素体集中的细胞照片；C. 黑素体通过微管运输分散存在的示意图；D. 黑素体通过微管运回到细胞中央的示意图。

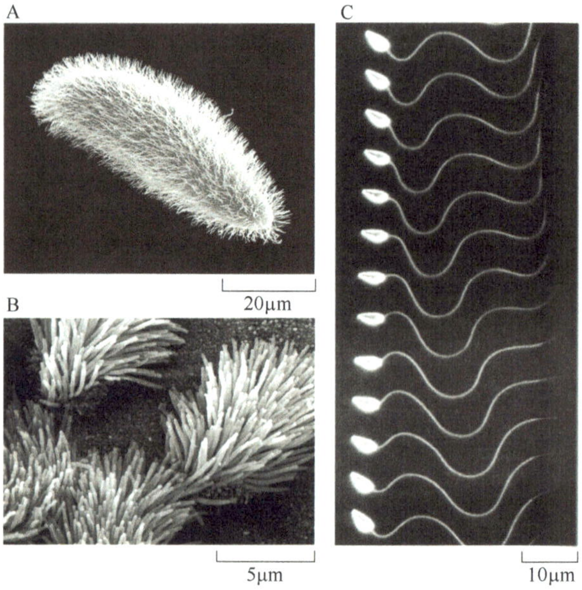

图 11-28　纤毛与鞭毛（引自 Cooper and Hausman，2013）。A. 草履虫纤毛的电子扫描显微镜照片。B. 覆盖有纤毛的气管上皮细胞表面扫描电子显微镜照片。C. 海胆精细胞鞭毛波浪式游动。

且是微管依赖性的。研究表明，黑素体的分散开来需要驱动蛋白-2，而聚集起来则需要细胞质动力蛋白-动力蛋白激活蛋白，通过这两种马达蛋白的协同作用，调节黑素体的存在状态，保护生物更好地适应环境。

11.2.5.3　纤毛和鞭毛及其运动

纤毛（cilia）与鞭毛（flagella）是细胞质膜向外凸起的特化细胞结构，构成的基础是微管，功能是负责各种真核细胞的运动。纤毛和鞭毛并无绝对界限，一般把少而长者称为鞭毛，短而多者称为纤毛。纤毛的分布更为广泛，几乎所有的动物细胞表面都有纤毛。很多细菌也有鞭毛，不过，原核细胞的鞭毛与真核细胞的鞭毛是完全不同的，细菌鞭毛是从细胞表面凸起的蛋白质纤维，而不是由微管支持的细胞质膜凸起。真核细胞的纤毛与鞭毛结构非常相似，但是鞭毛和纤毛在大小、数量和运动方式等方面都是不同的。鞭毛长度可达 150μm，数量较少，并且是波浪式摆动；而纤毛较短，平均长度为 5～10μm，运动的方式比较复杂，且没有规则。很多细胞都是被纤毛所覆盖（图 11-28）。纤毛和鞭毛有两个主要的功能：第一是帮助细胞锚定在一个地方，使细胞不易移动；第二是使细胞在液体介质中运动。

纤毛和鞭毛都含有一个规则排列的、由微管相互连接形成的骨架，称为轴丝（axoneme）。1954 年 Fawcett 和 Porter 首次描述了轴丝的结构。轴丝的外面由膜包裹。组成轴丝的微管呈规律性排列，即 9 组二联管在周围成等距离地排列成一圈，中央有两条单管，成为“9+2”的微管形式。中央的两条单管之间由细丝相连，外包有中央鞘（内鞘）。周围的 9 套二联管，近中央的一条称为 A 微管，另一条为 B 微管（图 11-29）。

A 微管上有两个短臂，长约 15nm，粗约 5nm，两个短臂之间间隔约 24nm。内臂指向邻近一对微管的 B 微管，组成臂的成分是动力蛋白。纤毛的动力蛋白是一种多亚基的 ATP 酶，能被 Ca^{2+}、Mg^{2+} 所激活。

中央微管和 A 微管是完全微管，由 13 条原

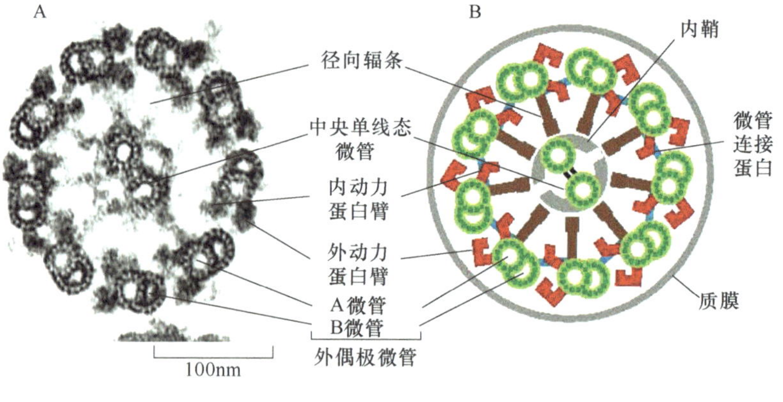

图 11-29　纤毛或鞭毛结构组成（引自 Alberts et al.，2015）。

丝组成。B 微管只有 10 条原丝，有 3 条是同 A 微管共用的，故每组周围微管的原丝共有 23 条。在两个相邻二联管之间有微管连接蛋白（nexin）将相邻微管二联体结合在一起。另外，每个二联管的 A 微管上有放射辐（radial spoke）与中央微管鞘相连。

对组成纤毛的成分进行了分子鉴定。首先逐步降解分离的纤毛，然后通过低速离心除去完整的细胞，分离纤毛之后用去污剂除去质膜，得到轴丝。再用 EDTA 处理轴丝，当 EDTA 螯合了 Mg^{2+} 之后，动力蛋白被释放到溶液中，此时用显微镜进行检查，发现每一个二联体的两个臂及一对中央管都不存在了，说明这些结构是由动力蛋白组织的。进一步的实验证明，动力蛋白就是微管的臂而不是二联体微管。

纤毛中的微管排列并不始终如一，在纤毛顶部每组微管逐渐减为一条，达到顶端时，它们就相互融合。每一纤毛的基部起始于细胞浅表部的基体（basal body），基体的结构与中心粒相同，它缺少两根中央微管，而周围 9 套是三联体（图 11-30）。

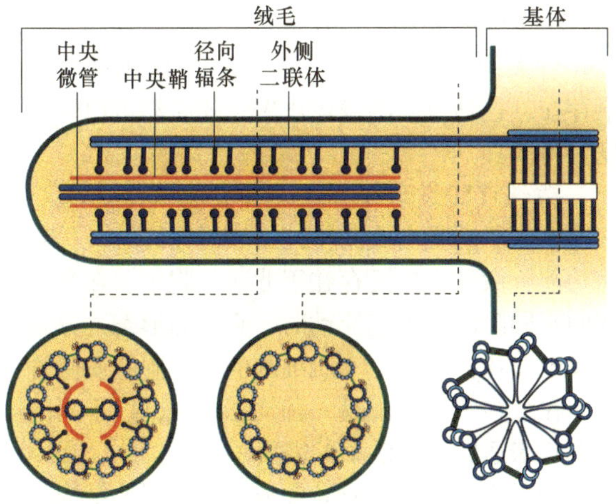

图 11-30　基体与轴丝结构（引自 Karp，2010）。

纤毛动力蛋白（ciliary dynein），又称轴丝动力蛋白（axonemal dynein），是一种多头的马达蛋白（图 11-31）。纤毛动力蛋白是很大的蛋白装配体（分子质量接近 200 万 Da），由 9～12 个多肽链组成，最大的重链超过 500 000Da。重链构成球形头和杆的主要部分，有很多较小的链簇拥在杆的基部周围。后生动物（metazoan）纤毛动力蛋白的外侧动力蛋白有两个头，而原生动物纤毛动力蛋白有三个头，每个头都是由自身的重链形成。尾部则紧紧与 A 管结合，大型的头部有 ATP 依赖的、与 B 管

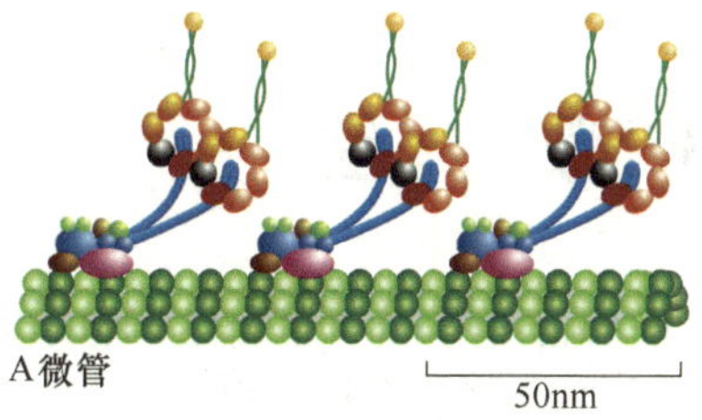

图 11-31　纤毛动力蛋白（引自 Alberts et al.，2015）。重链形成头与杆的主要部分，有很多较小的链簇拥在杆的基部周围。纤毛动力蛋白的头与 A 微管紧紧地结合在一起。

结合的位点。当头部水解所结合的 ATP 时，就会朝向微管的（－）端移动。因此在纤毛或鞭毛相邻微管间产生滑动的力。

由于纤毛动力蛋白二联管是通过微管连接蛋白连接起来的，因而阻止了二联管间的相互滑动，因此，动力蛋白产生的力转变成弯曲运动（图 11-32）。

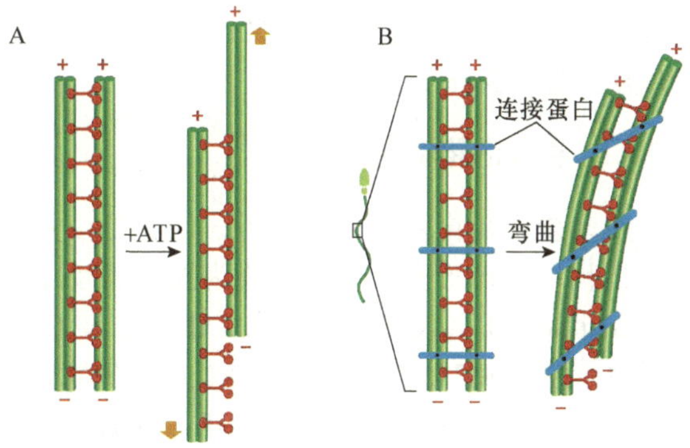

图 11-32　轴丝的弯曲（引自 Alberts et al.，2015）。A. 用胰蛋白酶处理轴丝，连接二联体的微管结合蛋白被水解，然后加入 ATP 激活动力蛋白的头部结构域，并在相邻二联体间产生滑动。B. 在精细胞中，轴丝是完整的，A 微管与 B 微管间有微管连接蛋白，因而限制了微管间做大范围的滑动，代之的是有限的弯曲。

11.2.6　微管与有丝分裂

微管在细胞的有丝分裂中起重要作用。有丝分裂涉及许多复杂的力学过程。首先，染色体必须在中期排列到赤道板上，到了后期已经在 S 期复制的子染色体要分开，分别被移动到母细胞相对的两极。此外，在胞质分裂中，细胞还必须保证每一个子细胞得到适量的母性细胞器和细胞骨架蛋白等。在所有这些过程中，微管均起重要作用。关于纺锤体的形成及染色体运动机制将在第 13 章“细胞周期与细胞分裂”中讨论。

11.3 微　　丝

微丝是细胞内另一种形式的细胞骨架。作为细胞骨架，微丝与微管有很多相似之处。例如，二者都是由球形蛋白质亚基装配而成，二者都可通过马达蛋白诱导细胞运动；但是，二者又有很大的不同。例如，微丝对细胞形态的影响要比微管大得多，而且在细胞的大剂量的运动方面，如肌收缩，微管是“望尘莫及”的。

11.3.1　微丝的化学组成与分布

微丝（microfilament，MF）又称肌动蛋白丝（actin filament），是由肌动蛋白（actin）单体装配而成的纤维。微丝也是一种极性分子，具有两个不同的末端，一个是（＋）端，另一个是（－）端。微丝在细胞内的分布十分广泛。

11.3.1.1　微丝的化学组成

肌动蛋白是微丝的基本构件，因其是由一条多肽链构成的球形分子，因此称为球状肌动蛋白（globular actin）或G-肌动蛋白（G-actin）。G-肌动蛋白单体是由375个氨基酸残基组成的多肽，并有一个与之紧密结合的ATP或ADP。G-肌动蛋白单体能够装配成纤维状多聚体，称为纤维状肌动蛋白（filamentous actin，F-actin）。F-肌动蛋白是由两条链组成的双股螺旋状，螺旋间的距离为36nm。由于F-肌动蛋白双螺旋的直径为7～9nm，比微管细，故又将F-肌动蛋白称为微丝（图11-33）。

肌动蛋白是真核细胞中最丰富的蛋白质。在肌细胞中，肌动蛋白占总蛋白的10%，即使在非肌细胞中，肌动蛋白也占细胞总蛋白的1%～5%。肌动蛋白在非肌细胞的胞质溶胶中的浓度为0.1～0.4mol/L。在特殊的结构，如微绒毛（microvilli）中，局部肌动蛋白的浓度可达5mol/L。肌动蛋白在细胞中的含量是非常高的，如肝细胞中肌动蛋白的分子数高达5×10^8。

肌动蛋白是最保守的蛋白质。肌动蛋白是由一个大的基因家族编码，相同物种内与不同物种间表达的肌动蛋白具有高度保守性。人类有6个肌动蛋白基因，每个基因编码不同的蛋白质异构体。肌动蛋白异构体分为三类：α-肌动蛋白、β-肌动蛋白、γ-肌动蛋白。在脊椎动物中，在特别类型的肌细胞中，有4类肌动蛋白异构体，而在非肌细胞中，有两类肌动蛋白异构体。在这6种异构体中，93%的氨基酸序列是相同的，在总共375个氨基酸中，仅有25个是不同的。虽然它们的氨基酸组成差异不大，但是功能却大为不同：α-肌动蛋白与细胞的收缩结构有关；γ-肌动蛋白是应力纤维中的微丝；β-肌动蛋白在细胞皮质及移动细胞的前缘中特别多。

11.3.1.2　微丝在细胞中的分布与作用

微丝比微管细，更具有弹性，通常比微管短。细胞中微丝的数量比微管多，全部微丝加起来，其总长度大约是微管的30倍。微丝在细胞中通常成束存在，这种成束的微丝比单个的肌动蛋白丝的强度大得多。

微丝首先发现于肌细胞中，在横纹肌和心肌细胞中，肌动蛋白成束排列组成肌原纤维，具有收缩功能。微丝也广泛存在于非肌细胞中。在细胞周期的不同阶段或细胞流动时，它们的形态、分布可以发生变化。因此，非肌细胞的微丝同胞质微管一样，在大多数情况下是一种动态结构，以不同的结构形式来适应细胞活动的需要。

微丝在细胞中能够装配成各种不同的结构，每种结构都有其特别的细胞功能。微丝既可成束装配成细长的指形结构，如微绒毛，也可在细胞质膜内侧形成不太有规则的网络结构，如细胞皮质（cell cortex），为维持细胞的形态提供支撑及组织作用。在上皮细胞中，微丝围绕细胞形成可收缩的带，叫做黏着带，参与细胞的连接，提高了上皮细胞的强度。在迁移的细胞中，在细胞的前缘可看到由微丝组成的片状伪足（lamellipodium）。有些细胞还具有可收缩的纤维，叫应力纤维

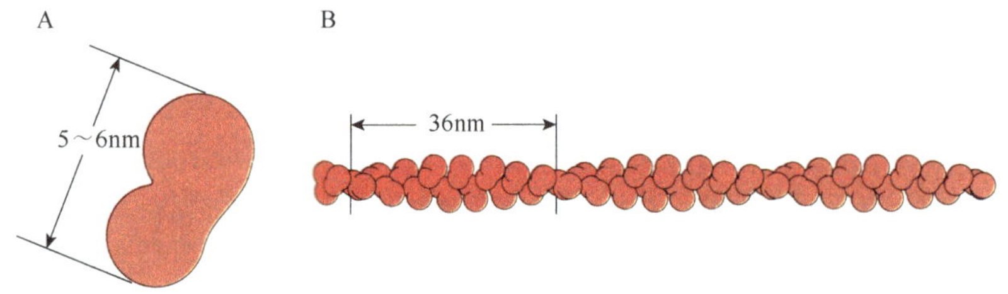

图11-33　G-肌动蛋白与F-肌动蛋白（引自Wolfe，1993）。A. G-肌动蛋白单体，似腰果形，长5～6nm，直径4nm。G-肌动蛋白是由两个裂片（lobe）构成的，像是两扇门，中间有一个裂缝（cleft）。B. F-肌动蛋白（微丝），呈纤维状，是由两股肌动蛋白纤维组成的双螺旋结构，螺距36nm，直径为7～9nm。

（stress fiber），主要存在于黏着斑中。一些专业化的细胞，如巨噬细胞，在吞噬物质（如细菌）时，利用可收缩的微丝确保内吞与吞噬物的内化。在细胞质中，微丝还可以与微丝马达蛋白合作，进行物质转运。此外，微丝在胞质分裂中起“助产士”的作用，确保了两个子细胞“呱呱坠地”。在肌细胞中，微丝则组装成细肌丝，作为粗肌丝中肌球蛋白滑动的轨道，进行肌收缩。图 11-34 显示了微丝在不同类型细胞中的分布。

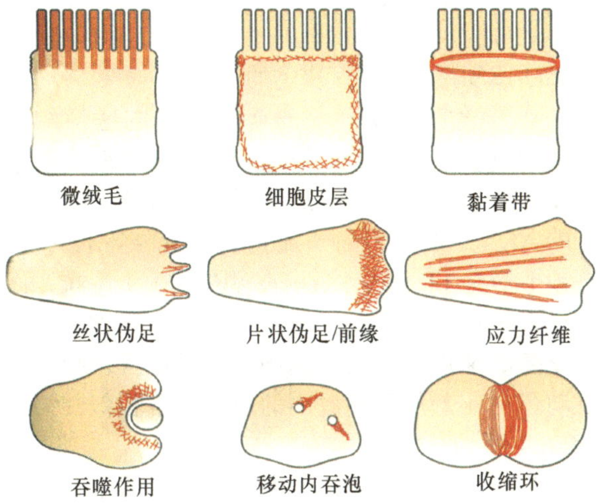

图 11-34 微丝在细胞中的分布（引自 Lodish et al.，2013）。

11.3.2 微丝装配的动力学

微丝是由肌动蛋白亚单位组成的螺旋状纤维。通过负染技术，在电子显微镜下观察，发现 F-肌动蛋白是一种长的、具有弹性的纤维，直径是可变的，平均为 7～9nm。在体外，将 Mg^{2+}、K^{+}和 Na^{+}等无机离子加入到溶液中，能够诱导 G-肌动蛋白聚合成 F- 肌动蛋白纤维。这个过程是可逆的，当降低溶液中离子的浓度时，F-肌动蛋白纤维能够解聚成 G-肌动蛋白。G-肌动蛋白能够聚合成 F-肌动蛋白，F-肌动蛋白也可以解聚成 G-肌动蛋白，这是肌动蛋白最为重要的特性。

在体内，有些微丝是永久性结构，如肌细胞中的细丝及上皮细胞微绒毛中的轴心微丝等。有些微丝是暂时性结构，如胞质分裂环中的微丝。

在大多数动物细胞中，大约有 70% 的肌动蛋白是游离的单体，或者与其他蛋白结合成小的复合物，在游离肌动蛋白分子和微丝之间存在着动态平衡。

11.3.2.1 ATP 在装配中的作用

在由 G-肌动蛋白装配成 F-肌动蛋白的过程中，ATP 具有重要作用。G-肌动蛋白的两裂片间的裂缝处是肌动蛋白 ATPase 的活性部位，能够结合 ATP 和 Mg^{2+}。G-肌动蛋白的两个裂片具有弹性，能够开与合。实际上，每一个 G-肌动蛋白通常都是结合有 Mg^{2+} 及 ATP 或 ADP 的复合物，因此肌动蛋白通常有 4 种存在状态：ATP-G-肌动蛋白、ADP-G-肌动蛋白、ATP-F-肌动蛋白、ADP-F-肌动蛋白，在细胞中主要是以 ATP-G- 肌动蛋白和 ATP-F-肌动蛋白两种形式存在（图 11-35）。当 ATP 或 ADP 与 G-肌动蛋白结合之后，会发生构型的改变。如果没有 ADP 或 ATP 与肌动蛋白结合，则很快变性。

11.3.2.2 微丝的装配过程

体外实验表明，微丝的装配分三个时期，并且三个时期是连续进行的（图 11-36）。

第一个时期是成核期（nucleation phase）：G-肌动蛋白慢慢地聚合形成短的、不稳定的寡聚体，该过程较慢。一旦寡聚体达到某一种长度（3～

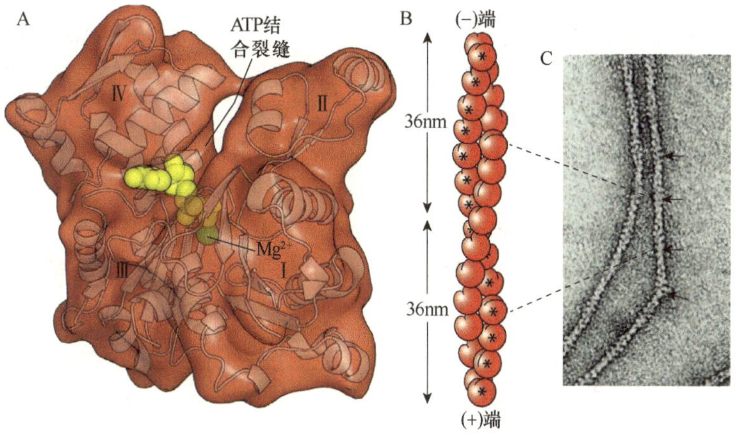

图 11-35 G-肌动蛋白单体与 F-肌动蛋白的结构（引自 Lodish et al.，2013）。A. 肌动蛋白单体的结构（5.5nm×5.5nm×3.5nm），由体积相等的两个部分组成。中间有一个裂缝，可分为 4 个结构域，用Ⅰ～Ⅳ表示。ATP 在裂缝的地方与肌动蛋白结合。N 端和 C 端位于结构域Ⅰ。B. 肌动蛋白装配成的双股螺旋的肌动蛋白丝，螺距为 36nm。结合 ATP 的一端为（+）端，结合 ADP 的一端为（−）端。C. 在电子显微镜下观察的经负染的丝状肌动蛋白显示细长的、具柔性的、由珠状亚基扭起来的双链。由于双链扭在一起，纤维的直径看起来有差异，有时细（约 7nm），有时粗（约 9nm），如同箭头所指。

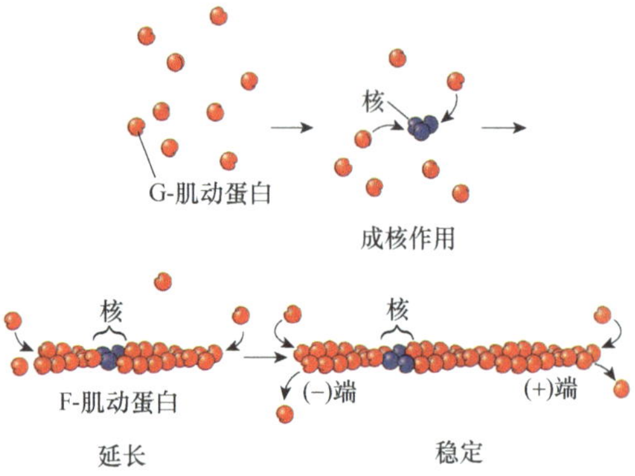

图 11-36　微丝装配的三个时期（引自 Lodish et al., 2013）。

4 个亚基），它就可以作为“种子”或者“核”，进入第二个时期——延长期（elongation phase）。在延长阶段，G-肌动蛋白单体快速地从短纤维的两端添加上去。生长期可被已形成的 F-肌动蛋白的自发或突然断裂作用所加强，因为断裂的短 F-肌动蛋白丝的末端可以作为新的核进行延长反应。可以在反应体系中添加小的 F-肌动蛋白丝缩短成核期，或绕过成核作用。随着 F-肌动蛋白的不断生长，游离的 G-肌动蛋白单体的浓度越来越低，一直到与 F-肌动蛋白丝的浓度相平衡。一旦达到这种平衡，F-肌动蛋白的装配进入第三阶段——稳定期（steady-state phase）。之所以称为稳定期，是因为在这个时期，G-肌动蛋白与 F-肌动蛋白丝末端上的亚基进行交换，但不改变 F-肌动蛋白丝的总长度。单体的这种平衡浓度即为临界浓度（critical concentration，C_c）。高于临界浓度，G-肌动蛋白倾向于聚合；低于临界浓度，F-肌动蛋白将会解聚。

在肌动蛋白丝的装配过程中，除了受 G-肌动蛋白临界浓度的影响，还受一些离子浓度的影响。例如，向 G-肌动蛋白溶液中添加 Mg^{2+}、K^+、Na^+，可诱导 G-肌动蛋白聚合成 F-肌动蛋白。该过程是可逆的，当这些离子的浓度较低时，F-肌动蛋白趋于去聚合，而在 Mg^{2+} 和高浓度 K^+ 或 Na^+ 的诱导下，G-肌动蛋白则装配成纤维状肌动蛋白。利用这一特性，可以将肌动蛋白经过几次反复的聚合-解聚循环，从细胞中提纯出来。

11.3.2.3　微丝的极性与踏车

与微管一样，微丝也有结构和功能上的极性（polarity）。由于构成微丝的所有亚基都是从同一个方向，即首尾相连加到多聚体上，所以，微丝的两端是不对称的，即具有极性。结合 ATP 的一端为（+）端，另外一端为（−）端。而且，两端的生长速度是不同的，（+）端生长快，（−）端生长慢。一般而言，（+）端生长速度比（−）端快 5～10 倍。当然，微丝的生长速度是由游离的 ATP-G-肌动蛋白的浓度决定的。

动力学实验表明，（+）端添加的速度约为 12μmol/（L·s），而从（−）端添加的速度则是 1.3μmol/（L·s）。这就意味着，如果 1μmol/L 游离的 ATP-G-肌动蛋白添加到肌动蛋白丝上的话，每秒平均有 12 个肌动蛋白亚基加到（+）端，而加到（−）端的只有 1.3 个。那么，从微丝两端丢失亚基的速度又有何不同呢？相对而言，ATP-G-肌动蛋白亚基从两端解离的速度基本相似，约为 $1.4s^{-1}$（图 11-37A）。

肌动蛋白的聚合过程伴随着 ATP 的水解。在聚合过程中，G-肌动蛋白先要结合 ATP，然后 ATP-G-肌动蛋白单体再结合到微丝两端的肌动蛋白上。一旦 ATP-G-肌动蛋白单体结合到微丝上，

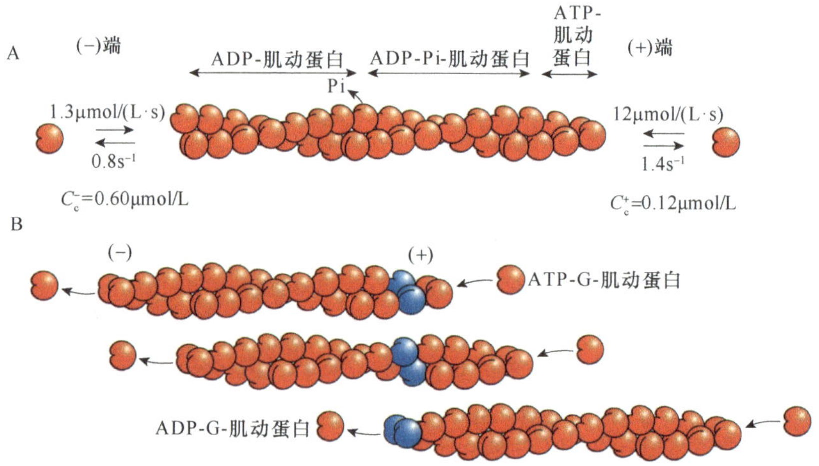

图 11-37　微丝的极性与踏车（引自 Lodish et al., 2013）。ATP-肌动蛋白亚基在（+）端集合的速度比（−）端快，导致较低的临界浓度，使微丝处于稳定期，出现踏车。A. ATP-G-肌动蛋白在（+）端添加的速度比（−）端添加的速度快得多，而 ADP-G 肌动蛋白从两端解离的速度基本相似，这种差异导致（+）端的临界浓度的下降。此时，ATP-G-肌动蛋白优先从（+）端结合，从而在（+）端产生了一个较短的含 ATP-G-肌动蛋白纤维区域，以及向（−）端形成一个含 ADP-Pi-肌动蛋白及 ADP-肌动蛋白的区域。B. 在稳定期，因 ATP-G-肌动蛋白优先加到（+）端，而 ADP-G-肌动蛋白亚基从（−）端解离，导致亚基踏车。蓝色标记的肌动蛋白亚基作为踏车的参照点。

同肌动蛋白结合的ATP就会慢慢降解成ADP，并释放出Pi。由于ATP的水解，装配成的大多数纤维都是由ADP-F-肌动蛋白丝构成的，但是在纤维的一端是ATP-F-肌动蛋白。虽然结合的ATP常被水解成ADP，但是对于微丝的装配来说，ATP的水解不是必要的过程，因为含有ADP或不能水解的ATP类似物的G-肌动蛋白装配后都是稳定的。

在微丝装配时，若ATP-G-肌动蛋白分子添加到微丝上的速率正好等于ADP-G-肌动蛋白分子从微丝上失去的速率时，微丝净长度没有改变，这种现象称为微丝的踏车（图11-37B）。微丝踏车是由游离ATP-G-肌动蛋白的临界浓度决定的，当G-肌动蛋白的临界浓度处于（+）端和（－）端G-肌动蛋白浓度之间时，就会出现踏车。

微丝的踏车是由ATP水解驱动的。当ATP-G-肌动蛋白与（+）端结合时，ATP被水解成ADP和Pi，Pi将缓慢地从微丝的亚基中释放出来，致使微丝变成不对称，微丝（+）端的ATP-G-肌动蛋白随ADP-Pi-肌动蛋白的形成、Pi的释放，逐渐向（－）端移动。由于ATP的水解与Pi的释放，引起微丝构型发生变化，导致两端与亚基结合和解离速度的不同，即（+）端结合的速度与（－）端解离的速度相等，从而产生踏车，即纤维的长度不变，而亚基进行了轮换。

发生踏车时，虽然微丝的净长度没有发生变化，但是装配与去装配仍在进行，只不过添加到微丝上的G-肌动蛋白分子与解离下来的速率相等。

11.3.2.4 影响微丝的药物

与微管一样，微丝也受某些药物分子的影响。主要有两种毒素分子：细胞松弛素和鬼笔环肽，它们与肌动蛋白特异性结合，影响着肌动蛋白单体—多聚体间的平衡。

1）细胞松弛素B（cytochalasin B） 细胞松弛素B是第一个用于研究细胞骨架的药物，它是真菌分泌的生物碱（图11-38）。细胞松弛素B及其衍生物在细胞内与微丝的（+）端结合，并引起F-肌动蛋白解聚，阻断亚基的进一步聚合。将细胞松弛素B加入到活细胞后，肌动蛋白丝纤维骨架消失，使动物细胞的各种活动瘫痪，包括细胞的移动、吞噬作用、胞质分裂等。它对微管没有作用，也不抑制肌收缩，因肌纤维中肌动蛋白丝是稳定的结构，不发生聚合与解聚的动态平衡。

2）鬼笔环肽（phalloidin） 鬼笔环肽是从一种毒性菇类中分离的剧毒生物碱（图11-39），它沿着聚合的微丝侧面与微丝结合，而不与肌动蛋白单体分子结合。它与微丝侧面结合后，抑制了微丝的解聚，因而破坏了微丝的聚合和解聚的动态平衡。用荧光标记的鬼笔环肽对细胞进行染色，可以在荧光显微镜下观察到微丝在细胞中的分布。

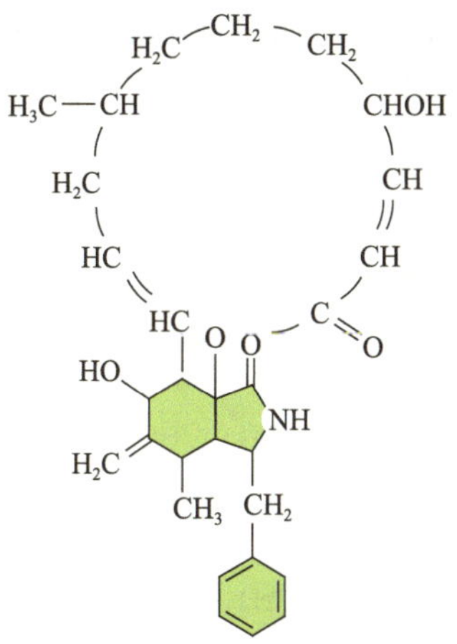

图11-38 细胞松弛素B的结构。

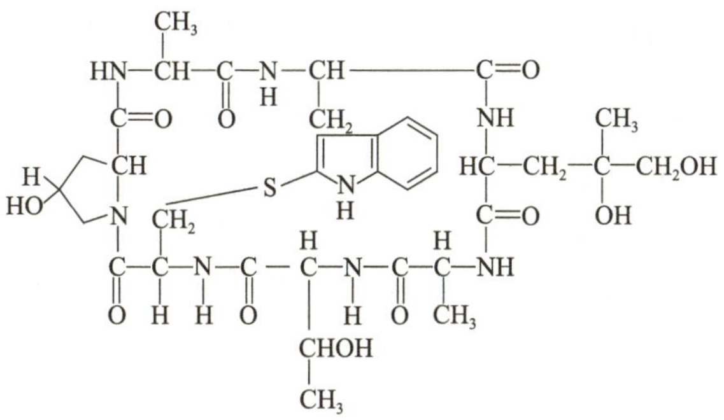

图11-39 鬼笔环肽的结构。

11.3.3 微丝结合蛋白

纯化的肌动蛋白在体外能够聚合形成肌动蛋白丝，但是这种肌动蛋白丝不具有相互作用的能力，也不能行使某些功能。在显微镜下观察，它们只是杂乱无章地堆积而不像活细胞中肌动蛋白丝能够组织成各种结构，如束状、薄网状等。体外组装的肌动蛋白丝本身与活体中的肌动蛋白丝之间没有差别，只是组织结构不同。体内的肌动蛋白丝是由不同的肌动蛋白结合蛋白（actin binding protein）将肌动蛋白丝组织成各种不同的结构，从而执行不同的功能。

11.3.3.1 微丝结合蛋白的种类与功能

肌细胞和非肌细胞中都有微丝结合蛋白，至少已分离出100多种。表11-4是常见的几类主要的微丝结合蛋白及作用。

表 11-4 几类主要的微丝结合蛋白及作用

蛋白质	细胞内的作用
Arp2/Arp3，形成蛋白	装配起始与聚合
伴肌动蛋白，原肌球蛋白	微丝的稳定
α-辅肌蛋白，细丝蛋白，丝束蛋白，绒毛蛋白	纤维的交联作用
CapZ，原肌球蛋白调节蛋白	末端加帽
ADF/丝切蛋白，凝溶胶蛋白，胸腺素	纤维切断/去聚合
前纤维蛋白，双切蛋白	单体结合
（肌）营养不良蛋白，血影蛋白，踝蛋白，黏着斑蛋白	肌动蛋白丝与其他蛋白相连

生活细胞中微丝的结构组成与功能受微丝结合蛋白的调控。微丝结合蛋白通过与肌动蛋白的结合，调节微丝的装配与去装配；同时也增加了微丝结构的多样性，拓展了微丝在细胞生命活动中的作用（图 11-40）。目前所发现的微丝结合蛋白的功能很多，但与肌动蛋白相互作用的方式却十分简单。应该注意的是，有些微丝结合蛋白具有多种调节作用。

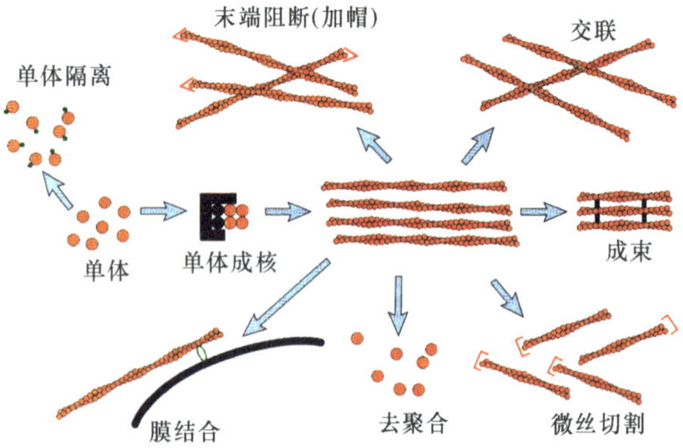

图 11-40 肌动蛋白结合蛋白的作用（引自 Karp，2010）。

11.3.3.2 形成蛋白

在所有的真核细胞中都能看到一类叫做形成蛋白（formin）的肌动蛋白结合蛋白。形成蛋白是相当大的一个蛋白家族，在脊椎动物中有 7 个不同的类别。虽然形成蛋白是多样性的，但是，所有的形成蛋白都有一个共同的特点：都含有相邻的两个结构域，分别是 FH1 结构域和 FH2 结构域，即形成蛋白同源结构域 1 和 2（formin homology domains 1 and 2）。来自独立个体的两个 FH2 结构域可以形成一个面包圈形的复合物，这种复合物能够结合两个肌动蛋白亚基，（＋）端朝向 FH2，介导微丝的成核反应（图 11-41），新的肌动蛋白亚基不断与具有 FH2 附着的（＋）端结合，进行延长反应。形成蛋白介导的微丝的装配，也让我们理解了为什么微丝是由双股螺旋构成的。

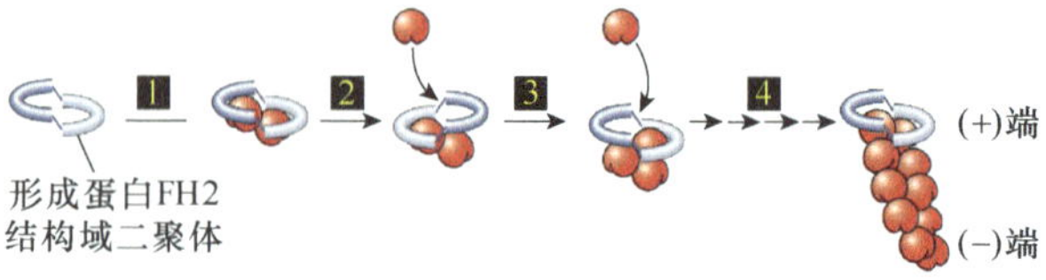

图 11-41 形成蛋白 FH2 结构域介导肌动蛋白的成核反应（引自 Lodish et al.，2013）。①具有 FH2 结构域的形成蛋白形成一个二聚体，结合两个肌动蛋白亚基，成为装配的核；②～④单体 G 蛋白从（＋）端逐渐添加到核上，进行延长反应，装配成的肌动蛋白丝是不分支的线性结构。

11.3.3.3 Arp2/Arp3 蛋白复合物

Arp2/Arp3 蛋白复合物是一种蛋白质机器，由 7 个亚基构成，其中有 2 个肌动蛋白相关蛋白（actin-related protein，Arp）。几乎所有的真核细胞，包括植物、酵母及动物细胞中都有该蛋白质的存在。Arp2/Arp3 蛋白复合物几乎不能启动肌动蛋白的成核反应，但是能够介导肌动蛋白丝的分支装配。Arp2/Arp3 蛋白复合物不能单独启动分支装配的，需要成核反应促进因子（nucleation promoting factor，NPF）的激活。首先，肌动蛋白亚基与 NPF 的 W 结构域结合；然后，结合有肌动蛋白亚基的 NPF 的 A 结构域与 Arp2/Arp3 蛋白复合物结合，NPF 与 Arp2/Arp3 蛋白复合物之间的相互作用引起了 Arp2/Arp3 蛋白复合物构型的改变，导致 Arp2/Arp3 蛋白复合物与肌动蛋白的侧面结合，最后，与 W 亚基结合的肌动蛋白转移到 Arp2/Arp3 蛋白复合物并与之结合，从而开始了分支肌动蛋白丝的装配。Arp2/Arp3 蛋白复合物介导的成核肌动蛋白丝的生长是从（－）端开始的，允许（＋）端快速生长，直至有加帽蛋白与（＋）端结合。分支肌动蛋白丝分支点的夹角为 70°（图 11-42）。

Arp2/Arp3 蛋白复合物与形成蛋白介导的肌动蛋白丝的装配部位主要是细胞质膜下的细胞皮质。在大多数细胞中，肌动蛋白丝高度密集的地方是细胞周质（periphery），这一层结构称为细胞皮质。在该区域，微丝决定着细胞表面形态与运动。肌动蛋白丝通过改变自身的形态与硬度，使细胞快速应对外部环境的变化。例如，在细胞内吞过程中，Arp2/Arp3 蛋白复合物介导的分支肌动蛋白丝网络的装配对于内吞小泡的形成与切离具有重要作用（图 11-43）。

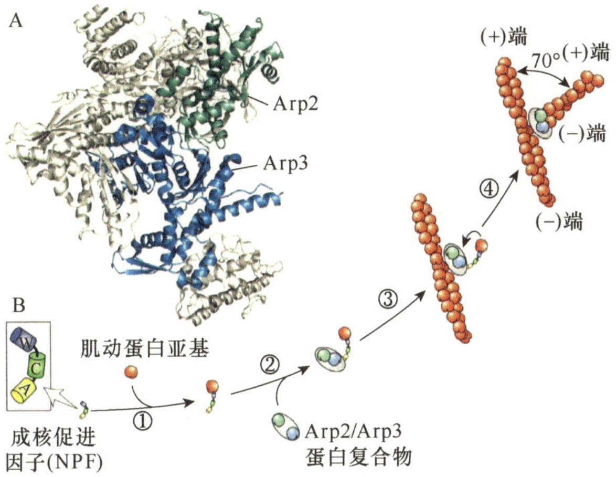

图 11-42 Arp2/Arp3 蛋白复合物介导肌动蛋白丝分支成核（引自 Lodish et al.，2013）。A. Arp2/Arp3 蛋白复合物的 X 射线衍射结构，共 7 个亚基，特别标出了 Arp2 和 Arp3 两个亚基。B. Arp2/Arp3 蛋白复合物介导分支肌动蛋白丝的装配过程，图中显示了 NPF 起激活作用的三个结构域：W（WH2）、C（connector，连接体）、A（acidic，酸性）。①肌动蛋白亚基与成核促进因子 NPF 的 W 结构域结合，形成复合物；②肌动蛋白-NPF 的 A 结构域与 Arp2/Arp3 蛋白复合物结合形成分支成核复合物；③分支成核复合物与肌动蛋白丝侧面结合，形成分支装配的起点；④新的肌动蛋白亚基从分支装配成核部位进行聚合、延长成为分支的微丝。

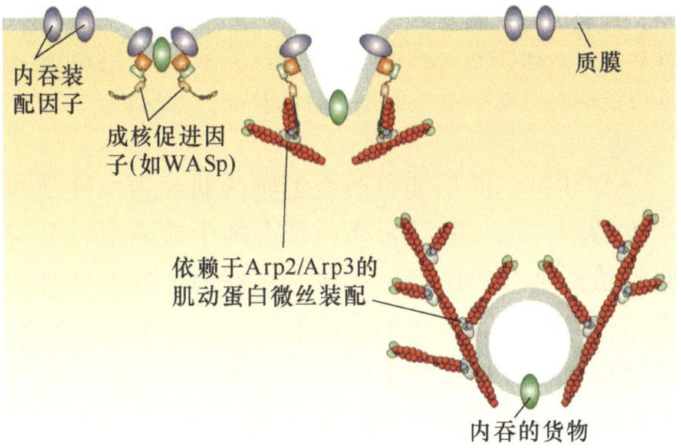

图 11-43 在内吞中依赖于 Arp2/Arp3 蛋白复合物的肌动蛋白丝装配（引自 Lodish et al.，2013）。在网格蛋白介导的内吞中，内吞装配因子招募成核装配因子（如 WASp），起始肌动蛋白丝的成核及延长装配，为小泡的装配与切离提供力的支持。Arp2/Arp3 蛋白复合物介导的装配与切离是暴发式的，持续的时间仅有几秒。

11.3.3.4 加帽蛋白

加帽蛋白（capping protein）又称封端蛋白（end blocking protein），此类蛋白质通过与肌动蛋白丝的一端或两端的结合调节肌动蛋白丝的长度。加帽蛋白与肌动蛋白丝的末端结合之后，相当于加上了一个帽子，阻止了新的单体肌动蛋白与末端的结合，同样也阻止了聚合的单体从该末端解离。

Z 帽蛋白（CapZ 蛋白）是（＋）端加帽蛋白（plus end capping protein），由两个密切相关的蛋白亚基构成，它的作用位点在肌纤维的 Z 线（由此得名）。CapZ 与 Z 线肌纤维的（＋）端结合，抑制了亚基的添加与解离，极大地稳定了肌纤维的结构。

另一种蛋白质叫原肌球蛋白调节蛋白（tropomodulin），与肌动蛋白丝的（－）端结合，抑制了肌动蛋白的聚合与解离。该蛋白质主要存在于需要肌动蛋白高度稳定的细胞中，如红细胞皮质及肌细胞。在这两种情况下，原肌球蛋白调节蛋白与原肌球蛋白（tropomyosin）协同工作，原肌球蛋白调节蛋白在肌动蛋白丝的（－）端与原肌球蛋白和肌动蛋白结合，极大地稳定了肌动蛋白丝。图 11-44 是两种加帽蛋白的作用。

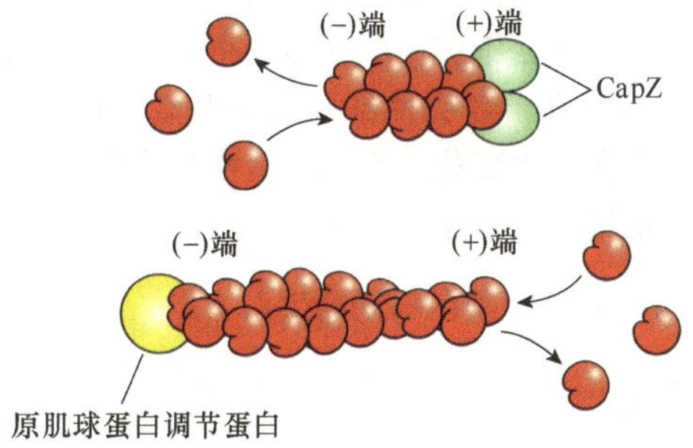

图 11-44 加帽蛋白（引自 Lodish et al.，2016）。CapZ 蛋白与（＋）端结合，抑制了（＋）端的动态性。原肌球蛋白调节蛋白与（－）端结合，抑制了纤维（－）端的动态性。

11.3.3.5 肌动蛋白单体结合蛋白

在大多数非肌细胞中，约有 50% 的肌动蛋白以可溶的单体形式存在，50% 以纤维存在，可溶性肌动蛋白的浓度为 50～200μmol/L，高于临界浓度。为何只有如此少的肌动蛋白装配成纤维？原因是细胞内有很多与肌动蛋白单体结合的蛋白质，使得聚合作用受到限制。例如，一种小的蛋白质叫胸腺素（thymosin），在细胞中的量非常丰富，一旦肌动蛋白单体与胸腺素结合，肌动蛋白就处于被锁定的状态，既不能与肌动蛋白纤维的（＋）端结合，也不能与肌动蛋白的（－）端结合。而且，处于锁定状态下的肌动蛋白单体所结合的腺苷既不能被水解，也不能进行交换。

另一个问题是，细胞是如何从储存在细胞肌动蛋白池中招募肌动蛋白单体用于肌动蛋白丝的装配？这得依靠另一种单体结合蛋白——抑制蛋白（profilin）。抑制蛋白与肌动蛋白单体结合 ATP 的裂缝相对的一面结合，从而封闭了在正常情况下肌动蛋白单体与纤维（－）端结合的面，但是露出的面能够与纤维的（＋）端结合。当抑制蛋白-肌动蛋白单体复合物与（＋）端结合时，肌动蛋白的构型发生改变，降低了与抑制蛋白结合的亲和力，使得抑制蛋白与肌动蛋白脱离，将肌动蛋白单体留在了纤维的（＋）端（图 11-45）。抑制蛋白与胸腺素竞争结合肌动蛋白单体，因此，只要调节局部抑制蛋白活性，细胞就能够控制被胸腺素隔离在肌动蛋白池中的肌动蛋白单体向纤维（＋）端的移动。

抑制蛋白和胸腺素能够与单体 G-肌动蛋白结合，并且抑制它们的聚合，将具有这种作用的蛋白质统称为肌动蛋白单体隔离蛋白（monomer-sequenstering protein），这类蛋白质在非肌细胞中负责维持高浓度的单体肌动蛋白。没有单体隔离蛋白，细胞质中可溶性的肌动蛋白几乎全部组装成肌动蛋白丝。改变细胞质中单体隔离蛋白的浓度或改变它们的活性，就会使细胞质中肌动蛋白单体-聚合体的平衡发生变化，它们的活性和浓度决定着肌动蛋白是趋于聚合还是去聚合。

11.3.3.6 去聚合蛋白与切断蛋白

细胞内有一个负责肌动蛋白丝改造的蛋白家族——肌动蛋白去聚合因子 / 丝切蛋白（actin depolymerizing factor/cofilin，ADF/cofilin）家族。这些蛋白质与肌动蛋白丝结合，增强了 ADP-肌动蛋白单体从丝的（－）端解离的速度。ADF/ 丝切蛋白也能切断肌动蛋白丝。ADF/ 丝切蛋白优先与 ADP-肌动蛋白结合并一起从肌动蛋白丝上解离下来，使 ADP-肌动蛋白处于隔离状态，从而阻止了与肌动蛋白丝的结合（图 11-46）。

11.3.3.7 交联蛋白

细胞中有一类将肌动蛋白丝交联起来，组成肌动蛋白束（actin bundle）或肌动蛋白网络（actin network）的肌动蛋白结合蛋白，此类蛋白质叫做交联蛋白（cross-linking protein）。

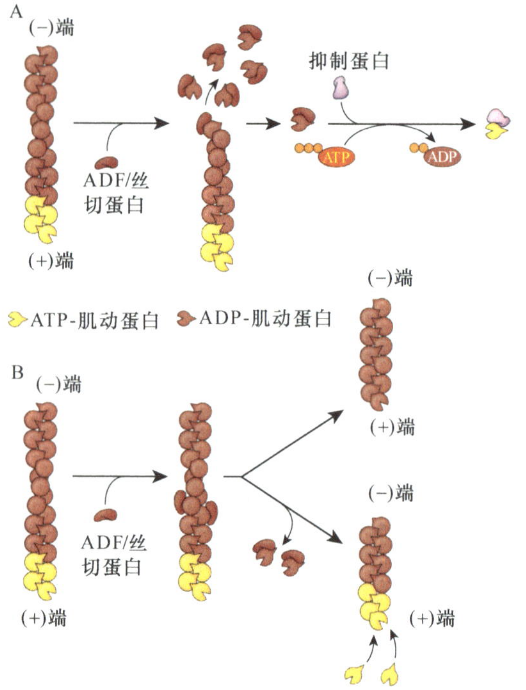

图 11-46 ADF/ 丝切蛋白对肌动蛋白丝的改造（引自 Cooper and Hausman，2013）。ADF/ 丝切蛋白具有肌动蛋白丝去聚合和切割作用。A. 去聚合作用：ADF/ 丝切蛋白与肌动蛋白丝的（－）端结合，提高了 ADP- 肌动蛋白与肌动蛋白丝解离的速度。解离后，ADF/ 丝切蛋白仍然与 ADP- 肌动蛋白单体结合在一起，阻止重新与肌动蛋白丝结合。抑制蛋白能够刺激 ADP 与 ATP 进行交换，形成 ATP-肌动蛋白单体，可重新与肌动蛋白丝结合。B. ADF/ 丝切蛋白能够与肌动蛋白丝结合并将肌动蛋白丝切断。

交联蛋白的功能是改变细胞内肌动蛋白纤维的三维结构，每一种结合蛋白都有两个或两个以上与肌动蛋白结合的位点，这样能够使两个或多个肌动蛋白丝产生交联，使细胞内的肌动蛋白形成束或网状结构。由这种交联蛋白形成的网状结构具有相当的弹性，因而能够抵抗机械压力。

在肌动蛋白束中，肌动蛋白丝形成相互交联、平行排列的结构。在网状结构中，交联在一起的肌动蛋白丝以几何列阵排列，形成具有半固态胶的网孔状的结构（图 11-47）。

至少有两种不同类型的、结构与功能都不相同的束状纤维：一种是平行束（parallel bundle），另一种是收缩束（contractile bundle），是由两种不同的交联蛋白组成的（图 11-48）。

在平行束中，肌动蛋白丝平行排列，肌动蛋白丝间的间距较小。平行束位于细胞质膜凸起的细胞结构中，如在微绒

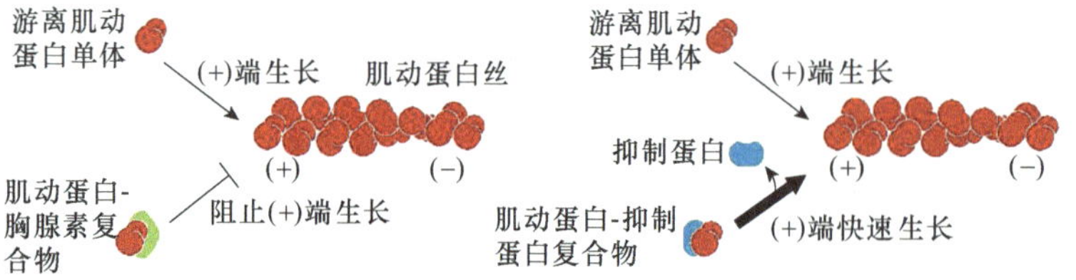

图 11-45 胸腺素与抑制蛋白对肌动蛋白丝装配的影响（引自 Alberts et al.，2015）。

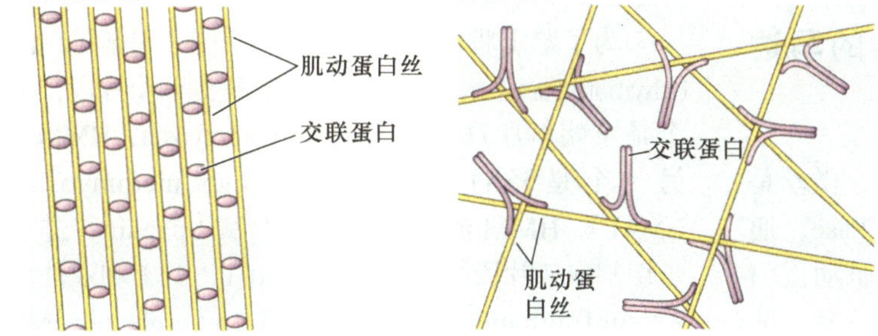

图 11-47 肌动蛋白束与网状结构（引自 Cooper and Hausman，2013）。A. 在肌动蛋白束中，肌动蛋白丝被小的交联蛋白相互连接成平行排列的结构。B. 在肌动蛋白网状结构中，肌动蛋白丝被大的柔性的交联蛋白组成几何形网状。

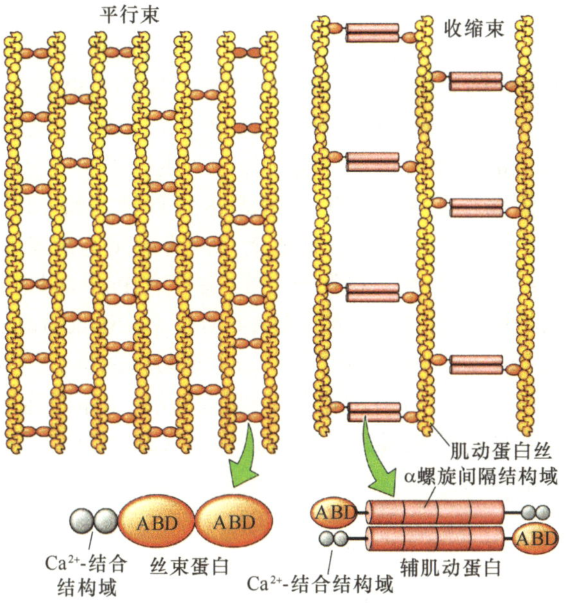

图 11-48 平行束状肌动蛋白丝与收缩束状肌动蛋白纤维（引自 Cooper and Hausman，2013）。

毛中的支持结构就是平行交联的束状肌动蛋白纤维。在平行束中，所有的肌动蛋白丝的极性相同，（－）端与细胞膜相邻。

丝束蛋白（fimbrin）是一种参与平行束形成的交联蛋白，最初是从肠的微绒毛中分离纯化的，此后，在各类细胞中都有所发现。丝束蛋白是球形的，分子质量为 68kDa，含有两个相邻的肌动蛋白结合结构域。丝束蛋白作为单体与两个平行的肌动蛋白丝结合，两端各有一个与肌动蛋白丝结合的位点。

α-辅肌动蛋白（α-actinin）是参与收缩束形成的肌动蛋白交联蛋白。α-辅肌蛋白是纤维状的，分子质量为 102kDa。每一个 α-辅肌蛋白有一个与肌动蛋白丝结合的位点，所以 α-辅肌蛋白是以二聚体的形式参与肌动蛋白丝的交联。α-辅肌蛋白交联的肌动蛋白丝间的间距较大（α-辅肌蛋白交联纤维间的间距为 40nm，而丝束蛋白交联的纤维间的距离为 14nm），可以进行收缩。

细丝蛋白（filamin）可以将肌动蛋白丝交联成网络状（图 11-49）。细丝蛋白是由分子质量为 280kDa 的两个亚基组成的二聚体。亚基二聚化结构域与肌动蛋白丝结合结构域是相反的两端。所以，细丝蛋白二聚体是柔性的 V 形分子，在两臂的末端各有一个与肌动蛋白丝结合的位点，其结果是，通过细丝蛋白的交联作用，将肌动蛋白丝组成了网络状的立体结构。

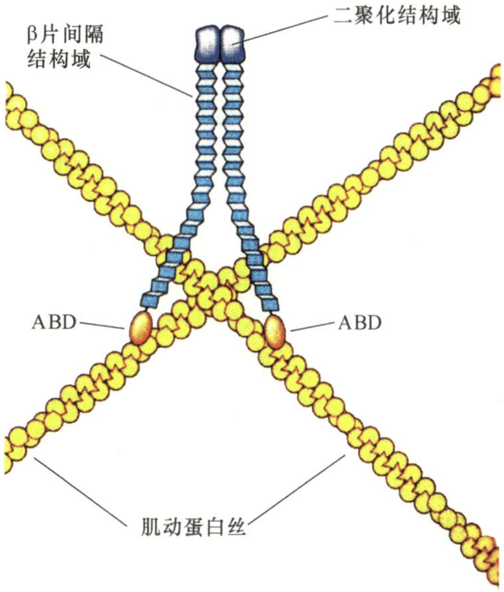

图 11-49 肌动蛋白网络结构与细丝蛋白（引自 Cooper and Hausman，2013）。细丝蛋白是一个二聚体，每个亚基的羧基端是二聚化结构域，氨基端是与肌动蛋白结合结构域（actin-binding domain，ABD）。

11.3.3.8 质膜结合蛋白

肌动蛋白丝通过一些与细胞质膜结合蛋白质（plasma membrane-binding protein）聚集在细胞质膜下方的周质（periphery），形成一种三维的网络结构，这种网络结构是细胞质膜产生收缩的装置。在剧烈活动时，由收缩蛋白作用于质膜产生的力引起质膜向内或向外移动（如吞噬作用和胞质分裂）。这种运动由肌动蛋白丝直接或间接与质膜相结合后形成的。直接的方式是与膜整合蛋白结合，间接的方式是与外周蛋白结合，典型的例子是红细胞皮质骨架（见图 3-6）。

11.3.4 肌球蛋白：基于肌动蛋白的马达蛋白

肌球蛋白（myosin）是一种分子马达，微丝是肌球蛋白运行的轨道。肌球蛋白也是ATPase，通过ATP的水解导致构型的变化，从而在肌动蛋白丝上移动。这种ATPase与微管分子马达一样，能够将化学能转变成机械能。至今所研究的肌球蛋白在微丝上的移动方向都是从（－）端移向（＋）端，而ATP是马达蛋白运动的能源。

肌球蛋白最早是从哺乳动物的骨骼肌组织中分离到的，其后在各种真核细胞，包括原生动物、高等植物、动物的非肌细胞、脊椎动物的心肌、平滑肌组织中都分离到肌球蛋白。

11.3.4.1 肌球蛋白Ⅱ的结构及作用机制

第一个鉴定的肌动蛋白发动蛋白是肌球蛋白Ⅱ，该蛋白质是从骨骼肌中分离的，它能够为肌收缩提供力。

1）肌球蛋白Ⅱ的结构　肌球蛋白Ⅱ是一种长形的蛋白质，由两条重链和两条轻链组成。每一条重链的N端有一个球形的头部结构域，头部结构域能够产生机械力。两条轻链与靠近重链头部结构域的部位与重链结合。两条重链细长的尾部相互缠绕形成螺旋状的杆状结构。在骨骼肌中，有几百个肌球蛋白Ⅱ分子通过“尾-尾”相互作用，装配成束状双极性（bipolar）的粗肌丝（thick filament）（图11-50）。

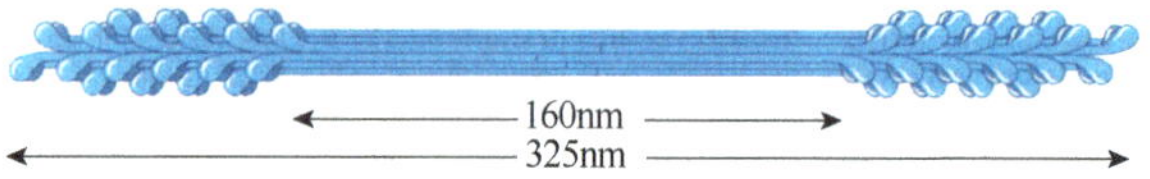

图11-50　双极性肌球蛋白粗肌丝（引自Lodish et al., 2016）。

将粗肌丝置于含有ATP和高盐的溶液中，可以解离成单个的肌球蛋白Ⅱ分子。单个水溶性的肌球蛋白Ⅱ分子实际上是由6个多肽组成的复合物。两条相同高分子质量的重链，含有球形的头部结构域和长的尾部结构域。重链头部与尾部结构域有一个柔性的颈部结构域（neck domain）。由于两条重链的尾部结构域相互缠绕，所以两个头部靠得比较近。由肌球蛋白两个颈部与尾部结构域共4个亚基组成的复合物是肌球蛋白的轻链，且体积较小。颈部由两种类型的轻链组成，一种是基本轻链（essential light chain），另一种是调节轻链（regulatory light chain）。

为了鉴定肌球蛋白结构域的功能，用糜蛋白酶（chymotrypsin）水解肌球蛋白Ⅱ，得到两个片段，一个是重酶解肌球蛋白（heavy meromyosin，HMM），另一个是轻酶解肌球蛋白（light meromyosin，LMM）。HMM能够被木瓜蛋白酶（papain）进一步切割成亚片段1（subfragment 1，S1）和亚片段2（subfragment 2，S2）（图11-51）。进一步分析S1、S2、LMM三种片段的功能，证明了S1具有ATPase的活性，并且是与F-肌动蛋白结合的位点，发现S1的ATPase的活性因丝状的肌动蛋白的存在而极大地提高。所以，肌球蛋白是一种能够与运动偶联起来的ATPase。肌球蛋白ATPase的活性有一个特性就是受肌动蛋白激活。在没有肌动蛋白时，溶液中的肌球蛋白也能够将ATP水解成ADP和Pi，但是速度很慢，每小时只能水解4个ATP。然而在肌动蛋白和肌球蛋白复合体中，肌球蛋白ATPase的活性在受到刺激时，可高达每秒钟水解20个ATP，先决条件就是肌球蛋白的头必须与肌动蛋白结合。因此，将肌球蛋白头部ATPase活性看成是肌动蛋白激活的ATPase活性（actin-activated ATPase activity），这也是所有肌球蛋白的特征。肌球蛋白Ⅱ的S1片段由头部结构域及两个紧密连接的轻链组成的颈部所构成。S2与LMM构成了尾部结构域。

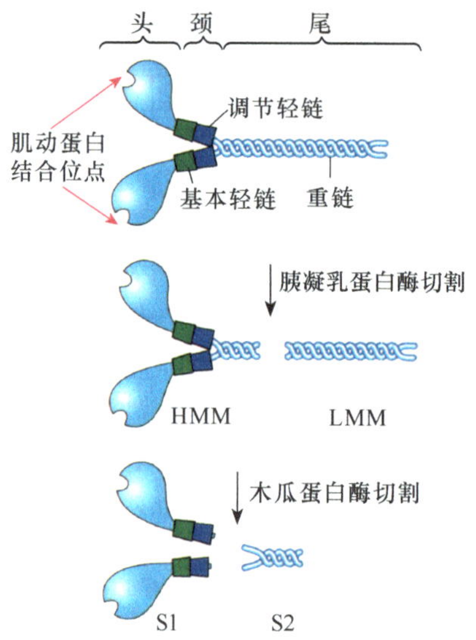

图11-51　肌球蛋白Ⅱ的结构（引自Lodish et al., 2013）。

体外实验证明了肌球蛋白的头能够沿着肌动蛋白纤维行走，这与证明驱动蛋白在微管上行走的方法一样。同时测定到肌球蛋白在微丝上行走时，每一步的跨度为11～15nm。

通过体外实验证明了肌球蛋白Ⅱ的S1片段的马达功能（图11-52）。在肌丝滑动分析（sliding filament assay）实验中，将纯化的肌球蛋白Ⅱ的S1片段附着到玻片上，然后加入荧光素鬼笔环肽标记的肌动蛋白丝，让其与S1片段结合。由于肌球蛋白是附着在玻片上，其自身是不能滑动的，因此，由肌球蛋白头部与肌动蛋白丝相互作用产生的力即会引起肌动蛋白丝与肌球蛋白相对移动。如果加入ATP，能够看到肌动蛋白沿玻片滑动；如果没有ATP，看不到肌动蛋白丝的移动。

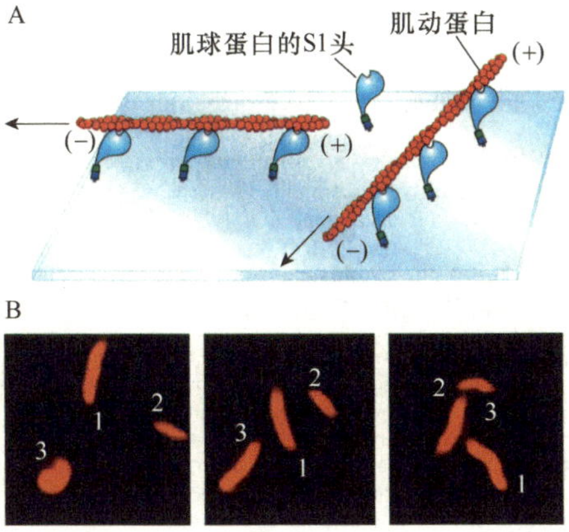

图11-52 肌丝滑动丝分析测定肌球蛋白驱动的移动（引自Lodish et al., 2013）。A. 纯化的肌球蛋白S1片段吸附到玻片表面后，除去多余的肌球蛋白S1，将吸附有肌球蛋白的玻片倒置在另一个玻片上形成一个可流动的小室；加入荧光标记的肌动蛋白丝溶液，若有ATP，肌球蛋白的头部向肌动蛋白丝的（＋）端移动，导致肌动蛋白丝向（－）端移动；若没有ATP，则看不到移动。B. 标记的三个肌动蛋白丝片段在不同时间的位置变化。

2）肌球蛋白Ⅱ的作用机制 肌球蛋白是怎样将从ATP获得的能量与产生运动的力偶联起来的呢？已经了解，所有肌球蛋白的头都能在肌动蛋白丝上行走，尽管它们的尾部结合点是不同的，这就说明，所有的肌球蛋白运动的机制是相同的。目前较为公认的是滑动模型，认为单个ATP分子的水解与肌球蛋白运动的一次循环相偶联。该模型的核心是肌球蛋白的头部随着ATP的结合和水解不断产生构型的变化，从而引起在微丝上的移动。每一循环包含4个基本步骤（图11-53）。

第一步，肌球蛋白的头是与肌动蛋白丝结合在一起的，其ATP结合位点闲置，留下一个空隙，此时一个ATP分子与头部闲置的ATP结合位点结合。由于ATP的结合，使肌球蛋白头部构型发生变化，导致肌球蛋白的头部同肌动蛋白脱离。

第二步，肌球蛋白的头同肌动蛋白脱离之后，

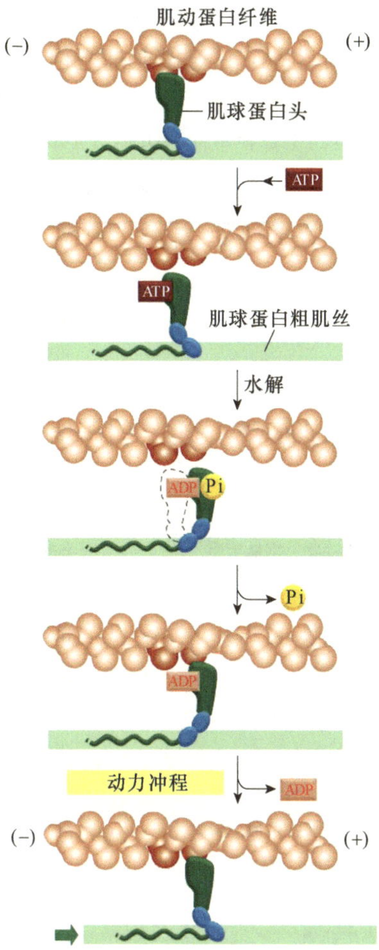

图11-53 ATP水解与肌球蛋白沿肌动蛋白丝移动偶联模型（引自Alberts et al., 2008）。

ATP被水解产生ADP和Pi，引起肌球蛋白的头部弯曲，在这种新构型下，肌球蛋白的头部与肌动蛋白丝的另一个亚基结合。

第三步，当肌球蛋白头部与肌动蛋白新亚基结合后，释放出Pi，Pi的释放使肌球蛋白的头部构型发生变化，并产生滑动的力。

第四步，ADP从肌球蛋白的结合位点释放出来，肌球蛋白的头部构型恢复到原始状态，循环结束。

在滑动模型中，肌球蛋白沿着肌动蛋白丝行走。然而，行走所产生的结果要根据肌球蛋白或肌动蛋白是如何锚定而定。例如，在双极性的肌球蛋白丝中，肌球蛋白的头部是紧紧锚定在粗肌丝骨架上的，由于粗肌丝的两端都有头部，运动的结果引起肌动蛋白丝向中间移动，这就产生收缩。

11.3.4.2 肌球蛋白超家族

肌球蛋白是一个大的超家族，至少有35个不

同的家族或类型。有些家族有很多异构体。除了肌球蛋白Ⅵ外，所有鉴定的肌球蛋白几乎都是与肌动蛋白丝的（＋）端结合。不同的细胞或生物表达的肌球蛋白是非常不同的。例如，酵母表达3个家族中的5种肌球蛋白，而人类有38个编码肌球蛋白的基因，分属12个家族。表11-5列出18个家族表达的肌球蛋白类型及其细胞功能。

表 11-5　18 个肌球蛋白家族的生物属性及其细胞功能

类型	生物	细胞功能
Ⅰ	真菌，原生动物，所有后生生物	将肌动蛋白骨架与膜脂连接，膜转运，机械信号转导，质膜动态性
Ⅱ	真菌，原生动物，所有后生动物	心肌、骨骼肌、平滑肌收缩，非肌细胞异构体具有胞质分裂，细胞爬行，形态决定，细胞极性调节
Ⅲ	脊椎动物，鲎属，果蝇	感官细胞功能包括光受体中信号分子转运、人的异构体突变导致耳聋
Ⅳ	多棘变形虫	未知
Ⅴ	大多数真核细胞	短距离小泡运输，小泡分散，mRNA 定位
Ⅵ	后生动物	参与内吞与小泡运输，可能参与肌动蛋白骨架结构组织
Ⅶ	后生动物，网柄菌属	细胞黏着，吞噬作用，肌动蛋白骨架组织，人类该基因突变导致耳聋
Ⅷ	植物	可能参与细胞内吞及细胞周质肌动蛋白骨架的组织
Ⅸ	脊椎动物，线虫	信号活性调节
Ⅹ	脊椎动物	推测膜结合货物运输；将肌醇磷脂与吞噬作用关联，参与核定位
Ⅺ	植物，网柄菌属	参与“货物”转运，与肌球蛋白Ⅴ类似
Ⅻ	线虫	未知
XIII	伞藻	可能在细胞器运输、藻尖生长中起作用
XIV	弓浆虫属，疟原虫属	提供滑动及细胞入侵的力
XV	脊椎动物，果蝇	在富含肌动蛋白结构的形成与维持中起作用，如内耳的感觉毛状细胞，人与鼠中突变导致耳聋
XVI	脊椎动物	在发育的脑细胞中指导靶磷酸酶特殊定位
XVII	真菌	可能在极性细胞壁合成及真菌形态建成中起作用
XVIII	脊椎动物，果蝇	未知

除了肌细胞中有大量的肌球蛋白Ⅱ外，非肌细胞也表达肌球蛋白Ⅱ。此外，非肌细胞还表达很多其他类型的肌球蛋白，它们在细胞中具有不同的结构与功能。肌球蛋白Ⅱ发现之后，在淡水的变形虫中发现了第二类肌球蛋白，此类肌球蛋白有不同的尾部结构，以单体发挥作用，所以命名为肌球蛋白Ⅰ（意指一个头），肌球蛋白Ⅱ则是指具有两个头。后来又发现了很多肌球蛋白，它们的共同特点是N端头部结构域具有马达功能，C端尾部结构域则多种多样（图11-54）。

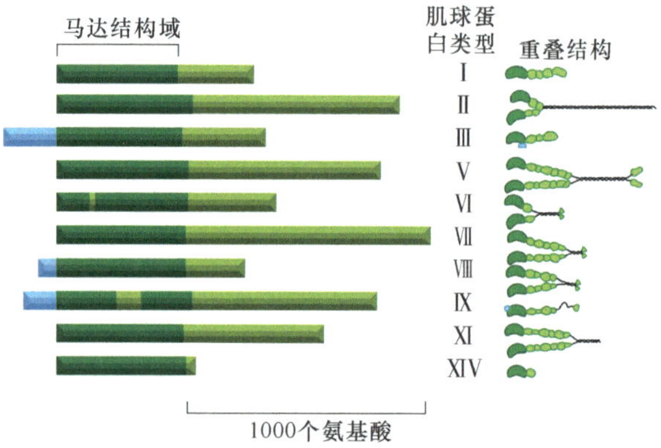

图 11-54　肌球蛋白超家族部分成员的结构（引自 Alberts et al.，2015）。图的左侧是某些类型肌球蛋白重链结构域比较。所有的肌球蛋白的马达蛋白结构域相似，但是C端的尾部及N端外延部分是不同的。图的右侧是某些成员的分子结构。很多肌球蛋白形成二聚体，每个分子有两个马达蛋白结构域；但有些成员是单体（如Ⅰ、Ⅲ、XIV），只有一个马达结构域。肌球蛋白Ⅵ的独特之处是向肌动蛋白丝的（－）端移动，而其他的肌球蛋白则是向（＋）端移动。

在上述各类肌球蛋白中，有三类研究得比较清楚，并且在动物及真菌中都存在，即肌球蛋白Ⅰ、肌球蛋白Ⅱ、肌球蛋白Ⅴ。在人的细胞中，有8个基因编码肌球蛋白Ⅰ的重链，14个基因编码肌球蛋白Ⅱ，3个基因编码肌球蛋白Ⅴ。

肌球蛋白Ⅰ是仅有一个头的蛋白质，除了含有与肌动蛋白结合的头部外，其尾部含有与细胞质膜结合的位点，因此，在功能上主要是参与细胞结构的组织，特别是从质膜向外凸起结构的形成，如微绒毛。此外，也参与细胞的内吞，帮助内吞泡与质膜的脱离。而肌球蛋白Ⅱ是有两个头的蛋白质，只含有与肌动蛋白结合的头部结构域，尾部不含有结合位点。肌球蛋白Ⅱ通常装配成双极性结构，参与肌收缩。肌球蛋白Ⅴ具有两条重链，所以有2个头部，每个头部含有与肌动蛋白结合结构域。另外，肌球蛋白Ⅴ的每个近头部位置有6条轻链。肌球蛋白Ⅴ的二聚化尾部有与其他细胞器结合的位点，决定与何种细胞器结合并进行转运。在肌球蛋白Ⅰ、肌球蛋白Ⅱ、肌球蛋白Ⅴ三种肌球蛋白中，它们的颈部长度是不同的，因此，移动的速度也不同（图11-55），可见，颈部的长短影响肌球蛋白的移动速度。

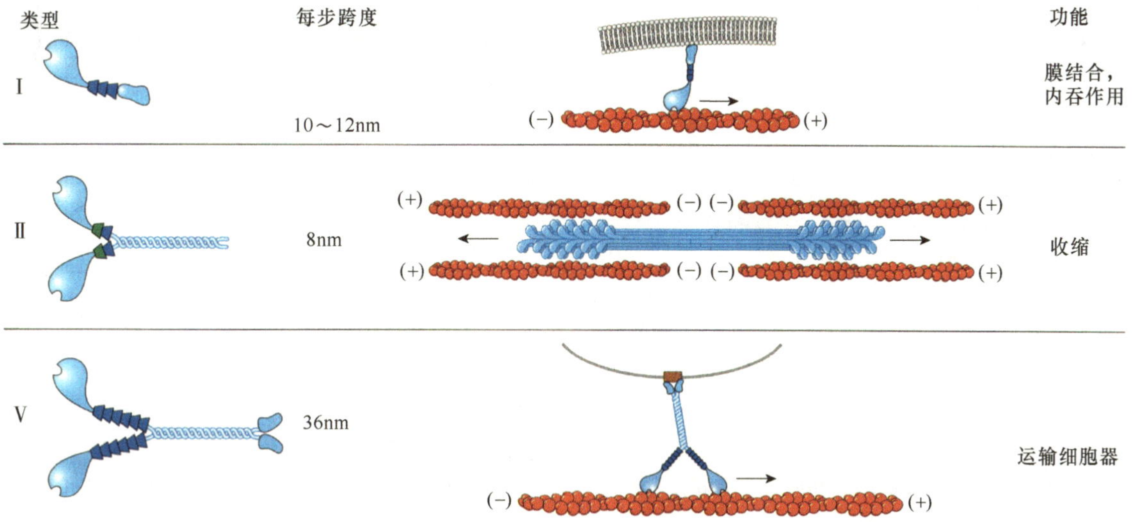

图11-55 常见的三类肌球蛋白（引自Lodish et al.，2013）。肌球蛋白Ⅰ含有一条重链，在其颈部结合有数量不等的轻链。头部有与肌动蛋白结合的位点，尾部有与质膜结合的位点，不过尾部是与膜脂的相互作用而结合，头部则是蛋白质与蛋白质的相互作用。肌球蛋白Ⅱ有两条重链，在颈部有两条轻链。肌球蛋白Ⅱ也是唯一可装配成双极性的粗肌丝的肌球蛋白。肌球蛋白Ⅴ有两条重链，每条重链的颈部有6条轻链。它们的尾部与特异的细胞器受体结合。图中显示三种肌球蛋白的移动方向都是肌动蛋白丝的（＋）端，但是它们的移动速度明显不同。

11.3.5 肌细胞：特化的肌收缩功能

多细胞生物有机体的一切机械运动及各脏器的重要生理功能，如肢体的运动、心脏的跳动、血管的舒缩、肠胃的蠕动、肺的呼吸，以及泌尿、生殖的过程都要通过肌收缩与松弛才能实现。使肌收缩所需要的能是由ATP水解提供的。在脊椎动物中，氧化磷酸化产生的ATP，几乎有1/3用于肌收缩。

肌细胞在进化的过程中形成了一种高度特化的功能：肌收缩（muscle contraction）。在肌细胞中，肌动蛋白和肌球蛋白联合组成一种复合物，称为肌动球蛋白（actomyosin），是一种高度有序的结构，并能高效地工作。

11.3.5.1 骨骼肌细胞的基本结构

骨骼肌（skeletal muscle）是由一束肌细胞，或称为肌纤维（myofiber）所组成。典型的肌细胞是圆柱形的长细胞（长度可达40μm，宽为10～50μm），并且含有很多核（可多达100个核）。

每个肌纤维被一层细胞质膜包被，这种细胞质膜称为肌膜（sarcolemma）。扁平的细胞核位于肌膜的下方，并沿细胞的长度多点分布。肌细胞的细胞质中含有很多成束的肌原纤维（myofibril）（图11-56）。肌原纤维与肌长轴相平行，有明暗相间的带，明带称为I带（I band），宽0.8μm；暗带称为A带（A band），宽1.5μm。所谓I带和A带是指：在偏光镜观察时，I带表示单折光带（isotropic band），而A带表示双折光带（anisotropic band）。在I带中有一条着色较深的线，叫Z线。Z线将肌原纤维分成一系列的重复单位——肌节（sarcomere），每一个肌节的长度约2μm。

11.3.5.2 骨骼肌中的蛋白质组成

骨骼肌由两种稳定的结构蛋白（肌动蛋白与肌球蛋白），以及一些维持结构蛋白稳定的支架蛋白所构成。

在电子显微镜下揭示肌原纤维是由两种类型的

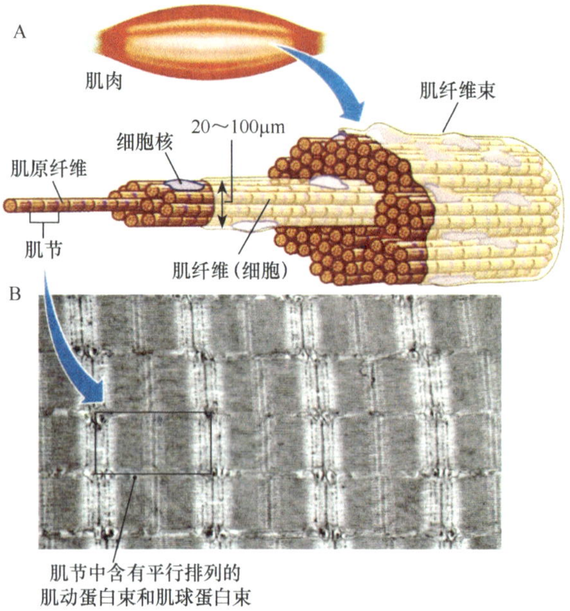

图 11-56 骨骼肌细胞结构（Plopper，2016）。A. 骨骼肌组成示意图；B. 肌节的显微照片，可见平行排列的肌球蛋白束与肌动蛋白束的排列。

长纤维构成，一种是细肌丝（thin filament），由肌动蛋白及其结合蛋白所构成，直径为 6nm；另一种是粗肌丝（thick filament），由肌球蛋白Ⅱ构成，直径为 15nm。明带只含有细肌丝，所以比较亮，而暗带之所以暗，是因为有粗肌丝和细肌丝的重叠。粗肌丝的长度占据整个 A 带，而细肌丝没有伸展到 A 带的中央区，所以 A 带的中央区也比较明亮，该区叫 H 带。H 带的中线叫 M 线。

由于肌纤维是特化的结构，它必须稳定，而且能适应收缩时长度的快速变化。所以，其结构特别的精细，除了肌动蛋白构成的细肌丝与肌球蛋白Ⅱ构成的粗肌丝外，还有多种结合蛋白构成的支架（图 11-57）。

1）粗肌丝　用盐溶液抽提骨骼肌，除去粗肌丝之后，引起 A 带的消失，但是细肌丝和 I 带仍然存在；生化分析揭示被除去的是肌球蛋白而不是肌动蛋白，说明肌球蛋白是粗肌丝的主要结构成分。由于构成粗肌丝的肌球蛋白是首尾排列的，所以粗肌丝是双极性的。头部露在外部，成为与细肌丝接触的桥，头部激活后有 ATP 酶的活性，引起肌收缩。估计每个粗肌丝由 250～300 个肌球蛋白构成。肌巨蛋白（titin）横穿粗肌丝并附着到 Z 线。

2）细肌丝　肌节中的 I 带是细肌丝，在同一个 I 带中的所有细肌丝的长度都相等，但是不同的肌细胞中可能不相同。生化分析表明细肌丝由三种蛋白质组成，主要成分是肌动蛋白。它约占肌

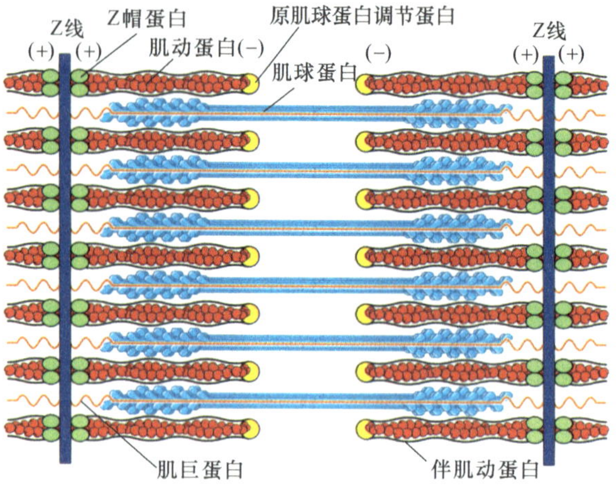

图 11-57 骨骼肌肌节中的蛋白质（引自 Lodish et al., 2013）。除了由肌动蛋白组成的细肌丝和由肌球蛋白组成的粗肌丝外，还有一些辅助蛋白：Z 线（+）端有 Z 帽蛋白，原肌球蛋白调节蛋白在肌动蛋白丝的（−）端。肌巨蛋白横穿粗肌丝并附着到 Z 线。伴肌动蛋白与肌动蛋白亚基结合，并决定细肌丝的长度。

原纤维的总蛋白的 25%。电子显微镜检查发现所有细肌丝的极性相同，一端与 Z 线相连，另一端靠近肌节的中心，（+）端靠近 Z 线。另两种蛋白是原肌球蛋白和肌钙蛋白。细肌丝的两端分别与两个不同的肌动蛋白加帽蛋白结合，一个是 Z 帽蛋白（CapZ 蛋白），另一个是原肌球蛋白调节蛋白（tropomodulin）。

3）Z 线（Z disk）　Z 线是纤维网状结构，它们的主要功能是锚定肌动蛋白纤丝的（+）端。至于肌动蛋白纤丝是如何与 Z 线结合的，尚不清楚，推测 CapZ 蛋白和 α-辅肌动蛋白（α-actinin）都有作用。α-辅肌动蛋白是 Z 线提取物中的主要成分，它很可能在 I 带中将细肌丝交联成束。

4）肌巨蛋白与伴肌动蛋白　在肌节中除了上述的蛋白质成分外，还有两种重要的蛋白质，即肌巨蛋白和伴肌动蛋白（nebulin），它们是骨骼肌纤维中的第三类丰富的蛋白质，是巨型分子，分子质量为 2700kDa（25 000 多个氨基酸），长度为 1μm，约占肌节的一半。肌巨蛋白是粗肌丝的支架蛋白，横穿粗肌丝并附着到 Z 线。伴肌动蛋白是存在于肌节中的另一种大的蛋白质，分子质量为 700kDa。伴肌动蛋白形成长的非弹性纤维，具有多个重复的肌动蛋白结合结构域，并且从 Z 线开始，沿细肌丝向中心区伸展。每个伴肌动蛋白纤维的长度与相邻的肌动蛋白长度相等，因此推测，伴肌动蛋白纤维相当于一把分子尺，调节肌纤维成熟时肌动蛋白单体装配成细肌丝的长度。用肌动蛋白切断蛋白处理肌细胞，证实了伴肌动蛋白的存在。

11.3.5.3 肌收缩的肌丝滑动模型及分子基础

关于肌动蛋白和肌球蛋白是怎样相互作用引起肌收缩问题的研究，在 20 世纪 50 年代初取得了关键性的突破。当时有几个实验室各自独立地对肌收缩进行了分析，并得到收缩的不同阶段骨骼肌所显示的带型。他们的测量结果表明：在肌收缩过程中，肌节几乎缩短 50%，但是肌节的 A 带的长度并没有发生变化。肌节的缩短只是伴随着 I 带的缩短，在整个收缩的肌纤维中，I 带几乎消失了。

根据这些观察，两个英国研究小组的科学家们提出了一个大胆的模型解释肌收缩的机制。他们推测：肌节的缩短并不是因肌丝的缩短而引起，而是由肌丝互相滑动所致。细肌丝向肌节中央滑动，肌丝滑进了 A 带之中导致重叠部分增加，使得 I 带和 H 带的宽度缩小，其结果是缩短了肌节，减少了肌纤维的长度（图 11-58），这就是肌收缩的肌丝滑动模型（sliding filament model）。这一模型很快被接受，并不断被完善。

按照前面讨论的肌球蛋白Ⅱ的工作原理，粗肌丝与细肌丝之间的滑动必然要涉及粗肌丝中肌球蛋白Ⅱ的头部与肌动蛋白细肌丝接触，产生细肌丝与粗肌丝之间的交联桥（cross bridge），才能产生滑动。肌丝滑动模型提出之后，科学家的注意力很快转移到肌球蛋白，并研究肌球蛋白的头是如何作为肌纤维中产生力的成分起作用。很快发现在收缩时，每个肌球蛋白的头都向外伸出，并与细肌丝紧紧地结合，形成细肌丝与粗肌丝间的交联桥。每一条肌球蛋白丝的头能够与周围 6 条肌动蛋白丝相互作用。一旦与细肌丝结合，肌球蛋白的头部就会快速向中心部位弯曲，使细肌丝沿粗肌丝向肌节中央移动 5～15nm。1993 年 Rayment 等提出旋转杠杆臂（swinging lever arm）假说，解释肌球蛋白与肌动蛋白之间滑动的机制（图 11-59）：ATP 水解释放出的能量诱导肌球蛋白头部构型发生少许改变，然后通过旋转使肌球蛋

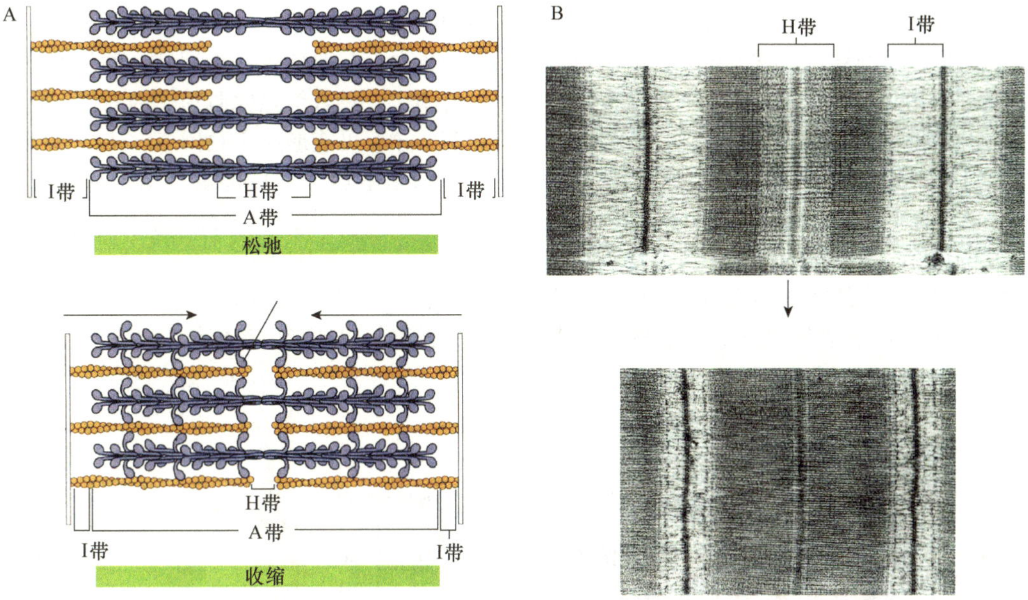

图 11-58 肌收缩时肌节的收缩（引自 Karp，2010）。A. 肌收缩时肌节长度变化及肌节结构差异示意图。在肌收缩时，肌球蛋白的交联桥与周围的细肌丝接触，细肌丝被推动滑向肌节的中心。B. 肌收缩时的电子显微镜照片。

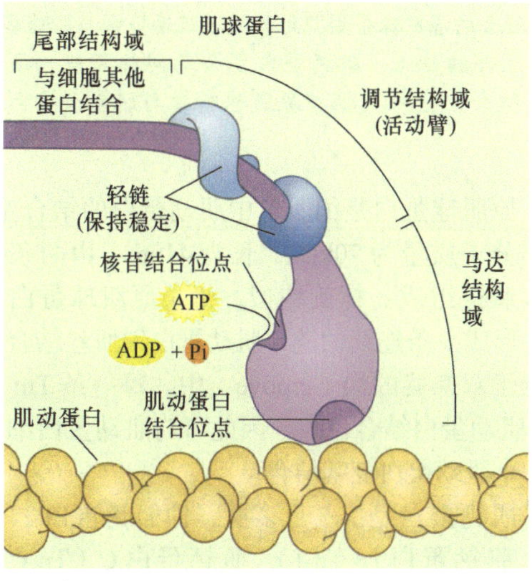

图 11-59 肌球蛋白颈部作为旋转杠杆臂开关的模型（引自 Plopper，2016）。

白α螺旋的颈部伸展。按照这一假说，肌球蛋白的颈部作为强度极高的杠杆臂（lever arm），引起肌动蛋白丝快速的远距离滑动。而结合在颈部的两条轻链则对杠杆臂起加固作用。旋转杠杆臂假说得到很多实验的支持。

11.3.5.4 Ca^{2+}与肌动蛋白结合蛋白对骨骼肌收缩的调节

按照滑动模型，粗肌丝与细肌丝之间的滑动需要肌球蛋白的头部与肌动蛋白细肌丝接触，产生细肌丝与粗肌丝之间的交联桥。但是，在静息状况下，肌球蛋白Ⅱ的头部是不能与肌动蛋白结合的，因为此时肌动蛋白丝的结合点被封闭了，要想将其打开，需要“扳道工”，而“扳道工”又是按指令行事的，所以，肌收缩受到严格调控。

1）原肌球蛋白与肌钙蛋白　原肌球蛋白（tropomyosin，Tm）和肌钙蛋白（troponin，Tn）是肌动蛋白丝的两个“贴身护卫”，它们都是肌动蛋白结合蛋白。与前面介绍的加帽蛋白、肌巨蛋白不同，Tm与Tn负责对肌动蛋白丝的功能进行调节（图11-60）。

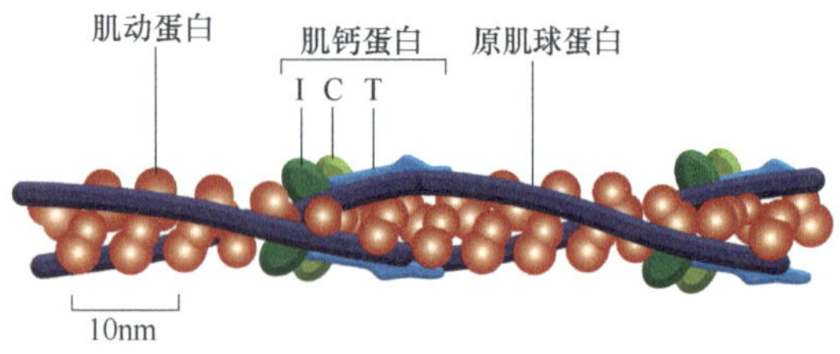

图11-60　静息状态下原肌球蛋白、肌钙蛋白与肌动蛋白丝结合位置（引自Alberts et al.，2008）。每一个原肌球蛋白可以与7个肌动蛋白亚基结合，恰好是一个螺旋。此时结合的原肌球蛋白正好封闭了肌动蛋白与肌球蛋白Ⅱ头部结合的位点，肌钙蛋白复合物同样沿肌动蛋白丝长轴结合，它可以调控原肌球蛋白与肌动蛋白丝的结合位点。

原肌球蛋白是细肌丝中肌动蛋白的结合蛋白，它的分子质量为70kDa，长为41nm，由两条平行的多肽链组成α螺旋构型，每条原肌球蛋白首尾相接形成一条连续的链与肌动蛋白细肌丝结合，正好位于双螺旋的沟（groove）中。每一条Tm含有7个肌动蛋白结合位点，因此可与肌动蛋白细肌丝中7个肌动蛋白亚基结合。

肌钙蛋白是由3个多肽，即肌钙蛋白T（Tn-T）、肌钙蛋白I（Tn-I）、肌钙蛋白C（Tn-C）组成的复合物，分子质量约80kDa。Tn-T是一种长形的纤维状分子，长度大约是原肌球蛋白的1/3，Tn-I和Tn-C都是球形分子。Tn-I能够与肌动蛋白及Tn-T结合，它同肌动蛋白的结合抑制了肌球蛋白与肌动蛋白的结合。Tn-C是肌钙蛋白的Ca^{2+}结合亚基，在序列上与钙调蛋白及肌球蛋白的轻链相类似，Tn-C控制着原肌球蛋白在肌动蛋白纤维表面的位置。在细肌丝上，大约每隔40nm就结合有一个肌钙蛋白。

2）Ca^{2+}对肌收缩的调节作用　由于细肌丝的肌动蛋白上结合有两种蛋白质，其中的原肌球蛋白能够与7个肌动蛋白单体结合，并封闭了肌动蛋白上同肌球蛋白结合的位点，在这种情况下，肌节中的粗肌丝和细肌丝之间不可能形成交联桥，因为肌动蛋白上与肌球蛋白头部结合的位点被原肌球蛋白封闭了。只有解除原肌球蛋白对肌动蛋白纤维的抑制，才有可能形成交联桥。

细胞中Ca^{2+}浓度能够调节原肌球蛋白对肌动蛋白的抑制作用，因为高浓度的Ca^{2+}能够与肌钙蛋白的Tn-C亚基结合，改变原肌球蛋白与肌动蛋白结合的位置，解除原肌球蛋白对肌动蛋白的抑制，露出与肌球蛋白头部结合的位点（图11-61）。

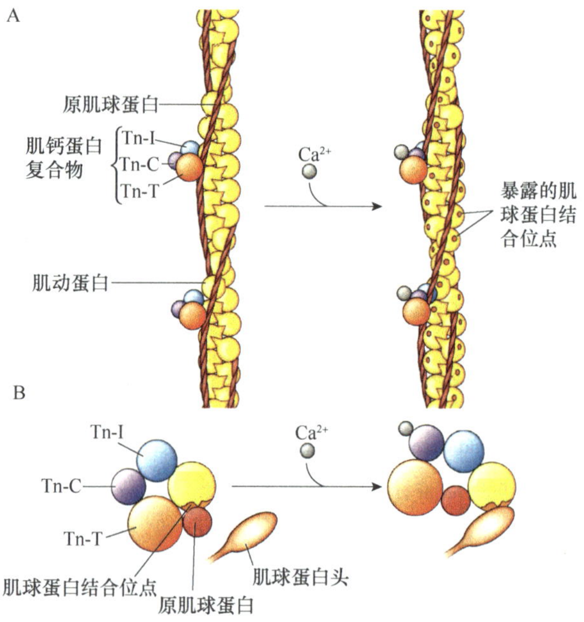

图11-61　Ca^{2+}对原肌球蛋白与肌动蛋白结合的影响（引自Cooper and Hausman，2013）。A. 当Ca^{2+}浓度很低时，肌动蛋白上与肌球蛋白结合的位点被原肌球蛋白占据；Ca^{2+}浓度高时，通过与肌钙蛋白Tn-C亚基的结合，改变原肌球蛋白在肌动蛋白纤维中的结合部位，暴露出与肌球蛋白结合的位点。B. 剖视图。

3）Ca^{2+}浓度调节：肌收缩与神经兴奋相偶联

如同其他一些细胞活动，肌收缩也是由胞质溶胶中Ca^{2+}浓度的升高所引起。在正常情况下，Ca^{2+}

在胞质溶胶中的浓度很低，在 0.1μmol/L 以下。非肌细胞靠细胞质膜中的 Ca^{2+}-ATPase 维持胞质溶胶中 Ca^{2+}的低浓度，它可将胞质溶胶中的 Ca^{2+}泵到细胞外。而肌细胞维持胞质溶胶中低 Ca^{2+}浓度则是依靠肌质网（sarcoplasmic reticulum，SR）中的 Ca^{2+}- ATPase 的作用，它将胞质溶胶中的 Ca^{2+}不断输入肌质网中。肌质网是肌细胞中的管状网络结构，它是肌细胞中的 Ca^{2+}库。

在骨骼肌细胞中，Ca^{2+}浓度的变化受运动神经信号调节，也就是说，肌收缩受神经控制，这种控制是通过细胞内信号分子 Ca^{2+}来传递的。当神经冲动到达骨骼肌细胞时，引起细胞质膜膜电位的变化（去极化）。骨骼肌细胞能够将这种电信号（去极化）很快转变成胞质溶胶中的化学信号，即提高胞质溶胶中的 Ca^{2+}浓度，由 Ca^{2+}启动肌收缩。这条信号途径的一个结构上的特点就是要通过细胞质膜向胞质溶胶内陷所形成的横小管（transverse tubule，T 管），而 T 管的末端靠近肌质网。这样，神经信号最后是通过 T 管传到肌质网。

由此可以推测，神经系统的电信号传递是以膜电位的形式沿着神经细胞传递的，这种膜电位叫动作电位（action potential）。当动作电位到达神经细胞末梢时，它触发神经递质扩散，穿过轴突，并与相邻靶细胞的质膜结合，使细胞质膜去极化，最后信号通过与肌质网相邻的 T 管激发肌质网向胞质溶胶释放储存的 Ca^{2+}，从而使胞质溶胶中的 Ca^{2+}浓度快速升高，使电信号转变成化学信号（图 11-62）。

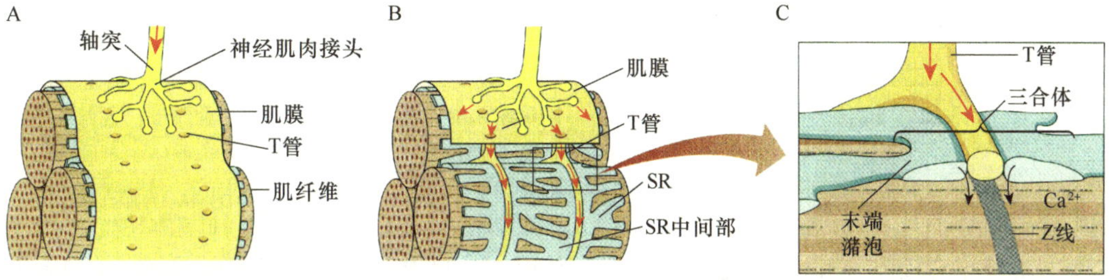

图 11-62 神经信号对肌细胞的刺激（引自 Jeff et al., 2012）。A. 动作电位沿神经元的轴突向下移动直至神经肌肉接头，在肌肉细胞与神经元之间有突触；B. 轴突末端去极化，导致肌细胞表面与乙酰胆碱受体结合的神经递质释放，引起肌细胞去极化；C. 去极化作用经由 T 管扩散到肌细胞内部，刺激 SR 末端潴泡中 Ca^{2+}通道开放从而释放出 Ca^{2+}，使胞质溶胶中 Ca^{2+}浓度升高，进行肌收缩调节。

释放出来的 Ca^{2+}与肌钙蛋白结合，解除原肌球蛋白对肌动蛋白的抑制，使粗肌丝肌球蛋白的头部得以同肌动蛋白接触，形成交联桥。然后再由 ATP 同肌球蛋白头部的 ATP 结合位点结合，并通过 ATP 的水解提供能量及肌球蛋白头部构型的变化，引起粗肌丝与细肌丝间的滑动，产生肌收缩。

11.3.6 肌动蛋白和肌球蛋白在非肌细胞中的作用

在非肌细胞中，肌动蛋白丝与肌球蛋白结合，参与多种多样的细胞活动，包括胞质分裂、胞质环流、吞噬作用、小泡运输、细胞黏着、细胞连接、细胞内吞作用、血小板的活性、轴突生长、细胞形态改变及细胞移动等。在讨论肌球蛋白的作用时已经介绍了在非肌细胞中部分作用，下面再讨论一些典型的作用。

11.3.6.1 黏着斑和微绒毛中的束状肌动蛋白丝

当将细胞放在培养瓶中进行培养时，细胞需要与培养瓶底接触，并平铺在基底生长，这种结合通常需要形成一种特殊的、紧密的黏着斑。在黏着斑的细胞质膜下方有肌动蛋白成束状排列，这种结构叫应力纤维（stress fiber）。

应力纤维是收缩肌动蛋白丝束，支撑很多细胞质膜表面突出来形成特化区域，以便与相邻的细胞、细胞外基质或其他物质（如培养器皿的表面）接触。应力纤维是真核细胞中广泛存在的一种较为稳定的束状纤维结构，与骨骼肌中肌原纤维非常相像。应力纤维由大量平行排列的肌动蛋白组成，此外还含有其他在肌细胞鉴定过的蛋白质，包括肌球蛋白Ⅱ、原肌球蛋白、α-辅肌动蛋白和细丝蛋白（filamin）。例如，在细胞的黏着斑连接中，应力纤维中的肌动蛋白纤维由 α-辅肌蛋白交联成收缩束，并通过黏着斑蛋白、踝蛋白介导与细胞质膜的整联蛋白连接（见图 4-39）。

微绒毛（microvilli）是一些动物细胞表面的指状突起，每一微绒毛（指状凸起）由一束纤维状肌动蛋白稳定，其中含有绒毛蛋白（villin）和丝束蛋白（fimbrin），不含肌球蛋白Ⅱ、原肌球蛋白

和 α- 辅基蛋白，因而无收缩作用。

一个肠细胞表面有几千个微绒毛，它们的存在大大增加了肠上皮表面积，有利于吸收营养物质。微绒毛的长度为 1～3μm，直径为 0.1μm，由几十个成束平行排列的肌动蛋白丝支持并定向。微绒毛中肌动蛋白丝的排列方向相同，（＋）端指向微绒毛的尖端。

11.3.6.2 细胞内运输作用

微丝与微管一样，在细胞内可以作为分子马达进行物质运输的轨道。例如，小泡的运输，可通过肌球蛋白 I 与微丝结合，将小泡沿微丝的（－）端向（＋）端移动。另外，肌球蛋白 I 的尾部与质膜结合，利用其头部可将微丝从一个部位运向另一个部位。最典型的例子是芽殖酵母出芽中，肌球蛋白 V 的运输作用（图 11-63）。芽殖酵母的这种运输作用非常重要，因为芽殖酵母一旦开始出芽，就必须不断地由母体提供出芽生长所必需的生活物质。

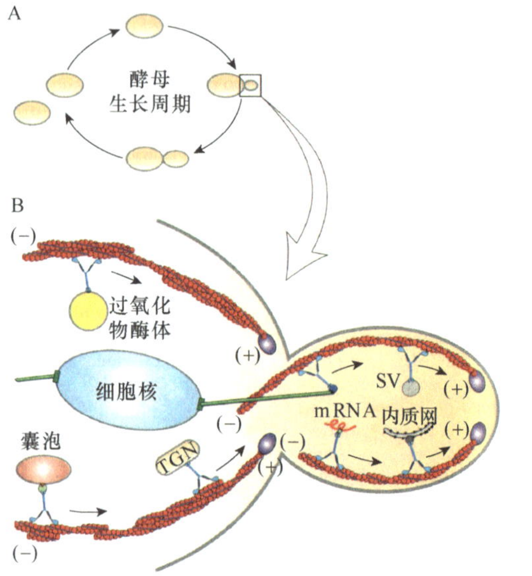

图 11-63 肌球蛋白 V 在芽殖酵母中的运输作用（引自 Lodish et al., 2013）。A. 芽殖酵母的细胞周期。B. 正在出芽的芽殖酵母中肌球蛋白 V 的运输作用，包括向子细胞中运输各种必需的细胞结构，如高尔基体、内质网、过氧化物酶体、囊泡、分泌小泡（secretory vesicle, SV），以及选择性运输一些 mRNA。肌球蛋白的尾部还能与微管的末端结合，帮助有丝分裂时核分裂定向。TGN：反面高尔基网。

11.3.6.3 胞质环流

肌球蛋白 V 除了具有强大的运输功能外，在大型绿藻，如丽藻（*Nitella*）中制造了蔚为壮观的胞质环流（cytoplasmic streaming, cyclosis）。

胞质环流是菌类、藻类和高等植物细胞中非常活跃的运动现象。在植物细胞中，细胞质的流动是围绕中央液泡进行的环形流动模式，这种流动称为胞质环流。在胞质环流中，细胞皮质区（cortical region）的细胞质是相当稳定的且不流动的，只是靠内层部分的胞质溶胶在流动。在能流动和不流动的细胞质层面有大量的微丝平行排列，与叶绿体锚定在一起。胞质环流是由肌动蛋白和肌球蛋白 V 相互作用引起的。在胞质环流中，肌动蛋白的排列方向是相同的，正向朝向流动的方向，肌球蛋白 V 可能是沿着肌动蛋白丝的（－）端向（＋）端快速移动，引起细胞质的流动。胞质环流对于细胞的营养代谢具有重要作用，能够不断地分配各种营养物和代谢物，使它们在细胞内均匀分布（图 11-64）。

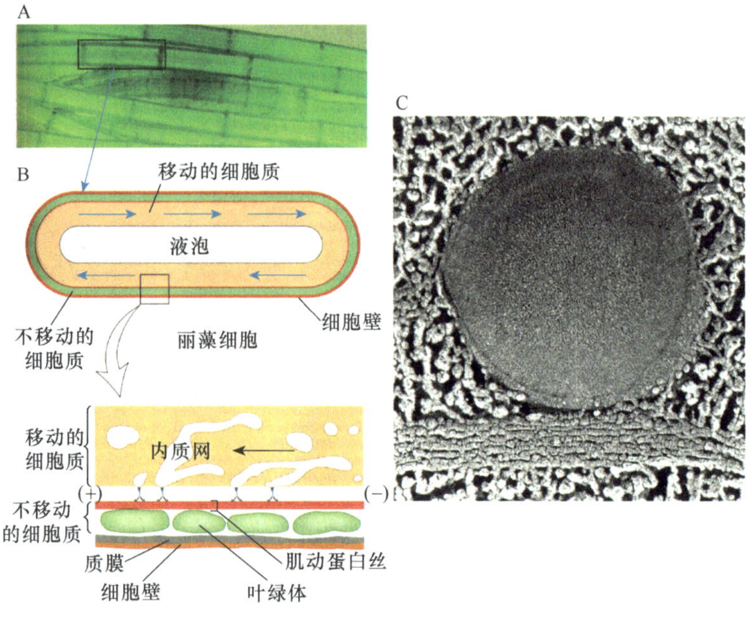

图 11-64 圆柱形巨型藻类细胞中的胞质环流（引自 Lodish et al., 2013）。A. 丽藻细胞。丽藻是夏季池塘中常见的一种淡水藻类，它的细胞质流动非常“壮观”，并且可在显微镜下观察到。B. 丽藻细胞的中央有一个充满液体的大液泡，周围有一层可流动的细胞质（箭头所示）。外面是一层不能移动的细胞周质，其中排列着很多叶绿体，内侧则是肌动蛋白丝束，并且都是以相同的极性排列。肌球蛋白 V 的尾部结合内质网片段，沿肌动蛋白丝移动，从而带动整个细胞质流动。C. 具有中央大液泡的丽藻细胞电镜照片。

11.3.6.4 细胞移动

细胞的发育与生长需要四大运动，而细胞移动（movement）就是其中之一。如果将一小块活动的组织，如皮肤或肝组织，放入有合适培养液的器皿中，单个的细胞就会迁移出组织块并在培养器皿的平面上生长。动物细胞从一个位置向另一个位置的移动是细胞的基本特性，包括变形虫（amoeba）的爬行（crawling）、发育中胚性细胞迁移（migration）、白细胞为阻击感染的组织入侵、受伤组织愈合，以及恶性肿瘤细胞的迁移等都是细胞的移动；此外，细胞吞噬作用、神经组织发育过程中的扩张等都需要细胞移动。细胞移动的两个基本特征是细胞质膜的局部特化与扩张，以及肌动蛋白丝的动态性。细胞移动是多步骤重复循环的，每一循环包含四个步骤（图 11-65）。

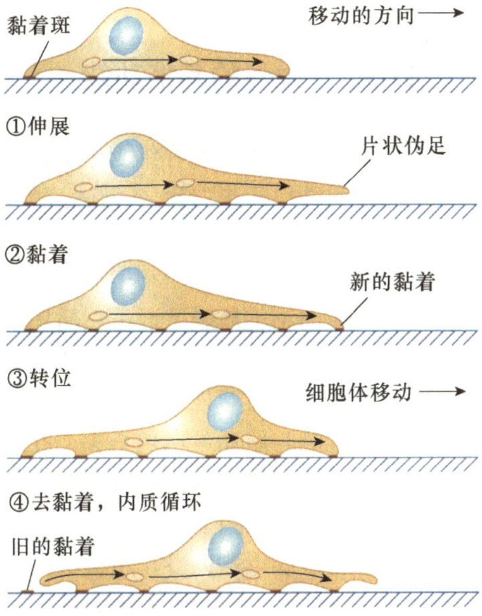

图 11-65 细胞移动过程（引自 Lodish et al.，2013）。①细胞移动从细胞前缘形成一个或多个片状伪足开始；②某些片状伪足通过黏着斑与基底面黏着；③由于细胞后端的收缩，细胞体中的细胞质的主体向前流动；④细胞尾随部分保持与基底的黏着，直至尾部最终与基底脱离，重新回到细胞体；在此期间，基于细胞骨架的循环，细胞尾部质膜与整联蛋白内吞及内化循环，并将它们运回到细胞前部（箭头所示）重新建立新的黏着。

第一步：质膜伸展（plasma membrane extension）。在起始阶段，细胞前缘的伸展需要形成暂时性的表面结构，在爬行的成纤维细胞中形成扁平的片状伪足（lamellipodium），而在其他类型的细胞中，伸展形成的伪足有长而细、短而粗或圆柱状等。尽管形态不同，伪足中都充满着肌动蛋白纤维。如果用细胞松弛素处理细胞，前缘的伸展就不会发生。所以，肌动蛋白装配成网状结构是推动细胞前缘形成片状伪足的基础。

第二步：细胞-基底黏着（cell-substrate adhesion）。细胞伸展的部分必须与基底层紧密结合，这是通过形成黏着斑实现的。黏着斑的形成不仅将细胞与基底层固着，同时也确定了细胞爬行的方向。黏着斑长 1～2μm，宽 0.5μm，黏着斑的形成也与肌动蛋白丝相关。

第三步：细胞体易位（cell body translocation）。当细胞前部完成附着之后，细胞体总体向前流动，包括细胞核及一些细胞器一起向前移，其动力是细胞后部肌球蛋白Ⅱ依赖的细胞皮质收缩，如同挤牙膏般地向前挤压。按照这一模式，肌球蛋白Ⅱ定位于细胞后部的细胞皮质。

第四步：解离细胞附着（breaking cell attachment）。最后一步是去黏着（de-adhesion），即细胞后部的黏着斑解体，整联蛋白再循环，自由的尾部向前移。在此过程中，伴随肌动蛋白网状纤维的去聚合。

上述步骤的不断重复循环，使得细胞不断从一个位置向另一个位置移动。

对于没有附着基底层的白细胞来说，则采取在血液中游泳的方式进行移动。

从上面的讨论中可知，细胞的移动是极性的，也就是说，移动时细胞有前后之分，细胞要移动时需要确定方向，并在新的方向形成一个前缘（leading edge）。为了确保移动向一个特定的方向前进，细胞需要信号协调前端与后端的活动，由信号告知细胞哪里是前端。例如，表皮生长因子和血小板衍生生长因子（PDGF）与细胞表面的特异受体结合，刺激细胞移动与分裂。又如，在伤口处，血小板被伤口细胞外基质中暴露的胶原所激活，从而帮助血凝集，激活的血小板也能分泌 PDGF，诱导成纤维细胞与上皮细胞进入伤口对伤口进行修复。

刺激细胞移动的信号作用于质膜的相关受体，从而招募相关的蛋白质与特异的脂类汇集到该区域。这些蛋白质与脂类又招募相关的结合蛋白，包括 Arp2/Arp3 蛋白复合物、Arp2/Arp3 蛋白复合物的激活蛋白 WASP/Scar 复合物，以及能够将生长中的肌动蛋白纤维与质膜连接起来的（＋）端跟踪蛋白（plus end tracking protein），激活的 Arp2/Arp3 蛋白复合物在肌动蛋白纤维的（＋）启动分支的装配，以便增加生长端的数量，推动细胞前行（图 11-66）。

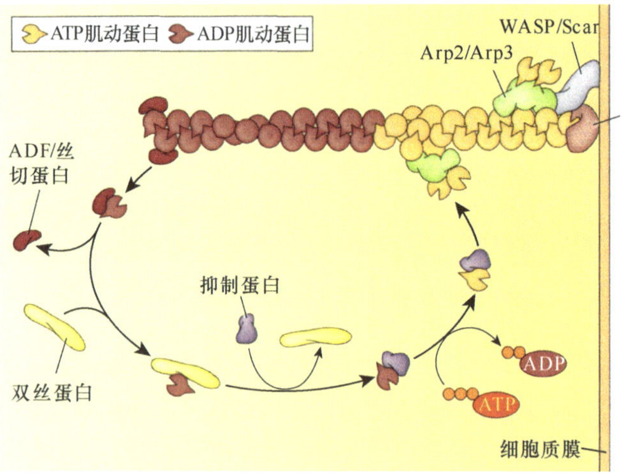

图 11-66　细胞前缘进行的肌动蛋白丝分支装配（引自 Cooper and Hausman，2013）。Arp2/Arp3 蛋白复合物、WASP/Scar 复合物，以及肌动蛋白丝（＋）端跟踪蛋白被招募到细胞前缘的局部质膜区。WASP/Scar 复合物激活 Arp2/Arp3 蛋白复合物启动肌动蛋白丝靠近（＋）端进行分支纤维的装配。而肌动蛋白丝的（＋）端则是通过（＋）端跟踪蛋白与质膜连接在一起的。在肌动蛋白丝的（－）端，由 ADF/ 丝切蛋白将 ADP- 肌动蛋白解离下来，并通过双解丝蛋白（twinfilin）及抑制蛋白（profilin）的作用掺入到装配中的分支肌动蛋白丝（＋）端。

Cdc42 被激活后不仅能够确定移动的极性，还能招募并激活丝状伪足装配相关的蛋白质（如 WASP、Arp2/Arp3 等）在前缘处装配成丝状足。Rac 被激活后，通过激活 WAVE（WASP 家族蛋白），诱导 Arp2/Arp3 蛋白复合物在细胞的前缘装配肌动蛋白分支纤维，形成片状伪足。Rho 被激活后，至少产生两种效应：一是激活成蛋白进行不分支肌动蛋白丝的转装配；二是激活 Rho 激酶，将肌球蛋白的轻链磷酸化，将非肌细胞的肌球蛋白Ⅱ激活，也可以通过将肌球蛋白轻链磷酸酶磷酸化，从而抑制其活性防止肌球蛋白的轻链脱磷酸，Rho 激酶的这两种作用导致肌球蛋白轻链高度磷酸化，从而有很高的肌球蛋白活性及收缩作用。此外，这三种小 G 蛋白也可联合作用。

信号是如何作用于受体，并启动相应的信号转导途径，引起细胞的定向迁移？研究发现，细胞迁移受三种小 G 蛋白 Cdc42、Rac、Rho 的调控，它们都能调节微丝的组织装配。通过显性突变发现，Cdc42 的显性突变可促进丝状足（filopodia）的装配，Rac 的显性突变可促进片状伪足的装配，Rho 的显性突变可促进应力纤维的装配，这三种小 G 蛋白的调控作用是协同的（图 11-67）。

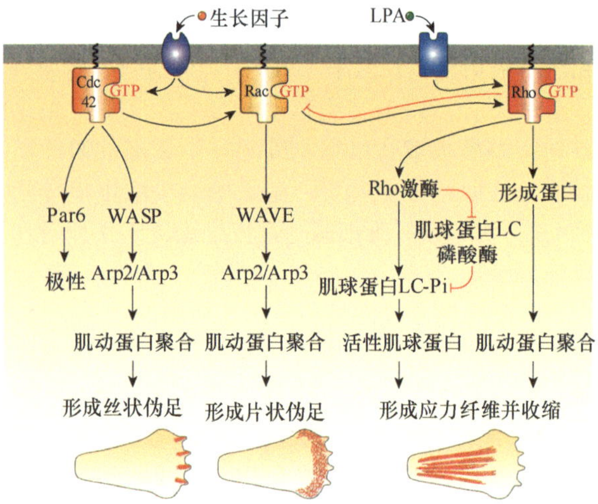

图 11-67　三种小 G 蛋白对细胞移动中肌动蛋白骨架的影响（引自 Lodish et al.，2016）。特异的信号分子，如生长因子或溶血磷脂酸（lysophosphatidic acid，LPA）与膜特异受体结合，引起了小 G 蛋白活性的改变，最终引起细胞肌动蛋白骨架的变化，促进迁移结构的装配。

11.3.7　微丝的其他功能

除了上面介绍的关于微丝在细胞生命活动中的作用外，微丝还有其他一些功能。

1）参与胞吞和分泌　当一个吞噬细胞与一个将要被吞噬的颗粒结合时，肌动蛋白丝很快聚集在已经被结合颗粒的细胞质膜下面，然后向细胞质伸展并将颗粒包围起来进行吞噬。这是通过细胞松弛素抑制实验发现的，由于该过程能够被细胞松弛素所抑制，所以推测与肌动蛋白丝有关。在进行这一实验时，细胞松弛素类型的选择很重要，因为细胞松弛素 B 既能与肌动蛋白纤维结合，也能与细胞质膜结合，都有可能影响内吞作用；但是如果用细胞松弛素 D 做这样的实验就没有疑问了，因为细胞松弛素 D 只破坏肌动蛋白丝而不会与细胞质膜结合。

同样，通过细胞松弛素的实验证明肌动蛋白丝参与细胞的分泌。但低浓度的细胞松弛素能够促进细胞分泌，而高浓度的细胞松弛素则抑制细胞分泌。

2）限制膜蛋白的移动　由于肌动蛋白丝常常处于细胞质膜的下方作为膜骨架的成分，因而对膜蛋白的移动具有限制作用。例如，红细胞膜骨架的形成与肌动蛋白丝密切相关，膜骨架的形成不仅影响红细胞的形态，同时也限制了红细胞膜蛋白的流动。

3）参与细胞的胞质分裂　在细胞的有丝分裂后期进行的胞质分裂，主要是通过肌动蛋白和肌球蛋白形成的纤维束，并通过由这种束状纤维形成的收缩环的收缩将细胞切割开，保护了子细胞的正常形态、大小。

11.4 中间纤维与隔蛋白纤维

除了微管、微丝外，大多数真核生物还有第三种细胞骨架成分，由于这种纤维的平均直径介于微管和微丝之间，故称为中间纤维（intermediate filament，IF）或中间丝，由于其直径约为10nm，故又称10nm纤维。

11.4.1 中间纤维蛋白的形态结构与类型

微管与微丝都是由球形蛋白亚基装配起来的，而中间纤维则是由长的、杆状的蛋白质装配的。中间纤维分布在整个细胞质中，以及间期细胞内核膜的内侧。与微管、微丝相比，中间纤维有几个显著的特点：第一，在生化组成上有更多的异质性，依据组织的不同表达不同的亚基。第二，中间纤维有更大的柔韧性，如毛发与指甲，主要是由死细胞的中间纤维构成的。第三，没有极性，不分正负端。第四，由于它们没有极性，尚未发现有与之结合的发动蛋白，不能作为运输的轨道。第五，虽然它们亚基交换上是动态的，但由于亚基交换的速率非常低，所以比微管和微丝稳定得多。第六，并非所有的真核细胞中都有中间纤维的存在。真菌与植物没有中间纤维，昆虫中只有一种类型的中间纤维。

11.4.1.1 中间纤维蛋白的形态结构

构成中间纤维的所有亚基蛋白除了能够形成直径为10nm的纤维外，这些亚基的蛋白质都有共同的结构特征：一个α螺旋的杆状中间区，大约含有350个氨基酸（核纤层中是350个氨基酸），两侧是N端和C端，两端结构域的大小、氨基酸序列组成，以及二级结构因亚基种类的不同而有很大的变化。中央杆部区在纤维的装配中有重要作用，而可变的头部与尾部结构域可能决定中间纤维功能的特异性（图11-68）。

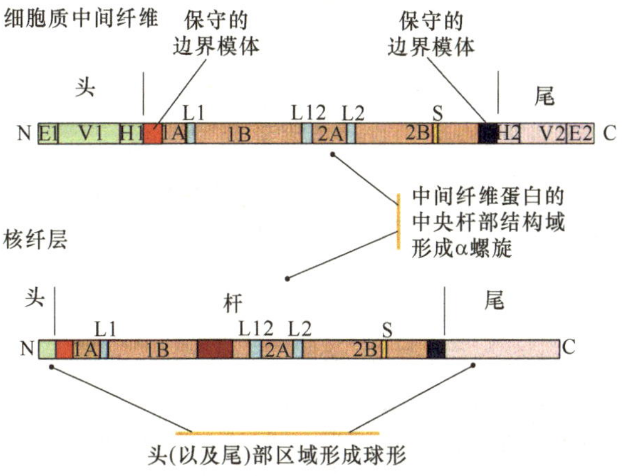

图11-68 根据氨基酸序列推测的人类细胞中间纤维亚基蛋白的结构（引自Plopper et al., 2015）。所有的中间纤维都含有中央杆部螺旋区，两侧各有一个N端的头部及C端的尾部结构域。图示的是Ⅱ型、Ⅲ型和Ⅵ型中间纤维的特征性结构。Ⅰ型中间纤维缺少H1、H2；Ⅴ型缺少E/V结构域。对于核纤层而言，脊椎动物及无脊椎动物的核纤层蛋白的杆部添加了6个重复的氨基酸片段，从而加长了杆部结构域。

11.4.1.2 中间纤维蛋白的类型

中间纤维蛋白的序列分析揭示中间纤维蛋白至少可分为6种类型（表11-6）。

表11-6 中间纤维蛋白的主要类型

类型	蛋白质	表达的细胞	推测的功能
Ⅰ	酸性角蛋白	上皮细胞	维持细胞的强度与完整性
Ⅱ	碱性角蛋白	上皮细胞	维持细胞的强度与完整性
Ⅲ	结蛋白，波形蛋白	肌细胞，胶质细胞	肌节的组织，组织完整性
	胶质原纤维酸性蛋白（GFAP）	间充质细胞，外周神经元	
Ⅳ	神经丝	神经元	轴突的组织
（NFL，NFM，NFH）			
Ⅴ	核纤层蛋白（A/B/C）	细胞核	细胞核的结构与组织
Ⅵ	巢蛋白	神经元	轴突生长

Ⅰ型中间纤维是酸性角蛋白，Ⅱ型中间纤维是碱性角蛋白，它们都在上皮细胞中表达，作用是维持组织的强度与完整性。酸性和碱性角蛋白是表皮细胞中典型的中间纤维蛋白，可按 1∶1 形成异质二聚体，它们都不能组装成同质二聚体。角蛋白有很多异构体，可分为两组：一组有 10 种异构体，主要存在于坚硬的表皮细胞，如指甲、毛发；另一组含有 30 种不同的异构体，主要存在于体内一些组织的表皮。

Ⅲ型中间纤维主要在中胚层发育分化的组织中表达，如平滑肌、骨骼肌，维持组织的完整性。常见的Ⅲ型中间纤维蛋白有 4 种，与Ⅰ型和Ⅱ型中间纤维蛋白不同，它们既能形成同质二聚体，也能形成异质二聚体。分布最广泛的是波形蛋白，在白细胞、血管内皮、某些表皮细胞和成纤维细胞都有表达。它们的功能是帮助支持细胞膜。波形蛋白常常与微管结合在一起。结蛋白则在肌节的 Z 盘特别丰富，结蛋白纤维围绕 Z 盘，将肌纤维交联成束。

Ⅳ型中间纤维存在于神经元中，组成神经丝（neurofilament）。Ⅴ型中间纤维存在于动物细胞核内膜的内侧。

Ⅵ型中间纤维是神经元纤维蛋白，主要分布在神经元轴突中，负责轴突的生长，决定轴突末端的直径大小。

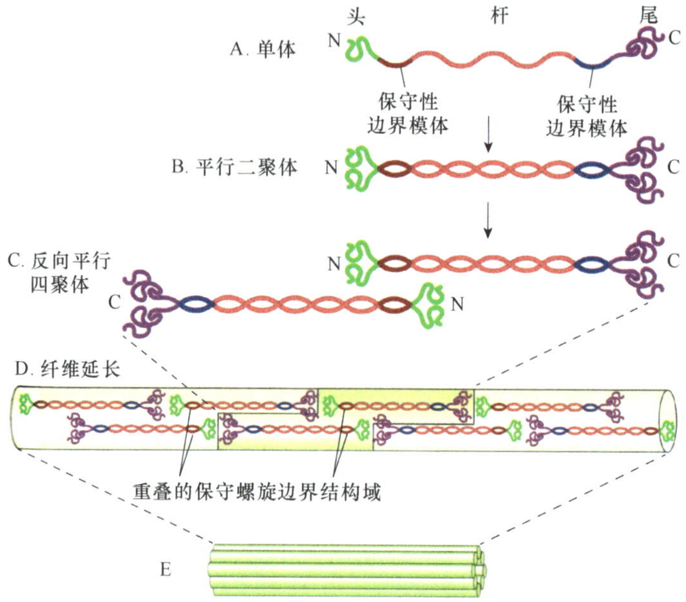

图 11-69　中间纤维的装配模型（引自 Plopper et al.，2015）。A. IF 亚基单体；B. 两个单体组成二聚体；C. 两个二聚体组成四聚体；D. 四聚体延长；E. 8 个四聚体侧向连接成 32 聚体成熟的原纤维。

11.4.2　中间纤维的装配及动态性

微管和微丝的组装都是通过单一的途径进行的，并且在装配过程中要伴随核苷酸的水解；而中间纤维组装的方式有很多种，并且不需要水解核苷酸。

11.4.2.1　中间纤维的装配

中间纤维的组装大致分为三个过程。首先，两个单体以相同的方向组成一个双股螺旋的二聚体，两个二聚体以相反的方向组装成一个四聚体，二聚体具有极性，四聚体没有极性；其次，若干个四聚体首尾结合组装成长的原纤维，每个原纤维长度变化不定；最后，由 8 个原纤维侧面结合装配成成熟的纤维，因此在装配成的中间纤维的横切面上共有 32 条多肽（图 11-69）。

11.4.2.2　中间纤维的动态变化

虽然中间纤维比微管、微丝稳定得多，但是中间纤维的亚基与已经装配成的中间纤维之间同样具有动态平衡，并得到了实验证明。将生物素标记的Ⅰ型角蛋白注入成纤维细胞，2h 后，标记的角蛋白掺入到已经存在的角蛋白骨架网络中，这一实验结果及其他一些实验结果表明，在可溶性亚基池中的中间纤维亚基蛋白能通过自身加入到已经存在的纤维中，纤维中的亚基也能够从纤维中解离下来。

在某些细胞（如进入有丝分裂的细胞和刚刚结束有丝分裂的细胞）中也能看到 IF 的动态平衡的特性，在这些细胞中，中间纤维在有丝分裂前解聚，而在有丝分裂后在新的子细胞中进行装配。例如，核纤层蛋白纤维在有丝分裂的核分裂中解离，在胞质分裂后又要重新装配成核纤层。中间纤维的装配和去装配是通过磷酸化和去磷酸化进行调控的。

11.4.3　中间纤维结合蛋白

中间纤维间的相互作用，或是中间纤维与细胞其他结构的相互作用，是由中间纤维结合蛋白（intermediate filament-associated protein，IFAP）介导的，这些结合蛋白能够将中间纤维相互交联成束。与微丝结合蛋白、微管结合蛋白不同，没有发现有中间纤维切割蛋白、加帽蛋白，也没有发现与中间纤维有关的马达蛋白。IFAP 的一个可能作用是将中间纤维与微丝、微管交联起来形成大的细胞骨架网络。某些常见的 IFAP 列于表 11-7。

表 11-7 某些中间纤维结合蛋白及其功能

名称	分子质量 /kDa	存在部位	功能
BPAG1*	230	半桥粒	将中间纤维同致密斑交联
斑珠蛋白（plakoglobin）	83	桥粒	将中间纤维同致密斑交联
桥粒斑蛋白 Ⅰ（desmoplakin Ⅰ）	250	桥粒	将中间纤维同致密斑交联
桥粒斑蛋白 Ⅱ（desmoplakin Ⅱ）	215	桥粒	将中间纤维同致密斑交联
网蛋白（plectin）	300	皮层	波形蛋白交联接头，与 MAP1、MAP2 及血影蛋白交联
锚蛋白（ankyrin）	140	皮层	波形蛋白与膜交联
聚丝蛋白（filaggrin）	30	细胞质	角蛋白交联
核纤层蛋白 B 受体（lamin B receptor）	58	核	核纤层蛋白与核内表面交联

* 大泡性类天疱疮抗原 1（bullous pemphigoid antigen 1）。

如同微管、微丝，中间纤维结合蛋白拓展了中间纤维在细胞中的作用。在中间纤维结合蛋白中有一类结合蛋白家族叫斑蛋白（plakin），该家族的成员能够将中间纤维网络与其他的骨架网络连接起来。斑蛋白是一个大的家族，各成员间结构不尽相同，而且含有多个结构域，分别与不同的骨架结合。例如，斑蛋白家族成员中的网蛋白，它除了与束状中间纤维结合之外，还能够与微管、微丝，以及肌球蛋白Ⅱ连接起来。另外，网蛋白还能介导中间纤维参与细胞的连接。

11.4.4 中间纤维的功能

人们对中间纤维的功能了解较少，主要原因是迄今没有找到一种能够与中间纤维结合的药物。对中间纤维功能的研究主要是通过基因工程手段，特别是通过基因敲除，获得丧失合成某种中间纤维蛋白的工程小鼠，或者是合成某种中间纤维突变蛋白并研究其对小鼠生存能力的影响。

11.4.4.1 与微管、微丝共同维持细胞的强度与整体性

从细胞水平看，中间纤维在细胞质内形成一个完整的支撑网架系统。它通过整联蛋白与细胞质膜和细胞外基质相连，在内部与细胞核表面和核基质直接结合；中间纤维可通过中间纤维结合蛋白与微管、微丝及其他细胞器相连形成骨架网络，赋予细胞一定的强度和机械支持力。例如，网蛋白可将中间纤维与细胞质骨架交联成一个精细的网络，这种网络与质膜或微管锚定在一起（图 11-70）。

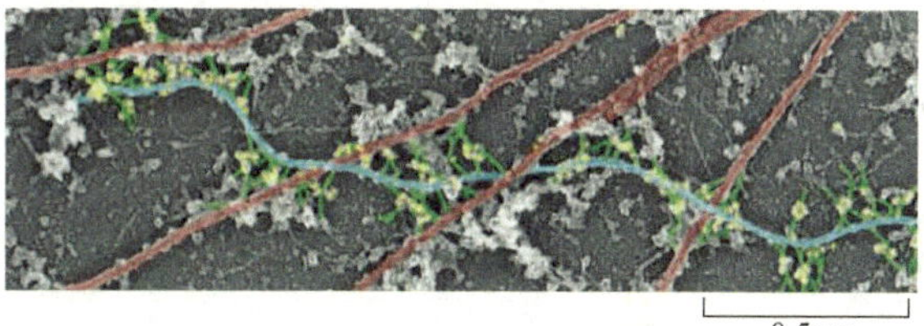

图 11-70 通过网蛋白形成的多种骨架纤维的交联（引自 Alberts et al., 2015）。绿色是网蛋白，红色是微管，蓝色是中间纤维。黄色的点状颗粒是与网蛋白连接的抗体。

虽然多年来一直认为中间纤维对细胞的形态提供机械支持，但没有直接的实验证据。直到 1991 年，通过转基因技术才真正获得中间纤维确实为细胞的形态提供机械支持的完整证据。研究者将一个突变的编码角蛋白（keratin）的基因克隆到质粒载体，然后通过微注射的方法将重组质粒 DNA 注射到鼠受精卵的细胞核中，将转基因的受精卵培养成囊胚后转入代孕母鼠的子宫，让其发育成鼠。在子代中出现了因角蛋白基因突变致使角蛋白中间纤维不能正确组装，从而出现皮肤水疱的转基因鼠（图 11-71）。

11.4.4.2 通过 SUN-KASH 复合物连接细胞核与细胞质骨架

网蛋白和其他的斑蛋白能够与细胞质骨架-核纤层蛋白连接的 SUN-KASH 复合物相互作用，从而将细胞质骨架与核膜连成一个整体。SUN-KASH

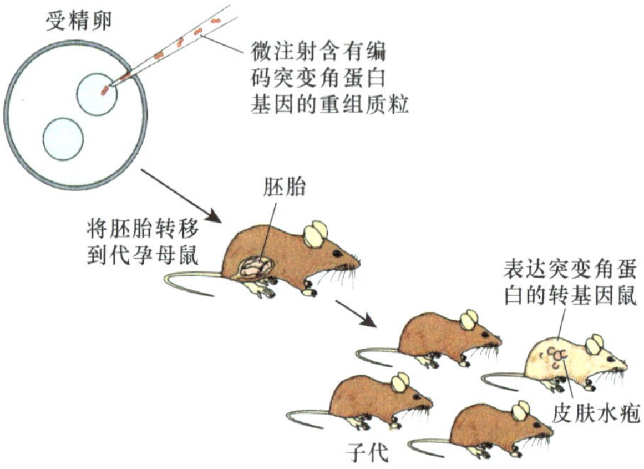

图 11-71 角蛋白功能的实验证明（引自 Cooper and Hausman，2004）。

复合物的 SUN 和 KASH 结构域在核被膜的腔内相互结合。SUN 蛋白位于内核膜，能够与核内的核纤层或染色体结合；而 KASH 蛋白是外核膜蛋白，能够与细胞质中的微管、微丝、发动蛋白及网蛋白结合（图 11-72）。

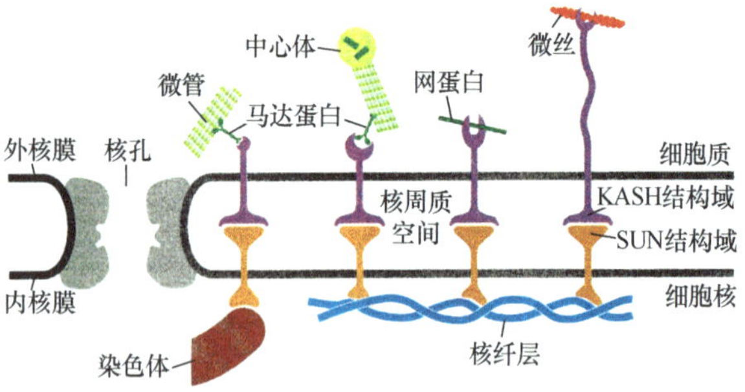

图 11-72 SUN-KASH 蛋白复合物通过 SUN-KASH 结构域将细胞核与细胞质连成一体（引自 Alberts et al.，2015）。SUN 蛋白的 SUN 结构域在核被膜的周质空间与 KASH 蛋白的 KASH 结构域结合，SUN 蛋白能够与核纤层、染色体结合，KASH 蛋白能够与细胞质骨架、马达蛋白、网蛋白结合，因此，在 SUN-KASH 蛋白复合物的作用下，细胞质骨架细胞核骨架连为一体。

11.4.4.3 参与细胞连接及维持核膜的稳定

一些器官和皮肤的表皮细胞是通过桥粒和半桥粒连接在一起的。桥粒介导细胞与细胞的黏着，半桥粒介导细胞与细胞外基质的黏着。中间纤维参与黏着连接中的桥粒连接和半桥粒连接，在这些连接中，中间纤维在细胞中形成一个网络，既能维持细胞形态，又能提供支持力。详见第 4 章的 4.3“细胞连接”相关内容。

在细胞核内膜的下面有一层由核纤层蛋白组成的网络，对于细胞核形态的维持具有重要作用，而核纤层蛋白是中间纤维的一种。组成这种网络结构的核纤层蛋白 A 和 C，它们交联在一起，然后通过核纤层蛋白 B 附着到内核膜上，在内核膜上有核纤层蛋白 B 的受体。详见第 12 章 12.1“核被膜”部分。

11.4.4.4 与微丝、微管的比较及协同作用

与微管和微丝相比，中间纤维在结构和功能上至少有三个方面的差异。第一，中间纤维是相当稳定的结构，即使用含有去垢剂和高盐溶液处理细胞，中间纤维仍然保持完整无缺。在这种条件下，微管和微丝则要去聚合并溶解在溶液中。实际上，大多数分离纯化中间纤维的方法都是先去除其他的蛋白质，然后用尿素处理使其变性，再用离子交换来纯化中间纤维。第二，中间纤维在体积上与微管和微丝是不同的，微管的直径为 24nm，微丝的直径则是 7nm，而中间纤维是 10nm。形态上也不相同，微管是由 αβ-微管蛋白二聚体组装成的中空管状，微丝是由球形亚基装配成的 α 螺旋纤维，而中间纤维是由 α螺旋杆状亚基装配成似杆状的结构。第三，中间纤维的亚基并不与核苷酸结合，而微管的亚基与 GTP 或 GDP 结合，微丝的亚基则与 ATP 或 ADP 结合，但对于中间纤维装配的许多细节尚不清楚。表 11-8 将三种细胞骨架的一些主要特点进行了比较。

表 11-8 微管、微丝和中间纤维的主要特性比较

项目	微管	微丝	中间纤维
蛋白质组成	微管蛋白异二聚体	球形肌动蛋白	6 类中间纤维蛋白
分子质量 /Da	50×10^3	43×10^3	40×10^3～200×10^3
细胞内分布	靠近细胞核	细胞质膜内侧	整个细胞
纤维直径 /nm	24～26	7～9	10
纤维结构特点	13 条原纤维组成空心管状纤维	2 条原纤维组成双股螺旋	32 条原纤维组成非空心的多级螺旋
极性	有	有	无
单体蛋白库	有	有	无
踏车现象	有	有	无

续表

项目	微管	微丝	中间纤维
特异性药物	秋水仙素	细胞松弛素 B	无
	紫杉醇	鬼笔环肽	
	长春花碱（vinblastine）	swinholide	
	nocodazole（有丝分裂抑制剂）	latrunculin	
结合蛋白	有	有	有
主要功能	轴丝；细胞游动细胞质；动物细胞形态的组织与保持；染色体分离；细胞器的分布与转移	肌收缩；变形运动；胞质环流；细胞爬行；胞质分裂；保持动物细胞的形态	支持结构；保持动物细胞的形态；形成核纤层和核骨架；提高神经细胞轴突的强度；保持肌纤维的稳定（结蛋白）

11.4.5 隔蛋白

隔蛋白（septin）是一种 GTP 结合蛋白，由隔蛋白形成的纤维是一类特别的、不同于微管、微丝、中间纤维的纤维系统，除了陆生植物外，其他真核细胞中都有隔蛋白纤维。隔蛋白装配成无极性的纤维，并形成环状或似笼形结构。这种结构可作为支架，将膜分隔成不同的结构域，或者招募并组织肌动蛋白与微管骨架。最早是在芽殖酵母中鉴定到隔蛋白，发现隔蛋白纤维位于出芽的母细胞与正在生长的子细胞之间的颈部。颈部的隔蛋白纤维阻止了蛋白质从一侧移向另一侧，有利于子细胞的生长（图 11-73A）。隔蛋白也招募肌动蛋白-肌球蛋白形成胞质分裂所需的收缩环。在动物细胞中，隔蛋白在细胞分裂、迁移、小泡运输中都发挥作用。在初级纤毛中，隔蛋白在纤毛的基部装配成一个环状结构（图 11-73B），作为膜扩散的障碍，限制了膜蛋白的移动，建立了特异的纤毛膜区域。如果降低隔蛋白的水平，则会影响初级纤毛的形成与信号转导。

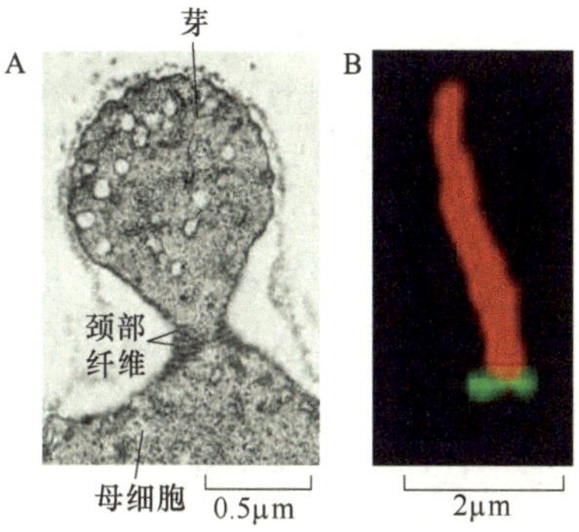

图 11-73 隔蛋白对细胞的分隔作用（改自 Alberts et al., 2015）。A. 隔蛋白在芽殖酵母的颈部形成纤维；B. 荧光揭示的纤毛基部隔蛋白装配的“领结”（绿色）。

酵母中有 7 个、人类有 13 个隔蛋白编码基因，根据序列相关性，可分为 4 类。将隔蛋白分离纯化后置于测试管中，发现它们可装配成对称的异六聚体或异八聚体，并装配成非极性成对的纤维。在隔蛋白多聚体的折叠中需要 GTP 的结合，但是 GTP 的水解对隔蛋白的功能有何意义尚不得而知。在细胞内，隔蛋白进行装配与去装配，但它们不像微丝、微管那样频繁变化。

本章小结

细胞骨架是细胞内以蛋白质纤维为主要成分的网络结构，包括微管、微丝和中间纤维，具有多种功能。

微管主要分布在核周围，它由微管蛋白异源二聚体组成。微管有单体、二联体和三联体，其中单体主要存在于细胞质，是多态性最大的微管；二联体存在于纤毛、鞭毛；三联体存在于基体、中心粒。三者都是比较稳定的微管。

微管的组装分为成核和延长两个过程，其中成核反应是限速步骤，γ-微管蛋白在成核反应中起关键作用。微管从微管组织中心（MTOC）开始生长，起始端为（−）端，生长端为（+）端，因此微管具有极性。影响微管体外装配稳定性的因素有 GTP 浓度、压力、温度、pH、微管蛋白临界浓度、药物等。细胞内的微管处于动态不稳定状态，具有踏车现象。微管通过与微管结合蛋白（MAP）的结合扩展其功能。影响微管稳定性的药物有秋水仙碱与紫杉醇。

微管的功能有支架作用，作为细胞内物质运输的轨道，纤毛和鞭毛的构件，参与细胞的有丝分裂和减数分裂等。

微丝又称肌动蛋白丝，由两条肌动蛋白纤维组成。微丝的装配分三个阶段：成核、延长和稳定，反应中需 ATP 的参与。这一过程受 G-肌动蛋白临界浓度和一些离子浓度的影响。肌动蛋白也有踏车现象。微丝的稳定性受细胞松弛素和鬼笔环肽的影响。

分子马达是一类利用 ATP 供能，产生推动力，进行细胞内物质运输或运动的蛋白质。分子马达有肌球蛋白家族、驱动蛋白家族和动力蛋白家族等。其中驱动蛋白和动力蛋白是以微管作为运行的轨道，而肌球蛋白则是以微丝作为运行的轨道。分子马达的运输是单方向的、逐步行进的。驱动蛋白在神经细胞中的功能是将物质从神经细胞的胞体运向轴突末端，并沿微管的（－）端向（＋）端移动。细胞质动力蛋白的移动方向则相反，它是有丝分裂中染色体运动的力的来源，也参与小泡和膜性细胞器的运输。

肌球蛋白是一种肌动蛋白纤维的分子马达，研究得较为清楚的是肌球蛋白Ⅰ、肌球蛋白Ⅱ和肌球蛋白Ⅴ。肌球蛋白Ⅱ为肌收缩和细胞质分裂提供力，肌球蛋白Ⅰ和肌球蛋白Ⅴ则涉及细胞骨架与膜之间的相互作用。

肌收缩是细胞在进化过程中形成的一种高度特化的功能。它是由肌动蛋白装配的细肌丝与肌球蛋白Ⅱ装配的粗肌丝之间的相互滑动实现的，这一过程受运动神经及钙离子浓度的调节。

中间纤维是三种骨架纤维中最复杂的一种，它的装配分三个过程：由单体形成二聚体，再由二聚体形成四聚体，最后由 8 个四聚体组成原丝。中间纤维的功能有：为细胞提供机械强度、参与细胞连接，是核骨架的主要成分并维持细胞核膜的稳定。

隔蛋白形成的纤维是一类特别的，且不同于微管、微丝、中间纤维的纤维系统。隔蛋白纤维没有极性，可形成环状或似笼形的支架结构，将膜分隔成不同的结构域。

思考题

（1）微管有哪些类型和功能？
（2）什么是马达蛋白？有哪些类型？
（3）举例说明，除马达蛋白以外的微丝结合蛋白是如何发挥辅助作用的？
（4）Ca^{2+} 与肌动蛋白结合蛋白是如何调节骨骼肌收缩的？
（5）什么是隔蛋白？举例说明隔蛋白的作用？

12 细胞核与染色体

细胞核（cell nucleus）是细胞内储存遗传物质的场所。除了成熟的红细胞和植物成熟的筛管没有细胞核外，真核生物的细胞都有细胞核。细胞核主要有两个功能：一是通过遗传物质的复制和细胞分裂保持细胞世代间的连续性（遗传）；二是通过基因的选择性表达，控制细胞的活动（图 12-1）。

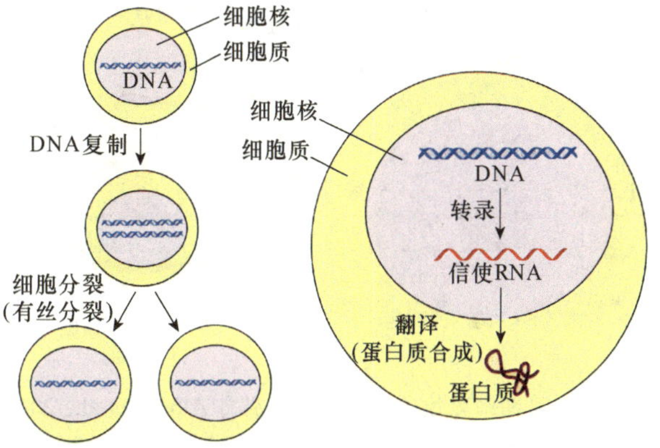

A. 遗传信息在细胞世代间传递　B. 细胞内的遗传信息：遗传信息表达

图 12-1　细胞的遗传信息流（引自 Jeff et al.，2012）。图中显示的是真核细胞核的作用。原核细胞没有真正的细胞核，但同样通过 DNA 的复制与细胞分裂保持世代间的稳定，以及通过基因表达控制细胞的生命活动。A. 细胞世代间的遗传信息流。上一代细胞通过核内 DNA 的复制及细胞核与细胞质的分裂，进行细胞世代间的信息流。B. 细胞内的遗传信息流。遗传物质在细胞核内转录，在细胞质中表达成蛋白质，参与细胞的生命活动。

一般教科书上见到的细胞核通常是球形的，位于细胞中央的一个大型膜包被的细胞器。实际上，在不同类型的细胞中，细胞核的形态、大小和位置是不同的，通常是球形，但也有长形、扁平和不规则的形态。典型的细胞核的体积为细胞体积的 5%～10%，但在某些情况下，细胞核的体积占细胞总体积的 80% 或更多。细胞核大小的变化是由细胞核所含有的 DNA，以及细胞生理状态决定的。

细胞核的直径范围从 1μm 到几百微米不等，平均为 5～15μm。细胞核在细胞中的位置也是多变的，并不都是位于细胞的中央。一般来说，一个细胞只有一个细胞核，有些特殊的细胞含有多个细胞核。例如，脊椎动物的骨骼肌细胞，这种细胞很长，可达几厘米，其中含有几十个甚至几百个独立的细胞核。

在细胞间期观察到典型的真核生物细胞核的结构有三个主要组成部分（图 12-2）。①由双层膜组成的核被膜，它将细胞核物质与细胞质分开，核被膜上有孔，内核膜下有核纤层。②一个或多个球形的核仁，这种结构与核糖体的合成有关。③似液态的核质（nucleoplasm），它是细胞核内除了核仁以外的空间部分，其中含有可溶性的核物质，包括 DNA 纤维，当它展开存在于细胞核中时称为染色质，组成致密结构时称为染色体；多种 RNA、蛋白质分子，以及为细胞核提供骨架网络的核基质（nuclear matrix）等。

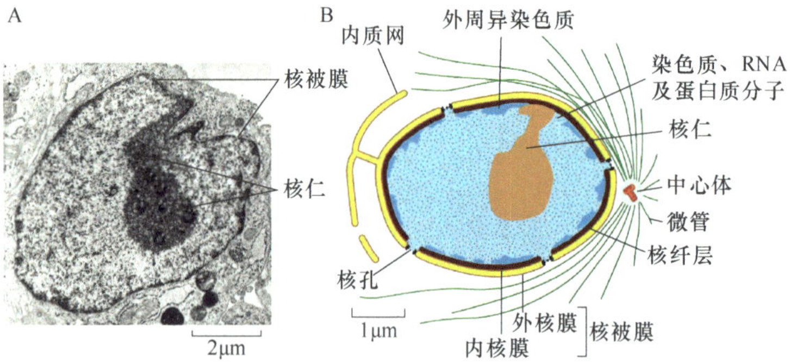

图 12-2　间期细胞核的形态结构（引自 Alberts et al.，2015）。A. 人的成纤维细胞切片观察的细胞核。B. 核外膜与内质网相连，核旁有一个中心体，是微管生长的地方。

原核生物没有真正的细胞核，而只有拟核（nucleoid）。在细胞水平上，原核和真核有三个方面的主要差别。①核膜：真核细胞有核膜；原核细胞没有核膜，称之为拟核。②核仁：真核细胞有核仁，原核细胞无核仁。③核内遗传物质的存在状态：真核细胞内 DNA 与组蛋白结合，有染色体结构；近年发现原核 DNA 也同蛋白质结合，但无染色体结构。

12.1 核 被 膜

真核生物的细胞核是在细胞周期的间期才能见到的细胞内的结构，此时的染色质被膜包被，因此，核被膜（nuclear envelope，NE）是细胞核的界膜，它将细胞核的内溶物与细胞质分隔开来，并为细胞核提供结构框架。两层核膜可作为障碍物，阻止细胞分子在细胞质与细胞核之间自由通过，以便维持细胞核作为细胞内的特殊区室，行使独特的功能。细胞核与细胞质之间的唯一通道是核膜上的核孔，它能够调控细胞质与细胞核之间的分子交换，并且能够选择性运输蛋白质与 RNA，这不仅保证了细胞核内组分的特殊性，同时也调节了基因表达。

12.1.1　核被膜的结构

核被膜是细胞核的界膜，对 DNA 具有保护作用。但是，由于细胞核是细胞内的“首脑机关”，要不断地发出“指令”，所以，细胞核被膜的结构既要确保核内遗传物质的安全，又要保证细胞核与细胞质之间的物质与信息交流畅通。

12.1.1.1　基本结构

核被膜的基本结构包括外核膜、内核膜、核周隙、核孔复合体和核纤层 5 个部分（图 12-3）。

核被膜由内、外两层核膜组成，外核膜与内核膜相连，表面附有大量的核糖体颗粒。内核膜面向核质；内、外核膜间有 15～30nm 的透明腔，称为核周隙，膜上有孔。

1）外核膜（outer nuclear membrane）外核膜面向细胞质基质，常附有核糖体，有些部位与内质网相连，因此在形态和性质上与内质网相似。实际上，外核膜可以看成是内质网膜的一个特化区。另外，细胞骨架成分，包括微管、肌动蛋白丝和

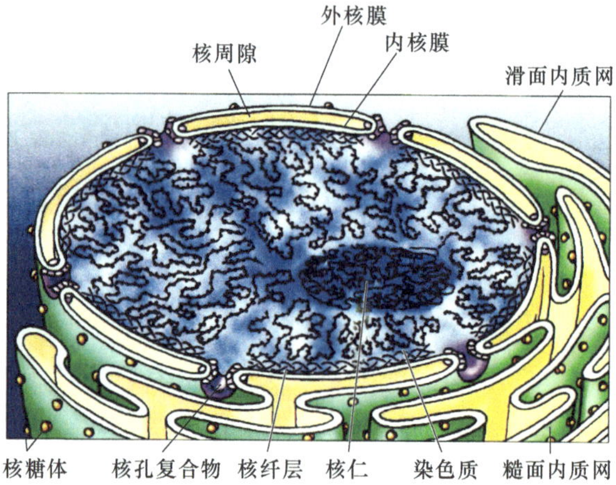

图 12-3　间期细胞核的染色质及核被膜（引自 Cooper and Hausman，2004）。

中间纤维常常与外核膜相连，起着固定细胞核并维持细胞核适当形态的作用。

2）内核膜（inner nuclear membrane） 内核膜面向核基质，与外核膜平行排列，其表面没有核糖体颗粒。

3）核纤层（nuclear lamina） 在与核质相邻的核膜内表面有一层网络状蛋白质，叫核纤层，对核被膜起支撑作用。

核纤层位于内核膜的下方。在某些细胞中，核纤层在内核膜的内侧形成连续的网层，而有些细胞中的核纤层蛋白则形成一片片的网状结构（图 12-4）。

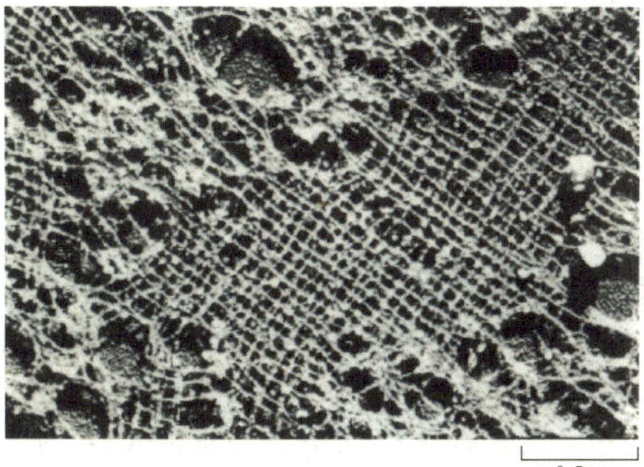

图 12-4 非洲爪蟾（*Xenopus laevis*）卵母细胞的核膜下方核纤层网状结构（引自 Cooper and Hausman，2016）。

核纤层由三种分子质量为 60～80kDa 的核纤层蛋白亚基 A、B、C 纤维装配而成。核纤层蛋白属于细胞骨架中的中间纤维，但仅存在于细胞核。如同细胞质中间纤维，核纤层蛋白纤维可以相互结合，组装成高级结构（图 12-5）。

核纤层并非独立于内核膜，而是与内核膜结合在一起的。结合的方式有两种：一种方式是通过翻译后在 C 端半胱氨酸残基上添加脂，实际上这是一种 C 端半胱氨酸残基的异戊二烯化作用；另一种方式则是与核纤层蛋白 B 亚基的受体结合（图 12-6）。

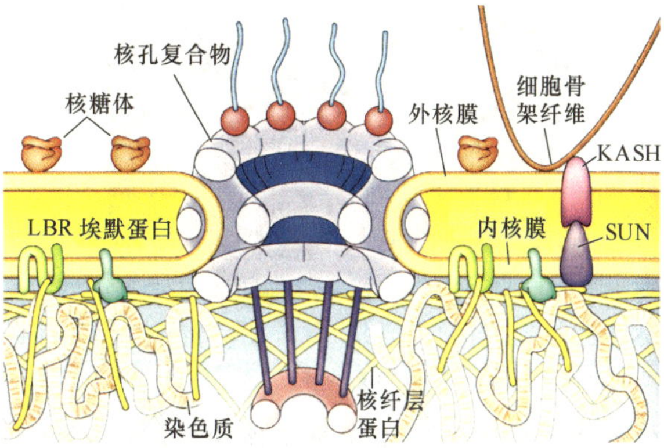

图 12-6 核纤层与内核膜的结合（引自 Cooper and Hausman，2016）。内核膜含有几种整合膜蛋白，如埃默蛋白（emerin）、核纤层蛋白 B 受体（lamin B receptor，LBR），以及 SUN 蛋白等，这些蛋白质都能与核纤层相互作用。SUN 蛋白还能与外核膜中 KASH 蛋白结合，形成一个连接复合体。此外，核纤层通过埃默蛋白、LBR 与染色质结合，使染色质在内核膜上有了“依靠”。

4）核周隙（perinuclear space） 又称核周间隙，是两层核膜之间的间隙，宽 15～30nm，其中充满不定形物质。由于外核膜与糙面内质网相连，所以核周隙常与内质网的腔相通。

12.1.1.2 核被膜的特殊结构：核孔复合体

核被膜的一个重要功能是运输作用。但是，在核膜中没有运输蛋白，所有的大分子及蛋白质的选择性运输都是通过核孔进行的。

核被膜上有许多孔，称为核孔（nuclear pore），是细胞核膜上沟通核质与胞质的开口，由内、外两层膜的局部融合而成，核孔的直径为 80～120nm。一个典型的哺乳动物的核膜上有 3000～4000 个核孔，相当于每平方微米的核膜上有 10～20 个。一般来说，合成功能越旺盛的细胞，核孔的数量就越多，如非洲爪蟾的一个卵细胞就有 1000 万个核孔。核孔并非仅是一个空的孔，而是由一组蛋白质颗粒以特定的方式排布形成的立体结构，被称为核孔复合体（nuclear pore complex，NPC）（图 12-7）。

研究发现，NPC 的结构十

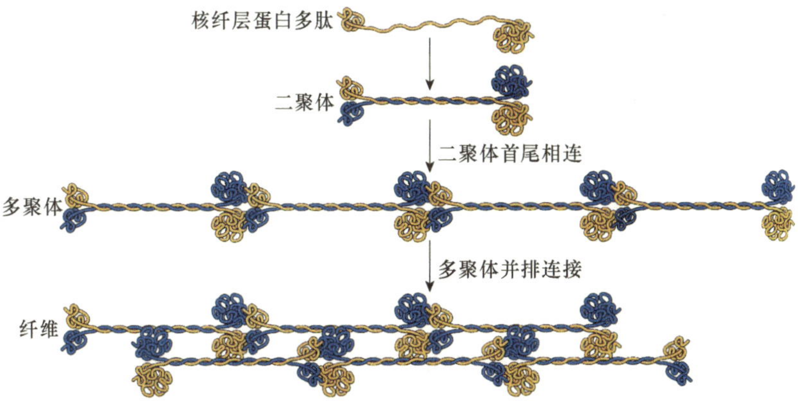

图 12-5 核纤层装配（引自 Cooper and Hausman，2016）。首先，两条核纤层多肽通过 α 螺旋区形成二聚体；然后，二聚体通过首尾相连形成线性多聚体；最后，线性多聚体间通过侧面相连，形成高度有序的结构。

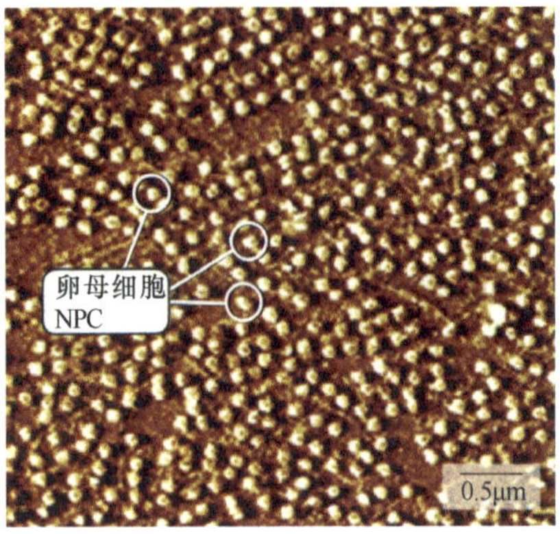

图 12-7 非洲爪蟾卵母细胞核被膜的核孔复合体（引自 Cooper and Hausman，2016）。从非洲爪蟾卵母细胞核被膜的表面可见到大量的核孔复合体。

分复杂（图 12-8）。电子显微镜照片揭示 NPC 是一个围绕中央通道的 8 对称圆柱形结构，含有多个环与辐条，在核孔处，内核膜与外核膜融成一体，至于融合的机制尚不清楚。核孔的中央部分有 8 个环形辐条（spoke）装配成的辐条环（spoke ring），在辐条环的细胞质面有胞质环（cytoplasmic ring），并且在胞质环上有伸向细胞质的胞质丝（cytoplasmic filament）；在辐条环的核质面有核质环（nucleoplasmic ring），在核质环上有 8 条伸向核质的纤丝，形成核篮（nuclear basket）。核质环伸向核质形成核篮似的核笼形结构，由于核孔的结构像鱼笼，所以有人称之为鱼笼模型。

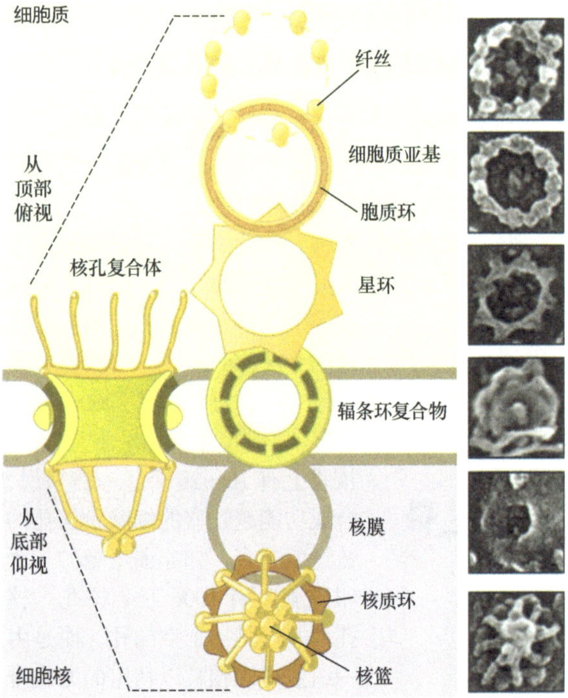

图 12-8 核孔复合体的结构模型（引自 Plopper，2016）。核孔是由 8 个辐条连接核质环与胞质环装配成的复合结构。辐条环围绕中央通道进行装配。左侧是示意图，右侧是电镜照片。

2018 年，美国研究人员首次获得酵母 NPC 的近乎完整的三维结构，他们使用一种新的整合建模（integrative modeling）方法确定了核孔复合体的 552 个蛋白质在通道内的位置，这个通道的形状有点像带有 8 个主辐条的货车车轮，这些主辐条将核心支架连接到更灵活的中央通道区域上。

12.1.2 核被膜的功能

核被膜是真核生物和原核生物之间的重要区别，具有十分重要的作用。

12.1.2.1 基因表达的时空隔离

在原核生物中，基因表达是连续进行的，即 mRNA 的转录和蛋白质的翻译相偶联（图 12-9），主要是因为原核生物的基因转录物无须经过剪接；真核生物的结构复杂，而且大多数基因都有内含子，转录后需要经过复杂的加工，所以核膜的出现为基因表达提供了时空隔离的屏障，便于 DNA 在核内活动的多样性和 DNA 转录形成 RNA 的多样性，从而导致细胞的多样性。

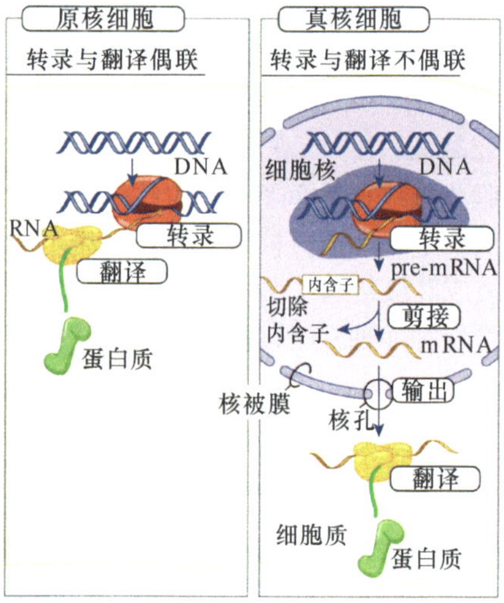

图 12-9 真核生物细胞核对基因表达的时空隔离（引自 Plopper，2016）。原核细胞没有细胞核，基因的转录与蛋白质合成相偶联，真核细胞的基因转录在细胞核，蛋白质合成在细胞质。

12.1.2.2 保护性屏障

细胞核是在进化过程中形成的。在细胞的遗传信息储存量越来越丰富、由遗传信息所指导的代谢规模越来越大的情况下，有必要将携带遗传信息的染色质与细胞的其他部分隔离开来。核膜的出现，为细胞遗传信息的保存、复制、传递及发挥其对细胞代谢和发育的指导作用创造了特定的微环境，使细胞核处于微环境中，提高了上述各项活动的效率；避免直接受细胞内其他各种生命活动干扰，并防止细胞中这个指挥中心的功能轻易地随环境条件的变化而变化，以保持其相对的稳定性，这些都是核膜出现的进化意义。

12.1.2.3 染色体的定位和酶分子的支架

核膜是染色体和酶分子的支架及固着部位。每一条染色质通过其端粒部分与核膜连在一起，形成各自的染色体领域（chromosome territory），每个染色体领域的直径大约 2μm。染色质这种分布，使之多而不乱，保证了有序性（图 12-10）。另外，核内的一些酶是以膜蛋白的形式存在的，这就有利于核内生化反应的区域化，从而提高了催化反应的效率。

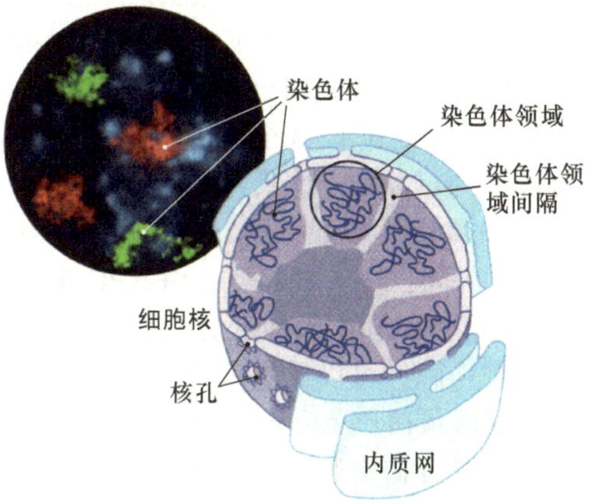

图 12-10 通过荧光反应显示单个染色体在细胞核中占据不同领域（引自 Plopper，2016）。

12.2 核孔复合体的运输作用

核被膜虽然将基因组与细胞质分隔开来，将 DNA 转录与蛋白质合成进行了时空隔离，但是，核内的 DNA 复制与转录加工等生命活动都需要蛋白质的参与，同时，所需的能源及各种必需品都要从细胞质中运进来；此外，细胞核内加工成熟的各类 RNA 也需要从细胞核中运到细胞质中发挥作用。更重要的是，核糖体的大小亚基都是在细胞核内装配的，这涉及核糖体蛋白质的输入及核糖体亚基的输出问题。因此，核被膜必须具有精妙绝伦的运输机构与机制，确保运输畅通。物质进出细胞核的唯一通道就是 NPC，也就是说 NPC 的功能就是进行物质运输。

12.2.1 核孔复合体运输的一般特点

NPC 进行的物质运输是细胞内最为复杂的运输。既有主动运输，又有被动运输；既有从细胞质向细胞核的运输，又有从细胞核向细胞质的运输。

12.2.1.1 主动运输与双向运输

1965 年，Feldherr 将各种不同大小的金颗粒注射到变形虫的细胞质中，然后检查这些颗粒进入细胞核的情况。结果发现，金颗粒很快进入了细胞核，但体积越大，进入的速度就越慢，大于 10nm 的金颗粒进不了细胞核，由此推测，NPC 可作为水性的运输通道，允许小分子的物质自由扩散出入细胞核。

大多数的蛋白质与 RNA 都是通过主动运输出入细胞核的。主动运输需要通过核孔复合体对运输物质的识别及孔径的调节。像核糖体亚基这样大的复合物也能够通过核孔运输，这说明 NPC 的孔径是可调节的。主动运输所需要的能量，由 ATP 及 GTP 提供。

NPC 运输的另一个重要特点就是双向性。由于真核生物细胞中的基因表达是时空隔离的，所以，NPC 不仅要将 RNA、组装好的核糖体亚基从细胞核转运到细胞质，同时也要将染色质结构的维持、DNA 复制和转录所需的酶，以及帮助 DNA 装配的一些蛋白质从细胞质运进细胞核，这些蛋白质均是在细胞质的游离核糖体上合成的（图 12-11）。

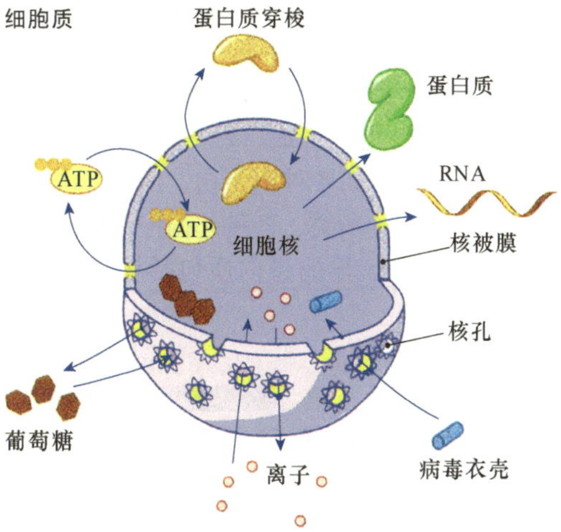

图 12-11 NPC 的运输作用（引自 Plopper，2016）。

12.2.1.2 NPC 运输的选择性

由于细胞核在细胞生命活动中的特殊作用，不难想象，通过 NPC 进出细胞核的生物分子一定是严格控制的。推测所有能够出入细胞核的生物分子一定持有特别的“通行证”。总体上说，出入细胞核的是两大类分子：RNA 与蛋白质，研究表明它们带有特殊的信号。

1）RNA 的核输出　在生理状态下，RNA 的输出需要信号标识。在 RNA 聚合酶Ⅱ指导下合成的 RNA（mRNA 和 snRNA），当其 5′端具有 m^7GpppG 帽子结构时，即被定位于细胞质；若无帽子结构，则定位在细胞核。将游离的、具有帽子结构的类似物 m^3GpppG 二核苷酸向核内进行连续注射，发现可抑制新转录的具有 m^7G 帽子的 U1 snRNA 的核输出；而注入 m^7GpppG 却没有这种效应，说明 5′端 m^7G 帽子结构对于 mRNA 及 U1 snRNA 的核输出具有信号标识作用，这种现象称为帽结合活性（cap binding activity，CBA）。在细胞核中由 RNA 聚合酶Ⅱ合成的 U1 snRNA、U2 snRNA、U4 snRNA 和 U5 snRNA 在合成之后立即在 5′端加上 m^7G 的帽子结构，然后这些加工过的 snRNA 被运输到细胞质中与相应的蛋白质组装成 snRNP，再运回到细胞核参与 RNA 的剪接。但是，由 RNA 聚合酶Ⅲ合成的 U6 snRNA 的 5′端没有 m^7G 的帽子结构，只有一个三磷酸核苷，所以它不会被运送到细胞质中。后来有人将 RNA 聚合酶Ⅲ的启动子与 U1 snRNA 连接起来，转录成的 U1 snRNA 也不能被运送到细胞质（图 12-12）。

2）蛋白质的核输入与输出　由于蛋白质是在细胞质核糖体上合成的，所以，细胞核的生命活动所需的蛋白质都是来自细胞质。实际上，通过 NPC 进入细胞核的蛋白质不仅量大，而且种类繁多，大体分为三类：核蛋白（nuclear protein）、参与 NPC 运输的运输蛋白，以及核糖体蛋白质。核蛋白是指在细胞质中合成，然后运输到核内起作用的一类蛋白质，如各种组蛋白、DNA 合成酶类、RNA 转录和加工的酶类、各种起调控作用的蛋白因子等。参与 NPC 运输的蛋白质包括核输入蛋白和核输出蛋白，它们在运输中可在细胞核与细胞质间进行穿梭。核糖体结构蛋白由于需要到细胞核中与 rRNA 汇聚装配成核糖体亚基，所以需要经过 NPC 的运输作用进入细胞核，装配成核糖体的亚基后再运回到细胞质参与蛋白质的合成。上述三类蛋白质的氨基酸序列中都有特殊的入核或出核信号标识。

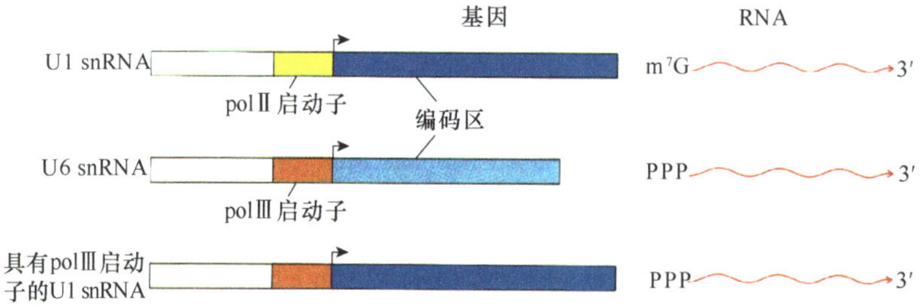

图 12-12　U1 snRNA 从细胞核向细胞质运输需要 5′帽子结构的实验证明（引自 Lodish et al., 1995）。

12.2.2　信号与受体

我们已经知道线粒体蛋白、叶绿体蛋白、过氧化物酶体蛋白，以及内质网蛋白的转运与定位都需要信号序列介导，并需要相应的受体。同样，NPC 运输的蛋白质也要有信号介导，以及与信号序列识别与结合的受体。

12.2.2.1　核定位信号

能够引导蛋白质进入细胞核的信号称为核定位信号（nuclear localization signal，NLS），是另一种形式的信号肽，具有以下特征：①在多数核蛋白中，NLS 由一个或两个富含正电荷的赖氨酸和精氨酸的短序列（4～8 个氨基酸）组成；②这种信号肽序列可以位于多肽序列的任何部分，通常会在蛋白质表面形成一个环或斑；③ NLS 的作用是帮助核蛋白进入细胞核，由 NPC 来鉴别；④ NLS 是蛋白质的永久性部分，在进入细胞核后，并不被切除，可以反复使用，有利于细胞分裂后核重建时蛋白质重新输入核；⑤在任何复合物中，只要复合物中有一个亚基带有 NLS，该复合物就能整体进入到细胞核。

NLS 的种类很多，第一个被确定的 NLS 序列的蛋白质是 SV40 的 T 抗原（分子质量为 92kDa），它在细胞质中合成后很快积累在细胞核中，是病毒 DNA 在核内复制所必需的蛋白质。其野生型的信号肽序列为 Pro-Pro-Lys-Lys-Lys-Arg-Lys-Val，即使单个氨基酸突变所产生的突变型 NLS（Pro-Pro-Lys-Thr-Lys-Arg-Lys-Val）也能阻止这种蛋白质进入细胞核而停留在细胞质中（图 12-13）。如果将这种信号接到非核蛋白的随机 Lys 的侧链上，则非核蛋白也能转变成核蛋白。

SV40 病毒的 T 抗原只含有一段短序列作为 NLS，称为单信号；而有些核蛋白则有两段序列构成 NLS，称为二重信号，如核质蛋白（图 12-14）。

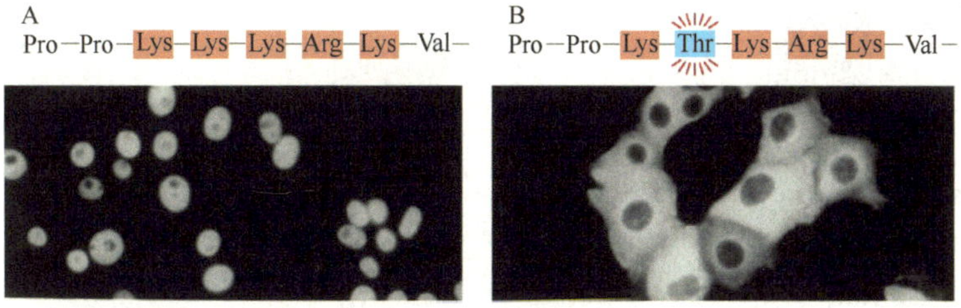

图 12-13 NLS 的功能证明（引自 Alberts et al.，2015）。免疫荧光照片显示含具有正常及突变 NLS 的 SV40 病毒 T 抗原在细胞中的定位。A. 具有正常 NLS 的 T 抗原出现在细胞核。B. NLS 突变后的 T 抗原停留在细胞质中。

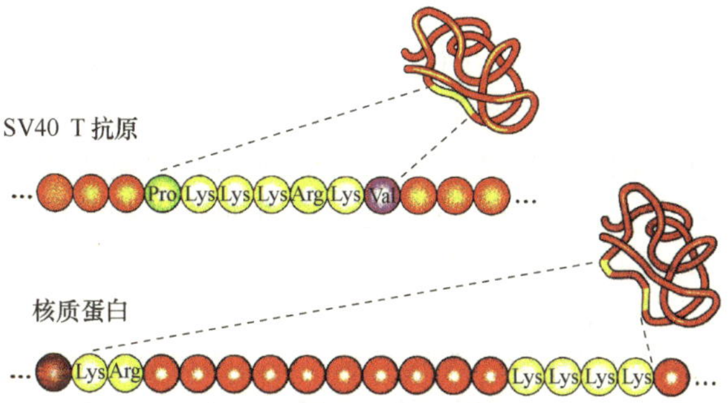

图 12-14 NLS（引自 Cooper and Hausman，2016）。SV40 T 抗原具有一段序列作为 NLS，核质蛋白则有两段序列作为 NLS。

12.2.2.2 核输入受体

仅有 NLS 的蛋白质自身不能通过核孔复合体，它必须与水溶性的核输入受体（nuclear import receptor）结合才可穿过核孔复合体进入细胞核。核输入受体又称为输入蛋白（importin），是由相关的基因家族编码的，分布在胞质溶胶中。不同的核输入受体能够识别带有不同 NLS 的货物蛋白并将其转运到细胞核（图 12-15A）。核输入受体并非都是直接与核输入蛋白结合，而是需要一个衔接蛋白在核输入蛋白的 NLS 与核输入受体间形成一个桥，才能被转运（图 12-15B）。

核输入受体是可溶性的细胞质蛋白，不仅能够与 NLS 结合，也能与位于核孔通道中央的核孔蛋白中无定型结构域部分的苯丙氨酸-甘氨酸重复片段结合，并借此逐渐移动，转运进入细胞核。

12.2.2.3 核输出信号与核输出受体

细胞核内的一些大分子，如核糖体亚基、RNA 等的输出细胞核也需要依赖于选择性的运输系统。这一系统需要核输出信号（nuclear export signal，NES）作为核内物质输出细胞核的信号，同时也需要核输出受体（nuclear export receptor），核输出受体又称输出蛋白（exportin）。核输出受体是细胞核中能够识别核输出信号并与之结合的蛋白质，它同时能够与核孔复合体结合，以此帮助核内物质通过核孔复合体输出到细胞质。

在结构上，一些核输出受体与核输入受体是密切相关的，它们是由相同的核运输受体（nuclear transport receptor）基因编码的。核运输受体又称核周蛋白（karyopherin）。在酵母中有 14 个基因编码核周蛋白，动物中编码核周蛋白的基因数量更多。表 12-1 是部分核周蛋白的作用。

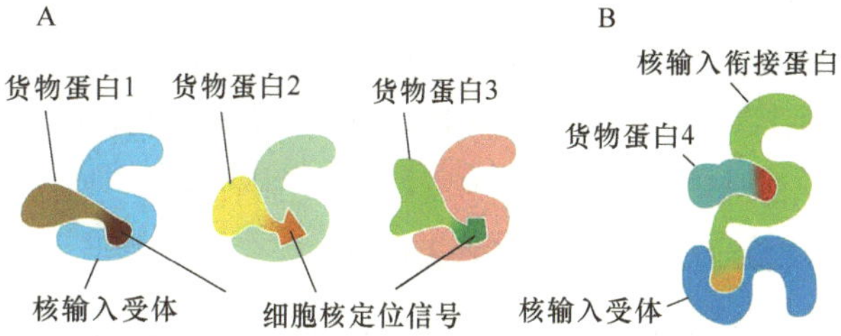

图 12-15 核输入受体（引自 Alberts et al.，2015）。A. 不同的核输入受体与不同的 NLS 及货物蛋白结合。B. 货物蛋白 4 通过核输入衔接蛋白与核输入受体形成复合物。核输入衔接蛋白在结构上与核输入受体相关，并能识别货物蛋白中的 NLS。核输入衔接蛋白也含有一个 NLS，并通过 NLS 与核输入受体结合。不过，只有当核输入衔接蛋白与货物蛋白结合后，核输入衔接蛋白中的 NLS 才会裸露出来并与核输入受体结合。

表 12-1 部分核周蛋白的作用

核周蛋白	运输的物质
核输入	
输入蛋白（Kapα/Kapβ1 二聚体）	含有碱性氨基酸核定位信号的蛋白质（如核质蛋白）
核内小核糖核蛋白输入蛋白 /Kapβ1	snRNP（U1，U2，U4，U5）
转运蛋白 /Kapβ2	mRNA 结合蛋白，核糖体蛋白
输入蛋白 7/Kapβ1 二聚体	组蛋白 1，核糖体蛋白质
核输出	
Crm1	富含亮氨酸核输出信号的蛋白质核内小核糖核蛋白输入蛋白，snRNA，核糖体亚基
CAS	Kapα
输出蛋白-1	tRNA
输出蛋白-2	miRNA

12.2.3 蛋白质与 RNA 的核运输机制

动画

12.2.3.1 核运输中的 Ran GTPase

在核孔运输中，一种单体 G 蛋白 Ran 起重要作用。如同其他的 GTPase 一样，Ran 也是一种分子开关，能够以两种状态存在：Ran-GDP 或 Ran-GTP。两种 Ran 特异的调节蛋白触发 Ran 的两种状态的改变：一种细胞质 GTPase激活蛋白（GTPase-activating protein，GAP）触发 GTP 水解，将 Ran-GTP 转变成 Ran-GDP；而鸟苷交换因子（guanine exchange factor，GEF）促使 GDP 转换成 GTP，从而将 Ran-GDP 转换成 Ran-GTP。由于 Ran-GAP 定位于细胞质，而 Ran-GEF 定位于细胞核，并且与染色质结合在一起，因此细胞质中仅有 Ran-GDP，细胞核中含有 Ran-GTP（图 12-16）。由此可见，Ran-GTPase 的作用是控制着蛋白质经核孔运输的方向。

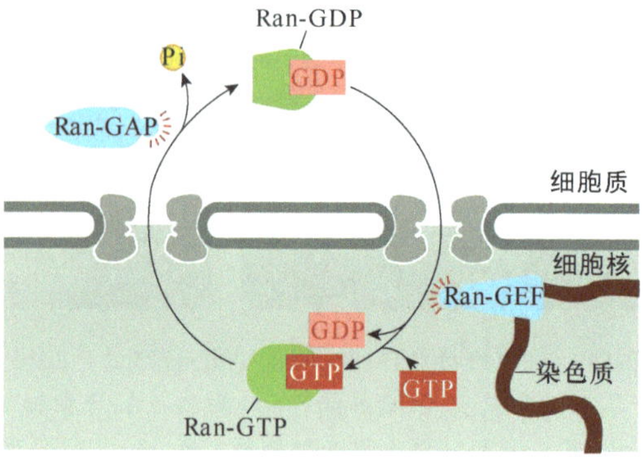

图 12-16 Ran-GDP 与 Ran-GTP 的空间隔离（引自 Alberts et al.，2015）。

12.2.3.2 蛋白质的核输入机制

根据上面的讨论，可以推测蛋白质入核的运输机制：当细胞质中的输入蛋白识别一个含有 NLS 的货物蛋白并与之结合后，开始了核输入之旅。货物蛋白 / 输入蛋白复合体与核孔复合体的细胞质纤维结合，然后经过与 NPC 通道的中央蛋白相互作用后，逐渐向细胞核转运；货物蛋白 / 输入蛋白一旦进入细胞核，Ran-GTP 立即与输入蛋白结合，由于 Ran-GTP 的结合，改变了输入蛋白的构型，从而将货物蛋白从复合物中释放到细胞核（图 12-17）。

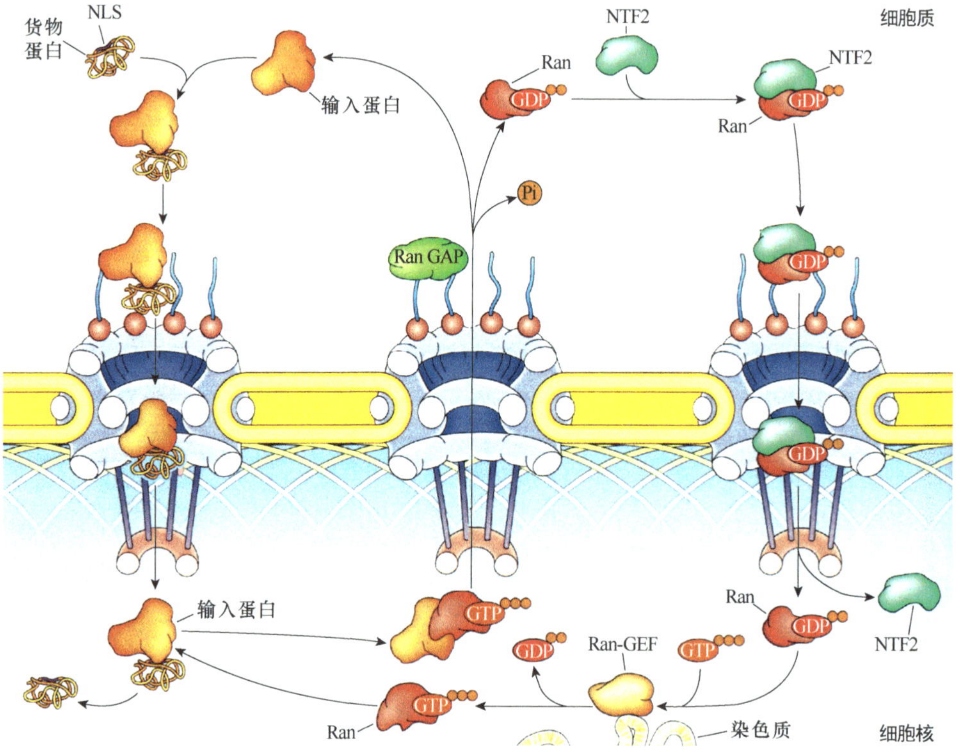

图 12-17 蛋白质经 NPC 输入到细胞核（引自 Cooper and Hausman，2016）。货物蛋白的 NLS 被输入蛋白识别后即开始了运输过程。货物蛋白 / 输入蛋白复合体与 NPC 的细胞质纤维结合，并逐渐穿过核孔进入细胞核。细胞核中的 Ran-GTP 与输入蛋白结合，导致输入蛋白的构型发生变化，释放出货物蛋白。输入蛋白与 GTP 结合形成输入蛋白-Ran-GTP 复合物后，通过核孔复合体返回到细胞质。输入蛋白-Ran-GTP 进入细胞质后，结合在 NPC 体细胞质纤维上的 GTPase-激活蛋白（Ran GAP）将输入蛋白-Ran-GTP 中的 GTP 水解，形成 Ran-GDP，并释放出输入蛋白。释放的输入蛋白开始新的运输作用，而 Ran-GDP 与其受体核转运因子 2（nuclear transport factor 2，NTF2）结合，并一起进入细胞核。结合在染色质上的 Ran-GEF 激发 Ran-GDP 中的 GDP 与 GTP 交换，形成 Ran-GTP，从而维持细胞核中较高浓度的 Ran-GTP，为蛋白质的核输入提供保障。

12.2.3.3 蛋白质的核输出

通过核输入，一些蛋白质进入了细胞核并在细胞核中“成就事业”，但有些蛋白质要返回到细胞质。更有一些蛋白质，因“工作”需要，在细胞核与细胞质之间来回穿梭。细胞核中的货物蛋白需要进入细胞质，必须有核输出信号，输出信号是富含亮氨酸的序列。核输出信号被输出蛋白识别，并结合成复合物；此外，还需要与Ran-GTP结合，在Ran-GTP的指导下通过NPC，从而将货物蛋白运送到细胞质中（图12-18）。

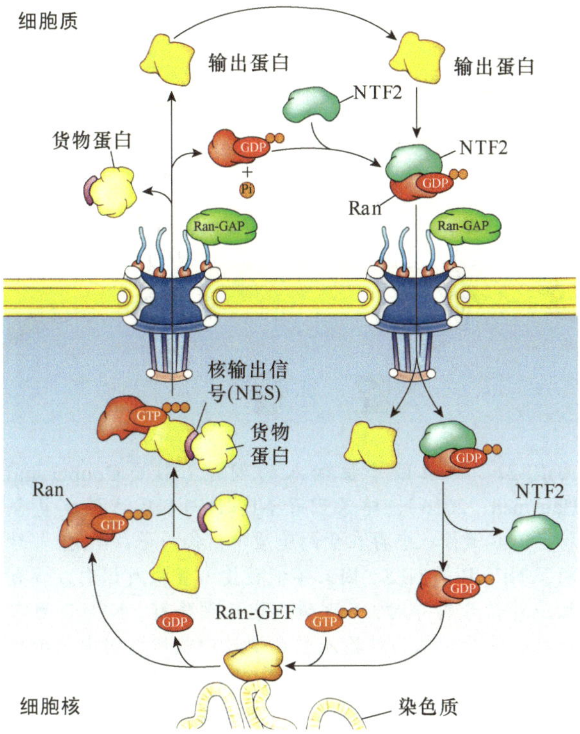

图12-18 蛋白质的核输出（引自Cooper and Hausman, 2016）。具有核输出信号的货物蛋白、输出蛋白、Ran-GTP在细胞核中形成复合物并通过NPC输出到细胞质。由于结合在NPC细胞质纤维上的Ran-GAP的作用，Ran-GTPase被激活，GTP被水解成GDP，形成Ran-GDP，释放出货物蛋白，输出蛋白-Ran-GDP重新返回到细胞核。由于结合在染色质上的Ran-GEF的作用，Ran-GDP与GTP交换，重新形成Ran-GTP。

12.2.3.4 RNA的核输出

细胞核内输出到细胞质的两类主要物质是各种RNA和核糖体亚基。输出的RNA中，mRNA是最多也是最重要的。mRNA的输出机制与蛋白质的输出机制有很大的不同，它不需要核运输蛋白，也不需要Ran蛋白（图12-19）。在pre-mRNA通过核孔运输到细胞质的整个运输过程中，至少需要有20种以上的蛋白质参与。在参与mRNA运输的蛋白质中，包括一种不同的mRNA输出复合物，它被招募到pre-mRNA上进行剪接及聚腺苷酸化。运输的方向是由附着在NPC细胞质面的RNA解旋酶介导的。RNA解旋酶在细胞质面对运输的mRNA进行重塑，并将结合在mRNA上的运输复合物去除，最终将mRNA释放到细胞质并阻止mRNA重回到细胞核。

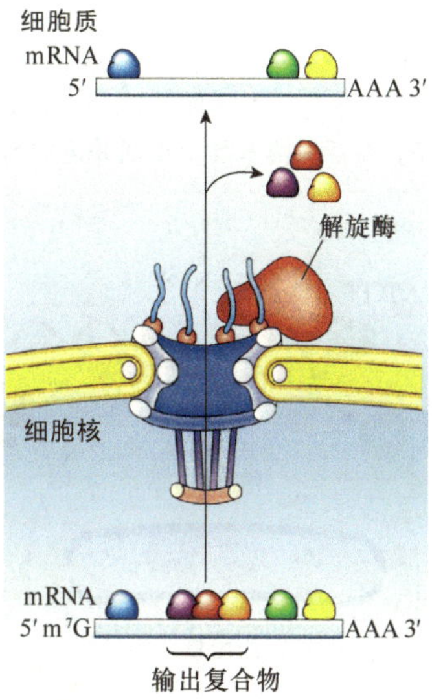

图12-19 mRNA的输出（引自Cooper and Hausman, 2016）。mRNA加工之后，被输出蛋白复合体结合，并介导通过核孔向细胞质的转运。结合在NPC细胞质面的解旋酶将mRNA释放到细胞质，输出蛋白复合物则留在细胞核。

miRNA、tRNA及rRNA都是在细胞质中起作用的分子，都需要通过运输进入细胞质，只不过rRNA是装配成核糖体亚基后运入细胞质的。很多非编码RNA，包括参与pre-mRNA剪接的snRNA、参与rRNA加工的snoRNA，都是在细胞核内起作用的，按理是不需要转运的。但是snRNA比较特别，它被转录后先要由输出蛋白Crm1将其运输到细胞质，在细胞质中，snRNA与一些蛋白质结合形成snRNP，然后，snRNP蛋白被称为核内小核糖核蛋白输入蛋白（snurportin）的蛋白质所识别，进而将snRNP运回到细胞核（图12-20）。

HIV病毒属于RNA病毒，其基因组中有一个基因编码Rev蛋白。由于该蛋白质既有核定位信号，又有核输出信号，所以它能在细胞核与细胞质之间来回穿梭。该蛋白质的功能是从细胞核中识别并结合HIV病毒的RNA，并通过核运输蛋白Crm1运送到细胞质（图12-21）。这种穿梭运

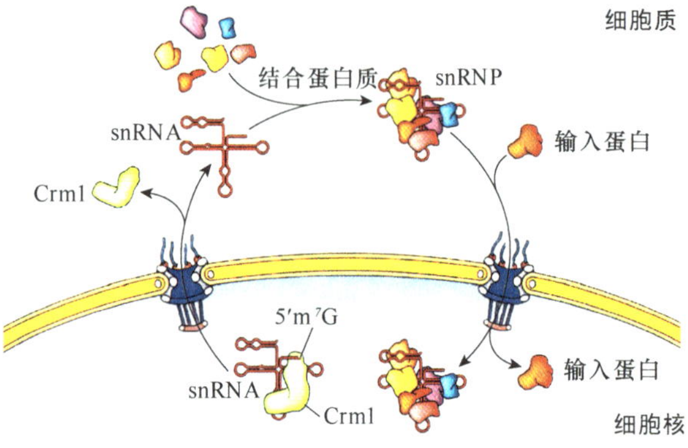

图 12-20　snRNA 输出与输入细胞核（引自 Cooper and Hausman，2016）。小分子的核 RNA（snRNA）先被输出蛋白 Crm1 运输到细胞质，在细胞质里，snRNA 与蛋白质结合形成 snRNP，然后被输入蛋白识别并运回到细胞核。

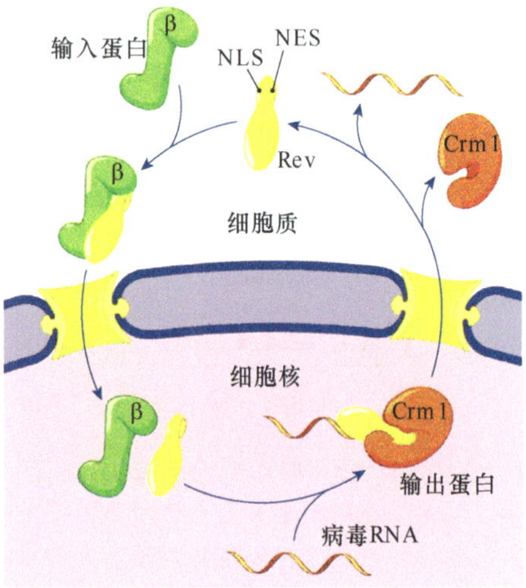

图 12-21　HIV 病毒的 Rev 蛋白穿梭与 HIV 病毒 RNA 的核输出（引自 Plopper，2016）。

输，确保了病毒 RNA 运送到细胞质参与成熟病毒颗粒的装配。

12.2.3.5　核蛋白输入的调控

由于蛋白质是在细胞质中合成的，虽然细胞核控制着遗传信息的转录，但细胞转录调控需要的蛋白质需经核孔运输到细胞核，从基因表达调控来说，控制转录因子进入细胞核的速度及数量也是基因表达调控的机制之一。

调控转录因子进入细胞核有多种方式，其中一种就是将转录因子的核定位信号遮盖起来，即由细胞质中的一个蛋白质识别并与核定位信号结合，从而阻止了转录因子与核运输蛋白结合而滞留在细胞质中。一个熟知的例子就是转录因子 NF-κB，它在哺乳动物细胞中受细胞外各种信号的诱导激活（图 12-22）。在没有被激活的细胞中，NF-κB 被细胞质中的一种抑制蛋白（IκB）抑制，抑制的方法就是与 NF-κB 的核定位信号结合，从而阻止了 NF-κB 进入细胞核。一旦被信号激活，IκB 被磷酸化，进一步被泛素蛋白酶体所降解，从而裸露了 NF-κB 核定位信号，使得 NF-κB 得以进入细胞核，启动靶基因的转录。图 12-22 中显示的另一个例子，就是直接将核定位信号序列旁侧序列磷酸化。Pho4 是酵母的一种转录因子，合成后，在核定位信号相邻的一个丝氨酸残基磷酸化，由于该位点的磷酸化，从而干扰了核定位信号，阻止了 Pho4 进入细胞核。

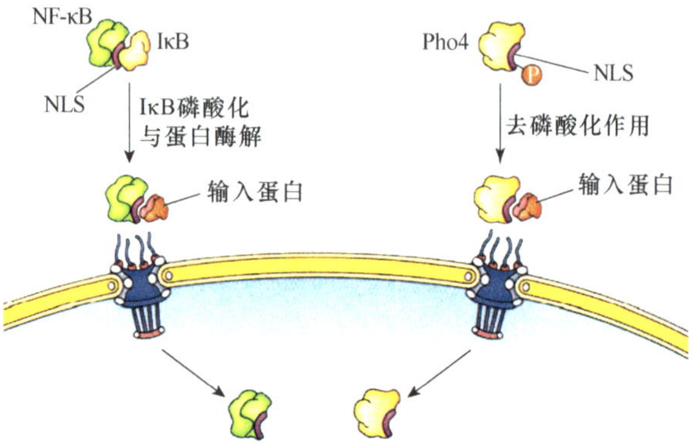

图 12-22　转录因子核输入的调控（引自 Cooper and Hausman，2016）。转录因子 NF-κB 与 IκB 结合成复合物，以非活性状态存在于细胞质中；抑制蛋白（IκB）封闭了 NF-κB 的 NLS，因此不能被输入蛋白所识别。当有细胞外信号转导时，IκB 磷酸化后被降解，NF-κB 显露出入核信号，从而被输入蛋白输入细胞核。图中显示的酵母转录因子 Pho4 的运输是通过磷酸化与去磷酸化进行调控：入核信号被磷酸化，则失去信号作用；当有信号转导时，入核信号去磷酸化后可被核输入蛋白识别，并被运输到细胞核。

12.3　分子伴侣

在本书的第 6 章及其他相关章节中多次提到分子伴侣，由于第一个分子伴侣是在细胞核中发现的，为此，本章特设立一节，对分子伴侣进行较为系统的介绍。分子伴侣在细胞内作用十分广泛，它们参与生物大分子的折叠、组装、转运及降解，也在抗原的呈递、遗传物质的复制和转录、构型的确立、细胞自噬等活动中起作用，但它们都有一个特点——“助人为乐”，自身并不发生任何变化，也不会成为反应产物的一部分。

12.3.1 分子伴侣的发现及特点

12.3.1.1 第一个被发现的分子伴侣：核质蛋白

第一个被发现具有分子伴侣功能的蛋白质是核质蛋白（nucleoplasmin），它在细胞核中通过降低组蛋白的正电荷，帮助组蛋白和DNA形成正常的核小体（nucleosome），其本身并不成为核小体的组成成分。

核质蛋白是Laskey等于1978年在非洲爪蟾卵的浸出液中发现的。这种蛋白质在细胞质中合成后就通过核定位信号运送到细胞核，它们对于DNA与组蛋白组成核小体是必不可少的，否则DNA与组蛋白在组装过程中就会沉淀，因而不能形成正常的核小体。核质蛋白的作用在于既能促进组蛋白与DNA的相互作用，又能避免DNA与组蛋白间因强静电吸引而形成非特异结合的不溶性聚合物，但它本身并不参与核小体的组成。

核质蛋白是一种大分子（165kDa）五聚体的耐热、可溶性蛋白质，在爪蟾卵母细胞核中大量存在。

12.3.1.2 分子伴侣的概念及其特点

1978年Laskey等在核小体装配实验中首次使用“伴侣蛋白”来描述核质蛋白在核小体组装过程的作用。1991年Ellis等提出了分子伴侣的基本概念，即分子伴侣是由不相关的蛋白质组成的一个家系，它们介导其他蛋白质的正确装配，但自己不成为最后功能结构中的组分。

这个概念有三个特点。①凡具有这种功能的蛋白质都称为分子伴侣，因此，不同类别的分子伴侣，在结构上可能完全不同。②作用机制是不清楚的，故用了“介导”二字。“介导”二字可理解为：通过催化的或非催化的方式，加速或减缓组装的过程，传递组装所需要的空间信息，也可能抑制组装过程中不正确的副反应。③分子伴侣一定不是最终组装完成的结构的组成部分，但不一定是一个分离的实体。组装的含义比较广，主要是指帮助新生肽的折叠，还帮助新生肽成熟为活性蛋白，包括穿膜定位、亚基组装等。

12.3.1.3 分子伴侣的分布与分子内伴侣

分子伴侣的分布很广，从细菌到人、动物和植物，在细胞质、线粒体、叶绿体和内质网中都有存在。目前已鉴定分子伴侣较多，常见的分子伴侣有：帮助核小体组装和去组装的核质蛋白，帮助正确折叠、运输的HSP60，帮助去折叠、运输及寡聚物去组装的HSP70，帮助封闭结合位点的HSP90，帮助细菌膜运输的sce B蛋白，冷激蛋白等。分子伴侣中最大的一类是热激蛋白（heat shock protein，HSP）。热激蛋白不仅在热刺激条件下表达，在其他条件下，包括植物在冻害期，种子在萌发期和成熟期，哺乳动物的大脑、肌肉及生殖细胞在分裂、分化时期均有相应的HSP的表达，且不同机体在同样胁迫条件下产生不同的HSP。

分子伴侣一定不是最终组装完成的结构组成部分，但不一定就是一个独立的实体，如一些蛋白水解酶的前序列及一些核糖核蛋白体加工前的部分对于这些酶的折叠和成熟是必需的，具有与分子伴侣类似的功能，但在蛋白质折叠完成后被降解，因此将其称为分子内分子伴侣（intramolecular chaperone，IMC）。

这些位于信号肽和成熟蛋白之间的前序列，不仅能抑制酶原蛋白的活性，还作为分子伴侣帮助酶原蛋白折叠。去除前序列，剩余部分便会形成稳定的中间物，既不沉淀，也不折叠；加入前序列，才能折叠成活性构型。与一般的分子伴侣相比，分子内伴侣具有高度的专一性，通过水解作用释放，不需要ATP。

根据机制不同，IMC可分为两类：第一类IMC引导成熟肽折叠为具有空间结构的蛋白质；第二类IMC协助成熟肽的多聚化而使其获得生物学功能。

12.3.1.4 分子伴侣家族的结构特点

分子伴侣家族在结构上具有一些共同特点。

1）家族成员具有高度保守性　其中，Hsp70家族由一类高度保守的蛋白质组成，广泛分布于真核生物和原核生物中。在果蝇、酵母、鸡、哺乳动物、锥虫和细菌等生物细胞中检测发现，甚至在具有最远亲缘关系的真核生物中的Hsp70的序列一致性也达到了50%。而原核生物的分子伴侣DnaK与真核生物的分子伴侣Hsp70同源性也高达50%。Hsp70家族成员提供ATP结合位点的N端序列具有极高的保守性，而与底物蛋白质结合的C端序列变异性则很高，保证可与不同的蛋白质结合；Hsp60家族中大肠杆菌细胞质分子伴侣GroEL与真核生物线粒体基质分子伴侣cpn60的同源性达到60%。

2）家族成员结构上具有相似性　GroEL/GroES是大肠杆菌中十分重要的分子伴侣，“Gro”取自“生长”（growth）之意，最初发现该蛋白质是某些细菌病毒生长所必需，因而得名。据推测，大肠杆菌中有10%～15%的蛋白质的折叠需要 GroEL/GroES 的协助（见图 6-25）。在热激条件下，高达 30% 的蛋白质需要 GroEL/GroES 的帮助。Hsp60 与大肠杆菌中的 GroEL/GroES 是同一个家族，也是桶状结构。在线粒体基质中也有 Hsp60，负责将进入线粒体基质的蛋白质再折叠。

3）组成型表达　分子伴侣的家族成员大部分在体内为组成型表达，在胁迫条件下会被进一步诱导。Hsp60、Hsp70、Hsp90 在细胞内含量丰富，正常情况下 GroEL 可占细胞总蛋白质含量的 1%～2%，热胁迫下最高可达 10%～15%。也有例外，如 Hsp70 家族成员 Hsp72 只是胁迫产物，正常情况下在细胞中含量很低，这与它们在细胞中所起的作用有关。

12.3.2　分子伴侣的功能和作用机制

在第 6 章中已经介绍了分子伴侣在蛋白质多肽折叠、加工（二硫键形成）中的一些作用，本节讨论分子伴侣其他一些作用。

12.3.2.1　参与线粒体/叶绿体蛋白质的转运

真核细胞中线粒体和叶绿体蛋白是由核基因和细胞器基因共同编码的。核基因编码的蛋白质是在细胞质游离核糖体上合成，然后转运到叶绿体或线粒体。特别是在线粒体的生物合成中，Hsp70 和 Hsp60 协同作用的结果是使线粒体蛋白定位后保持结构的完整和行使正确功能。Hsp70 在蛋白前体进入线粒体之前，使它们保持穿膜和对 Hsp60 的感受态；线粒体 Hsp70 则防止进入的蛋白质发生错误折叠，而线粒体 Hsp60 则是促进这些蛋白质正确折叠和组装成寡聚体构象，完成整个运输装配过程。需要说明的是，参与线粒体蛋白质转运的细胞质分子伴侣的作用不是介导蛋白质折叠，而是阻止线粒体蛋白折叠，以便让线粒体蛋白在分子伴侣的"护送"下顺利通过线粒体的运输通道定位到相应的部位（见图 7-5）。叶绿体蛋白的转运机制与线粒体相似。

12.3.2.2　参与核小体的装配与重塑

分子伴侣在核小体（nuclesome）的装配中起重要作用。核质蛋白是第一个被确定的分子伴侣，这种酸性可溶蛋白在核中带负电，它只与组蛋白结合，不与 DNA 或其他装配好的核小体结合。目前认为核质蛋白的负电荷中和组蛋白上的正电荷，降低组蛋白电性，减少 DNA 和组蛋白因离子作用引起的错误装配。

核小体是一个动态结构，在 DNA 的复制与转录时，虽然核小体不被完全解体，但是也要发生部分解体重塑，以便 DNA 顺利进行复制或转录。这一过程是由依赖于 ATP 的染色质重塑复合物（ATP-dependent chromatin remodeling complex）催化的。在此过程中，为保护组成核小体的组蛋白八聚体不被完全解体，需要组蛋白分子伴侣协助（图 12-23）。在核小体重塑过程中，核小体的组蛋白在组蛋白分子伴侣的帮助下，以两种方式重塑。一种是由分子伴侣用两种新的组蛋白二聚体替换原有的组蛋白二聚体；第二种就是由分子伴侣用新合成装配的组蛋白八聚体核心替换原有的八聚体。

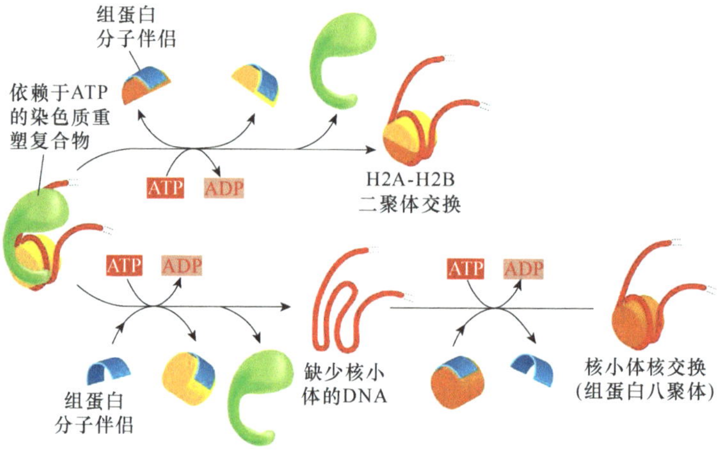

图 12-23　依赖于 ATP 的染色质重塑复合物催化的核小体的去除与组蛋白的交换（高度简化示意图）（引自 Alberts et al.，2015）。通过不同分子伴侣家族特异成员的协助，某些染色质重塑复合物能够将 H2A-H2B 从核小体中移出，用另一个含有不同二聚体的组蛋白（如 H2A-H2B）取代（图的上半部分）。另外的重塑复合物附着到染色质的特异位点，在染色质分子伴侣协助下，将组蛋白八聚体完全移去，并换上一个新的核小体（图的下半部分）。

12.3.2.3　内质网中错误折叠蛋白质的输出降解

由于蛋白质是细胞生命活动的功能执行者，所以，细胞对蛋白质进行质量控制是非常重要的。细胞中存在蛋白质的质量控制系统，通过新合成蛋白质的正确折叠及组装，以及对错误折叠或聚集的蛋白质进行重折叠或降解，确保细胞生命活动的正常进行。

对翻译后进行转运的蛋白质的质量控制发生较早，新生肽刚刚"露芽"，分子伴侣就开始进行

“呵护”，而共翻译转运的蛋白质，对其新生蛋白质的质量控制主要发生在内质网中。分子伴侣在蛋白质质量控制中的作用十分重要，包括 Bip 蛋白、钙连蛋白等。

并非内质网中所有错误折叠的蛋白质都能被“拯救”，对那些“无可救药”的错误折叠的蛋白质必须尽快清除，办法就是将错误折叠的蛋白质及时转运到细胞质进行降解。

从内质网中特异性选择要被降解的错误折叠的蛋白质是一项极具挑战性的工作：错误折叠的蛋白质，以及未折叠的亚基需要被降解，但是，折叠正确的新合成蛋白质，以及折叠中间体是不能被降解的。判断的标准就是根据 *N*-连接的寡糖的变化，它可以作为测量蛋白质在内质网中度过时间长度的计时器。内质网中有一种甘露糖苷酶，它能够对核心寡糖链中特异的甘露糖进行缓慢修剪，从而会产生一种新的寡糖结构，这种结构能够被内质网腔中反向转运装置（retrotranslocation apparatus）中的凝集素所识别。正确折叠的蛋白质由于在内质网中滞留的时间短，在靶标甘露糖苷显露之前就已经离开了内质网，所以不会被降解。

内质网腔中错误折叠的蛋白质除了被凝集素识别外，还能被分子伴侣、二硫键异构酶所识别，并与之结合形成复合物。分子伴侣的作用是防止错误折叠的蛋白质聚集，二硫键异构酶的作用是打开二硫键，将蛋白质多肽“拉直”，减小体积，便于通过运输通道。

内质网膜中多亚基的蛋白质转运通道能够将内质网膜或内质网腔蛋白质转运到细胞质。所有的通道蛋白复合物中都含有 E3 泛素蛋白连接酶，将经过通道进入细胞质的不正确折叠的蛋白质带上泛素标记。转运中需要细胞质 AAA-ATPase 的协助，将转运的蛋白质拉到细胞质，这一过程需要消耗 ATP。同时，需要 *N*-聚糖酶将蛋白质中的寡聚体彻底清除。在泛素标签的引导下，被清除了多聚糖的、错误折叠的蛋白质快速进入蛋白酶体被降解（见图 9-28）。

12.3.2.4 应激反应

分子伴侣中除少数成员外，大部分成员均可被高温或低温，以及乙醇、亚砷酸盐、重金属等非温度因素诱导合成，它们使生物体逆境耐受力大大增强。大肠杆菌中 *DnaK* 基因缺失严重地降低了细胞在 30℃的生长速度，在 40℃则生长完全被抑制。野生型的大肠杆菌在 42℃条件下预处理 5min 将明显提高菌株在 50℃条件下的存活率。酵母 *Hsp104* 基因突变体暴露在 50℃下几分钟，其死亡的速率是野生型细胞的 100～1000 倍，同时这种突变体对乙醇的耐受力只有野生型的 1/1000。用人类组成型表达的 *Hsp70* 基因转化的鼠细胞和猴细胞，明显提高了耐热能力。热激后的果蝇属（*Drosophila*）生物组成型表达的 Hsp70 可以加快核形态的恢复，对脊椎动物进行微注射 Hsp70 可使 mRNA 在短时热激条件下存活能力提高。热处理主要是破坏 mRNA、rRNA 合成和蛋白质的合成与降解。由此可见，分子伴侣在热激反应中的作用首先是恢复细胞转录和翻译的机能。

12.4 染 色 质

染色质（chromatin）最早是 1879 年 Flemming 提出的用以描述核中染色后强烈着色的物质，现在认为染色质是细胞间期细胞核内能被碱性染料染色的物质，主要是由 DNA 和蛋白质组成的复合物。

染色体（chromosome）是细胞在有丝分裂和减数分裂过程中由染色质凝缩而成的棒状结构。染色体和染色质在化学本质上没有差异，只是在构型上不同，是遗传物质在细胞周期不同阶段的不同表现形式。

12.4.1 染色质 DNA

除少数 RNA 病毒外，DNA 几乎是所有生物遗传信息的携带者，是遗传信息的一级载体。在真核生物中，每个 DNA 分子都被包装到染色体中，一种生物储存在单倍体染色体组中的总遗传信息称为该生物的基因组（genome）。

12.4.1.1 DNA 的螺旋结构

染色质的化学本质是 DNA。 DNA 是双螺旋结构，在构型上，主要是 Watson 和 Crick 提出的右手双螺旋 DNA，即 B 型 DNA（图 12-24）。

12.4.1.2 DNA 结构中稳定遗传的功能序列

DNA 是遗传物质，它的稳定遗传依赖于复制和分离的准确性。真核生物进行有丝分裂和减数分裂时，首先要进行染色体复制，然后均等分配到两个子细胞中。根据近年来的研究发现，要达到这个目的，在染色体上必须具有三个功能单位，即复制起点（replication origin）、着丝粒（centromere）和端粒（telomere）（图 12-25）。

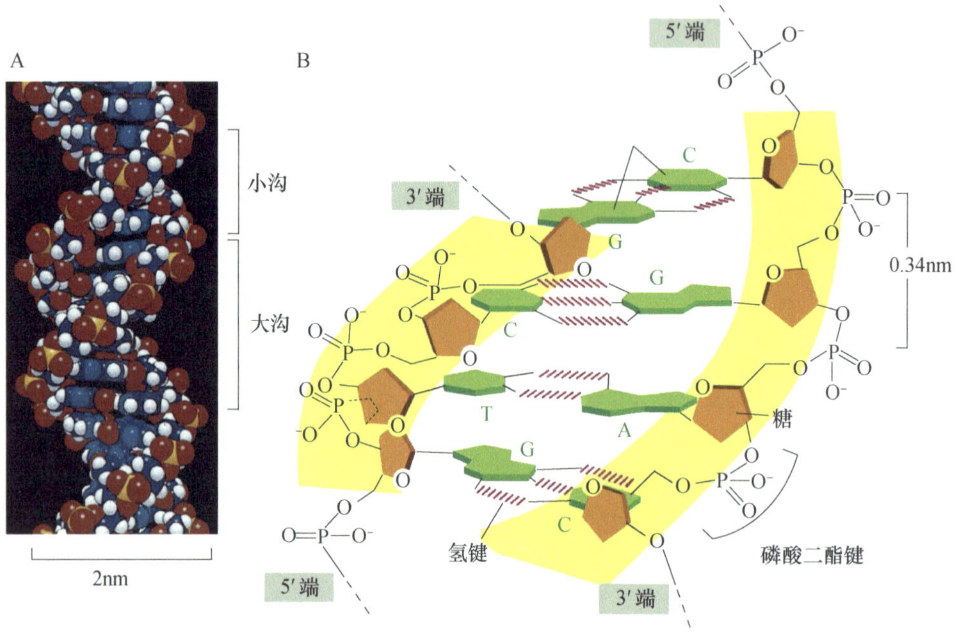

图 12-24　DNA 螺旋及 4 种碱基对（引自 Alberts et al.，2015）。A. B 型 DNA 结构模型。B. 双螺旋中的分子排列。

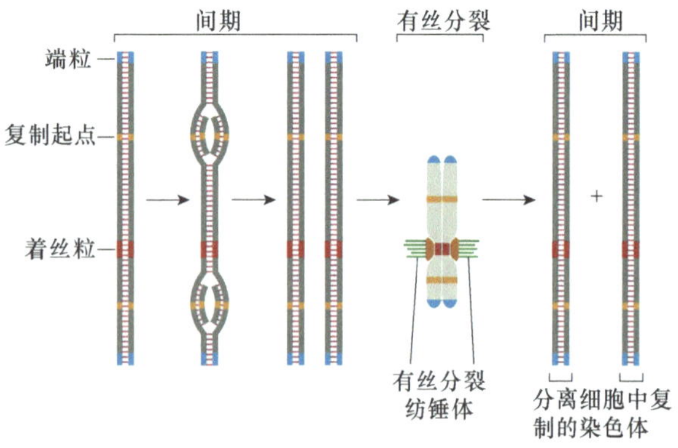

图 12-25　有丝分裂中真核染色体复制与正确分离所需的三种 DNA 序列（引自 Alberts et al.，2015）。每条染色体具有多个复制起点、一个着丝粒和两个端粒。图中间部分显示的是复制成熟的有丝分裂染色体，着丝粒外侧的动粒与纺锤体微管相连，着丝粒将复制好的姐妹染色单体维系在一起。两个端粒在染色体的两端形成了两个特别的帽结构，维持染色体稳定。

1）复制起点序列（replication origin sequence）　其是顺式作用元件的一种，是染色体正常起始复制所必需。所有的复制起点的 DNA 均有一段保守序列：200bp-A（T）TTTAT（C）A（G）TTTA（T）-200bp。真核生物染色体上有多个复制起点，上、下游各 200bp 左右的序列是维持复制功能所必需。

2）CEN 序列（centromere sequence）　即着丝粒序列，是真核生物在有丝分裂和减数分裂时，两个姐妹染色单体附着的区域，含有 11 个高度保守的碱基序列：-TGATTTCCGAA-。其功能是形成着丝粒，均等分配两个子代染色单体。

3）TEL 序列（telomere sequence）　即端粒序列。端粒是线性染色体两端的特殊序列，这种序列广泛存在于原生动物、真菌、植物和哺乳动物的染色体中，并且在序列组成上十分相似，富含 G，且由短的基本序列随机串联重复而成。

端粒是染色体的重要部分，它保证了染色体的完全复制；同时在染色体的两端形成保护性的帽结构，使染色体的 DNA 免受核酸酶及其他不稳定因素的破坏和影响。另外，端粒的形成使染色体的末端不会与其他染色体末端融合。

12.4.2　组蛋白与非组蛋白

12.4.2.1　组蛋白的类型和性质

细胞核中的 DNA 不是独立存在的，而是与组蛋白装配成核小体，从而构成染色质的基本单位。

组蛋白（histone）是真核生物染色体的基本结构蛋白，是一类小分子碱性蛋白质，有 5 种类型：H1、H2A、H2B、H3、H4。它们富含带正电荷的碱性氨基酸，能够与 DNA 中带负电荷的磷酸基团相互作用。表 12-2 所列为小牛胸腺的 5 种组蛋白的性质。

表 12-2 小牛胸腺 5 种主要类型的组蛋白

类型	赖氨酸 /%	精氨酸 /%	氨基酸数 / 个	分子质量 /kDa
H1	29	1	215	23.0
H2A	11	9	129	14.0
H2B	16	6	125	13.8
H3	10	13	135	15.3
H4	11	14	102	11.3

组蛋白的基因非常保守。亲缘关系较远的种属中，4 种组蛋白（H2A、H2B、H3、H4）氨基酸序列都非常相似，如海胆组织 H3 的氨基酸序列与来自小牛胸腺 H3 的氨基酸序列间只有一个氨基酸的差异，小牛胸腺 H3 的氨基酸序列与豌豆 H3 也只有 4 个氨基酸不同。不同生物的 H1 序列变化较大，在某些组织中，H1 被特殊的组蛋白所取代。例如，成熟的鱼类和鸟类的红细胞中 H1 被 H5 所取代，精细胞中则由精蛋白代替组蛋白。染色质中的组蛋白与 DNA 的含量之比为 1∶1。

12.4.2.2 组蛋白的功能分类

5 种组蛋白在功能上分为两组。一组是核小体组蛋白（nucleosomal histone），包括 H2A、H2B、H3 和 H4，这 4 种组蛋白分子质量较小（102～135 个氨基酸残基），它们的作用是将 DNA 分子盘绕成核小体。它们没有种属及组织特异性，在进化上十分保守，特别是 H3 和 H4 是所有已知蛋白质中最为保守的。H1 属于另一组组蛋白，它不是核小体的核心组蛋白，在构成核小体装配中起连接作用，并赋予染色质以极性。H1 有一定的组织和种属特异性。H1 的分子质量较大，有 215 个氨基酸残基，在进化上也较不保守。

12.4.2.3 组蛋白的化学修饰

虽然组蛋白分子的氨基酸序列是高度保守的，但在组蛋白的分子结构中也会见到一些变化。例如，H1 能够以多种形式存在，每一种形式中的氨基酸都有一定的变化。大多数细胞中都有部分组蛋白的某些碱性氨基酸侧链被磷酸化、乙酰化或甲基化及 ADP 的核糖化等修饰（图 12-26），这些修饰中和了侧链的正电荷或使侧链带负电。

构成核小体核心的 4 种组蛋白的氨基酸侧链常常会发生一些共价修饰，包括赖氨酸的乙酰化，赖氨酸的单、二或三甲基化，以及丝氨酸的磷酸化。修饰的位点大多数在组蛋白 N 端的尾部，也有 20 多个位点的修饰是发生在核小体的球形核心部位。

组蛋白发生的所有的修饰作用都是可逆的，这些修饰的酶与去修饰的酶都是高度特异的，如一套不同的组蛋白乙酰化酶将特异的赖氨酸位点乙酰化后，另一套不同的组蛋白去乙酰化酶复合物可以将这些位点去乙酰化。又如，一套不同的甲基化酶将亮氨酸侧链甲基化后，另一套不同的去甲基化酶将甲基化位点的甲基脱除。进行组蛋白侧链氨基酸残基修饰的酶会在细胞生活史的特定时期被招募到核小体，在大多数情况下起招募作用的是转录调节蛋白。组蛋白 N 端尾部修饰会对染色质的功能及与其他蛋白质的相互作用产生影响。组蛋白的修饰是严格调控的，因为修饰会对细胞产生重要的影响。例如，组蛋白的尾端赖氨酸残基能够在酶的作用下发生可逆的乙酰化与去乙酰化，当乙酰化时，赖氨酸的 ε-氨基团的正电荷被中和了，如果是 H4 的 16 位的赖氨酸发生这种情况，将会影响染色体的 30nm 纤维的形成；如果是 H4 的其他位点的赖氨酸被乙酰化，则有可能对核酸酶变得敏感而遭降解。又如，组蛋白 H3 尾部一个特异的赖氨酸发生了三甲基修饰，则吸引了异染色质特异的蛋白质 HP1，从而使该部位变成异染色质并逐渐扩大。更

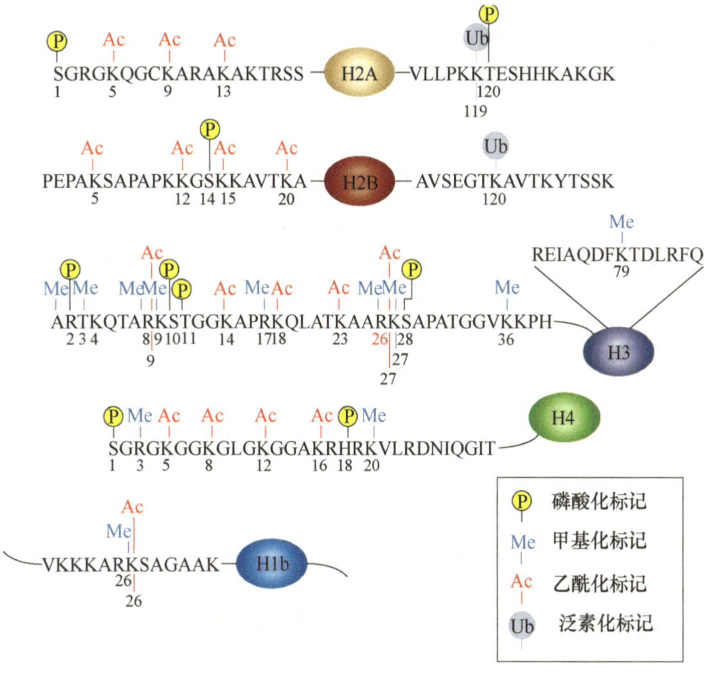

图 12-26 人的组蛋白翻译后修饰作用（引自 Lodish et al., 2013）。人的组蛋白翻译后的 N 端的尾部区常见 4 种类型的修饰：磷酸化、甲基化、乙酰化与泛素化，这些修饰都是可逆的。

常见的是，通过招募的蛋白质与修饰的组蛋白协同作用，决定何种基因何时进行表达，同时也会对其他的染色质的功能产生影响。因此，组蛋白的修饰调节着染色体的凝缩、DNA 复制、转录、基因表达等一系列的功能。

12.4.2.4 组蛋白的突变体

真核生物除了含有 4 种高度保守的组蛋白外，还有少量突变的组蛋白，它们也参与组蛋白的装配。除了 H4 外，其他 4 类组蛋白都能产生突变组蛋白（图 12-27）。主要的 5 类组蛋白是在细胞周期的 S 期合成的，并且装配到子代核小体中，而突变的组蛋白是在整个间期合成的，因此可以插入到已经装配的染色质中。其机制是借助于组蛋白分子伴侣，在染色质重塑中插入染色质。组蛋白突变体 H3.3、CENP-A 可取代 H3 装配到核小体中。突变体 H2AX、H2AZ、macroH2A 可取代 H2A 装配到核小体。

12.4.2.5 非组蛋白

非组蛋白（nonhistone）是指细胞核中组蛋白以外的蛋白质。非组蛋白不仅包括以 DNA 作为底物的酶，也包括作用于组蛋白的一些酶，如组蛋白甲基化酶。此外还包括 DNA 结合蛋白、组蛋白结合蛋白和调控蛋白，其中最丰富的一类是高速泳动族蛋白（high mobility group protein，HMG protein）。由于非组蛋白常常与 DNA 或组蛋白结合，所以在染色质或染色体中也有非组蛋白的存在，如染色体骨架蛋白。

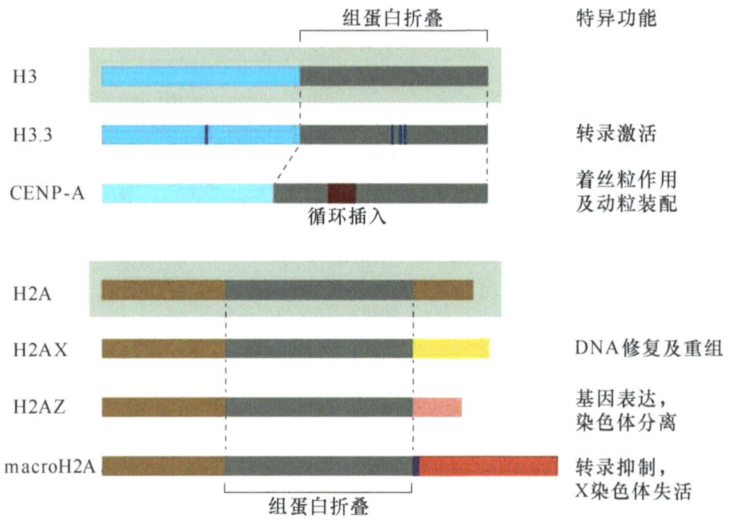

图 12-27 野生型 H3、H2A 组蛋白与 H3、H2A 组蛋白突变体的结构比较（引自 Alberts et al.，2015）。图中所列的 5 种突变体都改变了组蛋白原有的功能。

非组蛋白是一类不均一的蛋白质，约有 500 多种不同的组分。非组蛋白所含酸性氨基酸超过碱性氨基酸，故呈酸性，带负电荷。另外，非组蛋白常常是被磷酸化的。由于非组蛋白具有调控作用，所以它们是异质性的，具有组织特异性和发育阶段的特异性，且在活性染色质中的含量要比在非活性染色质中的含量高。有些非组蛋白是特异的转录调控因子，参与基因的选择性转录表达。

非组蛋白在整个细胞周期中都能合成，在细胞质中合成后就被转移到细胞核。

非组蛋白在作用时具有以下特性：①能识别特异的 DNA 序列，识别的信息来源于 DNA 核苷酸序列本身，识别位点存在于 DNA 双螺旋的大沟部分；②识别与结合靠氢键和离子键，而非共价键；③在不同的基因组文库之间发现这些序列特异性结合蛋白所识别的 DNA 序列在进化上是保守的。

组蛋白在各种类型细胞中的浓度基本是相同的，而非组蛋白在不同的细胞中不仅种类而且浓度也不相同，正是非组蛋白的差异调节着不同的基因表达。非组蛋白中有些是酶，有些是反式作用因子，有些则是结构蛋白，因此非组蛋白的功能也就十分广泛，如参与染色体的构建、启动 DNA 的复制、调控基因的表达等。

12.4.3 染色质的基本结构——核小体

染色质是真核生物细胞中 DNA 与组蛋白组成的线性复合物，由于 DNA 太长，需要以组蛋白为核心缠绕，DNA 与组蛋白缠绕形成的小体称为核小体。

12.4.3.1 核小体的结构特点

在 20 世纪 70 年代初期，科学家用非特异性的核酸酶处理染色质，发现大多数 DNA 都会形成长度为 200bp 的片段。如果用同样的核酸酶处理裸露的 DNA，产生随机大小的 DNA 片段（图 12-28B）。据此推测染色体 DNA 中除了某些位点外，都得到了保护，使核酸酶不能随机切割，并推测这种保护作用与 DNA 结合的蛋白质有关。1974 年，美国哈佛大学的 Kornberg 根据这些结果及其他的研究进展，提出 DNA 和组蛋白组成重复的亚单位——核小体（nucleosome）的概念。

核小体是染色质的基本结构单位，由200个左右碱基对的DNA和5种组蛋白结合而成。其中4种组蛋白（H2A、H2B、H3、H4）各2分子组成八聚体的小圆盘，是核小体的核心结构。147个碱基对的DNA在小圆盘外面绕$1\frac{3}{4}$圈。每1分子的H1与DNA结合，锁住核小体DNA的进出口，起稳定核小体结构的作用（图12-28A）。两相邻核小体之间以连接DNA（linker DNA）相连，连接区DNA的长度变化不等，因不同的种属和组织而异，但通常是60bp。

用低离子浓度的溶液（如0.7% NaCl）处理染色质，可选择性地除去组蛋白H1。用电子显微镜观察盐处理的染色质时，可见到核小体核心颗粒和连接区DNA是分开的，似念珠结构（beads on a string）（图12-28C）。

近年来，通过X射线晶体衍射法对核小体的结构有了深入的了解。8个组蛋白组成4个异源二聚体：2个H2A-H2B二聚体和2个H3-H4二聚体。2个H3-H4二聚体相互结合在中央形成四聚体。2个H2A-H2B二聚体位于H3-H4四聚体的外侧。4个异源二聚体中的每一个二聚体都与约30个碱基对结合。组蛋白与DNA的结合可通过两种键介导：① DNA骨架中带负电的磷酸与组蛋白中带正电的赖氨酸和精氨酸之间的离子键；② DNA骨架和多肽骨架或侧链氨基酸之间的氢键。

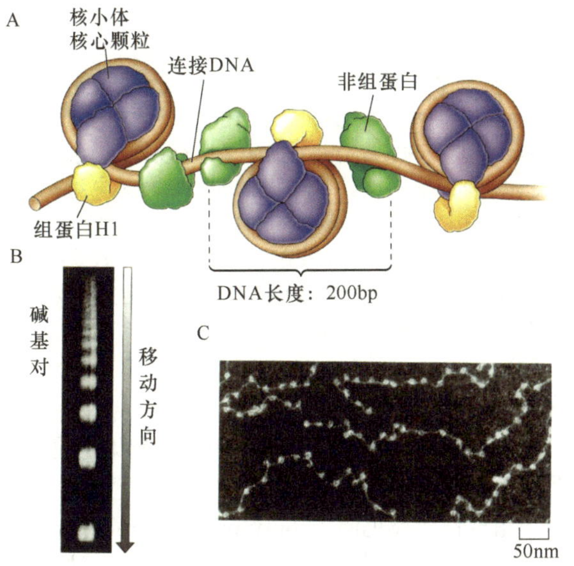

图12-28 核小体结构（引自Cooper and Hausman，2016）。A. 核小体结构示意图。细胞核DNA缠绕在核小体颗粒的核心组蛋白上，H1组蛋白在核小体中起封闭作用。非组蛋白结合在核小体间的连接DNA上。B. 用微球菌核酸酶部分消化染色体得到的DNA片段凝胶电泳图。核小体之间的连接DNA特别敏感，所以，染色质的有限消化，产生的片段对应于200bp片段的倍数，电泳时形成梯形带型。C. 电子显微镜看到的染色质"念珠"形态。

12.4.3.2 核小体结构的动态性：染色质重塑

由于染色质DNA在间期要进行DNA的复制与转录，DNA复制时，需要为新合成的DNA装配新的核小体八聚体组蛋白的核，DNA转录时，核小体组蛋白的核需要与DNA松开，便于RNA聚合酶进行转录。因此不难想象，核小体结构一定是处于动态之中的，其结构与位置常常发生变化。但是，由于核小体的核心组蛋白与DNA结合得十分紧密，要将其松开并非易事。

前面讨论过分子伴侣参与核小体的核心组蛋白的部分及完整替换，起催化作用的是依赖于ATP的染色质重塑复合物。细胞正是依靠依赖于ATP的染色质重塑复合物的催化作用，不断调整核小体的结构，既保证了DNA复制及基因转录的顺利进行，又稳定了核小体的结构。

细胞内有很多不同种类的依赖于ATP的染色质重塑复合物，在复合物中含有可水解ATP的亚基，该亚基同时与核心组蛋白及弯曲在组蛋白上的DNA结合，利用ATP水解产生的能量，将DNA从核心组蛋白上移开，重塑复合物将暂时性改变核小体的结构，使得DNA不再与组蛋白核紧紧结合在一起。通过对ATP的反复水解，推动核小体沿DNA双螺旋移动，因此，重塑复合物能够催化核小体滑动（nucleosome sliding）。通过对核小体组蛋白核的移动，露出相应部位的DNA为其他的蛋白质所作用（图12-29）。此外，某些重塑复合物与组蛋白分子伴侣协同作用，将核小体的组蛋白核进行部分或全部替换（见图12-23）。

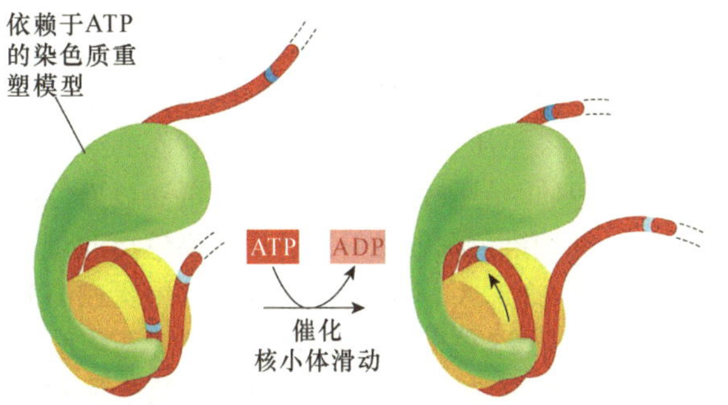

图12-29 依赖于ATP的染色质重塑复合物催化的核小体滑动（引自Alberts et al.，2015）。

12.4.3.3 核小体与基因转录起始

当一个基因被转录激活时，涉及启动子区核小体组蛋白的乙酰化、染色质重塑，转录的起始是转录信号与受体、组蛋白乙酰转移酶、染色质重塑复合物共同激活的过程（图 12-30）。

12.4.3.4 常染色质与异染色质

根据染色体在分裂期与间期的染色不同，将染色质分为常染色质（euchromatin）和异染色质（heterochromatin）。

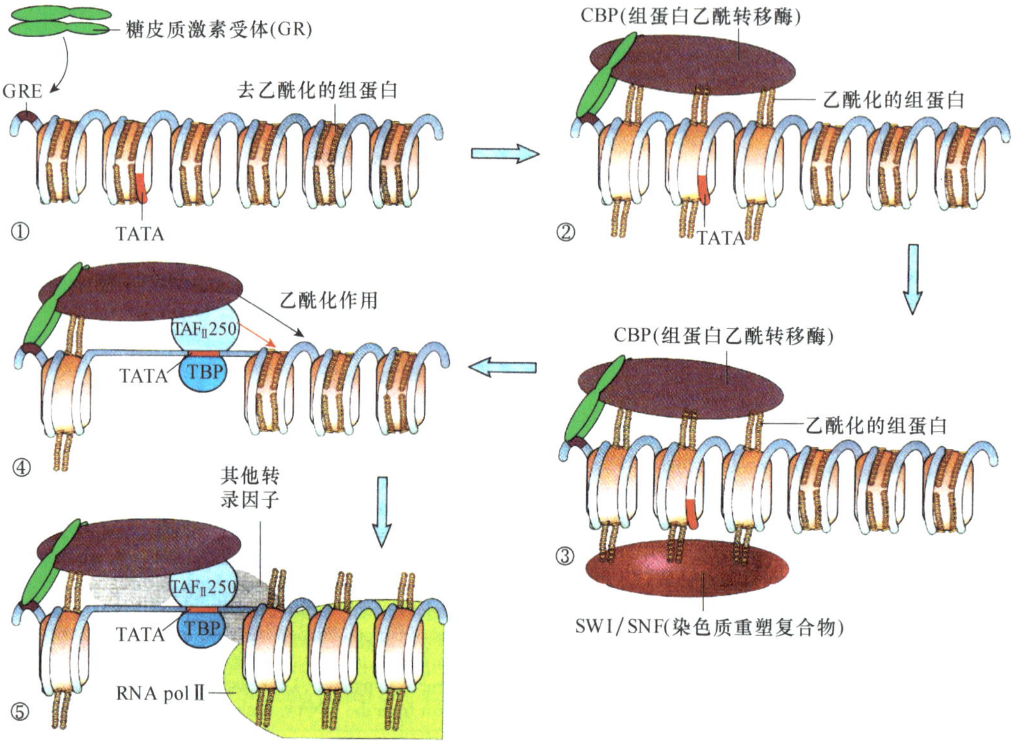

图 12-30 转录激活子启动子区结合后发生的事件（引自 Karp，2010）。①染色体中一段 DNA 因与去乙酰化的组蛋白结合而处于抑制状态。②转录因子，糖皮质激素受体（glucocorticoid receptor，GR）与 DNA 序列中的糖皮质激素应答元件（glucocorticoid response element，GRE）结合，并招募可促进转录预起始复合物装配的辅助激活蛋白 CBP（CREB-binding protein）的结合。CBP 包含一个具有组蛋白乙酰转移酶（histone acetyltransferase，HAT）活性的亚基。这些酶将乙酰 CoA 供体的乙酰基转移到特定赖氨酸残基的氨基上。这样，TATA 盒上游和下游核小体核心颗粒的组蛋白被乙酰化。③乙酰化的组蛋白招募 SWI/SNF（一种染色质重塑复合物）。CBP 与 SWI/SNF 共同作用改变了染色质的结构，使之成为较为开放的状态。④另外两个蛋白 TAF$_{II}$250/TBP 结合到 TATA 盒区，TAF$_{II}$250 也具有乙酰转移酶的活性，可解开更多的核小体，从而促进了转录的起始。⑤启动子区维持乙酰化，RNA 聚合酶与启动子结合，转录开始。

在有丝分裂完成之后，大多数高度压缩的染色体要转变成间期的松散状态。但是，大约有 10% 的染色质在整个间期仍然保持压缩状态，将这种染色质称为异染色质，而将回复到松散状态的染色质称为常染色质。异染色质和常染色质可通过染色进行观察，间期染色深的是异染色质，染色浅的是常染色质（图 12-31A）。异染色质含有的组蛋白 H3，其第 9 位或第 27 位的赖氨酸通常是被甲基化修饰的；而常染色质含有的组蛋白 H3，其第 9 位和第 14 位赖氨酸通常是被乙酰化的。少数组蛋白 H3 的赖氨酸 4 是被甲基化的，第 10 位的丝氨酸是磷酸化的（图 12-31B）。

异染色质又被分为两类：组成性异染色质和兼性异染色质。

组成性异染色质（constitutive heterochromatin）是指各种类型细胞中在整个细胞周期内都处于凝缩状态的染色质。组成性异染色质含有高度重复的随体 DNA，分布于大多数染色体的着丝粒区、端粒和次缢痕处，呈现 C 带染色。组成性异染色质的 DNA 主要是高度重复顺序，含有的基因相当少。事实上，当一个有活性的基因通过转座或转位，移动到组成性异染色质区，通常要失去活性，这种现象称为位置效应（position effect），因

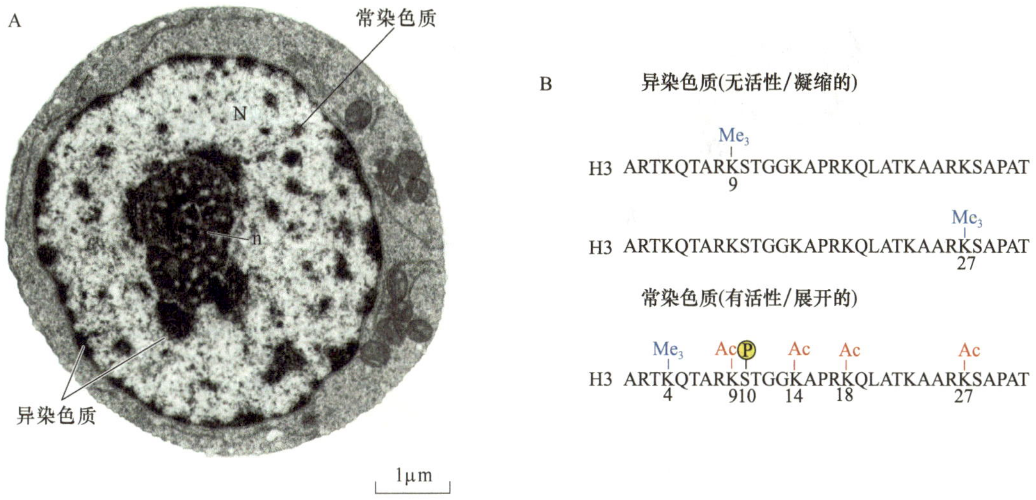

图 12-31 异染色质与常染色质（引自 Lodish et al., 2013）。A. 骨髓干细胞超薄切片的电子显微镜照片，图中的 N 和 n 分别表示细胞核和核仁，核仁外染色深的区域是异染色质。B. 常染色质与异染色质 H3 组蛋白的末端修饰的比较。

此认为组成性异染色质区含有抑制邻近基因表达的成分。

兼性异染色质（facultative heterochromatin）是指在一定的细胞类型或一定的发育阶段呈现凝缩状态的异染色质。在一定时期的特种细胞的细胞核内，原来的常染色质可转变成兼性异染色质。

12.5 染 色 体

细胞分裂时，核内染色质凝缩而成的线状结构，对碱性染料染色很深，故名染色体（chromosome）。它是染色质经多级压缩包装而成，是染色质的高级结构，仅在细胞分裂时才出现。

12.5.1 染色质压缩成染色体

12.5.1.1 染色体的四级包装

人的细胞平均含有 60 亿碱基对的 DNA，分布在 46 条染色体上，每个碱基对的长度是 0.34nm，60 亿碱基对的 DNA 加起来有 2m 长。另外，DNA 还结合大量的水（每个碱基对结合 6 分子水），直径只有 10μm 的细胞核如何能够容下 2m 长的水溶性 DNA？染色质以核小体作为基本结构逐步进行包装压缩，经 30nm 染色质纤维、超螺线管，最后压缩包装成染色体，总共经过四级包装。

1）从 DNA 到核小体　核小体的装配是染色体装配的第一步。一个核小体的直径是 10nm，由 200 个碱基对的 DNA 组成，每个碱基对长度为 0.34nm，一个核小体伸展开来的长度是 70nm，由此推算，DNA 包装成核小体，大约压缩为原先的 1/7。

2）从核小体到螺线管（solenoid）　核小体通过自身形成螺旋的方式形成致密的、外径为 30nm 的管状结构，称螺线管，又称 30nm 染色质纤维。从完整的细胞中常常可分离到 10nm 的核小体纤维和 30nm 纤维，只要改变提取液的盐浓度即可将二者分开。至于核小体如何形成螺线管，曾提出几种假设，图 12-32 所示是较为公认的模型。在染色质制备物中不会形成 30nm 的染色质纤维，因为在这种制备物中，组蛋白 H1 被去除了，提示 H1 介导了 30nm 染色质纤维的形成，如果加入 H1，又可形成螺线管。从核小体到螺线管压缩为原先的 1/6。

3）从螺线管到超螺线管（supersolenoid）　30nm 的染色质纤维进一步螺旋化，形成一系列的螺旋域（coiled domain）或环（loop），这些环附着在支架（scaffold）蛋白上，螺旋域的直径是 300nm（图 12-33A）。然后，螺旋环进一步形成超螺旋环（supercoiled loop）或超螺旋域，此时的直径为 700nm（图 12-33B），每个环估计含有 50～100kb DNA，推测染色质环仍然是基因协同表达的功能单位。典型的超螺旋环的开头和结尾都是 A-T 富集序列并与核骨架或核基质蛋白结合在一起，其中包括Ⅱ型拓扑异构酶，推测该酶调节 DNA 的超螺旋程度。DNA 从螺线管到超螺线管估计又压缩为原先的 1/40。

4）从超螺线管到染色体　超螺线管进一步

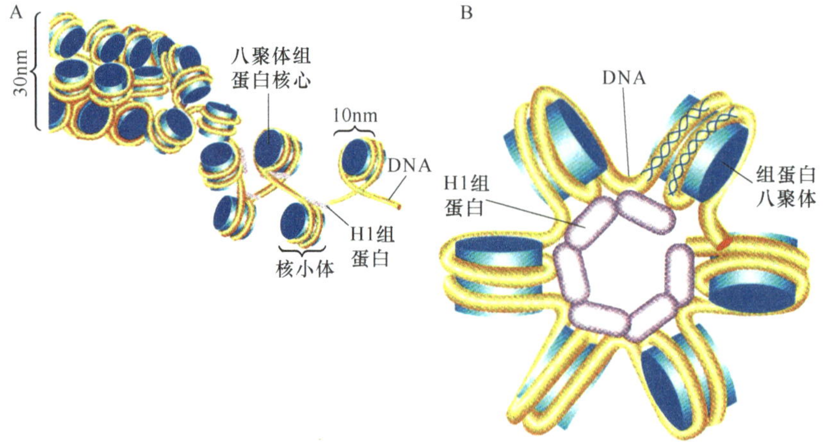

图 12-32 染色质 30nm 螺线管（引自 Griffiths et al.，2012）。核小体螺旋装配成直径为 30nm 螺线管，每一螺旋由 6 个核小体组成，并呈规则排列。A. 侧面观察核小体包装成 30nm 螺线管。B. 从端部观察的每一螺旋中 6 个核小体的排列。

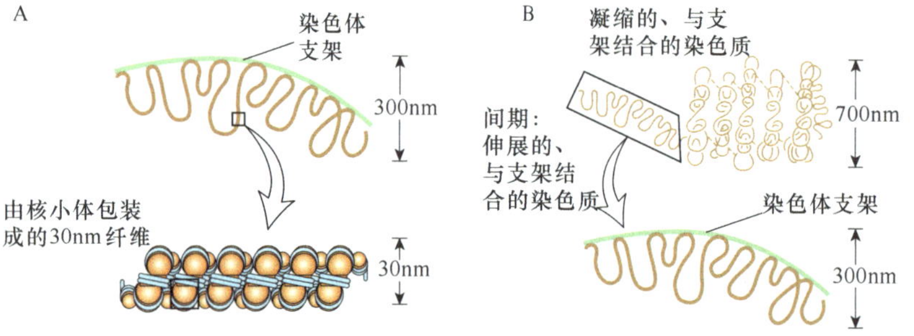

图 12-33 从螺线管到超螺线管的包装（引自 Lodish et al.，2000）。30nm 的染色质纤维沿染色体骨架蛋白形成直径为 300nm 的放射环（A），然后进一步压缩成直径为 700nm 的超螺线管（B）。

螺旋化，形成直径为 1～2μm，长度为 2～10μm 的中期染色体，从超螺线管到染色体大约压缩为之前的 1/5。由此推算，DNA 经核小体到染色体，总共压缩为原先的 1/8400。

DNA —压缩为之前的 1/7→ 核小体 —压缩为之前的 1/6→ 螺线管 —压缩为之前的 1/40→ 超螺线管 —压缩为之前的 1/5→ 染色单体

将 DNA 经由核小体包装成染色体的基本过程见图 12-34。关于 DNA 包装的一些细节问题目前尚不清楚，如在 DNA 包装成染色体的过程中，组蛋白 H1 的分子中有 5 个不同的丝氨酸残基的磷酸化，这种磷酸化的作用有待进一步研究。

至于 DNA 包装成染色体的比例，一般为 10 000 倍左右，因有丝分裂期的 1μm 长度的染色体通常含有 1cm 长度的 DNA。据此推算，DNA 包装压缩比为 10 000 : 1。这也是一种粗略的估计，不同的染色体在压缩时可能有所差异，如人的最长的 1 号染色体中的 DNA 总长为 88 000μm，压缩成的染色体长为 10μm，共压缩为之前的 1/8800。

12.5.1.2 SMC 蛋白维持压缩的染色体结构

在真核生物的染色质压缩包装中，除了组蛋白外，还有一类蛋白质是十分重要的，这就是染色体结构维持蛋白（structural maintenance of chromosome，SMC）。SMC 蛋白的初级结构含有 5 个不同的结构域（图 12-35）。

各类生物的细胞中都有 SMC 蛋白家族的存在，真核生物有两种主要类型：黏连蛋白（cohesin）与凝缩蛋白（condensin）（图 12-36）。

黏连蛋白的作用是负责将刚刚复制的姐妹染色单体的 DNA 链维系在一起，不让它们分开

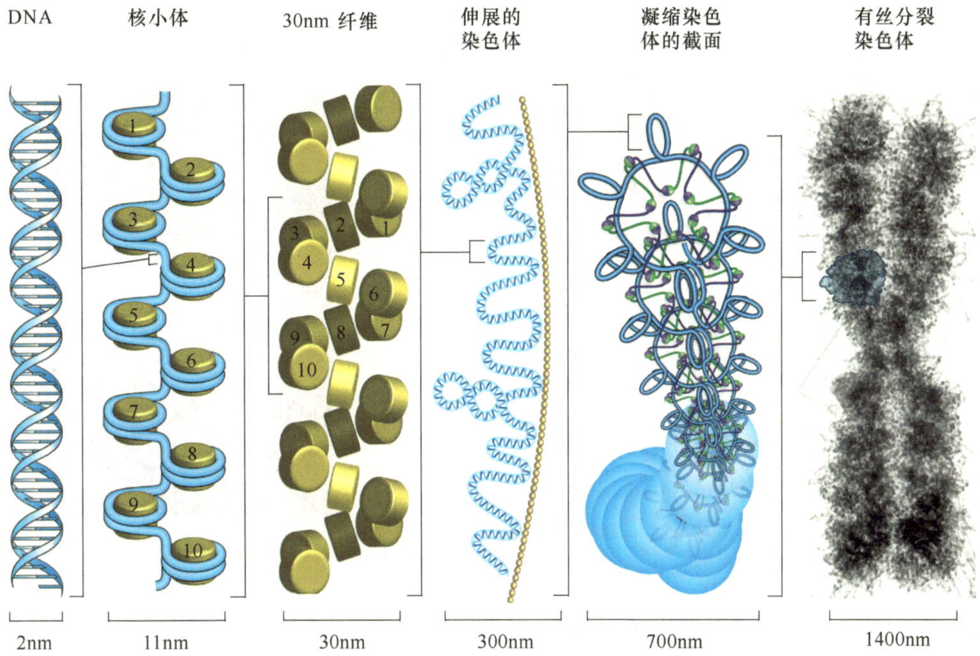

图 12-34 真核染色体的压缩（引自 Nelson and Cox，2013）。

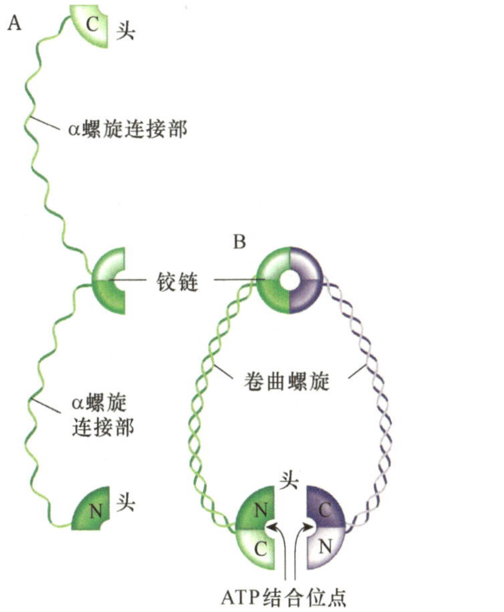

图 12-35 SMC 蛋白的结构（引自 Nelson and Cox，2013）。单体 SMC 蛋白有 5 个结构域（A）：其氨基端（N 端）与羧基端（C 端）都是球形结构域，并且，N 端与 C 端结构域都含有与 ATP 结合的位点，中间是一个铰链结构域，通过两个 α 螺旋连接结构域，将 N 端、C 端与铰链连接起来。SMC 蛋白通常以二聚体形式存在（B），每一个单体的两个 α 螺旋结构域相互扭曲旋转，两个单体的铰链连接起来，整个二聚体形成一个 V 形结构。在 V 形的游离端，两个 N 端与两个 C 端各形成一个完整的 ATP 水解位点。

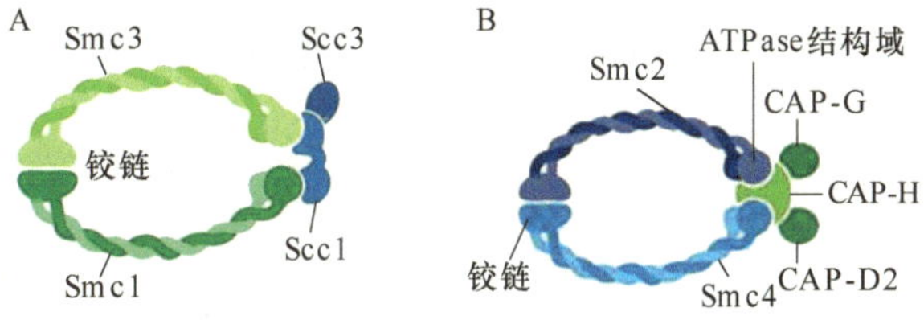

图 12-36 黏连蛋白与凝缩蛋白的结构（改自 Alberts et al.，2015）。A. 黏连蛋白由 4 个亚基组成的复合物：Smc1、Smc3、Scc1、Scc3。Smc1 与 Smc3 形成一个二聚体，头部具有 ATPase 结构域。另外两个亚基 Scc1、Scc3 与头部结构域相连接，形成一个封闭的环状结构。B. 凝缩蛋白是由 5 个亚基组成的复合物，结构上与黏连蛋白相似。Smc2、Smc4 形成一个二聚体的 V 形结构，在 ATPase 的头部有另外 3 个亚基（CAP-G/CAP-H/CAP-D2）与之结合，形成一个封闭的环。

（图 12-37），这种连接对于在有丝分裂时确保姐妹染色单体的正确分离是极为重要的。试想 S 期合成的姐妹染色体若不被黏连蛋白圈起来，在有丝分裂时还能及时将它们召集到一起吗？可见细胞多么富有远见！

凝缩蛋白则是协助染色质压缩包装成染色体，使细胞顺利进入有丝分裂。凝缩蛋白与 DNA 结合，使 DNA 围绕核小体进行弯曲，便于染色质从核小体压缩成超级螺旋管的染色体（图 12-38）。

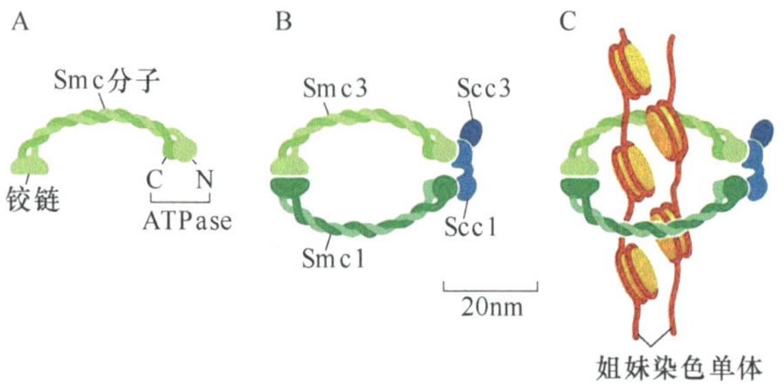

图 12-37 黏连蛋白的作用（改自 Alberts et al., 2015）。黏连蛋白是具有 4 个亚基的复合物。A. 两个 Smc 亚基：Smc1 与 Smc3。它们都是螺旋-卷曲的结构，并且在一端都具有 ATPase 结构域。B. 另外两个亚基是 Scc1 与 Scc3，它们与 Smc 的头部结构域 ATPase 相结合，形成一个环状结构。C. 黏连蛋白环将复制的姐妹染色单体圈套在一起，直至有丝分裂。

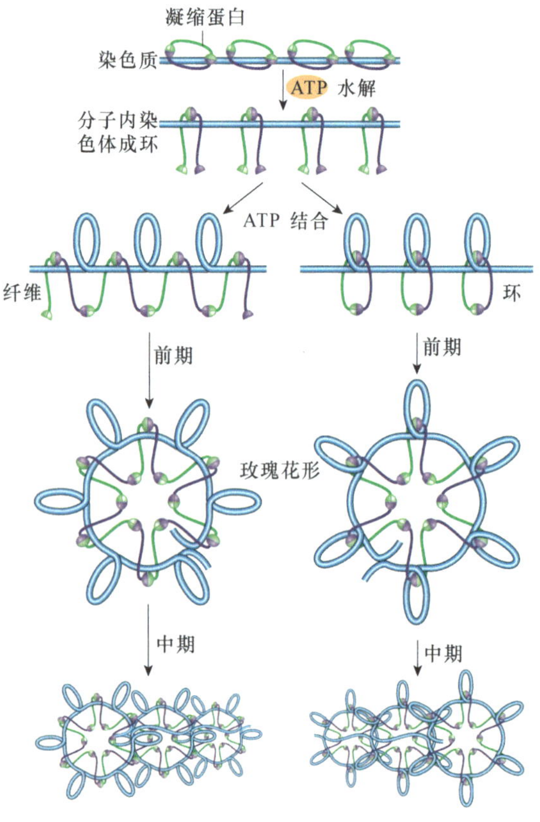

图 12-38 凝缩蛋白在染色体压缩中可能的作用（引自 Nelson and Cox, 2013）。最初，染色体在 Smc 蛋白的铰链处弯曲，进而形成一个内部的 Smc 环。ATP 与 Smc 的头部结合，在弯曲的 DNA 处形成一个超螺旋的环。再经过头-头部相互作用与重排，形成玫瑰花形压缩的 DNA，进而压缩成染色体。图中显示的是两个近代模型。

12.5.2 中期染色体的形态结构

在细胞周期的有丝分裂中期，染色体的形态结构比较稳定，所以，一般所描述的染色体的形态结构都是中期染色体（图 12-39）。

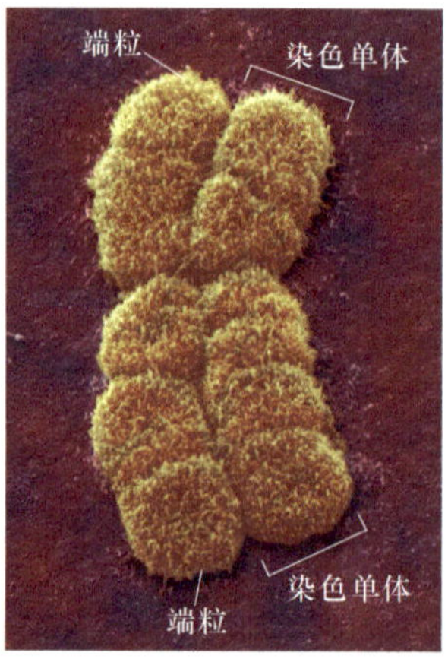

图 12-39 中期染色体的扫描电镜照片（引自 Lodish et al., 2013）。染色体已经复制完成，形成两个姐妹染色单体。每个单体各有两个端粒，着丝粒位于中间的收缩处（主缢痕），还可见一些次缢痕。

染色体有种属特异性，随生物种类、细胞类型及发育阶段的不同，染色体在数量、大小和形态上存在着差异。大多数生物的体细胞具有 12～50 条染色体。例如，果蝇有 8 条染色体，而人的染色体为 $2n=46$ 条。染色体的长度为 0.2～50μm，一般为 1～10μm。

12.5.2.1 着丝粒和动粒

着丝粒（centromere）是染色体中连接两个染色单体，并将染色单体分为短臂（p）和长臂（q）的结构。由于着丝粒处的染色质较细、内缢，又叫主缢痕（primary constriction）。此处 DNA 具高度重复，为碱性染料所深染。着丝粒有两个基本功能：第一个是在有丝分裂前将两条姐妹染色单体结合在一起；第二个功能是为动粒装配提供结合位点。着丝粒含有结构性异染色质，人的染色体着丝粒含有大约 170bp 的重复 DNA（称为 α 卫星 DNA），随机重复的次数达 2000～30 000 次。

动粒（kinetochore）是由着丝粒结合蛋白在有丝分裂期间特别装配起来的、附着于主缢痕外侧的圆盘状结构，内层与着丝粒结合，外层与动粒微管结合。每一个中期染色体含有两个动粒，位于着丝粒的两侧（图 12-40）。

通过对酵母着丝粒的研究发现，酵母着丝粒区具有突变的核小体组蛋白，因此赋予着丝粒独特的性质，并在染色质上形成显著的标记。在整个细胞间期，着丝粒一直被埋在特殊的着丝粒染色质的深处，直到有丝分裂时，着丝粒才介导纺锤体与之附着，并将染色单体的DNA分开。着丝粒染色质含有突变的H3组蛋白，称为CENP-A（centromere protein-A），再加上其他的一些蛋白质将核小体包装成特别密集的列阵，最后形成动粒，这种特别的结构是有丝分裂纺锤体附着所必需的。

在裂殖酵母中，大约125个核苷酸对的DNA序列就可以构成一个着丝粒。尽管该序列很小，但足以让十多个蛋白质，包括CENP-A组蛋白H3突变体在该DNA序列上装配特异的核小体组蛋白的核。附着在酵母着丝粒上的其他蛋白质可介导一个独立的纺锤体微管与之结合（图12-41）。

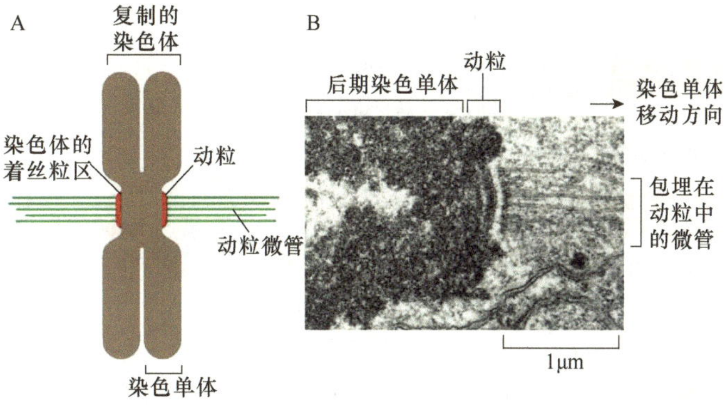

图12-40 有丝分裂中的着丝粒与动粒（引自Alberts et al., 2015）。A. 着丝粒区与动粒。B. 后期微管与染色单体动粒附着的电镜图。

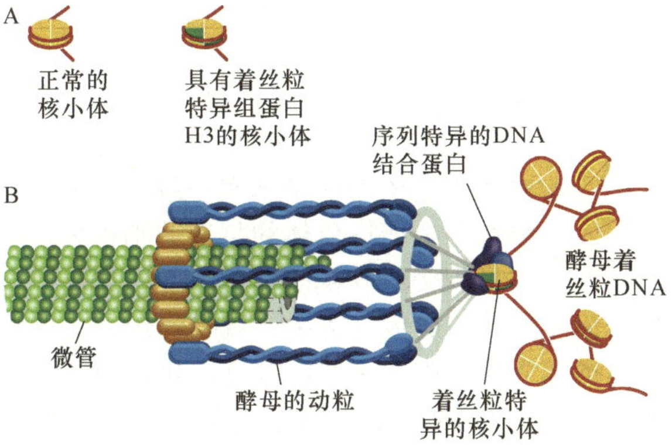

图12-41 简约的着丝粒结构模型（引自Alberts et al., 2015）。A. 裂殖酵母着丝粒中具有着丝粒特异的组蛋白H3突变的核小体，核小体中CENP-A取代了正常的H3组蛋白。B. 突变的组蛋白介导其他一些蛋白质装配成动粒。酵母的动粒较小，一般只能捕获一条纺锤体微管，而人具有很大的着丝粒，能够形成大的动粒，可捕获多条纺锤体微管。

12.5.2.2 次缢痕与核仁组织区

次缢痕（secondary constriction）是染色体上的一个缢缩部位，由于此处部分的DNA松解，形成核仁组织区，故此变细。它的数量、位置和大小是某些染色体的重要形态特征。每种生物染色体组中至少有一条或一对染色体上有次缢痕。

核仁组织区（nucleolar organizing region，NOR）是细胞核特定染色体的次缢痕处，含有rRNA基因的一段染色体区域，与核仁的形成有关，故称为核仁组织区。核仁是NOR中的基因活动而形成的可见的球体结构。具有核仁组织区的染色体数目依不同细胞种类而异，人有5对染色体，即13、14、15、21、22号染色体上有核仁组织区。

12.5.2.3 端粒与端粒酶

端粒（telomere）是真核细胞染色体末端的特殊结构。人的端粒由6个碱基重复序列（TTAGGG）和结合蛋白组成。端粒的功能是保持线性染色体的稳定，即不环化、不黏合、不被降解。端粒酶（telomerase）是细胞中负责端粒延长的一种酶，属于逆转录酶，可将端粒DNA加至真核细胞染色体末端。该酶自身含有一个RNA分子，可作为延长DNA末端合成的模板，合成的方向是5′→3′（图12-42）。

12.5.2.4 核型

核型（karyotype）又叫染色体组型，是指染色体组在有丝分裂中期的表型，是染色体数目、大小、形态特征的总和。在对染色体进行测量计算的基础上，进行分组、排列、配对，并进行形态分析的过程叫核型分析。图12-43是通过染色体涂染（chromosome painting）技术——一种改良的荧光原位杂交（fluorescence *in situ* hybridization，FISH）获得的人染色体核型。

12.5.3 巨型染色体

某些生物的细胞中，特别是在发育的某些阶段，可以观察到一些特殊的染色体，它们的特点是体积巨大，细胞核和整个细胞体积也大，所以称为巨大染色体（giant chromosome），包括多线染色体和灯刷染色体。

12.5.3.1 多线染色体

核内DNA多次复制产生的子染色体平行排列，并通过同源染色体配对，紧密结合在一起，从而阻

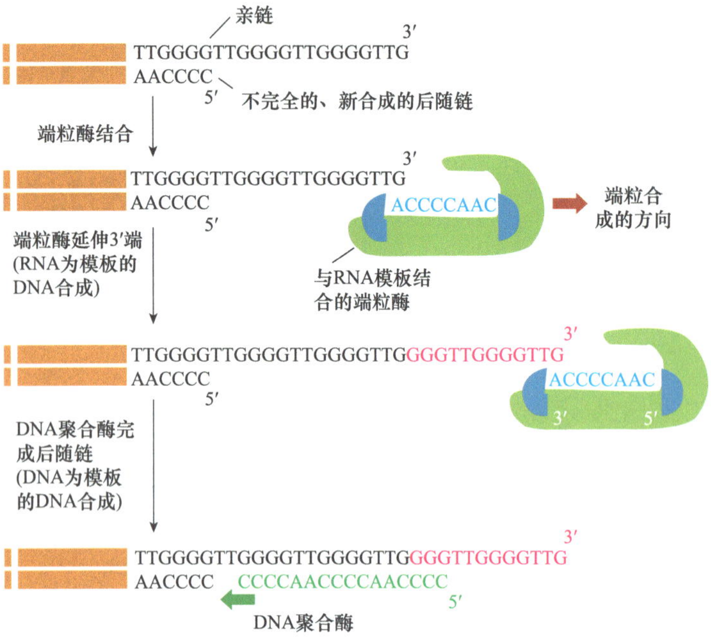

图 12-42　端粒合成（引自 Alberts et al., 2015）。图中显示的是真核生物染色体的末端（端粒）重复序列的合成反应。亲代 DNA 链的 3′ 端通过以 RNA 为模板的 DNA 合成来延伸，然后再通过 DNA 聚合酶 α（该酶含有一个 DNA 引物酶亚基）合成互补链。

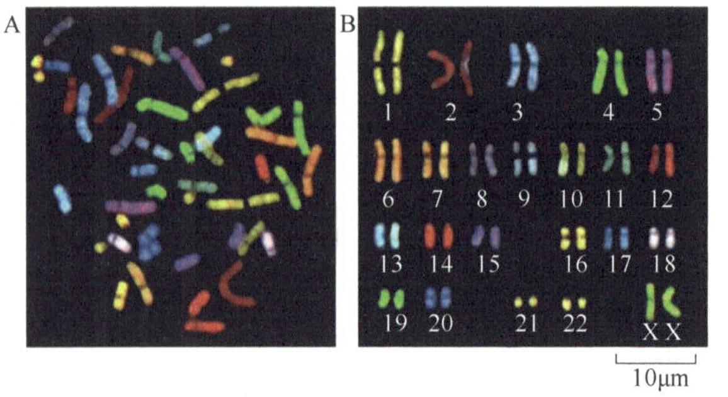

图 12-43　人的女性染色体核型（引自 Alberts et al., 2015）。A. 用染色体涂染技术鉴定的人的染色体。B. 涂染染色体经计算机处理排列出的正常女性的染色体核型。

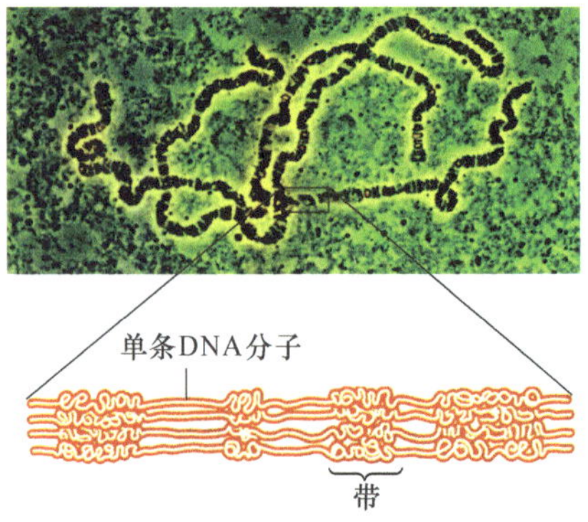

图 12-44　果蝇幼虫唾液腺多线染色体（引自 Karp, 2010）。光学显微镜下观察的果蝇唾液腺染色体，观察到染色体上约有几千个不同的、染色很深的带，这些带是不同的基因位点。

止了染色体纤维进一步凝缩，形成体积很大的、由多条染色体组成的结构叫多线染色体（polytene chromosome）。多线化的细胞处于永久间期，体积也相应增大，它存在于双翅目昆虫的幼虫组织内，如唾液腺、气管等。

多线染色体来源于核内有丝分裂（endomitosis）。对幼虫果蝇唾液腺细胞的染色体分析发现比其他类型的细胞中的染色体粗 100 倍。在幼虫发育期间，这些细胞停止了分裂，但体积不断增大，DNA 继续进行复制，以维持细胞的高分泌活性。复制的 DNA 链并不分开而是平行排列，产生的巨型染色体中所含 DNA 链是正常染色体的 1024 倍（图 12-44）。

在光镜下观察染色的多线染色体，可见一系列交替分布的带和间带（interband）。同一种属中的不同个体间多线染色体的带型基本一致，但不同种果蝇的多线染色体的带型差别很大。后来发现带型与基因有关，不仅如此，多线染色体的带在遗传分析中有重要作用，如比较不同种多线染色体的带型可进行进化的研究。另外，多线染色体并非是细胞内的惰性结构，而是动态的，含有很多在发育的特定阶段形成胀泡（puff）的区域，是 DNA 转录成 RNA 的结果。

12.5.3.2　灯刷染色体

灯刷染色体（lampbrush chromosome）是卵母细胞进行第一次减数分裂时，停留在双线期的染色体。它是一个二价体，含 4 条染色单体，由轴和侧丝组成，形似灯刷（图 12-45）。染色体轴由染色粒（chromomere，是指染色质凝缩而成的颗粒）轴丝构成，每条染色体轴长 400μm，从染色粒向两侧伸出两个相类似的侧环，伸出的环是对称的，一个平均大小的环约含 100kb DNA。

灯刷染色体的形态与卵子发生过程中营养物储备是密切相关的。大部分 DNA 以染色粒形式存在，没有转录活性；而侧环是 RNA 转录活跃的区域，一个侧环往往是一个大的转录单位，有的是由几个转录单位构成的。灯刷染色体侧环上的 RNA 主要是 mRNA，mRNA 与蛋白质结合形成无活性的 RNP 颗粒，这些颗粒储存在卵母细胞中，以便受精之后使用。与 DNA 结合并储存起来的蛋白质主要是转录因子，如 FRGY2，在卵母细胞生长过程中可选择性地调节基因表达。

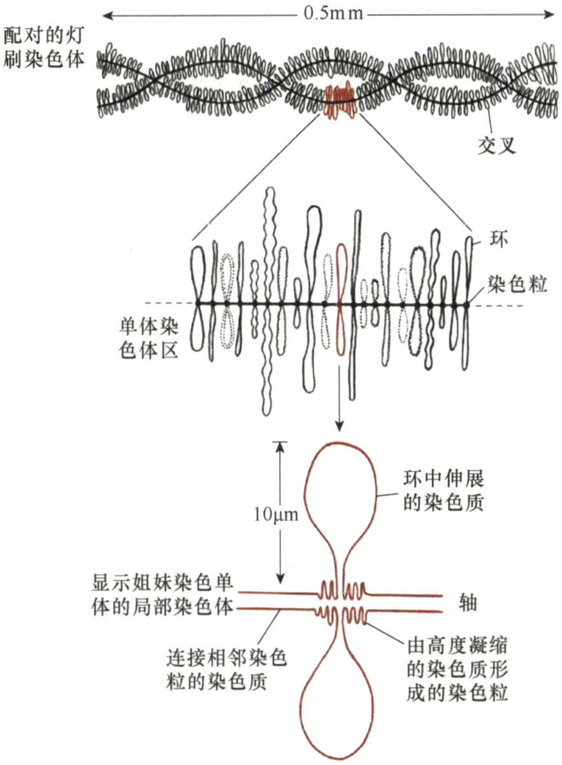

图 12-45 灯刷染色体的形态结构（引自 Kleinsmith and Kish，1995）。灯刷染色体在染色粒轴丝上间隔形成侧环，环是成对的，但是由不同的染色质产生，环上还有 RNA 覆盖。

灯刷染色体除了具有合成和储存的作用外，对于卵子发生期的核糖体合成有重要作用。在卵子发生的生长期，需要大量的核糖体；细胞核必须将大量的核糖体 RNA 供给细胞质体积已经很大的卵母细胞，这势必给细胞核中核糖体基因的转录带来沉重的负担。为缓解这一问题，需要选择性地扩增 rRNA 基因，其结果是 rRNA 基因的拷贝数成千倍地增加，这就相当于增加了核仁的数量。

12.6 核仁与核基质

大多数真核生物细胞核的一个显著特点就是有一个大的球形的核仁存在，是细胞内核糖体亚基装配的部位。此外，细胞核中有类似于细胞质骨架的纤维网络，即核基质（nuclear matrix）。

12.6.1 核仁

12.6.1.1 核仁的形态

核仁（nucleolus）呈圆形或卵圆形，无界膜包被，是由多种组分形成的一种网状结构。

核仁的大小、形状和数目随生物的种类、细胞类型及细胞代谢状态而变化。蛋白质合成旺盛、代谢活跃的细胞，如分泌细胞、卵母细胞的核仁大，可占核体积的 25%。不具蛋白质合成能力的细胞，如休眠的植物细胞，其核仁很小。大多数细胞只含有 1～2 个核仁，但也有少数细胞含有几十个乃至几千个核仁（图 12-46）。

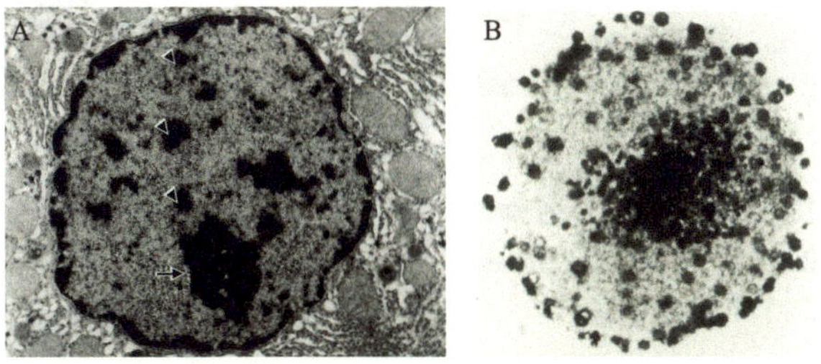

图 12-46 单核仁、多核仁与异染色质（改自 Cooper and Hausman，2013）。A. 异染色质与核仁。长箭头所指是单个核仁，短箭头所指是细胞核内的异染色质。B. 爪蟾卵母细胞核中进行 rRNA 扩增的多个核仁，有时多达几千个，满足细胞核内积累的 10^{12} 个核糖体。

12.6.1.2 核仁的基本结构

从形态上看，核仁是由三个球形的区域构成：纤维中心、致密纤维组分、颗粒区。①纤维中心（fibrillar center，FC）呈浅染区，位于核仁的中央部位，直径 2～3nm，能被 RNA 酶消化，由 DNA 和 RNA 组成。②致密纤维组分（dense fibrillar component，DFC）位于浅染区周围，直径为 5～10nm，含有正在转录的 RNA 分子。③颗粒区（granular component，GC）呈致密的颗粒，直径为 15～20nm，位于周边，代表已合成的核糖体前体颗粒。图 12-47 是人的成纤维细胞超薄切片的电镜照片。

12.6.1.3 核仁的功能

核仁是细胞合成核糖体的工厂，涉及 rRNA 的转录加工和核糖体大小亚基的装配。

核仁中的 rRNA 是由专一的 RNA 聚合酶 I 转录的。真核细胞中，rRNA 基因存在于特定的染色体上，并且有恒定的拷贝数。

每个 rRNA 基因转录单位由 RNA 聚合酶 I 转录，产生相同的初始转录物——前 rRNA。负责前 rRNA 加工的酶是 RNase，在人的 45S rRNA 前体上有 110 多个甲基化位点，这些甲基化的核苷酸序列全部进入加工后成熟的 rRNA 分子中。据此认为，这些甲基化位点可能是加工过程中酶的识

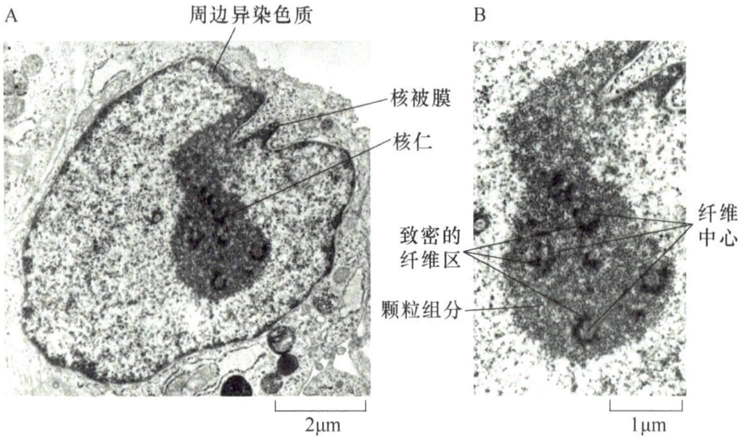

图 12-47 人成纤维细胞中核仁的电子显微镜照片（引自 Alberts et al., 2008）。A. 完整的细胞核。B. 正在进行 rRNA 基因转录的核仁，显示了三个不同的区域。

别标记。

实际上，核仁中 rRNA 的合成、加工与核糖体的装配是同步进行的。核糖体亚基的装配是一个十分复杂的过程。研究表明，30min 内，首先是核糖体小亚基在核仁中成熟产生，很快出现在细胞质中；而 28S rRNA、5.8S rRNA 和 5S rRNA 组装成大亚基需要 1h。图 12-48 是核糖体亚基在核仁中的装配与运输。

60S 核糖体亚基的输出需要受体运输蛋白，根据对酵母突变体的研究，发现 60S 核糖体亚基的受体蛋白是 Crm1。Crm1 不能直接与 60S 亚基结合，需要一种称为 Nmd3 的衔接蛋白介导。此外，60S 核糖体亚基的输出至少还需要另外两个受体：Mtr2/Mex67。40S 的核糖体亚基的输出受体也是 Crm1，但不需要衔接蛋白 Nmd3。无论是 60S 亚基还是 40S 亚基的输出，都需要 Ran-GTP。

由于核糖体是合成蛋白质的机器，只要控制了核糖体的合成和装配，就能有效地控制细胞内蛋白质的合成速度，调节细胞生命活动的节奏。因此，从某种意义上说，核仁实际上调控着蛋白质的合成。

12.6.2 核基质与核骨架

组成染色质纤维的 DNA 和蛋白质占细胞核总质量的 80%～90%，因此推测只要去除细胞核内的染色质纤维，细胞核就会解体。令人惊讶的是，1974 年 Berezney 和 Coffey 首次用 DNase 和去垢剂处理细胞核，除去了 95% 的核物质后，剩下的竟是水不溶的纤维网络，这种结构称为核基质。

12.6.2.1 核骨架的结构与化学组成

由于一开始不知道细胞核内有蛋白质纤维的存在，所以核基质就成为细胞核内除染色质及核仁外所有物质的总称，后来在核内发现了蛋白质纤维，并发现细胞核内的蛋白质纤维与细胞质骨架在结构组织与功能上有相似之处，从而将其称为细胞核骨架。此时，核基质自然被理解为核骨架，即核基质与核骨架混同，其概念可以互用。

严格地说，核基质与核骨架的概念是不同的，核基质包括细胞核内的液体（核液）和蛋白质纤维两个部分；细胞核骨架（nuclear skeleton）是细胞核内所有由蛋白质组成的纤维网络结构，包括染色体装配支架、与内核膜相连的核纤层。核骨架通过内、外核膜穿膜蛋白的连接作用，与细胞质骨架连成一个整体（图 12-49）。

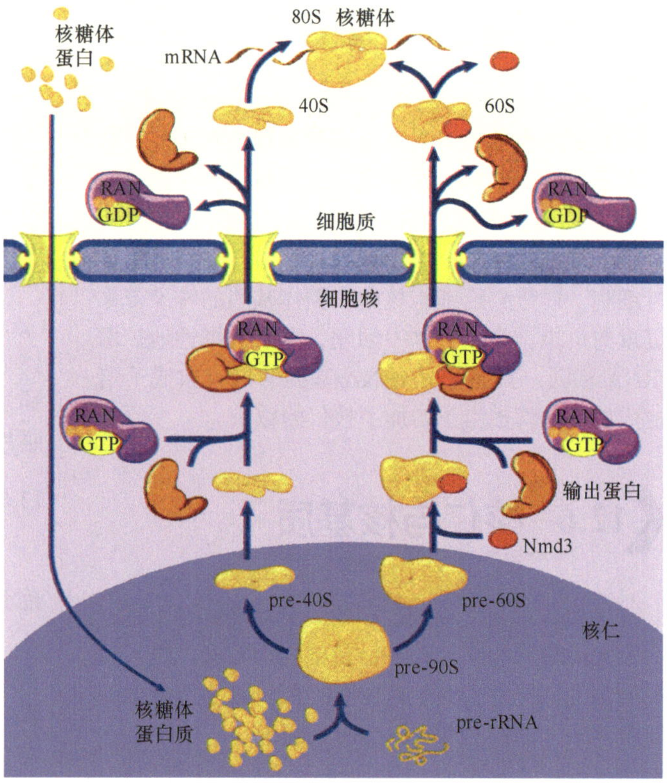

图 12-48 核糖体亚基在核仁中装配与运输（引自 Plopper，2016）。细胞质中合成的核糖体蛋白质输入细胞核后，与核仁中转录加工的 pre-rRNA 装配成 90S 的前体核糖体，进一步加工形成大小不同的两个核糖体前体亚基：pre-40S 与 pre-60S。经核孔转运到细胞质后，加工成成熟的 40S 与 60S 两个亚基，参与蛋白质的合成。

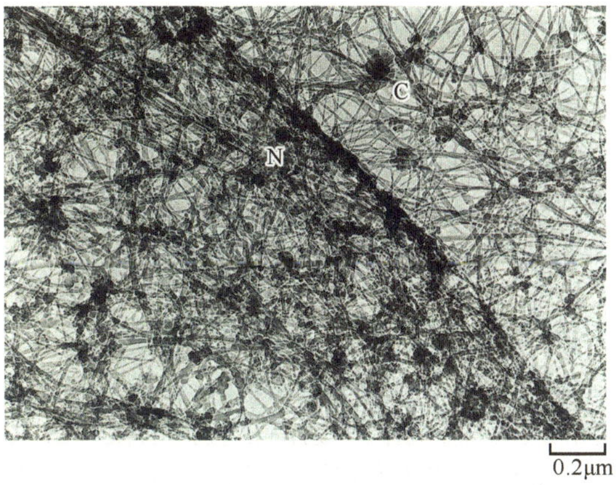

图 12-49 细胞质与细胞核骨架网络（引自 Karp，2010）。用高盐和 DNase 去除了 DNA，并用去垢剂抽提的鼠成纤维细胞的电子显微镜局部照片所显示的细胞骨架网络结构。C 表示细胞的细胞质区域，N 表示细胞核。可见细胞核与细胞质间有明显的界限，C 区是细胞质骨架，N 区是细胞核骨架。

核骨架主要是由一些目前还不太了解的蛋白质纤维组成，在纤维装配时也不像细胞质骨架那样有序，但是，在核骨架蛋白纤维形成时，RNA 似乎具有重要作用，因为当用去垢剂、DNase 和高盐处理细胞后可得到不溶性的蛋白质纤维，若是再加上 RNase 处理抽提细胞就不再有蛋白质纤维了。

前面讨论的 DNA 由 30nm 染色质纤维包装成超螺线管时，染色质要在蛋白质骨架上形成放射环结构，后来发现这种蛋白质骨架中有拓扑异构酶的存在，推测该酶也是核基质的组成成分。

核纤层的化学本质是中间纤维蛋白，有一定的结构。

12.6.2.2 核骨架的功能

由蛋白质纤维组成的核基质分布在整个细胞核内，参与和支持 DNA 的各种功能，包括 DNA 复制、转录、加工、接收外部信号及维持染色质的结构等，作用方式主要是提供作用位点。

1）染色体装配支架　在染色体包装时需要非组蛋白作为染色体支架（chromosome scaffold）。在间期，染色质以 30nm 纤维的形式存在于细胞核中，这需要在染色体骨架上将核小体 10nm 纤维进行压缩。为了证明染色体骨架的存在，可分离有丝分裂前的染色体，并用溶液溶解组蛋白和大多数主要的非组蛋白，然后在电子显微镜下观察，可见一完整的染色体框架（framework）或支架（scaffold）（图 12-50A）。推测染色体支架是细胞核中的核基质蛋白。当细胞进入有丝分裂前期时，非组蛋白的染色体骨架形成中心轴，染色质通过染色质结合蛋白在染色体支架上进一步压缩包装，形成放射环（图 12-50B）。

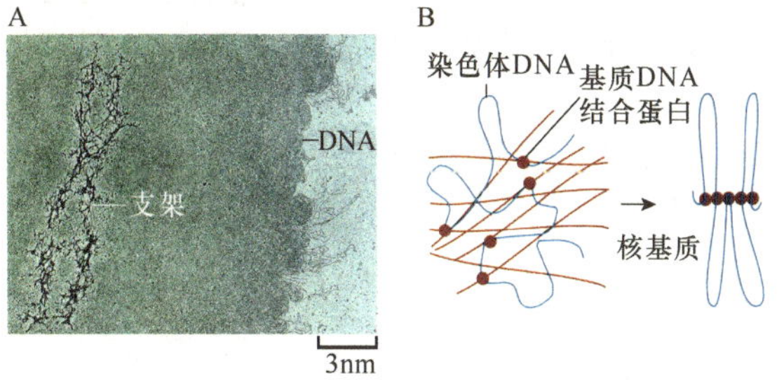

图 12-50 染色体装配支架及放射环（引自 Karp，2010）。A. 用除去了大多数组蛋白和非组蛋白后剩下的染色体支架。B. 染色质沿染色体支架轴形成放射环。

采用不同荧光标记的探针与人的间期细胞 DNA 进行原位杂交证实了染色质纤维环的存在。实验中，探针的使用是一个关键，这些探针的作用位点最好是靠近推测的特定 DNA 序列，即支架结合区［(scaffold-associated region，SAR)，又称基质结合区（matrix-associated region，MAR）］。SAR 是位于转录的活性基因两端（或放射环两端）的 DNA 序列，富含 AT。SAR 中含有拓扑异构酶 Ⅱ 的作用位点。通过 SAR 与拓扑异构酶结合，从而将染色质锚定于核骨架上，并形成染色质纤维环（图 12-51）。原位杂交分析染色质放射环的原理是：由于各探针在活性 DNA 上作用位点间的距离都在几百万碱基对，如果这些位点都在同一个放射环上，那么杂交后显示的距离就很近。

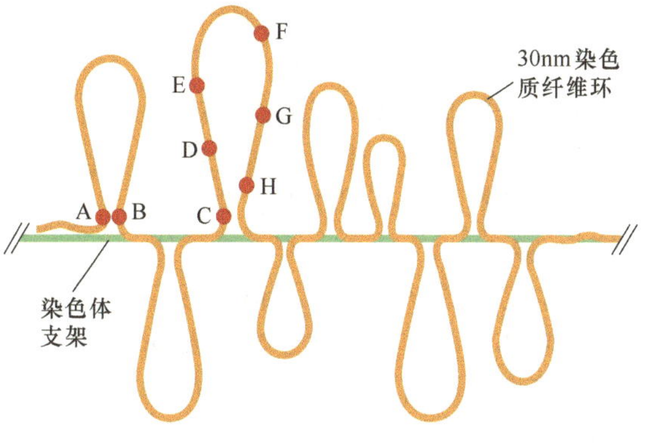

图 12-51 间期染色质纤维环的实验证明（引自 Lodish et al.，2000）。图中的 A～H 表示不同的探针，其中 A 和 B 的杂交位点在同一个环，其他的在另一相同环内。

2）核内酶促反应装置及锚定　细胞核内重要的生命活动是 DNA 复制、RNA 转录、RNA 加工，这些活动都需要有工作的平台，如 DNA 复制需要有复制小体（replisome），RNA 转录需要有 RNA

聚合酶Ⅱ全酶（holoenzyme）复合物，RNA的剪接需要形成剪接体（spliceosome）。研究揭示，这些酶促反应装置都是附着在蛋白质纤维上（图12-52），细胞核内的蛋白质纤维显然就是核骨架了。这就意味着，当复制、转录、剪接发生时，这些蛋白质的酶促装置被锚定在核骨架，核酸就可以沿着反应复合物进行移动。

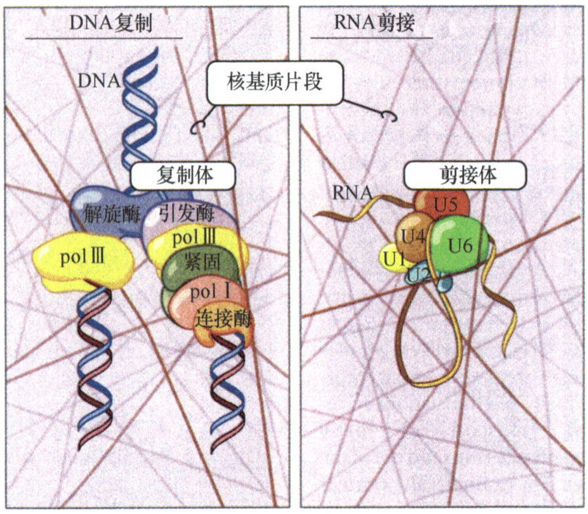

图12-52 核内酶促反应装置的锚定（引自Plopper，2016）。核基质为酶促反应装置提供锚定位点，使得各种酶促反应装置互不干扰。图中显示的DNA复制时形成的复制体与转录过程中形成的剪接体分别锚定在不同区域的核基质中，保持了它们各自的独立性。

核纤层蛋白装配成核纤层纤维网络后附着在内核膜上，成为膜骨架，极大地增强了核膜的机械强度，实际上为细胞核的形态与功能提供了结构支持（structural support）。细胞核内的染色质通常要组成大的染色体环，核纤层为染色质提供锚定位点，从而介导了染色体环的形成。

在有丝分裂前期，细胞核需要拆除，核孔复合物与核纤层都需要去装配，而核被膜则被片段化。在细胞核拆除过程中，至少有部分核孔蛋白及核纤层蛋白被有丝分裂激活的周期蛋白依赖性激酶磷酸化。此时，某些NPC蛋白与核输入受体结合在一起，这些蛋白质在以后的细胞核重建中起重要作用。与核孔复合物解离的核被膜蛋白、核纤层蛋白，以及染色质散布在整个细胞中。通过对细胞核膜的拆除，染色质与细胞质之间的“隔离墙”解体，使得不再与膜或染色体结合的核蛋白完全与细胞质蛋白质混合在一起。在有丝分裂后期，核膜片段与分离开的子染色体重新装配成新的细胞核（图12-53）。此外，在核孔运输中发挥了关键作用的Ran-GTPase，在有丝分裂与细胞核的重建过程中也具有重要作用。

3）核纤层在核膜结构维持与重建中的作用　核纤层位于内核膜的下方，是一种纤维网络，为细胞核提供结构支持。核纤层是由核纤层蛋白单体组装起来的多聚体纤维。组装的第一步是由两个核纤层蛋白多肽链通过各自的α螺旋区相互缠绕形成螺旋化的螺旋（coiled coil）；第二步是二聚体通过头-尾连接形成长的多聚体；第三步是多聚体之间通过侧向连接形成核纤层。核纤层蛋白可以通过两种方式与内核膜相连：第一种方式是在核纤层蛋白翻译后在C端的一个半胱氨酸残基上添加脂，然后通过脂锚定的方式将核纤层蛋白结合到内核膜；第二种方式是核纤层蛋白与内核膜的膜蛋白结合，结合的内核膜蛋白将核纤层蛋白组织成为网络结构，并介导与内核膜结合。

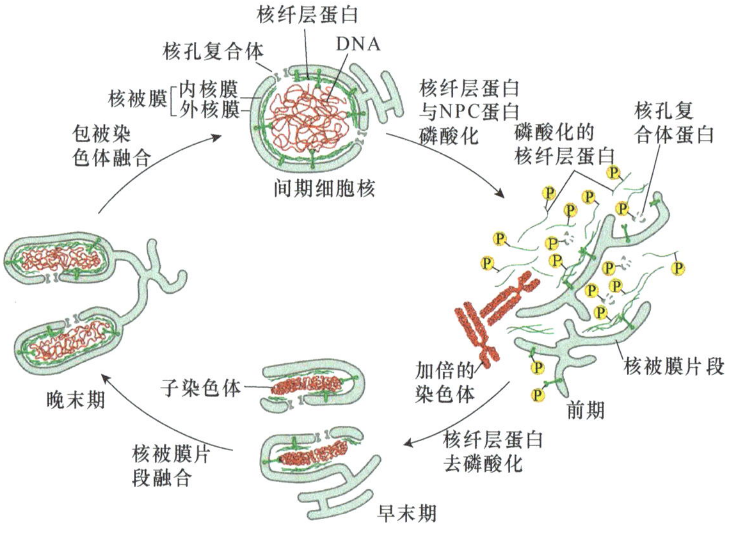

图12-53 有丝分裂中核被膜与核纤层的解离和重建（引自Alberts et al.，2015）。核纤层蛋白的磷酸化，触发核纤层的去装配。核纤层的去装配引起核被膜的断裂。核纤层蛋白的去磷酸化，则触发相反的过程，即核被膜的重建。某些核孔蛋白、内核膜蛋白发生类似的磷酸化与去磷酸化循环。在核被膜的重装配过程中，还涉及其他一些蛋白质的去磷酸化。核被膜的重新装配是从单个凝缩的染色体开始的，即核被膜片段先将单个凝缩的子代染色体包裹起来，最后融合成新的细胞核。

本章小结

细胞核是细胞的遗传机构，主要有两个功能：一是通过遗传物质的复制和细胞分裂保持细胞世代间的连续性；二是通过基因的选择性表达，控制细胞的活动。

真核生物的细胞核被双层的核被膜包裹着，核被膜由外核膜、内核膜、核周隙、核孔复合体和核纤层5个部分组成。

核孔复合物的结构是一个围绕中央通道的8对称圆柱形结构，核孔的中央部分有8个辐条环，在辐条环的细胞质面有胞质环，在辐条环的核质面有核质环，在核质环上有8条伸向核质的纤维，形成核篮。核孔复合体具有选择性运输作用，核蛋白进入细胞核须由核定位信号（NLS）及输入受体介导，且要有一种小GTP结合蛋白的帮助。输出需要有输出信号、输出受体等。各种RNA的输出都是由输出受体介导的。

第一个被发现的分子伴侣是核质蛋白，它介导核小体的组装。分子伴侣的功能有：帮助蛋白质折叠和装配、帮助蛋白质的转运和定位、参与应激反应、参与染色体重塑、参与内质网中蛋白质的质量监控等。

染色质是细胞间期细胞核内能被碱性染料染色的物质，由DNA和蛋白质组成。染色体是由染色质压缩包装而成的棒状结构，是中期染色质的表现形式。组蛋白是真核生物染色体的基本结构组分，有H1、H2A、H2B、H3、H4 5种类型。其中，H2A、H2B、H3、H4为核小体核心组蛋白；H1在构建核小体时起连接作用。组蛋白的某些氨基酸侧链常会被磷酸化、乙酰化或甲基化修饰，这些修饰对保护、稳定和调控遗传物质的功能起重要作用。根据染色反应不同，染色质分为异染色质与常染色质，异染色质通常没有转录活性。

核小体是染色质的基本结构，由146个碱基对的DNA在八聚体的组蛋白外绕了$1\frac{3}{4}$圈，H1位于核小体DNA的进出口处，DNA经过4级包装形成染色体。

着丝粒又称主缢痕，动粒是装配在着丝粒外侧的蛋白结构，细胞分裂时提供与纺锤体微管结合的位点。

某些生物在发育过程中，某些组织的细胞会出现巨大染色体，包括多线染色体和灯刷染色体。

核仁由纤维区、颗粒区、核仁染色质、基质四部分组成。它是一种动态结构。核仁的主要功能是合成rRNA、装配核糖体，也在一定程度上控制着蛋白质合成的速度。

核骨架是细胞核内由蛋白质组成的纤维结构，包括核纤层。主要功能是维持细胞核的空间结构、为染色体压缩提供支架、为细胞核内酶促反应机器提供锚定位点、维持核膜的稳定及重建等。

思考题

（1）为什么真核细胞需要细胞核作为独立的区室，而原核细胞没有核膜也能生存？
（2）什么是核纤层？结构上有哪些特点？有哪些生物学功能？
（3）核孔复合体最重要的功能是物质运输，也是细胞内最为复杂的运输，简述核孔复合物的运输有哪些特点。
（4）何谓分子伴侣？举例说明分子伴侣的重要性。
（5）什么是染色体结构维持蛋白？结构上有什么特点？有什么作用？

13 细胞周期与细胞分裂

生长和增殖是生物的基本特性，无论是单细胞的生物还是多细胞的生物，每个细胞都必须进行生长和分裂。细胞通过分裂形成的新细胞必须具有与亲代细胞相似的遗传性，因此，细胞分裂的前提是遗传物质的复制、各种细胞器及生物大分子的倍增与细胞体积的增大。细胞通过分裂，将复制的遗传物质均等地分配到两个子细胞中，保证了细胞遗传的稳定。

13.1 细胞周期时相及研究方法

人们习惯于用“周期”一词来思考生物学过程，包括生命周期、代谢周期、生理周期。生命是从一代向下一代传递的连续过程，因此是一个不断更新、不断从头开始的过程。就一代细胞而言，细胞的生命开始于产生它的母细胞的分裂，结束于它的子细胞的形成，或是细胞的自身死亡。通常将通过细胞分裂产生的新细胞的生长开始到下一次细胞分裂形成子细胞结束为止所经历的过程称为细胞周期（cell cycle）（图 13-1）。在这一过程中，细胞的遗传物质复制并均等地分配给两个子细胞。

13.1.1 细胞周期的时相及细胞类型

细胞周期是一个相当复杂的过程，不同类型的细胞周期持续的时间不完全相同，且细胞的分裂状态也各不相同。

13.1.1.1 细胞周期的时相

根据光学显微镜所观察到的细胞分裂时的活动，将细胞周期分为两个主要的时期：有丝分裂期（mitotic phase）和间期（interphase）。有丝分裂期简称为 M 期（M phase）。

M 期包括细胞的核分裂和胞质分裂两个过程。在有丝分裂的过程中，复制的染色体被分配到两个子细胞核中；胞质分裂则是将整个细胞一分为二，形成两个子细胞。M 期所持续的时间较短，一般为 30～60min；分裂间期的时间跨度较长，根据细胞的类型和所处的条件不同而不同，有几小时、几天、几周或更长。

间期实际上是新细胞的生长期，根据新细胞从开始生长起到分裂前止的分裂间隔期中的生理和生化变化，可分为 G_1 期（gap1 phase）、S 期（synthetic phase）、G_2 期（gap2 phase）。细胞周期所持续的时间一般为 12～32h；人的细胞周期约为 24h，其中分裂期 0.5h，G_1 期 9h，S 期 10h，G_2 期 4.5h。

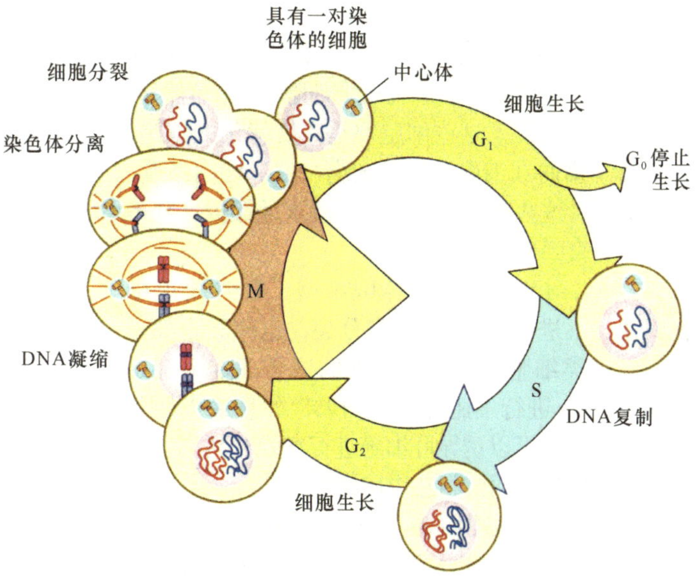

图 13-1　细胞周期及染色体行为（引自 Plopper，2016）。

不同生物的细胞周期时间是不同的，同一系统中不同细胞的细胞周期时间也有很大的差异。一般说来，S 期、G_2 期、M 期的时间变化较小，而 G_1 期持续时间的差异可能很大。例如，小鼠食管和十二指肠上皮细胞同属于消化系统，但它们的细胞周期时间却明显不同，分别为 115h 和 15h。这种差异主要是由 G_1 期的不同造成的，因为食管上皮细胞的 G_1 期长达 103h，而十二指肠上皮细胞的 G_1 期仅为 6h。由此看来，细胞周期的长短主要取决于 G_1 期的长短。

卵受精后产生的胚胎细胞周期比较特别，不仅短（30min 或以下），而且没有 G_1 期与 G_2 期，仅有 M 期与 S 期，并且都非常之短（图 13-2）。

与快速分裂的早期胚胎细胞相反，成年动物的某些细胞会停止分裂（如神经细胞），还有一些细胞处于停止分裂状态，只是在有需要的情况下才进行分裂，如因细胞损伤或死亡，需要产生新细胞进行取代或补充。此类细胞包括皮肤的成纤维细胞、某些内部器官（如肝细胞）等。这些停止分裂的细胞脱离了 G_1 期，处于一个相对静止的时期——G_0 期，在该时期，细胞保持代谢活性，但不再进行增殖。某些 G_0 期的细胞在合适的环境信号的召唤下重新进入细胞周期，但有些类型的细胞，包括成年动物中大多数分化的细胞则是永久性脱离了细胞周期，不再进行分裂。

13.1.1.2　细胞周期和细胞类群

在正常的情况下，一个完整的细胞周期应包括 4 个时相，细胞沿着 G_1→S→G_2→M 期的路线运转，通过 M 期，母细胞一分为二产生两个子细胞。但在细胞社会中，不仅细胞彼此分工不同，分裂行为也有所差异。根据细胞的分裂行为，可将真核生物细胞分为以下三类。

1）持续分裂细胞　又称周期性细胞，即在细胞周期中连续运转的细胞。机体内某些组织需要不断地更新，组成这些组织的细胞就必须通过不断分裂产生新细胞。此类细胞的分裂周期非常正常，有丝分裂的活性很高。例如，性细胞（包括卵母细胞和精原细胞）不断地产生配子；造血干细胞不断地产生红细胞和白细胞；上皮基底层细胞通过分裂不断补充表面老化死亡的细胞；植物的根茎尖端细胞通过分裂进行生长等。这些类型的细胞都是具有

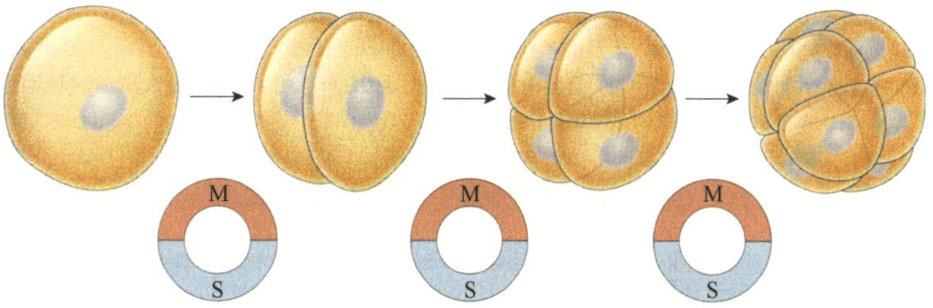

图 13-2　胚胎细胞周期（引自 Cooper and Hausman，2016）。在早期细胞胚胎周期中，卵细胞质（egg cytoplasm）快速分裂成小细胞。此时细胞不会生长，缺少 G_1 期、G_2 期，只有短的 S 期与 M 期。

正常周期的持续分裂细胞。

2）终端分化细胞　即永久性失去了分裂能力的细胞，它们不可逆地脱离了细胞周期，但保持了生理活性机能。这些细胞都是高度特化的细胞，如哺乳动物的红细胞、神经细胞、多形性白细胞、肌细胞等，这些细胞一旦分化，就永远保持这种不分裂状态直到死亡。

3）G_0 细胞　又称休眠细胞，暂时脱离细胞周期，不进行 DNA 复制和分裂，也称静止细胞群。但这类细胞可在某些条件的诱导下重新开始 DNA 合成，进行细胞分裂。例如，外科手术切除部分肝组织后可以诱导肝细胞进行细胞分裂，淋巴细胞可通过与抗原的相互作用诱导增殖。

在胚胎发育早期（卵裂期），所有的细胞均为周期性细胞，以后随着发育成熟，某些细胞进入了 G_0 期，某些细胞分化后丧失分裂能力。到成体时，只有少数细胞处于增殖状态，它们的增殖仅作为补充丢失的细胞，或对外界信号的应答。

13.1.2　细胞周期各时相的合成活动

在细胞周期的不同阶段中，生化合成反应是不同的。

1）G_1 期　G_1 期是从有丝分裂完成到 DNA 复制前的一段时期，又叫合成前期。此期主要合成 rRNA、蛋白质、脂类和糖类。在 G_1 期的后期，DNA 合成酶的活性大大增加。

G_1 期进入 S 期与 S 期激活因子有关。如将 S 期和早 G_1 期细胞融合，S 期细胞可以诱导 G_1 期细胞提前进入 S 期，表明早 G_1 期细胞尚未出现 S 期激活因子。

2）S 期　S 期即 DNA 合成期（DNA synthesis phase）。细胞周期中 S 期是最重要的一个时期，在此期，除了 DNA 合成外，同时还会合成组蛋白。此外，DNA 复制所需的酶都在这一时期合成。

组蛋白的合成主要是在 S 期。在 S 期，组蛋白的 mRNA 水平可增加 50 倍。也就是说，DNA 的合成和组蛋白的合成在时间上是同步的，在密度上是相应的，从而使新合成的 DNA 得以及时包装成核小体。另外，推测组蛋白具有 DNA 复制延长因子的作用，没有组蛋白，DNA 的复制就会停止。

此外还发现 DNA 复制时，不同的序列复制先后顺序不同，具有时序性，即常染色质复制在先，异染色质在后；能转录的 DNA 先复制，不能转录的 DNA 后复制；GC 含量高的 DNA 复制在先，AT 含量高的在后。

3）G_2 期　G_2 期是 DNA 合成的后期。在这一时期，主要是大量合成 ATP、RNA、蛋白质，包括微管蛋白和促成熟因子等，为有丝分裂做准备。

4）分裂期　分裂期包括核分裂和胞质分裂，并形成两个子细胞的过程。这一时期的主要特点是染色体凝缩，并且在纺锤体的作用下，两个姐妹染色单体被均等地分配到两个子细胞。虽然 M 期在整个细胞周期中的时间很短，但过程很复杂，分为有丝分裂与胞质分裂两个阶段，而有丝分裂又分为 5 个时期（图 13-3）。

13.1.3　细胞进程与同步化研究

细胞各不同时相的生化合成活动是随着细胞生命的进程而变化。如同人类社会，在细胞群体中并非都是整齐划一的处于同一个时期，因此，研究细

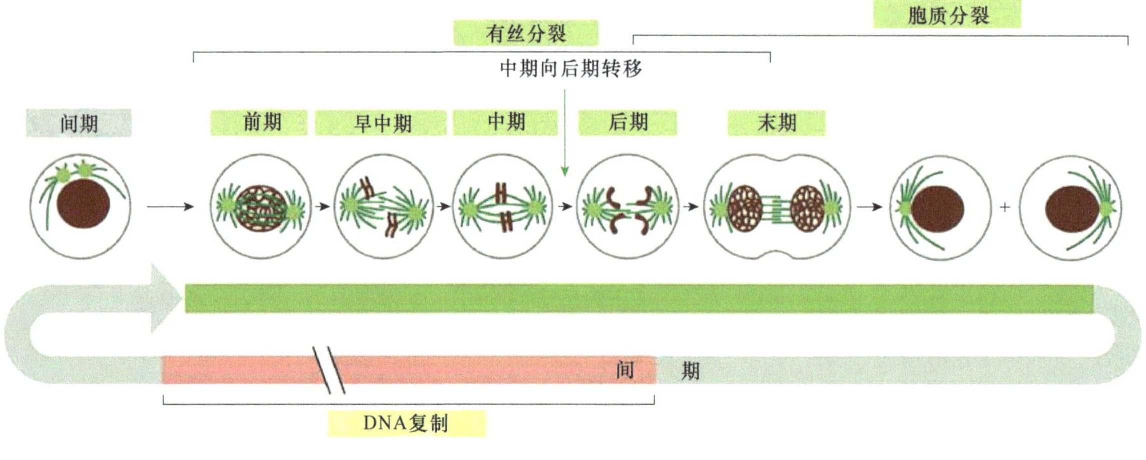

图 13-3　真核细胞分裂期的主要事件（引自 Alberts et al.，2015）。在显微镜下很容易观察到真核细胞有丝分裂与胞质分裂，包括有丝分裂的 5 个过程。

胞进程及获得同步化的细胞十分重要。

13.1.3.1 细胞进程的研究

在细胞学的研究中，如何知道细胞处于细胞周期的哪一个阶段？最简单的方法就是在显微镜下观察。培养的哺乳动物细胞中隆起且变圆的细胞就是处于有丝分裂的细胞（图 13-4A）；如果是芽殖酵母，在显微镜下更容易观察，通过其大小的变化就可以推测处于细胞周期的哪一个阶段（图 13-4B）。

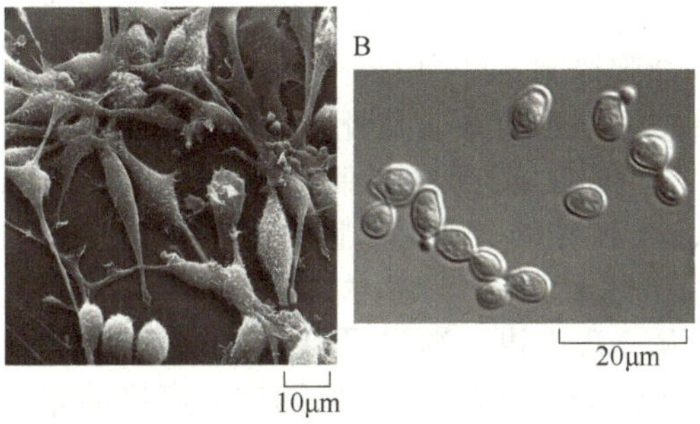

图 13-4 显微镜下观察培养细胞的进程（引自 Alberts et al.,2015）。A. 培养的大鼠成纤维细胞的扫描显微镜照片。左下部位隆起变圆的就是进行有丝分裂的细胞。B. 芽殖酵母的形态：未出芽的是 G_1 期细胞，根据形态推测其他一些细胞是 S 期、M 期细胞。

在培养的哺乳动物细胞群体中，所有的细胞都在快速增殖，但不是同步的。一般而言，在非同步培养的细胞群体中有 30%～40% 的细胞是处于 S 期，可以通过免疫荧光标记进行分析，也可以通过对 DNA 含量测定推测细胞所处的时期。可用与 DNA 结合的荧光染料处理细胞后，用流式细胞仪（flow cytometer）快速检测 DNA 的含量，若 DNA 的量加倍，则细胞处于 S 期。还可以用流式细胞仪测定非同步生长的细胞群体的 DNA 含量，推测细胞的 G_1、S 和 G_2+M 期的长度（图 13-5）。

13.1.3.2 细胞同步化研究

通过细胞的体外培养和分析，发现处于细胞周期不同阶段的细胞，其形态学和生化特点有所不同，对辐射、药物、病毒的感染、酶诱导的敏感性也都有差异。由于 M 期较短，在一个培养的群体中，无论何时检查，只看到极少数细胞处于分裂状态。为了研究细胞周期不同阶段的生化特性，必须获得细胞周期一致性的细胞，这就是细胞的同步化（synchronization），同步化的细胞都处于细胞周期

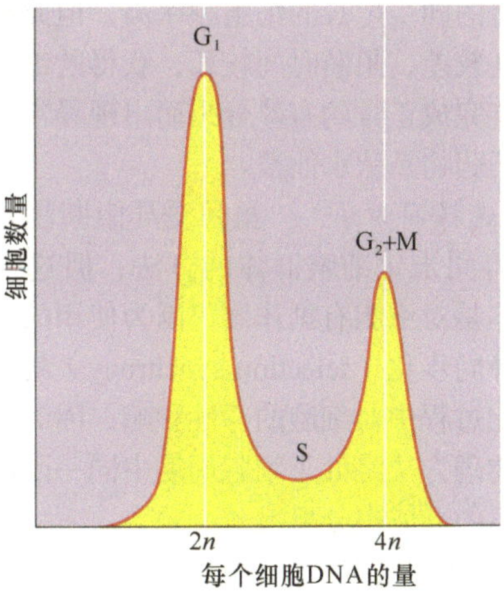

图 13-5 细胞 DNA 含量测定（引自 Cooper and Hausman, 2016）。用流式细胞仪分析检测非同步生长的细胞群体中各个时期的细胞数及 DNA 含量，结果揭示了该群体中处于 G_1 期、S 期，以及 G_2 期+M 期细胞的数量与 DNA 含量。

的同一个时相。

细胞同步化分为自然同步化和人工同步化。

自然同步化是自然界存在的现象，在动物、植物细胞都有发现，它们不受人为条件的干扰，因而有可能在接近自然的条件下进行观察，但自然同步化的细胞群体受到诸多条件的限制，对结果有很大的影响。人工同步化是利用细胞培养的方法，用各种理化因素处理获得同步化生长的细胞，常用的细胞人工同步化的方法分为选择同步化、诱导同步化或者两者的结合。

1）诱导同步法　诱导同步法（induction synchrony）是通过控制培养条件，将非同步培养中的所有或大部分细胞暂时性地阻止在细胞周期的某个阶段，最终使所有细胞达到同步化生长。常用的方法有改变温度、添加代谢抑制剂等，将细胞阻止在细胞周期的某一阶段。

（1）胸腺嘧啶阻断技术。高浓度的胸腺嘧啶能够阻断 DNA 合成所需的核苷酸的合成。因此，将细胞群体培养在具有高浓度的胸腺嘧啶的培养液中时，非同步化的细胞能够正常地通过 G_1 期，但到达 S 期时，因 DNA 的合成被阻断，这些细胞不能顺利通过 S 期进入 G_2 期。经过对 S 期的短暂阻断，再改变胸腺嘧啶的浓度，解除抑制，所有的细胞都开始 DNA 的合成，即获得处于同步生长的细胞。

（2）中期阻断法。某些药物可抑制微管的聚合，因而抑制有丝分裂器的形成，将细胞阻断在有丝分裂的中期。与 DNA 合成阻断法相比，中期阻

断法获得的同步生长的细胞频率高，但此种阻断法的可逆性较差，阻断时间较长，获得的细胞中有一部分不能完成正常的有丝分裂而出现异常分裂。常用的阻断药物是秋水仙素。

2）选择同步法　虽然诱导阻断法是广泛使用的获得同步化细胞群体的方法，但这种方法的主要缺陷是对细胞有副作用，因为使用的是毒性物质。选择同步化（selection synchrony）的方法可克服同步化过程中对细胞的毒性影响，因为选择同步化是用物理方法将处于细胞周期中同一阶段的细胞从非同步的群体中分离出来。

（1）有丝分裂选择法。该法根据细胞在细胞周期不同阶段的生理变化设计的一种方法。单层培养于细胞培养瓶内的非同步化的细胞群体中，处于对数期增殖的细胞分裂活跃，分裂指数高，分裂细胞变圆、隆起，与培养器的黏着性降低。此时轻轻摇动，M 期的细胞就会脱离器皿壁而悬浮于培养液中，其他阶段的细胞则不会脱落。倾出培养液储存于 4℃保存，再向培养瓶中加入 37℃新鲜培养液继续培养，经 1～2h，再如同上法收集 M 期的细胞。每 1～2h 摇动并收集细胞，最后集中所收集的培养液，离心后，可获得一定数量的 M 期的同步化细胞。此法的优点是不受药物的影响，同步化程度高；不足之处是分离的细胞少，操作烦琐。

（2）细胞沉降分离法。该法是另一种选择同步化的方法，主要用于悬浮培养的细胞。由于细胞在其周期过程中体积逐渐增大，所以处于细胞周期不同阶段的细胞体积不同。细胞在某一离心力场中的沉降速度与其半径平方成正比，因此可用沉降法分离因所处周期时相不同导致大小不同的细胞。此法也可用于贴壁生长的细胞，但因同一时相的细胞大小并非都是一致的，故用此法获得的细胞的同步化程度有限。

13.2 细胞周期调控

细胞周期的研究不仅是基础细胞生物学的重要研究课题，而且对于癌症的研究也有十分重要的意义，癌实际上是破坏了细胞分裂调控能力的一种疾病。

美国科学家 Hartwell、英国科学家 Hunt 和 Nurse 因发现了细胞周期关键分子的调节作用获得 2001 年诺贝尔生理学或医学奖。Hartwell 的主要贡献是发现了控制细胞周期的“START”基因，Hunt 的主要贡献是发现了细胞周期的关键调节物质 CDK（cyclin-dependent kinase，周期蛋白依赖性激酶），Nurse 的主要贡献是发现了调节 CDK 功能的 cyclin（细胞周期蛋白）。

13.2.1　细胞周期调控系统

多年来，人们一直认为，细胞周期的活动像是骨牌运动，细胞一旦进入 G_1 期，就会自动进入 S 期、G_2 期、M 期，并不知道细胞是否有一个周期调控系统，也不知道细胞周期的各个阶段是否有各自独立的控制机制。直到 20 世纪 80 年代后期，鉴定到细胞控制系统中的一个关键蛋白质，才认识到细胞周期进程并非是骨牌运动，而是受一个由蛋白质组成的细胞周期控制系统（cell cycle control system）调控的，确保细胞周期健康有序地进行，包括 DNA 的复制、染色体的分离。

从原理上讲，细胞周期调控系统像是一个计时器（timer），触发细胞周期按顺序启动相关过程。除了早期胚胎细胞分裂的细胞周期比较特殊外，大多数细胞的周期调控系统都是通过信息控制的，也就是细胞周期的上一个事件的信息将会对下一个事件产生影响。图 13-6 是简化的细胞周期调控示意图。

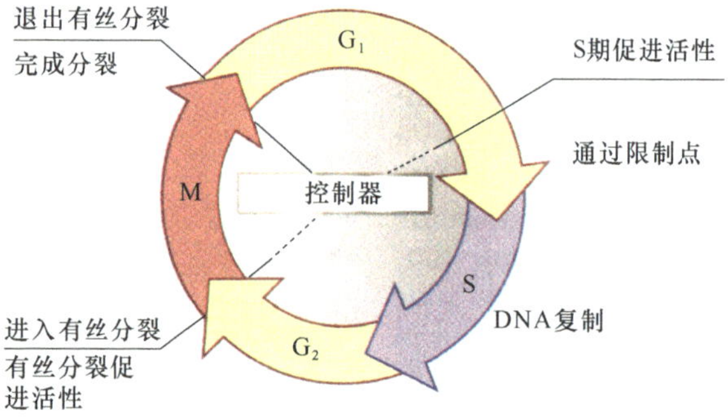

图 13-6　细胞周期控制系统（引自 Plopper et al，2015）。细胞周期中的基本事件及控制，如 DNA 复制、有丝分裂、胞质分裂都是通过中央的细胞周期控制系统控制的。中央控制系统如同一个顺时针移动的指针，当它到达某一位置时触发一个反应。

13.2.2　有丝分裂促进因子的发现与鉴定

实际上，细胞周期的控制系统是一个典型的生化操作装置，这种装置由一套相互作用的蛋白质组成，正是这些蛋白质间的相互作用，调控细胞周期的进程。

13.2.2.1 细胞融合实验

细胞周期的控制有两个主要事件：一是对DNA复制起始的控制，发生在G_1期和S期之间；二是对染色体凝缩的控制，发生在G_2期和M期之间。1970年，Colorado大学的Rao和Johnson通过一系列的细胞融合实验打开了认识细胞周期中这两个事件的大门。

Rao和Johnson想知道在细胞质中是否含有影响细胞周期活性的调节因子，他们用处于细胞周期不同阶段的同步化的细胞进行融合，看看结果会有什么不同。首先他们将同步培养的G_1期的HeLa细胞与S期的大鼠Kangaroo PtK2细胞进行融合，其目的是想了解G_1期的细胞中是否含有阻断S期细胞核中DNA复制的因子，还是在S期的细胞质中含有促进G_1期细胞DNA复制的因子。他们发现，G_1期的细胞质受到S期细胞质的激活，开始了DNA复制，这一实验结果表明，正在进行复制的细胞的细胞质中含有促进G_1期细胞进行DNA复制的起始因子。与此相反，他们将S期的细胞与G_2期的细胞进行融合，发现G_2期的细胞核不能再启动DNA的复制，这表明，S期细胞质中的DNA复制起始因子对于已进行了DNA复制的G_2期的细胞核没有作用。

其他一些融合细胞实验得到了更有意义的结果。例如，将处于分裂期的细胞与处于细胞周期其他阶段的细胞融合，M期的细胞质总是能够诱导非有丝分裂的细胞中的染色质凝缩，将这种现象称为超前凝聚染色体（prematurely condensed chromosome，PCC）。由于G_1期、S期和G_2期细胞中染色质的复制状态不同，PCC的结果也不相同，如与M期细胞融合的G_1期的染色体为单线状，S期染色体为粉末状，G_2期染色体为双线状（图13-7）。至于为什么S期的细胞与M期的细胞融合、超前凝聚染色体呈粉末状，其原因是正在复制的DNA易受损伤，是DNA断裂的结果。

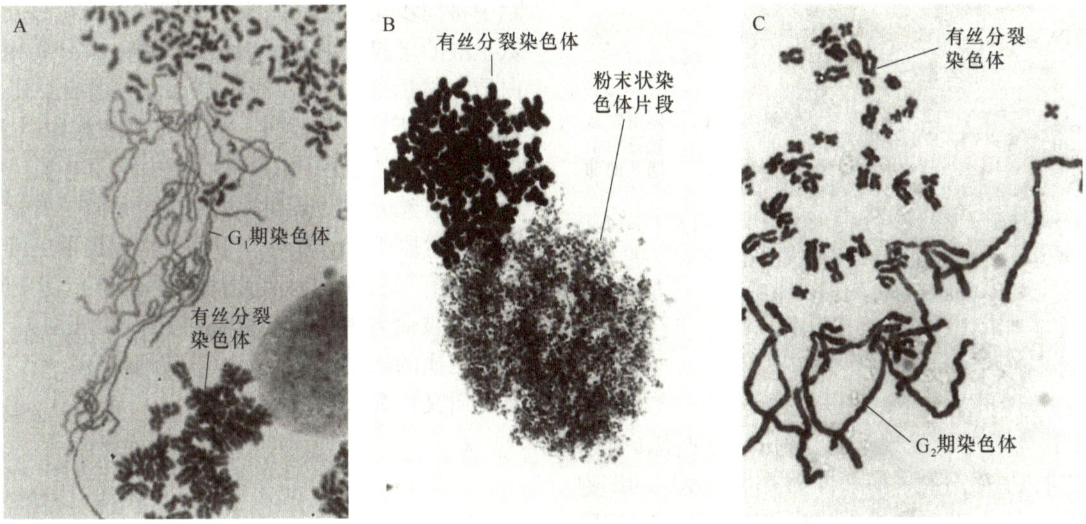

图13-7 染色体超前凝聚实验（引自Karp，2010）。将同步化培养的M期HeLa细胞分别与大鼠Kangaroo PtK2间期不同阶段同步化的细胞融合，产生形态各异的超前凝聚的染色体。A. M+G_1；B. M+S；C. M+G_2。

13.2.2.2 促成熟因子的发现

染色体超前凝聚实验的结果，让人们有理由相信：处于M期的细胞中一定有一种使染色质由松散状态凝缩成染色体的物质，将这种物质称为扩散因子（diffusible factor）。

虽然细胞融合实验揭示了促进染色质凝缩的扩散因子的存在，但没有证明这些因子的化学本质是什么。为了进一步研究促使G_1期细胞DNA复制及诱导细胞提前进入有丝分裂的扩散因子的本质，用蛙和无脊椎动物的卵母细胞及早期的胚进行了一系列的实验。一些动物的受精卵特别适合作为细胞周期的研究材料，因为这些卵细胞特别大，如蛙的卵细胞的直径可达1mm，并且在受精后进行快速胚胎发育，通过细胞周期进行分裂，产生许多小细胞。在每个细胞周期之间，G_1期和G_2期很短，或没有G_1期和G_2期，但是都有S期和M期。在受精卵的发育早期，没有新基因的转录，因为胚胎早期发育阶段所需的mRNA和大多数蛋白质都是在卵母细胞形成时就合成好了并被包装在成熟的卵细胞中。另外，在早期的细胞分裂周期中，细胞也不会生长，所有的细胞都是通过对称分裂形成两个小细胞。

通过对非洲爪蟾（*Xenopus laevis*）卵细胞成熟的研究，使得诱导细胞有丝分裂扩散因子化学本质的鉴定有了突破性进展。从成年的雌性蛙的卵巢中取出卵母细胞，然后在体外用孕酮（progesterone）进行处理，让卵母细胞经过减数成熟（meiotic maturation），即诱导处于 G_2 期的卵母细胞经减数分裂Ⅰ到减数分裂Ⅱ（图 13-8A）；或者从减数分裂Ⅱ的卵细胞取出约 5% 的细胞质，并将其注入处于 G_2 期的卵母细胞同样可诱导 G_2 期卵母细胞经减数分裂Ⅰ进入减数分裂Ⅱ（图 13-8B）。

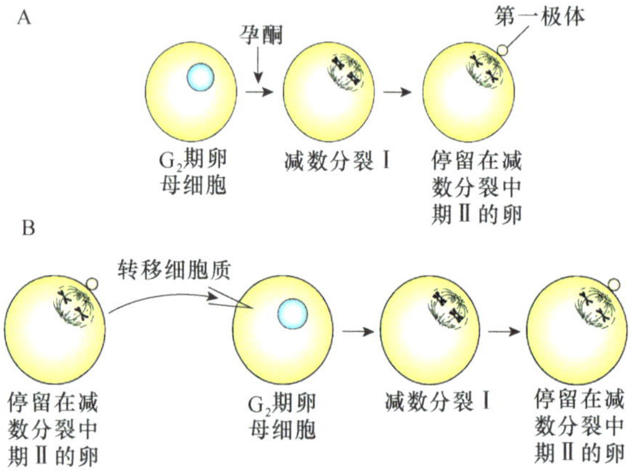

图 13-8 孕酮刺激非洲爪蟾卵母细胞分裂（引自 Lodish et al., 2007）。A. 孕酮刺激非洲爪蟾 G_2 期的卵细胞进入 M 期，形成纺锤体并成功分裂。B. 用非洲爪蟾 M 期的卵细胞质注射非洲爪蟾 G_2 期的卵母细胞，促使卵母细胞进入 M 期，引起核破裂，并形成纺锤体。

上述实验中，发现孕酮注射 G_2 期细胞，可诱导细胞进入减数分裂，而来自 M 期卵细胞中的细胞质，同样可使卵母细胞进入减数分裂，提示 M 期卵细胞的细胞质中有类似孕酮作用的因子存在。这是首次发现在 M 期的细胞中有促进细胞分裂的因子存在，由于当时对这种因子的化学本质和作用机制都不清楚，只是简单地称为 M 期促进因子，后来称为促成熟因子（maturation promoting factor，MPF）。

用微注射系统分析卵母细胞成熟的不同时期 MPF 的活性，研究者发现未处理的 G_2 期卵母细胞本身就有较低的 MPF 活性，但用孕酮处理可诱导 MPF 促进细胞进入减数分裂Ⅰ。当细胞进入减数分裂Ⅰ与减数分裂Ⅱ之间的间期，MPF 的活性下降，但细胞进入减数分裂Ⅱ，MPF 的活性又上升。

虽然 MPF 最初是在蛙细胞中发现的，后来发现在所有分析过的有丝分裂细胞中都有 MPF 的活性。例如，从处于有丝分裂的哺乳动物中提取细胞质，通过微注射注入处于 G_2 期爪蟾卵母细胞，可诱导爪蟾卵母细胞经减数分裂为成熟的卵，这一结果表明哺乳动物有丝分裂的体细胞含有类似蛙的 MPF 活性的细胞质因子。这一发现也证明哺乳动物体细胞的 MPF 控制有丝分裂。实验还表明，将从有丝分裂的哺乳动物细胞中抽取的细胞质注入哺乳动物间期细胞，会诱导细胞核解体，染色质凝缩，内质网片段化。由此认为，有丝分裂的细胞质中有一种扩散因子，可促进细胞进入有丝分裂，这就解释了为什么将 M 期的细胞与 G_1 期细胞融合，会导致 G_1 期染色质凝缩。在这些实验的基础上，将 MPF 定义为有丝分裂促进因子（mitosis promoting factor）。

13.2.2.3 有丝分裂周期蛋白的鉴定

在海胆（sea urchin）的早期胚细胞中第一次鉴定到有丝分裂周期蛋白。同蛙胚一样，海胆的早期胚细胞是同步发生的，并同步进入有丝分裂。实验中将同步化的受精的海胆卵细胞培养在有放射性氨基酸的培养液中，每 10min 取样一次分离纯化蛋白质，然后通过 SDS-凝胶电泳、放射自显影进行蛋白质分析。结果发现，经过几轮细胞周期之后，放射性标记的蛋白质的量稳定增加。其中有一种蛋白峰在有丝分裂的早期特别高，但是到了有丝分裂后期就急剧下降，然后在下一个细胞周期又慢慢积累直到有丝分裂前达到高峰（图 13-9），这种蛋白质后来被命名为细胞周期蛋白 B（cyclin B）。由于该蛋白质的浓度峰值在有丝分裂期最高，所以，该蛋白质又称为有丝分裂周期蛋白（mitotic cyclin）。

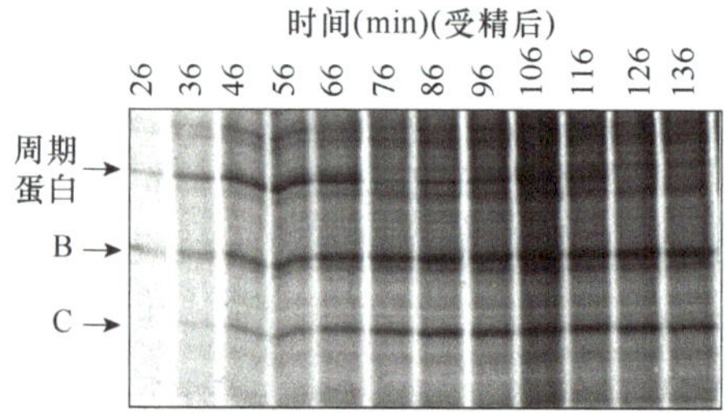

图 13-9 SDS-凝胶放射自显影检测海胆卵细胞受精后蛋白质合成的变化（引自 Lodish et al., 2007）。海胆的卵细胞与海胆精细胞同步受精后，加入 ^{35}S-甲硫氨酸，温育 26min 后开始取样，每隔 10min 取样一次，用 SDS-凝胶分析样品中新合成蛋白质的含量。由于受精后，细胞要快速分裂，并且在每次分裂间都有一个简短的间期，所以大多数蛋白质，如 B 与 C 的浓度持续升高，而周期蛋白在 76min 后突然降低，86min 后又开始上升，在 106min 的峰值最高，126min 时又开始下降。

研究者用基因工程技术从海胆中分离了细胞周期蛋白B的cDNA克隆，然后用这种cDNA作探针从非洲爪蟾中分离了同源的细胞周期蛋白B的cDNA克隆，最后用周期蛋白B制备的抗体证明了非洲爪蟾中MPF的一个亚基的确是细胞周期蛋白B。

由于MPF的纯化工作困难，所以对它的分离纯化研究了好几年，直到1988年才用柱层析从蛙卵中纯化了MPF。

1988年，James Maller实验室从蛙卵中分离纯化了MPF，还有几个实验室同时对MPF进行了分子鉴定，结果表明，这种保守的细胞周期调节因子是由两个关键的亚基——周期蛋白依赖性激酶1（CDK1）与细胞周期蛋白B组成的二聚体（图13-10）。CDK1是一种催化亚基，它能够将磷酸基团从ATP转移到特定底物的丝氨酸和苏氨酸残基上，这种蛋白激酶被称为细胞CDK1。周期蛋白B是调节亚基，对CDK1的活性进行调节。

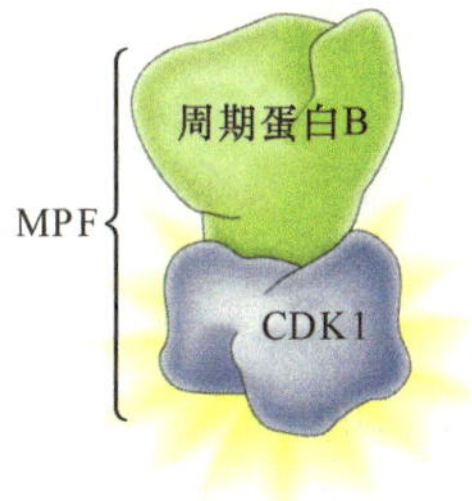

图13-10 细胞周期蛋白-CDK复合物的组成（引自Cooper and Hausman，2004）。

MPF蛋白激酶亚基不能单独起作用，它需要与细胞周期蛋白结合才有功能，而且MPF的活性与细胞周期蛋白一样在细胞周期中呈现周期性变化（图13-11）。

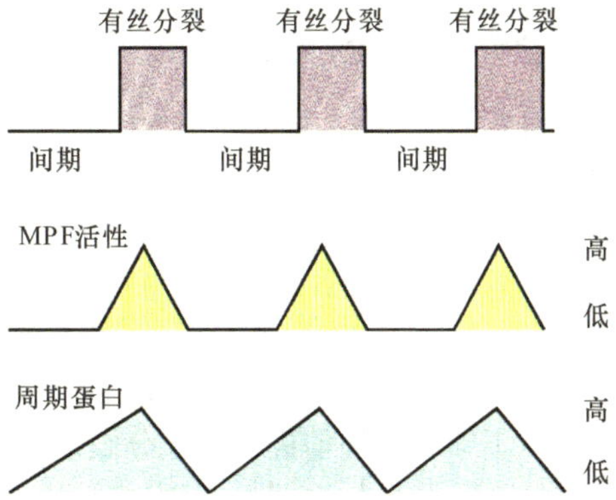

图13-11 在细胞周期中细胞周期蛋白和MPF的波动（引自Karp，2010）。蛙胚细胞发生同步分裂时，早期发育的周期性变化。上部是有丝分裂和分裂间期的周期变化；中间曲线是MPF活性的周期性变化；下部曲线是控制MPF激酶相对活性的周期蛋白浓度的周期性变化。

当细胞周期蛋白的浓度降低时，蛋白激酶由于缺少与之结合的效应物而失活。当细胞周期蛋白的浓度上升时，蛋白激酶被激活，促使细胞进入有丝分裂。这些结果表明：①细胞周期的进程依赖于一种酶的激活，而这种酶的唯一活性是使其他蛋白质磷酸化；②酶的活性受一种亚基的控制，它的浓度在细胞周期的不同阶段是不同的。

13.2.3 裂殖酵母细胞周期调控

通过非洲爪蟾卵细胞提取物的实验分析对细胞周期的控制有了一定认识，特别是发现了MPF及其活性调节。裂殖酵母（*Schizosaccharomyces pombe*）是低等真核生物，有完整的细胞周期。通过对裂殖酵母的研究，人们对细胞周期的控制有了更深的了解。

13.2.3.1 裂殖酵母的细胞周期

裂殖酵母在生长时，其杆状细胞逐渐伸长，进入有丝分裂时从中间分裂开来，产生两个大小相等的子细胞（图13-12）。大多数哺乳动物细胞的生长期是G_1期，而裂殖酵母细胞的生长期在G_2期，酵母细胞进入有丝分裂时需要协调好DNA的复制与细胞体积之间的关系，因此，裂殖酵母细胞的有丝分裂必须经过严格地调控，确保有丝分裂与细胞生长之间的协调。

13.2.3.2 裂殖酵母的细胞周期突变体

根据对裂殖酵母的生长与有丝分裂所需体积的研究，不难推测：若细胞生长过快，而DNA复制不完全，细胞有可能只生长而不分裂，此时的细胞形态就会异常；反之，若是DNA复制过快，而细胞生长不足，导致体积不够，细胞也不会进入有丝分裂，细胞形态也会异常。由于酵母是单细胞的真核生物，可以用基因突变的方法获得相应的突变，从而深入研究酵母细胞中参与细胞周期蛋白的调控机制。

裂殖酵母的温度敏感突变体（temperature-sensitive mutant）是一种条件突变，这种突变体在非允许的温度下培养，细胞的长度十分异常，因此很容易进行识别。已经分离了很多与细胞周期相关的温度敏感突变体，可分成两类：一类是*cdc*突变，这类突变在非允许的温度下培养，会滞留在细胞周期的某个阶段，结果会形成特别长的细胞，因为这类突变不能进入有丝分裂期，滞留在间期，所以能够继续生长；另一类是*wee*突变，这类突变长

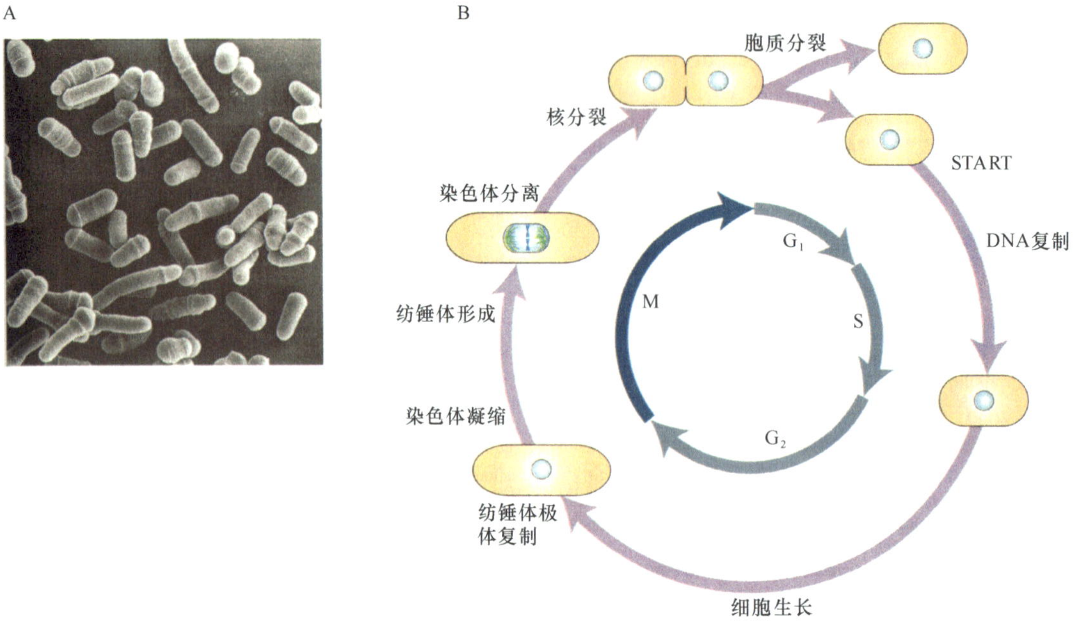

图 13-12 裂殖酵母的细胞周期（引自 Lodish et al., 2013）。A. 非同步化的裂殖酵母细胞扫描照片。B. 裂殖酵母细胞周期的主要过程。START 是裂殖酵母重要的限制点。

得特别小，导致细胞不能分裂。

裂殖酵母中几个温度敏感的 *cdc* 基因的隐性突变使得裂殖酵母在周期中不能进入 M 期，由于生长没有停止，所以比正常的酵母细胞长很多（图 13-13）。这些基因中的一个显性突变，命名为 *cdc2*^{D}，使酵母出现 wee 表型。一般来说，隐性表型是因为缺少野生型的功能蛋白所致，而显性表型是因为增加了一些蛋白质功能，导致调节失常。野生型裂殖酵母细胞中的同源基因命名为 *cdc2*$^+$。

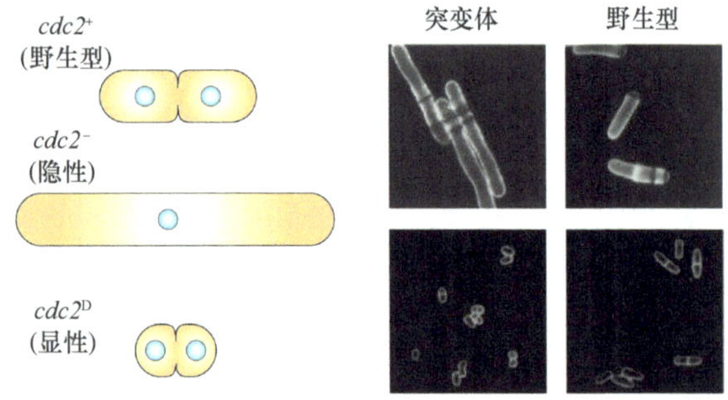

图 13-13 裂殖酵母 *cdc2* 突变的表型（引自 Lodish et al., 2007）。*cdc2*$^+$ 是野生型，正常分裂；*cdc2*$^-$ 是隐性突变，产生特长的表型；*cdc2*^{D} 是显性突变，产生 wee 表型，即因细胞特小不能分裂。

对分离的 *cdc2*$^-$ 突变体的研究发现，该突变体没有 Cdc2 蛋白的活性，细胞不能进入有丝分裂，表明 Cdc2 蛋白是裂殖酵母进入有丝分裂的一个关键调节因子。通过基因工程克隆了 *cdc2* 基因，序列分析表明该基因编码一个分子质量为 34kDa 的蛋白质，该蛋白质又称为 $P34^{cdc2}$。

后来在裂殖酵母中分离了另一个 *cdc* 基因，命名为 *cdc13*$^+$，该基因的产物 Cdc13 蛋白也是裂殖酵母进入有丝分裂必需的。序列分析表明该基因编码的蛋白质与非洲爪蟾和海胆的周期蛋白 B 同源。以后的研究还揭示 Cdc13 蛋白和 Cdc2 蛋白能够形成异质二聚体，并且具有蛋白激酶的活性。此外研究还发现，不仅 Cdc2 的蛋白激酶的活性随裂殖酵母的周期变化而变化，Cdc13 蛋白的浓度也随 Cdc2 蛋白活性的波动而波动。根据这些发现，可以肯定地说，裂殖酵母的 Cdc2-Cdc13 相当于非洲爪蟾的 MPF。

13.2.3.3 裂殖酵母 MPF 的活性调控

通过对其他一些 *cdc* 和 *wee* 突变体的研究，发现裂殖酵母的 MPF 活性还受其他一些基因编码产物的影响。例如，温度敏感突变体 *cdc25*$^-$ 在非允许的温度下也不能进入有丝分裂，此外，Cdc25 蛋白的超表达，将会缩短 G_2 期，使未成熟的酵母提前进入有丝分裂期；另一种突变体 *wee1*$^-$ 也会造成酵母体积不够大就提前进入有丝分裂，而 Wee1 蛋白的过量表达则延长 G_2 期，形成长的酵母细胞（图 13-14）。根据这些发现，推测 Cdc25 蛋白激活裂殖酵母的 MPF 活性，而 Wee1 蛋白抑制裂殖酵母的 MPF 活性。

进一步的研究发现裂殖酵母 MPF 的活性调节

是相当复杂的，涉及多种蛋白激酶及Cdc2蛋白亚基上两个位点的磷酸化与去磷酸化。Cdc2蛋白亚基上有两个磷酸化的位点，一个是激活型的磷酸化位点，另一个是抑制型的磷酸化位点。独立存在的Cdc2蛋白激酶是无活性的，与周期蛋白Cdc13结合后，仍然没有活性。此时的复合物成为两种蛋白激酶的底物：第一种是Wee1激酶，它使Cdc2亚基上的抑制位点Tyr15（Y15）残基磷酸化，抑制MPF的活性；第二种是Cdc2活化蛋白激酶（Cdc2-activating kinase，CAK），可以使Cdc2蛋白亚基中激活型的关键位点Thr161（T161）残基磷酸化，这种磷酸化最大限度地激活了MPF的活性；但是，只要Tyr15残基是磷酸化的，Cdc2-Cdc13复合物就没有活性。这种无活性的MPF称为前MPF（pre-MPF）。要使MPF具有活性，需要Cdc25蛋白的作用，该蛋白质具有蛋白磷酸酶的活性，能够将Tyr15的磷酸基团去除从而将MPF激活，诱导细胞从G_2期进入M期（图13-15）。不过，Wee1蛋白和Cdc25蛋白的活性是相互竞争的，如果细胞生长得不够大，Wee1的活性就强，有利于MPF的磷酸化；若细胞生长得够大，就有利于脱磷酸，促进细胞进入M期。

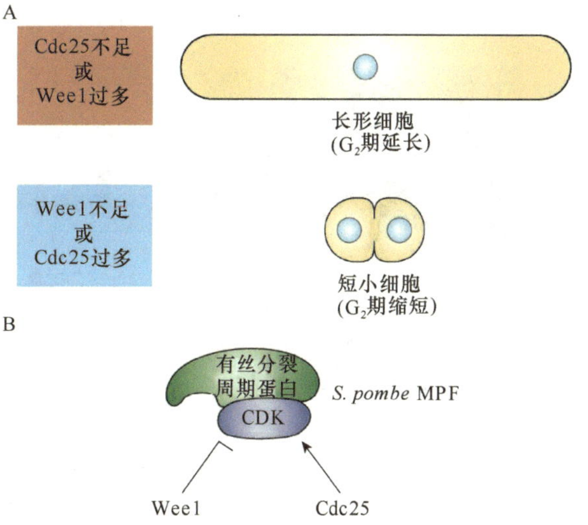

图13-14 *cdc25*和*wee1*基因的突变对裂殖酵母表型和MPF活性的影响（引自Lodish et al.，2007）。A. Cdc25不足、Wee1过量与Cdc25过量、Wee1不足，其细胞的表型相反。B. Cdc25对MPF具有激活作用，Wee1对MPF具有抑制作用。

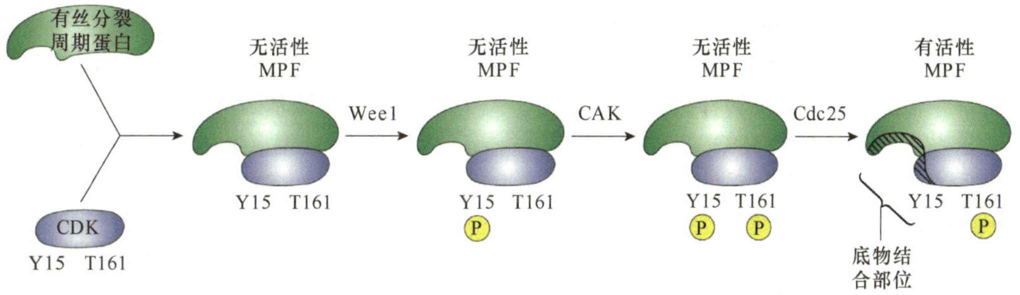

图13-15 裂殖酵母周期中MPF的活性调控（引自Lodish et al.，2007）。有丝分裂周期蛋白（Cdc13）与周期蛋白依赖性激酶（CDK）相互作用形成MPF。有丝分裂周期蛋白（Cdc13）与CDK（Cdc2）结合，此时因CDK中的T161未被磷酸化，因而没有活性。Weel激酶将CDK中的Y15残基磷酸化，该位点磷酸化起抑制作用，此时的MPF仍无活性。CAK激酶将T161磷酸化，由于受到Y15位点磷酸化的抑制作用，此时的MPF仍无活性，但环境合适时，激活的Cdc25磷酸酶将Y15的抑制性磷脱去，此时的MPF被激活。

需要特别强调的是，裂殖酵母的细胞周期调控相对较为简单，因为裂殖酵母只有一种周期蛋白和一种周期蛋白依赖性激酶，裂殖酵母的MPF主要是调控细胞的有丝分裂，因此将裂殖酵母的MPF称为裂殖酵母细胞周期的“引擎”。

13.2.4 芽殖酵母细胞周期调控

在裂殖酵母的细胞周期中，控制的点是细胞能否进入M期。由于裂殖酵母的S期比较短，G_2期比较长，又因为G_2期是细胞生长期，所以裂殖酵母能否进入M期，关键的决定因素是细胞是否足够大，因此，裂殖酵母监控的重点在G_2期。与裂殖酵母不同，大多数脊椎动物细胞是否进行分裂，决定的因素是G_1期。因为大多数细胞一旦进入了S期，只需几小时就能进入M期进行有丝分裂。芽殖酵母（*Saccharomyces cerevisiae*）的增殖方式与大多数脊椎动物细胞相似，其G_1期较长，而S期、G_2期都较短（图13-16）。所以，芽殖酵母是研究细胞调控进入S期的最好材料。

芽殖酵母是以出芽的方式进行增殖的，通过出芽形成的子细胞比母细胞小得多，它必须长到足够大才能进行分裂。当芽殖酵母在G_1期生长到足

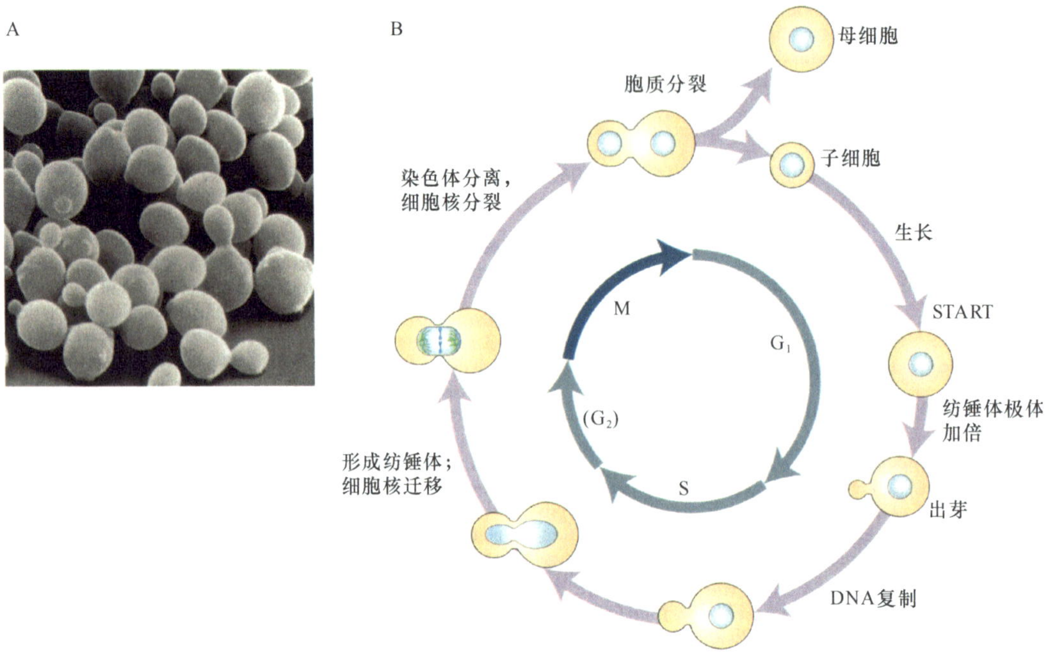

图 13-16 芽殖酵母的细胞周期（引自 Lodish et al.，2007）。A. 非同步生长芽殖酵母电镜照片。B. 芽殖酵母细胞周期的主要过程，可见 G_1 期较长。由于 G_2 期难以界定，故此加上括号。

够大时，一些可导致进入 S 期的基因进行程序性表达。如果将处于 G_1 期的细胞在它的体积尚未达到足够大时从营养丰富的培养基上转移到营养贫乏的培养基上，这些细胞继续维持在 G_1 期，并缓慢生长直至达到足够的体积才进入 S 期。但是，一旦 G_1 期的细胞体积达到足够大，就会启动细胞周期，即进入 S 期、通过 G_2 期，完成有丝分裂。即使将体积生长到足够大的芽殖酵母细胞从营养丰富的培养基上转移到营养贫乏的培养基上，也不能阻止细胞周期的进程。

13.2.4.1 芽殖酵母的 Cdc28 蛋白

在芽殖酵母中获得一个温度敏感 *cdc28* 突变体（temperature-sensitive *cdc28* mutant），该突变体含有一个温度敏感突变的基因，命名为 *cdc28*，编码的蛋白质为 Cdc28，该基因功能相当于裂殖酵母的 *cdc2*。*cdc28* 基因突变成温度敏感型就不会出芽，将其控制的 G_1 期的点称为 START（起点）（图 13-17）。

根据对分离的野生型 *cdc28* 基因的序列分析推测，Cdc28 蛋白与已知的蛋白激酶同源。将 *cdc28* 基因转入 *E.coli*，然后从 *E.coli* 中分离 Cdc28 蛋白，发现其具有蛋白激酶的活性。实际上，芽殖酵母中的 Cdc28 蛋白是第一个被分离的具有蛋白激酶活性的细胞周期蛋白。从裂殖酵母中克隆的 $cdc2^+$ 基因与 *cdc28* 基因是高度同源的，而 Cdc2 蛋白和 Cdc28 蛋白在功能上是相似的，芽殖

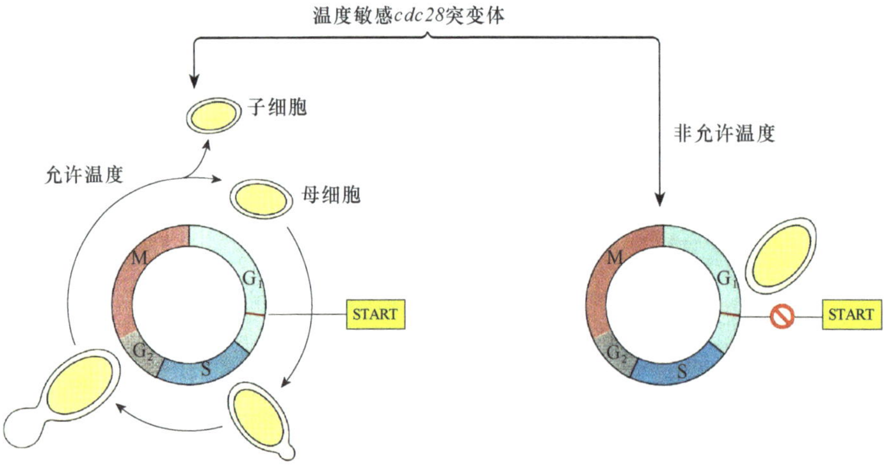

图 13-17 芽殖酵母 *cdc28* 突变体的特性（引自 Cooper and Hausman，2013）。芽殖酵母温度敏感 *cdc28* 突变体在允许的温度下能够正常分裂，但在非允许的温度下细胞周期将被阻断在 START 点。

酵母的Cdc28蛋白能够与裂殖酵母的*cdc2*⁻的突变型互补。由此看来，裂殖酵母与芽殖酵母都有一种细胞周期蛋白依赖性的蛋白激酶，它们能够相互替代。

13.2.4.2 G_1 周期蛋白与S期促进因子

到20世纪80年代后期，已经很清楚地了解到促有丝分裂因子（MPF）是由两个亚基组成的：一个是细胞周期蛋白依赖性激酶（CDK）；另一个是有丝分裂期的细胞周期蛋白，它可以激活催化亚基。与此相似的是，芽殖酵母含有S期促进因子（S phase-promoting factor，SPF），它能够将DNA合成所需的蛋白质磷酸化并进行调节。与MPF相似的是，SPF也是异质二聚体：一个是Cdc28蛋白，另一个是在G_1期起作用的细胞周期蛋白。

Cdc28蛋白是芽殖酵母的周期蛋白依赖性激酶，又称为G_1-CDK，是芽殖酵母基因组编码的唯一一种周期蛋白依赖性激酶，它的失活将使细胞停留在G_1期，并且不能启动DNA复制。所以，保持G_1-CDK的活性状态是细胞进入S期的必要条件。根据对有丝分裂促进因子的研究，人们推测，芽殖酵母很可能含有一个S期促进因子。

为了证明芽殖酵母的G_1期有SPF的存在，研究者希望找到一个基因，当该基因高水平表达时，能够抑制某些温度敏感型*cdc28*（*cdc28*^{ts}）突变体。这种方法的基本原理是：某些*cdc28*突变体是温度敏感的，这样，在非允许温度下突变的Cdc28蛋白与G_1周期蛋白的亲和力降低。在这种情况下，如果G_1周期蛋白的浓度足够高，它能够与突变的Cdc28蛋白形成足够的SPF，促使细胞在非允许温度下进入S期。研究者们通过基因工程方法分离到两个G_1周期蛋白基因：*CLN1*和*CLN2*，它们能够按预测的方式抑制*cdc28*突变（图13-18）。后来，研究者又分离鉴定了一个显性的G_1周期蛋白基因*CLN3*，它是在野生型细胞中起作用的细胞周期蛋白基因。

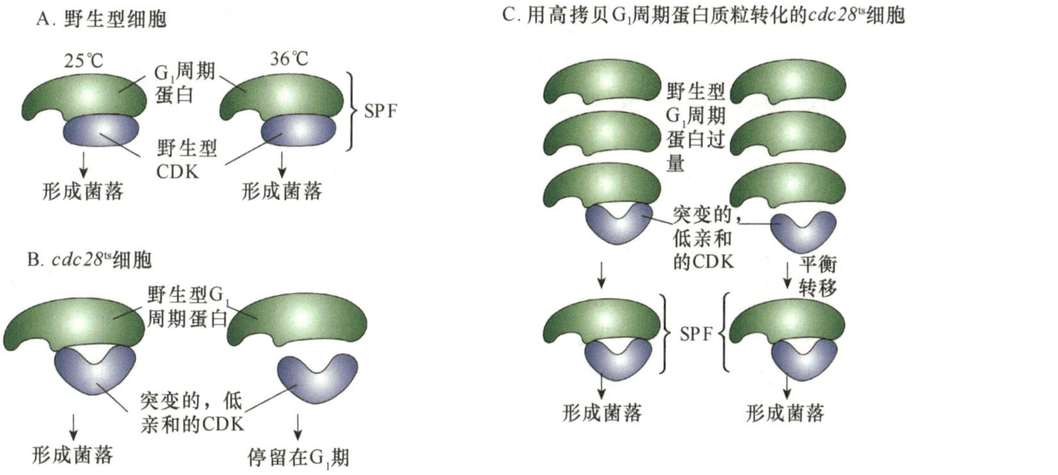

图13-18 芽殖酵母G_1周期蛋白基因的鉴定（引自Lodish et al.，2007）。A. 野生型细胞能够产生高亲和力的Cdc28蛋白，这种蛋白质在25℃和36℃下与G_1周期蛋白结合形成SPF。B. 某些*cdc28*^{ts}突变体表达的Cdc28蛋白与G_1周期蛋白的亲和力低，在允许温度（25℃）能够形成足够的Cdc28^{ts}-G_1周期蛋白（SPF），能生长并形成菌落；但是在非允许温度（36℃），不会形成SPF、不会形成菌落。C. 用携带有G_1周期蛋白基因的高拷贝克隆载体转化*cdc28*^{ts}细胞，在36℃下形成三种类型的菌落：一种含有野生型的*cdc28*基因，另外两种含有基因*CLN1*和*CLN2*，这两个基因编码的产物与有丝分裂周期蛋白同源。在由*CLN1*和*CLN2*基因转化的细胞中，由于G_1周期蛋白的浓度很高，在36℃下能够形成足够的SPF，促使细胞进入S期，并进行有丝分裂。

13.2.4.3 芽殖酵母SPF的活性调节

通过基因敲除（gene knockout）实验表明，如果突变体带有三种G_1周期蛋白中的任何一种，都能在营养丰富的培养基上生长。研究还发现，如果G_1周期蛋白超量，将会降低处于G_1期的细胞数，这就说明G_1周期蛋白-CDK复合物的浓度提高可促进细胞通过START进入S期。然而，当三种G_1周期蛋白都缺乏时，细胞就滞留在G_1期。这些结果表明芽殖酵母进入S期需要一种G_1周期蛋白杂合二聚体，即 SPF 的存在。

在芽殖酵母中，当 S 期周期蛋白-CDK 异二聚体（SPF）在 G_1 期后期积累时，它们立即被 Sic1 蛋白结合而失活。Sic1 是一种抑制蛋白，属于周期蛋白依赖性激酶抑制蛋白（cyclin-dependent kinase inhibitor，CKI），该蛋白质在有丝分裂期末及 G_1 期早期表达。由于 Sic1 特异性抑制 S 期、M 期 CDK，而不抑制 G_1 期 CDK、G_1/S-CDK 复合物，因此 Sic1 是 S 期的抑制剂。G_1/S-CDK 将 Sic1 磷酸化（Sic1 至少有 6 个位点被磷酸化），磷酸化的 Sic1 被蛋白酶体降解。一旦 Sic1 被降解，S 期周期蛋白-CDK 复合体就会诱导 DNA 复制（图 13-19）。

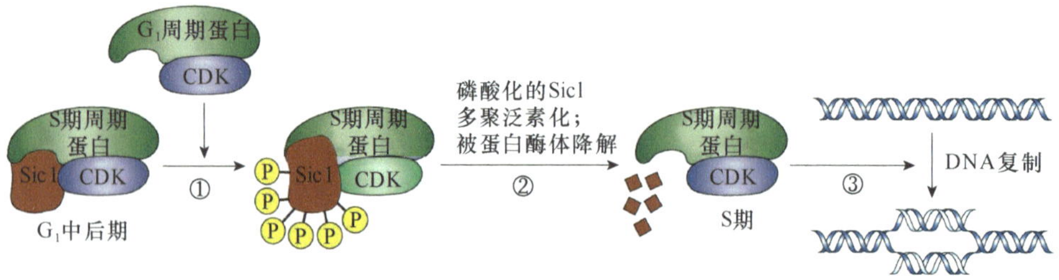

图 13-19 芽殖酵母通过对 S 期抑制蛋白 Sic1 的蛋白酶解的调节进行 S 期的控制（引自 Lodish et al.，2013）。G_1 期开始积累 S 期周期蛋白 -CDK 复合物，但是其活性受 Sic1 的抑制。这种抑制作用阻止了 DNA 复制，直至细胞完成了 G_1 期所有事件。①装配的 G_1/S-CDK 在 G_1 期末将 Sic1 磷酸化；②磷酸化的 Sic1 被多聚泛素化，从而被蛋白酶体降解；③激活的 S-CDK 招募并激活与 DNA 复制相关的蛋白质，启动 DNA 复制。

13.2.4.4 芽殖酵母与裂殖酵母细胞周期调控的比较

裂殖酵母和芽殖酵母在细胞周期进程的调控中都只有一种 CDK，前者是 Cdc2，后者是 Cdc28；二者控制的主要时期是不同的，裂殖酵母主要是控制从 G_2 期进入 M 期，由 MPF 调控；芽殖酵母主要是控制从 G_1 期进入 S 期，由 SPF 调控。裂殖酵母不仅只有一种 CDK，而且也只有一种细胞周期蛋白，即 Cdc13；而芽殖酵母细胞周期不同阶段受多种周期蛋白调控蛋白激酶活性，除 Cln1、Cln2、Cln3 三种 G_1 周期蛋白外，还有 Clb1、Clb2、Clb3、Clb4、Clb5 和 Clb6 6 种周期蛋白。芽殖酵母的 9 种周期蛋白分为 5 组，与 CDC 形成复合物在细胞周期进程中先后起调节作用（图 13-20）。

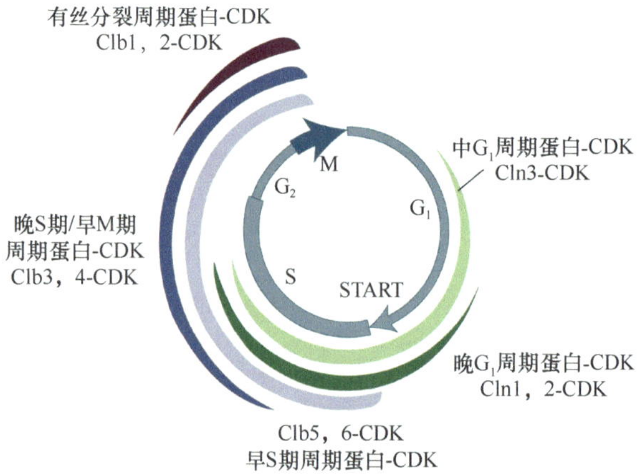

图 13-20 控制芽殖酵母细胞周期进程的细胞周期蛋白 -CDK 复合物的作用（引自 Lodish et al.，2007）。芽殖酵母只有一种 CDK，但是在细胞周期的不同阶段，受不同时期合成的周期蛋白 -CDK 调控。

13.2.5 哺乳动物细胞周期调控

动画

在多细胞的真核生物发育和生长过程中精确控制细胞的周期是决定组织大小和形态的关键。细胞的生长与分裂是受复杂的信号网络控制的，大多数细胞都是在细胞周期的 G_1 期转入 G_0 状态。某些分化的细胞，如成纤维细胞和淋巴细胞等能够在诱导条件下重新进入细胞周期进行分裂，但神经细胞不会再进入细胞周期进行分裂。

13.2.5.1 哺乳动物细胞周期中的限制点

哺乳动物细胞体外培养时，需要添加多肽生长因子促进细胞的分裂。如果缺少生长因子，就会被阻止在 G_0 状态；一旦在培养基中添加了生长因子，这些细胞在 14～16h 后进入 S 期，再过 6～8h，完成余下的细胞周期过程。因此推测，阻止细胞从 G_0 状态进入 S 期间有一个限制点（restriction point），若将这些细胞在完全通过限制点之前从含有生长因子的培养基转移到没有生长因子的培养基上，这些细胞不能进入 S 期，也不能完成细胞周期。但是，细胞一旦通过了限制点，这些细胞就能够进入 S 期并完成其后的细胞周期过程。限制点是哺乳动物

细胞控制 G_1 期进入 S 期的调节点，相当于酵母的 START，限制点受生长因子调控（图 13-21）。

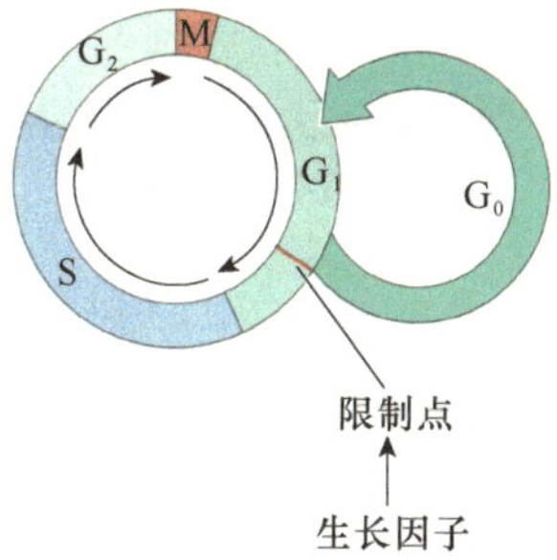

图 13-21 生长因子调节动物细胞周期（引自 Cooper and Hausman，2016）。

13.2.5.2 多种 CDK 和多种周期蛋白的协同

在裂殖酵母和芽殖酵母的细胞周期调控中，都是由单一的 CDK 调节的，而哺乳动物的细胞周期受一个小分子（30～40kDa）CDK 家族的调节。在哺乳动物细胞周期中起作用的有 9 种 CDK，依据它们被发现的先后顺序分别被命名为 CDK1、CDK2、CDK3…… 其中 CDK1、CDK2、CDK4、CDK6 这 4 种 CDK 在细胞周期进程中的调控作用研究得比较清楚。它们与不同的细胞周期蛋白结合，共同促进不同细胞周期进程的转换。CDK4、CDK6 是 G_1 期 CDK，促进细胞进入细胞周期；CDK2 属于 G_1/S 期与 S 期 CDK；CDK1 是有丝分裂 CDK。由于历史原因，从酵母细胞周期调控研究命名的细胞周期蛋白依赖性激酶的名称与脊椎动物细胞周期研究对细胞周期蛋白依赖性激酶的命名是不同的，根据细胞周期进程，更为通俗的名称分别是 G_1 期 CDK、G_1/S 期 CDK、S 期 CDK、有丝分裂 CDK（表 13-1，图 13-22）。

表 13-1 哺乳动物细胞中的周期蛋白与 CDK 的名称和作用

CDK	周期蛋白	功能	属性名称
CDK1	周期蛋白 A，周期蛋白 B	有丝分裂	有丝分裂 CDK
CDK2	周期蛋白 E，周期蛋白 A	进入细胞周期 S 期	G_1/S 期 CDK；S 期 CDK
CDK4	周期蛋白 D	G_1 进入细胞周期	G_1 期 CDK
CDK6	周期蛋白 D	G_1 进入细胞周期	G_1 期 CDK

13.2.6 CDK 与细胞周期调控

通过对裂殖酵母、芽殖酵母及哺乳动物细胞周期调控研究，揭示细胞周期控制系统中最关键蛋白质分子就是 CDK。CDK 必须与不同周期蛋白结合形成复合物才能在细胞周期进程中起调控作用。此外，CDK 还受激活性与抑制性磷酸化（activating and inhibitory phosphorylation）的调控。

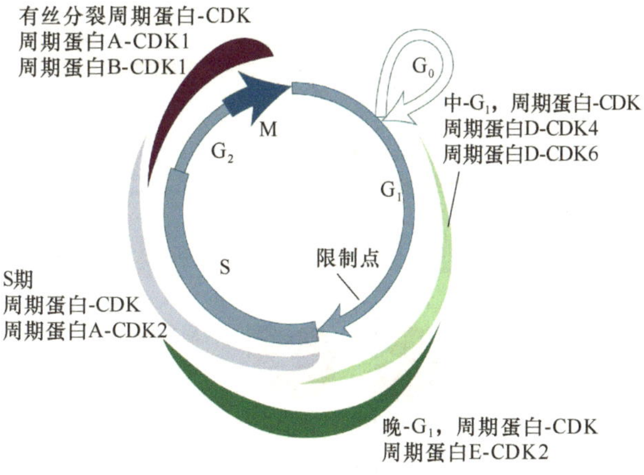

图 13-22 哺乳动物细胞周期调控的模式图（引自 Lodish et al.，2007）。处于静息状态的 G_0 细胞在生长激素的诱导下进入细胞周期，在不同的阶段受不同的细胞周期蛋白-CDK 的调控。

13.2.6.1 周期蛋白-CDK 复合物

CDK 的活性随着细胞周期进程上升与下降，从而影响细胞内与细胞周期主要事件相关蛋白质的磷酸化状态。例如，G_2/M 期转换的 CDK 活性的提高，会促进控制染色质凝缩、核被膜断裂、纺锤体装配，以及其他与有丝分裂相关的蛋白质的磷酸化。CDK 活性的周期性变化是由细胞内的一些酶与蛋白质复合物控制的，其中最重要的就是细胞周期蛋白。因为周期蛋白在细胞内的浓度是随细胞周期的变化而变化，而周期蛋白依赖性激酶的浓度则是恒定的，所以，细胞周期蛋白水平的周期性变化导致周期蛋白-CDK 复合物（cyclin-CDK complex）在细胞周期特定阶段进行周期性装配与激活，从而调控细胞周期进程（图 13-23）。

根据细胞周期进程，将细胞周期蛋白分为 4 类，它们在细胞周期的不同阶段与 CDK 结合，并行使功能。

1）G_1 周期蛋白　G_1 周期蛋白帮助激活 G_1/S 周期蛋白，促进细胞通过 G_1 期的 START。

2）G_1/S 周期蛋白　G_1/S 周期蛋白在 G_1 后期激活 CDK，触发细胞通过 START，确保细胞正式进入细胞周期。G_1/S 周期蛋白的浓度水平在 S 期急剧下降。

3）S 周期蛋白　S 周期蛋白在细胞通过 START 后快速与 CDK 结合，并帮助触发染色体复制。S 周期蛋白浓度水平持续上升直至有丝分裂。

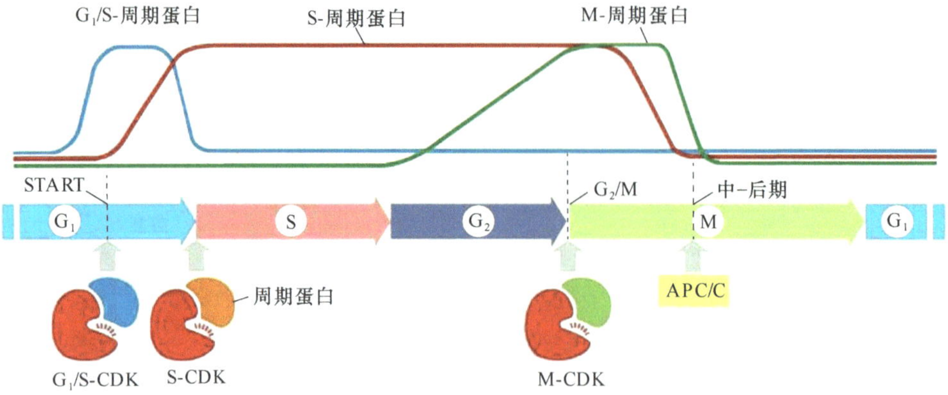

图 13-23 细胞周期控制系统中周期蛋白-CDK 复合物（引自 Alberts et al.，2015）。细胞周期中三种主要周期蛋白的浓度各有不同的振幅，而 CDK（图中未显示）的浓度维持不变，并且超过周期蛋白的浓度。在 G_1 后期，G_1/S 周期蛋白的水平升高导致 G_1/S-CDK 复合物的形成，促进细胞通过 START 点。在 S 期开始时，形成 S-CDK 复合物，并触发 DNA 复制、启动 M 期的初始阶段事件。G_2 期形成 M-CDK，但是处于非活性状态，这些复合物在 G_2 期结束时被激活，并触发 G_2/M 期转换，进入 M 期。一种独立的调节复合物 -APC/C 启动有丝分裂中期与后期的转换。

S 周期蛋白也参与调控早期有丝分裂的某些事件。

4）M 周期蛋白　M 周期蛋白激活那些在 G_2/M 期转换中发挥作用的 CDK。M 周期蛋白的浓度水平在有丝分裂中期滑落。

大多数真核细胞都需要 G_1 周期蛋白帮助激活 G_1/S 周期蛋白，促进细胞通过 G_1 期的 START，仅有少数真核细胞不需要 G_1 周期蛋白。其他三类周期蛋白是所有真核生物细胞都需要的。

在裂殖酵母细胞中只有一种 CDK 与一种周期蛋白相互作用。在芽殖酵母细胞中只有一种 CDK 与 9 种不同的周期蛋白结合，通过与不同周期蛋白的结合启动不同的细胞时相进程。在脊椎动物细胞中有 4 种 CDK，其中 2 种与 G_1 周期蛋白相互作用，1 种与 G_1/S 周期蛋白、S 周期蛋白相互作用，1 种与 S 周期蛋白、M 周期蛋白相互作用。表 13-2 总结了脊椎动物与芽殖酵母中主要的周期蛋白与 CDK。

表 13-2　哺乳动物细胞细胞周期蛋白与周期蛋白依赖性激酶

周期蛋白-CDK 复合物	脊椎动物		芽殖酵母	
	周期蛋白	匹配 CDK	周期蛋白	匹配 CDK
G_1-CDK	周期蛋白 D*	CDK4，CDK6	Cln3	CDK 1**
G_1/S-CDK	周期蛋白 E	CDK2	Cln1，Cln2	CDK1
S-CDK	周期蛋白 A	CDK2，CDK1**	Clb5，Clb6	CDK1
M-CDK	周期蛋白 B	CDK1	Clb1，Clb2，Clb3，Clb4	CDK1

* 哺乳动物细胞中有三种 D 型周期蛋白：D1，D2，D3。
**CDK1 即裂殖酵母、脊椎动物中 Cdc2，芽殖酵母中的 Cdc28。

CDK 与周期蛋白三维结构研究揭示，在缺少周期蛋白时，CDK 蛋白的活性位点被一个蛋白质环占据了一部分，像是一块石头堵住了洞穴的入口（图 13-24A），周期蛋白的结合可导致蛋白质环离开活性位点，恢复 CDK 酶的部分活性（图 13-24B）。当另一个独立存在的激酶——CDK-激活激酶（CAK）将 CDK 活性位点附近的一个氨基酸磷酸化，周期蛋白-CDK 复合物才会具有完全的活性。CAK 将 CDK 特定位点的磷酸化，引起 CDK 的构型改变，因此进一步激活 CDK（图 13-24C）。

13.2.6.2　CDK 活性的抑制

在细胞周期中，周期蛋白水平的升降主要是由 CDK 活性决定的。而 CDK 的活性在细胞周期的不同阶段具有不同的调控机制。在激酶的活性位点上有一对位点，它们的磷酸化可抑制周期蛋白-CDK 复合物的活性。这些位点的磷酸化是由 Wee1 蛋白激酶催化的，磷酸化后则对 CDK 的活性起抑制作用。经 Wee1 磷酸化的位点可被磷酸酶 Cdc25 去磷酸化，而去磷酸化则提高 CDK 的活性（图 13-25）。这一调控机制对于有丝分裂期 M-CDK 活性的调控特别重要。

CDK 抑制蛋白（CDK-inhibitor protein，CKI）与周期蛋白-CDK 复合物结合，可抑制 CDK 的活性。周期蛋白-CDK-CKI 复合物的三维结构研究揭示 CKI 的结合引起 CDK 活性位点结构的重排，导致 CDK 失活（图 13-26）。细胞使用 CKI 主要是协助调控细胞周期早期 G_1/S 和 S-CDK 的活性。

13.2.6.3 CDK的蛋白酶解与细胞周期转换

细胞通过对细胞周期蛋白依赖性激酶的磷酸化作用，驱动细胞通过START及G_2/M期转换，但是，细胞进程中的有丝分裂中期向后期的转换则是通过对蛋白激酶的降解驱动的。细胞有丝分裂中期向后期转换的关键因子是后期促进复合物/周期体（anaphase-promoting complex/cyclosome，APC/C），该复合物是一种泛素连接酶（E3）。

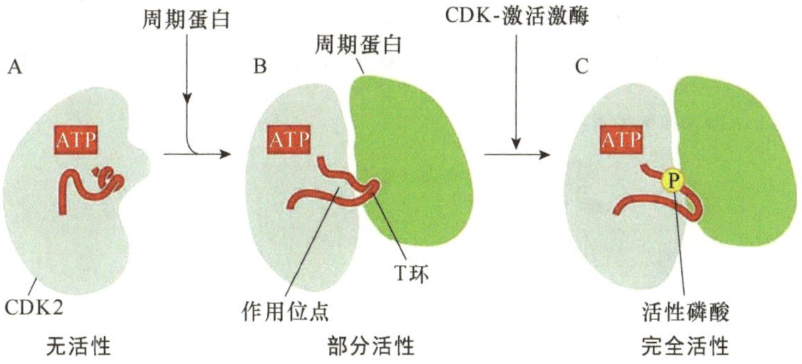

图 13-24 CDK激活的结构基础（引自Alberts et al.，2015）。此图是通过X射线晶体学鉴定的人CDK2和周期蛋白A的三维结构。图中标明了ATP结合的部位。A. 在非活性状态，没有周期蛋白结合，活性位点被一个称为T环（T-loop）的蛋白质区堵住了。B. 由于周期蛋白的结合，导致T环移出活性位点，致使CDK2具有部分活性。C. CAK将T环的苏氨酸残基磷酸化，改变了T环的状态，从而进一步将CDK2激活。

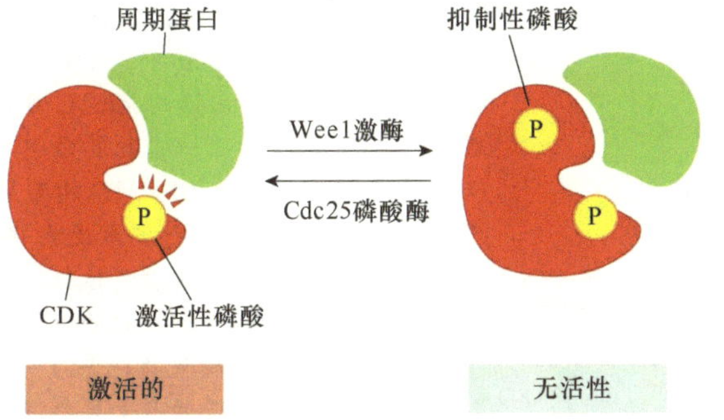

图 13-25 磷酸化对CDK活性的调节（引自Alberts et al.，2015）。蛋白激酶Wee1将CDK中活性位点上方相邻的两个位点磷酸化后，抑制了CDK的活性。磷酸酶Cdc25将Wee1磷酸化的两个磷酸脱磷酸后，激活周期蛋白-CDK复合物的活性。为简便起见，只显示了Wee1磷酸化的一个位点。

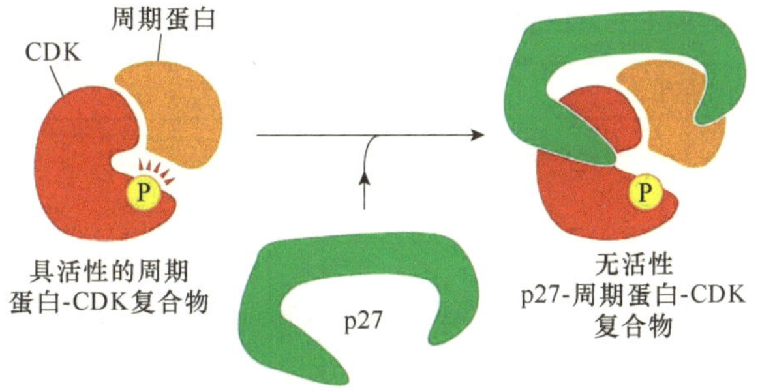

图 13-26 CKI对周期蛋白-CDK复合物的活性抑制（引自Alberts et al.，2015）。根据CKI p27结合人CDK2和周期蛋白A的三维结构X射线结晶学绘制的示意图。p27是一种CKI，能够与周期蛋白-CDK复合物中的两个成员结合，破坏了CDK的活性位点。p27还能插入到CDK中的ATP结合位点，进一步抑制了酶的活性。

APC/C催化两种主要类型的蛋白质泛素化及降解。第一种是分离酶抑制蛋白（securin），该蛋白质在有丝分裂早期维持姐妹染色单体的配对连锁中起保护作用。分离酶抑制蛋白在有丝分裂中期的降解激活了姐妹染色体分离的酶，促进细胞周期进入有丝分裂后期。APC/C催化降解的第二种主要的靶蛋白是S周期蛋白与M周期蛋白，这些周期蛋白的降解导致细胞中大多数CDK的失活。随着这些CDK的失活，一些在S期及早有丝分裂期被CDK磷酸化的蛋白质在后期细胞中被各种磷酸酶去磷酸化。CDK靶蛋白的去磷酸化则是完成M期进程所必需，包括顺利完成有丝分裂的最后过程及胞质分裂。APC/C的活性自有丝分裂期中段被激活起，一直维持到G_1期，以确保该段时期内CDK的失活。当G_1/S-CDK在G_1后期被激活时，APC/C失活，周期蛋白又在下一个细胞周期中进行积累。

参与细胞周期调控的还有另一个泛素连接酶SCF，该酶在细胞内有很多作用，但是在细胞周期中的主要功能是将G_1后期的某些CKI蛋白泛素化，帮助调控S-CDK的活性及DNA的复制。SCF也负责S期初期的G_1/S周期蛋白的降解。

APC/C、SCF都是多亚基组成的复合物，并且亚基间有很大的相关性，但是它们的调控机制是不同的。APC/C在细胞周期中的活性改变主要缘于与其结合的活性亚基的活性变化：有丝分裂中期是Cdc20亚基，而从晚期有丝分裂向早G_1期行进则是Cdh1亚基。这些亚基帮助APC/C识别靶蛋白。与APC/C不同，SCF的活性依赖于一种称为F盒蛋白（F-box protein）的底物结合亚基，F盒蛋白有很多不同类型。而且，SCF 的活性在整个细胞周期都是恒定的。SCF 的泛素化作用受靶蛋白磷酸化状态的调控，因为 F 盒亚基仅能识别磷酸化的蛋白质（图 13-27）。

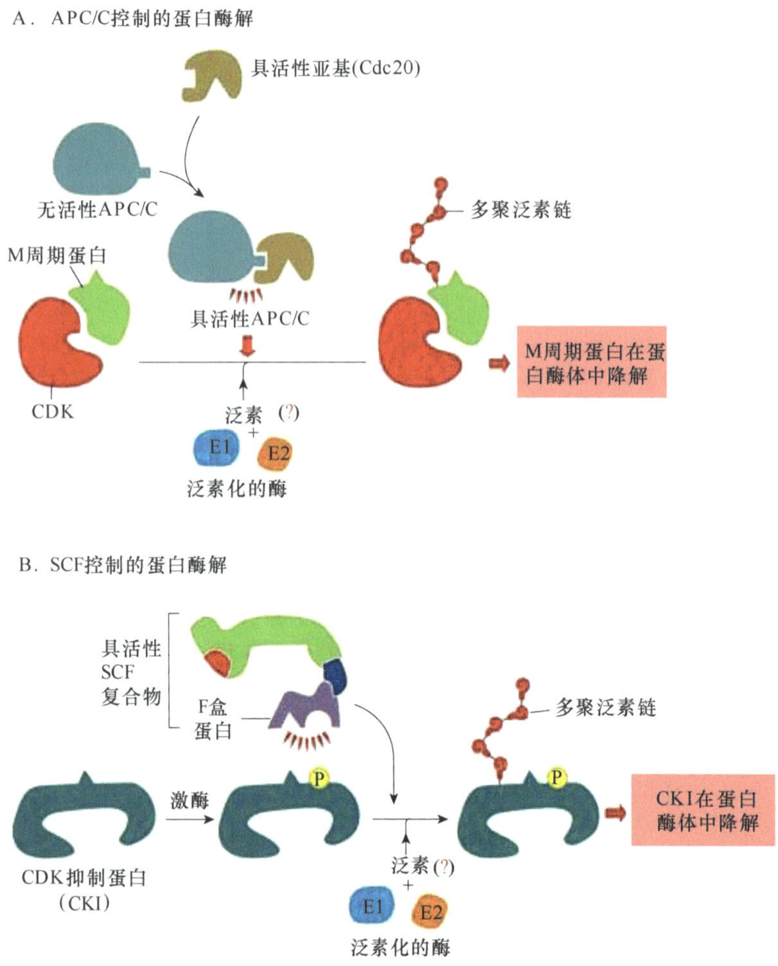

图 13-27　在细胞周期期间 APC/C、SCF 蛋白酶解调控（引自 Alberts et al., 2015）。A. 在有丝分裂中，APC/C 与 Cdc20 结合而激活。激活的 APC/C 可识别 M 周期蛋白及其他一些靶蛋白中特殊的氨基酸残基。在 E1 和 E2 的帮助下，APC/C 将靶蛋白进行多聚泛素化，多聚泛素化的靶蛋白被蛋白酶体识别并降解。B. 泛素连接酶 SCF 的活性依赖于底物结合亚基：磷酸化的靶蛋白（如图中 CKI）能够被特异的 F 盒蛋白亚基所识别，进而被多聚泛素化并被蛋白酶体降解。

13.2.6.4　细胞周期是一个由蛋白质控制的调控网络

从上面的讨论中可清楚地看出，细胞周期调控系统是由周期蛋白依赖性激酶、周期蛋白及各种不同的激活与抑制蛋白组成的生化开关控制的网络。表 13-3 总结了参与细胞周期调控的主要的蛋白质。

表 13-3　参与细胞周期调控的主要蛋白质

通用名称	功能与组分
修饰 CDK 的蛋白激酶与蛋白质磷酸酶	
CAK 激酶	磷酸化 CDK 中一个磷酸化位点，激活 CDK
Wee1 激酶	磷酸化 CDK 中的抑制位点，抑制 CDK
Cdc25 磷酸酶	除去抑制 CDK 的磷酸，激活 CDKS；哺乳动物有三个家族成员（Cdc25A、CdcB、CdcC），主要涉及有丝分裂起始的 Cdk1 的活性调控
Cdc14 磷酸酶	激活 Cdh1 去降解有丝分裂周期蛋白
CDK 抑制蛋白（CKI）	
Sic1（芽殖酵母）	在 G_1 期抑制 CDK 的活性；G_1 期末被 CDK1 磷酸化后结构被破坏
p27（哺乳动物）	在 G_1 期抑制 G_1/S-CDK 与 S-CDK 的活性；当细胞发生终端分化时帮助细胞退出细胞周期；被 CDK2 磷酸化后触发 SCF 对其泛素化
p21（哺乳动物）	当 DNA 发生损伤时抑制 G_1/S-CDK 与 S-CDK 的活性

续表

通用名称	功能与组分
p16（哺乳动物）	在 G_1 期抑制 G_1-CDK 的活性；在癌细胞中常常是失活的
INK4	与 G_1-CDK 结合并抑制其活性
Rb	与 E2F 结合，阻止多种细胞周期基因的转录
泛素连接酶及其激活子	
APC/C	催化那些退出有丝分裂期的调节蛋白的泛素化，包括分离酶抑制蛋白、S 周期蛋白与 M 周期蛋白；APC/C 的活性受激活亚基 Cdc20 或 Cdh1 的结合调节
Cdc20	在所有的细胞中作为 APC/C 的激活亚基；在有丝分裂中期向后期转换中触发 APC/C 初始活性，诱导 B 型周期蛋白降解，启动后期
Cdh1	APC/C 激活亚基，维持 APC/C 在分裂后期及整个 G_1 期活性
SCF	催化参与 G_1 期调控的调节蛋白的泛素化，包括某些 CKI（如芽殖酵母中的 Sic1，哺乳动物中的 p27）；这些作用都需要靶蛋白先进行磷酸化

在真核生物的细胞周期中，CDK、周期蛋白、细胞周期中的抑制蛋白，以及泛素连接酶及其激活子等众多蛋白质的协同作用，保证了细胞周期的正常运行（图 13-28）。

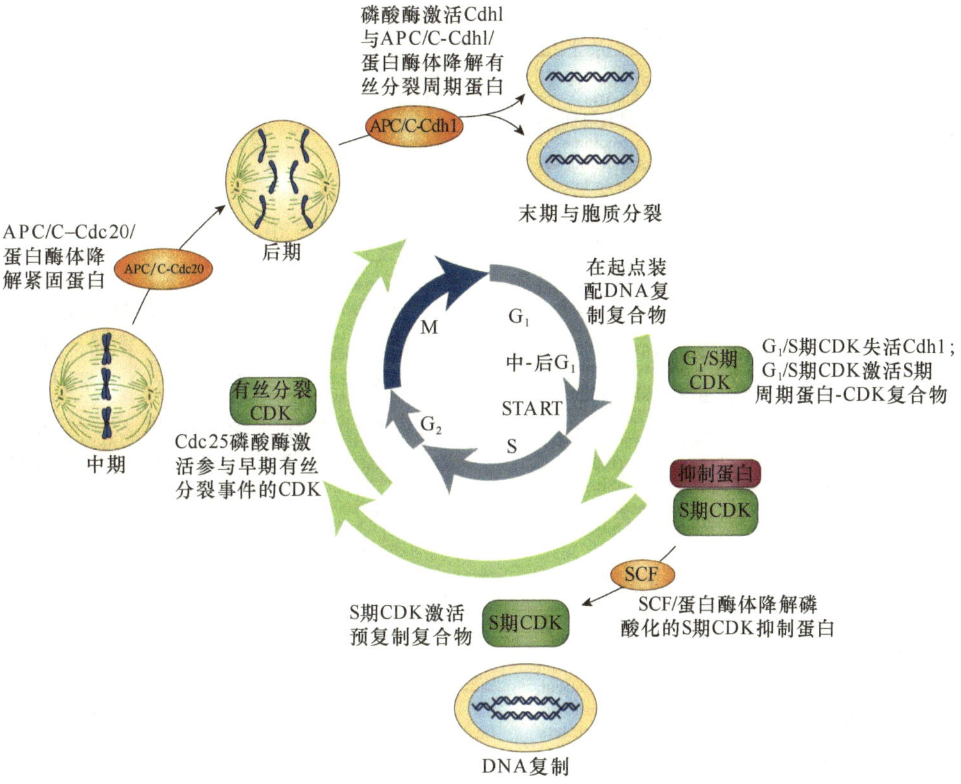

图 13-28　真核生物细胞周期的主要事件（引自 Lodish et al.，2013）。细胞周期分别由依赖于细胞周期蛋白的 G_1 期、S 期和有丝分裂期的蛋白激酶复合物所控制。这些蛋白激酶复合物都是由一个调节性的细胞周期蛋白亚基和一个催化性的依赖于细胞周期蛋白的蛋白激酶亚基所组成。在有丝分裂后期，CDK 复合物都是通过对一些特异底物，包括 S 期抑制物、后期抑制物及有丝分裂细胞周期蛋白的泛素化，并利用蛋白酶体将这些底物降解，进而调节细胞周期。

13.2.7　细胞周期关卡

细胞周期的进程十分有序，是基因有序表达的结果。与细胞分裂有关的基因称为细胞分裂周期（cell division cycle，cdc）基因。这些基因表达的有序性，受到一些控制系统的监测。例如，酵母细胞在 DNA 合成开始的稍前部位有启动点，在哺乳类细胞中称为 R 点或限制点，亦称为关卡（check point）。这些关卡严格地监视着细胞周期事件的发生、发展过程是否严格按程序进行。例如，DNA 损伤未修复前不能进入 S 期，S 期 DNA 合成未完成不能进入M期，如果M期的纺锤体和染色体连接不正常则不能进入后期，正是这一套监控系统保证了细胞周期的正常进行。

13.2.7.1 细胞周期关卡途径

细胞的监理机制（surveillance mechanism）是由关卡途径（checkpoint pathway）进行管控的。通过关卡的管控，确保了在上一个细胞周期没有完成之前不能启动下一个细胞周期的事件。关卡途径由感应器（sensor）、信号级联反应（signaling cascade）和效应物（effector）组成。感应器监测特殊的细胞事件，信号级联反应负责“通风报信”，效应物则“叫停”细胞进程，并激活必要的修复途径（图13-29）。

由关卡途径监控的细胞周期事件包括细胞生长、DNA复制、DNA损伤、动粒与有丝分裂纺锤体的附着（图13-30）。关卡途径的监控确保了细胞的正常分裂，特别是确保了子代细胞具有完整的染色体。各种关卡途径的功能是通过调控周期蛋白-CDK复合物中的蛋白激酶的活性实现的：不同的蛋白激酶调控周期蛋白的合成与降解、CDK抑制位点的磷酸化、调控使周期蛋白-CDK复合物失活的CKI的合成与稳定，以及对APC/C泛素蛋白连接酶的调控等。

在典型的细胞周期中，控制系统是通过细胞周期的关卡来进行调节的。控制系统至少有三个关卡：G_1关卡（靠近G_1末期）、G_2关卡（在G_2期结束点）、中期关卡（在中期末）。在每一个关卡，由细胞所处的状态和环境决定细胞能否通过此关卡进入下一阶段（图13-31）。

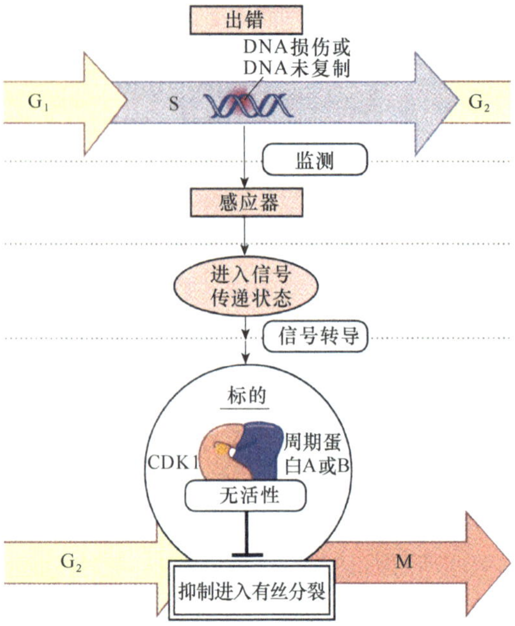

图13-29 关卡途径三部分的协同作用（引自Plopper et al., 2015）。感应器感受到DNA损伤，发出DNA损伤信号，经放大后传递给效应物，停止细胞进程，启动修复机制进行修复。

13.2.7.2 细胞周期中DNA损伤关卡

除了上述三个主要的细胞周期关卡外，还有一个重要的细胞周期关卡是DNA损伤关卡（DNA damage checkpoint）。在细胞周期中对DNA质量的监控是最为重要的，因为细胞的内外环境中的一些物理与化学因素随时都有可能对DNA造成损伤，对DNA损伤若不能及时监测与修复，后果极为严重。所以，细胞对DNA损伤的监控是全周期的，一旦监测到DNA损伤，无论在细胞周期的哪个时相，都要立即停止进程，启动修复机制。

在DNA损伤关卡中，细胞周期的阻断是由两个蛋白激酶，即ATR、ATM介导的，这两种蛋白激酶在DNA受到损伤时被激活，并立即启动DNA损伤应答：一方面中止细胞周期，另一方面激活DNA修复，在某些情况下，甚至启动细胞程序性死亡机制。

ATR与ATM分别作为两类识别DNA损伤或未复制DNA复合物的组分（图13-32）。ATR是被

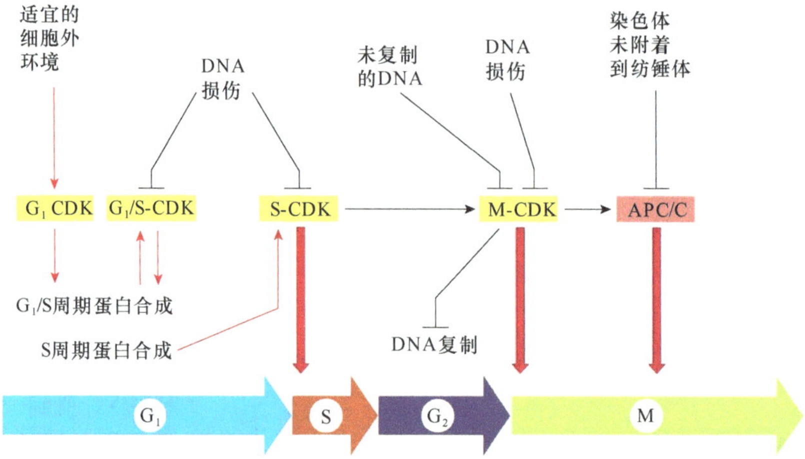

图13-30 细胞周期调控系统概览（引自Alberts et al., 2015）。图中显示细胞周期进程中影响周期蛋白-CDK复合物活性的限制性环境因素，包括合适的外部环境与内部环境。在内部环境中，DNA的损伤、DNA的复制完成程度、染色体与纺锤体的附着等是主要的监控关卡。

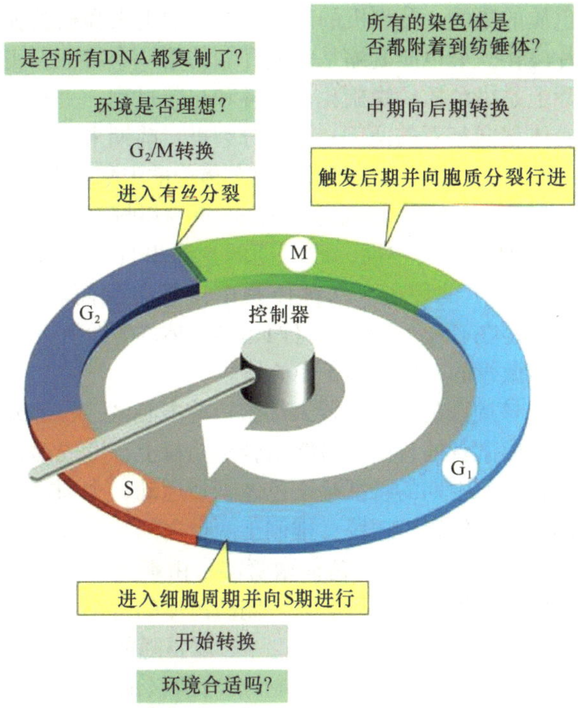

图 13-31 细胞周期关卡及调节信息（引自 Alberts et al., 2015）。图中显示 G_1 关卡、G_2 关卡、中期关卡三个关卡控制的主要事件。

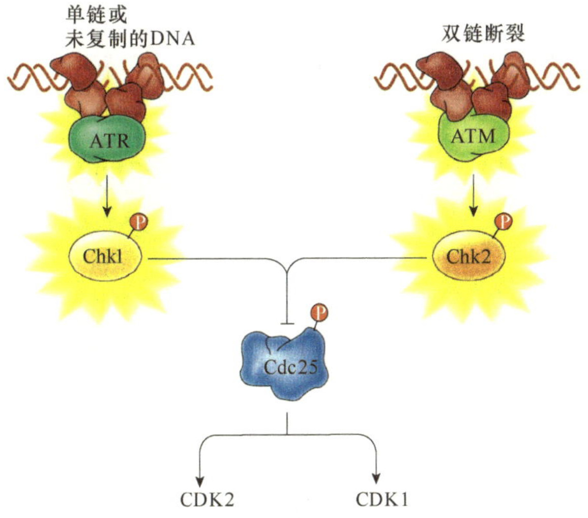

图 13-32 细胞周期中止在 DNA 损伤关卡（引自 Cooper and Hausman，2016）。识别损伤 DNA 复合物中 ATR 与 ATM 蛋白激酶被激活，ATR 被单链或未复制 DNA 激活，而 ATM 主要是被断裂的双链所激活。激活的 ATR 与 ATM 激酶分别将 Chk1、Chk2 磷酸化，并将它们激活。激活的 Chk1、Chk2 将磷酸酶 Cdc25 磷酸化并将其失活。失活的 Cdc25 不能激活 CDK2、CDK1，致使细胞周期暂时中止在 DNA 损伤关卡。

单链或未复制的 DNA 链激活，而 ATM 是被双链 DNA 断裂所激活。一旦被 DNA 损伤激活，ATR 与 ATM 分别将关卡蛋白激酶 Chk1、Chk2 磷酸化并激活。激活的 Chk1 与 Chk2 通过将 Cdc25 磷酸化从而抑制 Cdc25 的活性或诱导 Cdc25 降解，最终导致细胞周期中止。Cdc25 磷酸酶是 CDK2、CDK1 激活所必需的，因为 Cdc25 磷酸酶在细胞周期调控中，通过除去 CDK2 与 CDK1 上抑制性的磷酸而控制细胞周期进程。如果 DNA 损伤导致 CDK2 失活，细胞就会中止在 G_1 期和 S 期；若是导致 CDK1 的失活，细胞就会中止在 G_2 期。

在哺乳动物细胞中，p53 蛋白在细胞 DNA 损伤的监测与控制中发挥关键作用。p53 蛋白可被 ATM 及 Chk2 磷酸化，磷酸化的 p53 蛋白非常稳定（若不磷酸化则会快速降解），其结果导致 DNA 损伤的细胞内 p53 蛋白的浓度快速升高。p53 蛋白是一种转录因子，高浓度的 p53 蛋白可诱导 CDK 抑制蛋白 p21 的合成。p21 蛋白抑制 CDK-周期蛋白 E 或 CDK-周期蛋白 A 的活性，从而将 DNA 损伤的细胞周期中止在 DNA 损伤关

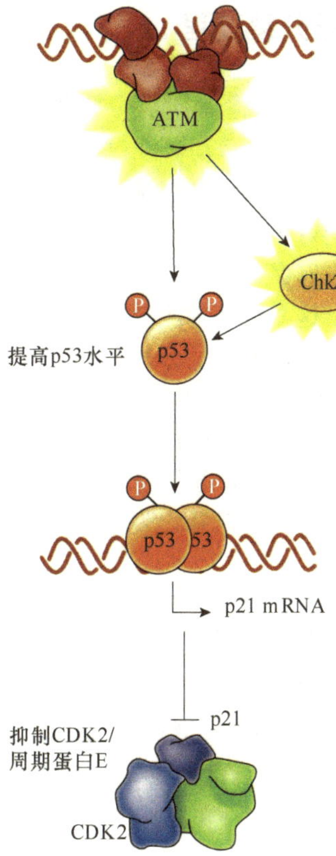

图 13-33 p53 蛋白中止细胞周期进程的作用（引自 Cooper and Hausman，2016）。在哺乳动物细胞周期调控中，p53 蛋白监测并中止 DNA 损伤的细胞周期进程。p53 蛋白可被 ATM、Chk2 磷酸化，磷酸化的 p53 蛋白稳定性提高，导致 DNA 损伤细胞中 p53 蛋白的浓度水平提高，p53 蛋白激活编码 CDK 抑制蛋白 p21 的基因表达。p21 蛋白抑制了 CDK-周期蛋白 E 或 CDK-周期蛋白 A 复合物的活性，从而中止了细胞周期。

卡（图 13-33），这样有利于细胞对损伤的 DNA 进行修复，若无法修复，则进入程序性死亡。若编码 p53 蛋白的基因发生了突变，导致 p53 蛋白对 DNA 损伤监测能力的丧失，不能有效地将细胞周期中止在 DNA 损伤关卡，损伤的 DNA 能够进行复制并进入到子细胞。损伤 DNA 的遗传会提高基因组的不稳定性与突变的频率，增加了癌变的机会。

13.3 有丝分裂

细胞分裂（cell division）是细胞增殖的方式。细胞有两种主要的分裂方式：有丝分裂（mitosis）和减数分裂（meiosis）。细胞通过有丝分裂产生两个含有相同全套染色体的子细胞，通过减数分裂产生在遗传上有变异的单倍体细胞，用于有性生殖。

13.3.1 有丝分裂过程

有丝分裂是细胞周期的分裂期（M 期）进行的分裂活动。在这个时期，通过纺锤丝的形成和运动，把在 S 期已经复制好的 DNA 平均分配到两个子细胞，以保证遗传的连续性和稳定性。由于这一时期的主要特征是出现纺锤丝，故称为有丝分裂。

通常有丝分裂是指完全的细胞分裂，包括核分裂（karyokinesis，nuclear division）和胞质分裂两个过程，一般在核分裂之后随之发生胞质分裂（图 13-34）。

13.3.1.1 核分裂各阶段的特征变化

M 期持续的时间很短，但形态变化很大，根据形态变化的特征，通常将核分裂分为前期、前中期、中期、后期和末期。

1）前期（prophase） 前期是有丝分裂的第一期，该期的主要特征是染色质凝缩成由完全相同的两条染色单体连接而成的具有明显特征的染色体。另外，核仁消失、核被膜解体、细胞质中出现纺锤体也是前期的特征。

前期发生的主要事件有 4 种：染色质的凝缩、分裂极的确定、核仁的消失和核被膜片段化。染色质凝缩是前期开始的第一个特征，实际上是染色质的螺旋化、折叠和包装过程。一对中心体移向相对的两侧，确定分裂极。前期末，核仁缩小消失，核被膜片段化，染色体分散于胞质之中。

2）前中期（prometaphase） 核被膜解体后，细胞即进入前中期，此时期的主要事件是纺锤体（spindle）的装配。纺锤体是由微管装配而成的，功能是在有丝分裂期间将两套染色体均等分开。纺锤体微管的装配起始于中心体。

核周围的纺锤体侵入细胞核的中心区，一部分纺锤体微管的自由端最终结合到动粒上，形成动粒微管。前中期的特征是染色体剧烈运动，个别染色体剧烈地旋转、振荡、徘徊于两极之间，并被纺锤体“捕获”：一侧纺锤体微管的自由端捕获一条染色体的一侧动粒，接着另一侧纺锤体的自由端捕获该染色体另一侧的动粒，这一过程是随机发生的。

3）中期（metaphase） 当两极的纺锤体微管分别与染色体两侧的动粒结合形成动粒微管之后，即进入中期。染色体在纺锤体动粒微管的作用

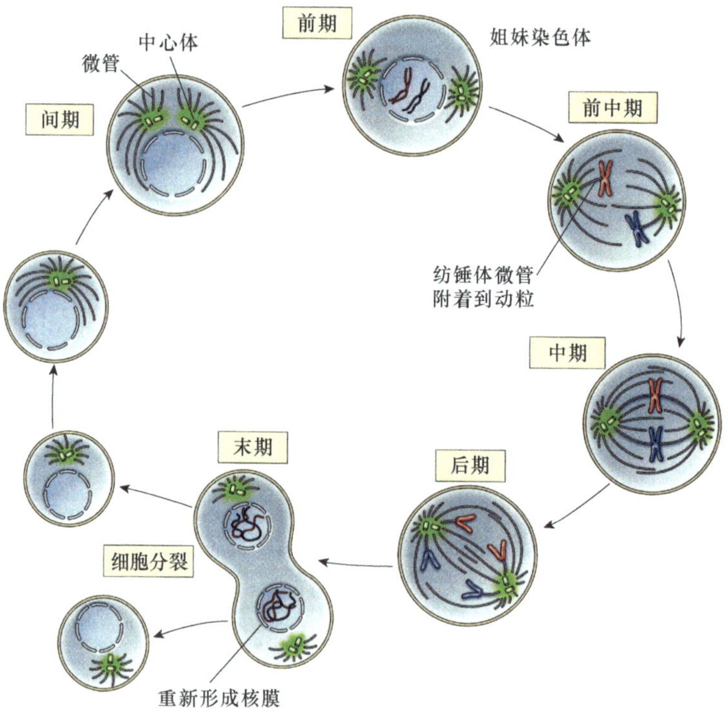

图 13-34 动物细胞有丝分裂过程（引自 Cooper and Hausman，2016）。在前期，染色质发生凝缩，中心体移向细胞核相反的两侧，启动有丝分裂纺锤体的装配；核被膜断裂，纺锤体微管附着到染色体。在前中期，染色体在两个中心体间来回移动，逐渐移到细胞的中央，直至完全线性排列在细胞的中间位置，即进入中期。在后期，姐妹染色单体分离并移向相反的两极；后期重新形成核被膜、染色体去凝缩，最后通过胞质分裂形成两个子细胞。

下，逐渐移向纺锤体的中心区，最终整齐排列在纺锤体赤道（spindle equator）。染色体移向赤道，是纺锤体动粒微管相互作用的结果，并且是染色体由不稳定状态向稳定状态转变的过程（图 13-35）。

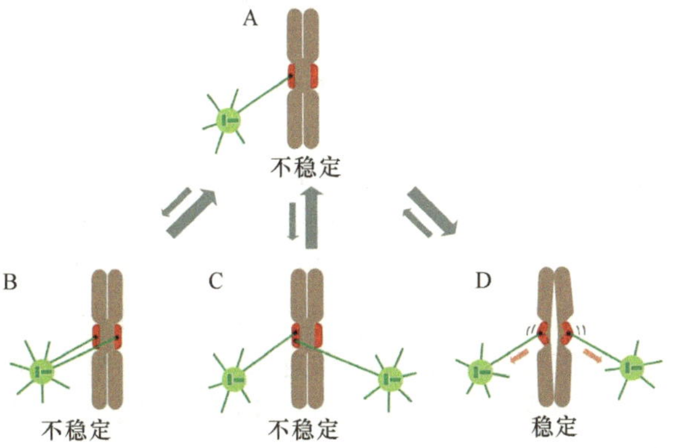

图 13-35 动粒与纺锤极附着的几种方式（引自 Alberts et al.，2015）。A. 来自一极的单个纺锤体微管与姐妹染色单体的一个动粒结合。B. 来自一极的两个纺锤体微管分别与一对姐妹染色单体的两侧动粒结合。C. 来自两极的两个纺锤体微管与染色单体同一侧的动粒结合。D. 来自两极的两个纺锤体微管分别在一对姐妹染色单体的两侧与动粒结合。前三种结合是不稳定的，最后一种是稳定的。

4）后期（anaphase） 在两侧纺锤体微管的作用下，将排列在赤道板上的姐妹染色单体断开并拉向两极的时期为后期。在后期的开始阶段，每一对姐妹染色体的着丝粒在纺锤体微管的作用下发生断裂，进而造成染色单体分开并移向两极。几乎所有的姐妹染色单体都同时分裂。因此，这一时期的主要特点是：着丝粒分开，染色单体移向两极。

5）末期（telophase） 后期结束，染色单体平均分配到纺锤体的两极，核被膜小泡重新包围两组染色体，相互融合形成完整的核被膜，并在两极重新形成新的细胞核，此即末期。该期的主要特点是：染色体解螺旋形成细丝，出现核仁和核被膜。

13.3.1.2 中心体的复制

有丝分裂需要中心体中的中心粒产生纺锤体（见图 11-9），并且，中心体对于确定细胞分裂极具有重要作用。经细胞分裂产生的子代动物细胞只有一个中心体，因此在细胞进入细胞周期伊始，就必须进行中心体的复制，并且在有丝分裂期复制成完整的两个中心体。中心体的复制从 G_1 期进入 S 期开始。G_1/S-CDK 触发细胞进入细胞周期，同时也启动了中心体的复制。中心体复制时，其中的两个中心粒分开，各自合成一个新的中心粒，新合成的两个中心体一起维持在细胞核的一侧，直至进入有丝分裂才分离，并各自移向一极（图 13-36）。由此看来，中心体的复制是与染色体的复制同步进行的，也必然有监控保障机制。实验证明，若阻断了染色体复制，也同时阻断了中心体的复制。

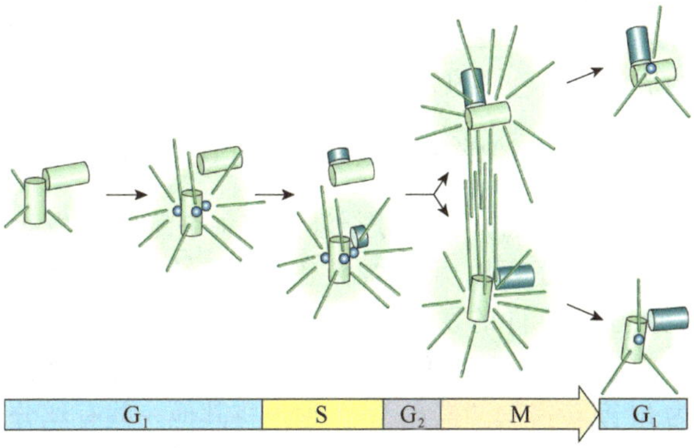

图 13-36 中心粒复制（引自 Lodish et al.，2016）。中心体含有一对中心粒及中心粒基质。在 G_1 期的某一点，一对中心粒开始分离（约几微米）。S 期，子代中心粒在各自的母体中心粒旁以直角形式开始生长。到 G_2 期，每个中心粒完成长度生长，此时的子代中心粒维持在一个中心体中。进入 M 期，分裂成两个成熟的中心体。

13.3.1.3 胞质分裂

M 期的主要目的是进行核分裂，将复制的染色体均等分配到两个子细胞，在此期间也要涉及细胞中其他物质的分配，包括将细胞膜、细胞骨架、细胞器及可溶性蛋白质等分配给两个子细胞，这是通过胞质分裂（cytokinesis），即将细胞质一分为二完成的。胞质分裂通常开始于有丝分裂后期，由 MPF 的失活所触发，直到两个新细胞核形成后才结束。动物细胞的胞质分裂装置是肌动蛋白装配成的收缩环（contractile ring），通过肌球蛋白与肌动蛋白纤维的滑动模型，使肌动蛋白收缩环紧缩，最终将细胞质一分为二（图 13-37）。

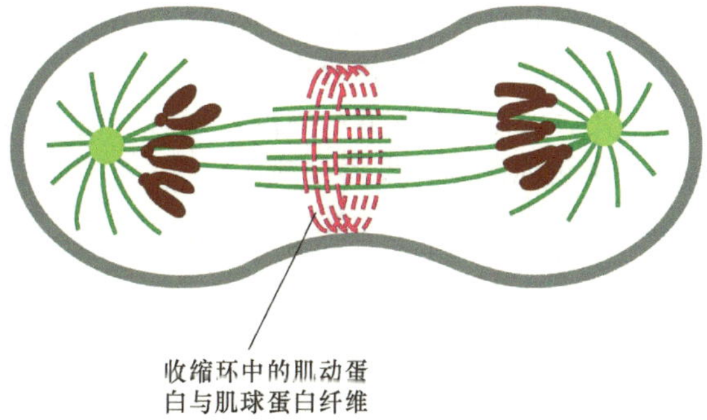

图 13-37 胞质分裂（引自 Alberts et al.，2015）。

13.3.2 有丝分裂机制

有丝分裂的核心问题是如何将遗传物质均等分配给两个新产生的子细胞，整个过程中的所有活动都是围绕这一核心问题进行的。具体事件包括有丝分裂的启动、染色质的凝缩、核被膜解体、纺锤体的形成、染色体的分离等。

13.3.2.1 M-CDK对有丝分裂早期事件的调控

研究表明，有丝分裂涉及多种细胞结构发生翻天覆地的变化，最终导致整个细胞结构的重新组织。这些事件的发生都是缘于CDK1/周期蛋白B蛋白激酶（MPF）的激活。CDK1/周期蛋白B作为M期转换的“操盘手”，通过将其他一些有丝分裂蛋白激酶激活，或是直接对某些结构重建所需的蛋白质磷酸化进行M期的调控（图13-38）。

实际上，极光激酶A（Aurora kinase A）、极光激酶B、极样激酶（Polo-like kinase，Plk）家族与CDK1被进入M期的信号协同激活。极光激酶、极样激酶与CDK1形成一个正反馈环（positive feedback loop）：CDK1激活极光激酶，极光激酶激活极样激酶，极样激酶激活CDK1。这些酶都被激活后在有丝分裂中发挥多种作用。

间期染色质凝缩成有丝分裂细胞中压缩的染色体是有丝分裂中的关键事件，它关系到在有丝分裂中染色体能否被正确地分离。高度凝缩的染色体是不会转录的，所以染色质凝缩时，就会停止转录。尽管染色质凝缩的详细机制尚不清楚，但有一点是清楚的：染色质的凝缩是由凝缩蛋白复合物驱动的。染色体结构维持蛋白复合物（SMC）在真核染色质的凝缩中起关键作用。

极样激酶是双极性有丝分裂纺锤体（bipolar mitotic spindle）正常装配所必需，部分原因是它能够将那些参与有丝分裂早期极纺锤体分离的蛋白质磷酸化。极光激酶家族中的极光激酶B在染色质凝缩中发挥重要作用，极光激酶A则帮助调控姐妹染色单体与纺锤体的附着。

13.3.2.2 周期蛋白B-CDK1的正反馈调控

我们讨论了裂殖酵母MPF的激活机制，高等真核生物中M-CDK的激活与酵母的MPF激活机制相似，但更为复杂。

高等真核生物M-CDK是有丝分裂的主要控制者，所以其对M-CDK的活性调节至关重要。实际上，细胞周期中对M-CDK的调控是十分严密而又精细的。

M-CDK的活性是随着细胞周期蛋白（在脊椎动物中是周期蛋白B）的积累而逐渐开始的。在胚性细胞周期中，M-周期蛋白在整个细胞周期中是恒定合成的，周期蛋白的积累导致间期细胞中蛋白质的高度稳定。但是，在大多数细胞类型中，M-周期蛋白的合成在G_2期与M期比较高。随着细胞周期逐渐靠近有丝分裂，M-周期蛋白水平提高，导致相应的M-CDK积累。虽然在M-CDK复合物中，CDK上的活性位点已经被CDK激活激酶（CAK）磷酸化了，但是，CDK上另外两个相邻的位点被蛋白激酶Wee1进行了抑制性的磷酸化，从而使CDK处于抑制状态。因此，当细胞到达G_2期末时，已经储备了大量的M-CDK，只不过此时的M-CDK复合物中的CDK激酶的活性位点因受到抑制性磷酸化的作用而处于“临战”状态。

那么，何时、通过何种方式将这些待命的、一触即发的M-CDK激活？最关键的因素

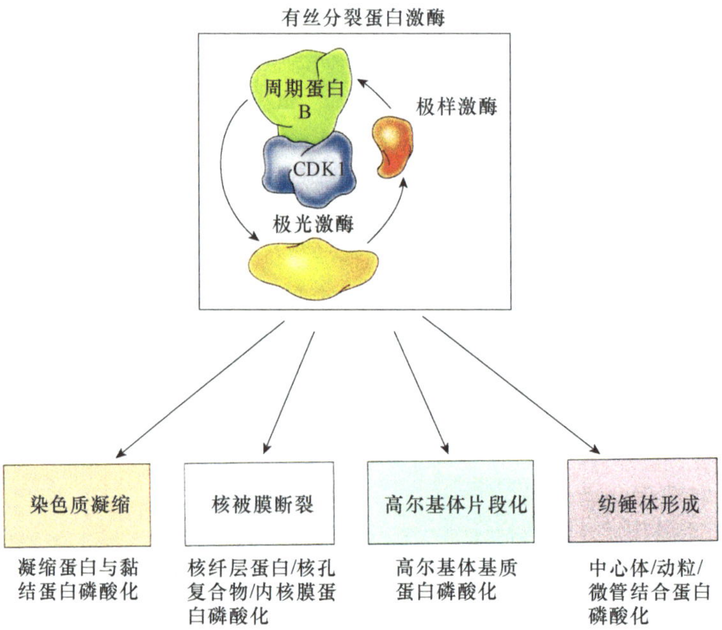

图13-38 有丝分裂蛋白激酶（引自Cooper and Hausman，2016）。有丝分裂蛋白激酶CDK1、极光激酶及极样激酶在M期形成一个正反馈激活环，激活的蛋白激酶通过将一系列相关蛋白质磷酸化，诱导染色质凝缩、核被膜断裂、高尔基体片段化及纺锤体形成。

有两个，一是磷酸酶Cdc25被激活，它能够将M-CDK中抑制性的磷酸去除；二是激酶Wee1的活性被抑制，这就进一步保证了M-CDK活性的提高。图13-39是关于脊椎动物细胞周期蛋白B-CDK1的调控机制示意图。在该调控机制中，有丝分裂信号（细胞体积与营养等）被有丝分裂激酶感知后，激活的极样激酶(Plk)启动了周期蛋白B-CDK1的反馈调节。磷酸酶Cdc25受双重激活：一是先被极样激酶(Plk)轻度激活，激活的磷酸酶Cdc25通过脱磷酸作用将CDK1激活；二是被激活的CDK1可以进一步将磷酸酶Cdc25激活，加快周期蛋白B-CDK1的抑制位点的脱磷酸，使更多的周期蛋白B-CDK1被激活，加快了有丝分裂的进程。有意思的是，激活的周期蛋白B-CDK1不仅能激活磷酸酶Cdc25，还能够抑制Wee1的活性。周期蛋白B-CDK1能够对其自身的激活剂与抑制剂产生作用，表明周期蛋白B-CDK1在有丝分裂中具有正反馈调节作用。

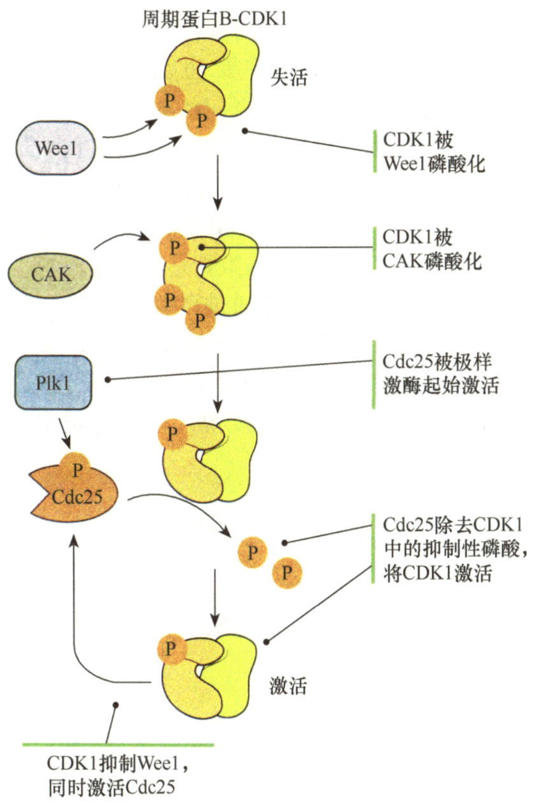

图13-39 周期蛋白B-CDK1活性反馈调控（引自Plopper, 2016）。随着周期蛋白B浓度的逐渐升高，与CDK1结合形成周期蛋白B-CDK1复合物。接着，Wee1将CDK1两个相邻的抑制性位点磷酸化、CDK1的活性位点被CAK磷酸化、此时的周期蛋白B-CDK1复合物没有活性。至G_2期末，磷酸酶Cdc25被极样激酶（Plk）轻度激活，激活的磷酸酶Cdc25将CDK1抑制位点脱磷酸，从而将CDK1激活。激活的CDK1可以进一步激活磷酸酶Cdc25、抑制Wee1的活性进行反馈调节，让更多的周期蛋白B-CDK1激活，从而加快有丝分裂的进程。

13.3.2.3 核被膜的断裂与高尔基体的片段化

在细胞间期，染色质被核被膜包围在细胞核内。为了让复制完全的染色体在有丝分裂中与纺锤体相互作用并分配给两个子细胞，核被膜必须解体。在核被膜解体过程中，主要是核纤层蛋白的磷酸化直接导致核纤层的去聚合。

脊椎动物细胞中有三种类型的核纤层蛋白（A、B、C）。核纤层蛋白A和C是由同一个转录单位编码的，通过可变剪接形成不同的mRNA。它们在肽链上的差别是：核纤层蛋白A的C端比核纤层蛋白C的C端多133个氨基酸残基。核纤层蛋白B是由另一个转录单位编码的，通过转录后的修饰，在羧基端添加了疏水的异丙基，添加的脂肪酸帮助核纤层蛋白B插入到核被膜的内脂层。三种类型的核纤层蛋白都以二聚体的形式存在，有球形的头和尾部结构域，以及一个杆状的α螺旋中心。这些核纤层蛋白二聚体以头-头、尾-尾相接的方式形成核纤层。

M-CDK一旦在G_2期结束时被激活，将对三种核纤层蛋白中特殊的丝氨酸残基进行磷酸化（图13-40），磷酸化作用导致核纤层网络去聚合。磷酸化的核纤层蛋白A和C被释放出来进入胞质溶胶中，而磷酸化的核纤层蛋白B由于异丙基的作用仍然与核被膜相连。核纤层以断裂的方式解体，导致核被膜破裂形成小膜泡。

M-CDK的磷酸化作用也参与了内质网和高尔基体破裂形成小囊泡，主要是通过对GM130的磷酸化。GM130是介导COPⅠ包被蛋白小泡着陆高尔基体所必需的蛋白质，它的磷酸化阻止了COPⅠ包被蛋白小泡着陆高尔基体并与之融合，进而使高尔基体和内质网断裂成片段。

13.3.2.4 有丝分裂纺锤体与马达蛋白

有丝分裂的中心任务是染色体的分离。在所有真核细胞中，染色体的分离都是依靠有丝分裂纺锤体（mitotic spindle）及一套精巧的作用机制。纺锤体是一种双极性排列的微管，它们的功能是在有丝分裂后期将姐妹染色单体拉开，并将两套染色体分离到细胞相反的两端，然后将它们包裹进入子细胞核。M-CDK在有丝分裂初期触发了纺锤体的装配。

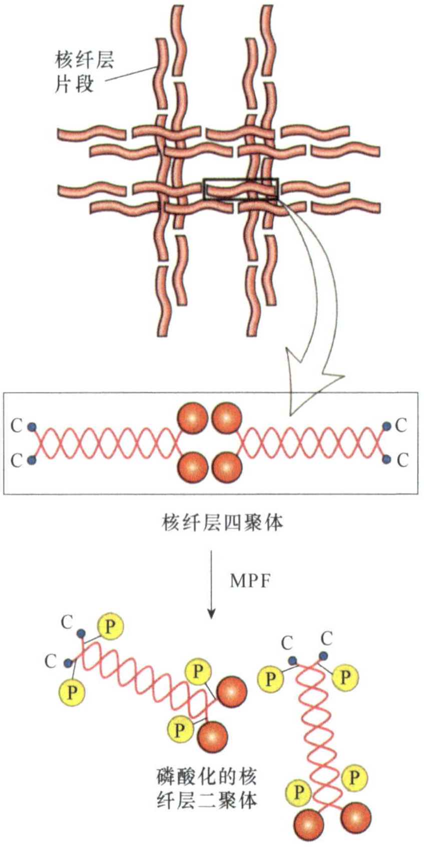

图 13-40 磷酸化作用导致核纤层断裂（引自 Lodish et al., 2013）。图的上部是核纤层网络结构。中间部分显示的是核纤层螺旋二聚体结构。大圆点表示 N 端，小圆点是 C 端。底端部分是 M-CDK 对 N 端、C 端特异的丝氨酸残基的磷酸化导致核纤层纤维的断裂，进而导致核被膜的破裂。

纺锤体是有丝分裂器（mitotic apparatus）的核心装置，它从中心粒形成各种双极性微管，包括动粒微管（kinetochore microtubule）、两极连接微管（interpolar microtubule）、星体微管（astral microtubule）等（图 13-41），这些微管在有丝分裂后期协同将两套染色体均等分开，确保子细胞能够获得整套完整的染色体。

在纺锤体的装配与功能发挥中都有马达蛋白的参与，发挥作用的部位包括动粒、染色体的臂、纺锤体的极，以及极交互纺锤体微管。另外，有的马达蛋白只在一个部位起作用，有些马达蛋白在多个部位起作用（图 13-42）。

13.3.2.5 前中期染色体捕获与会聚

有丝分裂中期的主要特点是让所有复制加倍的染色体能够“一字”排列到赤道板（metaphase plate），涉及纺锤体动粒微管对染色体的捕获，以及通过马达蛋白与动粒微管的动态变化将染色体定向引导到赤道板。

动粒是在早中期开始装配的，并且每一个姐妹染色单体的着丝粒处各装配一个，姐妹动粒附着部位各自朝向相反的一极。

动粒是纺锤体微管在染色体上的附着部位，是由蛋白质装配起来的复合物，分为三个部分：内板（inner plate）、外板（outer plate）、纤维冠（fibrous corona）（图 13-43）。内板主要由三类着丝粒蛋白（centromere protein）组成，包括 CENP-A、CENP-C、CENP-G。内板是动粒装配的组织者，并起稳定动粒的作用。组成外层的蛋白质主要是 CENP-E、CENP-F、CENP-I 等，主要功能是与微管结合，并为染色体的移动提供极向的力。动粒最外侧的部分是纤维状的冠，构成纤维冠的蛋白质包括 CENP-E、马达蛋白等。纤维冠的功能是捕获微管。

前中期装配的动粒是如何捕获纺锤体微管的？由于从纺锤体的极形成的微管是高度动态的，动粒对微管的捕获有可能是通过微管的侧向，也有可能是通过微管的末端（图 13-44A 中步骤 1A，1B）。微管被动粒捕获后，通过降低微管去聚合的速率，使微管趋于稳定。研究发现，在此过程中，Ran-

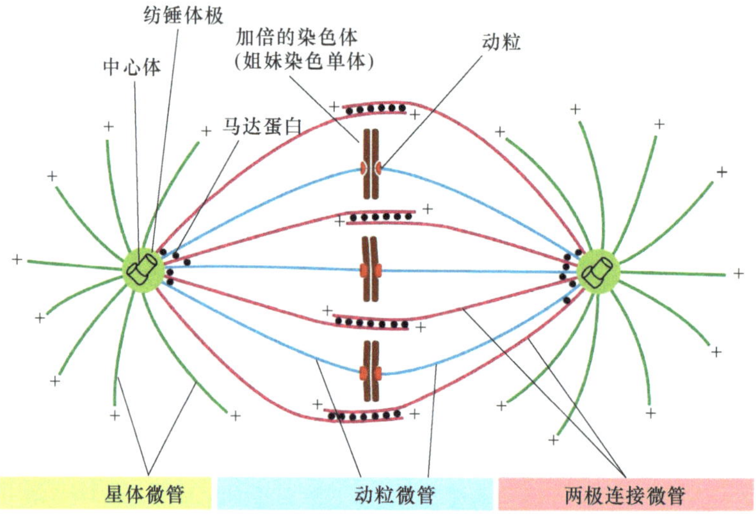

图 13-41 动物细胞中期有丝分裂纺锤体（引自 Alberts et al., 2015）。有三种类型的有丝分裂纺锤体微管：①动粒微管是两极生长的微管，正端分别与一侧的动粒结合；②两极连接微管是来自两极微管的正端分别越过了中期板，并有部分交互重叠；③星体微管是由中心体生长出较短的放射性微管，其正端是自由的。动粒微管与极交互微管都有马达蛋白的结合。

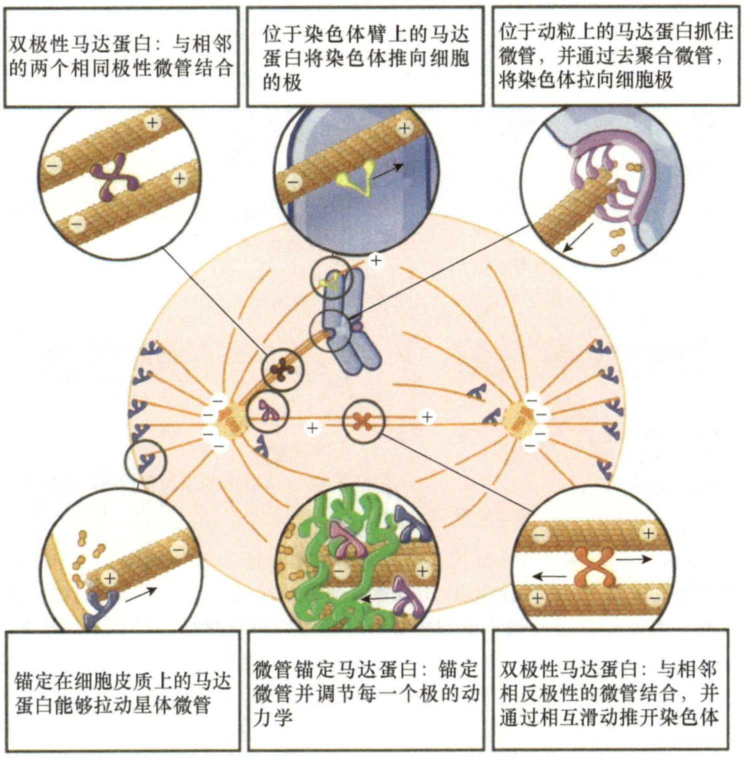

图 13-42 有丝分裂相关微管马达蛋白（引自 Plopper et al., 2015）。通过马达蛋白与纺锤体微管的相互作用产生染色体移动的力。

GTP 也有重要作用。

已复制染色体一侧的动粒一旦与微管附着，与动粒结合的马达蛋白就会牵引复制染色体向纺锤体的极移动，并最终到达纺锤体微管的极（图 13-44A 中步骤 2）。由于此染色体的另一个动粒是闲置的，因此可捕获来自相反极的纺锤体微管，从而将微管拉向相反的一极（图 13-44A 中步骤 3）。染色体两侧动粒都结合有纺锤体的染色体称为双定向（bi-oriented）染色体，此时的染色体两侧都捕获有微管，因此受到来自两侧动粒微管的拉力，处于“惊惶不安”的状态。当有一个或少数几个染色体处于双向平衡状态时（位于赤道板），其他染色体会以此为“参照”逐渐移到纺锤体的中央部位，染色体的这种定向是由驱动蛋白-7（即 CENP-E）介导的（图 13-44A 中步骤 4）。

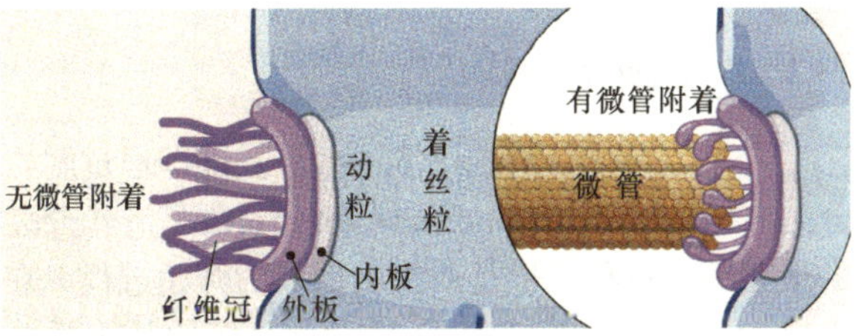

图 13-43 脊椎动物动粒的结构组成（引自 Plopper et al., 2015）。

双定向的染色体向赤道板移动的过程称为染色体会聚（chromosome congression），在此过程中，双定向的染色单体对来回振荡（oscillate），最终到达赤道板。染色体振荡涉及几种微管马达蛋白与微管装配与去装配调节蛋白的协同作用，逐渐将染色单体对排列到赤道板上（图 13-44B）。调节蛋白位于动粒上，但不是动粒的组成成分。

13.3.2.6 姐妹染色单体的分离

在有丝分裂后期，为了将姐妹染色单体分开，首先要解决的问题是如何将束缚姐妹染色体的黏连蛋白解开，或是将其“切开”。黏连蛋白是在 S 期 DNA 复制时结合上去的，目的是防止新合成的两个子代染色单体分离，这种连锁作用确保了姐妹染色单体共同行动直至一起排列到中期的赤道板上。细胞进入有丝分裂后期，黏连蛋白完成了历史使命，需要将其移除，因为此时的黏连蛋白成为染色单体分离的障碍。

由于黏连蛋白是由 Smc1、Smc3 组成的环，并由 Scc1 将它们锁定在一起，所以，要解除黏连蛋白对姐妹染色单体分离的阻碍作用，必须将 Scc1 这把锁解开，这一任务是由 APC/C 发动的。

在有丝分裂后期初始阶段，M-CDK 触发了 Cdc20 与无活性的 APC/C 结合，从而将 APC/C 激活。激活的 APC/C 将抑制分离酶（separase）的分离酶抑制蛋白泛素化而降解（图 13-45）。

13.3.2.7 染色体分离的两个阶段：后期 A 与后期 B

随着后期黏连蛋白的降解，通过有丝分裂纺锤体产生的力将姐妹染色单体拉向细胞相对的两极，这一过程称为染色体分离（chromosome segregation）。染色体的后期分离可分为两个独立而又重叠的阶段：后期 A（anaphase A）和后期 B（anaphase B）。后期 A 起始于染色体极向移动（poleward movement），这一过程伴随着动粒微管的逐渐缩短。后期 B 是纺锤体极分离（spindle pole segregation），它开始于子染色单体已经分开并且已离开了一段距离（图 13-46）。

后期 A 的染色体极向移动依赖于两种力的作用：第一种力是由微管在动粒部位的去聚合，导致与动粒结合的驱动蛋白“背着”子染色体向纺锤体极移动，通过驱动蛋白与微管的作用产生拉力将染色体单体逐渐拉向细胞的两侧（图 13-47A1）；第二种力是由微管流（microtubule flux）产生的，这是一种微管向纺锤体极的极向移动，是通过动粒微管负端去聚合及极驱动蛋白与动粒微管相互作用产生的拉力（图 13-47A2）。

后期 B 的纺锤体极分离依赖于马达蛋白驱动（motor protein driven）机制，该机制中马达蛋白产生两种力，驱动纺锤体极向细胞两端移动。首先，正端走向的双极性驱动蛋白在两极连接微管的正端重叠区将微管进行交联，由于极微管在正端添加微管二聚体进行聚合延长，使两极的极微管产生重叠带延长，双极性的驱动蛋白通过向负端移动保持重叠区的长度恒定，因而产生了将纺锤体推向两极的推力（图 13-47B1）。其次，将星体微管锚定在细胞皮层的动力蛋白通过星体微管的去聚合产生的拉力将纺锤体极拉向细胞的一侧（图 13-47B2）。

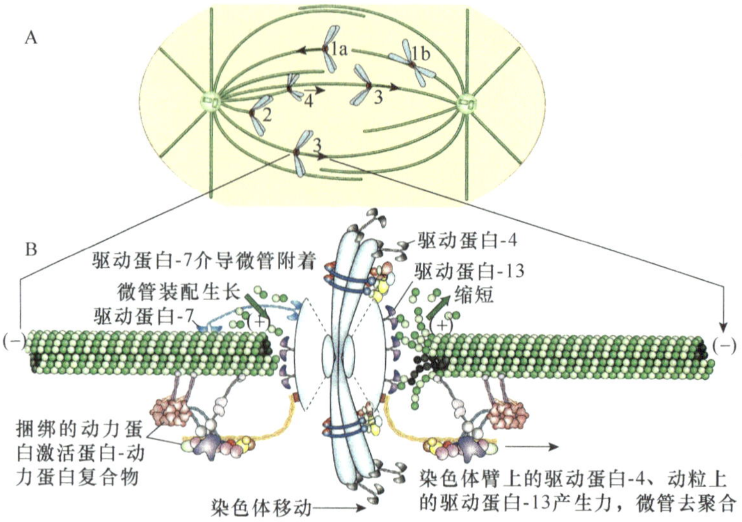

图 13-44 前中期染色体捕获及会聚（引自 Lodish et al.，2016）。A. 已经复制加倍的染色体两侧的姐妹动粒都被两极的纺锤体捕获，成为双极性染色体，在驱动蛋白及调节蛋白的协同作用下，通过微管的聚合与去聚合，染色体来回振荡，被逐渐会聚到赤道板。1～3 表示染色体不同的捕获状态。B. 显示染色体通过左侧一极纺锤体微管的聚合产生的推力，以及右侧一极微管去聚合产生的拉力，逐渐向赤道板移动。

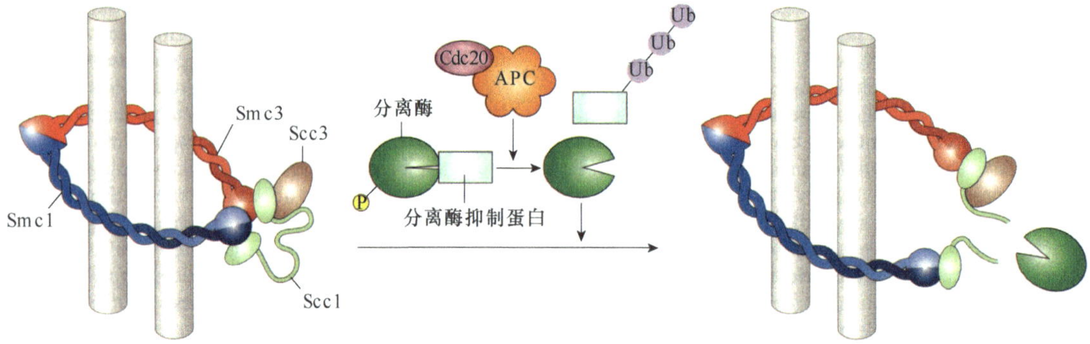

图 13-45 黏连蛋白降解的调控（引自 Lodish et al.，2013）。切割黏连蛋白复合物 Scc1 亚基的分离酶在进入后期前是受到双重抑制的：一方面，与分离酶抑制蛋白结合在一起；另一方面，被 M-CDK 进行了磷酸化。当所有的动粒都与纺锤体结合，并且纺锤体装置装配正确而又有序时，Cdc20 与 APC/C 结合并将其激活，激活的 APC/C 通过将分离酶抑制蛋白泛素化而降解。随着分离酶抑制蛋白的降解、M-CDK 活性下降导致分离酶去磷酸化，分离酶恢复活性并将 Scc1 降解，解除了枷锁的姐妹染色单体可被动粒微管拉向两极。

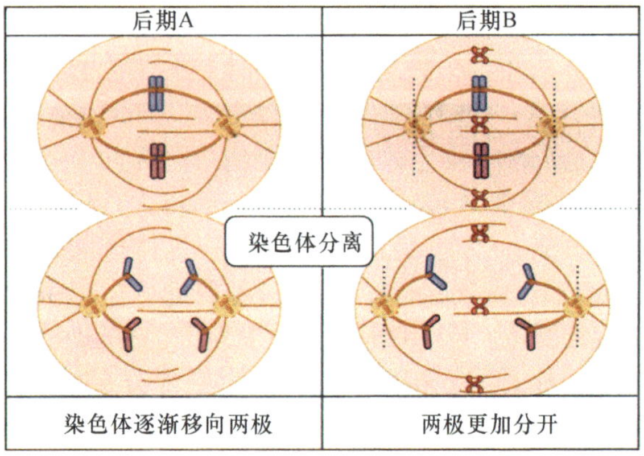

图 13-46 后期姐妹染色单体被分开的两个过程：后期 A 与后期 B（引自 Plopper et al.，2015）。

13.3.2.8 胞质分裂机制

一旦染色体分离到细胞的两极，随即通过胞质分裂产生两个子细胞。所以胞质分裂既是有丝分裂的最后一个过程，也是新细胞形成的开始过程。在大多数细胞中，在有丝分裂之后紧接的是胞质分裂，但也有极少数细胞，如早期果蝇的胚胎细胞及某些动物的肝细胞等在有丝分裂中是没有胞质分裂

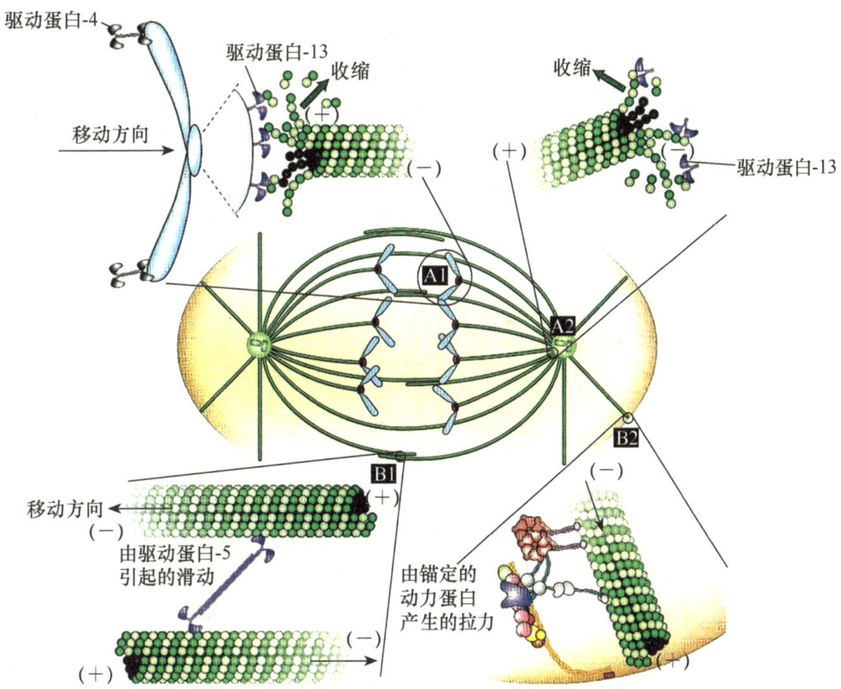

图 13-47 后期染色体运动与纺锤体极的分离（引自 Lodish et al., 2013）。后期 A 的染色体运动是由驱动蛋白在动粒（A1）与纺锤体极（A2）等两个部位微管的不断收缩所产生的两种力驱动的。在这两个部位，由于驱动蛋白将动粒微管的正端锚定在动粒、负端锚定在纺锤体极，微管的去聚合导致染色体向纺锤体极运动。后期 B 的纺锤体极分离也是两个方面的力驱动的：一种是双极性驱动蛋白在反向平行极微管间的滑动产生的推力（B1），另一种是由位于细胞皮层的动力蛋白与星体微管产生的拉力（B2）。

的，因为这些细胞需要很多细胞核。

在动物细胞的胞质分裂中最先看到的现象是在细胞表面出现卵裂沟（cleavage furrow），卵裂沟快速加深直至分成两个细胞（图 13-48）。

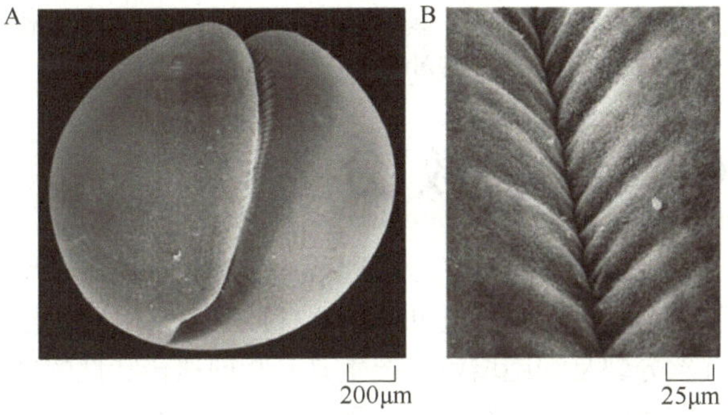

图 13-48 胞质分裂的形态变化（引自 Alberts et al., 2015）。A. 在较低倍数下，蛙卵细胞的胞质卵裂沟扫描电镜照片。B. 在较高倍数下，蛙卵细胞的胞质卵裂沟的扫描电镜照片。

如同染色体的分离，胞质分裂不仅需要有丝分裂纺锤体，同时也需要装配新的结构：中间体（midbody）与收缩环（contractile ring）（图 13-49）。中间体是后期形成的，其中有大量平行的微管束，这些微管束位于分离染色体之间，属于纺锤体微管。收缩环是由肌动蛋白纤维、肌球蛋白Ⅱ纤维，以及其他一些结构与调节蛋白装配起来的一种动态结构，有丝分裂后期，在细胞质膜的下方开始装配收缩环。

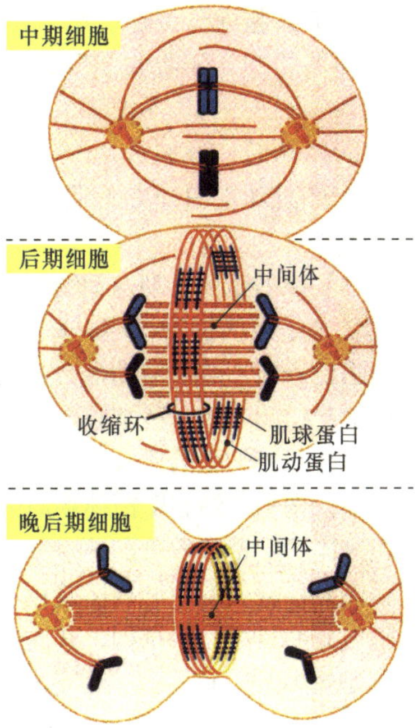

图 13-49 胞质分裂中间体与收缩环（引自 Plopper et al., 2015）。胞质分裂中间体是一个大的微管结构，它是在有丝分裂后期，由聚集在分离染色体之间的微管束所形成。与此同时，在分裂细胞的中间部位由肌动蛋白纤维、肌球蛋白Ⅱ纤维等形成一个紧密的带，中间体决定环的位置，便于将细胞一分为二。

有丝分裂纺锤体如何确定胞质分裂的细胞部位？也就是说，收缩环装配的位点是如何确定的？据推测，有三种可能的机制，对于大多数细胞而言，这三种可能的机制会联合使用。第一种是星体刺激模型（astral stimulation model）：按此模型，星体微管携带有沟诱导信号，该信号主要是确定细胞皮质装配收缩环的位置，即两个纺锤体极中部部位。第二种可能的机制是中央纺锤体刺激模型（central spindle stimulation model）：该模型认为，中央纺锤体产生了诱导在细胞皮层特异部位形成沟的信号。极微管的中央重叠部分结合很多信号蛋白，包括可以刺激 Rho A 的蛋白质；通过果蝇突变体的研究，发现这些蛋白质缺陷将不能进行胞质分裂。第三种可能的机制假设在某些类型的细胞中，星体微管可以促进细胞皮层肌动蛋白-肌球蛋白束局部松弛，这种机制称为星体松弛模型（astral relaxation model）。在纺锤体赤道部位的皮层松弛十分轻微，因此促进了在该位点进行皮层收缩。例如，在线虫早期胚胎细胞中，丧失了星体微管则导致整个细胞皮层的收缩活性提高，这一结果支持了星体松弛模型。图 13-50 是这三种可能的模型示意图。

如同染色体分离，胞质分裂也分为几个过程。第一是在细胞皮质确定收缩环装配的部位，该反应发生在后期的初始阶段，收缩环装配部位的确定，也就确定了细胞的分裂面。第二是在确定部位进行收缩环的装配，随着收缩环的装配，环不断进行收缩。第三是收缩环收紧，形成卵裂沟。第四是将中间体切断，分裂成两个子细胞。收缩环的收缩过程是肌球蛋白介导的肌动蛋白纤维不断滑动的结果。

高等植物细胞的胞质分裂与动物细胞的胞质分裂完全不同，这是因为植物细胞有坚硬的细胞壁。植物细胞的胞质分裂不是靠肌动蛋白收缩环，而是靠细胞内新细胞壁的形成。新细胞壁的位置精确地决定了子细胞与相邻细胞的位置和关系。在新细胞壁形成过程中，携带有细胞壁前体物质的高尔基体膜泡（其内充满细胞壁基质所需的多糖和糖蛋白），沿着微管运向有丝分裂的中期板，并相互融合形成大的、由膜包裹的、圆盘状结构，其内含有的多糖装配成新细胞壁基质，称为早期细胞板（early cell plate），并不断向两侧扩大直到与原有的细胞质膜结合，同时也将细胞质分成两半（图 13-51）。

13.3.2.9 核重建机制

胞质分裂之后，必须在子细胞中进行核重建，欲重建核，首先要重建核被膜。片段化的核被膜如何重新建立？通过对非洲爪蟾卵细胞提取物的研究和对各种生物温度敏感突变体的分析发现：核被膜的重建需要一些特异蛋白质的去磷酸化，这些蛋白质的磷酸化作用可能与 MPF 有关。在细胞周期的后期，当细胞周期蛋白 B 被降解之后，MPF 很快失活，但一些磷酸酶很快激活并将核纤层蛋白脱磷酸，导致核被膜的重建。

核重建是核解体的相反过程。后期末，子代染色体已经分成相等的两组，分别移到了纺锤体的两极。在有丝分裂的末期，前期核解体时形成的核被膜小泡此时又围绕染色体聚集和融合形成两个子代细胞核被膜（图 13-52）。在核被膜重建过程中，同样要重新装配核孔复合体。此外，前期磷酸化的核纤层蛋白经去磷酸化后重装配成核纤层。

核被膜重建之后，由于核解体而散布在细胞质中的核蛋白通过核定位信号经由核孔的选择输入进新的细胞核中。有了核被膜和核蛋白，染色体进行去凝缩，一些 rRNA 基因首先开始转录，一个生机盎然的细胞踏上了新的细胞周期之旅。

13.4 减数分裂

在细胞进行有丝分裂过程中，产生的两个子细胞含有来自亲代细胞的相同数目的染色体。因此，有丝分裂是细胞增殖，产生具有相同遗传特性的细胞群体的过程。在有性生殖的生物中，有性生殖是通过两个配子的融合产生新的生物个体的过程，这两个配子一个来自父本（雄配子），另一个来自母本（雌配子），配子是通过减数分裂（meiosis）产生的。

减数分裂是生殖细胞产生配子的分裂，包括两次连续的减数分裂，形成 4 个单倍体的子细胞。相继的两次分裂分别称为减数分裂Ⅰ和减数分裂Ⅱ。在减数分裂Ⅰ与减数分裂Ⅱ之间有一个很短的间隔期，但此间隔期不进行 DNA 的合成，因而也不发生染色体的复制。由于细胞核分裂了两次，而染色体只是在减数分裂前的

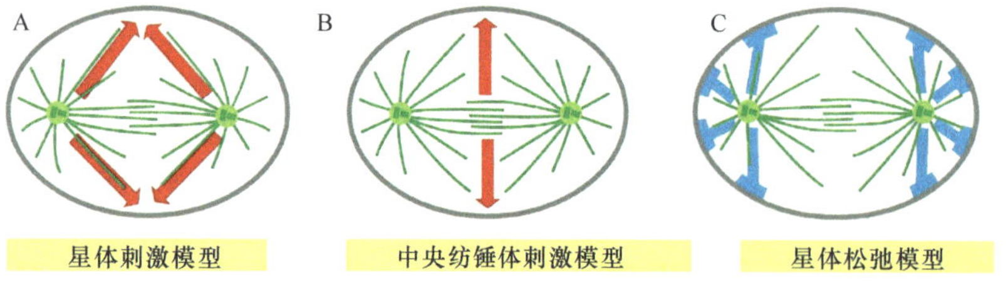

图 13-50 胞质分裂收缩位点确定的三种可能机制（引自 Alberts et al.，2015）。图中显示的是后期纺锤体微管产生的信号对收缩位置影响的三种现代模型。需要说明是，任何单一的模型都不能解释所有观察到的现象，或许卵裂沟的确定需要这三种模型共同作用。

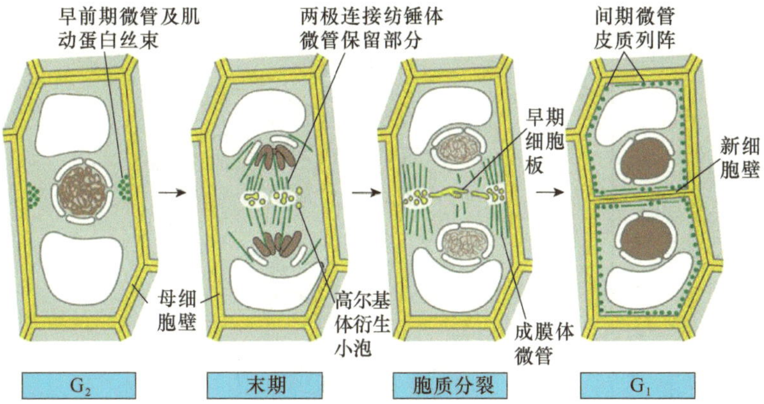

图 13-51 高等植物细胞胞质分裂的特征（引自 Alberts et al., 2015）。在 M 期之前，由微管束和肌动蛋白丝束在皮质层建立一个分裂面。染色体分离后末期刚开始，在细胞内侧、原有纺锤体的赤道处起始新细胞壁的装配：保留至末期的有丝分裂纺锤体的两极连接微管形成成膜体（phragmoplast），作为细胞壁填充料的高尔基体膜泡沿着微管转运至成膜体，相互融合成为新的细胞壁组分，并不断向外延伸达到细胞质膜及原有的细胞壁。细胞质膜与膜包围的新细胞壁融合，将两个子细胞分开。

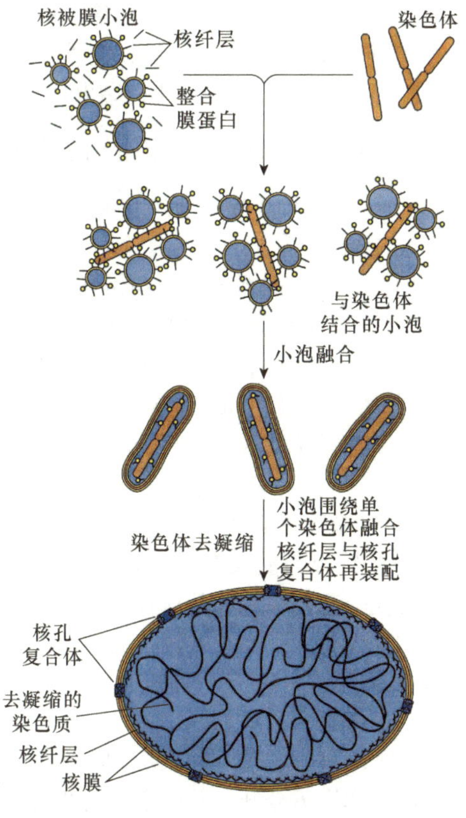

图 13-52 核被膜的重建（引自 Cooper and Hausman, 2004）。随着胞质分裂，核被膜小泡也与染色体一起分进子细胞。在子细胞中，核被膜小泡围绕染色体的表面形成包裹染色体的小泡。紧接着，染色体核被膜小泡相互融合，形成包裹有所有染色体的细胞核。在此过程中，要重新组装核孔复合体。

间期复制了一次，所以细胞经过减数分裂导致染色体组数目减少一半（图 13-53）。

13.4.1 减数分裂 I 与减数分裂 II 的形态变化

减数分裂 I 的核心目标是同源染色体的分离，有两个主要特点：①一对同源染色体分开之前要进行配对，此时的 DNA 会发生交换和重组；②在染色体组中，同源染色体的分离是随机的，也就是说染色体组要发生重组合。减数分裂 I 分为前期 I、中期 I、后期 I 与末期 I 4 个时期。减数分裂 II 的核心目标是将一对同源染色体的 4 个姐妹染色单体分开，使其各进入一个子细胞，因此，通过连续的两轮分裂，使染色体组减半，产生 4 个单倍体的子细胞。

13.4.1.1 前期 I 的形态变化

前期 I 变化最为复杂，呈现许多减数分裂的特征性变化，如持续时间长、细胞核显著增大、同源染色体进行配对和交换等。该期可分为细线期、偶线期、粗线期、双线期、终变期等（图 13-54）。

1）细线期　细线期（leptotene stage）又称凝缩期（condensation stage），此期在光学显微镜下可逐渐见到染色体，染色质在凝缩前已复制，但仍呈单条细线状，看不到成双的染色体。在电子显微镜下，可观察到此期的染色体是由两条染色单体构成的。

2）偶线期　偶线期（zygotene stage）又称配对期（pairing stage）。此期的主要特点是染色质进一步凝缩，同源染色体（homologous chromosome）发生配对，称为联会（synapsis），并形成联会复合体（synaptonemal complex，SC）。

3）粗线期　粗线期（pachytene stage）又称重组期（recombination stage）。该阶段开始于同源染色体联会之后，染色体明显变粗、变短，结合紧密，此期染色体形态是一个明显的四分体。

4）双线期　双线期（diplotene stage）的染色体长度进一步变短，SC 因发生去组装而逐渐消失，紧密配对的同源染色体相互分开，而在非姐妹染色单体之间的某些部位上，可见其相互间有接触点，称为交叉（chiasma）（图 13-55）。交叉被认为

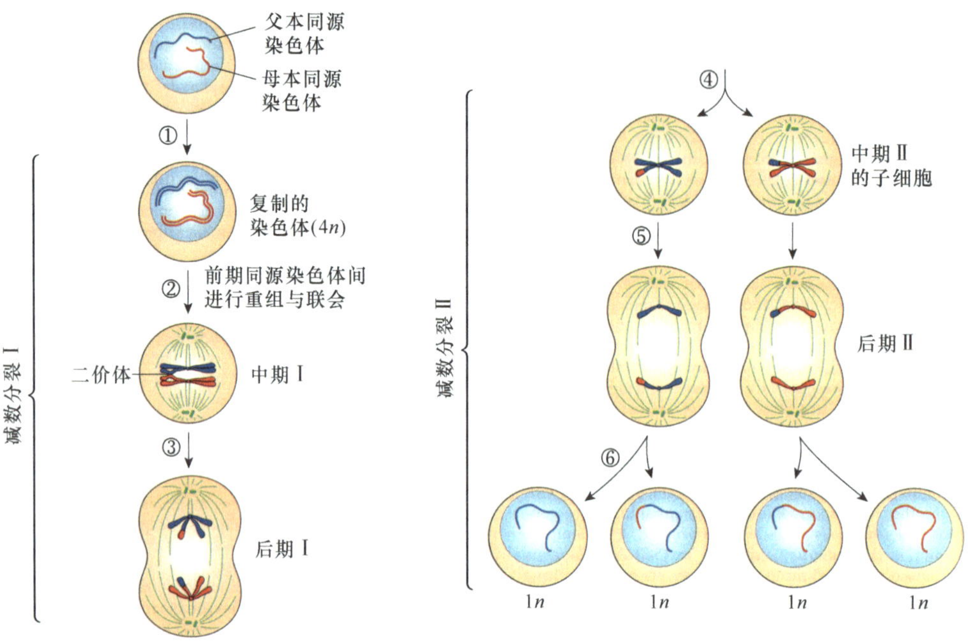

图 13-53 减数分裂过程（引自 Lodish et al.，2013）。减数分裂经过连续的两次分裂，产生 4 个单倍体的配子。

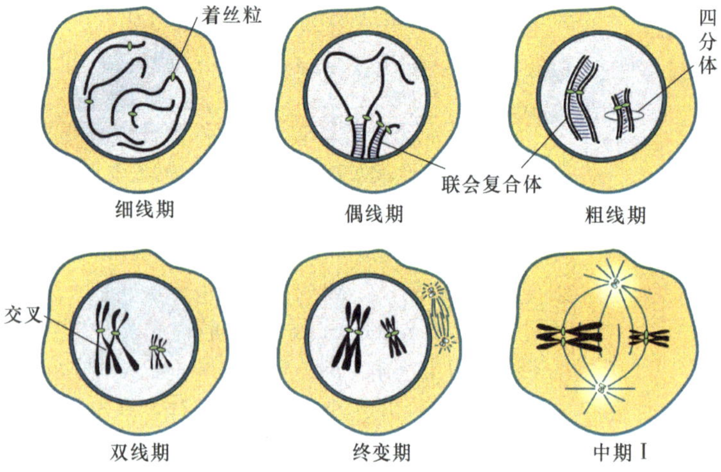

图 13-54 前期Ⅰ的染色体行为（引自 Karp，2010）。

是粗线期交换发生的细胞形态学证据，其数目取决于物种类型及染色体长度，如人类平均每对染色体的交叉数为 2～3 个；若染色体较长，则其交叉也较多。

5）终变期　终变期（diakinesis）又称再凝缩期（recondensation stage），是前期Ⅰ的最后一个阶段，此期染色质又被包装压缩成染色体。双线期结束，染色体变成紧密凝缩状态，大多数核仁消失，四分体均匀地分布在核中。染色体交叉逐步向染色体端部移动，称为端化（terminalization）。最后四分体只靠端部交叉使其结合在一起，姐妹染色单体通过着丝粒连接在一起。

当前期Ⅰ即将结束时，像有丝分裂一样，中心粒已经加倍，中心体移向两极并形成纺锤体，核被膜破裂和消失，标志着前期Ⅰ的结束。

13.4.1.2 中期Ⅰ至末期Ⅰ的形态变化

中期Ⅰ至末期Ⅰ的形态变化比前期Ⅰ要简单。

1）中期Ⅰ　纺锤体侵入核区，分散于核中的四分体开始向中部移动；此时四分体上有 4 个动粒，一侧纺锤体只和同侧的两个动粒相连，最后染色体排列在赤道板上。

在大多数真核生物中，中期Ⅰ仍然能够见到排列在中期板上同源染色体的交叉，实际上，交叉能够将同源染色体作为二价体结合在一起。在人和其他脊椎动物中，每对同源染色体至少有一个交叉，较长的染色体通常有 2～3 个交叉。推测可能有一种机制保证最短的染色体也有一个交叉。

2）后期Ⅰ　进入后期Ⅰ后，同源染色体在两极纺锤体的作用下分开，并逐渐移向两极。由于每条染色体仍含有两条染色单体，因而每个极仍含有两套染色体。不同的同源染色体对向两极的移动是随机的、独立的，所以父方、母方来源的染色体此时会发生随机组合，即染色体组的重组，这种重组有利于减数分裂产物的基因组变异。

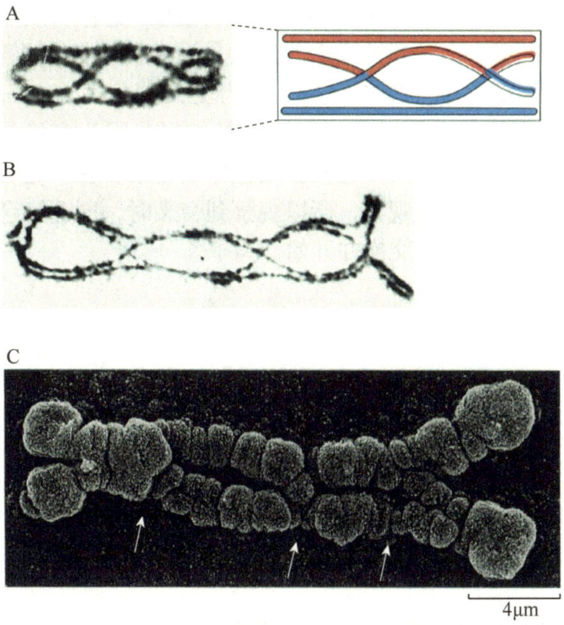

图 13-55 双线期的染色体交叉（引自 Karp，2010）。A 和 B. 光学显微镜下的蝗虫减数分裂前期Ⅰ中见到的双线期发生的交叉。C. 沙漠蝗虫减数分裂Ⅰ的双线期扫描电镜照片，可见到三个交叉（箭头所指）。

3）末期Ⅰ及分裂间期　在末期Ⅰ，每一个极接受一套随机组合的染色体组，但在自然界中，有两种类型的末期Ⅰ，一种是没有明显可见的染色体去凝缩，另一种是完全逆转到间期核的状态。后者染色体要去凝缩、重新形成核被膜。两次减数分裂之间的时期称为分裂间期（interkinesis），是一个极短的时期。在动物中，处于分裂间期的细胞被称为次级精子细胞或次级卵细胞，因为它们只含有一套染色体，所以是单倍体；由于两个姐妹染色单体没有分开，实际上它们携带两套基因组。

13.4.1.3 减数分裂Ⅱ的形态变化

通过分裂间期即进入减数分裂Ⅱ，减数分裂Ⅱ的染色体行为与有丝分裂相似。减数分裂Ⅱ分为前期Ⅱ、中期Ⅱ、后期Ⅱ、末期Ⅱ，最后形成4个单倍体细胞。

如果在末期Ⅰ重新形成了核被膜，则在前期Ⅱ要将核被膜解体，重新进行染色质凝缩。在中期Ⅱ，染色体排列在赤道板，姐妹染色单体中的动粒被两极的纺锤体微管结合。在后期Ⅱ，两个动粒分开，姐妹染色单体被拉向两极。在末期Ⅱ，染色体完全移到两极，开始去凝缩，并重新形成核被膜。

13.4.2 减数分裂过程中的遗传重组及其机制

在减数分裂过程中发生了两种方式的遗传重组：同源染色体间的交换重组和同源染色体分离时染色体组的重组。

13.4.2.1 同源染色体间的交换重组

同源染色体间的交换重组发生在减数分裂Ⅰ的前期Ⅰ，是在同源染色体配对形成联会复合体时发生的。

1）联会与联会复合体　联会是在减数分裂的偶线期两条同源染色体侧面紧密靠近并进行配对的现象。联会时的配对是特异的，可以同时发生在同源染色体分散的几个点上。电子显微照片揭示，染色体联会伴随一种复杂的结构——联会复合体的形成。

SC 是一种梯状结构（图 13-56），两侧各有一个沿姐妹染色单体的长轴，并且相互平行。是什么原因将两条长轴拉到一起？一种可能的解释就是靠一种大的蛋白质机器，叫重组复合体（recombination complex），它在同源物的断裂处进行装配，在同源区附近与配对的 DNA 序列结

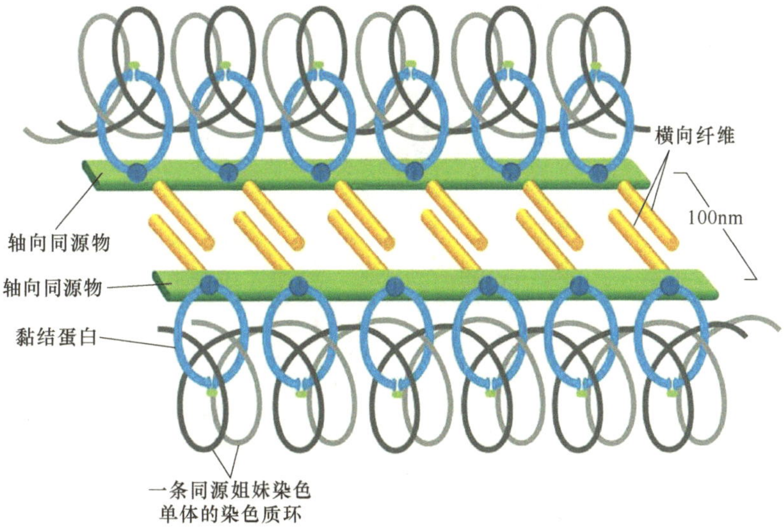

图 13-56 联会复合体的结构（引自 Alberts et al.，2015）。每一个同源染色体围绕一个长轴组织起来，当一对同源的长轴通过杆状的横向纤维连接起来时，就形成了联会复合体。每一条同源的长轴都与将姐妹染色单体控制在一起的黏结蛋白复合物相互作用，从而成为一个整体。

合，并以这种方式形成前联会结构。同源物这种前联会排列（presynaptic alignment）形成之后就是联会，在联会中两条平行的长轴通过横向纤维（transverse filament）紧密连接起来形成联会复合体。

2）染色体重组：交换与交叉　在同源染色体联会期间，同源染色体要发生断裂和重接，在此过程中发生同源染色体间的交换，随着双线期的进行，交叉开始远离着丝粒，并逐渐向染色体臂的端部移动（图 13-57），称为交叉端化（chiasma terminalization）。交叉是交换的结果，因为交换是在联会时发生的，即同源染色体紧密结合在一起时发生的，无法观察，所以观察到交叉时，同源染色体已经完成了交换并开始分离了。

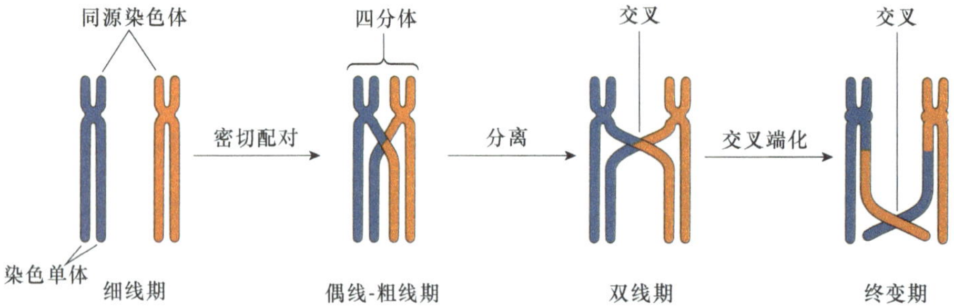

图 13-57　同源染色体联会时的交换和交叉（引自 Kleinsmith and Kish，1995）

13.4.2.2　染色体组的重组

生殖细胞在形成配子时，染色体要减半，由二倍体生成单倍体。二倍体中的两套染色体组分别来自双亲，但是在形成单倍体时，染色体组要进行重组合，也就是说在新形成的单倍体的生殖细胞中，每一套染色体组中既含有母本的染色体，又含有父本的染色体，它们是随机组合的，这样形成的配子基因型既不同于父本又不同于母本，而是一种新的组合，这是生物界遗传重组的主要方式。

染色体组的重组发生在减数分裂 I 的中期 I，此时染色体组中的每对同源染色体由于配对，所以在中期 I 的赤道板上的排列就有两种可能的方式（图 13-58），这样，在一套基因组中由于染色体在赤道板上排列的随机性，就会有不同的自由组合方式，也就是重组。由于重组是随机的，重组的结果不一定都是有利的，需经过自然选择。

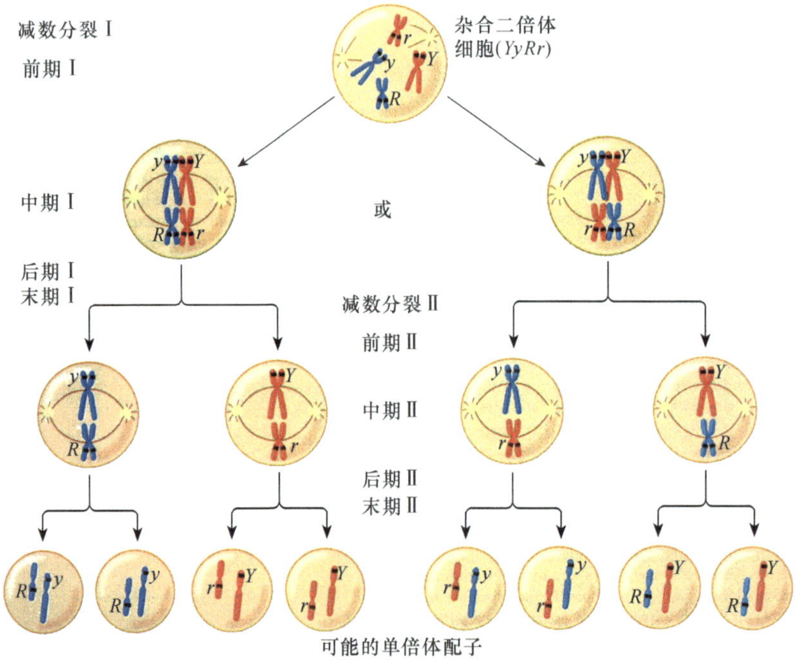

图 13-58　减数分裂中染色体组的自由组合（引自 Jeff et al.,2012）。简便起见，假定只有两对染色体的基因组，在中期 I，在赤道板上就有两种可能的排列，左侧是亲组合，右侧是重组合。

13.4.3 减数分裂与有丝分裂的比较及意义

13.4.3.1 减数分裂与有丝分裂的比较

减数分裂与有丝分裂的共同点都是通过纺锤体与染色体的相互作用进行细胞的分裂，但二者之间有许多差异（图 13-59）。①有丝分裂是体细胞的分裂方式，减数分裂是生殖细胞产生配子的过程（生殖细胞也有有丝分裂）。②有丝分裂是一次细胞周期，DNA 复制一次，分裂一次，染色体由 $2n \rightarrow 2n$；减数分裂是两次细胞周期，DNA 复制一次，细胞分裂两次，染色体由 $2n \rightarrow n$。③有丝分裂中，每条染色体独立活动；在减数分裂中，染色体要配对、联会、交换和交叉。④有丝分裂之前，经 DNA 合成，进入 G_2 期后才进行有丝分裂；减数分裂之前，DNA 合成时间很长，一旦合成，即进入减数分裂期，G_2 期短或没有。

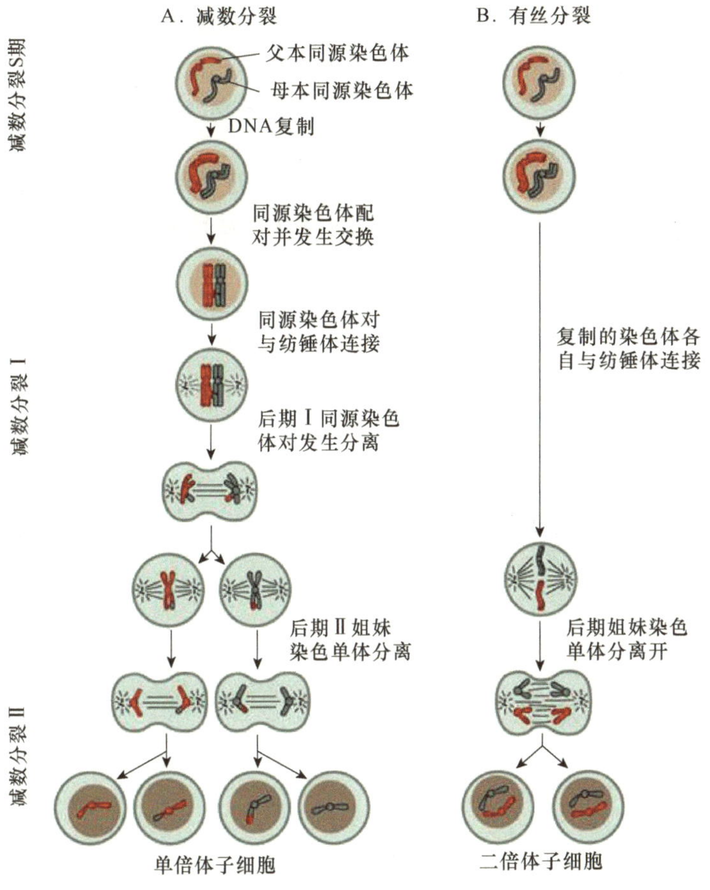

图 13-59 有丝分裂与减数分裂的比较（引自 Alberts et al.，2015）。

13.4.3.2 减数分裂的生物学意义

有性生殖是生物在长期进化历程中较无性生殖更为进步的一种繁殖方式。雌雄配子的融合，把不同遗传背景的父母双方的遗传物质结合在一起，其结果既稳定了遗传，又添加了诸多新的遗传变异，大大增强了生物对千变万化环境的适应能力。然而，如果没有一种机制使精卵细胞染色体数减少一半，那么精卵细胞的融合将使染色体数倍增下去，细胞的体积也就不断地膨胀，细胞将不能适应环境而遭淘汰。减数分裂保证了生殖细胞在细胞周期中染色体的单倍化，然后通过受精作用还原为二倍体。没有减数分裂，有性生殖将是不可能的。

减数分裂保证了有性生殖生物在世代交替中染色体数目的恒定，生成配子时先减半成单倍体（n）；合子形成时，又恢复为二倍体（$2n$）。

减数分裂也是遗传变异产生的主要原因。在生物进化过程中，如果没有遗传变异，生物就不能适应环境的变化，就会失去长期生存的能力。在减数分裂过程中，有两种方式发生遗传重组：第一种是通过亲代染色体在单倍体细胞中的自由组合，产生的配子所含的染色体在组成上既有父本的也有母本的；第二种方式是同源染色体配对时发生 DNA 交换，这种遗传重组过程产生的单个染色体中既有父本的也有母本的基因，既有基因间的重组，也有基因内的重组。减数分裂就是通过这样两种机制产生遗传上独特的 4 个单倍体细胞，每个细胞都含有新重组的遗传信息。

本章小结

生长和生殖是生物的基本特性，通常将通过细胞分裂产生的新细胞的生长开始到下一次细胞分裂形成子细胞结束为止所经历的过程称为细胞周期，在这一过程中，细胞的遗传物质复制并均等地分配给两个子细胞。

将细胞周期分为两个主要的阶段：有丝分裂期（M 期）和分裂间期。间期是细胞生长期，可分为 G_1 期、S 期、G_2 期。M 期是细胞分裂期，分为核分裂与胞质分裂两个阶段。

通过染色体超前凝聚实验发现有促进染色质凝缩的因子，孕酮注射实验证明处于 G_2 期的蛙卵母细胞中有类似于孕酮的因子。通过对酵母的研究，发现了 MPF 与 SPF：MPF 是促进 G_2 期裂殖酵母细胞进入有丝分裂的因子，称为有丝分裂促进因子；SPF 是促进芽殖酵母通过 G_1 期进入 S 期的因子，MPF 与 SPF 都是由周期蛋白与周期蛋白激酶组成的异二聚体。

哺乳动物细胞周期调控较为复杂，受多种 CDK 和周期蛋白的调控，包括多种 CDK 与多种周期蛋白。真核生物细胞周期调控系统是由周期蛋白依赖性的蛋白激酶、周期蛋白，以及各种不同的激活与抑制蛋白组成的生化开关控制的网络。

细胞的生存机制由关卡途径进行监测。通过关卡的管控，确保在上一个细胞周期没有完成之前不能启动下一个细胞周期的事件。DNA 损伤关卡在整个周期内对 DNA 进行监控，一旦发现 DNA 损伤，立即停止周期进程。

有丝分裂是细胞周期的分裂期（M 期）进行的分裂活动。在这个时期，通过纺锤体的形成和运动，将在 S 期已经复制好了的 DNA 平均分配到两个子细胞，以保证遗传的连续性和稳定性。这一时期的主要特征是出现纺锤体。

有丝分裂包括核分裂和胞质分裂两个过程，一般在核分裂之后随即发生胞质分裂。M 期持续的时间很短，但形态变化很大，根据形态变化的特征，通常将核分裂分为前期、前中期、中期、后期和末期。

减数分裂是生殖细胞产生配子的分裂，包括两次连续的分裂，形成 4 个单倍体的子细胞。相继的两次分裂分别称为减数分裂Ⅰ和减数分裂Ⅱ。由于细胞核分裂了两次，而染色体只是在减数分裂Ⅰ前的间期复制了一次，所以细胞经过减数分裂导致染色体数目减少一半。

减数分裂Ⅰ可分为前期Ⅰ、中期Ⅰ、后期Ⅰ、末期Ⅰ。减数分裂Ⅱ可分为前期Ⅱ、中期Ⅱ、后期Ⅱ、末期Ⅱ。减数分裂是遗传重组产生的主要原因，重组的两个事件分别发生在前期Ⅰ和后期Ⅰ。

思考题

（1）何谓细胞同步化？如何获得同步化的细胞？
（2）何谓早熟染色体凝聚？
（3）裂殖酵母 MPF 与芽殖酵母的 SPF 有什么不同？
（4）什么是关卡途径？ DNA 损伤关卡是如何工作的？
（5）前中期染色体是如何被捕获并集中到赤道板的？
（6）什么机制确保细胞周期是单向行进的而不会可逆行进？这些机制的分子基础是什么？

14 多细胞生物发育与干细胞

对于多细胞真核生物来说，每个个体都是由多种类型细胞构成的，一般认为人的细胞有 300 多种，最新的研究推测有上万种。虽然不同类型细胞的形态和功能各异，但它们都是由同一个受精卵产生的细胞后代分化增殖而来，即卵细胞在受精后迅速进入反复的有丝分裂（卵裂），生成后代细胞，这些细胞将遵循不同的发育方向，按一定规律变化，包括生长、增殖和凋亡，并组成机体的各种组织和器官。

从受精卵形成胚胎，再由胚胎生长发育成个体的过程称为个体发育（individual development）。从生长、发育、成熟到形成下一代的卵细胞或精细胞，直至个体逐渐衰老死亡的过程，构成个体发育史。从形态上看，个体发育过程经历生长（growth）、分化（differentiation）和形态发生（morphogenesis）。在个体发育中，细胞的后代在形态、结构和功能上发生差异的过程称为细胞分化，其本质是基因选择性表达的结果，即基因表达调控的结果（图 14-1）。

植物与动物的生活方式不同，它们的发育过程有很大的差异。对于多细胞的动物而言，发育过程实际上是细胞数量的增加、细胞功能专业化与组织化，先后涉及 4 种不同的细胞运动：①细胞增殖（cell proliferation），这一过程是通过一个细胞不断分裂产生多个细胞，使细胞数量大量增加；②细胞间的相互作用（cell-cell interaction），通过这种作用协调相邻细胞的行为规范；③细胞的功能特化（specialization），即细胞分化（differentiation），通过这种运动在不同位置产生了具有不同特征的细胞，也就有了细胞的不同分工；④细胞移动（movement），细胞分化后通过运动与聚集，使得具有不同功能的细胞形成特定的结构组织与器官（图 14-2）。需要说明的是，对于植物细胞而言，是不能移动的。

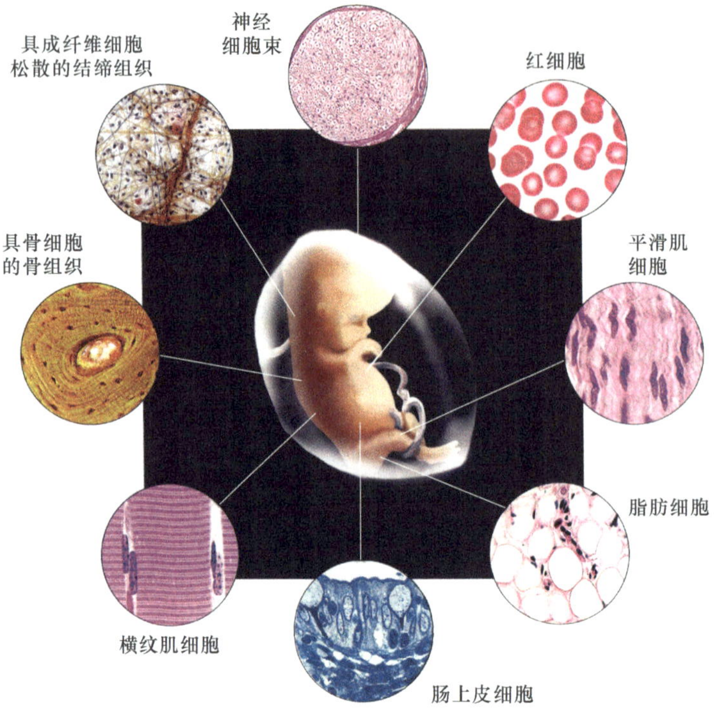

图 14-1　人体不同组织分化的细胞形态（引自 Karp，2005）。

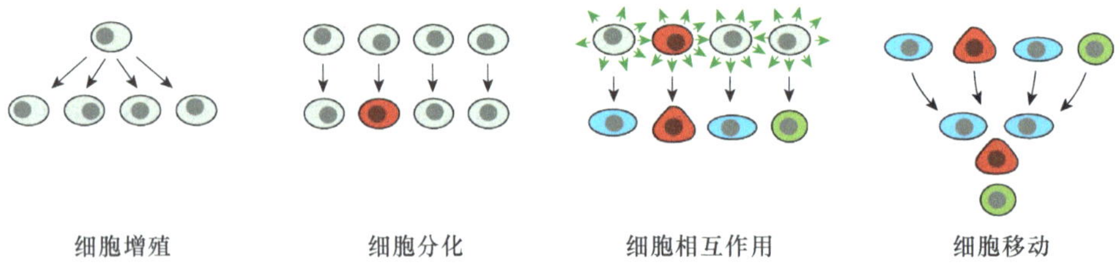

图 14-2　多细胞生物发育中的 4 种基本运动（引自 Alberts et al.，2015）。

14.1 受精作用与卵的激活

进行有性生殖的生物，通过单倍体的雌、雄配子的融合创造下一代。配子的发生和受精是所有生物事件中最具神秘性的事件：一个受精卵通过一系列复杂的分裂、分化和相互作用，精确地产生功能各异的细胞类型，并特异地组成各种组织，最后形成一个新的个体。

14.1.1 配子发生

配子分为雄配子（male gamete）和雌配子（female gamete），动物和植物的雌配子通常称为卵（egg），而将雄配子称为精子（sperm）。精子相当小，能够运动；卵细胞体积相当大，而且不可游动，如海胆的卵细胞是精细胞的 10 000 倍。尽管雌、雄配子的体积不同，但它们为子代提供的核 DNA 是等量的，即各提供一套基因组。不过，由于卵细胞的体积大，子代细胞的细胞质结构和细胞质 DNA 都是由卵细胞提供的。

配子形成的过程称为配子发生（gametogenesis）。在配子发生过程中，二倍体的原始生殖细胞（primordial germ cell）要通过减数分裂和分化才能转化成单倍体的卵子或精子（图 14-3）。

14.1.2 受精作用

动物的配子发生产生了两种类型的单倍体细胞：精子和卵子。精子与卵子的融合，即受精作用（fertilization）；重新形成一个二倍体的细胞，即受精卵。在哺乳动物、鸟类、爬行动物，受精作用发生在雌性动物的生殖系统内；而在两栖类、鱼类、无脊椎动物，受精作用发生在体外。无论是何种情况，受精作用都具基本相同的过程：精卵间的

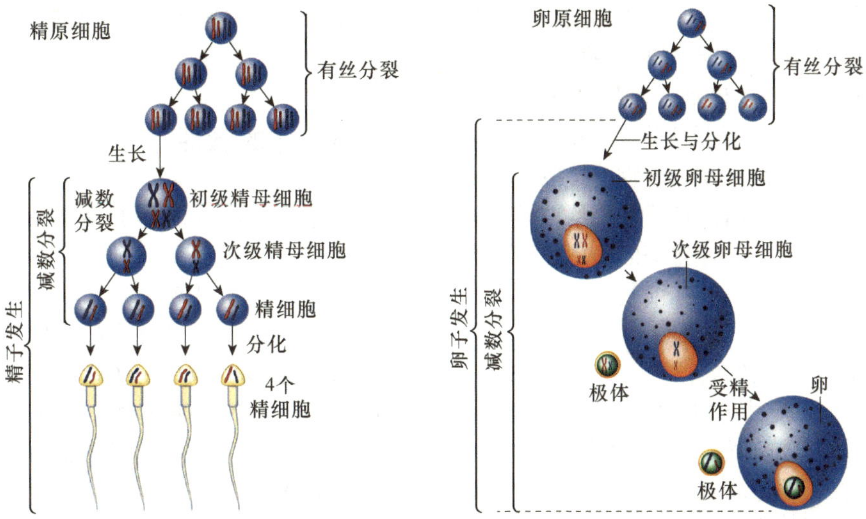

图 14-3 雌、雄配子发生过程的比较（引自 Karp，2005）。雌、雄配子的发生都要经过三个时期，即增殖期、生长期和减数分裂期。一个初级精母细胞经过两次成熟分裂形成 4 个精细胞，后者经过进一步的分化才能形成能够运动的精子；而一个初级卵母细胞只能产生一个成熟的卵子和 3 个极体。

接触、精子对卵被的穿透、精子与卵子质膜的融合、卵的激活等。涉及的主要反应包括顶体反应（acrosomal reaction）、皮质反应（cortical reaction）、原核融合（pronucleus fusion）等。

海胆是最合适的研究受精作用的动物。此类动物的最大优越性就是能够产生大量的配子（gamete），在繁殖季节，一个雌性海胆能够产生 400 万个雌配子，而一个雄性海胆能够产生 100 万个雄配子。第二个优越性是海胆的受精作用是在海水中自然发生的，有利于体外进行研究。图 14-4 是海胆的受精过程。

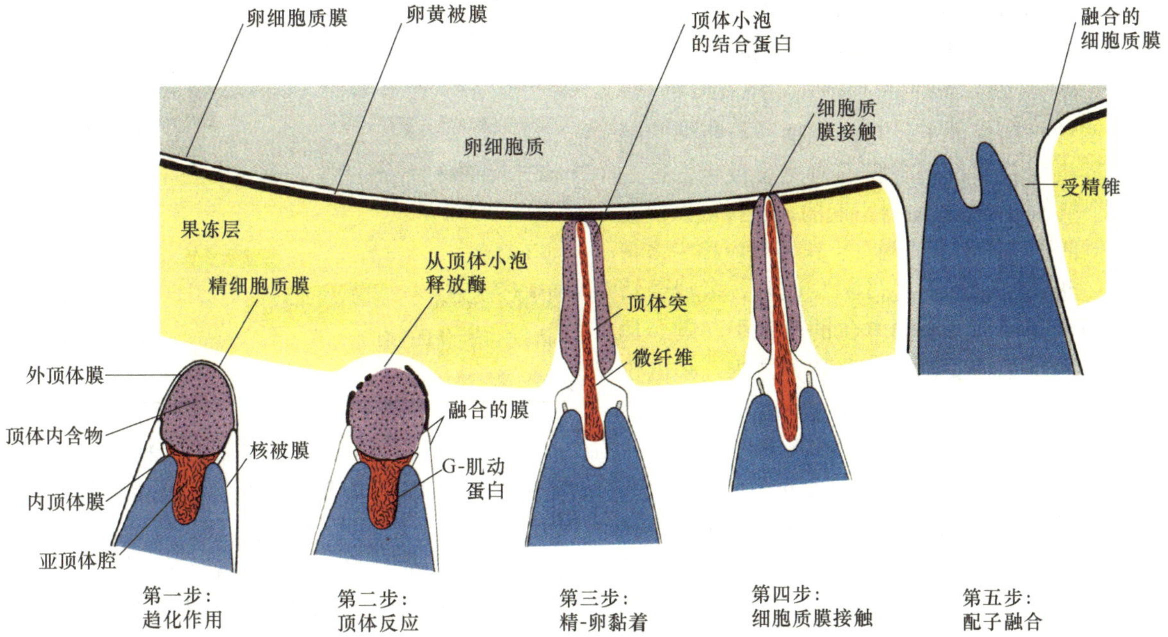

图 14-4 海胆的受精过程（引自 Kalthoff，2001）。海胆的受精过程共分五步。第一步是趋化作用（chemotaxis）：精子靠趋化作用靠近并与卵细胞的保护层——果冻层（jelly coat）接触。第二步是顶体反应：当精子与卵细胞的果冻层接触后，精子头部的顶体通过胞吐作用释放内含物，这一过程称为顶体反应。第三步是精-卵黏着（sperm-egg adhesion）：顶体反应之后，顶体酶将卵细胞的果冻层消化形成一个孔，同时在精子的顶端快速形成一个顶体突（acrosomal process）插入果冻层的孔，从而将精子与卵黄被膜（vitelline envelope）黏着起来。第四步是细胞质膜接触（plasma membrane contact）：果冻层的孔进一步裂解延伸穿过卵黄被膜，为精子进入卵细胞打开一条通路，此时，精细胞与卵细胞的质膜相互接触。第五步是配子融合（gamete fusion）：两个细胞质膜接触后逐步进行融合，精子细胞的细胞核进入卵细胞。

大多数的精子都是靠游动来发现卵细胞，并与卵细胞结合。为了确保精细胞与卵子的正确结合，需要有一种特别的机制。例如，海胆的卵细胞外被中含有一种小肽，叫做呼吸活化肽（resact），又叫海胆卵肽，它可以作为化学黏着物，扩散到海水中，能够选择性地与同种海胆精子表面的特异受体结合，这种受体具有鸟苷酸环化酶的作用，与海胆的呼吸活化肽结合之后，能够在细胞内产生第二信使 cGMP。呼吸活化肽与受体的结合，指导了精子的运动，发现卵子并与之结合。

哺乳动物在交配中射出的精子必须在雌性生殖道中被分泌物修饰，这一过程称为获能（capacitation），在人类通常需要 5～6h。精子获能是对精子细胞质膜的脂和糖蛋白成分进行修饰，其结果增强了精子的代谢能力和运动能力。一旦获能的精子穿透卵泡细胞层，就会与透明带结合。哺乳动物卵细胞的透明带有三种糖蛋白，其中 ZP2 和 ZP3 装配成纤维，而 ZP1 对这些纤维进行交联形成三维结构。ZP3 作为精子的受体，使得精子与卵细胞进行特异性结合，引起顶体反应。

虽然在受精作用的开始，一个卵细胞常常被成百上千个精子结合，但在正常情况下只有一个精子能够与卵细胞的质膜融合，并将细胞核和一些细胞器注入卵细胞质中。如果有多个精子与同一个卵细胞融合，则称为多精受精（polyspermy），一般不会正常发育。

有两种机制保证了只有一个精子与卵细胞融合：一种机制是卵细胞质膜的快速去极化，这是由第一个精子与卵细胞融合引起的，这样可以快速阻止其他精子与卵细胞的融合，这一反应称为多精受精的一级阻断。Jaffe 通过实验证明，多精受精作用的阻断是由卵细胞膜电位的改变引起的。他发现海胆卵细胞在受精后的几秒钟之内，膜电位由－60V 上升到＋20V，质膜的去极化是由 Na^+的暂时流入引起的。

由于膜电位在受精后很快恢复正常，所以要有另一种机制，即多精受精的二级阻断来保证只有一个精子与卵细胞融合，这就是卵细胞的皮层反应。当精子与卵细胞的细胞质膜融合时，激活了卵细胞的磷脂酰肌醇信号转导途径，引起卵细胞局部胞质溶胶中 Ca^{2+}浓度的升高，激活了卵细胞；定位于卵细胞质外周的皮质颗粒与卵细胞质膜融合释放内含物（酶类）；释放的酶类快速分布到整个卵细胞的表面，改变透明带的结构，使之变得“坚硬”，这样，精子就不能与卵细胞结合，从而提供了一种缓慢的多精受精的二级阻断作用。从机制上说，皮质颗粒释放的酶类破坏了卵细胞透明带中与精子结合的受体。

14.1.3 卵的激活

受精作用激发了卵激活（egg activation）。卵激活时促进受精卵重新进入细胞周期与发育的一系列反应过程的起始（表 14-1）。激活的级联反应涉及细胞内多个信号反应的协同作用。这些作用包括 Ca^{2+}浓度的改变、蛋白激酶的激活，以及促进卵细胞的一些代谢活动，包括 DNA 的转录、蛋白质的合成等。另外，卵细胞的激活也及时阻断了多精受精。

表 14-1 海胆的受精作用及卵细胞激活事件

激活事件	质膜接触后的时间
受精显现（多精受精的快速阻断）	前 3s
质膜融合	前 15s
产生 IP_3、DAG	前 15s
细胞内 Ca^{2+}释放	40～120s
皮层反应（多精受精的二级阻断）	40～100s
精子进入	1～2min
激活 NADH 激酶	1～2min
提高 O^2 浓度	1～3min
Na^+/H^+交换，pH 提高	1～5min
精子的染色质去凝缩	2～10min
精子细胞核进入卵细胞中央	2～10min
激活蛋白质合成	2～10min
原核融合	20min
DNA 合成起始	20～40min
第一次有丝分裂前期	60～80min
第一次卵裂	85～95min

在原核的融合和卵裂中需要受精卵进行蛋白质的合成和 DNA 的复制。其实，在精细胞与卵细胞的质膜融合后的几分钟之内就已开始了蛋白质的合成和 DNA 的复制，这是受精激活的结果。例如，海胆的卵母细胞，在受精前，只有不到 1% 的核糖体具有活性，所以蛋白质合成几乎完全停滞。但受精后不到 5min，蛋白质合成速率大大增加，不到 30min，蛋白质合成速率达到最高。此时加入 RNA 合成抑制剂不会影响蛋白质合成，这表明合成蛋白质的 mRNA 是卵母细胞带来的，并且是以非活性状态存在，只有受精后才被激活，这些由卵母细胞带来的信息分子称为母体信息（maternal information）。

据分析，许多动物的卵母细胞中含有2万～5万种不同核苷酸顺序的mRNA，每种有600个拷贝之多。关于受精后蛋白质合成被激活的机制，有几种推测：①卵母细胞中的mRNA是以RNP颗粒形式存在的，由结合蛋白保护，受精后，这些保护mRNA的蛋白质被去除；②在卵母细胞中的mRNA 5′端没有帽子结构，受精后进行了5′端的修饰被激活；③一些参与蛋白质合成的起始因子被激活。

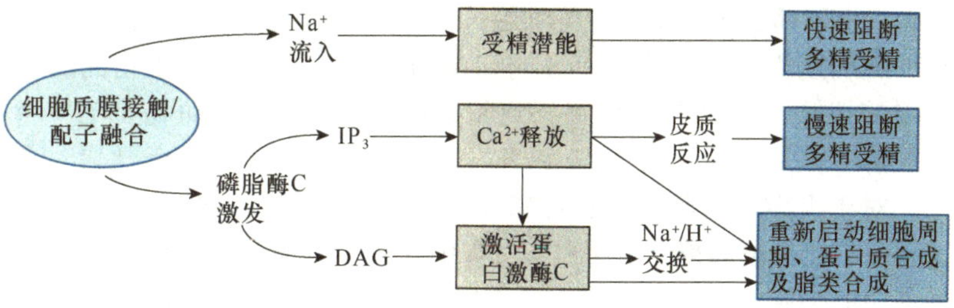

图14-5 海胆卵细胞受精激活反应（引自Kalthoff，2001）。精细胞与卵细胞的融合，激发了卵细胞质膜的两种反应：一是Na^+的通透性增加，引起质膜的去极化（快速阻断多精受精）；二是激活磷脂酰肌醇信号转导途径，产生两种第二信使，即IP_3与DAG。IP_3引起细胞内Ca^{2+}浓度升高，触发皮质反应（慢速阻断多精受精），并促进减数分裂完成；DAG引起细胞内pH的升高，激活蛋白质的合成和DNA复制。

激活蛋白质的合成和DNA的复制是由于受精卵中的pH升高所致：未受精的海胆卵细胞中的pH为6.8，这种pH抑制了细胞内的代谢活性，如果将未受精的卵细胞与胺接触，蛋白质的合成和DNA的复制作用都被激活。由于蛋白质的合成和DNA复制的激活与细胞内Ca^{2+}浓度的升高、皮质反应都无关，说明pH的升高对蛋白质合成和DNA复制的激活机制与其他受精激活机制是不同的。后来的研究证明精细胞与卵细胞质膜的融合，能够激活蛋白激酶C，再由蛋白激酶C将Na^+-H^+交换泵激活，Na^+暂时进入受精卵的细胞质中，提高了细胞质中的pH，激活了蛋白质的合成。

实际上，精细胞与卵细胞的结合激活了卵母细胞质膜中的磷脂酶C，它产生了两种第二信使：IP_3和DAG。DAG激活蛋白激酶C，最终导致蛋白质的合成和DNA复制的激活。而生成的IP_3可引起皮质反应，并促进受精卵完成减数分裂。图14-5总结了海胆受精作用引起的激活反应。

14.2 原肠胚形成与细胞分化

受精发生之后，受精卵要进行一系列的分裂、分化和相互作用，最后发育成一个新的个体。

14.2.1 胚胎形成

14.2.1.1 卵裂

根据生物的不同，卵细胞的受精作用可以发生在成熟的任何阶段（如初级卵母细胞、中期Ⅰ、次级卵母细胞、中期Ⅱ或减数分裂结束）；如果卵细胞还没有完全成熟就进行受精，则受精作用激发完成减数分裂。减数分裂完成之后，受精卵进入快速的有丝分裂，称为卵裂（cleavage），卵裂时细胞不会生长。经过卵裂，受精卵被分割成很多小细胞，这些由小细胞组成的中空球形体称为囊胚（blastula）。

受精卵的卵裂中的有丝分裂与体细胞有丝分裂比较具有以下三个特点：①细胞增殖，伴随着一定程度的卵内物质的重新分配，但无细胞生长；②由于第一个特点而产生的核质比例越来越大；③细胞间期较短，分裂快，迅速形成囊胚（图14-6）。

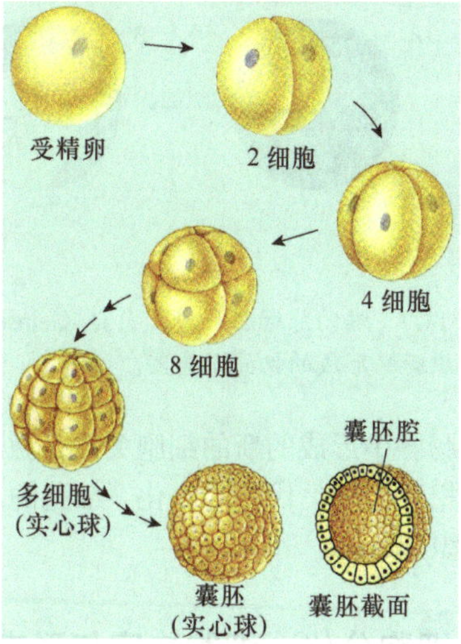

图14-6 受精卵的卵裂（引自Becker et al.，1996）。两栖动物的卵非常之大，含有足够的细胞质支持受精后的多轮分裂。在早期发育中，每一轮的分裂细胞质被分入较小的细胞，直至形成囊胚。

受精卵的卵裂速度比成年细胞的分裂快得多，如一个受精的蛙卵在不到2天的时间内可分裂成37 000个细胞，非洲爪蟾卵裂6h达到10 000个细胞组成的囊胚，细胞体积越来越小。卵裂之所以快，是因为省去了G_1期，此期主要是用于细胞的生长。由于卵裂过程不需要等细胞长大，所以卵裂时细胞周期极短，几乎只有 S 期和 M 期，但随着卵裂的持续，G_1 期开始恢复，到卵裂结束时，G_1 期重新出现。

对于大多数动物的受精卵来说，RNA 合成抑制剂并不能抑制卵裂，说明卵裂过程中的代谢主要是利用卵细胞储备的 mRNA。这个时期的 DNA 合成旺盛，组蛋白合成与之相匹配，不过组蛋白的 mRNA、纺锤体微管蛋白 mRNA 等都是由卵细胞带来的。

另外，由于卵细胞的细胞质是不对称分布的，卵裂所产生的小细胞获得的细胞质物质是不均等的，这对其卵裂细胞的分化发展方向具有重要作用。

14.2.1.2 原肠胚形成

卵裂结束，囊胚细胞要经过一系列复杂的运动，并导致细胞空间相互关系的改变。虽然不同生物的囊胚细胞运动过程变化极大，但是脊椎动物都有一个共同的特点：在囊胚的表面形成一个开口，叫胚孔（blastopore），细胞通过胚孔移入到囊胚的内层。囊胚细胞迁移，最终将囊胚转变成原肠胚（gastrula），它是由三层细胞层构成的（图 14-7）：外胚层（ectoderm）、中胚层（mesoderm）、内胚层（endoderm）。外胚层和内胚层最终形成组织的鞘，即上皮（epithelia），覆盖在器官的外表面和内表面。外胚层形成覆盖在外表面的上皮（皮肤和腺体）及中性组织；内胚层分化成的上皮覆盖在组织的内表面（胃肠和相关的腺体）；中胚层最终发育成扩散的海绵网状间充质细胞（mesenchyme cell），这些细胞形成支持细胞，如肌肉、软骨、骨、血和结缔组织。

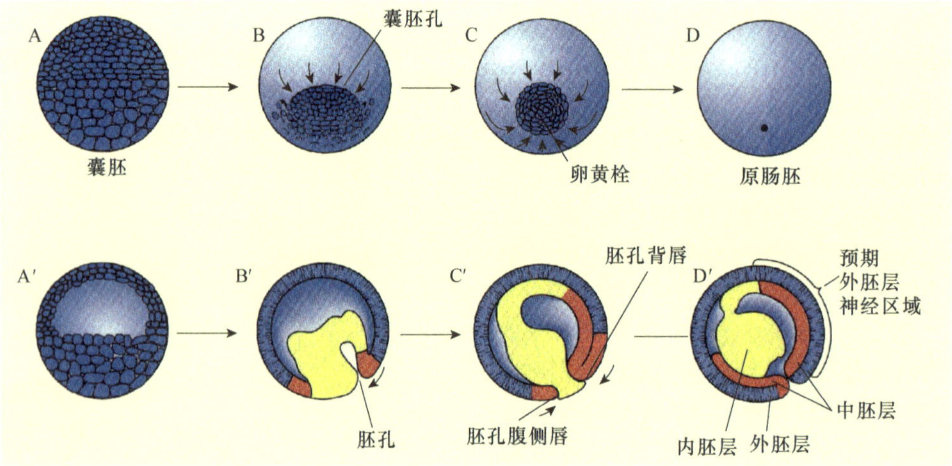

图 14-7 蛙的原肠胚形成（引自 Kleinsmith and Kish, 1995）。A～D 为原肠胚形成的立体示意图；A′～D′ 为原肠胚形成的切面示意图。

在原肠胚中形成的新的细胞关系，激发了细胞与细胞的相互作用、代谢的变化、细胞的运动，最终形成组织和器官。

14.2.2 细胞分化、细胞决定与形态发生

细胞分化是胚胎细胞分裂后，未定形的细胞在形态和生化组成上向专一性或特异性方向发展，或由原来较简单具有可塑性的状态向异样化稳定状态发展的过程。也就是说，细胞分化是指同一来源的细胞逐渐发生各自特有的形态结构、生理功能和生化特征的过程。细胞分化时的主要特征是细胞出现不同的形态结构，以及合成组织特异性蛋白质，演变成特定表型的细胞类型。其结果是在空间上，细胞之间出现差异；在时间上同一细胞与它以前的状态有所不同。从本质上说，细胞分化是从化学分化到形态、功能分化的过程。

细胞决定（cell determination）是指细胞在发生可识别的形态变化之前，就已受到约束而向特定方向分化，这时细胞内部已发生变化，确定了未来的发育命运。细胞在这种决定状态下，沿特定类型分化的能力已经稳定下来，一般不会中途改变。

多细胞个体起源于一个单细胞受精卵，从受精卵衍生出整个机体的各种组织器官。因此，就分化潜能来说，受精卵具有全能性（totipotency）。在绝大多数情况下，受精卵通过细胞分裂直到形成囊胚之前，细胞的分化方向尚未决定。从原肠胚细胞排

列成三胚层之后，各胚层在分化潜能上开始出现一定的局限性，只倾向于发育为本胚层的组织器官。外胚层只能发育成神经、表皮等；中胚层只能发育成肌肉、骨等；内胚层只能发育成消化道及肺的上皮等。三胚层的分化潜能虽然进一步局限，但仍具有发育成多种表型的能力，将这种细胞称为多能细胞（pluripotent cell）。经过器官发生，各种组织的发育命运最终决定，在形态上特化，在功能上特化（specialization）。胚胎发育过程中，这种逐渐由“全能”局限为“多能”，最后成为稳定型“单能”（unipotency）的趋向，是细胞分化的普遍规律。细胞决定可看成是分化潜能逐渐限制的过程，决定先于分化。

14.2.2.1　细胞质对细胞分化的诱导

在受精卵的每一次卵裂时，细胞核内的物质，包括基因组都平均地分配到子细胞内，所以子细胞内的遗传物质是相同的。但是，卵细胞质各区域的组分并不相同。卵裂使不同的细胞质组分分割进入各卵裂细胞。从卵母细胞开始，细胞质或表面区域就是不均质的，如用肉眼就能明显地观察到蛙的卵母细胞中的动物极和植物极。这种不均质性，对胚胎的早期发育有很大影响，在一定程度上决定细胞的早期分化。从受精卵第一次卵裂开始，细胞核就受到内环境（即不同的卵细胞质）的影响。这些特殊细胞质组分称为细胞质决定子（cytoplasmic determinant）。

细胞质决定子在卵母细胞中已然形成，受精卵在数次卵裂中，决定子一次次地重新改组、分配。卵裂后，决定子的位置固定下来，并分配到不同的细胞中，影响不同细胞的分化。

软体动物极叶（polar lobe）的形成就是细胞质对分化影响的典型例子。在软体动物的卵裂球分裂时可以观察到受精卵的细胞质中的物质分布并不是完全均匀的，含有一些将分化为中胚层必需的特殊物质部分可能在分裂时先“偏心”地突出胞体形成极叶，在分裂时这部分胞质只进入一个子细胞，而同时核物质包括基因组倍增复制，然后均匀分布到两个子细胞中。有意思的是，分裂后这部分极叶细胞质缩回，到下一次分裂时再重复这种不均等分裂的过程。极叶是卵裂初期从植物极形成的一个暂时性的大的细胞质突起（图 14-8）。如果人工将极叶除去，将会发育成足、眼和壳等有缺陷的个体。

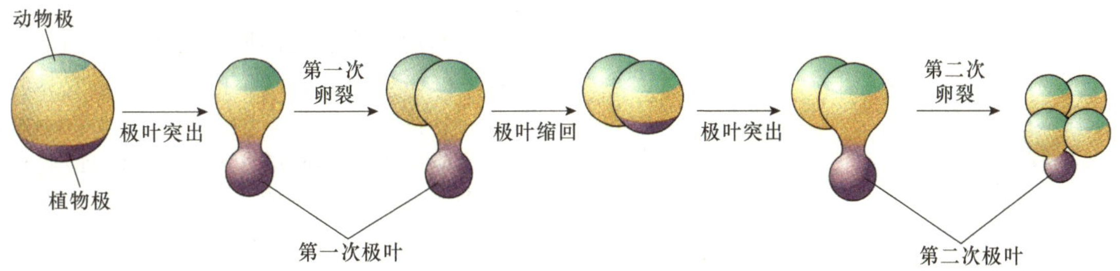

图 14-8　软体动物卵极叶的形成（引自 Kieinsmith and Kish，1995）。

细胞质对性细胞的分化亦起重要作用。例如，双翅目昆虫的受精卵后端有一部分称为极质（pole plasm）。果蝇的卵在受精后的 2h 内只进行核分裂，细胞质不分裂，形成合胞体胚胎。随后核向卵边缘迁移，每个细胞核周围包上了细胞膜，结果在卵边缘变成了细胞胚层，共约 3500 个细胞。每一个核都具有全能性，既可分化成体细胞，又可分化成性细胞。细胞的分化命运取决于核迁入的不同的细胞质区域，迁入卵后端极质中的形成极细胞，最后分化为生殖细胞。

极质中含有膜包裹的颗粒状物质，称为极粒（polar granule）。当核进入极质后，极粒围绕在核周围，诱导极细胞分化成生殖细胞。

14.2.2.2　细胞的相互作用对细胞分化的诱导

多细胞生物的细胞是生活在细胞社会之中的，所以，细胞社会中各细胞群体必然要建立相互协调关系才能形成具有正常形态和生命活动协调的个体。因此，细胞的分化方向除了细胞质具有决定作用外，相邻细胞间的相互关系也有重要影响。

动物在一定的胚胎发育时期，一部分细胞影响相邻细胞使其向一定方向分化的作用称为胚胎诱导（embryonic induction），或称为分化诱导。能对其他细胞的分化起诱导作用的细胞称为诱导者或组织者，这一现象是通过移植实验发现的。

如将正常的能够发育成神经组织的细胞从两栖

类原肠期的早期胚胎中切下，然后移植到另一个胚胎的可以发育成表皮的区域中，结果，移植来的细胞发育成了表皮而不是神经细胞。同样，将可以分化发育成表皮组织的细胞移植到能够发育成神经组织的胚胎中，移植的细胞发育成了神经细胞。

但是，条件的不同对细胞分化能力的改变具有一定的限制。如果用晚原肠期（大约 2 天后）的细胞进行上述相同的实验，其结果完全不同：将神经组织的细胞放在胚胎的能够发育成表皮组织的部位将不会发育成表皮，而是神经细胞，反之亦然。为什么用早原肠期和晚原肠期的细胞做移植实验的结果如此不同？是什么因素决定移植的细胞发育成神经细胞还是表皮细胞？在原肠胚形成过程中，位于胚孔上方的细胞将内陷到胚胎的内部，产生一种多层结构，其中有些细胞正好处于将发育成神经细胞层的下方。为了在新内陷的细胞中寻找是否存在有决定神经细胞发育的细胞，Spemann 和 Mangold 用蝾螈胚胎进行了一系列移植实验：他们将一种原肠胚胚孔的动物极的细胞移植到另一个原肠胚不同位置。为了区别供体和受体，他们选择两种具有不同色素的蝾螈胚胎，一个颜色较深，一个颜色较浅。结果是移植的胚孔物质诱导宿主发育成一个全新的胚胎——一个暹罗双胞胎（Siamese twin），并且新胚胎的颜色与宿主的相似（图 14-9）。

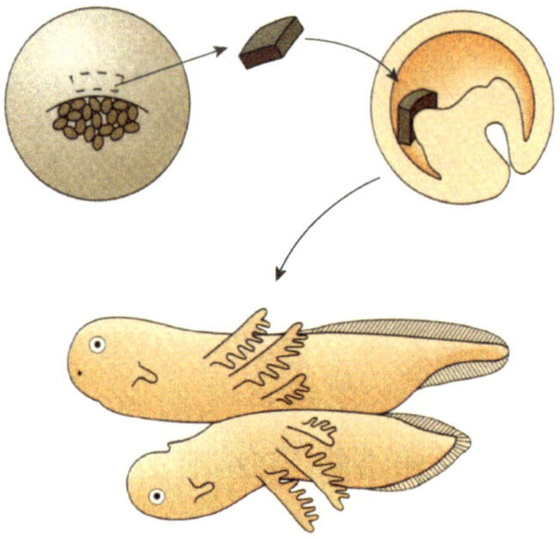

图 14-9　胚胎初级诱导作用的实验证明（引自 Kleinsmith and Kish，1995）。将有深色素的蝾螈原肠胚胚孔背唇细胞移植到浅色素蝾螈原肠胚，出现第二个胚胎发育，如同暹罗双胞胎。由于连体双生是浅色素的，那么深色素的背唇细胞必须被浅色素的宿主细胞诱导分化成第二个胚。

胚胎诱导一般发生在内胚层和中胚层或外胚层和中胚层之间。从诱导的层次上看，分为三级，即初级诱导、二级诱导和三级诱导。能够诱导新胚胎形成的现象称为初级胚胎诱导（primary embryonic induction）。

分化诱导现象也见于生长发育的其他阶段中，如成体动物中胚层来源的间质细胞对外胚层来源的许多组织细胞的诱导作用，这种诱导对这些细胞的维持、生长和分化是必不可少的。在三个胚层中，中胚层首先开始独立分化，对相邻内、外胚层细胞的分化诱导出现较早，作用较强。例如，在胚胎早期，在中胚层脊索的诱导下，外胚层的未分化细胞经过神经板、神经管、神经褶等阶段，逐渐形成脑泡的原基，然后向羊膜腔内形成头褶，以后进一步发育为前脑、中脑和菱脑，最后整个神经系统分化发育完成。如果预先去掉脊索，则神经板发育分化受阻。

细胞诱导的机制涉及细胞与细胞的接触、细胞基质的接触、信号分子的扩散等，可能是通过某些化学诱导物实现的。诱导物从诱导组织进入反应组织引发诱导。这些诱导物可能是大分子的蛋白质或核酸类，也可能是小分子或信号分子。另外，细胞外基质在细胞诱导中可能有重要作用。

14.2.2.3　形态发生

多细胞生物在个体的细胞数目大量增加的同时，分化程度越来越复杂，细胞间的差异也越来越大；而且同一个体的细胞由于所处位置不同而在细胞间出现功能分工，头与尾、背与腹、内与外等不同空间的细胞表现出明显的差别。因此，胚胎发育不仅需要将分裂产生的细胞分化成具有不同功能的、特异的细胞类型，同时还要将一些细胞组成功能和形态不同的组织和器官，最后形成一个具有表型特征的个体，这一过程称为形态发生（morphogenesis）。在形态发生的过程中，细胞间的位置关系要发生改变，具相同功能的细胞组成组织，其关系密切，与不同功能的组织细胞进行协调工作，共同维持个体生命。在发育过程中，为了建成合适的多细胞组织，细胞必须能够选择性地识别同类细胞并相互黏着组成组织，这在第 4 章已进行了详细的讨论。

在发育分化过程中，最令人感兴趣、同时可能也是研究难度最大的研究课题之一就是发育中的位置信息的获取及其对分化的影响。从单个受精卵开始，细胞一方面以时间为主轴有序地进行分化，形成不同类型的细胞；另一方面又严格按照形态发生所预定的整体构造蓝图进行增殖、迁移、排列和其他类型细胞组合，生成各种组织和器官，直至最后形成成熟的个体。在不断分裂和移动中的细胞如何感知自己的瞬间空间位置并依此决定分化方向或调整移动路径？细胞如何感知已经迁至适当位置并应该开始参与形成不同的组织和器官？

为了解决这个问题，细胞必须能够检测到自己在胚胎的哪个部位，并根据位置信息指导它们自身的分化和行为。有人提出形态发生素（morphogen）假说来解释处于胚胎不同部位的细胞在发育过程中的形态发生行为：形态发生素在胚胎的特定部位合成和分泌，然后扩散到周围组织，指导形态的发生。实际上，形态发生素假说强调的是位置信息（positional information）对形态发生的影响。科学家通过对鸡的肢芽（limb bud）发育研究，肯定了形态发生素在形态发生中的作用。

鸡胚胎的腿和翅开始是由一小团中胚层发育形成肢芽，肢芽早期为舌形突起，内部为中胚层来源的间叶组织，表面覆盖着外胚层表皮。当肢芽逐渐长长时，就会发育成适当的骨组织，并在肢芽的末端形成指。指导肢形成的形态发生素是由中胚层组织的一小块区域细胞分泌的 Shh 蛋白（Sonic hedgehog protein），该区域位于肢芽的后端附近。如果将此处的组织移植到另一个肢芽的前端，其结果会发育成正常个体的 2 倍数量的趾（图 14-10），这显然是形态发生素对发育影响的结果。

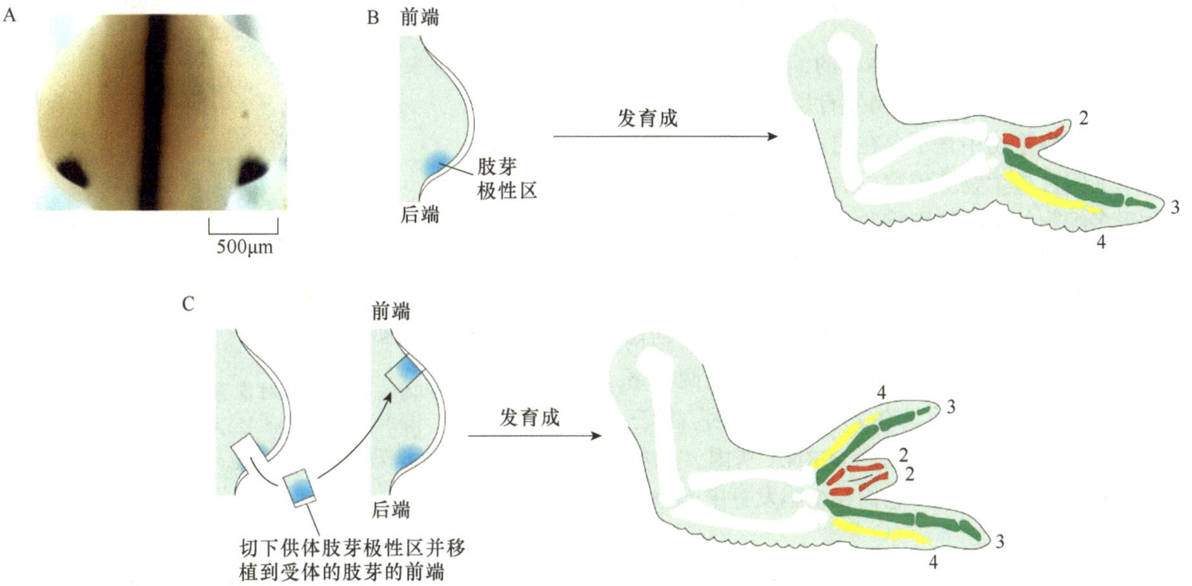

图 14-10 在鸡胚翅形成过程中后中胚层位置信息的作用（引自 Alberts et al.，2008）。A. 培育 4 天的鸡胚后端两侧的肢芽形态。B. 在正常的发育过程中，鸡翅形成 3 个趾，编号为 2、3、4，它们对应于 5 指中的 3 个。C. 如果将肢芽极性区的一片后中胚层移到另一个肢芽的前侧，则会形成两个 3 趾，且互为镜像。后来发现极性区中形态发生素是由 *Sonic hedgehog* 基因表达的 Shh 蛋白。

14.3 细胞分化的机制

前面讨论了细胞分化的一些基本规律及影响细胞分化的一些因素，但是细胞分化的本质是什么？人类基因组中起作用的基因总数有 2 万～2.5 万个，这些基因在分化的细胞中是否都表达？如果表达有差异，那么这些差异是如何表现的？

14.3.1 基因表达及调控

在细胞发育过程中，细胞分化的命运受卵细胞卵裂后所获得的细胞质因子的控制，并受相邻细胞的诱导。一旦细胞发育的命运被决定，细胞如何按照决定的程序进行精确的分化？从分子水平看，分化细胞间的主要差别是合成的蛋白质种类不同，如红细胞合成血红蛋白、胰岛细胞合成胰岛素等。而蛋白质是由基因编码的，所以合成的蛋白质不同，主要是表达的基因不同。不难理解，细胞分化的分子基础在于基因表达及调控。

14.3.1.1 持家基因与组织特异性基因

在胚胎发生过程中，细胞分化与基因表达存在何种具体的关系还不清楚。事实上，细胞的基因并非都是与细胞分化有直接关系。根据基因与细胞分化的关系，可以将基因分为两大类。一类是持家基因（house-keeping gene），是维持细胞最低限度功能必不可少的基因，如编码组蛋白的基因、核糖体蛋白的基因、线粒体蛋白的基因、糖酵解酶的基因等。这类基因在所有类型的细胞中都进行表达，因为这些基因的产物对于维持细胞的基本结构和代谢功能是必不可少的。

另一类是组织特异性基因（tissue-specific gene），或称奢侈基因（luxury gene）。这类基因与各类细胞的特殊性有直接的关系，是在各种组织中进行不同的选择性表达的基因，如表皮的角蛋白基因、肌细胞的肌动蛋白基因和肌球蛋白基因、红细胞的血红蛋白基因等。

14.3.1.2 三类基因对动物细胞分化的影响

哪些基因在动物中是共享的，但与其他种属生物不共享？有些属于动物发育所需的特异性基因，在单细胞生物中是不存在的。比较动物的基因组与单细胞真核生物芽殖酵母的基因组，有三类基因对于多细胞的动物特别重要。第一类包括编码细胞-细胞黏着与通讯的基因。人有几百个编码信号蛋白、细胞表面受体、细胞黏着蛋白、离子通道蛋白的基因。第二类包括编码调节转录、染色质结构蛋白的基因。人类含有1000多个编码转录调节蛋白的基因，而酵母大约只有25个该类基因。第三类是非编码RNA，包括编码miRNA基因，人类含有500多个该类基因，它们在细胞发育中起重要作用。

14.3.1.3 基因差异表达

早在1897年，澳大利亚的科学家Weismann就推测：在细胞分化过程中，特化细胞只保留了与自身特定功能相关的遗传信息，其他的遗传信息被逐步破坏了。后来对这一推测进行了修改，提出分化的细胞虽然保留了全套的遗传信息，但只有某些基因得到表达。现在知道细胞分化主要是组织特异性基因中某种（或某些）特定基因选择性表达的结果，这些选择性表达的蛋白质和分化细胞的特异性状密切相关，但不是细胞基本生命活动必不可少的。研究表明，细胞分化是组织特异性基因按一定顺序表达的结果，表达的基因数占基因总数的5%～10%。也就是说，某些特异性基因表达的结果生成一种类型的分化细胞，另一组特异性基因表达的结果导致出现另一类型的分化细胞。因此细胞分化的关键是细胞按照一定程序发生差别基因表达（differential gene expression），开放某些基因，关闭某些基因。另外，分化细胞间的差异往往是一群基因表达的差异，而不仅仅是一个基因表达的差异。在基因的差异表达中，包括结构基因和调节基因的差异表达，差异表达的结构基因受组织特异性表达的调控基因的调节（图14-11）。

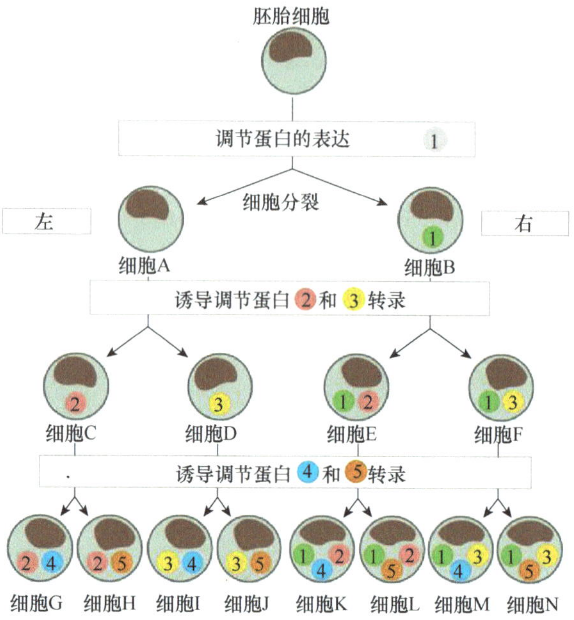

图14-11 多基因的差别表达对发育的控制（引自Alberts et al.，2008）。图中高度概括性显示了几个调节基因合成的调节蛋白如何调控多种类型细胞的发育，主要是通过基因的差异表达。

14.3.1.4 不同组织细胞内基因表达调控

在多细胞的生物中，每一个基因都含有几千个非编码的核苷酸序列，在这些序列中含有一些调节元件。这些调节元件根据其所在的细胞组织中转录调节子及基因组的结构，决定着何时、何地进行该基因的表达，以及该基因表达的强度（图14-12）。其结果是，即使编码DNA没有发生变化，由于调节DNA发生了改变，也会改变“基因-调节”网络的逻辑关系，从而改变了发育的结果。

14.3.2 信号诱导作用

前面已经讨论的细胞位置效应、诱导作用都是细胞信号分子的传导作用。发育中的动物构建空间结构需要细胞按照相邻细胞发出的信号进行移动，这种信号称为诱导信号。当然，这种诱导信号受限于特定的时间与空间。有些信号依赖于细胞与细胞的接触，有些则通过扩散的信号分子进行较远距离的传导。动物发育中大多数诱导事件都是通过一套

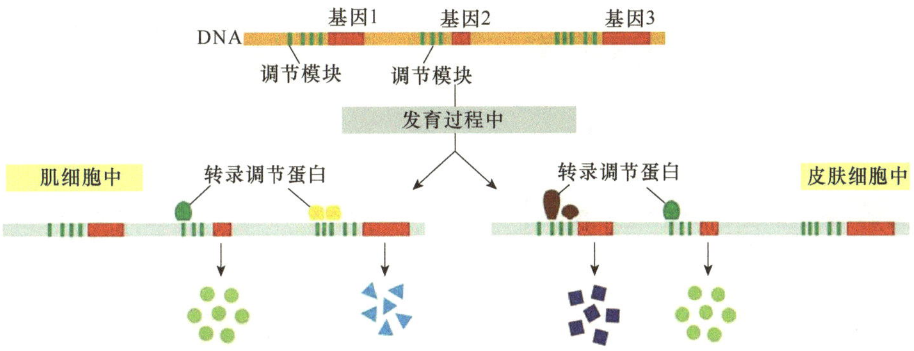

图 14-12 在发育中调节 DNA 决定了基因表达模式（引自 Alberts et al.，2015）。在肌细胞与皮肤细胞中基因组是相同的，但是这些基因的作用不同，这是因为不同组织的细胞中表达的转录调节蛋白不同，与相同基因上游不同的调节元件结合所致。例如，在皮肤细胞中两个转录调节蛋白识别基因 1 的一个转录元件，从而将其激活。然而在肌细胞中有一套不同调节蛋白与基因 3 结合并将其激活。而激活基因 2 的调节蛋白在两类细胞中都存在。

高度保守的信号途径控制的，包括转化生长因子 β（TGFβ）、Wnt、Hedgehog、Notch，以及受体酪氨酸激酶（RTK）途径等。

14.3.2.1 信号结合与细胞记忆

小分子的信号转导途径如何产生如此巨大的多样性的细胞与组织模式？有三种机制。第一，通过基因扩增（gene duplication）。一个途径中的基本成员通常由密切相关的同源基因编码，这样就产生了多样性。例如，Notch 信号途径，在一个组织中由 Notch 1 介导；而在另一个组织中，由它的同源蛋白 Notch 4 介导。第二，细胞对于一个特定信号蛋白的应答取决于细胞同时接受的另一个信号（图 14-13A），结果是，不同信号组合产生极为不同的应答。第三，最为基础的，激活信号途径的效果依赖于应答细胞以前的经历：以前的影响留下了印记，并记录在染色质、转录调节蛋白的选择，以及细胞含有的 RNA 分子中。这种细胞记忆能够使具有不同历史的细胞对相同的信号产生不同的应答（图 14-13B）。因此，相同的几个信号途径在不同的时间里重复使用并与不同结果放在一起能够产生无限复杂的模式。

14.3.2.2 形态发生素浓度梯度效应

单个的分子通常只是管控“是”与“否”的选择，也就是说，它们的浓度高时是一种结果，浓度低时是另一种结果。但是，在很多情况下，应答是通过精细的梯度：当一种信号分子处于高浓度时，可以指导细胞进入一种发育途径；若是浓度处于中间值时，细胞则进入另一种途径；若是低浓度时，细胞则进入第三种发育途径。

一种信号分子产生不同浓度的一般方式是从信号源向外逐渐扩散，产生浓度梯度。离信号源不同位置的细胞按照它们各自对信号分子浓度的经历不同，具有各种不同发育行为（图 14-14）。具有这种效应的信号分子就是形态发生素。最简单的情况是一种特化的细胞群以一种稳定的速率产生一种形态发生素，然后，该形态发生素向外扩散形成梯度。形态发生素扩散的速度与半衰期决定着形态发生素扩散的范围与梯度。

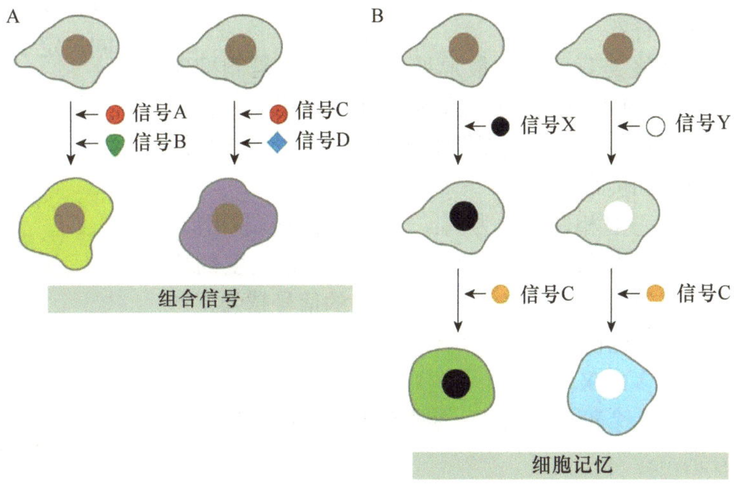

图 14-13 对于相同的诱导信号产生不同应答的两种机制（引自 Alberts et al.，2015）。A. 在组合信号诱导中，一种信号的效应依赖于同时接收到的另一信号。B. 通过细胞记忆，以前的信号（或其他事件）能够留下持续的印记，这些痕迹能够对当下的信号产生影响。图中用不同颜色的细胞核表示以前的印记。

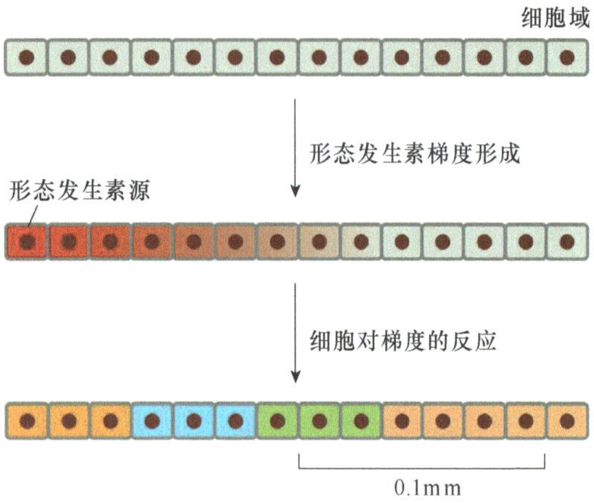

图 14-14 形态发生素的梯度形成与作用（引自 Alberts et al.，2015）。由局部细胞产生形态发生素，并扩散形成梯度。形态发生素的浓度不同诱导沿途不同细胞中不同基因的表达，导致命运的不同。通过扩散运输产生浓度梯度的距离很短，整个距离为 0.1mm 或更短。

形态发生素的梯度与半衰期可受一些因素的影响而改变，如沿途中的细胞表面受体与之扩散的形态发生素结合，并通过内吞将其降解，从而缩短了形态发生素的半衰期；或者，形态发生素与细胞外基质中的分子（如硫酸乙酰肝素蛋白聚糖）结合，也会降低其扩散速度。

14.3.2.3 侧抑制导致不同细胞类型的产生

形态发生素以及其他类型的诱导信号的作用使胚胎中细胞不对称性变得更加不对称与不同。问题是，如果在开始时并没有明显不对称的细胞群体中，情况又会如何？能否调节应答产生不对称性发育？

答案是肯定的。最常见的一种机制是侧抑制（lateral inhibition），它是细胞间相互作用的一种形式，这种作用迫使相邻细胞变得不同，以至于最终形成不同类型的细胞。

以一对相邻细胞为例：开始它们的形态相似，都能产生信号分子 X，而且对其有一定程度的应答，并遵从一种规律，即细胞接收的信号越强，产生该信号的能力就越弱（图 14-15）。如果一个细胞产生较多的 X，另一个细胞则产生较少的 X，这就产生了一个正反馈的环，使相邻两个细胞开始有了差别。

14.3.2.4 不对称分裂能够产生多样性

细胞的多样性并非总是依赖细胞环境中的信号诱导。在某些情况下，由于两个子细胞的不对称分裂从而导致差异。这种不对称分裂导致某些重要的

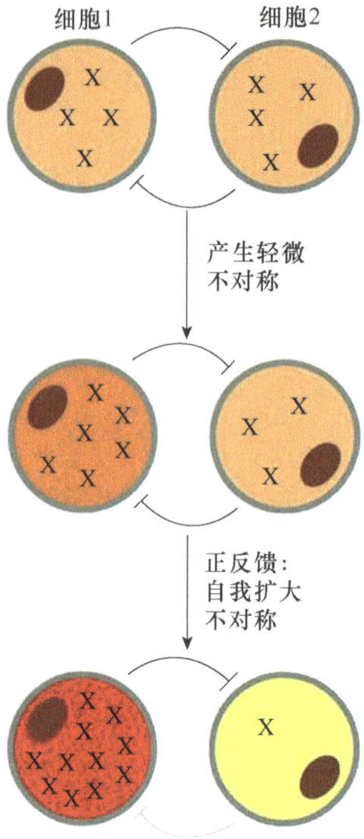

图 14-15 通过侧抑制与正反馈产生不对称性（引自 Alberts et al.，2015）。图中所示两个细胞相互作用，每个细胞都能产生作用于另一个细胞的物质 X，抑制另一个细胞产生物质 X。一个细胞提高 X 就会导致正反馈，使该细胞的 X 进一步提高，而与之相邻细胞的 X 就会下降。最终导致两个细胞发育的差异，一个被保留，另一个被淘汰。

分子或一些分布不均匀的分子不能均匀分配到两个子细胞。不对称遗传保证了两个子细胞进行差异化发育（图 14-16）。不对称分裂是早期发育的共同特点，受精卵有内部的发育模式，大细胞的卵裂将不同决定子分离到不同的母细胞。

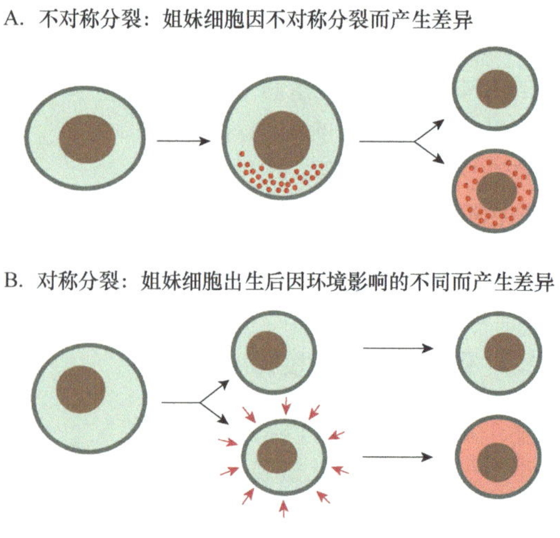

图 14-16 产生姐妹细胞差异的两种方式（引自 Alberts et al.，2015）。

14.4 模式形成的机制

动物是通过食用其他的生物而生存的。因此，尽管动物是多种多样的，但在解剖学上具有生命的共同特征。上皮细胞在外面形成一个保护层，消化道从食物中吸收营养，肌细胞负责运动，神经元与感官细胞控制着动物的行为。这些不同类型的细胞组成组织与器官，形成一层皮肤覆盖在身体的外部，形成的口用于吞食食物，体内的肠道用于消化食物，在皮肤与肠道之间的空间中布满了肌肉、神经及其他的组织。很多动物具有清晰可见的轴：口与脑在前端，肛门在后端；背腹轴，即背部与腹部；还有一个左右轴。也就是说多细胞的动物在发育之初具有一个模式（pattern），相当于一个“蓝图”，然后按“蓝图”构建身体的“大厦”。

发育中多细胞的生物必须创建各种组织模式，在这些组织模式中，有些仅有少量的细胞，有些以前根本就没有细胞，需要重新转移与构建。

个体发育是一个从简单到复杂、各部分的功能逐渐限制与特化的过程。要理解个体空间模式如何形成，以及在此过程中细胞是如何做决定的，必须关注受精卵及早期胚胎的发育演变。

虽然不同种属动物在长期的进化中，为了生存的需要，形态、大小、生活习性具有极大的差别，但是，通过对一些模式生物的深入研究，从分子机制及大分子的作用模式，发现它们又是非常保守的，有着极大的相似性。对于动物发育生物学而言，非洲爪蟾（*Xenopus laevis*）、黑腹果蝇（*Drosophila melanogaster*）、秀丽隐杆线虫（*Caenorhabditis elegans*）、小鼠（*Mus musculus*）及斑马鱼（*Danio rerio*）都是极好的模式生物，本节讨论的内容主要来自这几种模式生物的研究。

14.4.1 三胚层形成与极性初级轴

令人惊奇的是，即使是属于同一个门的动物，发育的早期起始步骤也是非常不同的，如蛙、鸡及哺乳动物，即使它们后期的发育非常类似，但是它们的受精卵在大小与结构上都是完全不同的。所有的动物胚胎都会有原肠胚形成，但是在原肠胚形成过程中，时间节点、细胞移动的相关模式、胚胎的形态与大小都是非常不同的。而且，在原肠胚形成之前就能发现胚胎有了明显的极性（polarization），极性的出现是空间模式形成的第一步。

14.4.1.1 三胚层形成

三胚层形成是各种动物发育中构建形体构型（body plan）的保守机制。受精后，受精卵通常要快速分裂，即卵裂，形成很多小细胞。 在卵裂过程中，胚胎还没有营养，故此不能生长。在此阶段，完全由卵细胞提供预先储存的营养支持，即母体信息，包括蛋白质及一些 mRNA。在母体的 mRNA 和蛋白质完全耗尽或降解之前，胚胎的基因组一直处于非活性状态。胚胎基因组被激活后，细胞黏着形成囊胚，囊胚是固体或是中空的、充满流动的细胞球。囊胚经过复杂的细胞重排（即原肠胚形成），然后将囊胚转化为含有内消化道的多层细胞结构（图 14-17）。囊胚的某些细胞仍然保留在外层，构成了外胚层，它将产生上皮与神经系统。其他的细胞向内侵入，形成内胚层，该部分将发育成肠管以及它的附属器官，如肺、胰腺和肝。另一些细胞则转移到外胚层与内胚层之间的空间，形成中胚层，这部分细胞将发育成肌组织、结缔组织、血、肾和各种其他组织。细胞通过进一步的移动和分化，创造和界定了精细的细胞结构。

14.4.1.2 极性初级轴的建立

发育之初必须建立三种初级轴。第一种是动物-植物极轴（animal-vegetal axis，A-V 轴）。在大多数物种中，动物极通过原肠胚的移动成为内部组织，而植物极则保留在外部。第二种是前后轴（anterior-posterior axis，A-P 轴），是进一步发展成头与尾的部位。第三种是背腹轴（dorsal-ventral axis，D-V 轴），该部位进一步发展成背部与腹部。

一种极端的情况是，卵是球形对称的，轴仅是在胚胎发生时才出现。鼠是最为接近这种极端情况的例子。在卵中，极性的信号很模糊，相应的，经过最初几步的细胞分裂形成的卵裂球都很相像。如果早期的鼠胚分裂成两个，就会产生一对双胞胎。与此相类似的是，如果在 2 细胞的鼠胚中有一个细胞遭到破坏，然后将剩下的一个细胞植入代孕鼠的子宫中进行发育，在多数情况下，都能够发育成一个正常的鼠。

与此相反的另一极端情况是，卵的结构限定了未来身体的轴，多数物种都属于这种情况，包括果蝇。例如，非洲爪蟾的卵在受精之前就有了 A-V 轴，核靠近顶部，此处为动物极，而卵黄则位于

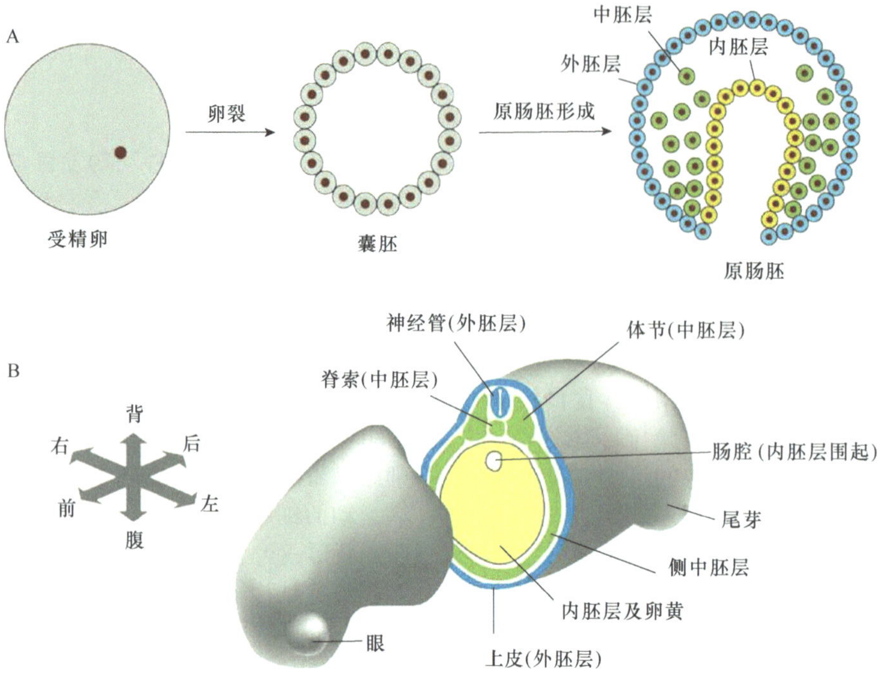

图 14-17 蛙卵发育的早期阶段（引自 Alberts et al., 2015）。A. 受精卵分裂形成三个胚层。B. 三胚层发育模式。图中显示发育模式的前后轴、背腹轴、左右轴，并标示了三个胚层未来的发育走向。

植物极。有几种类型的 mRNA 分子位于卵植物极的细胞质中，发育过程中也在该区域翻译合成蛋白质。受精后，这些 mRNA 和蛋白质对细胞的发育就有重要影响。这些 mRNA 和蛋白质属于母体信息，在卵子发生时就保存在植物极，以备受精后激活胚胎发育之用。如编码转录调节蛋白 VegT 的 mRNA 就是一例。受精后，该 mRNA 进行翻译，合成的 VegT 蛋白激活一套编码信号蛋白的基因，这些蛋白质诱导中胚层与内胚层。

与此相反的是，非洲爪蟾胚胎的 D-V 轴是通过受精作用确定的。随着精子的进入，卵细胞质的外皮层（out cortex）向卵的中央区旋转移动，动物极向一侧稍微迁移（图 14-18）。如果人为地阻断旋转，虽然可进行正常地分裂，生成具有中部肠道的胚胎，但是没有背部结构或没有 D-V 轴。因此，皮质旋转是形成 D-V 轴所必需。

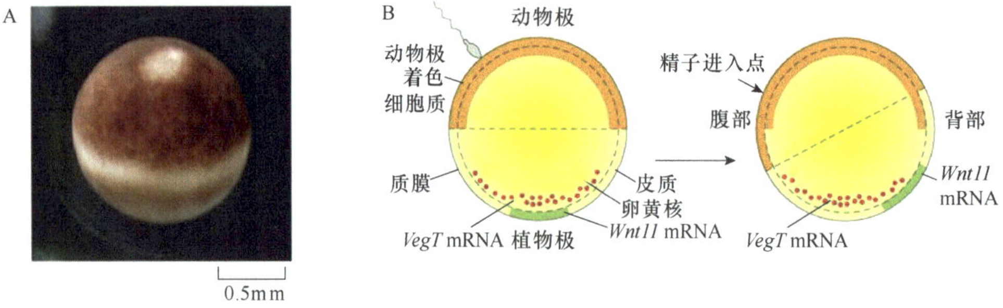

图 14-18 蛙卵及其不对称性（引自 Alberts et al., 2015）。A. 受精前的卵细胞。B. 卵细胞中分子的不对称分布，以及受精后产生的变化，包括背腹、动物-植物极的不对称性的变化。受精作用，通过微管骨架的重新识别，触发了卵皮质围绕卵的中心点旋转了约 30°，旋转的方向取决于精子进入的位点。某些物质随着后期的运输作用沿微管被运送到背部区域。汇集于背部的 *Wnt11* mRNA 在背部翻译成 Wnt11 信号蛋白，进一步确定了背-腹部的极性。位于腹部的 VegT 蛋白可作为腹部的信号源诱导内胚层与中胚层的形成。

精子的进入改变了非洲爪蟾受精卵皮层旋转的方向，原因可能与精子带入的中心粒有关，旋转涉及卵细胞质中的中心体产生的微管的重新组织。微管重新组织导致基于微管的一些物质运输，包括编码 Wnt11 蛋白的 mRNA，它是信号蛋白 Wnt 家族的一个成员，通过皮质旋转移动到背部一侧。编码

Wnt11 蛋白的 mRNA 很快进行翻译合成相应的蛋白质，合成的 Wnt11 蛋白从该区域的合成细胞中分泌出来，并激活 Wnt 信号途径。该信号转导途径的激活是触发其后的级联反应的基础，这种信号转导促进身体的前后轴的组织。

虽然不同种属的动物有不同的机制产生特异的轴，但是进化的结果是相当保守的：头与尾、背部与腹部、肠与皮肤都是明显可分的。

14.4.2 果蝇的发育模式

果蝇只有 4 对染色体，生命周期短，是细胞分化研究的重要模式动物，从黑腹果蝇（*D. melanogaster*）发育研究中获得的许多分子事件已经被证实普遍适用于高等动物和人类。

14.4.2.1 果蝇的生活史及卵母细胞的发育

果蝇的生活史（life cycle）中包括从胚胎到成体的程序化完全变态（metamorphosis）过程，整个生活周期只需要 9～10 天（图 14-19）。

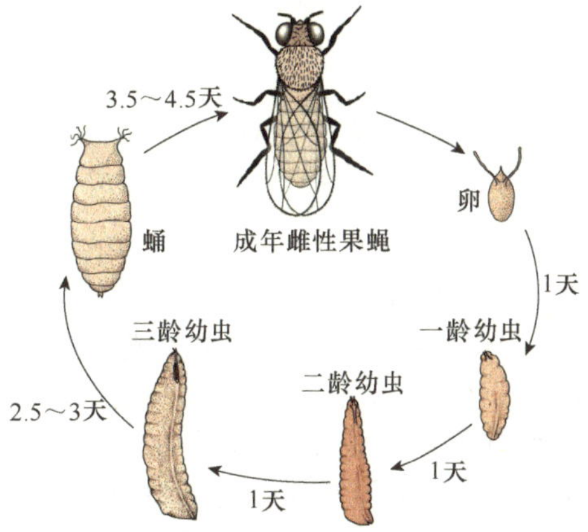

图 14-19 黑腹果蝇的生活史（引自 Hartl，1991）。

果蝇为双翅目昆虫，躯体分节。果蝇卵的大小约为 0.2mm×0.45mm，由卵发育为成虫果蝇大体经过 4 个阶段：卵、幼虫、蛹和成虫。果蝇在胚胎阶段有两个最重要的特征：极性（polarity）和分节（metamerism）。果蝇的卵从卵巢中排出时，它的细胞质物质就有了明确的空间分布定位和有秩序的卵质结构，就如同动物极和植物极一样，它的前端和后端明显可分。在胚胎的后期可见到分节，每一个分节都具有不同的特征。

所谓完全变态是指昆虫发育成成虫时的形态完全不同于幼虫。在果蝇的生活史中，有两种完全不同的形态，中间被变态过程隔开。一种是类似蚯蚓状的幼虫（larva），另一种就是成虫果蝇。变态期又称为化蛹（pupation）。果蝇的受精卵在 1 天之内就发育成幼虫，然后经过连续的 3 个幼虫发育阶段（称为龄期），此过程持续 4 天以上。在早期胚胎建成过程中，幼虫体内会形成几十种尚未分化的细胞团，称为成虫盘（imaginal disc），变态期后不同的成虫盘可以逐渐发育为果蝇的腿、翅、触角和躯体的其他部分的结构（图 14-20）。

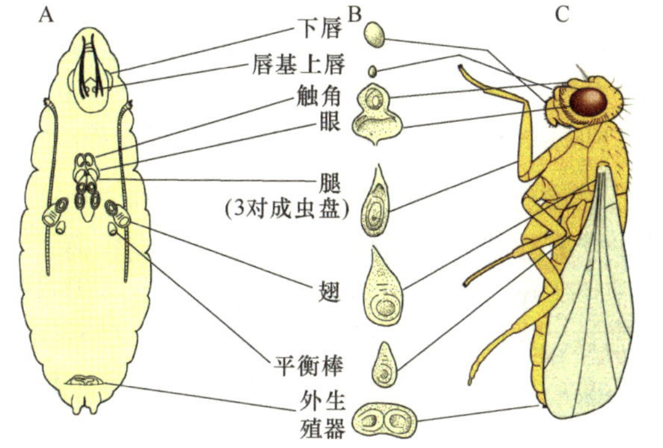

图 14-20 果蝇成虫盘的定位和发育的命运（引自 Hartl，1991）。A. 9 对成虫盘和一个生殖成虫盘在幼虫中的相应部位。B. 成虫盘在幼虫发育后的形态。C. 发育成熟后成虫盘的结构。

果蝇卵母细胞的发育成熟分三个阶段(图14-21)。第一阶段是卵子发生的早期，此时卵母细胞的体积与其相邻的抚育细胞的大小相似。第二阶段，抚育细胞开始合成卵母细胞成熟所必需的 mRNA，卵泡细胞开始形成卵鞘（egg shell），期间，卵母细胞的体积逐渐增大。第三阶段，成熟的卵细胞被卵黄被和绒毛膜（chorion）包围，卵黄被和绒毛膜构成卵鞘。抚育细胞和卵泡细胞消失，但它们合成的 mRNA 分散分布在卵母细胞中。极性的颗粒结构定位于卵的后部，此区将发育成生殖细胞。成熟的卵细胞有明显的极性，即前后轴（A-P 轴）、背腹轴（D-V 轴）。

14.4.2.2 果蝇早期发育模式

通过对果蝇的研究，获得了很多关于基因对发育调控的认识。近一二十年的研究重点主要是围绕早期胚胎发育进行，通过大规模的遗传筛选、寻找影响发育模式的突变，研究结果揭示了一些与发育相关的关键基因。通过对果蝇发育的遗传学研究发现，某些发育机制在果蝇与脊椎动物之间都是保守的，有些则不同。获得的果蝇发育遗传控制的知识，有助于我们进行多细胞生物发育的理解。

果蝇早期发育的启动比较特别（图 14-22）。如同其他昆虫的卵一样（但与大多数脊椎动物不

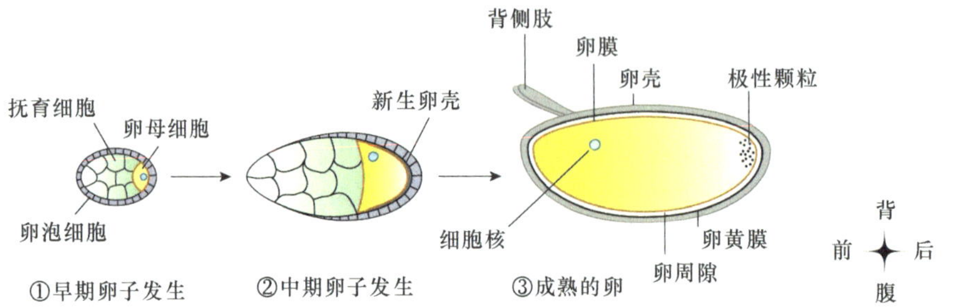

图 14-21 果蝇的卵子发生（引自 Lodish et al.，2008）。①早期卵子发生：初期的卵细胞的大小与其相邻的抚育细胞相似，外面被一层卵泡细胞包围着，抚育细胞开始合成卵细胞成熟必需的 mRNA 与蛋白质，卵泡细胞开始形成卵鞘。②中期卵子发生：卵细胞体积持续增大。③成熟的卵：完全被卵鞘包裹，虽然抚育细胞已经消失，但由抚育细胞合成的 mRNA 等早已转运到卵细胞质。极性颗粒位于卵细胞后端，细胞质物质呈现不对称分布。

同），果蝇的卵似黄瓜状，卵裂的速度异常快，生成的子核也进行同步分裂，但不会形成核膜。在合胞体（syncytium，即卵裂的细胞），生成大量的细胞核。细胞核向皮层迁移，形成一个合胞体囊胚（syncytium blastoderm）。大约产生 6000 个核以后（在进行第 8 轮和第 11 轮核分裂之间），细胞质膜开始内折，将细胞核包裹成独立的细胞，同时将合胞体囊胚转变成细胞囊胚（cellular blastoderm）。此时，不同种类的细胞分裂不再同步，它们发育的命运由所分割的细胞质中的信息决定。

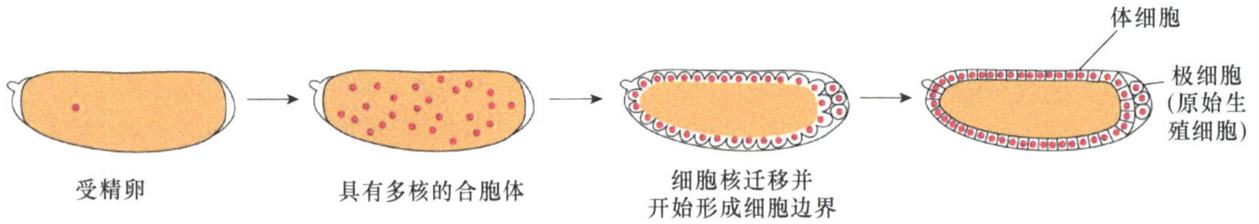

图 14-22 果蝇卵从受精到细胞囊胚阶段的发育（引自 Alberts et al.，2015）。受精卵中有一个细胞核；核分裂形成多核的合胞体；一些核移向四周，在后端，与生殖相关的极细胞（pole cell）已经浮现；合胞体囊胚中继续进行核分裂；质膜内陷包围单个细胞核，生成细胞囊胚。

果蝇合胞体阶段的发育模式依赖于分散在细胞中的信号，这些信号激活了使细胞核快速分离的基因，使细胞核被分配到单个的细胞前快速分裂。起始阶段的信号通讯不同于通常的细胞-细胞间的信号通讯，而是合胞体囊胚内相邻区域间通过转录调节蛋白的快速移动进行的通讯。

14.4.2.3 卵-极性基因对果蝇早期胚胎轴的调控

与大多数昆虫一样，果蝇发育的体轴在受精前就已经确定了。通过对影响果蝇早期发育突变的系统分析发现了卵-极性基因（egg-polarity gene），它们调节体轴的决定。根据它们的作用，将卵-极性基因分为 4 群，每一群在胚胎发育过程中控制不同区域的分化：①前部基因群（anterior-group gene），它们控制头和胸的发育；②后部基因群（posterior-group gene），控制腹节（abdominal segment）的发育；③端部基因群（terminal-group gene），调节最前部和最尾部区的发育；④背部基因群（dorsoventral-group gene），调控背部轴的发育。

在成熟的未受精的卵细胞中，卵-极性基因转录的 mRNA 及合成的蛋白质通过建立不同的浓度梯度，帮助卵细胞建立前后轴和背腹轴，即卵-极性基因的产物沿着体轴呈浓度梯度分布。某些卵-极性基因合成的蛋白质通过扩散在细胞质中形成不对称分布，使得囊胚中的不同细胞带有不同量的卵-极性基因的蛋白质，造成分化的差异。母体 mRNA 的产物包括转录激活子（transcriptional activator）、转录抑制子（transcriptional repressor）及翻译抑制子（translational repressor），它们调节不同发育模式，构建不同的组织。

通过突变，研究了这些基因在胚胎发育模式形成中的作用。有一类突变破坏了胚胎的前后轴，此种突变与卵-极性基因有关。响应组织胚胎前端信号的卵-极性基因称为 *bicoid*（*bcd*）。在受精之前，*bicoid* mRNA 分子已经预先储存在卵的前端区域，一经受精，*bicoid* mRNA 很快翻译成 Bicoid 蛋白。Bicoid 蛋白是主要的前部形态发生素（anterior morphogen），并且在合胞体囊胚中扩散呈梯度分布，头部的浓度最高（图 14-23）。沿 A-P 轴产生的不同浓度的 Bicoid 蛋白通过调节合胞体囊胚细

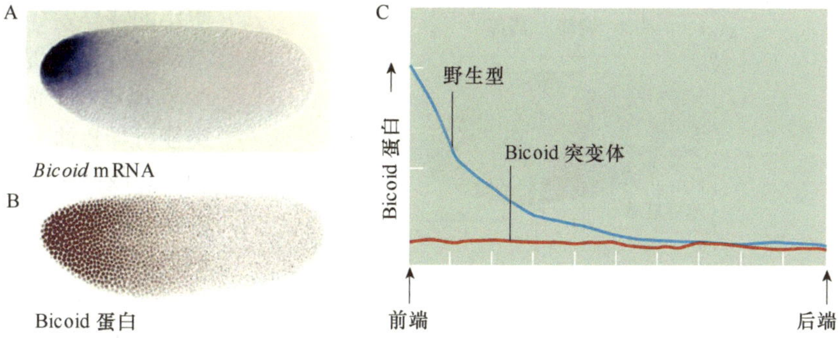

图 14-23 Bicoid 蛋白的浓度梯度（引自 Alberts et al., 2015）。A. 在卵母细胞发生时 *bicoid* mRNA 已经转录并储存在前端。B. 合成的 Bicoid 蛋白经扩散呈梯度分布。C. 同源基因突变导致 Bicoid 蛋白的缺失。

胞核基因转录，帮助决定细胞的命运。

另外三种卵-极性基因，其中两种负责合胞体中细胞核沿 A-P 轴的移动，另一种负责合胞体中细胞核沿 D-V 轴的移动。此三类基因与 *bicoid* 基因一起，合成四种不同的蛋白质，这些蛋白质将果蝇的身体分成了四个部分，其中三个为不同的发育模式：头与尾（head versus bear），背与腹（dorsal versus ventral），内胚层、中胚层、外胚层；第四个部分不涉及发育模式，但能够区别生殖细胞与体细胞（图 14-24）。

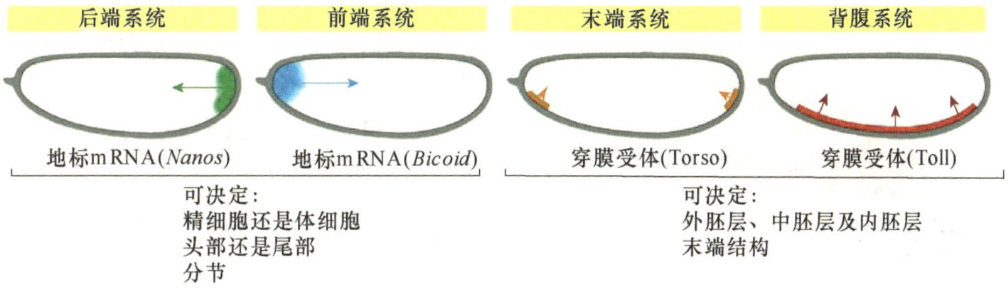

图 14-24 果蝇中四种卵-极性梯度系统组织（引自 Alberts et al., 2015）。Nanos 蛋白是一种翻译阻遏物，负责腹部的形成。位于一端的 *Nanos* mRNA 也会掺入到在胚胎后端形成的精细胞，Nanos 蛋白是生殖细胞发育所必需。Bicoid 蛋白是转录激活子，它决定头与胸部区域。Toll 与 Torso 蛋白是受体蛋白，虽然它们在整个质膜上都有分布，但仅在标有颜色的区域被细胞外配体 Spaetzle（Toll 的配体）、Trunk（Torso 的配体）所激活。Toll 的作用是决定中胚层，而 Torso 的作用是决定末端结构的形成。

上述的卵-极性基因在发育中具母体效应，所以又称为母体效应基因（maternal effect gene）。这一效应的关键是母体的基因组起决定作用，而不受合子效应基因组的影响。例如，一个果蝇染色体中 *bicoid* 基因的两个拷贝都发生了突变，但是生育该果蝇的母体有一个正常的 *bicoid* 基因拷贝，则该果蝇能够正常发育，没有任何头部模式的发育缺陷。如果该果蝇是雌性的，它将不能储存任何有功能的 *bicoid* mRNA 于其产生的卵中，因而会发育成没有头的胚，无论该果蝇的父本基因组是何种状态。

14.4.2.4 合子效应基因对果蝇 A-P 轴体节发生的调控

昆虫的身体沿 A-P 轴形成一系列的体节（segment）。虽然每一个体节都会发育形成高度特化的结构，但是它们都是按照基本相似的模式构建的（图 14-25）。在早期胚胎中由卵-极性基因沿 A-P 轴建立的转录调节子的梯度拉开了创建体节的序幕。这些调节蛋白启动了分节基因（segmentation gene）的有序表达。不同分节基因的表达，开启了各自体节发育模式，界定了各自的边界与功能。分节基因在胚胎的一群亚细胞中表达，它们的产物是胚胎贡献给胚胎发育最早的成分。因此，将它们称为合子效应基因（zygotic-effect gene），以便与早期起作用的母体效应基因相区别。分节基因的突变会改变体节的数量或内部的结构组成。

母体效应基因的产物激活某些合子效应基因表达是胚胎模式形成的开端。有三类合子效应基因，它们之间有着严密的连锁关系，表达顺序有先有后，它们协调有序地调控着胚胎发育的模式形成。

第一类是裂隙基因（gap gene）。裂隙基因是沿果蝇前后轴最早表达的合子效应基因，它们编码转录因子，参与果蝇胚胎前后轴早期模式的形成。至少有 5 个裂隙基因，包括 *hunchback*、*giant*、*krüppel*、*knirps*、*tailness*。由于这组基因发生突变时会导致体节模式发生间隔缺失现象，所以将它们

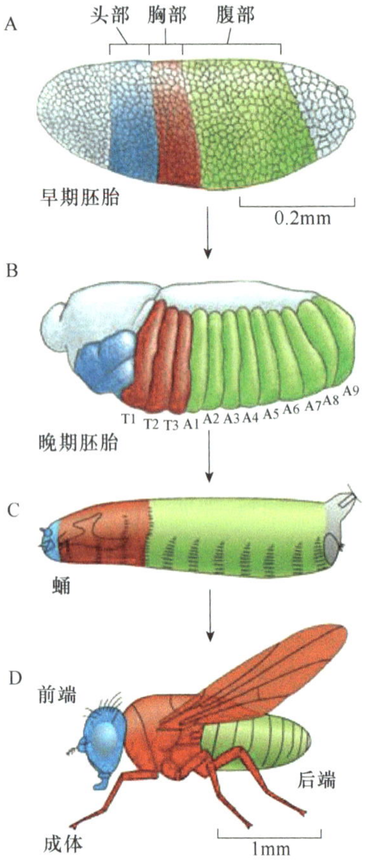

图 14-25 果蝇体节的起源（引自 Alberts et al.，2015）。A. 受精后 3h 的胚胎，此时处于囊胚阶段，虽然可以预测未来的体节区域，但是没有可见的体节。B. 10h，所有的体节都清晰可见（T1：第一个胸部体节；A1：第一个腹部体节）。C. 果蝇蛹的体节，以及与胚胎对应的区域。D. 果蝇成体的体节，以及它们与胚胎对应的区域。

称为裂隙基因。通过前后轴的母体效应基因和裂隙基因的协同作用，果蝇胚胎被不同组合的转录因子划分成具有不同表达特性的区域。这些转录因子在不同水平表达，以不同的组合将胚胎进一步划分成更小的特异发育区域。

第二类是成对规则基因（pair-rule gene），至少发现了 8 个成对规则基因。由于此类基因发生突变可导致体节缺失，并且呈现每隔一节缺一节的规律，故此称为成对规则基因。成对规则基因包括 *fushi*、*tarazu*、*hairy*、*euen-skipped* 基因等，它们编码的产物是转录因子。

第三类是体节极性基因（segment polarity gene），至少有 10 个体节极性基因。这些基因发生突变时，虽然不影响体节的数量，但是会使每一个体节有部分缺失，以及导致前后极性颠倒，使体节前部或后部发生镜像对映重复，故此称为体节极性基因，如 *wingless*、*engrailed* 和 *hedgehog* 基因。体节极性基因作用时，胚胎发生中的细胞化（cellularization）过程已经完成，所有的细胞核都包有细胞质膜。因此，体节极性基因是在细胞中起作用，而不是在合胞体中起作用。进一步的发育模式则依赖于细胞间的信号传导。

图 14-26 是卵-极性基因及三种类型体节基因突变对表型的影响。

14.4.2.5 *Hox* 基因对果蝇 A-P 轴模式的重塑

在动物细胞发育过程中，身体变得越来越复杂，但是在每一个物种及不同层次的组织中，可以发现这些复杂的结构都是通过重复一些基本的主题形成的，仅有少许的变化。因此，有限数量的基本分化的细胞类型，如肌细胞或成纤维细胞能够在不同的位置再生一群略有不同的同类细胞，这些细胞组成略有变化的组织类型。

发育中的重塑重复（modulated repetition）是如何发生的，机制如何？昆虫体节发生提供了很好的研究例子。特别是在果蝇中发现了一类有关控制体态形成的基因突变，其中最重要的是同源异型盒

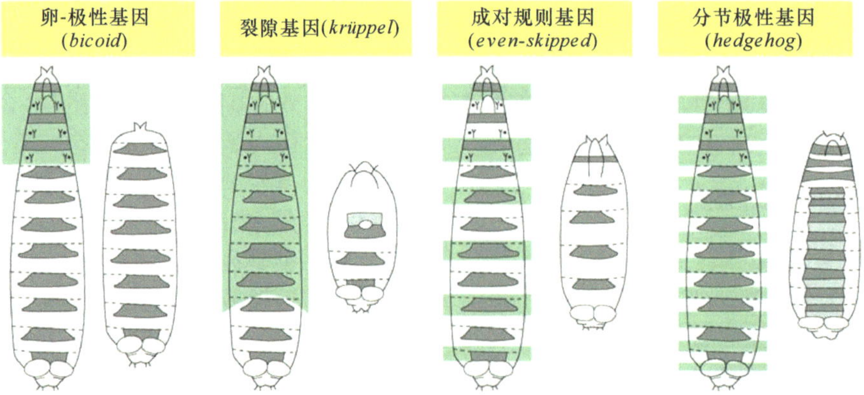

图 14-26 卵-极性基因及三种类型体节基因突变对表型的影响（引自 Alberts et al.，2015）。图中各突变体的表型中均丢失了阴影部分。

（homeotic box，*Hox*）基因。如果此类基因发生了突变，就会在胚胎发育过程中出现特别奇怪的现象：出现某一器官异位生长，即本来应该形成的正常结构被其他器官取代了。例如，双胸突变（bithorax mutant），这种突变可导致果蝇出现两个胸部，并多长出一对翅膀（图 14-27）。

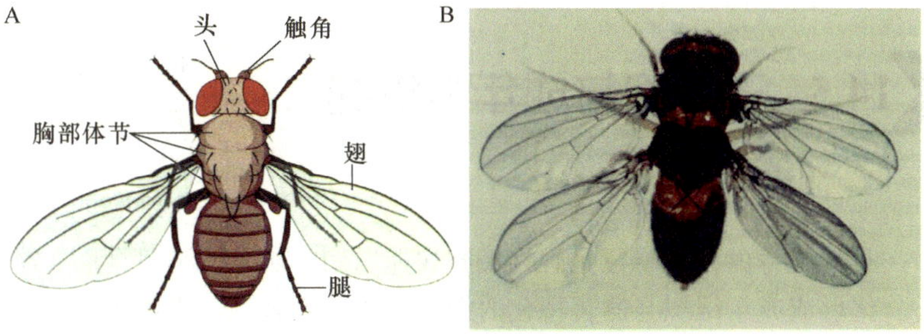

图 14-27 果蝇的双胸突变（引自 Becker et al.，1996）。A. 正常果蝇。B. 双胸突变体。

果蝇中有 8 个 *Hox* 基因，分成两个基因簇，一个是双胸复合物（*bithorax* complex，*BX*-C），另一个是触角足复合物（*antennapedia* complex，*ANT*-C）。进一步研究发现 *Antp* 基因的 3′ 端含有一段由 180 个碱基对组成的序列，这是一个高度保守的同源区域，与其他同源异型基因高度相似，该序列称为同源异型框（homeobox），简称同源框。这一段 DNA 序列编码 60 个氨基酸，被称为同源异型域（homeodomain）。同源框普遍存在于果蝇、鼠、人、蛙等生物中。

已发现的 *Hox* 基因的产物基本上都是转录因子，同源框的蛋白质产物呈螺旋-转角-螺旋的立体构型，可以与 DNA 双螺旋的大沟吻合，附着于 TAAT 框的碱基上；由于它能识别所控制的基因启动子的特异序列，从而在转录水平调控基因表达。

Hox 基因大多在染色体上串联排列成簇，基因之间的距离很近，通常为 4～5kb，其线性排列顺序可能与各自表达区域相对应。例如，在果蝇发育中，位于 DNA 5′ 端的 *Hox* 基因在接近其尾部的节段中表达，而位于 3′ 端的 *Hox* 基因在接近其头部的节段中表达。

Hox 基因的表达具有区域特异性（特别在胚胎发育阶段）。例如，果蝇触须足基因和超级双胸基因只限于在头部和胸部的节段中表达，其表达量与发育的进程有关。*Hox* 基因表达的开和关，对个体发育和形态发生起到时间和空间上的调控作用。

同源异型框蛋白定位于细胞核。同源异型框结构域具有较高的保守性，通过螺旋-转角-螺旋的结构模式与启动子或增强子序列相结合，从而实现基因调控作用。同一种同源异型框蛋白可能识别多种 DNA 调控序列，同一调控序列也可能结合多种同源异型框蛋白。

14.4.2.6 *Hox* 基因对脊椎动物 A-P 轴的调控

在几乎所有研究过的动物种属中都发现了 *Hox* 基因，其可分成几个类群，如 *Hox* A、*Hox* B、*Hox* C、*Hox* D 等复合物。每一类都位于不同的染色体上。研究发现，脊椎动物的 *Hox* 基因的部分功能可被果蝇 *Hox* 基因所替代。这似乎可以表明，动物中 4 个 *Hox* 基因复合物各相当于一个昆虫的 *Hox* 基因复合物（一个触角足复合物加一个双胸复合物）。图 14-28 是脊椎动物体与果蝇体模式的比较。

在脊椎动物中，每一个 *Hox* 基因的表达顺序与果蝇中 *Hox* 基因表达的顺序基本上是相同的，这提示脊椎动物中 4 个 *Hox* 基因是由原始的 *Hox* 基因复制而来的。通过对脊椎动物胚胎中 *Hox* 基因表达模式的研究，发现每一个 *Hox* 基因的表达是沿着体轴按从头至尾的顺序进行的，与果蝇中的 *Hox* 基因表达的顺序相一致。

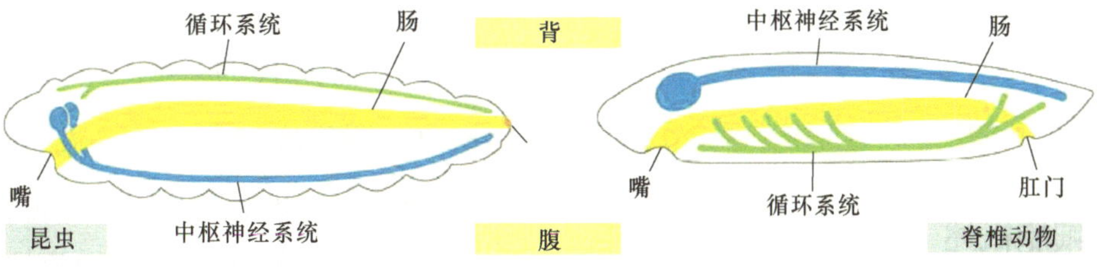

图 14-28 脊椎动物体模式与果蝇体模式的比较（引自 Alberts et al.，2015）。在昆虫中，循环系统由管状的心脏和主要的背部血管表示，与脊椎动物不同的是，昆虫没有毛细血管。在脊椎动物与昆虫中，心脏的发育都依赖于同源异型盒基因，强调了二者之间的关系。

14.5 干细胞与成年组织的维持

早期发育的两个特征是胚性细胞快速增殖，然后分化形成成年组织与器官特化的细胞。随着细胞的分化，细胞增殖的速率通常会下降，在成年动物中大多数细胞都会处于细胞周期的 G_0 阶段。但是，如果细胞或是因为损伤或程序性死亡，就会丧失其生命。为了维持成体组织或器官中细胞数量的平衡，死去的细胞必须通过细胞增殖来平衡。为了达到这种平衡，大多数组织都含有在需要时能够增殖来维持细胞数量平衡的细胞。当然，在某些快速更新的组织中的细胞可通过持续分裂来维持细胞数量的平衡。

某些内部器官的上皮细胞也能够通过增殖替换损伤的组织。最极端的例子来自肝组织。正常情况下，肝组织的细胞处于细胞周期的 G_0 阶段，但是，如果通过外科手术将肝切除 2/3，余下的细胞会被激活进行分裂增殖，补充被切除的细胞。图 14-29 显示的是通过外科手术将大鼠的肝组织切除了 2/3 后，重新通过分裂修复了被切除的部分。

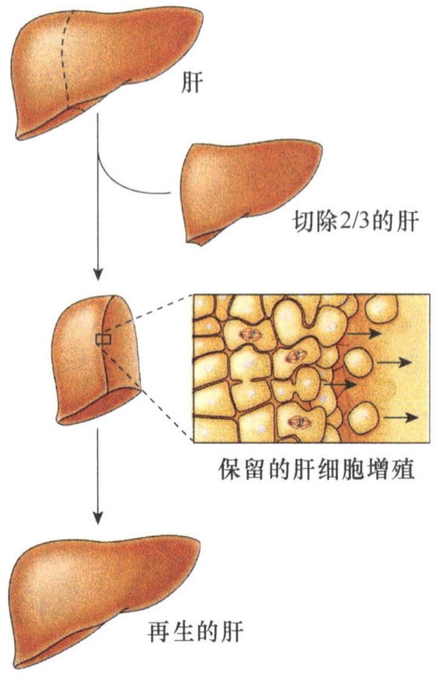

图 14-29 肝细胞的再生（引自 Cooper and Hausman，2013）。大鼠肝细胞通过外科手术切除 2/3 后，通过对 G_0 细胞的激活而增殖进行修复。

14.5.1 干细胞概述

14.5.1.1 什么是干细胞

成年动物中大多数完全分化的细胞是不再进行细胞分裂的，但是它们能够被少数未彻底分化的、自我更新的细胞增殖而替代，此类具有自我更新（self-renewing）能力的多潜能细胞称为干细胞（stem cell，SC），干细胞存在于大多数成年组织中。干细胞的一个重要特性就是产生一个继续维持干细胞特性的子细胞，以及一个能够进行分裂与分化的子细胞（图 14-30）。

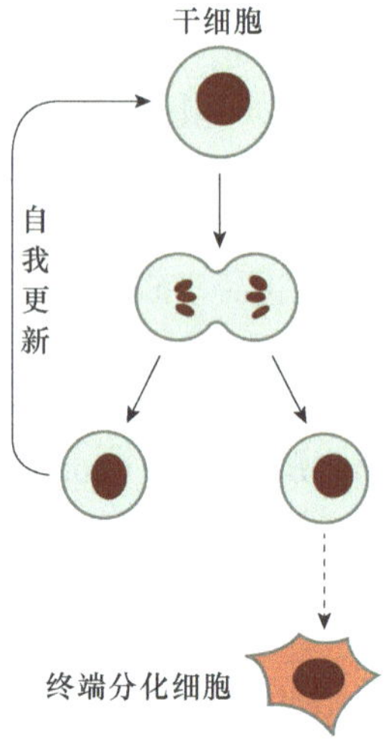

图 14-30 干细胞及其特性（引自 Alberts et al.，2015）。图中所示干细胞先经分裂产生两个干细胞后，保留一个干细胞，另一个干细胞可分化产生有限分裂能力的分化细胞，最后成为终端分化细胞。

由于干细胞能够产生快速增殖的细胞，这些细胞在完全分化之前可进行几轮的分裂，因此，一个干细胞可产生很多分化的细胞。由于干细胞通过分裂可产生一个新的干细胞，以及很多分化的子细胞，因此，干细胞通过自我更新，作为整个生命阶段分化细胞的源泉。干细胞的自我更新能力，对于成体中某些组织的细胞补充特别有价值，如血细胞、生殖细胞、皮肤的上皮细胞、消化道的内皮细胞，这些组织的细胞寿命短，而且，它们都是分化了的细胞，自身不能再进行分裂，需要干细胞的自我更新，产生分化的细胞以维持组织中细胞数量的稳定。另外，干细胞在其他的成年组织中也有作用，包括骨骼肌与神经细胞，在这些组织中干细胞的作用是对损伤组织进行修复。

14.5.1.2 干细胞的分类

干细胞有两种分类方法：一是根据干细胞所处的发育阶段分为胚胎干细胞（embryonic stem cell，ES cell）和成体干细胞（somatic stem cell）；二是根据干细胞的发育潜能分为全能干细胞（totipotent stem cell，TSC）、多能干细胞（pluripotent stem cell）

和单能干细胞（unipotent stem cell）。

胚胎干细胞是全能的，是分化和增殖构成动物发育的基础，即由单个受精卵发育成为具有各种组织器官的个体。成体干细胞的进一步分化则是成年动物体内组织和器官修复再生的基础：因为在细胞分化的过程中，细胞逐渐失去可塑性而发育成为高度分化的细胞，此时不仅丧失了其继续分化的能力，而且也失去再分裂的能力，最终衰老死亡；此外，机体内的许多细胞的寿命很短，需要不断被相应的新细胞替换。成体产生新的分化细胞有两种方式：①已分化细胞的分裂产生新细胞；②由未分化的干细胞产生新的分化细胞。

成体干细胞是一类成熟较慢但能自我维持增殖的未彻底分化的细胞，这种细胞存在于各种组织的特定位置上，一旦需要，这些细胞便可按发育途径，先进行细胞分裂，然后经过分化产生出另外一群具有有限分裂能力的细胞群。

多能干细胞具有分化出多种组织细胞的潜能，但失去了发育成完整个体的能力，发育潜能受到一定的限制。骨髓多能造血干细胞是典型的例子，它可分化出至少 12 种血细胞，但不能分化出造血系统以外的其他细胞。

单能干细胞也称专能、偏能干细胞，这类干细胞只能向一种类型或密切相关的两种类型的细胞分化，如上皮组织基底层的干细胞、肌肉中的成肌细胞等。

因此，从分化潜能来看，不同层级的干细胞发育的潜能是不同的，胚胎干细胞是最高层级的干细胞，潜能最大，单能干细胞潜能最低。

14.5.1.3 干细胞的特点

干细胞具有几个显著的特点：①干细胞本身不是终末分化细胞（即干细胞不是处于分化途径的终端）；②干细胞能无限地分裂；③干细胞分裂产生的子细胞只能在两种途径中选择其一，或保持亲代特征，仍作为干细胞，或不可逆地向终末分化。从功能上来讲，干细胞不是执行已分化细胞的功能，而是产生具有分化功能的细胞。

干细胞有时可以根据其形态学特征和存在位置来辨认。例如，在果蝇的性腺和外周神经系统，干细胞与其外周的分化细胞有固定的组织方式，形成增殖结构单元。但对许多组织而言，干细胞的存在部位目前仍未确定，也没有与分化细胞截然不同的形态学特征。不同的干细胞具有各自特异的生化标志，这对于确定干细胞位置、寻找和分离干细胞有重要意义。例如，角蛋白 15 是确定毛囊中表皮干细胞的分子标志，巢蛋白为神经干细胞（neural stem cell，NSC）的标记分子，等等。然而，干细胞生存的微环境可以影响其形态和生化特征，因此不能仅根据细胞的形态和生化特征来寻找干细胞。具有增殖和自我更新能力、在适当条件下表现出一定的分化潜能是干细胞最基本的特点。

14.5.2 胚胎干细胞

胚胎干细胞（ES 细胞）是一种经人工操作能够发育成一个新个体的全能性二倍体细胞。它是从早期胚胎内细胞团（inner cell mass，ICM）或原始胚胎生殖细胞（embryonic germ cell，EG cell）经体外分化抑制培养分离克隆的，二者的形态、标志、体内分化潜能及种系传递功能都相似。

14.5.2.1 胚胎干细胞的主要特性

ES 细胞有两个主要特性。第一，ES 细胞在不同条件下具有不同的功能状态，它是饲养层（feeder layer）细胞依赖的。在有抑制因子存在的限制培养基中，它呈未分化状态生长；在无抑制因子存在的培养基中，分化成各种细胞；在悬浮培养时，可形成胚状体（embryoid body，EB）。

第二，ES 细胞具有发育分化成各种类型细胞的多潜能性，此种特性既可在体内发育，也可在体外诱导。体外与体内分化途径和机制在分子水平上有许多相似之处，而且体外研究更具有优越性：①避免各种内源性因素干扰；② ES 细胞始终保持存活、增殖和分化潜能，而在体内研究则存在胎死宫内、可能流产等风险，使研究半途而废；③可制备成各种模型更直观明了，而且可研究分化过程中一些重要的细胞生物学问题。

图 14-31 是人的 ES 细胞的体外培养基诱导分化成不同类型细胞的基本过程。

14.5.2.2 胚胎干细胞的应用

ES 细胞一经问世，就因其区别于其他培养细胞的生物学特征，而引起生物工程领域研究人员的关注，在开展 ES 细胞建系和定向分化研究的同时，以 ES 细胞为材料进行广泛应用的尝试。

1）作为生产克隆动物的高效材料　ES 细胞可以无限传代和增殖而不失去其基因型和表现型，以其作为核供体进行核移植后在短期内可获得大量基因型和表现型完全相同的个体。胚胎干细胞与胚胎嵌合生产克隆动物可解决哺乳动物远缘杂交的困难。另外，由于体细胞克隆动物存在成功率低、早

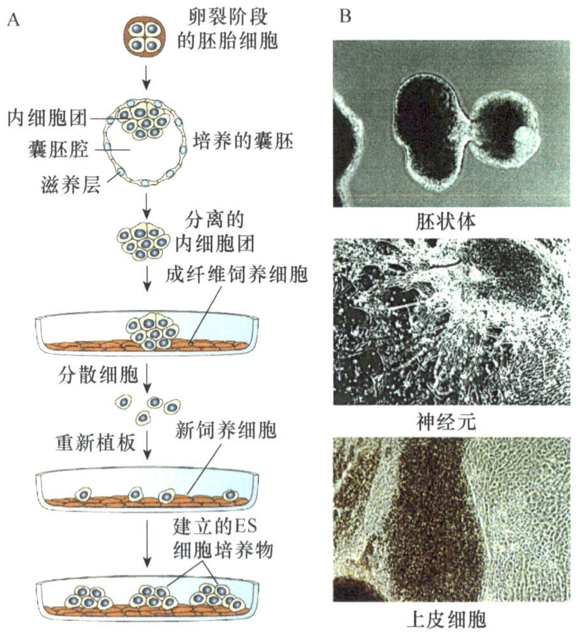

图 14-31 ES 细胞的培养与分化（引自 Lodish et al., 2008）。A. 将从通过体外受精获得的、处于卵裂阶段人囊胚的胚胎干细胞置于饲养细胞（feeder cell）——成纤维细胞上培养，建立 ES 细胞培养物，饲养细胞起看护作用。B. 将建立的 ES 细胞培养物悬浮培养在培养液中，人的 ES 细胞能够分化成多细胞的胚状体；将胚状体转移到固体培养基培养，可进一步分化成含有多种类型细胞（包括神经元、上皮细胞）的培养物，布满在固体培养基的表面。

衰、易缺陷、易突变等问题，使 ES 细胞的克隆研究显得十分重要。

2）发育生物学研究的理想体外模型　通过比较 ES 细胞不同发育阶段基因转录和表达，可确定胚胎发育及细胞分化的分子机制，并发现新基因。

3）新型药物的发现与筛选　利用 ES 细胞体外分化的细胞组织检验筛选新药，可大大减少实验动物及人群数量。

4）加快组织工程发展　组织工程（tissue engineering）是生物学和工程学相结合的一项技术，人工培育供移植用的人类或动物细胞、组织或器官，即将种子细胞人工培养生长在支架（生物降解聚合物）上，培育出一定的组织或器官，这些组织或器官可移植给患者，达到临床治疗的目的（克隆治疗）。用 ES 细胞定向分化作为种子细胞，较以往用人或动物的组织细胞作种子细胞优越，具有数量大，生长快，取材容易等优点。

虽然 ES 细胞的应用前景很大，但由于胚胎干细胞的分化潜能也很大，存在伦理问题，因此各国对胚胎干细胞的使用都有严格的限制。

14.5.3 成体干细胞与组织更新

在成体组织或器官中，许多细胞仍具有自我更新及分化产生不同组织细胞的能力，如血细胞和皮肤细胞；此外在损伤情况下，肝等组织也表现出明显的补充损伤死亡细胞的能力，因此推测在成体中干细胞的存在主要是参与机体的组织更新，维持正常功能。例如，上皮组织、血细胞等都是需要持续不断更新的。

当然，也有某些组织缺少干细胞，这些组织是不会更新的。例如，在哺乳动物中，至少听觉上皮、视网膜上皮缺少干细胞。这些组织的感受器细胞——耳中的感觉毛细胞、视网膜的光受体等是不可以被替换的，因此，当这些细胞受剧烈噪声、激光照射，或随着年龄因素受到破坏，则是永久性的功能丧失。

14.5.3.1 干细胞与上皮组织的更新

在动物的所有组织中，肠皮层细胞的更新速度是最快的。小肠的上皮是单层的，其厚度仅有一层细胞。上皮覆盖在微绒毛的表面，而微绒毛伸向肠管的腔。上皮是腺管的皮层，而腺管向下插入到结缔组织（图 14-32）。腺管中的干细胞具有分裂能力，而分化的细胞是不能分裂的，不过腺管中的细胞是流动的，微绒毛顶端分化的细胞不断死亡，通过干细胞的分裂维持着细胞数量的恒定。

在腺管中主要有 4 种不分裂的终端分化细胞：1 种是吸收细胞，3 种是分泌细胞。

（1）吸收细胞（absorptive cell）。吸收细胞又称刷状缘细胞或内吞细胞。此类细胞密集包裹在微绒毛的表面，它们的作用是从消化腔中吸收营养，其顶端也能产生一些消化酶对细胞外基质中的一些物质进行消化。吸收细胞是上皮中主要类型的细胞。

（2）杯状细胞（goblet cell）。该细胞主要是分泌黏液到消化腔中，在上皮形成一个保护层。

（3）帕内特细胞（Paneth cell）。具有天然免疫作用。

（4）肠内分泌细胞（enteroendocrine cell）。此类细胞大约有 15 种不同的亚型，分泌血清素（serotonin）与肽激素，这些激素作用于肠壁中的神经元及其他类型的细胞，调节肠及其他组织细胞的生长、增殖与消化活性。

吸收细胞、杯状细胞、肠内分泌细胞三类不分裂的分化细胞位于同一条传送带上，同时从它们在腺管诞生的位置沿微绒毛上皮向前滑动。经过3～5天（如小鼠），这些细胞出现在腺管之后，很快到达微绒毛的顶端，在那里它们经过程序性死亡，并最终被“扔进”消化道。

腺管中的帕内特细胞的数量较少，并且有不同的迁移模式。它们生活在腺管的底部（图14-32A），也会被持续地替换，只不过被替换的速度较慢，大约要经过几周（小鼠），最后经过程序性死亡，并被相邻的吞噬细胞所吞噬。

由于上述的4类细胞都是终端分化的、不分裂的细胞，它们数量的消减需要腺管底部干细胞的分裂与分化进行补充。

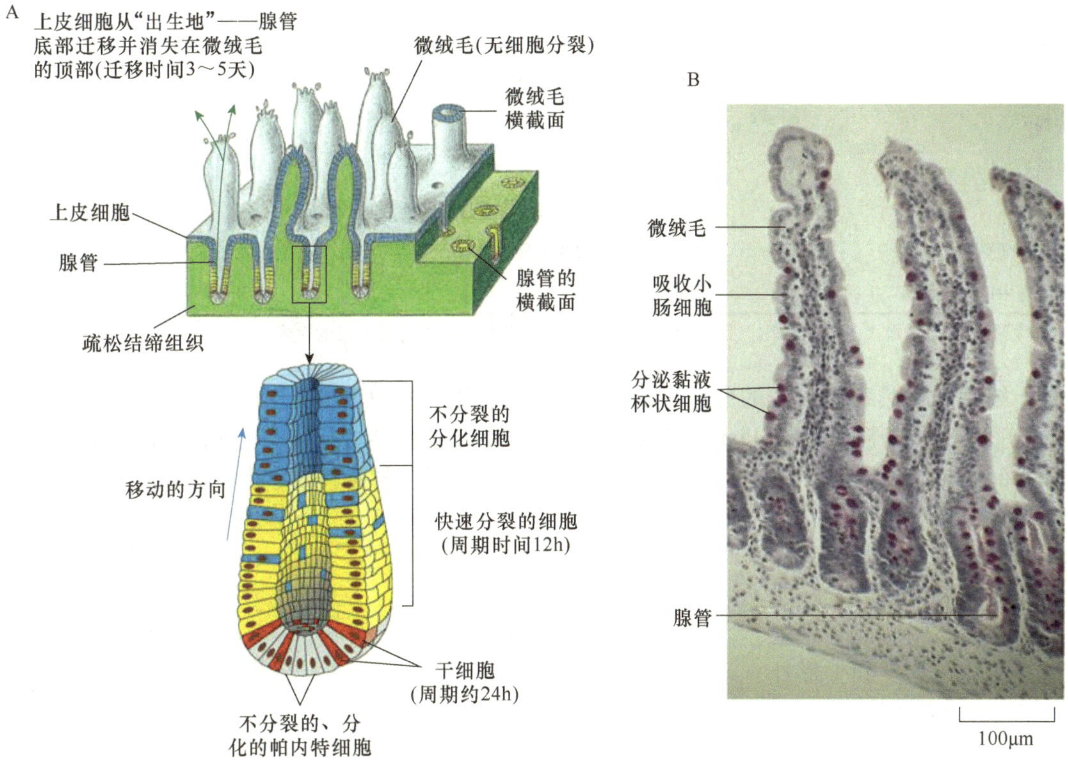

图14-32 小肠皮层细胞的更新（引自Alberts et al.，2015）。

14.5.3.2 造血干细胞

血液含有多种类型的细胞，功能也十分广泛，包括氧的输送到产生抗体。有些血细胞的工作场所就在血管内，而有些血细胞则借助于血管的运输作用到其他部位行使功能。但是，所有类型的血细胞在其生活史中都有一定的相似性。它们的生命跨度都有限，都是由共同的干细胞所产生，并且都是定位于骨髓中（人类）。造血干细胞（hematopoietic stem cell，HSC）是多潜能的，能够产生所有类型的终端分化的血细胞，以及某些其他类型的细胞，如骨中的破骨细胞。造血干细胞是哺乳动物体内最为复杂的干细胞系统，在医疗上具有极其重要的作用。

血细胞可以分成红细胞或白细胞。红细胞（red blood cell，erythrocyte）在血管中负责O_2及与血红蛋白结合在一起的CO_2的运输。白细胞（white blood cell，leukocyte）主要功能是抗感染，或是在某些情况下，能够吞噬及消化一些碎片。与红细胞不同的是，白细胞能够穿过血管的壁，到达其执行任务的场所履行任务。

白细胞分成三大类：粒细胞（granulocyte）、单核细胞（monocyte）、淋巴细胞（lymphocyte）。表14-2列出了各类血细胞及其相应的功能。

骨髓中含有多潜能的造血干细胞，能够产生所有类型的血细胞（图14-33）。

14.5.3.3 其他组织的干细胞

肌干细胞可发育分化为成肌细胞（myoblast），后者可互相融合成为多核的肌纤维，形成骨骼肌最基本的结构。

表 14-2 血细胞的类型及其功能

细胞类型	主要功能	人血液中的浓度 /（个 /L）
红细胞	运输 O_2 及 CO_2	5×10^{12}
白细胞		
粒细胞		
中性粒细胞	吞噬与消化入侵的细菌	5×10^{9}
嗜酸性粒细胞	破坏大的寄生虫，炎性反应	2×10^{8}
嗜碱性粒细胞	在某些免疫反应中释放组胺（有时释放血清紧张素）	4×10^{7}
单核细胞	发育成巨噬细胞，能够吞噬、消化入侵的微生物及外源体，以及损伤衰老细胞	4×10^{8}
淋巴细胞		
B 细胞	制造抗体	2×10^{9}
T 细胞	杀死病毒感染的细胞，调节其他白细胞的活性	1×10^{8}
中性杀手细胞	杀死病毒感染的细胞及某些癌细胞	1×10^{8}
血小板（骨髓中由巨噬细胞产生的细胞碎片）	起始血凝集	3×10^{11}

注：人体大约含有 5L 的血，占体重的 7%。其中红细胞占 45%，白细胞占 1%，其余是液态的血浆。

成骨干细胞似乎具有更良好的分化潜能，它不仅可发育为成骨细胞（osteoblast）和成软骨细胞（chondroblast），也能分化为成脂肪细胞（lipoblast）、成肌细胞和成纤维细胞（fibroblast）等。从理论上讲，成骨干细胞可再生骨、软骨、肌肉、肌腱、韧带和脂肪等多种组织，因而在生物材料学和整形外科学等领域占有重要的位置。

14.5.3.4 分生组织是植物干细胞的生态位

植物如同多细胞的动物，所有的组织与器官都是依赖于一小群干细胞分化而来。如同动物干细胞，植物干细胞同样具有自我更新，以及通过产生的子细胞分化成组织的能力。与动物干细胞一样，植物干细胞存在于一个特别的微环境——干细胞生态位（niche），生态位中的干细胞由细胞外产生的信号使其保持多潜能的状态。植物干细胞的生态位所在的组织叫分生组织（meristem），分生组织在长寿物种中可持续几千年。植物的体轴在胚胎建成期间形成两个初级分生组织：芽顶端分生组织与根顶端分生组织。与动物细胞发育不同，在植物胚胎发育中很少会形成特异性的组织与器官，代之的是植物器官（如花、叶，包括生殖细胞）随植物的生长与发育持续产生。植物的地上部分来自芽

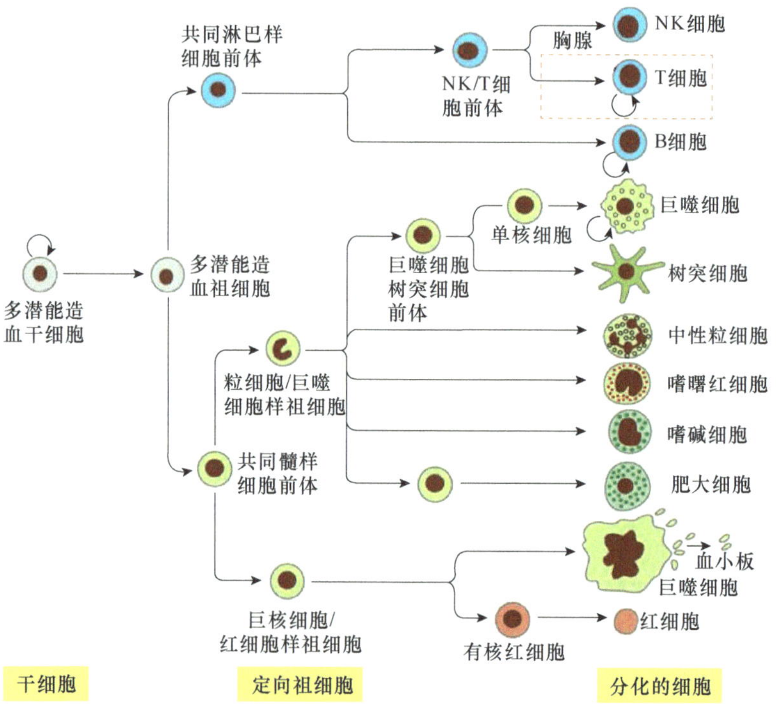

图 14-33 造血干细胞的潜能（引自 Alberts et al., 2015）。多潜能的造血干细胞分裂时能够自我更新，保留一个干细胞，另一个成为有多潜能的祖细胞（progenitor cell），祖细胞分裂产生具有一定特异性的祖细胞，并进一步分化成特异的血细胞。在成年的哺乳动物中，除了 T 淋巴细胞外，都是在骨髓中发育成熟的。T 淋巴细胞在胸腺中发育，破骨细胞、巨噬细胞及某些树突细胞由单核细胞发育而来。

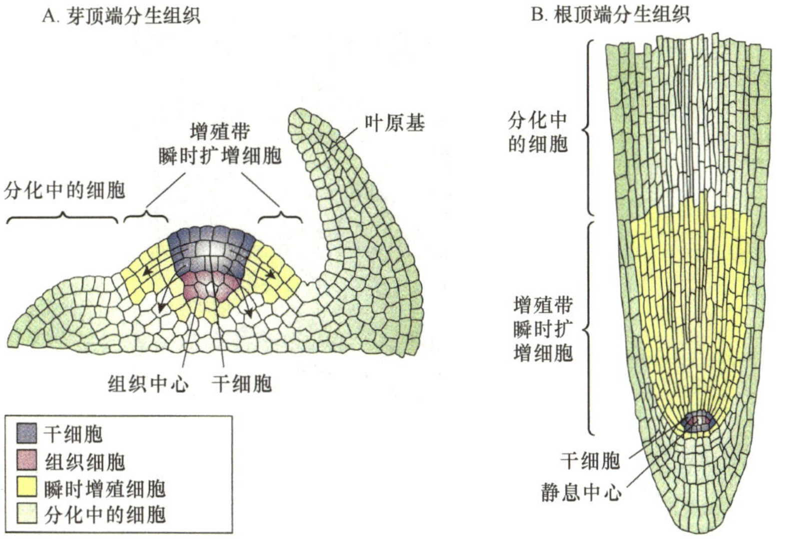

图 14-34 拟南芥芽与根分生组织结构（引自 Lodish et al.，2015）。A. 芽顶端分生组织横切面。B. 根顶端分生组织横切面。

顶端分生组织，地下部分来自根顶端分生组织。

与后生动物成体干细胞不同，植物成体干细胞能够生成完整的器官而不是特异的组织或谱系。缓慢分裂的多能干细胞位于芽分生组织的顶部，而快速分裂的多能性瞬时扩增的子细胞位于外周。芽干细胞的子代分散在分生组织的外周，并聚集形成新器官（包括叶与茎）的原基。当细胞需要分化成特异的细胞类型时，这些细胞将停止分裂。大多数器官都是通过细胞的膨大及伸长进行生长（图 14-34A）。在叶原基的轴中会形成新的芽干细胞生态位，然后长成侧枝。花的分生组织产生 4 个花器官：萼片、雄蕊、心皮及花瓣。与芽顶端分生组织不同，花分生组织随着花器官的形成逐渐消失。

14.5.4 体细胞的重编程与诱导多能干细胞

从上面的讨论中看出，胚胎干细胞具有全能的发育潜能，在临床中具有很好的应用前景，但是涉及诸多伦理问题无法解决。研究者想通过用成年体细胞的核进行移植来获得胚胎干细胞衍生物，并具有发育成组织与器官的潜能，不仅技术难度大，同样有伦理问题。

将体细胞重编程为多潜能的干细胞终于在 2006 年有了突破。日本科学家 Kazutoshi Takahashi 和山中伸弥（Shinya Yamanaka）发现小鼠的成纤维细胞能够重编程为与胚胎干细胞类似的细胞，这种细胞被称为诱导多能干细胞（induced pluripotent stem cell，iPS cell）。

14.5.4.1 iPS 细胞产生的原理

细胞发育调控的关键因素是基因表达的调控。组织特异性是由不同的基因组合表达的调控结果，如在肝组织中，与肝细胞的生存相关的功能基因进行表达，而其他无关的基因则被关闭。不过，有一点是非常重要的，尽管细胞经过分化成特异组织功能的细胞，但其从原始受精细胞带来的基因组仍是全套的，所以细胞发育，仅是将不相干的基因沉默了，但并没有丢失，这就为细胞“返老还童”保留了机会。

从基因调控机制来说是多层次的，既有转录前调控又有转录后调控。很早以前研究人员就发现转录调节子（transcriptional regulator）对基因的表达至关重要。虽然不同基因组合表达决定细胞发育的特异性，但进一步研究发现，不同的转录调节子的组合同样影响细胞发育类型的特异性（图 14-35）。

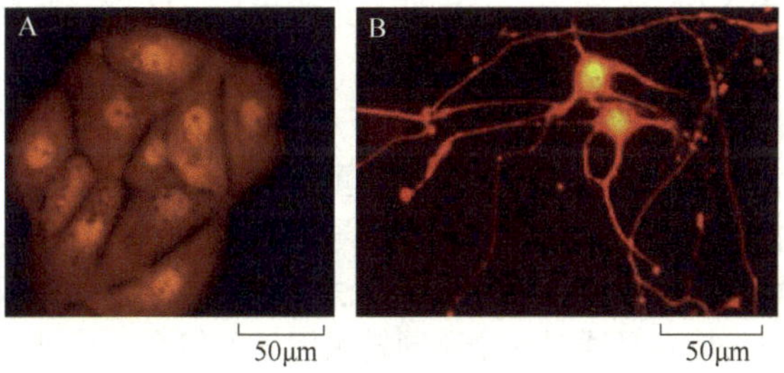

图 14-35 一套转录调节因子组合对分化细胞类型的改变（引自 Alberts et al.,2015）。在本实验中，培养的肝细胞（A）在人工表达三种神经特异性转录调节因子的作用下转化为神经细胞（B）。这两种细胞都表达一种人工的红色荧光蛋白，这种蛋白质可以用来对它们进行可视化观察。这种细胞类型的转换涉及多种神经特异性基因的激活，以及多种肝特异性基因的抑制。

更为特殊的例子是在果蝇发育的早期，人为地将转录调节蛋白 Eyeless 基因导入正常发育成腿的细胞群中，其结果是，由于这种转录调节蛋白基因的不正常表达，使得果蝇的腿部长出了眼样（eye-like）的结构（图 14-36）。

以上的例子都说明，在细胞发育与分化的过程中，转录调节蛋白及其不同组合可以改变细胞分化的特异性。

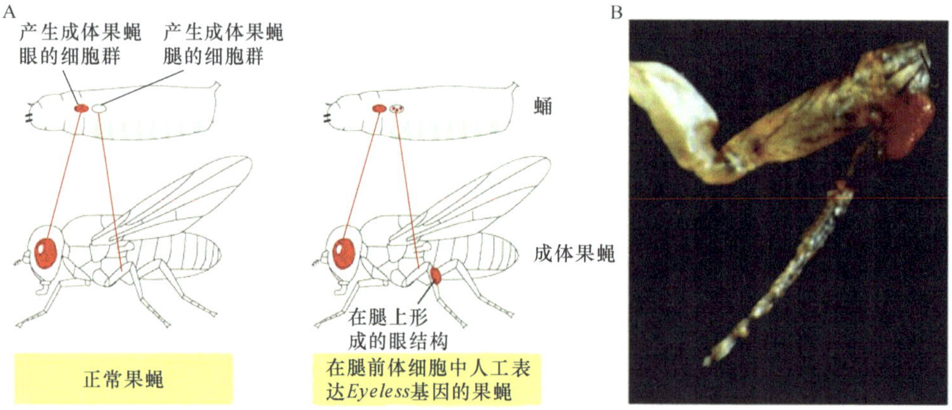

图 14-36 果蝇 *Eyeless* 基因在腿的前体细胞中的表达（引自 Alberts et al.，2015）。果蝇 *Eyeless* 基因在腿的前体细胞中的表达，触发了果蝇的腿部发育了一个眼样结构。A. 实验及结果示意图。B. 长有眼样结构的果蝇腿部照片。

14.5.4.2 体细胞通过重编程进行转分化

通过离体实验，转录调节蛋白能够诱导分化的体细胞通过重编程转变成其他类型的细胞，也就是让终端分化的细胞进行转分化（transdifferentiation）生成其他类型的细胞。

转分化的概念最早是在 1987 年提出并被实验所证实。Harold Weintraub 和他的同事将编码转录调节蛋白 MyoD 的基因人工导入培养的皮肤结缔组织的成纤维细胞中，成纤维细胞成功地转变成肌样（muscle-like）细胞。

根据单个转录调节子及 3～4 个不同转录因子组合都能成功诱导分化细胞重编程，科学家研究了通过转录因子的不同组合诱导成纤维细胞转分化成其他各种类型细胞的技术方法，取得了一系列的成功。特别是通过 3 个不同转录因子的组合，成功诱导小鼠的成纤维细胞转分化成心肌细胞与神经细胞（图 14-37）。

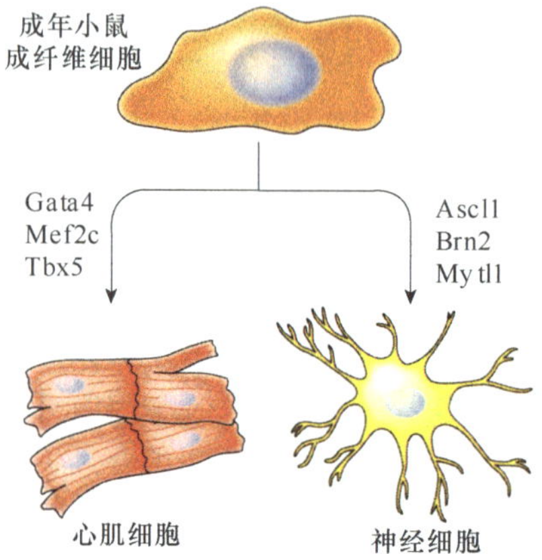

图 14-37 小鼠成纤维细胞转分化成心肌细胞与神经细胞（引自 Cooper and Hausman，2013）。小鼠成纤维细胞在转录因子 Gata4/Mef2c/Tbx5 的诱导下转分化成心肌细胞；而在转录因子 Acsl1/Brn2/Mytl1 的诱导下转分化成神经细胞。

14.5.4.3 诱导多能干细胞的制备

既然将编码转录调节蛋白 MyoD 的基因人工导入成纤维细胞中能够将成纤维细胞转变成肌样细胞，同样的技术能否将成年的体细胞转变成 ES 细胞？为了解决这一问题，研究人员挑选了 24 个候选的 ES 关键基因，将这些基因以不同的组合方式，通过反转录病毒载体转入成纤维细胞，几经挫折，在 2006 年取得了突破（图 14-38）。

实验结果表明，仅是 Oct4、Sox2、Klf4、c-Myc 这 4 个关键转录因子就足以启动小鼠的体细胞重编程生成 iPS 细胞。后续的研究表明 iPS 细胞像 ES 细胞一样，能够分化成所有类型的细胞。更重要的是，后续研究也证明，成年人的成纤维细胞也能通过相同的技术重编程生成 iPS 细胞。

14.5.4.4 ES 与 iPS 细胞在临床上的应用

利用 ES 与 iPS 细胞，以及通过细胞转分化技术获得的人工细胞在药物开发和临床组织修复中有广阔的应用前景。看起来，似乎任何组织都可以通过转分化的细胞进行替换。此方面的研究广泛而迅速，但是仍有不少难题需要解决。

随着 iPS 细胞及直接转分化细胞的出现，有一个障碍至少在原理上被跨越了，即免疫排斥。由于 ES 细胞是早期胚胎产生的，并且是由没有任何关系的供体产生的，所以在遗传上与接受移植的患者的细胞是不同的，因此移植的细胞及其产生的子代易于被免疫系统所排斥。与此不同的是，iPS 细胞及转分化细胞是从患者自身组织产生的，所以，移植回相同的个体后就会避免免疫系统的攻击。

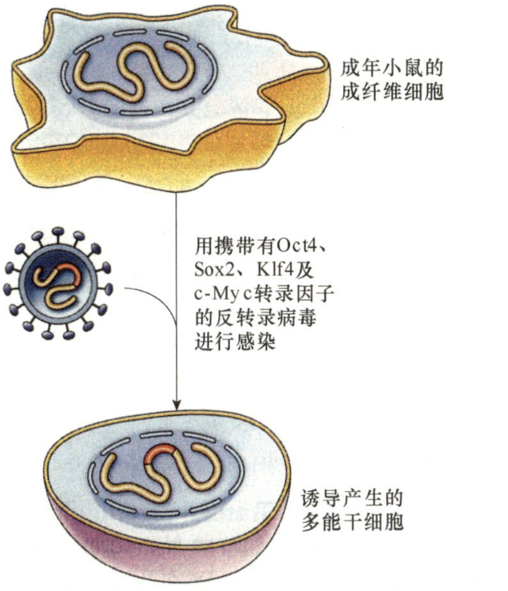

图14-38 诱导多能干细胞的生成（引自Cooper and Hausman, 2013）。用携带有 4 个转录因子（Oct4、Sox2、Klf4、c-Myc）的反转录载体的病毒感染培养的成年小鼠成纤维细胞，成功地将成纤维细胞转变成具有多潜能的干细胞。

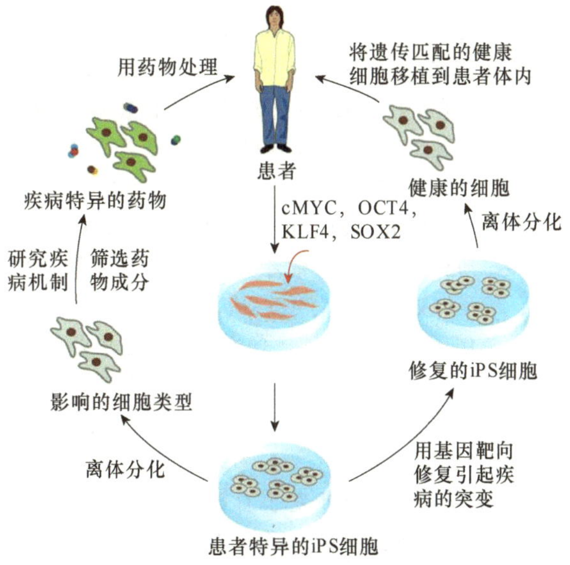

图 14-39 iPS 细胞用于药物开发及遗传病的分析与治疗（引自 Alberts et al.，2015）。图的左侧显示的是如何从遗传病患者的细胞获得 iPS 细胞分化的细胞用于遗传病发病机制分析及药物开发。右侧显示的是遗传缺陷在 iPS 细胞中是如何修复的，然后用适当的方法诱导 iPS 细胞分化成健康的细胞，再将分化的细胞移植到遗传病患者的体内，这种移植不会被免疫排斥。

ES、iPS、转分化细胞除了通过移植进行组织修复外，还有其他一些重要用途，特别是可将任何类型的细胞培养形成大的、同源特化的细胞群。这些细胞群可用来研究疾病的机制，以及研究开发作用于特殊细胞类型的药物（图 14-39）。

举例来说，1989 年美国犹他州大学 Timothy 教授首先报道一例患儿有心电图 QT 延长，心律失常，并有并指 / 趾等先天性遗传性异常，随后归为长 QT 综合征 8 型，属于一种遗传性 L 型 Ca^{2+}通道病，命名为 Timothy 综合征。

为了研究该病的病理，研究者从患有该病的患者身上获取了皮肤成纤维细胞，并诱导成纤维细胞产生了 iPS 细胞，最后将 iPS 细胞诱导分化成心肌细胞。在此过程中，同时从正常人身上获取皮肤成纤维细胞并将 iPS 细胞诱导成心肌细胞。比较两类心肌细胞发现，患者肌收缩没有规律，并且 Ca^{2+}的流入及电活性异常，获得了较为详细的数据，这种简便准确的分析，为开发治疗心律不齐的药物提供了可靠的依据。

细胞发育研究的科学进展

“单细胞发育”（development cell by cell）的研究技术是 2018 年 *Science* 杂志评出的十大科学突破之首的创新性技术。具体而言，这一技术可分为“三部曲”：首先，从生物体中分离出数千个完整的细胞；其次，对每个细胞的遗传物质进行有效的测序；最后，利用计算机或细胞标记工具，重建这些细胞的时间与空间关系。通过这一系列技术，科学家描绘出胚胎发育的惊人细节，以前所未有的清晰度，观察到单个细胞的发育过程。这项技术开创了新的细胞革命。

虽然我们根据已有的知识对细胞的发育与分化进行了介绍与讨论，但是一个受精卵究竟是如何产生构成完整身体的多种细胞类型、组织和器官的，仍然有许多不解之谜。

2018 年 4 月 26 日，*Science* 杂志同时发表了来自哈佛大学、Broad 研究所等机构的三篇研究论文，报道了研究人员用单细胞测序技术分别在斑马鱼和蛙早期胚胎发育过程中建立了基因表达动态图谱，将相关数据以几分钟到几小时的时间间隔组合在一起，对细胞进行逐个描述，并观察胚胎最终形成的过程，从而建立起完整的路线图，揭示了单个细胞构建整个生物体的完整过程。

在斑马鱼的研究中，哈佛医学院系统生物学系的 Klein 和 Megason 分析了约 92 000 个斑马鱼细胞，收集了来自 7 个不同胚胎阶段的 mRNA 数据。研究小组从发育了 4h 的胚胎开始调查，在受精后 24h（这是基本器官开始出现的时间点）结束。每个细胞的基因活动模式表明了它的发展方向，并最终揭示了它的身份。

在另一项由Kirschner和Klein带领的关于非洲爪蟾的研究中，研究人员对受精后5～22h的10个胚胎期中136 977个细胞进行了单细胞RNA测序。基因表达数据显示，即使蛙胚胎看起来是未分化的一团，其细胞也开始呈现其最终特征，如尾巴。

而当Klein、Kirschner和Megason一同比较蛙和斑马鱼的结果时，惊奇地发现了一些差异。例如，某些细胞类型的发育途径因物种而异。尽管关键转录因子基因的活性在普通细胞类型中是相似的，但是在某些细胞类型中，其他基因的表达活性在两个物种之间的差异超出了研究人员的预期。

在第3篇论文中，哈佛大学的发育生物学家Alexander Schier开发了自己的计算方法，以追踪成熟斑马鱼中的细胞。在研究小组对胚胎早期生长阶段的细胞进行取样（在胚胎发育最初的9h中，每45min取一次样），以及对这些细胞的mRNA进行测序后，软件能够通过提取完全分化的细胞的基因活性并分析在次老胚胎（next-oldest embryo）中哪些细胞具有最相似的基因活动特征谱来重建每个细胞的发育史。最终，Schier等证实，最初的单细胞胚胎（initial one-celled embryo）能够产生25种主要的细胞类型。他们的研究结果有了一些意外的发现。例如，发育生物学家曾经认为，一旦一个细胞开始沿着一个方向发展（如发育成一个肌肉细胞），那它就不会“偏离”这个方向。然而，他们的新研究发现，一些斑马鱼细胞会在“半路”转向另一个发展方向（即发育成不同的细胞类型）。

美国华盛顿大学的发育生物学家David Kimelman评价说，这些最新的研究结果称得上是“力作”，是“理解发育生物学基本问题的重大成果”。

本章小结

动物和植物的雌配子通常称为卵子，而将雄配子称为精子。配子形成的过程称为配子发生。在配子发生过程中，二倍体的原始生殖细胞要通过减数分裂和分化才能转化成单倍体的卵子或精子。

在大多数动物中，卵子形成（即卵子发生）发生在卵巢，并且有一个增殖期。雄性的精子发生与卵子发生过程有很大的不同，它是在睾丸中通过精子发生过程产生的。

精子与卵子的融合，即受精作用。受精作用涉及的反应包括：顶体反应、皮质反应、原核融合等。

从受精卵形成胚胎，再由胚胎生长发育成个体的过程称为个体发育。从形态上看，个体发育过程经历生长、分化和形态发生。在个体发育中，细胞的后代在形态、结构和功能上发生差异的过程称为细胞分化。发育分化先后涉及4种不同的细胞运动：细胞增殖、细胞间的相互作用、细胞分化、细胞移动。

细胞分化是胚胎细胞分裂后未定形的细胞在形态和生化组成上向专一性或特异性方向发展，或由原来较简单且具有可塑性的状态向异样化稳定状态发展的过程。细胞分化时的主要特征是细胞出现不同的形态结构和合成组织特异性蛋白质，演变成特定表型的细胞类型。其结果是：在空间上细胞之间出现差异；在时间上同一细胞和它以前的状态有所不同，从本质上说，细胞分化是从化学分化到形态、功能分化的过程。

从分子水平看，分化细胞间的主要差别是合成蛋白质种类的不同，即表达的基因不同，细胞分化的分子基础在于基因表达的控制。

果蝇只有4对染色体，生命周期短，是细胞分化研究的重要模式动物。通过对果蝇的研究，获得了很多关于基因对发育调控的认知。

干细胞是一类具有自我复制能力的多潜能细胞，在一定条件下，它可以分化成多种功能细胞。胚胎干细胞的分化和增殖构成动物发育的基础，成体干细胞的进一步分化则是成年动物体内组织和器官修复再生的基础。

在人工条件，体外诱导体细胞重编程为多潜能的干细胞，而成为诱导多能干细胞（iPS细胞），诱导多能干细胞如同胚胎干细胞一样，能够分化成所有类型的细胞。诱导多能干细胞在临床上有广阔的应用前景。

思考题

（1）简述海胆受精的基本过程。

（2）原肠胚的三个胚层的命运如何？

（3）什么是形态发生素？如何起作用？

（4）果蝇有几类卵-极性基因？如何调控早期果蝇胚胎轴的发育？

（5）何谓胚胎干细胞与成体干细胞？各有何潜能？

（6）植物中的干细胞位于植物的什么部位？成年动物的干细胞存在的部位在哪里？动物与植物系统的干细胞有何不同？

15 细胞衰老、死亡与癌

“生、老、病、死”是生命的四重奏。人类自出生总要经过生长、发育、成熟、衰老直至死亡的几个阶段，这是生命的必然规律。生命是物质的，人体是由细胞组织起来的。组成细胞的化学物质在运动中不断受到内外环境的影响而发生损伤，致使人体内某些细胞不断地衰老与死亡。例如，红细胞成熟后担负着为各组织细胞输送氧气（O_2）、带走二氧化碳（CO_2）的任务，历经“千辛万苦”，“积劳成疾”，随时大量死亡与更新，因此，细胞的衰老与死亡是新陈代谢的自然规律。

癌症是威胁人类健康的主要疾病之一。癌症与其他疾病的根本区别在于，癌是由一个细胞的变化引起的，与细胞的生长、发育、分化和凋亡有着十分密切的关系。研究癌变的细胞生物学机制是防癌、治癌的基础。

15.1 细胞衰老

在生物机体内大多数细胞都要经历未分化到分化、分化到衰老、衰老至死亡的历程。因此，细胞总体的衰老反映了机体的衰老，而机体的衰老是以总体细胞衰老（cellular senescence）为基础。

15.1.1 衰老的概念

人的生理寿命应该是多大岁数呢？按照生物学原理，哺乳动物的寿命是其生长期的 5～7 倍，人的生长期是用最后一颗牙齿长出来的时间（20～25 岁）来计算的，因此人的寿命最短 100 岁，最长 175 岁，公认人的寿命正常应该是 120 岁。

为了调查人类寿命到底有没有天然极限，美国纽约爱因斯坦医学院遗传学家 Jan Vijg 领导的研究小组对“人类死亡率数据库”进行了分析。这个数据库的数据覆盖 38 个国家。研究人员分析发现，1920 年，85 岁老年人的存活率提升最快；到 1950 年前后，90 岁老年人的存活率提升最快；1980 年，99 岁老年人的存活率提升最快；但这个数值达到 99 岁之后，就进入了一个“平台期”，仅在缓慢小幅提升。也就是说，1980 年之后，尽管医学技术还在不断进步，99 岁以上老人与疾病和衰老抗争的“胜算”没有太大改观。法国、日本、美国和英国这 4 个“超级人瑞”人数最多的国家，在 20 世纪 70 年代至 90 年代早期，最长寿者的死亡年龄快速上升，也就是说最长寿者的存活年限不断延长。但到了 20 世纪 90 年代中期，这个数字也进入“平台期”，稳定在 114.9 岁左右。因此，有人据此认为，人类的寿命存在一个天然极限，这个数值约为 115 岁。

Jan Vijg 教授提出的 115 岁上限的观点也遭到国际上多个研究团队的质疑。哥本哈根大学助理教授 Maarten P. Rozing 是其中一篇质疑文章的通讯作者，他不仅不相信存在一个限制人类寿命长度的“生物钟”，而且认为衰老越来越可能被人类所逆转。加拿大麦吉尔大学教授 Siegfried Hekimi 在质疑文中提出一种根据统计得出的相反的假设，人类寿命会持续稳步走高，到 2300 年最高寿命者也许能活到 150 岁。

习惯上将“衰”与“老”合起来使用，即衰老。其实“衰”与“老”是有差别的。“老”是指年龄超过某一界限，而“衰”是指功能或体力衰退，通常讲的“未老先衰”，就是这个意思。老年人由于年龄大，通常都有“衰”的表现，所以，当谈到“老”，就自然想到“衰”。

科学研究表明，现代人类面临着三种衰老。第一种是生理性衰老，是指随着年龄增长所出现的生理性退化，这是一切生物的普遍规律。第二种是病理性衰老，即由于内在的或外在的原因使人体发生病理性变化，使衰老现象提前发生，这种衰老又称为早衰。第三种是心理性衰老。心理活动是生理活动更高级的物质运动形式，人类由于各种原因，常常产生“未老先衰”的心理状态而影响机体的整体功能，这就是心理衰老的表现。

衰老（senescence，aging）是机体在退化时期生理功能下降和紊乱的综合表现，是不可逆的生命过程，人的衰老与细胞的衰老相关联。

细胞衰老是客观存在的，与新陈代谢一样，细胞衰老是细胞生命活动的客观规律。对多细胞生物而言，细胞的衰老和死亡与机体的衰老和死亡是两个不同的概念，机体的衰老并不等于所有细胞的衰老，但是细胞的衰老是与机体衰老紧密相关的。

15.1.2 Hayflick 极限与细胞的寿命

细胞与生物体一样，有一定的寿命，体内总有细胞不断地衰老与死亡，同时又由细胞的增殖与新生进行补充。这不仅发生在胚胎发育过程中，在成年体内的各组织器官中也有细胞的死亡。

15.1.2.1 Hayflick 极限

1961 年，Hayflick 首次报道了体外培养的人成纤维细胞（human fibroblast）具有增殖分裂的极限。他利用来自胚胎和成体的成纤维细胞进行体外培养，发现胚胎的成纤维细胞分裂传代 50 次后开始衰退和死亡（图 15-1），而来自成年组织的成纤维细胞只能培养 15～30 代就开始死亡。

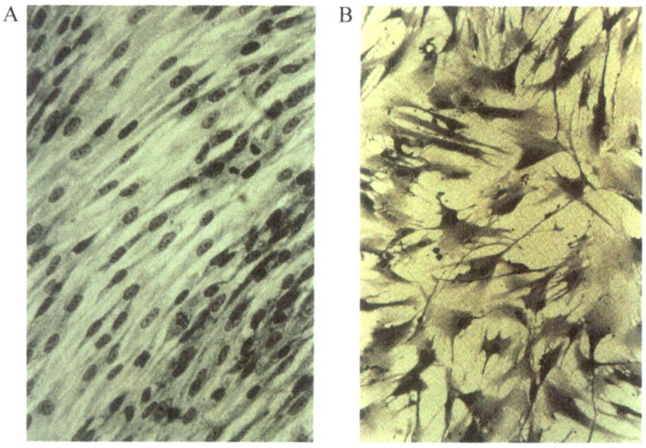

图 15-1 体外培养的年轻和年老的人成纤维细胞的显微形态（引自 Kleinsmith and Kish，1995）。A. 只分裂了几代的年轻成纤维细胞，呈现薄层、细长的形态。B. 分裂了 50 次的老的成纤维细胞，开始衰退，并很快死亡。

实验中，他们还从患有 Wermer 综合征（一种早老症）的儿童身上分离成纤维细胞进行体外培养，发现其只能传 2～10 代。Hayflick 等还发现，动物体细胞在体外可传代的次数，与物种的寿命有关。例如，Galápagos 龟的最高寿命是 175 岁，它的细胞在体外培养时能分裂 100 次；而小鼠的寿命只有几年，所以从小鼠分离的细胞在体外分裂的次数不超过 30 次（图 15-2）。

Hayflick 的实验表明，健康人的成纤维细胞，在体外培养条件下，即使条件适宜，细胞也不能无限制地进行分裂，即使是机体中可以终生分裂的细胞，在体外培养时也有分裂次数的极限，即使给予丰富的营养、生长因子和足够的生长空间也是如此。此外，细胞的分裂能力与个体的年龄有关。例如，

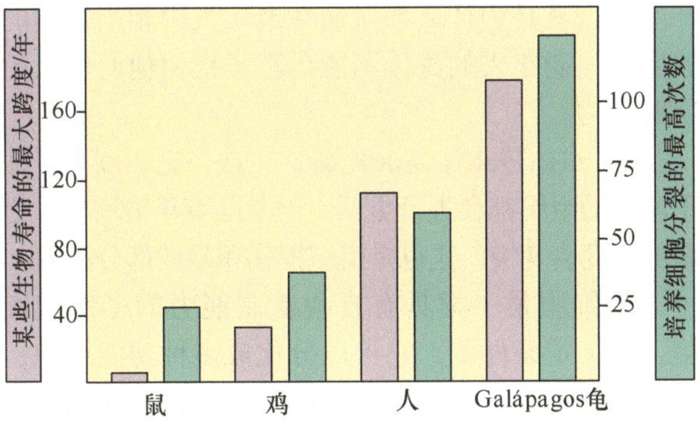

图 15-2 物种的寿命与体外培养时细胞传代次数的关系（引自 Kleinsmith and Kish，1995）。长寿物种的细胞体外培养的代数比短寿物种的细胞代数多，表明细胞的衰老是由生物本身的程序决定的。

从 40 岁个体获取的成纤维细胞在培养过程中只能分裂 40 次而不是 80 次，这是细胞衰老所致，也就是说细胞的衰老控制着细胞的分裂次数，进而控制着细胞的数量，这就是 Hayflick 极限。这种在体外培养的细胞增殖传代的能力，反映了细胞在体内的衰老状况。因此许多科学家认为多细胞个体的衰老始于细胞的衰老，对体外培养细胞有限寿命的观察和研究，有助于人们了解机体衰老过程的某些规律。

15.1.2.2 细胞的寿命

各类细胞本身的寿命很不一样，一般而言，能够保持持续分裂能力的细胞是不容易衰老的。分化程度高又不分裂的细胞寿命却是有限的。表 15-1 列出了成年小鼠各类细胞的寿命。

表 15-1 成年小鼠各类细胞的寿命

接近或等于动物自身寿命的细胞	缓慢更新（长于 30 天，短于动物的平均寿命）的细胞	快速更新（少于 30 天）的细胞
神经元	肾上腺皮质细胞	皮肤表皮细胞
肾上腺髓质细胞	肾皮质细胞	口腔和胃肠道上皮细胞
骨细胞	唾液腺细胞	红细胞和白细胞
肌细胞	胰脏腺泡细胞及胰岛细胞	角膜上皮细胞
胃酶原细胞	胃壁细胞	
脂肪细胞	肝细胞	
肾髓质细胞		

从表 15-1 可以看出，第一类细胞的寿命接近于动物的整体寿命，如神经元、脂肪细胞、肌细胞等。一般认为此类细胞在机体出生后，便不再分裂增殖，数量也不会增加，只是随着机体的生长，体积可以增大；而后随着机体的衰老，体积又行缩小，甚至死亡。因此，细胞数量也随年龄的增大而逐渐减少，表现为机体失去皮下脂肪、肌肉松弛萎缩、脑功能衰退等。第二类是缓慢更新的细胞，其寿命比机体的寿命短，如肝细胞、胃壁细胞等。肝细胞通常不分裂，但终生保留分裂能力，如部分切除肝后，剩余的肝细胞即能进行旺盛的同步分裂。第三类是快速更新的细胞，如皮肤的表皮细胞、红细胞和白细胞等，它们在正常情况下终身保持分裂能力。机体中这三类寿命不同的细胞，分工合作，组成统一的整体。一般说来，某些细胞的大量死亡不至于使机体死亡，只有当与个体生命休戚相关的细胞，如神经细胞、心肌细胞大量死亡时，才造成对生命的威胁。

15.1.3 细胞衰老的特征

细胞衰老过程是细胞生理与生化反应发生变化的过程，主要表现是细胞对环境变化适应能力和维持细胞内环境恒定能力的降低。细胞生理生化变化必然反映在细胞形态结构和功能上的变化。

2013 年，国际著名生物学杂志《细胞》召集了一组研究人员，从不同方面研究衰老，试图从生物学角度总结人类衰老过程中身体发生的变化。5 年后，研究团队完成了论文《衰老的特征》，从人类衰老的过程中归纳出 9 个衰老特征。

1）DNA 复制发生错误　DNA 是细胞的指令手册，随着年龄的增长，DNA 复制的过程可能会出错——部分 DNA 可能被拼错，部分 DNA 可能被意外插入或删除，而这些错误有时难以被修复。随着时间的推移，如果 DNA 指令变得不清楚或发生错误，就可能破坏细胞，甚至使其癌变。在老年人的人体组织中，科学家观察到许多细胞积累了大量的遗传损伤。如果研究人员能找到修复 DNA 的机制，他们就能改善甚至可能延缓衰老的进程。

2）基因表达出错　人体 DNA 的某些部分会被解读并转化为身体特征，哪些基因最终得到表达，是由细胞中的一组蛋白质控制的，这一过程被称为“表观遗传调节”。由于这一机制的存在，皮肤细胞与脑细胞即使使用了相同的 DNA，却表达出不同的形态和功能。

随着年龄的增长，与 DNA 结合的蛋白质变得更松散、更不准确，基因开始在不该表达的时候表达出来，或因出错而“沉默”。这意味着一些必要的蛋白质没有被制造出来，而有害的、不必要的蛋白质却被制造出来了。例如，如果一个无意的错误导致抑制肿瘤的基因“沉默”，细胞就会不可控制地发生癌变。

通过在小鼠身上的实验，科学家发现，逆转该类型的基因表达错误可以改善小鼠因衰老产生的神经效应，如记忆障碍等。

3）染色体端粒缩短　端粒是每条DNA链末端的保护帽，一些科学家把它们比作鞋带末端防止磨损的塑料带头。端粒的主要作用在于维持染色体的完整性。

在细胞进行分裂的同时，端粒会进行染色体的复制，每复制一次，端粒就会缩短一点，一旦端粒消耗殆尽，细胞就无法再继续进行分裂，进而人体组织会出现衰老，并可能导致癌症和心血管病等疾病的发生。也就是说，端粒越短，说明人体的衰老程度越严重。

4）蛋白质退化失能　在我们的细胞中，蛋白质可以不断产生，它们控制着细胞内几乎所有的功能。但蛋白质必须定期更新，因为随着时间的推移，它们会逐渐失去效力。随着年龄的增长，我们的身体失去了清除旧蛋白质的能力，随着无用的蛋白质的积累，它们就会堆积起来，变得有害。无用蛋白质积累是造成阿尔茨海默病的主要原因之一，一种叫做淀粉样蛋白的蛋白质聚集在大脑中，导致神经细胞的损失，临床上常表现为记忆障碍、失语、执行功能障碍及行为改变等。

5）衰老细胞"拒绝死亡"　当细胞经受压力并被破坏时，它们有时会停止分裂并对抗死亡，变成科学家所说的"僵尸细胞"，并可能会感染周围的其他细胞，并将炎症扩散到全身，这些细胞也被称为衰老细胞。随着年龄的增长，衰老细胞会不断累积。衰老生物学理论认为，机体的衰老伴随着细胞的衰老。同样，细胞衰老也是机体衰老的重要诱因——衰老细胞被怀疑是释放衰老信号的罪魁祸首。

科学家发现，如果设法用药物清除衰老细胞，可能使组织恢复活力，甚至延缓机体的衰老。

6）线粒体功能失调　在细胞中，线粒体可将氧气和食物转化为能量。然而，随着生物体及其细胞的衰老，这些"微型发电厂"可能会变得越来越低效和功能失调。当它们不能正常工作时，会改变氧气的形态，从而对DNA和蛋白质造成损害。

2018年6月发表在《自然》杂志上的一项研究表明，科学家们能够通过恢复小鼠线粒体的功能来延缓衰老。

7）新陈代谢失调　随着年龄的增长，细胞在检测体内的葡萄糖或脂肪含量时变得越来越不准确，因此一些脂肪和糖不能得到适当的处理。衰老细胞积累过多的脂肪不是因为老年人摄入了太多的脂肪，而是因为细胞不能正常地消化脂肪。

一旦新陈代谢失调，可能会导致胰岛素分泌缺陷或IGF-1通路受损，而这些因素常会导致糖尿病产生。这就是为什么糖尿病在老年人中相当普遍的原因——老年人的身体不能再正常代谢他们摄入的所有食物。

8）组织停止修复和更新　在一定程度上，几乎所有的组织都会进行更新，但是随着年龄增长，更新的速度会变慢，这也是组织损伤积累的部分原因。

干细胞是一类具有自我复制能力的多潜能细胞，在一定条件下，它可以分化成多种功能细胞；在许多组织中，它们充当内部修复系统，补充受损或死亡的细胞。然而，随着人类年龄的增长，干细胞会耗尽，活性降低，这就意味着它们不能快速分裂，致使原本应该得到更新的组织实际上并没有得到更新。

9）细胞之间无法交流　为了保证身体机能正常运转，细胞必须不断地相互交流，它们通过血液和免疫系统传递信号。但随着我们的身体变老，细胞的交流能力也随之变差，一些细胞变得反应迟钝，逐渐变成引起炎症的衰老细胞。由这些衰老细胞产生的炎症进一步阻断了健康细胞之间的交流。由于细胞无法交流，导致免疫系统无法有效清除病原体和衰老细胞。

15.1.4　细胞衰老的理论

半个世纪以来，科学家们致力于分析研究衰老发生的原因及导致衰老变化的机制，提出了众多有关衰老起因的观点或学说，如遗传程序论（genetic program theory）、体细胞突变论（somatic mutation theory）、错误成灾论（error catastrophe theory）、自由基理论（free radical theory）、线粒体损伤论（mitochondrial damage theory）等。近几年，又有衰老基因（senescence gene）和衰老相关基因（senescence-associated gene）的研究报道。由于衰老是一个十分复杂的生命现象，又受到多种因素包括环境因素和体内因素的影响，任一角度的阐述都难以使衰老机制得到圆满解释，因而目前仍未形成较为一致的论点。

15.1.4.1　衰老的基因程序理论

衰老的基因程序理论认为衰老是遗传上的程序性过程，是受特定基因控制的。一切生理功能的启动和关闭都是按照一定程序进行的。有一个程序存在于生物体的基因组中，生物体的生长、发育、老化和死亡都由这一程序控制（图15-3）。

这一理论有三个方面的证据支持。第一，Hayflick的细胞培养实验是这一理论的实验基础。另外，太平洋沿岸的马哈鱼也是这一理论典型的生

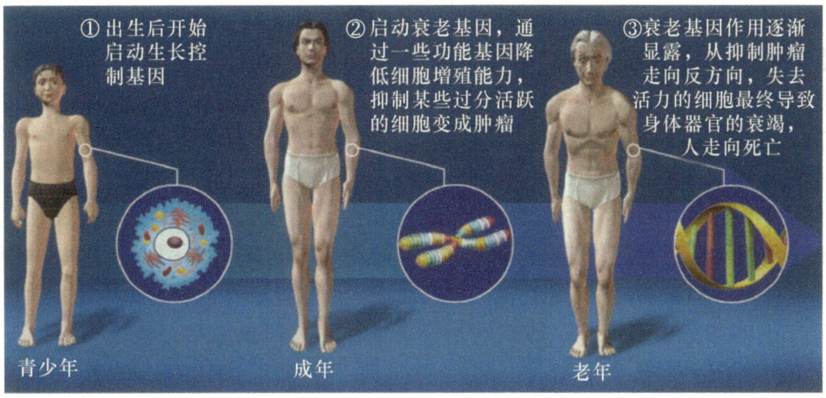

图 15-3　衰老基因对衰老的影响。

物体。这种鱼在迁徙到产卵地，产卵后几周就死亡了，这期间鱼的鼻、口、背和皮肤上出现明显的形态改变，这些变化使组织广泛退化。第二，研究人员发现人从 30 岁开始，人体各种器官的功能有 1% 的减退，包括肺功能、心脏功能、肌功能和听力等。第三，早老症（progeria）也提供了一些少数基因影响和控制整个衰老过程的证据。如具有早老症的儿童很早就会脱发、满面皱纹、严重关节炎等，一个小孩看起来像是一位老者（图 15-4）。

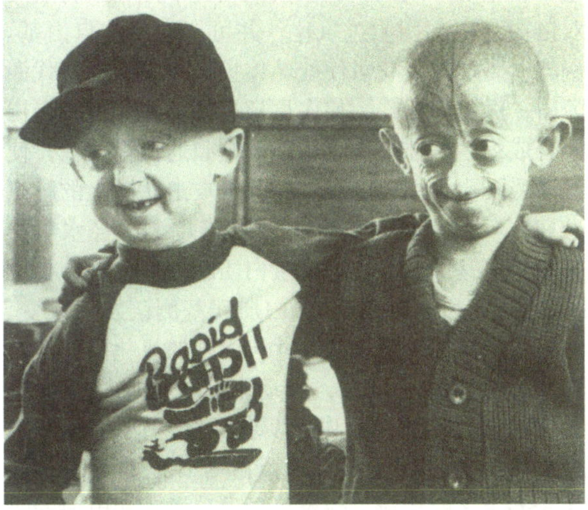

图 15-4　两个早老症患儿（引自 Starr and Taggart，2001）。左边是一个患早老症的 9 岁儿童，右边是一个患早老症的 8 岁儿童。

也有很多例子不符合甚至反对基因程序理论，最突出的例子是饮食对蜜蜂寿命的影响，蜂王可活 6 年之久，而工蜂只能活 3～6 个月。它们寿命的不同不是由于昆虫遗传基因不同。它们的基因组是相同的，寿命不同仅仅是因为在幼虫期是否喂食蜂王浆，蜂王浆可使蜜蜂的寿命提高大约 20 倍。

另外，端粒缩短论和线粒体损伤论都支持衰老的基因程序理论。

15.1.4.2　衰老的损伤积累理论

衰老的损伤积累理论认为，衰老是由于修复和维持总是低于无限存活的需求而出现的损伤积累。损伤的积累可以通过细胞成分的磨损和撕裂的方式或合成错误的方式出现，这些错误包括 DNA 复制错误、蛋白质合成错误。最有代表性的理论是错误成灾理论，它是指细胞大分子合成错误成灾。意思是说，细胞里的核酸和蛋白质在生物合成中如果由于某些原因发生差错，当变质的非功能蛋白质达到一定水平时，出现完全丧失功能的"错误灾难"。这些差错会得到积累，并迅速扩大，引起代谢功能大幅度降低，导致衰老。从衰老的大鼠细胞中分离出了一些变质的非功能或活性很低的 SOD。人类在 60 岁以后很容易得白内障，90% 晶状体蛋白发生交联和聚合。在老年人红细胞中也分离出不正常蛋白，这可能不是由于转录和翻译错误造成的，而可能是修复功能下降使被损伤的蛋白质没有及时取代造成的。另一个原因可能是组织中水解不正常蛋白质的能力随年龄增加而减弱了。

15.1.4.3　细胞衰老的端粒假说

人类染色体末端普遍存在端粒结构，但各类细胞端粒长度各有差异，一般体细胞的端粒比生殖细胞短。人类染色体端粒是由 250～1500 个进化上高度保守的 TTAGGG 重复序列组成，是由端粒酶催化合成的。Harley 等发现人体内成纤维细胞端粒每年缩短 14～18bp，而外周血淋巴细胞则每年缩短 33bp。正常人二倍体成纤维细胞在体外培养时随代数的增加，细胞中的端粒以一定速率缩短，DNA 每复制一次，端粒就缩短一段。人体血细胞与皮肤细胞端粒长度也随增龄而相应缩短。因此，端粒记录着细胞的年龄并预示它死亡的时限。精细胞和肿瘤细胞（如 HeLa 细胞）的端粒远较体细胞长，且很稳定，不会因年龄的增长而缩短。端粒的稳定性由端粒酶维持。精细胞和 HeLa 细胞含有较高的端粒酶活性；体细胞端粒酶活性极低，呈抑制状态。人体细胞端粒长度随年龄增加而缩短，但鼠的成纤维细胞则无增龄变化。因此端粒长度可能是人类种族特异性的衰老生物学标志。

Harley 于 1990 年提出细胞衰老端粒假说。他认为由于端粒酶的存在，生殖细胞的端粒相当稳定，不会衰老。高度分化的体细胞由于端粒酶活性处于抑制状态，细胞分裂时 DNA 不完全复制而引起端粒 DNA 的少量丢失，不能靠端粒酶补偿，所以随着细胞分裂次数的增加，端粒不断缩短。由于端粒的缩短，靠近染色体两端的基因就有可能随端粒的缩短而缺失，引发染色体畸变，使突变发生。当端粒缩短到一定程度（临界长度）时引发了 Hayflick 极限，细胞不再分裂。少数细胞由于端粒酶被激活，端粒获得修复，从而越过临危点成为永生化细胞。这一假说从一个侧面阐明衰老机制和癌变原因。

15.1.4.4 细胞衰老的线粒体损伤论

Cortopassi 和 Amteim 用聚合酶链反应（PCR）检查发现，成人心脏、肌肉和脑的线粒体有 DNA 片段低水平的丢失，胎脑和胎心则无此现象。衰老期间人体线粒体 DNA 出现异常，而且阿尔茨海默病患者脑组织线粒体中 DNA 损伤最为多见。此外，老年糖尿病亦与线粒体 DNA 的损伤有关等。

人线粒体常见的 DNA 片段丢失为 5.0kb、7.0kb 和 3.6kb。线粒体 DNA 的片段丢失现象随增龄而增加，且男性高于女性。Cooper 等测定 21 岁人骨骼肌线粒体基因组 5.0kb 片段（8470～13 477 核苷酸之间）丢失率仅为十万分之一，78 岁时上升到 5000 分之一。此外，还发现在正常老年人心血管组织中存在 7.4kb 片段（8649～16 084 核苷酸间）的丢失，其丢失频率随增龄而增加。

研究发现老龄人各种 mtDNA 缺失突变存在突变“热点”，即缺失突变的缺失片段 5′ 端和 3′ 端断裂位点的侧翼具有 4～13bp 同向重复序列，如 5kb 常见缺失的侧翼为 13bp 的 5′ 端 ACCTCCCTCACCA 重复序列。动物实验也证实 mtDNA 有随年龄增加，其丢失频率升高的现象。

实际上，mtDNA 的损伤缺失与自由基有极大的关系，mtDNA 是细胞中活性氧等自由基损伤的敏感靶标。

15.1.4.5 自由基理论

自由基（free radical）是指那些在原子核外层轨道上具有不成对电子的分子或原子基团。所谓未成对电子，就是指那些在原子或分子轨道中未与其他电子配对而独占一个轨道的电子。例如，AB 两个原子各提供一个电子通过共价键形成一个分子 A：B，这两个电子是配对的；如果在化学反应中发生了均裂，A 和 B 各带走一个电子，它们就是未成对电子，A・和・B 就称为自由基。

自由基的种类很多。活性最强的是氧中心自由基，简称氧自由基，包括・O_2（超氧自由基）、・OH（羟自由基）和 H_2O_2。

在正常条件下，自由基是在机体代谢过程中产生的。此外，空气污染、辐射、某些化学物质等都可影响自由基的产生。具有自由基的分子是一类高度活化的分子。当这种分子与其他物质反应时，力图得到电子，而对细胞及组织产生十分有害的生物效应。

自由基由于活性强，容易与细胞内的生物大分子发生反应，这种反应是掠夺式的，使生物大分子发生伤害。①自由基与核酸分子中的碱基发生加成反应，OH・等加到碱基（胸腺嘧啶 C_6 或 C_5、腺嘌呤 C_8）的双键上，被破坏的碱基可产生基因突变。②自由基可加成到膜脂及其他脂类不饱和脂肪酸的双链中，引起脂质过氧化，并可产生新的自由基。例如，脂质过氧化可使线粒体损伤，导致能量代谢障碍；微粒体损伤，使多聚核糖体解聚，抑制蛋白质合成；溶酶体损伤可使溶酶体膜通透性改变，使机体受到更大损伤。③自由基常攻击肽链上的脯氨酸残基，引入羰基而生成 α-吡咯烷酮，经水解与其相邻氨基酸断开，造成蛋白质断裂。此外，自由基还引起蛋白质交联、蛋白质残基侧链发生改变、破坏蛋白质高级结构等。④自由基的氧化损伤涉及细胞骨架蛋白。例如，肌动蛋白是构成微丝的主要蛋白质，用肌动蛋白做实验，发现它的 4 个 SH 为氧化过程的靶子，肌动蛋白与氧化型谷胱甘肽（GSSG）之间形成二硫键可导致分子表面电荷的改变；在老化的红细胞中也可检测出类似的修饰物，用醌处理的细胞中也发现不同肌动蛋白分子或肌动蛋白与其他蛋白质之间形成二硫键，这种氧化性蛋白质交联引起大分子的聚集。

衰老的自由基学说是美国科学家 Harman 于 1955 年在美国的原子能委员会提出的，该理论的研究结果于 1955 年 7 月 14 日首先刊载在内部刊物加利福尼亚大学放射实验室工作报告上，随后于 1956 年在老年医学杂志上正式公开发表。

这一学说是建立在实验研究的基础上，以实验动物的寿命作为整体实验的标记物，用饮食技巧来研究自由基与衰老的两个方面。一方面，在饮食中减少某种可以提高自由基水平的化合物，如减少铜离子或不饱和价键的化合物，从而减少自由基反应对机体的损伤。另一方面，加入某些抗氧化剂，可以抑制自由基反应，清除自由基，如2-巯基乙胺（2-mercaptoethylamine，2-MEA）、α-生育酚。结果表明，饮料中添加抗氧化剂可提高小鼠、大鼠、果蝇、线虫的寿命。例如，将质量百分浓度为1.0%的2-MEA加到雄性LAF1小鼠的饮料中，在断奶后很短时间开始喂小鼠可平均提高寿命30%，相当于人的平均寿命从73岁提高到95岁。

衰老的自由基学说的核心内容有三条：①衰老是由自由基对细胞成分的有害进攻造成的；②这里所说的自由基，主要就是氧自由基，因此衰老的自由基理论，其实质就是衰老的氧自由基理论；③维持体内适当水平的抗氧化剂和自由基清除剂水平可以延长寿命和推迟衰老。

机体内存在着自由基清除系统，其可以最大限度地防御自由基的损伤。自由基清除系统包括酶促反应和非酶促反应两部分。酶促反应所需酶有谷胱甘肽过氧化物酶（GSH-PX）、超氧化物歧化酶（superoxide dismutase，SOD）、过氧化物酶（peroxidase，PXP）和过氧化氢酶（catalase，CAT）。非酶促反应的作用物质主要为一些低分子的化合物，是一些抗氧化作用的物质，统称抗氧化剂（antioxidant），主要有谷胱甘肽（glutathione，GSH）、维生素C、β-胡萝卜素、维生素E、半胱氨酸、硒化物、巯基乙醇等。此外，细胞内部形成的自然隔离，也能使自由基局限在特定部位，如氧化反应产生的自由基主要在线粒体内，线粒体作为独立的细胞器可很大限度地阻止自由基的扩散。

随着增龄，细胞合成蛋白质的能力下降，也包括超氧化物歧化酶和过氧化氢酶合成数量的减少，或合成了没有功能的超氧化物歧化酶和过氧化氢酶，自由基和过氧化氢就会积累，并且对细胞的蛋白质、DNA、细胞膜等进行攻击破坏；细胞在自由基的攻击下会死亡。这样，就会在老人的皮肤上见到老年斑（age spot），它是自由基对细胞破坏的见证（图15-5）。

由此可见，细胞中的自由基若不能及时清除，则过多的自由基会对许多细胞组分造成损伤。它们能使质膜中的不饱和脂肪酸氧化，从而使膜内酶活性破坏、膜蛋白变性、膜脆性增加、膜结构发生改变，因而使膜的运输功能紊乱以至丧失；它们还能将蛋白质中的巯基氧化而造成蛋白质发生交联、变性，使酶失活；另外，它们还能使DNA链断裂、交联、

图15-5　老年斑：自由基攻击细胞的证据（引自Starr and Taggart，2001）。儿童细胞中合成的超氧化物歧化酶和过氧化氢酶的数量多，可有效清除细胞氧自由基；老年人合成蛋白质的功能下降，超氧化物歧化酶和过氧化氢酶浓度减少，清除自由基能力低，皮肤上老年斑是自由基对细胞攻击的证据。

碱基羟基化、碱基切除等，从而对DNA造成损伤。有人认为在衰老的原因中，99%是由自由基造成的。

由于维生素E、维生素C等具有清除自由基的作用，所以适当补充这些物质能够弥补体内合成超氧化物歧化酶和过氧化氢酶的不足，达到延缓衰老的目的。

细胞生长能力的减退是衰老的重要表现。细胞衰老现象可延缓，但不能逆转。衰老细胞停止于细胞周期的G_1期，不能进入S期。细胞在体外培养时，不增殖的衰老细胞比例逐渐上升，最后所有的细胞都成为衰老细胞。体外培养的细胞在衰老后，并不立即死亡，如定期更换培养液，停止增殖的衰老细胞仍可维持生存。

15.2 细胞死亡

细胞死亡（cell death）的一般定义是细胞生命现象不可逆的停止。细胞死亡有两种形式：一种为坏死（necrosis）性死亡，是由外部的化学、物理或生物因素的侵袭而造成的细胞崩溃裂解；另一种为程序性细胞死亡（programmed cell death，PCD），或称细胞凋亡（apoptosis），是细胞在一定的生理或病理条件下按照自身的程序结束其生存。多细胞生物随时都在进行着有规律的程序性细胞死亡，如人类的淋巴细胞系统、神经系统等。可通过活体染色来判断细胞是否死亡，常用的方法是用中性红或台盼蓝染色。中性红染色时活细胞染成红色，死细胞不着色；台盼蓝则相反，染成蓝色的是死细胞，不着色而透明的是活细胞。除了形态学特征外，更重要的是根据细胞是否具有生活力，主要是细胞的繁殖能力来判断。单细胞生物的细胞死亡，即是个

体的死亡；而多细胞生物个体死亡时，并非机体的所有细胞都立即停止生命活动。所以对多细胞个体死亡的判断，不能简单地以心脏停止跳动作为标准，而是以脑神经是否死亡来判断。

15.2.1 多细胞有机体中细胞数量和质量的控制

在多细胞生物体中，细胞分化发育到一定的阶段，细胞的数量要控制在一定的水平，不能让其无限地分裂和增殖。不同的生物控制的细胞数量水平是不同的，如一个受精的老鼠的卵细胞和一个受精的人的卵细胞在体积上大小相似，但是成年的老鼠比成年的人要小得多，这主要是细胞数量的差别：成年人体的细胞数量比成年鼠的细胞数量多得多。那么是什么原因控制着这种数量的差异？这主要是细胞的增殖、细胞的存活寿命和细胞的死亡这三者间有着严格的调控机制。另外，多细胞个体不仅控制着细胞数量，也要控制细胞的质量，特别是对那些与个体同寿的细胞质量更要严格控制。即使在同一个体内，有些组织和器官体积大，有些体积较小。例如，是什么控制大象的鼻子长得很长？答案是不清楚的，但可以推测，多细胞有机体通过信号调节细胞的数量和质量。

单细胞的生物如细菌和酵母都是尽可能快地生长和分裂，它们的增殖速率依周围环境中的营养而定。而多细胞生物体中的细胞是高度组织化的，因此细胞的增殖必须靠信号行事，需要补充细胞数量时，由特定的组织发出指令。因此，对于动物细胞的增殖仅有营养是不够的，还必须有信号，这种信号通常来自邻近细胞，由信号决定细胞是进行增殖还是停止进入细胞周期。

大多数体外培养的动物细胞都需要一些特别的生长因子促使细胞的分裂和增殖。这些生长因子主要是选择性地调控某些与分裂增殖有关基因的表达，进行细胞分裂的控制。表 15-2 列出一些常见的生长因子及其功能。

表 15-2 常见生长因子及其功能

生长因子	功能*
血小板衍生生长因子（PDGF）	激活结缔组织细胞增殖
表皮生长因子（FGF）	激活皮肤组织细胞增殖
成纤维细胞生长因子（FGF）	激活成纤维细胞增殖
肝细胞生长因子（HGF）	激活肝细胞增殖
红细胞生成素（EPO）	激活红细胞的增殖、分化和发育

*表中除红细胞生成素外，其他生长因子都能激活多种类型细胞的增殖。

PI-3 激酶-PKB 信号途径在动物细胞的生存中具有重要作用。当 PI-3 激酶通过 SH2 结构域与被生长因子激活的特异 RTK 磷酸化酪氨酸位点结合后被激活。激活的 PI-3 激酶将质膜中 PI（4,5）P_2 进一步磷酸化成 PI（3,4,5）P_3，PIP_3 可招募两个蛋白激酶——Akt 与 PDK1，通过各自的 PH 结构域结合到质膜上。PKB 一旦结合到质膜，立即被 PDK1 及另一个蛋白激酶 mTOR 磷酸化而激活。激活的 PKB 与质膜脱离，在细胞质中将程序性死亡抑制蛋白磷酸化，使其激活。被激活的程序性死亡抑制蛋白可抑制细胞的程序性死亡，从而促进了细胞的存活（见图 5-54）。

我们已经讨论过，细胞周期中的 DNA 损伤关卡对细胞生长质量的监控至关重要。DNA 损伤关卡是对细胞周期进行全程监控，一旦发现 DNA 损伤，包括 DNA 断裂、复制不完全等，立即启动修复程序。例如，当 DNA 在 S 期受到损伤时可激活肿瘤抑制基因 *p53* 表达的 p53 蛋白，p53 蛋白进一步激活 CDK 抑制蛋白基因 *p21* 的转录和表达，合成的 p21 蛋白抑制 S 期细胞周期蛋白-CDK 复合物的活性，一直等待受损伤的 DNA 修复和正确复制之后才进入 G_2 期（见图 13-33）。

其实，动物细胞不仅增殖需要信号，而且是继续生存还是进入死亡都是由信号决定的。如果细胞失去了生存因子（survival factor），就要进入程序性死亡。

15.2.2 细胞凋亡及其形态特征

细胞凋亡（程序性细胞死亡）是指为维持内环境稳定，由基因控制的细胞自主的有序性死亡，它涉及一系列基因的激活、表达及调控等作用，因而具有生理性和选择性。

凋亡的概念源自希腊语，原意是指树叶或花的自然凋落；而细胞发生细胞凋亡时，就像树叶或花的自然凋落一样，凋亡的细胞分散于正常组织细胞中，无炎症反应，不遗留疤痕。死亡的细胞碎片很快被巨噬细胞或邻近细胞清除，不影响其他细胞的正常功能。

15.2.2.1 细胞坏死、细胞凋亡及细胞焦亡

细胞坏死与细胞凋亡是两种完全不同的过程和生物学现象，在形态学、生化代谢改变、分子机制、细胞的结局和意义等方面都有本质的区别。

细胞坏死是因病理（如外伤）而产生的被动死

亡；而细胞凋亡的原因较多，如因DNA损伤而又无法修复等则进入凋亡途径，因而是细胞接受指令后的主动死亡。细胞凋亡是由它的生存环境、自身的代谢状况、发育史及基因组等因素触发的，并且是受高度程序性控制的。

细胞坏死与细胞凋亡有三个根本的区别。第一，引起死亡的原因不同：如物理性或化学性的损害因子、缺氧与营养不良等均可导致细胞坏死；而细胞凋亡则是由基因控制的。第二，死亡的过程不同：坏死细胞的质膜通透性增高，致使细胞肿胀，细胞器变形或肿大，早期核无明显形态学变化，最后细胞破裂；细胞凋亡的细胞不会膨胀、破裂，而是收缩并被割裂成膜性小泡后被吞噬。第三，坏死的细胞裂解要释放出内含物，并常引起炎症反应，在愈合过程中常伴随组织器官的纤维化，形成疤痕；细胞凋亡的细胞没有被完全裂解，不会释放内含物，所以不会引起炎症。图15-6是两种死亡的过程比较。

近年来发现细胞在受到炎症感染或病理性损伤后也会启动一种基因控制的死亡程序，将这种死亡称为细胞焦亡（pyroptosis），由Gasdermin家族蛋白介导，并常常伴有炎性因子的活化。

近年的研究已明确焦亡通路的关键分子：巨噬细胞在发生炎症时可经经典和非经典的炎症小体通路完成对炎症性胱天蛋白酶（胱天蛋白酶-1/4/5/11）的活化，炎症性胱天蛋白酶和部分凋亡性胱天蛋白酶可以通过水解GSDMD等Gasdermin家族蛋白释放其N端活性结构域，进而形成寡聚体在质膜打孔，引起细胞膜破裂。

焦亡的命名起源于希腊语，将“pyro-”（意为

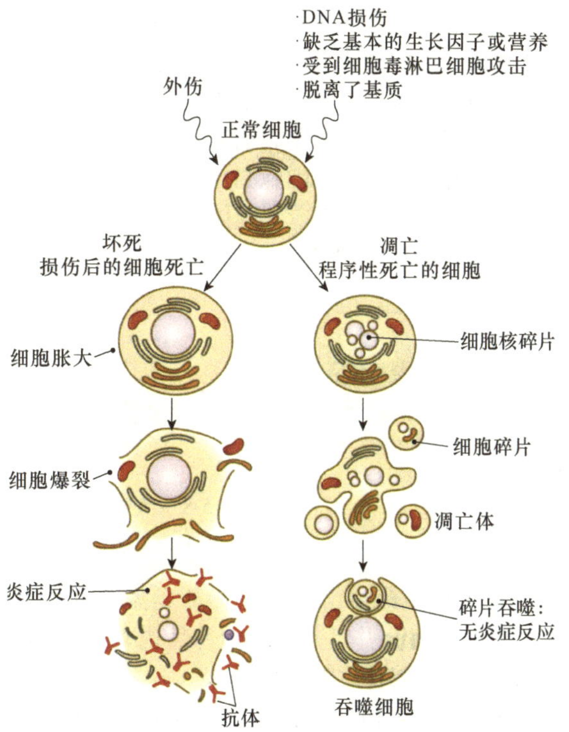

图15-6 细胞的两种死亡过程的比较（引自Plopper et al.，2015）。正常细胞受到外伤后经过坏死而清除，坏死的细胞经过胀大、爆裂，最后引起炎症。正常细胞受到DNA损伤等通过凋亡进行清除，凋亡的细胞经过细胞断裂成碎片被吞噬细胞所吞噬，不会有炎症发生。

fire）结合-ptosis词根组合，命名为“pyroptosis”。

15.2.2.2 细胞凋亡的形态特征

细胞凋亡具有明显的形态学特征，包括：细胞变圆，染色质凝缩、分块，胞质皱缩（图15-7）。

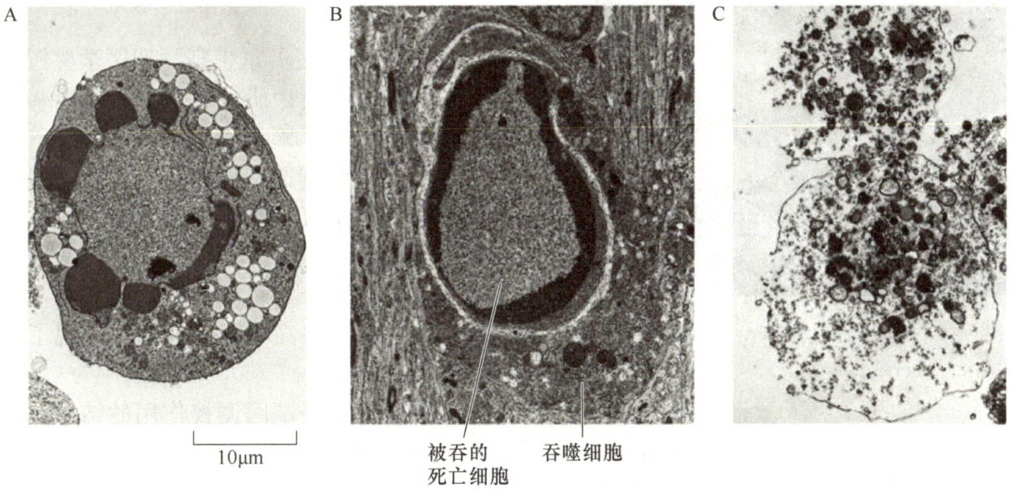

图15-7 细胞凋亡与细胞坏死的形态比较（引自Alberts et al.，2015）。A和B是凋亡的细胞、C是坏死细胞的电镜照片。A与C是培养皿培养中死亡的细胞，而B是发育组织中凋亡的细胞，已经被巨噬细胞所吞噬。照片中可见到A与B中死亡的细胞形态比较完整，而C中坏死的细胞形态已经崩溃。

凋亡细胞的核 DNA 在核小体连接处断裂成核小体片段，并向核膜下或中央异染色质区凝缩形成浓缩的染色质块，在电镜下呈高电子密度。随着染色质不断凝缩，核纤层断裂消失，核膜在核孔处断裂形成核碎片。同时在细胞凋亡过程中，由于不断脱水，细胞质不断凝缩，细胞体积减小。凋亡细胞的核经核碎裂形成染色质块（核碎片），然后整个细胞通过出芽、起泡等方式形成一些球形的突起，并在其基部绞断而脱落产生大小不等的内含胞质、细胞器及核碎片的凋亡小体（apoptotic body）；或通过分隔机制，在凋亡细胞内由内质网分隔成大小不等的分隔区，靠近细胞膜端的分隔膜与细胞核融合并脱落形成凋亡小体；最后，凋亡小体被周围细胞或单核细胞吞噬（图 15-8）。

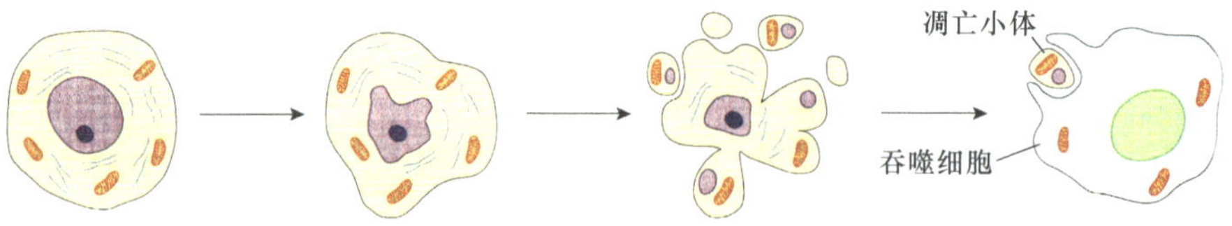

动画

图 15-8　细胞凋亡的结构变化（引自 Jeff et al.，2012）。

细胞凋亡最突出的生化特征是染色质 DNA 有控制的裂解，并且是由于内源性内切核酸酶基因的活化和表达而造成的结果。这种由内源性内切核酸酶切割的染色质 DNA 片段大小是有规律的，即均为 200bp 的倍数。因此，抽提其中的 DNA 进行琼脂糖凝胶电泳，或进行氯化铯-溴化乙锭超速离心时，呈现出梯状（ladder）谱型（图 15-9），可作为鉴别是否发生细胞凋亡的一个重要的生化标志。

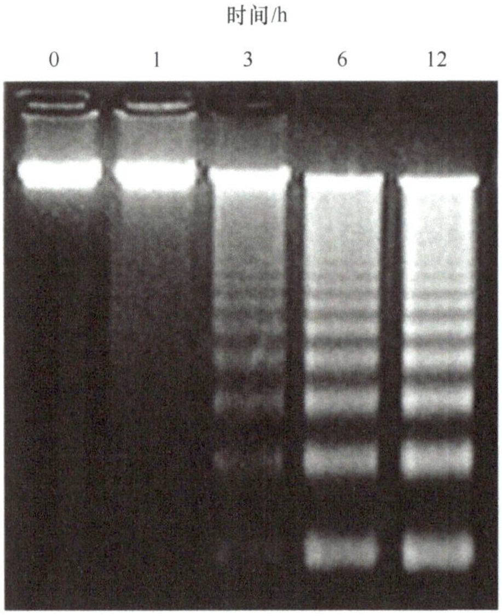

图 15-9　凋亡细胞的 DNA 梯状谱型（引自 Alberts et al.，2015）。

由上述可见，细胞凋亡与细胞坏死在形态学、生化反应的改变、分子机制、细胞结局等方面都有本质的区别（表 15-3）。

表 15-3　细胞凋亡与细胞坏死的比较

比较内容	细胞凋亡	细胞坏死
质膜	不破裂	发生破裂
细胞核	固缩，DNA 片段化	弥漫性降解
细胞质	由质膜包围形成凋亡小体	溢出，细胞破裂成碎片
细胞质生化改变	溶酶体的酶增多	溶酶体解体
蛋白质合成	有	无
基因活动	有基因调控	无基因调控
自吞噬	常见	缺少
线粒体	自身吞噬	肿胀
诱发因素	生理性信号	强烈刺激信号
对个体影响	生长、发育、生存所必需	引起炎症

15.2.3　细胞凋亡的基因调控机制

2002 年的诺贝尔生理学和医学奖授予了在器官发育和细胞凋亡研究领域中做出奠基性贡献的 3 位科学家：英国的 Brenner、Sulston 和美国的 Horvitz。他们创造性地用线虫作为实验模型，实现了对器官发育过程中细胞分裂、分化的原位观察，完成了细胞图谱的绘制，在此基础上发现并研究了调控器官发育细胞凋亡的关键基因及其功能，并进一步在高等哺乳动物中发现了相关功能基因。

细胞凋亡是基因调控作用的结果。有很多基因参与调控细胞凋亡过程，调控环节包括信号转导、基因表达、蛋白质生物合成和代谢过程等。这些基因也叫细胞凋亡相关基因，大致可分两类：一类叫细胞凋亡遗传学相关基因，主要从线虫中获得，与线虫中131个细胞的程序性死亡的遗传控制有关，包括*ced-1*～*ced-9*、*nuc-1*、*ces-1*、*ces-2*和*egl-1*；另一类主要针对哺乳类细胞，包括原癌基因、肿瘤抑制基因和病毒癌基因，如*bcl-2*家族、*c-myc*、*p53*、*Ela*和*Elb*等。也可将上述相关基因分为另外两种类型，即其表达可促进程序性细胞死亡者和可抑制程序性细胞死亡者，前者包括*ces-2*、*ced-3*、*ced-4*、*p53*、*c-myc*、*Ela*、*ICE*、*TNF-a*、*APO-1/fos*等，后者包括*egl-1*、*ces-1*、*ced-9*、*bcl-2*、*Elb*、*EBV-LMP-1*、*BHRF-1*、*crmA*、*A-20*等。

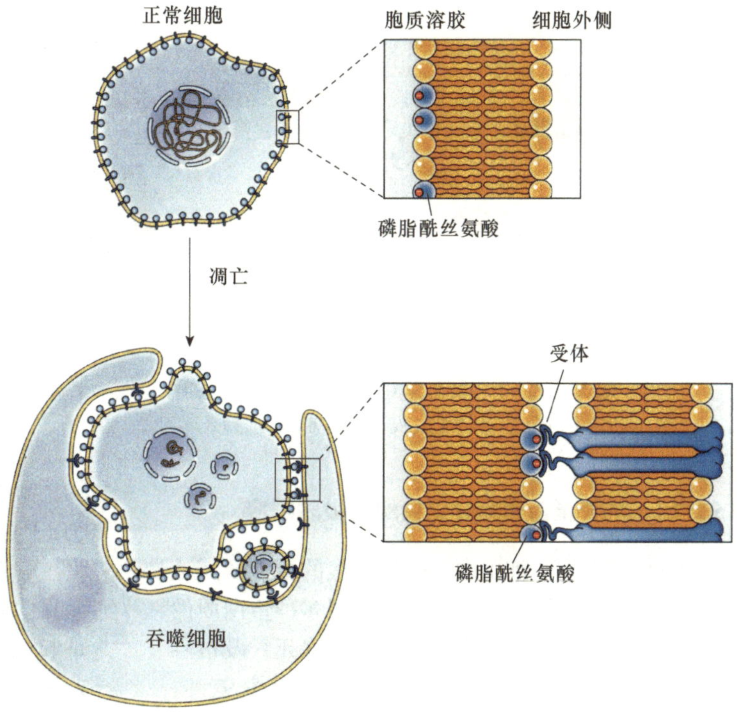

图 15-10 凋亡细胞被巨噬细胞吞噬（引自 Cooper and Hausman，2013）。凋亡细胞及细胞碎片被吞噬细胞所识别并被吞噬。凋亡细胞表面的磷脂酰丝氨酸作为识别信号被吞噬细胞识别。磷脂酰丝氨酸通常存在于正常细胞质膜的内叶，发生凋亡时位于凋亡细胞质膜的外叶。

15.2.3.1 细胞凋亡的两个阶段

健康细胞进入细胞凋亡是由信号决定的，这种信号有可能是细胞外的，也有可能是细胞内的。细胞凋亡分为两个阶段：一是死亡激活期（activation phase），此阶段主要是接受来自内部或外部的死亡信号（death signal）并做出反应，即接受指令并决定死亡；二是死亡执行期（execution phase），即执行一套死亡程序，包括发生染色质凝缩，并逐步分布在核膜周围；接着发生细胞质浓缩，此时桥粒和中间纤维的连接被破坏，膜泡形成凋亡小体，最后被吞噬细胞吞噬和降解等。凋亡的细胞之所以能够被吞噬细胞识别和吞噬，是因为这些细胞的表面具有“将我吃掉”的信号，这种信号在正常细胞的表面是不存在的。研究得最清楚的被吞噬信号是存在于凋亡细胞的质膜脂双层外叶的磷脂酰丝氨酸（phosphatidylserine）分子，它一般存在于正常细胞质膜脂双层的内叶（图 15-10）。

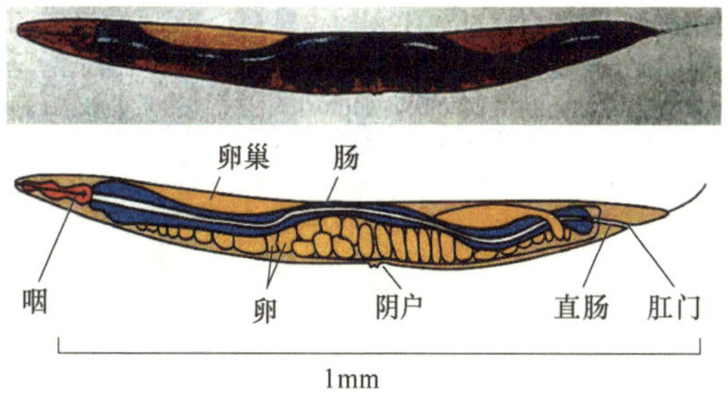

图 15-11 雌雄同体的秀丽隐杆线虫（引自 Cooper and Hausman，2004）。

15.2.3.2 秀丽隐杆线虫细胞凋亡的调控基因

关于细胞凋亡的分子基础研究最初是在秀丽隐杆线虫（*Caenorhabditis elegans*）中获得突破。在胚胎发育期间，秀丽隐杆线虫有1090个体细胞，但在发育过程中有131个细胞死亡。因此，一个成熟的秀丽隐杆线虫有959个体细胞和1000～2000个性细胞。线虫的成虫分雌雄同体和雄性两种性别，雌雄同体相当于雌性（图 15-11）；虫体透明，有6对染色体，约3000个基因。

秀丽隐杆线虫的细胞死亡是一种典型的程序性细胞死亡，15个基因分别在不同程度上与线虫的程序性细胞死亡有关。

ced-3、*ced-4*、*ced-9*和*egl-1* 4个基因构成了线虫执行死亡的“死亡机器”（death machinery）。遗传学研究发现*ced-3*和*ced-4*是细胞杀手，在*ced-3*或*ced-4*突变体中，雌雄同体发育中应该死去的131个细胞都活下来了；*ced-9*可抵消*ced-3*和*ced-4*的作用，防止细胞被杀死，因此是存活因子，在*ced-3*和*ced-4*的杀死细胞作用中起负调控。进一步的研究发现真正的细胞杀手是*ced-3*而不是*ced-4*。*ced-4*的作用是衔接子（adapter），对*ced-3*引起的程序性细胞死亡起促进作用（图 15-12）。

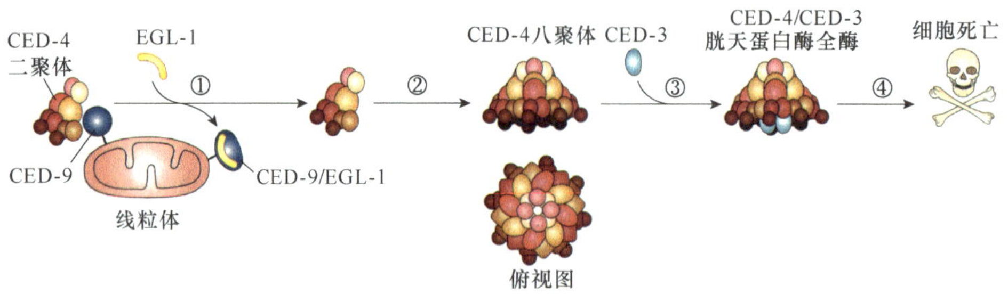

图 15-12 线虫中 CED-3 蛋白的激活（引自 Lodish et al.，2013）。① EGL-1 蛋白作为触发细胞死亡的应答信号，激活后与线粒体上的 CED-9 不对称结合，导致与线粒体上另一个 CED-9 结合的 CED-4 二聚体与 CED-4 脱离；② CED-4 形成八聚体；③ CED-4 八聚体与 2 分子的 CED-3 酶原结合，并将 CED-3 激活；④启动细胞凋亡。

15.2.3.3 胱天蛋白酶介导蛋白酶解级联反应

细胞凋亡是由细胞内一个特异性的蛋白酶家族成员触发的，它们在细胞内能够切割多种蛋白质的特殊序列，引起巨大变化，并导致细胞死亡及被吞噬。这些蛋白酶在其活性位点都有一个半胱氨酸，并在靶蛋白特异的天冬氨酸位点进行切割，因此将之称之为胱天蛋白酶（caspase），又称凋亡蛋白酶，其中 c 代表半胱氨酸，asp 代表天冬氨酸。胱天蛋白酶在细胞内合成时是没有活性的前体，仅仅是在细胞凋亡期间被激活。胱天蛋白酶分为两大类：一类是起始者（initiator）胱天蛋白酶，另一类是执行者（executioner）胱天蛋白酶。图 15-13 显示的是起始者胱天蛋白酶与执行者胱天蛋白酶在细胞凋

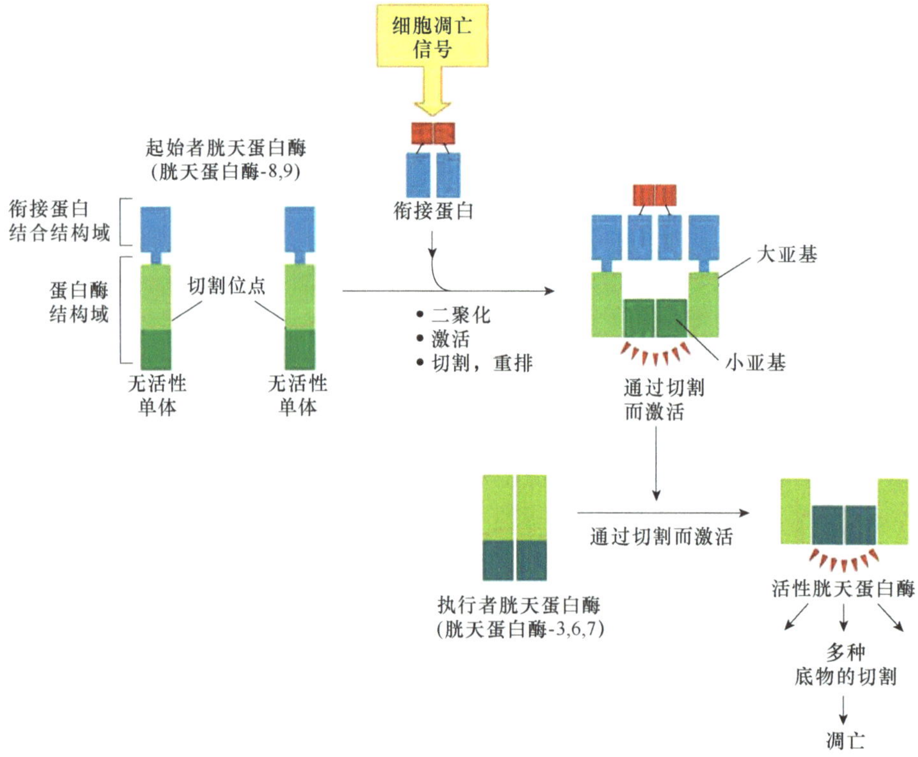

图 15-13 细胞凋亡期间胱天蛋白酶的激活（引自 Alberts et al.，2015）。起始者胱天蛋白酶在 C 端有一个蛋白酶结构域，在 N 端有一个较小的衔接蛋白结合结构域，并且是无活性的单体，有时将它称为胱天蛋白酶原（procaspase）。凋亡信号触发了衔接蛋白与胱天蛋白酶的氨基端结合，由于衔接蛋白的结合引起胱天蛋白酶二聚化并被激活。胱天蛋白酶被激活后，相互从蛋白酶结构域的切割位点进行切割，被切开的两部分经过重排形成由大、小两个亚基组成的二聚体，再装配成含有两个胱天蛋白酶与两个衔接蛋白组成的具有活性的复合物。执行者胱天蛋白酶合成时是无活性的二聚体，经起始者胱天蛋白酶切割重排后形成有活性的四聚体，执行降解作用。

亡中的激活。

起始者胱天蛋白酶负责细胞凋亡的起始。在正常情况下，起始者胱天蛋白酶是没有活性的，并且以可溶性的单体存在于胞质溶胶中。在凋亡信号的触发下，它们与衔接蛋白一起装配成一个大的复合物，在复合物内，两个胱天蛋白酶配对形成二聚体，并激活酶活性，随后，激活的胱天蛋白酶将伴随的蛋白质部分切开，装配成稳定的具有酶活性的复合物，在细胞内行使其功能。

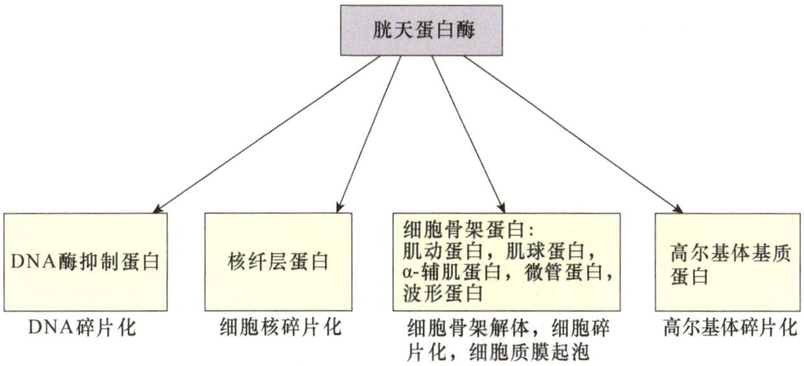

图 15-14 胱天蛋白酶的靶位点（引自 Cooper and Hausman，2013）。胱天蛋白酶可切割细胞内 100 多种蛋白质，诱导细胞凋亡。切割的蛋白质包括 DNA 酶抑制剂、核纤层蛋白、细胞骨架蛋白、高尔基体基质蛋白等。

起始胱天蛋白酶的主要作用就是激活执行者胱天蛋白酶。胱天蛋白酶合成后是以无活性的二聚体存在于胞质溶胶中，当它们被起始者胱天蛋白酶在特殊部位切割后，发生分子重排，形成有活性的构型。一个起始者通常可激活多个执行者，起级联放大作用。执行者胱天蛋白酶一旦激活，随即发生大量的蛋白质切割，直至杀死细胞。

由于胱天蛋白酶家族的成员较多，它们作用时分成一些亚组被激活，每一组胱天蛋白酶对应不同的激活信号。例如，胱天蛋白酶-3、6、7 和 8 在 FAS/TNF 介导的细胞凋亡途径中起作用；而胱天蛋白酶-9 和 3 一起参与线粒体中 Apaf-1、细胞色素 *c* 介导的细胞凋亡。在人类，已经鉴定了 15 种不同的胱天蛋白酶，Ced-3 是线虫中唯一的胱天蛋白酶。

研究表明，胱天蛋白酶是细胞凋亡最大的效应物（effector）或执行者（executioner），通过对细胞内 100 多种靶蛋白进行切割，推进细胞凋亡（图 15-14）。

胱天蛋白酶切割 100 多种细胞内的蛋白质，诱导细胞发生凋亡的形态变化。胱天蛋白酶切割的一个关键靶蛋白是 DNase 抑制蛋白（inhibitor of DNase），该蛋白质被切割后，释放的 DNase 会将核 DNA 片段化。此外，胱天蛋白酶还切割核纤层，导致细胞核片段化；切割细胞骨架蛋白，使细胞质膜形成无规则的膜泡进而导致细胞碎片化；高尔基体基质蛋白被切割，使高尔基体片段化。胱天蛋白酶对磷脂翻转酶进行切割并将其激活，从而将磷脂酰丝氨酸转位到细胞质膜的外叶，导致凋亡细胞被吞噬细胞识别并被吞噬。

15.2.3.4 细胞表面死亡受体激活凋亡的外源途径

细胞外信号蛋白与细胞表面死亡受体（death receptor）结合触发了凋亡的外源途径（extrinsic pathway）。死亡受体是含有细胞外配体结合结构域及细胞内死亡结构域的单次穿膜蛋白，其中死亡结构域是受体激活细胞凋亡所必需。死亡受体是同源三聚体，并且属于肿瘤坏死因子（tumor necrosis factor，TNF）家族。该家族包括 TNF 及 Fas 死亡受体。激活死亡受体的配体也是同源三聚体，这些配体也属于 TNF 信号蛋白家族。

了解得较为清楚的细胞表面死亡受体激活凋亡的外源途径的例子是 K 淋巴细胞表面 Fas 配体对靶细胞表面 Fas 死亡受体的激活从而触发细胞凋亡（图 15-15）。

有很多细胞能够生产一些抑制蛋白阻止外源细胞凋亡途径。例如，某些细胞合成一种 FLIP 蛋白，该蛋白质与起始者胱天蛋白酶很相似，但是没有酶的活性，因为该蛋白质在它的活性部位缺少半胱氨酸。FLIP 能够与胱天蛋白酶-8 在 DISC 中组成二聚体，虽然异源二聚体中的胱天蛋白酶-8 似乎被激活了，但是不能在所需要的位点切割成所需要的稳定的激活状态，因而，细胞凋亡信号被阻断了。这种抑制机制可有效地防止凋亡的外源途径不适当的激活。

15.2.3.5 Bcl-2 家族对凋亡内源信号的调控

在线虫中鉴定到的调控细胞凋亡的第三个基因是 *ced-9*，该基因与哺乳动物中的 *bcl-2* 基因非常相似，*bcl-2* 是 1985 年在 B 淋巴瘤中发现的癌基因，与其他的癌蛋白（如 Ras）不同的是，Bcl-2 能够刺激细胞增殖，抑制细胞凋亡，因此 Ced-9 与 Bcl-2 具有相似的功能。特别是 Bcl-2 对凋亡的调控作用引起人们极大的关注。

Bcl-2 蛋白家族主要是通过控制线粒体细胞色

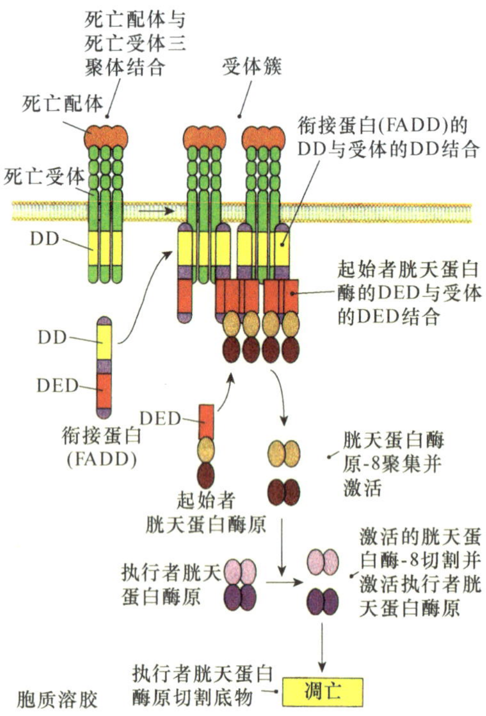

图 15-15 通过 Fas 死亡受体激活细胞凋亡的外源途径（引自 Plopper et al，2015）。K 淋巴细胞表面三体 Fas 配体与靶细胞表面三体 Fas 受体相互作用导致几个配体与受体结合的三体成簇（图中显示了两个受体三体），受体成簇激活了受体尾部死亡结构域（death domain，DD），激活的受体死亡结构域与细胞质中衔接蛋白 FADD（Fas-associated death domain，Fas 结合死亡结构域）的相似结构域相互作用。每一个 FADD 蛋白可以招募一个起始者胱天蛋白酶（胱天蛋白酶-8），FADD 与起始胱天蛋白酶的 DED（death effector domain，死亡效应物结构域）形成死亡诱导信号复合物（death-inducing signaling complex，DISC），在 DISC 内部，两个相邻的起始胱天蛋白酶相互作用并相互切割，形成一个有活性的蛋白酶二聚体，激活的蛋白酶二聚体进行自身切割，将酶与 DED 分开，释放出激活的胱天蛋白酶进入细胞质，并通过切割将执行者胱天蛋白酶激活，启动细胞凋亡。

素 *c* 及线粒体膜间腔蛋白质向细胞质释放来调控细胞凋亡的内源途径。某些 Bcl-2 家族蛋白通过促进释放来促进细胞凋亡，而有些 Bcl-2 家族蛋白通过阻止释放来抗凋亡。两大类 Bcl-2 蛋白间的活性平衡决定着细胞是生存还是死亡。

哺乳动物编码一个约有 20 个成员组成的与 Bcl-2 相关的蛋白家族，分成 3 个功能相关的类群（图 15-16）。①抗凋亡（anti-apoptotic）Bcl-2 蛋白，又称促生存（prosurvival）Bcl-2 蛋白，此类蛋白质含有 4 个不同的 Bcl-2 同源（Bcl-2-homology，BH）结构域（BH1～BH4）；②促凋亡效应蛋白（pro-apoptotic effector protein），主要是 2 个成员，即 Bax 与 Bak，此类蛋白质含有 4 个不同的 Bcl-2 同源结构域；③促凋亡 BH3-only 蛋白（pro-apoptotic BH3-only protein），此类蛋白质仅有一个 BH3 同源结构域。

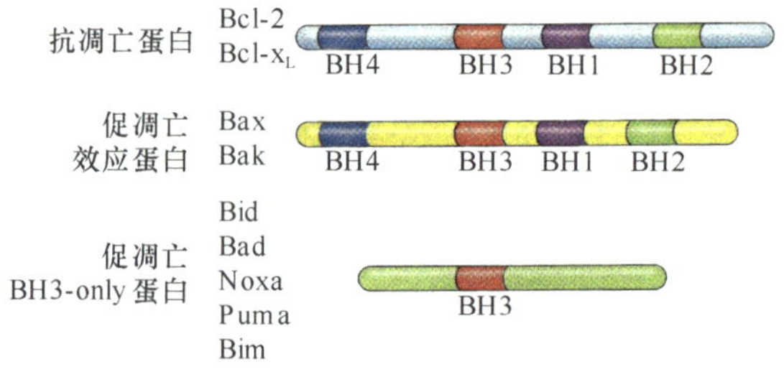

图 15-16 Bcl-2 蛋白家族（引自 Cooper and Hausman，2013）。Bcl-2 家族按功能分为 3 类：抗凋亡蛋白（Bcl-2、Bcl-x_L）；促凋亡效应蛋白（Bax、Bak），有 4 个 Bcl-2 同源结构域（BH1～BH4）；促凋亡 BH3-only 蛋白（Bid、Bad、Noxa、Puma、Bim），仅有 1 个 BH3 同源结构域。

当凋亡刺激信号触发内源途径时，促凋亡效应物 Bcl-2 家族蛋白被激活，从而在线粒体外膜形成寡聚体，通过一种尚不清楚的机制诱导线粒体细胞色素 *c* 及其他线粒体膜间腔蛋白释放（图 15-17）。

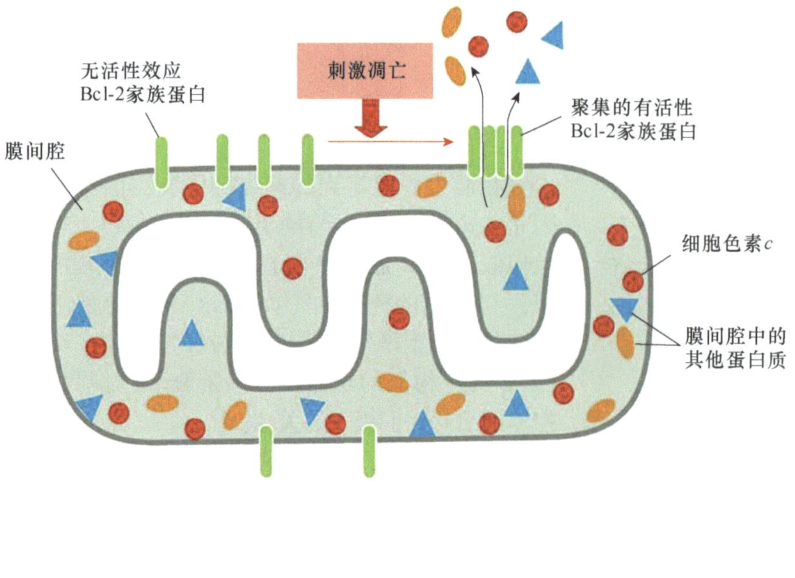

图 15-17 内源凋亡途径中促凋亡效应 Bcl-2 家族蛋白的作用（引自 Alberts et al.，2015）。当激发凋亡时，促凋亡效应 Bcl-2 家族蛋白（主要是 Bax/Bak）聚集在线粒体外膜上，将线粒体膜间隙的细胞色素 *c* 及其他一些蛋白质释放到细胞质，机制尚不清楚。

在哺乳动物细胞中，Bax 和 Bak 是主要的 Bcl-2 家族效应蛋白，它们中至少有一个参与了凋亡内源途径。研究证明，当这两种蛋白质都突变时，细胞就会抗凋亡。Bak 在没有凋亡信号时定位在线粒体的外膜，而 Bax 主要位于细胞质，当被凋亡信号激活后转移到线粒体。Bax 与 Bak 活性主要依赖于促凋亡 BH3-only 蛋白。

抗凋亡 Bcl-2 家族蛋白，如 Bcl-2 自身及 Bcl-X_L 都是定位在线粒体外膜的细胞质面，作用是帮助阻止线粒体膜间隙蛋白不合时宜地释放，这些抗凋亡的 Bcl-2 家族蛋白主要是通过与线粒体膜或胞质溶胶中促凋亡的蛋白质结合来抑制细胞凋亡。例如，在线粒体外膜上，它们与 Bak 结合并阻止其寡聚化，从而抑制了细胞色素 *c* 及其他膜间隙蛋白的释放。至少有 5 种哺乳动物抗凋亡 Bcl-2 家族蛋白，每一种哺乳动物细胞的生存至少需要其中的一种。但是，为了诱导凋亡途径，很多此类蛋白质必须被抑制，BH3-only 蛋白介导这种抑制作用。

BH3-only 蛋白是 Bcl-2 家族蛋白中最大的一个亚类，细胞在应答凋亡刺激时需要产生并激活 BH3-only 蛋白。BH3-only 蛋白主要是通过对抗凋亡 Bcl-2 家族蛋白的抑制来促进凋亡。BH3-only 蛋白的 BH3 结构域与抗凋亡 Bcl-2 蛋白上一个长亲水沟结合，中和它们的活性。通过这种结合与抑制，使得 Bax、Bak 在线粒体表面聚集，促进了线粒体间隙蛋白释放到细胞质诱导细胞凋亡。某些 BH3-only 蛋白可直接与 Bax、Bak 蛋白结合，帮助激发它们聚集到线粒体外膜，形成通道样结构，允许线粒体膜间隙蛋白渗漏进入细胞质中，这一作用被称为线粒体外膜渗透作用（mitochondrial outer membrane permeabilization，MOMP）。图 15-18 总结了 BH3-only 蛋白促进凋亡的内源途径的两种方式。

15.2.3.6 依赖于线粒体凋亡的内源途径

除了外部信号激发细胞凋亡外，细胞内源信号也会激发细胞凋亡，包括：DNA 损伤、细胞质中 Ca^{2+}浓度过高、极度氧胁迫（产生大量的自由基）等。

从上面对 Bcl-2 家族调节凋亡的内源途径机制的讨论中可以看到，内源途径的一个关键蛋白质是细胞色素 *c*，它是一种水溶性的、线粒体电子传递链中的蛋白质。细胞色素 *c* 一旦进入胞质溶胶，就有了完全不同的作用。当它们被释放到胞质溶胶后，与一个衔接蛋白——凋亡蛋白酶激

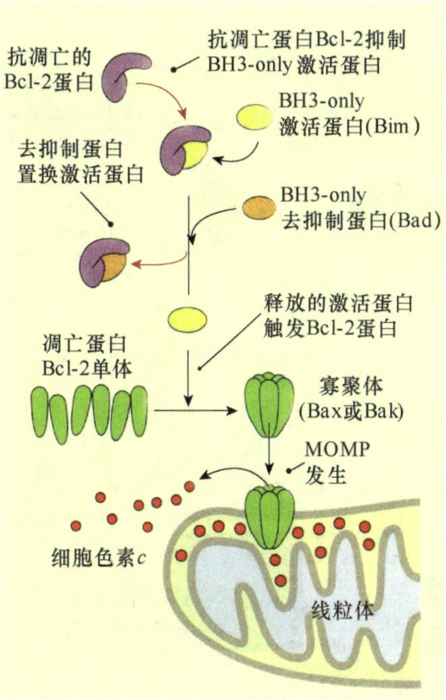

图 15-18 Bcl-2 家族蛋白 BH3-only 调节凋亡的两种方式（引自 Plopper et al.，2015）。Bcl-2 家族蛋白 BH3-only 或者直接激活 Bax 与 Bak，或者通过对抗凋亡 Bcl-2 家族蛋白抑制作用促进凋亡的内源途径。

活因子-1（apoptotic protease activating factor-1，Apaf-1）结合，并引起 Apaf-1 聚集装配成一个轮状的七聚体的凋亡体（apoptosome），凋亡体中的 Apaf-1 招募起始者胱天蛋白酶-9，在凋亡体中，起始者胱天蛋白酶-9 被最大化激活，激活的胱天蛋白酶-9 激活下游的执行者胱天蛋白酶，诱导细胞凋亡（图 15-19）。

15.2.4 细胞生存与死亡调控的意义

在发育中的组织和成年的组织中进入凋亡的细胞数量大得惊人。例如，正在发育的脊椎动物的神经组织中，大约有半数以上的神经细胞在形成后不久就要正常死亡。在健康的成年人体的骨髓和肠组织中每小时大约有 10 亿个细胞死亡。动物机体靠对细胞增殖和细胞周期的正负控制，以及对细胞凋亡的正负控制来维持细胞总数的平衡和机体的生命活力（图 15-20）。

15.2.4.1 细胞凋亡在形态建成中的作用

细胞凋亡在形态建成中起重要作用。例如，手指和脚趾在发育的早期是连在一起的。通过细胞凋亡使一部分细胞进入自杀途径才将单个指加以分开（图 15-21）。

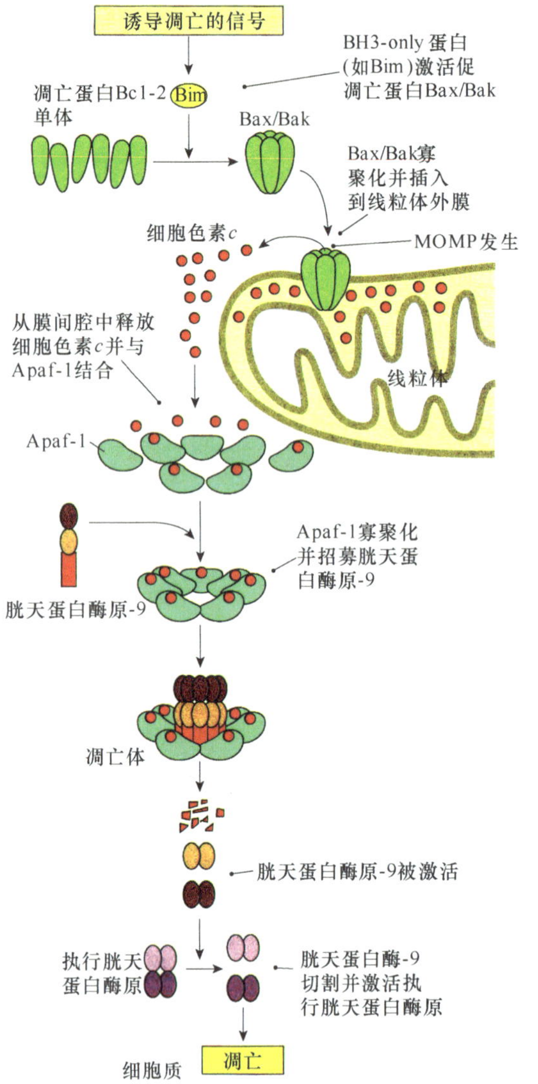

图 15-19 依赖于线粒体凋亡的内源途径（引自 Plopper et al.，2015）。

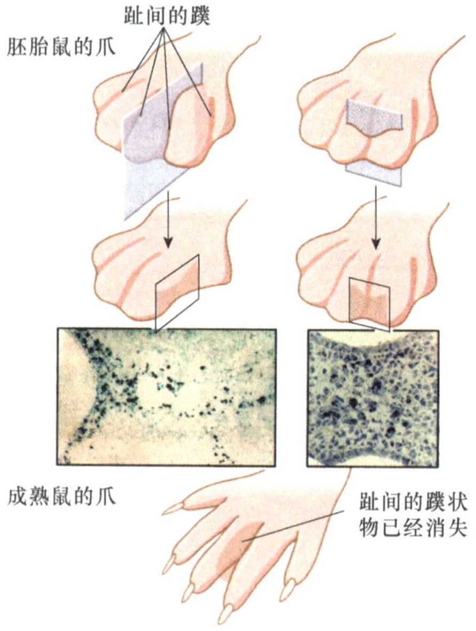

图 15-21 细胞凋亡在小鼠脚趾形成中的作用（引自 Plopper et al.，2015）。开始时脚趾是由蹼连在一起的，经细胞凋亡使脚趾分开。

另外，对于生物发育成熟后一些不再需要的结构，通过细胞凋亡加以消除。例如，蝌蚪的尾巴就是靠细胞凋亡消除的（图 15-22）。

图 15-22 在蝌蚪向蛙发育的变态反应中细胞凋亡的作用（引自 Alberts et al.，1998）。当蝌蚪变成蛙时，尾巴经细胞凋亡而消失。主要是因血液中甲状腺激素的增加而诱导的细胞凋亡所致。

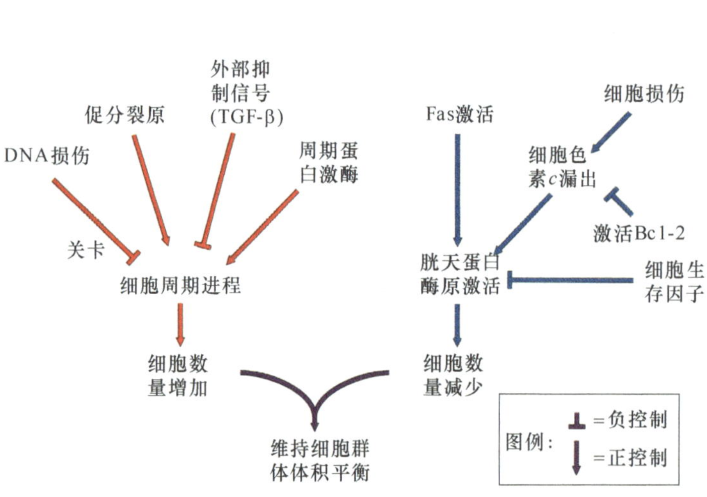

图 15-20 动物机体的细胞数量控制途径（引自 Griffiths et al.，2012）。

15.2.4.2 生存因子与细胞凋亡对神经细胞发育的影响

细胞凋亡不仅参与形态建成，而且能够调节细胞的数量和质量。例如，在神经系统的发育过程中，神经细胞必须通过“竞争上岗”获得生存的机会。在胚胎中产生的神经细胞一般是过量的，然后通过竞争数量有限的、从靶细胞分泌出来的生存因子（survival factor），只有那些获得足够生存因子的神经细胞才能生存下去，而其他的神经细胞将会经由细胞凋亡而消失（图 15-23）。

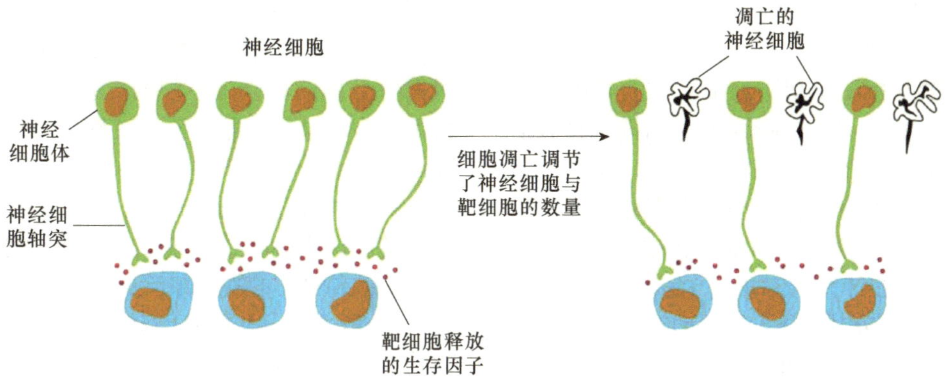

图 15-23 细胞凋亡对发育中神经细胞数量的调节（引自 Alberts et al.，2015）。生成的神经细胞多于能够支持它们生存的生存因子的数量，这些生存因子是由靶细胞释放出来的。某些得不到生存因子的神经细胞则通过细胞凋亡而消失。

15.2.4.3 生存因子对细胞凋亡的抑制

大多数动物细胞需要来自其他细胞连续的生存信号才能避免细胞凋亡。细胞外的生存因子通常结合在受体细胞的表面，激活细胞内的信号通路，通过调节 Bcl-2 家族蛋白的数量来抑制细胞的凋亡（图 15-24）。某些生存因子可刺激抗凋亡蛋白 Bcl-2 家族蛋白，包括 Bcl-2 及 Bcl-X_L 来促进细胞的生存。还有一些生存因子通过对促凋亡的 BH3-only 蛋白（如 Bad）功能的抑制来促进细胞生存。在果蝇中，有些生存因子通过对抗-IAP 蛋白（如 Bid）的磷酸化并将其失活，从而恢复 IAP 蛋白对凋亡的抑制作用。

IAP 蛋白，即凋亡抑制蛋白（inhibitor of apoptosis protein，IAP），最早从昆虫病毒中鉴定出，它的作用是防止被感染的宿主细胞因感染病毒而通过凋亡与病毒同归于尽，后来发现大多数动物细胞都能合成该类 IAP 蛋白。在果蝇中发现了一类抗-IAP（anti-IAP）的蛋白质，如 Reaper、Grim、Hid 等，这些蛋白质是在一些凋亡信号的刺激下合成的，目的是抑制 IAP 的抗凋亡作用，促进细胞凋亡。在果蝇中，IAP 与抗-IAP 的相互作用对于调节果蝇在

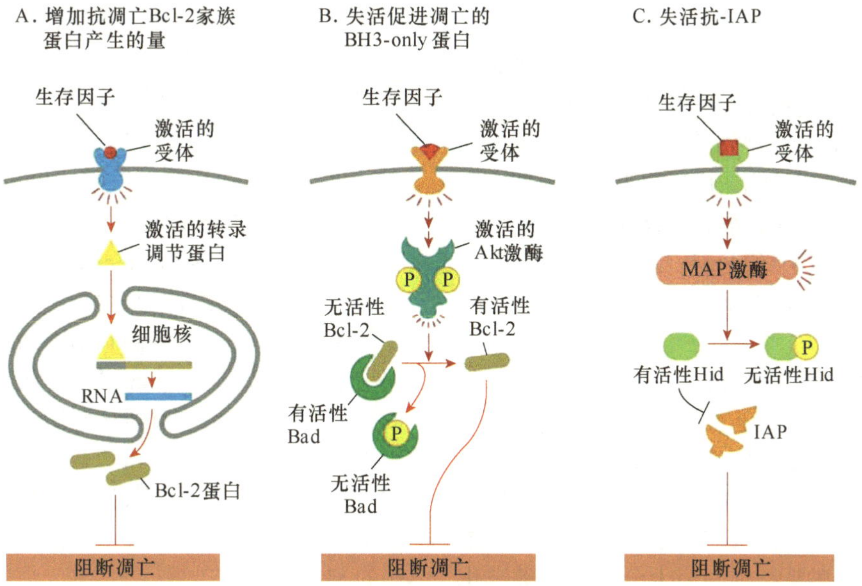

图 15-24 细胞外生存因子抑制细胞凋亡的三种途径（引自 Alberts et al.，2015）。三种方式的共同点是生存因子都与表面受体结合传递生存信号，但细胞内部的传递机制不同。A. 通过对转录因子的激活启动 Bcl-2 蛋白编码基因表达，增加 Bcl-2 蛋白的量来抗凋亡、促生存。B. 通过激活 Akt 激酶将促凋亡的 Bad 蛋白磷酸化，从而释放出 Bcl-2 蛋白，进而促进细胞生存。C. 启动 MAP 激酶系统，将抗凋亡的 BH3-only 蛋白家族中 Hid 蛋白磷酸化而失活，失活了的 Hid 失去对抗凋亡蛋白 IAP 的抑制，使得 IAP 尽情发挥抗凋亡作用，促进细胞生存。

发育过程中细胞数量的平衡与发展具有十分重要的作用。

对于IAP与抗-IAP蛋白在哺乳动物细胞凋亡中的作用知之甚少。当细胞凋亡的内源途径被激活时，抗-IAP从线粒体膜间腔释放出来，在细胞质中阻断IAP蛋白的作用，从而促进细胞凋亡。但是，在小鼠中，如果丧失了哺乳动物主要的IAP蛋白（称为XIAP蛋白），或者两个已知的哺乳动物的抗-IAP蛋白（分别叫做Smac/Diablo和Omi），似乎对小鼠的发育没有影响。在线虫中，甚至没有抑制凋亡的IAP蛋白的存在。显然，对凋亡的严格控制在不同的动物中有着不同的机制。

15.3 癌

世界上每年死亡的人群中至少有20%以上是死于癌症。癌症实际上是一种细胞病，这种细胞病的最大特点就是不受机体内关于细胞生长与生殖的管控，凋亡的信号失灵，生长与生殖变得“肆无忌惮”；更可怕的是，癌细胞能够“肆意转移”，“侵占他人”地盘，破坏了组织规则，使组织的正常功能丧失，最终的代价是个体的死亡，因此，人们常常“谈癌色变”。

从现代生命观来说，癌（cancer）导致的生命死亡也有其积极的一面，它可以促进人类的新老更替，只不过，不希望癌变发生得太早，而是发生得越晚越好，同时，也不希望给身体带来太多的痛苦，而应该是可控的痛苦，至少是大部分可控的。

随着细胞生物学，特别是癌生物学的研究取得了一系列的进展，以及临床应用取得一系列的重要突破，癌不再那么可怕，癌是可控的，甚至是可治的。因此，正确认识癌的起因、发生与发展的一些特点，对于癌的防治具有重要意义。

15.3.1 癌的特性及发育

“cancer”一词源于拉丁语“crab”，是用于描述一种由于体内组织的无限生长，最后夺去生命的疾病。虽然癌的起因很多，基因突变是最根本的原因，但突变都要经过一个十分缓慢的微进化（microevolutionary），认识这种微进化对于早发现、早治疗十分重要。

15.3.1.1 癌的类型

癌可以来自体内任何分化细胞的不正常增殖，所以从种类上说，大约有100多种不同的癌。在临床治疗上，各种癌在原发性组织与转移性组织中对药物处理的反应是不同的。肿瘤（tumor）是任何不正常增殖的细胞，分为良性（benign）与恶性（malignant）。

良性肿瘤（benign tumor），如普通的皮肤疣，一直保持在原来的部位，既不侵入周围的正常组织，也不扩散到身体的其他部位。恶性肿瘤（malignant tumor）既能入侵周围的正常组织，如胰腺癌（图15-25），又能通过循环系统及淋巴系统扩散，即转移（metastasis）到身体的其他部位。只有可转移的肿瘤才称之为癌，它们能够入侵正常组织并可转移到身体的其他部位，具有极大的危险性。良性肿瘤通常可以通过外科手术摘除，而扩散到身体其他组织的恶性肿瘤是难以通过手术完全切除的。

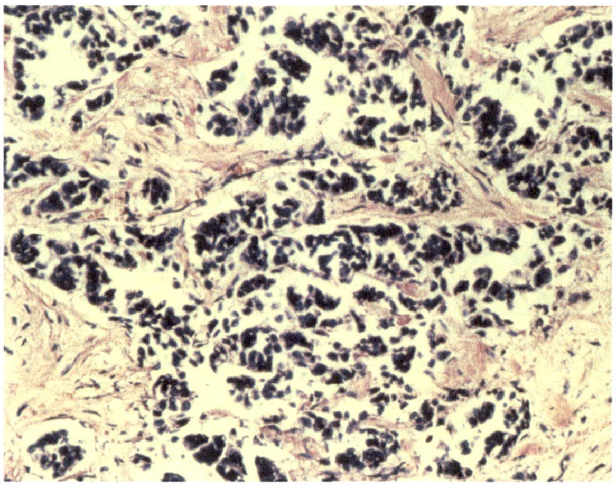

图15-25 胰腺癌入侵的光学显微照片（引自Cooper and Hausman，2013）。暗紫色的癌细胞已经侵入正常的胰腺组织（粉红色）。

根据癌变涉及的细胞类型的不同，将癌分为三个类群：①上皮癌（carcinoma），简称癌，是最常见的一种类型，主要是从组织的外表面和内表面生长的癌，如肺癌、乳腺癌和结肠癌等，大约占人类癌的90%；②瘤（sarcoma），主要是源于中胚层形成的支持组织（骨、软骨、脂肪、结缔组织和肌组织等）中形成的癌；③淋巴瘤（lymphoma）和白血病（leukemia），是由淋巴和血液产生的癌，白血病主要是指癌细胞已经大量进入血液中，大约占人类癌的8%。

15.3.1.2 癌细胞的基本特性

癌细胞与正常细胞在结构上和化学性质上都有很大的不同，即便是不同类群癌细胞之间也有很大差异，所以难以描述癌细胞的所有特性。可以通过体外培养了解一些关于癌细胞的行为和基本特性。

1）失去生长的接触抑制　正常细胞在体外培养时，细胞通过分裂增殖并铺满培养器皿的表面形成单层（monolayer）后即停止分裂（图 15-26A，B），曾将细胞达到相互接触时停止分裂的现象称为接触抑制（contact inhibition），又称为密度依赖性抑制（density-dependent inhibition）。由于培养基中的生长因子耗尽时也会产生生长抑制，所以将正常细胞因相互接触而抑制分裂的现象改称为密度依赖性生长抑制（density-dependent inhibition of growth）。在相同条件下培养的癌细胞对密度依赖性生长抑制失去敏感性，因而不会在形成单层时停止生长，而是相互堆积形成多层生长的聚集体（图 15-26C，D），这种现象也说明癌细胞的生长和分裂已经失去了控制，调节细胞正常生长和分裂的信号对于癌细胞已不再起作用。

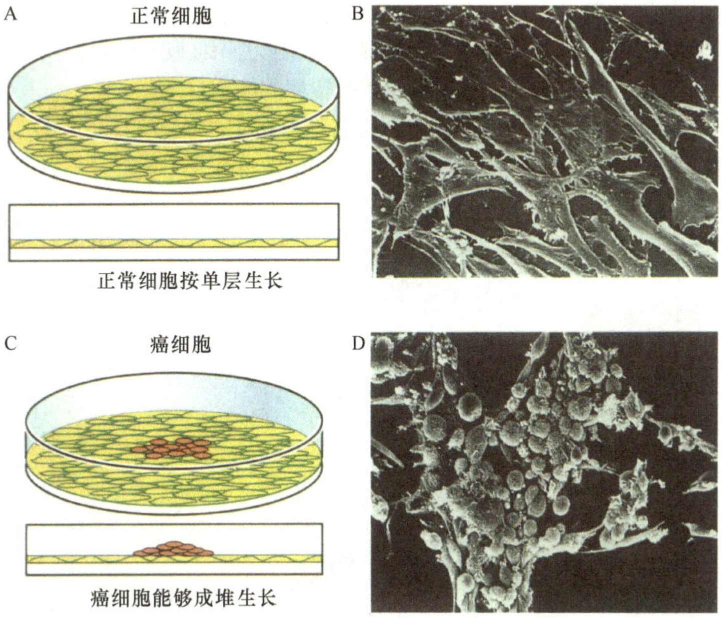

图 15-26　正常细胞与癌细胞生长特性比较（引自 Karp，2010）。正常细胞体外培养时，在培养器皿表面形成单层即停止生长（A，B）；而由病毒转化的或由致癌化学物质诱导的癌细胞会成堆生长（C，D）。

2）自分泌生长刺激　在正常情况下，生长因子是控制细胞周期的信号分子，调节细胞分裂的速率。但是，某些癌细胞能够分泌刺激自身增殖的生长因子促进自身分裂（图 15-27）。

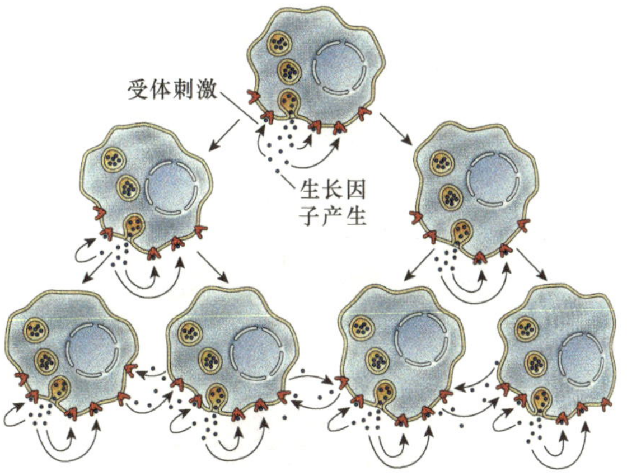

图 15-27　自分泌生长刺激（引自 Cooper and Hausman，2016）。一个癌细胞产生生长因子，不仅能够刺激自身增殖，也能刺激相邻细胞增殖，导致癌细胞快速增殖。

3）细胞死亡特性改变　当正常细胞遇到生长因子不足、毒性物质伤害、X 射线照射、DNA 损伤等不良因素情况时，就会启动程序性细胞死亡，让这些细胞进入死亡途径，避免分裂产生缺陷细胞。但是，癌细胞丧失了细胞凋亡机制，这也是导致癌细胞过度增殖的主要原因之一。

4）失去了间隙连接　正常细胞通过间隙连接与其周围细胞保持代谢偶联和电偶联，这对于细胞和组织的生长控制具有重要作用。研究发现，癌细胞的间隙连接减少，如将荧光染料注入正常的细胞后，染料很快向周围细胞扩散，但是将荧光染料注入癌细胞，则只停留在被注射的细胞内，这一实验说明癌细胞之间的通讯连接有了缺陷。这样，同一组织内的细胞间就失去了通讯联系，只好“各自为政”，整个组织就失去了协调性。

5）染色体异常　癌细胞细胞核的显著变化就是染色体的变化。正常细胞在生长和分裂时能够维持二倍体的完整性，而癌细胞常常出现非整倍性（aneuploidy），有染色体的缺失或增加。一般而言，正常细胞中染色体整倍性的破坏，会激活导致细胞程序性死亡的信号，引起细胞凋亡；但是癌细胞染色体整倍性的破坏，不会进入程序性死亡，因为这种细胞对程序性死亡的信号已不再敏感了，这也是癌细胞区别于正常细胞的一个重要指标。

6）细胞骨架的变化　由于癌细胞的细胞骨架变化较大，导致形态发生很大变化。正常细胞的细胞质中有高度组织化的细胞骨架网络结构，而癌细胞中的细胞骨架不仅少且杂乱无章。

7）细胞表面蛋白减少，细胞黏着降低　一些恶性肿瘤常常会合成和分泌一些蛋白酶，降解细胞的某些表面结构，降低了细胞黏着。正因为癌细胞失去了黏着特性，使得其具有在体内转移的能力。

以上是通过细胞培养发现的癌细胞的基本特性，如果就癌细胞在体内的恶性生长与转移来看，其至少有以下 6 种基本特性（图 15-28）。

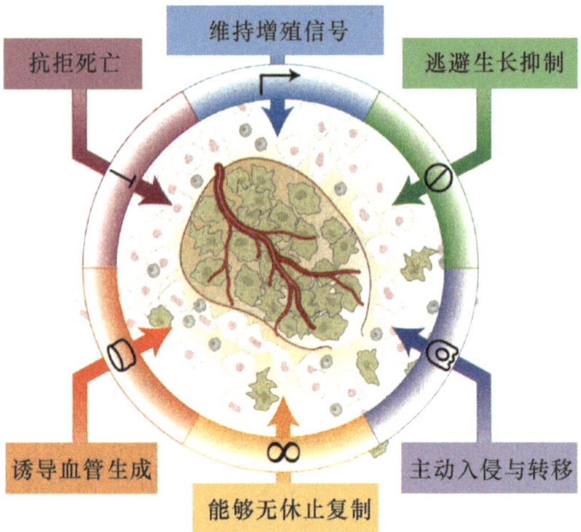

图 15-28 癌细胞生存与转移的 6 种特性（引自 Lodish et al.，2013）。

第一，自我维持增殖信号（sustaining proliferative signaling）。癌细胞的增殖不依赖于外源信号，而是自我维持增殖信号。如图 15-27 所示，癌细胞自身产生生长因子，不仅刺激自身，同时也刺激相邻的癌细胞增殖。第二，逃避生长抑制（evading growth suppressor）。在体内，细胞的增殖与死亡是受调控的，当数量超标时，需要通过程序性死亡进行调节，但癌细胞能够逃避生长控制，会越长越大。第三，主动入侵与转移（activating invasion and metastasis）。由于癌细胞的生长失去接触抑制，并且主动侵入相邻的正常组织，甚至借道血液循环系统及淋巴系统转移到其他组织，并在新的部位扩增。第四，能够无休止复制（enabling replicative immortality）。正常细胞内的 DNA 复制受周期调控，并且有自我修复机制，但是，癌细胞缺少 DNA 复制的修复，即使错了也继续复制，所以突变越来越多，包括一些重要基因的突变，如抑癌基因突变，这将是灾难性的。第五，诱导血管生成（inducing angiogenesis）。由于癌肿块的增大，导致氧供给不足，癌细胞能够自我诱导产生血管，与机体的血管相通，从而从体内的血液循环系统中获取生长所需的氧，同时也获得了营养。第六，抗拒死亡（resisting death）。在正常的组织中，通过细胞的凋亡调控细胞的质量与数量，但是癌细胞脱离了这一调控系统，变得“我行我素”，能够抗拒死亡信号，并持续增殖，极度破坏了肌体内细胞数量的平衡，最终导致个体的死亡。

15.3.1.3 肿瘤的发育

从细胞水平看，癌的发生与发育涉及多步骤的缓慢过程，在此过程中两个主要因素是突变与选择，由于突变导致增殖、生存、入侵及转移能力增强而被选择下来。肿瘤发生的第一步是肿瘤的起始（tumor initiation），它是由于一个遗传改变，导致一个细胞不正常增殖而引起的。而这种变坏的细胞随着多轮的突变与自然选择，变得越来越糟糕。当然，肿瘤的发生与进展涉及很多因素，持续的年限也很久。

在起始阶段，某个细胞获得了一个突变，或是获得一个表观遗传（epigenetic）的变化，使之比相邻的细胞多了一个特性，能够形成一个自身的环境并能更好地在该环境中生长。在肿瘤中，环境恶劣，少氧，营养匮乏，并且被周围正常细胞设置了许多生长的障碍，但是，随着肿瘤细胞数量越来越多，至少有个别细胞有机会突破相邻正常细胞的封锁，因此，随着肿瘤的生长，进程加快，适应性最强的子代细胞继续分裂，并最终在发育损伤部位形成显性克隆（dominant clone）（图 15-29）。

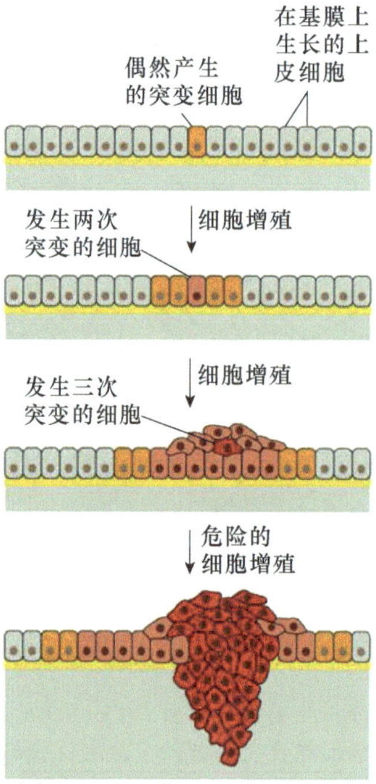

图 15-29 肿瘤发育与克隆形成（引自 Alberts et al.，2015）。图中显示肿瘤通过几轮反复突变与增殖，最终形成一个由恶性癌细胞组成的克隆。每一轮，细胞都要经过一个突变来增强增殖或降低死亡，这样，它们的子代肿瘤就组成了克隆，每个克隆再经过突变，并逐渐增加细胞数量向前推进，最后侵入基膜并起始转移。

如同动植物发育，肿瘤也会进化成不同的亚克隆细胞，亚克隆之间在遗传上具有多样性。这些亚克隆可以独立转移到不同环境，并在适合的环境中生存。此外，每个亚克隆可以发生不同的突变获得新的特性，因此增加了肿瘤遗传的多样性。

15.3.1.4 癌细胞转移

恶性肿瘤的一个显著特点是能够侵入（invade）相邻的组织，并转移（metastasis）到其他的组织。如果在转移过程中，细胞继续增殖的话，就会沿途留下肿瘤的“种子”，大多数肿瘤细胞最终都会获得转移能力。

正常细胞通常因细胞-细胞间的黏着以及基膜等物理障碍被限制在原有的器官及组织，但是，癌细胞具有穿过基膜的能力并转移到身体的其他组织与器官（图 15-30）。

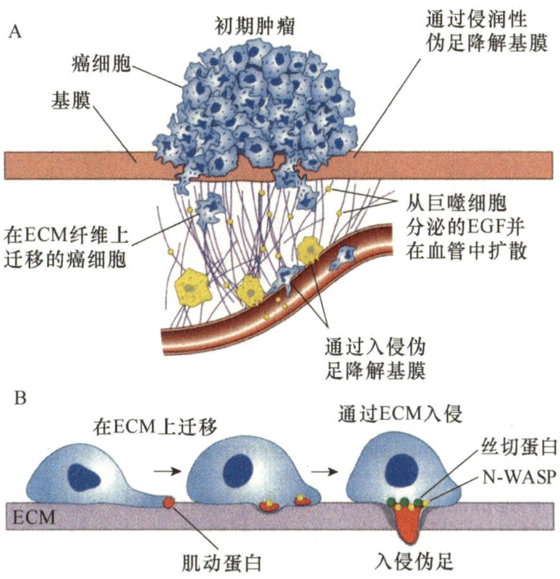

图 15-30 癌细胞转移（引自 Lodish et al.，2013）。A. 以乳腺癌细胞为例，转移的第一步，某些乳腺癌细胞离开肿瘤，附着到基膜；通过细胞外基质纤维到达血管，癌细胞通过诸如表皮生长因子（EGF）之类的信号，附着到血管上，EGF 是由巨噬细胞分泌的；癌细胞进一步穿过血管的上皮细胞的壁进入血流。B. 癌细胞伸展的侵润性伪足（invadopodium）能够产生金属蛋白酶（metalloprotease）及其他的一些蛋白酶来开辟通路。

15.3.2 癌的遗传学基础

癌是一种基因性疾病，因为所有的癌都与基因的改变有关；但癌与先天性遗传疾病不同，后者系缺陷基因通过性细胞传递到子代而发病，而癌主要是体细胞后天获得性 DNA 的改变导致细胞无节制地增殖，这种增殖不断侵袭周围正常组织，导致疾病。所以，在大多数情况下，癌症是不遗传的。从细胞水平上看，癌的发育又是极偶然的事件。从遗传上看，癌都是由一个细胞发展而来，由一个失去了增殖控制的细胞发展而来，因此将癌看成是单克隆的。究其根源是基因突变及表达了错误的蛋白质，导致细胞生理生化表型的改变。将突变后导致细胞癌变的基因统称为癌基因。

15.3.2.1 癌发生的生化起因

癌的发生源于表达了突变的蛋白质，突变的蛋白质结构发生了变化，影响了细胞的正常生长。突变后可诱发癌变的蛋白质大约分为 7 类（图 15-31）：①某些细胞外信号分子，如生长因子（growth factor）；②信号受体（signal receptor）；③信号转导蛋白（signal transduction protein）；④转录因子（transcription factor）；⑤细胞周期控制蛋白（cell-cycle control protein）；⑥ DNA 修复蛋白（DNA-repair protein）；⑦抗凋亡蛋白（antiapoptosis protein），包括促进凋亡

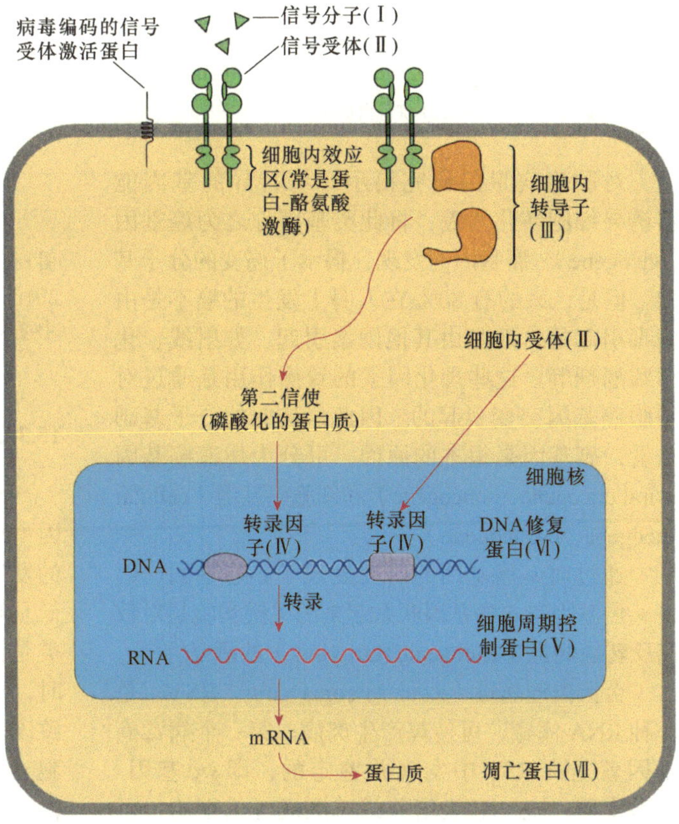

图 15-31 参与细胞生长于增殖控制的 7 类蛋白质（引自 Lodish et al.，2013）。

的肿瘤抑制蛋白，以及促进细胞生存的癌蛋白。

15.3.2.2 病毒癌基因与细胞癌基因

病毒中有几个家族被称为肿瘤病毒（tumor virus），能够直接诱发实验动物与人发生癌变。其中包括引起肝癌的乙型与丙型肝炎病毒、引起颈部癌及生殖器癌的乳头瘤病毒（papilloma virus）、梅克尔细胞多瘤病毒（Merkel cell polyomavirus）、疱疹病毒（herpesvirus），以及反转录病毒（retrovirus），如人的T细胞淋巴瘤病毒（成年T细胞白血病）。另外，HIV可在HIV患者体内诱发癌变并发生免疫缺陷。

除了RNA病毒引起细胞癌变外，有些DNA病毒也能引起细胞癌变。表15-4列出了部分与肿瘤有关的DNA病毒和RNA病毒。

表15-4 部分DNA、RNA病毒

病毒家族	诱导人的肿瘤	基因组大小/kb
DNA病毒		
乙型肝炎病毒	肝癌	3
多瘤病毒及SV40	梅克尔细胞瘤	5
乳头瘤病毒	颈部癌及生殖器癌	8
疱疹病毒	伯基特淋巴瘤、鼻咽癌、卡波西肉瘤	100～200
RNA病毒		
丙型肝炎病毒	肝癌	10
反转录病毒	成人T-细胞白血病	9～10

对肿瘤病毒的研究揭示一些特异的基因能够诱导细胞转化为癌，将此类基因称之为癌基因（oncogene）。癌基因的发现，揭示了癌变的分子基础。但是，大约有80%在人身上发生的癌不是由病毒引起的，而是由其他因素引起，如射线、化学致癌剂等。这些理化因素的致癌作用是通过对细胞癌基因突变引起的。因此，从癌的分子基础来看，癌基因是根本的原因，可分为病毒癌基因（viral oncogene，v-oncogene）和细胞癌基因（cellular oncogene，c-oncogene）。

通过对v-癌基因的研究发现了c-癌基因。而将v-癌基因与c-癌基因联系起来的关键实验是对致癌反转录病毒（oncogenic retrovirus）的研究。

劳氏肉瘤病毒（Rous sarcoma virus，RSV）是一种RNA病毒，可使鸡产生肉瘤。第一个病毒癌基因就是在RSV中发现并鉴定的，即*src*基因。实验表明，RSV感染培养的鸡胚成纤维细胞，可使鸡胚成纤维细胞发生转化；将转化的鸡成纤维细胞导入小鸡体内，可诱导小鸡在1～2周内长出一个大的肿瘤。但是，用与RSV亲缘关系密切的禽白血病病毒（avian leukosis virus，ALV）做对照，不会发生小鸡胚成纤维细胞的转化（图15-32）。

已经从不同的动物，包括鸡、火鸡、小鼠、大鼠、猫与猴子等分离了40多种高度致癌的反转录病毒。所有这些病毒，都像RSV一样，至少含有一个（有些含两个）与病毒复制无关，但可以引起细胞转化的癌基因。在某些情况下，不同的病毒含有相同的癌基因。这些癌基因中，有很多基因编码的蛋白质都是促进细胞增殖信号途径中的重要成分（如Ras、Raf蛋白）。

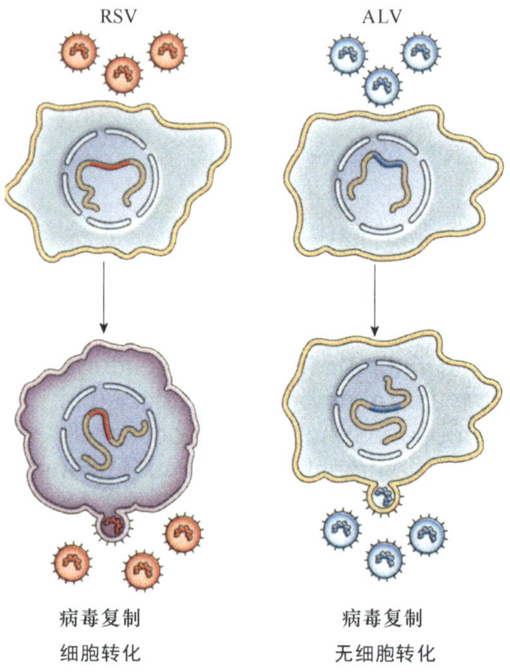

图15-32 RSV与ALV转化实验（引自Cooper and Hausman，2016）。RSV与ALV病毒基因组都能在鸡胚成纤维细胞中复制，但是只有RSV能引起细胞转化。

15.3.2.3 致癌基因

致癌基因（carcinogenic gene）又称致癌关键基因（cancer critical gene），意指所有因突变可促进癌的发生或生成的基因。根据突变基因的产物活性高低及对癌形成的影响，将致癌基因分为三类。第一类是原癌基因（proto-oncogene）。此类基因未突变时，基因产物具有正常的细胞功能，一旦突变，导致该基因过表达或表达产物的活性过高从而导致细胞癌变。将原癌基因突变致癌的突变称为功能获得突变（gain-of-function mutation），因此类突变获得了诱发细胞癌变的功能。功能获得突变致使原癌基因转变成了癌基因。第二类是肿瘤抑制基因

（tumor suppressor gene），此类基因突变丧失了对肿瘤的抑制作用。将肿瘤抑制基因的突变称为功能失去突变（loss-of-function mutation），它们因突变失去了功能之后导致细胞癌变。第三类是基因组维护基因（genome maintenance gene），因为它们的突变导致基因组不稳定。例如，*p53* 基因，它的突变会失去对细胞基因组 DNA 维护的能力，此类基因也是功能失去突变。表 15-5 总结了三类致癌基因的一些基本特性。

表 15-5 三类致癌基因的比较

基因类型	基因的正常功能	基因产物举例	突变效应	突变基因的遗传特性	基因突变的原因
原癌基因	促进细胞的生存或增殖	抗凋亡蛋白；促进细胞增殖信号传导及信号转导途径中的成分；转录因子	功能获得突变，允许细胞的增殖与生存不受调节	遗传显性突变	点突变；染色体转位；基因扩增
肿瘤抑制基因	抑制细胞的增殖与生存	促凋亡蛋白质；细胞周期进程的抑制蛋白；DNA/染色体损伤的关卡监控蛋白；阻止细胞增殖信号途径中的成分	功能失去突变，允许细胞的增殖与生存不受调节	遗传隐性突变	基因缺失；点突变；甲基化作用
基因组维护基因	DNA 损伤修复及防止 DNA 损伤	DNA 修复酶	功能失去突变，允许突变累积	遗传隐性突变	基因缺失；点突变；甲基化作用

原癌基因只要一个拷贝突变就会转变成癌基因，因此原癌基因的突变是显性的；而肿瘤抑制基因与基因组维护基因则需要两个拷贝都突变了才能诱发癌变，所以肿瘤抑制基因与基因组维护基因突变是隐性的（图 15-33）。

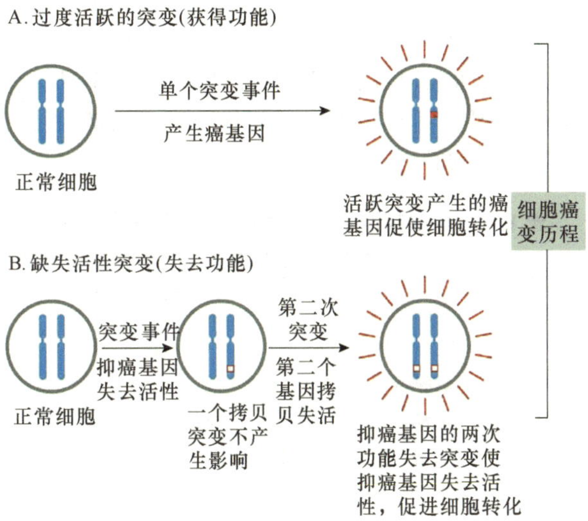

图 15-33 两类致癌基因突变（引自 Alberts et al.，2015）。A. 功能获得突变只需发生一次突变，就能够促进细胞癌变。由于此类突变仅涉及一对等位基因中的一个，所以是显性突变。B. 功能失去突变需要发生两次突变，使得一对等位基因的两个拷贝都发生了突变才会促进细胞癌变，因此是隐性突变。

15.3.2.4 原癌基因与功能获得突变

原癌基因是正常细胞中来自反转录病毒的致癌基因。在正常的细胞中，它们是细胞内重要的调节基因。在很多情况下，这些基因编码的蛋白质在正常细胞中通常参与增殖的信号调控（如 *ras*、*raf*）。癌基因是相应的原癌基因不正常的表达，或原癌基因突变的形式，从突变的角度来说，这种突变是功能获得突变。

原癌基因突变成癌基因，称为原癌基因的激活（activation）或转变（conversion），涉及功能获得突变，至少有 4 种可能的机制。①点突变（point mutation）：在原癌基因中发生了单个碱基对的变化导致产生了具有超活性（hyperactive）或持续活性的蛋白质。②染色体易位（chromosomal translocation）导致两个基因融合成一个杂合基因，编码一个嵌合的蛋白质，这种蛋白质的功能与亲代蛋白质不同，常常是组成型表达。③染色体转位，这种转位与前面的易位不同，这种转位将一种生长调控基因置于不同的启动子的控制之下，导致该基因不合时宜地表达。④扩增（amplification），如不正常的 DNA 复制。一段含有原癌基因的 DNA 扩增，拷贝数增加，导致编码蛋白的超量合成。例如，Raf 原癌基因蛋白含有两个结构域：一个是氨基端的调节结构域，另一个是羧基端的蛋白激酶结构域。在病毒 Raf 原癌基因蛋白中，其氨基端的调节结构域已经缺失，并被部分缺失的病毒 Cag 序列（ΔCag）所替代（图 15-34），结果是蛋白激酶不受调节地持续合成，引起细胞转化。

Ras 蛋白基因的点突变是原癌基因功能获得突变的典型例子。在人体正常的细胞中，原癌基因 *ras* 编码的 Ras 蛋白在生长因子类信号分子的信号通路中具有重要作用，但是在关键位置发生点突变后，会导致癌变。第一个发现的突变是第 12 位的甘氨酸被缬氨酸取代，*ras* 原癌基因突变成癌基因，

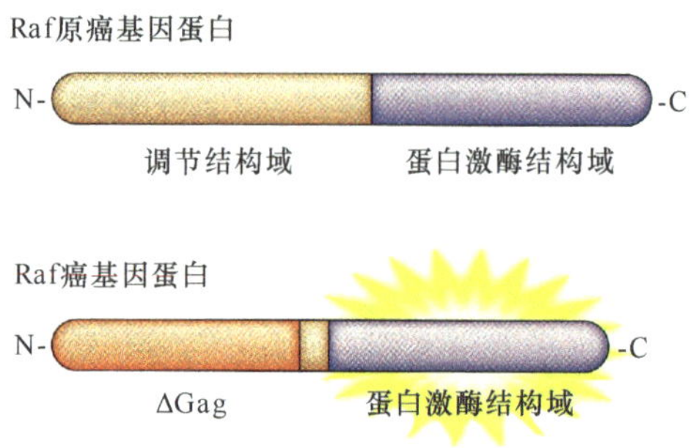

图 15-34　Raf 原癌蛋白（引自 Cooper and Hausman，2016）。

导致细胞癌变（图 15-35）。其后又发现，第 12、13、61 位氨基酸被其他的氨基酸取代也会导致 *ras* 原癌基因突变成癌基因。

表 15-6 列出了人体常见的癌基因与诱发的肿瘤。

15.3.2.5　肿瘤抑制基因与功能失去突变

一般情况下，肿瘤抑制基因编码的蛋白质以不同的方式抑制细胞增殖。这类基因突变，失去了其对肿瘤发育的“抑制”功能。涉及功能失去突变导致细胞癌变的抑癌基因编码的蛋白质可分为以下 5 类：①调节或抑制细胞进入细胞周期的蛋白质（如 p16 及 Rb 蛋白）；②作为分泌激素或抑制细胞增殖的发育信号受体及转导蛋白（如 TGF-β）；③细胞关卡控制蛋白，如监控 DNA 复制正确与否及 DNA 是否有损伤的 p53 蛋白；④促进凋亡的蛋白质；⑤参与 DNA 修复的酶类。

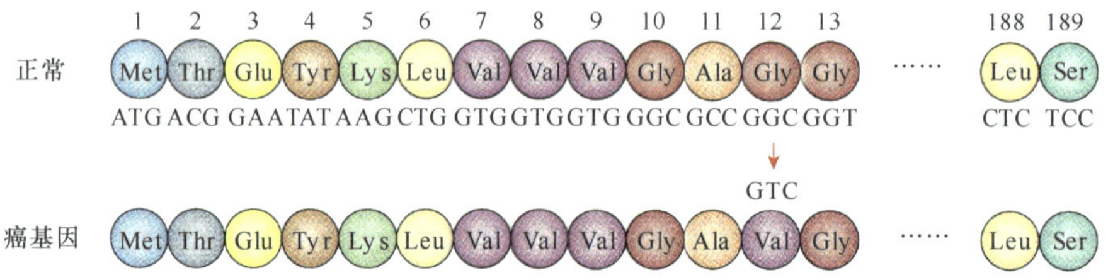

图 15-35　*ras* 原癌基因的点突变（引自 Cooper and Hausman，2016）。

表 15-6　人体常见的癌基因与肿瘤

癌基因	激活机制	肿瘤
abl	易位	慢性髓样白血病，急性淋巴细胞白血病
bcl-2	易位	卵泡 B 细胞淋巴瘤
CCND1	易位	甲状腺腺瘤，B 细胞淋巴瘤
CCND1	扩增	鳞状细胞、膀胱、乳腺、食管、肝及肺癌
Cdk4	点突变	黑素瘤
CTNNB1	点突变	结肠癌
eRbB	扩增	星形细胞瘤，多种其他类型瘤
eRbB	点突变	肺癌
eRb-2	扩增	乳腺癌、卵巢癌
c-*myc*	易位	伯基特淋巴瘤
L-myc	扩增	肺癌
N-myc	扩增	成神经细胞瘤、肺癌
PDGFR	易位	慢性骨髓单核白血病
PDGFR	点突变	胃肠基质瘤
PI3K	点突变	乳腺癌、卵巢癌、胃癌、肺癌
B-raf	点突变	黑素瘤、结肠癌
rasH	点突变	甲状腺腺瘤
rasK	点突变	结肠、肺、胰腺及甲状腺腺癌
rasN	点突变	急性髓样淋巴细胞白血病、甲状腺腺瘤

目前推测人的基因组织中大约有 20 多种肿瘤抑制基因。表 15-7 列出了部分肿瘤抑制基因及突变后引发的肿瘤。

表 15-7　肿瘤抑制基因的功能及突变后引起的肿瘤

基因	突变后引发的癌变
APC	结肠 / 直肠癌
BRCA1	乳腺癌与卵巢癌
BRCA2	乳腺癌
INK4	黑素瘤、肺癌、脑瘤、白血病、淋巴癌
p53	脑瘤；乳腺癌、结肠 / 直肠癌、食道癌、肝癌、肺癌；肉瘤、淋巴瘤
PTCH	基底细胞瘤
PTEN	脑瘤，黑素瘤，前列腺癌、内皮癌、肾癌及肺癌
Rb	成视网膜细胞瘤，肉瘤，膀胱、乳腺与肺癌
Smad2	结肠 / 直肠瘤
Smad4	结肠 / 直肠瘤，胰腺瘤

1）*Rb* 基因　*Rb* 基因是世界上第一个被克隆和完成全序列测定的肿瘤抑制基因，为成视网膜细胞瘤易感基因。*Rb* 基因转录产物约 4.7kb，表达产物为 928 个氨基酸组成的蛋白质，分子质量约 105kDa，称为 P105-Rb。Rb 蛋白分布于核内，是一类 DNA 结合蛋白。

Rb 基因与癌的关系有两种情况：一种是遗传性的（hereditary），或称家族性（familial），即某些家族的儿童中高频率发生成视网膜细胞瘤；另一种是散发（sporadic）性的，即在无家族关系人群的较年长者中零散发生。成视网膜细胞瘤发生的家族性表明该病是可遗传的。从成视网膜细胞瘤儿童的细胞中进行的遗传分析，发现患者13号染色体有一小段缺失（图15-36），并且这种缺失不仅是肿瘤细胞，而且在身体其他所有组织中都是缺失的，这表明该缺失是遗传下来的。

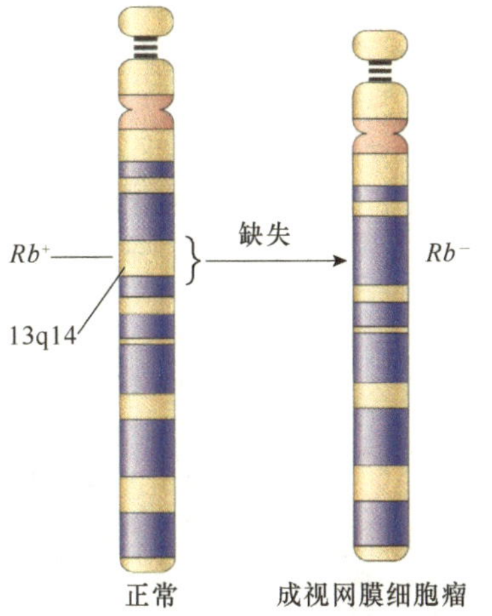

图15-36 在成视网膜细胞瘤中 *Rb* 基因的缺失（引自Cooper and Hausman，2016）。

遗传性视网膜瘤儿童的 *Rb* 基因的两个拷贝中有一个是正常的，一个 *Rb* 基因拷贝有缺失突变，这种儿童会在生命的早期患视网膜瘤，而且是两只眼睛都会发生。携带有遗传性 *Rb* 突变的儿童发生视网膜细胞病变必须在另一个 *Rb* 基因拷贝也发生突变导致功能丧失之后（图15-37A），因为只有 *Rb* 基因的两个拷贝都失活，才会引起病变。对于非遗传的视网膜瘤患者而言，由于遗传的一对 *Rb* 基因是正常的，所以需要经过两次独立的自发突变（图15-37B），才会发生视网膜细胞癌变，这种概率要小得多，即使发生，也是在年龄很大以后，并且通常只会影响一只眼睛。

2）*p53* 基因　*p53* 基因是迄今发现与人类肿瘤相关性最高的基因，该基因编码一种分子质量为53kDa的蛋白质，命名为p53。

p53蛋白有两类功能，一是调节细胞周期的进程，其目的是维护基因组的稳定；二是调节细胞凋亡，目的是防止细胞癌变。因此，*p53* 基因既是基因组维护基因，也是肿瘤抑制基因。

p53蛋白主要集中于核仁区，能与DNA特异结合，其活性亦受磷酸化调控。p53蛋白在S期磷

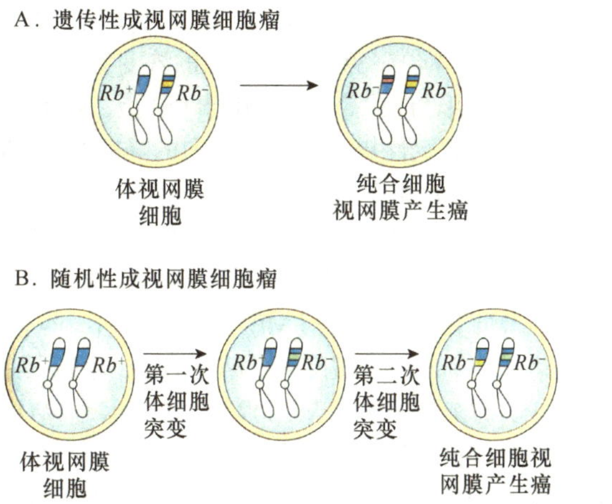

图15-37 自发的体细胞突变对成视网膜细胞瘤的作用（引自Lodish et al.，2013）。成视网膜细胞瘤是由一对等位基因 *Rb* 决定的。A. 在家族性成视网膜细胞瘤患者中，他们出生时就携带了一个突变的 *Rb* 基因拷贝，后经自发突变，使两个 *Rb* 基因都成为突变的形式，这样很快发展为成视网膜细胞瘤。B. 非遗传的视网膜瘤需要经过两次独立的自发突变，才会发生视网膜细胞癌变，这种概率很小。

酸化，其抑制细胞分裂的活性消失。正常p53蛋白的生物功能好似"基因组卫士"（guardian of the genome），在 G_1 期检查DNA损伤点，监测细胞基因组的完整性。如有损伤，p53蛋白阻止DNA复制，以提供足够的时间使损伤DNA修复；如果修复失败，p53蛋白则引发细胞程序性死亡阻止具有基因损伤、可能诱发癌变的细胞产生；如果 *p53* 基因的两个拷贝都发生了突变，对细胞的增殖失去控制，导致细胞癌变（图15-38）。

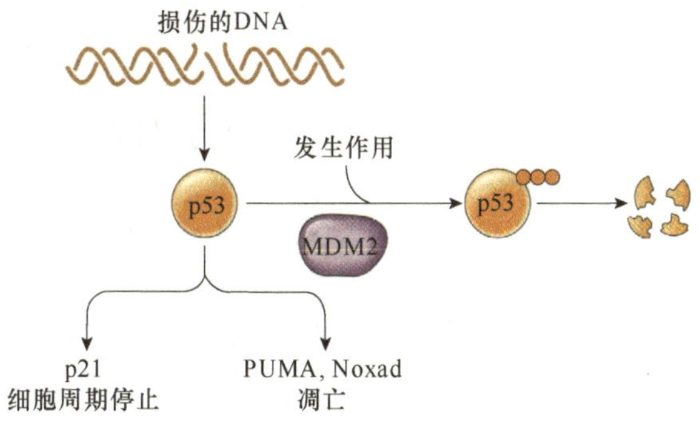

图15-38 p53蛋白的作用（引自Cooper and Hausman，2016）。p53蛋白既能调控DNA损伤的细胞进入细胞周期，又能在DNA损伤的诱导下，启动凋亡蛋白Bcl2家族成员PUMA及Noxad表达诱导细胞凋亡。MDM2是癌基因蛋白，是一种泛素连接酶，能够将p53蛋白泛素化后降解。

在健康的 G_1 细胞中，p53蛋白的浓度很低，如果 G_1 细胞受到遗传损伤（如受到紫外光照射或化学致癌物的作用），p53蛋白的浓度会快速上升。将含

有断裂链的 DNA 注入细胞，可检测到 p53 蛋白浓度的这种变化。研究表明，p53 蛋白的浓度变化不是由于 *p53* 基因表达的提高，而是由于 p53 蛋白降解速度的下降（即稳定性提高）。p53 蛋白的降解受 MDM2 蛋白的调控，该蛋白质与 p53 蛋白结合，并将 p53 蛋白由细胞核输出到细胞质，并经泛素化途径被降解。在 DNA 损伤关卡途径中，p53 蛋白要被磷酸化，p53 蛋白被磷酸化之后不再与 MDM2 蛋白结合，也就不会被运送到细胞质中被降解，因此 DNA 损伤后细胞核中 p53 的浓度升高，从而激活 *p21* 基因和 *BAX* 基因的表达，使细胞停止分裂或使细胞进入程序性死亡。如果 *p53* 基因突变，等于失去了分子警察，DNA 损伤引起的突变失去监控，就会导致细胞癌变。

犹他大学的研究者发现大象身上细胞数量是人类的 100 倍，但大象的癌症致死率低于 5%，而人类的癌症致死率则为 25%。通过对大象的 DNA 分析，发现一些大象身上至少有 40 个 *p53* 基因拷贝，相比之下，人类只有两个 *p53* 基因拷贝。由此可见 *p53* 基因对癌的抑制作用有多大。

15.3.2.6　肿瘤抑制基因失活的机制

有多种方式使肿瘤抑制基因失活，包括基因突变与表观遗传（epigenetic）。在基因突变中，通过基因突变使肿瘤抑制基因失活的方式也有多种，以 *Rb* 基因为例，有多达 6 种可能的方式使正常的 *Rb* 基因失活（图 15-39）。

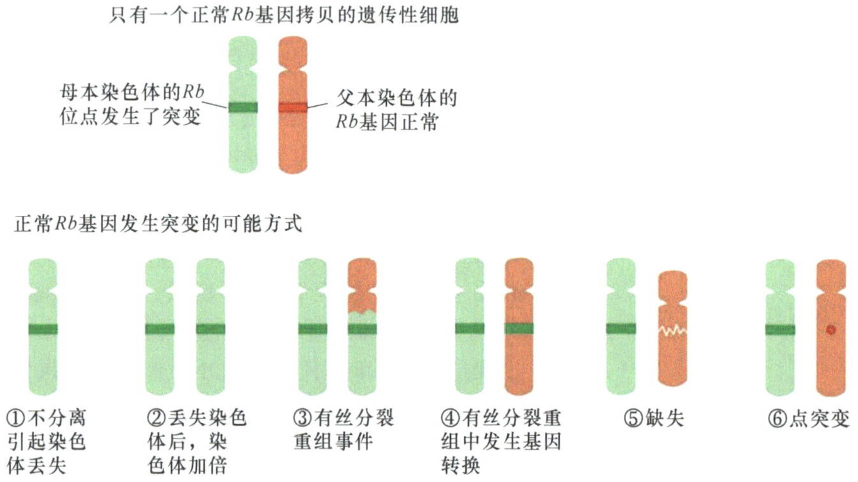

图 15-39　肿瘤抑制基因功能丧失突变的 6 种可能的方式（引自 Alberts et al.，2015）。一个表型正常但含有失活 *Rb* 基因拷贝的缺陷细胞可通过 6 种可能的遗传方式将正常 *Rb* 基因拷贝失活：①不分离引起正常拷贝的染色体丢失；②丢失染色体后，含突变基因的染色体加倍；③通过有丝分裂重组；④有丝分裂重组期间发生基因转换，使正常基因拷贝转换成突变的基因拷贝；⑤正常基因拷贝缺失；⑥正常基因拷贝发生点突变。

表观遗传学的改变是导致肿瘤抑制基因永久失活的另一类重要方式。可以通过 DNA 甲基化，以及改变组蛋白修饰酶（histone modifying enzyme）或染色质重塑复合物的活性等将肿瘤抑制基因沉默。这些表观遗传学的改变导致肿瘤抑制基因不可逆的失活。

DNA 甲基化发生在 CpG 岛的胞嘧啶中，它们主要存在于基因的启动子中。这些胞嘧啶的甲基化会导致启动子的抑制。大部分结直肠癌的特征是 DNA 超甲基化（hypermethylation）。DNA 低甲基化（hypormethylation）也是癌症的标志。许多与癌症有关的基因的启动子被低甲基化，引起它们所控制基因的表达增加。例如，25% 的急性髓样细胞白血病的特征是 DNA 低甲基化，这是由于催化 CpG 二核苷酸甲基化的酶失活突变所致。最近发现的与 DNA 甲基化有关的 DNA 修饰包括在 CpG 岛上 5-甲基胞嘧啶转化为羟基化的变体（5-羟基甲基胞嘧啶）。这种 DNA 修饰也与癌症有关。催化这些转化的酶是 DNA 羟化酶家族的成员。这些酶需要 α-酮戊二酸作为辅助因子，并受到环烷二酸 2-羟戊二酸的抑制。编码染色质修饰蛋白及调节蛋白基因也与肿瘤发生有关。多种类型的肿瘤全基因组测序显示，大约 40 个编码表观遗传调节蛋白的基因突变的频率较高。在多种肿瘤中还发现了编码组蛋白甲基转移酶、组蛋白去甲基化酶和组蛋白乙酰基转移酶的基因突变。

在与癌症相关的染色质重塑因子中，主要是 SWI/SNF 复合物。这种大的、由多种蛋白组成的复合物的核心区有一个 ATP 依赖的螺旋酶，该酶调控组蛋白的修饰与染色质重塑。例如，SWI/SNF 复合物可以改变核小体的位置与结构，决定调控转录的 DNA 结合蛋白能否与相关基因结合。如果一个被 SWI/SNF 复合物介导的染色质重塑而正常激活或是被抑制的靶基因，若编码 SWI 或 SNF 蛋白的基因发生了突变将会引起靶基因表达的改变。通过转基因鼠的研究表明，SWI/SNF 复合物抑制 *E2F* 基因的表达，从而抑制了细胞周期的进程。因此，SWI/SNF 功能的丢失，如同 Rb 功能的丢失，导致细胞的过快生长，甚至癌变。事实上，在老鼠体内，Rb 蛋白招募 SWI/SNF 蛋白抑制编码 E2F 蛋白的基因转录。在人类和老鼠的研究中获得的证据也有力地证明 *SNF5* 基因与癌症有关。SNF5 蛋白是 SNF 复合物的核心成分。在人类中，*SNF5* 基因突变会导致肾脏内形成最常见的横纹肌样肿瘤，此外，也有可能在脑及其他组织形成肿瘤，并且具有家族遗传倾向。研究还发现，编码各种不同 BAF 蛋白（也是 SNF 复合物的亚基）的基因在 40% 的肾癌、50% 的卵巢癌中发生了突变；此外，在肝癌和膀胱癌中，BAF 蛋白变异的比例也很高。总之，表观遗传失调已成为肿瘤发生的重要原因。

15.3.3 癌的预防与治疗

对癌的防治主要在三个水平：预防、诊断与治疗。预防是第一位的，防重于治。事实证明，有些癌是可以预防的。尤其是戒烟对癌的预防是非常重要的。高度敏感的分子分析方法，有利于精确进行早期诊断，诊断越早，越有利于手术及放射治疗，因为发现早，肿瘤小，更重要的是早期的肿瘤没有转移与扩散。

15.3.3.1 致癌剂

能够引起细胞癌变的物质称为致癌剂（carcinogen）。引起癌细胞发生的原因很多，大致分为 4 种类型：化学因素、辐射、病毒和遗传。化学因素主要是各种化学致癌物；物理因素主要是紫外光等的辐射作用；病毒和遗传则是指病毒癌基因和细胞癌基因。

英国伦敦医生 Hill 在 1761 年首次提出化学致癌观点。1775 年，另一位英国外科医生 Pott 获得环境因子与癌发生的相关证据。他发现一些男性烟囱清洁工人的鼻腔和阴囊皮肤等是癌的高发部位，原因是过度与煤烟接触有关。在过去几十年内，经动物实验，已经从煤烟中分离出几百种致癌化学物质。后来发现煤炭工业、印染工业中的某些化学物质也具有致癌性。

由于人类生活在一个十分复杂的环境中，而且所接触到的各种致癌物随着工业的发展而发生不断的变化，所以很难确切地得出癌与致癌物的关系。由于个人的生理和心理素质不同、生活习性不同，对癌的易感性也是不同的。

人类在自然环境中受到的辐射主要来自太阳的紫外线、外层空间的宇宙射线（cosmic ray）以及自然发生的放射性元素的辐射（emission）。另外，还受到来自医疗、工业和军事活动中人为产生的高能辐射，这些辐射主要是 X 射线和放射性元素的辐射。阳光致癌作用主要通过对热带地区长时间在太阳下工作的人们的观察推测的，因为他们皮肤癌的发病率相当高，并且只有那些暴露于阳光的部位易感皮肤癌。遮盖身体部位或用可吸收紫外辐射防护剂进行保护都会降低皮肤癌的诱发。

由于 X 射线具有较强的穿透力，可以穿透皮肤到达内部器官，所以致癌能力远较紫外线强。1895 年，Roentgen 发现受这种辐射的人，其癌的易感性大大增加，后来通过动物实验证实了 X 射线对癌的诱发。但是在临床上，X 射线对某些疾病的治疗效果远大于对癌的诱发。不过 X 射线治疗带来的副作用是肯定的，如某些国家，在临床上采用 X 射线处理头和颈部浅表皮肤癣、粉刺，其甲状腺癌的发病率比其他国家高。因此在利用 X 射线作为治疗手段时一定要权衡利弊。

一些放射性元素的辐射对癌的诱发效应同 X 射线相类似。第一位从事放射性研究的科学家居里夫人发现了放射性元素镭，她后来死于白血病，这显然与她过度与放射性接触相关。

虽然致癌的因素很多，但是烟草中的烟却是当今世界危害最大的致癌剂，它诱发的癌症死亡率超过任何其他的致癌因素（表 15-8）。

表 15-8 环境与生活方式对癌发生的影响

诱因	占癌症的比例 /%	死亡人数 / 年
吸烟	33	189 000
饮食、超重、肥胖	25	143 000
缺少运动	5	28 600
病毒	5	28 600
酒精	3	17 200
紫外线及离子辐射	2	11 400
机遇性致癌剂	5	28 000

注：表中是美国 2012 年的数据，引自 Colditz et al.，2012。

15.3.3.2 致癌剂的致突变作用

关于化学致癌物和辐射等因素对癌的诱发机制目前尚不清楚，通过对一些特别致癌物的分析，发现与 DNA 突变有关。

图 15-40 是几种致癌物对 DNA 的诱变作用。在亚洲，一些储藏在潮湿条件下的坚果、谷类容易长黄曲霉，这些真菌产生的黄曲霉毒素 B（aflatoxin B）是肝癌的主要诱因。其机制是黄曲霉毒 B 能够引起肿瘤抑制基因 *p53* 的第 249 位密码中的碱基置换，即 G→T，因此在普查中可作为肝癌检测的一种指标。虽然毋庸置疑，食物和环境中的诱变剂是

致癌的因素，但大多数致癌的突变主要来自正常代谢过程中的 DNA 损伤。

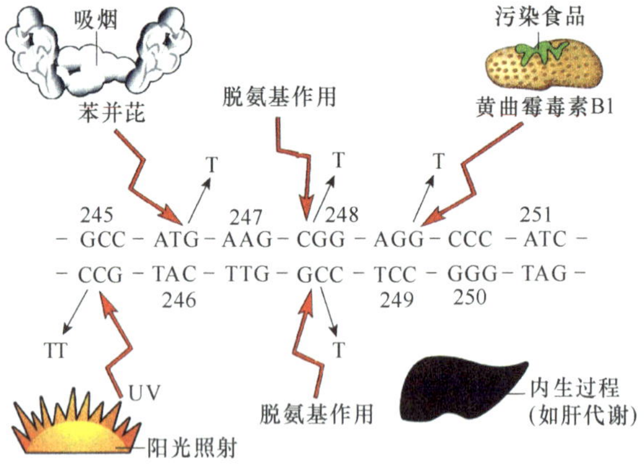

图 15-40　某些理化因子的致癌作用（引自 Karp，1996）。图中随机挑选了 *p53* 基因中 7 个密码子。这些密码子在人的癌症患者中有 50% 会发生缺失或突变。图中显示了几种不同致癌物，包括苯并芘（benzopyrene）（它是在香烟的烟雾中发现的）、黄曲霉毒素 B1、阳光中的紫外线等作用于该序列引起突变的机制。每一种致癌物都引起一种不同的碱基置换。图中也显示了由于内源代谢引起的脱氨作用，也会导致 C→T 突变。

实际上，直接作用于 DNA 的致癌剂很少，并且在化学上是相当惰性的。只有当它们在肝组织中，经过 P450 氧化酶代谢处理转变成更具反应性的分子后才能对 DNA 具有伤害性。P450 氧化酶在正常情况下，是将毒性物质转变成无害的物质。不幸的是，它们对某些化学分子的作用是高度致突变的，通过这种方式被激活的致癌剂包括苯并芘，这是一种存在于煤焦油、烟及黄曲霉素 B1 中的致癌剂。

目前已知的致癌因子都不具特异性。但是由真菌产生的黄曲霉素 B1 是最具威胁的、具有一定特异性的致癌剂。黄曲霉毒素 B1 是由真菌产生的，在自然条件下污染热带坚果，包括花生、玉米、稻谷、小麦、花生油等粮油食品，且以南方高温、高湿地区受污染最为严重。黄曲霉毒素 B1 的代谢主要发生在肝脏，它在细胞色素 P450 混合功能氧化酶的作用下转化成黄曲霉毒素 M1、黄曲霉毒素 M2、黄曲霉毒素 P1、黄曲霉毒素 Q1、黄曲霉毒素 B2α、黄曲霉毒素醇等物质，是非洲人及亚洲人患肝癌的重要原因。

15.3.3.3　癌症治疗

在我国，癌症已经成为疾病死因之首。数据显示，我国男性 5 种最常见肿瘤依次为肺癌、胃癌、食管癌、肝癌和结直肠癌，加起来占所有癌症病例的 2/3；女性最常见肿瘤依次为乳腺癌、肺癌、胃癌、结直肠癌和食管癌，占所有癌症病例的 60%，其中，乳腺癌占所有女性癌的 15%。男性和女性肺癌、胃癌、肝癌、食管癌和结直肠癌 5 种最常见癌死亡病例占所有癌死亡病例的 3/4。

随着科学的发展，治疗的方法与药物也越来越多。例如，化学疗法常常同时使用两种或两种以上的药物，称为“综合化学疗法”，大多数病患的化疗都是使用这样的方式进行。对早期或较早期实体肿瘤来说，手术切除仍然是首选的治疗方法。根据手术的目的不同，可分为根治性手术、姑息性手术、减瘤手术、探查性手术和预防性手术等。此外还有一些其他治疗方法，如①靶向治疗：如治疗 EGFR 敏感突变的非小细胞肺癌，疗效显著，但耐药基因的出现是目前阻碍进一步提高疗效的主要障碍。②免疫疗法：利用人体内的免疫机制来对抗肿瘤细胞，目前较有进展的就是癌症疫苗疗法和单克隆抗体疗法。③中医中药治疗：配合手术、放化疗可以减轻放化疗的毒副作用，促进患者恢复，增强对放化疗的耐受力。④基因治疗：通过外源基因导入人体以纠正基因缺陷的方法，最终达到直接或间接抑制或杀伤肿瘤细胞的目的。⑤内分泌治疗：如性激素可以用于乳腺癌、前列腺癌、子宫内膜癌的姑息治疗。

在癌症的治疗中，最重要的问题是如何研制对癌基因及肿瘤抑制基因特异的靶向药物。传统的癌治疗药物中的大多数都是针对损伤肿瘤 DNA 或是抑制肿瘤 DNA，其结果是，这些药物不仅对肿瘤细胞有害，而且对正常细胞也有害。抗癌药物的毒性限制了在临床上的使用。

一种有效抑制肿瘤而不会对其他细胞产生毒性的方法是干扰血管生成而不是直接作用于癌细胞。对于肿瘤细胞而言，需要通过建立新的血管获得氧与营养以供肿瘤细胞生长的需要。因此，对于肿瘤的发育而言，血管的生成至关重要。通过动物及临床试验，证明血管生成抑制剂对人类癌的发育具有很好的抑制作用。2004 年美国食品药品监督管理局（FDA）批准了第一个用于抗癌的血管生成抑制剂：一种用于治疗结肠癌的 VEGF 的单克隆抗体。这种单克隆抗体现在也用于成（神经）胶质细胞瘤、肾癌及肺癌的治疗。

靶向治疗是在细胞分子水平上针对已经明确的致癌位点（该位点可以是肿瘤细胞内部的一个蛋白质分子，也可以是一个基因片段），来设计相应的治疗药物，药物进入体内会特异地选择致癌位点发生作用，使肿瘤细胞特异性死亡，而不会波及肿瘤周围的正常组织细胞，所以分子靶向治疗又被称为“生物导弹”。靶向药物的研制是今后癌治疗的重要发展方向。

15.3.3.4 癌症的负性免疫调节治疗

2018 年诺贝尔生理学或医学奖授予两位免疫学家——美国的 James P. Allison 与日本的本庶佑（Tasuku Honjo），以表彰他们“发现负性免疫调节治疗癌症的疗法”方面的贡献。

机体免疫系统的根本特性是识别“自身”（self）与“异己”（non-self），以保证及时攻击和清除入侵的外来细菌、病毒和其他威胁。T 细胞在机体免疫防御中起着十分关键的作用。T 细胞能够发现异常信号，是因为它表面有一种名为 CD28 的受体分子，一旦与被识别为“异己”的分子结合，即会触发免疫系统进行防御。此外，T 细胞上还有其他一些蛋白质充当了 T 细胞的“加速器”（accelerator），它们也是触发完全免疫反应（full-blown immune response）所必需。但是在被激活的 T 细胞表面还有一个与 CD28 结构十分相似的蛋白质——细胞毒性 T 淋巴细胞相关抗原-4（CTLA-4），它起抑制 T 淋巴细胞的免疫作用。也就是说，免疫系统能够自己控制自己，一方面是避免过于强烈的免疫反应把自己搞“垮”了；另一方面是在感染的后期机体进入一种免疫抑制的状态，所以 CTLA-4 蛋白是 T 淋巴细胞后期产生的、给 T 淋巴细胞踩“刹车”的，本是免疫细胞自我调整的过程，却被肿瘤细胞利用了。因为肿瘤细胞表面也有类似的“刹车”分子，它与 T 淋巴细胞的 CD28 作用，从而逃脱了 T 淋巴细胞的免疫作用。

CTLA-4 是细胞毒性 T 淋巴细胞相关抗原-4（cytotoxic T lymphocyte antigen- 4）的缩写，又名 CD152，于 1987 年被法国科学家发现。随后，多位科学家的研究工作提示，这个在结构上与 CD28 类似的分子却执行着一种截然相反的功能：如果把 CD28 比作为 T 细胞活化的“油门”，CTLA-4 则起“刹车”作用，以防止 T 细胞的过度活化。与其他研究人员将这一机制作为自体免疫疾病治疗标靶不同，美国的 Allison 提出了免疫检查点（immune checkpoint）的概念，设想，如果“阻击”CTLA-4，那么 T 细胞受到的束缚是否会被解除，进而全力对抗肿瘤细胞呢？ 1996 年，Allison 首次证明抗体阻断 T 细胞抑制分子（CTLA-4）可增强抗肿瘤免疫反应并清除肿瘤，并逐步发展成可应用于人体的新疗法。

1992 年，本庶佑在 T 细胞表面发现了 PD-1 蛋白。起初本庶佑推测它与细胞凋亡相关，因此用 programmed cell death（程序性细胞死亡）的首字母将其命名为 PD-1。接下来的近十年时间，本庶佑在京都大学的实验室精心设计了一系列巧妙的实验，揭示了 PD-1 也是 T 细胞“刹车”蛋白，但是与 CTLA-4 的作用机制不同。在 2012 年进行的一项临床试验中，基于抑制 PD-1 的新方法被用于不同类型癌症病患的治疗，效果非常好。T 细胞“刹车”蛋白 CTLA-4 和 PD-1 抗肿瘤机制总结于图 15-41。

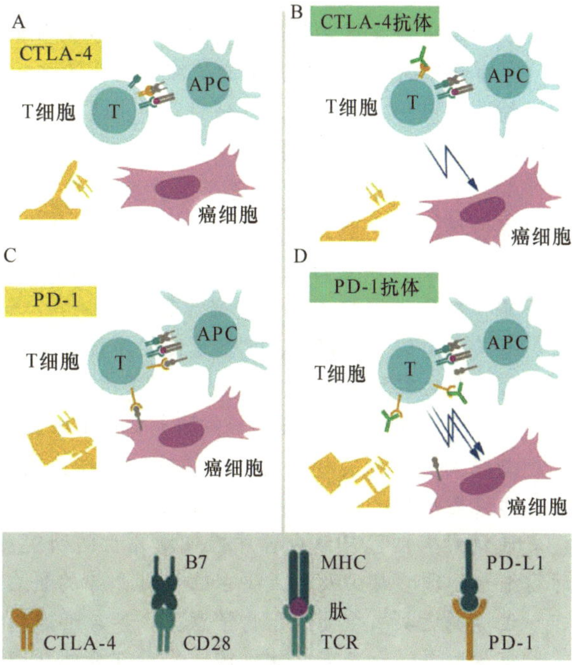

图 15-41 CTLA-4 和 PD-1 的免疫抑制作用及相应抗体的刹车效应。A. T 细胞激活需要双信号：一是 T 细胞受体（TCR）识别结合抗原呈递细胞（antigen-presenting cell，APC）表面的 MHC-抗原肽复合物；二是 T 细胞表面 CD28 与 APC 表面 B7 分子结合的共刺激信号；而 CTLA-4 则作为“刹车”与 B7 结合抑制 T 细胞的活化。B. 抗 CTLA-4 抗体（绿色）可阻断“刹车”功能，导致 T 细胞激活，攻击癌细胞。C. PD-1 是另一种抑制 T 细胞活化的“刹车”分子。D. 抗 PD-1 抗体可阻断“刹车”功能，导致 T 细胞激活，高效攻击癌细胞。

在负性免疫调节治疗癌症的方法中还有一个重要的蛋白质——PD-L1（programmed cell death ligand 1），即程序性细胞死亡-配体，也称为表面抗原分化簇 274（cluster of differentiation 274，CD274）。2000 年和 2001 年，本庶佑与 Gordon Freeman 合作发现了 PD-1 的两个配体 PD-L1 和 PD-L2，其中 PD-L1 就是美籍华人科学家陈列平于 1999 年发现的 B7-H1。陈列平教授发现了 B7-H1，并证明 B7-H1 可以抑制 T 细胞免疫反应。2002 年，陈列平证实肿瘤细胞表面的 PD-L1 可以保护肿瘤细胞逃避免疫攻击，而这一肿瘤免疫逃逸作用可被 PD-L1 抗体逆转。2006 年，陈列平首次将抗 PD-1/PD-L1 抗体药物引入肿瘤治疗，在美国开始了 I 期临床试验，抗癌效果明显。

每年 2 月 4 日是世界抗癌日，2017 年的抗癌主题为“我们能，我能战胜癌症”。对于癌症的正确态度应一是重视，二是战胜。其实，癌症并没有人们想象的那么可怕，并不是不治之症。它与心脑血管病一样，也是种慢性病，只要能够做到早发现、早诊断、早治疗，1/3 可以预防；1/3 可以治愈；还有 1/3 则可以通过改善症状减轻痛苦，有尊严地活着。

本章小结

衰老是机体在退化时期生理功能下降和紊乱的综合表现，是不可逆的生命过程。细胞衰老是客观存在的，同新陈代谢一样，细胞衰老是细胞生命活动的客观规律。

细胞具有一定的寿命，可分为三类：①接近于动物的整体寿命；②缓慢更新的细胞，其寿命比机体的寿命短；③快速更新的细胞。

细胞衰老过程是细胞生理与生化反应发生变化的过程，主要表现是细胞对环境变化适应能力和维持细胞内环境恒定能力的降低。细胞衰老有 9 个基本特征，包括：DNA 复制发生错误、基因表达出错、染色体端粒缩短、蛋白质退化失能、衰老细胞“拒绝死亡”、线粒体功能失调、新陈代谢失调、组织停止修复和更新、细胞之间无法交流等。

有关衰老的学说很多，包括遗传程序说、体细胞突变论、端粒缩短论、自由基理论等。

细胞死亡有两种形式，一种为坏死性死亡，是由外部化学、物理或生物因素的侵袭而造成的细胞崩溃裂解；另一种为程序性细胞死亡或细胞凋亡，是细胞在一定的生理或病理条件下按照自身的程序结束其生存。

细胞凋亡与细胞坏死有三个根本的区别：①引起死亡的原因不同；②死亡的过程不同；③细胞坏死常引起炎症反应，而细胞凋亡则不会引起炎症。

通过对秀丽隐杆线虫程序性细胞死亡的研究揭示细胞凋亡是由一系列的基因控制的，并发现所有的动物细胞的凋亡都涉及胱天蛋白酶及其介导的蛋白酶解级联系统。死亡的诱因有内部因素及外部因素。

细胞凋亡具有重要的生物学意义：参与形态建成、调节细胞的数量和质量。

癌细胞是一种突变的体细胞，这种突变体脱离了细胞社会关于增殖和存活的控制，因此可以无限增殖产生肿瘤。引起细胞癌变的因素很多，包括化学、辐射、病毒和遗传等。

从遗传上看，癌的发生主要涉及两类基因：原癌基因与肿瘤抑制基因。原癌基因发生功能获得突变及肿瘤抑制基因发生功能失去突变都会导致癌变。癌症并不是不治之症，关键是早发现、早诊断、早治疗，做到防治结合。

思考题

（1）细胞衰老有哪些基本特征？

（2）什么是程序性细胞死亡？包括哪些过程？

（3）什么是胱天蛋白酶？起始者胱天蛋白酶是如何激活的？

（4）何谓致癌基因？如何分类？

（5）*Rb* 基因是人类抑癌基因的一个典型例子。当该基因的两个拷贝都发生突变时，癌症就会发生。如果肿瘤抑制基因（如 *Rb*）能在人类所有细胞中都以高水平表达，你认为癌症能被根除吗？解释你的答案。

主要参考文献

孙明伟，李寅，高福. 2010. 从人类基因组到人造生命：克雷格·文特尔领路生命科学 [J]. 生物工程学报，26：297-606.

Adam SA, Gerace L.1991. Cytosolic proteins that specifically bind nuclear location signals are receptors for nuclear import [J]. Cell, 66: 837-847.

Adams JM, Cory S. 2007. Bcl-2-regulated apoptosis: mechanism and therapeutic potential [J]. Curr Opin Immunol, 19: 488-496.

Akopian D, Shen K, Zhang X. 2013. Signal recognition particle: an essential protein-targeting machine [J]. Annu Rev Biochem, 82: 693-721.

Alberts B, Bray D, Lewis J, et al. 1989. Molecular Biology of the Cell [M]. 2nd ed. New York: Garland Publishing, Inc.

Alberts B, Bray D, Lewis J, et al. 1994. Molecular Biology of the Cell [M]. 3rd ed. New York: Garland Publishing, Inc.

Alberts B, Johnson A, Lewis J, et al. 2002. Molecular Biology of the Cell [M]. 4th ed. New York: Garland Publishing, Inc.

Alberts B, Johnson A, Lewis J, et al. 2008. Molecular Biology of the Cell [M]. 5th ed. New York: Garland Publishing, Inc.

Alberts B, Bray D, Johnson A, et al. 1998. Essential Cell Biology [M]. New York: Garland Publishing, Inc.

Alberts B, Johnson A, Lewis J, et al. 2015. Molecular Biology of the Cell [M]. 6th ed. New York: Garland Publishing, Inc.

Anderson JM, Van Itallie CM. 2009. Physiology and function of the tight junction [J]. Cold Spring Harb Perspect Biol, 1(2): a002584.

Andrews AJ, Luger K. 2011. Nucleosome structure (s) and stability: variations on a theme [J]. Annu Rev Biophys, 40: 99-117.

Audet M, Bouvier M. 2012. Restructuring G-protein-coupled receptor activation [J]. Cell, 151: 14-23.

Aumailley M. 2013. The laminin family [J]. Cell Adh Migr, 7:48-55.

Barber J. 2013. Photosystem Ⅱ: the water-splitting enzyme of photosynthesis [J]. Cold Spring Harbor Symp Quant Biol, 77: 295-307.

Becker WM, Poenie WF, Reece JB. 1996. The World of the Cell [M]. 3rd ed. San Francisco:Benjamin Cummings Publishing Company.

Becker WM, Kleinsmith LJ, Hardin J. 2000. The World of the Cell [M]. 4th ed. San Francisco:Benjamin Cummings Publishing Company.

Becker WM, Kleinsmith LJ, Hardin J. 2003. The World of the Cell [M]. 5th ed. San Francisco:Benjamin Cummings Publishing Company.

Becker WM, Kleinmith LJ, Hardin J. 2006. The World of the Cell [M]. 6th ed. San Francisco: Benjamin Cummings Publishing Company.

Berg JM, Tymoczko JL, Stryer L. 2002. Biochemistry [M]. 5th ed. New York: W. H. Freeman and Company.

Bieging KT, Mello SS, Attardi LD. 2014. Unravelling mechanisms of p53-mediated tumour suppression [J]. Nat Rev Cancer, 14: 359-370.

Blobel G, Dobberstein B.1975. Transfer of proteins across membranes. Ⅰ. Presence of proteolytically processed and unprocessed nascent immunoglobulin light chains on membrane bound ribosomes of murine myeloma [J]. J Cell Biol, 67: 835-851.

Blobel G.1980. Intracellular protein topogenesis [J]. Proc Natl Acad Sci USA, 77: 1496-1500.

Bogan J. 2012. Regulation of glucose transporter translocation in health and diabetes [J]. Annu Rev Biochem, 81: 507-532.

Bolsover SR, Shephard EA, White HA, et al. 2011. Cell Biology: a Short Course [M]. Hoboken: John Wiley & Sons.

Bonifacino JS, Glick BS. 2004. The mechanisms of vesicle budding and fusion [J]. Cell, 116: 153-166.

Braakman I, Bulleid NJ. 2011. Protein folding and modification in the mammalian endoplasmic reticulum [J]. Annu Rev Biochem, 80: 71-99.

Brandvold KR, Morimoto RI. 2015. The chemical biology of molecular chaperones—implications for modulation of proteostasis [J]. J Mol Biol, 427: 2931-2947.

Brasch J, Harrison OJ, Honig B. 2012. Thinking outside the cell: how cadherins drive adhesion [J]. Trends Cell Biol, 22: 299-310.

Brenner S, Jacob F, Meselson M. 1961. An unstable intermediate carrying information from genes to ribosomes for protein synthesis [J]. Nature, 190: 576-581.

Bretscher MS, Raff MC. 1975. Mammalian plasma membranes [J]. Nature , 258:43-49.

Briggs JA, Weinreb C, Wagner DE, et al. 2018. The dynamics of gene expression in vertebrate embryogenesis at single-cell resolution [J]. Science, 360: 980.

Broadley SA, Hartl FU. 2009. The role of molecular chaperones in human misfolding diseases [J]. FEBS Lett, 583: 2647-2653.

Brodsky JL, Chiosis J. 2006. Hsp70 molecular chaperones: emerging roles in human disease and identification of small molecule modulators [J]. Curr Top Med Chem, 6: 1215-1225.

Brouhard GY, Rice LM. 2014. The contribution of αβ-tubulin curvature to microtubule dynamics [J]. J Cell Biol, 207: 323-334.

Bukau B, Weissman J, Horwich A. 2006. Molecular chaperones and protein quality control [J]. Cell, 125: 443-451.

Calderwood DA, Campbell ID, Critchley DR. 2013. Talins and kindlins: partners in integrin-mediated adhesion [J]. Nat Rev Mol Cell Biol, 14: 503-517.

Carthew RW. 2005. Adhesion proteins and the control of cell shape [J]. Curr Opin Genet Devel, 15(4):358-363.

Chen LQ, Cheung LS, Feng L, et al. 2015. Transport of sugars [J]. Annu Rev Biochem, 84:865-894.

Chi P, Allis CD, Wang GG. 2010. Covalent histone modifications—miswritten, misinterpreted and mis-erased in human cancers [J]. Nat Rev Cancer, 10: 457-469.

Cho C, Vale RD. 2012. The mechanism of dynein motility: insight from crystal structures of the motor domain [J]. Biochim Biophys Acta, 1823: 182-191.

Cohen S, Chang A, Boyer H, et al. 1973. Construction of biologically functional bacterial plasmids *in vitro* [J]. Proc Natl Acad Sci USA, 70: 240-244.

Colditz AG, Wolin KY, Gehlert S. 2012. Applying what we know to accelerate cancer prevention.Sci Transl Med, 127(4):1-9

Cole CN , Scarcelli JJ. 2006. Transport of messenger RNA from the nucleus to the cytoplasm [J]. Curr Opin Cell Biol, 18: 299-306.

Cooper GM. 2000. The Cell: A Molecular Approach [M]. 2nd ed. Sunderland:Sinauer Associates, Inc.

Cooper GM, Hausman RE. 2004. The Cell: A Molecular Approach [M]. 3rd ed. Sunderland:Sinauer Associates, Inc.

Cooper GM, Hausman RE. 2007. The Cell: A Molecular Approach [M]. 4th ed. Sunderland:Sinauer Associates, Inc.

Cooper GM, Hausman RE. 2013. The Cell: A Molecular Approach [M]. 6th ed. Sunderland, Massachusettes: Sinauer Associates, Inc.

Cooper GM, Hausman RE. 2016. The Cell: A Molecular Approach [M]. 7th ed. Sunderland, Massachusettes: Sinauer Associates, Inc.

Cox MM, Doudna JA, O' Donnell M. 2012. Molecular Biology:Principles and Practice [M]. New York:W. H. Freeman and Company.

Czabotar PE, Lessene G, Strasser A, et al. 2014. Control of apoptosis by the BCL-2 protein family: implications for physiology and therapy [J]. Nat Rev Mol Cell Biol, 15: 49-63.

Dammai V, Subramani S. 2001. The human peroxisomal targeting signal receptor, Pex5p, is translocated into the peroxisomal matrix and recycled to the cytosol [J]. Cell, 105: 187-196.

de Duve C. 2005. The lysosome turns fifty [J]. Nat Cell Biol, 7: 847-849.

Desai A, Mitchison TJ. 1997. Microtubule polymerization dynamics [J]. Annu Rev Cell Dev Bi, 13: 83-117.

Devlin TM. 2002. Textbook of Biochemistry with Clinical Correlations [M]. Hoboken: John Wiley & Sons.

Dimitrov L, Lam SK, Schekman R. 2013. The role of the endoplasmic reticulum in peroxisome biogenesis [J]. Cold Spring Harb Perspect Biol, 5: a013243.

Egner A, Hell S. 2005. Fluorescence microscopy with super-resolved optical sections [J]. Trends Cell Biol, 15: 207-215.

Evans T, Rosenthal ET, Youngblom J, et al. 1983. Cyclin: a protein specified by maternal mRNA in sea urchin eggs that is destroyed at each cleavage division [J]. Cell, 33: 389-396.

Farrell JA, Wang Y, Riesenfeld SJ, et al. 2018. Single-cell reconstruction of developmental trajectories during zebra fish embryogenesis. Science, 360: 979.

Fayard E, Xue G, Parcellier A, et al. 2010. Protein kinase B PKB/Akt, a key mediator of the PI3K signaling pathway [J]. Curr Top Microbiol, 346: 31-56.

Flock T, Ravarani CJ, Sun D, et al. 2015. Universal allosteric mechanism for Gα activation by GPCRs [J]. Nature, doi: 10.1038/nature14663.

Friedman JR, Lackner LL, West M, et al. 2011. ER tubules mark sites of mitochondrial division [J]. Science, 334: 358-362.

Friedman JR, Nunnari J. 2014. Mitochondrial form and function [J]. Nature , 505: 335-343.

Gallastegui N, Groll M. 2010. The 26S proteasome: assembly and function of a destructive machine [J]. Trends Biochem Sci, 35: 634-642.

Gerton JL, Hawley RS. 2005. Homologous chromosome interactions in meiosis: diversity amidst conservation [J]. Nat Rev Genet, 6: 477-487.

Gest H. 2004. The discovery of microorganism by Robert Hooke and Antoni van Leeuwenhoek [J]. Fellows of the Royal Society Notes and Records of the Royal Society of London, 58: 187-201.

Gibson DG, Glass JI, Lartigue C, et al. 2010. Creation of a bacterial cell controlled by a chemically synthesized Genome [J]. Science, Doi: 10.1126/science.1190719.

Green AA, Kennaway JR, Hanna AI, et al. 2010. Genetic control of organ shape and tissue polarity [J]. PLoS Biol, 8: e100053.

Green RA, Paluch E, Oegema K. 2012. Cytokinesis in animal cells [J]. Annu Rev Cell Dev Biol, 28: 29-58.

Griffiths AJF, Miller JH, Suzuki DT, et al. 1999. Introduction to Genetic Analysis [M]. 7th ed. New York: W. H. Freeman and Company.

Griffiths AJF, Wessler SR, Carroll SB, et al. 2012. Introduction to Genetic Analysis [M]. 10th ed. New York: W. H. Freeman and Company.

Grigoryev SA, Woodcock CL. 2012. Chromatin organization: the 30nm fiber [J]. Exp Cell Res, 318: 1448-1455.

Guttmann D, Ward A, Urbatsch IL, et al. 2009. Understanding polyspecificity of multidrug ABC transporters: closing in on the gaps in ABCB1[J]. Trends Biochem Sci, 35:36-42.

Hammer JA, Sellers JR. 2012. Walking to work: roles for class Ⅴ myosins as cargo transporters [J]. Nat Rev Mol Cell Biol, 13: 13-26.

Hardin J, Bertoni G, Kleinsmith LJ. 2012. Becker's World of the Cell [M]. 8th ed. Pearson Education, Inc. The Benjamin Cummings Publishing Company.

Hartl DL. 1991. Basic Genetics [M]. 2nd ed. Boston:Jones & Bartlett Publishers.

Hay BA, Guo M. 2006. Caspase-dependent cell death in *Drosophila* [J]. Annu Rev Cell Dev Biol, 22: 623-650.

Heathcote P, Fyfe P, Jones M. 2002. Reaction centres: the structure and evolution of biological solar power [J]. Trends Biochem Sci, 27: 79-87.

Hegde RS, Ploegh HL. 2010. Quality and quantity control at the endoplasmic reticulum [J]. Curr Opin Cell Biol, 22: 437-446.

Henne WM, Buchkovich NJ, Emr SD. 2011. The ESCRT pathway [J]. Dev Cell, 21: 77-91.

Hoeijmakers JHJ. 2001. Genome maintenance mechanisms for preventing cancer [J]. Nature, 411: 366-374.

Holt LJ, Tuch BB, Villen J, et al. 2009. Global analysis of Cdk1 substrate phosphorylation sites provides insights into evolution [J]. Science, 325: 1682-1686.

Huotari J, Helenius A. 2011. Endosome maturation [J]. EMBO J, 30: 3481-3500.

Hynes RO. 2009. The extracellular matrix: not just pretty fibrils [J]. Science, 326: 1216-1219.

Iwasa J, Marshall W. 2016. Karp's Cells Biology [M]. Hoboken: John Wiley & Sons.

Jackson LP, Kelly BT, McCoy AJ, et al. 2010. A large-scale conformational change couples membrane recruitment to cargo binding in the AP2 clathrin adaptor complex [J]. Cell, 141: 1220-1229.

Jeff H,Bertoni G, Kleinsmith LJ.2012. BECKER'S World of the Cell [M].8th ed. Pearson Education,Inc. The Benjamin Cummings Publishing Company.

Johnson AW, Lund E, Dahlberg J. 2002. Nuclear export of ribosomal subunits [J]. Trends Biochem Sci, 27: 580-585.

Kalthoff K. 2001. Analysis of Biological Development [M]. 2nd ed. New York:McGraw-Hill Companies, Inc.

Karp G. 1996. Cell and Molecular Biology: Concepts and Experiments [M]. Hoboken: John Wiley & Sons.

Karp G. 2002. Cell and Molecular Biology: Concepts and Experiments [M]. 3rd ed. Hoboken: John Wiley & Sons.

Karp G. 2005. Cell and Molecular Biology: Concepts and Experiments [M]. 4th ed. Hoboken: John Wiley & Sons.

Karp G. 2008. Cell and Molecular Biology: Concepts and Experiments [M]. 5th ed. Hoboken: John Wiley & Sons.

Karp G. 2010. Cell and Molecular Biology: Concepts and Experiments [M]. 6th ed. Hoboken: John Wiley & Sons.
Karp G. 2013. Cell and Molecular Biology. Concepts and Experiments [M]. 7th ed. New York: John Wiley & Sons.
Kaufman R, Amphora J. 2014. Calcium trafficking integrates endoplasmic reticulum function with mitochondrial bioenergetics [J]. Biochim Biophys Acta, 1843: 2233-2239.
Keegstra K. 2010. Plant cell walls [J]. Plant Physiol, 154:483-486.
Kim SJ, Javier FM, Nudelman I, et al. 2018. Integrative structure and functional anatomy of a nuclear pore complex [J]. Nature, 555: 475-482.
Kleinsmith LJ, Kish VM. 1995. Principles of Cell and Molecular Biology [M]. 2nd ed. New York: Harper Collins College Publishers.
Kohorn BD. 2015. The state of cell wall pectin monitored by wall associated kinases: a model [J]. Plant Signal Behav, 10: e1035854.
Komatsu N, Aokj K, Yamada M, et al. 2011. Development of an optimized backbone of FRET biosensors for kinases and GTPases [J]. Mol Biol Cell, 22: 4647-4656.
Koster A, Klumperman J. 2003. Electron microscopy in cell biology: integrating structure and function [J]. Nature Rev Mol Cell Biol, 4: SS6-SS10.
Kühlbrandt W. 2004. Biology, structure and mechanism of P-type ATPases [J]. Nat Rev Mol Cell Biol, 5: 282-295.
Lampson MA, Cheeseman IM. 2011. Sensing centromere tension: Aurora B and the regulation of kinetochore function [J]. Trends Cell Biol, 21: 133-140.
Lewin B, Cassimeris L, Lingappa VR, et al. 2007. Cells [M]. Burlinton:Jones & Bartlett Learning.
Lewin B. 2008. Genes Ⅸ [M]. Burlinton:Jones & Bartlett Learning.
Lewis J. 2008. From signals to patterns: space, time, and mathematics in developmental biology [J]. Science, 322: 399-403.
Lim S, Kaldis P. 2013. CDKs, cyclins and CKIs: roles beyond cell cycle regulation [J]. Development, 140: 3079-3093.
Lodish H, Baltimore D, Berk A, et al. 1995. Molecular Cell Biology [M]. 3rd ed. New York: W. H. Freeman and Company.
Lodish H, Berk A, Zipursky L, et al. 2000. Molecular Cell Biology [M]. 4th ed. New York: W. H. Freeman and Company.
Lodish H, Berk A, Matsudaira P, et al. 2003. Molecular Cell Biology [M]. 5th ed. New York: W. H. Freeman and Company.
Lodish H, Berk A, Kaiser CA, et al. 2007. Molecular Cell Biology [M]. 6th ed. New York: W. H. Freeman and Company.
Lodish H, Berk A, Kaiser CA, et al. 2013. Molecular Cell Biology [M]. 7th ed. New York: W. H. Freeman and Company.
Lodish H, Berk A, Kaiser CA, et al. 2016. Molecular Cell Biology [M]. 8th ed. New York: W. H. Freeman and Company.
Luo JC, Sun XJ, Cormack BP, et al. 2018. Karyotype engineering chromosome fusion leads to reproductive isolation in yeast [J]. Nature, Doi: 10.1038/s41586-018-0374-x.
Miller LH, Su X. 2011. Artemisinin: Discovery from the Chinese Herbal Garden [J]. Cell, 146(16):855-857.
Meinhardt H, Gierer A. 2002. Pattern formation by local self-activation and lateral inhibition [J]. Bioessays, 22: 753-760.
Morris SA, Baek S, Sung MH, et al. 2014. Overlapping chromatin remodeling systems collaborate genome wide at dynamic chromatin transitions [J]. Nat Struct Mol Biol, 21: 73-81.
Mullins RD, Heuser JA, Pollard TD. 1998. The interaction of Arp2/3 complex with actin: nucleation, high affinity pointed end capping, and formation of branching networks of filaments [J]. Proc Natl Acad Sci USA, 95: 6181-6186.
Murad F. 2006. Shattuck Lecture. Nitric oxide and cyclic GMP in cell signaling and drug development [J]. N Engl J Med, 355: 2003-2011.
Nakanishi K, Nureki O. 2005. Recent progress of structural biology of tRNA processing and modification [J]. Mol Cells, 19: 157-166.
Nasmyth K, Haering CH. 2005. The structure and function of SMC and kleisin complexes [J]. Ann Rev Biochem, 74: 595-648.
Nelson DL, Cox MM. 2005. Lehninger Principles of Biochemistry [M]. 4th ed. New York: W. H. Freeman and Company.
Nelson DL, Cox MM. 2008. Lehninger Principles of Biochemistry [M]. 5th ed. New York: W. H. Freeman and Company.
Nelson DL, Cox MM. 2013. Lehninger Principles of Biochemistry [M]. 6th ed. New York: W. H. Freeman and Company.
Nelson DL, Cox MM. 2017. Lehninger Principles of Biochemistry [M]. 7th ed. New York: W. H. Freeman and Company.
Nelson N, Junge W. 2015. Structure and energy transfer in photosystems of oxygenic photosynthesis [J]. Annu Rev Biochem, 84: 659-683.
Nelson N, Yocum CF. 2006. Structure and function of photosystems Ⅰ and Ⅱ [J]. Annu Rev Plant Biol, 57: 521-565.
Nürnberg DJ. Morton J, Stantabarbara S. 2018. Photochemistry beyond the red limit in chlorophyll *f*-containing photosystems [J]. Science, 360: 1210-1213.

Pfeffer S.2010. How the Golgi works: a cisternal progenitor model [J]. Proc Natl Acad Sci USA, 107: 19614-19618.

Plopper G. 2016. Principles of Cells Biology [M]. 2nd ed. Burlington: Jones & Bartlett Learning.

Plopper G, Sharp D, Sikorski E. 2015. Lewin's Cells [M]. 3rd ed. Burlington: Jones & Bartlett Learning.

Pollard TD, Borisy GG. 2003. Cellular motility driven by assembly and disassembly of actin filaments [J]. Cell, 112: 453-465.

Pomorski T, Menon AK. 2006. Lipid flippases and their biological functions [J]. Cell Mol Life Sci, 63:2908-2921.

Postlethwait JH, Hopson JL, Veres RC. 1991. Biology [M]. New York:McGraw-Hill Companies, Inc.

Primorac I, Musacchio A. 2013. Panta rhei: The APC/C at steady state [J]. J Cell Biol, 201: 177-189.

Raven PH, Johnson GB. 1992. Biology [M]. St. Louis: Mosby-Year Book Inc.

Robinton D, Daley G. 2014. The promise of induced pluripotent stem cells in research and therapy [J]. Nature, 481: 295-300.

Rogers KW, Schier AF. 2011. Morphogen gradients: from generation to interpretation [J]. Annu Rev Cell Dev Biol, 27: 377-407.

Rothman JE, Lenard J. 1977. Membrane asymmetry [J]. Science, 195:743-753.

Saarikangas J, Barral Y. 2011. The emerging functions of septins in metazoans [J]. EMBO Rep, 12: 1118-1126.

Schmidt M, Finley D. 2013. Regulation of proteasome activity in health and disease [J]. Biochim Biophys Acta, 1843: 13-25.

Scott JD, Pawson T. 2009. Cell signaling in space and time: where proteins come together and when they're apart [J]. Science, 326: 1220-1224.

Shao YY, Lu N, Wu ZF. et al. 2018. Creating a functional single-chromosome yeast [J]. Nature, Doi: 10.1038/s41586-018-0382-x.

Shenoy SK, Lefkowitz RJ. 2011. Beta-arrestin-mediated receptor trafficking and signal transduction [J]. Trends Pharmacol Sci, 32: 521-533.

Shikanai T. 2014. Central role of cyclic electron transport around photosystem Ⅰ in the regulation of photosynthesis [J]. Curr Opin Biotech, 26: 25-30.

Solomon EP, Martin CE, Martin DW, et al. 2019. Biology [M]. 11th ed. Boston: Cengage.

Starr C, Taggart R. 2001. Cell Biology and Genetic [M]. Boston: Cengage.

Steitz TA. 2008. A structural understanding of the dynamic ribosome machine [J]. Nature Rev Mol Cell Biol, 9: 242-253.

Stewart M. 2010. Nuclear export of mRNA [J]. Trends Biochem Sci, 35: 609-617.

Stock D, Gibbons C, Arechaga I, et al. 2000. The rotary mechanism of ATP synthase [J]. Curr Opin Struct Biol, 10: 672-679.

Stratton MM. Chao LH, Schulman H, et al. 2013. Structural studies on the regulation of Ca^{2+}/calmodulin dependent protein kinase Ⅱ [J]. Curr Opin Struct Biol, 23: 292-301.

Tabak HF, Braakman I, van der Zand A. 2013. Peroxisome formation and maintenance are dependent on the endoplasmic reticulum [J]. Annu Rev Biochem, 82: 723-744.

Takahashi K, Yamanaka S. 2006. Induction of pluripotent stem cells from mouse embryonic and adult fibroblast cultures by defined factors [J]. Cell, 126, 663-676.

Taiz L, Zeiger E. 2015. 植物生理学［M］. 5版. 宋纯鹏，王学路，周云等译. 北京：科学出版社.

Toyoshima C. 2009. How Ca^{2+}-ATPase pumps ions across the sarcoplasmic reticulum membrane [J]. Biochim Biophys Acta, 1793: 941-946.

Turner JJ, Ewald JC, Skotheim JM. 2012. Cell size control in yeast [J]. Curr Biol, 22: R350-R359

Tymoczko JL, Berg JM, Stryer L. 2015. Biochemistry:A Short Course [M]. 3rd ed. New York: W. H. Freeman and Company.

Verhey KJ, Hammond JW. 2009. Traffic control: regulation of kinesin motors [J]. Nat Rev Mol Cell Biol, 10: 765-777.

Vinyard DJ, Ananyev GM, Dismukes GC. 2013. Photosystem Ⅱ: the reaction center of oxygenic photosynthesis [J]. Annu Rev Biochem, 82: 577-606.

Voet D, Voet JG. 1995. Biochemistry [M]. Hoboken: John Wiley & Sons.

Wagner DE, Weinreb C, Zach M, et al. 2018. Single-cell mapping of gene expression landscapes and lineage in the zebrafish embryo [J]. Science, 360: 981-987.

Waston JD, Baker TA, Bell SP, et al. 2014. Molecular Biology of the Gene [M]. New York:Cold Spring Harbor.

Watson JD, Gilman M, Witkowski J, et al. 1992. Recombinant DNA [M]. 2nd ed. New York: W. H. Freeman and Company.

Watson JD, Myers RM, Caudy AA, et al. 2007. Recombinant DNA: Genes and Genomes: a Short Course [M]. 3rd ed. New York: W. H. Freeman and Company.

Wilson RC, Doudna JA. 2013. Molecular mechanisms of RNA interference [J]. Annu Rev Biophys, 42: 217-239.

Wolfe SJ. 1993. Molecular and Cellular Biology [M]. Belmont: Wadsworth Publishing Company.

索　引

A

B

C

D

E

F

G

H

I

J

K

L

M

N

O

P

Q

R

S

T

U

V

W

X

Y

Z